600MW 火力发电机组培训教材(第二版)

U0668025

锅炉设备及其系统

华东六省一市电机工程（电力）学会　编

中国电力出版社
CHINA ELECTRIC POWER PRESS

内容提要

2000 年由华东六省一市电机工程(电力)学会组编的《600MW火力发电机组培训教材》(一套5册)出版以来,已深受了 600MW 级火力发电机组的生产人员、工人、技术人员和管理干部等上岗培训、在岗培训、转岗培训、技能鉴定和继续教育等的欢迎,为此在目前全国电力系统中 600MW 发电机组已成为人们认为最佳的主力机组和至今已有 100 多台投入了电网运行的情况下,决定对本套教材进行全面修订,以适应电力生产人员、工人、技术人员和管理干部认真学习和熟练掌握亚临界、超临界、超超临界压力的 600MW 级火力发电机组的运行技术和性能特点,更好地满足各类电力生产人员的培训需要。

本书是《600MW 火力发电机组培训教材(第二版)》(锅炉设备及其系统)分册,共分四篇 14 章,主要内容有:第一篇锅炉本体设备,介绍 600MW 机组锅炉类型和发展概况,600MW 控制循环锅炉及蒸发设备及水冷壁,600MW 自然循环锅炉及蒸发设备及水冷壁,600MW 超临界压力直流锅炉及水冷壁系统特性,锅炉过热器与再热器及其系统;第二篇锅炉燃烧设备,介绍磨煤机及其制粉系统,炉膛、直流煤粉燃烧器、旋流式煤粉燃烧器等燃烧设备以及 W 形火焰锅炉在国内外发展,点火器及燃烧器点熄火控制,燃烧中炉膛结渣、高温腐蚀和低 NO_x 燃烧技术等问题;第三篇锅炉辅助设备,介绍空气预热器性能规范、部件及构造、启停与维护、低温腐蚀和积灰,送引风机及一次风机的结构特性、调节和运行,锅炉各种阀门的结构、调节控制、运行维护和调整试验,吹灰装置及系统的结构原理、运行维护、调节试验;第四篇锅炉运行,介绍 600MW 锅炉启动必备条件,控制循环锅炉启动,600MW 超临界压力锅炉启动,600MW 控制循环锅炉停运,600MW 超临界压力直流锅炉停运,锅炉停炉保养,汽包锅炉运行调节,600MW 超临界压力直流锅炉运行调节。全书每章后均附上复习思考题。

本书可作为从事亚临界、超临界、超超临界压力的 600MW 级火力发电机组锅炉设备及其系统的安装调试、运行维护和检修技术等岗位生产人员、工人、技术人员和管理干部的上岗培训、在岗培训、转岗培训、技能鉴定和继续教育等的理想培训教材,也可作为从事 300~900MW 火力发电机组工作的锅炉设备及其系统生产人员、技术人员、管理干部和大专院校有关师生的参考教材。

图书在版编目 (CIP) 数据

锅炉设备及其系统/华东六省一市电机工程(电力)学会编.—2版.—北京:中国电力出版社,2006.5 (2018.9 重印)
600MW 火力发电机组培训教材
ISBN 978-7-5083-4173-6

Ⅰ. 锅⋯ Ⅱ. 华⋯ Ⅲ. 火电厂-锅炉-技术培训-教材
Ⅳ. TM621.2

中国版本图书馆 CIP 数据核字(2006)第 018851 号

中国电力出版社出版、发行
(北京市东城区北京站西街 19 号 100005 http://www.cepp.sgcc.com.cn)
北京雁林吉兆印刷有限公司印刷
各地新华书店经售

*

2001 年 1 月第一版
2006 年 5 月第二版 2018 年 9 月北京第十二次印刷
787 毫米×1092 毫米 16 开本 31 印张 841 千字
印数 30121—31120 册 定价 98.00 元

《600MW火力发电机组培训教材》（第二版）

编 委 会

组编单位：山东省电机工程学会
安徽省电机工程学会
江西省电机工程学会
浙江省电力学会
福建省电机工程学会
上海市电机工程学会
江苏省电机工程学会

联合编委会成员：

主任委员：叶惟辛　江苏省电机工程学会
副主任委员：林淦秋　上海市电机工程学会
严行健　江苏省电机工程学会
委　　员：史向东　山东省电机工程学会
赵家生　安徽省电机工程学会
张　虹　浙江电力学会
贾观宝　江苏省电机工程学会
吕　云　福建省电机工程学会
陈家湄　江西省电机工程学会

《锅炉设备及其系统》

（第二版）

主　编：章德龙
主　审：乐长义　容銮恩

前　言

近 10 多年来，大容量、高参数、高效率的大型发电机组在我国日益普及，由于 600MW 火力发电机组具有容量大、参数高、能耗低、可靠性高、环境污染小等特点，在我国《1994～2000～2010～2020 年电力工业科学技术发展规划》、《电力工业技术政策》及《电力工业装备政策》中都把 600MW 机组的开发研究和推广应用作为一项重要内容。自 1985 年以来，全国已有 100 多台的 600MW 机组陆续地投入了电网运行，它们即将成为我国电力系统的主力机组。为了确保 600MW 机组的安全、稳定、经济运行，600MW 机组岗位运行、技能鉴定和继续教育等培训工作就显着十分重要了。

为适应这一形势发展的需要，使广大生产岗位工人、技术人员和管理干部熟悉、了解和掌握 600MW 火力发电机组的技术性能和特点，经 2004 年 7 月华东地区六省一市电机工程（电力）学会联合编辑工作委员会联席会议认真讨论研究，决定组织修订《600MW 火力发电机组培训教材》（共 5 册），联合编委会根据联席会议精神，在中国电力出版社的积极支持和指导下，启动《600MW 火力发电机组培训教材》（第一版）的修订工作，选择修编专家和审稿专家，着手搜集资料，制订和审查编撰大纲等。2005 年 10 月各分册书稿陆续编写完毕，各负责单位分别对初稿组织专家进行了审查，随即送中国电力出版社编辑加工、出版和整个教材的编审工作，前后共花去了两年多的时间。

本套教材（第二版）共分五个分册，即《锅炉设备及其系统》、《汽轮机设备及其系统》、《电气设备及其系统》、《热工自动化》、《电厂化学与环境保护》，全套教材共约 350 万字。

本套教材（第二版）是以亚临界、超临界压力的 600MW 火力发电机组为介绍对象，并适当增加超超临界压力机组的内容。本套教材（第二版）是在对 600MW 机组各子系统的结构、原理、功能、性能和特点进行详细介绍的基础上，重点突出 600MW 火力发电机组的岗位运行和技能操作特点；在理论阐述和技能深度方面，以岗位运行知识为基础，提高技能操作能力为目的；在语言描述和整体内容方面，力求通俗易懂，深入浅出，并配备操作实例。本教材（第二版）属于 600MW 火力发电机组岗位运行、技能操作和继续教育的培训教材，适用于对具有大中专及以上文化程度的 600MW 火力发电机组生产岗位和技术管理人员培训之用，也可借用于高等院校热能动力和电力等专业的相关师生参考。

在本套教材的第二版修编过程中，华东地区六省一市电力公司、相关大专院校、发电厂以及有关专家学者和科技人员给予了热情的支持和帮助，我们在此一并表示感谢。我们还要感谢中国电力出版社，在历次联合编委会会议上都派出编辑参加和指导，经常关心编撰工作进度，协助解决疑难问题，对我们的工作给予了全方位的支持和鼓励。

限于编审人员的水平，本套教材第二版的疏漏之处一定不少，恳请广大读者提出宝贵意见，以便今后修订，提高质量，使之能更好地为我国电力工业的建设和发展服务。

华东地区六省一市电机工程（电力）学会

2006 年 2 月

编者的话

华东六省一市电机工程（电力）学会曾于 1998 年组织编写并出版了一套《600MW 火力发电机组培训教材》（共 5 册），本次是《600MW 火力发电机组培训教材（第一版）》（锅炉设备及其系统）分册的修订版，也是《600MW 火力发电机组岗位培训教材（第二版）》分册之一。

本次修订基本上保持了原书第一版的分篇格式，但对内容做了较多的增删和更新，改编内容力求反映近 10 多年来随着我国 600MW 大型火力发电机组，包括亚临界、超临界和超超临界压力的机组大量建设所带来的锅炉设备及其系统的发展状况和最新技术。

全书分四篇共十四章，内容突出 600MW 机组锅炉特点，以实际设备、系统及其运行为主要内容，辅以相关的理论。在取材方面，尽量做到能反映我国现有 600MW 机组锅炉的现状和国外的先进经验、技术。全书系统地介绍了目前国内 600MW 机组所采用的自然循环锅炉、控制循环锅炉、超临界压力直流锅炉本体系统及其特点，以及机组启停和运行维护等，对相应制粉系统及其设备、送引风机、阀门、吹灰器也做了较为详细的介绍。

本书由上海电力学院章德龙教授编写。

本书由华东电力试验研究院乐长义教授级高级工程师主审，华中理工大学容銮恩教授也在百忙中详细审阅了全部书稿，提出了许多宝贵的意见和建议，使编者在修改过程中得益非浅，特向他们表示深切的谢意。

本书在编写第一版到本次修订的整个过程中，得到了华东电网公司、华东六省一市电机工程学会联合编委会及刘时中等同志的大力支持和帮助，特在此表示衷心的感谢。平圩发电厂、石洞口第二电厂、北仑发电厂、邹县发电厂、太仓发电厂等单位为本书的编写提供了许多宝贵的资料和建议，也一并向他们表示由衷的感谢。

由于编者水平有限，书中难免有缺点和错误，恳请读者指正。

编 者
2006 年 2 月

目 录

前言
编者的话

第二篇 锅炉燃烧设备

第一章

锅炉设备整体介绍

第一节　600MW 机组锅炉类型和发展概况

600MW 级燃煤机组是世界多数工业发达国家重点发展的火电厂主力机组，在一些国家火力发电机组标准系列中是一个重要的级别。这一容量等级的机组也是目前我国火电建设中将要大力发展的系列之一。从 1985 年我国第一台引进的 600MW 火力发电机组在元宝山电厂投运开始，我国进入了发展 600MW 火电机组的年代，先后有安徽平圩电厂两台亚临界压力 600MW 机组、上海石洞口第二电厂两台超临界压力 600MW 机组、浙江北仑电厂两台亚临界压力 600MW 机组、山东邹县电厂亚临界压力 600MW 机组和哈尔滨第三电厂 600MW 亚临界压力机组等相继投产。目前，国内各锅炉厂引进国外技术分别制造不同类型的 600MW 亚临界、超临界压力锅炉，该类型的锅炉已成为目前电站发展的主力机组。

一、600MW 机组锅炉类型和特性

（一）锅炉蒸发系统内工质流动方式

锅炉蒸发系统内工质的流动方式主要有自然循环、控制循环、直流炉及直流复合循环四种。直流炉适合于超临界及亚临界压力参数，自然循环及控制循环只适宜于亚临界压力参数。目前，国内 600MW 级锅炉主要有自然循环、控制循环和直流炉三种型式。

1. 自然循环汽包炉

自然循环汽包炉主要特点是流动方式简单、运行可靠，在以往的电站锅炉中采用自然循环锅炉是相当普遍的。在美国，为了确保机组的可用率，20 世纪 70 年代订购的大部分电站锅炉都是亚临界压力汽包炉，并设计成能超压 5% 运行。目前，国内已投运的 600MW 级自然循环锅炉设备也是引进拔柏葛公司和福斯特·惠勒公司的。

拔柏葛公司根据其在亚临界压力直流炉上为防止膜态沸腾而采用内螺纹管的经验，在自然循环汽包炉上亦加用内螺纹管，以保证循环可靠，使其成为保证炉膛水冷壁达到充分冷却的最简单、有效及可靠的方法。该公司认为自然循环采用内螺纹管在接近亚临界压力下对防止膜态沸腾是很有效的。自然循环主要依靠下降管内水的平均密度与水冷壁内汽水混合物的平均密度之差而进行的，由于它们的密度差造成一定的流动压头，从而使蒸发受热面内工质达到往复循环。随着压力从 15.092MPa 上升至 20.678MPa，下降管内的水密度仅减少约 10%，而水冷壁管内的密度则几乎保持不变，仍能维持足够的有效压头。另外，由于自然循环锅炉具有能适应炉膛内吸收热量变化而进行自调节的优点，因此吸收热量最多的管子通过的

水量也最多,可防止传热不均匀现象的产生。自然循环不需用循环泵,故投资及运行费用均可减少。

在炉膛高热负荷区域为使管子得到充分冷却并维持核态沸腾,需要一定的质量流速,而这种流速随着汽包运行压力的升高而增加。现已证明,采用光管的自然循环能够达到这种流速,但它防止偏离核态沸腾的能力较小,特别在不稳定工况下更是如此,有可能产生膜态沸腾。虽然可使用辅助循环泵来提高其质量流速以防止膜态沸腾,但可用内螺纹管(不设置循环泵)来提高核态沸腾的可靠性。即使压力达到 20.678MPa 时,其循环可靠性仍然是很好的。

2. 控制循环锅炉

控制循环锅炉是美国燃烧工程公司(CE)的专利,我国哈尔滨锅炉厂和上海锅炉厂也引进此种锅炉的制造技术,第一、二台 600MW 级的控制循环锅炉已在安徽平圩电厂投运。由于引进 CE 的制造技术,已在国内不少电厂安装这种类型 600MW 级的锅炉。

控制循环锅炉的主要特点是在锅炉循环回路的下降管和上升管之间加装循环泵以提高循环回路的流动压头,因此汽包及上升管、下降管可采用较小的直径。但是加装辅助循环泵,运行时需消耗一定的功率,一般情况下循环泵消耗的功率相当于锅炉功率的 0.3%~0.4%。

3. 直流锅炉

直流锅炉也是大容量锅炉发展方向之一。特别是采用超临界参数的锅炉,直流锅炉是唯一能采用的锅炉型式。本生型直流锅炉发源于德国,早期本生型锅炉的炉膛蒸发受热面管子是多次上升垂直管屏,用中间混合联箱与不受热的下降管互相串联。因此每个管屏侧边的管子与相邻管屏中的侧边管子有一定的温差、会产生一定的热应力,对膜式水冷壁的焊缝会起破坏作用。通用压力型锅炉(UP炉)是拔柏葛公司在本生炉基础上加以改进的一种炉型,所谓通用压力型锅炉是指无论亚临界或超临界参数,均可采用的炉型。上海锅炉厂 300MW 级的直流锅炉采用此种炉型。UP炉的主要特点是采用全焊膜式水冷壁,工质一次或二次上升,连接管多次混合,每个回路焓增较小,并有较高的质量流速,可保持水冷壁可靠的冷却。采用内螺纹管以防止蒸发段产生膜态沸腾。对于 UP炉来说一般用于大型超临界压力直流炉,以确保水冷壁管内的质量流速,国内 300MW 级 UP炉为确保水冷壁管的质量流速,而被迫采用较小水冷壁管径,因而对直流炉水冷壁的安全带来极为不利的因素。

不论本生型直流炉或一次垂直上升的 UP 型直流炉,由于水冷壁系统中有混合联箱,不适应大容量机组变压运行的要求。在变压运行中,随着锅炉压力下降、机组负荷下降,当在低压运行时,蒸发受热面中工质的温差的大幅度变化以及汽水混合物难以从中间混合联箱出口进行均匀分配等问题,使这种直流锅炉管屏型式(垂直上升)不能与之相适应。因此拔柏葛公司、德国斯坦因缪勒公司等在炉膛的辐射受热面的结构型式上相继采用螺旋型上升管圈。管圈自炉膛底部沿炉膛四周盘旋上升至炉膛折焰角处,炉膛上部管屏改变为垂直上升管屏,以利于管子穿墙及悬吊结构的布置。螺旋管圈除进出口联箱外,中间不设置混合联箱,这种管圈的优点是热偏差小,且因无中间混合联箱,不会产生汽水混合物的不均匀分配的问题,因此可做成全焊接的膜式水冷壁管圈,这是本生型锅炉的一大改革。采用螺旋管圈水冷壁具有如下的优点:

(1)蒸发受热面采用螺旋管圈时,管子数目可按设计要求而选取,不受炉膛大小的影响,可选取较粗管径以增加水冷壁的刚度;

(2)螺旋管圈热偏差小,工质流速高,水动力特性比较稳定,不易出现膜态沸腾,又可防止产生偏高的金属壁温;

(3)因无中间混合联箱,不会产生汽水混合物不均匀分配的问题;

(4)带循环泵系统,启动及低负荷运行的热损失较小,可以提高机组的效率。循环泵只在

15%～35%负荷时才使用，故泵的功率消耗较小；

(5) 因启动有汽水分离器，使蒸发受热面与过热受热面有比较明显的分界线，易于处理调节系统；

(6) 螺旋形管圈对燃料的适应范围比较大，可燃用挥发分低、灰分高的煤；

(7) 能变压运行，快速启停，能适应电网负荷的频繁变化，调频性能好。

螺旋管圈虽有以上优点，但它的结构与制造工艺复杂，故制造与安装比较困难，所需工期较长。

目前，国内引进的600MW级直流锅炉就是这种型式，从炉底到折焰角部位采用螺旋管圈，炉膛上部采用垂直上升管屏。例如，石洞口第二电厂是引进瑞士苏尔寿公司制造的超临界压力直流锅炉，而元宝山电厂是引进德国斯坦因缪勒公司制造的亚临界压力本生直流炉，而且锅炉采用塔式结构布置型式。

美国燃烧工程公司在瑞士苏尔寿锅炉的基础上，根据控制循环锅炉的经验发展了复合循环直流锅炉，此种炉型在美国、日本等采用较多，主要用于超临界压力参数机组，目前国内还未引进这种型式的直流锅炉。此种类型的直流锅炉的主要特点是在直流锅炉系统中加1～2台复合循环泵，在低负荷时将水冷壁出口工质通过混合球，并与从省煤器来的给水在混合球内进行均匀混合，然后再进入循环泵的入口进行再循环。在高负荷（一般在60%～80%MCR以上）时则停止再循环，以直流方式运行。而循环泵也可在锅炉系统中串联运行，也可使循环泵停运，给水由循环泵的旁路进入水冷壁系统。复合循环锅炉可保证锅炉在各种负荷时水冷壁中的工质的质量流速差别不大，工作可靠。与一般直流炉相比其优点主要是水冷壁质量流速可按再循环停止时的负荷选取，因此可选用较低的质量流速，以减少流动阻力。启动流量低时，启动系统的容量可按循环泵的工作起始点考虑，相应地可减少投资和启动热损失，锅炉的最低负荷极限可降到10%左右。由于工质流量变化小，温度变化小，相应地减小了温度应力，有利于在低负荷下运行。由于水冷壁的质量流速可由循环泵容量来保证，可避免采用过小直径水冷壁管，可在锅炉出力很低时启动汽轮发电机，因此可不要保护再热器的旁路系统，简化了启动系统。

（二）燃烧方式

从目前国内引进的或引进技术制造的600MW级锅炉来看，北仑电厂1号炉、平圩电厂两台引进技术制造的600MW锅炉以及石洞口第二电厂两台超临界压力600MW锅炉，它们的燃烧系统都采用CE公司的传统设计方法，即为四角布置直流燃烧器的切圆燃烧方式，再热汽温调节采用摆动燃烧器，配置HP、RP碗式中速磨煤机的直吹式制粉系统。元宝山电厂的600MW锅炉由于燃用褐煤，它配置了8套风扇磨煤机的直吹式制粉系统，煤粉燃烧器为八角切圆燃烧方式。而北仑电厂2号炉、邹县电厂600MW锅炉的燃烧系统则是采用拔柏葛公司和福斯特·惠勒公司的传统设计方法，即采用旋流燃烧器前后墙对冲布置方式，制粉系统采用MPS磨煤机或双进双出筒式钢球磨煤机的直吹式系统，再热汽温调节一般采用烟气挡板。

近年来，为了改善低负荷的燃烧稳定性和降低NO_x的生成，对600MW级锅炉的燃烧器的结构作了不少的改进，概括起来有以下特点。

1. 四角切圆布置的直流燃烧器

(1) 采用高调节比的煤粉喷嘴。为了提高低负荷时燃烧的稳定性，美国燃烧工程公司对一次风喷嘴的结构作了改进。在煤粉喷嘴管内装置水平肋片，并改进了喷嘴头部的装配，使喷嘴出口截面和入口截面相等，而喉口截面积约为入口截面积的95%，这样使喷嘴出口速度降低。这一改进的主要目的是有意识地利用煤粉气流在一次风管内转弯后煤粉的分离作用，使喷嘴上半部出口气流的煤粉浓度较高，以利于煤粉着火，也适当降低了一次风出口速度。在此基础上，燃烧工程公司又发展了一种新的一次风喷嘴,并称之为高调节比喷嘴。如图 1-1 所示,喷嘴头部做成可分别摆动的两部分,它们的摆动角相差可以达 24°。这样,如同在一次风喷嘴出口装有钝体一样,在一次风气流中可以形成一个回流区,进一步提高了着火稳定性。此外,喷嘴出口截面积增加到入口面积的 130%,这种喷嘴的外形见图 1-2。

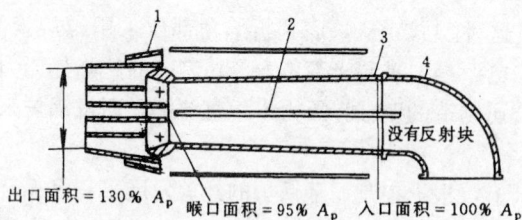

图 1-1 高调节比喷嘴

出口面积 = 130% A_p 喉口面积 = 95% A_p 入口面积 = 100% A_p

1—高调节比喷嘴;2—水平肋片;3—喷嘴管;
4—入口弯头(煤粉管道面积 A_p)

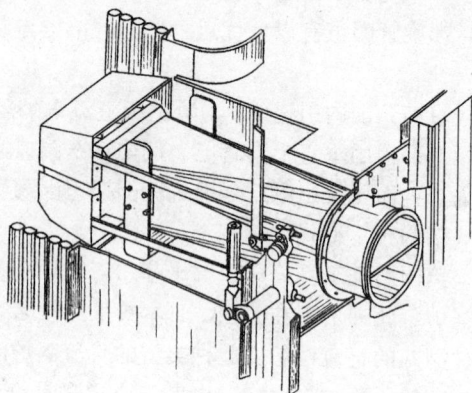

图 1-2 高调节比喷嘴外形图

上述高调节比喷嘴的一个重要缺点是需要两套使喷嘴摆动的传动机构,故增加了造价和维修费用。为此又发展了新的结构,有两种方案:①在图 1-3 所示结构中,在喷嘴出口处设有波形扩锥,将扩锥做成波形可以增加一次风气流和回流烟气的接触面,目前从 CE 引进的设备基本上采用此种结构型式;②在图 1-4 所示结构中则采用了简单的三角形扩锥,但在扩锥出口处有不大的翻边,试验表明,此翻边对增加高温烟气的回流有很大作用,扩锥的角度为 20°。喷嘴的内部尺寸见图 1-5。在一些电厂的试验表明,上述喷嘴可以在 20% 负荷下不用投油助燃可保持稳定燃烧。

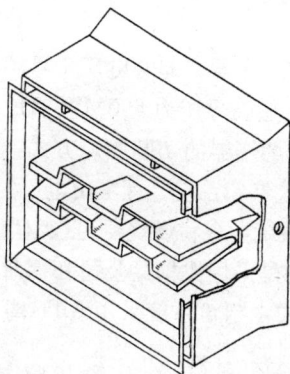

图 1-3 设有波形扩锥的喷嘴

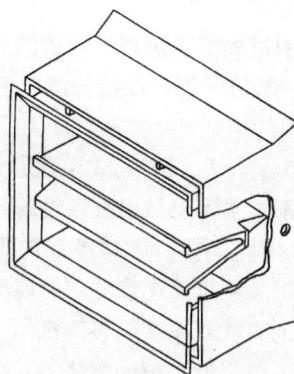

图 1-4 设有带翻边的
三角形扩锥的喷嘴

(2) 低 NO_x 燃烧器。用两级燃烧(或称分级燃烧),即用大约 80% 的空气量从下部燃烧器喷口送入,使下部风量小于完全燃烧所需风量(即富燃料燃烧),从而降低燃烧区段温度,使 NO_x 的反应率下降,此时有些氮得不到氧,复合为 N_2,NO_x 就会减少(即燃烧过程延迟),然后从上部燃烧器喷口送入其余约 20% 的空气(即富空气燃烧)以达到风煤燃烧平衡。两级燃烧不但能抑制生

成 NO_x，而且也能抑制空气中的氮在高温下与氧反应生成的 NO_x，这是控制 NO_x 较为有效的方法。利用这一原理，美国燃烧工程公司在大容量煤粉炉上普遍推广采用燃尽风（over fire air，OFA），即在角置式直流燃烧器喷口的最上端再布置 2～3 层燃尽风喷口，将大约 $10\%～25\%$ 总风量的风从此处送进炉膛上部。目前，从 CE 引进设备或引进 CE 技术制造的 600MW 级锅炉的角置式直流燃烧器的最上方都布置了两层燃尽风喷口。

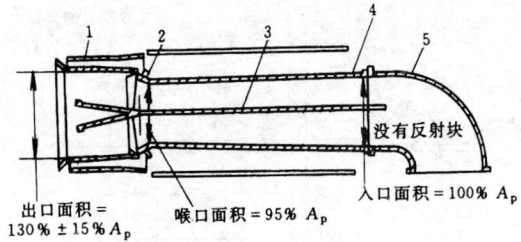

图 1-5　设有三角形扩锥的喷嘴剖面图
1—喷嘴头部；2—密封片；3—水平肋片；
4—喷嘴管；5—入口弯头（煤粉管道面积 A_p）

（3）减少四角切圆燃烧锅炉的炉膛出口水平烟道左右两侧烟温差、流速偏差及防止过热器、再热器局部超温爆管，对 600MW 以上机组的安全运行有极为重要的意义。

锅炉过热器、再热器各管存在汽温偏差的根本原因在于各管的传热、流动特性不同。通常，引起汽温偏差的因素包括：吸热偏差、流量偏差、结构偏差及进口汽温偏差。在四角布置切圆燃烧的锅炉中，沿烟道宽度各管之间的吸热偏差是造成汽温偏差的最主要的原因之一。

切圆燃烧方式的锅炉，由于炉膛出口气流残余旋转的影响，会引起在水平烟道左右两侧存在一定的速度偏差及温度偏差，从而造成两侧对流传热系数及温压的不同，这是沿烟道宽度左右两侧存在吸热偏差的最主要原因。随着锅炉容量的增加，水平烟道中的速度偏差及烟温偏差有增大的趋势。通过对国产 200MW、300MW 及 600MW 机组锅炉炉内空气动力场的模化实验发现，水平烟道左右两侧平均速度之比分别可达 1.24、2.0 和 2.15。这一增加趋势是锅炉从小容量向大容量发展过程中的内在因素造成的。随着锅炉容量的增大，炉膛出口水平烟道左右侧烟气流速及烟温偏差增加，引起烟道中过热器及再热器各管传热温压及对流传热系数的不同，造成过热器与再热器的吸热偏差。因而，对于大容量电站锅炉，特别是 300MW、600MW 机组锅炉，如何减少过热器与再热器的吸热偏差是个非常重要的问题。

如前所述，沿烟道宽度各管的吸热偏差是由于炉膛出口气流的残余旋转导致了水平烟道左右侧烟气流速和温度偏差所引起。因此，降低沿烟道宽度各管之间的吸热偏差的根本途径在于削弱炉膛出口气流的残余旋转。通过适当控制一、二次风动压比和使部分射流风反切，将一次风或部分二次风、燃尽风射流与主体旋转气流反切，可以削弱炉膛出口气流残余旋转，降低水平烟道左右侧烟气流速偏差。另外，在两级过热器、再热器之间安装混合联箱或左右交叉系统也是十分必要的，特别是对于再热器（因为再热蒸汽压力低、比热小，汽温偏差更大）更有必要。

2. 墙式布置旋流燃烧器

（1）采用分级燃烧的方式、降低 NO_x 的生成率。所谓分级燃烧亦常称"偏离化学当量燃烧"，它是将一部分小于化学当量的空气引入燃烧器，而将其余空气由二次风口引入或从中间引入燃烧器，这样可降低燃烧区域的过量氧量，以减少 NO_x 的生成量。

目前国内引进的 600MW 机组的旋流燃烧器为双调节切向叶片式旋流燃烧器，在不少资料中也称为低 NO_x 的燃烧器，其设计的思想是使燃烧过程按二段燃烧方式进行，达到稳燃和遏制 NO_x 生成量的目的。

燃烧器结构如图 1-6 所示，在燃烧器的轴心线上为一个断面是圆形、类同文丘里管的煤粉气流通道。来自煤粉管道的煤粉气流从下方经 90°的弯管进入燃烧器，首先在通道上部与被称为导向器的挡块相碰撞。流经管道弯曲半径较大处的气流，由于气流转向使煤粉浓度提高，能藉助于挡块的

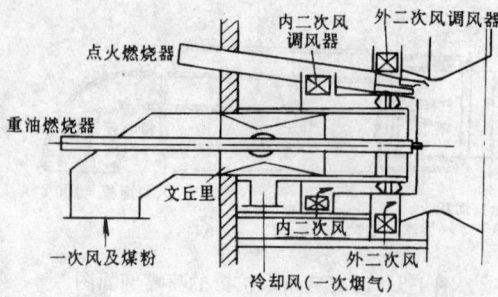

图 1-6　拔柏葛—日立公司的双调节燃烧器结构

撞碰而使之均匀化。其后流经的是位于通道轴心线上的圆锥形扩散器,其作用除进一步使煤粉浓度分布均匀外,同时可对同一层其他燃烧器起均匀煤粉气流流量的作用。

燃烧器出口的二次风被分成内外两部分,热空气通过设置于一次风煤粉中心管的外缘环形通道上的内二次风调节挡板以及内二次风导向叶片、环形通道至燃烧器喷口。挡板可调节内二次风的流量,导向叶片使内二次风获得旋转动量,并可以调节。外二次风道使风室内的热空气通过外二次风调节挡板,经90°的转向与内二次风平行至燃烧器喷口。外二次风调节挡板是切向可调的,使外二次风的旋转强度可以改变,也同时改变内外二次风量间的相对比例。所说的双调节燃烧器就是指内、外二次风的可调。调节内外二次风的挡板和导向叶片,也就改变了内、外二次风的流量比、旋转强度,改变内外二次风间、二次风与煤粉气流间、以及与已着火煤粉气流间的混合,从而调节着火与火焰形状。关小内二次风导向叶片角和外二次风的切向挡板角,二次风的旋转强度增大,火焰的扩散角增大。其中,尤以内二次风的影响为大。二次风量也是通过风室前的百叶窗调节挡板开度变化进行调节的,它通过风室与炉膛的差压来同时改变同层各旋流燃烧器的内、外二次风流量,同层中任一燃烧器的内、外二次风调节,都会在一定程度上影响同层其他燃烧器。

对于旋流燃烧器来说,它单个燃烧器基本上是一个独立的火焰,燃烧过程都在近燃烧器出口区域基本完成,为使过程按二段燃烧方式进行,就需要在每个燃烧器的火焰区域都形成燃料过浓和过稀的区域,然后两者再进行混合。将二次风分成风量和旋转强度分别可调的二股,其目的即在于此。使内二次风与煤粉气流间的混合以及内、外二次风间的混合可以分别控制。煤粉气流因与内二次风的混合而被带动旋转,形成回流区抽吸已着火前沿的高温介质,构成一个燃料浓度高的内部着火燃烧区域,这一区域内燃烧工况可通过内二次风的旋转强度和风量,亦即内二次风的挡板开度调节。外二次风与内二次风及煤粉气流的混合使在内部燃烧区域的外缘构成一个燃料过稀的燃烧区域,燃尽过程随着两者的混合而进行与完成。混合过程也可通过挡板开度进行控制。NO_x 及 SO_x 的生成同样因内部燃烧区内的氧气浓度低而受到遏制,也同样因外部燃料过稀区域中温度相对较低而受到遏制。因此,它与直流燃烧器一样,是通过使生成 NO_x 的两个主要因素——氧浓度及温度不同时具备而达到遏制的目的。

(2)拔柏葛公司对前后墙对冲燃烧方式也作了某些改进,采用一台磨煤机供应沿炉膛宽度方向上的一排燃烧器,这样使炉膛宽度方向上热输入分布均匀,每排燃烧器的风量都可单独控制。当磨煤机出现故障时,可减少风量及燃料分配的不均匀。拔柏葛公司投运的煤粉炉都具备这个特点。

(三)炉膛结构设计

做好炉膛设计有三个因素。首先炉膛容积应足够大,使燃料完全燃烧,并具有足够的受热面使烟气进入对流烟道前得到充分冷却。燃烧工程公司为了扩大煤种的适应性,所设计的炉膛尺寸逐渐加大,也即炉膛容积热负荷值取得较小。20世纪70年代美国燃烧工程公司设计的600MW容量级的锅炉炉膛与1966年设计的同容量级的炉膛相比,平均面积增大14%,有效辐射面积大10%,容积增大22%。其次需将 NO_x 的生成量限制到可被接受的程度。最后应使烟气流量保持均匀,使炉膛出口温度维持稳定,以防锅炉对流受热面产生结渣、堵灰及金属超温等问题。

根据大量经验分析,造成炉膛结渣有四个因素,即:每只燃烧器的热输入量、燃烧器与侧墙及灰斗的距离、炉膛单位截面上的热输入量及燃烧器区域的热负荷。拔柏葛公司设计的锅炉,不论容量大小,单只燃烧器热输入量一直保持较低水平,燃烧器与侧墙、灰斗及燃烧器之间的距离都加大了。炉膛单位截面的热输入量根据结渣情况不同而定为$(48.5 \sim 58.2) \times 10^5 \, \text{W/m}^2$,燃烧器区域的热负荷降低了 $30\% \sim 45\%$,使火焰尖端温度降低以满足限制 NO_x 生成的要求,并减少结渣的可能性。同时,为了减少对流烟道中灰粒对管子的磨损,近年来选用了较低的烟气流速。

煤的灰分中某些矿物质会造成炉膛及对流管束的结渣、堵灰,尤其是煤中的含钠量对灰分的熔化凝聚性有很大影响,含钠量越高,灰分的熔化凝聚性越强,这样就使炉膛及对流受热面上的积灰很难清除。为解决这一个问题,福斯特·惠勒(FW)公司在设计上并采取一系列措施,其中包括:

(1)加大炉膛下部尺寸,以降低燃烧器区域的最大热流量;

(2)维持足够的炉膛受热面使炉膛出口烟气温度降低;

(3)加大各旋流燃烧器间的间距,加大燃烧器与炉墙及灰斗的间距,以降低炉墙的热流量,减少 NO_x 的生成;

(4)采用"灰斗下通空气"及"空气屏幕"的方法,使在灰斗倾斜槽及封闭炉墙等处易结渣的地方形成一层由燃烧空气形成的防护层,从而产生氧化气氛,防止结渣及堵灰;

(5)采用蒸汽吹灰,在蒸汽吹灰不足以解决问题的地方用水力吹灰防止积灰,保持受热面清洁;

(6)加大管子的横向间距,炉膛出口处的立式管屏最易积灰,其管屏横向节距最小应为 91cm,而管子之间则基本为相切。锅炉后部烟道采用光管,管子横向节距不得小于 18cm,管子之间距离为 $10 \sim 13 \text{cm}$。

二、电站锅炉技术发展动向

1. 超临界压力机组发展

目前,世界各国的火电设备制造厂为了提供更先进的高效机组,努力向更高压力和温度发展。在提高蒸汽参数、降低机组的热耗值方面,各公司由于系统设计、部件结构等的不同而各有差异,但亚临界压力机组一般还是以 $16 \sim 17 \text{MPa}$,$538/538 \text{℃}$ 为基准进行设计。

当汽压在 $16 \sim 31 \text{MPa}$,汽温在 $535 \sim 600 \text{℃}$ 时,汽压每升高 1MPa,电厂热耗值可降低 $0.18\% \sim 0.29\%$,下降值随着汽压的升高而减少,随汽温的升高而升高。在此汽压、汽温范围内,汽温每升高 10℃,电厂热耗可降低 $0.24\% \sim 0.36\%$,下降值随汽压的升高而升高,随汽温的升高而减少。

当再热汽温由一次再热增加到二次再热时,电厂热耗可降低 $1.7\% \sim 2.4\%$,下降值随汽压的升高而升高,随汽温升高而减少。

火力发电厂机组从参数 17MPa、$538/538 \text{℃}$(循环热效率约为 37%)提高到参数 24MPa、$538/566 \text{℃}$,循环热效率可上升到 40% 左右,参数再提高到 31MPa、$566/566/566 \text{℃}$(二次再热),则循环热效率上升到 44% 左右;若参数继续上升到 35MPa、$649/593/593 \text{℃}$,则循环热效率可望提高到 47%。

从以上分析可知,发展超临界压力机组技术,是必然趋势。随着火电技术不断完善和新技术的应用,超临界压力机组的运行性能和可靠性不仅能满足现代大电站的技术要求,并可以适应变压运行。在世界能源日趋枯竭和矿物燃料价格不断上涨的形势下,努力发展高效率的火电机组已成为当今世界电力工业中十分迫切任务之一。目前,普遍把工质压力大于 28.0MPa、汽温大于 580℃ 的参数,称为高效超临界(high efficiency supercritical)或称超超临界(ultra supercritical)。

发展超临界压力机组必须使用高强度材料,以防管子厚度过分地增加。在防止高温腐蚀方面,应考虑金属壁温、烟气温度以及在具有腐蚀性元素的烟气中的受热面布置方式。同时也有必要考虑采用表面经过防蚀处理的金属管材或具有防蚀性强的外层管的双层套管结构。

目前日本钢管公司为发展超临界参数机组,正在研究新的高强度耐热钢种,此钢种可用于温度为 650℃的过热蒸汽,许用应力达到 5.7MPa,比现有的 304HTB、321HTB、347HTB 的强度还高。

2. 发展变压运行机组,提高负荷适应性

由于螺旋形管圈直流炉的各根管子吸热均匀,所以超临界压力直流炉完全可以在亚临界压力范围内作变压运行。除了德国本来就采用这种炉型作为变压运行机组之外,美国拔柏葛公司、福斯特·惠勒公司,日本的日立公司、石川岛播磨公司都相继发展了这种炉型,日本三菱公司也作过这种炉型的研制。

美国、日本传统的超临界压力直流炉都是垂直管圈,基本上不适宜变压运行。对此各公司都在其传统的产品上做了不少改进工作。

(1)日本三菱公司在美国燃烧工程公司及苏尔寿公司的参与之下,致力于超临界压力垂直管圈变压运行机组的开发工作,锅炉机组设计上采取下列措施。

1)采用内螺纹管以防止工质偏离核态沸腾点;

2)加装水冷壁节流圈以防止炉膛四角和中心部位管子的吸热偏差;

3)在烟道内布置蒸发器以保证水冷壁出口工质即使在 25%负荷下也能在湿蒸汽范围内。

(2)美国燃烧工程公司和三菱公司在其辅助循环锅炉的基础上新设计了"CC$^+$"型的低倍率循环锅炉。主要措施是采用内螺纹管,使循环倍率降低到 2.67。由于循环倍率的降低,使辅助循环泵的功率消耗下降,这部分的得益完全可以补偿因采用内螺纹管而引起的成本增加。"CC$^+$"型低倍率循环锅炉可以适应变压运行的需要。

(3)美国福斯特·惠勒公司以及日本石川岛播磨公司在其传统的多次上升——下降直流锅炉上,加装内置式分离器及变更旁路系统,可使过热器之后作变压运行。

(4)新设计的自然循环炉上采用内螺纹管以防止运行中工质偏离核态沸腾点以及增加机组的可靠性,进一步在一级过热器之前装设一旁路系统,以便在启动及低负荷运行时将过多的蒸汽引入到凝汽器去,使过热蒸汽温度与汽机金属温度有良好的匹配,并用饱和蒸汽调节汽温,保证锅炉可以快速启停和变负荷运行。

3. 炉内燃烧方面

由于动力用煤品位的不断下降,锅炉不但要能燃用各种劣质煤,而且要考虑防止因燃用劣质煤带来的不利影响(如结渣、积灰、磨损、环境污染等)。各公司普遍重视煤质(包括灰成分)的研究,并在新一代燃煤机组设计中作出相应的考虑。

另一方面,为满足日益严重的环境保护方面的要求,各锅炉制造公司都从燃烧系统的设计上考虑了抑制和减少 NO$_x$ 生成的措施,基本方法是:①采用多个小容量燃烧器以扩大燃烧区范围,降低炉内温度水平;②采用低 NO$_x$ 燃烧器;③采用两级燃烧;④采用烟气再循环。

大容量机组锅炉的最大经济性在于保持尽可能高的可用率。为此,各公司在设计中都在炉膛燃烧热强度和受压部件强度选择方面采取比较保守的方案。在水冷壁设计中,为了防止偏离核态沸腾点,提高机组的安全可靠性,即使原来不采用内螺纹管的一些公司,目前也都倾向于采用内螺纹管,以提高机组运行的可靠性。

第二节　600MW 控制循环锅炉

一、北仑电厂 600MW 控制循环锅炉总体介绍及设计特点

北仑电厂第一台 600MW 机组的锅炉由美国燃烧工程公司(CE)设计制造,其型式为亚临界压力、一次中间再热、控制循环单汽包锅炉,采用平衡通风、直流式四角切向燃烧系统,设计燃料为山西晋北烟煤。

(一)锅炉主要设计参数

锅炉主要设计参数,见表 1-1。

表 1-1 锅炉主要设计参数

项 目	单位	42.1%MCR	50%MCR	100%MCR
蒸发量	t/h	846.7	1004	2008
给水温度	℃	229.4	237.8	279.7
主蒸汽温度	℃	540	540	540
主蒸汽压力	MPa	11.24	16.77	18.2
过热器压降	kPa	34	38	121
再热蒸汽流量	t/h	747.5	878.6	1683.3
再热器进口汽温	℃	299.4	285	324.4
再热器进口汽压	MPa	1.65	1.97	3.82
再热器出口汽温	℃	540	540	540
再热器出口汽压	MPa	1.57	1.87	3.64
再热器压降	kPa	8.0	10	18
炉膛压力	kPa	0.124	0.124	0.124
炉膛至省煤器出口烟气压降	kPa	0.27	0.44	1.16
省煤器出口至空气预热器出口烟气压降	kPa	0.39	0.67	1.66
空气预热器进口烟温	℃	277.2	297.8	353.9
排烟温度(未校/已校正)	℃	103.9/110.6	103.3/108.9	130/135
空气预热器进口风温(平均值)	℃	27.8	27.8	27.2
空气预热器出口一次风温	℃	258	272	312
空气预热器出口二次风温	℃	260	277	322
省煤器压降	kPa	34.7	41.7	138.9
空气预热器进口二次风压	kPa	1.2	1.22	2.25
省煤器出口过剩空气系数		1.22	1.33	1.20
环境温度	℃	25	25	25
燃煤量(按高位热值计算)	t/h	118.2	137.2	248.6
锅炉效率(按低位热值计算)	%	93.69	93.52	92.8

(二)锅炉整体布置

锅炉的布置呈倒"U"形,见图 1-7,在标高为 36.7m 层以上为全露天。锅炉主厂房和汽机房相隔 9m 除氧跨,从煤仓间到除尘器进口共设有 10 根立柱,总跨距为 70.573m。紧靠除氧跨的是煤仓间,煤仓间布置有 6 只原煤仓,每只原煤仓的体积为 738m³,可仓储原煤 523t。在煤仓下部的标高 17m 层平台上布置 6 台美国 STOCK 公司生产的电子称量式给煤机。在零米层布置 6 台 CE 公司生产的 HP—983 中速磨煤机。原煤由输煤系统皮带经固定端输煤栈桥送入原煤仓,再通过给煤机送入磨煤机,经磨煤机碾磨成合格细度的煤粉,由一次风送入炉膛燃烧。

锅炉房顶部标高为 83.3m,炉顶为人字形顶棚,顶棚下设炉顶小室,顶棚和炉顶小室之间布设主蒸汽管道、再热蒸汽热段管道和再热蒸汽冷段管道。在炉顶小室内布设汽包、过热器联箱、再热器联箱以及过热器、再热器和省煤器等各种联接管。汽包中心在炉前标高为 67.055m 处,再热器进口联箱在炉前标高为 46.465m 处,锅水循环泵设在炉前标高为 23.675m,下联箱(亦称水包)中心线标高为 8.56m,整个下联箱沿炉膛四周环形并成一体布置。低温过热器、省煤器和空气预热器依次沿烟气流动方向在尾部烟道中上而下布置。高温(后屏)和中温(分隔屏)过热器分别以屏的形式布置在炉膛上方。再热器的低温部分布置在前墙水冷壁的上方,为壁式再热器,中温和高温再热器布置在炉膛出口处的折焰角上部及水平烟道内,蒸汽流向与烟气的流向相反,即呈逆流布置。锅

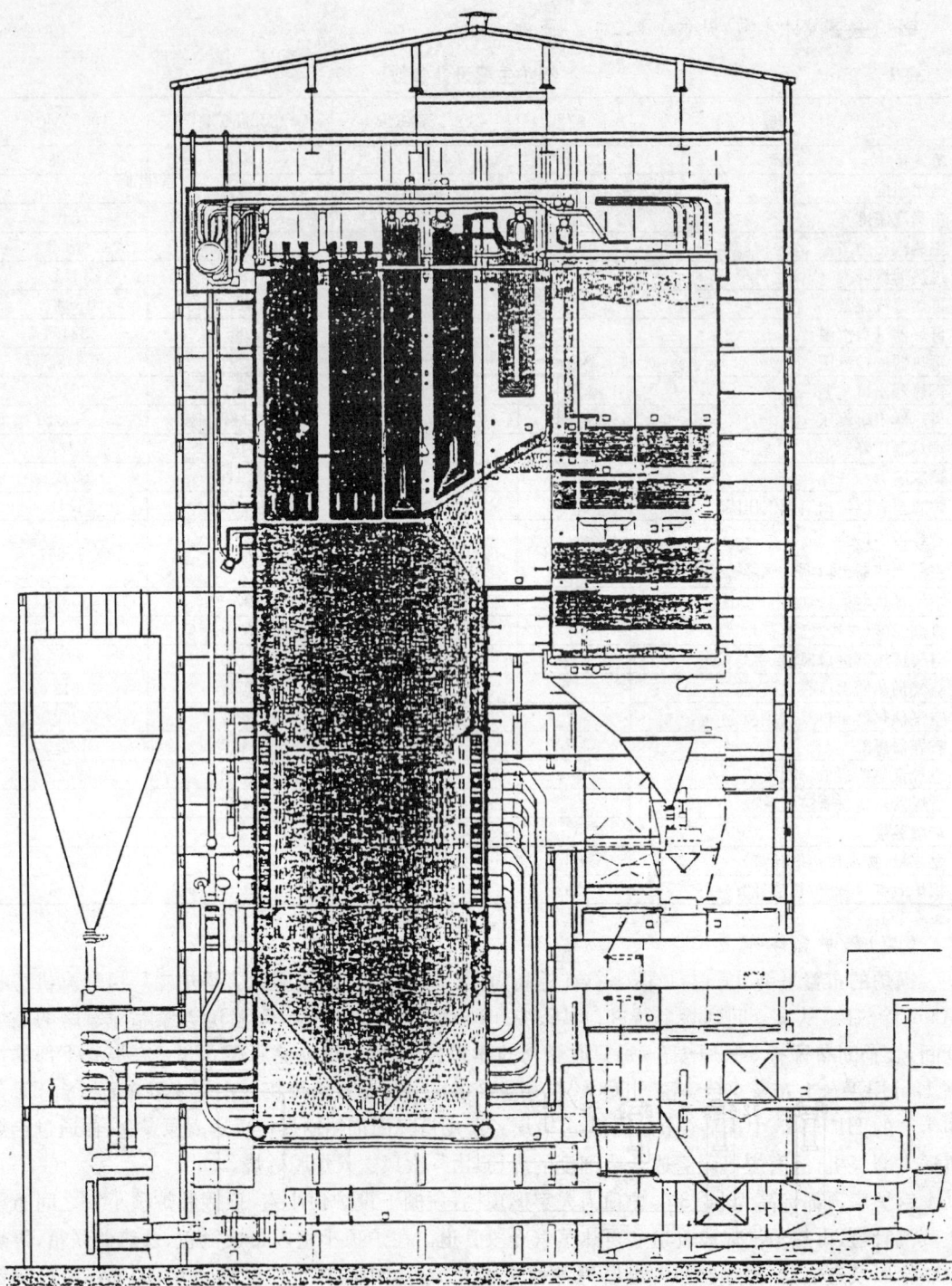

图 1-7 2008t/h 控制循环锅炉本体示意图

炉全部承压部件为悬吊结构,可向下自由膨胀,横向膨胀中心点在炉膛中心,即水冷壁可前后、左右自由膨胀。炉膛设计的承压强度为±7.6kPa。在36.7m层为混凝土大平台,该平台以下锅炉房为

第一篇 锅炉本体设备

封闭式。

2台送风机和2台一次风机沿炉膛中心线对称布置,送风机在内侧,一次风机在外侧。静电除尘器为4个通道5个电场,有2台导叶调节的离心式引风机,离引风机出口11m处是高度为240m的烟囱,经除尘后的烟气由此排向大气。

(三)锅炉汽水系统

CE公司设计和制造的北仑电厂1号锅炉,其锅水循环是利用安装在下降母管管路中的3台锅水循环泵来进行的。为确保各水循环回路出口含汽率均一,在水冷壁的下集箱(水包)内的每根水冷壁管的入口处设置了孔径为6.35～31.75mm的节流孔板。

该锅炉的水和饱和蒸汽的流程,如图1-8所示。

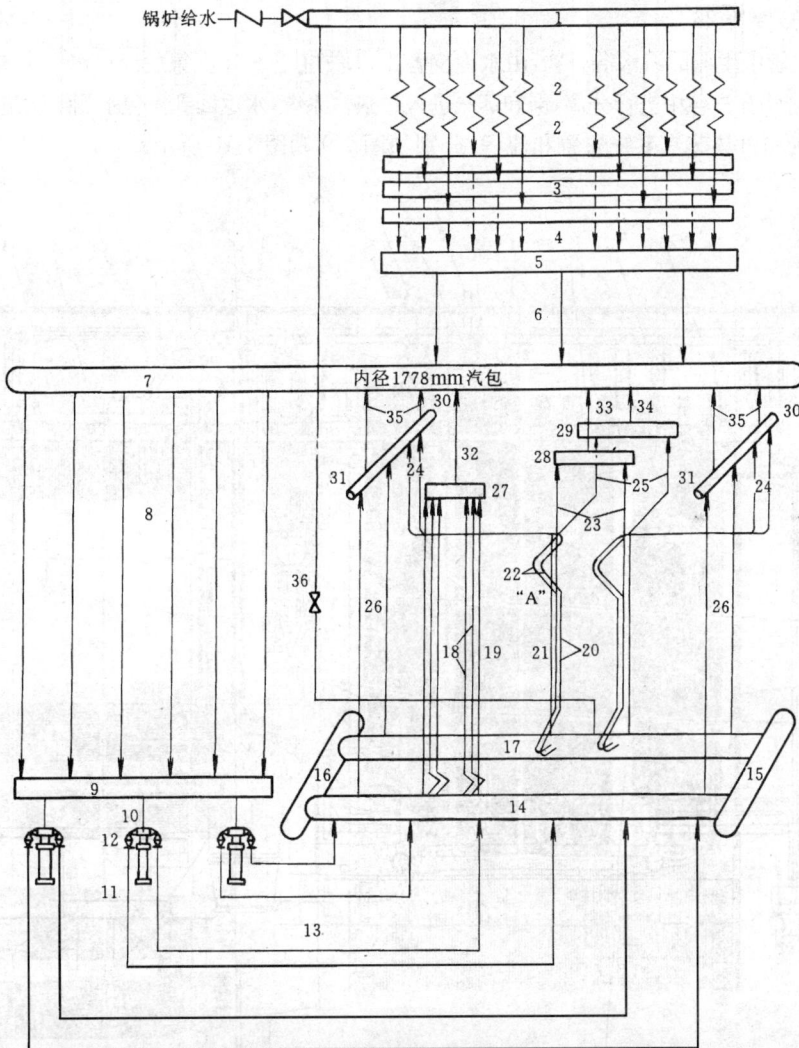

图1-8 2008t/h 控制循环锅炉的水和饱和蒸汽系统流程

来自给水母管的给水经省煤器进口联箱1、省煤器蛇形管2、省煤器中间联箱3、省煤器悬吊管4、省煤器出口联箱5、省煤器出口联接管6,由汽包底部进入汽包7,并与汽包中的锅水混合,然后经下降母管 8 进入锅水循环泵进口联箱 9,锅水循环泵 11 将水从进口联箱吸入,经锅水循环泵进口短管 10、锅水循环泵出口截止/逆止阀 12 和锅水循环泵出口短管 13、进入水冷壁环形下联箱(水包)14～17。

锅水进水冷壁下联箱后,首先经过孔径为 4.76mm 的多孔板滤网进行过滤,然后经节流孔板进入水冷壁管。在锅炉启动期间,部分锅水也可从水冷壁下联箱进入省煤器再循环管 36,以确保省煤器内水流量,以保证其安全。

锅水在水冷壁管内进行加热并向上流动、平行流过下列三部分管路:

(1)前水冷壁管 18、19;

(2)后水冷壁管 20、21,后水冷壁折焰角管 22,后水冷壁悬吊管 23,炉膛延伸侧墙管 24 和水冷壁垂帘管 25;

(3)侧水冷壁管 26。

在水冷壁管中生成的汽水混合物,由水冷壁各出口联箱 27～31 汇集后经汽水引出管 32～35 引入汽包,汽水混合物在汽包中进行分离,饱和蒸汽进入过热汽系统,水返回到汽包水侧继续进行循环。

过热蒸汽和再热蒸汽系统布置和流程,分别如图 1-9 和图 1-10 所示。

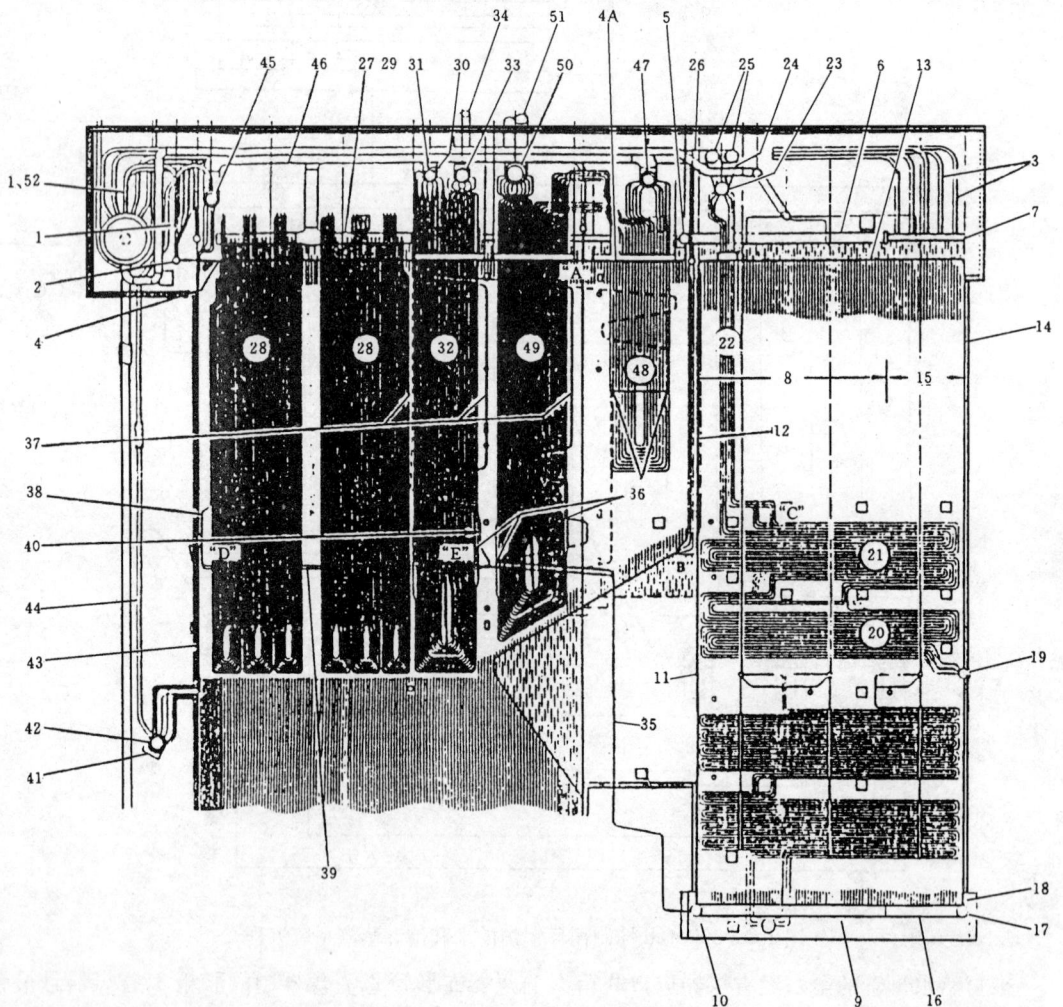

图 1-9　过热蒸汽和再热蒸汽系统布置图

1．过热蒸汽流程

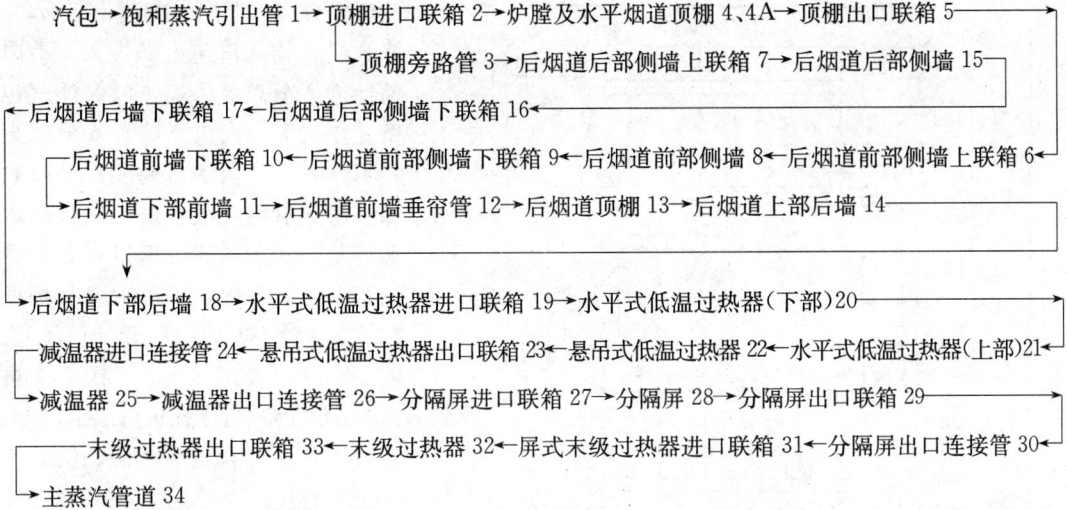

汽包→饱和蒸汽引出管 1→顶棚进口联箱 2→炉膛及水平烟道顶棚 4、4A→顶棚出口联箱 5┐

└→顶棚旁路管 3→后烟道后部侧墙上联箱 7→后烟道后部侧墙 15┐

┌→后烟道后墙下联箱 17←后烟道后部侧墙下联箱 16←┘

┌→后烟道前墙下联箱 10←后烟道前部侧墙下联箱 9←后烟道前部侧墙 8←后烟道前部侧墙上联箱 6←┐

└→后烟道下部前墙 11→后烟道前墙垂帘管 12→后烟道顶棚 13→后烟道上部后墙 14┐

┌→后烟道下部后墙 18→水平式低温过热器进口联箱 19→水平式低温过热器（下部）20┐

┌→减温器进口连接管 24←悬吊式低温过热器出口联箱 23←悬吊式低温过热器 22←水平式低温过热器（上部）21←┘

└→减温器 25→减温器出口连接管 26→分隔屏进口联箱 27→分隔屏 28→分隔屏出口联箱 29┐

┌→末级过热器出口联箱 33←末级过热器 32←屏式末级过热器进口联箱 31←分隔屏出口连接管 30←┘

└→主蒸汽管道 34

2．再热蒸汽流程

蒸汽在汽轮机高压缸做功后，经冷段再热管道 41 回到锅炉再热器系统。

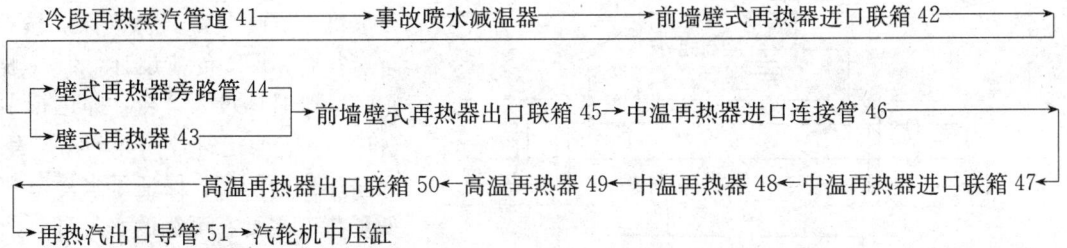

冷段再热蒸汽管道 41──→事故喷水减温器──→前墙壁式再热器进口联箱 42┐

┌→壁式再热器旁路管 44┐
│   ├→前墙壁式再热器出口联箱 45→中温再热器进口连接管 46┐
└→壁式再热器 43─────┘

┌→高温再热器出口联箱 50←高温再热器 49←中温再热器 48←中温再热器进口联箱 47←┘

└→再热汽出口导管 51→汽轮机中压缸

（四）锅炉主要设计特点

1．锅炉结构特点

（1）炉膛与燃烧器。

锅炉炉膛尺寸为宽 19.558m、深 16.432m，炉膛容积 15484m³，除炉膛上部被壁式再热器覆盖部分采用光管水冷壁外，炉膛四周均为 ϕ51mm 内螺纹管组成的膜式水冷壁。炉膛设计压力 7813Pa。最上层燃烧器标高 32.61m，至屏底距离为 16.7m，锅炉顶棚管标高为 66.16m，运转层标高为 13.7m。

该锅炉燃烧器采用 CE 公司的传统技术，即四角切向摆动燃烧器，其特点是通过气流的旋转和卷吸作用，使煤粉气流产生强烈混合和扩散，保证燃烧良好。另外，由于相邻燃烧器火焰相互支持，使煤粉着火和稳定有充分保证。燃烧器采用典型的烟煤布置方式，每角有 6 只煤粉喷口、6 只二次风喷口，其中三只布置油枪，最上面 2 只为燃尽风喷口。燃烧器总高为 11.655m。6 只煤粉喷口分别对应 6 台 HP 磨煤机、煤粉燃烧器中间布置钝体波形导流板，其作用为稳定着火及提高对煤种的适应性。燃烧器各喷口均能上下摆动，其摆角分别为：一次风口±27°、二次风口±30°、燃尽风口为 $-5°\sim+30°$。每角三个二次风口中布置一根重油枪，全炉共 12 根。重油枪为蒸汽雾化 Y 形喷嘴，单只出力 1.8t/h，12 只重油枪可带 15％的 MCR 的锅炉出力。

（2）水冷壁循环系统。

该炉水冷壁基本上采用内螺纹管组成，由锅水循环泵提供辅助循环动力，故水循环有较好的安全性。

锅炉汽包布置在标高 67.055m 处，汽包内径为 1778mm，上部壁厚 198.4mm，下部壁厚

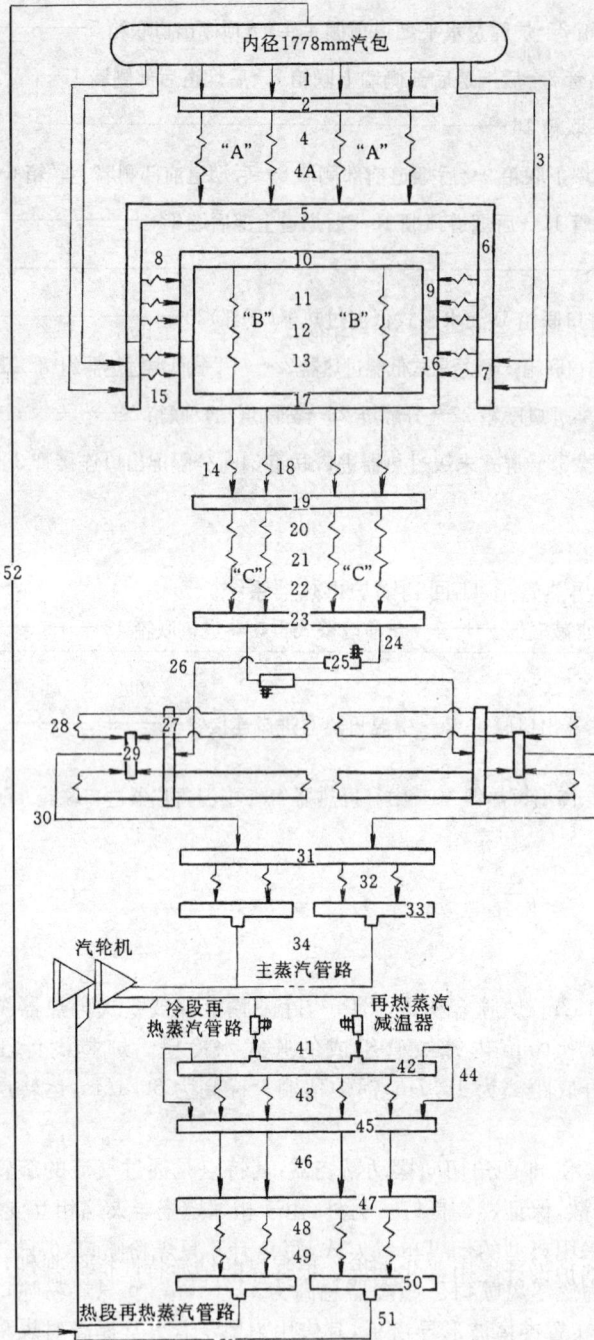

图 1-10　过热蒸汽和再热蒸汽系统流程图

166.7mm,汽包内部装有108个轴向旋流式分离器,汽包内壁装有隔套。汽水混合物从汽包上部进入,沿内筒壁进入分离器入口,以保证汽包壁受热均匀。汽包下部有6根大直径下降管,引至锅水循环泵进口联箱,由此引出三根管进入三台锅水循环泵。锅水循环泵出口有6根引出管直接引入锅炉下部大直径环形联箱(水包),联箱直径为914.5mm,壁厚95mm。锅水通过水包内滤网和节流孔板进入水冷壁,受热后汽水混合物经上联箱、导汽管进入汽包。

该锅炉的锅水循环泵为英国泰勒公司提供,其型式为无密封、湿式电机、单吸双排式循环泵。按2台运行带MCR负荷设计,但一般正常运行时均投入3台,即运行中备用,一台泵运行带60%MCR。锅水循环泵的使用,保证了水冷壁在低负荷下亦具有可靠的水循环,而且对于快速启停、变负荷及调峰运行均有较大的灵活性。

(3)过热器和再热器系统。

过热器系统由五部分组成,其流程是:顶棚→包覆→低温过热器→分隔屏→末级过热器。

炉膛上部布置分隔屏过热器,分前后两排,每排6屏,横向节距为3048mm,沿炉膛宽度布置。分隔屏后为高温过热器,呈屏式布置,共25片,管径为51mm,节距762mm。高温过热器后为高温再热器,布置在折焰角上方,共38片,管径63mm,节距508mm。高温再热器后为中温再热器,布置在折焰角后方的水平烟道内,共76片,管径76mm,节距254mm。立式(垂帘式)低温过热器位于尾部烟道的上方,共127片,管径51mm,节距152.4mm。水平式低温过热器位于尾部烟道,布置在省煤器的上部,分上下两层布置,共127×2片,管径57mm,节距152.4mm。尾部烟道包墙和顶棚过热器由尾部烟道侧墙、前墙、后墙及顶棚管组成,管径有51mm、57mm及63.5mm三

　第一篇　锅炉本体设备

种规格。

再热器系统由壁式辐射再热器和中温再热器及高温再热器三部分组成。中温再热器和高温再热器布置在折焰角上部及水平烟道内，属于对流式受热面。这两级再热器为串联布置，与烟气成逆流，吸热量较大。为了减少热偏差，采用中温再热器与高温再热器内外管圈交叉，炉外连接变管径，使其流量均匀、壁温平稳。壁式再热器布置在水冷壁前墙上部，管子为 $\phi63\times4.6mm$ 管、节距 63.5mm，共 270 排，沿水冷壁表面密排而成。

过热蒸汽采用一级喷水调节汽温，减温器布置在低温过热器与分隔屏之间。再热汽温调节主要采用摆动燃烧器角度调整，70%MCR 负荷时能保证再热汽温为额定值。壁式再热器进口还布置有喷水减温器，仅作为事故状态下喷水减温，以保护再热器。再热器采用部分放在炉膛内吸收辐射热，对改善汽温特性有较好的效果，使得在不同负荷下，均能保持较为稳定的汽温特性。

（4）制粉系统。

该炉采用典型的正压直吹式制粉系统，共配置 6 台 HP-983 型碗式中速磨，在燃烧设计煤种正常运行时 5 台磨即可带 MCR 负荷，一台备用。每台磨配一台全钢结构原煤斗，每只煤斗储煤量为 532t，可以满足锅炉 MCR 负荷连续运行 10h 的要求。采用 6 台微机控制的重力式电子称量给煤机、每台出力 14～70t。

磨煤机出力为 60t/h，采用弹簧加载，以便在研磨表面和煤层之间产生需要的研磨出力。石子煤通过磨煤机下部排出口排入石子煤斗，上部装有离心分离器，调节导向叶片角度可以改变煤粉细度。每台磨出口的风粉混合物经 4 根风粉管道分别引至同层四角煤粉燃烧器。MCR 负荷时，管道内风粉混合物的速度和燃烧器出口速度均为 24m/s。6 台磨煤机共 24 根煤粉管道在磨煤机上引出分 6 层布置成水平走向引至炉膛四角。每根煤粉管道的进口（磨煤机出口）均装有节流孔板，用以调节管道阻力，保证进入同层燃烧器的风粉混合物均匀一致。磨煤机出口温度，采用热风和冷风调节挡板控制。

（5）空气预热器。

该炉的空气预热器由美国 CE 公司设计，上海锅炉厂制造，为三分仓容克式预热器，布置在省煤器出口烟道内。为防止空气和烟气之间泄漏，设计了径向密封、周向密封及转子密封系统。针对预热器不同部位的漏风间隙，采用了相应的密封片和密封板调节堵漏。由于机组在不同负荷下空气预热器转子变形不同，因此设计了采用微机控制可以自动调节的可弯曲扇形板，能保证机组在不同工况下，该扇形板可在规定间隙内跟踪转子变形进行调节，从而使空气预热器的间隙在各种不同温度工况下能控制在最小范围内、保证预热器的漏风最小。该预热器还设计了红外线温度探测仪，当预热器转子受热面温度达到 482℃时或者发生积聚油垢燃烧时，该红外线温度探测仪能自动报警。

2. 锅炉设计的特点

（1）设计煤种。北仑电厂 1 号机组锅炉设计燃用晋北烟煤，根据煤的结渣特性指标判别，晋北烟煤的结渣性属中等偏强，见表 1-2。

表 1-2 煤种的结渣特性

依据来源	DT (℃)	ST (℃)	硅比 G	碱酸比 B/A	铁钙比 Fe_2O_3/CaO	硅铝比 SiO_2/Al_2O_3	最高结渣等级
数值	1110	1190	63.75	0.469	5.97	3.20	
CE 公司				易结渣	中、低	易结渣	易结渣
Babcock			严重				严重
德国			严重	易结渣			严重
日本		严重		中等			中等偏重
中国	中等偏重	严重	严重	严重		严重	严重

在炉膛设计上，CE公司的设计思想基本上是按燃用美国东部烟煤的典型炉型进行设计的，炉膛呈矮胖形，炉膛设计尺寸见表1-3。从表1-3可以看出，对某一些主要尺寸的确定过于大胆。例如，采用了较大的宽深比（宽深比≈1.19），这个宽深比已是四角燃烧锅炉设计中通常推荐值的上限，很少采用，特别是燃用结渣性较强的煤种。除双炉膛锅炉以外，单炉膛锅炉的炉膛宽深比通常小于1.1。炉膛高度过低，与同类型的平圩电厂1号、2号炉比较，炉膛高度要低5m，最上层一次风喷口中心线至分隔屏底的距离为16.70m，比平圩电厂低1.935m。燃烧器轴线与炉墙之间的夹角，两侧墙为45°，前后墙为35°。由于锅炉宽深比过大，采用了燃烧器轴线与炉墙之间较小的夹角，特别是与前后墙的夹角，炉内燃烧器轴线相切构成的空气动力场几何切圆直径也只有1.6m，因此该炉膛的特点是高度不足，宽度有余，炉膛容积偏小、炉膛容积热强度偏大，对燃用结渣性较强的煤种来说，这种炉型的设计是有风险的。

表 1-3　　　　　　　　　　炉膛设计特性数据及与同类型锅炉比较

电　厂	北仑电厂	石洞口二厂	沙角C厂	平圩电厂
炉膛宽度（m）	19.56	18.82	19.81	18.52
炉膛深度（m）	16.432	16.38	16.15	16.432
炉膛高度（m）	57.5	62.2	59.4	62.5
炉膛断面积（m^2）	319.08	312.0	318.0	305.0
屏下容积（m^3）	10790	12220	12150	
炉膛容积（m^3）	15020	16180	16300	16583
屏下容积热强度（kW/m^3）	157.5	122.5	140	
炉膛容积热强度（kW/m^3）	113	92.5	104	99.09
炉膛断面热强度（MW/m^2）	5.32	4.8	5.45	5.38

表1-4为北仑电厂1号炉煤质特性与同类型锅炉煤质特性的比较。

表 1-4　　　　　北仑电厂1号锅炉煤质特性与同类型锅炉煤质特性的比较

	项　　目	单位	北仑电厂晋北烟煤	平圩电厂淮南煤	石洞口电厂石圪台煤	美国东部烟煤
元素分析	碳	%	58.6	53.86	61.74	
	氢	%	3.36	3.28	3.35	
	硫	%	0.63	0.6	0.63	
	氧	%	7.28	6.34	9.95	
	氮	%	0.79	0.82	0.69	
	灰	%	19.77	25.28	7.19	
	水	%	9.61	9.82	16.45	
	低位发热量	MJ/kg	22.44		22.87	
	高位发热量	MJ/kg				7350
	可磨系数（HGI）		54.81	59	63	55
工业分析	挥发分	%	22.82	23.09	23.56	31.6
	固定碳	%	47.8	51.81	52.8	53.1
	灰　分	%	19.77	25.28	7.19	10.3
	水　分	%	9.61	9.82	16.45	5.0

项　　目		单位	北仑电厂晋北烟煤	平圩电厂淮南煤	石洞口电厂石圪台煤	美国东部烟煤
灰成分和灰熔点分析	Fe_2O_3	%	23.46	4.9	9.98	16.8
	CaO	%	3.93	1.9	11.79	5.8
	MgO	%	1.27	0.7	2.21	2.0
	Na_2O, K_2O	%	2.33	1.2	2.10	3.2
	SiO_2	%	50.41	57.1	44.99	40.0
	Al_2O_3	%	15.73	31.4	18.07	24.0
	TiO_2	%	1.0/1.55（校核煤）	1.2	0.83	1.3
	P_2O_5	%	1.67		0.05	0.1
	SO_3	%	2.05	1.7	0.8	5.3
	DT	℃	1110	>1482	1120	1190
	ST	℃	1190	>1482	1150	1225
	FT	℃	1270	>1482	1180	1340

从表 1-4 可以看出，平圩电厂燃用的淮南煤属不结渣煤，哈尔滨锅炉厂在炉膛设计上选取了较低的炉膛热强度，炉膛高度较高；石洞口二厂燃用石圪山煤属结渣倾向严重的煤种，CE 公司在炉膛和燃烧器的设计上都采取了相应的措施，如选用了较低的炉膛热强度、较高的炉膛高度、燃烧器分成三段布置，一、二次风在炉内形成大小切圆等等，这些都有利于对结渣的控制。

（2）燃烧器。CE 公司为锅炉设计了宽范围型燃烧器（WRTYPE），这种燃烧器对煤种的适应性较强，有较好的低负荷稳燃能力。燃烧器结构的基本特点是一次风和二次风相间布置。一次风喷口装有三角形曲边钝体，煤粉在进燃烧器前的一次风管的弯头处利用惯性力分成浓淡两股，又用隔板导引到燃烧器喷口，这种设计一方面使气流一出喷口就形成一高温回流区，另一方面又有高的煤粉浓度和较强烈的扰动，从而具有良好的稳燃能力。一次风喷口外圈是燃料风（周界风）通道，燃料风与一次风呈 45°。每组燃烧器共有 15 只喷口，除 6 只一次风喷嘴外，最上两层为燃尽风，其目的是实现两级燃烧，降低氮氧化物（NO_x）生成和排放。其余为二次风口，二次风采用了大风箱供风方式。风量根据负荷需要可实现自动控制，由炉膛和风箱之间的差压来决定二次风挡板开度。

（3）过热器由顶棚和包覆过热器、水平及立式低温过热器、分隔屏过热器和末级过热器（屏式）等四部分组成。采用了一级喷水减温及摆动燃烧器相结合的调温方式。减温器后的分隔屏过热器和末级过热器全部布置在炉膛上部，直接吸收炉内火焰的辐射热量，因此过热器特性较好。末级过热器的高温段管材大部分采用了耐高温的 TP304H 和 TP347H 奥氏体不锈钢。过热器的受热面积总计为 14831m^2，与同类型的平圩电厂锅炉相比，这部分受热面减少了 719m^2。

（4）再热器由壁式再热器、中温再热器和高温再热器等三部分组成。壁式再热器布置在前墙，约占前墙水冷壁面积的 30%。中温再热器和高温再热器之间不设联箱、也不交叉，而采用中温再热器与高温再热器内外管圈交叉、炉外连接变管径，使其各管流量分配合理。另外在管屏数量上和管屏长度上有差别，中温再热器为 76 屏、到高温再热器合并为 38 屏。高温再热器布置在炉膛出口、吸收部分炉内火焰的辐射放热。与一般锅炉相比较，再热器的特点是设计了辐射式再热器，对流再热器呈逆流布置，末级再热器也吸收部分炉内辐射热。这一特点使再热器的受热面积大为减少。末级再热器的高温部分采用了 TP304 不锈钢。根据实际运行情况看，再热器受热面偏小，使再热汽温可能达不到设计要求。

（5）锅炉的汽水系统采用强制循环方式。配有3台英国泰勒公司生产的无填料鼠笼湿式感应电动机单级离心泵作为循环动力。循环倍率为2.0左右，与同容量的自然循环锅炉相比，其循环倍率约低1.0。汽包采用了上厚下薄的不等壁厚筒体，内设汽水混合物导流夹层，这与一般汽包相比，这种汽包结构在锅炉启动和变负荷运行中，汽包上下壁温均匀，这极大地改善了汽包壁的温度分布特性，为快速启动创造了条件。与自然循环锅炉相比，这种型式锅炉具有汽包容积较小，水冷壁管径小，循环系统重量轻、循环倍率低，水动力安全可靠，启动和停炉速度快、调峰运行的适应能力强等优点。

（6）对承压部件采取了更完善的保护。除汽包、主蒸汽管和再热蒸汽热段管道上装有弹簧式安全阀以外，在主蒸汽管道上设置有电磁泄压阀，该阀可自动或手动开启。另外在炉膛出口两侧墙上各装有1支烟温测量探针，在锅炉启动时，由这2根镍铬-镍硅热电偶制成的烟温探针来测量烟气温度，以控制启动速度，使炉膛出口烟温限制在538℃以下，以确保再热器的安全。当再热器建立连续流量时，则炉膛出口烟温探针可以退出。在炉膛上部的末级过热器和末级再热器管屏上装有壁温测点，锅炉运行时可以随时在CRT上调出金属壁温画面、监视壁温数值和分布趋势。锅水品质控制十分严格，为此配备了较完善的水处理设备，如精除盐装置、加药装置、汽水品质取样分析系统、排污系统及这些系统设备的控制和仪表装置均比国产锅炉的要完善、可靠和先进。

（7）采用了较先进的辅助设备。除空气预热器之外，磨煤机、给煤机、一次风机和送风机等不但容量大而且都具有较优良的性能。如HP磨煤机，它是在RP磨基础上改进而成的，在磨辊寿命、制粉电耗、出力和煤粉细度调节诸方面性能均优于RP磨，还有检修方便等优点。给煤机安装十分方便，原煤的电子称量正确可靠。一次风机和送风机均为动叶可调轴流风机，和其他型式的风机相比，具有效率高、体积小优点，特别在变工况的运行中尤为突出。

（8）风烟系统在布置、测量等方面有其优点。如二次风采用大风箱供风，在进大风箱前设计有联络风道，这使得四角燃烧器二次风喷口速度比较均匀。在每根一次风管上装有节流孔板，保证了每根一次风管内的风速的均匀性，也为煤粉量的均匀性创造了条件。风量的测量装置设计成特性不易改变、不易磨损和堵塞，具有性能稳定、寿命长的特点。每一台辅机前后都设计有隔离挡板，便于在机组运行中的在线检修和保证在检修时的人身安全。

（9）炉顶小室将汽包、过热器、再热器和省煤器的大部分炉顶联箱和导汽管道笼罩在内，除末级过热器和再热器集箱需保温外，其他均不再需要保温，且能使这些联箱和管道处于内部介质和外壁环境在较小的温差下工作，这使得锅炉启停或变负荷运行中对这些承压部件的不利影响最小，而且炉顶的保温性能良好。

（10）锅炉的全部炉墙、烟风道和蒸汽管道及燃油管道等采用了硅酸铝纤维保温。外侧护板全部为铝质材料。因此其保温性能优良，外观轻盈简洁，检修维护方便。

二、平圩电厂600MW机组锅炉设备及其特点

平圩电厂600MW机组配置的HG—2008/18.6—M型2008t/h亚临界压力中间再热控制循环锅炉为哈尔滨锅炉厂按照引进美国燃烧工程公司（CE）的技术设计制造的。其主要辅机及部件有从国外进口的、引进技术国内制造和国产试制的三种。属进口的有汽包及内部装置、水冷壁、循环泵及附件、高能点火器、锅炉及预热器的吹灰系统、炉膛安全监控系统（FSSS）、协调控制系统（CCS）、电视摄像系统（以上均为CE公司提供的设备）。另有烟囱排烟监测设备（美国热电子公司）、锅炉安全阀（美国德莱赛公司）等。属引进技术国内制造的有：RP—1003型碗式中速磨煤机（上重厂—CE），8224重力式皮带给煤机（上重厂—STOCK），动叶可调轴流式一次风

机和送风机（上鼓－TLT），引风机（沈鼓－TLT），电气除尘器（上冶－菲达），空气预热器（哈锅－CE），恒力弹簧吊架（常州－西德ITT）等。其它还有属引进技术国内制造和国产试制的。

该锅炉从设计到制造的全过程，基本上采用CE公司的成熟技术，是20世纪90年代前国内制造容量最大的锅炉，技术上相当于美国同类型燃煤电厂20世纪80年代初的水平。该锅炉效率92.2%（低位发热量），全厂设计厂用电率为5.6%，发电煤耗率（标煤）310.6g/kWh，供电煤耗率约328g/kWh。

（一）锅炉主要参数

锅炉主要参数，如表1-5所示。

表1-5 锅 炉 主 要 参 数

名　　称	单位	负　荷						
		定　压				滑　压		
		100%	90%	70%	50%	60%	40%	28%
主蒸汽流量	t/h	2008	1815.4	1405.7	1004.3	1209.7	803.2	575.1
主蒸汽压力	MPa	18.22	17.25	16.91	16.72	13.06	7.42	6.26
主蒸汽温度	℃	540.6	540.6	540.6	529.4	540.6	528.3	516.7
给水压力	MPa	20.04	18.78	18	17.6	14.14	7.98	6.95
给水温度	℃	278.33	272.2	257.2	237.8	250	226.1	208.9
再热蒸汽流量	t/h	1634	1494	1192.5	855	1041.5	684.8	489.4
再热蒸汽出口压力	MPa	3.63	3.29	2.53	1.82	2.3	1.5	1.07
再热蒸汽入口压力	MPa	3.85	3.48	2.68	1.94	2.42	1.58	1.12
再热蒸汽出口温度	℃	540.6	540.6	540.6	507.2	540.6	517.2	482.2
排烟温度（修正前）	℃	135	131.7	123.3	111.1	118.9	107.8	101.1
排烟温度（修正后）	℃	127.8		116.7		111.1		
锅炉热效率（以高位热值计）	%	87.94	88.11	87.87	88.01	88.42	89.26	89.74
锅炉热效率（以低位热值计）	%	92.2	92.39	92.14	92.28	92.74	93.59	94.1
省煤器出口过量空气系数	%	25	25	42.9	40	32.2	26.3	25
燃煤量	t/h	269.9	247.7	200.9	144.2	174.9	118.4	84.9
总风量（×10⁵）	kg/h	239.7	220.03	204	143.4	164.3	106.2	75.4
总烟气量（×10⁵）	kg/h	259.7	238.4	218.6	154.1	177.3	115	81.7

注　额定负荷为100%即MCR，90%负荷可满足汽轮机600MW的用汽量。

（二）锅炉整体布置

锅炉整体布置，如图1-11所示。

锅炉为单炉体Π型半露天布置，炉膛断面尺寸为18542mm×16432mm（宽×深），炉膛与后部竖井烟道净距为8865mm，汽包中心线标高73304mm，锅炉大板梁底层标高80520mm，冷灰斗标高10860mm，倾角55°，前墙至折焰角的距离为13080mm，折焰角为55°。

锅炉采用全钢架悬吊结构，高强度螺栓连接，锅炉钢架由美国CE公司设计国内制造。锅炉主要刚性大平台共分7层，各层标高分别为：7m、17m、27.60m、40.20m、50.20m、61.80m、70.00m。另外为了便于操作，巡视等在其余各层次设置24层平台，其宽度为0.8～1.0m。锅炉

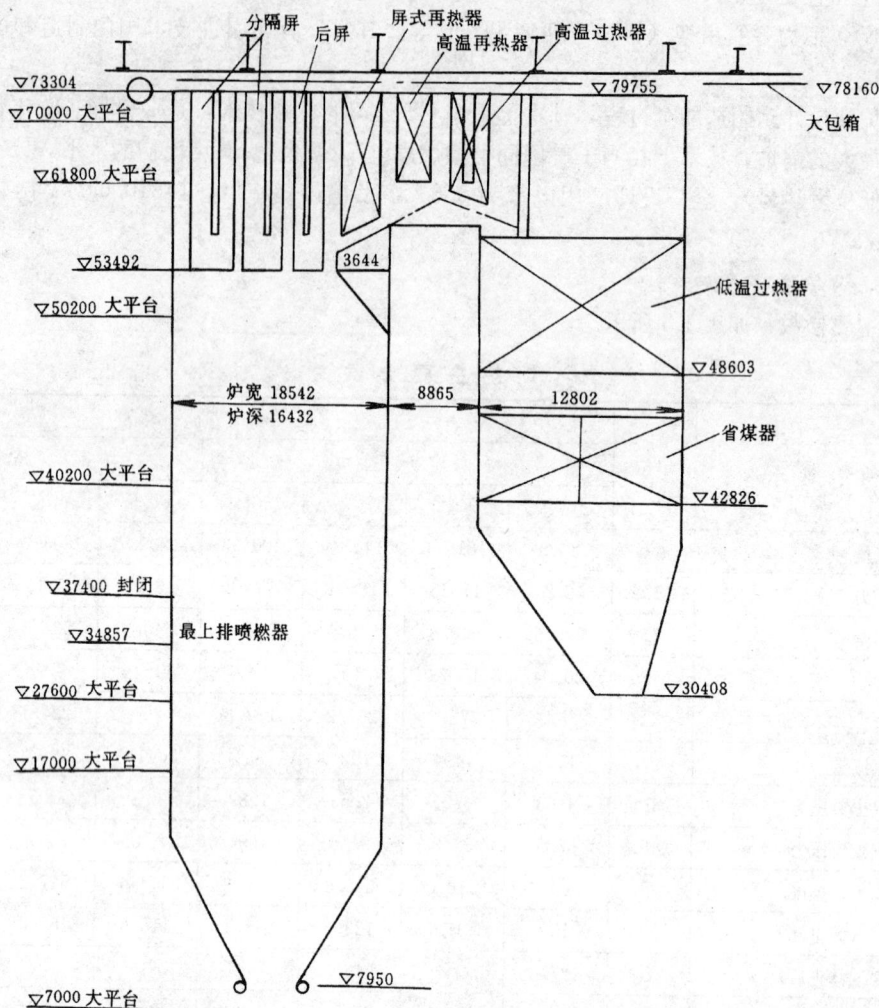

图 1-11 平圩电厂 2008t/h 锅炉整体布置图

37.40m 标高（上排燃烧器顶部）以下的厂房为全封闭的，以上除汽包两端有小室外，其他部分均为露天布置，大板梁顶部采用大包箱盖顶。

在封闭的锅炉房内装有暖通设备，温度控制在 $10℃ \sim 40℃$。正常运行时厂房内为负压，在停炉时为微正压，整个锅炉房内共分 4 个暖通区域，即电梯设备间、运转平台、底层及汽包小室。在每个区域内均装有不同要求的暖通调节设备，以保证室内温度在控制范围内。

炉膛宽 18542mm、深 16432mm，宽深比为 1.128。炉顶为平炉顶结构，并配以折焰角来改善炉内气流的流动。炉膛设计断面热负荷 Q_F 为 $20.3×10^3 kJ/(m^2 \cdot h)(5.639×10^3 W/m^2)$，炉膛容积热负荷 Q_V 为 $347.4×10^3 kJ/(m^3 \cdot h)$ $(96.5×10^3 W/m^3)$。锅炉燃烧方式为四角双切圆燃烧，切圆直径为 1884.2mm 和 1771.4mm，燃烧器呈正四角布置。在燃烧器的上方布置有燃尽风以减少炉内 NO_x 的生成。

为了保证当炉膛内压力波动时，炉膛及后部竖井受压部件的安全，在炉膛及后部竖井的外部均设有绕带式刚性梁结构。

1. 锅炉汽水系统

锅炉给水经由省煤器进入汽包，然后经由 6 根下降管进入循环泵的吸入联箱（汇集联箱），经 3 台锅水循环泵将锅水进入下水包，在水包内经过滤网及节流孔板进入水冷壁管，生成的汽水混合物经出口集箱和引出管进入汽包。在锅炉启动期间，锅水也可以通过水包至省煤器入口联箱的再循环管进入省煤器，以保护省煤器。

本锅炉采用锅水循环泵和内螺纹管的强制循环系统（CC+）。即在炉膛高热负荷区域内采用内螺纹管的水冷壁，以防止水冷壁管内产生传热恶化。采用低压头的锅水循环泵，可降低锅炉循环倍率，提高锅炉运行的经济性和可靠性。其实际循环倍率如表 1-6 所示。

表 1-6　　　　　　　　　　　　　　　锅炉实际循环倍率

锅炉负荷	100%MCR	100%MCR	60%MCR
循环泵运行方式	2 台泵运行	3 台泵运行	1 台泵运行
锅炉计算循环倍率	2.087	2.422	2.316
实际循环倍率	1.674	1.843	2.259

本锅炉共有水冷壁管 1062 根，在水冷壁管入口装置 13 种规格的节流孔板。选择节流孔板要经过三部分计算，首先要校核回路阻力计算，其次对膜态沸腾复核及回路阻力复算，第三对于膜态沸腾工况的校核，即按 1.15 倍的该回路所在区域的平均热负荷计算出的各点含汽率应满足。沿高度方向最高局部热负荷时不出现膜态沸腾，并应有 10% 以上的裕度。

过热器系统采用辐射—对流组合式，即由炉顶和包覆、低温过热器（包括水平和立式低温过热器），分隔屏、后屏和高温过热器。各级过热器最大限度地采用蒸汽定位管和吊挂管，以保证运行的可靠性。

再热器共有壁式、屏式和高温再热器三级。壁式再热器为低温再热器，布置在水冷壁上部的前墙和两侧墙的前侧，直接吸收炉膛的辐射热。屏式再热器布置于后屏过热器和后墙水冷壁悬吊管之间（折焰角上部）。高温再热器位于水平烟道内（处于后墙水冷壁悬吊管与后墙水冷壁折焰角延伸的垂帘管之间）。再热器系统也采用辐射—对流组合布置，可改善其汽温特性。

省煤器总受热面积为 1405m²，再循环管设计流量为锅炉 90%MCR（600MW 相应锅炉蒸发量）的 4%，当汽包压力在 4.22MPa 范围内启用，以保护省煤器的安全运行。汽包上设有安全阀六只，过热器安全阀二只，总排汽量为锅炉 MCR 的 102.5%。另在过热器出口安全阀的下游主蒸汽管道上设置一只电动排汽阀（PCV），排汽量规定不小于锅炉 MCR 的 5%，其起跳压力稍低于过热器出口安全阀的最低整定值，用于减少安全阀启跳动作次数。再热器安全阀共九只，总排汽量为再热器 MCR 时的 100.6%。

吹灰器共 146 只，其中炉膛布置 110 只墙式可旋转短伸缩型吹灰器，对流烟道布置 34 只长伸缩型吹灰器，用于空气预热器吹灰器为两只。另设计预留炉膛过渡烟道及尾部烟道吹灰器位置共 40 个。该系统操作采用程控吹灰。

一、二次汽温调节方式按 CE 设计传统。过热器采用一级喷水减温调节，布置在低温过热器到分隔屏的大直径连接管上，减温器采用笛形管式。再热器主要靠燃烧器摆动调温，另外再热器进口管道上装有两只雾化喷嘴式的喷水减温器，主要作事故喷水用，以保护再热器。

按 CE 的经验，本锅炉过热器系统设有 5% 启动旁路系统，流量为锅炉 MCR 的 5%，温度为 4.2MPa 压力下的饱和温度。该启动旁路系统作用是使锅炉汽温汽压与汽机要求相匹配（特别在热态启动），以缩短机组的起动时间。

汽水管道上不设蒸汽流量孔板和隔离门。主汽流量测量，采用测定汽机第一级压力以代替传统的流量孔板的方法。采用类似摇板逆止式的隔离阀，装于再热器入口，可用于再热器作水压试验，代替传统的水压试验隔离阀。

2. 输煤及制粉系统

（1）输煤系统。

来煤由铁路运输，进厂后的输煤系统由三个部分组成：①横向开门底开车及卸煤沟组成的卸煤系统；②门式斗轮取料机和具有下煤坑的事故煤场所组成的煤场系统；③双路出力为 800 和 1000t/h 皮带输送机形成的上煤系统。整个系统可满足 600MW 机组总煤量 540t/h 的要求。全厂境内皮带输送机共 16 条（其中 3 条供启动锅炉用煤），来煤计量齐全，设计考虑为三级计量（轨道衡、输煤电子皮带秤、给煤皮带秤）。

该系统具有卸煤、输送、破碎、除铁、除木块、取样、计量、校码和皮带机的 7 项保护等功能，并有 9 种输煤方式。控制方式分自动和手动，都可通过 MODICON582 可编程序控制器来实现。其配套设施有：微机轨道衡、横向开门底开车、叶轮给煤机、皮带机、电磁振动给料机、环式破碎机、带式除铁器、除细木块器、门式斗轮取料机、电子皮带秤、链码、犁煤器、机械取样器和原煤仓内料位控制器等组成。为了确保安全和改善环境卫生，另增设了除尘、来煤加水、消防和清扫等辅助系统和设施。

为了保证 RP-1003 型碗式中速磨煤机的安全、经济运行，要求运煤系统做到：①要符合设计煤种和煤的颗粒度规范；②对燃煤中的铁块、木块和大块石子必须在进入锅炉原煤仓之前予以清除。只有这样，才能充分发挥该型磨煤机的优越性。

（2）给煤系统。

由皮带机送到 6 只钢制圆形煤仓，下接不锈钢圆锥形小煤斗，经落煤管（在煤闸门设有钴 60 断煤信号监控装置），进入 6 台电子重力式皮带给煤机。给煤机每台出力 15～80t/h。

（3）制粉系统。

采用正压直吹式制粉系统，配置 6 台 RP-1003 型碗式中速磨煤机，设计使用淮南烟煤，每台出力 67.9t/h，煤粉细度 $R_{90}=25\%$。锅炉 MCR 工况，5 台磨煤机运行，1 台备用。其优点是制粉单耗低。磨碗直径为 2546mm，磨辊 3 只均为液力加载（因液压控制不稳定，改为弹簧加载）。设有 CO 浓度检测仪和蒸汽或 CO_2 高能喷射设施，防止煤粉自燃爆炸。

配置 24 根一次风煤粉管道。按 CE 的设计规范，对于直吹制粉系统煤粉管道，是不加设保温层的。每台磨有四根煤粉出口管，到同一层四角煤粉燃烧器，每根管道采用数量不等从国外进口的 ROCKWELL 和 VICTAULIC 两种联接口，前者联合器吸收轴向膨胀量达 50mm，后者膨胀补偿能力略小。为了防磨，一次风管（煤粉管）弯头铸成内外不等壁厚的结构，并在弯头内设有两块导流板。一次风量的不均匀性大于 25% 时，可增设节流孔板，其表面经过冷硬处理，以增加抗磨性延长使用寿命。

（4）燃烧器。

燃烧器为切向四角布置，每只燃烧器共有 15 层风室和 29 个喷嘴。一次风喷嘴可上下摆动 27°，二次风喷嘴（辅助风）可作上下摆动 30°，顶部燃尽风喷嘴向上 30°，向下 5°摆动，用以调节再热汽温，并且燃尽风喷嘴作用可减少炉内 NO_x 生成物。所有煤粉喷嘴周围设有燃料风，并有挡板控制，补充煤粉着火所需要氧气。

配置锅炉自动点火装置，点火方式为两级点火，高能点火器点燃燃油，燃油再点燃煤粉。每只燃烧器设置 3 只高能点火器，相应点燃伸缩式蒸汽雾化油枪，每只油枪容量为 1800kg/h，全炉三层共 12 只。每根油枪有可见光油火焰检测器（三层 12 只），另外锅炉每只燃烧器的喷嘴内从上至下布置四层可见光火焰检测器，作为煤层火焰检测。并设置火焰检测器冷却风机系统，对火焰检测器进行冷却和吹扫。

在炉膛侧墙上部装有伸缩式热电偶温度计一只（温度探针），在锅炉启动期间用来测量炉膛出口烟气温度，控制不超过 538℃，以防止再热器管壁超温。

（5）烟风系统。

1）一次风机两台，采用动叶可调双级轴流式，本风机具有运行效率高（>85%）、噪声低（小于 85dB），风量测量装置新颖等特点。

2）送风机两台，采用动叶可调轴流式。送风机出口的部分冷空气与两台增压风机串接（一台运行，一台备用），作为火焰检测器冷却用空气。送风机轴承润滑油采用公共高、低位油箱系统（引风机亦然），遇厂用电中断，由高位油箱供油（又称事故油箱），保证风机可惰走 30min 的轴承润滑，防止扩大事故。

3）引风机两台，采用双速双吸离心式、转速为 600/500r/min，效率为 86%/83.5%，设置了引风机转子叶轮的盘车装置一套，保证转子叶轮起停的安全可靠性。

4）配置容克式空气预热器及暖风器各两台，空气预热器采用三分仓，转子外径为 15m，传热元件总高度 1.6m，立式倒转（由二次风室到一次风室），一、二次风温分别为 302℃、312℃，进出口烟温分别为 361℃、128℃。转子由一个中心筒和 24 个扇形分隔仓组成。在预热器二次风道进口装有乙二醇作为传热介质的暖风器，暖风器出口风温满足空气预热器冷端平均温度 19℃ 要求。

5）电气除尘器 4 台，每台除尘器采用五个电场、阴极线采用奥氏体不锈钢加工而成的螺旋线，每台除尘器为 13500 根，不易断损。阳极板采用大 C 型，由冷轧板轧制而成，尺寸 12500mm×750mm×1.5mm，每台除尘器为 1550 块。设计工况下、除尘效率为 99%，且留有 10% 的裕度（即在 10% 收尘面积不通电时）。锅炉除尘后的粉尘排放低于我国现行排放标准。除尘器高压部分控制回路采用微机控制器，能方便地调整在任何火花频率下稳定工作，以确保最佳的除尘效率。

6）除灰、除渣系统。该系统采用飞灰和炉渣分除、高浓度输送。控制部分采用 584L 可编程控制器，其操作既可在集控室远方操作，也可就地完成。

输灰系统由气力输送系统、灰库系统、灰浆输送系统组成。气力输送系统主要设备有输送风机、灰斗气化风机、气锁阀等。灰库系统主要设施有 9m 直径的灰库，以及灰库气化风机、消声器、布袋式除尘器，灰库气化装置、空气加热装置、旋转式给料机和水灰混合器等。灰浆输送系统主要设备有灰浆池、前置泵、柱塞泵（包括冲洗泵）。干灰与水混合的灰浆注入灰浆池并经前置泵、柱塞泵、灰管道高浓度输送（水灰浓度比为 1.5∶1）至电厂 12km 以外的灰场。管线为甲、乙两根。管接头为国产快装式卡接头。

除渣系统主要由锅炉渣斗及其溢流系统、省煤器灰斗灰系统、石子煤系统、供水系统、渣中转仓和渣泵系统组成。炉底设有渣斗两只，呈 V 形结构，大渣经碎渣机破碎成 5mm 以下的粒径，然后经水力喷射泵送到中转仓。磨煤机排放的石子煤和省煤器灰斗的灰也分别通过各自的水力喷射泵，排放到中转仓内。供水系统由缓冲水池和各类泵组成，水泵有高压水泵、低压水泵、补给水泵、冲洗水泵、补充水泵、排污泵以及轴封水泵，各水泵均布置在供水泵房内。这些炉渣、石子煤、粗的灰尘颗粒在中转仓内由供水系统中的补给水泵来调节渣、水浓度比至 1∶5，经二级渣泵送出（二级串接的 Warman 泵配有液力偶合器），由两根铸石渣管排至距电厂 3.5km 的渣场。

（三）锅炉设备及其系统的主要技术特点

（1）该锅炉可用率的设计目标系按美国惯例为85%，所有主辅设备及系统的选定，均按此考虑。该机组设计使用寿命按40年考虑，前20年带基本负荷，后20年带调峰负荷，允许3～4年大修一次，并可适应定压运行和变压运行。

（2）锅炉采用CE公司于20世纪70年代末期发展的内螺纹管膜式水冷壁的强制循环系统（简称CC+），以降低锅炉循环倍率至2左右，并采用低压头的循环泵以减少电能消耗，加上采用计算机对每个回路的各种工况作了精确的水循环计算，能确保水循环的可靠性。膜式水冷壁采用CE熔焊型式。

（3）锅炉配套设备自动化程度高，适应调峰能力强，性能好。本机组设备出力裕度大，高峰负荷时，机炉可超出额定负荷的8%。低谷负荷时，锅炉可带30%MCR，不需用油助燃，主要辅机如给水泵等也考虑适应调峰负荷的需要。

（4）锅炉各级过热器和再热器最大限度地采用蒸汽冷却的定位管和吊挂管，以保证运行的可靠性。分隔屏和后屏沿炉膛深度方向有六组汽冷定位管夹紧，并与前水冷壁之间装设导向定位装置，以作管屏的定位和夹紧，防止运行中管屏的摆动。前屏过热器和屏式再热器用横穿炉膛的汽冷定位管，以保证屏与屏之间的横向节距、防止运行中的摆动。布置于后烟道中的水平低温过热器和省煤器组均由包墙管下联箱引出的汽冷吊挂管悬吊和定位。对于高烟温区的管屏（分隔屏、后屏和屏式再热器）延长其里面的管圈作管屏底部的夹紧用。一般受热面处于烟温>900℃的，均采用流体冷却定位装置。

（5）锅炉炉膛上部布置壁式再热器和大节距的分隔屏过热器，以改善过热器与再热器的汽温特性。分隔屏并能起到切割旋转的烟气流，以减少进入过热器炉宽方向的烟温偏差的作用。

（6）锅炉受热面在防磨损方面考虑较完善，根据国内运行经验和设计煤种灰分中SiO_2等磨削成分较高的特点，对流受热面的设计中采用较低烟速（过热器进口烟速10.7m/s、省煤器进口平均烟速9.59m/s），加上各级过热器、再热器采用较大直径的管子（$\phi57$、$\phi60$等）以及管子的顺列布置，对降低管子烟侧磨损及提高抗磨能力提供了有利因素。

（7）各级过热器和再热器之间，采用单根或数量很少的大直径连接管相联接，使蒸汽能起到良好的混合作用，有利减少热偏差。

（8）各级过热器和再热器管子采用横向大节距，除了出于防止结渣、积灰的目的外，还能便于在蛇形管穿过顶棚处装设高冠板式密封装置，以提高炉顶的密封性。

（9）每台锅炉装有两台CE三分仓式容克式空预器。由于淮南烟煤水分不大，要求的干燥剂温度不高，因此预热器采用倒转式，烟气首先加热二次风分仓，这样可获得较高的二次风温，以加强燃烧；而获得稍低的一次风温，以减少调温用的冷风百分比，提高锅炉效率。

（10）锅炉刚性梁按锅炉最大瞬时压力为7.62kPa设计，几乎为国内采用的设计压力的一倍。此设计压力系考虑紧急事故状态下，主燃料切断，送风机停运所造成的炉膛内瞬间最大负压。该数据符合美国国家防火防爆协会规程（NFPA）的规定。锅炉水平刚性梁的布置系先按各部位烟侧设计压力跨度和管子应力等条件，通过分析，以确定各处的最大许可间距，而根据门孔布置等具体条件所确定的刚性梁实际间距应小于此处的最大许可间距。由于锅炉水平烟道部位的两侧墙跨度最大，为了减少挠度，每侧设有两根垂直刚性梁与水平刚性梁相连。

（11）锅炉采用的灰、渣分除输送系统，系高浓度湿式排灰、排渣。其灰水比为1∶1.5，渣水比为1∶5，单耗仅为我国常规输送系统的10%～25%。是美国20世纪80年代较先进的一套灰渣输送系统，并为灰渣综合利用打下了良好的基础。

（12）锅炉在环保方面，燃烧器顶部设燃尽风，作为减少NO_x生成的主要措施；柠檬酸洗废液采用焚烧处理；烟窗装设自动烟气监测装置；考虑了灰、水排放处理和生活、工业污水处理；采用高效电气除尘器等。

（13）该机组除按用户要求装有容量为30％的汽机旁路，以满足机组的冷热态起动和紧急甩负荷时再热器保护外，在锅炉尾部竖井下集箱按CE的惯例，还装有容量为5％的锅炉启动疏水旁路，锅炉启动时利用此旁路进行疏水，以达到加速过热器升温的目的。根据CE的经验，此5％容量的小旁路也可以满足机组冷热态启动的要求。

（14）除汽包、过热器出口及再热器进出口均装有直接作用的弹簧安全阀外，在过热器出口处还装有一只压力控制阀（PCV），以减少安全阀的动作次数。

（15）每台锅炉配有轴流式送风机和一次风机各两台，轴流风机具有较高效率，可减少厂用电。且风机采用液压调节系统，可获得较佳的调节特性。

第三节　600MW 自然循环锅炉

一、北仑电厂 600MW 自然循环锅炉总体介绍

北仑电厂2号炉为加拿大 Babcock & Wilcox 公司设计制造的亚临界压力、一次中间再热、自然循环、单汽包、尾部平行分流、倒 U 形半露天布置锅炉，采用平衡通风，前后墙对冲燃烧技术。

锅炉型号为 RBC 型（radiant boiler caroline）。

（一）锅炉主要设计参数

锅炉主要设计参数，见表1-7。

表1-7 锅炉设计参数

项目及其单位　　　　　　　负荷		100％MCR	70％MCR	30％MCR
锅炉蒸发量	t/h	2027	1177	591
锅炉设计压力	MPa	20.61		
过热蒸汽压力	MPa	18.19	12.48	8.75
过热蒸汽温度	℃	540	540	540
再热蒸汽压力（入口/出口）	MPa	4.18/4.05	2.55/2.45	1.39/1.35
再热蒸汽温度（入口/出口）	℃	328/538	323/538	330/538
再热蒸汽流量	t/h	1704	1047	537.48
省煤器进口水温	℃	276	246	212
省煤器进口压力	MPa	19.792	13.03	8.906
炉膛出口温度	℃	1054	918	753
排烟温度	℃	131	113	101
空气预热器出口风温（二次/一次）	℃	298/323	281/293	258/267
空气预热器入口烟温	℃	359	324	292
空气预热器入口风压（二次/一次）	kPa	2.794/9.144		
引风机入口烟压	kPa	-2.794		
省煤器出口过量空气系数	％	20	29.8	75.6
总效率	％	93.33	93.51	93.22
循环倍率		2.98		
总风量	t/h	2336	1454	1065
燃料消耗量	t/h	251	158	86
汽包至屏式过热器进口压降	MPa	0.448	0.149	0.046
屏式过热器至二级过热器进口压降	MPa	0.319	0.111	0.031
二级过热器进口至二级过热器出口压降	MPa	0.543	0.188	0.053
过热器总压降	MPa	1.31	0.448	0.13
省煤器压降	MPa	0.292	0.098	0.026
冷再管道压降	MPa	0.061	0.038	0.019
再热器压降	MPa	0.124	0.099	0.04
热再管道压降	MPa	0.095	0.059	0.026

注 在（30％～100％）MCR工况下，主蒸汽温度能维持在540℃，再热蒸汽温度能维持在538℃。

（二）锅炉整体布置

锅炉整体布置如图 1-12 所示。锅炉采用单炉膛、倒 U 形布置，炉膛尺寸为 19.5m×17.4m ×55.65m，炉膛容积 14176m^3。采用 ϕ63.3×6.1 的肋片管组成膜式水冷壁。炉膛设计压力为 ±87.1×10^{2}Pa，断面热负荷 4967176W/m^2，燃烧器区域热负荷 1306200W/m^2，容积热负荷 118713W/m^3。炉膛前后墙各布置 3 层双调节燃烧器组共 6 排，36 只燃烧器，燃烧方式为对冲燃烧。

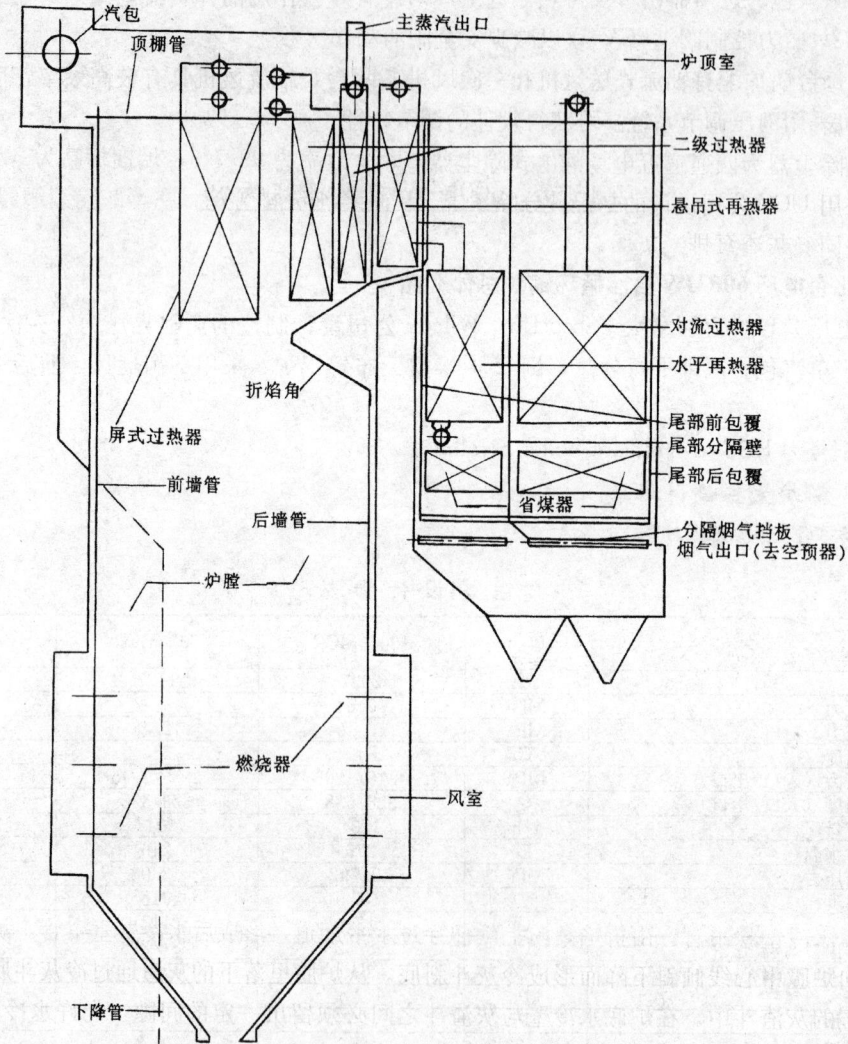

图 1-12　北仑电厂 2027t/h 锅炉总体布置图

炉膛上方布置有屏式过热器，沿烟气流程布置了二级过热器、悬吊式再热器（布置在水平烟道上）。尾部烟道由前墙、隔墙、后墙包覆过热器分隔为再热器烟道和过热器烟道，两个烟道出口均布置有省煤器及烟气挡板。再热汽温是通过烟气挡板调节控制的。

在炉前 67.92m 标高处布置了汽包，汽包直段长 25.248m，内径 1828.8mm，壁厚 196.7mm，材质为 SA299。汽包连有两根 ϕ558.8×48.1 的端部下降管和两根 ϕ660.4×56.9 的中间下降管。

锅炉下联箱标高 7.625m，B 排燃烧器标高为 21.1m，F 排燃烧器标高为 25.975m，A 排燃烧器标高 30.65m，折焰角标高 49.45m，顶棚管束标高为 63.65m，运转层标高 13.7m。

　　　　　第一篇　锅炉本体设备

锅炉装有 30 支短伸缩式吹灰器，用于炉膛吹灰。44 支长伸缩式吹灰器，用于悬吊对流过热器和悬吊式再热器吹灰。16 支长伸缩式吹灰器用于水平对流再热器（分隔烟道的低温再热器）、一级过热器及省煤器的吹灰。2 支伸缩式吹灰器用于回转式空气预热器的吹灰。

炉膛出口装有两支可伸缩式烟温探针，以监视启动初期的炉膛出口烟温。

锅炉装有炉膛安全监察系统（FSSS）和协调控制系统（CCS），以对锅炉整个生产过程实行保护和自动控制。

锅炉配有两台三分仓回转式空气预热器，两台可调动叶轴流式送风机和一次风机，两台离心式引风机，两台离心式密封风机，三台离心式扫描冷却风机，一台炉顶披屋离心增压风机。制粉系统为直吹式正压系统，六台给煤机和六台磨煤机各自组成独立的系统，一台磨煤机供粉至一排六只燃烧器。

电气除尘器为四通道五电场静电式除尘器，除尘效率为 99.7%，烟囱标高为 240m。除灰除渣系统采用 UCC 公司设计的干湿灰分除系统，干灰粗细分排分储，在干灰无利用时，也可随湿灰系统一同经灰渣泵排入灰场。

（三）汽水系统

本锅炉系自然循环锅炉，循环倍率 2.98，最大连续蒸发量（MCR）为 2027t/h。锅炉的给水流程及水循环流程为：

给水→省煤器进口电动隔离阀及止回阀→省煤器进口联箱→省煤器受热面→省煤器出口联箱→两根导管→汽包两端→沿汽包长度的两根多孔管进入汽包内部。

汽包→四根下降管→下联箱（共 22 只，其中前后墙各 6 只、左右侧墙各 5 只）→水冷壁→上联箱→导汽管→汽包。

省煤器布置在锅炉尾部烟道下部，共有 4 组管束，其中两组位于一级过热器（低温过热器）下部，另两组位于再热器侧烟道。省煤器为逆流布置，这样可达到最佳传热效果。省煤器管子直径为 50.8mm，横向节距 112.5mm、纵向节距 70mm。

在省煤器的进口联箱与 1 号、4 号下降管之间有两条省煤器启动再循环管，以保证在启动期间有一定的水流过省煤器，防止省煤器内的水汽化。在锅炉上水时，省煤器再循环电动隔绝阀关闭，上水结束后打开。在启动初期，两只省煤器再循环电动隔离阀必须打开，直到锅炉连续进水时再关闭。

水冷壁由 φ60.3、节距为 75mm 的内螺纹管组成，管子之间采用鳍片焊接，从而达到对烟气的完全密封。在后水冷壁的上部，其中一部分水冷壁管子弯成折焰角；另一部分水冷壁管垂直向上作为后水冷壁悬吊管。由折焰角向上延伸穿过水平烟道，形成后水冷壁垂帘管。炉膛前后水冷壁下部向炉膛中心线倾斜下降而形成冷灰斗斜底。从炉膛里落下的灰渣通过冷灰斗底部的开口落到正下方的灰渣斗中。在炉底水冷壁与灰渣斗之间必须留出一定的间隙，允许水冷壁向下膨胀。同时，在该处装有炉底水封装置，以防空气漏入炉内。

在每根下降管的底部都有一只疏水阀，另有一根排污管子连接下降管与定期排污联箱。排污联箱的下部有一只手动隔离阀和一只电动隔绝阀，用于定期排污。定期排污不能在锅炉正常运行时使用，只能在锅炉熄火时，用于锅炉放水或排放沉渣。

过热器的蒸汽流程如图 1-13 所示。过热器主要由以下 5 部分组成（见图 1-14 和图 1-15）：

（1）顶棚过热器和水平烟道包覆过热器。

（2）尾部烟道顶棚和包覆过热器。

（3）一级过热器（Ⅰ段），即水平低温过热器和悬吊低温过热器。

（4）一级过热器（Ⅱ段），即屏式过热器。

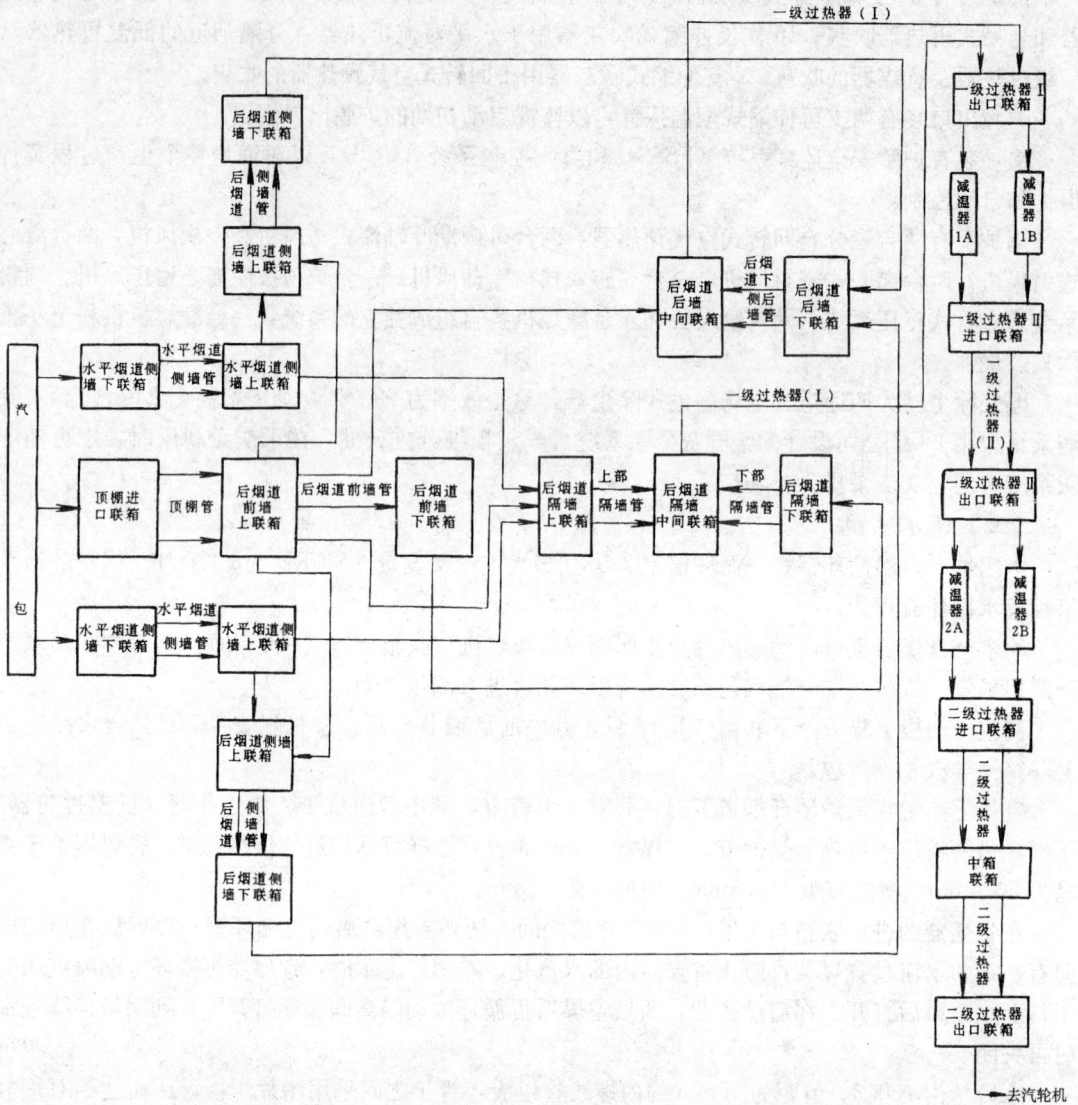

图 1-13　北仑电厂 2027t/h 锅炉过热器蒸汽流程

（5）二级过热器，即高温过热器或末级过热器。

顶棚过热器位于炉膛及水平烟道上部，由 130 根管子组成，节距 150mm，采用较大的节距以便于安装过热器和再热器的支吊件。

一级过热器（Ⅰ段），即水平低温过热器和悬吊低温过热器，位于尾部烟道的过热器侧烟道内。它由三组水平管束和一组悬吊管束组成。一级过热器（Ⅰ段）有两个进口联箱（即后烟道隔墙中间联箱和后烟道后墙中间联箱）和一个出口联箱。从出口联箱两端引出两根管子到减温器 1A 和 1B。一级过热器（Ⅰ段）水平管束为逆流布置。

一级过热器（Ⅱ段），即为屏式过热器，位于炉膛正上方。屏式过热器设计成交叉的马蹄形，这样可减少管子长度差，从而减小各管吸热不均及减小温度不平衡。二级减温器 2A 和 2B 装在一级过热器（Ⅱ段）出口联箱后的导管上。

二级过热器即末级过热器（或称高温过热器），布置在折焰角上方烟道中，界于屏式过热器与再

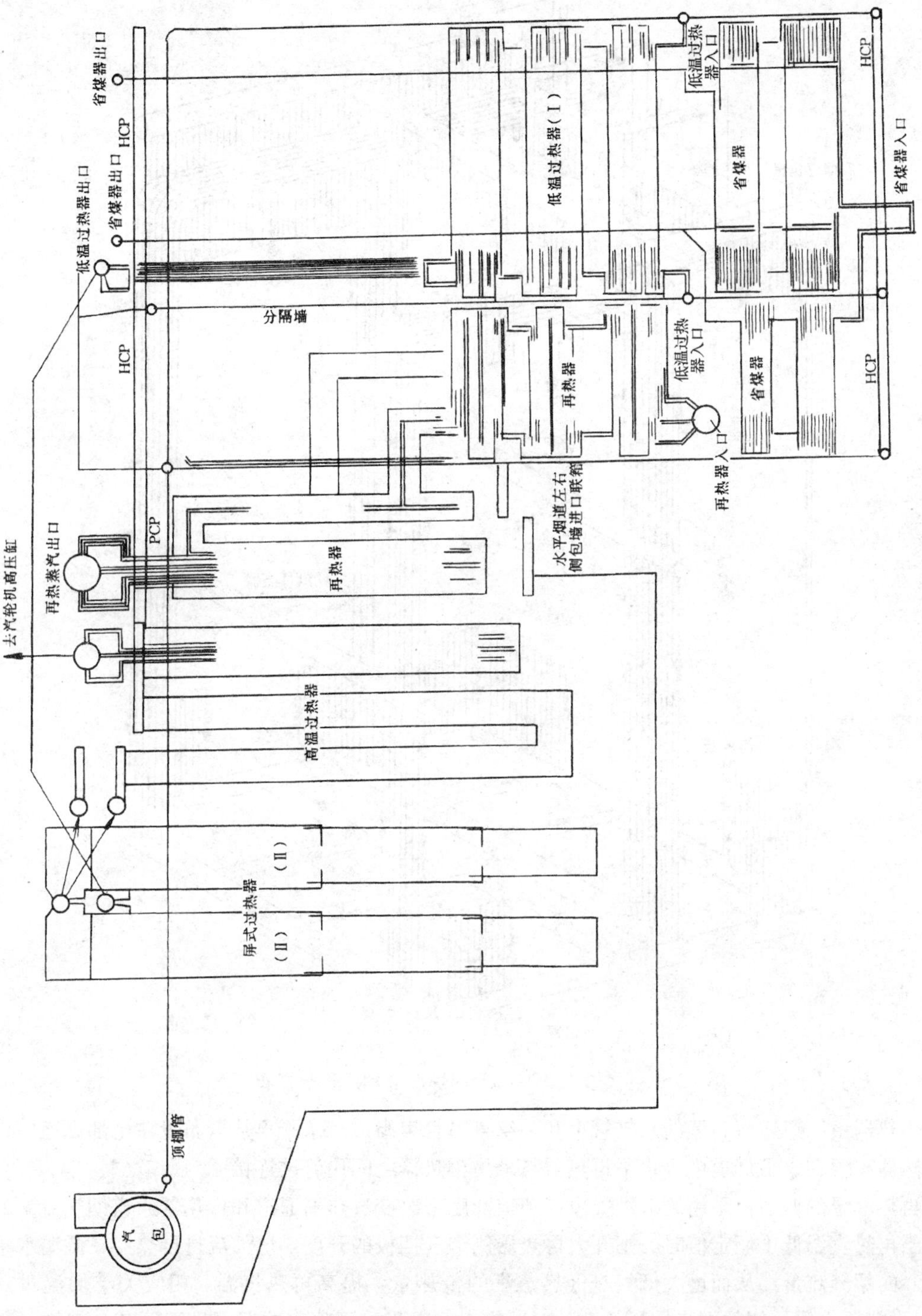

图 1-14 北仑电厂 2027t/h 锅炉过热器再热器布置图

热器之间。二级过热器由一组进口管束和一组出口管束组成。二级过热器为顺流布置。

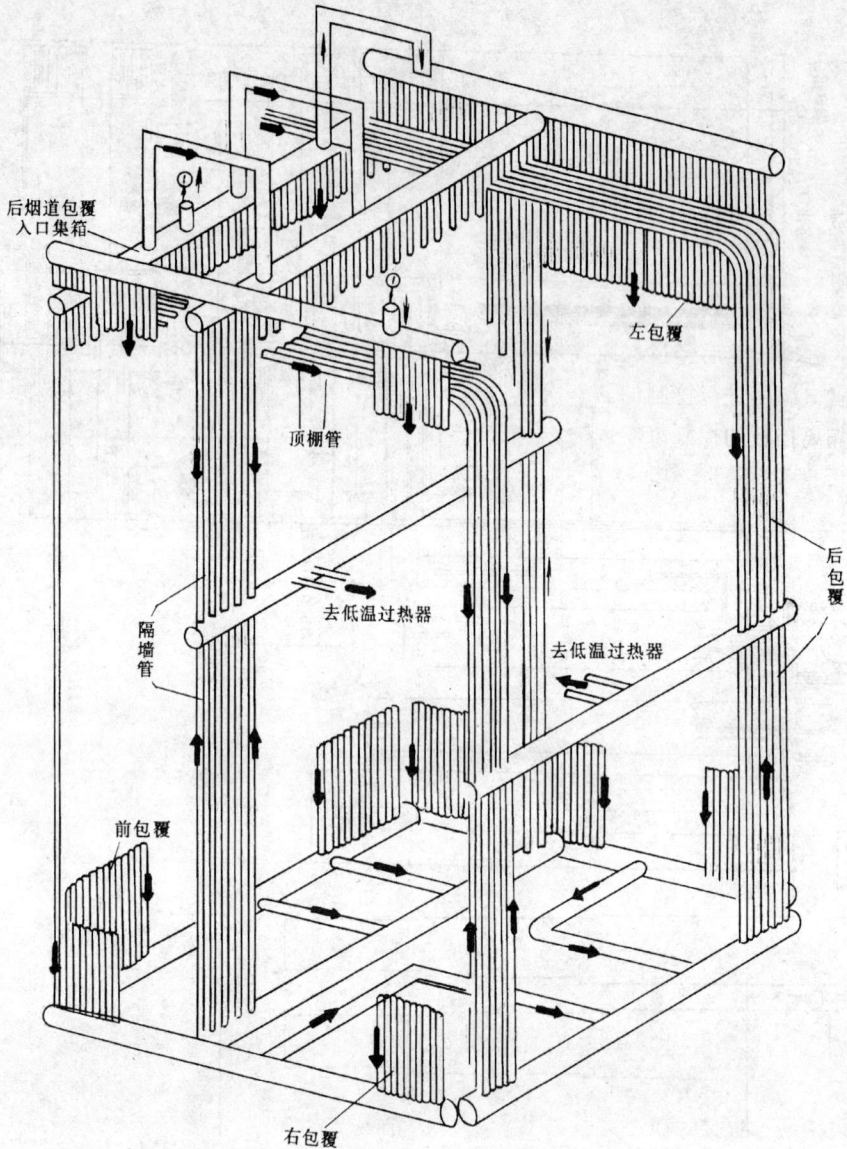

图 1-15　北仑电厂 2027t/h 锅炉后部烟道过热器布置图

再热器由三组逆流布置的水平管束和两组悬吊管束组成。水平再热器布置在尾部烟道中，悬吊再热器布置在水平烟道中。水平再热器与悬吊再热器之间用管屏连接。

再热汽温的调节，采用调节烟气出口挡板开度来改变过热器通道和再热器通道烟气流量的方法。当再热汽温低于额定值时，则开大再热器侧烟气挡板的开度，增大流过再热器（低温水平再热器）的烟气流量，从而增大烟气对再热蒸汽的传热量，提高再热汽温。相应关小低温过热器（一级过热器Ⅰ段）侧的烟气挡板开度。而过热汽温变化采用喷水减温器进行调节。在水平再热器进口的低温再热管道上装置了再热器事故喷水减温器。在采用烟气侧调节方法后，而再热汽温仍超过额定值，则要用事故喷水对再热器采取紧急保护手段。

（四）燃烧系统

北仑电厂2号炉采用平衡通风、前后墙对冲燃烧技术，整个炉膛处于负压状态。燃烧系统包括制粉系统、风系统、燃烧器设备和烟气系统。

1. 制粉系统

该锅炉配置了6套MPS-89磨煤机（89—指磨环滚道中心直径为89英寸）以及6台STOCK设备公司生产的8424型电子称重重力式给煤机。给煤机单台出力为15~100t/h，采用微机控制，无级变速驱动。磨煤机在燃用低位发热量19208kJ/kg。可磨度为50（哈氏可磨系数）、颗粒度＜32mm的劣质煤时5台磨煤机能满足MCR的要求，且煤粉细度75%能达到预计值（200目）。

干燥及输送煤粉的空气来自两台轴流式一次风机，一次风机出口的一次风分成两路，一路经过空气预热器加热成热一次风；另一路为一次风机出口的冷风。冷、热一次风各自经过调节挡板匹配成适当的温度，然后经过总风挡板进入磨煤机。冷、热一次风调节挡板开度是根据磨煤机出力和磨煤机出口温度进行控制的。一次风占锅炉总风量的20%左右，磨煤机一次风机的隔离是通过磨煤机隔离挡板的控制来实现的。

煤从原煤斗落煤管进入电子称重给煤机，给煤机将煤送入磨煤机的磨环中心，经过磨辊碾磨和热风干燥后的煤粉被带入分离器分离，合格的煤粉通过分离器出口的6根煤粉管送入同一排燃烧器，不合格的煤粉回到磨盘重新碾磨，煤中的铁块、煤矸石等不易磨碎的杂质被排往并收集在石子煤箱，然后定期排放。在原煤斗与给煤机之间的落煤管上，装有隔离闸板门，给煤机与磨煤机之间的落煤管上装有一电动隔离闸板门，用于切断煤源或隔离检修。在原煤斗与给煤机之间的落煤管上，还装有两个探测装置，以提前给出断煤信号。

制粉系统设备包括给煤机、磨煤机、密封风机、磨煤机润滑油系统及惰化处理的灭火系统等。

2. 风系统

风系统包括二次风系统、一次风系统、扫描冷却风系统和炉顶密封风系统。

一、二次风及密封风系统，如图1-16所示。

（1）二次风系统。

二次风是提供煤粉及油燃烧所需的助燃空气，它由送风机来提供的。送风机的风量及二次风控制挡板的控制原则如下：

从锅炉吹扫至任何一组制粉系统投运正常（煤粉着火稳定）且二次风温度达到204℃以前，送风机控制系统根据锅炉完全燃烧要求，通过调节两台送风机动叶开度，控制二次风流量。以后送风机控制系统切换为二次热风压力控制，二次热风压力的设定值根据锅炉负荷及燃烧要求设定。100%MCR时，二次风压力为2.0kPa左右。

二次风挡板控制有三种方式。在锅炉吹扫及点火初期，所有的二次风控制挡板处于吹扫——点火控制方式，根据锅炉吹扫点火需要进行控制。在锅炉点火后（任何一组油枪或制粉系统投运正常）且二次热风温度超过149℃时，备用燃烧器（未投运任何油枪或制粉系统）的二次风挡板控制切换为燃烧器冷却控制方式，二次风控制挡板开度根据燃烧器金属温度控制，防止备用燃烧器过热变形损坏。当二次热风温度＞204℃时，对应于投粉运行的燃烧器二次风控制挡板切换为二次风量控制，根据燃烧器负荷（对应的给煤机转速），调节进入该燃烧器的二次风流量，保证煤粉能完全燃烧。

（2）一次风系统。

一次风主要用于磨煤机中煤粉干燥以及磨煤机、一次风管的煤粉输送。磨煤机一次风量调节挡板根据给煤量控制进入磨煤机的一次风量，磨煤机出口煤粉/空气混合物温度由磨煤机一次冷、

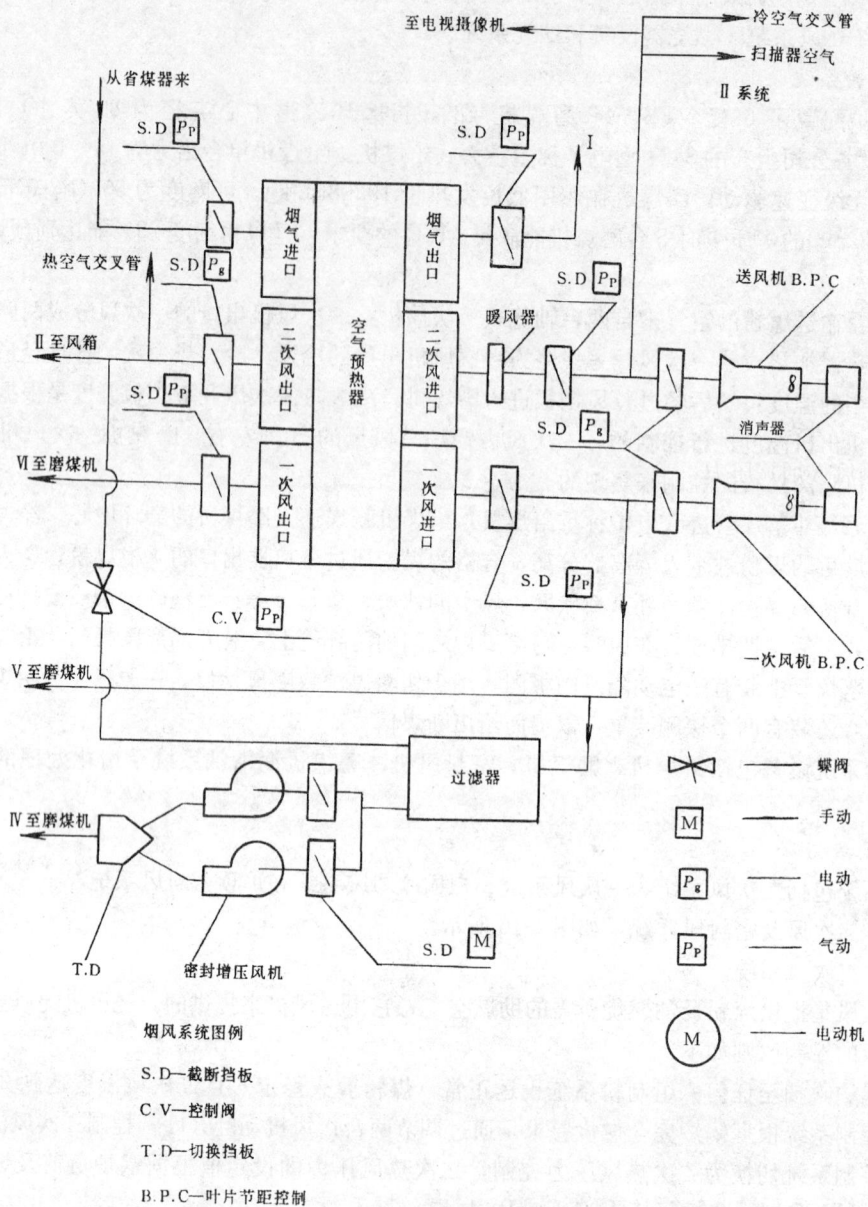

图 1-16　一、二次风及密封风系统

烟风系统图例

S.D—截断挡板

C.V—控制阀

T.D—切换挡板

B.P.C—叶片节距控制

热风调节挡板来控制。一次风机控制系统通过调节两台一次风机动叶开度，控制一次风母管的压力，满足煤粉输送要求，机组正常运行期间，一次风母管压力在 8.0kPa 左右。另外，两台密封风机的吸入口接在一次冷风母管上。

（3）扫描冷却风系统。

扫描冷却风系统配备两台 100％ 容量的交流扫描冷却风机和一台 100％ 容量的直流扫描冷却风机，向炉膛火焰摄像头（4 个）和燃烧器火焰（36 个油枪火焰检测和 36 个煤粉燃烧器的火焰检测）提供冷却吹扫空气，防止这些部件因温度过高而烧坏，保证这些探测部件清洁，使它们能正确地监视炉膛火焰情况。

3. 烟气系统

炉内烟气由炉膛出口经一级过热器Ⅱ段（即屏式过热器）、二级过热器（高温过热器）、悬吊式再热器（高温再热器）后分别进入水平式再热器（分隔烟道内低温再热器）和一级过热器Ⅰ段（分隔烟道内低温过热器），分隔烟道两侧省煤器，烟气挡板，回转式空气预热器的入口烟气挡板、回转式空气预热器、预热器出口的烟气挡板，进入电气除尘器、引风机入口挡板、引风机、引风机出口挡板、烟囱。

过热器、再热器烟道调节挡板用于再热汽温调节。调整过热器、再热器烟道调节挡板开度，可以改变尾部烟道流经再热器管屏和过热器管屏的烟气流量分配比例，从而调节再热汽温在要求范围内。

在风、烟系统中空气预热器进出口处设有连通风（烟）道，其作用是：

（1）在机组低负荷运行阶段，允许送风机、一次风机、空气预热器进行不同方式组合，增加机组运行的灵活性。

（2）连通风（烟）道可以消除由于风机出力不均或两台空气预热器风（烟）侧压损不均匀引起的两侧风（烟）压力不平衡。

4. 燃烧器布置

该锅炉采用 6 台 MPS—89 中速磨煤机，每台磨有 6 根煤粉出口管（一次风管），输送煤粉到 6 个煤粉燃烧器，同一台磨对应的 6 个燃烧器布置在同一水平层上，共用一个二次风箱。燃烧器为前后墙布置，前墙三层，后墙三层，每层为 6 个煤粉燃烧器，有 6 个独立的二次风箱，36 个煤粉燃烧器，其中包括 36 支油枪（每一煤粉燃烧器配置一支油枪）。煤粉燃烧器采用双调节旋流式燃烧器。双调节燃烧器根据二次风气流旋转方向，可分为顺时针旋转和逆时针旋转两种，同一层 6 个燃烧器中，3 个顺时针旋转，3 个逆时针旋转。

二、邹县电厂 2020t/h 亚临界压力自然循环锅炉

邹县电厂三期工程 2020t/h 亚临界压力、中间再热、自然循环、燃煤单汽包炉，是由美国福斯特·惠勒能源公司（FW）设计制造的。锅炉设计燃用兖州矿区济宁 2 号烟煤。

锅炉主要性能保证如下。

（1）在燃用设计煤种或校核煤种，在锅炉 MCR 工况下：

1）锅炉主蒸汽流量为 2020t/h；

2）NO_x 的排放量不大于 258×10^{-9}g/J。

（2）在汽轮机额定负荷（600MW）下：

1）锅炉主蒸汽流量为 1810t/h；

2）锅炉效率为 92.55%；

3）商业运行初期，空气预热器漏风率为 8.0%，运行一年后为 10%；

4）省煤器入口至汽机主汽门入口的压降（不计静压头）1.7MPa；

5）高压缸出口至中压联合汽门入口的压降（不计静压头）0.35MPa；

6）厂用电耗（4 台磨煤机、2 台送风机、2 台吸风机、2 台一次风机）为 9950kW。

（3）锅炉不投油的最低稳定运行负荷为 30%MCR（运行中的磨煤机出力大于 40% 的磨煤机额定出力）。

（4）负荷从 50% 至 100% 工况下，主蒸汽、再热蒸汽温度为 538±5℃。

（5）每台磨煤机在给煤粒度不大于 30mm 的情况下，燃用设计煤种，其出力不小于 68.0t/h，煤粉细度为 71% 的煤粉通过 200 目 U.S 筛子；燃用校核煤种时，出力为 65.5t/h。

（一）锅炉及其系统概述

锅炉为单汽包、单炉膛、一次再热、亚临界压力自然循环煤粉锅炉，平衡通风，炉本体为悬吊式结构。

锅炉包括炉膛水冷壁，分隔屏过热器、初级和末级过热器，省煤器及对流传热的再热器。锅炉整体布置图，如图1-17所示。

过热蒸汽温度是靠喷水减温来调节的。共设两级喷水减温器，一级喷水减温器布置在初级过热器（布置分隔烟道中）出口至分隔屏过热器入口的两条联络管上；二级喷水减温器布置在分隔屏过热器出口至末级过热器入口的两个喷水联箱上。

再热器单级布置、对流传热，与初级过热器并列布置在HRA区域的两个通道内，再热器布置在旁路烟道（后部烟道前侧）。再热蒸汽温度是依靠烟气调节挡板来调整的。利用挡板的不同开度来分配通过初级过热器与再热器区域的烟气流量。再热器入口管道上还设置事故喷水减温器。

分隔屏过热器布置在最上部CF/SF型低NOx燃烧器中心线以上7.62m处，以确保火焰不会冲刷屏式过热器。炉膛出口烟气温度限制在1100℃以下。

下炉膛设计有周界冷却风系统，它包括布置在前、后墙的四个空气喷口和炉底周界冷却风。其目的是在炉膛下水冷壁处形成烟气冷却衬层和氧化环境，以防止结渣的形成和腐蚀。空气喷口开度大小还可以调整炉膛中O_2的分布。

炉膛电视监视系统布置在炉膛前、后墙标高37715mm处，与水平夹角为27°，可以观察到包括冷灰斗在内的炉膛燃烧区域。

1. 锅炉汽水系统

（1）该锅炉汽包在MCR下，运行压力为19.4MPa，其设计压力20.4MPa。整个炉膛区的水冷壁采用内螺纹管，共814根，采用规格$\phi76.2\times8.9$mm的MWSA—210C碳钢管。省煤器入口联箱与下降管之间设有再循环管，它用于锅炉启动时，保护省煤器的安全运行。当给水流量恒定（或蒸汽流量大于7%MCR时），关闭省煤器再循环阀。

过热器系统由顶棚管、包覆、初级过热器、分隔屏过热器、末级过热器等5级组成。再热器为单级系统，布置在水平烟道（高温侧）及HRA区域的前半侧（低温侧）。

（2）汽包上设有安全阀6只，末级过热器出口联箱上设有安全阀2只，总排汽量略大于锅炉MCR的蒸发量；另外在末级过热器出口安全阀的上游主蒸汽联箱上，增设一只电动压力控制阀（向空排汽阀PCV），排汽量为119220kg/h，其起跳压力稍低于过热器出口安全阀的最低整定值，用以减少安全阀的启跳动作次数。再热器出口安全阀有2只、入口安全阀有6只，总排汽量约为再热器的最大设计流量。

（3）蒸汽温度调节方式，过热蒸汽采用喷水减温系统，设计总喷水量为317.518t/h，一级喷水为总喷水量的2/3，二级为其1/3。喷水管设计流速不大于3m/s。

再热汽温是利用省煤器出口烟气挡板来调整最终再热器的出口温度。再热器另设事故喷水减温器，最大设计流量为100t/h，喷水速度不大于4.5m/s。

（4）汽机旁路系统，采用高、低压二级串联旁路系统。高压旁路阀设计入口/出口流量为300/310.6t/h、入口/出口温度为350℃/260℃，入口/出口压力为6.07MPa/1.25MPa，喷水调节阀的入口压力为6.07MPa，喷水量为10.60t/h。低压旁路有两条，每条入口/出口流量为150/191.3t/h，进口/出口温度分别为500/155℃，进/出口压力为1.14/0.345MPa。系统设计用于汽轮机的中压缸起动，包括冷态、温态、热态和极热态条件下的启动，其目的主要为缩短机组启动时间，不考虑停机不停炉工况。

（5）锅炉疏水排污系统。主要用于收集锅炉水冷壁、过热器、再热器、省煤器和其他热力设备的疏水。其主要设备如下。

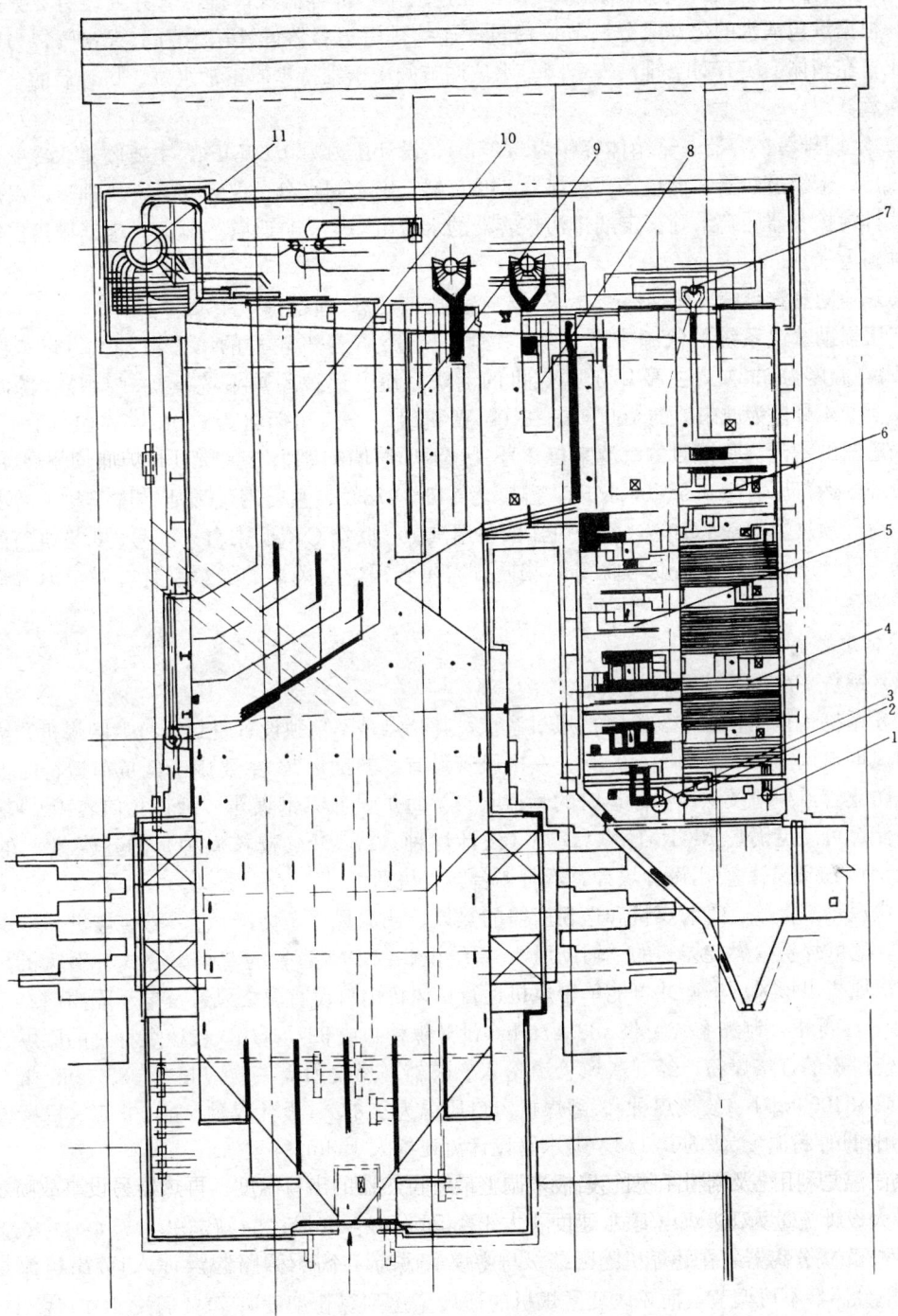

图 1-17　邹县电厂 2020t/h 自然循环锅炉整体布置图

1—省煤器入口集箱；2—低温热器入口集箱；3—再热器入口集箱；4—省煤器；5—再热器低温段；
6—低温过热器；7—低温过热器出口集箱；8—再热器高温段；9—末级过热器；10—分隔屏；11—汽包

1) 连续排污扩容器——箱体容积 3m³，在连续排污扩容器入口排污管并列装有 2 只电动调节阀，根据汽包锅水的化学成分调节排污量。连续排污扩容器设计压力为 1.55MPa，为防止箱体超压，在箱体上装有对空排汽安全阀。水位调节阀用于维持箱体正常水位。扩容后的合格蒸汽进入除氧器。

2) 定期排污扩容器——箱体容积为 3.25m³、设计压力为 0.69MPa，主要收集水冷壁、辐射式过热器、末级过热器、再热器、省煤器、吹灰器、安全阀水盘、仪表柜、事故排污、锅炉放水及连续排污扩容器的疏水等。定期排污扩容器的水位由一个抗虹吸管控制。定期排污扩容器的排汽排到大气。

(6) 辅助蒸汽系统。包括一个高压、二个低压辅助蒸汽联箱。

高压辅助蒸汽系统的汽源来自 3 号、4 号、5 号、6 号汽轮机的第二段抽汽。运行压力为 1.7MPa，温度为 332℃，主要用于磨煤机的消防系统、锅炉预热系统及空气预热器的吹灰器（注：3 号、4 号机为原来厂的 1000t/h—300MW 机组，5 号、6 号机为 600MW 机组）。

低压辅助蒸汽：联箱 B 的汽源来自 3 号、4 号机组第四段抽汽和 5 号、6 号机组的低压辅助蒸汽系统。运行压力为 0.6～0.8MPa，温度为 346～378℃。主要用于燃油系统伴热、防冻保护系统，空气预热器冲洗水加热，到暖风器的备用汽源。联箱 C 汽源来自于 5 号、6 号机组的第四段抽汽，设计压力、设计温度与联箱 B 相同，它用于锅炉暖风器的加热系统。联箱 B 和联箱 C 可以互为备用。

2. 锅炉燃烧系统

(1) 锅炉一次风系统和制粉系统。

制粉系统为正压直吹式、冷一次风机系统，其特点是不单独设置密封风机，磨煤机和给煤机的密封风取自调温风（压力冷风）管；一次风管设有"辅助风"，主要用于低负荷运行时保持一次风速防止管道积粉及燃烧器停运时的管道吹扫。每炉设 6 只钢煤斗，每只几何容积 900m³，5 只煤斗储煤可满足锅炉 MCR 工况 11.5h（设计煤种）或 10h（校核煤种）的耗煤量，在 TRL（额定负荷）工况下，燃用设计煤种，运行 4 台磨煤机即可。

一次风系统供给：①磨煤机和送粉所需的热风、调温风（压力冷风）；②磨煤机和给煤机的密封风；③磨煤机（燃烧器）的"辅助风"。系统设 2 台 50% 容量的双吸离心式一次风机，为使两台一次风机出口风压平衡并可能单台风机运行，风机出口设有联络风道及电动隔离门。

MCR 工况下，制粉系统可将 288.17t/h（设计煤种）或 327.4t/h（校核煤种）的原煤磨制为锅炉燃烧所需的合格煤粉，经一次风管道送入燃烧器。燃烧所需一次风量为 385700kg/h（设计煤种）或 431000kg/h（校核煤种）。磨煤机入口风温为 216℃（设计煤种）或 235℃（校核煤种）。磨煤机出口风/粉温度为 66℃。

锅炉一次风系统及制粉系统的设备包括以下几类。

1) D—10—D 型双进双出筒式球磨机共 6 台/炉，每台磨煤机的额定出力为 68t/h（设计煤种）。双蜗壳式分离器装在磨煤机的两端，与磨煤机成为一个整体，每端一台，布置紧凑，缺点是运行中分离器不可调节，而靠改变磨煤机的通风量达到煤粉细度有 71% 通过 200 目的 U.S 筛子的目的。每台磨煤机配有两台电子称重式给煤机，其出力为 7.5t/h～82.45t/h。

2) 1904AZ/1122/0 型一次风机共两台/炉，MCR 时的设计流量为 316800kg/h，压头为 11326Pa，流量裕量为 30%，压头裕量为 30%，电动机功率 1678kW，转速 1500r/min，电压 6kV。一次风机除满足正常运行的送粉风量外（风粉比为 1.3），还要给制粉系统提供密封空气；MCR 工况下，燃用校核煤种，运行 5 台磨煤机。

3) 32.5—Ⅵ—52 型三分仓回转式空气预热器两台，转子外径设计为 14262mm，蓄热元件分两层布置，总高度为 1320.8mm，热端 1016mm，冷端 304.8mm，每台空气预热器的换热面积为 37412m²，出口热一次风温为 307℃，二次风温为 318℃。

4）EG24 型电子称重式给煤机共 12 台/炉，给煤机入口管直径为 610mm，出口落煤管为 ϕ476×10mm，其上设有电动煤闸门，电机功率 2.73kW，能使煤均匀地输送到磨煤机，保证炉膛燃烧良好而无脉动。与煤接触的全部零部件均采用 304 不锈钢。给煤机外壳设计压力按 0.35MPa 的爆炸压力设计。

（2）二次风和烟气系统。

锅炉风烟系统按平衡通风设计。系统的平衡点（或零压力点）发生在炉膛中，因此，所有燃烧空气侧的系统部件设计正压运行，烟气侧所有部件设计负压运行。

二次风系统供给燃烧所需的空气，设有 2 台 50%容量的动叶可调轴流式送风机，为使 2 台风机出口风压平衡，在出口风门后设有联络风管。在进空气预热器前的二次风道上设有暖风器，当环境温度较低时，可投暖风器，以提高进入空气预热器的空气温度，从而防止空气预热器冷端积灰和腐蚀。

烟气系统是将炉膛中的烟气抽出，经尾部受热面、空气预热器、除尘器和烟囱排向大气。在除尘器后设有 2 台 50%容量的动叶可调轴流引风机。为使除尘器前后的烟气压力平衡，使进入除尘器的烟气分配均匀，在 2 台除尘器进口烟道处设有联络管。为防止烟气倒入引风机，在引风机出口处装有严密的闸板式烟门。

烟风系统的主要设备包括以下几类。

1）FAF28/12.5—1 型动叶可调轴流送风机 2 台/炉，MCR 时的设计流量为 1003000kg/h，净压头为 2141Pa，流量裕量为 20%，压头裕量为 38%，电动机功率 1193kW，转速 1000r/min。

2）暖风器装于每台送风机出口的风道上，在一个公用的框架中装有两种型式的蒸汽管圈，第一种为 ϕ25.4×2.1mm 的碳钢管，第二种为外径 50.8mm 的整铝管，并在每 25.4mm 长度上挤压出 9 个螺旋形鳍片。暖风器是为了保证空气预热器冷端平均最小温度不致太低。按环境温度为 −18℃时，暖风器出口空气温度为 40℃来设计的。暖风器加热蒸汽源为：低压辅助蒸汽，运行压力 0.6～0.8MPa，温度为 320～378℃，机组负荷大于 30%时可用本机组 4 段抽汽。每炉设置 2 台暖风器疏水箱，每只疏水箱有 2 台疏水泵，合格的疏水送至除氧器，疏水箱排汽进 6 号低压加热器。

3）32.5—Ⅵ—52 型三分仓容克式空气预热器共 2 台，在 MCR 工况下，设计将入口温度为 22℃的二次风加热到 318℃。不考虑漏风时，空气预热器出口烟温为 144℃，考虑漏风，排烟温度为 135℃。

4）2FAA—4×45M—4×76—135 型双室四电场电除尘器，同极间距 400mm，由浙江诸暨电除尘器厂生产，每台处理烟气量 1796070m³/h，入口烟温 136℃，入口含尘率 31g/m³，除尘效率 99.6%。

5）SAF37.5/19—1 型动叶可调轴流式引风机 2 台/炉，MCR 工况时的烟气流量为 1389000kg/h，温度约 132℃，风机转速 740r/min，风机流量裕量 20%，风压裕量 44%，压升为 2849Pa，配 2865kW 的电动机。

（3）燃烧器及燃油系统。

1）燃烧器为前、后墙对冲布置。共 24 只燃烧器，为旋流式的可控制流量、分离火焰、低 NO$_x$ 燃烧器，每面墙有 3 层，每层 4 只。前后墙的燃烧器风箱为沿炉四周环形连通。

CF/SF 低 NO$_x$ 旋流燃烧器属筒体式结构。一次风/粉是通过内、外套之间的环形空间及 4 个椭圆形喷嘴喷入炉膛，一次风速度约为 26.8m/s。

2) 油系统设有 2 台卸油泵、2 台 1000m³ 储油罐和 3 台供油泵，系统容量是按一台锅炉启动，另一台锅炉低负荷稳燃用油量来考虑的，并考虑四期扩展时可共用。

3) 锅炉点火装置。点火用油为 0 号柴油，可使用高能点火器的电火花直接点燃 0 号柴油，因此点火系统为二级点火，即电火花点柴油，柴油点燃煤粉。每只煤粉燃烧器中各装有一只 Q 型油枪，既可点火，也可供锅炉低负荷时稳燃，并配一套高能点火装置。点火油枪只能点燃其对应燃烧器，任何情况下，不能用这套油枪去点燃邻近的煤粉燃烧器。

Q 型油枪组件由一个油枪、导管、联接件和伸缩部件组成，采用压缩空气雾化，每只油枪的最大流量为 1846kg/h，全炉共 24 只。燃油量按锅炉的 30%MCR 燃烧负荷设计，每只点火油枪旁边设有可见光式油火焰检测器，检查油燃烧的情况。

另外，每只煤粉燃烧器旁也装有相应的煤粉燃烧火焰监测器，作为全炉膛火焰的检测之用，为对其冷却，设有 4 台 100% 容量的火检冷却风机，其中两台为交流电机驱动，一台运行、一台备用。另设一台直流电机驱动的火检风机，在厂用电失去时，由直流电机驱动冷却风机提供冷却风，以保证检测器探头不致烧坏。

4) 煤粉燃烧器的内、外套以及外套喷口处都装有热电偶，监测燃烧器各部件的温度，当温度高于设定值时，使发出报警信号。

5) 2 台 100% 容量的三次风机，用作冷却并吹扫煤粉燃烧器的内套管，使之不积粉，并可提供额外的燃烧空气，保持适当的燃烧器尖端温度。

6) Forney 公司生产供货的锅炉 FSSS 系统用于锅炉的启停、事故、解列以及各种辅机的投入、切换和确保燃油点火成功，与西屋公司的分散控制系统（DCS）及 CCS 系统一起，进行汽机与锅炉之间的协调控制。它将锅炉和汽机作为一个整体系统来进行锅炉的自动调节。

7) 在炉膛侧墙上部装有伸缩式热电偶探针两只，由美国 Diamond 公司生产。锅炉启动期间用来测量炉膛出口烟气温度，控制不超过 538℃，以防过热器和再热器管壁超温损坏，保护再热器。

8) 炉膛冷灰斗底部两侧水冷壁处设有大型人孔门各一个（457mm×914mm），作为冷灰斗出渣口打渣使用。

（二）邹县电厂 2020t/h 锅炉设备及系统主要技术特点

锅炉设备及系统主要技术特点有以下几点。

(1) 锅炉的预期寿命在 30 年以上，锅炉和附属设备按变压运行和 5%OP（超压）运行设计，以带基本负荷为主并适应调峰调频的要求。

(2) 炉膛容积热负荷 $\not> 357.7×10^3 kJ/(m^3·h)$，炉膛最大断面热负荷 $\not> 15.9×10^6 kJ/(m^2·h)$，炉膛出口最高烟气温度 $\not> 1100℃$。

(3) 锅炉最大负荷阶跃变化：在 50%MCR 以上时，每分钟可增减 10%MCR 负荷。当滑压运行期间，增减负荷率为 3%MCR/min，定压运行时，负荷在 30%~60%MCR 间，瞬间阶跃增减负荷为 10%MCR，负荷变化率为 5%MCR/min。

(4) 燃用 0 号柴油，系统和油枪的设计可带 30%MCR 负荷，锅炉最低稳燃负荷（不投油、投自动）为 30%MCR。

(5) 锅炉依靠重力疏水完毕的总时间不超过 1h。

(6) 燃烧任一煤种时，NO_x 最大排放率不大于 $0.258kg/10^6 kJ$，设计值为 $0.215kg/10^6 kJ$。

(7) 炉膛水冷壁：在高热负荷区的前后和侧水冷壁管采用内螺纹管焊接膜式壁结构，保证各种负荷下不产生膜态沸腾。

(8) 每只燃烧器有操作方便的双二次风调节装置，以保证燃烧器间风粉配比均匀，炉膛出口烟温和气流的均匀分布。油燃烧器采用空气雾化喷嘴，若供气气源故障时，气动控制器可使油枪回缩。

（9）由于设计煤种、校核煤种灰分中 SiO_2 的含量较高，为防止锅炉受热面磨损严重，对流受热面的设计中采用较低烟速通过（过热器、再热器的烟气平均流速不大于 11m/s，通过省煤器烟气的平均流速在锅炉 MCR 时不大于 $8.5\sim9m/s$）。省煤器的第一、二、三排管子设防磨护板，省煤器与四周墙壁装有防止烟气偏流的阻流板。

（10）为防止下炉膛结渣，炉膛下部设计有周界风系统，布置在下部燃烧器下面和灰斗转折处上边，靠近侧水冷壁，还在冷灰斗口段和灰斗斜面提供了空气，这有助于保持下部炉膛清洁，并在水冷壁外部形成烟气冷却衬层和氧化环境，避免形成结渣和腐蚀。

（11）锅炉炉膛上部布置五片分隔屏过热器，屏与屏之间中心距为 3904mm，这种布置可使烟气流沿炉宽更趋于均匀，减少进入末级过热器炉宽方向的烟温偏差。过热器整体呈辐射-对流传热布置，使得在锅炉负荷变化时，过热汽温波动较小。

（12）锅炉设置了膨胀中心，可以进行精确的热位移计算，作为膨胀补偿、间隙预留和管系应力分析的依据。膨胀中心的设置对保证锅炉的可靠运行和密封性能的改善，有着重要作用。

（13）给煤系统中六只钢制圆形煤仓，每只圆形煤仓下分两只小煤斗，小煤斗内壁衬 2.5mm 厚的 2Cr13 不锈钢，增加了耐磨及抗振打性能。在到给煤机的落煤管上装有超声波断煤监测装置。

（14）煤粉/空气管道采用碳钢制作。采用大弯曲半径的弯头，并内衬有特别耐磨的陶瓷，并顺气流方向有 3m 以上长的耐磨段，耐磨段装设有机械接头。煤粉管道采用套筒补偿器和柔性接头，以提供足够的热膨胀补偿能力，避免燃烧器产生破坏性的机械应力。

（15）TP—500 型伸缩式炉膛温度探针设有空气冷却管，四个喷嘴在探针管前端呈 180°对称分布，纵向相距 300mm，带 45°后倾角，这样可使冷却空气避开探针，可使探针测得更高烟温而不损坏伸缩管。

（16）本炉除汽包、过热器出口及再热器进出口均装有弹簧安全阀外，在过热器出口处还装有一只压力控制阀（PCV），以减少安全阀动作次数。

（17）锅炉构架全部按露天布置的要求设计，其构架采用钢结构，共设有 18 层平台，平台上铺设格栅，梁之间采用高强度螺栓连接。

（18）采用极为先进的设备控制技术，Forney 国际工业公司生产的燃烧器控制系统和炉膛安全系统适用于各种运行方式（定压、滑压和自动启动、停炉，正常运行）和各种负荷的要求。炉膛安全监控系统包括完整的连锁、保护和自诊断功能。

（19）锅炉在环境保护方面考虑也较齐全。例如在燃烧器底部设有空气喷口，炉底燃烧用风，采用尖端可移动的 CF/SF 低 NO_x 旋流燃烧器，作为减少 NO_x 生成的主要措施。利用浓缩池对锅炉酸洗废液进行处理。烟囱入口处设有烟气自动监测装置。考虑了灰、水排放处理和工业污水处理。选用效率为 99.6% 的电气除尘器。

第四节　600MW 超临界压力直流锅炉

一、石洞口第二电厂 600MW 超临界压力直流锅炉

石洞口第二电厂的 $2\times600MW$ 机组超临界压力直流锅炉是由 CE—SULZER 合作设计的，锅炉的受压部件和启动系统由 SULZER 设计，炉膛燃烧系统、烟风系统及其设备由 CE 设计提供。

（一）锅炉主要性能数据

1. 燃料特性和灰特性

锅炉设计燃烧煤种为东胜神木煤（校核煤种为晋北代表性煤），有石屹台 2—4T、石屹台

2—4、石屹台 3—1、马家塔 3—1、瓷窑湾 2—4。东胜神木煤为性能考核煤种。

(1) 煤元素及工业分析，见表 1-8。

表 1-8 煤元素分析和工业分析

名　　称		单位	石屹台 2—4T	晋北代表煤	名　　称		单位	石屹台 2—4T	晋北代表煤
收到基碳	C_{ar}	%	61.74	58.56	收到基灰分	A_{ar}	%	7.19	19.77
收到基氢	H_{ar}	%	3.35	3.36	收到基挥发分	V_{ar}	%	23.56	32.82
收到基氧	O_{ar}	%	9.95	7.28	收到基固定碳	FC_{ar}	%	52.80	47.80
收到基氮	N_{ar}	%	0.69	0.79	收到基低位发热量	$Q_{ar,net}$	kJ/kg	22901	22441
收到基硫	S_{ar}	%	0.63	0.63	收到基高位发热量	$Q_{ar,net}$	kJ/kg	24074	23404
收到基水分	M_{ar}	%	16.45	9.61					

(2) 灰的特性，见表 1-9。

表 1-9 灰的特性

名　　称	单位	石屹台 2—4T	晋北代表煤	名　　称	单位	石屹台 2—4T	晋北代表煤
灰的变形温度 DT	℃	1120	1110	Fe_2O_3	%	9.98	23.46
灰的软化温度 ST	℃	1150	1190	Na_2O	%	1.08	2.33
灰的熔化温度 FT	℃	1180	1270	K_2O	%	1.02	
灰的成分分析				CaO	%	11.79～37.13	3.93
SiO_2	%	44.99	50.41	MgO	%	2.21	1.27
Al_2O_3	%	18.07	15.73	SO_3	%	9.8	2.05

2. 锅炉主要性能数据

(1) 主要结构数据如下：

炉膛宽度×深度	18816mm×16576mm
水平烟道深度	6108mm
后烟井深度	10528mm
顶棚管标高	70300mm
水冷壁下集箱标高	7875mm
炉膛截面积	311.89m²
炉膛容积	12113.78m³

受热面结构尺寸，见表 1-10。

表 1-10 受热面结构尺寸

名　　称	管子外径 (mm)	计算受热面积 (m²)	节距 (mm)		排数		管子数
			横向	纵向	横向	纵向	
冷灰斗	38		54				316
螺旋管 (α=13.95°)	38		54				316
垂直管屏 (两侧墙)	33.7		56				2×296

名　　　称	管子外径 (mm)	计算受热面积 (m²)	节距（mm）		排数		管子数
			横向	纵向	横向	纵向	
垂直管屏（前后墙）	33.7		56				2×336
前屏过热器	42.4	1425	2608	48	6	12×12	432
后屏过热器	42.4	1791	896	60	20	21×2	420
末级过热器	38	5180	224	76	82	12×4	984
低温再热器	60	17054	168	120	110	9×8	990
高温再热器	63.5	2669	560	120	33	16×2	528
省煤器	42.4	10773	112	95	165	3×16	495

（2）锅炉主要参数（MCR、设计煤种）如下：

最大连续蒸发量（MCR）　　　1900t/h

过热器出口压力　　　　　　　25.4MPa

过热器出口温度　　　　　　　541℃

省煤器进/出口水温　　　　　286/315℃

空气预热器出口烟温　　　　　130℃

炉膛出口烟温　　　　　　　　1235℃

再热器进出口压力　　　　　　4.77/4.57MPa

再热蒸汽温度　　　　　　　　569℃

再热蒸汽流量　　　　　　　　1613t/h

（3）锅炉主要技术经济指标如下：

锅炉计算效率（设计煤种）　　92.5％

省煤器出口过剩空气　　　　　20％

空气预热器出口二次风温　　　321℃

炉膛至空气预热器出口烟气压降　　2.03kPa

锅炉本体汽水通道压降如下：

水冷壁　　　　　　　　　　　1.84MPa

省煤器　　　　　　　　　　　0.23MPa

过热器总压降　　　　　　　　1.52MPa

再热器总压降　　　　　　　　0.2MPa

省煤器入口给水压力　　　　　29.5MPa

3. 锅炉性能保证值

（1）最大连续蒸发量1900t/h（主要条件：设计煤种石屹台2—4T煤，校核煤种为晋北代表性煤）。

（2）锅炉效率92.1％（设计煤种，环境温度20℃，湿度80％，MCR，不投油，不吹灰，五磨运行，用ASME、PTC4.1测量方法）。

（3）不投油最低稳定负荷　30％MCR（570t/h），主要条件：设计煤种，二磨运行。

（4）再热器进出口压降0.21MPa（MCR工况）。

（5）空气预热器漏风率：性能试验为8％，一年后<10％（MCR工况）。

（6）电气除尘器效率>99％（MCR工况，设计煤种）。

（二）锅炉总体简介

本锅炉为超临界压力一次中间再热直流锅炉，单炉膛，平衡通风，露天布置，锅炉后部为∏形双流程布置。

锅炉的汽水流程以内置式汽水分离器为界设计成双流程，从冷灰斗进口一直到折焰角前的中间混合集箱为螺旋管圈，再连接至炉膛上部垂直上升的水冷壁（一次垂直上升），后引入汽水分离器，从汽水分离器出来的蒸汽引至后部流程的炉顶及后包覆系统，再进入前屏、后屏过热器及高温过热器。

水冷壁为膜式水冷壁，下部水冷壁为螺旋盘绕管圈，上部水冷壁为一次垂直管屏。炉膛上部布置有前屏过热器和后屏过热器，水平烟道依次布置有高温再热器和高温过热。尾部烟道布置有低温再热器和省煤器，其下方布置两台容克式空气预热器。省煤器的灰斗采用支搁方法与尾部烟道的连接采用非金属膨胀节以吸收相互间的膨胀。

锅炉的启动系统采用扩容器式启动系统，内置式汽水分离器布置于锅炉的前方，其进出口分别与水冷壁和炉顶过热器相连，疏水扩容器布置在锅炉右侧。

锅炉的调温方式，过热蒸汽采用两级喷水减温器，再热蒸汽采用摆动燃烧器角度调温，并备有紧急喷水减温器（再热器入口）。

燃烧系统采用正压直吹式制粉系统，6台HP—943碗式中速磨煤机布置在炉前，每一台磨煤机分别供一层煤粉喷口，共有6层，呈切圆燃烧。燃烧器采用三组独立结构，分上、中、下三组布置，每组有2个煤粉喷口，3个二次风（辅助风）喷口，一、二次风呈间隔布置。在中间二次风喷口中配有重油枪和相应的轻油点火器。

两台轴流式送风机和两台离心式一次风机布置在预热器的下方，分别接至空气预热器的二次风和一次风的入口。

锅炉布置有104只水冷壁吹灰器和60只长伸缩式吹灰器，采用可编程序优化控制吹灰，空气预热器有2台吹灰器。锅炉整体中布置有24只声频检漏装置以监测受热面管子的泄漏。

锅炉的出灰渣采用排渣水封斗式出渣装置，装于冷灰斗下部，当渣块落入水封斗内裂化后由水封斗出渣门排出，再经碎渣机破碎后排入灰渣沟用高压水冲走。

锅炉总体的设计简况，如表1-11所示。

表1-11 锅炉总体的设计简况

1	炉膛、水冷壁	单炉膛∏形布置，全悬吊结构，平衡通风，露天布置。炉膛下部包括冷灰斗采用螺旋围绕管圈经中间混合集箱至上部垂直管屏
2	炉膛截面尺寸	16576mm×18816mm（深×宽）
3	尾部烟道深度	10528 mm
4	顶棚管标高	70300 mm
5	主汽系统汽水流程	给水→省煤器→炉膛下部螺旋管圈水冷壁→中间混合集箱→炉膛上部垂直水冷壁及折焰角后墙悬吊管→汽水分离器→炉顶管、前、后墙包覆管→后烟井二侧墙、低再悬吊管、延伸管 　　　　　　　　　（一级喷水）↓　　（二级喷水）↓ →前屏过热器→后屏过热器→末级过热器→汽机
6	再热蒸汽流程	汽机高压缸排汽→低温再热器→高温再热器→中压缸 （事故喷水）↑

7	烟气流程	炉膛（包括前、后屏式过热器）→高温再热器→末级过热器→低温再热器→省煤器→空气预热器→电气除尘器→引风机→烟囱
8	燃烧系统 （1）磨煤机 （2）主燃烧器（型式和数量） （3）轻油枪 （4）重油枪	（1）HP—943中速磨6台； （2）每一台连接一层喷口（四角），四角切圆燃烧、偏转二次风，摆动式燃烧器共分三组六层，24只煤粉喷口。 （3）轻油枪12根，其容量为6%～8%MCR输入热量； （4）重油枪12根，容量为30%MCR输入热量
9	调温方式 （1）主蒸汽 （2）再热蒸汽	（1）两级喷水 （2）燃烧器摆角（事故喷水备用）
10	空气预热器	容克式三分仓回转式预热器2台
11	吹灰器	炉膛：墙式吹灰器104台 对流烟道长伸缩式吹灰器60台 空气预热器吹灰器2台
12	出渣装置	水封斗式出渣装置2台
13	启动系统	疏水扩容器式系统
14	旁路系统	采用具有安全功能的100%高压旁路和65%低压旁路

（三）锅炉整体布置

1900t/h超临界压力直流锅炉系中间再热、单炉体负压锅炉，Π形布置，锅炉整体布置如图1-18所示。

给水经省煤器加热后进入水冷壁环形集箱，再由环形集箱经连接管引入灰斗水冷壁，灰斗四周由$\phi38\times6.3$mm、节距为54mm的光管焊接成膜式水冷壁，从灰斗处出来的管子共316根进入炉膛水冷壁。

炉膛水冷壁由螺旋管围绕而成，由$\phi38\times5.6$、节距为54mm的光管焊接呈膜式水冷壁。下部水冷壁从冷灰斗开始，以倾斜13.95°螺旋盘绕上升至炉膛出口折焰角前的中间混合集箱，中间集箱分前、后、左、右四面（环形），集箱为$\phi273\times29$mm管。从混合集箱出来，一路引入上部一次垂直上升水冷壁管屏，共928根管子，$\phi33.7\times5.6$mm；另一路引入折焰角共336根管子，由$\phi33.7\times5.6$mm和$\phi33.7\times7.1$mm两部分组成。此两路受热面经过受热进入汽水分离器（折焰角一路部分管子经后墙悬吊管$\phi60\times10$mm共125根管子受热后引入汽水分离器）。汽水分离器为$\phi850\times83$mm，高约24m。

从汽水分离器出来的管子导入炉顶入口联箱（$\phi355.6\times6.1$mm）进入炉顶管，由168根$\phi63.5\times8$mm及$\phi70\times8$mm两部分组成。再由此进入后部烟井炉顶分成后包覆墙一路由$\phi50\times6.3$mm共167根管子及前包覆管$\phi70\times8$mm共84根管子组成的。这两部分管子并行受热后进入后部环形联箱（$\phi323.9\times50$mm）。从此集箱（环形集箱）出来分三路受热：一路进入后部两侧墙（2×95根$\phi51\times6.3$mm）包覆管；另一路引入延伸管进口集箱（$\phi322.9\times52$mm）进入延伸墙（2×62根$\phi48.8\times6.3$mm管）；第三路从环形集箱出来进入悬吊管（3×55根$\phi60.3\times5.5$mm管组成），其中延伸管和侧墙管共同汇入两个出口集箱（$\phi323.9\times55$mm）。悬吊管一路至出口集箱（$\phi355.6\times53$mm）。此三路管子均汇集至出口集箱。由此集箱出来经连接导管引入前屏过热器进口集箱（2个，$\phi355.6\times71$mm），后至前屏过热器（由$\phi42.4\times6.8$mm和$\phi42.4\times5.6$mm二部分

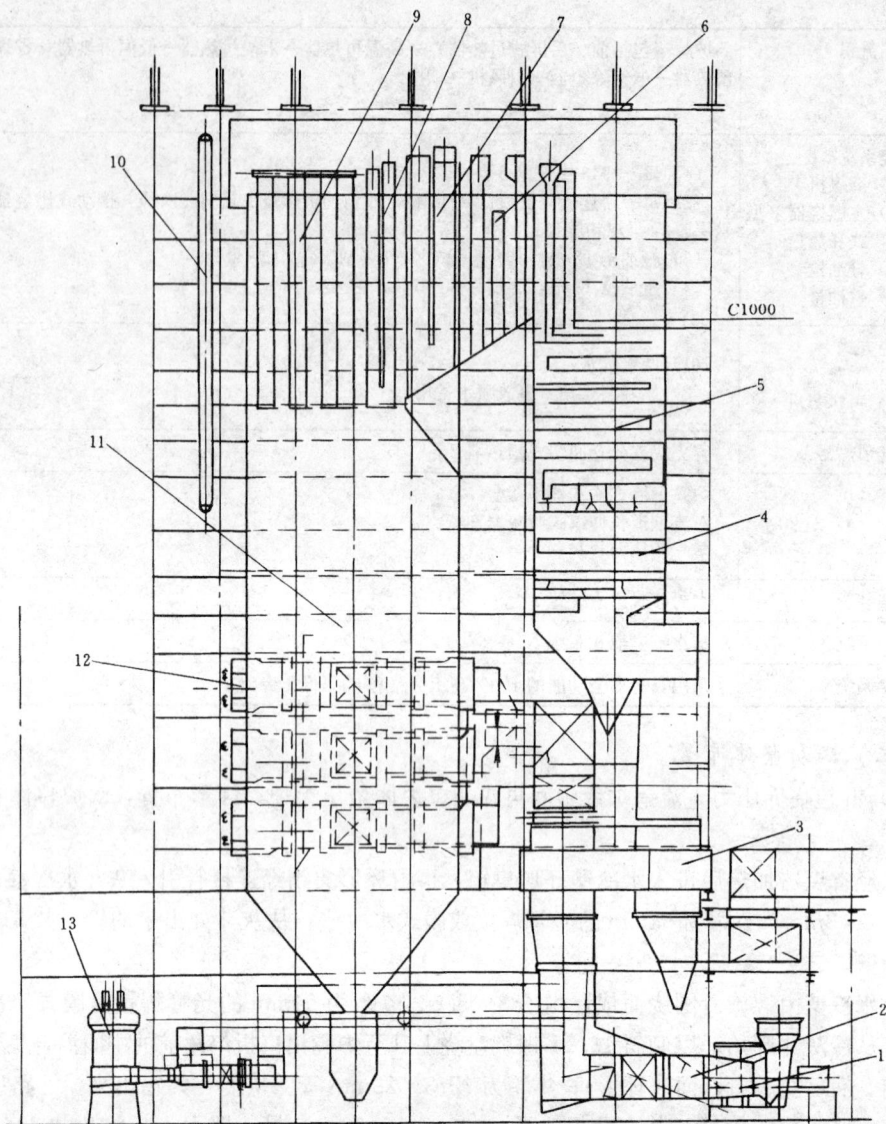

图 1-18　1900t/h 超临界压力直流锅炉整体布置图

1—一次风机；2—送风机；3—空气预热器；4—省煤器；5—低温再热器；6—高温过热器；7—高温再热器；
8—后屏过热器；9—前屏过热器；10—汽水分离器；11—炉膛；12—燃烧器；13—磨煤机

组成）至前屏出口集箱（2 个，$\phi508\times95$mm）。再通过连接导管引入后屏过热器进口集箱（1 个，$\phi508\times70$mm），进入后屏过热器（$\phi42.4\times5.6$mm 和 $\phi42.4\times7.1$mm、$\phi42.4\times6.3$mm 三部分不同壁厚的管子组成）。再经后屏过热器出口集箱（1 个，$\phi508\times87$mm），经连接导管进入末级过热器进口集箱（1 个，$\phi508\times78$mm），再进入末级过热器［$\phi38\times$（8.0、7.1、6.3、5.6、5）mm 共五部分不同壁厚的管子组成］。最后经末级过热器出口集箱（1 个，$\phi588.8\times100$mm）至主蒸汽管。锅炉的汽水流程见图 1-19。

汽水分离器设置在前墙，为内置式汽水分离器，即在 35％MCR 以下汽水分离器有汽水分离作用，而当锅炉蒸发量大于 35％MCR，汽水分离器作为蒸汽流通集箱。

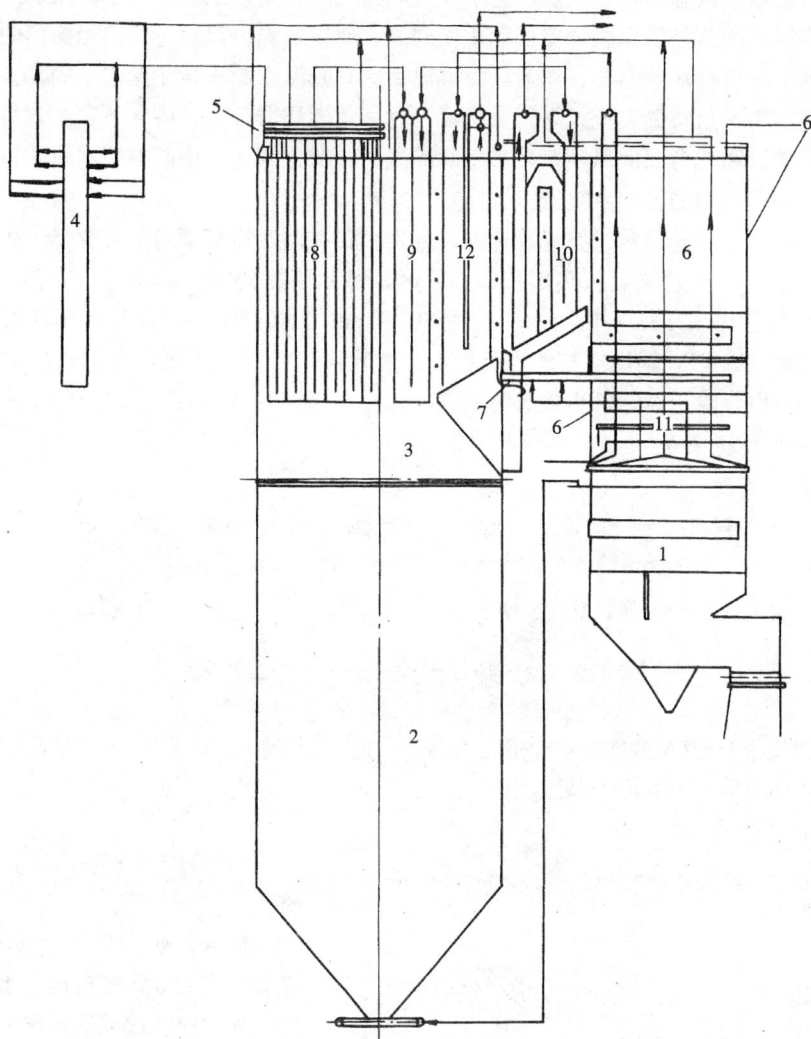

图 1-19 1900t/h超临界压力锅炉汽水流程图

1—省煤器；2—螺旋形水冷壁；3—垂直水冷壁；4—汽水分离器；5—炉顶管；6—包覆水冷壁；
7—延伸管；8—前屏过热器；9—后屏过热器；10—末级过热器；11—低温再热器；12—高温再热器

　　炉膛上部布置了前屏和后屏过热器，在折焰角上部的斜烟道上布置了末级过热器和高温再热器。后部烟道则布置了低温再热器和省煤器。后部包覆炉墙仅布置至低温再热器为止，省煤器周壁为普通结构炉墙，为了使这两部分之间在烟道结构连接上保证有适当的膨胀和减少漏风损失，中间使用了非金属挠性膨胀缩节，据国外使用经验证明较可靠耐用。

　　省煤器布置在低温再热器下方，为单级不锈钢管，逆流布置，材料15Mo3，共165排，每排3根，管子为$\phi42.5\times5.6mm$，纵向节距95mm。省煤器的进出口集箱均布置在烟道内。

　　再热器分为低温再热器和高温再热器，汽轮机高压缸排汽进入低温再热器进口集箱，至低温再热器（$\phi60.3\times4mm$），分两路从低温再热器出来汇集至出口集箱。通过连接管道交叉进入高温再热器进口集箱，至高温再热器，后至两个再热蒸汽出口集箱及再热蒸汽热段管道。

　　锅炉的过热蒸汽温度调节采用两级喷水调温方式，第一级喷水减温器布置在前屏与后屏过热器之间，第二级喷水减温器布置在后屏与末级过热器之间，其减温水来源于高压加热器出口的给水。再热蒸汽温度调节是依靠燃烧器摆动角度调节，而在低温再热器进口集箱前的两侧冷再热蒸汽管道上设置了事故喷水减温器，作为紧急减温用，其减温水源来自于给水泵的抽头。

炉膛燃烧器为四角布置直流式煤粉燃烧器，每一角燃烧器分上、中、下三组，每组均设有两个一次风煤粉喷口和三个二次风喷口，采用间隔配风布置方式。在中间的二次风喷口内布置重油燃烧器以及点燃重油用的轻油点火器。

锅炉配置两台三分仓回转式空气预热器，分别布置在两侧后部烟道的省煤器的后部。空气预热器总质量 611t，每台总有效传热面积 38600m²，每台预热器的传热面高度：热段 1066.8mm（平炉钢）、中间层 457.2mm（平炉钢），冷段 304.8mm（耐腐合金钢）。每台预热器附有径向漏风自动控制装置（DSP），辅助空气动力源和水冲洗装置。在空气预热器至引风机的烟道中布置了两组四电场的电气除尘器，除尘效率为 99%。

（四）锅炉燃烧系统

1. 燃烧系统流程

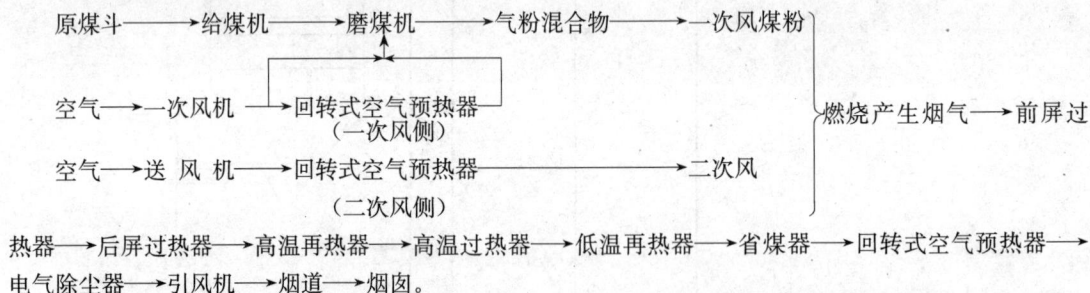

原煤斗 ──→ 给煤机 ──→ 磨煤机 ──→ 气粉混合物 ──→ 一次风煤粉

空气 ──→ 一次风机 ──→ 回转式空气预热器
　　　　　　　　　　（一次风侧）

空气 ──→ 送 风 机 ──→ 回转式空气预热器 ──────→ 二次风
　　　　　　　　　　（二次风侧）

燃烧产生烟气 ──→ 前屏过热器 ──→ 后屏过热器 ──→ 高温再热器 ──→ 高温过热器 ──→ 低温再热器 ──→ 省煤器 ──→ 回转式空气预热器 ──→ 电气除尘器 ──→ 引风机 ──→ 烟道 ──→ 烟囱。

2. 燃烧系统特点

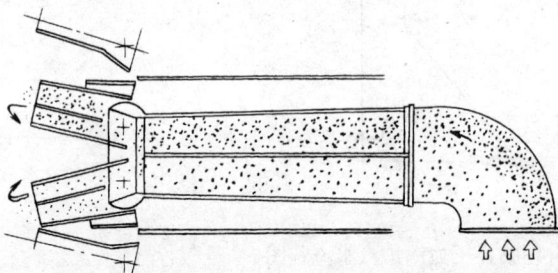

图 1-20　分叉式煤粉喷嘴

（1）HP 中速磨正压直吹式制粉系统。

每台锅炉配置 6 台 HP943 碗式中速磨煤机和 6 台皮带传送重力计量给煤机，采用冷一次风机系统。

（2）分叉式煤粉燃烧器。

本锅炉为四角切圆燃烧方式，配置 24 只分叉式煤粉燃烧器，分叉式煤粉喷嘴如图 1-20 所示。固定分叉式煤粉喷嘴具有水平分隔板，在喷嘴出口形成浓相和稀相两股气流，具有易于着火和稳定燃烧的优点。

（3）回转式空气预热器。

空气预热器的转速为 1.1r/min，电动机功率 30kW，电机转速 1500r/min。该空气预热器设置两台辅助空气马达（辅助动力源），其中一台转速为 0.7r/min，具有较大的启动力矩，能启动原来静止的预热器。另一台转速为 0.56r/min，不能启动静止的预热器，只作为主电动机发生故障时的备用，以维持预热器转动，防止转子产生变形。

本锅炉的回转式空气预热器装有一套红外线探测仪，以监测预热器波形板发生二次燃烧时的温度升高，并能自动进行灭火处理。本预热器还装有一套径向密封间隙自动调整装置，简称 DSP（deflectable sector plate），DSP 与有的国家的 SDS（sensor drive system）在原理上和主要控制回路上基本一样，但测量间隙方法和密封面的密合特性有所不同，DSP 是一种接触式的电气机械传感装置。

（4）静电除尘器。

采用四电场的静电除尘器，其除尘效率在99%以上，该电气除尘器的控制调节采用微机控制，包括电压自动调节和跟踪，以及自动振打、灰斗加热控制以及灰位的指示和控制。

（五）锅炉设备的主要特点

1. 螺旋管水冷壁

水冷壁型式是超临界压力直流锅炉的关键技术之一，于20世纪60年代欧洲发展螺旋管圈水冷壁，到目前其发展较快，实践证明，由于螺旋管圈的优异运行性能已广泛应用于亚临界或超临界压力带中间负荷的变压运行机组，其主要优点在于以下几方面。

（1）水冷壁管间吸热偏差小。

由于同一管带中的各管子以相同方式从下到上绕过炉膛角隅部分和中间部分，吸热量差异小，管间热偏差很小。因此，对于因燃烧火焰偏斜或局部结渣而引起的热负荷不均具有很强的抗衡能力。

（2）良好的负荷适应性。

可以不采用内螺纹管而实现锅炉的变压运行和带中间负荷的要求，能适应机组的快速启动载荷和滑压运行。

本锅炉水冷壁中、下辐射（包括冷灰斗）采用螺旋管圈，在水冷壁入口处不装节流圈。上辐射部采用垂直管屏（一次上升），其分界点在折焰角下端，用中间混合集箱连接。

在冷灰斗部分水冷壁，由炉膛下部环形集箱引出316根管子组成一个管带，围绕而成灰斗。管子规格为 $\phi38\times6.3mm$，材料为15Mo3，由于螺旋管圈灰斗要依次围绕出两片直立的侧墙和倾斜的前后墙，故结构比较复杂。

炉膛中、下辐射区的螺旋围绕管圈，由冷灰斗来的316根管子组成一个管屏，先后绕过前后墙和两侧墙。管子的规格为 $\phi38\times6.3mm$，材料为13CrMo44，在燃烧器区域每个角要绕出三组燃烧器（每组燃烧器有两个一次风煤粉喷口和三个二次风喷口）的水冷套。为了最大限度地减少管间的温差，螺旋管圈的盘绕圈数应至少为1~1.5圈，本锅炉为1.74圈。

中间混合集箱布置在折焰角的下端，其规格为 $\phi273\times29mm$，材料为15NiCuMoNb5。从螺旋管圈来的管子从集箱顶部引入，然后从集箱的左右两侧引出至上部的垂直管屏。一根引入管分配至四根引出管。其布置考虑了双相流体的均匀分配问题。

炉膛上辐射区的垂直管屏，由中间混合集箱引出的管子组成垂直管屏，前后墙各为336根，两侧墙各为296根。管子规格为 $\phi33.7\times5.6mm$，管子材料为15Mo3。后墙悬吊管为 $\phi60.3\times10mm$，材料为13CrMo44，共125根。由垂直管屏出来的管子分别进入四只水冷壁上部集箱，然后由四根导管引至汽水分离器。

2. 锅炉启动旁路系统

（1）锅炉启动旁路系统。

本系统是Sulzer的典型设计，采用带扩容器式分离器启动系统。该系统简单可靠、操作方便、汽温扰动小、有利于汽机安全运行。在汽机启停和低负荷运行（<37%）时能回收分离器的疏水和能量。

本锅炉启动旁路系统如图1-21所示。

根据锅炉性能设计要求，在37%MCR负荷时，启动旁路系统解列，分离器处于干态运行，此时分离器仅作为蒸汽流通集箱作用。

本系统能保证启动工况（冷态、温态、热态）所要求的汽机冲转参数和在最低稳定负荷下运

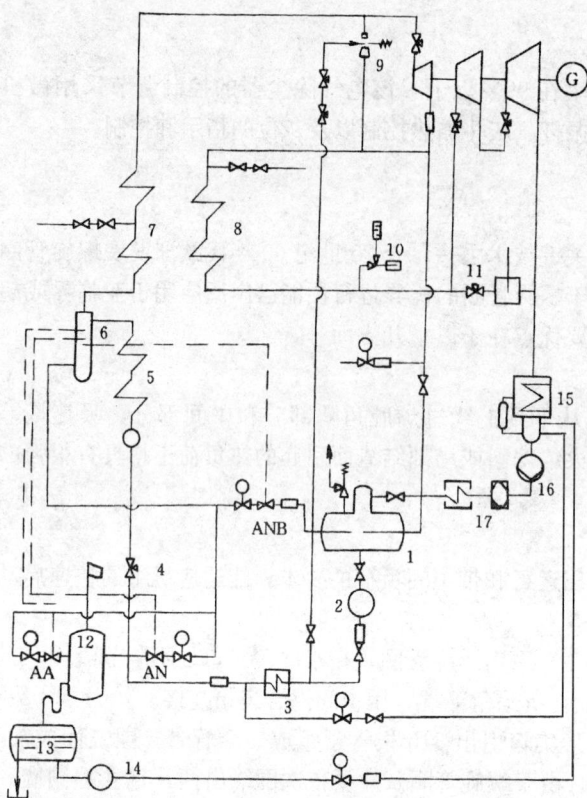

图 1-21 锅炉启动旁路系统

1—除氧器水箱；2—给水泵；3—高压加热器；4—给水调节阀；
5—省煤器及水冷壁；6—汽水分离器；7—过热器；8—再热器；
9—高压旁路阀(100%)；10—再热器安全阀；11—低压旁路阀(65%)；
12—大气式扩容器；13—疏水箱；14—疏水泵；15—冷凝器；
16—凝结水泵；17—低压加热器

行。本系统的运行参数为 $0.1 \sim$ 15MPa、$50 \sim 343℃$，设计参数为 29.7MPa。系统中的 AA 阀、AN 阀、ANB 阀的作用是在启动和低负荷（$<37\%$ MCR）运行过程中的上水、大流量清洗、建立启动流量、控制分离器水位和将分离器中多余的水排向扩容器或除氧器以回收疏水和热量。

（2）汽水分离器。

本锅炉采用内置式分离器系统。在锅炉启动初期（$<37\%$ MCR），分离器起汽水分离作用，蒸汽进入过热器，分离出来的疏水通过旁路系统进入除氧器和扩容器。在 37% MCR 负荷以上运行时，分离器呈干态运行，只起一个联箱（或通道）的作用，故分离器按锅炉全压设计。

汽水分离器为一立式筒体，布置于锅炉的前墙，其内径为 850mm，高度为 23.1m，材料为 15NiCuMoNb5，由四面水冷壁来的四根引入管以切向并向下倾 $5°$ 引入分离器。蒸汽由四根引出管引入炉顶管集箱。为了防止蒸汽带水，筒体内在蒸汽引出管的下方装有阻水盘，在引入管下方装有消旋片。分离出来的疏水由一根水平导管

引出，并通过 AA、AN 阀接至扩容器，通过 ANB 阀控制水量进入除氧器，以保证除氧器不超过规定压力值。汽和水的引入和引出的旋转方向一致，以减少其阻力，在冷态启动过程中水位波动约 7.8m 以内。

分离器还设有人孔门、水位测点、压力测点、内外壁温测点、放气、疏水接头。分离器悬吊于锅炉顶部框架上，在分离器的下部装有导向限位装置，以防晃动。

3.水冷壁刚性梁特点

本锅炉的刚性梁分成螺旋管围绕部分和垂直管屏两部分。刚性梁的设计准则为：当炉膛压力在 7kPa 时，刚性梁的挠度为 $\frac{1}{360}$。刚性梁的设计特点有以下几点。

（1）膨胀中心的考虑。

通常膨胀中心设置在炉膛中心，本锅炉由于容量较大，且考虑到后烟井灰斗采用搁在钢架上的方法，灰斗与后烟井之间采用非金属膨胀节吸收相对膨胀，为减少后烟井向后的膨胀量，故本锅炉的膨胀中心偏向炉膛后部，设置在离后水冷壁 1232mm 处。

（2）螺旋水冷壁荷重的传递。

螺旋管水冷壁本身不能传递荷重，因此如何处理螺旋管圈重量的悬吊成为该锅炉复杂性的主

要问题之一。本锅炉螺旋管圈部分在垂直方向间隔一定距离布置拉力板，在螺旋管圈与垂直管屏交界处布置有特殊设计的分支结构，将螺旋管圈的重量通过拉力板均匀传递到垂直管屏上。

(3) 蜂窝状截面刚性梁新结构。

在大型锅炉上，对于承受弯曲的刚性梁，近10年来，发展的蜂窝状截面新结构，即在原来实心的工字断面上，沿腹部波折状切开，移过半个节距，然后重新焊成腹部具有蜂窝状空心结构。新断面的高度比原来实心断面高50%，增加了抗弯断面模数。据核算，采用此新结构后，刚性梁的重量约减少15%～20%。

4. 锅炉水动力特性及热偏差

本锅炉螺旋管圈水冷壁不会发生水动力多值性问题，也不会发生脉动。关于水冷壁的热偏差，经 Sulzer 公司研究表明，当管圈数 1.5～2.5 圈时，在切圆燃烧正常情况下，管圈的吸热偏差在 0.5% 以下，即使燃烧切圆严重偏差，螺旋管水冷壁吸热偏差仍在 1% 以下。

根据粗略计算，在 MCR 时，水冷壁出口温度偏差为 21℃，在 37%MCR 负荷时为 35℃。

从表 1-12 可看出，在 21℃ 出口温度偏差中，由下部螺旋管引起的不足 4℃；在 37%MCR 负荷下的 35℃ 出口温度偏差中，由下部螺旋管引起的不足 7℃。由此可见，整个水冷壁出口温度偏差主要是由上部垂直管屏产生的。

表 1-12　　　　　MCR 工况热偏差和工质出口温度偏差的计算结果

项目　　　工况　　管圈	下部螺旋管圈					上部垂直管屏				
	工况一	工况二	工况三	工况四	工况五	工况一	工况二	工况三	工况四	工况五
平均管重量流速 [kg/(m²·s)]	2824.6	2807.4	2807.3	2806.3	2806.8	1001.8	995.7	995.7	995.4	995.5
偏差管重量流速 [kg/(m²·s)]	2771.9	2741.2	2728.9	2634.1	2497.2	983.2	972.3	967.9	934.3	885.7
水力不均匀系数	0.9813	0.9764	0.9721	0.9386	0.8899	0.9814	0.9765	0.9721	0.9386	0.8897
平均管焓增 (kJ/kg)	1191.3	1198.6	1198.6	1199	1198.8	211.4	212.7	212.8	212.9	212.6
偏差管焓增 (kJ/kg)	1219.8	1239.8	1251.5	1341.2	1482.4	226.3	228.9	229.9	249.5	263.2
热偏差	1.024	1.034	1.044	1.119	1.237	1.070	1.076	1.080	1.172	1.237
出口工质温偏差 (℃)	2.6	3.93	5.1	15.4	36.8	4.2	5.37	6.4	17.2	32.7

5. 锅炉安全保护系统特点

汽轮机旁路系统采用两级串联的高、低压旁路系统，由 100%MCR 的高压旁路和 65%MCR 容量的低压旁路组成，锅炉过热器出口不设置安全阀，而采用四只各 25%MCR 容量的高压旁路阀来替代安全阀的作用。相应配置的低压旁路阀的容量为 65%MCR，再加上再热器进出口管道上各设置两只安全阀，总容量为 125%MCR。这样可以满足各种事故工况的处理，保证机组的安全性和可靠性。

二、太仓电厂 600MW 超临界压力直流锅炉

(一) 锅炉基本性能

该锅炉为东方锅炉厂引进日本日立公司技术制造的超临界压力变压直流炉，型号为 DG—

1900/25.4—Ⅱ2 型，为一次再热、单炉膛、尾部双烟道、采用烟气挡板调节再热汽温、平衡通风、露天布置、固态排渣、全钢构架、全悬吊结构 Ⅱ 型锅炉。燃用神府东胜煤。

锅炉运行方式为带基本负荷并参与调峰。

锅炉制粉系统采用直吹式中速磨煤机，每台炉配 6 台磨煤机（5 台运行，1 台备用）；给水调节为配置 2×50％BMCR 汽动给水泵和一台 30％B—MCR 容量的电动调速给水泵；空气预热器进风加热方式采用二次风热风再循环。在稳定工况下，过热汽温在（35％～100％）BMCR，再热汽温在（50％～100％）BMCR 负荷范围内，保持额定汽温值，偏差不超过±5℃。

锅炉主要参数，如表 1-13 所示。

表 1-13   锅炉主要参数表

名　　称	单位	BMCR	TMCR	BRL
过热蒸汽流量	t/h	1900	1806	1806
过热器出口蒸汽压力	MPa（g）	25.4	25.4	25.3
过热器出口蒸汽温度	℃	571	571	571
再热蒸汽流量	t/h	1610.5	1534.2	1526.6
再热器进口蒸汽压力	MPa（g）	4.62	4.40	4.37
再热器出口蒸汽压力	MPa（g）	4.43	4.21	4.18
再热器进口蒸汽温度	℃	321	315	315
再热器出口蒸汽温度	℃	569	569	569
省煤器进口给水温度	℃	282	278	278

（二）锅炉总体布置及汽水流程

DG—1900/25.4—Ⅱ2 型超临界压力直流锅炉的总体布置，如图 1-22 所示。

1. 汽水流程

自给水管路出来的水由炉右侧进入位于尾部竖井后烟道下部的省煤器入口联箱，水流经省煤器受热面吸热后，由省煤器出口联箱后端引出经下水连接管进入螺旋水冷壁入口联箱，经螺旋水冷壁管、螺旋水冷壁出口联箱、混合联箱、垂直水冷壁管、垂直水冷壁出口联箱后进入水冷壁出口混合联箱汇集后，经引入管引入汽水分离器进行汽水分离。汽水分离器循环运行时，从分离器分离出来的水进入储水罐后，通过 361 阀排往疏水扩容器及凝汽器。分离器分离出来的蒸汽则依次经顶棚管、后竖井/水平烟道包墙、低温过热器、屏式过热器和高温过热器，进入汽机的高压缸。当分离器无汽水分离，即锅炉进入直流运行时，全部工质（蒸汽）均通过汽水分离器进入顶棚管、包墙、低温过热器、屏式过热器、高温过热器，进入汽轮机高压缸。

汽轮机高压缸排汽进入位于后竖井前烟道的低温再热器和水平烟道内的高温再热器后，从再热器出口联箱引出至汽机中压缸。

调节过热汽温的喷水减温器装于低温过热器与屏式过热器之间，为一级减温器；以及屏式过热器与高温过热器之间，为二级减温器。

再热汽温的调节是通过位于省煤器和低温再热器下方的烟气调节挡板进行控制。在低温再热器出口管道上布置再热器微调喷水减温器作为事故状态下的调节手段。

2. 烟风流程

送风机、一次风机将空气送往两台三分仓空气预热器，锅炉的热烟气将其热量传给进入的空气，受热的一次风与部分冷一次风混合后进入磨煤机，然后进入布置在前后墙上的煤粉燃烧器。

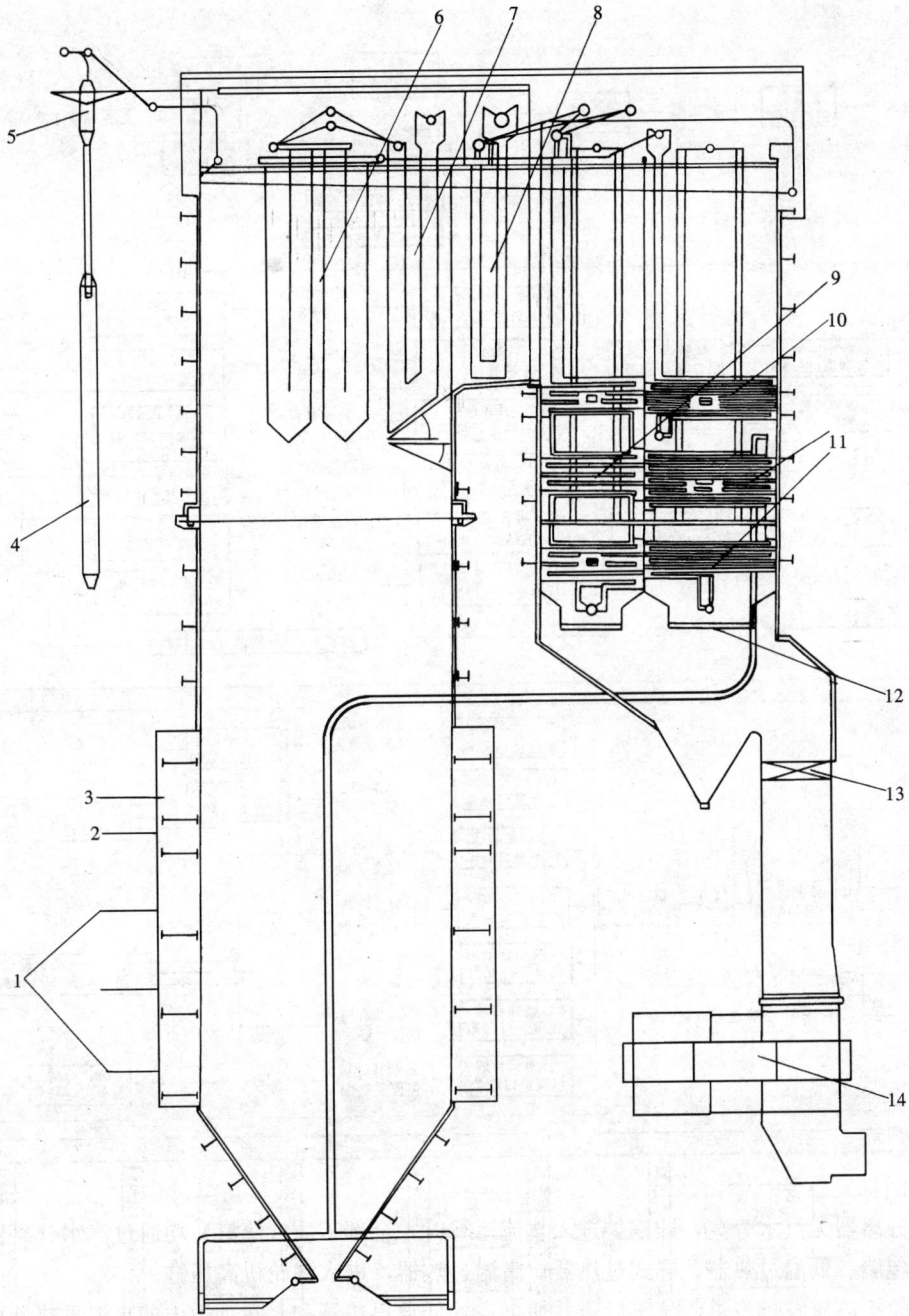

图 1-22　DG1900/25.4—Ⅱ2 型超临界锅炉整体布置图

1—燃烧器；2—侧燃尽风（SAP）；3—燃尽风（AAP）；4—储水罐；5—汽水分离器；6—屏式过热器；7—高温过热器；8—高温再热器；9—低温再热器；10—低温过热器；11—省煤器；12—烟气调节挡板；13—空气预热器入口烟气挡板；14—空气预热器

受热的二次风进入燃烧器的大风箱，并通过每层燃烧器的各调节挡板而进入每个燃烧器的二次风、三次风通道，同时部分二次风进入燃烧器上部的燃烬风喷口。

由燃料燃烧产生的热烟气将热量传递给炉膛水冷壁和屏式过热器，继而流过高温过热器、高

給水 → 省煤器进口联箱 → 省煤器 → 省煤器进口联箱 → 水冷壁进口分配联箱 B / 水冷壁进口分配联箱 A → 螺旋水冷壁进口联箱(前) / 螺旋水冷壁进口联箱(后) → 螺旋水冷壁

去 361 阀暖管暖阀

一、二级减温水

螺旋水冷壁出口联箱(左墙) / 螺旋水冷壁出口联箱(前墙) / 螺旋水冷壁出口联箱(右墙) / 螺旋水冷壁出口联箱(后墙) → 螺旋水冷壁出口混合联箱 B / 螺旋水冷壁出口混合联箱 A

水平烟道左前水冷壁进口联箱 → 水平烟道左前水冷壁 → 水平烟道左前水冷壁进口出箱
垂直水冷壁左墙进口联箱 → 左墙垂直水冷壁 → 垂直水冷壁左墙进口出箱
垂直水冷壁前墙进口联箱 → 前墙垂直水冷壁 → 垂直水冷壁前墙进口出箱
折烟角及水平烟道底部水冷壁进口联箱 → 折烟角水冷壁及水平烟道底部 → 折烟角及水平烟道底部水冷壁出口联箱
垂直水冷壁右墙进口联箱 → 右墙垂直水冷壁 → 垂直水冷壁右墙出口联箱
水平烟道右前水冷壁进口联箱 → 水平烟道右前水冷壁 → 水平烟道右前水冷壁出口联箱

水冷壁出口汇联箱

垂直水冷壁(凝渣管) → 垂直水冷壁(凝渣管)出口联箱

汽水分离器 A / 汽水分离器 B → 顶棚过热器进口联箱 → 炉顶过热器 → 顶棚过热器出口联箱

分离器储水箱 → 疏水扩容箱 / 高、低背压凝汽器

左后水平烟道包覆进口联箱 → 左水平烟道包覆受热面 → 左水平烟道包覆出口联箱
右后水平烟道包覆进口联箱 → 右水平烟道包覆受热面 → 右水平烟道包覆出口联箱
后烟井前墙包覆进口联箱 → 后烟井前墙包覆受热面
后烟井左墙包覆进口联箱 → 后烟井左墙包覆受热面
后烟井分隔墙包覆进口联箱 → 后烟井分隔墙包覆受热面
后烟井右墙包覆进口联箱 → 后烟井右墙包覆受热面
后烟井后墙包覆进口联箱 → 后烟井后墙包覆受热面 → 烟井后墙包覆出口联箱

水平烟道包覆及烟井前包覆出口联箱
烟井左右墙包覆及分隔墙包覆出口联箱

悬吊管 / 悬吊管 / 悬吊管 → 悬吊管出口联箱(前) / 悬吊管出口联箱(后) → 低温过热器出口联箱 → 低温过热器 → 低温过热器出口联箱 → 一级减温器B / 一级减温器A → 屏式过热器进口联箱 → 屏式过热器 → 屏式过热器出口联箱 → 二级减温器B / 二级减温器A → 高温过热器进口联箱 → 高温过热器 → 高温过热器出口联箱

汽轮机高压缸 → 低温再热器进口联箱 → 低温再热器 → 低温再热器出口联箱 → 再热减温器B / 再热减温器A → 高温再热器进口联箱 → 高温再热器 → 高温再热器出口联箱

汽轮机旁路 → 中压缸

低压缸 A → 低背压凝汽器
低压缸 B → 高背压凝汽器

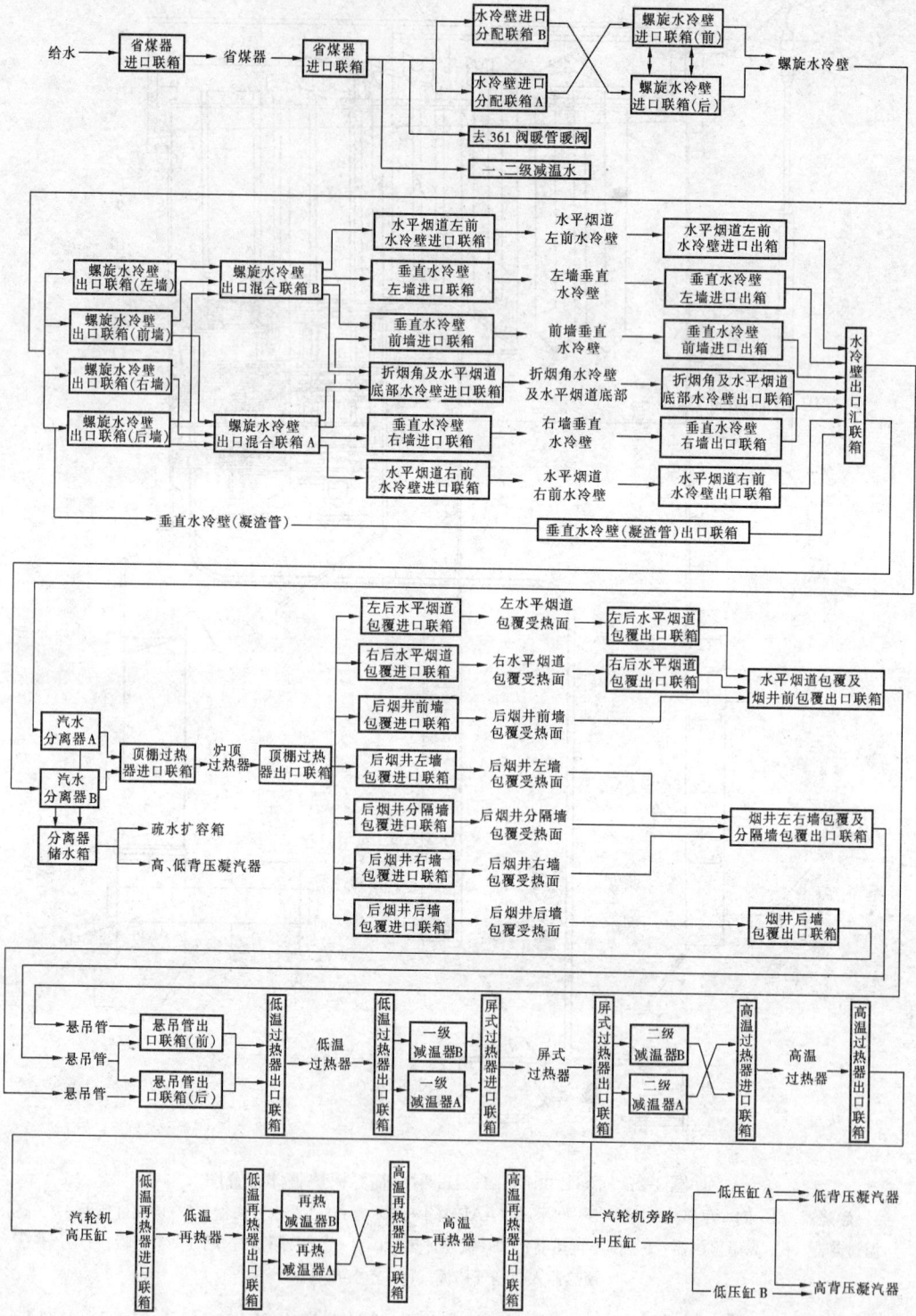

图 1-23　DG1900/25.4—Π2 型超临界压力直流锅炉汽水系统流程图

温再热器进入后竖井包墙，后竖井包墙内的中隔墙将后竖井分成前、后两个平行烟道，前烟道内布置低温再热器，后烟道内按烟气流程依次布置低温过热器和省煤器。烟气调节挡板布置在低温再热器和省煤器后，烟气流经调节挡板后分成两个烟道进入容克式空气预热器，在空气预热器进口烟道上设有烟气关断挡板，可实现单台空气预热器运行。烟气最后进入电气除尘器，再通过烟囱排向大气。

3. 汽水流程

DG1900/25.4—Ⅱ2型超临界压力直流锅炉汽水系统流程，如图1-23所示。

复 习 思 考 题

1. 600MW控制循环锅炉（北仑电厂1号炉）的汽水系统流程是怎样的？

2. 600MW控制循环锅炉（平圩电厂）其设备，系统具有哪些主要技术特点？

3. 600MW控制循环锅炉5％包复旁路如何布置？它有何作用？

4. 北仑电厂2号炉与邹县电厂2020t/h自然循环锅炉在受热面布置上有什么不同？

5. 石洞口二厂与太仓电厂600MW超临界锅炉在受热面布置、燃烧设备以及再热汽温调节有什么不同？

第二章

蒸发设备及水冷壁

第一节 600MW自然循环锅炉蒸发设备

一、亚临界压力自然循环基本特性

1. 蒸发管内流动结构与传热恶化

锅炉的蒸发受热面在炉膛高温火焰的辐射作用下，能否保持其长期安全可靠地运行，主要取决于管子的壁温，如果管壁工作温度超过管子钢材的极限允许温度，管子就会损坏。另外，管子有时还由于壁温的周期性波动，即使壁温低于极限允许温度，管子也有可能受交变温度应力而产生疲劳破坏。

管子外壁温度 t_{wb} 可按传热学中的公式进行计算

$$t_{wb} = t_b + q\left(\frac{1}{\alpha_2} + \frac{\delta}{\lambda}\right) \qquad (℃)$$

式中　t_b——管内工质温度，一般为饱和温度℃；

　　　q——受热面热负荷，kW/（m^2·℃）；

　　　δ——管壁厚度，m；

　　　λ——管壁导热系数，kW/（m·℃）。

从上式可知，由于蒸发受热面在一定热负荷下，管子外壁温度的高低主要决定于工质放热系数 α_2，由于正常情况下沸腾水的放热系数很大，因此管壁温度只比工质温度（饱和温度）略高几度，管壁不会超温。但是当管内汽水混合物的流动情况不良，使水不能连续冲刷管子内壁或管壁产生蒸汽膜，使工质的放热系数将显著降低，从而使管壁超温。

管内汽水混合物的流动情况，与汽水混合物的质量流速、蒸汽在混合物中的容积比率、压力的高低和热负荷的大小等因素有关。汽水混合物在垂直圆管中的流动结构主要有汽泡状、汽弹状、汽柱状（或称环状）及雾状四种，如图2-1所示。

水由管子下端进入均匀受热的垂直管后，由于受热的不断增加，蒸发管中工质的流动结构和传热情况将发生变化。

区域A中，水尚未到达饱和温度，因此流动结构为单相水，故管内工质的放热系数大。

区域B中，贴壁层的水已达到饱和温度而沸腾，但管子中部的水仍然未达到饱和温度，当管子壁面产生汽泡离开壁面向管子中部流动，在与中部未饱和水流混合时又会凝结成水，并将水加热。这时的放热形式为表面沸腾，或称过冷沸腾。

区域C中，管内水都达到饱和温度，此时含汽率 x 值由0开始增加，流动结构呈汽泡状，放热方式为核态沸腾，其放热系数大。随着含汽率 x 不断增加，水膜沿管壁呈环状流动，而汽泡汇集成汽柱在管中部流动，随着受热过程进行，水膜逐渐变薄，中部为水滴分散在汽柱中流动，这种流动结构称环状流动（对水而言），也称汽柱状流动（对汽而言），此时放热情况为强制液膜对

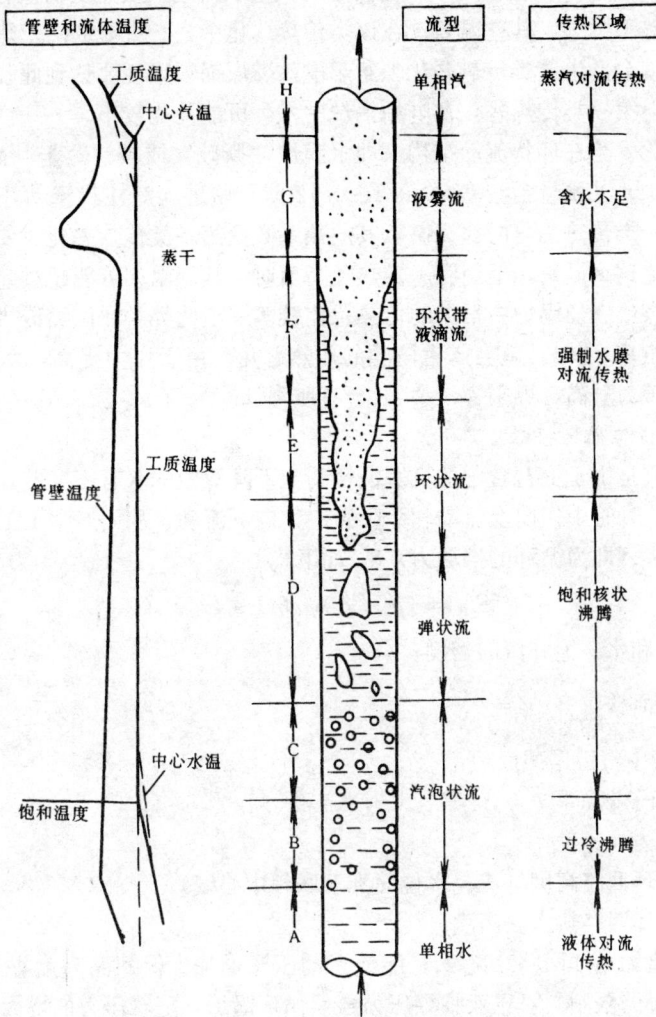

图 2-1 汽水混合物在垂直圆管中的流动结构

流传热,热量由管壁经强制对流水膜传至水膜同中心汽流之间的表面上,并在此表面上蒸发。

当壁面上的水膜完全被"蒸干"后就形成所谓雾状流动,这时汽流中虽仍有一些水滴,但对管壁的冷却作用不够,传热恶化,管壁金属温度会突然升高。此后随汽流中水滴的蒸发,蒸汽流速增大,壁温又逐渐下降。最后在蒸汽过热区域中,由于汽温逐渐上升,管壁温度又逐渐升高。

上述情况,是在热负荷、压力都不是太高的情况下得出的。当压力提高时,由于水的表面张力减少,容易形成小的汽泡而不易形成大汽泡,故汽弹状流动的范围将随压力的提高而缩小,当压力达到 10MPa 时,汽弹状流动结构完全消失,随产汽量的增多,就直接由汽泡状流动进入环状流动。

如果增加热负荷,水膜"蒸干"点就会提前发生,会使环状流动结构缩短,导致传热恶化。如继续提高热负荷,则在汽泡状流动结构中亦会发生传热恶化,这是由于受热管内壁的汽泡生成速度超过汽泡离开壁面的速度,使受热管内壁形成一层汽膜把水挤向管子中部,此时由于管壁得不到工质的冷却而造成传热恶化,这类传热恶化称为第一类传热恶化,亦称膜态沸腾。而由于水膜被"撕破"或被"蒸干"而产生的传热恶化称为第二类传热恶化。

第一类传热恶化发生在质量含汽率 x 值较小（汽泡状流动）及热负荷值相当高区域，发生传热恶化时，汽膜放热系数小，其壁温高。在该类传热恶化中，它主要取决于热负荷，当热负荷大于临界热负荷时，就会产生这类传热恶化。对于电站燃煤锅炉来说要达到此临界热负荷值，一般可能性较小。因此，第一类传热恶化在电站锅炉中发生可能性比较小。

第二类传热恶化发生在环状流动结构，即水膜被"撕破"或被"蒸干"而产生壁温的升高。对于亚临界压力锅炉，其质量含汽率 $x > 0.1 \sim 0.12$ 即开始进入汽柱状流动，发生该类传热恶化的热负荷值不象第一类传热恶化时那么高，其放热系数比第一类传热恶化时要高，其壁温上升值没有第一类传热恶化这么严重。但当有一定热负荷值时，其壁温亦可能超过允许值而使管子超温损坏。所以电站燃煤或燃油锅炉中常见的传热恶化较多属于此类。在该类传热恶化中，当质量含汽率 x 大于界限含汽率 x_{jx} 时，就会产生该类的传热恶化。由于压力提高，水表面张力减少；水膜更难建立，因此压力升高，界限含汽率 x_{jx} 会有所降低。

2. 亚临界压力自然循环特性

自然循环的形成是由于上升管中的汽水混合物与下降管中的水有密度差，从而产生了循环推动力，迫使工质在上升管中作向上流动和下降管中作向下流动，从而产生了工质的循环流动。其循环回路的运动压头（即为循环的推动力）S_{yd} 如下式

$$S_{yd} = (\rho' - \rho'') \varphi g (H - H_{rs})$$

式中　ρ'、ρ''——饱和水、饱和汽的密度；

φ——截面含汽率，$\varphi = \dfrac{A''}{A}$；

A''——管中汽占据截面积；

A——管子截面积；

g——重力加速度；

H——循环回路高度（汽包水位面到下联箱中心线）；

H_{rs}——循环回路热水段高度。

从式中可知，增加循环回路高度 H，能使运动压头增加，但回路高度提高受炉内水冷壁及炉膛燃烧、锅炉布置的限制。对于亚临界压力自然循环锅炉，随着压力的增大，$(\rho' - \rho'')$ 的数值是下降的，为保证循环回路工质流动的推动力 S_{yd}，势必增大循环回路中的截面含汽率 φ，从而使循环回路的质量含汽率 x 值增大，当 x 值大于该循环回路界限含汽率 x_{jx} 时，就会产生第二类传热恶化，使水冷壁管子的安全受到威胁。

循环回路中的循环流速往往随着热负荷不同而不同，上升管受热增强时，其产生的蒸汽量就多，截面含汽率 φ 增大，回路的运动压头增加，使循环流量增加，来补偿循环回路的热负荷增加。反之，上升管受热弱时，循环流量就减少。这种在一定的循环倍率范围内，自然循环回路上升管吸热量增加时，循环流量随之相应增加以进行补偿的特性，称之自然循环的自补偿特性。这一特性对水冷壁安全有利，而且也是自然循环锅炉的一大优点。

运动压头能造成多大的循环流速，还取决于循环回路的阻力特性。当上升管蒸汽含量增加时（质量含汽率 x 增加，循环倍率 K 减少），一方面运动压头增加，循环流量增加，而另一方面循环回路的阻力也随之增加。在一定 x 范围（即一定循环倍率范围）内，热负荷增加，质量含汽率增加，循环回路循环倍率 K 下降，此时循环回路流量（循环流量）随着 K 下降而上升，即循环工作在自补偿范围内。但当循环倍率 K 低至某一值以下时，则会出现运动压头增加小于循环回路阻力增加，从而随着 K 下降，循环流量反而下降，循环工作失去自补偿能力，导致水循环不安全。如图 2-2 所示。

我们定义开始失去自补偿的循环倍率称为界限循环倍率。当回路的循环倍率大于界限循环倍率时，自然循环具有自补偿能力。反之，循环回路在低于界限循环倍率的情况下，循环失去自补偿能力。为保证自然循环锅炉在自补偿特性下工作，推荐的循环倍率应比界限循环倍率大一定的数值。对于亚临界压力，其界限循环倍率为 2.5，实际采用（燃煤锅炉）的循环倍率为 4～5。

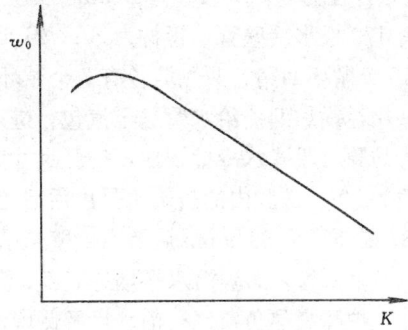

图 2-2　循环倍率 K 与循环
流速 w_0 的关系

3. 亚临界压力下采用内螺纹管可提高循环的可靠性

亚临界压力自然循环锅炉，由于压力提高，截面含汽率增大。又炉内热负荷的增加，有可能使水冷壁的局部区段出现传热恶化，而使管壁超温。为防止传热恶化的产生，采用提高产生传热恶化区段的工质放热系数，或者设法推迟开始发生传热恶化的地点，使之远离高热负荷区域，从而可使蒸发管壁温降到允许范围内。其一是采用管内一定的质量流速，其二采用内螺纹管。用内螺纹管作为蒸发管，可以推迟传热恶化开始发生的地方，避开高热负荷区，降低壁温。工质在内螺纹管内流动，发生强烈的扰动，将水压向壁面，强迫汽泡脱离壁面并被水带走，从而破坏膜态汽层，防止传热恶化的产生。

对于采用内螺纹管的水冷壁的循环可靠性可以用最大许可质量含汽率 x_{max} 与燃烧器区域顶部水冷壁内的最大预期的质量含汽率 x 之间的含汽率差 Δx 来表示（即质量含汽率允许的变动范围）。由表 2-1 可知，采用内螺纹管设计，即使当汽包压力达到 20.58MPa 时，仍能避免出现传热恶化，锅炉的自然循环仍具有一定的裕度。

表 2-1　　　　　　　　光管与内螺纹管中质量含汽率允许变动范围

项　　目	内　螺　纹　管				光　　管			
汽包压力（MPa）	16.56	18.13	19.3	20.58	16.56	18.13	19.3	20.58
最大许可的质量含汽率 x_{max}	0.940	0.915	0.875	0.780	0.485	0.385	0.385	0.185
燃烧器区域预期 x 值	0.155	0.165	0.185	0.233	0.155	0.165	0.185	—
质量含汽率允许变动范围 Δx	0.785	0.750	0.690	0.547	0.330	0.220	0	—

采用光管设计，当汽包压力＞18.13MPa，质量含汽率可以变动范围即大为降低，当压力提高到 19.3MPa 时，质量含汽率允许变动范围为零，已无任何裕度。因此，采用光管水冷壁，汽包压力不宜大于 18.13MPa。

采用光管时，循环倍率 K 值与炉膛水冷壁管内的工质质量流速都要求较大值，这就要求有相当大的管子流通截面，以及数量较多的下降管。而采用内螺纹管，在亚临界压力下是能保持相当的安全裕度，使循环可靠性大大提高。

二、FWEC 2020/18.1—1 型自然锅炉循环回路特点

1. 水循环回路特点

FWEC2020/18.1—1 型亚临界压力自然循环锅炉，Π 形布置、全悬吊结构。水循环系统由一个内径为 1829mm 的汽包，14 根外径为 406mm 的下降管，155 根外径为 141mm 的分散给水管，

814 根外径为 76.2mm 壁厚 8.9mm 的膜式水冷壁组成。前、后墙各有 229 根水冷壁管、两侧墙各有 178 根水冷壁管，管材为 SA—210C（35 号钢）。水循环系统分成 52 个循环回路，前后墙各有 19 个循环回路、两侧墙各有 7 个循环回路。给水经省煤器入口而进入锅炉，由省煤器两个出口联箱经锅炉两侧给水管送至汽包，进入汽包两端的给水沿汽包长度经多孔管进行均匀分配。

炉膛由膜式水冷壁围成，炉膛尺寸为高 50960mm、宽 21882mm，深 16955mm。炉膛冷灰斗倾角为 50°。炉膛内的折焰角是由后墙鳍片管组成，折焰角上部布置了末级过热器，折焰角延伸有 37 根外径为 88.9mm 后墙水冷壁悬吊管（No.1 垂帘管）和 192 根外径为 82.5mm 后墙垂帘管（No.2 垂帘管，布置沿水平烟道底部、延伸至高温再热器后部，垂直布置）。

在炉膛高热负荷区，前、后及侧墙水冷壁管都采用内螺纹管，螺纹管的使用增加了核态沸腾的安全裕度，甚至在高热负荷情况下，也可避免恶性膜态沸腾的出现。

前、后墙各有 9 个下部入口联箱、两侧墙各有 5 个下部入口联箱。前墙有 3 个、后墙有 2 个、两侧墙各有 6 个上部出口联箱。出口联箱总共有 201 根外径为 168mm 的汽水导管与汽包相连。锅炉的循环倍率为 4.1。

汽包中心线标高为 66500mm，汽包内径为 1828.8mm，总长 28273mm，其中直段长 25244mm，壁厚 204mm，封头壁厚 168mm，材质为 SA—516GR70 碳钢。本锅炉设有炉底加热系统，预热期间的水流方向与正常运行时水循环方向相反，其目的是为了缩短锅炉冷态启动的时间减少点火用油。

并列管屏的受热不均常是造成自然循环锅炉的循环故障或传热恶化的基本原因。受热弱的管子有可能出现循环停滞或倒流；而受热强的管子又可能会出现传热恶化而导致超温。由于炉内热负荷沿着锅炉宽度和深度的分布是不均匀的，故水冷壁各部位的吸热量也就有大有小。为减少水冷壁受热不均而导致水冷壁管的不安全，则采用把水冷壁受热面按其受热情况不同而划分若干个循环回路，以提高循环回路的工作可靠性。

2. 上升管单位流通截面蒸发量 D_{ss}/A_{ss}

循环回路上升管单位流通截面蒸发量 D_{ss}/A_{ss} 是影响水循环特性的关键因素。当锅炉压力一定时，锅炉是否具有自补偿能力，主要取决于上升管单位流通截面蒸发量。在亚临界压力时，受热最强管的界限循环倍率为 2.5，则其上升管单位流通截面蒸发量 D_{ss}/A_{ss} 的值要小于 1300t/$(m^2 \cdot h)$，而 FWEC 2020 t/h 的锅炉经过计算，在 MCR 时 D_{ss}/A_{ss} 的值为 2020/2.18＝926.6t/$(m^2 \cdot h)$，在上升管单位流通截面蒸发量的界限值范围内。

在压力不变时，锅炉水冷壁管的蒸发量是由炉内换热量来决定的，而水冷壁管流通截面则取决于管径与总根数。从上升管单位流通截面蒸发量定义可用下式表示

$$D_{ss}/A_{ss} = \frac{qn_{sb}SH_{sb}}{m_{sb}\frac{\pi}{4}d_{n,sb}^2} = \frac{qSH_{sb}}{r\frac{\pi}{4}d_{n,sb}^2}$$

式中　q——水冷壁受热面平均热负荷，kW/m^2；

$\quad\quad n_{sb}$——水冷壁管根数；

$\quad\quad S$——水冷壁管节距，m；

$\quad\quad H_{sb}$——水冷壁管平均受热高度，m；

$\quad\quad r$——汽化潜热，kJ/kg；

$\quad\quad d_{n,sb}$——水冷壁管内径，m。

通常，如参数及容量一定时，炉膛大小主要由燃料特性以及燃烧与换热要求确定的。对一定燃料而言，炉膛受热面热负荷的变动范围并不大，水冷壁管节距与管径之比一般也很小变化。因

此，如减少水冷壁管径，必然会导致 D_{ss}/A_{ss} 增大，上升管阻力升高。在要求不导致自补偿能力丧失的范围内，使质量含汽率增大，使循环倍率会明显下降。

如保持炉膛受热面热负荷基本不变，在确定水冷壁管径后，D_{ss}/A_{ss} 值主要取决于水冷壁高度，高度增高，D_{ss}/A_{ss} 增大，循环倍率必然下降，这对亚临界压力锅炉来说是不利的。

随着锅炉容量、参数提高，炉膛断面热负荷不断增大，而工质汽化潜热则不断下降，其上升管单位流通截面蒸发量必然增大，从而使循环倍率下降。因而亚临界压力锅炉加大水冷壁管径或适当降低炉膛高度，以加大炉膛截面。甚至必要时，在燃烧器区域采用内螺纹管，以防止由于循环倍率偏低而出现传热恶化的现象。在亚临界压力下的自然循环锅炉，在其他因素保持不变的条件下，墙式旋流燃烧器的矩形炉膛与四角燃烧呈正方形炉膛相比，D_{ss}/A_{ss} 值偏低，则可提高循环倍率，对水循环有利。

本锅炉采用 $\phi76.2\times8.9$mm 管子的水冷壁管是合适的，其 D_{ss}/A_{ss} 值偏低，以防止循环倍率偏低。在亚临界压力下，除了合理选用水冷壁管径，即考虑合适的流通截面之外，还应从鳍片管金属壁温安全角度出发，要求鳍片管的顶点、鳍端和鳍根的金属温度应处于安全范围之内。

3. 亚临界压力自然循环锅炉水冷壁采用内螺纹管

FWEC 2020 t/h 自然循环锅炉的水冷壁，在高热负荷区采用内螺纹管。对于前、后墙水冷壁从冷灰斗斜面的中间点（冷灰斗 $\frac{1}{2}$ 高度处），而两侧水冷壁从冷灰斗转向节处开始，直至燃烧器的最上部一次风燃烧器喷口中心线以上 7620mm（前墙）8839mm（后墙）以及 9144mm（两侧墙）处采用内螺纹管，确保该区域处于核态沸腾状态，防止出现传热恶化。

(1) 采用内螺纹管的目的是使传热恶化点后移。要求受热强的管子出现传热恶化的界限含汽率与管内工质含汽率的差值越大越不出现传热恶化。采用内螺纹管使传热恶化点后移，这样使传热恶化的危险点不在炉膛高热负荷区出现，则其传热恶化问题也不会出现。由于内螺纹管使传热恶化点后移至炉膛上部的低热负荷区，从而确保水冷壁的安全。

(2) 受热弱的管子循环流速仍较高，其循环流速不会低于 0.5m/s。采用内螺纹管的亚临界压力自然循环锅炉，完全不必担心受热弱的管子循环安全性问题，不会出现停滞倒流现象。采用内螺纹管后，其流动阻力增加，水冷壁的总压差增加，各管吸热不均匀对管间流量变化的影响幅度减小。因此，采用内螺纹管后，受热弱的管子循环流量与采用光管时几乎一样。

(3) 锅炉水冷壁采用内螺纹管，整个回路的总折算阻力系数增加了，但由于亚临界压力下采用较大的截面含汽率，其运动压头值也比较大，因此循环倍率 K 仍能保证在安全范围内。采用内螺纹管与光管相比，内螺纹管摩擦阻力增加 1.4 倍，但运动压头也增加了 1.1 倍，两者综合结果使循环流量仅减少 15%。但由于采用内螺纹管后，流通截面积减少，循环流速会有所提高，因此不必担心循环流速的降低。

(4) 采用内螺纹管，本锅炉的循环倍率为 4.1，如果采用较小的分散引入管和汽水引出管的截面比的情况下，此循环倍率仍能保证水循环的安全可靠。

4. 采用蒸汽推动器

采用 1.7MPa，332℃ 的辅助蒸汽，通过 7 个手动阀进入 14 个下降管的底部，用蒸汽来加热锅水，使整个水冷壁及汽包加热，以减少其热应力。炉底蒸汽加热系统投入步骤如下：

(1) 锅炉上水至汽包水位的 +305mm 处，关闭上水门，开启再循环门，准备投炉底加热。

(2) 检查辅助蒸汽压力 >1.7MPa，温度 >332℃，逐渐缓慢开启辅助蒸汽至炉底加热总门，开启管道和加热联箱疏水门，进行疏水暖管。

(3) 暖管结束后，关闭疏水门，进行蒸汽加热锅水，防止发生水冲击。

（4）汽压升至 0.15～0.2MPa，关闭各空气门，开启过热器、再热器各疏水门。

（5）汽压升至 0.3～0.5MPa，冲洗水位计，热紧汽包螺丝，做好点火前的各种准备。

三、邹县电厂 FWEC 2020/18.1—1 型自然循环锅炉汽包结构特点

FWEC 2020/18.1—1 型自然循环锅炉汽包内部部件的布置如图 2-3 所示，螺旋臂式汽水分离器如图 2-4 所示。

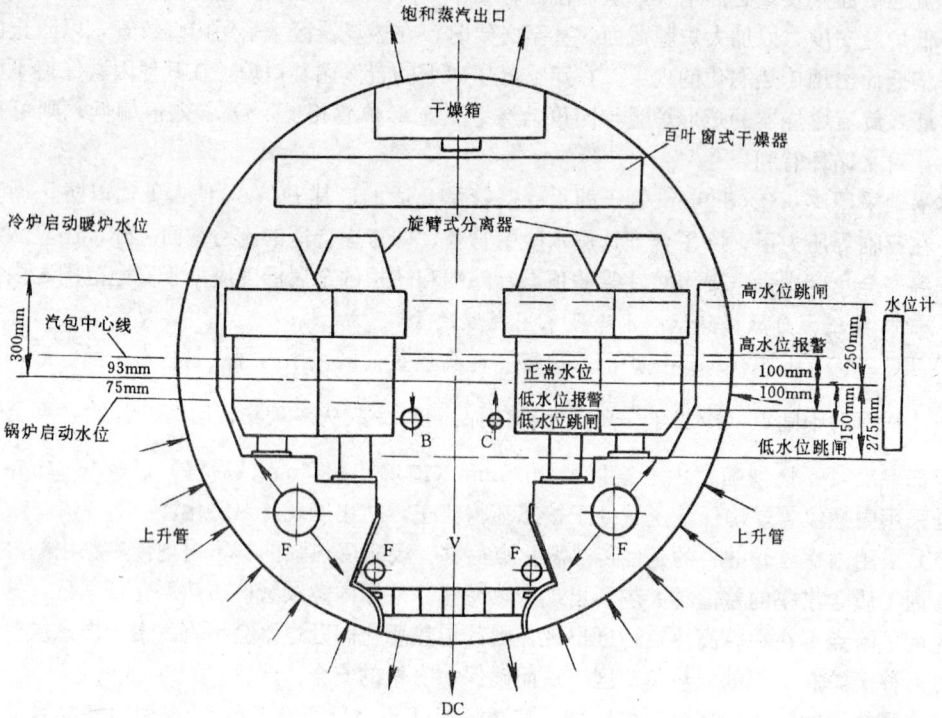

图 2-3　汽包内部部件布置图

B—连排管；C—化学加药管；F—给水管；V—抗涡流元件；DC—下降管

汽包内径为 1828.8mm，总长 28273mm，其中直段长 25244mm，壁厚 204mm，封头壁厚 168mm，材质为 SA—516GR70 碳钢。

汽包内部部件主要有 224 只错列布置的螺旋臂式蒸汽分离器，每侧 112 只。二次分离元件为整体人字形可排放式百叶窗式干燥器（波形板）、给水分配管、连续排污管和化学加药管等组成。在汽包下半部沿整个长度布置的环形板形成汽包下半部的环形空间，给水管 2 个，汽包两端各一个，在汽包内部分为 4 个孔，2 个在环形板的下部（环形空间内），2 个在环形板的外面（即汽包的水侧）。来自炉膛水冷壁上升管的汽水混合物以及一部分进入的给水进入汽包的环形空间内，然后汽水混合物进入螺旋臂式蒸汽分离器进行汽水分离。

汽水混合物由上升管进入螺旋臂式蒸汽分离器的入口，在螺旋臂式蒸汽分离器内完成第一阶段的汽水分离工作。汽水混合物进入分离器由预旋挡板进行混合物分配，并进入分离器螺旋臂，使汽水混合物产生离心力，使大部分的水和汽得到分离。密度较大的水沿每个螺旋臂的外表面流动，密度较小的蒸汽就沿螺旋臂的内表面向上流动。水在离心力的作用下沿分离器的内外筒体间向下流动。向下流动的水的离心运动是由防涡流板消除的，而水流扩散器将水流进行分配。防涡流板的支架和水流扩散器是用安装在外缸底部的多孔板制成的。而分离出来的蒸汽从分离器流出

进入人字形二次分离器，该二次分离器与分离器组合在一起，在分离器的顶部。

当蒸汽与构成人字形二次分离器（波形板）元件接触时，蒸汽低速进入，汽流方向发生几次突变，使水分吸附在波形板的表面，靠重力水膜排放至汽包的水侧。

从旋臂式分离器分离出来的蒸汽进入百叶窗式干燥箱进行干燥后，通过上部的饱和蒸汽管，进入到过热器。

从蒸汽中分离出来的水流入汽包的水空间，经涡流消除器流到下降管，下降管将水送到炉膛水冷壁进口的水量分配器。进入给水的一部分从环形空间的外面直接流入下降管的入口，该部分水用来冷凝在分离过程中可能被抽入下降管的蒸汽。

图 2-5 为北仑电厂 2 号炉自然循环锅炉汽包内部结构图。

该汽包由 196.7mm 厚的 SA299 钢制成，汽包内径为 1829mm，直段长度为 25.248m，两侧为半球形封头。

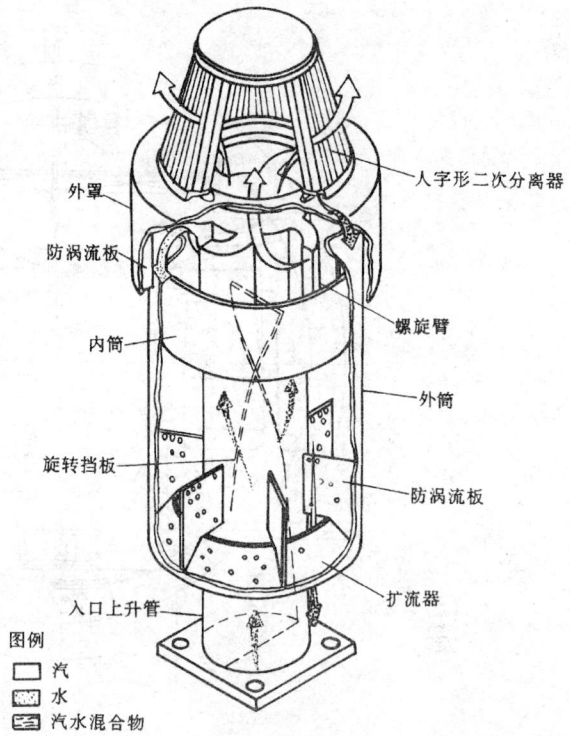

图 2-4 螺旋臂式分离器

汽包内部采用了弧形隔板，它是由沿汽包长度延伸布置的挡板形成的。从上升管来的汽水引出管都接到汽包的下部和左右侧，汽水混合物通过汽包壁与弧形隔板形成环形通道向两侧流动进入旋风分离器，这样汽水混合物进入汽包后，能比较均匀加热整个汽包壁（实际对汽包的两侧和下部壁的加热可以加强），以减少汽包壁的上下壁的温差，减少汽包壁的热应力。

从环形通道出来的汽水混合物进入 194 只旋风分离器进行汽水分离。蒸汽从分离器的顶部出来，进入一次清洗装置，一次清洗装置由波纹板组成。从一次清洗装置出来的汽，再以低速经过汽包顶部的二次清洗装置，到饱和蒸汽引出导管。水从分离器的底部出来与给水混合进入下降管。

在前侧旋风分离器的下部装有一根加药管，在后侧旋风分离器的下部装有一根连续排污管，最大连排流量约为 1%MCR。在两侧旋风分离器的下部各有一根沿汽包长度布置的给水管。

汽包壁的上部和下部，共装有 6 支热电偶，用于负荷压力变化时，监视汽包上下壁温差。另外，汽包上还有一些接头，如 2 只电动空气门、6 只安全阀、2 只蒸汽取样阀及压力表、压力变送器、水位计、水位变送器、充氮阀等。

该炉装有 2 台高位双色水位计、2 台正常水位双色水位计、2 台 Aquarian3000 型电触点水位计、4 台差压式水位变送器。高位水位计作用是：在锅炉点火前，若汽包上下壁温差较大，可采用吸热方法，即缓慢地把汽包注满水，注水时就地须有人监视高位水位计，防止水进入过热器。待汽包上下壁温差降到允许范围，放水至点火水位，开始点火。同样在锅炉熄火后泄压时，出现汽包上下壁温差大，也可采用此办法。正常运行时，高位水位计应隔离，以防二次分离装置被高位水位计旁路，使蒸汽品质变差。

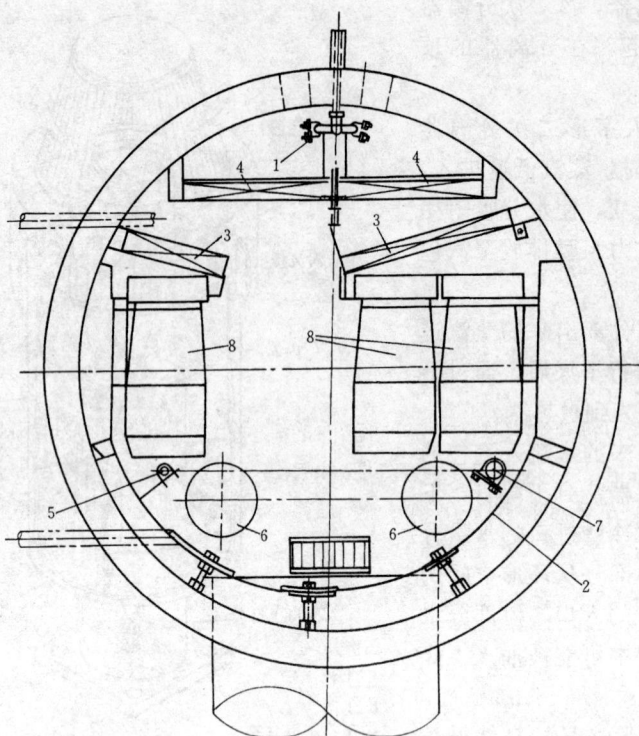

图 2-5　北仑电厂 2 号炉汽包内部结构图

1—蒸汽取样管；2—弧形隔板；3——次清洗装置；4—二次清洗装置；
5—加药管；6—给水管；7—连续排污管；8—旋风分离器

第二节　600MW 控制循环锅炉蒸发设备

如同前述，自然循环依靠下降管中的水和上升管中汽水混合物的密度差工作。随着锅炉工作

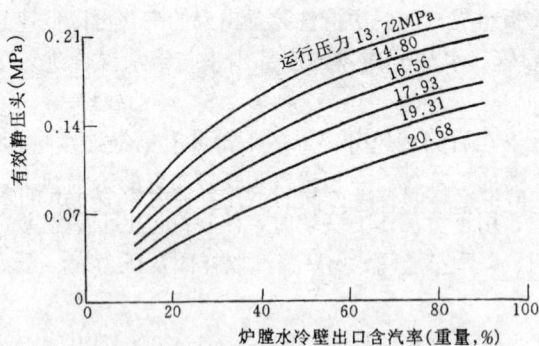

图 2-6　按 61m 高炉膛计算的典型的
循环有效静压头与含汽率关系
（该静压头与循环形式无关）

压力的提高，汽、水间密度差的减小，推动循环工作的驱动力，或者说有效压头随之减少。图 2-6 表明了对一高度为 61m 的水冷壁在其他条件相同而工作压力不同时，有效静压头与水冷壁出口汽、水混合物含汽率间的关系。表明随着锅炉工作压力从 13.72MPa 升高到 20.68MPa 时，有效压头有成倍的下降。亚临界压力控制循环锅炉在下降管侧增设循环泵，提供额外的驱动压头，弥补自然循环的循环推动力的不足，以提高锅炉水循环的可靠性。在循环回路的下降管侧串接一个锅水循环泵后，循环回路的阻力压降就由锅水循环泵和自然循环运动压头共同提供，其值是两者之和。回路的循环流量

决定于泵的流量，锅炉的循环倍率可通过泵得到控制，控制循环的名称就是由此而来的。从循环的工作原理而言，除此之外与自然循环没有本质上的差别。由此而带来的好处有以下几点。

（1）包括在启动点火升压、停炉期间等的任何工况下都能由泵提供足够的压头和流量，保证受热面的冷却，也藉以加速各承压部件间的金属温度均匀，有利于启动和停炉时间的缩短。

（2）因有循环泵提供了足够的压头，使循环回路各管间的流量可通过在各水冷壁管进口端设置节流圈来调节，使各管间因通流阻力系数和吸热量不均而导致其出口含汽率差异可通过节流圈的孔径不同而变为均匀，使循环可靠性提高。水冷壁分割成若干个回路，供水管道复杂的麻烦得到改善，整个水冷壁可以构成一个回路。

（3）水冷壁也因有足够的压头而允许采用较自然循环为小的管径；管壁温度与材质要求也因流速的保证而可以较低要求。

（4）同样也由于有足够的压头，使汽包内部件的结构与布置的选择余地可以增大。

（5）在锅炉启动期间，对省煤器受热面的保护问题，也可由锅水循环泵所提供的压头通过省煤器再循环管，使锅水在省煤器与汽包之间建立起足够的循环流量，满足启动初期省煤器保护的要求。

一、水冷壁系统（以北仑电厂 1 号炉为例）

北仑电厂 1 号炉为控制循环锅炉，包括省煤器在内的蒸发系统如第一章中图 1-8 所示。

来自高压加热器温度为 280℃的给水，在进入外径 559mm 的省煤器进口联箱 1 后，经省煤器的外径 51mm、节距 102mm 的 191 根蛇形管 2 及省煤器中间联箱 3（中间联箱共 3 只）、省煤器悬吊管 4 后，进入省煤器出口联箱 5。在省煤器出口联箱与汽包之间有 3 根外径 327mm 的连接管 6 相连通，再经位于汽包 7 内给水总管分配引导，与从旋风汽水分离器分离下来的水相混合后，经 6 根外径 356mm 的下降管 8，进入外径为 559mm 的汇集联箱 9（锅水循环泵入口集箱），然后再经 3 根外径为 508mm 的连接管 10 与 3 台锅水循环泵 12 的进口端连接。每台循环泵的出口各有 2 根 356mm 的出口管 11、13，每根出口管设置逆止截止阀一只（共 6 只），该阀在锅水循环泵启动运行时，自动开启，如锅水循环泵停运或作备用时，则该阀会自动关闭（逆止作用）不准许高温锅水倒入停运的锅水循环泵；在泵停用后，该阀又起截止关闭作用，阀杆可顶住阀芯，不起逆止作用，待启动锅水循环泵时才将阀杆升起，该阀就起逆止阀作用（单向阀）。锅水循环泵出口管分别与水冷壁前、后、两侧墙互通的下联箱（有的也称水包）14～17 连通，向水冷壁供水。在锅炉最大连续负荷（MCR）下，锅水循环泵 2 台投运，即 2 台锅水循环泵可满足 MCR 的要求，3 台锅水循环泵其中 1 台备用。实际上在机组 MCR 工况下 3 台锅水循环泵同时运行，其循环回路的循环倍率可以提高，如果一台锅水循环泵故障，仍可满足 MCR 的要求。但一台锅水循环泵运行只允许带 60%MCR 负荷。

锅水进入下联箱后，在下联箱内首先经过位于水冷壁管进口前的小孔直径为 4.76mm 的多孔板过滤，然后通过位于各水冷壁管进口处（下联箱处）的节流圈，进入各根水冷壁管。水冷壁由外径 51mm、节距为 63.5mm 的焊接鳍片型内螺纹管组成，从而达到炉膛的密封。前、后墙水冷壁管 18、20 各 307 根；二侧墙水冷壁管 26 各 240 根；包括位于炉膛两个后角隅的各 24 根管子 19、21。总计为 1094 根水冷壁管构成截面尺寸为宽 19558mm、深 16432mm、被稍稍削去四角矩形断面的炉膛。

后墙水冷壁在炉膛上部被变成折焰角，折焰角由后墙 307 根水冷壁管中的 256 根构成，这些管子在折焰角部位被扩展成外径 63.5mm、节距 76.2mm 的焊接鳍片管 22；其余的 51 根则垂直向上构成后墙水冷壁的悬吊管 23，管径也扩展成 63.5mm、节距 381mm。在这构成折焰角的 256 根管子中，其中的 188 根沿折焰角和水平烟道底部延伸后向上成节距为 304.5mm 的垂帘管 25；

另外 68 根则延伸至水平烟道的两侧，作为水平烟道两侧墙的包覆管 24，每侧各 34 根，节距为 127mm。在沿炉膛深度方向，由折焰角延伸构成的 188 根垂帘管分成四排，各排的管子根数分别为 20、38、65 和 65 根。各垂帘管至垂帘管出口联箱 29，后墙水冷壁悬吊管至悬吊管出口联箱 28，出口联箱的直径为 273mm。联箱出口采用外径为 159mm 的 4 根悬吊管联箱出口汽水导管 33 和 15 根垂帘管联箱出口汽水导管 34 与汽包相连接；引入水平烟道两侧包覆的各 34 根管子至两侧包覆的出口联箱，再经直径为 159mm 的汽水导管引入至汽包。

后墙两角的各 24 根管子中的 8 根在相应于燃烧器的高度上翻向侧墙，另 16 根翻向后墙，再延伸成水平烟道两侧墙管后进入两侧墙出口联箱 30、31。前墙水冷壁管同样由外径 51mm、节距 63.5mm 的焊接鳍片管 307 根构成，其中也包括炉膛两个前角隅的各 24 根管子 18、19。后者也同样在燃烧器区域将其中的 8 根和 16 根分别翻向侧墙和前墙。前墙水冷壁管的出口至前墙上联箱 27，其联箱直径为 273mm，联箱出口通过 15 根外径为 159mm 的汽水导管 32 与汽包相连接。炉膛前、后墙水冷壁在底部向炉膛中心倾斜，构成冷灰斗，其倾角为 50°。炉膛水冷壁管通过联箱悬挂在锅炉钢架的大板梁上，整个水冷壁膨胀方向是向下的，垂直方向的膨胀量为 307mm。此项膨胀间隙由位于炉底的水封装置密封，防止环境空气的漏入。

整个炉膛的前、后、两侧墙的 1094 根水冷壁管共同连接在互通的环形下联箱 14～17 上。因此可以认为整个水冷壁管是一个共同的循环回路。各管间的通流阻力系数和吸热量的差别，则是通过位于各管进口处的节流圈阻力系数（节流圈孔径大小）来调节各水冷壁管出口含汽率的均一，因此各管的节流圈必须是对号入座，不能互换的。

二、锅水循环泵

在 20 世纪 50 年代初期随着发电机组容量的大幅度提高，锅水循环泵已在大容量的控制循环锅炉机组中得到广泛应用，它不仅能够保证锅炉蒸发受热面内水循环的安全可靠，缩短了机组的启动时间，减少了启动热损失，同时提高了锅炉对低负荷工况的适应性，满足调峰负荷时调节的需要，并能符合安全可靠和维修简便的需要。

目前，世界上已有不少国家都具备制造锅水循环泵的能力，比较有代表性的厂家是德国的 KSB 公司、英国的海伍德－泰勒公司、日本三菱重工公司、美国 CE 公司属下的 CE—KSB 公司。我国沈阳水泵厂和哈尔滨电机厂也引进德国 KSB 泵与电动机的全套设计与制造技术，并取得 KSB 合格认可，从投入机组的锅水循环泵运行情况来看，显示了良好的工作性能。

1. 锅水循环泵结构特点

锅水循环泵的主要结构特点是将泵的叶轮和电动机转子装在同一主轴上，置于相互连通的密封压力壳体内，泵与电动机结合成一整体，没有通常泵与电动机之间连接的那种联轴器结构，没有轴封，这就从根本上消除了泵泄漏的可能性。锅水循环泵其基本结构都是电动机轴端悬伸一只单级离心泵轮的主轴结构，电动机与泵体由主螺栓和法兰进行联接。整个泵体和电动机以及附属的阀门等配件完全由锅炉下降管的管道支吊，这样泵装置在锅炉热态时可以随下降管一起向下自由移动而不受膨胀的限制。

锅水循环泵在安装或检修时，只要装拆泵壳同电动机的接口法兰，装拆电线接头和冷却水管道，整个电动机连同泵的叶轮机就能从泵壳中卸出。英国 Tyier 锅水循环泵与德国 KSB 锅水循环泵分别如图 2-7 和图 2-8 所示。

从图 2-7 和图 2-8 可以看出，这两种泵的结构基本相同，电动机的定子和转子用耐水耐压的绝缘导线做成绕组，但浸沉在高压冷却水中，电动机运行时所产生的热量就由高压冷却水带走，并且该高压冷却水通过电动机轴承的间隙，即是轴的润滑剂又是轴承的冷却介质。泵体与电动机是被分隔的两个腔室，中间虽有间隙不设密封装置使压力可以贯通，但泵体内的锅水与电动机腔内的冷却水是两种不同的水质，两者不可混淆。由于电动机的绝缘材料是一种聚乙烯塑料，不能承受高温，温度超过 80℃绝缘性能就明显恶化，因此绕流电动机四周的高压冷却水温度必须加以限制。由于绕组及轴承的间隙极为紧密，因此高压冷却水中不得含有颗粒杂质，在高压水管路中必须设有过滤器。高压冷却水的水质要比锅水干净得多，其水温也要比锅炉锅水的温度低得多，为了带走电动机运行产生热量和泵侧传到电动机的热量，保证电动机的安全运行，必须配有一套冷却高压水的低压冷却水系统。

2. 锅水循环泵主要结构

（1）泵壳体。

泵壳体是承受高温高压的部件之一，从图 2-7 和图 2-8 可以看出，KSB 型泵和 Tyier 型泵的出口管结构不相同，KSB 型泵出口管两侧对称径向布置，壳泵为一球形体，这种球体的结构特点是壁厚度较小，相应热应力较少，但由于较大的球体内腔与泵叶轮流向不相吻合，所以使泵的液力件结构复杂，泵壳体比较笨重。Tyier 型泵出口管两侧切向布置，泵壳体内部结构与泵叶轮流向吻合紧贴，结构比较紧凑。

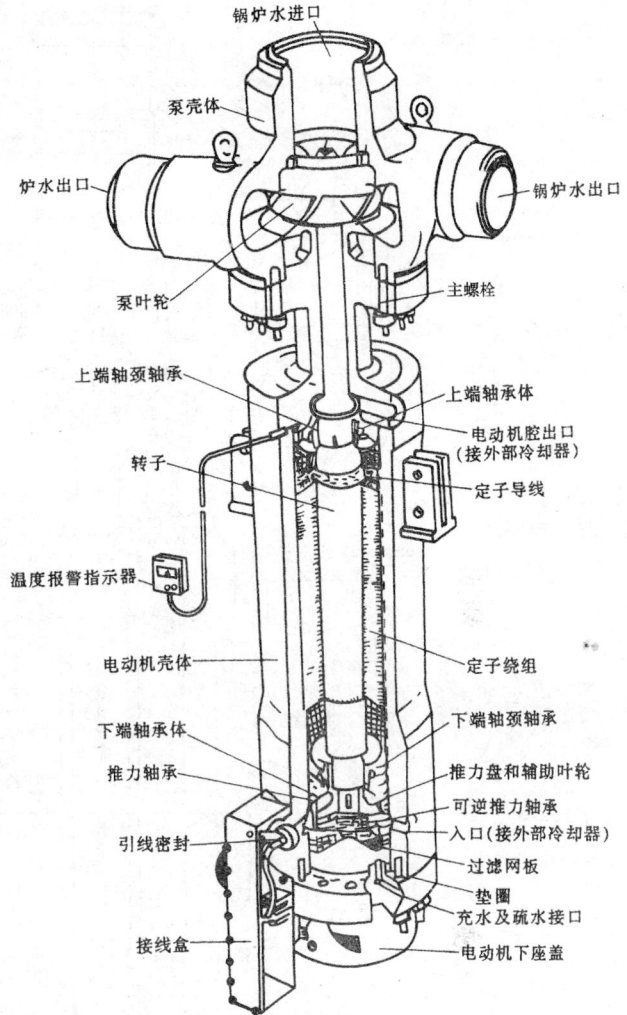

图 2-7　英国 Tyier 锅水循环泵

泵的叶轮属于高比转数离心式，接近于混流式，是单级离心泵，叶轮出口处装有导叶使部分动能转换成压力能。导叶用隔板支撑在颈部和吸入短管上。

（2）轴承。

在电动机轴的上下端各装一只支承轴承，在轴的下端还装置一只推力轴承，而泵侧不装轴承。支承轴承和推力轴承都是采用水润滑，在转动侧为了耐磨烧上一层锻铬的硬质材料。泵在运行时的轴向推力及所有转动部分的重量由用水润滑的双向推力轴承承受。由于轴承采用水润滑，泵启动前必须对电机内充水，排除电机内的空气，如果空气与轴承相接触，使轴承得不到水的冷却而烧毁。

推力轴承由推力瓦块、推力盘、止推座组成。推力瓦块用对接销子固定在止推座上，而上下止推座分别用螺栓固定在下端轴承座和电机底盖上，推力瓦块是用表面硬化过的不锈钢制作并抛光，而推力盘用优质钢制成，并作为电动机内高压冷却水强制循环用（克服高压冷却水流动阻力）的辅助叶轮。

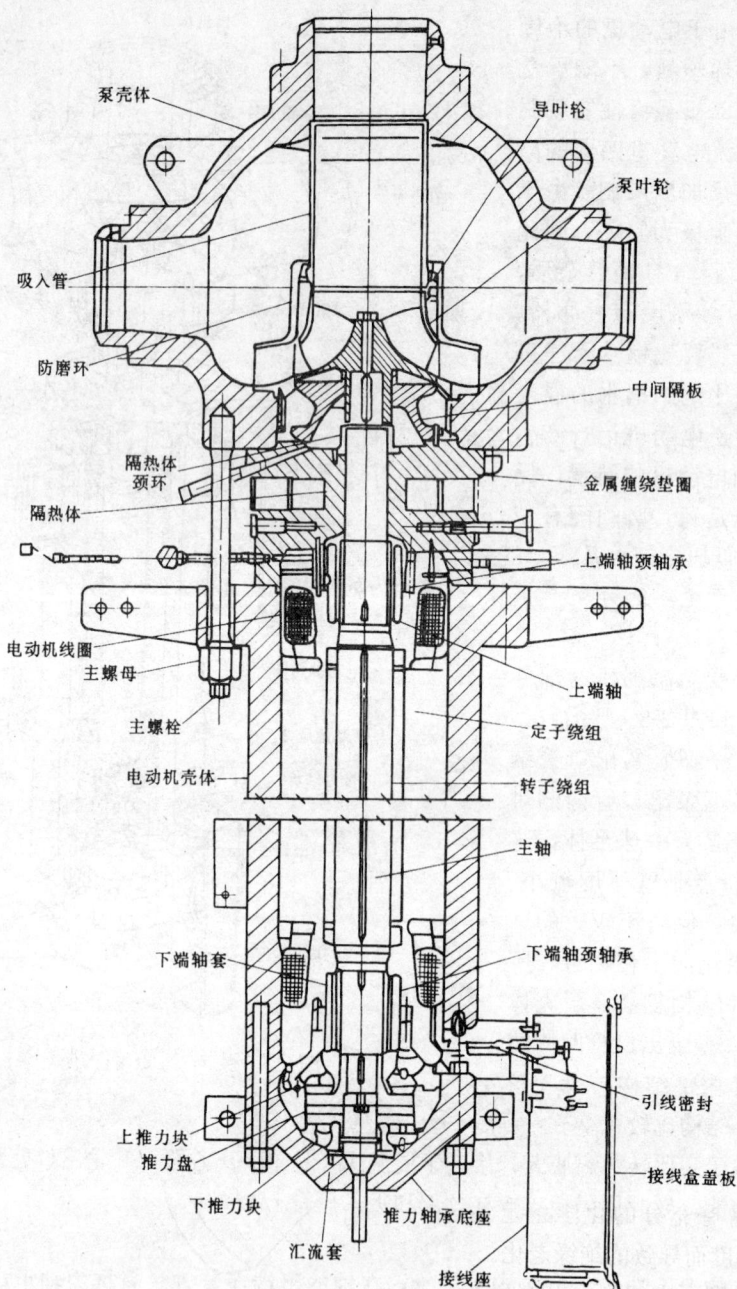

图 2-8　德国 KSB 锅水循环泵

（3）主螺栓。

主螺栓是将泵与电机连接的重要零件。由于泵体的连接是用一个大直径的法兰面，必须要保证满足高温高压的密封需要，因而采用了新型的金属缠绕式密封垫。要保证密封面受力的均匀，各主螺栓承受相同的紧力，必须使用专用工具来拧紧主螺栓。其目的是使主螺栓伸长后拧紧螺母，待主螺栓恢复原来长度时即产生要求的预紧力。

（4）隔热体。

隔热体也称热栅，其作用是使泵壳中的高温锅水与电机腔内的高压冷却水隔开，并阻止其高温锅水热量通过泵壳和轴传递到电动机内。

隔热体的散热方法有两种：一是靠隔热体本身自然冷却；二是在隔热体内部设有环形水冷套，靠低压冷却水将传递热量带走。对于德国的 KSB 型泵的隔热体，不论泵在运行或处于热备用时，要求隔热体中的冷却水不能中断，并要保持一定的流量。而英国的 Tyier 型泵的隔热体结构较简单，其隔热体不需要设置低压冷却水，仅在泵侧底部设置一段缩小面积的轴颈体进行自然散热，简化了冷却水系统。

(5) 锅水循环泵出口阀。

锅水循环泵出口阀为逆止截止两用阀门，如图 2-9 所示。

锅水循环泵出口阀的结构特点是球形阀芯与阀杆不作固定连接。当阀杆提升后，阀芯可在阀芯套筒中自由滑动，起逆止阀作用。当阀杆下降时可将阀芯压紧在阀座上，切断锅水的通路，起截止作用。当锅水循环泵启动前，此出口阀预先开动，但此时仅是阀杆提升，阀芯仍留在阀座上。当锅水循环泵启动后，由水压顶开阀芯，使其在套筒上滑动升高形成通路。在锅炉运行中，某台锅水循环泵因故障跳闸时，其出口阀的阀芯能自动落座，起到逆止阀的作用，以防止水包（下联箱）中的锅水倒回到停运锅水循环泵中，以免影响正常的锅水循环。当锅水循环泵停运或锅炉停运时，将阀杆下降压紧阀芯，起截止阀作用。

(6) 电机绝缘导线。

湿式电动机是锅水循环泵的动力，无轴封湿式电动机处于高压热水中运行。导线的绝缘材料必须具有足够绝缘电阻值，并有良好的机械、耐水、耐温等性能。此外，绝缘材料还需有充分的化学稳定性，防止导线因温度梯度而导致的绝缘老化。

目前，锅水循环泵电机所采用的绝缘材料为耐热聚氯乙烯，它具有较高的机械强度和耐酸、耐碱、耐油以及不易燃等优点。但是，由于聚氯乙烯分子结构中有极性基因，其绝缘电阻系数较小，且随温度上升而明显下降，所以它不适宜用在较高电压下，通常它只作为 600V 和 3000V 级绕组线绝缘，其限定温度为 70℃。

比较理想的绝缘材料是交联聚乙烯，它具有很好的耐磁性与耐环境应力开裂性，它比聚氯乙烯更能承受集中的机械应力。目前，交联聚乙烯是大功率湿式电动机绕组较理想的绝缘材料，其限定温度为 80℃。

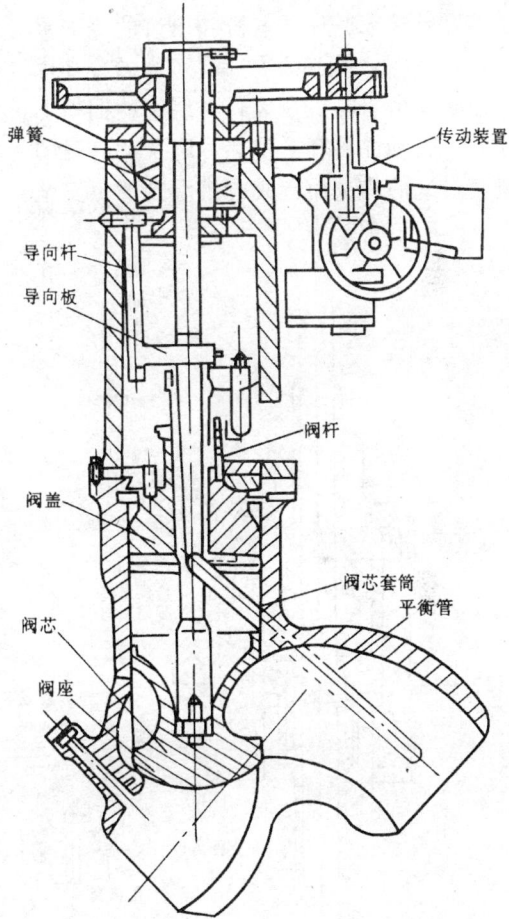

弹簧
传动装置
导向杆
导向板
阀杆
阀盖
阀芯套筒
平衡管
阀芯
阀座

图 2-9 锅水循环泵出口阀

定子的绕组和铁芯装置于定子保护筒内，转子铁芯上装设线棒，转子两端有端环、短路环和平衡环。

电动机的电源铜线引出分成六根铜接头（日本产），每根铜接头处包有绝缘性能良好的密封装置。引出铜接头外套是由耐水耐压性能的氧化乙烯组成，在氧化乙烯外包有软性橡胶体。该两种材料胶合为一体，绝缘体外有一不锈钢材的密封套，然后将不锈钢套与导线引出接头螺丝组合成一体（钢密封套与钢接头螺丝均设有O形密封圈），钢接头螺丝旋入电动机外壳进行固定。

引出线的密封套入口处的压力，随电动机内部压力升高而增加其密封性，这样可以防止电动机内部高压冷却水的泄漏，引出线的密封装置内的O形垫圈在每次检修时更换。

图2-10为锅水泵电源引出线的密封结构。

3. 锅水循环泵冷却水系统

为了满足锅水循环泵电机腔出口的冷却水温度不超过60℃，就必须有一套可靠的冷却水系统，以消除由于电机在运转时绕组的铜损和铁损发热、转动件的摩擦生热，以及从高温的泵壳侧传过来的热量而造成电机温升的不安全影响。

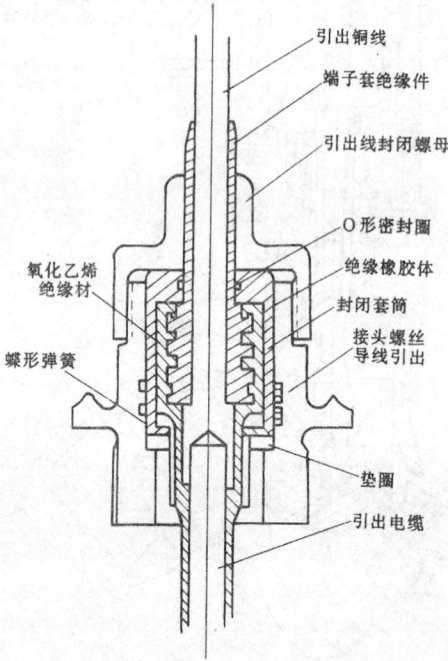

图2-10　锅水循环泵电源
引出线密封结构图

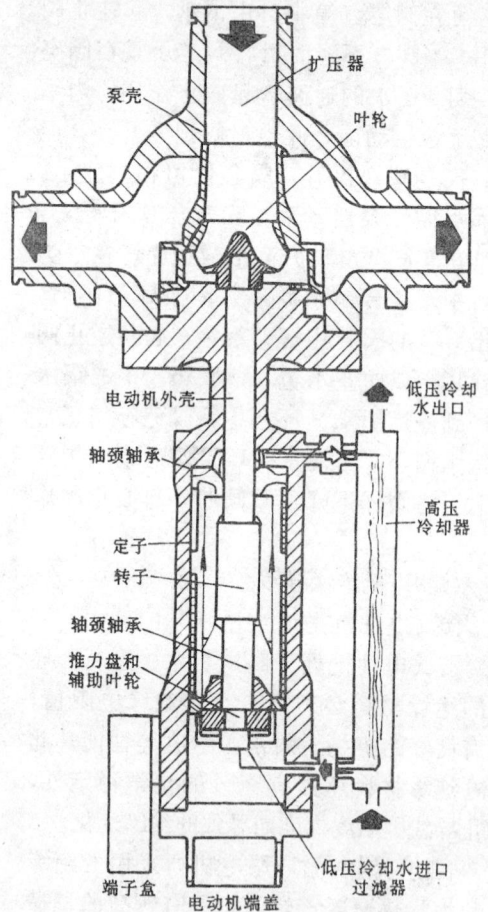

图2-11　泵体及冷却水循环回路图

泵体及冷却水循环回路如图2-11所示，高压一次冷却水从电机底部进入，经由电机下端的推力盘带动辅助叶轮，以推进循环的流动，冷却水继而流经电机的转子和静子绕组及轴承间隙，从电机上端的出水口流出，温度升高了的高压一次水经外置的高压冷却器的高压侧将热量传给低压侧的低压二次冷却水，然后被冷却后的高压一次水再进入电机，形成高压一次水的闭路循环系统。

锅水循环泵冷却水系统如图2-12所示，该系统由高压管路及低压管路两部分组成。高压管路与电机相连接，其流通的水按其不同的工作阶段有不同的作用目的，分别称为充水、清洗水和高压冷却水。在低压管路中流通的则为低压冷却水。

（1）充水管路清洗。

锅水循环泵电机轴承需冷却水润滑，电机是靠水来冷却，所以在泵投入前必须对电机进行充水。水润滑轴承的润滑膜非常薄，容不得任何细小杂质混入，因此在进行电机充水前应进行充水管路的开放冲洗，待冲洗合格后才能与电机接通。充水水源取自凝结水泵出口的低压凝结水，其水质固溶物小于 20mg/L，铁含量＜3.00μg/L，对电机充水后也需进一步对电机冲洗，并将储留在电机腔内的空气排净为止。因为电机腔内水中含有空气，轴承与空气接触而得不到水的润滑与冷却，使轴承损坏，所以泵启动前充水排气是非常重要，而且其操作要自下而上缓慢进行，直至把电机内空气排净为止。

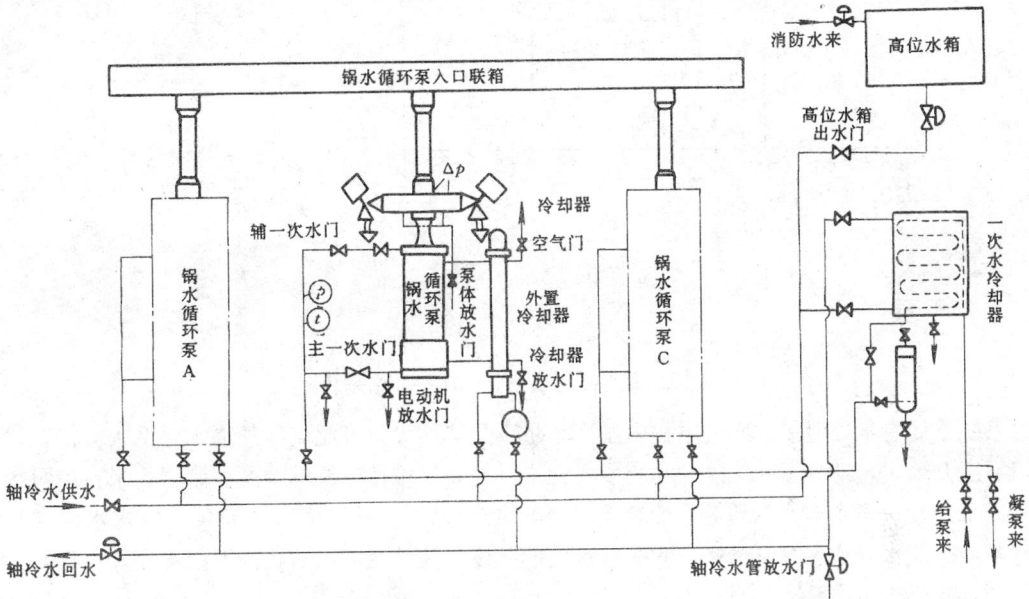

图 2-12　锅水循环泵冷却水系统图

对电机的充水和清洗分为两个步骤进行：第一步充水阶段，在锅炉尚未进水前，电机必须首先进行充水，电机充水排气，直至泵体排水门（疏水门）排出不含空气的稳定水流。参看图 2-13 锅水循环泵一、二次冷却水系统图。第二步为清洗阶段，在锅炉上水过程中必须将清洗水连续不断地注入电机，以保证清洗水连续地从电机溢出，而决不能让锅炉的锅水倒灌入电机。以上称为静态清洗，静态清洗合格后再进行动态清洗，首先将锅水循环泵的出口门保持开启，将锅炉进水至正常水位，然后对锅水循环泵先后进行三次点动，第一次点转 5s，间隔 15min 后再点转，其目的是提高清洗效果和进一步驱赶电动机中残留空气。

在锅炉启动阶段，必须连续地投入清洗水，清洗水的投用一直要延续到确保电机冷却水系统不含有污染杂质，直至锅炉的锅水固溶物小于 10mg/L 时才可停止电机充水。

（2）高压冷却水。

一次冷却水有分别取自凝泵出口的低压水源和给水母管来的高压水源。低压一次冷却水（凝结水）供管路冲洗、电机充水、清洗以及锅水循环泵电机注水用。锅水泵在正常运行时高压一次水来自给泵出口的给水，并在电机及冷却器闭式循环冷却流动，不需要补充水。如果一旦高压冷

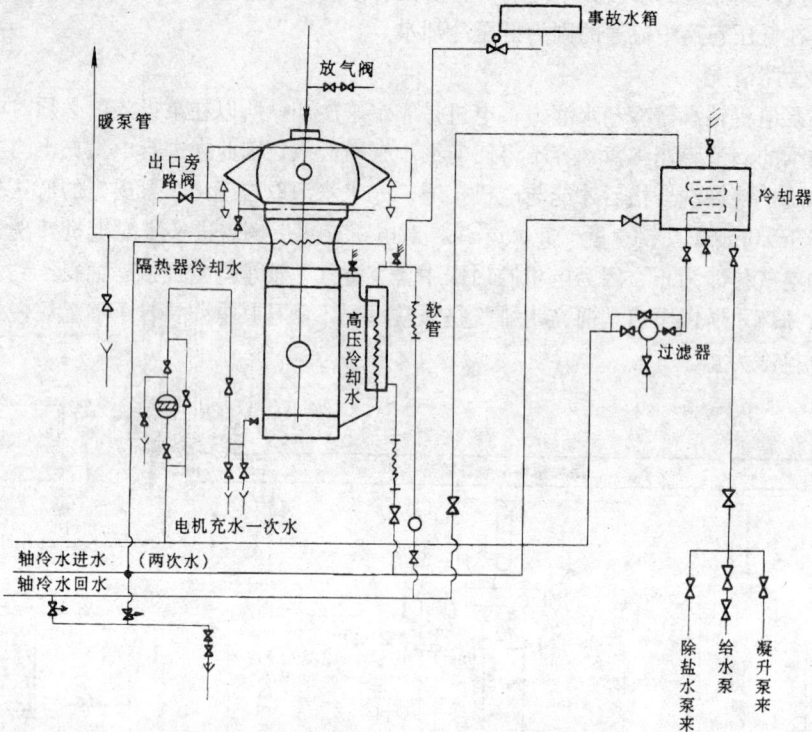

图 2-13 锅水循环泵一、二次冷却水系统图

却水系统中偶有某处泄漏，而使电机内循环水量不足，而导致高温高压的锅水会倒入电机，导致电机温度升高时，则高压一次冷却水应紧急注入补充，以维持电机的温度控制值。来自给泵出口的高压水经过一滴冷却器冷却后，使其温度降至 45℃ 以下，开启锅水循环泵主一次水门向锅水循环泵电机注水（注入时应严格控制一次水门的开度及注水温度，防止高温给水进入电机）。

（3）低压冷却水系统。

低压冷却水也称二次冷却水，它的用途是冷却高压一次水。二次冷却水取自机组公用的轴冷水系统，机组轴冷水为闭合循环系统，能够实现恒定温度和进水、回水稳定差压的自动调节。

低压冷却水一路走向外置冷却器，以冷却电机的高压水；另一路走向一次水冷却器以冷却补充进入电机的高压水，此路在正常运行时仅作备用。低压冷却水对锅水循环泵的安全运行是很重要的，其冷却水流量必须得到保证，在锅水循环泵启动前应先保证低压冷却水流量正常，这是作为锅水循环泵启动条件之一。因此，其冷却水源必须接有保安电源，确保在厂用电中断时冷却水仍能正常运行。当轴冷水系统故障引起二次冷却水中断时，备用冷却水源能自动紧急供水、备用水源投入时，高位水箱出水门和轴冷水管放水门自动开启，轴冷水回水门自动关闭，备用冷却水完成冷却作用后排放，以形成通路。高位水箱的水由消防水系统供给。

（4）过滤器。

过滤器是过滤杂质（即沉淀物腐蚀产物及金属微粒），这些杂质会影响轴承表面甚至影响正常运转所要求的良好润滑。过滤器由承压系统的壳体和盖板组成，由螺栓连接，其结构如图 2-14 所示。

从冷却水系统图 2-13 可以看出，在一次冷却器出口高压冷却水管路上装设了过滤器，三台锅水循环泵合用，这是较粗的过滤器，用来过滤高压给水可能带来的锈蚀杂质。在进入每台电机的

　　　　　　　　第一篇　锅炉本体设备

高压冷却水管道入口也装设了过滤器，该过滤器带有差压监控装置，当达到规定的差压就需进行清洗或更换过滤芯子，此时可将过滤器的旁路投入。清洗完毕后再将过滤器投入，关闭旁路。这些均不会影响锅水循环泵的正常运行。

(5) 监视仪表。

1) 电机温度监测装置。

为了保护锅水循环泵电机，避免过热，在电机腔出口装有温度计和热电偶以检测高压冷却水的温度。温度计是用来就地观察锅水循环泵电机温度，而热电偶可将导线接至控制室进行连续的温度记录。这两种仪表都能接上报警，整定值为 60℃ 报警，65℃ 锅水循环泵跳闸（有的锅水循环泵采用 55℃ 报警，60℃ 跳闸）。

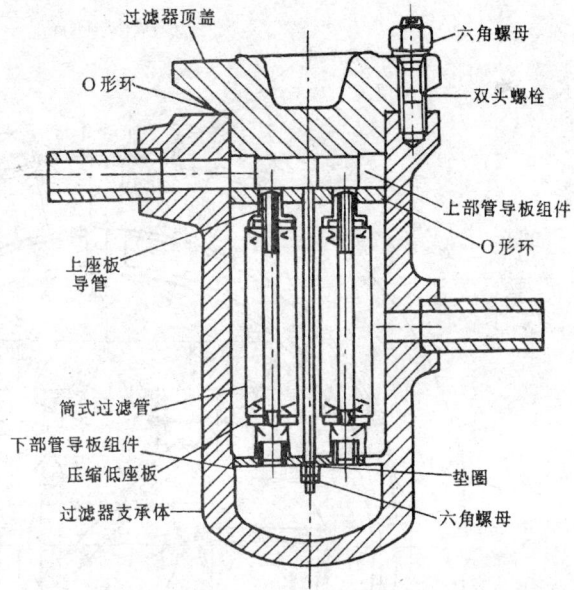

图 2-14 过滤器组件

此外，在泵壳体上装有热电偶，以测定泵壳与锅水的温差，在锅水循环泵启动时要确保泵壳与锅水的温差不得超过规定值，以免泵壳产生过大的热应力。在锅水循环泵热态启动时特别要注意此问题。如果超过规定值，热电偶就要进行报警，并作为锅水循环泵的启动保护条件之一。

2) 冷却器的流量指示器。

在低压冷却水管路中，接有来自泵的冷却器的流量指示器，如果流量低于规定值时，则发出报警。低压冷却水流量还是锅水循环泵的启动条件之一。

3) 差压变送器。

每台锅水循环泵有两台差压指示变送器控制箱，这些仪表需与自控系统协调，差压低于规定值就要进行报警，甚至跳闸。

4) 装在泵壳体上和泵前汇集联箱上的热电偶，其用途是在热态启动锅水循环泵时，测定其温度差，该温度差最大允许温差为 55.5℃，也就是说，这两点温度差小于 55.5℃，才允许启动锅水循环泵；如果温度差大于 55.5℃，必须要对锅水循环泵进行暖泵，减少泵壳与泵前汇集联箱之间的温差，以减少泵壳的热应力。

三、控制循环锅炉汽包结构

1. 汽包结构及工作原理

控制循环锅炉的汽包内部装置结构，如图 2-15 所示。

该汽包结构与一般自然循环锅炉汽包的差别在于它增加了一个汽包内罩壳以及采用较低的正常水位高度，以取得较大的二次分离出口到蒸汽引出间的高度和空间，并布置二次分离器的疏水管。汽包内罩壳使汽包内壁与罩壳之间构成环形的通道，并与分布在汽包前、后两排轴向旋风分离器座架共同构成与汽包内汽水空间的分隔。在锅炉启动、停止过程，由于该通道内的工质为汽水混合物，整个汽包壁只与汽水混合物一种工质相接触，只是一种换热方式，即汽水混合物对流换热，无汽包上下壁温差，而只有汽包的内外壁温差，其汽包热应力比自然循环汽包小，从而提高控制循环锅炉的启、停速度和缩短锅炉的启、停时间。汽包的给水总管配置于下降管入口处，给水方向也对着下降管的入口，从而增大下降管入口水的欠焓，这对防止锅水循环泵入口汽

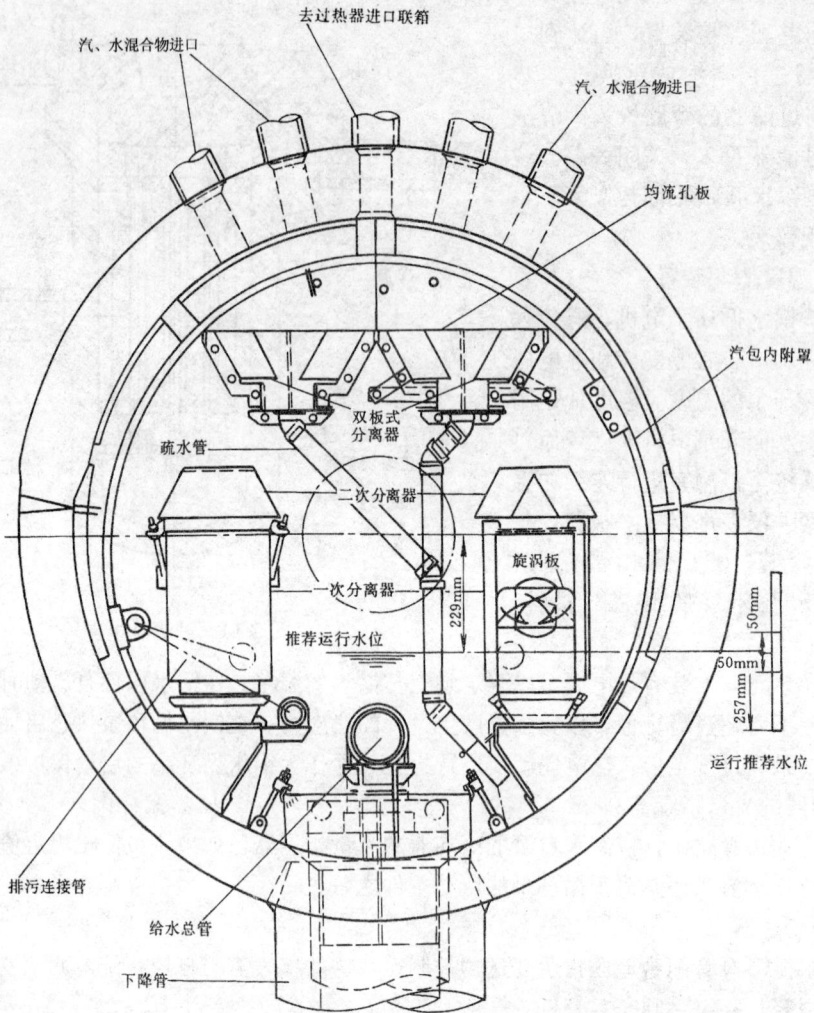

图 2-15　控制循环锅炉汽包内部装置结构图

化有很大好处，可以确保锅水循环泵的安全。600MW 控制循环锅炉汽包（北仑电厂 1 号炉）共有 110 个 CE 的涡轮式旋风分离器，分布在汽包前、后两侧的座架上，两个座架分别起汇流箱的作用。汽水混合物经涡轮式旋风分离器及其顶帽分离后，进入位于汽包顶部的分离器，饱和蒸汽由蒸汽引出管引出汽包至过热器，而分离出来的水通过疏水管直接引入汽包的水侧，这样可以防止分离出来的水不产生二次携带。

从上升管来的汽水混合物经汽包上部的引入管进入汽包内，沿着汽包内壁与环形夹套层间的通道流下，汽水混合物以适当的流速均匀地传热给汽包内壁，使汽包上、下壁温度均匀，这样克服自然循环汽包炉在启动、停止时受到汽包上下壁温差的限制，从而可以加快锅炉的启停速度。

从环形通道下部出来的汽水混合物，以一定的速度分别进入汽包两侧的涡轮式旋风分离器。涡轮式旋风分离器结构原理如图 2-16 所示。涡轮式旋风分离器为两同心圆筒结构，内装有固定的螺旋形叶片，汽水混合物经过螺旋形叶片变为旋转运动，由于离心力的作用将水滴抛向内套筒的内壁，并依靠汽水混合物的冲力把水滴推向圆筒的上部，在筒上部装有环形导向圈把水挡住而引向内外套筒间的通道、水滴沿着通道向下返回汽包水空间，蒸汽则在内套筒的中部向上流动。

这是第一次分离。

被分离出来的蒸汽（仍带有水滴）从内筒中部进入波形板分离器（第二次分离），它是由装在涡轮式旋风分离器上部的两排对称排列的密集波形板组成。带有部分水滴的蒸汽在波形板缝隙中流动，由于多次改变其流动方向，依靠惯性力将水滴再次分离出来，而吸附在波形板上。而吸附在波形板面上的水速度比蒸汽速度低，水滴在板面上形成水膜，使水不被蒸汽带走。蒸汽从水平方向引出，水沿着波形板流到板的下方的水空间，蒸汽与水的流动方向呈垂直方向。这样有效地防止了水滴与蒸汽相碰而引起二次飞扬，这是第二次分离。

从二次分离出来的蒸汽以比较低的速度通过上部的百叶窗分离器，由于蒸汽速度低，使成雾状的残余水雾能在百叶窗中分离，形成水滴，并用疏水管直接引向汽包的水侧，这样可以防止分离出来水滴产生二次飞扬。这是第三次分离。

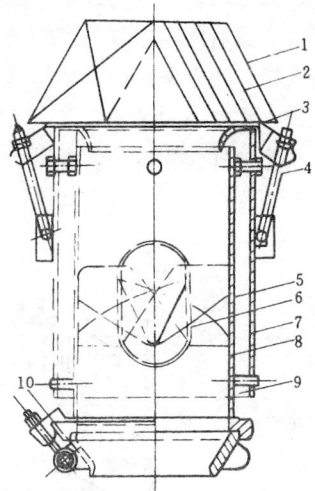

图 2-16　涡轮式旋风分离器的结构原理图
1—梯形波形板顶帽；2—波形板；3—集汽短管；4—螺栓；5—固定的螺旋导向叶片；6—芯子；7—外筒；8—内筒；9—疏水夹层；10—螺栓

汽水混合物经过三次分离后，变为饱和蒸汽，由汽包顶部的饱和蒸汽管引至炉顶过热器。

北仑电厂控制循环锅炉汽包是由 CE 设计，设计压力为 20.41MPa，材质为 SA—299，汽包内径 1778mm，全长 27691mm，筒体直段长 25756mm；筒体上下部采用不同的壁厚，上部由于连接管多，汽包开孔数多，上部壁厚大采用 196mm，下部壁厚 164mm，两端采用球形封头，封头壁厚 127mm。汽包内部设有 2 排共 110 只涡轮式旋风分离器和 4 排波形板分离器，使汽水混合物能在汽包内进行分离。CE公司设计的涡轮式旋风分离器由外筒、内筒及与内筒相连的集汽短管、螺旋导叶装置和波形板顶帽组成，每只分离器采用 ϕ247/ϕ350 的筒体，导向叶片芯子直径为 125mm，高为 155mm，集汽短管直径为 215mm，与内筒直径比（215mm/247mm）约 0.87，出力为 17.5～20.13t/h。

汽包的正常水位位于汽包中心线以下 288.6mm，允许波动范围为 ±51mm。当运行压力为 15.17～16.13MPa 时，汽包水位在正常水位以下 51mm；当运行压力为 16.14～17.65MPa 时，水位在正常水位以下 76mm；当运行压力为 17.66MPa 以上时，水位在正常水位以下 102mm。

2. 水位测量及取样装置

（1）水位测量装置。

汽包水位的正确测量与监控对机组的安全运行至关重要。水位过高会引起旋风分离器淹没，使分离性能变劣，造成蒸汽带水和带盐类杂质，这些杂质会沉积在过热器管和汽轮机叶片上，从而影响正常运行。水位过低会引起锅水循环泵流量不足而导致承压部件过热损坏。

CE制造 600MW 控制循环锅炉的汽包，汽包两端装有 2 只双色水位计（牛眼式）、2 只电接点水位计、2 只带汽包压力自动校正的差压水位计和 1 台水位取样装置。除此之外，还设有单冲量和三冲量汽包水位控制系统，以便在正常运行时对给水需求量进行自动控制。

双色水位计和电触点水位计用于就地和远方水位指示；差压水位计用于给水自动调节；水位取样装置能在高压运行时测定汽包的真实水位，用来校核就地水位计和远方水位指示器。在自动运行工况时，如锅炉负荷低于 30%，则采用单冲量汽包水位控制，即把汽包水位的偏差信号与设定值及实际测到的水位进行比较，然后把给水需求量信号送给锅炉给水启动泵（或锅炉汽动给水泵），以便调节锅炉启动给水泵的流量。当锅炉负荷大于 30% 时，就采用三冲量汽包水位控制系统，即把汽包水位与设定的水位值进行比较，然后把比较的结果加上蒸汽流量送给控制器，再把两者合成后的需求量与实际的给水流量进行比较，比较后的信号输出就是锅炉启动给水泵的给水需求量，或者是锅炉汽动给水泵的给水需求量。

（2）水位取样装置。

水位取样装置安装，如图 2-17 所示。

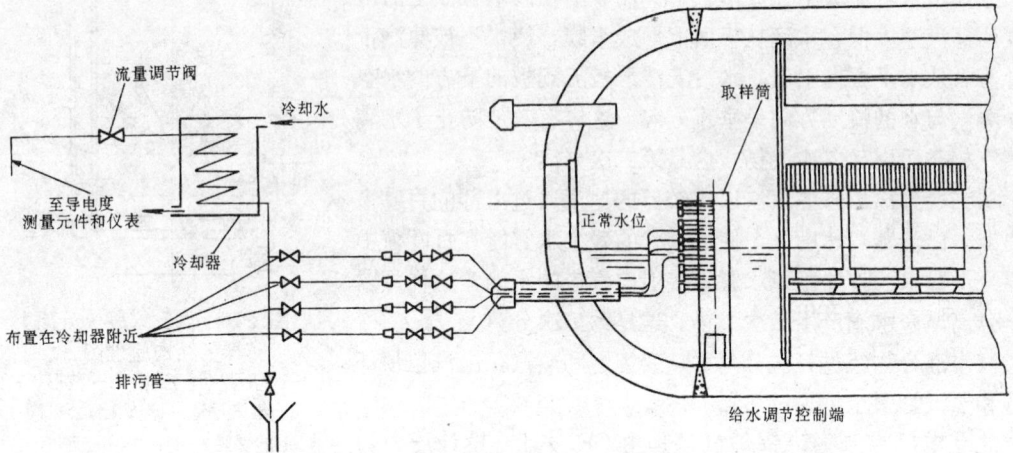

图 2-17　水位取样装置安装图

在汽包内，通常只将取样筒上的 4 个取样接头与测量管路相连，其余接头用盖子闷住。每个取样回路上装有导电度测量元件，导电度可用带开关盒的手提式仪表或多点记录仪进行检测。

由于近似的导电度值就是以辨别锅水和蒸汽的界限，因此不需要进行温度补偿，但所有的取样都必须进行冷却，使其温度大致相同。高压取样冷却器的数量应满足至少 2 个接头同时取样，每只取样冷却器的冷却水量约为 $0.568m^3/h$。

水位测试要在稳定的满负荷工况下进行，测试期间不能使用吹灰器，以免形成虚假水位。如正常运行时只有 2 台锅水循环泵投入运行，另 1 台作为备用，对汽包内的水位分布可能会有影响，因此要求按不同的泵的组合和切换进行水位测试。

3. 控制循环锅炉汽包特点

（1）北仑电厂 2008t/h 的控制循环锅炉的汽包内径为 1778mm，筒身直段长度为 25756mm，两端采用球形封头，总长约为 27691mm，汽包材质为 SA—299 碳钢。汽包结构尺寸的确定是依据单位长度的蒸发量，按 $7.83×10^4 kg/m$ 来确定，故每 m 长度的产汽负荷为 78.3t，这样汽包总长要比锅炉的宽度多出 7.103m。

CE 公司汽包材质选用强度较低的 SA—299 碳素钢，焊接工艺易于掌握，从而避免因为焊接或热处理带来的质量问题。为了减少汽包自质量，降低金属耗量，汽包采取了不等壁厚的技术措施，上半部壁厚为 196～198.4mm，下半部壁厚为 164～166.7mm。上半部壁厚大于下半部的壁厚，分析其道理是上半部汽包开孔较下半部为多，加厚是为了保证强度相同。汽包质量包括必须在车间内安装的内部零件在内为 252t，安装质量为 262t。在汽包下部设置有 6 根大直径下降管，尺寸为 $\phi406×45mm$，管材为 SA—106C。所有水冷壁上联箱与汽包导汽管，以及所有饱和蒸汽引出管，均布置在汽包顶部。

（2）该汽包内布置有三级汽水分离装置和内夹层，由于该炉为强制循环锅炉，锅水循环泵能提供较自然循环高出 5～10 倍的循环压头，其数值能达到 0.25～0.55MPa，循环动力较高。放在汽包内部装置的设计及布置方面较自然循环锅炉大有不同，表现在汽包内部设有夹层，从水冷壁来的汽水混合物经导管，均从汽包上部引入，沿着夹层空间均匀从汽包前后两侧流下，使汽包上壁、侧壁及下壁都能得到相同温度及状态的介质，几乎按同一传热方式下均匀加热，减少了汽包的上下壁温差，这样就克服了一般自然循环锅炉在启动过程中，从水冷壁来的汽水混合物，由汽包两侧引入而造成的汽包上下壁温差，使整个锅炉在启停过程中的速度能够不受汽包上下壁温差的限制而得以加快。

（3）该锅炉的锅内一次汽水分离装置选用的是涡轮式旋风分离器，其特点是分离蒸汽负荷大、效率高。它在结构上分为内外两层，中间有涡轮叶片（固定式），汽水混合物从内层底部进入，经涡轮叶片使汽水混合物产生旋转，汽水进行分离，水贴壁漫出内筒，经内外筒夹层中向下流入汽包水侧。而蒸汽向上经过分离器顶部的百叶窗进入汽包汽空间。该类型汽水分离器的分离能力达 26t/h，比目前自然循环锅炉常用的切向引入的旋风式分离器的出力高得多。

（4）该汽包的工作水位较一般所见的自然循环锅炉为低，正常水位在汽包中心线以下 229mm 处，低水位报警值为汽包中心线下 406.5mm，而跳闸低水位值为汽包中心线下 609.5mm，高水位报警值和跳闸值分别在汽包中心线下 101.6mm 和汽包中心线上 25.4mm。可运行水位范围约达 300mm，这是自然循环锅炉所不能允许的。该锅炉之所以可在大范围水位变化是因为所有欠焓给水（省煤器出口给水）都贴近下降管入口喷入，致使水位过低时，下降管入口也不会产生汽化，也即可以保证锅水泵的安全运行。另外，由于汽侧空间高度加大，蒸汽自然分离效果趋好，蒸汽品质不易因水位变化而受干扰。

（5）该汽包内设置有真实水位取样装置，称之为水位取样缸，用于汽包的就地水位表和远传水位计的水位指示值进行校核。取样缸安置在受下降管和分离器影响较小的汽包端部，取样缸是一只直径约为 110mm、长约为 550mm 两头封闭的圆筒，其外侧均布 10 只取样管，内侧上下各开一只 $\phi14$ 的孔与汽包汽水侧相通，使具有一定的阻尼作用，保证筒内水位平稳。测量真实水位是通过所采得水样的导电度来判断，其精确值在 50mm 以内。

第三节　超临界压力锅炉水冷壁系统特性

一、超临界参数基本特性

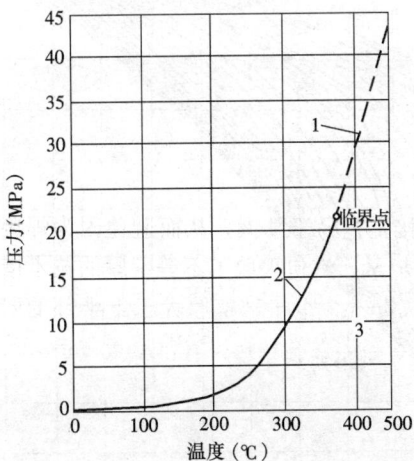

图 2-18　超临界压力相变点的轨迹

1—超临界压力时相变点的轨迹；
2—饱和温度线；3—过热蒸汽区域

随着压力的提高，水的饱和温度也相应提高，汽化潜热却相应减少，饱和水和饱和蒸汽的密度差也随之减少。在压力达到 22.11MPa 时，汽化潜热为零，汽和水的密度差也等于零，该压力称为临界压力。水在该压力下加热到 374.15℃时，即为蒸汽，该温度称之为临界温度（即相变点）。水在临界压力、临界温度存在着相变过程或称最大比热容区，这时汽水性质发生剧变。在临界压力或超临界压力下，水分子由水面逸出时，其下部水的引力与上部蒸汽引力相等，所以没有汽化潜热，水变成蒸汽是连续的。在超临界压力下，水变成蒸汽的温度即为相变点温度，随着压力增加，相变点温度稍有增加。相变点温度与压力的关系，如图 2-18 所示。

（一）超临界压力水蒸气比体积、比热容和焓

1. 比体积

1kg水或蒸汽所具有的容积叫做比体积，其单位为 m³/kg。在临界压力以下时，1kg 水被加热之后变成饱和蒸汽，容积要增加很多倍，其容积增大倍数与压力有关。当压力达到临界压力时，水和蒸汽的比体积相等，临界比容为 0.00317m³/kg。由图 2-19 可见，在临界压力以下时，水一旦达到饱和温度，蒸发时工质的比体积以垂直线方式急剧上升。而在临界压力和超临界压力时，虽然没有像临界压力以下的蒸发现象，但在相变点附近，工质的比体积还是增加得相当快，即密度显著减小。

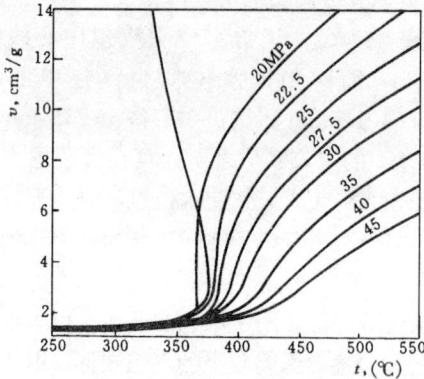

图 2-19　比体积 v 与温度 t 的关系

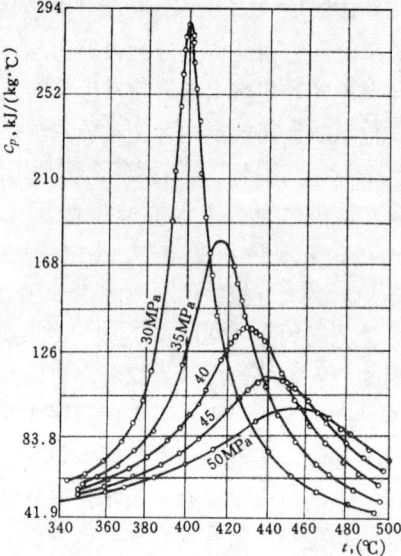

图 2-20　超临界压力工质的比定压热容

　　2. 比热容

　　比热容的意义是在特定的热工过程中，使 1kg（或 1m³）工质的温度升高 1℃ 所需要的热量。同一种工质在不同的热工过程中，如等容、等压过程中加热时，每千克（或每立方米）工质温度升高 1℃ 所需要的热量叫做比定容热容（cv）。工质在等压过程中加热时，1kg（或 1m³）工质的温度升高 1℃ 所需要的热量称之比定压热容（c_p）。图 2-20 表示出 30～50MPa 超临界压力工质的比定压热容。从图中可见，在相变点附近温度稍有变化时，五个不同超临界压力对应的比热容变化很大，且都有一个最大比热容区，不过随着压力的提高在最大比热容区比热容的变化稍有减缓。由图 2-20 还可知，超临界压力水的比热容随温度的提高而增加，而蒸汽的比热容随温度的提高而减小。

　　从温度 0℃ 作为计算基准点，使工质达到规定的热力状态参数（p、t、x 时），总共吸收的热量叫做热焓（简称焓）。对于超临界压力，焓是压力和温度的函数。图 2-21 表示了焓与温度的关系。由图 2-21 可知，临界压力和超临界压力在相变点附

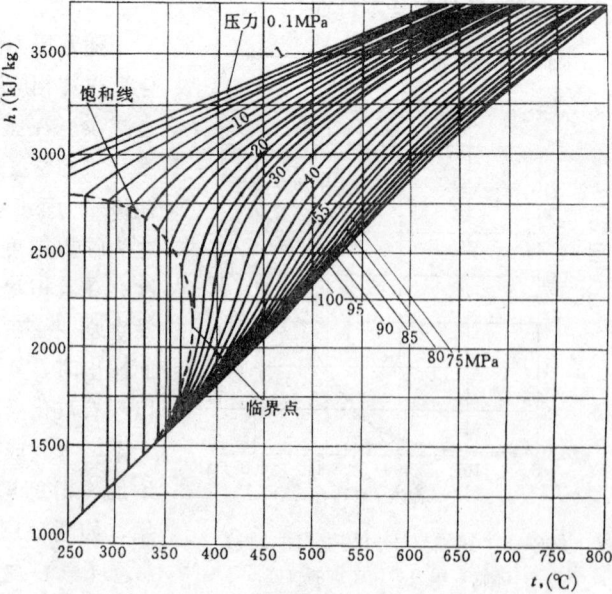

图 2-21　热焓与温度的关系

近，同样当温度稍有变化时，焓值变化很大，但是超过一定压力以后，焓值变化减缓。

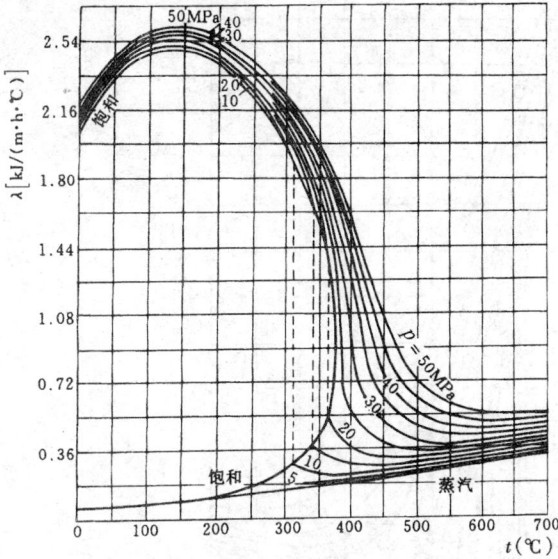

图 2-22　λ 与 t 关系曲线图

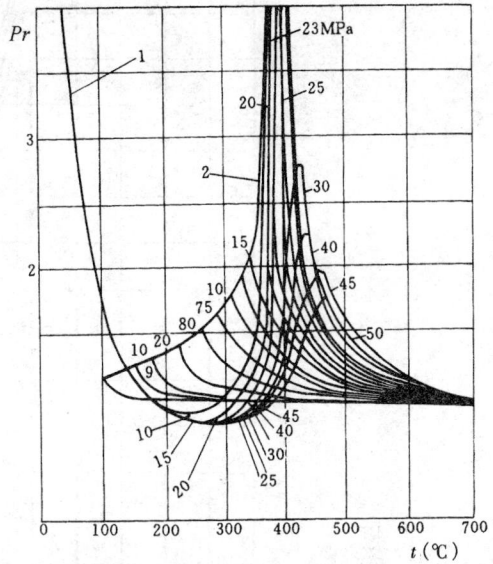

图 2-23　普朗特准则数 Pr 变化情况
1—饱和水线；2—饱和蒸汽线

3. 超临界压力水蒸气其他特性

超临界压力水蒸气在相变点附近除了工质的比体积、比热容、焓有明显变化之外，工质的动力黏度 μ、导热系数 λ 均有显著的降低，而普朗特数 Pr 明显增大。随着温度不断升高，动力黏度 μ 和导热系数 λ 先是下降，而后略有上升，而当普朗特数 Pr 达到最大值后，随着温度升高而降低，分别见图 2-22～图 2-24。

（二）亚临界、超临界压力下水动力特性

无论是亚临界压力还是超临界压力直流锅炉的蒸发受热面，尤其是变压运行，带内置式启动系统的直流锅炉的蒸发受热面（即水冷壁），都存在着流动稳定性、热偏差和脉动等水动力问题。

1. 亚临界和超临界压力下的流动稳定性

直流锅炉蒸发受热面出现不稳定流动的根本原因是汽和水的比体积差以及水冷壁进口有热水段存在，在一定条件下实际运行的直流锅炉蒸发受热面就会发生这种流动不稳定的工况。

图 2-25 给出了压力与水动力特性的关系曲线，由图 2-25 中曲线可以看出，压力越高，其水动力特性 $\Delta p = f(G)$ 越趋于稳定。所以，单从压力角度来看，亚临界压力和超临界压力的水动力特性应该是稳定的，不会产生多值性。但是热负荷大小、运行工况及水冷壁入口水的欠焓对流动稳定性都有影响。另外，亚临界和超临界压力直流锅炉在启动和低负荷（尤其是变压运行、带内置式分离器的超临界压力直流锅炉）时，其压力低，因此仍有流动稳定性的问题。即使是超临界压力直流锅炉，当水平布置的蒸发受热面沿管圈长度方向热焓变化时，工质的比体积也随之发生变化，尤其在最大比热容区，其变化更大，因此仍有流动多值性的问题。

图 2-26 表示超临界压力下，水平管圈工质进口热焓对水动力特性的影响。由图 2-26 可见，要保持特性曲线具有足够陡度，必须使水冷壁进口工质热焓大于 1256.04kJ/kg。但在低负荷运行或高压加热器切除时，水冷壁进口工质热焓会大大下降。由图 2-26 中曲线可知，当水冷壁入口工质热焓小于 837.36kJ/kg，即使压力为 29.42MPa，仍会出现流动的不稳定的特性曲线。

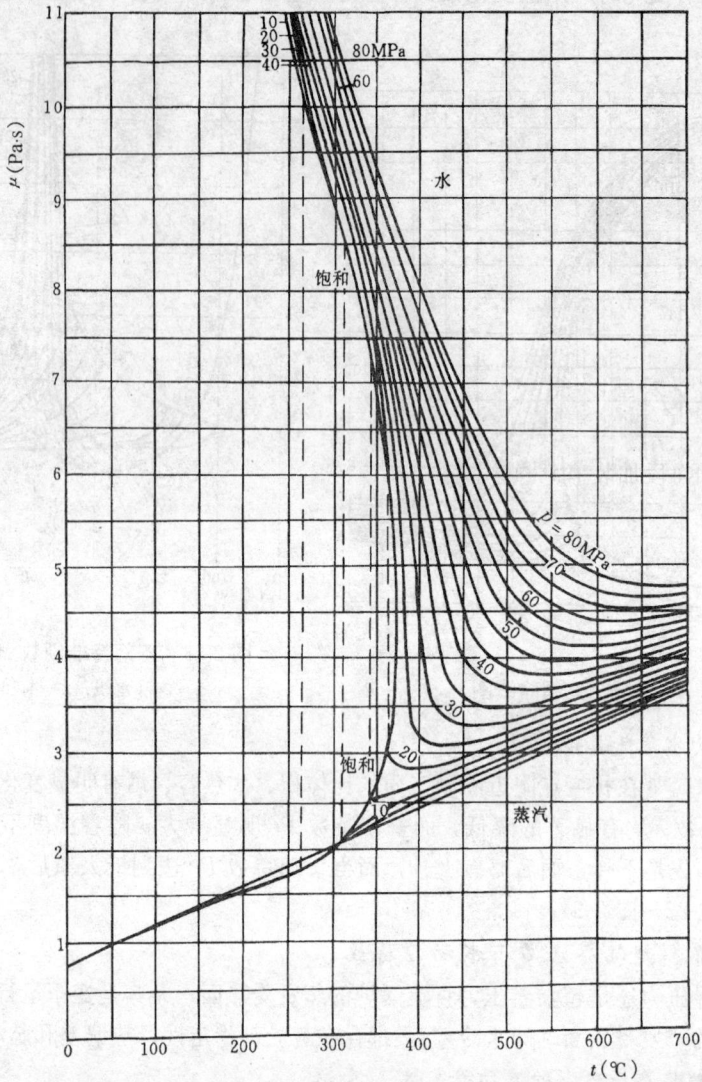

图 2-24　动力黏度 μ 与温度的关系曲线图

2. 直流锅炉蒸发受热面的流体脉动

脉动是直流锅炉蒸发受热面中，另一种型式的不稳定流动现象，它有三种脉动类型，即整体脉动（全炉脉动）、屏间（屏带或管屏间）脉动和管间脉动。常发生的是管间脉动，其特点是在蒸发管组进出口集箱内，压力基本不变的情况下，并联管中某些管子的流量减少，与此同时，另一些管子中的流量增加；然后，本来流量小的管子又增大流量，而其余的管子却又减小流量，如此反复波动而形成管子间的流量脉动。在这种周期性的脉动过程中，整个管组的总给水量和总蒸发量并无变化，但对某一根管子而言，进口水量和加热段阻力以及出口汽流量和蒸发段阻力的波动是反向的，这波动经一次扰动后，便能自动持续地以不变的频率振动，见图 2-27。一旦发生这种管间脉动时，管壁水膜周期性地被撕破，相变点附近的金属壁温波动很大，严重时甚至达到150℃，因而使管子产生疲劳破坏。另外在脉动时，并联各管会出现很大的热偏差，当超过容许的热偏差时，也将使管子超温过热而损坏。

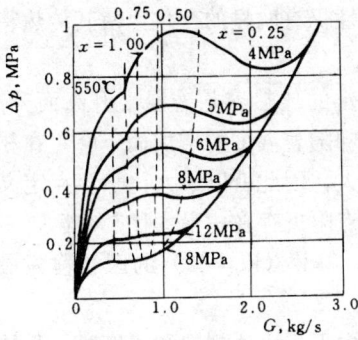

图 2-25　压力对水动力特性的影响
$h_1=628.02\text{kJ/kg}$，$Q=1256.04\text{kJ/s}$，
$l=300\text{m}$，$d/d_n=49.5\text{mm}/34.5\text{mm}$

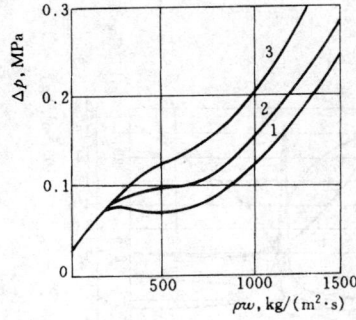

图 2-26　超临界压力下水平管圈进口热焓对水动力特性的影响
$p=29.42\text{MPa}$，$l=200\text{m}$，$d=38\times4\text{mm}$，$Q=837.36\text{kJ/s}$
曲线 1—$h_1=837.36\text{kJ/kg}$，2—$h_1=1046.7$
kJ/kg，3—$h_1=1256.04\text{kJ/kg}$

在蒸发管圈加热段加装节流圈和节流阀是消除脉动的有效措施。此外，还需保证管圈有足够大的质量流速。脉动现象是汽水两相流动所致，压力升高会有利于防止脉动。根据实践经验，当锅炉压力大于 14MPa，就不会发生脉动现象，所以亚临界和超临界压力直流锅炉在正常运行工况下是不可能产生脉动的。但在低负荷、尤其是启动工况下，由于压力低仍有可能产生脉动现象。因此运行时，注意保持燃烧工况的稳定性及炉内温度尽可能均匀，在启动时保持足够的启动流量和压力等。

3. 直流锅炉蒸发受热面的热偏差

直流锅炉水冷壁中，因蒸汽含量高，在亚临界压力（或超临界压力）以及高热负荷的条件下，就容易发生膜态沸腾（或类膜态沸腾），因此必须要限制热偏差。

因并联管中各根管子吸热不同而引起的流量偏差，称为热效流动偏差。受热强的偏差管子中工质比体积大，故其摩擦阻力及重位压头都与平均管不同。当摩擦阻力起重要作用时，比体积大的偏差管中的流量必然较小，即流量不均匀系数 η_G 与吸热不均匀系数 η_q 是有联系的，$\eta_G=f(\eta_q)$。

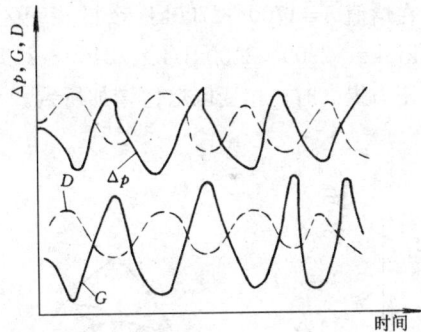

图 2-27　脉动时蒸汽流量
与给水流量变化曲线

在低于临界压力下，流量随吸热量增加而降低。对于壁温 t_b，当热负荷较低时，若不发生膜态沸腾，则 t_b 在达到过热温度前不突变。但若热负荷较高而引起膜态沸腾，壁温 t_b 有突变。由此看出，对于低于临界压力的蒸发管组偏差管壁温不外乎流量降到使工质过热或传热恶化。对于超临界压力管组，流量也随吸热量的增加而下降，t_b 有突升特性。实质上，也是由于偏差管流量过低，发生类膜态沸腾而使工质温度突升。

利用节流圈（阀）来减小热偏差是很有效的。在一次上升垂直管屏的 UP 直流炉中，为减小各水冷壁管的热偏差，不但在水冷壁进口装置节流圈（阀），而且采取把管屏宽度减小，增加中间混合联箱等方法。而对螺旋管圈，由于各管工质在炉膛内的吸热量相差较小，其热偏差小，因此其水冷壁进口不需装置节流圈（阀）和中间混合联箱，使锅炉更适宜于变压运行。

（三）超临界压力下的传热特性

超临界压力与临界压力时相同，当水的温度加热到相变点时，即全部变为蒸汽，因此超临界

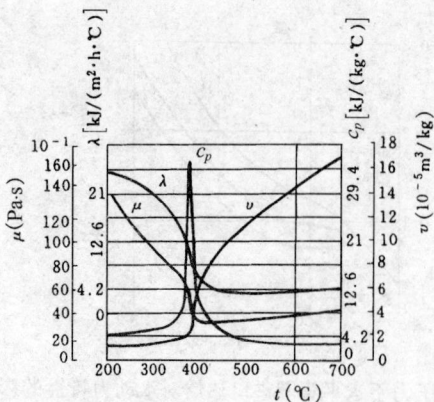

图 2-28　25MPa 时水的物理性质

工质不再存在两相流区。但是超临界工质在相变点附近，其工质特性仍有明显的变化，使其传热特性有许多特点。

超临界压力水的比热容随着温度升高而升高，而蒸汽的比热容却随着温度的增加而下降。在相变区工质的比热最大，因此就以最大比热容点定义为相变点。在相变点附近存在一最大比热容区，一般以比热容大于 8.37kJ/（kg·℃）的区域称为最大比热容区。

在亚临界压力下，水达到饱和温度时，开始蒸发，工质的比体积和焓值迅速增加。在超临界压力时，达到相变点，工质比体积和焓值仍有迅速增加的现象，但随压力的增加，其增加幅度逐渐减小。另外到达相变点，工质的动力黏度 μ，导热系数 λ 和密度 ρ 均有显著下降，见图2-28。

由于超临界压力工质的特性在相变区发生显著的变化，因此在一定条件下，仍然可能会发生传热恶化。由于这种传热恶化现象类似于亚临界压力时的膜态沸腾，因而就称之类膜态沸腾。其壁温飞升值，决定于热负荷和管内质量流速的大小。由图 2-29～图 2-31 可知，超临界压力下的传热恶化发生在相变区内。在这些图中分别表示了压力 p＝23、25、28MPa 的壁温 t_w 分布情况，在上述超临界压力下，当热负荷 q＝200～410kW/m²，质量流速 ρw＝600～2000kg/（m²·s）时，在焓值 h＝1700～2700kJ/kg 的相变区发生壁温飞升现象。传热恶化的起始点分别为 1800～1900kJ/kg、2000～2100kJ/kg、2100～2200kJ/kg。随着压力提高，起始点焓值略有增加，这是因为压力提高时，相变区焓值增加所致。

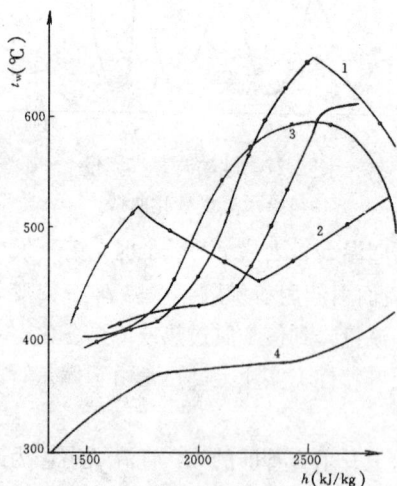

图 2-29　p＝23MPa，壁温与工质焓值关系
p＝23MPa　α＝14°
1—q＝410kW/m²，ρw＝1000kg/（m²·s）;
2—q＝350kW/m²，ρw＝1000kg/（m²·s）;
3—q＝250kW/m²，ρw＝600kg/（m²·s）;
4—q＝200kW/m²，ρw＝600kg/（m²·s）

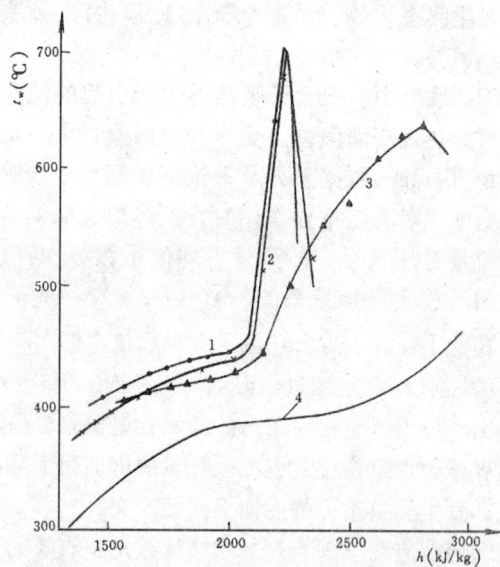

图 2-30　p＝25MPa，壁温与工质焓值关系
p＝25MPa　α＝14°
1—q＝410 kW/m²，ρw＝1000 kg/（m²·s）;
2—q＝350 kW/m²，ρw＝1000 kg/（m²·s）;
3—q＝250 kW/m²，ρw＝600 kg/（m²·s）;
4—q＝200 kW/m²，ρw＝600 kg/（m²·s）

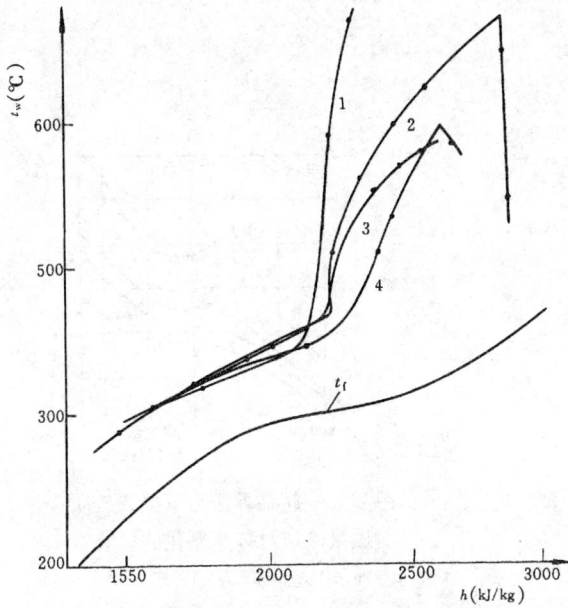

图 2-31　$p=28$MPa，壁温与工质焓值关系
1—$p=28$MPa　$\alpha=14°$;
2—$q=410$ kW/m²，$\rho w=1200$ kg/（m²·s）;
3—$q=300$ kW/m²，$\rho w=1000$ kg/（m²·s）;
4—$q=250$ kW/m²，$\rho w=600$ kg/（m²·s）

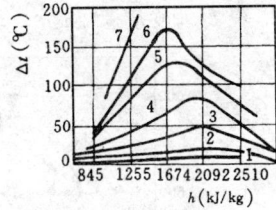

图 2-32　超临界压力下
水平管的上下管壁温差
（$p=25$MPa）

1—$0.3\left(\dfrac{q_n\times10^{-3}}{\rho w}\right)$;

2—$0.4\left(\dfrac{q_n\times10^{-3}}{\rho w}\right)$;

3—$0.5\left(\dfrac{q_n\times10^{-3}}{\rho w}\right)$;

4—$0.6\left(\dfrac{q_n\times10^{-3}}{\rho w}\right)$;

5—$0.7\left(\dfrac{q_n\times10^{-3}}{\rho w}\right)$;

6—$0.8\left(\dfrac{q_n\times10^{-3}}{\rho w}\right)$;

7—$1.0\left(\dfrac{q_n\times10^{-3}}{\rho w}\right)$

另外，在超临界压力下的水平管也会出现类似亚临界压力下的汽水分层流动，引起上下壁温差，其值也决定于热负荷和工质的质量流速，见图 2-32。

由图 2-33 所示为压力 $p=25$MPa 时，管子顶部（上部）和底部（下部）的壁温差，图 2-32 中 t_f 为工质温度；t_b 为底部壁温；t_t 为顶部壁温。

在正常传热条件下，管子上下壁温差仅为 $10\sim15$℃。然而，在热负荷 $q=300$kW/m²，$\rho w=1000$kg/（m²·s）发生传热恶化时，最大飞升值的上下管子壁温差可达 100℃。

防止传热恶化、降低管壁温度的措施，主要有以下几方面。

1. 采用内螺纹管或交叉来复线管。

一般在可能发生传热恶化的区段采用内螺纹管，由于内螺纹管增加了管内工质的扰动，使传热恶化大大推迟发生。图 2-34 表示了几种管子在超临界压力区域传热情况比较，内螺纹管显著地降低了管壁温

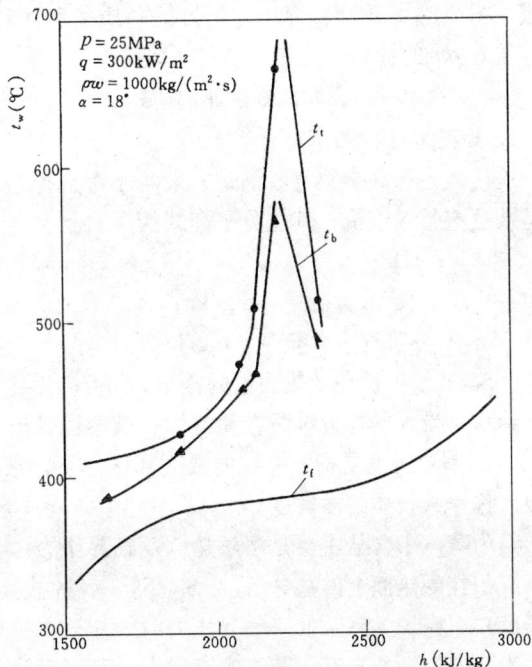

图 2-33　$p=25$MPa 管子顶部与底部的壁温差
t_f—工质温度；t_b—底部壁温；t_t—顶部壁温

度，且几乎消除了壁温峰值。

2. 提高工质质量流速

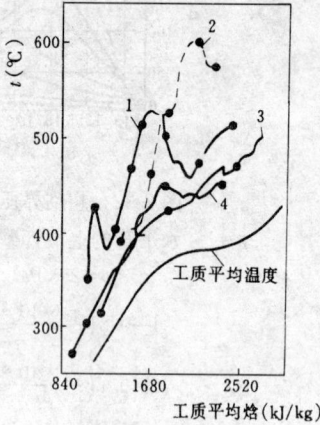

图 2-34　超临界压力下
内螺纹管的效果

$p=25MPa$，$\rho w=400\sim458kg/\ (m^2 \cdot s)$；

$q_n=\ (1570\sim1689)\ \times10^3 kJ/\ (m^2 \cdot h)$

1—光管；2—单向来复线管；
3—交叉来复线管；4—内螺纹管

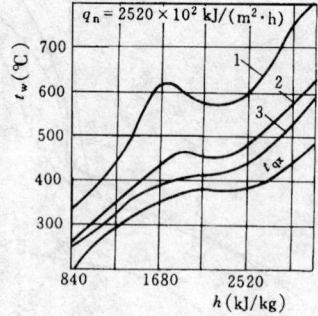

图 2-35　超临界压力下提高工质
质量流速对传热恶化的影响

$[\,p=23MPa,q_n=2520\times10^3 kJ/\ (m^2 \cdot h)\,]$

1—$\rho w=400kg/\ (m^2 \cdot s)$；
2—$\rho w=700kg/\ (m^2 \cdot s)$；
3—$\rho w=1000kg/\ (m^2 \cdot s)$

在汽泡状、柱状、雾状流动时，提高质量流速 ρw 可以提高临界热负荷，防止膜态沸腾的发生。而在发生膜态沸腾后，提高 ρw 可以显著提高膜态沸腾放热系数，把金属壁温限制在允许范围内。因此不论是亚临界压力还是超临界压力，提高 ρw 是改善传热工况，降低管壁温度的有效方法。图 2-35 表示超临界压力下，提高质量流速对传热恶化的影响。在相同压力和热负荷条件下，随着 ρw 的提高，传热工况有所改善。

（四）超临界压力下的汽水工况

1. 盐类溶解和沉积

现代大容量高参数直流锅炉一般均不考虑排污，所以给水所带入盐分或是沉积在受热面上，或是被蒸汽带入汽机，其盐分平衡式为

$$S_{gs}=S_q+S_{cd}$$

式中　S_{gs}——给水含盐量，mg/kg；

$\quad S_q$——蒸汽中含盐量，mg/kg；

S_{cd}——沉积在受热面上的盐量，mg/kg。

给水所带入的盐分沉积在受热面和被蒸汽带出的数量关系，取决于过热蒸汽对盐分的溶解度（S_q^d）。所谓溶解度是指：一定的温度和压力下，某种物质在 100g 溶剂里达到饱和时，所溶解的克数，称作某物质的溶解度。

因为蒸汽中含盐主要是溶解盐（亚临界压力），即 $S_q=S_q^d$，当给水中的盐分含量一定的条件下，沉积在受热面上的盐分 $S_{cd}=S_{gs}-S_q^d$。各种盐类在过热蒸汽中的溶解度 S_q^d 与蒸汽参数（压力和温度）有密切关系。低于临界压力时，盐分在过热蒸汽中的溶解度随着压力的提高而增加。这是因为随着压力的提高，蒸汽密度增大，所以对盐分的溶解度也增大。压力对蒸汽溶解度的影响在微过热后为最大。温度对于溶解度的影响是随着过热度的增加而降低（在离开饱和线不远处），由于蒸汽密度降低，盐分的溶解度有所下降，并在过热度不大的范围内存在一个最低点。进一步

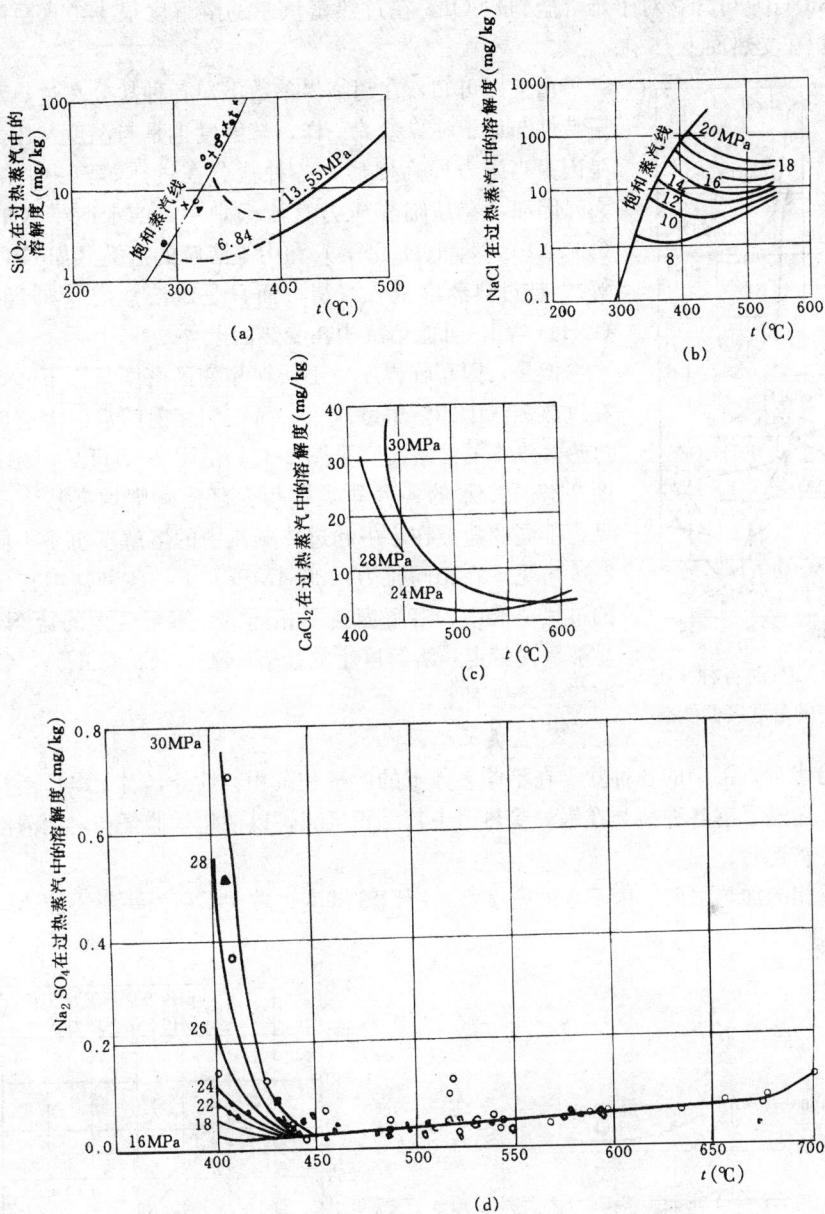

图 2-36 各种盐类在过热蒸汽中的溶解度

(a) SiO$_2$ 在过热蒸汽中的溶解度；(b) NaCl 在过热蒸汽中的溶解度；

(c) CaCl$_2$ 在过热蒸汽中的溶解度；(d) Na$_2$SO$_4$ 在过热蒸汽中的溶解度

增加过热度时，虽然蒸汽密度会继续有所下降，但由于盐分在高温蒸汽中的升华作用，溶解度又开始上升。当过热度继续增加时，蒸汽接近于永久气体，此时盐分在蒸汽中的溶解度主要取决于温度，而压力对溶解度的影响显著减小。各种盐类在蒸汽中的溶解度见图 2-36。由图 2-36 (a) 和 (b) 可知，易溶盐 SiO$_2$ 和 NaCl 在蒸汽中的溶解度很大。对于 SiO$_2$，当压力大于 5MPa；而对于 NaCl，当压力大于 10MPa，几乎全部溶解于蒸汽中，而不再在受热面内沉积。

由图 2-36 (c) 可知，对于中等溶解度的盐，CaCl$_2$ 在超临界参数范围内全部被蒸汽带走（实际上只要压力大于 14MPa），在受热面上不沉积。

由图 2-36（d）可知，对于难溶盐 Na_2SO_4，在过热蒸汽中的溶解度很小，直至超临界压力仍大部分沉积在受热面上。

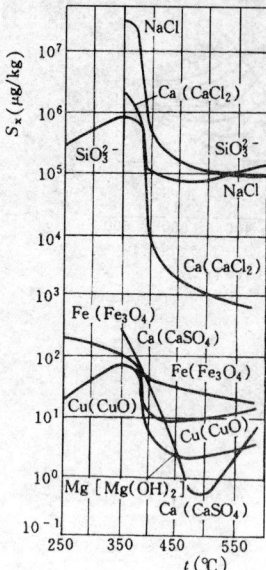

图 2-37　25MPa 时各种盐类
在工质中的溶解度曲线

由上图可知，在超临界参数下，各种盐分在过热蒸汽中的溶解特性与低于临界参数一样，溶解度也是与温度和压力有关。这是因为当压力提高以后，各种盐分在过热蒸汽中的溶解度都增大。因而，在超临界压力直流锅炉中，给水所带入的易溶盐类（如 SiO_2、$NaCl$、KCl 等）和中等溶解的盐类（如 $CaCl_2$、$MgCl_2$ 等），被过热蒸汽带入汽机，而只是难溶盐类〔如 Na_2SiO_3、$Ca(OH)_2$ 等〕，可能会沉积在受热面上。

但是，因超临界压力工质在相变区密度急剧下降，因此盐类在过热蒸汽中的溶解度减小，而在相变前的水中溶解度则远大于过热蒸汽中的溶解度，见图 2-37。由图 2-37 可见，在 25MPa 下，图 2-37 中所示的各种盐类在相变区溶解度均突然下降。另外可见，不同的盐类在水中和过热蒸汽中的溶解度也是不同的。由图 2-38 可见，在相同压力（29.4MPa）下，各种盐类在超临界压力的过热蒸汽中，溶解度是不相同的，溶解度大的盐 $NaCl$、$CaCl_2$ 易被蒸汽带走，溶解度小的盐 Na_2SO_4、$Ca(OH)_2$、$CaSO_4$ 易被沉积在受热面上。

2. 盐类沉积区域

除了解给水带入锅炉的各种盐类在不同参数下的溶解和沉积特性外，对于电厂运行人员和化学监督人员，还需了解各种盐类在锅炉受热面中其沉积区域，以便化学监督和定期清洗，以保证锅炉安全和经济运行。

（1）在单相的加热水区，由于水的密度大，所以溶解度也较大，所以一般说加热区段不沉积盐分。

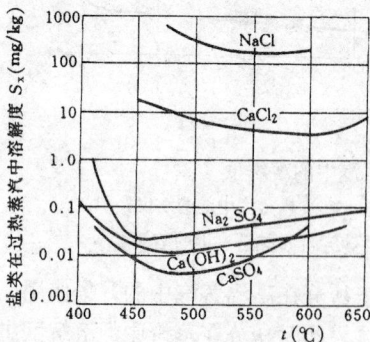

图 2-38　29.4MPa 时各种盐类在
过热蒸汽中的溶解度

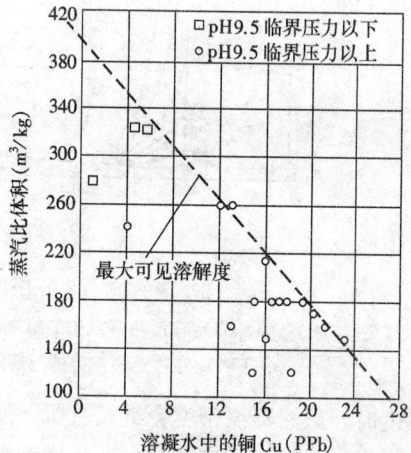

图 2-39　蒸汽中铜的溶解度
与蒸流比体积的关系

（2）蒸发区段。由于水溶解盐类的能力大于饱和蒸汽的溶盐能力。随着蒸发过程的进行，锅水的盐分含量不断增加，当水中的含盐量超过其溶解度，超出的那一部分就会以固相析出在受热面上。当蒸发结束时，盐分在水中已达到高度浓缩，成为盐分的积聚。此时，不仅难溶盐析出，就是一些易溶的钠盐也被析出，而沉积在受热面上。所以蒸发区是盐分的沉积区。

根据试验研究表明，盐分的沉积的开始点和沉积区域的大小与锅炉的工作参数有关：

3～4MPa（中压），沉淀从 $x=0.8\sim0.85$ 开始直到微过热 20℃ 为止。

10～11MPa（高压），沉淀从 $x=0.60\sim0.70$ 开始直到微过热 20℃ 为止。

18～20MPa（亚临界压力），沉淀从 $x=0.40\sim0.50$ 开始直到微过热 20℃ 为止。

由上述数据可知，随着压力的上升，沉积开始向 x 减小的方向移动，沉积范围扩大。

（3）过热区段的沉积范围取决于给水中的含盐量和各种盐类在过热蒸汽中的溶解度。超临界压力时，蒸汽的产生过程是没有蒸发过程的、是单相水直接变成蒸汽。由于沉积开始点是随着压力的升高而前移的，所以压力越高沉积区域越大，也就是盐分沉积区域将包含更大的焓增范围，亚临界压力时焓增约为 293～377kJ/kg，而超临界压力时焓增约为 628～1047kJ/kg。

3. 直流锅炉给水标准

锅炉受热面内沉积和由蒸汽带入汽机而沉积在汽机喷嘴、叶片上的盐分，除了与受热面内工质的参数和物理状态有关外，还与给水中所含盐量的多少和盐的组成有很大关系。因此在给定参数下，只有控制直流锅炉给水品质，才能保证锅炉与汽轮机的要求。

直流锅炉的给水品质指标主要包括总含盐量（或以电导率表示）、硬度、可溶性二氧化硅、铜、铁、溶解氧、pH 值等。

（1）可溶性二氧化硅。

前面已经提到 SiO_2 在蒸汽中溶解度最大，给水中的 SiO_2 几乎全部被蒸汽带出锅炉，绝大部分沉积在汽轮机的通流部分。在亚临界压力机组中，硅在蒸汽中的溶解度已经成为一个相当严重的问题，随着压力提高到超临界压力，问题就更为突出。当蒸汽中硅的浓度小于 $20\mu g/kg$，汽轮机通流部分几乎未发现有硅的沉积。但如果同时存在钠盐时，则其与硅生成硅酸钠，将在汽轮机的高压部分析出。所以，一般给水中的 $SiO_2\leqslant20\mu g/L$。

（2）铜。

铜及其氧化物为超临界压力机组汽轮机高压缸积盐的主要成分。如图 2-39 所示，随着蒸汽比体积的减小，即随着蒸汽压力上升，铜的溶解度增加。

在各种蒸汽参数下，CuO 的溶解度，如表 2-2 所示。

在蒸汽参数为 31MPa、621℃时，Cu_2O、CuO 等溶解度，如表 2-3 所示。

表 2-2　各种蒸汽参数下 CuO 的溶解度[①]（$\times10^{-9}$）

蒸汽参数	pH=7.5	pH=9.5
31MPa，621℃	15.6	17.3
22.11MPa，565.6℃	3.0	4.0
18.6MPa，538℃	2.8	1.2

①体积分数。

表 2-3　蒸汽参数为 31MPa、621℃时 Cu_2O、CuO 等溶解度[①]（$\times10^{-9}$）

介　质	pH=7.5	pH=9.5
Cu	6.3	6.3
Cu_2O	8.9	10.2
CuO	15.6	17.3

①体积分数。

为了除去给水中残存的氧需添加联氨，使给水中的 CuO 及 Cu_2O 被还原成为金属铜，虽然由此减少了氧化铜在蒸汽中的溶解度，但由于形成活性较强的物质，作为给水 pH 值调整剂加入的氨及联氨的热分解而生成的氨，使管内析出的铜氧化物变成如 $[Cu(NH_3)_4]^{2+}$ 及 $[Cu(NH_3)]^+$ 那样的氨络合物，在蒸汽中的溶解度大大增加，有时可达几拾毫克/升之多。

早期的超临界压力机组，汽轮机中的汽压由 24MPa 作功降至 16.6MPa，汽温在 412.8～440℃范围内发生过铜的沉积。这是由于在该参数范围内铜在蒸汽中达到饱和状态，而这些电厂汽轮机入口蒸汽中铜的浓度又相当高。加上锅炉相变区域中沉积的铜由于负荷变化等原因，相变位置发生变化，沉积在水冷壁管上的铜再次被溶解，使送到汽机的蒸汽中有可能含有高浓度的铜。

随着压力的升高，Cu、CuO、Cu_2O 在蒸汽中的溶解度升高，铜及其氧化物主要沉积在汽轮机高压缸内，所以必须严格控制给水中的 Cu 含量。

我国亚临界压力直流锅炉给水中铜含量≤5μg/L；超临界压力直流锅炉给水中铜的含量≤2μg/L。

（3）含铁量。

Fe 在蒸汽中的溶解度随着压力升高而增加。在超高压机组中，给水中 Fe 的化合物大约50％沉积在锅炉高热负荷区。而超临界压力机组中，大约 20％～30％沉积在锅炉高热负荷区。为防止氧化铁在高热负荷区受热面上沉积，并造成垢下腐蚀，所以控制给水中的 Fe≤10～20μg/L。

（4）硬度。

给水中的总含盐量是由含钙镁和钠的盐类组成。水中钙、镁盐类称为硬度。由于钙、镁盐在蒸汽中的溶解度很小，见图 2-38，所以给水中的硬度盐绝大部分沉积在锅炉高热负荷区的受热面上。因此，要求直流锅炉给水中的硬度等于零。

（5）钠离子含量。

NaCl、NaOH 在蒸汽中的溶解度也很大，而且随着参数的提高其溶解度增大，所以 NaCl、NaOH 一般不沉积在锅炉受热面中，而绝大部分被蒸汽带入汽轮机中。试验证明，当蒸汽中含钠量大于 10μg/kg 时，开始有钠盐在锅炉受热面上沉积，所以含钠量≤10μg/L。

（6）溶解氧和联氨。

引起腐蚀的重要因素时水中的溶解氧，氧含量对材料损耗有影响。为了减少给水中的溶解氧，一般采用除氧器加热除氧。在碱性介质中，联氨（N_2H_4）是一种很好的还原剂，所以在给水中加入 N_2H_4 进行辅助除氧。为了达到联氨的除氧效果，给水中的联氨含量为 20～50μg/L，直流锅炉给水中的溶解氧一般为 5～7μg/L。

（7）pH 值。

pH 值表征水溶液的性质，不同 pH 值的水溶液对各种金属的腐蚀是不同的。pH 值选择首先考虑使铁的腐蚀减少，同时兼顾到减少铜镍腐蚀。用给水加氨（NH_3）的方法来提高 pH 值。

上述给水中的有关指标规范值，见表 2-4。

表 2-4　　　　　　　　有关国家（公司）给水中有关指标规范值

给水指标名	美国 CE		西德 VGB（直流炉＋汽包炉）		瑞士 Suljer		日本 JIS		中　　国		
	汽包炉	直流炉	碱性处理	加氧处理	汽包炉	直流炉	亚临界压力	超临界压力	6～15MPa	16～17MPa	超临界压力
pH 值(25℃)	8.8～9.2[④] 9.2～9.4	9.1～9.4	9.0（最小）	6.5～8.5	≥9.0	≥9.0	9.0～9.5	8.5～9.2	8.5～9.2	9.0～9.5	
电导率[①]（μS/cm)	≤0.30[②]	≤0.30[②]	≤0.20	≤0.20	不规定	≤0	<0.25			0.25	
总溶解盐量（μg/L)	≤50	≤50	≤35[③]	≤35	不规定	≤35				<50	
O_2（μg/L)	≤5	≤5	不规定	≥50	≤20	≤10	<7	≤7	≤7	<7	

国名 给水指标名	美国 CE		西德 VGB （直流炉＋汽包炉）		瑞士 Suljer		日本 JIS		中 国		
	汽包炉	直流炉	碱性处理	加氧处理	汽包炉	直流炉	亚临界压力	超临界压力	6～15MPa	16～17MPa	超临界压力
N$_2$H$_4$（μg/L）	10～20	≥10（最小）	不规定	不规定	≤100	≥10		>10	20～50	20～50	<20
SiO$_2$（μg/L）	≤20	≤20	≤20	≤20	不规定	≤20		<20	≤20	≤20	<20
Fe（μg/L）	≤10	≤10	≤20	≤30	≤20			<10	≤20		<10
Cu（μg/L）	≤10	≤2	≤3	≤3	≤5	≤3		<2	≤5	≤5	<2
Na（μg/L）								≤10	≤10		

① 电导率在强酸阳离子交换之后测量。

② 根据 TDS（总溶解盐量）值来计算。

③ 根据电导率数值进行计算。

④ 8.8～9.2 有铜件存在时；9.2～9.4 无铜件存在。

4. 水质管理

超临界压力锅炉的水质管理包括化学清洗、定期清洗及给水品质等几个方面。

（1）锅炉运行初期的蒸汽品质主要决定于管内的清洁程度，因此安装后第一次启动前必须用化学方法把管内铁锈及脏物等尽量除去。此外，投入运行后，每隔 1～2 年还需要进行定期化学清洗，以去除管内积垢。与以往采用盐酸进行酸洗不同，现在一般采用柠檬酸、醋酸、甲酸等有机酸。因此，过热器奥氏体钢不会产生氯离子的晶界腐蚀，故过热器也能进行酸洗。

由于酸洗的种类、浓度、温度及循环方法不同，酸洗方法也不同，典型方法有以下两种：

1）把约 1％柠檬酸溶液用锅炉给水泵自给水系统一直循环至过热器出口，约需循环 20h 左右；

2）把 3％浓度的柠檬酸溶液或有机酸溶液，由临时泵送入，整个系统分为 2～3 段，分别经过几个小时的循环。

循环过程中需加入氨把 pH 提高至 5 以上，以避免柠檬酸产生沉淀物。

（2）启动时的水质控制。

机组停运时，虽然除氧器中充以蒸汽，给水加热中充以联氨，但是要完全防止腐蚀是非常困难的。启动时这些腐蚀生成物或沉积物容易剥落，以这些氧化物为主的盐分严重玷污了给水，故不能不经过处理就把它作为给水。

超临界压力机组与以往亚临界压力直流锅炉一样，启动时把不合格的给水及蒸汽回流到冷凝管，通过凝给水精除盐装置反复循环直至水质合格。当电导率<1μS/cm，含铁量<100μg/L 时，方可点火。

为此在机组检修后或机组投运初期，锅炉必须进行循环清洗，一般约需循环清洗 2 天；停机 1 星期约需循环清洗 2～3h；停机 2～3 天约需循环清洗 1.5h。

（五）超临界压力锅炉使用材料特点

1. 超临界压力锅炉材料特点

随着由亚临界参数向超临界参数的发展，锅炉受压部件的材料也相应发生变化，超临界压力全部采用直流锅炉，提高了对小直径管子及尺寸精度的要求。由于受热面金属温度升高，要求有更高性能的耐高温高强度的钢种，因此碳素钢使用比例由 $60\% \sim 70\%$ 减少至 $20\% \sim 30\%$，代之以较多地采用低合金钢。此外，由于压力增加，除再热器外，各种受热面管子的壁厚增加。

各受热面部件的工作条件及对材料的要求如下。

（1）水冷壁管。

水冷壁管工作条件较恶劣，除管内受到高压作用外，管外还受到高温火焰的冲刷及强烈辐射，故设计时除要考虑强度外，还要考虑管子抗氧化性以及对烟气与灰的耐腐蚀性。为防止金属表面温度过高，对导热系数等物理性质也应给予注意。水冷壁的壁温不太高，因此不存在蠕变问题。另一方面水冷壁为全焊接结构，要求材料具有良好的焊接性能。整个管屏有时要进行冷态弯曲加工，故管子和焊接部分须具有充分的塑性变形特性。

超临界压力锅炉水冷壁要使用 0.5Mo 钢（STBA12）、0.5%Cr—0.5%Mo 钢（STBA20），特别是暴露于高温火焰中的高温负荷区要使用抗氧化性良好的 $1\frac{1}{4}$%Cr—0.5%Mo 钢（STBA23）或 $2\frac{1}{4}$%Cr—1%Mo 钢（STBA24）。

表 2-5 为管材的许用应力值，表 2-6 为管材的化学成分和适用部件。

表 2-5 管材的许用应力

钢号	标准成分（%）	最低拉伸强度（MPa）	不同温度下的许用应力（MPa）					
			450℃	500℃	550℃	600℃	650℃	700℃
STBA12	0.5Mo	3.825	0.091	0.686	—	—	—	—
STBA20	0.5Cr—0.5Mo	4.119	0.951	0.755	—	—	—	—
STBA22	1Cr—0.5Mo	4.119	1.0	0.814	0.373	—	—	—
STBA24	2.25Cr—1Mo	4.119	1.0	0.814	0.481	0.275	—	—
STBA26	9Cr—1Mo	4.118	0.863	0.775	0.490	0.206	0.0981	—
STBA27	9Cr—2Mo	5.10	1.010	0.961	0.755	0.353	0.137	—
SUB304HTB	18Cr—8Ni	5.20	0.951	0.932	0.824	0.569	0.373	0.245
SUB316HTB	16Cr—12Ni—Mo	5.20	1.059	1.010	0.941	0.785	0.471	0.294
SUB321HTB	18Cr—10Ni—Ti	5.20	1.040	1.020	0.971	0.677	0.382	0.216
SUB347HTB	18Cr—10Ni—Nb	5.20	1.040	1.020	0.765	0.765	0.412	0.245

表 2-6 管材的化学成分和适用部件

钢种	化学成分 %									适用部件
	C	Si	Mn	P	S	Ni	Cr	Mo	其他	
SB49M	≤0.27	0.15~0.3	≤0.9	≤0.035	≤0.04	—	—	0.45~0.6		汽水分离器
SCMV8	≤0.17	0.5~0.8	0.4~0.65	≤0.035	≤0.04	—	1.0~1.5	0.45~0.65		
STB42	≤0.32	≤0.35	0.30~0.80	≤0.035	≤0.035	—	—	—		水冷壁、过热器、再热器、省煤器
STB52	≤0.25	≤0.35	1.00~1.50	≤0.035	≤0.035	—	—	—		省煤器

钢种	化学成分 %									适用部件
	C	Si	Mn	P	S	Ni	Cr	Mo	其他	
STBA12	0.10~0.20	0.10~0.50	0.30~0.80	≤0.035	≤0.035	—	—	0.45~0.65	—	水冷壁、过热器、再热器
STBA20	0.10~0.20	0.10~0.50	0.30~0.60	≤0.035	≤0.035	—	0.50~0.80	0.45~0.65	—	水冷壁
STBA23	≤0.15	0.50~1.00	0.30~0.60	≤0.030	≤0.030	—	1.00~1.50	0.45~0.65	—	水冷壁、过热器、再热器
STBA24	≤0.15	≤0.50	0.3~0.70	≤0.030	≤0.030	—	1.90~2.60	0.87~1.13	—	水冷壁、过热器、再热器
STBA26	≤0.08	0.25~1.00	0.3~0.60	≤0.030	≤0.030	—	8.0~10.0	0.9~1.10	—	再热器
STBA27 (HCM9M)	0.04~0.10	≤0.50	0.3~0.70	≤0.030	≤0.030	—	8.00~10.0	1.80~2.20	—	过热器、再热器
SUS304HTB	0.04~0.10	≤0.75	≤2.00	≤0.030	≤0.030	8.0~10.0	18.00~20.00	—	—	再热器
SUS321HTB	0.04~0.10	≤0.75	≤2.00	≤0.030	≤0.030	9.00~13.00	17.00~20.00	—	Ti 4xc—6.00	过热器、再热器
SUS316HTB	0.04~0.10	≤0.75	≤2.00	≤0.030	≤0.030	11.00~14.00	16.00~18.00	2.00~3.00	—	过热器、再热器
SUS347HTB	0.04~0.10	≤1.00	≤2.00	≤0.030	≤0.030	9.00~13.00	17.00~20.00	—	Nb+Ta: 8xc—1.00	过热器、再热器

（2）过热器。

过热器为锅炉内金属温度最高的受压部件，对材料的要求除在设计压力和温度下有足够的持久强度、蠕变极限及屈服极限外，还要求有较高的抗氧化性、耐腐蚀及耐磨性、良好的冷热态加工性能，也需具有合适的热膨胀、导热及弹性系数。

设计时除选择合适材料外，还要考虑壁厚增加对阻力的影响，并使壁厚/管径之比不超过某极限。

过热器最高金属温度超过 600℃，Cr—Mo 钢的强度及抗氧化性已不能满足要求，则要使用奥氏体不锈钢。

（3）再热器。

再热器对管材的要求基本上与过热器相同，不同点是蒸汽压力低，蒸汽比体积大，要选择较大直径的管道，以控制其阻力不应过大（因为再热器蒸汽阻力大，即蒸汽有效作功能力降低）。

目前常用的再热汽温为 538℃ 或 566℃。538℃ 等级一般采用 $1\frac{1}{4}$％Cr—9.5％Mo 钢

（STBA23）及 $2\frac{1}{2}$％Cr—1％Mo 钢（STBA24）。曾有一段时期采用过抗氧化性较好的 9％Cr—1％Mo 钢（STBA26），由于焊接易产生裂缝，目前几乎已不再采用。最近有时还采用经过改进的 9％Cr—2％Mo 钢（STBA27）。对 566℃ 等级的再热器管，低合金钢已不能满足要求，要采用 SUS304HTB、SUS321HTB 及 SUS347HTB 等奥氏体不锈钢。

（4）省煤器。

省煤器一般使用高强度碳素钢，如在以往的 STB42 中加入少量其他成分的 STB—52 钢。

（5）汽水分离器。

变压运行汽水分离器需在亚临界压力至超临界压力的较大压力范围内运行，加上启停频繁，负荷变化迅速，如管壁较厚容易产生热疲劳，为此需采用高强度材料，如 $1\frac{1}{4}\%$ Cr—0.5% Mo 钢（SCMV8 或 SB49M），使壁厚减薄。

2. 安全可靠性及防止措施

下面主要介绍几种超临界压力机组的突出问题，属于一般锅炉的损坏情况不再介绍。

（1）热疲劳。

锅炉某些部件存在温度梯度或膨胀不匀，因此产生热应力，如交变的热应力超过材料的屈服极限，即使热应力交变的次数不多也会产生龟裂，即称为低周疲劳。这种疲劳虽然在一般变负荷运行机组也会产生，但对超临界变压运行机组问题更为突出。

这种损坏往往断面严重凹凸不平。高温时还存在蠕变与疲劳的相互叠加作用，该时交变应力的大小，交变速度及周期对损坏均有影响，但常见的是以蠕变为主的沿晶界的龟裂破坏。这种损坏一般发生在异金属过热器管焊接处、异金属集箱与管接头焊接处、金属装配件边界、承压部件与非承压部件焊接处及焊接有缺陷的应力集中处。

为了消除这种损坏，除设计上要采取措施减少壁厚外，还要改进异金属焊接的焊条及坡口；减少管接头的刚性；改进金属装配件的形状及安装方法；并修整焊缝以减少应力。

目前正在发展根据模拟分析的结果探讨运行条件与寿命消耗的关系，厚壁处温度测量资料进行寿命消耗的监视，以防止损坏或延长使用寿命。

（2）水蒸气氧化。

除上述水冷壁会与蒸汽发生氧化作用外，过热器、再热器管内也会产生高温水蒸气的氧化，发生氧化皮剥落堆积在管内，使管内流量减少，发生过热器管或再热器管爆管。

一般的 Cr、Mo 钢不易产生氧化皮，奥氏体钢反而容易产生氧化皮。氧化皮由两层组成，内层为含 Cr、Ni 较致密的氧化皮，与管材膨胀性能相近不易剥落；外层为较脆的氧化皮，与管材膨胀性能不同，当超过一定厚度时，在启停时的热应力作用下会剥落。

奥氏体不锈钢的水蒸气氧化特性受到结晶粒度的影响，结晶越细氧化皮产生量愈少，为此常采用在内表面形成细结晶的 SUS321HTB 或容易得到细结晶的 SUS347HTB 的材料。冷加工对控制氧化皮的产生颇为有效，为此常采用内表面经过喷砂的钢管。

运行中要对可能发生氧化皮堆积处进行非破坏性检查，堆积严重时要清洗或割管处理。

（3）高温腐蚀。

高温腐蚀一般指管壁在高温烟气中所含钠、硫、矾的作用下所引起的腐蚀。所不同的是超临界压力机组不仅在过热器、再热器产生高温腐蚀，甚至在水冷壁也会发生腐蚀。从实炉资料证明，高温腐蚀在 540℃ 特别在 570℃ 以上时相当严重，故超临界压力锅炉的水冷壁管内如产生氧化皮使壁温上升后便可能会发生高温腐蚀。

至今尚无彻底解决高温腐蚀的方法，可在燃料中加入 MgO、Mg（OH）$_2$ 等添加剂或采用含 Cr、Al 及 Si 较高的材料以减缓腐蚀速度。一般情况下，这些成分愈高，抗高温腐蚀性能愈强。利用该特性可采用镀铬、喷铬的方法；运行中要加强监视，定期检查。

二、超临界压力螺旋管水冷壁结构及特点

（一）石洞口二厂 1900t/h 超临界压力锅炉水冷壁的整体结构

该锅炉水冷壁为螺旋管圈水冷壁。螺旋管圈水冷壁按冷灰斗的管圈型式以及螺旋管圈上部向

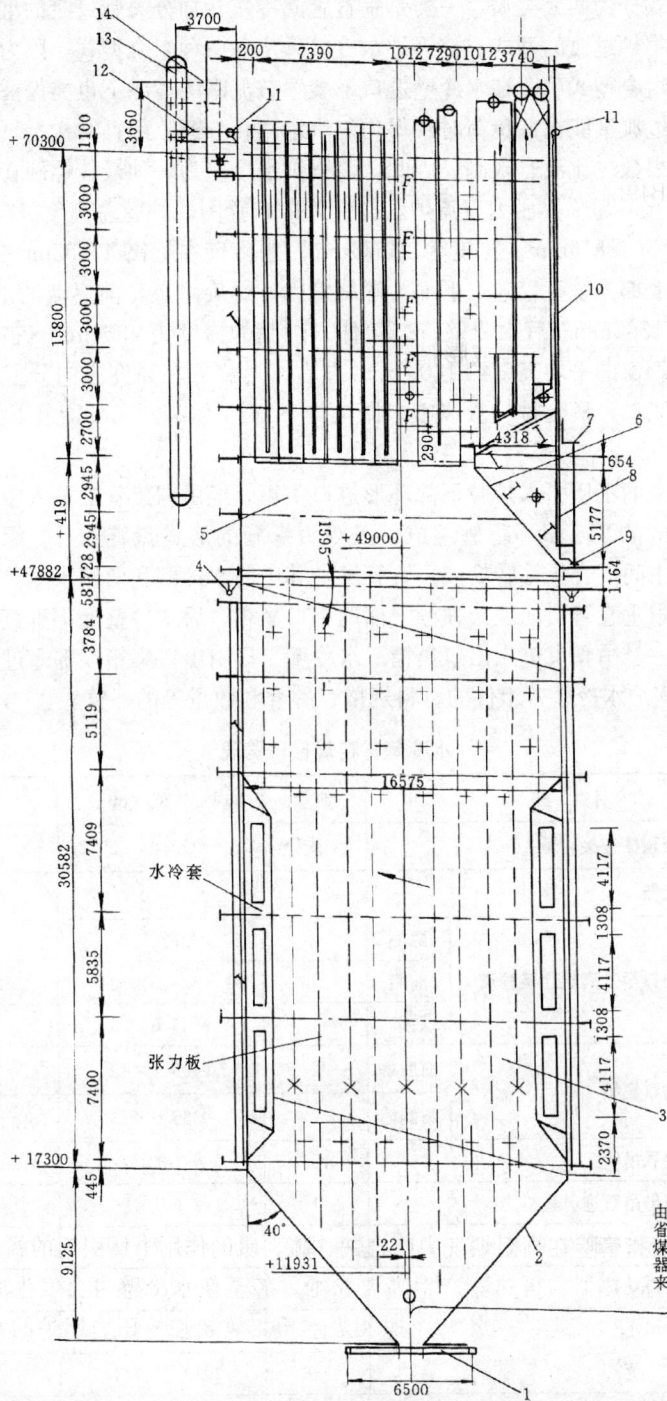

图 2-40　1900t/h 超临界压力直流炉水冷壁总体布置图

1—水冷壁进口环形集箱；2—螺旋冷灰斗；3—螺旋管圈；4—中间混合集箱；5—垂直管屏；6—折焰角；
7—折焰角出口集箱；8—折焰角外部连接管；9—后水冷壁悬吊管进口集箱；10—后水冷壁悬吊管；
11—水冷壁出口集箱；12—水冷壁出口连接管道；13—启动分离器；14—分离器出口连接管道
⊕—检修孔；⊕—吹灰器；⊞—锅炉导向装置；✕—各种测点孔

垂直管屏的过渡方式分为两大类型，一类是垂直管圈冷灰斗加分叉管过渡的型式；另一类是螺旋冷灰斗加中间混合集箱过渡的型式。该锅炉水冷壁采用后一种组合型式，因为螺旋冷灰斗的吸热偏差小，采用这种组合型式后，在水冷壁进口不装置节流圈的情况下也能保证很小的工质出口温差，中间混合集箱过渡又能在低负荷时获得均匀汽水两相分配。而且结构上，下部螺旋管圈和上部垂直管屏的转换根数之比没有限制。因此，该锅炉水冷壁为一种最佳螺旋管圈组合型式。

图 2-40 为 1900t/h 超临界压力直流炉水冷壁总体布置图。炉膛总高度（自进口集箱至顶棚）为 62125mm，宽度为 18816mm，深度为 16576mm。水冷壁在标高 47882mm 处实现由螺旋管向垂直管屏的过渡，上部为垂直管屏，下部为螺旋管圈。螺旋冷灰斗前后墙的垂直倾角为 40°，下部出渣口的宽度为 1262mm。后水冷壁折焰角伸入炉膛的深度为 4368mm（占炉膛深度约 1/4），折焰角上方的出口烟窗的平均高度约 14000mm 左右。燃烧器在高度方向分上、中、下三组，每组均配置二排一次风口，最上排一次风喷口距大屏下部约为 20000mm，最下排一次风喷口距冷灰斗转角约为 4200mm。

由省煤器出口来的工质引入炉膛下部环形进口集箱，经由螺旋管圈进入中间混合集箱。螺旋管圈由节距为 54mm 的 316 根平行管组成，以双头螺旋的形式盘旋上升，螺旋升角为 13.9498 度。螺旋管圈通过中间混合集箱转换成垂直管屏，其中前水冷壁和两侧水冷壁（垂直管屏）由节距为 56mm 的 928 根垂直管引向位于顶棚上面的出口集箱。后水冷壁上部垂直管 336 根先形成折焰角，然后形成第一悬吊管束进入出口集箱。水冷壁工质由出口集箱端部通过连接管引入汽水分离器。表 2-7 为本锅炉水冷壁各组件的材料规格、牌号和数量等的一览表。

表 2-7 水冷壁材料规格一览表

序号	名 称		数量	规 格（mm）	材 料
14	分离器至顶棚连接管道		4	ϕ323.9×32	15NiCuMoNb5
13	启动分离器		1	ϕ850	15NiCuMoNb5
12	水冷壁出口至分离器连接管道	两侧	2	ϕ273×28	15NiCuMoNb5
		前墙	1	ϕ323.9×32	15NiCuMoNb5
		后墙	1	ϕ355.6×35	15NiCuMoNb5
11	水冷壁出口集箱	前后墙	2	ϕ406.4×49	15NiCuMoNb5
		两侧墙	2	ϕ355.6×43	15NiCuMoNb5
10	后水冷壁悬吊管		125	ϕ60.3×10	13CrMo44
9	后水冷壁悬吊管进口集箱		1	ϕ219.1×26	15NiCuMoNb5
8	折焰角外部连接管道		12	ϕ139.7×14	15NiCuMoNb5
7	折焰角出口集箱		1	ϕ219.1×26	15NiCuMoNb5
6	折焰角		336	ϕ33.7×5.6	13CrMo44
			336	ϕ33.7×7.1	10CrMo910
5	垂直管屏 1×336/2×296		928	ϕ33.7×5.6	15Mo3
4	中间混合集箱		4	ϕ273×29	15NiCuMoNb5
3	螺旋管圈		316	ϕ38×5.6	13CrMo44
2	冷灰斗		316	ϕ38×6.3	15Mo3
1	水冷壁进口环形集箱		1	ϕ355×33	15NiCuMoNb5

汽水分离器垂直布置在前墙上部的锅炉对称中心线位置上，分离器高度达 23300mm，其上部有四对切向引进和引出的管座。

垂直管屏部分的刚性梁层距约为 3000mm 左右，螺旋管圈部分的刚性梁层距较大，最大达 7400mm，刚性梁与水冷壁的连接型式具有良好的膨胀性能，能适应锅炉的快速启停和快速的负荷变化率。螺旋管圈背火面上设置有温度跟踪性能良好的悬吊结构，称为张力板（tention-strip），它们一直从过渡区伸展到冷灰斗底部，把分担的螺旋管圈的重量均匀地传递给上部垂直管屏。

炉膛内设置足够数量的吹灰器，开设有恰当的检修人孔、观察孔和各类测孔，包括炉膛压力、温度、电视摄像孔以及炉管漏泄等测孔。

（二）螺旋管圈水冷壁主要组件结构

该水冷壁主要由螺旋冷灰斗、下部螺旋管圈、上部垂直管屏以及燃烧器水冷套螺旋管圈和垂直管屏的转换区等部分组成，下面就这些主要部件的结构作一些简单介绍。

1. 冷灰斗结构

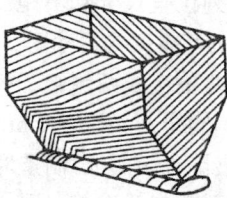

图 2-41 螺旋冷灰斗
立体示意图

1900t/h 超临界锅炉的冷灰斗采用螺旋管圈形式，它是由下部环形进口集箱和 316 根盘绕上升的螺旋管组成。冷灰斗高度 H 为 9125mm，图 2-41 为冷灰斗螺旋管布置示意图。冷灰斗下部为长 18816mm、宽为 1262mm 的出渣口，316 根螺旋管在出渣口周界上以中心对称排列。它们在渣口周界上的排列节距由冷灰斗的结构尺寸计算而得出。形成出渣口后的管子盘旋上升至标高 17300mm 的冷灰斗转角构成螺旋冷灰斗。

图 2-42 为冷灰斗管子结构尺寸设计的几何图，灰斗设计时，炉膛宽度 B、深度 A、灰斗高度 H、灰斗前后墙的倾角 β、螺旋角 α 以及螺旋管的总根数 N 已确定。根据几何关系，灰斗两侧墙与前后墙的交线长度相等，并等于 $H/\cos\beta = 9402.299$mm，又根据几何关系得出如下关系式，并以本水冷壁的结构尺寸代入，可求得本螺旋冷灰斗的下列结构要素值

$$\eta = \alpha + \beta/2 = 33.9498°$$

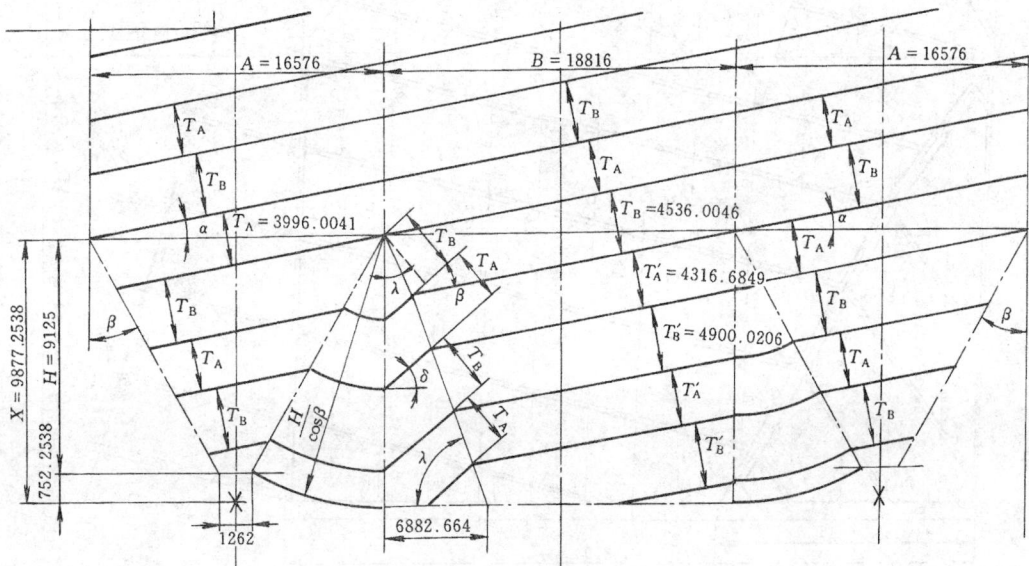

图 2-42 冷灰斗结构尺寸几何图

$$\delta = \alpha + \beta = 53.9498° \quad (\alpha = 13.9488° 为螺旋升角)$$

$$\lambda = 90° - 2\alpha = 62.1004°$$

$$T_A = A\sin\alpha = 4536.0046mm$$

$$T_B = B\sin\alpha = 3996.0041mm$$

$$T'_A = T_A\cos\alpha/\cos(\beta - \alpha) = 4900.0206mm$$

$$T'_B = T_B\cos\alpha/\cos(\beta - \alpha) = 4316.6849mm$$

由于管带连续性,冷灰斗前后墙和两侧墙四条交线两侧的管子数应相等,这样可求出不同管屏处的不同管子节距。对本水冷壁的冷灰斗而言,T_A 和 T_B 区的管子节距为 54mm。由于 T'_A、T'_B 分别是 T_A、T_B 的 $\cos\alpha/\cos(\beta - \alpha)$ 倍,因此 T'_A、T'_B 区的管子节距应为 58.335mm。求出上述一系列结构参数后,就可以很容易求得所有 316 根螺旋管在冷灰斗出渣口的排列位置尺寸和节距。图 2-43 为本水冷壁冷灰斗前后墙的基本结构尺寸图;图 2-44 为冷灰斗两侧墙的基本结构尺寸图。

冷灰斗两侧墙与前后墙有两条交线的两侧管子的螺旋升角不同,另外两条交线两侧管子的节距亦不等,因此不能采用成排弯曲制造,而只能采用单弯头过渡形式连接。同样灰斗 17300mm 处的折角处管子的弯曲平面与管子轴线成约 76°夹角,所以不能以整屏管子成排弯制而成,制造时也要先把管屏割开,再以单弯头相连接成形。起悬吊作用的张力板一直延伸至冷灰斗底部。图 2-45

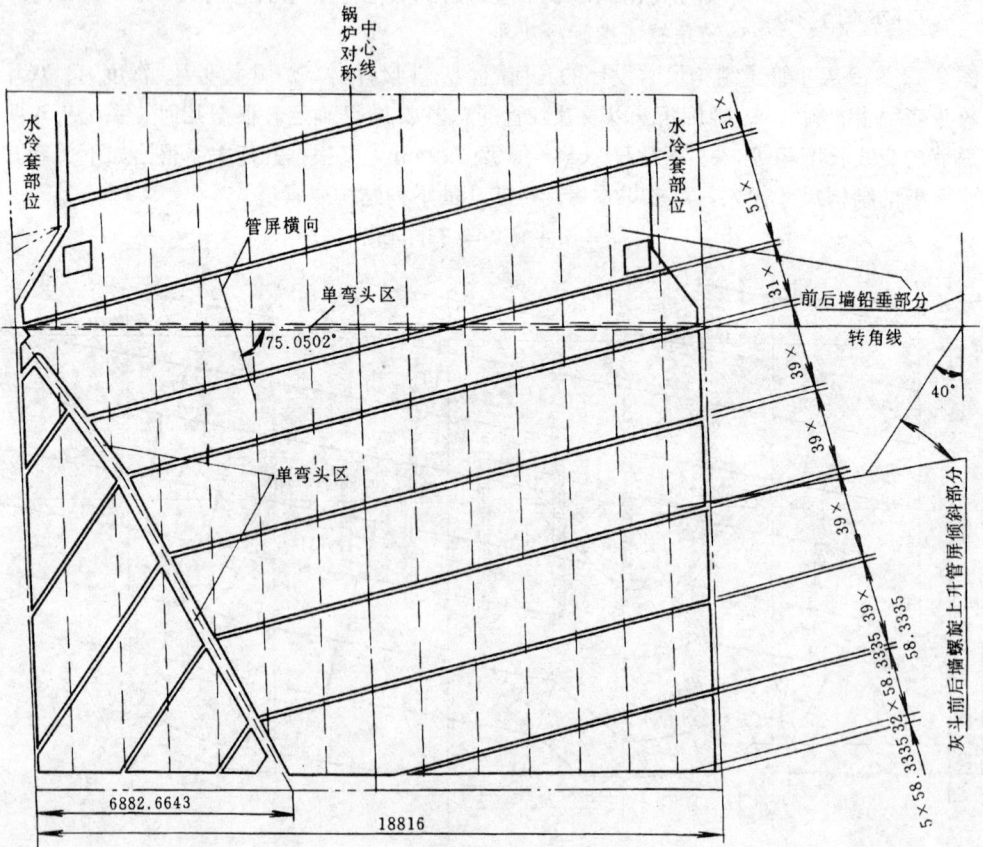

图 2-43 螺旋冷灰斗前后墙

第一篇 锅炉本体设备

示出了张力板结构与刚性梁蹬形板(stirrup)在冷灰斗两侧墙的外形图。

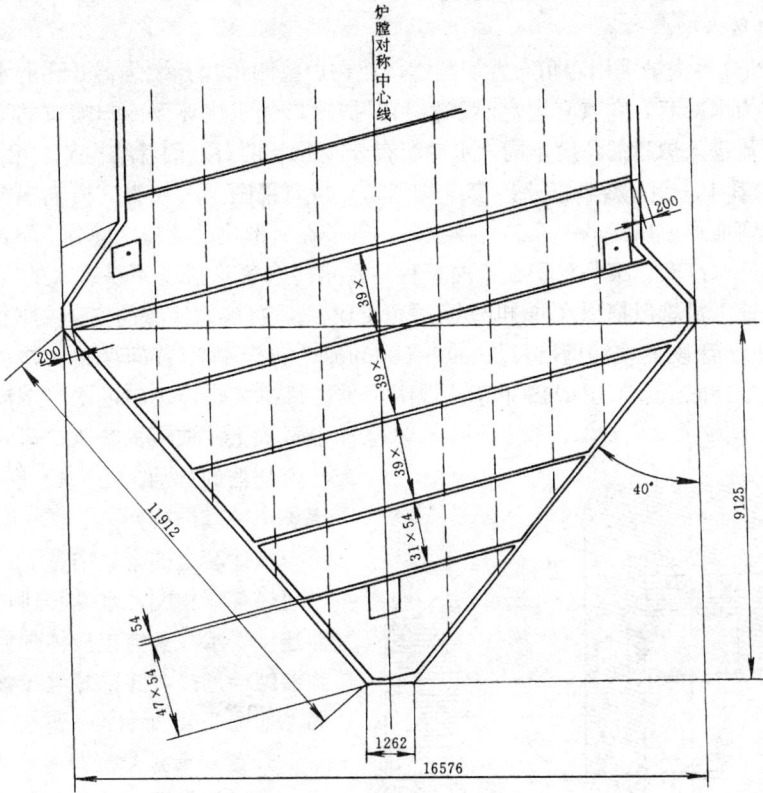

图 2-44　螺旋冷灰斗两侧墙

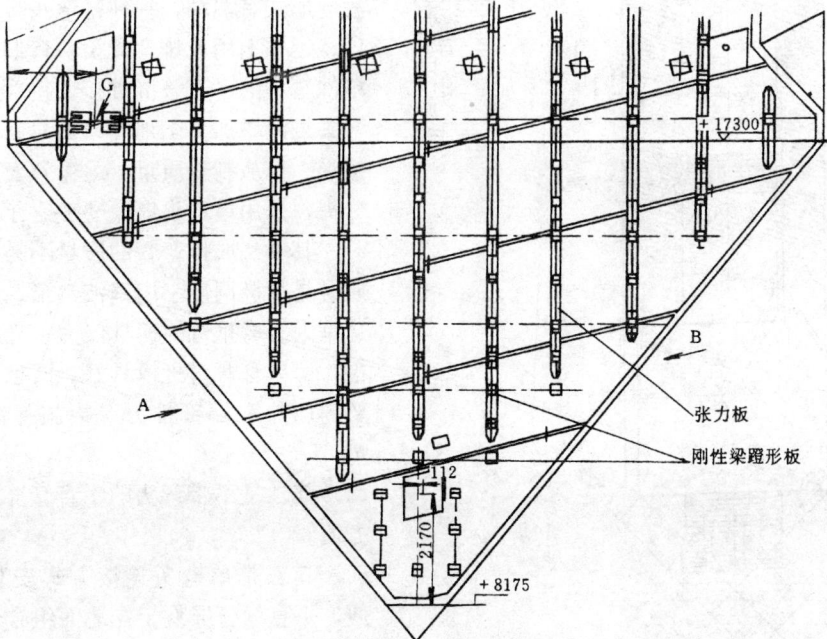

图 2-45　冷灰斗两侧墙外形图

根据计算，螺旋冷灰斗管子的平均吸热长度为 35.8m，最长为 39.2m，最短为 32.4m，吸热长度偏差约为总吸热的 ±0.9%，这是垂直管冷灰斗所不能比拟的。

2. 燃烧器区水冷套结构

1900t/h 超临界锅炉采用四角布置切圆燃烧，在炉膛四角让开燃烧器开孔的水冷壁管绕成的独立结构，称为水冷套，它兼有固定燃烧器和保护喷口免于烧坏而冷却喷口的双重作用。由于一、二次风射流进入炉膛的角度不同，水冷套有 36° 和 45° 两对，两者结构基本相同。

图 2-46 为其中一组燃烧器的水冷套结构图，E 为向视图，A-A 为其横剖视图。进入水冷套的螺旋管通过弯曲形成所需的一、二次风喷口，管子在所形成的喷口之间分上下两排通过喷口横截面，转而离开水冷套。某些管子在弯曲过程中在水冷套区形成了不易疏水的 U 形管段，如启动时的质量流速不足难以把积水冲走，就可能引起汽塞，影响水冷壁的安全。根据苏尔寿公司的经验，这一 U 形管段的高度不超过 500～600mm 时安全是没有问题的。本水冷套的 U 形管段没有超过上述限值。从图 2-46 中正向视图可见，每组燃烧器喷口的上、下部端部的管子绕制成向上、向下的喇叭口形状，目的是有利于燃烧器的摆动。图 2-47 为正在装配中的该锅炉水冷套结构件。

水冷套上的上、中、下三组喷口分别与三组燃烧器相配，水冷套通过连接体与燃烧器连接，水冷套与连接体焊接，连接体与燃烧器螺栓连接，并以螺丝拉紧装置和托脚加固。如图 2-48 所示①～⑤位置。

3. 螺旋管圈炉膛四角的弯头过渡

本螺旋管圈在炉膛四角上是通过单弯头连接过渡。一般螺旋管圈炉膛四角的弯头过渡的形式有两种，一种是弯头带在管屏上出厂、工艺上用成排弯管设备弯制；另一种是单件弯头的平直管屏焊接。粗看起来采用单弯头过渡增加了工地焊口数量，不容易被人接受。但从制造质量、运输和安装几方面来分析，采用单弯头焊接过渡是有道理的。

其一是成排弯管的质量不易保证（弯管质量是指椭圆度、内壁波浪形、减薄量等）。这是因为成排弯的模具仅为一光滑圆柱体模棍，而单管弯管机模具好，而且便于采取必要的加热和端部推力等措施保证弯头的质量。

其二是不带弯头的平直管屏包装运输上方便。

其三是单弯头连接方式安装和起吊方便，平直的管屏易于在地面组合成大件，大大减少了起吊次数。而且单弯头在焊接时较易修正、补偿制造和安装误差。再加上本水

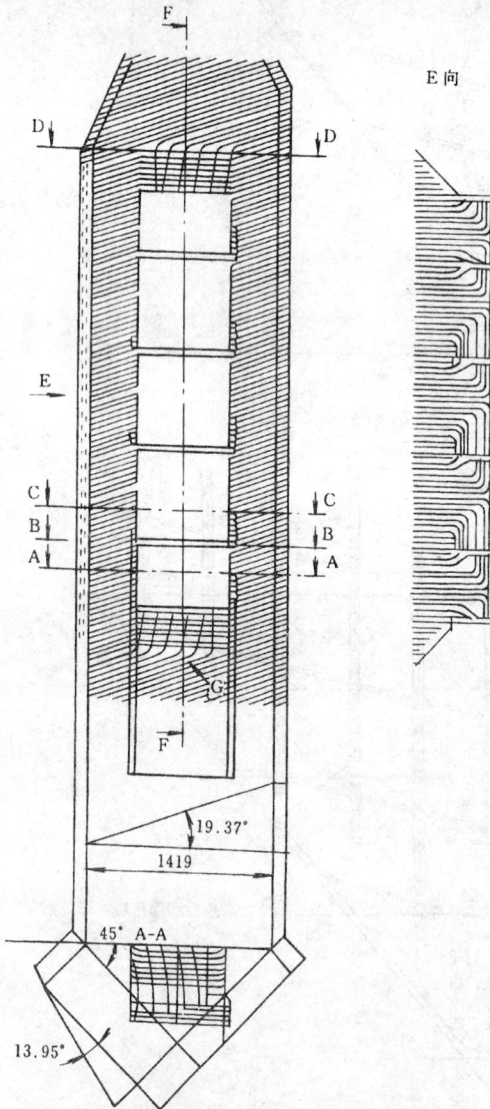

图 2-46 水冷套一、二次风喷口详图

冷壁能采用成排弯的部位只占总的四角部位的 20％（水冷套和冷灰斗四角不能采用成排弯管），增加焊口数量有限，就更没有必要采用成排弯管。

4. 下部螺旋管圈向上部垂直管屏的过渡区

为了便于水冷壁的悬吊，再加上炉膛上部热负荷低，垂直管屏内工质的质量流速已足以冷却管壁，因此螺旋管圈通常在折焰角下方转换成垂直管屏。螺旋管圈向垂直管

图 2-47　装配中的水冷套结构件

屏的过渡有二种型式，一种用分叉管，一种采用中间混合联箱。石洞口二厂 1900t/h 超临界压力锅炉水冷壁采用性能较优越的中间混合集箱过渡型式，中间混合集箱有减小管圈热偏差的作用，而且汽水两相的分配比分叉管有保障。

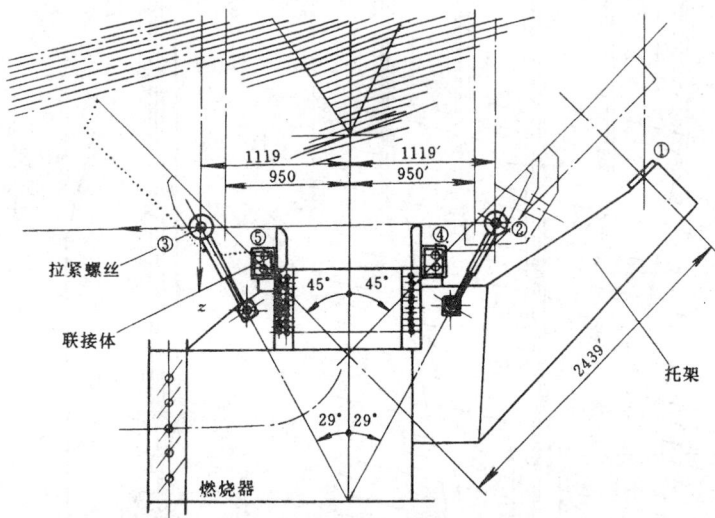

图 2-48　燃烧器与水冷套的配合

螺旋管和垂直管的过渡区是一个结构较复杂的部位。它既要实现螺旋管圈向垂直管屏的过渡，又要处理好螺旋管圈重量负载的均匀传递，还要解决穿墙管处的密封问题。螺旋管向垂直管的过渡是依靠特殊铸造的单弯头、双弯头以及中间混合集箱及其引入、引出管来实现。图 2-47 示出了本水冷壁过渡区的结构布置。

水冷壁的工质由单弯头从螺旋管引入中间混合集箱，再由双弯头从中间混合集箱引入垂直管，实现过渡。这种单、双弯头，弯曲半径很小，并带有鳍片，从而使得连接管的穿墙处的密封问题得到了圆满的解决。图 2-49 看出过渡区也是螺旋管圈重量的传递区。螺旋管的部分重量由附着于其上的张力板传给过渡区的树叉形张力板，再由树叉形张力板通过梳形吊板把重量负载均匀地传给垂直管屏。

图 2-50 示出了树叉形张力板和梳形吊板的详图，它们沿炉宽和炉深均匀布置。并与张力板

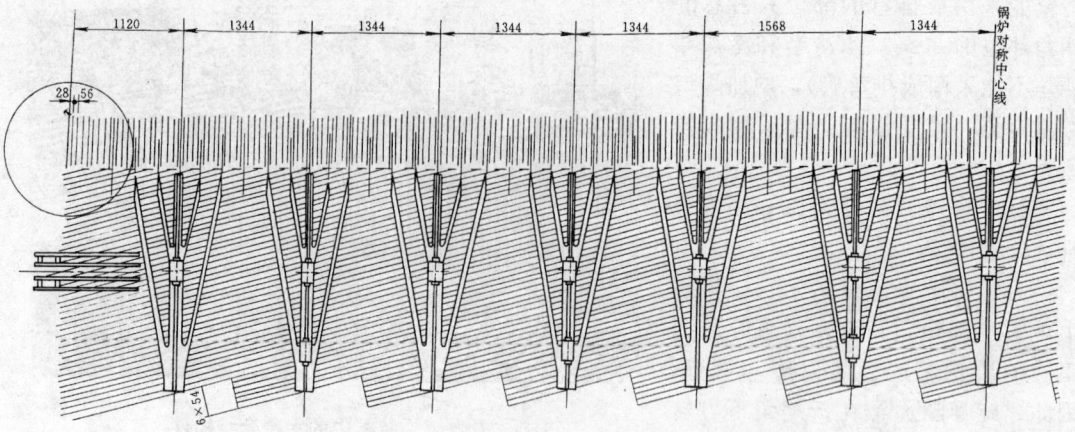

图 2-49　螺旋管圈和垂直管屏过渡区结构布置图

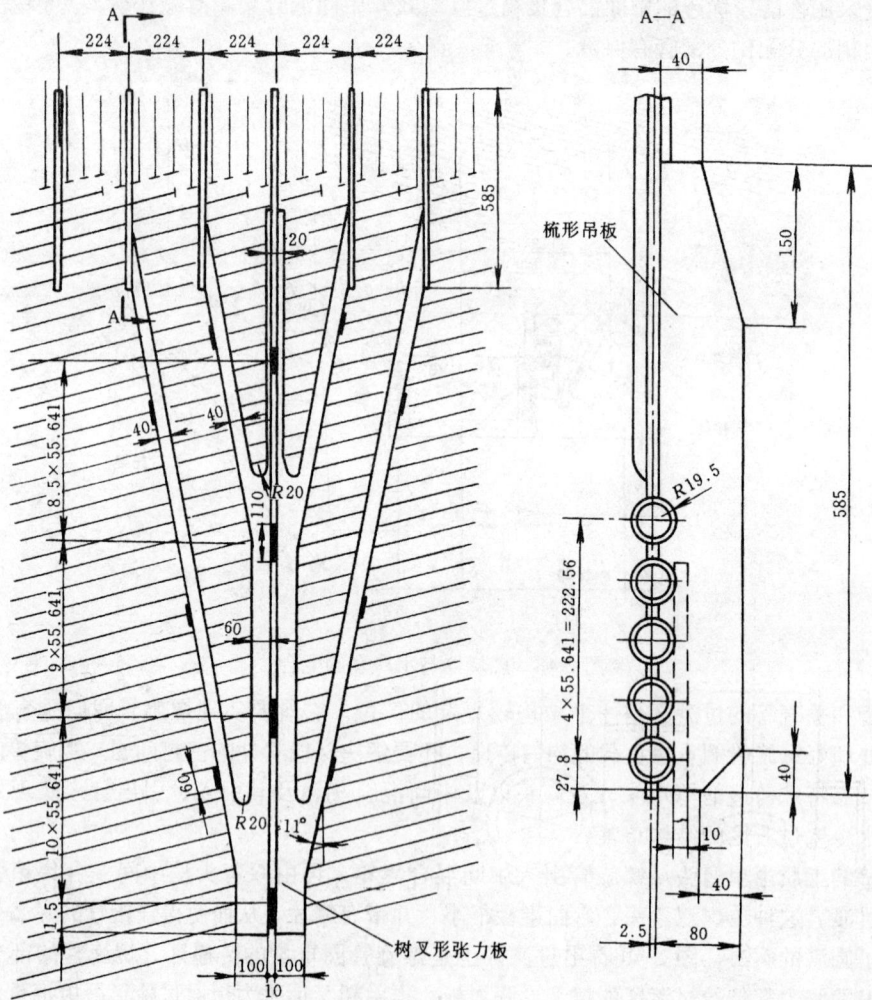

图 2-50　树叉形张力板和梳形吊板

——相对应，前后墙各布置了 13 道树叉形张力板以及相对应的梳形吊板 81 件；两侧墙分别布置 11 道和 71 件，依靠它们与水冷壁的连接达到传递重量的目的。树叉形张力板根部的小半径 R 起消除应力集中的作用。每件树叉形张力板均分为左右两半，两半之间每隔 500mm 左右通过一块梳形板与管壁固定。此梳形板一方面起传递负载的作用，另一方面起传递热量的作用，以利于树叉形张力板在锅炉启停过程中对管壁温度的跟踪，从而减少螺旋管和张力板之间温差热应力。它们的材料均与相邻的水冷壁管相同，为 13CrMo44，以减少膨胀差及减少温差热应力。

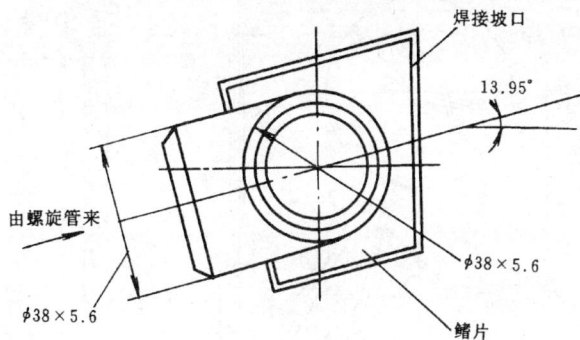

图 2-51　单弯头

图 2-51 和图 2-52 为铸造单弯头和双弯头。单弯头接于螺旋管的末端，双弯头接于垂直管的始端。它们的边缘都带有焊接坡口的鳍片以便与相邻的管屏鳍片相焊接，保证穿墙管区域炉膛的气密性。单弯头和双弯头是由模锻后再钻孔和加工端部焊接坡口制造而成。该水冷壁共需要 316 只单弯头和 632 只双弯头，它们的材料分别与相接的管子相同。

前、后、左、右四只中间集箱，布置在炉膛四周与管壁中心线相距 650mm。当锅炉负荷变压至 60%MCR 以下时，集箱内的工质为汽水两相混合物，集箱担负着流量分配和汽水两相均匀分配的双重任务。当锅炉负荷大于 60%MCR 时，集箱仅起工质流量的分配作用。为了保证 60%MCR 负荷以下的汽水两相的均匀分配，混合集箱上的引入、引出管座成对称布置，引入管在集箱顶部进入、引出管在集箱两侧呈 45°夹角引出。如图 2-53 所示。这种布置方式更有利于集箱内工质干度较高，37%MCR 时的最小干度达 0.87，使汽水的均匀分配更不成问题。

5. 炉膛上部垂直管屏

该超临界锅炉水冷壁的上部垂直管屏和一般垂直管屏的水冷壁基本上是相同的，但它的悬吊结构和前墙水冷壁顶棚管穿墙部位结构具有较好特点。

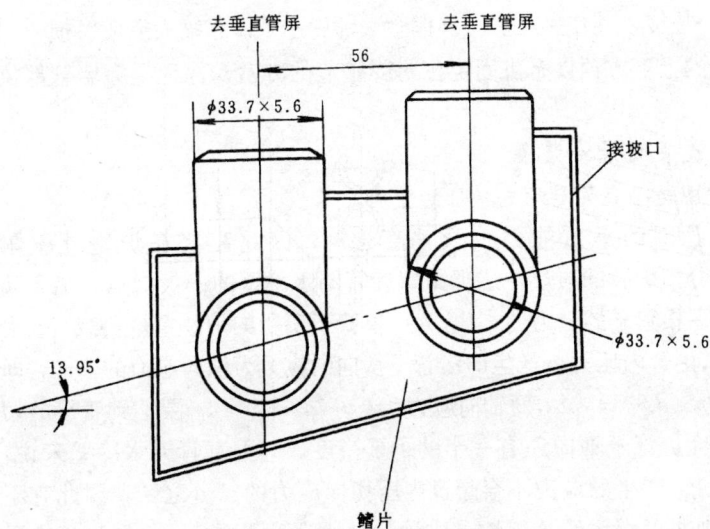

图 2-52　双弯头

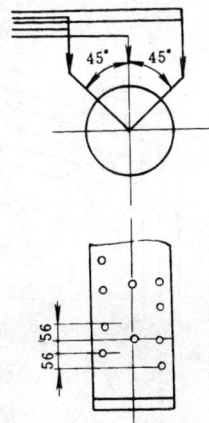

图 2-53　中间混合集箱连接管

图 2-54 示出该锅炉水冷壁垂直管屏的悬吊和前墙顶棚管的穿墙结构。按一般传统结构，炉膛水冷壁的质量是通过其出口集箱上的吊耳悬吊于炉顶钢梁上，而本水冷壁的质量则通过焊于管

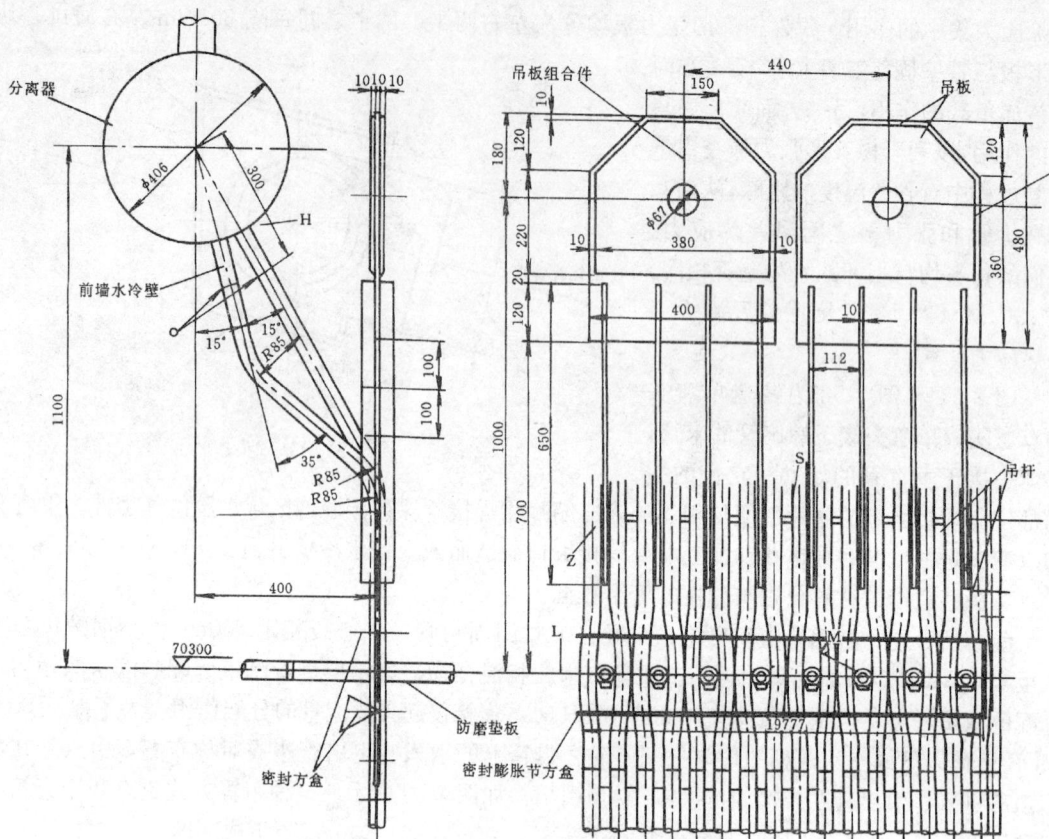

图 2-54　水冷壁的悬吊和顶棚穿墙管结构

屏鳍片上的吊板组合件实现悬吊。这样做的优点是它能使各吊杆的荷重分配均匀，同时也改善了水冷壁出口集箱的工作条件。因此，这种悬吊方式较为优越。顶棚管穿墙部位的特点是在前墙水冷壁顶棚穿墙管的开孔底部预设一垫板，其作用是防止顶棚管底部由于来回胀缩而造成磨损。同时在穿墙部位的上下方预设有供固定密封膨胀节的方盒，保证了穿墙管部位的密封性能。

（三）螺旋管圈悬吊装置

1. 螺旋管圈与垂直管屏承重特性的区别

由于螺旋管圈的承重能力不及垂直管屏，因此需要在炉室外壁附设悬吊系统来分担炉膛的质量，这也是螺旋管圈水冷壁的一大缺点。图 2-55 为垂直管屏中一根管子的受力图，P_{g1} 为一根管子所受的炉膛重量负载，p 为管内工质压力，由管内压力 p 产生的沿管子切向的应力为轴向应力的 2 倍，即切向应力 $\sigma_\tau = p(d_a - s)/2s$，而轴向应力 $\sigma_z = p(d_a - s)/4s$。要达到管子的切向和轴向等强度，管子轴向还有一半的承重裕度。对垂直管屏水冷壁来说，一般重量负载 P_{g1} 产生的应力不会超过内压切向应力的二分之一，因此它不需要在炉壁附加的悬吊系统分担炉膛质量。对螺旋管圈而言，管子接近水平布置，炉膛质量对管子的作用情况就不同。图 2-56 为螺旋管的受力图，P_g

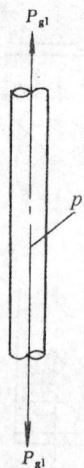

图 2-55　垂直管受力图

为炉膛的质量负载，p 为管内压力，P_g 可以分解为垂直于管子轴线的力 $P'_g = P_g\cos\theta$ 和沿着管子轴向的力 $P''_g = P_g\sin\theta$，P''_g 作用在管子整个长度的纵剖面上，很显然沿管子轴向的受力是安全的。管子的横断面仅受到管内压力 p 产生的应力，而在垂直于管子轴线方向上，即沿管子的纵向剖面上，由内压力 p 产生的切向应力要与质量 P_g 的分力 P'_g 引起的应力相叠加。而且由于螺旋倾角一般很小，P'_g 基本上接近 P_g，因此在螺旋管的纵向剖面上的强度大大地弱于螺旋管的横向剖面，这样就必须要有附加于炉壁的悬吊装置来分担炉膛质量。

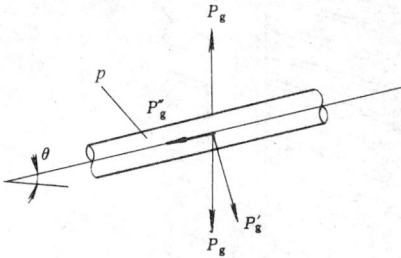

图 2-56　螺旋管受力图

2. 本水冷壁螺旋管圈的悬吊结构

螺旋管圈的悬吊是由均匀地附着于管壁外表面的张力板（tension strip）实现的。前、后墙各布置 13 条张力板，两侧墙各布置 11 条张力板。由它们协助螺旋管圈承受炉膛的质量。张力板从螺旋管圈和垂直管屏的过渡区一直延伸到冷灰斗的底部。图 2-57 为本水冷壁两侧墙上的张力板布置图，张力板在过渡区与树叉形张力板相接，连接结构见图 2-58，把炉膛质量负载传递给树叉形张力板，再由树叉形张力板通过梳形吊板把质量负载均匀地传给上部垂直管屏（见图 2-50）。图 2-59 为张力板与水冷壁的连

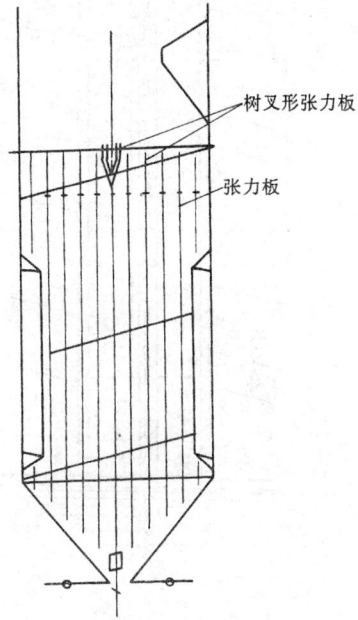

图 2-57　张力板在两侧墙上的布置

接详图，张力板由两条平行钢板组成，它们之间每相隔 500mm 左右设置一块梳形板与螺旋管圈外壁固定，梳形板起到传递质量载荷和热桥的作用，作为管壁和张力板之间重力和热量传递的媒介。当锅炉启动时，它把热量从螺旋管管壁传给张力板，停炉时热量由它作反向传递。根据分析螺旋管和张力板之间的载荷分配与它们之间的温差有关，温差越小螺旋管和张力板的附加热应力就越小，这就越有利于它们之间重力的均匀分配。为此要求张力板要具有良好的温度跟踪性能。为了达到良好的温度跟踪性能，对张力板的宽度和厚度有一定的限制，根据试验得出张力板的宽度不能大于 130mm、厚度不能大于 15mm。同时为了有效地传递热量，梳形板之间的节距也要适当，一般取 500mm 上下。本水冷壁张力板的宽度 2×100mm，厚度 12mm，梳形板的节距 $500\sim600$mm 左右。张力板是分段附于螺旋管圈的膜式管屏上一起出厂的，各管屏之间张力板的连接在工地进行，其连接图见图 2-60。

3. 螺旋管圈和张力板的受力分析

图 2-61 为螺旋管和张力板的受力简图。其中 P_1 为螺旋管圈的受力，P_2 为张力板的受力，根据下列控制方式组就可得 P_1 和 P_2

$$\begin{cases} P_1 + P_2 = P_g \\ \Delta yw = \Delta yz \end{cases}$$

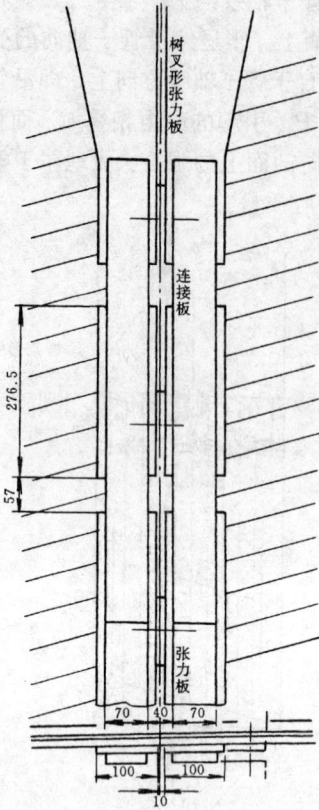

图 2-58 树叉形张力板和张力板的连接结构图

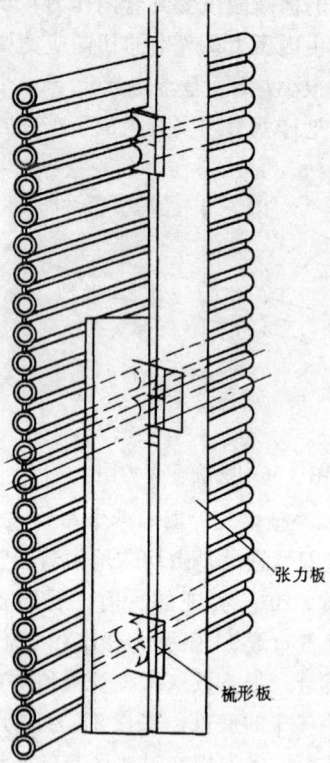

图 2-59 张力板与水冷壁连接详图

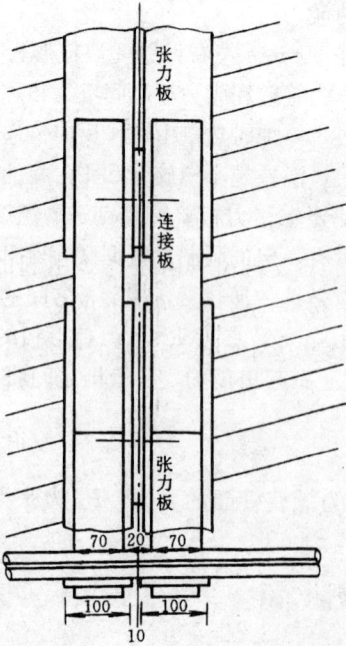

图 2-60 上、下张力板之间的连接图

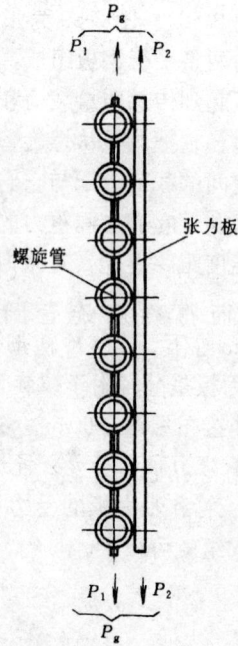

图 2-61 螺旋管圈和张力板的受力图

式中　P_g——炉膛总质量；

　　Δy_w——螺旋管圈垂直方向的总变形量（包括由管内压力引起的垂直方向的变形量）；

　　Δy_z——张力板垂直方向的变形量。

在假定了螺旋管圈平均管壁温度与张力板温度的差值 ΔT 后就可以导得

$$P_1 = P_g c_1 - \Delta T c_2 - \Delta y_p c_3$$

$$P_2 = P_g (1 - c_1) + \Delta T c_2 + \Delta y_p c_3$$

式中　Δy_p——由于管内压力引起的螺旋管圈的垂直方向变形量；

c_1、c_2、c_3——重力、温差、管内压力对所受力 P_1 和 P_2 的分配系数。

　　螺旋管圈的受力 P_1 又可分解为 P'_1 和 P''_1，见图 2-62，$P'_1 = P_1 \cos\theta$，$P''_1 = P_1 \sin\theta$，根据受力分析，P'_1 方向为螺旋管圈受力的危险方向。图 2-63 为螺旋管在 P'_1 方向的受力和管子穹顶应力图。图 2-63 中 σ_b 为由 P'_1 引起的弯曲应力；σ_z 为由 P'_1 引起的拉伸应力；σ_{WR} 为由 P'_1 引起的

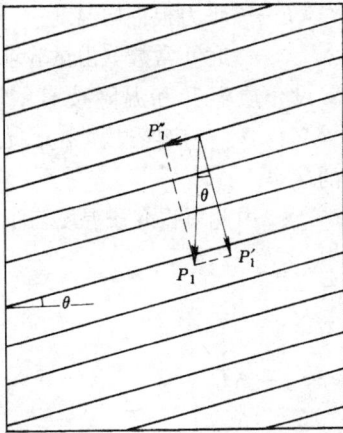

图 2-62　螺旋管圈的受力　　　　　图 2-63　管子穹顶应力图

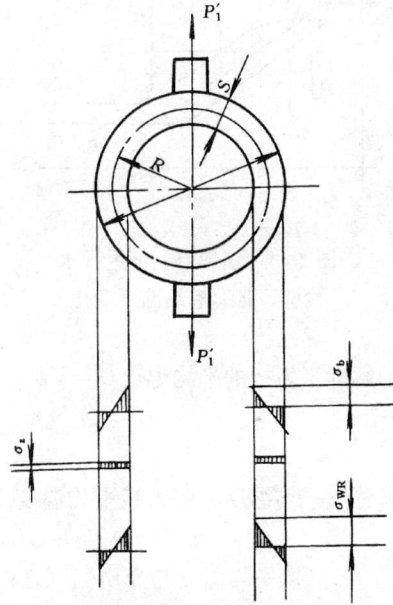

螺旋管内壁的合成应力，$\sigma_{WR} = P'_1 (1.09 R/Ls^2 + 1/2Ls)$。再由管内压力 p 引起的切向应力 $p(d_a - s)/2s$，从而得到螺旋管圈的复合应力 $\sigma_{Ri} = \alpha_w p_1 \cos\theta (1.09R/Ls^2 + 1/2Ls) + \alpha_p p (d_a - s)/2s$。其中 $\alpha_w = 1.4$ 为螺旋管圈的形状系数；$\alpha_p = 1.6$ 为鳍片管的形状系数，它们均由有限元法获得，L 为螺旋管长度，s 为管壁厚度，d_a 为管子外径。张力板的最大应力 $\sigma_{zmax} = \alpha_z P_2/iab$，$\alpha_z = 1.5$ 为张力板的形状系数，也由有限元（F.E.M）法获得，i 为张力板总数，a 为张力板厚度，b 为张力板宽度。有了管子的复合应力 σ_{Ri} 和张力板最大应力 σ_{zmax} 后，就可进行疲劳寿命损耗计算（参见德国强度计算标准 TRD301 附录 1）。

　　4. 螺旋管和张力板间温差的决定

　　在上述受力计算中需要一个螺旋管和张力板之间的温差值，这个温差由两部分组成，一是管壁平均温度和管子背火面（即介质温度）的温差，一是管子背火面与张力板平均温度间温差。实际运行中这个温差是变化着的，在启动开始时，螺旋管背火面与张力板的温度相等，随着启动过

程进行，两者出现温差并逐渐增加，后来由于工质温度达到它的最大值以及张力板的温度跟踪，两者的温差转而逐渐减小，最后管壁背火面的温度和张力板的平均温度又达到相等。停炉时两者相差的变化规律与之相似，不过此时张力板的平均温度高于管子背火面的温度，温差为负值。图 2-64 表示上述启停过程中温度变化的过程。

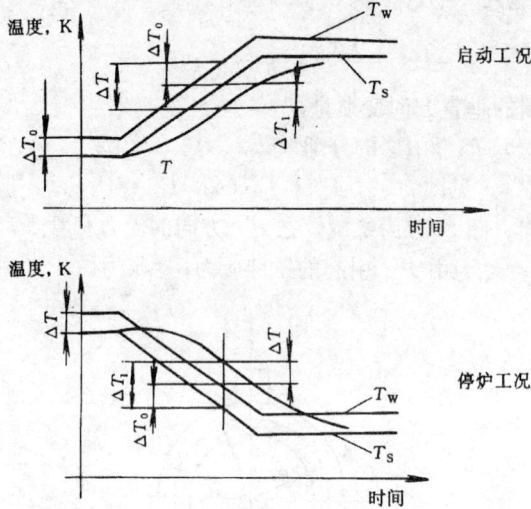

图 2-64　锅炉启、停过程水
冷壁、张力板的温度变化

从图 2-64 可以看出，在此变化过程中总存在着一个背火面与张力板的最大温差和一个为零的最小温差。螺旋管背火面（介质温度）与张力板平均温度之间的温差解析式可由下式求得

$$\begin{cases} \mathrm{d}t = -\tau \dfrac{\mathrm{d}T}{T - T_S} \\ \text{当 } t = 0 \quad T = 0 \end{cases}$$

式中　　t——启停过程的时间；

T_S——管子背火面温度（介质温度）；

T——张力板平均温度；

τ——时间常数（由试验求得）。

设介质温升和温降按直线变化，即 $T_S = V_t t$，V_t 为启停过程中介质温升和温降的速率。

方程的解即张力板的平均温度 $T = V_t \{ t - \tau [1 - \mathrm{e}^{(-t/\tau)}] \}$，由此可得介质温度与张力板平均温度之差

$$\Delta T' = V_t \tau [1 - \mathrm{e}^{-t/\tau}]$$

螺旋管管壁平均温度和张力板平均温度之差

$$\Delta T = \Delta T' + \Delta T_0 = V_t \tau [1 - \mathrm{e}^{-t/\tau}] + \Delta T_0$$

式中　ΔT_0——管壁平均温度与介质温度之差。

通过令 $\Delta T'$ 对 t 的导数为零，可求出最大温差 $\Delta T = V_t \tau + \Delta T_0$。

图 2-65 为一台 700MW 锅炉的冷态启动和热态启动时温差的变化曲线。

由上所知，在启、停过程中管壁和张力板之间的温差在不断的变化，这就引起了作用于管圈上的分力 P_1 和作用于张力板上的分力 P_2 之间此长彼落的变化，同时引起了应力的交变，每启停一次，造成元件寿命的一次损耗（关于寿命损耗可参见德国强度计算标准 TRD301 附录 1）。

（四）刚性梁结构

刚性梁的作用是增加锅炉膜式壁的刚性，保护膜式壁管子。锅炉的膜式壁运行时本身受内压作用，同时又受到炉内烟气压力的作用，还要考虑到壁面承受风载和发生地震时的锅炉悬吊受热面的质量力的作用。另外还要考虑各类事故工况，如炉膛熄火，但引风机还在抽吸时所谓负爆现象。防止膜式壁产生永久变形和过大应力，对锅炉炉壁的某些部位，如顶棚和前水冷壁和两侧水冷壁的密封部位、折焰角和两侧水冷壁的焊接密封部位等所谓硬点，刚性梁要进行特殊处理，以保证这些硬点处在可能发生的工况下不发生过大的变形而造成焊缝拉裂、炉膛漏泄或受热面管子拉坏事故。

1900t/h 超临界压力锅炉刚性梁的设计中烟气压力取 6860Pa，也就是每平方米的膜式壁受到

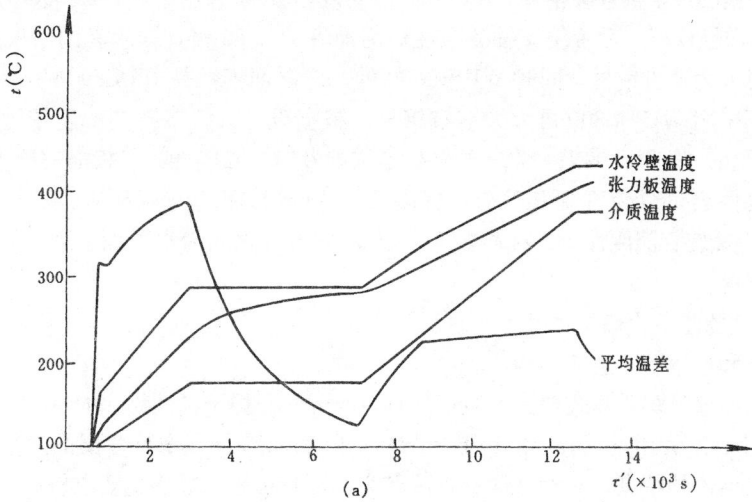

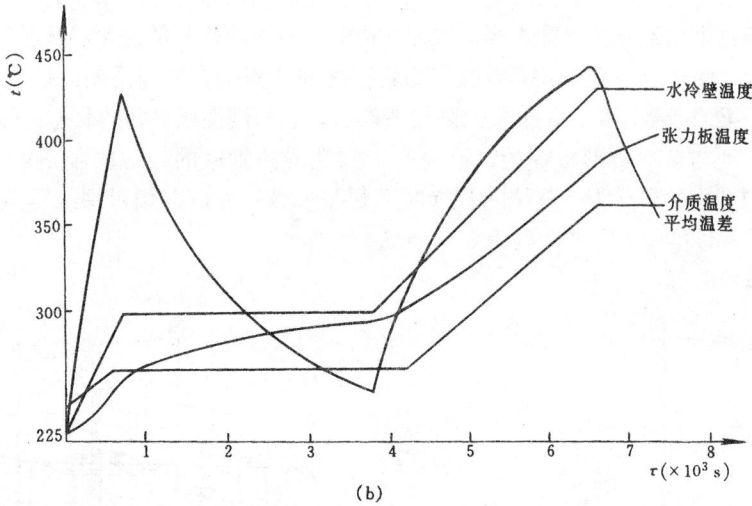

图 2-65 某台 700MW 锅炉启动时，水冷壁和张力板温度变化

(a) 冷态启动；(b) 热态启动

700kg 的压力。选取刚性梁截面时一要保证刚性翼缘的最大正应力在许用的范围内，二要保证刚性梁的变形量小于 $\frac{1}{360}L$（L 为刚性梁长度）。

1.1900t/h 超临界压力锅炉刚性梁特点

WIPB 和 WIPBL 分别为用 IPB 和 IPBL 工字钢加工成的复板上有六角孔的工字钢，这样做的目的是减轻刚性梁的质量，这是本刚性梁的特点。图 2-66（a）为 IPBL 标准工字钢，在其复板上图示折线剖开，然后拼成图 2-66（b）那样的复板上有六角孔的工字钢 WIPBL。

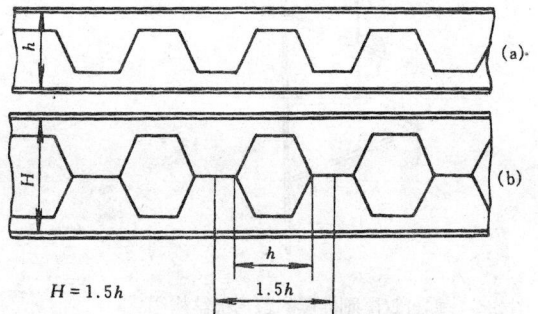

以 IPBL800 和 WIPBL800 为例作一经济性

图 2-66 蜂窝状刚性梁

简析。两种工字钢的每米重量应相等，IPBL800 的高度为 800mm，而 WIPBL800 高度增加 1.5 倍为 1200mm，这样经计算，后者绕 x 轴的惯性矩为前者的 2.36 倍，即后者的刚度是前者的 2.36 倍，显而易见可大为节省钢材。同时 WIPBL800 的抗弯断面模数是 IPBL800 的 1.57 倍，同理在相同许用应力下采用 WIPBL800 可大大节省钢材。根据设计计算节省的幅度约为刚性梁总重量的 20% 左右，另外六角形孔带来一附带的好处是它能及时排除刚性梁复板上的雨水和积雪。

该锅炉的刚性梁可分为下列几部分：标高 17745mm 以下为冷灰斗刚性梁，标高 17745 至 46901mm 之间为螺旋管圈刚性梁，标高 54500 至 69200mm 之间为水平烟道刚性梁。还有折焰角和后烟井刚性梁等。

2. 1900t/h 超临界压力锅炉刚性梁的典型结构

(1) 刚性梁和水冷壁的连接结构。

刚性梁和水冷壁靠焊于膜式壁上的蹬形板（Stirrup）和焊于刚性梁上的带有腰圆孔的双角钢以销轴相连。图 2-67 为用垂直管屏的蹬形板结构；图 2-68 为用于螺旋管圈的蹬形板结构。因为该锅炉具有快速启停的特点，对刚性梁和水冷壁之间能自由胀缩的性能要求较高，因此蹬形板直接焊于管壁上或张力板上，而不像从美国 CE 公司引进的结构那样，蹬形板焊于槽钢内绷带上，见图 2-69，再通过内绷带与膜式壁连接，该种结构的内绷带的热容量太大，温度跟踪性能差。虽然蹬形和刚性梁之间是活络连接，但内绷带与管壁之间的固接容易因温差而拉裂。图 2-70 表示了蹬形板和刚性梁的活络连接，蹬形板跟随管壁膨胀，它与刚性梁之间的胀差由腰圆孔补偿。而每一刚性梁有一处与某一蹬形板焊死，形成一个刚性梁和管壁的相对膨胀零点（buckstay fix-point）见图 2-71。刚性梁作为一整体随管壁向下膨胀，另一方面以相对膨胀零点为中心作横向膨胀。蹬形板沿刚性梁的布置节距约为 800mm。

(2) 角部连接装置。

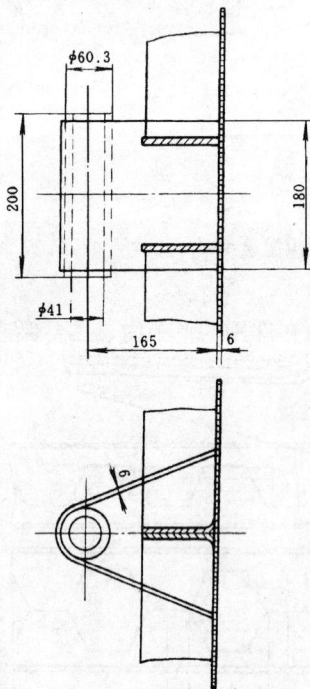

图 2-67　垂直管屏刚性梁的蹬形板结构图

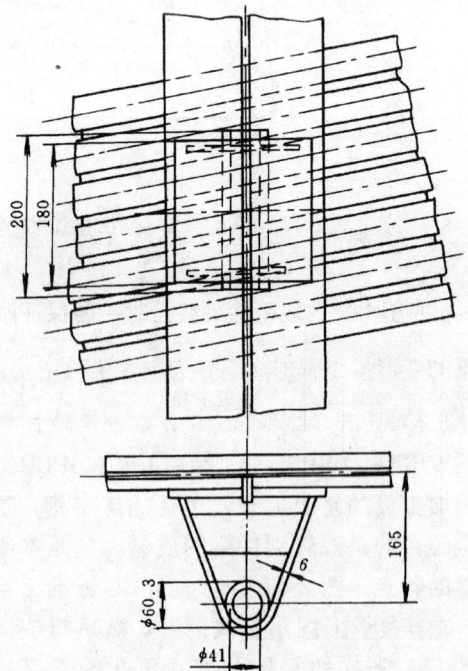

图 2-68　螺旋管圈刚性梁的蹬形板结构图

第一篇　锅炉本体设备

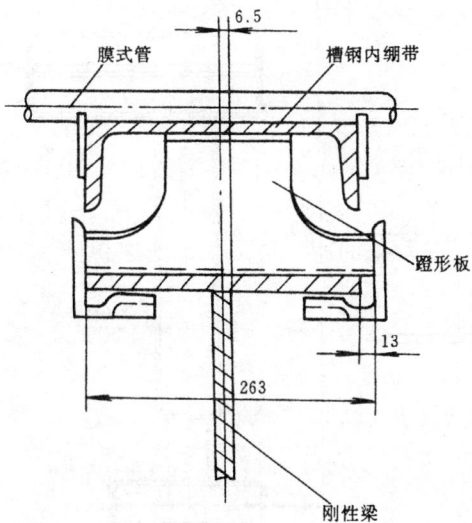

图 2-69　美国 CE 公司刚性梁典型结构

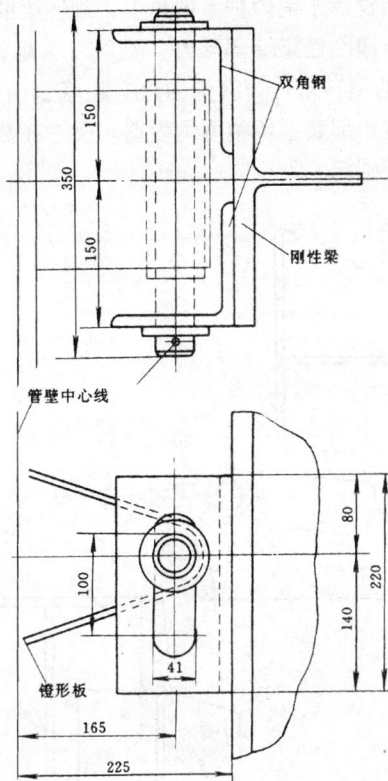

图 2-70　蹬形板与刚性梁的活络连接图

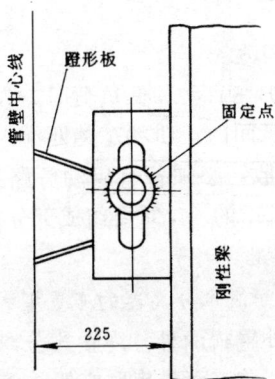

图 2-71　蹬形板与刚性
梁的固定连接

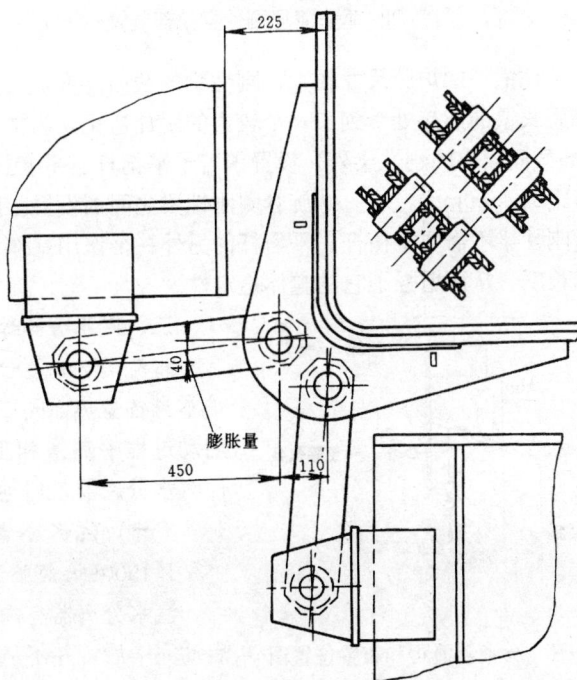

图 2-72　螺旋管圈刚性梁角部装置

角部连接装置焊于锅炉炉室的角上，刚性梁的端部通过连杆与角部装置连接。它的作用是加强炉室角度和传递刚性梁端部反力。图 2-72 为螺旋管的角部装置；图 2-73 为垂直管的角部装置。图 2-73 中连杆的偏转角是为管壁的热态膨胀量而考虑的，热态时偏转角为零。前后壁上刚性梁的端部反力通过角部装置传给两侧管壁，反之亦然。

（3）平衡杆系统。

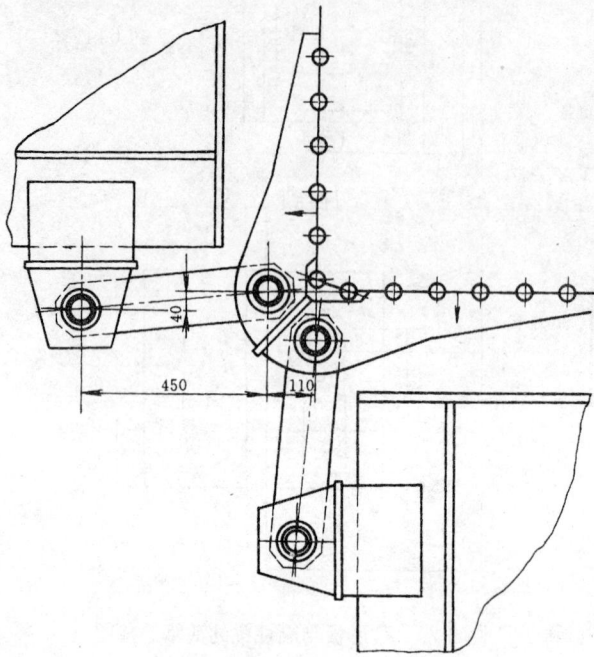

图 2-73　垂直管屏刚性梁角部装置

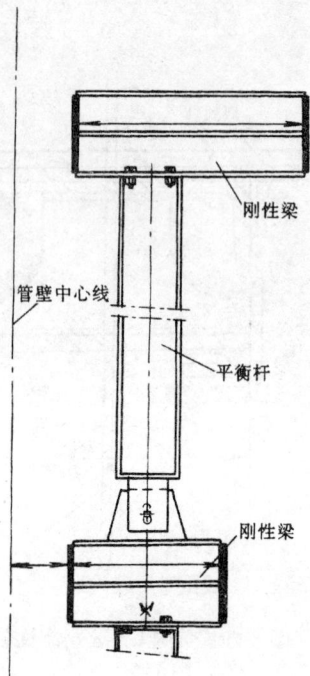

图 2-74　刚性梁平衡杆图

由于该锅炉的炉膛尺寸较大，刚性梁的截面高度最大达 1200mm，由刚性梁自重产生的偏心弯矩使膜式壁的连接处受到了一个较大的附加弯矩，为了平衡这一局部弯矩，每两层刚性梁之间（除尾部截面较小的刚性梁外）设置了若干平衡杆。平衡杆的结构见图 2-74。平衡杆沿炉宽和炉深的节距约 4500mm 左右。螺旋管圈刚性梁之间因设置了刚性支柱，兼代了平衡杆的功能，因此螺旋管刚性梁不需要平衡杆。平衡杆的另外一个作用是作为刚性梁的横向支撑，减小了刚性梁的无支承长度，从而增强了它的整体稳定性。

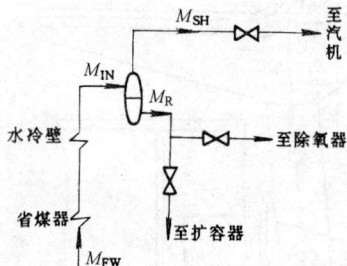

图 2-75　分离器流程和布置位置图
M_{FW}—给水流量；M_{IN}—进入分离器的流量；
M_R—排水量；M_{SH}—过热蒸汽流量

三、汽水分离器作用和构造

直流锅炉和复合循环锅炉在启动和低负荷时，为了锅炉本身各受热面间以及与汽机间的工质状态的匹配，为了启动过程中热量和工质的回收，必须备有启动旁路系统。而汽水分离器是启动旁路系统中的一个重要组成部分。

（一）汽水分离器的作用

1. 1900t/h 超临界压力锅炉汽水分离器的布置型式

汽水分离器有内置式和外置式两种。内置式分离器在启动完毕后，并不从系统中切除，而是串联在锅炉汽水流程内，因此它的工作参数（压力和温度）要求比较高，但控制阀门可以简化。外置式分离器在锅炉启动完毕后与系统分开，其工作参数（压力和温度）的要求可以比较低，但控制阀门要求较高。

该锅炉采用一只内置式汽水分离器，布置在水冷壁出口与过热器进口之间，采用立式布置方式。布置流程和布置位置图如图 2-75 所示。目前的设计不仅考虑分离器排水的工质回收，还考虑它的部分热量回收，因此启动过程中分离器的排水直接排入疏水扩容器。

2.1900t/h 超临界压力锅炉汽水分离器的工作概况

该锅炉启动点火前，进入分离器的流量保持最低运行负荷 37%MCR 下的 644t/h，参数为除氧器的参数。点火后随燃料量投入的增加，进入分离器的工质压力、温度和干度不断提高，汽水混合物在分离器内实现分离。蒸汽进入过热器系统，水排入疏水扩容器实现工质回收。分离器的正常水位由 AA 阀、AN 阀和 ANB 阀来控制，此时分离器的运行称为湿态运行。当水冷壁出口（进入分离器）工质的干度提高到干饱和蒸汽后，锅炉就切换到 37%MCR 下的干态运行（纯直流运行）。此后进入分离器的流量随负荷上升而不断增加，蒸汽温度不断提高，直至 MCR 负荷。当分离器切换到干态运行后自动控制由分离器水位控制转变为工质温度控制（中间点温度）。分离器在 37%MCR 负荷以及 MCR 负荷时的工作参数，见表 2-8。

表 2-8   分离器的工作参数表

项 目	负 荷	MCR 负荷	37%MCR 负荷
分离器的蒸汽流量		1801t/h (500.3kg/s)	644t/h (178.9kg/s)
分离器的工作压力		27.35MPa	11.27MPa
分离器的工质温度		435℃	335℃

3. 汽水分离器作用

（1）组成循环回路，建立启动流量。

（2）实现进入的汽水混合物的汽水两相分离，使分离出来的水的质量和热量得以回收，并由它作为提供过热器、再热器暖管和汽机冲转带负荷的汽源。

（3）对于该锅炉所采用的内置式分离器而言，在启动时它能起到固定蒸发终点的作用，这样使汽温、给水量、燃料的调节成为互不干扰的独立部分。

（4）它是提供启动和运行工况下某些参数的自动控制和调节信号的信号源（即作为中间点温度）。

（二）1900t/h 超临界压力锅炉汽水分离器的构造

该锅炉汽水分离器的结构，如图 2-76 所示。它是一直立的空心圆柱体，总高度为 23.3mm，内径 850mm，壁厚 94mm，它的容积为 13.62m³，水容量约为 8%D（D 为最大连续负荷时的水冷壁流量），最高和最低水位间的距离定为 13.2cm。

分离器上部分两层设有 4 只成水平切向布置的蒸汽引出管的管座，由连接管道把蒸汽引向引入管的管座，由水冷壁出口集箱来的汽水混合物（启动时）或微过热蒸汽（正常运行时），通过它们切向引入分离器。由于切向速度的作用汽水混合物成旋转流动，离心力把较大的水滴抛向分离器内壁面并顺流而下，而蒸汽和夹带着的细小水滴垂直上升。为了使带入过热器的水分尽可能的少。在引入管座的上方设置一漏斗状的沉浸管，让蒸汽所携带的部分水分受阻下沉。引入管管座的 5°下倾角是为了避免引入射流的碰撞以提高分离效率。排水管座布置在分离器的下端，其他如支吊结构等不再一一赘述。

汽水分离器的内径由 MCR 负荷下沿分离器轴向的平均工质流量负荷来决定。最高水位和最低水位间的距离由规定时间内进入分离器的工质体积来推算；引入管引出管管座的内径由其推荐

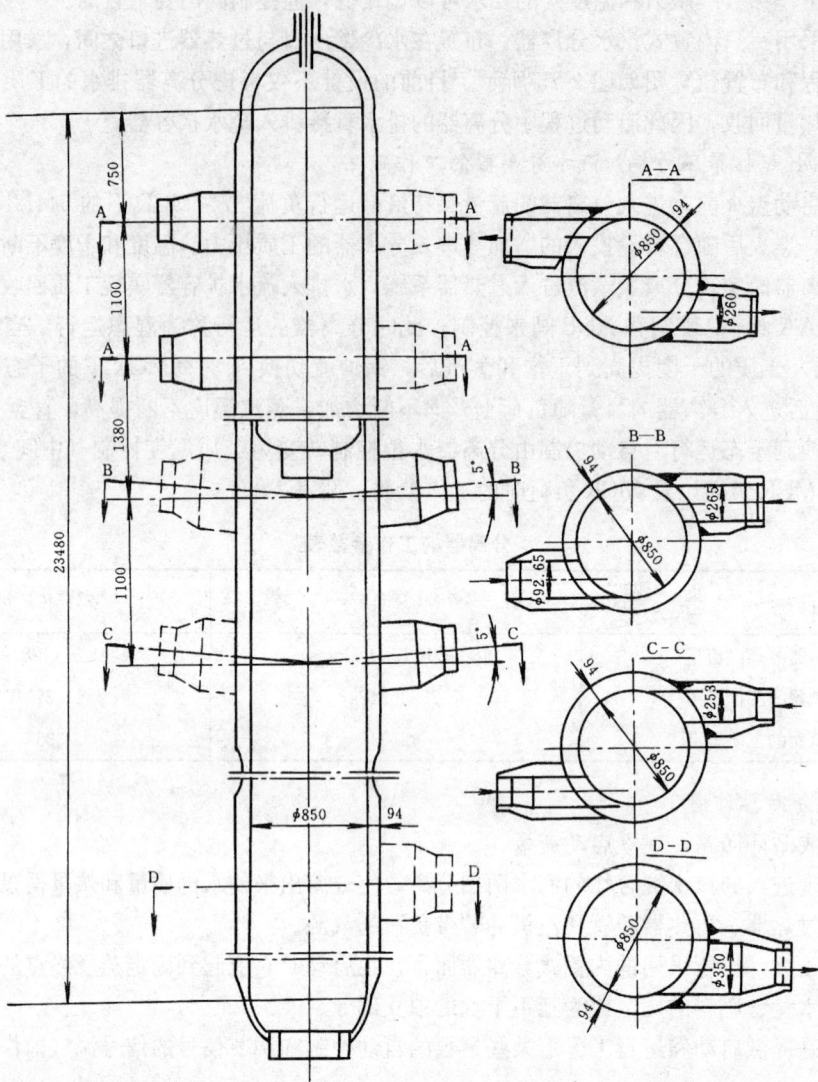

图 2-76　锅炉汽水分离器结构图

蒸汽流速算出。

复习思考题

　　1. 何谓第一类和第二类传热恶化？为什么亚临界自然循环锅炉在水冷壁高热负荷区采用内螺纹管可以提高循环的可靠性？

　　2. 邹县电厂2020t/h与北仑电厂2号炉的自然循环锅炉的汽包结构各有什么特点？

　　3. 控制循环锅炉与自然循环锅炉相比，在工质循环上各有什么特点？

　　4. 锅水循环泵结构有哪些特性？其电机内的热量由哪些因素产生？采用哪些方法降低电机内的温度？

　　5. 锅水循环泵出口阀的结构有何特性？

6. 锅水循环泵的电机无水时，在泵启动前，为什么必须进行充水排气？

7. 画出锅水循环泵的系统图？并说明各系统的作用？

8. 锅水循环泵在正常运行时，需监视哪些项目？其要求是怎样的？

9. 控制循环锅炉汽包结构有哪些特点？

10. 产生直流锅炉水冷壁不稳定流动原因是什么？超临界锅炉在什么情况下，可能会产生不稳定流动？为什么？

11. 何谓超临界压力下的类膜态沸腾？其防止措施有哪些？

12. 亚临界与超临界盐分的溶解特性是怎样的？在相变点其盐类溶解特性是怎样的，对锅炉水冷壁运行有何影响？

13. 超临界机组为什么要严格控制给水中铜的含量？

14. 超临界锅炉金属的安全可靠性方面，会产生哪些问题？采用哪些防止措施？

15. 超临界压力锅炉采用螺纹管圈有什么特点？石洞口二厂螺纹管圈的悬吊结构的特性是怎样的？

16. 超临界压力直流炉的启动旁路系统的作用有哪些？

第三章

锅炉过热器与再热器

第一节　过热蒸汽和再热蒸汽系统

一、CE600MW 锅炉过热蒸汽和再热蒸汽系统

1. 系统简述

CE 公司 600MW 的 2008t/h 控制循环锅炉的过热蒸汽和再热蒸汽系统布置基本是类似的，过热汽温采用喷水调节，而再热汽温是采用摆动燃烧器调节。

过热器系统采用辐射一对流组合式，它包括炉顶和包覆、低温过热器、分隔屏过热器、后屏过热器和高温过热器五部分。炉顶和包覆管均布置在烟温较低区域，吸热少，传热效果也较差。低温过热器由水平和立式两部分组成，一般顺列布置横向节距较大，以控制烟气流速、减少飞灰对管子的磨损。炉膛上部的前部布置分隔屏过热器，悬吊在炉膛的前上方，起到分隔炉膛出口烟气，减少烟气炉膛出口的残余扭转，以使炉膛出口气流均匀。后屏过热器布置在炉膛上部的后部，而高温过热器布置于水平烟道的后侧。

各级过热器最大限度地采用蒸汽冷却的定位管和吊挂管，以保证运行的可靠性。分隔屏、后屏沿炉膛深度方向有汽冷定位夹紧管并与前水冷壁之间装设导向定位装置，以作为管屏的定位和夹紧，防止运行中管屏的摆动。后屏用横向的汽冷定位管，以保证屏与屏之间的横向节距，并防止运行中的摆动。对于布置在高烟温区的管屏（分隔屏前、后屏），延长其最里面的管圈作为管屏底部的夹紧用。

过热器系统设有一套 5% 的启动旁路，从尾部烟道下部包覆管的下环形集箱接至凝汽器，旁路系统容量按 4.12MPa 压力下饱和蒸汽设计的流量（约 100t/h）考虑。在启动开始过程中该旁路全开，直到汽机并网后才关闭。使用该系统可增加炉膛燃烧率，加速提高过热器出口温度，同时可限制蒸汽压力的上升速度，使蒸汽参数能较快地达到汽机冲转的要求。根据国外经验，采用 5% 锅炉旁路系统后，锅炉热态启动从点火到汽机冲转并网仅用 40min 即可完成。

再热器共分墙式、屏式和高温再热器三级。墙式再热器布置在水冷壁上部的前墙和两侧墙的前侧，直接吸收炉膛的辐射热；屏式再热器布置于后屏过热器和后墙水冷壁悬吊管之间；高温再热器布置在水平烟道的前部（处于水冷壁后墙悬吊管和后墙水冷壁延伸对流排管之间）。这种再热器布置改善了再热汽温特性，在负荷变化时汽温变化较小，尤其在机组启动阶段，能使再热汽温较早地达到要求。

机组在启停过程中以及汽机甩负荷时，为保护再热器，一般国内均设置一套容量相当于锅炉最大连续蒸发量 30% 的汽机旁路系统（高、低压旁路）。该系统主要包括快速动作的减温减压装置，机组在启动或汽轮发电机甩负荷时，将蒸汽经减温减压后进入再热器，再热器出口的蒸汽经低压旁路的减温减压排入凝汽器。这种炉型在汽机冲转前，再热器可以干烧，启动时只要控制炉膛出口烟温在 538℃ 以下，即使再热器内没有蒸汽通过仍然是安全的。当然增配了高低压旁路系

统后，为再热器在机组启停和事故中提供了更有效的安全措施。

美国 CE 公司对屏式和高温再热器作了大量的壁温计算及应力校核计算后，才最后确定各级管材的规格，再热器中采用不同的壁厚和多种类型的管材规格。由于再热器的蒸汽压力低，再热器的管壁可以较薄，但考虑到吹灰对管子的冲刷磨损，对处于吹灰区域的管子应适当增加其厚度。

由于再热器对热偏差较敏感，再热器出口汽温偏差较过热器大，该类型锅炉的屏式和高温再热器是串联的。因此，为了减少热偏差，其屏式再热器与高温再热器均采用内外圈管子交叉、炉外连接管变管径以及进出口管接头变管径等措施，使再热器各管流量和壁温达到理想的工况。

北仑电厂 2008t/h 锅炉（CE 制造）的过热蒸汽系统和再热蒸汽系统的布置如图 1-9 和系统的流程如图 1-10 所示。它的过热器布置与前述不同，其后屏过热器作为末级过热器，而无水平烟道布置的高温过热器。

表 3-1 为北仑电厂 1 号炉（2008t/h 控制循环锅炉）的过热蒸汽和再热蒸汽系统管子、联箱规格及材料明细表。

表 3-1　　　　　　　　　过热蒸汽和再热蒸汽系统管子、联箱规格及材料

序号	数量	规格（mm）	名称及说明	材质
1	28	$\phi159$	饱和蒸汽引出管	SA—106B
2	1	$\phi273\times43.8$	顶棚进口联箱	SA—106B
3	10	$\phi159$	顶棚旁路管，至后烟道后部侧墙上联箱，每侧 5 根	SA—106B
4	154	$\phi57.2\times6.10$	炉膛顶棚管，节距 127mm，自 "A" 点缩口为 51mm	SA—209T1
4A	154	$\phi50.8\times5.59$	水平烟道顶棚管，节距 127mm	SA—209T1
5	1	$\phi406\times57$	顶棚出口联箱	SA—106B
6	2	$\phi406\times57$	后烟道前部侧墙上联箱，每侧 1 只	SA—106B
7	2	$\phi273\times43.8$	后烟道后部侧墙上联箱，每侧 1 只	SA—106B
8	126	$\phi63.5\times7.11$	后烟道前部侧墙每侧 63 根，节距 127mm	SA—106B
9	2	$\phi406\times57$	后烟道前部侧墙下联箱，每侧 1 只	SA—106B
10	1	$\phi406\times57$	后烟道前墙下联箱	SA—106B
11	128	$\phi63.5\times7.11$	后烟道下部前墙，节距 152.4mm	SA—106B
12	128	$\phi63.5\times7.11$	后烟道前墙垂帘管，2 排，节距 304.6mm	SA—106B
13	128	$\phi63.5\times7.11$	后烟道顶棚管，节距 152.4mm	SA—106B
14	128	$\phi63.5\times7.11$	后烟道上部后墙，节距 152.4mm	SA—106B
15	52	$\phi63.5\times7.11$	后烟道后部侧墙，每侧 26 根，节距 127mm	SA—106B
16	2	$\phi406\times57$	后烟道后部侧墙下联箱，每侧 1 只	SA—106B
17	1	$\phi406\times57$	后烟道后墙下联箱	SA—106B
18	128	$\phi50.8\times5.59$	后烟道下部后墙，节距 152.4mm	SA—106B
19	1	$\phi406\times57$	水平式低温过热器进口联箱	SA—106B
20	127	$\phi57.2\times6.10$	水平式低温过热器下部，每片 6 根，节距 152.4mm×114mm	SA—178C

序号	数量	规格（mm）	名称及说明	材质
21	127	φ57.2×6.10	水平式低温过热器上部，每片6根，节距152.4mm×114mm	SA—178C
22	127	φ50.8×5.72	水平式低温过热器，每片6根，节距152.4mm×114mm	SA—209T1
23	1	φ508×57.2	水平式低温过热器出口联箱	SA—335P12
24	2	φ559	减温器进口连接管	12CR1MOV
25	2	φ559	减温器	SA—335P12
26	2	φ610	减温器出口连接管	SA—106B
27	2	φ406×57.2	分隔屏进口联箱	SA—106B
28	6	φ57.2×6.43	前后分隔屏各6片，每片3个回路，每路10根，节距3048mm×67mm	SA—213T11
29	2	φ406×57.2	分隔屏出口联箱	SA—335P12
30	2	φ559	分隔屏出口连接管	SA—335P12
31	1	φ406×57.2	末级过热器进口联箱	SA—335P12
32	25	φ50.8×5.43～7.0	末级过热器，每片21根，节距762mm×60mm	SA—213T22
33	2	φ506×114	末级过热器出口联箱	SA—335P22
34	2	φ610	过热器出口主蒸汽管道	SA—335P22
35	4	φ50.8×5.43	流体冷却夹管进口连接管	SA—213T11
36	4	φ50.8×5.43	流体冷却夹管	SA—213T11
37	4	φ50.8×5.43	流体冷却夹管出口连接管	SA—213T11
38	6	φ63.5×6.43	汽冷夹管进口连接管	SA—213T11
39	12	φ50.8×5.72	汽冷夹管	SA—213TP347H
40	6	φ63.5×7.16	汽冷夹管出口连接管	SA—213T11
41	2	φ813	再热器进口连接管	
42	1	φ508×20	前墙辐射式再热器进口联箱	SA—106B
43	270	φ63.5×4.57	前墙辐射式再热器，节距63.5mm	SA—213T22
44	24	φ159	前墙辐射式再热器旁路管	SA—106B
45	1	φ508×20	前墙辐射式再热器出口联箱	SA—106B
46	4	φ660	后屏再热器进口连接管	SA—106B
47	1	φ508×20	后屏再热器进口联箱	SA—106B
48	76	φ70×3.43	后屏再热器，每片10根，节距254mm×126mm	SA—178C
49	38	φ63.5×3.5～4.6	末级再热器，每片19根，节距508mm×73mm	SA—250T22
50	2	φ660×65.2	末级再热器出口联箱	SA—335P22
51	2	φ965	再热器出口母管	SA—335P22
52	1	φ159	再热蒸汽自动调温管	SA—106B

2. 北仑电厂 2008t/h 控制循环锅炉的过热器

过热器系统主要由下列 5 个部分组成:

(1) 末级过热器 (后屏过热器) (32);

(2) 分隔屏过热器 (前屏过热器) (28);

(3) 悬吊式低温过热器 (22);

(4) 水平式低温过热器 (20、21);

(5) 后烟道包覆和顶棚过热器 (4、4A、8、11、12、13、14、15、18)。

末级过热器 (32) 位于折焰角的前上方,共有 25 片管屏,管径为 50.8mm,壁厚 5.44mm,材质为 SA—213T22 和 TP304、TP307,管子节距 60mm,管屏间距为 762mm,沿炉膛宽度方向布置。

分隔屏过热器 (28) 布置在前墙水冷壁和末级过热器之间的炉膛上方,分成前、后两个分隔屏,各有 6 片屏组成。分隔屏为 $\phi 57.2 \times 6.43mm$ 的管子,材质为 SA—213T11,管屏间距离 3048mm,沿炉膛宽度方向布置。前后分隔屏的每片管屏均有 3 个回路 (3 组 U 形管),每个回路有 10 根管子、节距为 67mm。

悬吊式低温过热器位于后烟道内,后墙水冷壁延伸管的垂帘管正后方和水平式低温过热器的上方,共有 127 片,管径为 50.8mm,壁厚 5.72mm,材质 SA—209T1,管子节距 114mm,管排间距为 152.4mm,沿炉膛宽度方向布置。

水平式低温过热器 (20) (21) 分上下 2 个管组,位于后烟道省煤器的上方,共 127 片,采用 $\phi 57.2 \times 6.10mm$ 的管子,材质 SA—178C,管子节距 114mm,管排节距 152.4mm,沿炉膛宽度方向布置。

后烟道包覆和顶棚过热器由尾部烟道的侧包墙 (8、15)、前包墙 (11、12)、顶棚 (13)、后包墙 (14、18) 及炉膛和水平烟道顶棚过热器 (4、4A) 组成。管子数量及规格参见表 3-1。

汽冷夹管 (39) 和流体冷却管 (36),既作为过热器受热面的组成部分,又对过热器和再热器管屏组件起夹紧和定位作用,以保持管屏的平直度,防止运行过程中过分偏斜和摆动。其中汽冷夹管用于分隔屏和末级过热器的夹紧和定位,流体冷却管用于末级过热器,后屏再热器和末级再热器的夹紧和定位。

3. 北仑电厂 2008t/h 控制循环锅炉的再热器

再热器系统由墙式辐射式再热器 (43)、屏式再热器 (48) 和末级 (高温) 再热器 (49) 三部分组成。

前墙辐射式再热器布置在前水冷壁上部紧贴水冷壁管,共有 270 根 $\phi 63.5 \times 4.57mm$ 管子,材质SA—213T22、节距 63.5mm,沿炉膛宽度方向布置,占前墙水冷壁管长度的 1/3。

屏式再热器布置在折焰角上方,后水冷壁悬吊管与后水冷壁折焰角延伸管的垂帘管之间,共 76 片,管排间距 254mm,采用 $\phi 70 \times 3.43mm$ 管子,材质 SA—178C,节距 126mm,沿炉膛宽度方向布置。

末级再热器位于折焰角上方,后水冷壁悬吊管与末级过热器之间,共 38 片,管屏间距为 508mm,采用 $\phi 63.5 \times 3.38mm$ 管子,材质 SA—213T22 和 TP304,管间节距 73mm,沿炉膛宽度方向布置。

二、石洞口二厂 1900t/h 超临界压力锅炉过热蒸汽及再热蒸汽系统

1900t/h 超临界压力锅炉的过热器和再热器布置,如图 3-1 所示。

过热器由包覆、炉顶过热器、前屏过热器、后屏过热器及末级过热器 (高温过热器) 组成。该过热器总的汽温特性属辐射——对流特性。末级过热器悬吊在水平烟道的后侧,采用逆流布

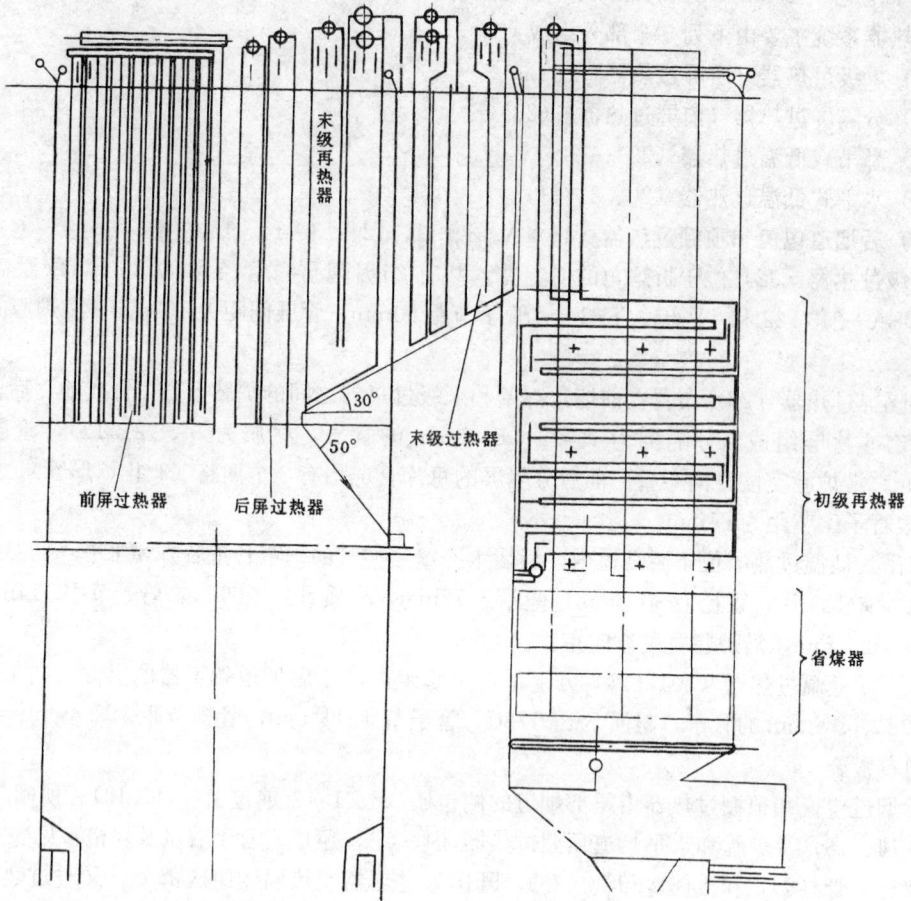

图 3-1　1900t/h超临界压力锅炉过热器和再热器布置图

置，以增加其传热平均温差。在前屏与后屏过热器之间以及后屏过热器与末级过热器之间的连接管上共装有二级喷水减温器。包覆与炉顶过热器包括炉顶过热器、水平烟道两侧及底部包覆管、尾部烟道包覆管等，其中尾部烟道包覆布置范围从标高48200mm到70100mm。过热器的吸热量占整个锅炉总吸热量的23％。

该锅炉的再热器为两级布置，初级再热器置于尾部烟道上部，逆流布置，末级再热器置于折焰角上部，顺流布置。再热汽温调节方式采用摆动燃烧器，喷水仅作为事故保护用。末级再热器布置在折焰角上部，其调节滞延性小。再热器的吸热量约占锅炉总吸热量23％左右。

1. 过热器

过热器流程是：从汽水分离器中出来的过热蒸汽（汽水分离器正常运行为干态）通过4个连通管到顶棚过热器入口联箱，进入由168根并列管组成的前顶棚过热器，有三种管径，两种壁厚。水平烟道处后顶棚有167根并列管至中间联箱。然后一路从后部烟道顶棚到后包覆，另一路由烟道垂帘管到后部烟道前包覆，均汇集至环形集箱。从环形集箱分三路：第一路至后部烟道两侧包覆；第二路至水平烟道两侧包覆；第三路至低再悬吊管进入悬吊管出口集箱。第一路和第二路汇集至包覆出口集箱并与悬吊管出口集箱汇合进入前屏进口集箱。过热蒸汽从前屏过热器至后屏过热器，最后由末级过热器至主蒸汽管。

过热器使用钢材的允许温度，如表3-2所示。

表 3-2　　过热器使用钢材的允许温度值

钢材种类	受热面温度	工质温度
13CrMo44	≤510℃	≤445℃
15NiCuMoNb5		≤445℃
10CrMo910	≤540℃	≤490℃
X20CrMoV121	≤580℃	≤541℃

图 3-2 中的编码数字表示的设备名称及其数量、尺寸、材料及其他特性列于表 3-3 中。

（1）包覆过热器。

包覆过热器包括炉顶过热器、水平烟道包覆、转向烟室包覆及尾部烟道包覆，其主要作用在于简化烟道部分的炉墙，保证炉顶和后部烟道的密封性能，它们由钢管与扁钢焊接而组成的膜式蒸汽壁。

炉顶过热器布置在锅炉顶部，分前、后两部分，前部为炉膛和水平烟道的顶部，由 168 根管子组成，管子有三种规格 $\phi38×5.6mm$、$\phi63.5×8mm$、$\phi70×8mm$。后顶棚与后部烟道后包覆相连，管子规格为 $\phi61×6.3mm$。炉顶过热器吸收一小部分辐射热，主要是受烟气冲刷的对流传热。炉顶以锅炉膨胀死点为中心向四周膨胀，因此四角穿管处或炉顶穿管处间隙不当，极易引起膨胀不畅而损坏管壁或造成烟气外泄。

包覆过热器由水平烟道底、侧包覆和后部烟道四壁包覆管组成。水平烟道底包覆管为折焰角延伸水冷壁管，而侧包覆管为蒸汽壁，其管子规格 $\phi48.3×6.3mm$，共 124 根（2×62）；后部烟道后包覆和顶部包覆管，管子规格为 $\phi61×6.3mm$，共有 167 根管子；后部烟道前包覆管规格为 $\phi51×6.3mm$，共 167 根管子，而侧包覆管规格为 $\phi51×6.3mm$，共 190 根（2×95）；后部烟道包覆下部有环形集箱。

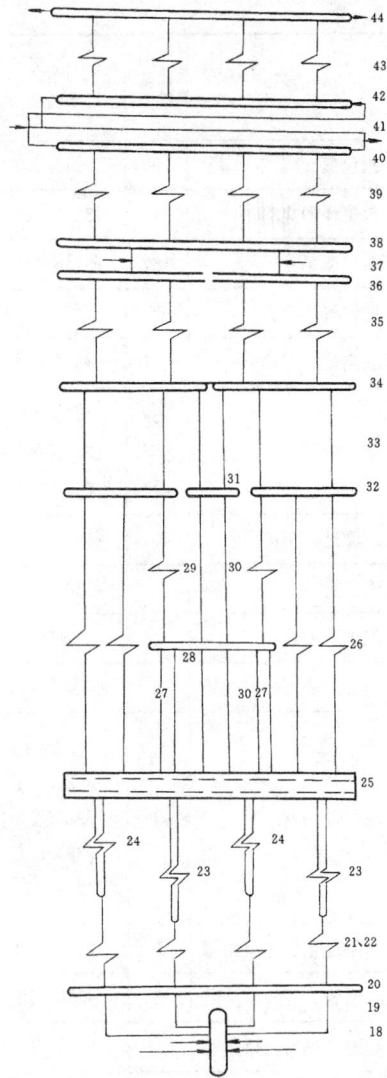

图 3-2　1900t/h 过热器系统

表 3-3　　　　　　　　　　　　过热器系统主要设备表

序号	设备名称	数量	尺寸(mm)	材料	介质压力(MPa)	介质温度(℃)	烟速(m/s)	间距(mm)	烟气温度(℃)
32	侧包覆出口集箱	2	$\phi323.9×55$	15NiCuMoNb5	26.65	445			
31	悬吊管出口集箱	1	$\phi355.6×53$	13CrMo44	26.65	445			
30	悬吊管	165	$\phi60.3×8.8$	13CrMo44				112	
29	水平包覆	124	$\phi48.3×6.3$	13CrMo44					
28	水平包覆进口集箱	1	$\phi323.9×52$	15NiCuMoNb5	26.7	440			
27	连通管	4	$\phi219.1×24$	15NiCuMoNb5					

序号	设备名称	数量	尺寸(mm)	材料	介质压力(MPa)	介质温度(℃)	烟速(m/s)	间距(mm)	烟气温度(℃)
26	侧包覆	190	φ51×6.3	13CrMo44				112	
25	包覆环形集箱	1	φ323.9×50	15NiCuMoNb5	26.75	440			
24	前包覆	167	φ51.6×6.3	13CrMo44				112	
23	后包覆	84	φ70×8	13CrMo44				112	420~742
22	顶棚管	167	φ61×6.3	13CrMo44				112	420~742
21	前顶棚管	168 168 168	φ70×8 φ63.5×8 φ38×5.6	13CrMo44 13CrMo44 13CrMo44				112	
20	顶棚进口集箱	1	φ323.9×40	15NiCuMoNb5	26.95	435			
19	连通管	4	φ323.9×32	15NiCuMoNb5					
18	汽水分离器	1	φ850	15NiCuMoNb5					
44	高温过热器出口集箱	1	φ558.8×100	X20CrMoV121	25.4	541			
43	高温过热器	984	φ38×8 φ38×7.1 φ38×6.3 φ38×5.6 φ38×5	X20CrMoV121 X20CrMoV121 X20CrMoV121 X20CrMoV121 X20CrMoV121			11.8	224 76	915~742
42	高温过热器进口集箱	1	φ508×78	10CrMo910	25.7	480			
41	连通管	2	φ508×77	10CrMo910					
40	后屏过热器出口集箱	1	φ508×87	10CrMo910	25.8	490			
39	后屏过热器	420	φ42.4×5 φ42.4×6.3 φ42.4×7.1	X20CrMoV121 X20CrMoV121 10CrMo910			9.3	896 60	1040~1230
38	后屏过热器进口集箱	1	φ508×70	10CrMo910	25.2	460			
37	连通管	2	φ508×74	10CrMo910					
36	大屏过热器出口集箱	1	φ508×95	10CrMo910	26.3	470			
35	大屏过热器	432	φ42.4×6.3 φ42.4×5.5	10CrMo910 10CrMo910			9.0 9.5	2760 48	1040~1230
34	大屏过热器进口集箱	2	φ355.6×71	13CrMo44	26.8	445			
33	连通管	4	φ273×31	15NiCuMoNb5					
34	连通管	2	φ355.6×48	13CrMo44					

包覆过热器设计参数，见表 3-4。

表 3-4 包 覆 过 热 器 设 计 参 数

名称（材料）	设计压力（MPa）	设计温度（℃）	持久极限（N/mm²）	安全系数
侧包覆管（13CrMo44）	29.52	477	139.25	1.21
前包覆管（13CrMo44）	29.52	474	145.92	1.26
后包覆管（13CrMo44）	29.52	471	153.47	1.32
顶棚管第二段（13CrMo44）	29.52	471	153.47	1.21
顶棚管第一段（13CrMo44）	29.52	471	153.47	1.35
顶棚管入口集箱（WB36）	29.35	450	245	1.5
烟道环形集箱（WB36）	29.15	455	227.5	1.5
水平烟道入口集箱（WB36）	29.1	450	227.5	1.5
水平烟道出口集箱（WB36）	29.05	460	210	1.5

（2）屏式过热器。

加热至相同过热汽温，超临界锅炉的蒸汽过热所需热量比亚临界锅炉大，必须把过热器布置在更高的烟温区域，以减少过热器金属耗量。布置屏式过热器的主要作用有以下几点。

1）吸收炉膛辐射热和高温烟气热量，能有效地降低进入密集的对流受热面的烟气温度，防止对流受热面结渣。

2）可以相对减少过热器受热面金属耗量。

3）前屏过热器可以减少四角切圆燃烧锅炉的炉膛出口烟气残余扭转、减少水平烟道左右流动偏差。

4）辐射式过热器的汽温特性随负荷增加，其出口汽温是下降，而对流式过热器的汽温特性随负荷增加，其出口汽温是上升。增加屏式过热器的辐射吸热比例，可以改善过热器的汽温特性。

该锅炉的前、后屏过热器由 $\phi42.4$ 的无缝钢管制成，前屏管壁厚度有 5.6mm 和 6.3mm 两种规格，后屏管壁厚度有 5mm、6.3mm 及 7.1mm 三种规格。前屏过热器由 6 片屏构成，每 3 片屏为一组，有一个进口和出口联箱。屏间间距为 2800mm，屏内管子间距为 48mm，每一屏有 72 根 U 形管子，分成 6 个绕组，每绕组呈 U 形布置。后屏过热器有一个入口和出口联箱，有 20 个管屏，每屏有 21 根 U 形管，屏间间距为 896mm，屏内管子间距为 53mm。

屏式过热器管焊接在联箱上，联箱吊挂在锅炉构架梁上，全部管屏受热后能自由地向下膨胀。为了增强屏的刚性、保持各屏之间的间距，前屏过热器用相邻绕组的两根管子将本管屏组管子互相夹持在一起，沿高度方向分成三档，使每根管子不能从屏的平面中凸出。后屏过热器每一屏用两根管子将本屏管子夹持住。

前屏过热器管屏高 17700mm，屏宽为 7398mm。后屏过热器屏高 18500mm，屏宽为 2240mm，后屏底部考虑承受高烟温和较高壁温，则采用较好的金属材料。

屏式过热器受炉膛火焰直接辐射，热负荷比较高，而屏中各管圈的结构和受热条件的差别又较大，因而屏式过热器的热偏差较大，特别是外圈管，直接受炉内高温火焰辐射，工质行程最长，流阻大，流量小，其工质焓增最大，易超温爆管，为了减少此热偏差，该锅炉采用前屏分为 6 个管屏组，使每个管屏的管圈数减少，另外将屏式过热器最外两圈管作为盘绕定位管。

屏式过热器管设计参数，见表 3-5。

表 3-5 　　　　　　　　　　　屏 式 过 热 器 设 计 参 数

名　　称	材　　料	压力（MPa）	温度（℃）	持久强度（N/mm²）	安全系数
后屏第三段	X20CrMoV121	28.44	524	126.51	1.1
后屏第二段	X20CrMoV121	28.79	532	113.56	1.3
后屏第一段	10CrMo910	29.03	502	91.16	1.3
前屏第二段	10CrMo910	29.18	510	83.36	1.0
前屏第一段	10CrMo910	29.18	497	99.83	1.0
前屏入口集箱	13CrMo44	29.0	460	159	1.5
前屏出口集箱	10CrMo910	28.7	490	108.8	1.0
后屏入口集箱	10CrMo910	28.6	475	170	1.5
后屏出口集箱	10CrMo910	28.2	505	90	1.0

前屏过热器处烟速为 9.5~10.5m/s，后屏过热器处烟速为 10~10.5m/s。屏式过热器处烟温约为 1000~1050℃（MCR 工况）。

前屏过热器与后屏过热器的结构分别如图 3-3 和图 3-4 所示。

（3）高温过热器（末级过热器）。

高温过热器布置在水平烟道的后侧，MCR 时其烟温约为 720℃，采用逆流布置。高温过热器由 984 根管圈组成，并列分成 82 排，每排有 12 管圈，排间间距为 224mm，管间间距为 76mm。高温过热器结构如图 3-5 所示。

高温过热器采用无缝合金钢管，其外径和壁厚由强度计算来决定，管子材料主要由工作条件来决定。高温过热器每排管圈数与蒸汽及烟气流速有关，蒸汽流速由管子壁温状况和过热器压力降大小来决定，流速大传热性能好，但压力损失增大，该锅炉高温过热器设计蒸汽流速小于 12m/s，压降为 0.3MPa。过热器中烟气流速按传热性能、积灰和飞灰磨损三方面因素考虑，本锅炉一般采用 11.8m/s 左右，不允许高于 14m/s。

高温过热器设计参数，见表 3-6。

表 3-6 　　　　　　　　　　高 温 过 热 器 设 计 参 数

名　　称	材　　料	外径（mm）	壁厚（mm）	压力（MPa）	温度（℃）	持久强度（N/mm²）	安全系数
高过五段	X20CrMo121	38	8.0	28.0	576	58.35	1.12
高过四段	X20CrMo121	38	7.1	28.05	562	75.22	1.24
高过三段	X20CrMo121	38	6.3	28.15	550	88.06	1.25
高过二段	X20CrMo121	38	5.6	28.25	538	104.64	1.29

名 称	材 料	外径 （mm）	壁厚 （mm）	压力 （MPa）	温度 （℃）	持久强度 （N/mm²）	安全系数
高过一段	X20CrMo121	38	5.0	28.35	527	121.41	1.30
高过入口联箱	10CrMo910	508	78	28.1	505	102.4	1.0
高过出口联箱	X20CrMo121	558.8	100	27.8	556	81.6	1.0

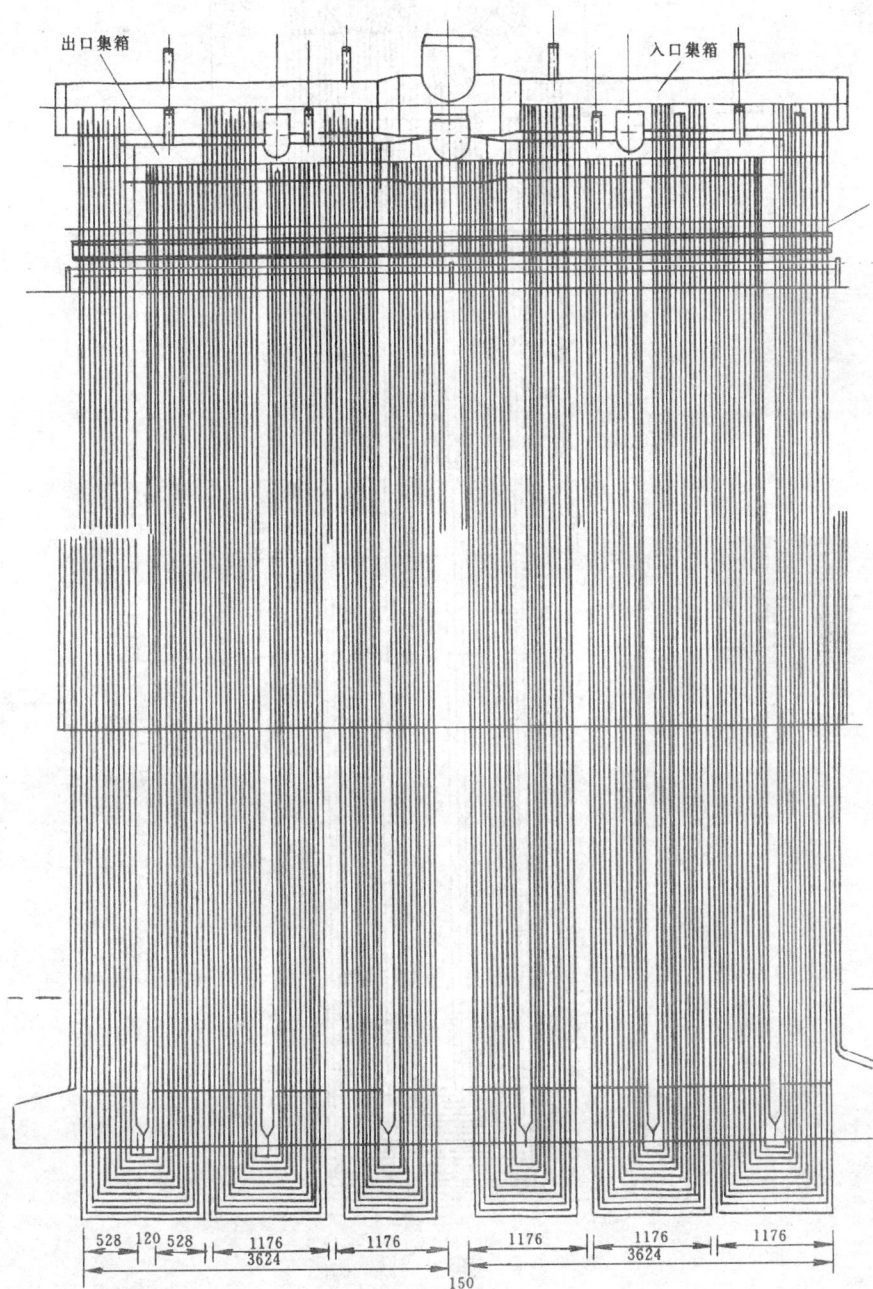

图 3-3　前屏过热器结构图

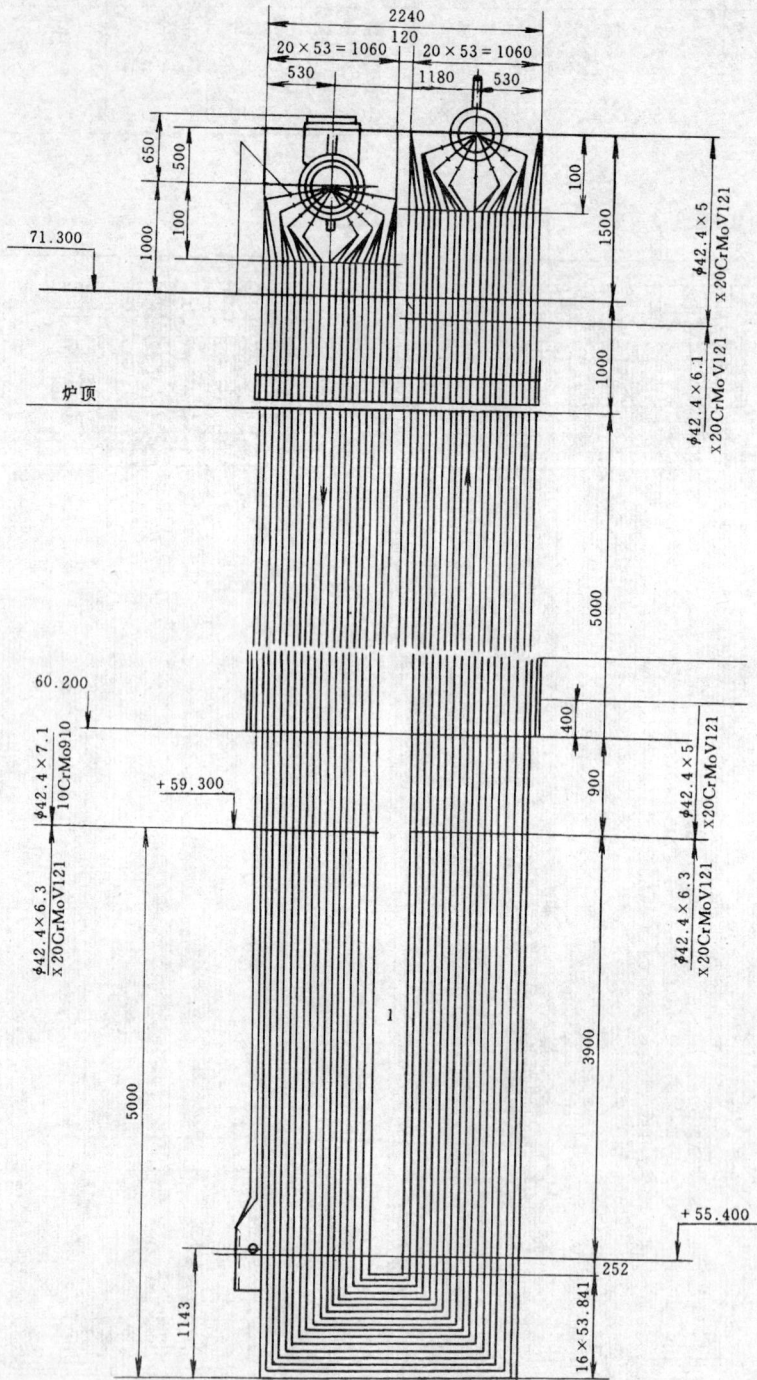

图 3-4　后屏过热器结构图

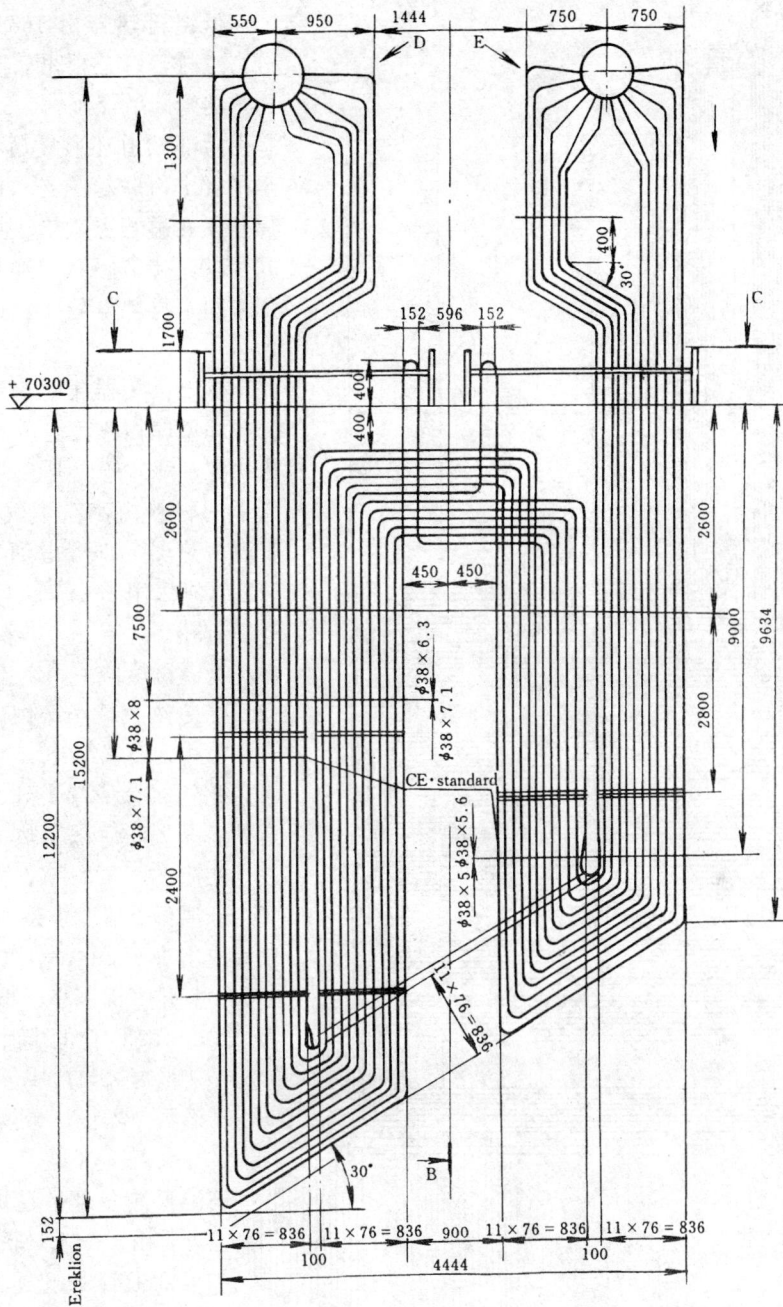

图 3-5　高温过热器结构图

2. 再热器

(1) 低温再热器。

低温再热器布置在后部烟道的上部（省煤器的上部），它由进口、出口联箱及 990 根管子组成。进口联箱的进口管上装有事故喷水减温器，沿烟气流向并列布置 110 排管排，每管排有 9 根管子盘绕而成，参阅图3-6。低温再热器上部的垂帘管，每管排由 18 根管子组成。低再管排间距

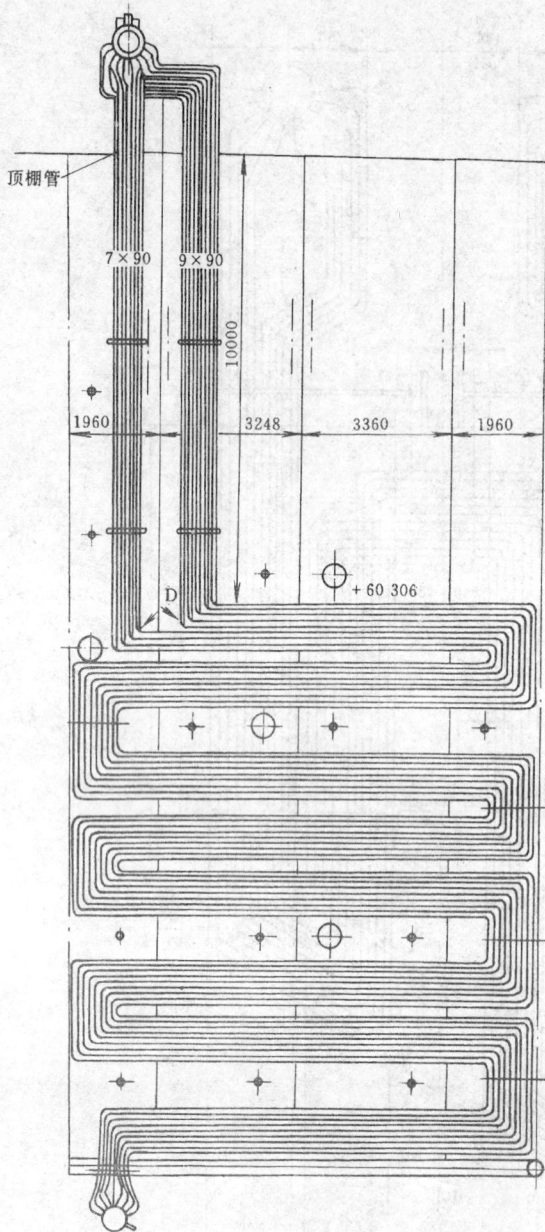

图 3-6 低温再热器

为 168mm，管子间距为 120mm。

低温再热器由 165 根吊管支吊，分为三排，每三根吊管支吊两排低温再热器管。吊管为 φ60.3×8.8mm，吊管由后部烟道环形集箱两侧引出，直至吊管出口联箱。支承再热器的吊耳焊接在悬吊管上，垫块垫在再热器管间，以保持节距和传递负重，管夹是用来固定再热器管子，使各排管间距保持一定。

低温再热器属对流受热面，管子外径和壁厚由强度计算及蒸汽压降等来决定，此外还应考虑飞灰磨损余量。管子的材料由蒸汽烟气温度来决定，低温再热器上部考虑烟温、蒸汽温度较高，则采用 13CrMo44，而下部采用 15Mo3 钢。

低温再热器采用逆流、顺列布置，以增强传热及减小磨蚀。据有关资料介绍，顺列布置第 4、5 管排磨损最严重。此外在管子弯头处、烟气气流转弯处磨损大。后部受热面的磨损主要发生在撞击角 30°～50°的范围内。

低温再热器要求是：管排长度方向偏移应小于 13mm，宽度方向偏移小于 13mm，管排平面度小于 6mm，弯管半径为 120mm，管子的椭圆度应小于 10mm，管壁减薄量应小于 4mm。

低温再热器设计参数，见表 3-7。

（2）高温再热器。

高温再热器悬吊在炉膛出口处折焰角上方，由 1 个入口联箱、2 个出口联箱和 528 根管子组成；管子外径为 63.5mm，采用三种管材、三种壁厚规格；沿着烟气流向平行布置 33 排管屏，每个管由 16 根管子组成，呈 U 形布置，管屏间间距为 560mm，管子间距为 120mm。

表 3-7 低温再热器设计参数

名　称	材　料	设计压力（MPa）	温度（℃）	持久强度（N/mm²）	安全系数
低温再热器一段	15Mo3	5.9	437	45.21	3.79
低温再热器二段	13CrMo44	5.9	530	49.52	1.1
低温再热器入口集箱	15Mo3	5.8	351	169.8	1.5
低温再热器出口集箱	10CrMo910	5.8	495	102.4	1.0

第一篇　锅炉本体设备

高温再热器管焊接在进口、出口联箱上，联箱支吊在锅炉钢架上，受热后向下膨胀。高温再热器水平方向装有定位杆，以保持管间距离，同时利用相邻管子自身的弯折，加装定位块来保持管子间间隙。定位块处间隙为 9.6mm。高温再热器前部高度 15045mm，后部高度 11777mm，管屏宽度为 3240mm。

高温再热器设计参数，见表3-8。

表 3-8 　　　　　　　　　　　　高温再热器设计参数

名　　称	材　　料	设计压力（MPa）	温度（℃）	持久强度（N/mm²）	安全系数
高温再热器三段	X8CrNiNb1613	5.9	635	51.19	1.2
高温再热器二段	X20CrMoV121	5.9	607	33.34	1.14
高温再热器一段	10CrMo910	5.9	579	29.42	1.01
高温再热器入口联箱	10CrMo910	5.8	495	102.4	1.0
高温再热器出口联箱	X20CrMoV121	5.8	584	51.2	1.0

三、邹县电厂 FW—2020t/h 自然循环锅炉过热器及再热器系统

（一）过热器系统

FW—2020t/h 自然循环锅炉的过热器和再热器布置，如图1-17 所示。

过热器由顶棚过热器、包覆过热器、低温（初级）过热器、分隔屏（大屏）过热器以及高温（末级）过热器组成。

1. 顶棚、包覆过热器

顶棚过热器和包覆过热器如图3-7所示。由汽包顶部引出的饱和蒸汽管 1 进入顶棚过热器入口联箱 2，经炉膛及水平烟道的顶棚管 3，进入分隔烟道隔墙上部的分配联箱 4。

隔墙上部的分配联箱 4 再分流以下包覆过热器。

（1）分隔烟道后部的顶棚和后部烟道的后壁包覆管 10，至后壁包覆管出口联箱 11，再用管子 22 引入后部烟道下部的包覆汇集联箱（即低温过热器入口联箱）23。

（2）分隔烟道隔墙管 12，至下部包覆汇集联箱 23。

（3）由引出连接管 5 引至水平烟道及后部烟道两侧包覆上联箱 16 和 7。由水平烟道两侧上联箱 16（各侧 2 只），经水平烟道两侧包覆管 17，至水平烟道侧包覆出口联箱 18，再由连接管 19 引至包覆出口汇集联箱 23。

由引出连接管 5 引至后部烟道两侧包覆上联箱 7（各侧 4 只），经后部烟道

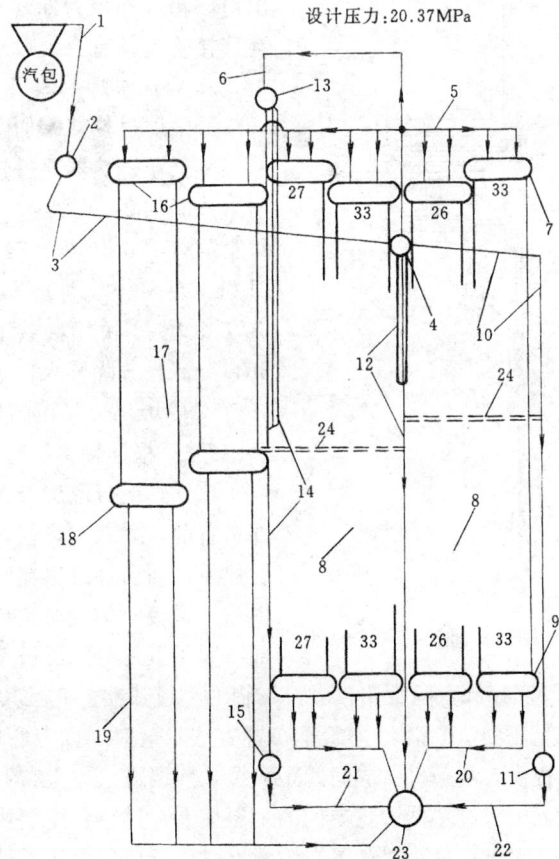

图 3-7　顶棚过热器和包覆过热器

两侧包覆管 8，至后部烟道侧包覆出口联箱 9，再由连接管 20 引至包覆出口汇集联箱 23。

（4）由隔墙上联箱 4 经连接管 6 至后部烟道前壁包覆管入口联箱 13，经后部烟道前壁包覆管 14，进入前壁包覆管出口联箱 15，再由连接管 21 引至包覆出口汇集联箱 23。

炉膛和水平烟道及分隔烟道低再侧（前部）的顶棚过热器 3 有 330 根管子；从分隔墙上联箱引出的分隔烟道低过侧（后部）的顶棚、后壁包覆管 10 以及分隔墙 12 均为 227 根管子，后部烟道的前壁包覆管 14 也为 227 根管子。后部烟道两侧包覆管 8 各为 119 根管子，水平烟道两侧包覆管 17 各为 116 根管子。炉膛、水平烟道及低再侧烟道顶棚管的管子外径为 57.15mm，材质为 SA—213T11；低过侧烟道顶棚管、后部烟道后壁包覆管、后部烟道侧包覆管、水平烟道侧包覆管的管子外径均为 44.45mm，材质为 SA—213T2；后部烟道的前壁包覆管的管子外径为 44.45mm，而与水平烟道相接部分的管子外径为 50.8mm，材质为 SA—213T22；分隔墙管的管子外径也用 44.45mm，在烟道通流部分管子外径采用 69.85mm。

2. 低温过热器

低温过热器，如图 3-8 所示。

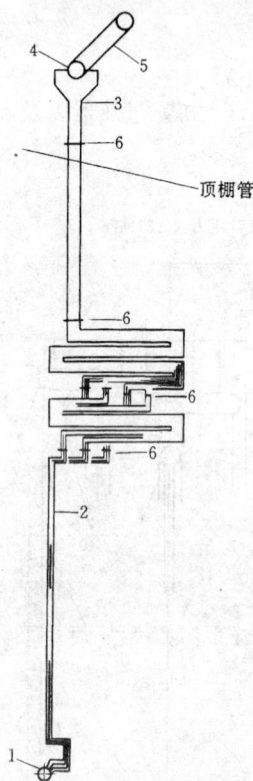

图 3-8　低温过热器

低温过热器位于后部烟道的后侧，省煤器的上部。由包覆出口汇集联箱 1 经低过排管 2 至低温过热器管 6，分 3 个回路，每路 8 根管子，共 76 排，沿炉宽水平布置，管外径为 50.8mm，材质为 SA—213T2、SA—210A1。低温过热器入口联箱（包覆出口汇集联箱）外径为 533mm，低温过热器经上部引出管，至低温过热器的出口联箱（外径为 609.6mm），再由连接管送至分隔屏入口联箱，在连接管上装有一级喷水减温器。

3. 分隔屏过热器

分隔屏过热器，如图 3-9 所示。

从低温过热器通过连接管（及一级减温器），进入分隔屏过热器入口联箱 2，再通过 5 个垂直布置的联箱 3，进入 5 个分隔屏，每个屏有 126 根（分三组），其管子外径为 50.8mm，材质为 SA—213T22，SA—TP304H，最后进入分隔屏出口联箱 7，每个分隔屏有 3 个出口联箱，共有 15 个出口联箱。分隔屏入口联箱为 584.2mm，分隔屏入口的 5 个垂直布置的联箱，其外径为 365mm，15 个分隔屏出口联箱的外径为 219mm。从分隔屏出口联箱流出的蒸汽经 30 根连接管（每只联箱 2 根连接管）进入二级喷水减温器。

该锅炉的分隔屏布置与过去传统布置方法不同，以往在炉膛上部布置前、后屏过热器，前屏过热器属辐射型过热器，吸收炉膛辐射热量，而后屏过热器则是半辐射型过热器，既部分吸收炉膛辐射热量，又吸收烟气对流热量。而邹县电厂 2020t/h 锅炉，在炉膛上部布置了五片分隔屏过热器，而取消后屏过热器，屏与屏之间中心距为 3904mm，间距比较大，属辐射型过热器。而且其布置是从锅炉前墙穿入管子，蒸汽在管内是向上流动，取消 U 形管子布置方法，这对屏内各管吸热偏差可以大为减少，对屏式过热器的安全提供有利条件。屏间间距大及从前墙进入向上布置方式，可使烟气流沿炉宽更趋于均匀，减少进入末级过热器炉宽方向的烟温偏差。过热器主要由低温过热器、分隔屏和高温过热器组成，高温（末级）过热器布置在炉膛出口（折焰角上部）呈半辐射型，因此整体过热器的汽温特性呈辐射——对流传热布置方式，这使得在锅炉负荷变化时，过热汽温的波动就小，也就是过热汽温可在较大负荷范围内维持额定值。

4. 高温（末级）过热器

高温过热器，如图 3-10 所示。

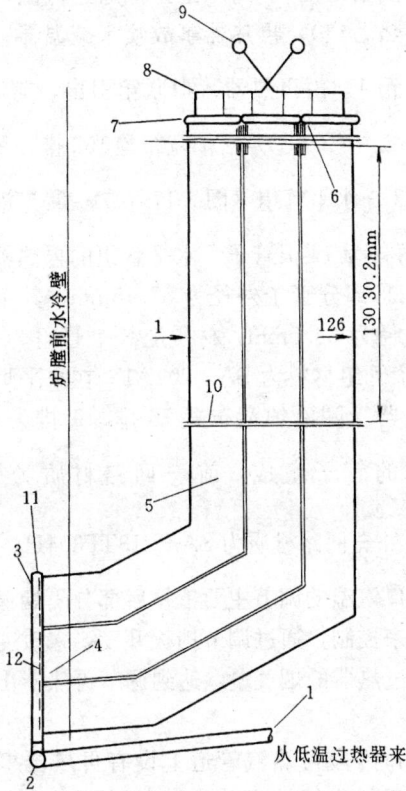

图 3-9 分隔屏过热器

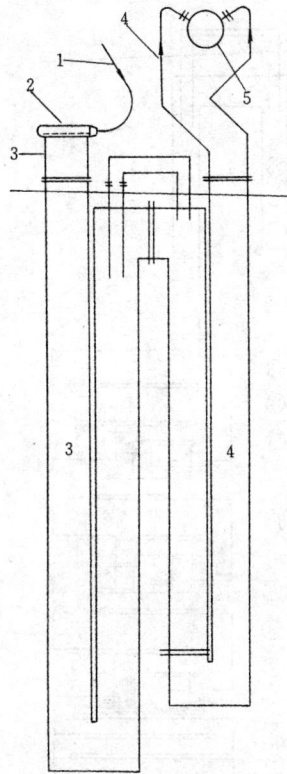

图 3-10 高温过热器

1—高温过热器引入管；2—高温过热器入口集箱；

3—高温过热器前段；4—高温过热器后段；

5—高温过热器出口集箱

高温过热器位于炉膛出口、折焰角上部，沿锅炉宽度方向布置 37 排，每排有 13 根管子组成。高温过热器分前后两个回路，前部回路管外径为 57.15mm，材质为 SA—TP304H，后部回路管外径为 50.8mm，材质为 SA—TP304H。最后过热蒸汽从外径为 889mm 的出口联箱经主蒸汽管道送至汽轮机高压缸。

5. 过热器喷水减温系统

过热器一、二级喷水减温站布置在锅炉两侧的运行平台上，设计总喷水量为 317.518 t/h。一级喷水减温器的喷水量为设计喷水总量的 2/3，二级喷水减温器的喷水量为设计总量的 1/3。喷水系统的设计流速不大于 3m/s。

每个过热器喷水减温系统采用计算机可编程序，适用于整个负荷变化范围。每个一级喷水减温器装有两个喷嘴，其中一个喷嘴设计流量为该级喷水总量的 25％，而另一个喷嘴设计流量为该级喷水总量的 75％。25％流量的喷嘴用于正常运行稳定负荷情况下；变化负荷（暂态负荷）的情况下，两个喷嘴可以同时投入使用，以满足过热器出口蒸汽温度的要求。每个二级喷水减温器上各装一只喷嘴，设计喷水流量为二级减温水总量的 50％。过热器喷水的水源来自锅炉给水

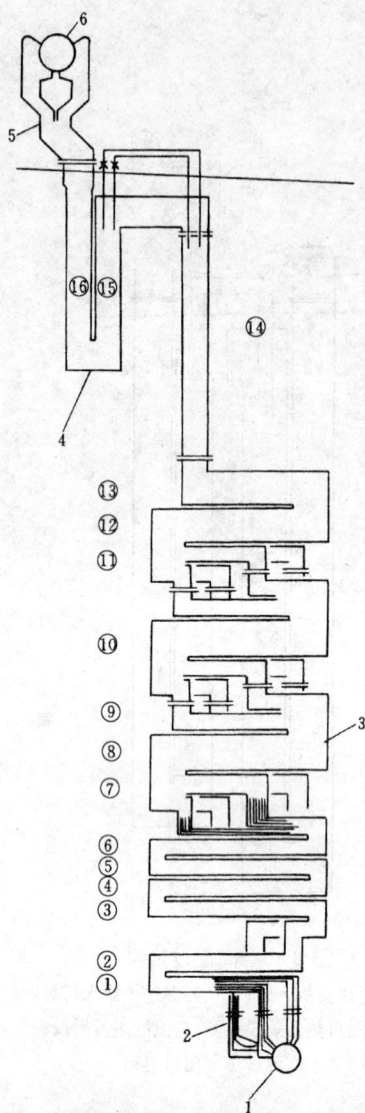

图 3-11 再热器
1—再热器入口联箱；2—水平再热器引入管；3—水平再热器；4—再热器高温段；5—高温段出口管段；6—再热器出口联箱

泵出口。

（二）再热器系统

再热器，如图 3-11 所示。

再热器的水平管束布置在分隔烟道的前部烟道内，而垂直悬吊部分（再热器高温段）布置在水平烟道的后侧（在高温过热器之后）。高压缸排汽通过低温再热蒸汽管（冷段再热管道），再热器事故喷水减温器，进入再热器入口联箱 1。由再热器入口联箱引出，前 $3\frac{1}{2}$ 水平管组（图 3-11 中①～⑦）沿炉宽布置 152 排，每排有 7 根管子。后 $3\frac{1}{2}$ 水平管组（图 3-11 中⑦～⑬）沿炉宽布置 76 排，每排为 14 根管子。水平管组的再热器，除图 3-11 中⑫、⑬部分管子外径为 57.15mm，其余部分水平管组的外径为 63.5mm。材质上 3 个管组为 SA—213T2，下 3 个管组材料为 SA—201A1。在水平烟道的垂直悬吊再热器管圈沿炉宽布置 76 排，每排为 14 根 50.8mm 外径的管子组成，前 $\frac{1}{2}$ 回路材质为 SA—213T22，出口处 $\frac{1}{2}$ 回路材质为 SA—213TP304H。

再热器出口汽温的调节主要依靠后部分隔烟道出口处的烟气挡板来控制，通过调节挡板开度，来改变通过再热器及低温过热器的烟气量，达到调节再热器出口汽温的目的。

再热器入口冷段再热汽管道上设有再热器事故喷水减温器，该系统在锅炉启动初期和短暂不稳态时才投入，一般不希望投入该系统。系统喷水量可达到 MCR 工况下再热蒸汽流量的 5.95%，喷水速度不大于 4.5m/s。

再热器喷水减温系统的水源来自锅炉给水泵的中间抽头。

第二节　过热汽温和再热汽温调节

一、汽温调节重要性

蒸汽参数是表征锅炉特性的重要指标之一，蒸汽参数包括蒸汽压力和温度，对锅炉都有明确规定的额定汽温值，并要求在运行中不能有过大的偏差，这是因为：

（1）汽温过高，会使锅炉受热面及蒸汽管道金属材料的蠕变速度加快，影响使用寿命。例如 12Cr1MoV 钢在 585℃时考虑约 10 万 h 的持久强度，在 593℃时到 3 万 h 就将丧失其应有强度。若受热面严重超温，将会因材料强度的急剧下降而导致管子发生爆破。同时，当汽温过高超过允许值时，还会使汽轮机的汽缸、主汽门、调节汽门、前几级喷嘴和叶片等部件的机械强度降低，部件温差热应力、热变形增大，将导致设备的损坏或使用寿命的缩短。

（2）汽温过低将会引起机组热效率降低，使汽耗率增大。汽温过低还会使汽轮机末几级叶片的蒸汽湿度增大，这不仅使汽轮机内效率降低，而且造成汽轮机末几级叶片的浸蚀加剧。

由于汽温偏低，使机组的理想焓降减少和内效率的降低，机组的功率会随着汽温的下降而自行降低。如要维持机组功率不变，随着汽温的降低，蒸汽流量会自行增大，调节级理想焓降会减少，末级的理想焓降会增大。这样，末级叶片的弯应力由于流量和理想焓降的增大而明显的增大。如汽温下降幅度越大，调门开度增加越多，蒸汽流量增大，从而使末级叶片弯应力可能会超过允许值。因此，汽温下降超过规定值时，不允许机组继续带额定负荷，而需要限制机组的出力。

汽温的大幅度的快速下降会造成汽机金属部件产生过大的热应力、热变形，甚至会发生动静部件的摩擦，更为严重时可能会导致汽轮机水击事故的发生，造成通流部分、推力轴承严重损坏（汽温降低过大会使汽机负的轴向推力增大），对机组的安全运行十分不利的。

（3）过热汽温和再热汽温变化过大，除使管材及有关部件产生蠕变和疲劳损坏外，还将引起汽机差胀的变化，甚至产生机组振动，危及机组的安全运行。

二、过热汽温调节

1. 汽包炉过热汽温调节

汽包锅炉的过热汽温调节采用喷水减温器。喷水减温器是将减温水直接喷入过热蒸汽中，吸收蒸汽的热量使水加热、蒸发和过热，而使汽温降低，以达到调节过热汽温的目的。由于喷水减温器是将水汽直接接触的原理工作的，故其调节幅度大、惯性小、调节灵敏，易于自动化。加上其结构简单，因此在过热蒸汽调节中得到广泛采用。在喷水减温中，喷入的水与蒸汽直接混合，因而对水质的要求很高，所用减温水应保证喷水后的过热蒸汽中的含盐量及含硅量符合规定的要求。通常用给水泵出口的给水作为减温水，利用给水和减温器之间的压差，达到有效喷射减温的目的。

在各种类型锅炉的过热器布置中，过热器采用多级布置，常采用多次减温方式，一般装置2～3级喷水减温器。通常在屏式过热器前设置第一级减温器，以保护屏式过热器安全（因为它受到炉膛强烈的辐射热量），并作为过热汽温的粗调节。在末级过热器前一般也装置喷水减温器，调节过热器出口汽温达到额定值，装在末级过热器之前，可以保证高温过热器的安全，同时可以减少时滞，提高调节的灵敏度。

以往汽包炉过热器系统分四级布置，即低温过热器、前屏过热器、后屏过热器和高温过热器，并设置三级减温器。第一级喷水减温器装置在低温过热器出口与前屏过热器进口处，其作用是控制前屏的进口汽温，以保证前屏的进口汽温，保证前屏工作的安全。第二级喷水减温器设置在前屏与后屏过热器之间，保护后屏过热器，并依靠变更左、右侧不同的喷水量，以消除炉膛出口烟温及烟气残余扭转而产生的热偏差，防止后屏管圈的局部超温。第三级喷水减温器装置在后屏与高温过热器之间，其作用是对过热汽温进行细调节，以使过热器出口汽温维持在规定的范围内。

北仑电厂1号炉以及平圩电厂的600MW锅炉的过热汽温调节方式按CE设计传统方法。过热器采用一级喷水减温器，布置在低温过热器到分隔屏的连接管道上，左右各一只，其直径为559mm，壁厚60mm，材质SA—335—P12，减温水取自主给水管道（给水泵出口），最大喷水量为104t/h（北仑电厂）。减温器采用多孔管型。采用一级喷水减温器，主要考虑分隔屏过热器与后屏过热器（即为末级过热器）的汽温特性匹配较好。分隔屏过热器主要吸收炉膛辐射热量，它是辐射式过热器，随着锅炉负荷的降低而升高，而后屏过热器则为半辐射式过热器，它的汽温特性是随着负荷降低，出口汽温稍有下降。因此，在设计中如果该两受热面设计合理，能使过热器出口汽温维持在额定值。对于平圩电厂 600MW 的锅炉的过热器系统也采用辐射—对流组合，包括炉顶和包覆、低温过热器、前屏（分隔屏）、后屏和高温过热器五部分，它也在低温过热器出口到分隔屏过热器的连接管道上装置一级减温器（左右各一只），这样对于前屏、后屏及高温过热器设计时的汽温特性也应作充分考虑，使其能在不同负荷时，保持过热器出口汽温维持在额定值。另外摆动燃烧器的调节主要目的是调节再热汽温，但对过热汽温的影响也是很大的，负荷降低时，在提高再热汽温的同时，也提高了过热汽温。所以，对于 CE 的 600MW 机组的过热汽温调节实际采用摆动燃烧器及一级喷水减温器。

在 600MW 锅炉中，过热器的减温器都采用多孔式喷水减温器如图 3-12 所示，其结构参数见表 3-9。

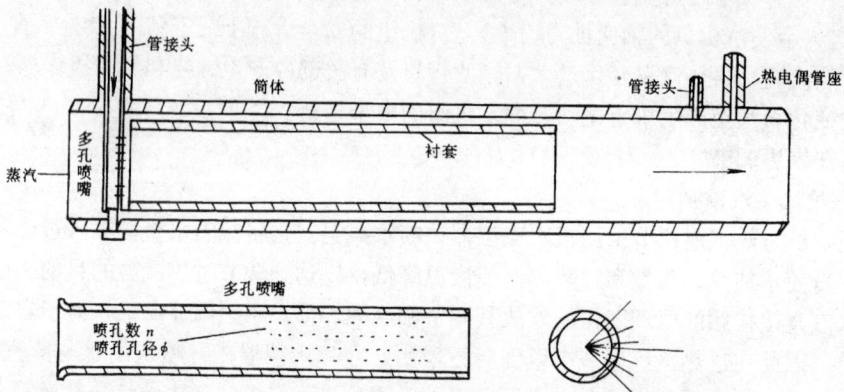

图 3-12　多孔式喷水减温器

表 3-9　　　　　　　　　　　　多孔式喷水减温器结构参数

结构特征		L_1	D_1	L_2	D_2	L_3	D_3	d_1	d_2	n	ϕ
一级减温器	尺寸（mm）	4750	406×35	3000	290×6	670	60×5	150×4	60×9	102	4.5
	材料	13CrMo44		12Cr1MoV		12Cr1MoV		12CrMoV	12CrMoV		
二级减温器	尺寸（mm）	4845	406×55	3000	256×6	650	60×5	150×4	60×9	96	5.5
	材料	10CrMo910		12Cr1MoV		12Cr1MoV		12CrMoV	12Cr1MoV		

多孔式喷水减温器主要由多孔喷管（喷嘴）和混合管组成，布置在蒸汽连接管道内，喷水方向与汽流方向一致。采用多孔形，以减少每个喷孔的喷水量，有利与蒸汽的迅速混合。为避免管壁直接与喷管相焊后在连接处产生因减温水与蒸汽间存在温差及减温水量变化所引起的温差应力，因此在喷管和管壁间加接保护套管，使水滴不直接与蒸汽管壁相接触。为了防止减温器喷管的悬臂振动，喷管采用上下两端固定，故其稳定性较好。多孔式喷水减温器结构简单，制造安装方便；但有时水滴雾化质量可能差些，因此保护套管（混合管段）的长度宜适当长些。

对于邹县电厂 600MW 自然循环锅炉的过热器由顶棚过热器、包覆过热器、低温过热器、分隔屏过热器和高温过热器组成，设置二级减温器，第一级喷水减温器设置在低温过热器和分隔屏过热器之间，第二级喷水减温器设置在分隔屏过热器和高温过热器之间，其减温器型式也为多孔喷管式。过热器喷水量为 317.518t/h，一级喷水量为设计喷水总量的 2/3，二级喷水量为设计喷水总量的 1/3，喷水系统设计流速不大于 3m/s。每个过热器喷水系统采用可编程序，适用于整个负荷变化范围。第一级喷水减温器设置二个喷嘴，其中一个喷嘴设计喷水量为该级的总量 25%，另一个喷嘴为该级总量的 75%。25%流量的喷嘴用于正常运行稳定负荷情况下；而暂态负荷变化情况下，两个喷嘴同时投入使用，以满足过热器出口蒸汽温度的要求。每个二级喷水减温器上装一只喷嘴，设计喷水流量为该级总量的 50%。过热器喷水系统水源来自锅炉给水泵出口。

2. 直流锅炉过热汽温调节

直流锅炉在稳定工况下，过热蒸汽出口的热焓 h''_{gr} 可用下式表示

$$h''_{gr} = h_{gs} + \frac{B}{G} Q_{ar,net} \eta_{gl}$$

式中　h''_{gr}，h_{gs}——过热器出口和给水的热焓，kJ/kg；

　　　　B，G——燃料量和给水量，kg；

　　　　$Q_{ar,net}$——燃料低位发热量，kJ/kg；

　　　　η_{gl}——锅炉效率，%。

由上式可见，如锅炉效率 η_{gl}、燃料发热量 $Q_{ar,net}$、给水热焓 h_{gs} 在一定负荷变化范围内保持不变，则过热蒸汽温度（热焓）只决定于燃料量和给水量的比例 $\frac{B}{G}$，如果比值 $\frac{B}{G}$ 保持不变，则 h''_{gr} 或 t'_{gr} 可保持不变。反之比值 $\frac{B}{G}$ 变化，则是造成过热蒸汽温度变化的基本原因。因此在直流锅炉中，过热汽温的调节主要是通过给水量与燃料量的调整来实现的。考虑到实际运行中锅炉负荷的变化，给水温度、燃料品质、炉膛过量空气系数以及受热面结渣等因素的变化，对过热汽温变化均有影响，因此在实际运行中要保证比值 $\frac{B}{G}$ 的精确值也是不容易的。特别是燃煤锅炉，控制燃料量是较为粗糙的，这就迫使除了采用 $\frac{B}{G}$ 作为粗调的调节手段外，还必须采用蒸汽通道上设置喷水减温器作为细调（校正）的调节手段。

在直流锅炉运行中，为了维持锅炉过热蒸汽温度的稳定，通常在过热区段中取一温度测点，将它固定在相应的数值上，这就是通常所谓的中间点温度。实际上，把中间点至过热器出口之间的过热区段固定，相当于汽包炉固定过热器区段情况相似。在过热汽温调节中，中间点温度实际是与锅炉负荷有关，中间点温度与锅炉负荷存在一定的函数关系，那么锅炉的燃水比 $\left(\frac{B}{G}\right)$ 按中间点温度来调整，中间点至过热器出口区段的过热汽温变化主要依靠喷水来调节。我们在这里要说明的是对于直流锅炉，其喷水减温只是一个暂时措施，要保持稳定汽温的关键是要保持固定的燃水比，其原因是：从图 3-13 可以看出，直流炉 $G=D$，如果过热区段有喷水量 d，那么直流炉进口水量为（$G-d$）。如果由于燃料量 B 增加、热负荷增加，而给水量 G 未变，这样过热汽温就要升高，喷水量 d 必然要增加，使进口水量（$G-d$）的数值就要减少，这样变化又会使过热汽温上升。因此喷水量变化只是维持过热汽温的暂时的稳定（或暂时维持过热汽温为额定值），但最终使其过热汽温稳定，主要还是通过燃水比的调节来

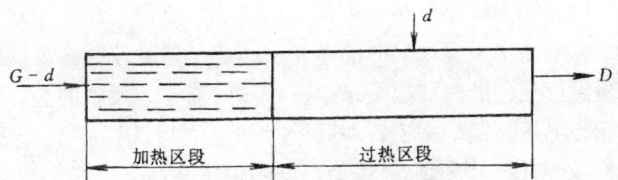

图 3-13　超临界压力锅炉工作示意图

G—给水量；d—喷水量；D—蒸汽流量

实现的。而中间点的状态一般要求在各种工况下为微过热蒸汽。

（1）超临界压力 600MW 直流炉过热汽温调节方法。

石洞口二厂 1900t/h 超临界锅炉的过热汽温调节方法是采用水煤比进行粗调，两级喷水减温进行细调。其中，第一级喷水减温器装置于前屏过热器与后屏过热器之间，消除前屏过热器中产生偏差；第二级喷水减温器装置于后屏过热器与高温过热器之间，维持过热器出口汽温在额定值。此外多层燃烧器不同组合运行，摆动燃烧器角度均可作为过热汽温调节手段之一。

喷水减温器结构简单、调温能力大，是应用较广的一种调温方法。石洞口二厂过热器喷水减温器的喷水源来自高压加热器出口给水，它是利用给水与减温器之间的压差达到有效喷射的目的。在设计过热器时，一般按锅炉最大连续蒸发量（MCR）下减温器内对每公斤蒸汽放热为 63～84kJ 来计算。当过热器吸收的辐射热量较多时，其汽温特性就比较平坦，则可取其下限。石洞口二厂 1900t/h 超临界压力锅炉的过热器调温所需最大喷水量约为最大蒸发量的 5.4％。在设计减温部分的管道和阀门等部件时，第一级喷水减温器按喷水量的 1.48 倍计算；第二级喷水减温器按喷水量的 1.22 倍计算，这主要是考虑短时间（瞬间）的调温用水量比长时间用水量的平均值大得多。

过热器减温喷水阀结构如图 3-14 所示，给水由喷嘴喷出形成雾滴，然后在文丘里管内有一段套管，这是为防止水滴落到温度很高的管壁上而造成热应力冲击。

过热器减温喷水阀参数，见表 3-10。

表 3-10　　　　　　　　　　　　　　　　过热器减温喷水阀参数

阀型 参数	一级减温器 喷水阀	二级减温器 喷水阀	阀型 参数	一级减温器 喷水阀	二级减温器 喷水阀
设计压力（MPa）	37.1	37.1	管材（入口）	WB36	WB36
设计温度（℃）	295	295	出口管径内/外（mm）	79.3/114.3	79.3/114.3
试验压力（MPa）	55.7	55.7	出口管材	15Mo3	15Mo3
阀材料	15Mo3	15Mo3	型号	SWR6.3	SMR6.3
入口管径内/外（mm）	79.3/114.3	79.3/114.3	电动机型号	63—4	63—4
压降（MPa）	1.5	1.7	流量（选择）（m³/h）	23.29	14.67
流量（t/h）	54	44	全行程（mm）	34.5	40/45（max）
通流面积（cm²）	6.75	5.17	全行程时间（s）	30	30
最大面积（cm²）	10.00	6.30	行程力（kN）	87.5	87.5
流量（计算）（m³/h）	15.72	12.04	电动机参数 （相×V×Hz）	3×380×50	3×380×50

（2）过热汽温的自动调节特性。

1）以分离器出口温度来预测过热汽温的变化，即称为中间点温度。

由直流锅炉动态特性可知，过热蒸汽点离工质开始过热点越近，则其工质温度（过热蒸汽温度）反映给水量变动的时滞越小。当燃料量变化时，反映最快和影响最大的是炉膛受热面，故其工质温度变化的时滞也是最小。按照时滞小、反映明显，工况变化时能便于测量等条件，通常对于超临界压力锅炉来说，在开始过热点之后选择一个合适的点（通常在不同工况下为微过热状态），石洞口二厂超临界压力直流锅炉选择在分离器出口。根据分离器出口点的工质温度在直流运行时，该点工质（为过热蒸汽状态）用来控制燃料与给水的比例，通常把此点称为中间点，该点工质的温度称为中间点温度。

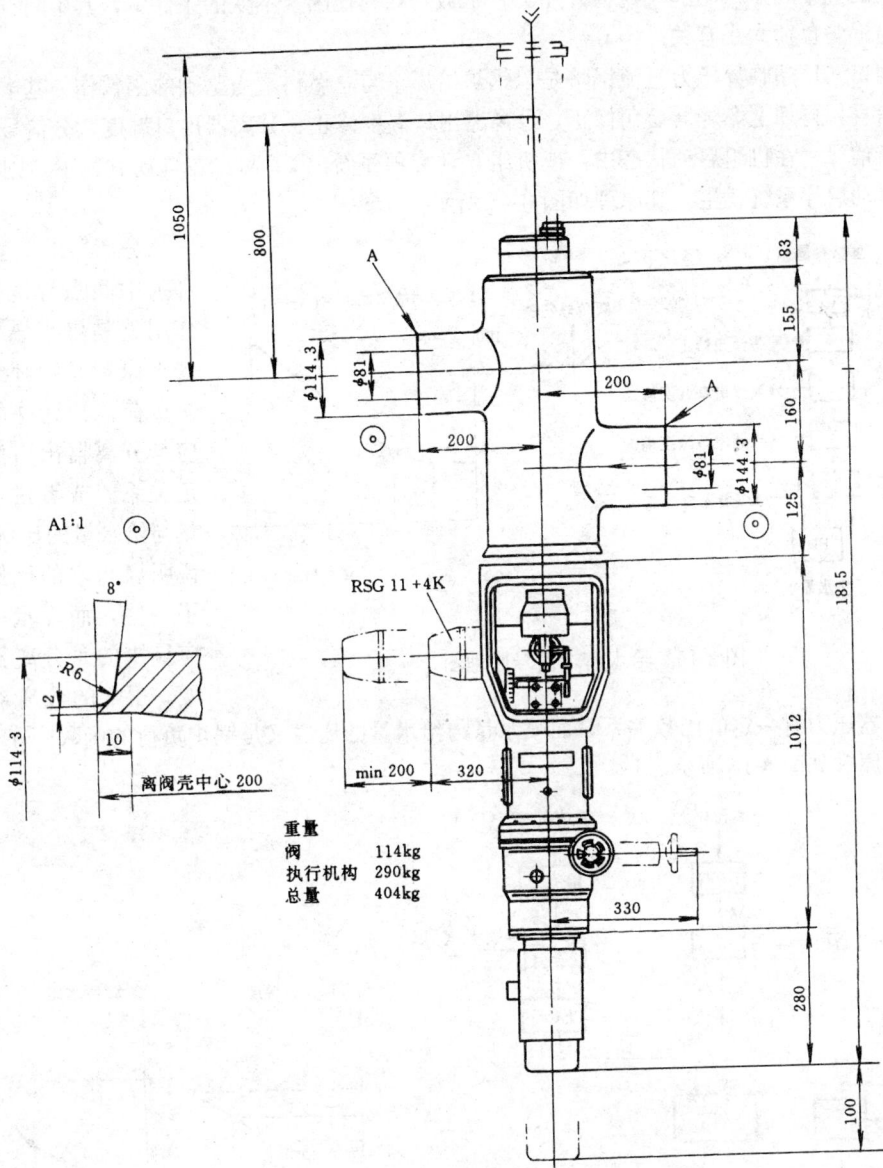

图 3-14　过热器减温喷水阀结构图

在亚临界压力以下的直流锅炉中，中间点都选择在过热器的起始段（如国产 300MW 的 UP 直流锅炉——单炉膛，它的中间点选择在包覆过热器出口），即中间点工质状态总是处于过热区，而不会处于蒸发区，否则中间点将失去调节信号的作用。石洞口二厂超临界压力直流锅炉把分离器出口作为中间点，在锅炉纯直流运行后（分离器为干态运行），分离器出口处于过热状态，这样在分离器干态运行（直流运行）的整个负荷范围内，中间点具有一定的过热度，而且该点靠近开始过热的点，则使中间点汽温变化的时滞小，这对过热汽温调节有利。

根据中间点汽温可以控制燃料——给水之间的比例。当负荷变化时，如燃水比维持或控制得不准确，中间点汽温就要偏离给定值，这时应及时调节燃水比，以消除中间点汽温的偏差。如能控制好中间点汽温（相当于固定过热器区段），就能较方便地控制其后各点的汽温值。这里还应特别指出的是中间点汽温的设定值并非为一常数，在其他因素不变的条件下，其中间点温度设定值大小与锅炉负荷大小有关。

石洞口二厂超临界压力直流锅炉是以锅炉给煤量与总燃料量为基础的函数作为基本的给水量的需求信号，再加上燃烧器摆角修正、分离器出口温度修正、分离器出口温度微分信号就产生了给水需求信号。在机组启动状态中，或机组自动启停系统（UAM）在自动方式下，则给水需求信号由自动启停系统发生，其原理如图 3-15 所示。

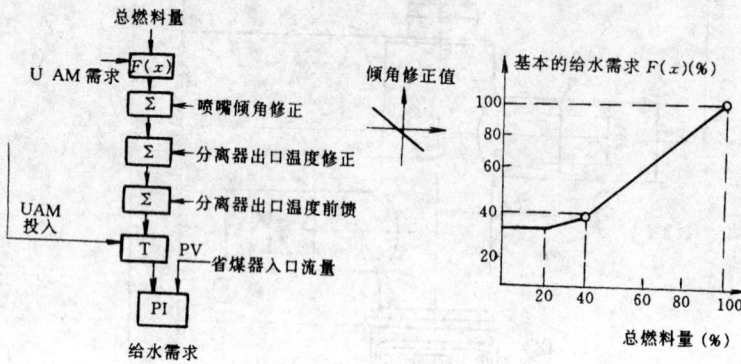

图 3-15 给水需求信号原理图

分离器出口温度修正，即为中间点温度修正，其作用就是修正燃水比，其修正原理是：对给定的锅炉负荷，其允许的喷水量应与分离器出口温度有一定关系。或者说，当喷水量与给水量的比例增加时，说明煤与水的比例中煤多了一些，而煤量一多，反应最快的是分离器出口温度。正常的分离器出口温度与分离器压力有一定的函数关系，而喷水量与给水量的比值又是锅炉负荷的函数。分离器出口温度修正原理如图 3-16 所示。

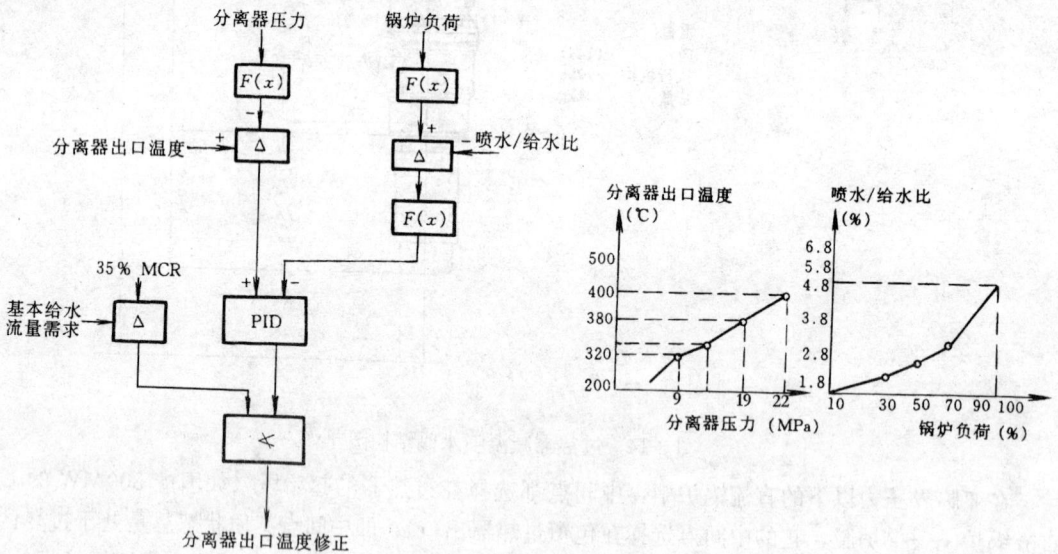

图 3-16 分离器出口温度修正原理图

2）直流锅炉的过热汽温取决于燃料与给水流量的比例，通过调节燃水比和微调进入过热器的减温水流量，使过热汽温维持在给定值的要求。

对于带固定负荷的直流锅炉，蒸汽参数调节的主要任务是调节汽温，因而在燃料量与给水量比例确定后，操作中应尽量减少燃料量的改变。在实际调节中，燃料量的调节精度受到燃料性质变动等影响，因此为进一步校正燃料量与给水量的比例，就借助于喷水调温。喷水调温的惯性小，且无过调现象，特别是以喷水点后汽温作为调节信号进行喷水调节时，从喷水量开始变化只须经过几秒钟时间，所以它很容易实现细调节。所以直流锅炉在带不变负荷时，蒸汽参数的调节是借助喷水调节汽温而尽可能稳住燃料量。

在直流锅炉变动负荷的调节中，调节任务是在新的出力下确定燃料量与给水量之间的比例，以保证过热汽温，利用喷水量可消除在主调节（粗调节）中所出现的偏差。因此，过热汽温应在整个负荷范围内喷水减温器来进行控制。

（3）600MW 超临界压力直流炉屏式过热器汽温调节。

以屏式（后屏）过热器入口汽温与锅炉负荷的函数作为基本调节回路，再加上修正信号，通过改变喷水调节阀（一级喷水减温）的开度来调节汽温。图 3-17 为屏式过热器汽温调节的基本回路。在机组自启停装置（UAM）投自动时，喷水调节阀开度决定于 UAM 指令。当 UAM 不在自动方式时则由锅炉负荷的函数得到屏式过热器入口汽温的设定值。当燃烧器倾角变化、屏式过热器入口汽温变化或其他运行工况变化

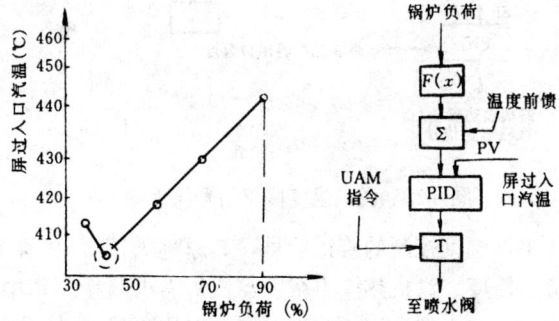

图 3-17　屏式过热器汽温调节基本回路图

时，则在该入口汽温的设定值上再加上修正信号，实际的屏式过热器入口汽温与设定值的偏差决定喷水减温阀的开度。

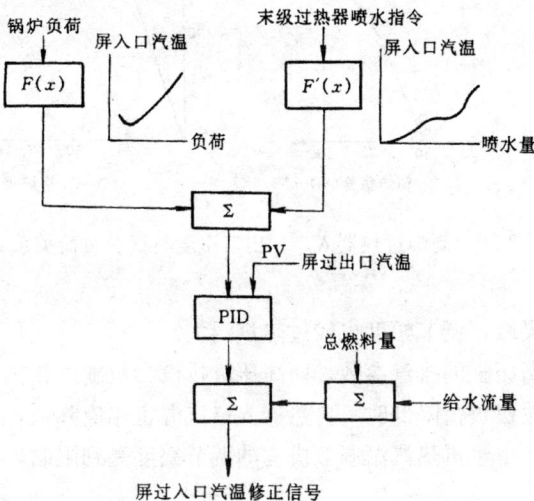

图 3-18　屏式过热器入口汽温设定值修正原理图

这一屏式过热器汽温调节的修正信号综合了煤水比修正与屏式过热器出口汽温偏差的修正，其中屏式过热器出口汽温的设定值由锅炉负荷函数与高温过热器的喷水函数的差值得到。这样设计的目的是当高温过热器的喷水量大于或小于一定范围后，通过改变屏式过热器出口汽温，以使高温过热器前的减温器的喷水量回复到前述范围内，保证高温过热器有一定的可调范围。而煤水比修正信号是通过前馈方式送到过热器入口汽温设定值修正回路，如图 3-18 所示。

在屏式过热器汽温调节回路中，屏式过热器汽温中有一个切换点，它是由于分离器由湿态到干态的切换影响。在启动过程中，分离器由湿态转向干态运行时，用增加燃料量的方法。当炉内燃料量增加时，炉膛出口烟温也增加，使炉膛内单位公斤燃料的放热量反而减少，就是说对于前、后屏过热器来说，单位公斤燃料的吸热量反而减少。另外，在湿态转换到干态运行过程中，通过前屏过热器的蒸汽流量是增加的，这样屏式过热器的汽温是随着负荷的增加反而减少（相当于辐射过热器的汽温特性），因此屏式过热器入口（后屏入口）汽温有一个下降的过程。当分离器转入干态运行之后，也即锅炉转入直流运行，其汽温变化是随着锅炉负荷（燃料量）的增加而增加。因此，分离器由

湿态转入到干态运行过程中，屏式过热器入口汽温有一个明显切换点。

(4) 600MW超临界压力直流炉的高温过热器汽温控制。

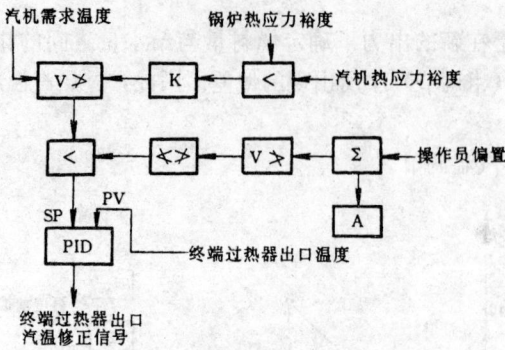

图 3-19 主汽温度修正信号原理图

从控制原理来看，高温（末级）过热器的汽温控制回路与屏式过热器汽温控制回路基本相同，它也是一个基本回路和一个修正回路所组成。在机组自动启停装置（UAM）投自动时，喷水调节阀开度决定于 UAM 指令，UAM 不在自动方式时则由锅炉负荷的函数得到基本的高温过热器入口汽温设定值。同样在其他工况变化时，在这一基本设定值上再加上修正信号。在高温过热器入口汽温曲线上同样有一个切换点，它也是由分离器湿态转换到干态运行的影响。

主汽温度控制的修正信号，其原理如图 3-19 所示，主汽温度设定值的修正信号参考了锅炉热应力裕度、汽机热应力裕度与汽机需求温度。其中汽机需求温度是在暖机、初负荷阶段使用。正常后，这一信号用主蒸汽温度设定值代替，见图 3-19。主汽温度设定值，高温过热器入口汽温设定值均为锅炉负荷的函数，其曲线见图 3-20。

三、再热汽温调节

1. 再热蒸汽温度调节特点

(1) 再热蒸汽压力低于过热蒸汽，一般为过热蒸汽压力的 $\frac{1}{4} \sim \frac{1}{5}$。由于蒸汽压力低，再热蒸汽的定压比热较过热蒸汽小，这样在等量的蒸汽和改变相同的吸热量的条件下，再热汽温的变化就会比过热汽温变化大。因此当工况变动时，再热汽温的变化就比较敏感，且变化幅度也较过热蒸汽为大。反过来在调节再热汽温时，其调节也较灵敏，调节幅度也较过热汽温大。

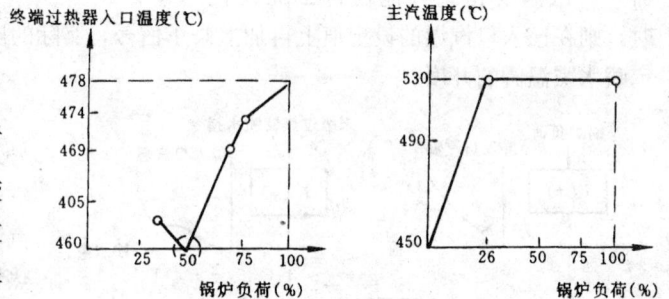

图 3-20 高温过热器入口、出口温度与锅炉负荷关系

(2) 再热器进口蒸汽状态决定于汽轮机高压缸的排汽参数，而高压缸排汽参数随汽轮机的运行方式、负荷大小及工况变化而变化。当汽轮机负荷降低时，再热器入口汽温也相应降低，要维持再热器的额定出口汽温，则其调温幅度大。由于再热汽温调节机构的调节幅度受到限制，则维持额定再热汽温的负荷范围受到限制。

(3) 再热汽温调节不宜用喷水减温方法，否则机组运行经济性下降。再热器置于汽轮机的高压缸与中压缸之间。因此在再热器喷水减温，使喷入的水蒸气加热成中压蒸汽，使汽轮机的中、低压缸的蒸汽流量增加，即增加了中、低压缸的输出功率。如果机组总功率不变，则势必要减少高压缸的功率。由于中压蒸汽做功的热效率较低，因而使整个机组的循环热效率降低。从实际计算表明，在再热器中每喷入 1% MCR 的减温水，将使机组循环热效率降低 0.1%~0.2%。因此再热汽温调节方法采用烟气侧调节，即采用摆动燃烧器或分隔烟道等方法。但考虑为保护再热器，在事故状态下，使再热器不被过热而烧坏，在再热器进口处设置事故喷水减温器，当再热器进口汽温采用烟气侧调节无法使汽温降低，则要用事故喷水来保护再热器管壁不超温，以保证再热器的安全。

（4）采用再热器目的是降低汽轮机末几级叶片的湿度和提高机组的热经济性，在超高压和亚临界压力机组中，再热汽温与过热汽温采用相同的温度。而在超临界压力机组，如果再热汽温采用与过热汽温相同值，则汽轮机末几级叶片的湿度仍比较大，则需采用较高的再热汽温，以减少其末几级叶片的湿度。石洞口二厂超临界压力的 1900t/h 的直流锅炉，其再热汽温采用 569℃，管材质采用 X8CrNiNb1613。

（5）再热蒸汽压力低，再热蒸汽放热系数低于过热蒸汽，在同样蒸汽流量和吸热条件下，再热器管壁温度高于过热器壁温。特别 CE 技术制造 600MW 的锅炉机组，再热器采用高温布置，均布置于炉膛出口（折焰角上部），其壁温比较高。超临界压力直流锅炉的再热蒸汽温度要求 569℃，这一方面要求采用材质要满足，另一方面在运行中严格控制再热器的壁温。

2. 再热汽温调节

再热汽温调节采用烟气侧调节，再热器进口设置事故喷水减温器作为事故状态下保护再热器，不使其超温破坏。对于 600MW 机组锅炉的烟气侧调节再热汽温方法主要是摆动燃烧器角度和分隔烟气挡板，CE 型式的锅炉采用摆动燃烧器角度调节再热汽温，而 Babcock 和 FW 公司的锅炉多数采用分隔烟气挡板调节再热汽温。

（1）摆动燃烧器倾角的调节方法。

用改变摆动式燃烧器喷嘴倾角方法调节再热汽温，实际是改变炉内火焰中心位置，从而改变炉膛出口烟温，即改变炉内辐射传热量和烟道中对流传热量的分配比例，从而改变再热器的吸热量，达到调节再热汽温的目的。

当机组负荷降低时，锅炉出力相应减少，根据再热器一般是偏于对流的汽温特性，则其再热汽温随锅炉出力的减少而降低。此时，调整燃烧器喷嘴的倾角，使它向上摆动某一角度，于是炉膛内火焰中心上移，炉膛出口烟温升高，从而使对流布置的再热器的吸热量得到相应的增加，使再热器的出口汽温恢复到规定值的要求。对于用改变摆动式燃烧器喷嘴倾角方法调节再热汽温，距炉膛出口越近的再热器，其吸热量变动越大。像 CE 公司锅炉的再热器由壁式再热器（布置在炉膛上部），中温、高温再热器布置在炉膛出口折焰角的上部，即再热器布置在烟气高温区，炉膛出口烟气温度对再热汽温变化影响大。对于越远离炉膛出口的受热面，摆动燃烧器调节对其汽温影响越小。

在改变燃烧器喷嘴倾角调节再热汽温过程中，将会直接影响到炉内的燃烧工况。当燃烧器喷嘴向上摆动时，由于炉膛内火焰中心的上移，一方面使再热汽温上升（当然也会使过热汽温上升）；另一方面使煤粉在炉内停留时间缩短，导致飞灰中含碳量增加，影响锅炉效率。此外，会使炉膛出口烟温过高而引起炉膛出口处受热面上发生结渣现象，特别对燃用高结渣性和沾污性的煤更会产生严重的结渣问题。因此，燃烧器喷嘴向上摆动角度的上限应从以上几方面来考虑。而对于燃烧器向下摆动的角度的限值，应受防止炉膛下部冷灰斗结渣的限制。

在用摆动燃烧器调节再热汽温时，由于它同时作用于再热器和过热器，也影响了过热汽温的变化，即调节时再热汽温和过热汽温是同向变化。用摆动式燃烧器进行汽温调节时，理想的调节特性使燃烧器摆角变化对再热汽温和过热汽温的调节幅度能与再热器和过热器的汽温特性所具有的汽温变化率之间达到"匹配"。这样，在锅炉出力改变时，两者能实现"同步"的调节，从而可不用或只用少量减温水对汽温进行校正的细调节。

由于用摆动式燃烧器调温具有调温幅度大、时滞小，对于过热器和再热器采用高温布置情况下，受热面积少及锅炉钢耗较低等优点，使它成为现代大型锅炉，特别是四角切圆燃烧的锅炉进行再热汽温调节的主要方法。不少试验结果表明，每改变喷嘴摆角±1°，大体上可改变再热器出口汽温 2℃，一般燃烧器摆角限值为±30°。

（2）分隔烟道的烟气挡板调节方法。

分隔烟道改变烟气挡板角度调节再热汽温方法，利用分隔墙把后竖井烟道分隔成前后两个平行烟道，在主烟道（后侧）布置低温过热器，在旁路烟道（前侧）布置低温再热器，在两平行烟道的出口处装设可调的烟气挡板。当锅炉出力改变或其他工况条件发生变动而引起再热汽温变化时，则调节低温再热器侧烟气挡板的开度，并相应改变低温过热器侧的烟气挡板的开度，从而改变两平行烟道的烟气流量分配，以改变低温再热器的吸热量，使再热汽温被调整至所需的数值。

烟气调节挡板设置在主、旁烟道的省煤器下方，这样布置的好处是：由于该处烟气温度较低，挡板不易过热、变形量小，可保证它的工作安全；在省煤器出口的烟道截面可收缩，可使挡板的长度相应缩短，这将使挡板质量减轻，刚性增强，并使所需的驱动力矩减小。

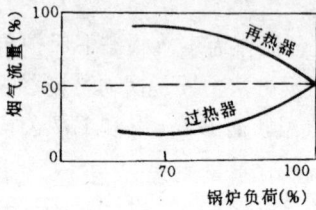

图 3-21　挡板调节时烟气流量随锅炉负荷发生变化的情况

挡板采用多块蝶形结构，每个烟道的挡板沿宽度又分为左右 2 组，共 4 组挡板。挡板转轴两端支承在框架的槽钢上，轴端采用双列滚珠轴承予以支承，以使挡板能灵活轻便转动。为避免轴与框架槽轴孔间的间隙产生泄漏，除用压盖加填料给以密封外，还采用空气密封装置予以密封，以减少锅炉的漏风和防止因漏灰、积灰而引起的卡涩现象，确保挡板轴始终处于能灵活转动的状态。挡板的调节是依靠电动执行机构进行驱动，执行机构直接驱动主动轴，并通过连杆带动整组挡板同步动作。在主动轴的轴端处设有角度指示器，指示烟道内挡板所处的角度。

主烟道和旁路烟道的挡板采用反向联动调节方式。当再热汽温降低时，则开大低温再热器侧的烟气挡板，使之通过烟气流量增加，从而提高再热汽温。而同时关小低温过热器侧的烟气挡板，使之通过低温过热器的烟气流量减少，过热汽温下降。因此，过热汽温变化再通过喷水减温器的喷水量调节来维持过热汽温。

图 3-21 表示出负荷变化时由于挡板的调节使流经两个烟道的烟气量随锅炉负荷发生变化的情况。图 3-22 表示过热蒸汽温度和再热蒸汽温度随负荷的变化情况。

烟气分隔挡板布置及运行调节上主要特性如下。

1）大容量锅炉，在竖井烟道中，采用低温再热器与低温过热器并列布置的方式，即在主烟道布置低温再热器，在旁路烟道布置低温过热器。低温再热器受热面积占整个再热器受热面积的 3/4 左右，其蒸汽焓增占整个再热蒸汽焓增的 50%～60%。确保在挡板调节时有较大的调温幅度。

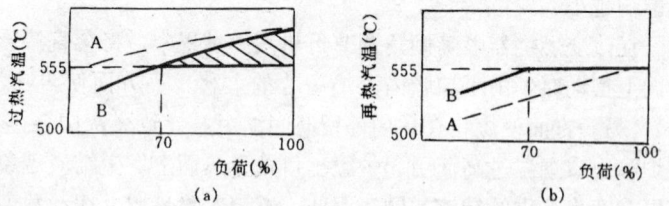

图 3-22　挡板调节时汽温随负荷的变化情况
(a) 过热汽温；(b) 再热汽温
A—挡板全开时汽温特性；B—挡板调节后汽温特性

2）烟气调节挡板设置在主、旁烟道的省煤器下方。这样布置的好处是：由于该处烟气温度稍低，挡板不易过热，变形量小，可保证挡板工作的安全；在省煤器出口的烟道截面可以收缩，使挡板的长度可相应缩短，质量减轻，刚性增强，并使驱动力矩可相应减小。

3）主烟道和旁路烟道的挡板采用反向联动调节方式，两角度之和保持为 90°，在锅炉负荷变化范围之内，主烟道的理论调节角度范围为 40°～60°，采用这样调节范围的优点有以下两点。

一是可获得较高的调节灵敏度。因为在这样调节范围内，是挡板调节的灵敏区，即挡板改变单位角度后引起的烟气变化量较大，使传热量和汽温变化值亦较大，调节灵敏度高。

二是在这样角度调节范围内，挡板的局部阻力系数较小，因而可降低引风机的电耗。

4）采用烟气挡板调节方法可能存在的问题，有以下两点。

一是因挡板受热发生不规则变形，或转动及传动机构发生卡涩而不能正常动作，从而无法进行调节。

二是由于理论设计计算与实际调节结构有较大出入，使调节超出可能范围。也就是说，在挡板的可调范围内，难以达到正常汽温值。有时，为了使汽温尽可能接近规定值，往往造成主烟道（或旁路烟道）中的烟速不是过高，就是过低，从而使受热面的管子磨损加剧，或发生严重积灰，影响锅炉的运行安全和经济性。

第三节　过热器与再热器热偏差

一、热偏差概念

过热器及再热器是由许多并列管子组成的，管子的结构尺寸、内部阻力系数和所处热负荷可能各不相同。因此，每根管子中蒸汽的焓增 Δh 也就不同，这种现象就叫做过热器（再热器）的热偏差。热偏差系数 φ 定义为

$$\varphi = \frac{\Delta h_{\mathrm{p}}}{\Delta h_{\mathrm{o}}}$$

式中，脚标"o"和"p"分别表示整个管组的平均值和所检测管子（"偏差管"）的特定值。如以脚标 1 和 2 分别表示管圈进出口处的数值，则有

$$\Delta h_{\mathrm{o}} = h_{2\mathrm{o}} - h_{1\mathrm{o}} = \frac{q_{\mathrm{o}} A_{\mathrm{o}}}{G_{\mathrm{o}}}$$

$$\Delta h_{\mathrm{p}} = h_{2\mathrm{p}} - h_{1\mathrm{p}} = \frac{q_{\mathrm{p}} A_{\mathrm{p}}}{G_{\mathrm{p}}}$$

式中　Δh——管圈的焓增；

q、A 和 G——分别为受热面的外壁面热负荷、受热面的面积和工质流量。

于是

$$\varphi = \frac{q_{\mathrm{p}}}{q_{\mathrm{o}}} \frac{A_{\mathrm{p}}}{A_{\mathrm{o}}} \frac{1}{G_{\mathrm{p}}/G_{\mathrm{o}}} = \frac{\eta_{\mathrm{q}} \eta_{\mathrm{A}}}{\eta_{\mathrm{G}}}$$

这里 $\eta_{\mathrm{q}} = q_{\mathrm{p}}/q_{\mathrm{o}}$，$\eta_{\mathrm{A}} = \frac{A_{\mathrm{p}}}{A_{\mathrm{o}}}$ 和 $\eta_{\mathrm{G}} = G_{\mathrm{p}}/G_{\mathrm{o}}$ 分别称为吸热不均系数、结构不均系数和流量不均系数。

对于大多数过热器、再热器受热面，管子或管屏之间的受热面积的差异很小（$\eta_{\mathrm{A}} \approx 1$），因此过热器、再热器的热偏差主要是由于吸热不均和流量不均所造成的。最危险的将是热负荷较大而蒸汽流量又较小，而且其汽温又较高的那些管子。

1. 吸热不均

影响过热器、再热器管圈之间吸热不均的因素较多，有结构因素，也有运行因素。

受热面的污染（如过热器、再热器的结渣或积灰）会使管圈间吸热不均，结渣和积灰总是不均匀的，部分管圈结渣或积灰，使其他管圈的吸热可能会有所增加。

炉内温度场和热流的不均将影响辐射式和对流式过热器、再热器的吸热不均。炉内温度场和热流均是三维的，炉膛中四面炉壁的热负荷可能各不相同。对于某一壁面来说，沿其宽度和高度

的热负荷分布不均,沿炉膛宽度、深度温度分布的不均,将会不同程度地在炉膛出口、对流水平烟道中延续下去,也会引起炉膛出口和对流烟道受热面的吸热不均,而且,离炉膛出口越近,这种影响就越大。运行中火焰的偏斜,四角切向燃烧器所产生的旋转气流在炉膛出口,水平烟道的气流残余扭转,会对过热器、再热器的吸热不均产生极大的影响。

2. 流量不均

影响并列管子间流量不均的因素很多,例如联箱连接方式的不同,并行管圈间管径、长度的差异而导致阻力系数不同,也即结构不均会引起流量不均。此外,吸热不均也会引起流量不均。

过热器(再热器)联箱连接方式不同,会引起并列管圈进出口端静压的差异,图 3-23 示出过热器联箱某些连接方式。在 Z 形连接的管组中 [见图 3-23(a)],蒸汽由进口(分配)联箱左端引入,并从出口(汇集)联箱的右端导出。在进口联箱中,沿联箱长度方向,工质流量因逐渐分配给各蛇形管而不断减少,在进口联箱的右端,蒸汽流量下降到最小值。与此相应,动能也沿联箱长度方向逐渐降低,而静压则逐步升高,进口联箱中静压的分布曲线如图 3-23(a)中上面一根曲线所示;出口联箱中静压分布则如图 3-23(a)中下面一根曲线所示。这样,在 Z 形连接管组中,管圈两端的压差 Δp 有很大差异,因而导致流量不均,左边管圈的工质流量最小,右边管圈的流量最大。在 U 形连接管组中 [见图 3-23(b)],两个联箱内静压的变化有着相同的方向 [图 3-23(b)中未画出阻力变化],因此并列管之间两端的压差 Δp 相差较小,其流量不均比 Z 形连接方式要小得多。所以预期,在多管均匀引入和导出的连接系统(见图 3-24)中,沿联箱长度静压的变化对流量不均影响将减小到最低程度。

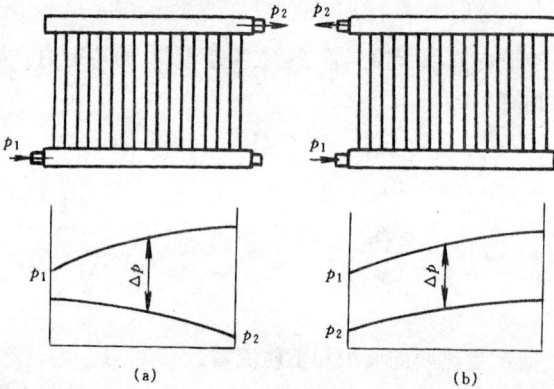

图 3-23 过热器连接方式
(a) Z 形;(b) U 形

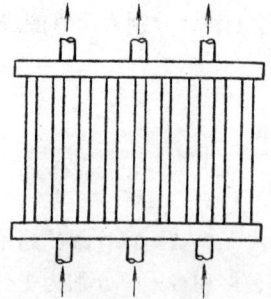

图 3-24 过热器的
多管连接方式

但是,即使假定沿联箱长度各点的静压相同,也就是各并列管圈两端的压差 Δp 相等,也会产生流量不均。在这种情况下,对整个管组的平均工况(以脚标"o"表示)有

$$\Delta p_\text{o} = \left(\lambda \frac{l}{d} + \Sigma \zeta\right)_\text{o} \frac{w_\text{o}^2}{2v_\text{o}} + \frac{H}{v_\text{o}}g = K_\text{o}G_\text{o}^2 v_\text{o} + \frac{H}{v_\text{o}}g$$

其中
$$K_\text{o} = \left(\lambda \frac{l}{d} + \Sigma \zeta\right)\frac{1}{2f_\text{o}^2}$$

式中 ζ、λ、K——管子的局部阻力系数、摩擦阻力系数和折算阻力系数;

G、v、w——管内蒸汽流量$\left(G = \frac{fw}{v}\right)$、平均比容和平均流速;

d、f、l——管子的内径、流通截面积和长度;

　　　　　　　　　　　　第一篇 锅炉本体设备

H——进出口联箱之间的高度差。

对于偏差管（以脚标"p"表示），则有

$$\Delta p_p = K_p G_p^2 v_p + \frac{H}{v_p} g$$

如果不考虑沿联箱长度静压的变化，则各并列管圈的压差应当相等，即

$$\Delta p = \Delta p_o = \Delta p_p$$

由此得

$$K_o G_o^2 v_o + \frac{H}{v_o} g = K_p G_p^2 v_p + \frac{H}{v_p} g$$

在已知管组中偏差管和按整个管组平均的 K 和 v 值的情况下，利用上式可以估算出工质的流量不均。对于过热器、再热器，公式中的重位压头 $\frac{H}{v} g$ 所占的压差份额很小（一般 H 很小，甚至为零），可不予考虑。这样，可得

$$K_o G_o^2 v_o = K_p G_p^2 v_p$$

或

$$\eta_G = \frac{G_p}{G_o} = \sqrt{\frac{K_o}{K_p} \frac{v_o}{v_p}}$$

由上式可看出，即使管圈之间阻力系数完全相同，即 $K_p = K_o$，由于吸热不均引起的管间工质比容的差别也会导致流量的不均。吸热量大的管子，其工质比容也大，管内工质流量就小（$\eta_G < 1$），这是强制工质流动受热面的流动特性。由此可见，过热器并列管子中吸热量大的管子，其热负荷较高，导致其工质流量又较小，因此工质焓增就增大，管子出口工质温度和壁温均要相应升高。

假定经过混合后（联箱内混合），管组各管圈进口工质的参数是均匀的，即 $h_{1p} = h_{1o}$，当热偏差系数一定时，偏差管出口处蒸汽焓值与平均管出口处蒸汽焓值之差（$h_{2p} - h_{2o}$）将与管组的平均焓增 Δh_o 成比例，即

$$h_{2p} - h_{2o} = (h_{2p} - h_{1p}) - (h_{2o} - h_{1o}) = \Delta h_p - \Delta h_o = \Delta h_o (\varphi - 1)$$

由此可见，当热偏差系数 φ 一定时，管组的焓值（Δh_o）越大，各管圈出口处工质温度的偏差也就越大，因此过热器、再热器最好分级，限制每一级焓增值大小。

二、各种型式过热器（再热器）热偏差特性

从上述分析可知，产生热偏差的基本原因有烟气侧的吸热不均和蒸汽侧的流量不均两种，现分别说明如下。

（一）吸热不均

1. 屏式过热器部分（同屏热偏差）

屏接受烟气热量的方式有三种，即屏间烟气辐射传热、炉膛或屏前烟气的辐射传热，以及烟气冲刷管屏的对流传热。在屏的总吸热量中，各部分所占的比例将视屏的结构、布置和运行工况不同而有较大的变化。分隔屏（前屏）过热器是以吸收炉膛火焰辐射热量为主，呈辐射式受热面。而布置在折焰角上部屏式再热器（CE锅炉）则以吸收烟气辐射、对流热量为主，也同时吸收部分炉膛辐射热量。后屏过热器则同时吸收炉膛辐射热及烟气辐射、对流热量。

对于屏式过热器通常其外圈管子比较长，因此它的受热面积和吸热量相应要比其他管圈要大。在接受炉膛（或屏间烟气）辐射中，屏式过热器同屏各管由于角系数各不相同，因而使各管圈的吸热量有很大的差别。面对炉膛（或屏前烟气）直接接受火焰辐射的第一排管圈，因其角系

数 x 最大，相应的辐射面积也最大，吸收辐射热量就最多，往往可达各排管圈平均吸热量的几倍。对于这种曝光程度较高的管子，不仅吸收辐射热量大，而且由于烟气冲刷面积也大，使对流吸热量也大。因此，最外圈管吸热量为最大。

影响屏式过热器工作可靠性的主要因素有：同屏热偏差、屏吸收炉膛辐射的热负荷、屏的积灰系数、管内合理蒸汽质量流速的选取、沿炉宽各片屏的热偏差和流量偏差等。而同屏热偏差是影响屏可靠工作的最主要因素。

造成同屏热偏差的原因从上述分析看主要有以下几点。

(1) 同屏各排管子因接受炉膛（或屏前烟气）辐射热量的不均匀；

(2) 同屏各排管子辐射受热面积的不均匀；

(3) 外圈管比较长，因此它的受热面积和吸热量比其他各管要大；

(4) 外圈管较长，其阻力系数较大，因此管内的蒸汽流量比其他各管要小。

在传统的屏结构中，上述四个因素都使外圈管的焓增和温升比其他各管大，这四个因素叠加起来就会造成很大的同屏热偏差和汽温偏差，使之管壁温度升高，可靠性降低。

2. 对流过热器和再热器的同片热偏差

现代大容量电站锅炉的对流过热器、再热器的同一片管屏都是采用多管圈的结构。从实践运行及试验中发现对流过热器、再热器都存在同片各管之间的热偏差，有的热偏差相当大（达 $1.3 \sim 1.4$），由此引起管壁超温。

造成同片热偏差的主要原因，根据对流过热器和再热器结构布置，可分为两种类型，第一种是布置在水平烟道中的高温对流过热器和再热器（简称"高过类型"），是悬吊直立式管屏。第二种是布置在后部烟道（竖井烟道）的低温再热器或低温过热器（简称"低再类型"），是水平管圈，只有出口段是处于转弯烟室（转向室）的垂直管。

(1) "高过类型"产生同片热偏差的主要原因如下。

1) 管束前后烟气空间，对各排管子的辐射热量不均匀性，而面向烟气空间第一排管子的角系数最大，吸热量最多，以后各排迅速递减。

2) 同片各管接受管束间烟气辐射热量的不均匀性。

3) 同片各管吸收对流热量的不均匀性。

(2) "低再类型"产生同片热偏差的主要原因如下。

对于布置在后部竖井烟道的低温过热器或低温再热器，它的同片各管往往兼有吸热、结构与水力三方面的偏差：

1) 同片各管受热长度不同。

2) 后竖井中沿烟道深度的烟温偏差。

3) 低温再热器或低温过热器的引出段布置在转弯烟室中，其引出管前后烟气空间对同片各管的辐射热量不均匀性。而且还有管束间烟气的辐射和对热吸热不均匀。

4) 同片各管如总长度不同，长度大，阻力大，蒸汽流量较小，焓增就会增大。

3. 屏间、片间吸热不均（屏间、片间热偏差）

在锅炉运行中，炉膛火焰中心偏斜及四角切圆燃烧的炉膛出口的烟气残余扭转，这些都将使温度场发生变化，引起屏式过热器及对流受热面的吸热不均。越靠近炉膛的受热面所受影响也越大，往往出现屏（片）间的热偏差。对于四角切圆燃烧的炉膛出口的烟气残余扭转，容量越大，产生炉膛出口及水平烟道的左右烟温偏差越大，也即屏（片）间的热偏差越大。

如果运行中出现炉膛火焰充满度不好，各个燃烧器出力不一致，操作不良，四角粉风分配不好，或火焰偏斜、风粉不均，炉膛水冷壁局部结渣等，均会使炉膛出口的烟气温度分布不均匀，从而加剧屏（片）间的热偏差。

上述分析的原因均使过热器、再热器各并列管圈或管屏产生吸热不均，加剧其热偏差。还应指出的是，吸热多的管子由于蒸汽温度高、比体积大，流动阻力增加，均使工质流量减少，更加大热偏差。

（二）流量不均

过热器（再热器）进出口联箱间并列管子工作时，流经每一根管子的蒸汽流量决定于该管子两端的压力差、流动阻力系数，以及管中蒸汽的比容。

在过热器、再热器并列管流动中，重位压头 $\dfrac{H}{v}g$ 所占的压差份额可忽略不计，考虑联箱中静压变化，则

整个管组的平均工况 $\qquad\qquad \Delta p_{\mathrm{o}} = K_{\mathrm{o}}G_{\mathrm{o}}^2 v_{\mathrm{o}}$

整个管组中偏差管工况 $\qquad\qquad \Delta p_{\mathrm{p}} = K_{\mathrm{p}}G_{\mathrm{p}}^2 v_{\mathrm{p}}$

其流量不均系数

$$\eta_{\mathrm{G}} = \frac{G_{\mathrm{p}}}{G_{\mathrm{o}}} = \sqrt{\frac{\Delta p_{\mathrm{p}}}{\Delta p_{\mathrm{o}}}\frac{v_{\mathrm{o}}}{v_{\mathrm{p}}}\frac{K_{\mathrm{o}}}{K_{\mathrm{p}}}}$$

各并列管中蒸汽比容的偏差主要是由于吸热不均所引起，对于单相蒸汽来说，这种变化是有限的。蒸汽比体积大，其流量小。

并列各管的流动阻力不等，这是由于各并列管长度、内径、弯头以及粗糙度不同而造成的。阻力大的管子，其蒸汽流量少。

各并列管两端静压差不等，其流量也不同，同样也会引起热偏差。从保证并列管的流量分配均匀角度看，宜采用多管连接。但实际上多数采用从联箱端部引入或引出以及从联箱中间经单管或双管引入和引出系统，这样布置原因是具有管道系统简单，蒸汽混合均匀和便于装设喷水减温器的优点。另外，大容量锅炉中蒸汽流量增加，联箱内蒸汽的轴向流速也有所增大，使联箱两端静压差增加，也会造成流量不均，这种影响特别在再热器及屏式过热器中影响大些。再热器主要由于蒸汽压力低、比体积大、相应蒸汽流速大（当然联箱直径也会采用大些）。而屏式过热器主要考虑它所处的热负荷较大的区域，联箱间两端压差不均，会使热偏差加剧。

三、减轻热偏差措施

减轻热偏差的主要措施是减少吸热不均，其主要措施有以下几方面。

（1）将过热器、再热器分级，级间进行中间混合。$h_{2\mathrm{p}} - h_{2\mathrm{o}} = \Delta h_{\mathrm{o}}(\varphi - 1)$，即要减少热偏差（即减少 $h_{2\mathrm{p}} - h_{2\mathrm{o}}$），在 φ 一定情况下，可减少 Δh_{o}，即减少每一级过热器、再热器焓增，这样出口汽温的偏差也会减少。

（2）级间进行交叉流动，以消除两侧烟气的热力偏差。但在再热器系统中一般不宜采用左右交叉，其目的为了减少系统的流动阻力，以提高再热蒸汽的做功能力。

（3）连接管与过热器（再热器）的进出口联箱之间采用多管引入和多管引出的连接方式。减少各管之间压差差异。

（4）减少屏前或管束前烟气空间尺寸，减少屏间、片间烟气空间的差异。受热面前烟气空间深度越小，烟气空间对同屏、同片各管辐射传热的偏差也越小。用水冷或汽冷定位管（600MW锅炉用汽冷定位管）固定各屏或各片受热面，以防止其摆动、并使烟气空间固定，传热稳定。

（5）适当均衡并列各管的长度和吸热量，增大部分管段的管径，减少其阻力（一级过热器或再热器按受热条件、壁温工况采用不同材料、不同管径）。

1) 分隔屏过热器中每片屏分若干组，对于 600MW 锅炉，由于蒸汽流量大，四片分隔屏的每屏流量大，因此管圈数多。为减少同屏各管的热偏差，则采用分组方法，使每一组的管圈数减少，同组各管热偏差减少。

2) 同一级过热器、再热器分两组，中间无联箱，这一组外圈管至下一组为内圈管，以均衡各管的吸热量（即内、外圈管交叉布置）。如北仑电厂 1 号炉 CE 制造锅炉的中、高温再热器。

3) 600MW 锅炉的过热器、再热器均采用不同直径和壁厚的管子。按一级受热面所处运行工况条件不同，采用不同管径、壁厚及材料，以改善其热偏差。

4) 邹县电厂 2020t/h 锅炉的分隔屏不采用 U 形管结构，而采用反 L 形，以改善减少分隔屏的热偏差。它是从炉前水冷壁引入至炉膛顶部引出。

(6) 减少炉膛出口烟气残余扭转，减少炉膛出口及水平烟道的左右烟温偏差，减少过热蒸汽、再热蒸汽的左右汽温偏差，防止过热器、再热器超温爆管。其主要措施有以下两点。

1) 在炉膛上部加装分隔屏（前屏）过热器，以减少炉膛出口烟气残余旋转的旋转能量，从而使烟气均流，以减少水平烟道受热面（包括折焰角上部受热面）的左右流动偏差和左右烟温偏差。

2) 部分二次风反切，以减少炉膛出口烟气的旋转能量。目前 300MW、600MW 四角切圆燃烧的锅炉采用较为广泛。

(7) 运行方面措施有：在设备投产或大修后，必须做好炉内冷态空气动力场试验和热态燃烧调整试验。在正常运行时，应根据锅炉出力要求，合理投运燃烧器，调整好炉内燃烧。烟气要均匀充满炉膛空间，避免产生偏斜和冲刷屏式过热器。尽量使沿炉宽方向烟气流量和温度分布比较均匀，控制水平烟道左右烟温偏差不能过大。及时吹灰，防止因结渣和积灰而引起的受热不均现象产生。

复 习 思 考 题

1. 在 CE 专利制造锅炉中，采用四角切圆燃烧方式，其炉膛上部一般都布置分隔屏过热器，有哪些作用？

2. 邹县电厂 2020t/h 有自然循环锅炉分隔屏过热器布置有何特点？

3. 北仑电厂 1 号炉（控制循环）与邹县电厂 600MW 自然循环锅炉过热器的减温器设置有何不同？各有什么特点？

4. 直流锅炉汽温调节有什么特点？

5. 再热蒸汽与过热蒸汽相比，有哪些特性？为什么再热汽温用喷水调节、要降低机组经济性？

6. 再热汽温调节有哪些方法？其调节原理是怎样的？在汽温调节上各有何特性？

7. 何谓过热器、再热器热偏差及热偏差系数？影响热偏差因素有哪些？

8. 造成屏式过热器同屏热偏差的原因有哪些？造成屏间热偏差的原因有哪些？

9. 减轻过热器、再热器热偏差系数的措施有哪些？

第四章

磨煤机及其制粉系统

第一节　HP、RP磨煤机结构及其特性

　　北仑电厂600MW锅炉（1号炉）采用6台HP983型中速磨煤机，石洞口二厂600MW的超临界压力锅炉采用6台HP943型中速磨煤机，而平圩电厂600MW的锅炉采用6台RP-1003型的中速磨煤机。型号HP983，个位上的数表示磨辊的个数为"3"个磨辊；十位上的数为奇数时表示深碗磨，为偶数时表示浅碗磨，百位上的数和十位上的数联合组成的数表示磨碗的名义直径，HP-983表示浅碗磨，其磨碗直径为2497mm（98英寸）。一台600MW锅炉都采用6台磨煤机相配套，分别与锅炉的6层煤粉燃烧器相对应。磨煤机的制粉能力按在锅炉最大连续出力下为5台磨煤机工作，1台作备用。每台磨煤机的制粉量为按锅炉设计煤种计算制粉能力的80%，尚有20%的制粉能力的裕量。

　　图4-1为HP磨煤机结构总图，它是一种上部带有分离器的浅碗磨，磨煤机主要由下部磨煤机的机体和上部煤粉分离器两部分组成。磨煤机的机体部件主要有传动装置、磨碗、风环、磨辊和落煤管等。煤粉分离器的部件主要有分离器外壳、内锥体、折向门和出粉管阀门等。

　　该磨煤机的工作原理是，给煤机将煤从磨煤机中心落煤管进入，煤落到旋转的磨碗上，在离心力的作用下向磨碗的周缘移动。三个独立的弹簧加载磨辊按相隔120°分布安装于磨碗上部，磨辊与磨碗之间保持一定的间隙，两者并无直接的接触。磨辊利用弹簧加压装置施以必要的研磨压力，当煤通过磨碗与磨辊之间时，煤就被磨制成煤粉。这种磨煤机主要是利用磨辊与磨碗对它们之间的煤的压碎和碾磨两种方法来实现磨煤的。磨制出煤粉由于离心力作用继续向外移动，最后沿磨碗周缘溢出。

　　磨煤干燥用的热空气由磨碗周缘的风环进入磨煤机的磨煤空间。热空气携带煤粉上升，较重的粗粉颗粒脱离气流，返回磨碗重磨，这是煤粉的第1级分离。煤粉气流继续上升，在分离器顶部进入折向门装置，由于碰撞在分离器顶部壳体上和转弯处的离心力作用，又有一部分粗粉颗粒返回磨碗重磨，这是煤粉的第2级分离。较细的煤粉气流通过折向门进入内锥体，折向门叶片使风粉混合物在内锥体内产生旋转，由于离心力的作用，煤粉进一步分离，这是煤粉的第3级分离，如图4-2所示。折向叶片的角度决定旋流的速度，从而决定煤粉的最终细度。细度不合格的煤粉沿着内锥体内壁从旋流中分离出来，返回磨碗重磨，而细度合格的煤粉经由出口文丘里管和出粉管阀门离开磨煤机进入煤粉管道系统。

　　混杂在煤中石子、煤矸石和铁块等杂质从磨碗边缘溢出后，由于较重而从风环

处落下。在磨碗下部的热风室内装有可转动（随主轴转动）的石子煤刮板，它把上述杂物刮入石子煤排出口，进入石子煤箱中。石子煤排出口装有阀门，在磨煤机正常运行情况下，阀门保持开启，只有在清理石子煤箱时（石子煤箱出石子煤），才关闭该阀门。平时切记不要关闭此阀门，否则杂物留在机内，被刮板支架和刮板研磨，会造成部件的额外磨损，甚至会使石子煤刮板断裂，并存在潜在的着火隐患。

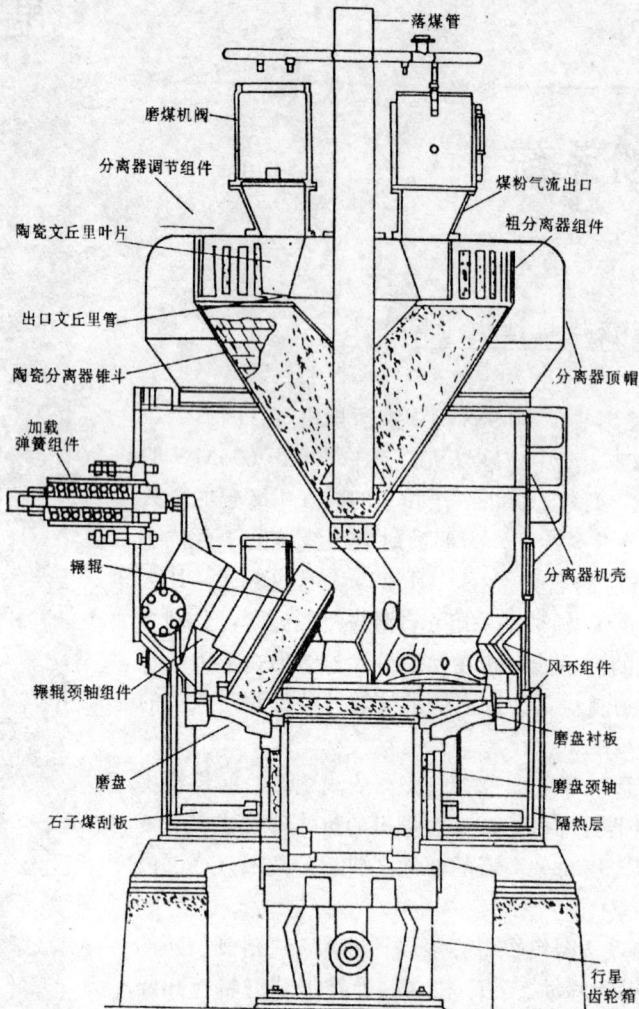

图 4-1　HP 磨煤机结构总图

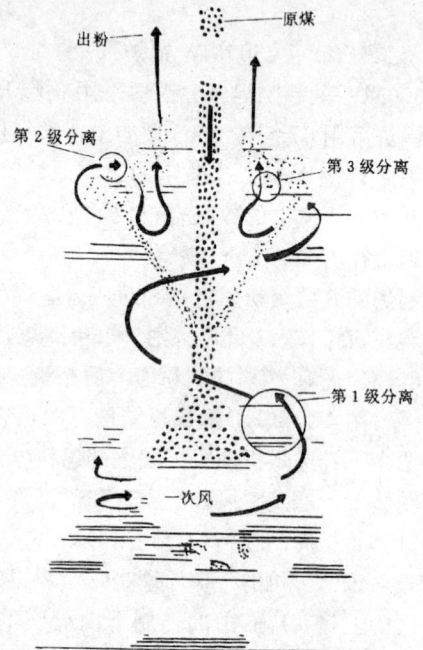

图 4-2　煤粉的分离过程

如果有煤排入石子煤箱，则表明给煤量过多，或磨辊压力过小，或一次风流量太小，或磨煤机出口温度过低。磨煤机部件磨损过多或调整不当也会造成煤的排出。煤的过量溢出表明磨煤机运行不正常，应立即采取措施，加以调整。

磨煤机是在正压下运行，密封空气系统向动静间隙提供清洁空气，用以防止热空气和煤粉逸出而污染传动部件，也向磨煤机磨辊耳轴提供密封空气以免煤粉进入磨辊轴承。

一、HP 磨煤机主要部件结构与特点

1. 驱动部分

驱动部分由电动机通过联轴节、位于磨煤机下部的减速齿轮箱与磨碗轴相连接。传动系统的减速比为 30∶1，使磨碗以 32.8r/min 的恒转速旋转。电动机功率为 450kW，983r/min（HP-983）。驱动部分具有自身的润滑油强制循环和冷却系统，分别由油箱、油泵和冷却器所组成。润滑系统的最大流量为 12m³/h，温升 40.5℃/43℃，最大进口油压 1MPa。因磨煤机处于正压的工作条件下，为防止煤粉随同气体通过转动着的磨碗轴与静止部件间的间隙漏入驱动部分，在驱动部分设有密封空气的入口，使这一部分的压力高于上方碾磨区域。此密封空气来自密封空气系统。

2. 磨辊

磨辊是磨煤机的磨煤部件之一，它依靠压碎和碾磨两种作用将煤粉碎。煤落在磨碗的中间，煤受到磨碗转动而产生离心力，进入磨辊与磨碗之间。磨碗带动煤层，煤层通过摩擦力带动磨辊轴转动，磨辊碾压煤的压力一部分靠辊子本身的质量，但主要是依靠作用在磨辊上的碾磨弹簧的紧力。

磨辊与弹簧加载装置，如图 4-3 所示。

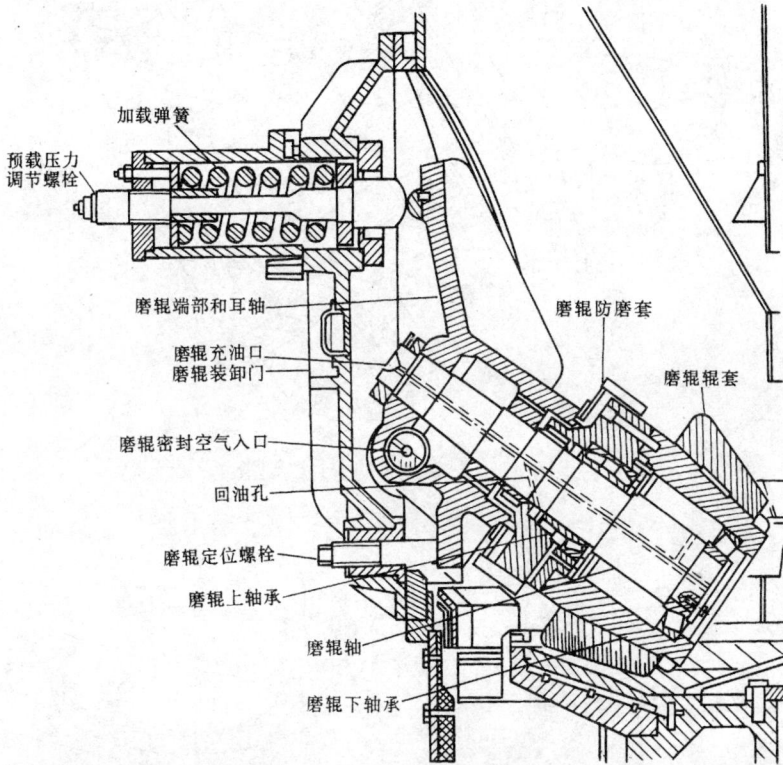

图 4-3　磨辊与弹簧加载装置

磨辊由磨辊轴、上下轴承、磨辊辊套、耳轴和壳体（辊体）等组成。耳轴的作用是在装卸磨辊时，用作翻转磨辊的支点，同时也使磨辊能在检修时通过磨辊装卸门，将磨辊翻出到磨煤机的机壳之外，可以很方便地对磨辊进行安装与检修。

弹簧加载装置施加给磨辊一定的碾磨压力，通过调节顶载压力螺栓，可以调节磨辊对煤层的碾磨压力的大小。通过调节磨辊的定位螺栓，可以调整磨辊与磨碗的间隙，该间隙在磨煤机检修后进行调整，一般间隙控制在 4～5mm。该间隙过大，启动投煤时，石子煤量会增多；间隙过小，会发生磨辊与磨碗衬板碰擦声。

磨辊轴承的润滑及密封，如图 4-4 所示。

轴承润滑油由磨辊中方管接头处输入；轴承密封空气通过耳轴中心孔输入，密封空气的作用是防止磨煤机内的煤粉对磨辊轴承的污染。

3. 磨碗

磨碗是磨煤机的磨煤部件之一，它有两个作用，其一是磨碗与磨辊一起对煤层进行碾磨；其

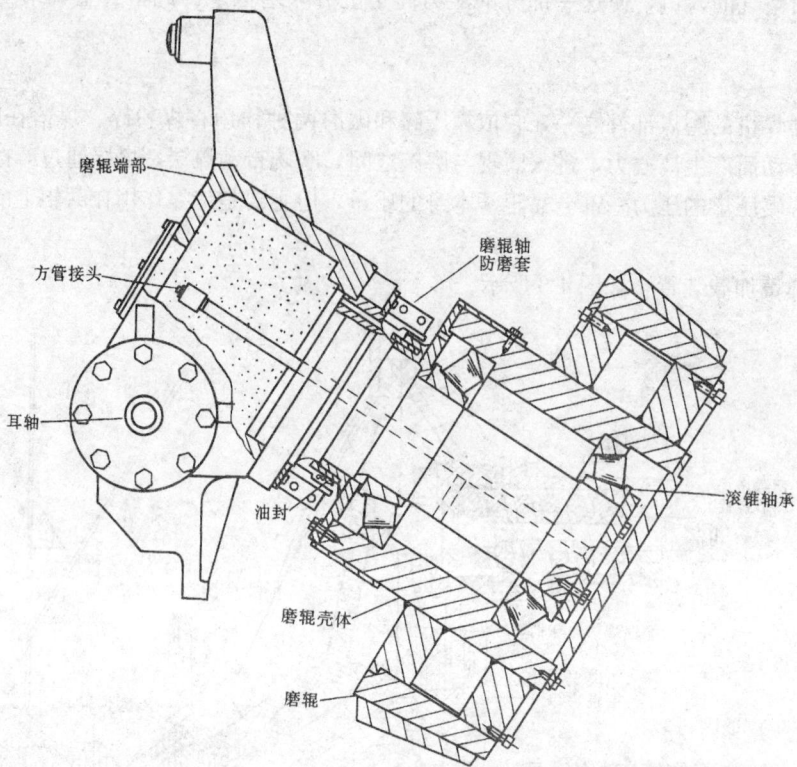

磨辊端部

磨辊轴
防磨套

方管接头

耳轴

油封

滚锥轴承

磨辊壳体

磨辊

图 4-4　磨辊轴承的密封与润滑

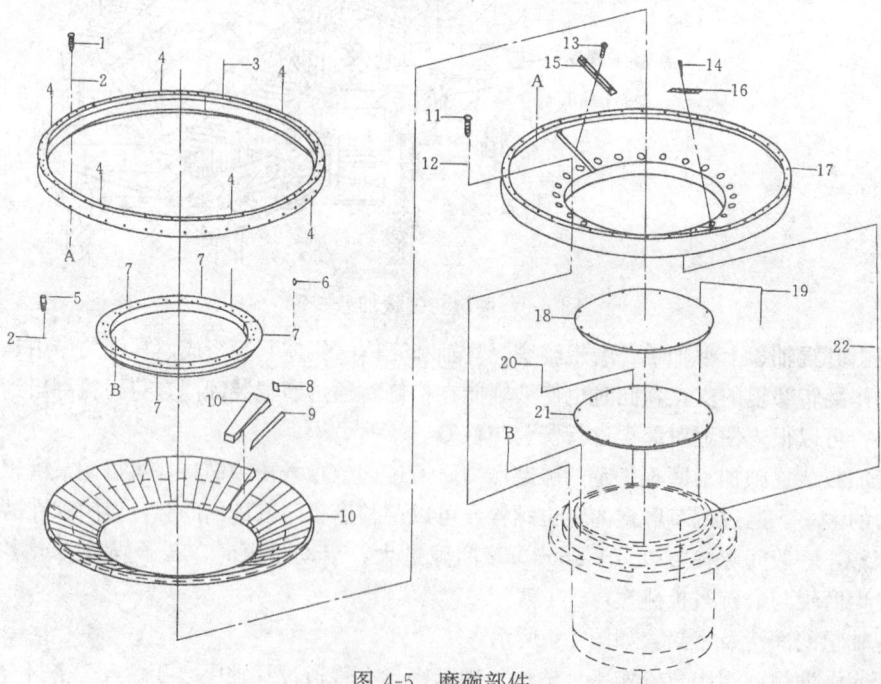

图 4-5　磨碗部件

二是磨碗将磨出的煤粉送离磨碗进入一次风气流中。电动机带动磨碗旋转，在离心力作用下，磨出的煤粉被抛向磨碗周缘的风环处。

磨碗装在磨碗毂上，磨碗部件由磨碗和衬板等组成，如图 4-5 所示，图 4-5 上零件号码的名称和数量列于表 4-1 中。

表 4-1

磨 碗 零 件 表

序号	名　　称	数量	备　注	序号	名　　称	数量	备　注
1	内六角头螺钉	42	M25.4×152.4mm	12	垫圈	24	φ139.7mm
2	垫圈	58	φ25.4mm	13	螺钉	3	M19.05×50.8mm
3	螺钉	12	M19.05×25.4mm	14	螺钉	1	M19.05×82.55mm
4	磨碗加深环	1		15	衬板止推键	1	
5	内六角头螺钉	16	M25.4×101.6mm	16	填隙键	1	
6	螺钉	12	M25.4×25.4mm	17	磨碗	1	
7	磨碗衬板压紧环	1		18	磨碗毂盖防磨板	1	
8	衬板端部填隙片			19	内六角头螺钉	8	M15.9×25.4mm
9	衬板块填隙片			20	内六角头螺钉	8	M15.9×25.4mm
10	衬板—带有斜凹筋 衬板—平型的 衬板—带有键槽的			21	磨碗毂盖	1	
11	内六角头螺钉	24	M139.7×127mm	22	定位销	2	φ69.85×152.4mm

　　衬板是直接磨煤的零件，它可以方便地装卸，有利于磨损后的更换。该磨煤机内共有 42 块衬板，其中有 7 块衬板表面带有凹筋，这种凹筋作用是提高煤层与衬板间的摩擦力，有助于延长衬板的使用寿命。衬板由耐磨合金铸件制成。

　　采用碗式（HP、RP）磨煤机的一大特点是磨煤机的粉碎能力较高，这是因为磨碗的碾磨区是向上倾斜的，煤的重力产生的沿倾斜面的分力抵消了部分离心力的作用，使煤向磨碗周缘移动的速度变慢，增加了煤在磨碗上的停留时间。

　　磨蚀同时发生于衬板及磨辊的辊套工作面上，磨蚀速度决定于它们的材质和煤种（主要是煤中的分离石英砂量和黄铁矿量）。目前衬板采用高铬铸铁和硒土耐磨钢，而磨辊也可以采用堆焊方法进行修补。

　　4. 煤粉分离器

　　煤粉分离器是将磨煤机磨出的煤粉按粗细进行分离的装置，分离出来的粗粉返回到磨碗重新磨制，合格的煤粉送往燃烧器的喷嘴。中速磨煤机的分离器布置在磨煤机的上部，与磨煤机构成一体，因此中速磨煤机的制粉系统的结构比较紧凑。

　　图 4-6 所示为分离器部件，它由分离器本体、折向门和内锥体等组成，图 4-6 上零件号码名称及数量列于表 4-2 中。

　　煤粉气流经折向门叶片后，在内锥体内产生旋转气流，由于离心力的作用，粗粉被分离出来，沿内锥体壁返回磨碗上重磨，而合格的煤粉经文丘里管分配，被送往四根一次风煤粉管道。改变折向门叶片的角度，可以调节煤粉空气的旋流强度，从而调节煤粉细度。内锥体壁面衬有陶瓷衬片，因此这种分离器耐磨性能好。

　　5. 落煤管与文丘里管

　　中心落煤管的作用是将给煤机输送的原煤送往磨碗处磨制，它由上下两段落煤管组成。

　　文丘里管的作用是将磨制好的煤粉分配给四根出粉管，送往一层四个角的燃烧器喷嘴使用。分配煤粉的任务是依靠文丘里管四块隔板来完成的。

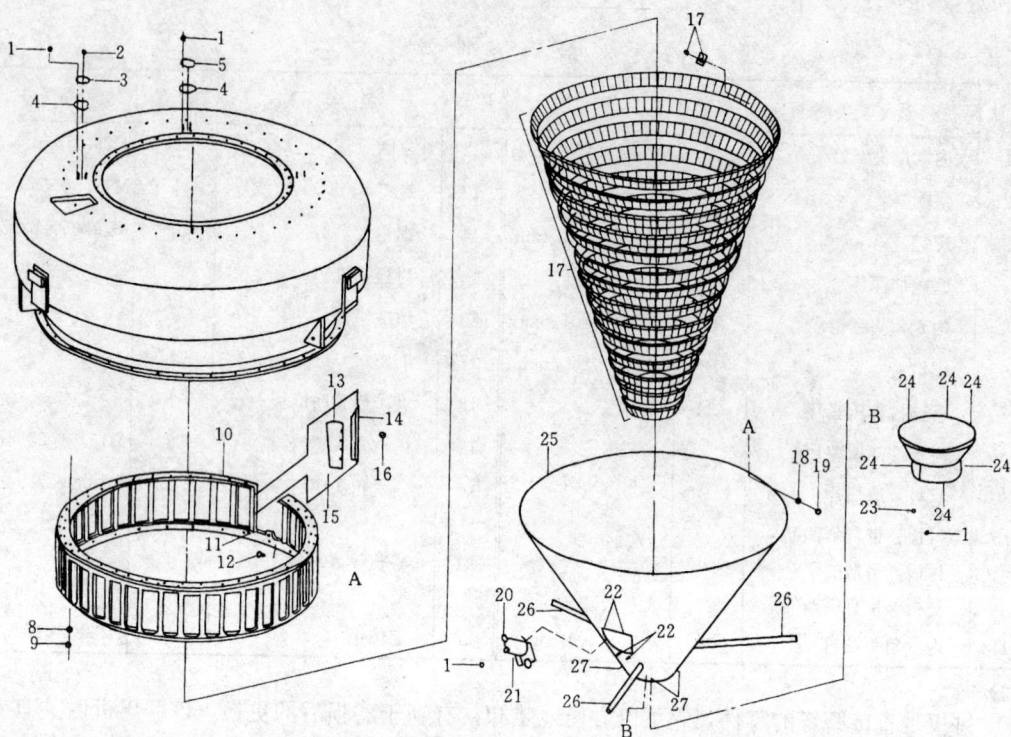

图 4-6 分离器部件

表 4-2 煤粉分离器零件表

序号	名　　称	数量	备　注	序号	名　　称	数量	备　注
1	六角螺母	30	M12.7	15	螺钉	144	M9.53×69.85mm
2	方头管塞	2		16	六角螺母	144	M9.53
3	孔塞	2			垫圈	144	φ9.53
4	橡皮孔塞垫片	4		17	内锥体陶瓷衬片		
5	孔塞	2		18	垫圈	60	φ15.88
6	六角头螺钉	3	M41.3×101.6mm	19	六角螺母	30	M15.88
	内六角头螺钉	1	M19.05×25.4mm	20	检修门扣	4	
7	分离器顶	1		21	检修门把手	1	
8	垫圈	36	φ19.05	22	螺栓（焊接）	4	M12.7 × 25.4 ~ 6.35mm
9	六角螺母	36	M19.05	23	焊孔塞	18	
10	折向门	1		24	内锥体出口	1	
11	折向门支架	36		25	内锥体	1	
12	六角头螺钉	46	M15.88×50.8mm	26	内锥体支撑管	3	
13	折向门叶片	36		27	螺栓（焊接）	6	M127×82.55mm
14	折向门叶片转轴	36					

　　落煤管与文丘里管的结构如图 4-7 所示。图 4-7 上零件号的名称列于表 4-3 中。在出粉管和文丘里管等磨损厉害的部件上都加装了防磨衬板。

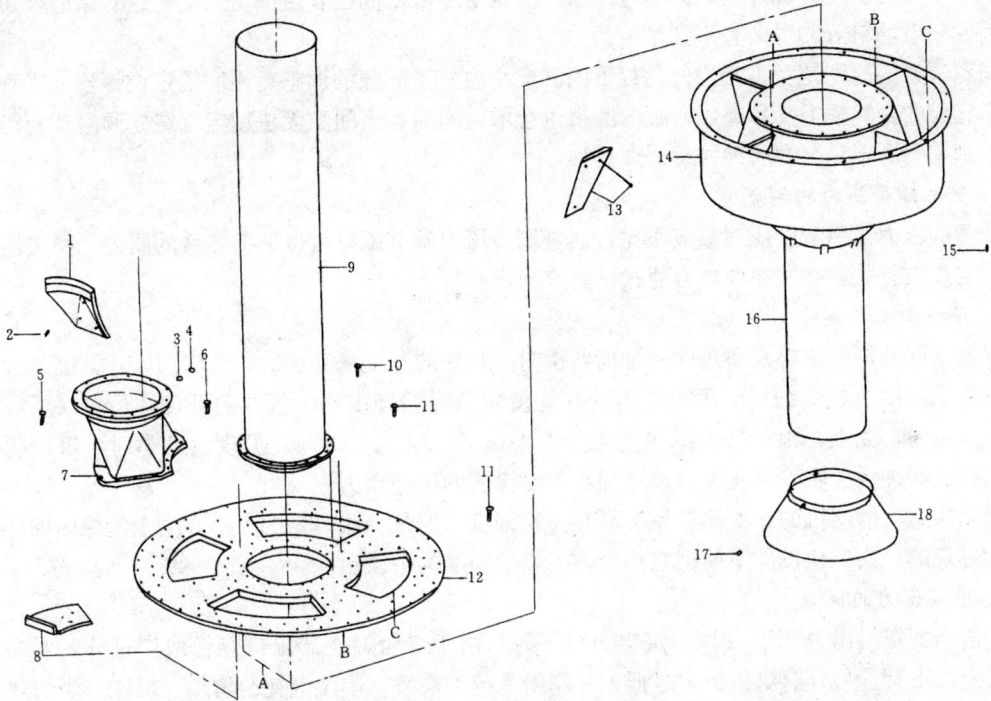

图 4-7 落煤管与文丘里管

落煤管与文丘里管零件表

表 4-3

序号	名　称	数量	备　注	序号	名　称	数量	备　注
1	出粉管内衬	4		10	六角头螺钉	16	M19.05×57.15mm
2	螺栓	12	M15.88×88.9mm	11	六角头螺钉	4	M19.05×69.85mm
3	垫圈	12	φ15.88	12	多孔板	1	
4	六角螺母	12	M15.88	13	文丘里管隔板衬板（带焊孔塞）	4	
5	六角头螺钉	13	M19.05×57.15mm	14	文丘里管	1	
6	六角头螺钉	12	M19.05×101.6mm	15	六角头螺钉	16	M15.88×50.8mm
7	出粉管	4		16	落煤管（下部）	1	
8	带焊孔塞的多孔板衬板	4		17	内六角头螺钉	4	M12.7×25.4mm
9	落煤管（上部）	1		18	倒锥体	1	

6. 出粉管阀门

出粉管阀门的作用是在检修或事故工况时，将磨煤机与煤粉管道（一次风管道）隔绝。

出粉管阀门由阀体、气控圆筒、阀门操纵杆、阀门圆盖和限位开关等组成。

仅用空气系统来的压缩空气控制阀门的圆筒活塞作上下运动，从而带动阀门操纵杆作旋转运动，再通过阀杆和阀门圆盖摇臂而控制阀门圆盖的开与关，阀门行程由两个限位开关控制，全程为阀门行程螺栓从一个限位开关操作柄走到另一个限位开关操作柄的路程。

二、磨煤机调整

磨煤机投运之后，需要对其进行调整。通常需要调整的量有：磨辊与磨碗的间隙、磨辊弹簧的压力、煤粉细度和磨煤出力等。

1. 磨辊与磨碗间隙的调整

当磨辊与磨碗间的间隙过大时，粉碎煤的能力降低，石子煤收集箱中含煤量增加，磨煤机的出力减小。当磨辊与磨碗衬板的间隙过小时，磨辊与磨碗之间会发生冲击振动，这对碾磨件、轴承、齿轮和电动机等的寿命有不利影响。

间隙调整的原则是在不相碰的前提下间隙愈小愈好。间隙的调整是用磨辊定位螺栓（又称顶丝）来完成的。磨辊辊套和磨碗衬板的磨损也会增大间隙，当间隙无法用定位螺栓调整到所需数值时，则说明磨辊辊套和磨碗衬板需要调换。

2. 磨辊弹簧压力的调整

弹簧的压力与弹簧的压缩量成正比，通过调节压力调节螺栓可以调节弹簧的压力。弹簧压力的调整与煤质有关，必须在调试时通过试验来确定。

3. 煤粉细度的调整

煤粉细度的调整主要是通过改变分离器折向门叶片的开度来完成的，折向门叶片开度从大到小，则煤粉细度由粗变细。当用折向门叶片开度调节煤粉细度时，折向门开度达最大（半径方向）时，煤粉仍太细，则就需要减少磨辊弹簧的压力；反之，折向门开度达最小时，煤粉仍很粗，则就需要加大磨辊弹簧压力，以增加磨辊对煤层的碾磨紧力。

必须注意，磨煤机的一次风量也会影响煤粉细度。但是一次风量的大小取决于使炉内保持良好着火燃烧的一次风比例，不能把它作为调节煤粉细度的手段。

4. 磨煤出力的调整

一般当磨煤机出力低于50％额定出力以下时，由于煤粉燃烧器出口煤粉浓度过低，对煤粉着火稳定性不利。另外磨煤机出力过低，对制粉系统不经济，单位电耗会增加。反之，当磨煤机出力超过额定值太多，将会导致磨煤机的运行不稳定。

磨煤机出力的调整是根据机组负荷的变化，通过调节给煤机的给煤量（给煤机转速）来完成的。通常磨煤出力调整数据要通过调整试验来确定。

三、RP—1003 型碗式中速磨煤机

RP 与 HP 磨煤机的主要区别是，RP 传动装置采用蜗轮蜗杆，而 HP 采用伞形齿轮传动，HP 传动力矩大；另外 RP 磨辊直径较小，磨辊长度大，而 HP 磨煤机磨辊直径大，磨辊长度小，因此 HP 的磨煤机出力大。

2008t/h 控制循环锅炉配用六台 RP—1003 型中速磨煤机，采用冷一次风机正压直吹式制粉系统。该型磨煤机按照 CE 技术由上海重型机器厂制造。在设计上考虑了磨煤防爆要求，装设磨煤机 CO 浓度检测仪和蒸汽或 CO_2 自动喷射防爆设施。

1. 磨煤机主要技术参数

最大制粉出力（设计煤种）	67.9t/h
最大通风量	102.1t/h
煤粉细度	$R_{90} \geqslant 25\%$
电动机功率	450kW
主轴转速	42r/min
磨碗外径	2546mm
磨辊直径　大端	1252mm
小端	935.8mm
宽度	482.6mm
磨煤机质量	172.4t

2. 磨煤机主要特征

该类型磨煤机的工作原理与 HP 一样，煤从磨煤机中心的落煤管落下，与分离器中回粉混合落到磨碗上，在被磨辊碾磨成粉之后，被从磨碗四周旋转而上的干燥介质——热空气携带上升，经分离器分离，合格煤粉通过文丘里管进入分配器，均匀地分配到四根煤粉管内，喷入炉内燃烧。不合格的煤粉返回磨煤机中再次碾磨。不易磨碎的石子煤和铁件经石子煤门排至石子煤收集箱。

该型磨煤机与 HP 一样占地小、结构简单、检修方便、制粉单耗较低等优点，也得到电厂广泛应用。

3. RP 磨煤机技术特点

(1) 磨煤机原煤是从磨煤机的中心落煤管落入磨室内的磨碗上，中心管的下口缩在分离器内锥内，落入磨煤机的原煤在落到磨碗上之前就与从分离器回下来的粗粉混合。为了使其混合得较好，在内锥的下部内侧装有导流片，使回粉旋流而下与原煤充分混和。这样，原煤在进入磨辊碾压之前就得到一定程度的干燥，并使该型磨煤机对原煤的水分含量的适应性扩大。国外有资料报道，它可以适应 $M_{ar}<25\%$ 的煤种。

(2) 磨煤机的制粉部件由两部分组成，即磨碗与磨辊，磨碗的形状近于盘状，磨辊为圆台状。三个磨辊以 120° 均布在磨碗上方，磨碗衬板与水平的夹角为 20°，这样可增加煤层在碾磨件中的碾磨时间。

(3) 在磨碗的上方装有三块固定梯形衬板（或称导风板），均布在三个磨辊的中间，其底部与磨碗之间留有一定的间隙。在磨煤机工作中，它有两个作用：一是起到一次分离的作用，当从磨碗四周风环吹上来的高速热空气将经过碾压的煤粉吹起时，大的煤粉颗粒撞击到固定梯形衬板上就立即返回到磨碗上，再次被研磨碾压，仅有能被托起的煤粉由热空气携带到顶部分离器；二是起到把磨碗的煤层刮平的效果，使进入三个磨辊下的煤层厚度保持一致，以保证三个磨辊在制粉过程中保持高效和平稳地运转，有利于减少振动和噪声。

(4) RP—1003 型碗式磨煤机的磨辊采用液压加载装置，能使三个磨辊加载的压力保持一致，防止磨碗轴的疲劳损坏。其压力可以借助于电磁调整阀来控制，使磨辊对薄煤层有一个最佳的初始压力 1.9MPa，随着磨煤机的负荷增加，从给煤机侧来的负荷信号能通过电子控制器操作阀门，以适应负荷的需要，最高时能达到 6.3MPa 压力。当突然遇到冲击负荷时，装在液压缸上的蓄能器吸收瞬时压力的增高，而保证磨煤机的稳定运行。故这种装置能使该型磨煤机在较大的负荷范围内保持安全经济运行。

加载装置有单独的油系统，从油箱经油泵送入供油管，经电磁控制方向阀，分别送到蓄能器和液压缸活塞杆端部（即循环供油），循环供油是用来冷却和润滑活塞杆端部的，因为这部分已伸到磨煤机内部，温度较高，因此在回到油箱之前是经过冷却器冷却到 60℃ 以下。在油箱温度 <15.6℃，油箱内的加热器自动投入，以保持油的适当黏度。

到蓄能器的油压是按磨煤机来的给煤率信号由一台电子逻辑控制装置来控制的。当给煤率增加时，再循环阀则短时间关闭，停止油循环。而电磁控制方向阀被导向增压位置，油流被引入蓄能器中，使之压力增加，从而加到每只磨辊上的压力也随之增加，也就是增加了碾碎能力，增加了制粉出力。反之当给煤率减少时，再循环阀开，电磁方向控制阀则移至减压位置上，蓄能器中的油经过速度阀泄掉一部分，从而作用到加压活塞上的油压下降，磨煤机的制粉能力也随之下降。

当磨煤机处于稳定运行时，压力油仍然被引到液压缸的活塞杆端部，用于冷却和润滑。蓄能器内则保持一个与当时制粉出力相匹配的压力。

(5) 该型磨煤机的磨碗内衬有耐磨衬板 45 块，其衬板与磨辊间保持有约 4~5mm 的间隙，这个尺寸是由定位螺栓来调整的。因此，该磨煤机可在空负荷下运转和运转中暖磨。对制粉部件不产生磨损,空载能耗最低。

(6) 磨煤机折向门后到四根出粉管之间设有一段文丘里管,可使气粉混合物在文丘里管出口段得到充分的混合,以保证分配到四根煤粉管中的气粉流浓度是均匀的。

(7) 为了保证该型磨煤机能很好地在正压下工作,设计上也做了周密的考虑。其一,在磨辊架水平端部轴孔内引入密封空气,密封空气进入磨辊头、上磨辊座和磨辊头罩等处,以防煤粉进入磨辊轴承。其二,在煤粉排出管上均有气动隔绝阀,并有电磁限位开关,四个排出阀均接有压缩空气,作为停磨后的密封,以防炉内偶然正压热烟气窜到磨煤机内,烧伤检修人员。其三,在主轴上径向轴承外装有密封空气罩,接有密封空气,以防煤粉进入下端蜗轮减速箱污染油质。另外在油箱上也接有压缩空气,以保持油箱内为正压而防止粉尘进入污染油质,保证加压系统正常工作。

(8) 为了保证转动部分的工作正常,该磨设有两套分开的润滑油系统,一是磨辊,它有自备的润滑系统,滚柱轴承以自身的油泵使润滑油从油池到轴承,然后从辊轴的中心孔经回油孔返回油池,成为小循环;二是主轴与蜗轮副的润滑,该磨煤机由蜗轮箱代替油箱,油经油泵送到供油管、分两路到主轴上、下径向轴承。蜗轮则直接浸没在油中。蜗轮箱中设有冷却器,以防油温过高时冷却用。

(9) 在检修方面该磨煤机在设计上也作了不少考虑,如在本体(壳体)上设有检修门,一般检修工作无需整体拆卸;三个辊子可以通过使用专用工具方便吊出,磨碗耐磨衬板单件尺寸小、拆换方便;蜗轮减速箱可以从下部和侧面拆开,供检查更换。这些都是 RP 磨(包括 HP 磨)的独特之处。

(10) 保证该型磨煤机正常运行的关键:一是要符合设计煤种和煤的颗粒度;二是对燃煤中的铁块、木块和大块石子等必须在进入锅炉原煤仓之前预先清除掉。

第二节 MPS 磨煤机结构及其特性

一、概述

MPS 型磨煤机是原西德 Babcock 公司研制成功的一种辊盘式磨机。最初是由西德的 Pfiffer 公司在培兹磨的基础上改造发展起来的,建造了专磨水泥原料的 MPS 磨系列。后来 Babcock 从 Pfiffer 公司取得了将 MPS 磨应用于火力发电厂碾磨燃煤的专利权,并做了大量的试验研究工作和结构上的必要改进,于 1958 年诞生了第一台实用的 MPS 磨煤机。后来又经过多次试验和机型的改进工作,在 1965 年设计制造了基本成熟的第一台样机,型号为 MPS—180 磨煤机,该磨安装在德国 SIEVSDORF 电厂配 300MW 机组 1000t/h 锅炉碾磨硬质烟煤。运行实践证明,效果良好。此后该公司逐步完善其规格、系列和不断改进其结构,成为目前燃煤火力发电厂理想的新型制粉设备。MPS 磨结构设计合理,加工标准严格,运行安全稳定,磨损件使用寿命长,电耗小、经济效益好,在实际应用中越来越显示其优越性能。1970 年美国制成的一台 1300MW 机组,选用了 Babcock 的 MPS—225 型磨煤机,效果良好。从此,在配大容量发电机组的中速磨中,MPS 磨逐渐取得了较明显的优势,目前世界上已有 2000 多台 MPS 磨,分别装在世界各国的火力发电厂使用。如今已有美国、意大利、日本、英国、俄罗斯、中国、法国、南非、加拿大等国向 Babcock 购买了 MPS 磨的制造专利。

MPS 磨的含义如下:

M——表示磨煤机,德文 Muhle 的第一个字母 M;

P——表示磨辊为钟摆式结构,德文 Pendeln 的第一个字母 P;

S——表示磨盘为碗式结构，德文 Schussel 的第一个字母 S。

MPS 后面的数字表示磨盘的磨轨中径（磨碗槽道的节圆直径，cm 或 mm），对于 2250mm 以下者以 cm 为单位，以上者以 mm 为单位。如 MPS—190，表示磨盘的中径为 190cm。MPS—2650，即表示磨盘的中径为 2650mm 等。

MPS 磨煤机是一种新型外加压力的中速磨煤机。三个磨辊形如钟摆一样相对固定在相距 120°的位置上，磨盘为具有凹槽滚道的碗式结构。MPS 磨煤机磨环（磨碗）通过齿轮减速机由电动机驱动，磨辊在压环的作用下向煤、磨环施加压力，由压力产生的摩擦力使磨辊绕心轴旋转（自转），心轴固定在支架上，而支架安装在压环上，可在机体内上下浮动。磨辊除转动外，还能相对磨煤机中心作 12°～15°的摆动。碾磨所需要的压紧力由液压装置在三个位置上通过弹簧施加于压环上，并通过拉紧元件受力直接传到基础上，压力能用拉索调整。小型 MPS 磨用螺杆和螺母调整，大型 MPS 磨采用液压缸调整。由于磨煤机的机体是不受力的，所以有可能把磨辊的压紧力调整得很高，而不影响机体联接的密封性。采用三个位置固定的磨辊，形成三点受力状态，碾磨的压紧力是通过弹簧压盖均匀地传递给三个磨辊，从而使转动部件（磨辊及其支架、推力轴承的推力盘等）受到均匀的载荷，改善了它们的工作条件。

磨辊的辊套采用对称结构，当一侧磨损到一定程度后（磨损不超过对称线），可拆下翻身后继续使用，从而提高了磨辊的利用率。与磨盘尺寸相仿的其他中速磨相比，MPS 磨煤机的磨辊直径较大。这样，一方面使磨辊具有较大的碾磨面积，从而使磨辊的碾磨能力，即磨煤机的磨煤出力增大；另一方面还改善了磨辊的工作条件，使磨辊的磨损比较均匀，提高碾磨元件金属的利用率。磨辊与磨碗之间具有较小的滚动阻力，启动时的阻力矩较小，同时它的空载电耗也较低，这将有助于降低磨煤的能量消耗。

MPS 磨煤机同其他磨煤机一样，碾磨—干燥这一过程也是借助于热空气流动来完成的，干燥用热空气通过喷嘴环以每秒 70～90m 的高速进入磨碗周围，这些空气不仅用于干燥而且还提供了输送碾磨煤粉到煤粉燃烧器的能量。合格的煤粉被送至一次风煤粉燃烧器，粗颗粒煤粉从分离器内再落入磨碗上重新碾磨，如果在煤中有较大的杂物（石块、煤矸石、黄铁矿等）则可通过风环落到机壳底座（热风室）上，经石子煤刮板刮到石子煤收集箱中去。

表 4-4 所列为德国 Babcock 公司生产的各种规格的 MPS 磨煤机的主要外型尺寸以及在磨制哈氏可磨系数为 $K_{km}=80$ 的煤，煤粉细度 $R_{90}=12\%～16\%$ 时的磨煤出力。

表 4-4   MPS 辊盘磨的规格、出力及外形尺寸

盘磨规格	63	80	100	125	160	200	250	320
磨煤出力 B_m (t/h)	2.5	5	9	16	28	50	90	160
直径 D (mm)	1000	1250	1600	2000	2500	3200	4000	5000
高度 H (mm)	2800	3600	4500	5600	7200	9000	11200	14000
占地面积 A (m²)	26	40	55	80	120	180	250	360

二、MPS 磨煤机结构

国内北仑电厂 2 号机组（600MW）配置 6 台 MPS—89G（MPS—225）磨煤机，其中一台备用。每台磨煤机具有 6 个煤粉气流出口，它们分别与同层同排的 6 个旋流式燃烧器相连接。

1. MPS—225 磨煤机技术参数

制造厂   加拿大 Babcock&Wilcox 公司

型号   MPS—89G（MPS—225）

磨辊直径	1.78m
转速	25.5r/min
出力	61.7t/h(在可磨系数 50H. G. I. 200 目筛子通过量为 70%时)
电动机参数	
功率	600kW
电压	3kV
满载电流	153A
启动电流	995A
转速（同步）	1000r/min
定子绕组最大允许启动时间	7s

2. MPS—225 型磨煤机结构

图 4-8 为 MPS—225 型磨煤机结构总体图。

（1）底座。

磨煤机底座与基础框架是焊接在一起的。在底座外侧彼此相隔120°，焊接着三个液压缸体，活塞缸上盖和钢丝绳锁块，缸体与基础框架边是相连的，在缸体内装有加压缸活塞。调整时，液压缸外的活塞柱能推顶钢丝绳锁块沿着两侧的道轨上下滑动。

磨煤机下部开有一个石子煤出口（位于磨盘下面的热风室），它通过下落石子煤接管与石子煤箱相通。在石子煤出口处与石子煤箱出口处分别设置石子煤出口截门（落石子煤的插板门）和石子煤底部截门（出石子煤门）。为保证严密性，在石子煤底部截门上，沿门框衬装有石棉密封绳。石子煤出口截门和石子煤底部截门均可由液压装置操纵而动作。当需要时，石子煤出口截门亦可通过操作手轮，门杆及门闩进行开关。在不出石子煤的情况下，石子煤出口截门处于开启状态，而石子煤底部截门则在关闭状态。在出石子煤的情况下，石子煤出口截门处于关闭状态，而石子煤底部截门是开启的。

液压装置的牵引和加压液压缸与石子煤插板门的框架相固定，活塞缸上盖以道管支承。门盘与液压缸之间的连接管是使用一种石墨密封盘根并用黄油进行密封的，同时在此处安装有终端开关和石子煤门开关指示装置。

由于磨煤机是处在正压下运行，为防止热风及煤粉向外泄漏，在底座上（与磨盘支架之间）设有金属锯齿形迷宫片等密封装置。

底座上装接有热风入口管道（在风道中设有导向片），以使热风进入磨煤机对煤粉进行干燥，并将干燥后的煤粉从磨煤机中输送出去。

（2）机壳。

磨煤机的机壳（外壳）呈圆型，它采用 25mm 厚的钢板制成，与底座焊接在一起的。为避免机壳直接遭受煤粉的磨损，在内壁加装可拆换的耐磨防护板。在机壳的外壁上装有能快速关闭的人孔门，此门与壳体是密封的。

在机壳内部（中上部位），各装有三个（按120°均匀分布）加载弹簧架（弹簧压盖）的导向件及压力架（弹簧托架）切向支承件，它们与弹簧压盖、弹簧托架上"山"形的导向件及"三角形"的切向支承件相配合，起到导向（准许上下移动）及支承切向作用力（阻止旋转）的作用。在相近部分的机壳上，还装有液压装置的加压钢丝绳密封套筒及手孔，此孔与机壳同样是密封的。

此外，在外壳还装有碾磨力指示器（或称测量装置），在运行过程中可指示出碾磨件（主要

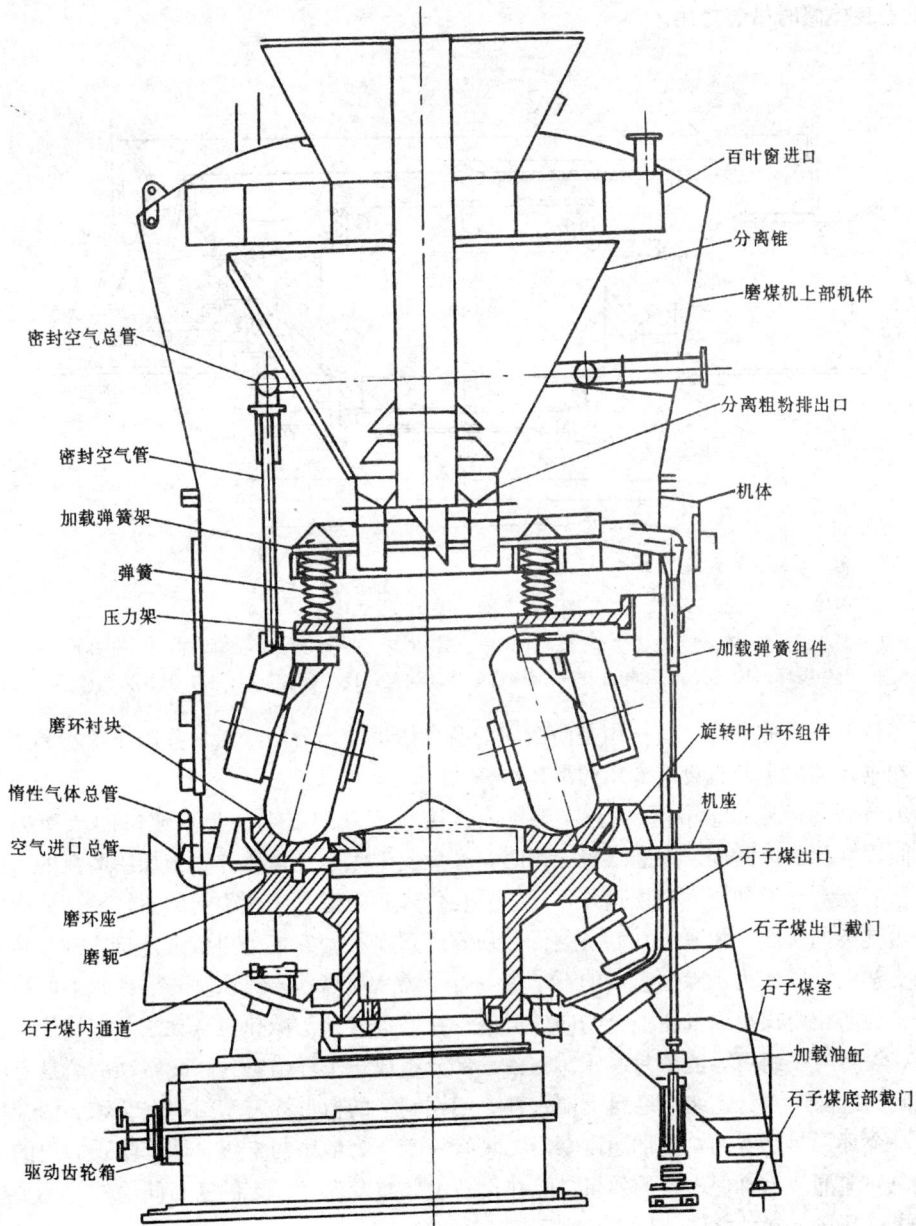

图 4-8　MPS—225 磨煤机结构总体图

（图中标注）
百叶窗进口
分离锥
磨煤机上部机体
分离粗粉排出口
机体
加载弹簧组件
旋转叶片环组件
机座
石子煤出口
石子煤出口截门
石子煤室
加载油缸
石子煤底部截门

密封空气总管
密封空气管
加载弹簧架
弹簧
压力架
磨环衬块
惰性气体总管
空气进口总管
磨环座
磨辊
石子煤内通道
驱动齿轮箱

是磨辊）的磨损量及碾磨力的大小，以便根据磨损的情况进行相应的调整，确保磨煤机能满足出力及经济运行（即磨煤单位电耗较小）。

（3）磨盘及其支架（磨轭）。

磨盘是由支承盘（或称支架瓦枕）、磨环衬块和伞形盖等部件所构成，如图 4-9 所示。

磨盘支承在用铸钢制成的磨盘支架上，相互间用连接螺钉和螺栓予以固定。环状的支承盘（支架瓦枕）为铸钢件、磨环衬块就放置在它上面。为便于拆装更换，衬块采用分段结构，它由 15 块弧形的浇铸钢件组合装配而成，并在它们的内缘用一紧固环和两个锁紧螺丝固定在支承盘上。衬块的材料为镍铬合金钢，具有较高的抗磨强度。在瓦枕及衬块上，开设有专用的吊耳和吊孔，以供安装检修时吊装之用。

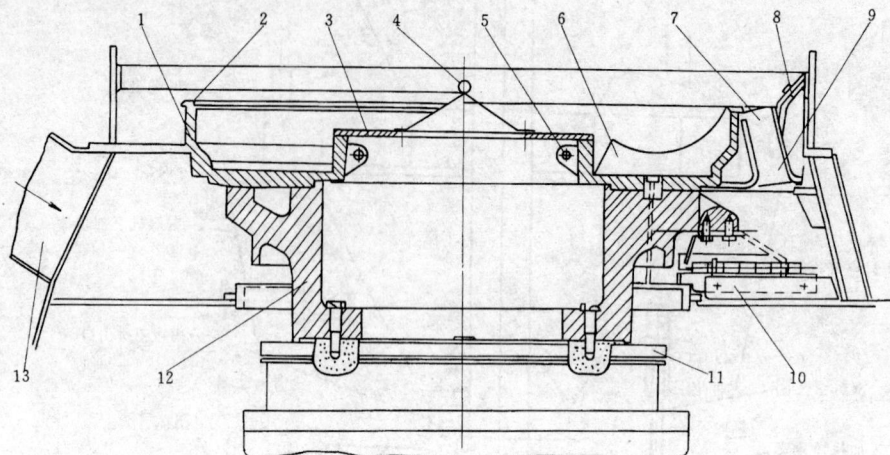

图 4-9　磨盘及其支架

1—支承盘；2—环；3—覆盖法兰；4—伞形罩；5—吊耳；6—衬块；7—喷嘴环；8—压环板；
9—下喷嘴环；10—石子煤刮板；11—减速机的从动法兰；12—磨盘支架；13—热风入口管道

伞形盖位于磨盘的中间，其作用是向四周的磨盘槽道均匀分配煤量，并防止煤粉和水进入下部腔室。在伞形盖的顶部也设有专用的吊环。

磨盘的节圆直径为 2250mm，磨盘支架（或称磨盘座）的下端面与减速机的从动法兰相连接，相互间用螺栓予以紧固。在磨煤机工作时，磨盘支架除承受承压弹簧施加给磨盘的碾磨力以及它上面所有碾磨件及加压件的质量外，还承受在传递转矩过程中所引起的扭转和弯曲应力。

在磨盘支架的两侧（相隔180°）各装设一块石子煤刮板，它们是以铰链连接方式挂装在磨盘座两侧的支架上，以作为刮除磨盘下的石子煤（石子煤从喷嘴落入热风室——磨盘下面）之用。

此外，为防止磨煤机内气粉混合物向外泄漏，在磨盘支架与减速机从动法兰连接处以及机壳底座之间，设置有一组可靠的密封装置。它由三部分组成：①环槽密封；②转动的磨盘与固定的密封环之间的缝隙密封；③装于磨盘下端颈部，用铜制造的梳形迷宫密封。在②和③两个密封环之间形成一个环形封闭空间，内部通以专用的具有一定压力的密封空气，即能防止磨内的高温空气及煤粉向外泄漏。为确保密封的效果，除在设备上调整及保持一定的密封间隙外，还要求密封空气与磨煤机热风入口处之间的压力差大于 1961Pa。

（4）喷嘴环。

喷嘴环装设在机壳内壁的下部，位于磨盘的外缘处。喷嘴环由上喷嘴环和下喷嘴环组成。其中下喷嘴环用焊接法兰固定在机壳上，上喷嘴环是以块（段）的可拆装的喷嘴组形式嵌装在下喷嘴环上，并通过压环用螺栓加以固定。

上喷嘴环共有 14 块，每块喷嘴有 3 个喷嘴，共有 42 个喷嘴，喷嘴的型式为斜切喷嘴，其切角的倾向与磨盘的旋转方向相一致。采用斜切喷嘴可使煤粉气流进入磨盘上方能形成旋转气流，以延长气流在磨煤机腔内的停留时间，提高干燥煤粉的效果。

喷嘴环的通流面积是个很重要的结构参数，在一定的磨煤机入口通风量下，它直接关系到喷嘴处的风环通风速度。为防止过多的漏煤，要求喷嘴的出口风速在 80～90m/s 之间。而过高的风速会使该处的局部阻力损失过大，从而使一次风机的所需风压和电耗增大。

为确保磨煤机在工作时，喷嘴环与磨盘之间不相碰擦，并能尽可能减少轴向漏风量，喷嘴环与磨盘之间，保持径向间隙5～10mm。

(5) 磨辊及其支架。

位于磨盘与弹簧托架（压力架）之间的三个磨辊（或称滚轮）沿周向均匀布置，彼此间相隔120°。弹簧的压力通过各自摆动活节上的两个滚柱及磨辊支架施加于磨辊的辊轴上，使磨辊对煤层施以碾磨力。

磨辊主要由辊胎（辊套）、动套筒（旋转套筒）、轮毂、辊轴、轴承、端盖、密封装置及支架等所组成。MPS的磨辊如图4-10所示。

在辊轴的两端装有滚柱轴承，其中近磨轴支架一端的为双列圆柱滚子轴承，作为活动轴承。而靠近磨盘中心侧的一端为双列圆柱球面轴承，作为心轴与轮毂之间的固定轴承。磨轴的辊轴套装在其支架上，并用键固定不使其转动。在辊轴的中心开有"Y"形的加油管孔，润滑油就是从支架端的加油孔处加入。由于磨辊处在较高温度下工作，故所用的润滑油为能耐温130℃的油，加入的润滑油量以油位稍高于"Y"形油管的分叉点为准（已可使轴承浸在润滑油中）。为适应因磨辊工作温度改变所引起的油位以上空气的膨胀和收缩变化，在油孔的进口段上开设有空气的呼吸管，且在呼吸管端部装有过滤空气的滤网。

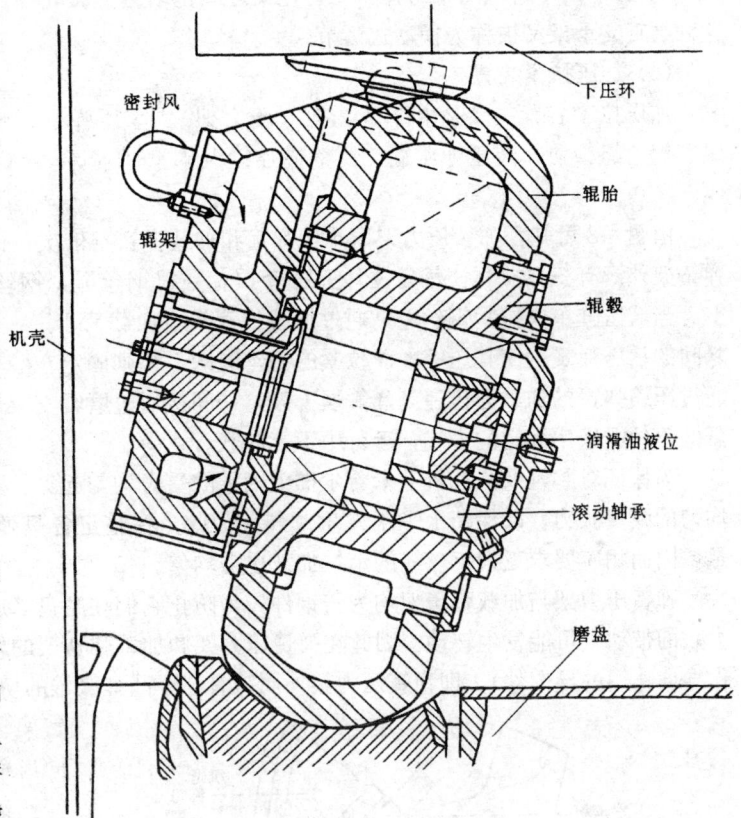

图4-10 MPS的磨辊

动套筒装在辊轴的中间部位，铸钢的轮毂相继紧套在动套筒和固定轴承的外圈上，而辊胎（辊套）又牢固套装在轮毂上，并有止动法兰（用螺栓固定在轮毂上）所构成的凸肩防止其侧向松动。辊胎也为镍铬合金钢的浇铸件，具有较高的抗磨性能。出于安装、检修时吊用辊胎的需要，在辊胎上设置有三个专用的丝孔。由于辊胎是镍铬合金钢的铸件，不易加工处理，因而在结构上采用嵌装方式，在磨辊的端部，有内、外轴承盖加以固定和封闭。其中，内部轴承盖用螺栓固定在辊轴上，用以防止双列球面滚子轴承内钢圈的轴向松动，而外部轴盖用螺栓固定在轮毂上，在轴端构成封闭的油室。在外轴盖的中心，开设有起吊丝孔。

为防止轴承润滑油从磨辊内部向外泄漏，除用氟橡胶密封环对活动轴承端的动静间隙进行密封外，还采用三个O形密封圈。

为避免煤粉进入磨辊的轴承内，影响正常的润滑和转动磨损，除采用米希尔轴封外，还在磨轴及其支架的卸接处，通以密封空气，以阻止煤粉的漏入。从密封风机来的密封空气，以一定的压力通过两端具有球形接头的连接短管进到磨辊支架中间的环形空腔内，然后经底部的出风口充入环形的密封空间内，由于密封风压高于磨煤机内一次风压，从而能阻止煤粉进入磨辊的轴承部分。

磨辊支架与弹簧压力架之间采用活节连接方式，即在弹簧压力架（托架）下面支承板的二个半圆柱凹槽（轴线呈切向）与磨辊支架两翼处的二个半圆柱凹槽之间通过二个滚柱（即短圆柱体）相连接，从而可以调整磨辊的径向位置，使磨辊的斜度能够在 12°～15° 范围内变动（摆动 12°～15°），以适应进料碾磨过程中，由于进入磨道的煤量以及煤的颗粒不均衡所引起的"跑偏"与"晃动"。由于磨辊支架与弹簧压力托架之间是活络连接，使磨辊沿径向能有少量的摆动，故这种磨辊支承架又被称为摆动式活节。

（6）加压拉紧装置。

加压拉紧装置主要是由弹簧托架（压力架）、承压弹簧、弹簧压盖（加载弹簧架）、钢丝绳、钢丝绳锁块、液压加压缸，调整垫片以及碾磨力指示器（或称磨损量测量装置）等所组成。

由图 4-8 可知，弹簧压力架、承压弹簧和加载弹簧架依次叠置在三只磨辊支架上面。在加载弹簧架外缘有三只拉耳，每只拉耳上各套扣着一根钢丝绳，钢丝绳的两端用嵌绕法固定在锁块上。当液压缸单向拉紧钢丝绳，通过加载弹簧架施加载荷于上、下压环（加载弹簧架与压力架）之间的承压弹簧，使其压缩，而拉紧的钢丝绳的下端则固定在磨煤机底座的液压缸上，碾磨力是通过压缩弹簧的加载力传递到弹簧压力架，并间接通过磨辊支架传递到磨辊上。其特点是加载拉紧的钢丝绳采用固定的方式，运行中不能卸载。

为保证对磨辊及减速机上米希尔推力轴承的受力均匀起见，要求弹簧压力架（托架）能受到均匀的弹簧张力，以保持水平不发生倾斜。为此，在整定各只弹簧时需使它们具有相同的压缩量，因而相应要求三根钢丝绳的牵拉加载也需均匀。

弹簧压力架与加载弹簧架均为铸钢件，为防止它们在磨盘（通过磨辊与煤、煤与磨盘间摩擦力）的带动下可能发生转动。因此在弹簧压力架和加载弹簧架的外缘各设有三付切向支承件（兼作导向作用的导向件），即弹簧压力架外周铸有三个凸耳（雄的切向支承件兼导向件），而加载弹簧架（压盖）外周有三处"山"形导向齿槽（雌的导向件）。为了防止弹簧托架（压力架）上切向支承件承压面（背对旋转方向侧）的磨损，加装了防磨护板，防磨护板用埋头螺栓固定在弹簧托架的凸耳上，见图 4-11。

为确定承压弹簧的装设位置，并防止它在弹簧托架与加载弹簧架平面之间可能发生移动，在弹簧托架与加载弹簧架的上、下端面上，沿圆周均匀分布与弹簧数量相同的凸圆，用以嵌装弹簧。

在弹簧托架与加载弹簧架上也开设有起吊丝孔，以供检修安装时拧装

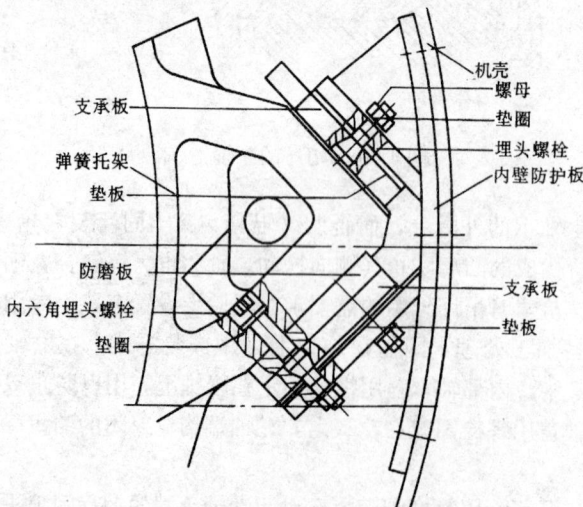

图 4-11　弹簧托架（压力架）的切向支承件

支承板
弹簧托架
垫板
防磨板
内六角埋头螺栓
垫圈

机壳
螺母
垫圈
埋头螺栓
内壁防护板

支承板
垫板

专用的吊环螺丝之用。在平时则用堵丝予以坚固。在加载弹簧架的上部加装有呈三角形的滑动罩，中间充以填充料。该罩的作用是避免煤粉沉积在加载弹簧架上，以防止发生积粉自燃和气粉混合物的爆炸。

碾磨力指示器由指针、轴、杠杆、刻度板、法兰式轴承及密封垫等组成。碾磨指示器的测量臂与加载弹簧架相接触，当弹簧架受加压钢丝绳牵拉而下压时，测量臂随之下移，通过杠杆作用，使轴旋转一定角度，从而有指针在刻度板上指示出相应的数值——弹簧压缩量或磨煤机的碾磨力。指示器除可测量碾磨力外，还可测知磨辊下的煤层厚度，在运行一段时间后，根据测量值的变化，还可大致推知磨辊（磨盘）的磨损量。

(7) 密封空气与消防蒸汽系统。

1) 密封空气系统。

密封空气系统由密封风机、管道及附件等组成。密封空气主要有两个作用：①向三个磨辊的轴颈处输送密封风，以防止煤粉渗漏到磨辊的轴承润滑部分；②作为磨煤机的磨盘支架与底座之间的密封介质。

磨煤机本体上的密封空气管通过连接管道与来自密封空气总管相接，在磨煤机的进口密封空气管道上，装有逆止挡板，用以防止磨煤机内的热风倒入密封风机。由于磨煤机处于正压工作，为防止热风及煤粉从静止的机壳底座与转动的磨盘支架之间的间隙处逸向大气，相应的在该处设置了密封装置，并通入密封空气予以密封。在与底座相接处的磨盘支架外周上，装有锯齿形密封片，它与底座垂直密封面一起构成迷宫式轴封，按设计的要求，其斜向间隙为 2mm。在迷宫轴封的外侧设有环形的密封空气室，由连接管道来的密封空气就通入此室内。在密封风管与密封环室之间的连通管上装有一节流挡板，改变挡板的开度，可调节环室内的密封风压，即调节密封风与磨煤机入口一次风（热风）之间的压差。同时还可改变磨辊密封风和底座密封风之间的风量分配。根据运行要求，密封风与磨煤机入口热风之间的压差必须大于 1961Pa。

密封风机为离心式风机，其任务是将经过过滤后的空气吸入，并提升到一定的风压（大于磨内一次风压某一值），然后经连接管道向磨煤机的各密封点供送密封风。

2) 消防（灭火）蒸汽系统——惰化蒸汽系统。

消防蒸汽的作用是预防或消灭磨煤机内煤粉或煤粉气流的自燃和爆炸。

消防蒸汽管上接有三根分支管，它们分别通至磨煤机热风入口管、磨煤机腔室（在磨盘上部）及分离器内。

磨煤机上的灭火蒸汽管接自灭火蒸汽母管，在灭火蒸汽管的进口处，装有电磁阀和手动截止阀、电磁阀在紧急情况下也可以手操，手动截止阀是当磨煤机停磨检修时作隔绝汽源用，以保证检修工作人员在工作时的安全。

3. 驱动减速装置

驱动减速装置包括电动机、盘车装置及减速机等三部分。

(1) 减速机。

减速机的作用是使驱动电动机的转速降低到磨煤机所需要的工作转速，并将电动机的输出转矩传递到磨煤机的磨盘上。

减速机主要由外壳、齿轮、轴和轴承等组成，如图 4-12 所示。

减速机为一级伞齿轮和两级正齿轮组成的三级变速结构形式。除主动轴水平放置外，其他伞齿轴、中间轴和从动轴均为垂直布置，所有轴承均为滚动轴承。主轴轴承布置于减速机外壳内外部，为防止脏物侵入轴承及减速机内，在主轴用一个黄油迷宫式密封填料密封。为将黄油和减速机润滑油分隔开，同时在轴上装设一个 V 形密封环。伞齿轴、中间轴和从动轴的轴承布置于减

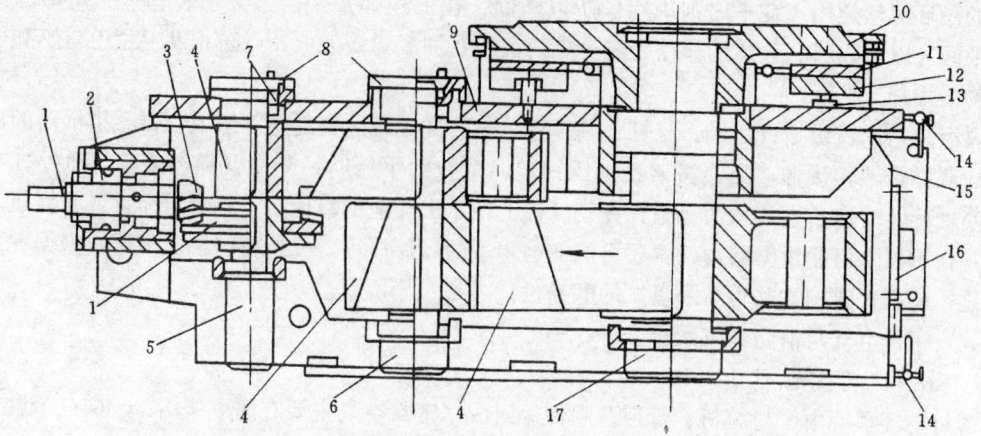

图 4-12　MPS 磨煤机的减速机

1—主动轴；2—双列球面滚珠轴承；3—伞齿轮；4—斜齿圆柱齿轮；5—伞齿轮轴；6—中间轴；7—单列滚珠轴承；8—轴承盖；9—上盖板；10—从动法兰；11—推力盘；12—推力瓦块；13—垫块；14—放油管；15—机壳侧壁；16—人孔门；17—从动轴

速机外壳内上下部，各上部轴承的轴颈由轴承盖密封，在从动轴上的法兰开有三个环形密封槽，并注入密封脂，以防齿轮箱润滑油的外溢。

由于磨煤机部件重力及碾磨力的作用，在磨煤机运转中产生的动、静载荷由减速机承受。并作用于基础上。据计算，磨煤机运行时作用在垂直方向的载荷高达 100t 左右，为承受此巨大的载荷（推力），减速机采用了能承受较大推力的米希尔推力轴承。

1）下壳体。为全焊接结构，中间有隔板。减速机侧壁设有检查隔音孔盖。下壳体底部有一定坡度，当更换润滑油时，可在最低部位把剩余的油经放油阀放空。放油阀上部设有油位检查观察孔。

2）上壳体。用厚钢板制成，由于推力轴承承受较大载荷，上壳体设置了相应的加强筋。米希尔轴承室为环形布置，在整个圆周上布置四个放油孔，溢流情况可在观察孔监视。更换润滑油时，推力轴承室内的油可用放油阀放净。

3）主动级—对伞形齿轮。由锻件制成，螺旋形啮合，小伞齿轮和大伞齿轮都经表面渗碳或渗氮硬化处理。

4）中间级—对正齿轮。小齿轮轴和小齿轮都由锻件毛坯制成，并经表面硬化处理，断面为渐开线斜齿形状。

5）从动级—对正齿轮。小齿轮由锻件毛坯制成，经表面硬化处理，断面是渐开线斜齿形状。轮体是焊接结构，齿轮环是由锻件经高温调质处理后的钢环制成。正齿轮断面为渐开线斜齿形状。

6）米希尔推力轴承。推力瓦块共有 11 块，瓦块之间有 3mm 间隙，中间隔置着直径为 60mm 的圆柱销——稳钉。稳钉起保险作用，用以防止瓦块位置发生偏移。瓦块的表面浇有 4mm 厚的乌金，其表面的粗糙度小于 0.005mm，在瓦块的近转侧构成弧形倒角，用作为油楔。推力瓦块放在可活动的直径为 60mm 的半球块上，半球块由硬质合金制成，其埋入瓦块中的深度为 1.5mm。半球块的球面支承在具有凹球面的垫板上，以便瓦块能作少量的自平衡调节。垫块由不太硬的合金钢制成，它固定在盖板上面，瓦块上面的推力盘通过螺栓与减速机的从动法兰相连接。转动时，在盘与瓦块推力面之间建立起一定厚度的油膜，该油膜层承受上百吨的静载荷和动载荷。推力轴承油室中加有一定的润滑油量，其油位应使米希尔推力轴承的活动面始终浸没在润滑油中，以保证推力轴承在磨煤机的工作转速和额定出力下的油膜润滑。在推力轴承室侧壁上同样也装有油镜和放油管道。为测量推力轴承室的油温，装设有三点热电偶温度测点，其测温套管亦是穿装在轴承侧壁上。

7）从动轴法兰。减速机输出端的从动法兰装在从动轴上端，在轴向用孔型螺母，切向用结合柱销保险。为防止灰尘和水浸入减速机，在从动轴最上部装设一压盖并用密封垫以防灰尘和水浸入减速机内。

8）轴承套筒、伞齿轮毂及附件。轴承套筒用于调整伞齿轮组齿轮间隙。轴承压盖和轴承盖起着油密封和防止外部灰尘进入轴承的保护作用。伞形齿轮体固定在轮毂上。

9）滚动轴承。要保证滚动轴承长时间的使用寿命主要依靠稀油站油循环的正确润滑和冷却。所以滚动轴承必须使用制造厂规定的干净、高质量的润滑油，不准使用其他牌号不符合要求的润滑油。

10）减速机的润滑系统。为了减速机的各部轴承和齿轮具有长时间的使用寿命，需要有正确的油循环润滑和冷却，为此配备了成套压力润滑油系统。润滑油系统由油泵、电动机、冷却器、电加热器、过滤器、安全阀以及油管道等组成，如图 4-13 所示，润滑油系统的设备及管道的布置（或称稀油站）如图 4-14 所示。

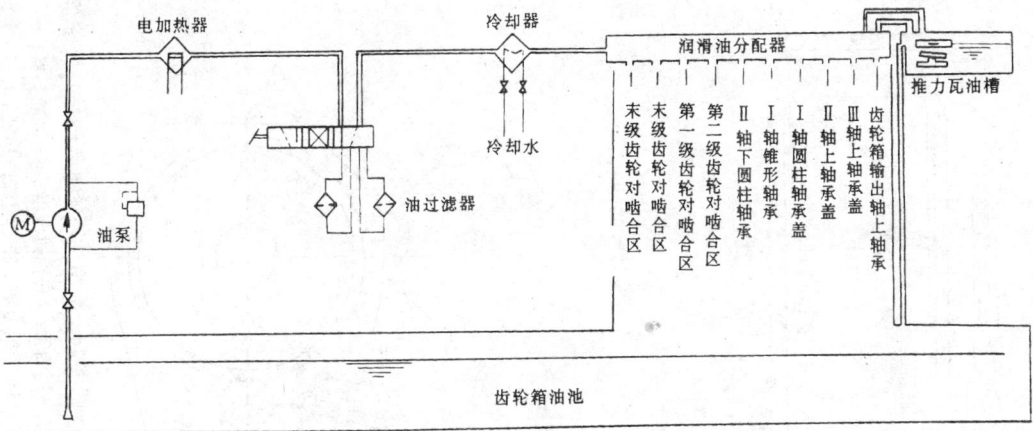

图 4-13　润滑油系统布置

减速机下油室的油是油泵吸入经加热器、过滤器、冷却器至分配器到各润滑点，为保持油泵充足良好的运行供油，以保证润滑部位适宜的油黏度，同时对油流的压力和温度进行必要的监视。

油泵是一种吸入式渗滤螺杆油泵，它的特点是液流行程均匀。在油泵出口油管上装有安全阀，若油压超过允许值，弹簧式安全阀便开启，使部分压力油至油泵入口侧腔室返回，以达到泄压目的。电动机为极性可切换的，它与油泵之间采用弹性靠背轮连接。

油过滤器系为双壳体的双室过滤器、它的两个过滤腔室可同时投入，也可相互切换互为备用。这三种使用工况的选定可通过具有三点转换位置的切换手柄的切换，并经其相应的截止门而实现。

冷却器为垂直布置管束的油冷却器，冷却水于管内流动，外侧则是被冷却的油流，油流经相应的中间导板呈十字形绕着管束流动。

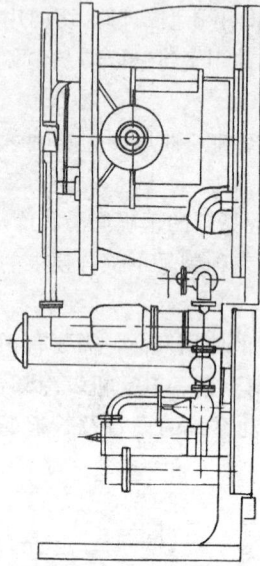

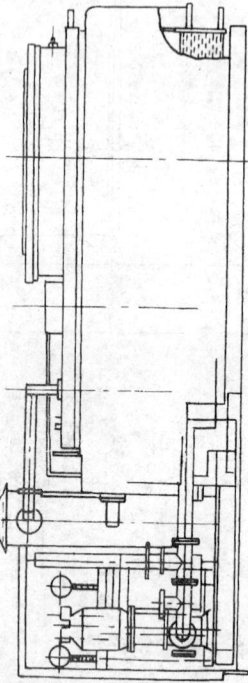

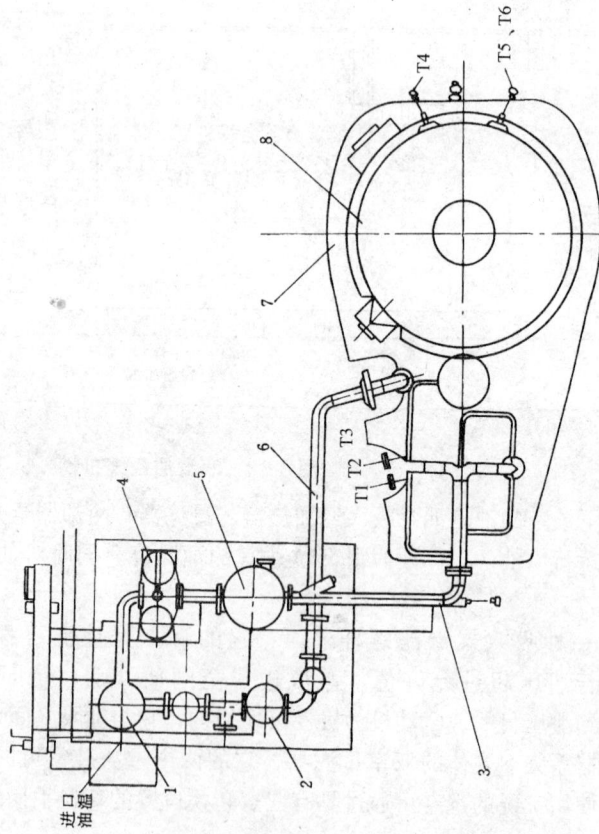

图 4-14 润滑油系统（稀油站）设备布置图

1—电加热器；2—润滑油泵；3—进油管；4—油过滤器；5—油冷却器；6—吸油管；7—减速机；8—推力轴承室；T1、T2、T3 为减速机润滑油测温点；
T4、T5、T6 为推力轴承油温测点。

注：T4、T5、T6 为推力轴承油温测点，T1、T2、T3 为减速机润滑油测温点。

当磨煤机准备起动时，为尽快满足良好的润滑和保护其系统，要求油温需大于25℃，如油温太低，可投入电加热器。

减速机检修后进行加油，或运行时需要补充润滑油，必须使用专用的滤油机向减速机内注油，以免杂质进入减速机内影响使用寿命。

（2）盘车装置。

盘车装置是一种辅助驱动装置，它布置在磨煤机主电动机的第二个轴端，并利用活节轴与电动机相连接。盘车装置是专供磨煤机进行维修更换易磨损件和检查碾磨件的磨损情况时使用。在盘车装置工作时，它是通过驱动解列后的主电机轴再带动减速机的伞齿轮而使磨煤机低速旋转的。

当需借助盘车装置使磨煤机转动时，必须在事先将磨辊卸载，并有润滑油泵向减速机连续供油，且油温应小于或等于50℃，否则不得启动盘车装置。要求事先磨辊卸载，实质是出于米希尔推力轴承安全工作要求。这是因为在盘车装置驱动下磨煤机只是进行低速转动，故相对地使进入米希尔轴承的润滑油量大为减少，从而在轴承的推力面间难以建立足够厚度的油膜层，不能满足重载下的冷却和润滑要求。显然，如不先卸载，必然会使推力轴承遭受损坏。而事先不投用润滑油系统，不向减速机连续供油，或供给油温过高，同样会损坏推力轴承，甚至传动齿轮。

另外，在盘车装置运行期间是不允许向磨煤机给煤的。还应指出，减速机在第一次投入运行前使用盘车装置是不必要的，也是不允许的。此外，盘车装置更不允许以"点"方式启动运行。

三、液压加压装置

1. 液压加压装置功能

MPS磨煤机上设置的液压装置有以下三个功能：

（1）调整磨辊的碾磨力；

（2）控制石子煤出口截门（落渣截门开关）；

（3）控制石子煤底部截门（出渣门闩开关）。

2. 液压加压装置组成及系统

液压加压装置由液压装置、液压缸、连接的油管道以及阀门附件等组成，其系统如图4-15所示。

液压缸与液压装置是分开布置的，相互之间由油管道进行连接。

加压液压缸24有三只，它们装设在与三个磨辊相应位置的机壳（底座）外壁上。其功能是调整承压弹簧施加给磨辊的碾磨力时，加压后牵拉加载钢丝绳。落渣门截门液压缸25和出渣门门闩液压缸26各一只，它们分别装设在落渣门和出渣门附近，用来推动截门和门闩的开或关。

所有液压缸均采用密封垫进行密封。

液压装置采用集中布置的组装结构，也就是把所有的部套件——油泵、油箱及控制装置全装在一个集中的基础框架上（位于磨煤机底部的右前方），全套的液压控制装置都装在一块控制板上（见图4-15中点划线方框部分），该控制装置本身是个控制单元。

油箱1放置在油槽2上面，油箱的容积能存放备用用油和整个系统的油量。在油箱盖上装设有径向活塞油泵5、手揿泵13、空气过滤器22以及回油过滤器4。在油箱的最低位置处设有一只放油阀门3、打开此阀门，可把设备中的油放净。油箱上还设有油位指示器。

液压加压系统中使用的油是一种矿物质的液体油。

液压加压系统的供油主要由径向活塞油泵5来承担，油泵和电动机8组成一个泵组单元，并借助一个法兰支架使其固定在油箱盖上。除电动机油泵外，液压系统还配置一台手揿泵，当电源消失需调整时，可利用手揿泵进行调整。

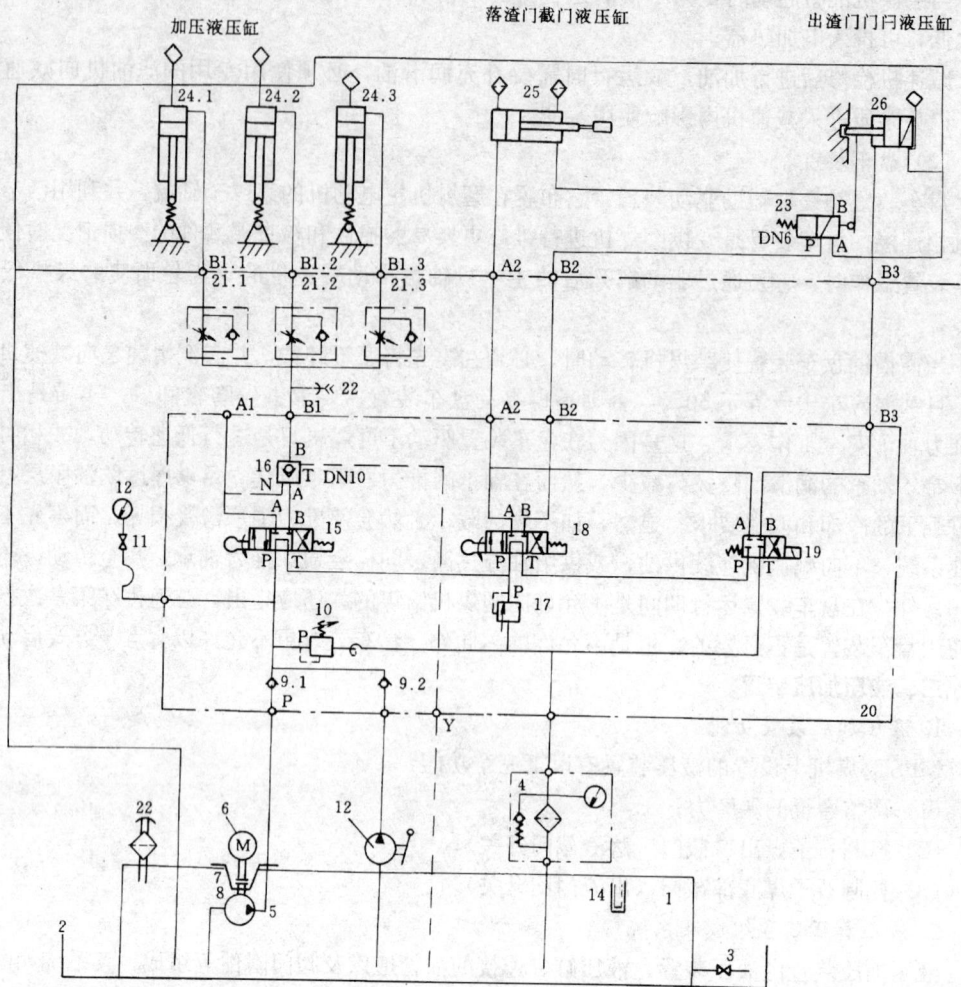

图 4-15　液压加压装置系统

1—油箱；2—底盘；3—球阀；4—回油滤网；5—高压柱塞泵；6—电动机；7—连接盘；8—联轴
器；9—单向阀；10—溢流阀；11—压力表开关；12—压力表；13—手摇泵；14—液位指示器；
15—带锁手动换向阀；16—液控单向阀；17—溢流阀；18—手动换向阀；19—电磁换向阀；20—集
成块；21—单向节流阀；22—加油空气滤清器；23—行程换向阀；24、26—油缸；25—油缸

空气过滤器有两种用途：过滤空气和过滤用油。在运行中，当油箱内压力降低到大气压以下时，外界的空气就会进入油箱。为避免油质因受到空气中粉尘污染而恶化，应使吸入的空气经过滤器滤网的过滤。同样，为保证油箱中的油不含有过大的杂质，要求加入的油必须经过过滤。为此，当需要向油箱注油时，应先把放空气过滤网的盖螺丝拧下来，将要注入的油经过滤网而加到油箱内。

为维护保养液压系统用油，配装了回油过滤器。回油过滤器上设有最佳过滤指示器，过滤指示器上表有颜色刻度范围，一旦指针指示到红色范围，即须更换过滤器元件。

在控制装置中装有下列分散及组合的元件以用作系统的控制、操作和保安。

（1）两只逆止阀，装在电动油泵出口管道上的逆止阀和装在手揿泵出口管道上的逆止阀。当油泵停用时，利用逆止阀可防止压力油倒流到油泵及油箱。

（2）两只限压阀（即安全阀），图 4-15 中标号为 10、17。其中前者限制整个系统的最大工作压力（<31.5MPa），后者则是限制操纵落渣门门闩液压缸的工作油压（<10MPa）的。当进入上述液压系统的油压分别超过各自的限值量，限压阀自动开启，一部分压力油通过限压阀，并经回油管 T 泄放至油箱，从而使系统的工作油压保持在允许值以下，保证了液压系统工作的安全。

（3）多通道错油门 15 和 18。此错油门是借助转动按钮操作，终端位置有个终端限制器。错油门也可借助于阀门扳手进行开关。多通道错油门用来改变油流方向，其中阀门 15 是用来控制截门液压缸的油流。

在错油门的操作按钮处，设有"向前——返回——停止"的标志，用以表明加压缸（液压缸）加压的指示方向。

（4）为了使加压缸中活塞在调整好磨辊的碾磨力后能保持在自由状态，活塞上面的加压缸腔室必须泄压，因而在系统中设有一个液压卸载逆止阀 16。

（5）多通道错油门 19、13，是只用电力操作的电磁阀，其功能是：在紧急情况下，经电力操纵，通过该错油门使出渣门的门闩迅速打开。

（6）为测量系统中的工作油压，在控制板旁装有一只量程为 0～40MPa 的压力表。

除控制装置外，在通向三只液压加压缸的三根油管上，还各装有一只节流逆止阀（21）。通过调节这三只节流逆止阀，可保证三只加压缸内的加压速度大体上达到均衡。

此外，在操纵落渣门与出渣门的油管道中间，还设有一只错油门 23，此阀门由专用的柱形顶棒进行操作，借助于这只阀门可防止落渣门和出渣门同时打开。

四、MPS 结构特点

（1）与磨盘尺寸相仿的其他中速磨煤机相比，MPS 磨煤机的磨辊直径较大。这样，一方面使磨辊具有较大的碾磨面积，从而使磨辊的碾磨能力，即磨煤机的磨煤出力增大。同时还改善了磨辊的工作条件，使磨辊与衬瓦的磨损比较均匀，提高了碾磨部件金属的利用率。另一方面，随着磨辊直径的增大以及磨辊允许有 12°～15°的摆动，对进入磨煤机的煤块所允许的最大颗粒尺寸也相应增大，因而在煤的处理过程中往往可以省掉一级破碎，使设备系统简化。根据有关资料介绍，最大进料粒度大致等于磨煤机型号上规格参数除以 4。例如，600MW 机组采用 6 台 MPS-225，其允许的最大煤块尺寸约为 60mm。国外使用的大型 MPS 磨煤机的磨辊直径达 4m（重约 80t），它可接受 300mm，甚至 500mm 的进料粒度。

此外，磨盘与磨辊之间具有较小的滚动阻力，启动时的阻力矩较小，因而可以选用一般的鼠笼型异步感应电动机驱动，同时它的空载电耗也较低，这将有助于降低磨煤的能量消耗。

（2）采用三个位置固定的磨辊，形成三点受力状态，碾磨的压紧力是通过弹簧压盖（加载弹簧架）均匀地传递给三个磨辊，磨辊上的压紧力通过减速机传递给框架及基础，而压紧力的反作用通过加压装置的钢丝绳也传递给框架基础，于是形成了封闭力系，如图 4-16 所示。磨煤机的机体部分是不受力的，这样可以在碾磨元件间施加尽可能高的压紧力，而不影响机壳连接的密封性。

（3）由于静止的三点加载系统能将碾磨压力均匀地分配在各个磨辊上，从而使传动部件（磨盘及其支

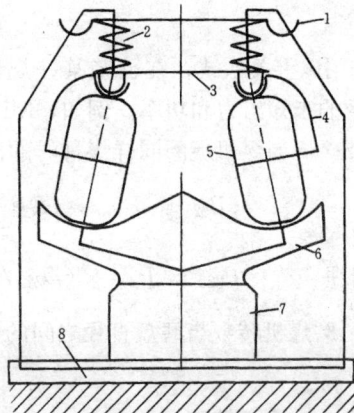

图 4-16　MPS 磨煤机受力状况
1—弹簧压盖；2—承压弹簧；3—弹簧托架；4—磨辊支架；5—磨辊；6—磨盘；7—减速机；8—基础框架

架，减速机从法兰及推力轴承的推力）受到均匀的载荷，改善了它们的工作条件。

（4）磨辊的辊胎（辊套）采用对称结构，当一侧磨损到一定程度后，可拆下翻身后继续使用，从而提高了磨辊的利用率。

（5）磨辊的调换及辊胎的翻身比较容易。在检修更换时，除采用垂直起吊法（拆除分离器后进行）外，当检修空间有限制时，也可采用水平拆卸法，用这种方法，分离器可以不动，只要把弹簧压盖箱稍为提升一段高度，然后利用专用的油压升降装置将磨辊从侧门翻出。

（6）磨煤单位电耗小，磨煤电耗率为 $6.5kWh/t$ 煤。

（7）由于 MPS 磨煤机有可靠的密封装置，使它既能在正常工况下运行，不会使煤粉向外泄出，亦能在负压工况下运行而不吸入外界的冷风。尤其是磨辊的轴颈处设有专用的密封空气系统，可保证其不受煤粉的侵入。

（8）MPS 磨煤机重要参数之间的相互关系。

1）磨辊直径、磨盘直径与磨辊宽度之间的相互关系。

MPS 磨煤机的设计者充分考虑碾磨压力、碾磨效率等因素，确定了各种规格 MPS 磨煤机的磨辊直径和宽度及磨盘直径之间的恒定不变的最佳比例关系，即

$$d = 0.778D$$
$$H = 0.34d$$

上两式中　　d——磨辊直径；

　　　　　　D——磨盘直径（磨盘中径）；

　　　　　　H——磨辊宽度。

2）磨煤机出力、驱动功率与磨盘直径之间的关系。

MPS 磨煤机参数之间存在着一定的关系，它的出力与磨盘直径，驱动功率与磨盘直径之间存在着 2.5 次方的抛物线关系。以 B 表示磨煤出力、P 表示磨煤功率、D 表示磨盘中径时，其关系式为

$$B = f(D^{2.5})$$
$$P = f(D^{2.5})$$

根据上述关系，在两种不同规格磨煤机之间推导出下列的关系式，即

$$B_1/B_2 = (D_1/D_2)^{2.5}$$
$$P_1/P_2 = (D_1/D_2)^{2.5}$$

利用以上关系式，在已知某一规格 MPS 磨煤机的出力和功率的情况下，可求得另一规格 MPS 磨的未知出力和功率。例如，MPS-190 磨煤机碾磨某煤种时出力为 34t/h，功率为 430kW，求 MPS-225 磨煤机碾磨同样煤种时的出力和功率

$$B_{225} = B_{190} \times (D_{225}/D_{190})^{2.5} = 34 \times \left(\frac{225}{190}\right)^{2.5} = 51.9(t/h)$$

同理　　　　$$P_{225} = P_{190} \times (D_{225}/D_{190})^{2.5} = 430 \times \left(\frac{225}{190}\right)^{2.5} = 656(kW)$$

3）磨煤机转数与磨盘直径之间的关系

$$n_1/n_2 = \sqrt{D_2/D_1}$$

式中　　n——磨盘转速。

利用上式，如已知某一规格磨煤机转数之后，可确定另一规格磨煤机的转速，如已知 MPS-190 的转速 $n_{190} = 26.2r/min$，则 MPS-225 的转速为

$$n_{225}/n_{190} = \sqrt{D_{190}/D_{225}}$$

$$n_{225} = n_{190} \sqrt{D_{190}/D_{225}} = 26.2 \times \sqrt{190/225} = 24(\text{r/min})$$

第三节　双进双出钢球磨结构及其特性

一、概述

　　双进双出钢球磨煤机每端进口有一个空心圆管，圆管外围有用弹性固定的螺旋输煤器，螺旋器和空心圆管可随磨煤机筒体一起转动，螺旋输煤器如像连续旋转的铰刀，使从给煤机下落的煤，由端头下部不断地被刮向筒内。

　　螺旋铰刀与空心圆筒的径向外侧在一个固定的圆筒外壳体，圆筒外壳体与带螺旋的空心圆筒之间有一定间隙，这个间隙的作用是：下部可通过煤块，上部可通过磨制后的风粉混合物。对于硬件杂物可能使螺旋铰刀被卡涩时，因为螺旋铰刀是弹性固定在空心圆管上的，允许有一定位移变形作用，因而不易卡坏。

　　磨煤机端部出口一般有两种方式与粗粉分离器连接：一种布置是粗粉分离器与磨煤机是一个整体，落煤管是从粗粉分离器中间下来，煤块直接落到端部螺旋铰刀的下半部，如图 4-17 所示。磨制后的风粉混合物从端部的上半部间隙直接进入粗粉分离器入口，从外表看磨煤机端部只有与粗粉分离器的接口和进入空心管的热风接口。该种布置比较紧凑，但煤粉分离性能稍差些；另一种布置是粗粉分离器与磨煤机分开布置，进入分离器风粉管有一定的垂直高度，粗粉分离器即为高位布置，一般在煤仓运行层，其落煤管单独连接，粗粉分离器有回粉管，管路布置比"整体式"复杂，但因粗粉分离器进口管有一定高度，本身预先就起了一定重力分离的作用，其煤粉细度控制比"整体式"可能好些。又因落煤管是单独连接，有一定高度，对于水分较大的煤，布置热风和煤的预干燥混合装置比较有利。双进双出钢球磨煤机分布式布置系统如图 4-18 所示。

　　双进双出钢球磨煤机与单进单出钢球磨煤机的主要区别有以下几点。

　　(1) 结构上，"双进双出"两端均有转动的螺旋输煤器，"单进单出"的没有螺旋输煤器。

　　(2) 从风粉混合物流向看，"双进双出"正常运行是进煤出粉在同一侧，"单进单出"则是一端进煤，另一端出粉。

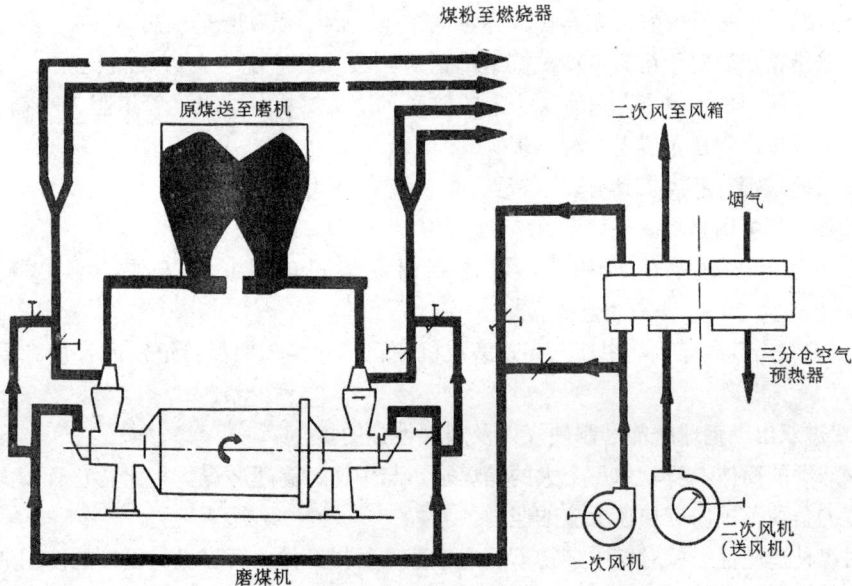

图 4-17　双进双出钢球磨煤机整体布置系统

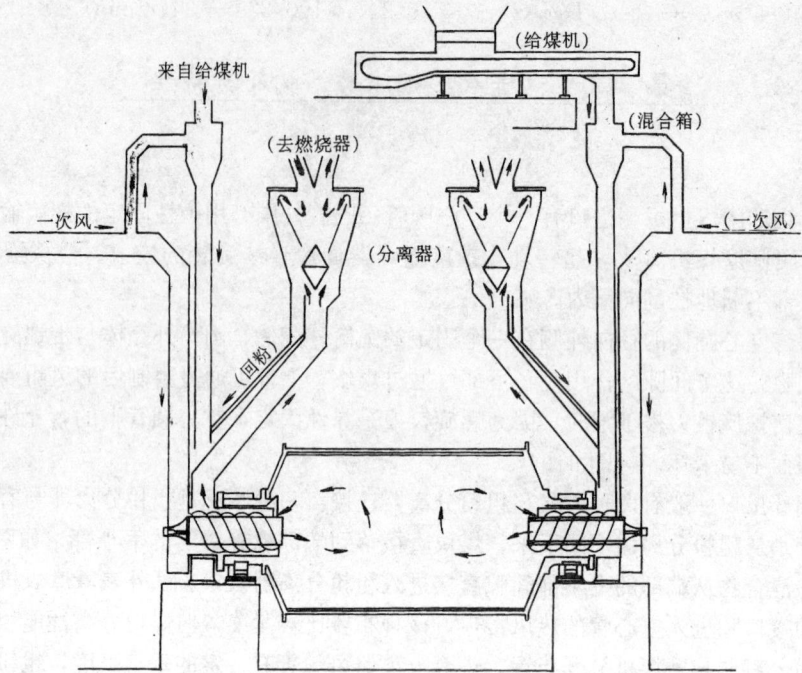

图 4-18　双进双出钢球磨煤机分体式布置系统

（3）在磨煤出力相同（近）时，"单进单出"钢球磨煤机比"双进双出"钢球磨煤机的长度要长，占地大。

（4）一般情况下，在磨煤出力相同（近）时，"单进单出"钢球磨的电动机容量比"双进双出"钢球磨的电动机容量要大，即单位磨煤电耗高。

（5）"双进双出"钢球磨的热风、原煤是分别从端部进入，在磨内混合，而"单进单出"钢球磨的热风、原煤在磨煤机的入口即混合。

（6）从送粉管道布置上看，尤其在大容量锅炉上，因"双"磨是双出，"单"磨是单出，一台磨即多一倍出粉口，对于配 350MW 机组的锅炉，按一台炉配 4 台磨煤机比较，"双进双出"有 8 个出粉口，而"单进单出"只有 4 个出粉口。无论从煤粉分配上，管道阻力平衡上，"双进双出"比"单进单出"在布置上有利得多。

双进双出筒式钢球磨煤机具有以下特点。

（1）可靠性和可用率高。

（2）与中速和高速磨煤机相比，双进双出磨煤机的维护最方便，维护费用是最低的。

（3）"双进双出"磨煤机与中速、高速磨煤机相比，它能长期保持恒定的容量和要求的磨煤煤粉细度。

（4）"双进双出"钢球磨能磨制硬煤以及磨蚀性强的煤。

（5）钢球磨的筒体本身就像一个大的储煤缸，与中速、高速磨煤机相比，它有较大的储备容量，有较宽的负荷范围内有快速反应的能力。

（6）对煤种适应性强，对煤中杂物不那么敏感，磨损部件（磨煤机衬板）的使用周期长。

（7）能保持一定的风煤比。

(8) 低负荷时（钢球磨）能增加煤粉的细度（变细）。

(9) 无石子煤排放。

(10) 有显著的灵活性，如可半侧运行。

二、D—10—D 型双进双出球磨机性能结构

邹县电厂 600MW 的锅炉机组配置 6 套 D—10—D 型双进双出钢球磨系统，每套制粉系统包括 1 台双进双出球磨机、2 台给煤机、公用的一次风机、4 个煤粉燃烧器（旋流燃烧器），以及各自的原煤及煤粉管道、挡板等。热风经磨煤机两端中心布置的空气管进入磨煤机筒体，原煤通过落煤管进入分离器底部并与分离器分离出来的粗粉混合进入空气管与分离器耳（枢）轴间的环形通道，依靠与筒体一起转动的螺旋输煤器的旋转带入筒体，磨制后的煤粉仍通过环形通道再进入分离器，在分离器的离心力作用下，变为合格的细粉，风粉混合物由一次风管送入燃烧器在炉膛燃烧。

磨煤机筒体内装有不同尺寸的钢球，当筒体旋转时，原煤通过钢球的撞击和研磨变成煤粉，煤粉通过一次风带入分离器进行分离。

磨煤机的出力只决定通过磨煤机的一次风量的大小，给煤机的控制是依据磨煤机筒体的实际煤位来调节给煤机转速。

1. D—10—D 型双进双出球磨机主要性能数据

磨煤机数量	6 台/炉（600MW 机组）
磨煤机型号	D—10—D
磨煤机电动机功率	1118kW
电动机转速	1000r/min
磨煤机筒体转速	17.2r/min
设计钢球量	71778kg
其中　ϕ50 球	28712kg
ϕ30 球	21533kg
ϕ25 球	21533kg
每台磨煤机所需给煤机	2 台
每台磨煤机对应燃烧器数量	4 只
磨煤机出力	68t/h
	71%通过 200 目筛子
磨煤机出口温度	66.5℃

2. D—10—D 型双进双出球磨机的结构

D—10—D 型双进双出球磨机结构，如图 4-19 所示。

该型球磨机筒体衬板，如图 4-20 所示。

该型球磨机筒体端部衬板布置，如图 4-21 所示。

磨煤机筒体为轧钢板卷制而成，两整体式空心轴端部为铸铁件，筒体内表面衬有定位螺栓固定的合金波浪瓦（筒体衬板）。两端入口设有螺旋输煤器、煤粉分离器、分离器中空管（枢轴管）、中空管衬板、空气管组件、空气入口弯头、枢轴密封等。

磨煤机封闭在衬有吸音材料的防护罩壳内。

磨煤机为单侧驱动，6 台磨煤机共用 1 台可移动盘车装置，盘车减速机与主电机减速机之间依靠链轮传送。

磨煤机轴承共用一套顶轴润滑油系统，大牙轮设置了齿轮喷油润滑系统。

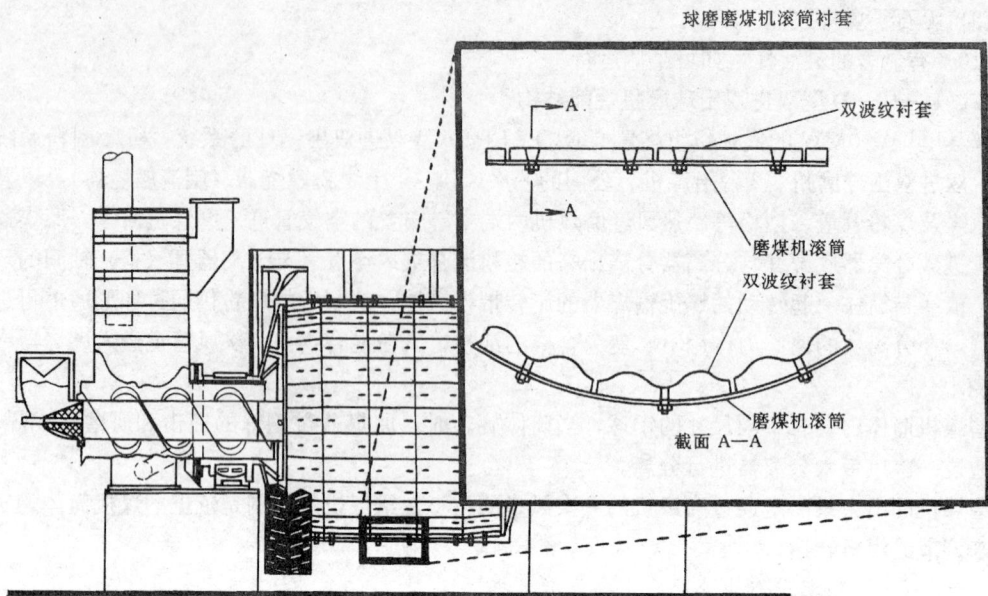

球磨磨煤机滚筒衬套

双波纹衬套

磨煤机滚筒

双波纹衬套

磨煤机滚筒

截面 A—A

图 4-19 D—10—D 型双进双出球磨机结构图

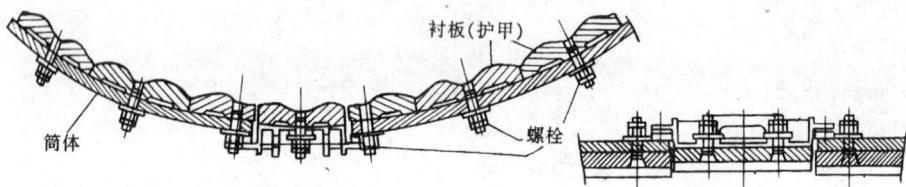

衬板(护甲)

螺栓

筒体

图 4-20 D—10—D 型双进双出球磨机筒体衬板

分离器组件由分离器、分离器枢轴管（中空管）、空气管组件以及装在磨煤机每端上由它自己的支架支撑的空气入口弯头组成。分离器作用是将粗煤粉颗粒从风粉混合物中分离出来，然后与由落煤管下来的原煤混合一起，经螺旋输煤机送入球磨机的滚筒内，在滚筒内重新碾磨。

空气入口弯头装在分离器与磨煤机各端上的一次风道之间，用螺栓固定。来自一次风道的空气通过每个弯头和空气管组件进入磨煤机的滚筒。空气管组件的轴从空气入口弯头伸出并固定在空气入口弯头外侧的一个轴承座上。空气入口弯头有一个清洗孔，用来清除可能进入此空间的燃料或其他异物。空气入口弯头和分离器本体由一个可调的匹配接头连接在一起，使空气管组件能

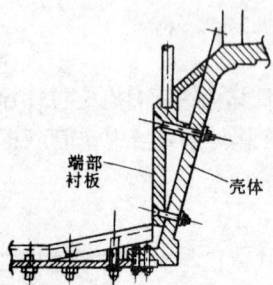

端部
衬板

壳体

图 4-21 D—10—D 型双进双出球磨机筒体端部衬板布置

精确对中。在靠近弯头的地方对空气管进行加工，以获得紧密配合状态，以便尽量减少热空气直接进入分离器。

在正压的磨煤机设备上需要有一个隔板将有压力的空气挡在滚筒内，因此在固定式分离器与旋转滚筒轴之间的每端要加上密封装置（枢轴密封）。每个密封装置带有一个旋转的与滚筒端相连的刮刀，这将保证能搅动那些可能积存在枢轴密封室内的煤粉。还有一个控制密封空气供给装置，控制流入滚筒的密封空气以防止一次风和煤粉向外泄漏。另外提供一个清扫管可以将少量的密封空气排至分离器，将密封室内悬浮的煤粉带走。该管的自

第二篇 锅炉燃烧设备

动操作的清扫阀在启动阶段为分离器提供较大量的密封空气，清扫约 5min，其目的是保证当时能快速清扫，减少煤粉灰尘流入大气中去。

空气管组件包括集中布置的在由筛网盖住的端部加肋的空气管道。为了能直接将煤送入磨煤机滚筒，通过环形密封板将螺旋输煤器与空气管道相连，密封板在外端而弹簧支撑在内端，这样螺旋输煤器铰刀是弹性固定在空气圆管上，允许有一定位移变形，不易被煤块卡坏。螺旋输煤器与空气管随滚筒一起转动。由于滚筒内钢球碰撞会使一些钢球进入空气管道，为了将其送回滚筒，空气管道内装了一个输送分离带，它与空气管道一起转动。空气管外端的筛网防止钢球进入空气入口弯头。空气管组件通过螺旋输煤机的轮毂与磨煤机滚筒一起转动，轮毂从空气管组件的滚筒端部径向向外伸出，伸进滚筒内衬套的孔内。

进入滚筒体内的热风干燥磨碎的煤粉及带走筒体内煤粉，经空气管与分离器中空管（枢轴管）之间的环形空间，进入分离器的挡板，使煤粉产生离心力，进行煤粉粗细分离，粗煤粉颗粒从分离器的底部送回滚筒继续碾磨。合格的煤粉经分离器上部出口送至燃烧器。

分离器的枢轴管是分离器壳体的一个组成部分，而枢轴伸入滚筒内，因此枢轴管和枢轴之间尽量保持紧公差配合。枢轴管的下部装有可更换的耐磨合金衬板以防磨损。枢轴管有控制线路用来控制筒内料位。

三、D—10—D 型双进双出球磨机主要技术特点

1. 筒体粉位控制系统

筒体粉位控制系统用来控制磨煤机筒体内的粉位，它主要利用保持粉位的压力的探头与磨压力参考管间的压差来保持筒体内粉位在所有运行工况下不变。粉位控制系统原理图与高、低粉位探头布置图分别见图 4-22 和图 4-23。

给煤机的给煤量只能靠低煤位或高煤位信号控制，两个粉位信号不同时投用。粉位显示器的范围设定为 0.25～0.4kPa。如果控制信号由低煤位切至高煤位信号，筒体内的燃料量会增加，也就是燃料在筒体内停留时间相对延长，煤粉会被碾磨得更细些，增加了电耗，有时也很可能对枢轴密封造成影响。如果煤种挥发分较小，推荐采用高粉位控制系统，要求煤粉细度要细些；对于挥发分较大的煤种，则推荐采用低粉位控制系统。

高、低粉位信号在正常情况下一般相差 15.24mmH$_2$O（0.15kPa）。如果显示器没有显示两者之差，则认为粉位信号错误；如果偏离正常差值，可能就是一条管线堵了，应手动调节总一次风调风挡板和给煤机出力控制。检查料位控制管线是否被堵，检查清洗后以确定堵的管线，并用压缩空气吹扫粉位测量管及感应头。

双进双出钢球磨煤机的分离器主要是利用重力和离心力的作用，将粗粉煤粉从风粉混合物中分离出来。

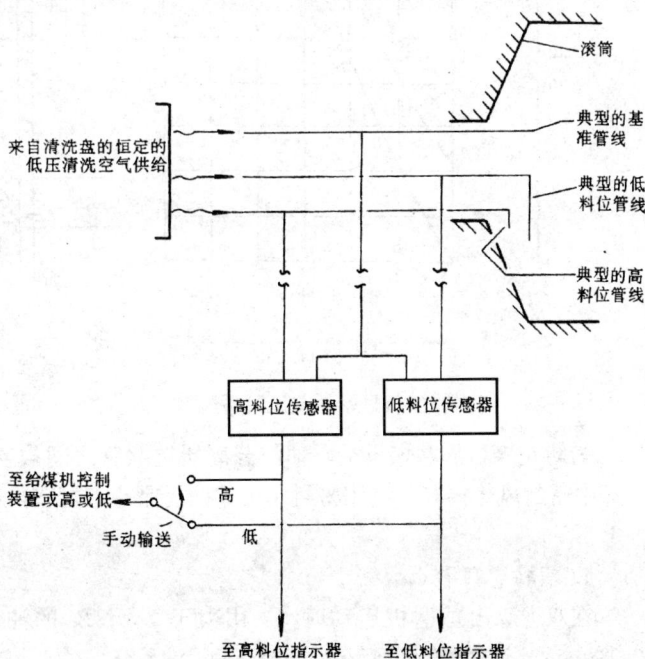

图 4-22 粉位控制系统原理图（简化示意图，只示出磨煤机的一端）

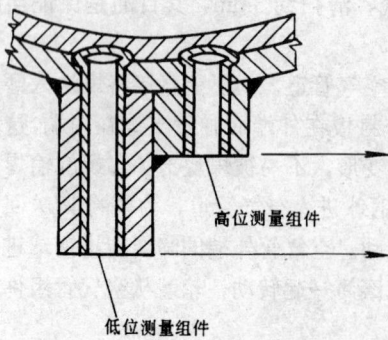

图 4-23 高、低粉位探头布置图

图 4-24 给出了筒内煤粉位高度与粉位指示器所指示的读数值（mmH₂O）。例如，粉位控制组件处的粉位高度为 3.8in（9cm），低粉位指示器将给出的读数为 0.9in（23mmH₂O），高粉位指示器将给出的读数为 0.4in（10mmH₂O）。

2. 风系统

调温风系统，调温风来自回转式空气预热器来的热一次风和进空气预热器前的冷一次风进行混合，调节热、冷一次风比例来调节磨煤机风粉混合物的出口温度，冷热风量之和满足磨煤出力要求。

辅助风系统，利用辅助风调节挡板来控制一次风的风粉混合物的流速，防止低负荷运行时，煤粉管道有煤粉沉积。当煤粉燃烧器解列时，系统设计自动吹扫煤粉管道。辅助风源来自调温风（一次风系统来）。

3. 磨煤机的密封风系统

分离器枢（耳）轴与磨煤机空心轴间机械密封，如图 4-25 所示。

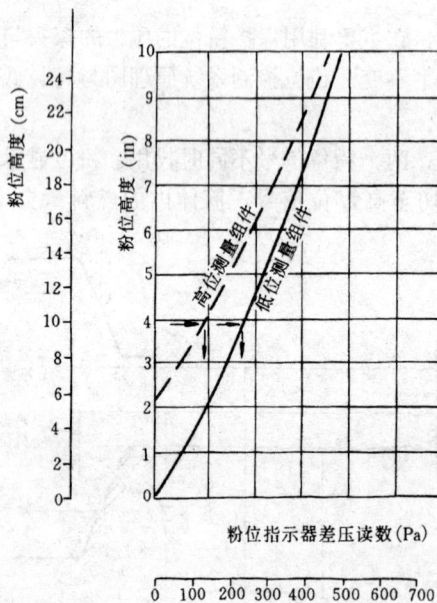

图 4-24 筒内粉位与显示器差压关系

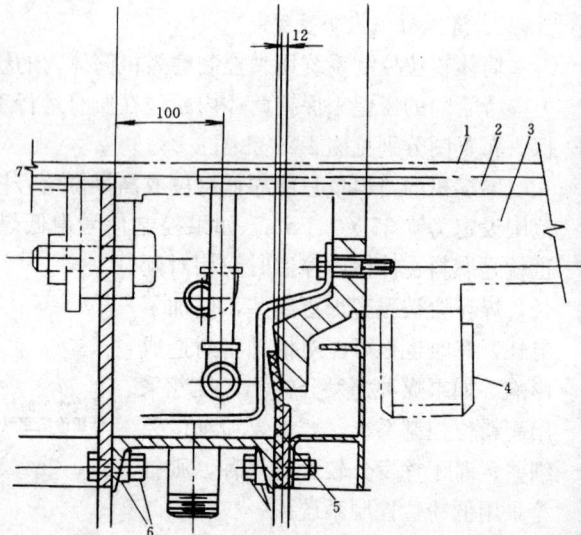

图 4-25 分离器枢轴与磨煤机空心轴间机械密封
1—衬套；2—分离器枢轴；3—磨煤机空心轴；4—回油管护圈；5—柔性石墨密封；6—密封风管接口；7—分离器侧

为防止煤粉从磨煤机空心轴与分离器空枢管之间被吹出，从调温风母管引出密封风接至图 4-25 中密封风管接口，利用密封风调节挡板保持密封室内密封空气压力大于磨煤机筒体压力 1.0～1.5kPa。

4. 顶轴、润滑油系统

在双进双出球磨机启动时，采用大于 1.37MPa 的油压将磨煤机筒体空心轴顶起至少大于 0.038mm。当磨煤机正常运行后切换至润滑油系统，对轴承进行润滑冷却。当润滑油压低于 1.03MPa 时，将发出低油压报警，自动启动备用油泵。磨煤机顶轴、润滑油系统如图 4-26 所示。

齿轮喷油系统，大小牙轮的润滑采用压力给油系统包括油泵润滑器和多级喷嘴，直接将润滑

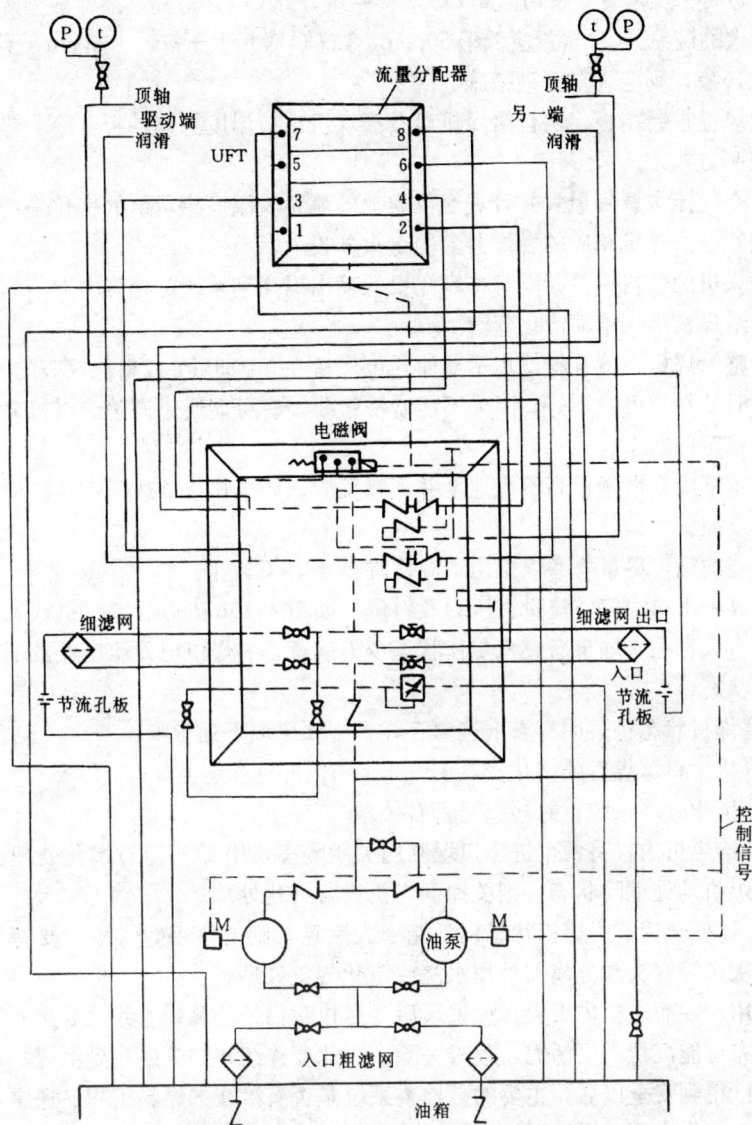

图 4-26 磨煤机顶轴、润滑油系统

油喷溅到大牙轮上,然后通过转动,润滑小牙轮,甩出的油被收集到大、小牙轮下的盘内。齿轮喷油系统开始投运时,每8～10min喷一次,每次时间7～9s,运行一段时间后根据齿轮润滑情况,可以调整到每12～15min喷一次。

5.磨煤机惰化系统

自动蒸汽惰化系统的蒸汽来源于机组的高压辅助蒸汽,该系统包括两只并列布置的阀门,在惰化循环启动的两分钟内,两只阀门同时运行。2min后,位于一次风入口弯头处的大流量阀关闭,另一个到分离器去的辅汽流量阀仍继续开20min。磨煤机如在这20min内启动起来,则惰化系统关闭;如磨煤机没有启动起来,在磨煤机再次启动之前,则仍然要再投20min的惰化蒸汽。

在磨煤机运行的任一时刻,惰化循环均可手动操作。

磨煤机的防火、防爆,无论磨煤机是正在运行或者已处停用,只要磨煤机筒体内有煤,每班至少要对磨煤机进行一次检查。密切监测 CO 取样系统，如 CO 含量高，并伴随磨煤机空气温度升高，可能就有着火的迹象。CO 含量应低于 50ppm，如 CO 含量大于 75～100ppm 就认为是危险。

如果有着火迹象，则应采取下列措施。

（1）将一次风量控制挡板、两台给煤机以及磨煤机出口温度控制挡板（冷、热一次风调节挡板）置于手动控制方式。

（2）将调节空气流量调到最大并且观察仪表上的流量及温度指示值的变化是否正常。

（3）将有问题的磨煤机相应的燃烧器上的点火器投入。

（4）提高磨煤机的燃料流量，同时将磨煤机的输出提高到系统可允许的近于满出力状态。

（5）经两台给煤机落煤管喷惰化蒸汽 10min。

（6）手动调整给煤机，检查料位指示器使料位保持在 0.325kPa 或料位仪表的 66%。

（7）注意这时的料位可能不好，因为不能吹洗管线，有可能通过调整给煤机速度以适应一次风流量获得逐步稳定的状态。

如果料位指示下降，慢慢提高给煤速度并观察反应。如果料位高或不正常波动，慢慢降低给煤机速度并观察反应。

（8）如果可能的话，尽量将磨煤机出口温度降至 48.9℃ 以下。

（9）观察磨煤机出口温度、流量、压力及料位，如 10～15min 以后磨煤机状态是稳定的，检查一下是否不再有火存在，如果磨煤机工作状态令人满意，磨煤机出口温度低或下降，磨煤机可恢复到正常操作状态。

（10）如果磨煤机状态仍表明有着火迹象存在，则要采取下列步骤。

1）通过给煤机出口落煤管喷惰化蒸汽 10～15min，再检查是否有火。

2）手动操作惰化处理系统，并检查是否有效。

3）如果火在给煤机内，将两个进出口煤闸门关闭隔离，用 CO$_2$ 进行惰化处理。

如果两台给煤机均处危险状态，则关掉磨煤机进行惰化处理。

（11）如经上述处理后，磨煤机状态仍不能令人满意，则要停用磨煤机。要特别注意如仍有火，可分别在一次风管弯头和分离器处用水浇或惰化气氛处理。

注意：每当用水在磨煤机内灭火，火熄灭后要尽快吹扫粉位测量管线。如果水及冲煤水反流到这些管线，就有可能沉积一层污泥，很难去除，因此要连续吹扫管线直到磨煤机内的煤变干。

磨煤机系统已得到安全以后，主要的是检查系统是否有潜在的燃料沉积。通常，煤粉系统中的火焰可以在煤粉管内表面、燃烧器、空气入口弯头、分离器及管道上结焦，如不清除这些沉积物，还会发生着火。所以要特别强调着火后对系统这些部件进行清洗的重要性。

四、双进双出球磨机运行特点

1. 密封

为了能使料位控制系统顺利运行，所有管线及连接装置要求密封好。当首次将煤送入磨煤机时，由于两个基准管线和料位管线受滚筒压力的影响，料位差为零、细的燃料要比粗的更能有效地密封料位装置。细煤也可能膨胀，使实际的料位增高。

当料位升高并且经几分钟后磨成粉时，它就会密封住料位控制装置中的料位管线的延伸部位，在低料位上会显示出料位差。但在一开始如磨煤机进煤太多，可能会使高料位计指示出料位读数。所以要凭经验确定最佳的给煤机速度设定值以及需要多长时间能达到工作料位。要求给煤机以最低的速度（35%～40%）运行直到建立起料位。该方法是使实际的料位慢慢增大。同时给料位控制装置供煤粉，目的是为了获得可靠的料位指示值。

2. 初始运行程序

选择低料位控制装置（用于挥发分较大的煤种），开始自动操作。当燃烧器投入运行及料位正常以后，给煤机的选择器开关应置于自动位置，手动调整设定点以获得料位自动控制所需的工作压差。磨煤机在稳定状态下运行，当来自磨煤机的出力增加时，实际的料位可能要下降。当出力减少时，料位可能会提高。实际的料位差使得指示料位差发生变化，这就使给煤机相对地增大或减少出力，以便使指示料位回到控制设定值。因此，实际的料位基本上是恒定的，与磨煤机出力大小无关，但在出力变化过程中是有变化，过渡状态例外。

3. 调整

用煤粉部分地将管线封住，并且控制管线内的空气歧管低压空气的流量，使料位管线内的压力升高，以获得料位压差。如果通过这些管线的空气流量太大，压差将快速变化，使给煤机快速加速或减速。如果通过这些管线的空气流量太少，给煤机的响应迟钝。因此必须对空气歧管的压力加以控制，使给煤机速度变化正常。但不必要把料位压差控制在很小范围内，一般要求±0.05kPa。

如果由于其他一些原因，如煤湿、块大，使得料位信号仍会快速变化，则可用在磨煤机端部的料位控制装置运行用的清洗盘上的针阀来进行节流调节。用针阀进行节流，可减少传感器的快速变化的信号量，但一定要注意不要把针阀完全关闭。当然也可以先关闭针阀，然后逐步打开此阀，调整到获得令人满意的给煤机稳定的运行状态为止。最好使针阀处于可接受的最大开启位置，这样就会出现正信号。

4. 单端给煤问题

当使用湿的或块状燃料时，料位指示值可能会在料位指示器上出现大的波动，给煤机的速度就会开始变化，在设定点附近波动。其原因是在料位控制装置的区域内缺少干的煤粉。当发生这种情况时，可通过只用 1 台给煤机并用相同的设定点对另一端料位控制装置的料位进行稳定性控制。运行给煤机端部上的控制装置要与控制传感器隔离开，最好用关闭传感器隔离阀的方式进行。该方法能保持隔离管线上的正常的空气清洗状态，使之保持干净。在运行着的给煤机端部，只需要隔离给传感器送信号的料位控制装置。当需要从磨煤机两端对给煤机进行控制时，传感器隔离阀又回到原先位置。

将点火器投入运行，两台给煤机手动控制，调节总的一次风调节挡板将风量降至 50%。隔离保持运行的给煤机一端的料位控制装置，再将料位控制装置置于自动方式并观察料位指示值。当料位稳定后，磨煤机出力为自动控制，继续观察料位直到磨煤机工作正常为止。

由于给煤机出故障或煤斗堵塞，不能从两端给煤的情况下，如上所述，用相对端控制会使给煤机控制稳定。单端给煤，两端控制，通常会使给煤机调节不稳定，由于粗煤会对正在建立的料位差产生抑制，结果就会产生过量加煤或滚筒堵塞现象。

单端给煤可能会使端与端之间的温度产生不平衡，离开磨煤机的煤粉量也可能会不平衡。这些影响与燃料及磨煤机出力有关，通常是在可接受的运行状态范围内，出力较大可能会加大这些影响。一般来讲，单端给煤，磨煤机出力限制在 85% 以下。如果实践证明出力限值提高仍能使磨煤机工作稳定的话，可以提高出力极限。

5. 粉位控制装置堵塞及清洗

(1) 粉位控制管线堵住的最明显的迹象是在表计上无值或减少了低压空气流量。如管线堵住，则要进行清洗，用高压空气清洗管线，直至恢复到正常的工作状态。

(2) 在正常操作过程中，低粉位与高粉位的差一般为 0.15kPa。如果偏离正常偏差，可能是一条管线堵了。此时，应将磨煤机和给煤机置于手动状态并保持出力。检查并清洗被堵的管线，如果有必要，对所有管线进行清洗。

（3）由于磨煤机粉位测量管线基本上是对称的，有可能将同一端上的一条基准管线和一条料位管线结合起来或与另一端上的两条管线结合起来工作，在两台给煤机都工作的情况下使磨煤机进行自动控制。如果燃料不太湿或没有什么问题以及当管线堵住或正在清洗时，还需要保持磨煤机的自动控制状态的情况下可以这样做。

（4）使用传感器隔离阀时，如果支管是干净的，低压空气气流也要继续清洗支管。

6. 钢球的磨损及添加钢球

在正常的磨煤机运行过程中，由于钢球表面磨损，钢球的直径以及装球总质量会减少，使磨煤机出力下降。为保证磨煤机出力，每周要补充新钢球，补充装球量的质量应由90％的31.8mm直径的钢球和10％的50.8mm直径的钢球组成，它可以通过原煤仓补充钢球。

钢球的磨损是随燃料的可磨性系数，燃料含水量、含硫量以及含砂、贝壳和石头的量而变化。

当最初有90％的装球量被装入磨煤机时，将球找平并检查从球的水平面至分离器枢轴的纵向距离。连续运行一段时间或在方便的停机过程中，检查磨煤机装球量的球位高度，根据情况调整补给球的添加速度。

在大多数情况下，只要有90％的装球量，磨煤机出力和煤粉细度能达到要求。在某些情况下，在90％以下也可能会满足出力和煤粉细度的要求。以90％或低于90％的装球量运行能够节约电耗并有可能减少维护保养工作量。

如果90％的装球量不能满足磨煤机出力和煤粉细度的要求，应在运行过程中逐步将剩下的10％钢球添加进去，直至满足要求为止。添加进去钢球规格及比例应与最初的装球比例相同，因为这与运行中添加钢球不同，新装钢球应按三种规格球比例进行，而运行后钢球磨损而添加新钢球不受三种规格限制，而用90％31.8mm钢球和10％50.8mm的钢球。

为了保持所需的装球量，采用理论上钢球磨损率作为指南，添加由于磨损造成的钢球补充量。在没有进行球料位实际测量获得真正的钢球磨损率之前，不应改变装球量的补给速度。

根据磨煤机的出力情况，可能有必要去除尺寸过小的钢球，用新球补充。其方法是在滚筒人孔门处加筛子，旋转磨煤机滚筒，使较小尺寸的钢球通过筛子被筛分出来，并将新钢球补充进入磨煤机。

D-10-D双进双出球磨机在正常运行时，每周大约加326kg钢球，其中 ϕ50mm 的钢球占10％，ϕ30mm 的钢球占90％。

第四节　给煤机结构及特性

600MW机组一般配置6套直吹式制粉系统。相应有6台给煤机。多数给煤机为Stock公司的9224型电子重力式给煤机，配有电子称重装置和微机控制装置。

一、给煤机设备规范与设计准则

1. 给煤机设备规范（以600MW机组为基准）

数量	6台/炉
容量（1台）	10～60t/h
控制方式	就地及远程自动控制
称重装置精度	0.5％
工质密度	0.85～0.89t/m³（堆积密度）
壳体承受压力	0.35MPa

给煤机进料口与出料口中心线距离	2134mm
电动机型式	交流感应式（异步电动机）
功率	2.2kW
电源	380V、50Hz
转速	1450r/min（最大）
调整形式	滑差电动机调速
清扫装置电动机功率	0.25kW、380V

2. 设计准则

(1) 在锅炉 MCR 工况时，5 台给煤机运行，1 台给煤机备用。

(2) 给煤机采用无级变速装置调节给煤量。

(3) 电子称重装置精度为±0.5%。

(4) 每台给煤机出力大于磨煤机出力为 10%。

(5) 配置煤样取样装置。

二、给煤机结构

给煤机由机体、输煤皮带及其电动机驱动装置、清扫装置、控制箱、称重装置、皮带堵煤及断煤报警装置、取样装置和工作灯等组成。图 4-27 为给煤机结构图。

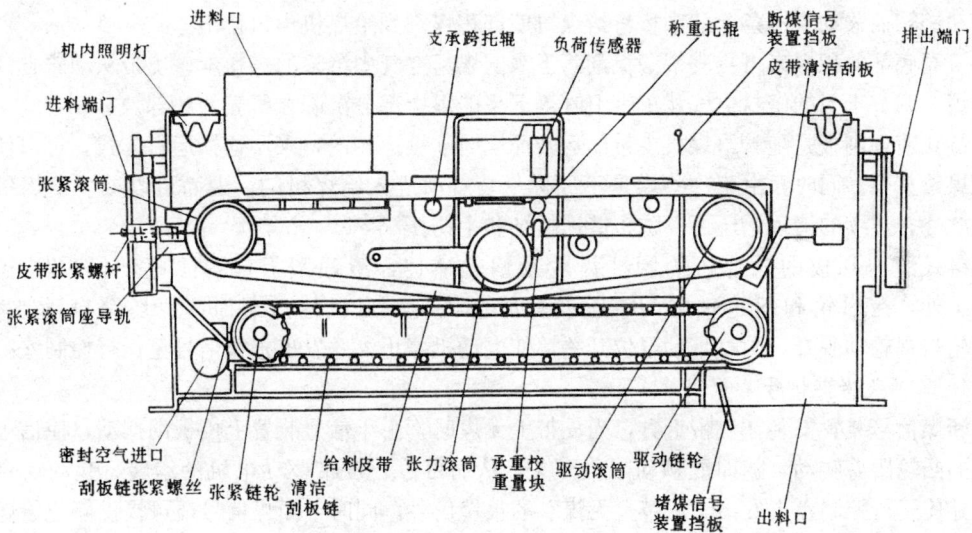

图 4-27 给煤机结构图

9224 型电子称重给煤机是带有电子称量，自动调速的皮带式给煤机。皮带由滚筒驱动，具有正反运转两种功能，给煤机的作用是精确地定量向磨煤机输送燃料。

原煤在给煤机内流程是：煤仓中原煤→煤流检测器→煤斗闸门→落煤管→给煤机进口→给煤机输送皮带→称重传感组件→断煤信号→给煤机出口→磨煤机。

1. 机体

机体上设有进煤口、出煤口、进煤端门、出煤端门、侧门和照明装置等。在进煤口处设有导向板和煤闸门，以使煤进入给煤机后能在皮带上形成一定断面的煤流。为避免发生锈蚀，所有能与煤接触的部分均用 1Cr18Ni9 不锈钢制成。

进煤端门和出煤端门采用螺栓紧固在机壳上，并保持密封。在所有门体上，均设有窥视窗，用以检查机内运转情况。在窥视窗内有清扫喷头，当窗孔内侧积有煤灰影响正常观察时，用压缩空气或水予以清洗。

具有密封结构的照明灯，供观察给煤机内部运行情况时照明使用。

2. 给煤皮带机构

给煤皮带机构由皮带驱动滚筒、张紧滚筒、张力滚筒、给煤皮带以及皮带支承板等组成。

为保证给煤皮带运转时不发生左右偏移，给煤皮带采用了带有边缘的、且内侧中间有凸筋的皮带，并配置以表面具有相应凹槽的滚筒，从而使皮带获得良好的导向而作正直移动。

驱动滚筒与减速机相连，在驱动滚筒端，装有皮带清洁刮板，用以刮除黏结在皮带外表面上的煤。

皮带中部安装的张力滚筒、使皮带保持一定的张力以得到最佳的称重效果。皮带的张力是随着温度和湿度的变化而有所改变，应经常注意观察，利用张紧拉杆来调整皮带的张力（在张紧滚筒侧调整）。在机座侧门内，装有指示板，张力滚筒的中心，应调整在指示板的中心刻线位置上。

3. 链式清理刮板机构

为了能及时清除沉落在给煤机机壳底部的积煤，防止发生积煤自燃。因此，在给煤机皮带机构下面设置了链式清理刮板机构，以作为清理机壳底部积煤之用。

链式清理刮板机构由驱动链轮、张紧链轮、链条及刮板等组成。刮板链条由电动机通过减速机带动链轮而移动，链条上的刮板将给煤机底部积煤刮到给煤机出口排出。

机壳底部的积煤来自：皮带刮板刮落下来的煤；空气中沉降的煤粉尘；皮带从动轮自清扫下来的煤；调节不当的密封空气从皮带上吹落下来的煤中部分沉降在机壳的底部。

链式清理刮板是随着给煤机皮带的运转而同时连续运转的，采用这样运行方式，可以使机壳内积煤量甚少。同时，由于这些煤是不经称量装置而进入给煤机的，因而可以减少给煤量的误差。此外，连续的清理，还可以防止链销粘结和生锈。

链式清理刮板的减速机为圆柱齿轮及蜗轮减速，清理刮板机构除电动机采用电气过载保护外，在蜗轮和蜗轮轴之间，还设有剪切机构。当机构过载时，剪切销自动被剪断，使锅轮与蜗轮轴脱开，同时带动限位开关，使电动机停止，并发出报警信号至运行控制室。

4. 断煤及堵煤信号装置

断煤信号装置安装在皮带上方，当皮带上无煤时，由于信号装置上挡板的摆动，使信号装置轴上的凸轮跟着转动，随即能触动限位开关，从而可停止皮带驱动电机的运转、起动煤仓振动器，并使运行控制盘上发出"皮带上无煤"的报警信号。同时，断煤信号还可提供停止给煤量累计以及防止在皮带上有煤的情况下定度给煤机。

堵煤信号装置安装在给煤机出口处，其结构与断煤信号装置相同。当煤流堵塞至出煤口时，限位开关动作，停止给煤机运转，并发出报警信号。

5. 称重机构

称重机构是电子称量装置的感应机构，它装在给煤机进煤口与驱动滚筒之间。称重机构主要由3个托辊和一对负荷传感器组成，3个称重托辊表面均经过精密加工，其中一对固定在机壳上，构成一个确定称重跨距，另外一个称重托辊则悬挂于一对负荷传感器上，皮带上煤的质量由负荷传感器送出信号。

在负荷传感器及称重托辊的下方，装有称重校准重块，给煤机在工作时，校准重块支承在称重臂和偏心盘上面，与称重托辊脱开。当需要校准定度时，可转动校重杆手柄，使偏心盘转动，将称重校准重块悬挂在负荷传感器上，从而能检查质量信号是否准确。

6. 驱动减速装置

给煤皮带机构的驱动电动机采用全封闭型风冷式电磁调速电动机，它由三相交流电动机、涡流式离合器和测速装置等组成。通过控制器组成具有测速负反馈自动调节系统和交流无级变速装置，它能在比较宽广的范围内，进行平滑的无级调速。

给煤皮带机构的减速机为圆柱齿轮及蜗轮两级减速装置。蜗轮采用"油浴"润滑方式，齿轮则通过减速箱内的摆线油泵，使润滑油流经蜗杆轴孔后进行润滑。蜗轮轴端通过柱销联轴器带动皮带驱动滚筒一起旋转。在蜗轮轴的另一端，装有高分辨率的光电编码器，利用编码器中的圆光栅，通过光电转换，将蜗轮轴的旋转角位移转换成电脉冲信号并输入电子控制柜，以精确地确定皮带驱动滚筒的转速。

涡流离合器为一扭矩传送装置，在感应电动机的轴上和低速轴的输出上具有相同的扭矩。离合器有一定的功率损耗，它产生的热量由离合器内的整体风扇来排散。为了使离合器内的功率损耗限制在一个安全值内，离合器输出端的转速不应低于 120r/min。

7. 密封空气系统

对于采用正压直吹式制粉系统，磨煤机内处于正压下工作。为防止磨煤机中的热风倒流到给煤机中，给煤机也应设置专用的密封空气系统。在给煤机机壳进煤口的下方，设有密封空气法兰接口，密封空气管上的法兰与它相连，密封空气就由此接口进入给煤机内。

密封空气的压力应略高于磨煤机进口处热空气的压力。密封空气量则为通过落煤管泄漏至原煤斗的空气量以及形成给煤机与磨煤机进口处之间压力差所需的空气量之和。密封空气压力过低，会导致热风从磨煤机流入给煤机内，使煤易积滞在门框或其他凸出部分，从而会导致煤粉自燃。密封空气量过小，就不能维持给煤机壳内所需的压力；密封空气压力过高或密封空气量过大，易将煤粒从皮带上吹落，飞扬的煤尘还会沾污观察窗，影响正常的观察。

三、电源动力柜和电子控制柜

控制给煤机的电气柜有电源动力柜和电子控制柜两种。

电源动力柜独立安置，不与给煤机组装在一起。在柜门表面装有电源开关及红、绿指示灯，用以接通或断开电动机的电源，以及指示给煤机的启停工况。柜门上的绿色指示灯亮，表示给煤机电源切断、停用；用红色指示灯亮则表示电源接通，给煤机在运行。

在电源动力柜内装有热过载保护的磁力启动器以及变压器、熔断器与继电器等。

电子控制柜安装在给煤机机体上，由于控制元件装在给煤机上，从而克服了负荷传感器输出信号弱而输送距离过长的缺点。同时也不用采取特别的措施来消除较长的传感器导线中，由于电磁辐射或热电偶效应而引起的干扰。作为附加的预防措施，内部有一个状态信号来判别这些元件的输出是否在规范的限度内，这个信号使给煤机处于稳定的工作状态。当发生故障时，机器能自动转换成容积方式给煤。

电子控制柜内装有电子称重控制和专用测速系统等电控装置以及控制器、显示器和指示灯等。在柜门表面，装置下列仪表及控制器：

(1) 给煤量显示器 (FRI)，当给煤机按称重方式运行时，给煤量以每小时给煤吨数显示。当给煤机以容积方式运行时，显示器以皮带驱动滚筒的转速 (r/min) 表示。

(2) 总煤量显示器 (TCI)，可将给煤机输送的煤量按每 100kg 的增量累计，有长期性储存功能。在停电或给煤机停止运行时，总给煤量可以保存一年之久。

(3) 给煤运行方式选择开关 (SSF)。选择开关可按需要从：①本机运行；②停机；③遥控等三种运行方式中选用一种。

(4) 链式清理刮板机构停止和运行选择开关 (SSC)。用此开关来控制清理刮板机构的运行和停止。

(5) 照明灯开关（FLS）。用以开启和关闭机内的照明灯。

(6) 给煤皮带行进方向选择开关（SSR）。选择开关有正向运行、停止和反向运行三个位置。当给煤机万一因操作不当发生堵塞，需要打开机壳上端门予以清除时，此时可选择给煤皮带"反向运行"，以使皮带上的煤及其他杂物通过机壳上进煤端门排出机外。

(7) 给煤机运行和停机指示灯（L4和L2）。表示运行的红色指示灯L4在控制柜内与L3并联，在给煤机运行时接通（灯亮）。表示停机的绿色指示灯L2在控制柜内与L1并联，在给煤机通电但还未运行时接通（灯亮）。

(8) 给煤机给煤指示灯（L5）。黄色指示灯L5在给煤机给煤皮带驱动电动机转速超过30r/min，断煤信号装置检测到皮带上有煤时，由给煤继电器K1接通（灯亮）。

(9) 容积式给煤指示灯（L6）。黄色指示灯L6在给煤机以"遥控"方式运行而电子信号不正常时，由给煤继电器K2接通（灯亮）。此时，给煤机以电动机转速控制而不以给煤量逻辑控制。

(10) 给煤量误差指示灯（L7）。红色指示灯L7在给煤机给煤量与需要不符时，由电子控制柜中继电器接通（灯亮）。在这种情况下，表示给煤机的给煤量没有满足要求。

四、给煤过程和称重原理

1. 给煤机给煤过程

当给煤皮带机构的驱动滚筒及刮板清理机构的驱动链条在各自的电动机带动下转动时，给煤皮带与链条刮板随之反转移动。从原煤仓下来的煤经进煤口落在其下面的皮带上，随着皮带的移动逐渐向前输送，在皮带的翻转时，皮带上的煤即被倒至出煤口，经落煤管而送入磨煤机中，粘结在皮带上的少量煤通过皮带清理刮板被刮落。皮带内侧如有煤粘结，则通过自洁式张紧滚筒后由滚筒端面落下。落在机壳底部的积煤，被连续运转的链式清理刮板刮至出煤口，随同皮带上落下的煤一起进入磨煤机。

给煤量的调节是通过改变电磁调速电动机的转速，即皮带的移动速度来实现的。在投自动的情况下，给煤机的转速能自动予以调节。

2. 称重原理

电子称重式给煤机的给煤量称重是通过负荷传感器测出单位长度皮带上煤的质量 G，再乘以由编码器测出的皮带转速 V，得到给煤机在此时的给煤量 B，即 $B=GV$。图4-28所示为称重式给煤机的自动称重和自动调速原理的框图。

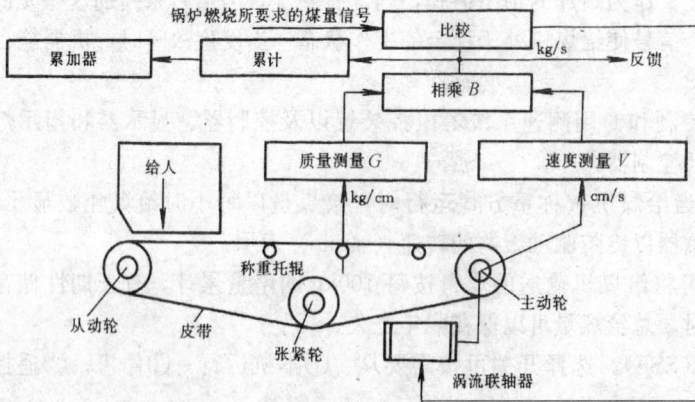

图4-28 Stock电子重力式给煤机方框图

给煤机由2个固定于机壳上的称重托辊形成一个确定的称重跨距，在称重跨距的中间则有一称重托辊，此托辊悬挂在一对负荷传感器上，它称出位于称重跨距内使带上一半煤的质量，经标定的负荷传感器的输出信号表示每英寸（或每厘米）皮带长度上煤的质量（磅或kg）。连接在皮带驱动滚筒上的编码器输出的频率信号表示出皮带运动速度（标定为 in/s 或 cm/s）。负荷传感器的输出信号经放大变换后，乘以编码器的频率信号，这个乘积也是一个频率信号，它表示此时的给煤量（lb/s 或 kg/s）。

经标定的给煤量信号，经过转换和综合产生一个累计量信号，送入总煤量显示器，其输出显示了给煤的累计总质量。

给煤机的自动调速过程大致是这样的：按照锅炉负荷及系统出力的需要，燃烧调节系统向给煤自动调节装置的比较器输入一个要求的给煤量的指令信号，此信号为频率信号——经电压转换器而产生一个电隔离的模拟量，它正比于制粉系统所要求的给煤量。在比较器中，实际给煤量信号与系统要求的给煤量指令信号相比较，得到一个差值信号，该信号随即输向驱动电动机的速度控制器，从而改变皮带驱动电动机的速度，使给煤量能符合系统的出力要求。

电子称重给煤机电路能按给煤量指令信号大小来输送改变的煤量，而与煤的密度变化无关。如果皮带上煤的密度发生变化，皮带速度也相应随着改变，以保持给煤量为定值。皮带速度的变化，反比于煤的密度变化。

对于微机控制的给煤机，其微机控制装置及其电源板和电气设备都装在一个控制箱内，控制箱有一扇玻璃门，玻璃门后是键盘操作板，操作板上装有全密封式显示屏。

电源板将交流电（120V，50Hz）经变压器和整流、滤波或稳压处理转换成控制装置所需要的低压电源，如图 4-29 所示。

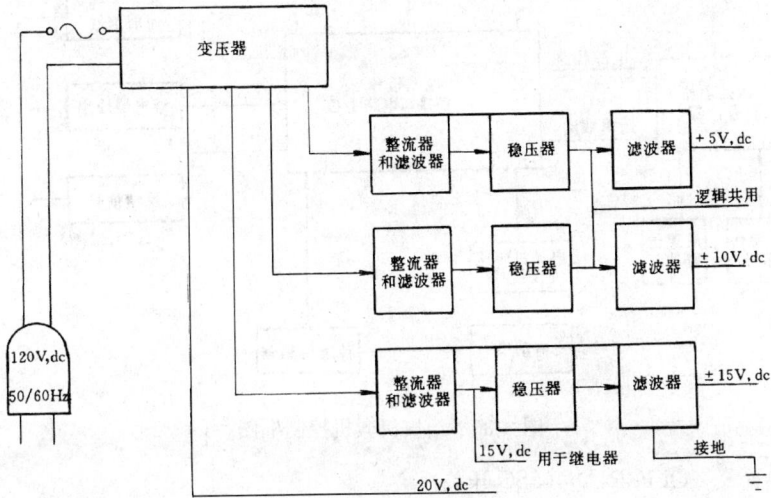

图 4-29　电源板

这些低压电源用于：

+5V，dc	用于微处理器和晶体管，晶体管逻辑显示器（TTL）和转换器电路板
+10V，dc	用于质量传感器和放大器
−10V，dc	用于放大器
+15V，dc	用于质量标定测头
−15V，dc	用于输入装置和质量标定测头
+15V	不稳定电压，用于继电器线圈励磁
20V，dc	用于给煤量转换器电路板（A2）和（A3）

电源板与控制装置之间使用 1 根 6 股电缆连接。

电气设备有：

磁性马达启动器（MSF），用于给煤机皮带电动机。

磁性马达启动器（MSC）及保险丝（F4，F5，F6），用于清扫装置电动机。

电源变压器（T1）及初级熔丝（F7，F8）和次级熔丝（F11），用于微机电路。

电源变压器（T2），用于微机。

电源变压器（T3）及初级熔丝（F9，F10），用于电动机转速控制电路。

给煤机主断路开关（CB）及熔丝（F1、F2、F3）。

给煤机微机装置使用专门电路、软件子程序和只读存储器来储存数据、程序和运行参数。它可以在电源瞬时中断之后，恢复和维持给煤机在微机控制下运行。图 4-30 为微机控制框图。在控制箱的外部有两个 2 位位置选择开关。

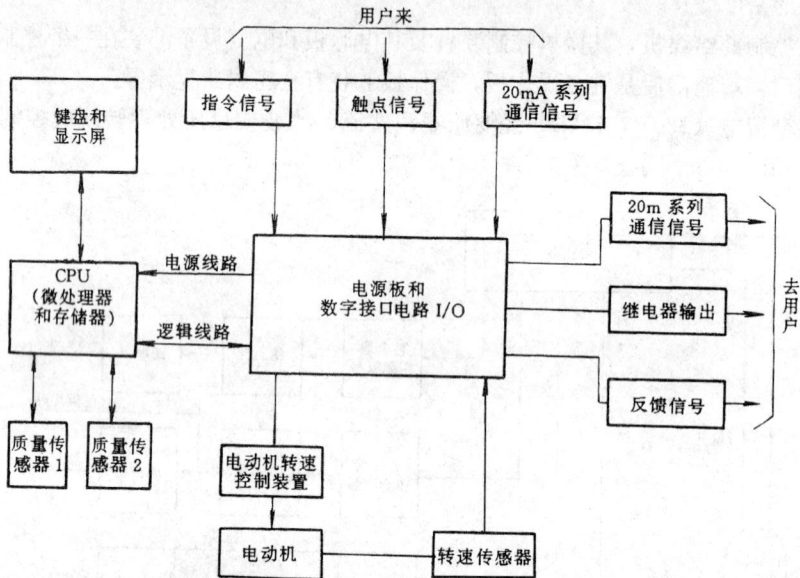

图 4-30　给煤机微机控制框图

1）清扫装置　　　OFF/RUN（SSC 开关）

2）工作灯　　　　OFF/ON（FLS 开关）

五、给煤机运行

1．给煤机运行方式

从计量的角度而言，给煤机有称重式和容积式两种运行方式。前者给煤量以每小时吨数给出，后者则以皮带驱动滚筒每分钟转数来代表给煤机的出力。从控制角度划分，给煤机有遥控、本机、停机三种运行方式，由选择开关 SSF 选定。

（1）给煤机遥控运行方式。

在遥控运行方式时，给煤机运行按炉膛安全监控系统（FSSS）或燃烧器管理系统（BMS）的控制指令进行。遥控方式运行时，将选择开关 SSF 拨到"遥控"位置，FSSS 或 BMS 发出起动指令，接触器闭合后导通电子控制柜内电动机起动器的继电器 K4，从而导通电动机启动器 MFS，使给煤皮带机构驱动电动机运转，并在电动机速度控制电路板上，加上 95V 交流电压。

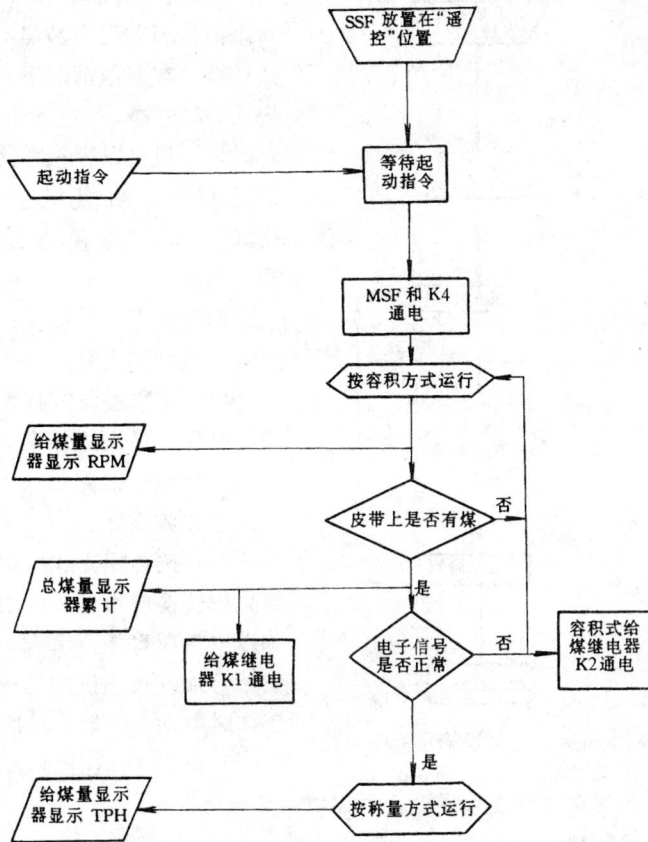

图 4-31 给煤机遥控运行方式逻辑示意图

　　每次收到给煤机启动指令后，给煤机先以容积方式运行，此时受给煤皮带机构驱动电动机直接反馈的信号控制，给煤量显示器（给煤率）显示出电动机每分钟的转速。给煤机以这种方式运行到断煤信号装置检测到皮带上有煤为止，这时总煤量显示器和给煤继电器 K1 导通。如果电子控制信号正常无误，则给煤机自动转为以称重方式运行，给煤量显示器显示出每小时给煤的吨数。如果电子控制信号失常，而皮带上有煤，则电子控制柜内容积式给煤继电器 K2 通电，给煤机仍按容积方式运行。图 4-31 所示的为给煤机遥控运行方式逻辑示意图。

　　（2）给煤机本机运行方式。

　　图 4-32 所示的为给煤机本机运行方式逻辑示意图。

　　给煤机本机方式运行是用来对给煤机定度或检查机器的运行情况的，如检查皮带导向情况时可将选择开关 SSF 拨到"本机"位置。在"本机"方式操作时，给煤机以容积方式运行。当选择开关 SSF 处于"本机"位置时，控制器导通继电器 K4，并启动给煤机电动机，给煤量显示器显示出电动机每分钟的转数。在皮带上无煤时，给煤机可以连续运行直到选择开关拨至"停机"位置。当皮带上有煤时，"本机"方式运行 2s 后就会自动停机。因此，皮带上有煤时不能用"本机"方式连续运行，只能断续地运行。

　　当皮带上有煤而选择开关处于"本机"位置并处在自动停机时，但当皮带上不再有煤，则给煤机会自动地启动运行。

　　给煤机的控制逻辑使给煤能按称重方式或按容积方式进行。当给煤机运行方式选择开关 SSF

处于"遥控"位置时，在皮带上有煤且电子状态信号表示没有故障时，给煤机按称重方式运行。在其他情况下，如给煤机电子信号失去或选择开关 SSF 处于"本机"位置时，给煤机以容积方式运行。在按容积方式运行时，给煤机皮带驱动电动机以每 min 转速的速度反馈信号送入控制柜。

由于给煤机的计量运行方式有两种，所以其标定种类也有以下两种。

(1) 按称重方式标定。根据所要求给煤率与给煤机最大给煤率的比值，决定出给煤率 N，在电子线路板架的 A2 上，利用拨码开关预先调整好。

(2) 按容积方式标定。将给煤机的最大给煤率转换成每分钟给煤容积，再将此数值除以皮带驱动滚筒每转一周能输送的容积，然后再乘以减速机的总速比，即为容积方式工作时电动机的最大转速。

2. 给煤机运行（以 Stock 公司 9224 型

SSF 放置在本机位置 → MSF 和 K4 通电 → 按容积方式运行 → 给煤量显示器显示 r/min；皮带上是否有煤（否→返回；是→2s 延时 → 给煤机停止）

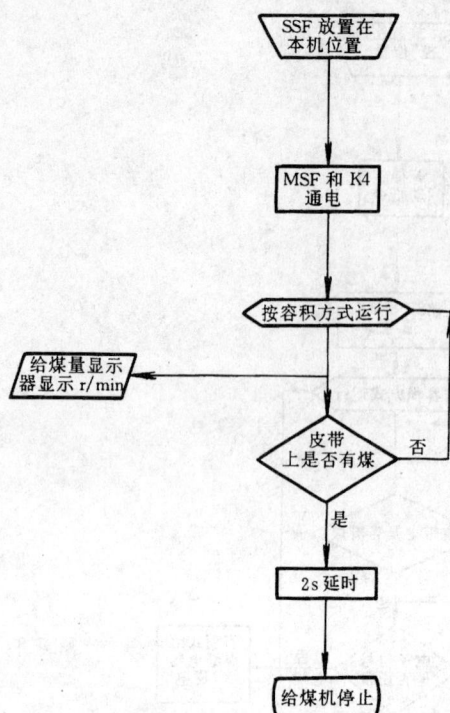

图 4-32 给煤机本机运行方式逻辑示意图

电子重力式给煤机，配有电子称重装置和微机控制装置为例）

(1) 电动机转速控制规范。

输入电压 95V±10%，50~60Hz

工作温度 −26~65℃

转速调整 ±10r/min（负荷在 25%~100%间变化）

    ±4.0%r/min（±10%的电压变化）

线性度 ±8.0%r/min（整个转速范围内）

温度漂移（每度） ±0.75r/min（绝对值），±0.03%（相对值）

启动升温漂移 ±3r/min（最大值），（在启动的前 30min）

最小调整转速 100r/min（正常运行工况）

最小转速调整范围 100~900r/min

最大转速调整范围 750r/min~铭牌最大转速

最大输出电流 3A，dc

最大输出电压 75V，dc

最大输出功率 225W

熔丝 5A（快速熔断）

转速传感器反馈信号 每转 12 脉冲

(2) 微机控制系统运行参数。

地址	功能	初始值	最终值
00	给煤量（t/h）	0	
01	速度（cm/s）	500	

02	密度（kg/cm³）	800
03	启动方式选择	0
04	给煤显示选择	2
05	最大给煤量（t/h）	67.3
06	最小给煤量（t/h）	11.2
07	加法器增量	100
08	指令方式	0
09	转速传感器型号	3
10	称重间距（cm）	91.44
11	体积（m³）	0.093
12	质量标定测头间距（cm）	91.44
13	标定质量（kg）	（各给煤机不同）
14	MSC 伺服回路放大系数	4800
15	MSC 伺服回路反馈速率	14000
16	出口煤堵塞延时（10^{-1}s）	20
17	皮带运转监视延时（s）	0
18	中心监视器脱扣延时（s）	0.395
19	称重信号滤波	4
20	反馈信号滤波	2
21	反馈滤波器超限	0.15
22	—	
23	—	
24	模拟反馈输出信号	0
25	通信单元号码	0
26	方式选择　允许/不允许	0
27	FRI　频率（Hz）	10
28	高/低　触头输入响应时间(s)	5

（3）给煤机启动前准备。

1）原煤斗进煤之前，开、关原煤斗出口阀以排出原煤斗中杂物。

2）进入给煤机内，清扫杂物，注意切断电源。

3）安装好皮带和质量传感器。

4）检查减速箱油位是否正常。

5）校正称重辊。

6）调整清扫装置链条张力。

7）正确安装微机控制装置。

8）关于电动机转速控制，将最大转速电位差计（RS）设置在逆时针方向满负荷处，将减速电位差计（R26）设置在调节范围的中点处。

9）测量给煤机进口主断器开关电压，如果电压正常，则接通电源，绿色指示灯 READY 亮。

（4）初次试验。

初次试验的目的是检查给煤机及其控制系统是否正常运行，模拟给煤机脱扣条件，制定输入/输出连接原则。

初次试验步骤如下：

1）接通电源，显示屏和绿色指示灯 REARY 亮，红色指示灯 VOLUMETRIC 不亮。

2）开亮给煤机工作灯。

3）用标定质量检查称重系统。

4）检查键盘上所有指示灯，然后在通电 5s 后自动返回，按 OFF（白）、SHIFT（黄）SELF TEST（黄） 4（蓝）。

5）检查 JOG 运行方式。

6）检查清扫装置。

7）检查 LOCAL 方式下的运行。

8）检查皮带运行轨迹。

9）检查皮带张力。

10）检查转速传感器读数。

11）检查皮带断煤报警开关 LSFB。

12）检查微机复位功能。按 SHIFT（黄）FRROR RECALL（黄）显示屏显示 08，开关 LSFB 复位。

13）检查输入输出模拟量。

14）标定给煤量。

15）用 100% 燃烧系统（FSSS 或 BMS）指令信号检查转速控制系统。

16）用 100%、75%、50%、25% 燃烧系统指令信号检查转速控制系统。

17）当煤密度在最小时，检查皮带电动机转速是否在满负荷转速之下。

18）检查出口堵塞报警开关 LSFD。

19）检查微机复位功能：按 SHIFT（黄），ERROR RECALL（黄）显示屏显示 07，开关 LSFD 复位。

20）在 REMOTE 方式下运行，检查皮带断煤报警开关 LSFB。

21）检查给煤量。

22）需要再次试验时，按 SHIFT，SELF　TEST 键，检查显示屏上数字是否加 1。

23）初次试验完成后，按 OFF（白）键停止给煤机，将清扫装置选择开关置 OFF 位置。

（5）典型运行程序。

1）关闭给煤机进口阀，再让原煤斗进煤。

2）启动给煤机时，慢慢打开进口阀，以一定速度将煤送到皮带上，以防止煤在进口堵塞。

3）合上给煤机控制系统断路开关 DS，绿色指示灯 READY 亮。

4）按 REMOTE（白）键，进行遥控方式运行。

5）开动清扫装置（将 SSC 开关置 RUN 位置）。

6）当有煤落到皮带上，绿色指示灯 FEEDING 亮。

7）当微机检查完称重装置后，给煤量显示在指示灯 RATE（亮）上方，总煤量显示在指示灯 GRAV（亮）的上方。

8）给煤机响应燃烧控制系统（CCS）中的变化要求，自动控制电动机转速。在正常运行期间，只有四只绿色指示灯亮，如果有黄色或红色指示灯亮，则表明出了故障，应加以注意。

9）如果给煤机需要暂停，按 OFF（白）键。

10）在运行期间，如果需要清空皮带上的煤，可以关闭给煤机进口阀门。当皮带清空后，闸板开关 LSFB 将关停给煤机，然后再按 OFF（白）键。

11）让皮带制动，可按 JOG（蓝）键。

12）按 LOCAL（白）键，给煤机可在本机方式下运行，此时转速值设置在地址 01 中。在本机方式下运行可进行给煤机检查或熟悉给煤机操作。

第五节　制粉系统及其运行

制粉系统的任务是将原煤进行磨碎、干燥，成为具有一定细度和水分的煤粉，并把锅炉燃烧所需要的煤粉送入炉内进行燃烧。

制粉系统可分为直吹式和储仓式两类。所谓直吹式系统，就是煤经磨煤机磨成煤粉后直接吹入炉膛进行燃烧。而储仓式制粉系统是将磨制成煤粉经分离先储存在煤粉仓中，然后根据负荷的需要，再从煤粉仓中取出煤粉经给粉机送入炉膛燃烧。不同的制粉系统宜配置不同类型的磨煤机，以期使两者的工作性能协调匹配。在中间储仓式制粉系统中，除个别情况外，它所配用的磨煤机一般都是低速筒型钢球磨煤机。而直吹式制粉系统所配用的磨煤机，则为中速磨煤机、高速磨煤机以及双进双出球磨机等。

我国电厂内各种类型的制粉系统都有采用，过去采用较多的是具有低速钢球磨煤机的中间储仓式制粉系统。近年来，随着火电建设和电力工业技术的发展，在新安装和投运的许多大容量锅炉中，配置中速磨煤机的直吹式制粉系统得到普遍的采用，600MW 的锅炉所配用的制粉系统几乎都是冷一次风机正压直吹式制粉系统，配置 HP、MPS 的中速磨煤机或双进双出筒式钢球磨煤机。

一、制粉系统组成

冷一次风机正压直吹式制粉系统，如图 4-33 所示。

炉前原煤由原煤斗经磨煤机中心的落煤管进入磨煤机内与热风混合并干燥，在转动的磨碗和磨辊之间的间隙中被碾碎，煤粉由热空气携带至磨煤机顶部的分离器，经分离合格的煤粉连同干燥介质形成风粉混合物（一次风煤粉），经煤粉管道送至燃烧器进入炉膛内进行燃烧，不合格的煤粉返回到磨碗上再次碾磨。由于采用正

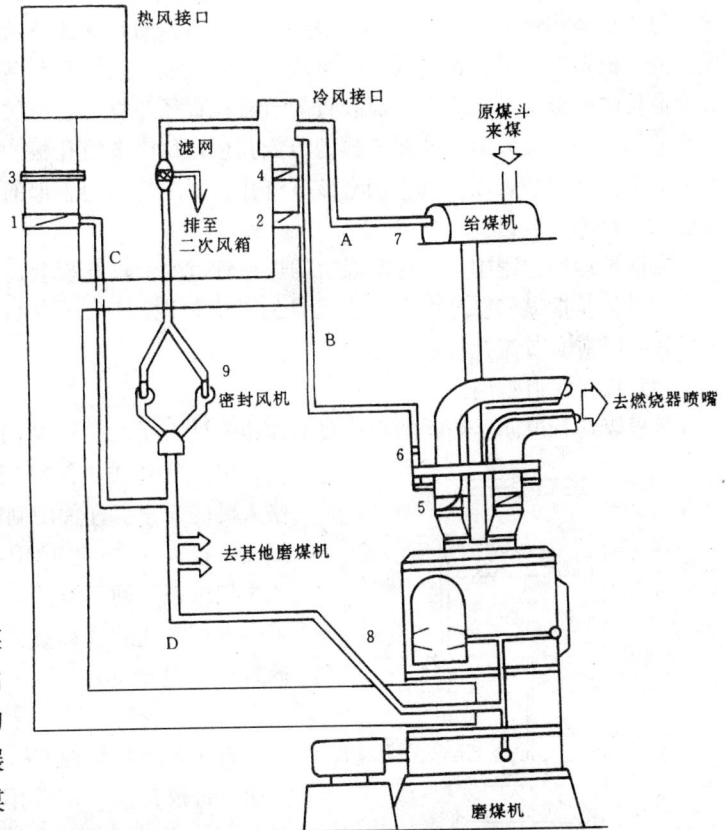

图 4-33　冷一次风机正压直吹式制粉系统

1—热风控制挡板；2—冷风控制挡板；3—热风关断门（隔绝门）；4—冷风关断门（隔绝门）；5—出粉管阀门；6—出粉管密封空气阀；7—给煤机密封空气关断阀；8—磨煤机密封空气关断阀；9—密封风机、密封空气；A—去给煤机；B—去出粉管阀门；C—去热风关断门和控制挡板；D—去磨煤机轴承和磨辊

压直吹式制粉系统，磨煤机处于正压运行，为防止系统中有关转动部分（动静间隙部分）中侵入粉尘而损坏或煤粉外逸，要采用高压空气，即密封空气对有关部位进行气密封。

600MW 的锅炉机组配置 6 台磨煤机，于锅炉前零米层呈一排布置，投运 5 台磨煤机即可保证锅炉的最大连续蒸发量（MCR），其中一台作为备用。

1. 煤粉管道

（1）煤粉管道布置。

对于四角布置的直流燃烧器来说，每台磨煤机出来的风粉混合物经 4 根煤粉管道引至同一层四角燃烧器的煤粉喷嘴。在额定负荷时，煤粉管道的风粉混合物速度约为 26m/s。6 台磨煤机共 24 根煤粉管道在磨煤机上部和给煤机层之间的空间内呈水平走向引至炉膛四角，然后分别于炉膛四角沿垂直方向引至各燃烧器的喷嘴。

为使进燃烧器前的煤粉管道布置紧凑，进入燃烧器的铸铁弯头设计成 90°，并采用内外侧不等壁厚的结构，以适应弯头的磨损，弯头上设有煤粉取样孔，平时取样孔由螺塞堵死。

（2）管道的阻力平衡及节流孔板。

每台磨煤机顶部的煤粉分离器上有 4 个出粉口，与引至炉膛四角的 4 根煤粉管相连。因同一台磨煤机的引至炉膛四角的 4 根煤粉管道的走向、弯头数及管道长度各不相同，因此其阻力各异，为了平衡每台磨煤机引出的 4 根煤粉管道的阻力，保证各角的煤粉量的均匀，在连接每台磨煤机的 4 根煤粉管道上都装设有一至两个节流孔板。连接每台磨煤机的 4 根煤粉管道，其中当量长度最长的一根煤粉管道上节流孔板的节流孔直径与煤粉管道的内径相同，其余 3 根根据其当量长度的不同分别加装节流孔径各异的节流孔板，每个节流孔板的孔径是通过阻力计算给定的。在每个节流孔板的两表面上都标明有该节流孔板所配的煤粉管道的编号及节流孔板的直径，安装时应逐一核对不得装错。

在锅炉运行过程中，每台磨煤机的煤粉管道的节流孔板会逐渐产生不均匀的磨损，一般在每台磨煤机的 4 根煤粉管道中的一次风量的不均匀性超过 25% 时，并且明显影响炉内燃烧工况及锅炉效率时应对节流孔板进行更换。

（3）煤粉管道闸门。

每根煤粉管道同燃烧器的煤粉喷嘴体相连处有手动关断闸门（磨煤机出口门），在磨煤机停运时将此滑动式关闭闸门关闭以保护磨煤机和磨煤机检修人员的安全。在关闭闸门体上设有气封和吹扫压缩空气接孔，接以 0.6～0.7MPa 的压缩空气以保证闸门的密封和吹扫沉积于闸门滑道内的煤粉，使闸门开启灵活，每个闸门密封空气的气耗量为 $0.005Nm^3/s$，吹扫时最大气耗量为 $0.15Nm^3/s$。

（4）煤粉管道的联管器及膨胀系统。

为使各段煤粉管道吊挂成为静定结构和有关附件拆装方便，每根管道上都采用了数量不等的 Victanlic 联管器和 Rockwell 联管器，分别见图 4-34 和图 4-35。

Victanlic 联管器的膨胀补偿能力较小，用来连接磨煤机出口和节流孔板以及节流孔板和煤粉管，以及部分角度较大的弯头，以便于节流孔板和弯头的拆卸。

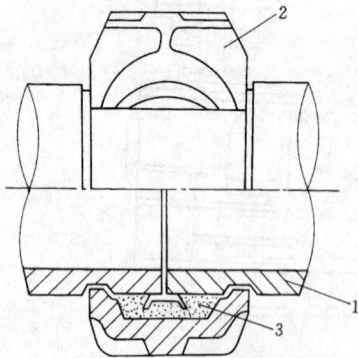

图 4-34　Victanlic 联管器示意图
1—被连接的管体；2—维氏（Victanlic）
联管器连接体；3—橡胶密封圈

Rockwell 联轴器可以组成"肘节"结构，以吸收更大的管道膨胀量。

每根煤粉管道一端同相对固定的磨煤机出口排放阀相连接；另一端同与水冷壁相固定的燃烧器相

连接。在磨煤机和锅炉运行状态下，除煤粉管道本身由于风粉混合物温度的影响使煤粉管道有一定温度引起煤粉管道有一定的膨胀之外，更重要的是与煤粉管道相连接的燃烧器将随水冷壁的膨胀而产生相当大的位移。在煤粉管道的设计中是通过采用联管器来吸收这些位移的。

煤粉管道吸收膨胀是靠设置在煤粉管上的数量不等的 Rockwell 和 Vict-anlic 两种联管器，尤其是靠吸收轴向膨胀量达 50mm 的 Rockwell 联管器

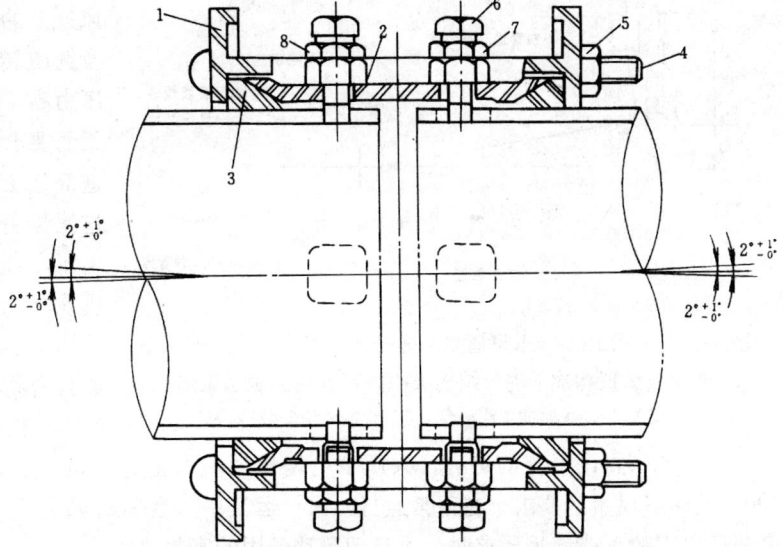

图 4-35　Rockwell 联管器示意图
1—端板；2—连接体；3—橡胶密封圈；4—螺栓；5，7，8—螺母；6—紧固螺钉

来吸收的。因此此在安装设置在水平走向的煤粉管道上的 Rockwell 联管器时，要保持被连接的两段煤粉管道之间约有 20mm 的间隙，不得将两段煤粉管道的端部互相紧靠，见图 4-35。

燃烧器在运行过程中要产生两个方向的位移，即炉膛横断面的水平方向和炉膛的高度方向的位移，尤其炉膛高度方向的位移更大（600MW 机组约 180mm）。燃烧器的膨胀是靠设置在水平走向的煤粉管道的最后一个固定支吊点到转向垂直走向第一个管子弯头之间的一段水平走向煤粉管道上设置两只 Rockwell 联管器所组成的肘节结构来吸收的。若结构上由于该水平走向一段煤粉管道长度太短无法设置两只 Rockwell 联管器时，可将一只移至垂直走向的煤粉管道的下端，也可起到肘节结构的作用。考虑到 Rockwell 联管器有正负两个方向的弯曲，在安装时先对煤粉管道进行向上冷拉，其冷拉量为膨胀量的 2/3。在设计垂直走向的煤粉管道时已考虑到这个冷拉量，将垂直煤粉管道的管段长度扣除 2/3 膨胀量的值。有关煤粉管道吸收垂直方向位移的肘节结构，见图 4-36 和图 4-37。

在整个煤粉管道系统的设计中，膨胀问题是主要考虑问题之一，不适当的膨胀结构处理不仅影响煤粉管道本身的正常工作，更重要的是会给燃烧器施加更大的外力，影响燃烧器的正常摆动。

2. 密封风系统

对于正压直吹式制粉系统，为防止系统中有关转动部件中因混入粉尘而影响转动，防止转动部件与固定部件的连接处有煤粉外逸，必须采用较高压力的密封风对这些部位进行气密封。

（1）密封风系统。

密封风系统见图 4-38。密封风来源于两种气源。磨煤机磨辊

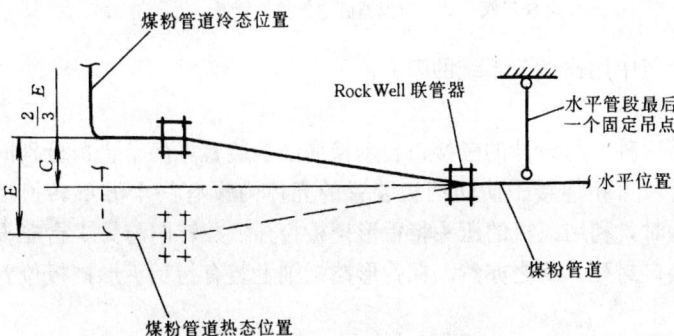

图 4-36　设置于水平管段上的肘节结构吸收垂直的膨胀示意图
E—燃烧器随炉膛（水冷壁）向下膨胀量；C—煤粉管道安装冷拉量

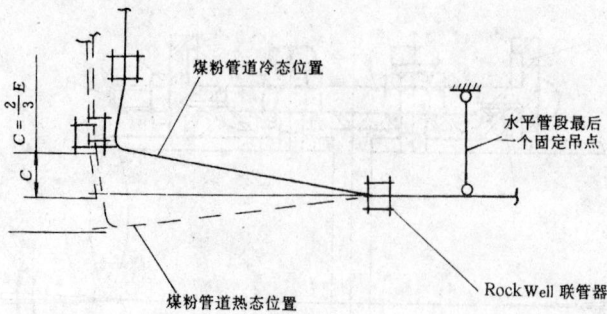

图 4-37　一只 Rockwell 联管器设置于水平管段，另一只设置
于垂直管段构成的肘节结构吸收垂直方向膨胀示意图

E—燃烧器随炉膛向下膨胀量；C—煤粉管道安装冷拉量

组件的轴承和设置于磨煤机一次热风道上的滑动闸板和热风控制门以及磨碗转轴的轴承，由于该部位的压力高，转动及滑动部分结构精密，因而要求压力高且清洁的密封空气。这部分密封空气由一次风机出口经过滤器并经增压风机（密封风机）增压，分别引至上述各部位。磨煤机顶部出口阀及给煤机导轮，因该处压力低，结构精密性要求低，因此其密封风直接取自一次风机出口的冷一次风道。

为保证密封风系统的可靠，采用 2 台增压风机（密封风机），每台密封风机的容量可满足100％的密封风量的要求。在正常运行时只投运其中一台密封风机，另一台作为备用。当运行的密封风机因故不能满足要求时，可自动启动备用的密封风机。

（2）过滤器。

该系统采用由磨煤机配套的过滤器，流经过滤器的空气被分成两部分流出过滤器，90％空气被过滤成清洁空气经增压风机增压作密封用。另外10％脏空气排入二次热风道经燃烧器随燃烧用二次风进入炉内。该过滤器是由大量弯板组成的过滤元件组成，含尘气流经弯板的转向，气流中灰尘在惯性力作用下伴随少量空气一起排出，大部分清洁的空气由排出口流出。其除尘原理如图 4-39 所示。在脏空

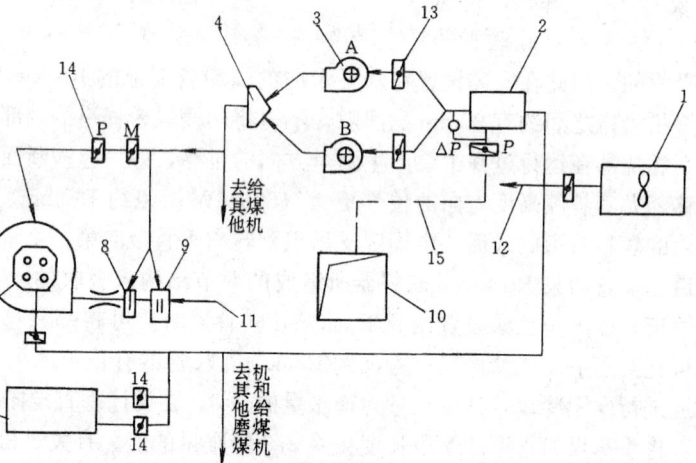

图 4-38　密封风系统

1——次风机；2—过滤器；3—增压风机；4—换向挡板；5—磨煤机；6—磨煤机出口阀门密封风联箱；7—给煤机；8—闸板门；9—控制门；10—二次热风道；11—去磨煤机一次热风道；12——次冷风道；13—手动关断门；14—气动蝶形阀；15—过滤器脏空气排放管道

气排出管道中装设一只调节挡板，运行中用作调节系统的阻力。

（3）换向挡板。

连接增压风机出口的换向挡板是一种专门设计的三接口自动换向挡板装置，两个进口分别同2 台增压风机出口连接，出口同密封风道相连接。换向挡板装置的壳体内设有一个方形转换挡板，当与其相连的 1 台增压风机投运时，利用风机的压头将舌形挡板打开，并转向与另 1 台非投运的增压风机连接的接口，并将此接口封死。反之亦然。在舌形挡板轴上装有指示舌形挡板位置的指示装置。

（4）密封风系统的控制。

密封风系统是受燃烧器管理系统 BMS 动作信号控制。

1）一次风机开启 2s 后，一台密封风增压风机 A 自动启动，相应挡板门打开。

2）当密封风增压风机出口与磨煤机磨碗下之间的压差大于 2.03kPa 时，磨煤机具备启动条件。

3）密封风增压风机出口与一次冷风道之间的压差小于 1.02kPa 时，BMS 系统发出开启另一台密封风增压风机 B 的信号。

4）当两台一次风机超过 15s 后，所有密封风增压风机停运，出口阀门相应关闭。

3. 磨煤机进口冷热一次风道隔绝门及调节挡板

（1）隔绝门技术要求。

1）隔绝门应保证在各种不同工作条件下不变形，启闭灵活、密封良好、无卡涩现象、关闭严密。隔绝门的推动杆应满足隔绝门的开关技术条件。

2）隔绝门所配套的气动控制部件应安全可靠，且满足运行及其连锁控制要求。

3）隔绝门的电磁阀均采用双线圈二位四通阀，气开式门开后断电。

4）电磁阀控制用气压力在 0.49～0.69MPa 范围内。

5）应为全开、关位置，各有四个（副）触点送出。

6）电磁阀口径应足够大，以保证气缸动作速度。

7）风门导轨底面加装吹扫装置。

（2）调节挡板门技术要求。

1）调节挡板门应保证在工作条件下，转动灵活，无卡煞现象，并且有良好调节性能。

2）要求风门结构设计轻巧，保证风门具有足够强度和刚度。风门的轴封装置应保证风门在工作条件下严密不漏、不变形、检修方便。

3）框架和叶片采用 Q235-A（A3）钢板，轧制焊接成型。端轴采用不锈钢材料，轴颈两端处用填料密封，并便于检修。轴承采用合金球面自动调心轴承，并有加油装置。叶片之间与叶片框架之间用 0.6～1.0mm 不锈钢弹性薄板制成密封片防止泄漏。

4）风门的轴端结构采用先密封后轴承支承的型式，轴颈密封用填料密封及气封装置。

5）风门与风道的连接采用焊接结构方式。

6）调节性能要求 0～100% 线性调节，调节变差小于 ±1% 阀位量程，0～100% 全程调节时间 ≤25s。

7）电动装置与风门之间连杆连接采用球面方向接头。

8）风门应有全开全关位置开关，各有两个接点送出，风门应有就地开关指示。

9）驱动装置接受 220V 交流脉冲控制，并发回 4～30mA 位置信号。

10）执行器方式：电动调节执行机构。

（3）磨煤机冷热一次风调节挡板控制。

磨煤机的干燥剂采用热空气与冷空气，它们分别取自回转式空气预热器热一次风道和一次风机出口的冷一次风道。进磨煤机前的热风与冷风的调节挡板分别用作调节磨煤机出力（通风量）和磨煤机的出口温度。在投用自动情况下，冷风和热风调节挡板能作同向联动调节，以调节磨煤机的通风量（出力）；当需要调节磨煤机出口温度——磨煤机出口气粉混合物的温度时，冷风与

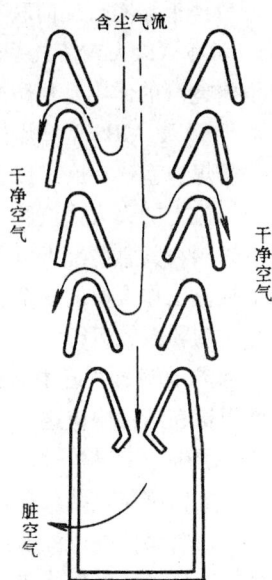

图 4-39　DYNAVAWE
过滤器除尘原理图

热风调节挡板能实行反向联动调节。

4. 消防（灭火）蒸汽系统——惰化蒸汽系统

消防蒸汽的作用是预防或消灭磨煤机内煤粉或煤粉气流的自燃和爆炸。

对于 HP、MPS 型磨煤机，在灭火蒸汽总管上接有 3 根分支管，它们分别通至磨煤机热风入口管、磨煤机室（在磨盘以上腔室）以及分离器内。

磨煤机上的灭火蒸汽管接自灭火蒸汽母管，在灭火蒸汽管进口处，装有电磁阀和手动截止阀。电磁阀在紧急情况下可以采用手操，而手动截止阀是当磨煤机停磨检修时作隔绝汽源之用，以保证检修工作人员的安全。

二、制粉系统运行

1. 磨煤机运行中基本原则

磨煤机在运行中应避免以下不正确的运行工况。

（1）磨碗溢出煤量过多。在这种工况下运行，溢出过多的煤会堵塞石子煤排出口，并逐渐在磨煤机机体内沉积，结果存在自燃着火的危险。

（2）在磨煤机出口温度低于规定值工况下工作时间过长。磨煤机出口温度过低，煤粉就得不到足够的干燥，从而附着在磨煤机与煤粉管道上，造成煤粉管的堵塞和自燃。

（3）磨煤机出口温度高于规定值。在这种工况下工作，过高的磨煤机出口温度会使煤粉中挥发性气体逸出，增加煤粉着火的危险性。当磨煤机出口温度高于规定值 11℃，控制系统应该自动关闭热一次风门。

（4）一次风速低于规定值。在这种工况下工作，煤粉管道中一次风速不足以维持煤粉的悬浮，煤粉会在管内沉积，造成煤粉管道堵塞，并引起自燃着火。

（5）一次风速高于规定值。这种工况不经济，过高的管内风速会增加煤粉管道和磨煤机的磨损。磨煤机内风速过高，会使煤粉变粗。

（6）石子煤排出不畅，使石子煤在磨煤机的热风室内堆积，造成石子煤刮板严重磨损，甚至会造成石子煤刮板断裂。

（7）在磨煤机启动过程中暖磨不充分，给煤机加煤后，湿煤会沉附在磨煤机和煤粉管道的死角处，引起磨煤机自燃、着火。

（8）在关闭一次风之前不充分冷磨，这时温度有可能超过残留风粉混合物的安全限，造成磨煤机和煤粉管道着火。

（9）磨煤机出口煤粉太细，不经济，煤粉过细会降低磨煤机出力，增加磨煤机电耗。煤粉太粗，则对燃烧不利，增加锅炉机械不完全燃烧热损失。

2. 制粉系统启动

（1）启动磨煤机之前的检查项目。

1）上下轴承的润滑油要建立起来，上部油箱要有足够的油。

2）磨煤机与电动机的轴要联结好，齿轮箱的输入轴可以手动盘转。

3）分离器叶片位置校准。

4）磨辊油位正常。

5）检修门关，工作人员全部退出磨煤机。

6）石子煤排出口阀门打开（落石子煤门开）。

7）所有煤粉管阀门和冷一次风门打开，保证磨煤机内一次风道畅通。

8）建立润滑油冷却器的冷却水流，维持水温为 45～55℃。

（2）投入磨辊和磨碗毂的密封空气。

（3）启动磨煤机。

在磨煤机初次启动期间或调换推力轴承填料之后（磨煤机供煤之前），使用一个数字显示器测量推力轴承温度和供油温度。推力轴承温度应稳定在油进口温度之上 10~20℃之间。如果不稳定，则应停机检查以保证轴承的供油。

（4）打开热一次风风门，调节冷、热一次风风门挡板以获得给定的磨煤机出口温度值。

在磨煤机启动后先应对磨煤机暖磨，因为磨碗、磨辊均为厚壁部件，为防止出现部件金属的温差热应力，对磨煤机部件进行逐步加热，温升速度控制在 3~5℃/min。在磨煤机供煤之前，磨煤机应至少维持其正常运行温度 15min。正常运行温度（指磨煤机出口温度）根据实际煤种运行经验来决定，通常为 65~82℃。因此，暖磨是使煤一进入磨煤机内就能得到干燥，暖磨能够减少煤粉管道堵塞，增加煤粉气流着火的稳定性。

（5）建立着火能量。

着火能量来自点火器、油枪火炬或邻近运行磨煤机。

（6）启动给煤机。

操作给煤机控制键盘，设置一个最低出力（25%额定出力），给煤机以该速率自动给磨煤机供煤。只有当磨煤机出口温度达到其设定值时，才增加给煤机的给煤速率。给煤机启动初期设定的给煤量（最低给煤量）大小与以下因素有关：初期给煤量太大，磨煤干燥能力差，使石子煤量大大增加；初期给煤量太少，磨辊与磨碗之间的煤层较薄，磨辊紧力小，使磨辊与煤的摩擦力小，甚至磨辊不转动，磨煤出力小，磨煤性能差。

（7）监视炉内，保证煤粉火焰燃烧稳定。

（8）当磨煤机出口温度达到设定值，磨煤机需要增加出力时，增加给煤量，也就是说机组负荷增加要求给煤量增加。当运行磨煤机出力达到磨煤机额定出力的 60%~70%时，下一台磨煤机应该投入运行。

（9）当给煤量满足机组负荷要求后，给煤机投入自动运行，要求各台运行给煤机在相同转速（相同煤量）下运行。

3. 制粉系统正常停运

在正常停磨时，要求将磨煤机冷却到正常运行温度以下，并走空磨煤机内的煤，停磨前的磨煤机出口温度为 50℃。

（1）将给煤机出力减少，直至减到其最低值。这是对给煤机设置偏差控制或手动操作控制来实现的。给煤量以 10%的速率递减，在每次给煤量减少之后，在进行下一次递减之前，应该让磨煤机出口温度回复到设定的温度值。磨煤机一次风量控制投自动。并监视磨煤机出口温度不允许其超过额定值 8℃。火焰着火能量的大小必须可调，以保证煤粉气流着火稳定。

（2）当给煤量达到最低速度（最小值），关闭热一次风风门以降低磨煤机出口温度，此时冷一次风风门应自动打开以维持所需的一次风量。

（3）当磨煤机冷却到约 50℃时，应停止给煤机运行。

（4）停给煤机后，磨煤机至少再运行 10min，以消除磨碗上煤，即为磨煤机吹扫。10min 后减少电动机电流，以停止磨煤机的磨煤。

（5）停止磨煤机。

（6）关小冷一次风风门，留下 50%的开度，让一部分冷风继续吹扫和冷却磨煤机，磨煤机出粉管阀门仍然保持打开。如锅炉仍在运行的话，5%开度的冷风对停用煤粉燃烧器，有冷却喷嘴的作用。

在机组初次启动期间，必须设置一个自动停止装置，使冷一次风风门停在最小开度的位置上。在磨煤机启停整个期间，必须始终保持最小的冷一次风量。

（7）保持系统润滑油。如果冬天磨煤机停运时需要关闭润滑油系统，那么冷油器中冷却水必须关闭并疏出。如果管子结冰，则在启动时必须仔细检查以确保管子没有破裂，油没有被冷却水污染。

（8）当热风门关闭，热风隔绝门关闭、冷风门关闭，磨煤机进口门全关闭之后，经 60min 关闭密封风或相应密封风机。

4. 紧急停磨

在炉膛灭火或其他需要燃料自动或手动紧急脱扣的情况下，磨煤机电动机必须立即停止，并相应脱扣给煤机，关闭热一次风隔绝门。

紧急停磨会使磨煤机内剩余燃料发生自燃，因此要求自动控制系统提供惰性气体保护，一般使用的惰性气体为蒸汽。

磨煤机紧急停止后，必须把磨煤机打开，使磨煤机冷却至环境温度，并进行手工清扫。紧急停用磨煤机内的温度较高，会使磨煤机内残留的煤粉析出可燃气体，因此紧急停磨后打开磨煤机清扫时必须注意。

打开磨煤机检修门之前，必须关闭惰性气体阀门，戴好护目镜，以防止磨煤机内压力气流的冲击。进入磨煤机清扫之前，必须清除磨煤机内的可燃气体和惰性气体。

（1）检查冷、热一次风风门、出粉管阀门以及磨煤机和给煤机的密封空气阀门关闭情况。

（2）确保磨煤机和给煤机的电动机的安全停用。

（3）小心打开石子煤排出口阀门。

开门之前戴上护目镜，防止灰尘或碎石落入眼内。

（4）拆除检修门螺栓留下四角螺栓，将四角螺栓拧松 3～4 圈，敲去检修门法兰使密封片脱离，卸下检修门。

（5）进行人工清扫。

5. 紧急停磨后的再启动

紧急停磨之后，磨煤机冷却至环境温度，并打开磨煤机进行清扫。磨煤机的再次启动可按正常启动程序进行。如紧急停磨后，不清扫，则在再次启动时，必须对磨煤机进行吹扫，吹扫完磨内煤粉后，才能进行启动。

紧急停磨后重新启动磨煤机时，出粉管阀门必须关闭，否则炉内烟气会倒灌入煤粉管道而进入磨煤机。重新启动磨煤机时，尽可能一次一台，先至少开足 10min 以吹扫人工清扫时未清理的煤粉。当磨煤机重新启动吹扫残留煤粉时，出粉管阀门必须打开以便气流通过。

6. 磨煤机着火

磨煤机着火主要表现在以下两方面。

（1）磨煤机出口温度过高或温升过快。

（2）磨煤机或煤粉管道油漆剥落。

磨煤机着火的原因有以下几点。

（1）磨煤机超温。磨煤机出口温度不允许超过规定值 11℃。

（2）内锥体和磨煤机其他地方积集到的，诸如纸片、破布、稻草、木材和木屑等异物。这些材料不能磨碎，又易引起着火。因此，每当磨煤机被打开时，应清除掉一次风入口、内锥体和磨碗等处的异物。

（3）磨煤机底部或一次风入口处石子煤或煤的过量堆积。石子煤排出口阀门必须常开以便石子煤等异物排入石子煤箱。只有在清理石子煤箱时，阀门（落石子煤门）才可以暂时关闭，以保持磨煤机正压工作。每次磨煤机打开检修时都应清除一次风入口处堆积的杂物碎片。刮板和磨辊的辊套不允许过量磨损。

（4）磨碗上部的煤堆积太多，这通常是由于缺乏维修而造成的。煤中异物也能引起煤的堆积。

（5）异常或不当的运行，易燃杂物的堆积是有危害的，但通常是因运行不当而引起事故。例如，磨煤机如果在较低的一次风流量下运行，则磨煤机进口干燥剂温度必须较高，以维持其出口温度为规定值。由于一次风流量较小，煤粉可能脱离气流而停留下来，从而造成积粉，并造成磨煤机着火。

又如，当运行工况不当可能引起着火时，热一次风门不能立即关断。这种情况主要是由于风门挡板的驱动控制装置的迟缓性而造成的。如果在原煤斗着火情况下向磨煤机供煤，尽可能保证煤以中等以上的速率供给磨煤机。在原煤斗着火的情况下，如果不慎重处理，就会引起磨煤机着火。

（6）如果给煤机内使用热风，那么当它带煤停机超过 3min 时，必须关断热风风门。

如果磨煤机已着火，只有确认磨内火已扑灭，磨煤机冷却至环境温度后，才能打开检修门。在灭火时，非有关人员应撤离现场。磨煤机着火并不十分可怕，只要运行工况稳定正常，一般不会发生爆炸。但是，一旦发生着火，则应迅速扑灭。

7. 磨煤机灭火步骤

监视磨煤机出口温度以监视磨煤机的着火。出口温度不能超过正常运行额定值 11℃，如果超温，监测装置应报警以提醒运行人员注意。

（1）如果监测到磨煤机内着火，应关闭热一次风风门，全开冷一次风风门，继续以原速或大于原速供煤，但注意不要过载。如果磨煤机出口温度继续上升，必要时用一定量的水冷却磨煤机。

（2）关闭石子煤排出阀门。

（3）通过一次风入口处，磨煤机磨腔和分离器顶上的喷水喷嘴将水喷入。

（4）只有当磨煤机出口温度降下来，所有着火显示信号消失，才停止喷水和供煤。喷水不应造成煤块堆积堵塞而中断给煤。

（5）停止喷水。

（6）停止给煤。

（7）让磨煤机再运转数分钟以清除磨内积煤和积水。

（8）停止磨煤机，关闭一次风风门、密封空气门和煤粉管道阀门等所有阀门以隔离磨煤机。

（9）切断磨煤机和给煤机电源及控制电缆。

（10）做好各项防护准备工作之后，打开磨煤机进行检查。

（11）检查完毕后，清扫煤粉管道、磨煤机机体及分离器等。

（12）检查润滑油，必要时进行更换。

（13）在彻底清扫干净，并损坏的零部件都已修理好之后，可按正常启动程序重新启动磨煤机。

8. 磨煤机故障检查

中速磨煤机常见故障及其可能的原因及处理方法，列于表 4-5。

表 4-5　　　　　　　　　　　　中速磨煤机常见故障检查一览表

问　题	可　能　原　因	措　施
润滑油压降低	润滑油系统泄漏 油泵磨损 油滤网堵塞 油黏度低	检修 修理或更换 清洗或更换 提高油温或使用高黏度油

问　题	可 能 原 因	措　施
磨煤机出口温度高	磨煤机失火 热一次风门误动作 冷一次风门误动作 给煤机误动作或给煤管堵塞 出口温度控制器误动作	处理方法如前所述 关热一次风门，停磨煤机，检修 开冷一次风门，停磨煤机，检修 停磨煤机，检修 检查读数，检修或更换
磨煤机出口温度低	煤太湿 热一次风未开 冷、热一次风门误动作 一次风温低 一次风流量低	降低给煤速度 检查并修理热一次风风门 停磨煤机检修 降低给煤速度 检查一次风流量控制系统
磨煤机电动机电流过大	过载或煤太湿 煤粉过细 加载弹簧压力过大 电动机误动作 磨煤机断煤	降低给煤速度，检查给煤机和煤的硬度 调整折向门叶片的开度（开） 检查、调整到设定值 检查 检查给煤机和落煤管是否堵塞
磨煤机电动机电流过小	有磨辊卡住没工作 给煤量减小 电动机联轴器或轴断开	停磨煤机检修 检查给煤机运行，检查堵塞情况 停磨煤机，检修
磨碗处风压高	磨煤机过载 煤粉过细 磨碗风环堵塞 一次风流量过大 风环开得不足	降低给煤速度、检查给煤机及煤的硬度 调整折向门叶片的开度（开） 清扫风环 检查一次风控制系统 拆除一个风环节流圈
磨碗处风压过小	给煤量降低 风环泄漏 一次风流量过小	检查给煤机运行及堵塞情况检修 检修 检查一次风量控制系统
燃烧器喷嘴断煤	煤粉管道堵塞 给煤机、落煤管堵塞或一次风流量过小	停给煤机，检查磨煤机一次风流量，敲击煤粉管道，或检修 检查给煤机及落煤管，检查一次风风门运行
煤粉细度不当	折向门开度不当 折向门叶片未校准 折向门叶片磨 倒锥体位置不当 内锥体衬板磨损	调正 校正 修理或更换 将公差降至1/2″或3″ 检修
磨碗上方噪声	磨碗无煤 磨辊工作不正常 加载弹簧压力不均	停磨煤机，检修 停磨煤机检修磨辊 检查
磨碗下方噪声	刮板断裂（石子煤刮板） 风环断裂	停磨煤机检修 停磨煤机检修
齿轮箱噪声	轴承或齿轮损坏	停磨煤机检修
水平驱动轴漏油	迷宫式密封脏污	停磨煤机清洗
齿轮箱油温高	冷油器水速低 冷油器堵塞 油位低	增加水速 清理 加油，检查有无泄漏

问　　题	可　能　原　因	措　　　施
磨煤机负载过大	煤床太深 加载弹簧压力过大 磨碗与磨辊间隙不当 磨制过度 原煤尺寸太小	校正 降低弹簧压力 调整 调整折向门叶片开度（开） 增加原煤尺寸
轴承温度高	轴承工作不当 油位低 冷油器工作不正常	检修 加油 检查冷油器水温和水速
断油	油管等堵塞 油泵工作不正常	停磨煤机清洗 停磨煤机更换油泵
石子排放 出口处漏煤	磨煤机过载： 1. 给煤量过多 2. 煤粉过细 磨辊、磨碗磨损 弹簧压力不当 磨辊在启动时不转 通过磨碗的一次风速太低 风环开得太大	1. 减少给煤机速度：a. 检查给煤机 　　　　　　　　　　　　　b. 检查煤的硬度 2. 调整折向门叶片开度（开） 调整磨辊、磨碗间隙 更换磨辊磨碗 调整弹簧压力 调整 停磨煤机打开磨煤机检查，清除异物 或修理、更换磨辊 增加暖磨时间 检查磨辊润滑油粘度 增加原煤尺寸 检查一次风控制系统的运行 增加风环节流圈

9. 磨煤机停用隔绝检修

（1）检查磨煤机的热风、冷风隔绝挡板，排出阀和磨煤机、给煤机的密封空气阀的关闭。

（2）将磨煤机和给煤机马达断电，并将开关断开挂上危险牌。

（3）开启石子煤门，并全开。

（4）拆开磨煤机检查门和其他门孔。

复习思考题

1. HP磨煤机的磨辊与磨碗间隙、磨辊紧力、煤粉细度、磨煤出力调整方法和调整要求是怎样的？

2. MPS磨煤机的磨辊由哪几部分组成？其磨辊主要结构特性是怎样？其液压加载系统的功能有哪些？落石子煤截门与出石子煤截门的操作控制要求是怎样的？

3. MPS磨煤机结构特点有哪些？

4. 双进双出钢球磨具有哪些特点？其筒体粉位控制系统作用原理是怎样的？

5. 给煤机有哪些主要部件组成？断煤、堵煤信号装置动作原理是怎样的？称量装置的称量原理是怎样的？

6. 给煤机运行方式有哪几种？遥控方式和本机方式各用于什么场合？其运行过程是怎样的？

7. 画出冷一次风机正压直吹式制粉系统。并说明各系统的作用。

8. 冷一次风机正压直吹式制粉系统启动程序是怎样的？正常停止程序是怎样的？

9. 紧急停磨的操作要求有哪些？紧急停磨后再启动有哪些操作要求？

10. 磨煤机着火原因有哪些？灭火步骤是怎样的？

第五章

燃 烧 设 备

第一节　炉　　膛

一、炉膛设计参数

就煤粉锅炉而言，煤粉和燃烧空气由燃烧器给入，并与炉膛共同构成它们在炉内的流动，煤粉的燃烧过程在炉内的流动过程中完成。燃烧过程所释放出的热量，部分（约 50% 左右）由布置在炉膛内的水冷壁受热面所吸收，以维持炉膛出口的烟气温度在灰的熔点温度以下（灰的软化温度 ST-100℃），防止炉膛出口受热面结渣。而倾斜冷灰斗、炉内水冷壁和燃烧器喷口又是炉膛构成不可缺少的部分。炉膛大小和形状与所配置的燃烧器及水冷壁，共同决定了炉内的速度场、浓度场和温度场。煤粉在炉内的停留时间是决定于炉膛的大小和速度场；煤粉在炉内的燃烧速度是决定于炉内的温度和浓度分布；煤粉燃烧速度和水冷壁吸热能力，决定了炉内的温度水平和分布；燃烧器的气流出口速度和方向以及炉膛的几何形状，决定了炉内气流的速度场和紊流强度。浓度场又影响到煤粉的燃烧速度以及温度场，反过来炉内的温度场又会通过浮升力影响到速度场。因此炉内的燃烧过程是复杂的，使得炉膛布置、燃烧器结构以及燃烧过程间的关系更为复杂。何况还存在着诸如因燃料燃烧特性和灰分特性改变，锅炉燃料种类变化，而导致的更复杂的影响因素。因此，炉膛的设计都是随燃用煤种而异的，它是通过冷态模型来按热态工况进行模化试验，或通过燃用同类或相近煤种的同类锅炉的运行情况和经验来决定的，并采用一些炉膛参数和定义进行比较与表达。

1. 炉膛容积热负荷

炉膛容积热负荷是指单位时间内，相当于单位炉膛容积的燃料带入热量，其表达式为

$$q_V = \frac{BQ}{V} \quad (\mathrm{kW/m^3})$$

式中　B——燃料消耗量，kg/h；

　　　Q——燃料发热量，kJ/kg；

　　　V——炉膛容积，$\mathrm{m^3}$。

我国与西方国家惯用的差别在于发热量的取值不同，我国惯用收到基低位发热量，而西方国家则惯用高位发热量。B 则均按最大连续出力的燃煤量计算。显然 q_V 只是作为在炉膛设计中的选用值，在锅炉运行中实际的 q_V 是随锅炉的运行出力变化而变化。

炉膛容积热负荷，它表明了锅炉容积的相对大小，或者说是为燃料燃烧过程提供的炉内停留时间的多少。q_V 的设计选用值是与燃用燃料的燃烧特性或易燃程度而变化的。难燃的无烟煤等其值相对低些，易燃的天然气或油则高些。对于煤粉炉而言的推荐值常在 97～167kW/$\mathrm{m^3}$ 范围，它决定于燃用煤种挥发分。显然选用较低的 q_V 会有利于相对扩大燃用煤种的适应性或燃料的可燃尽程度（也即煤粉在炉内停留时间长），但反之也意味着锅炉造价的提高，对锅炉的低负荷适

应能力也不是有利的。

炉膛容积热负荷与燃烧方式有很大关系，层燃炉的燃料燃烧过程很大一部分是在燃料层上完成的，空间的燃烧份额不高，因此在以上式为定义决定 q_V 可以大幅度提高。对于一般的层燃炉来说约为煤粉炉的 2～3 倍，即约 $1/3.6\mathrm{MW/m^3}$。q_V 也与锅炉容量有关，当锅炉容量增大到一定范围后，由于炉膛容积与尺寸的立方成比例，而炉壁面积则与尺寸的平方成比例，使在锅炉容积增大到一定范围后会出现因炉壁面积不能满足敷设水冷壁的要求，而不得不取用较大的炉膛尺寸，因此大型电站锅炉的 q_V 常取偏低的值。北仑电厂 1 号炉的 $q_V=113\mathrm{kW/m^3}$，接近于推荐的低限值，平圩电厂 1 号炉的 $q_V=96.5\mathrm{kW/m^3}$ 则就更低些。目前，超临界 600MW 直流炉 q_V 取值均较低，一般为 85～90$\mathrm{kW/m^3}$。

2. 炉膛断面热负荷

炉膛断面热负荷是指在单位时间内相应于单位炉膛断面积上的燃料带入的热量，其表达式为

$$q_A=\frac{BQ}{A}$$

式中，A 指炉膛横断面积。

由于钢架结构，受热面布置和加工，以及锅炉造价方面的原因，锅炉炉膛的主体部分总是被设计成矩形（或呈正方形）的、等截面的。因此 q_V 与 q_A 的比值是与炉膛的高度相应的，在相同的 q_V 下，q_A 的大小意味着炉膛是"瘦长"的还是"矮胖"的。q_V 值的大小影响到炉内气流的速度场，或者说气流上升速度的大小。q_A 大的炉膛，炉膛横断面积与它的周界相对较小，容易获得较高的炉膛充满程度，在切园燃烧方式中，因火焰在炉膛横截面积上的相对集中，也容易获得稳定的着火。反之也因 q_A 大时的炉膛横截面尺寸较小，容易因含粉气流的冲刷到水冷壁上而导致结渣。一般对于燃用烟煤的煤粉炉膛的 q_A 值，推荐在 $(4.17～5.56\mathrm{MW/m^2})$，北仑电厂 1 号锅炉炉膛断面热负荷为 $5.32\mathrm{MW/m^2}$，而平圩电厂 2008t/h 锅炉炉膛断面热负荷为 $5.63\mathrm{MW/m^2}$。

3. 燃烧器区域热负荷

燃烧器区域热负荷是指单位时间内相应于单位燃烧器区域容积的燃料带入热量。它与炉膛容积热负荷间的差别，只是在于后者是指整个炉膛容积 V 而言的，而前者只是燃烧器区域部分的炉膛容积。显然此值的大小是与燃烧器在炉膛高度方向上的布置方式相关的，燃烧器喷口布置愈密集、这个区域的容积愈小，其燃烧器区域热负荷值愈大；燃烧器喷口布置愈疏散，则燃烧器区域热负荷值愈小。如前所述，煤粉燃料中的相当大的一部分是在燃烧器区域内燃尽，其余部分则在燃烧器上部区域内燃尽，炉膛不同位置上的热量释出极不均匀。因此燃烧器在沿炉膛高度方向上的分布愈密集，燃烧器区域的热负荷愈大，炉内的温度分布也相对愈集中，也就是说燃烧器区域的温度愈高。燃烧器区域热负荷高会有利于燃烧着火的稳定，但容易导致这一区域的结渣，以及 SO_x 与 NO_x 发生量的增加。所以在保证燃料稳定着火条件下，燃烧器喷口（一次风煤粉喷口）布置得疏稀一些有利，特别对易结渣的煤，要求燃烧器分组，一方面可减少燃烧器区域热负荷，另一方面组间的空隙可减少一次风煤粉气流的偏斜（空隙相当起气流左右的平衡孔作用）。

4. 燃烧器区域壁面热负荷

燃烧器区域的壁面热负荷是指单位时间内，相应于燃烧器区域单位壁面积上的燃料带入热量。在以 W、D 和 H 分别表示燃烧器区域的炉膛宽度、深度和高度，则燃烧器区域的壁面热负荷 $q_{BW}=\dfrac{BQ}{2\,(W+D)\,H}$。因此，它与前述的炉膛容积热负荷的涵义都是相近的，或者说是一个综合炉膛断面热负荷和燃烧器布置疏密程度的特性参数。燃用烟煤类煤种的锅炉一般的推荐值约

为 $1.53MW/m^2$。北仑电厂 1 号炉燃烧器高度约为 11.45m，相应的燃烧器壁面热负荷 q_{BW} 值为 $1.86MW/m^2$，这主要采用四角切圆燃烧方式而其值较高。

二、炉膛与煤种

炉膛的布置决定于锅炉的容量、燃用的煤种、采用的燃烧装置，或者说具体的燃烧方式。只有在炉膛容积和几何形状与所燃用的煤种及采用的燃烧装置充分适应的条件下，燃烧过程才能有效地进行，也只有在与炉内受热面布置充分适应的条件下才能具有合适的炉膛出口烟温。这个温度对诸如结渣等等，对锅炉正常运行是重要的。炉膛出口烟温大小还涉及过热器、再热器管壁温度大小，对过热器，再热器的安全也有直接和间接的关系。炉膛与煤种（煤的燃烧特性、灰渣特性）间的关系，由于气流、颗粒运动、燃烧与炉内换热过程的复杂性，目前还缺乏可靠、准确的定量计算方法。迄今炉膛的设计布置，一方面采用推荐计算方法进行计算，但在很大程度上是经验性的，制造商通过燃用相近煤种的同类锅炉的现场数据积累来决定炉膛尺寸，布置炉内受热面和确定炉膛出口烟温。也使制造商对炉膛出口温度的确定方法视作公司的机密。就美国燃烧工程公司对燃用煤炭特性和炉膛关系的说法是：煤炭灰分特性对于炉膛布置是重要的，并可以通过下述几个参数与之联系：①灰的熔融特性温度以及各个特性温度的差值；②灰的酸碱比；③灰的钙铁比；④以 10^6Btu 表达的燃料灰量；⑤灰的易碎性。煤炭燃烧特性与炉膛布置间的关系，可通过 CE 对 5 台燃用不同煤种的 600MW 煤粉炉的炉膛尺寸进行比较而得出。图 5-1 是 5 台锅炉的相对比较，相应的煤质资料如表 5-1 所示。

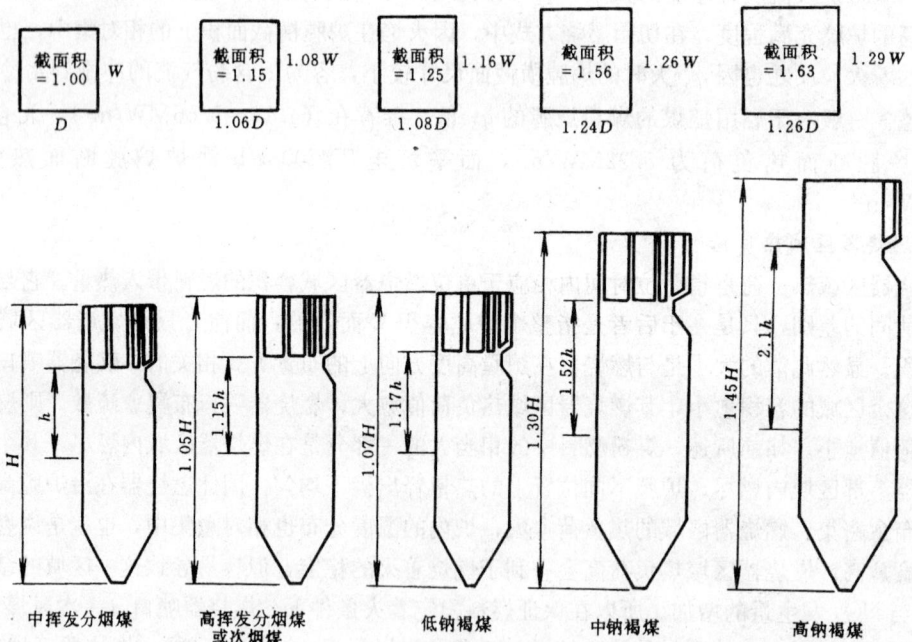

图 5-1 煤种对决定炉膛尺寸的影响（输出热量不变）
W—炉膛宽度；D—炉膛深度；H—炉膛高度；h—燃烧器顶部到屏高度

从图 5-1 中可以看出，随着燃用煤种的差别，炉膛容积（或炉膛容积热负荷）存在着近 2.5 倍的差别，炉膛的断面积（或炉膛断面热负荷）存在着 63% 的差别；燃烧器在炉膛高度方向上的相对位置也会导致很大差别。这些差别充分说明了煤种特性对炉膛布置影响之大。在后墙炉膛出口烟窗下方，均有折焰角，其目的是引导上升的烟气能有向炉前运动，在转向进入出口烟窗的同时，使前墙炉顶区域的烟气充满程度提高，这对炉膛上部屏的换热有利。折焰角的下平面是一个易与烟气产生碰撞，从而是一个容易产生结渣的地方。从燃烧器最上排喷嘴（一次风煤粉喷嘴）到折焰角的距离决定了煤粉喷嘴出口煤粉颗粒在炉内的燃尽与灰粒凝固的行程或时间，它与煤的燃烧及灰分特性有密切关系。在目前大型煤粉炉中，这一距离大体上在 $15\sim20$m 范围内。在四角切向燃烧锅炉中，由于需要有足够高度来减少炉膛出口残余扭转，减少炉膛出口处的烟速分布不均匀，这一高度应适当增大些。

表 5-1 代表性煤种的煤质资料

项 目	中挥发分烟煤	高挥发分烟煤	C级次烟煤	低钠褐煤	中钠褐煤	高钠褐煤
全水分（%）	5.0	15.4	30.0	31.0	30.0	39.6
灰分（%）	10.3	15	5.8	18.4	28.4	6.3
挥发分（%）	31.6	33.1	32.6	31.7	23.2	27.5
固定碳（%）	53.1	36.5	36.6	26.9	18.4	26.6
收到基高位发热量（kJ/kg）	30790	24417	18895	17652	11627	15169
干燥无灰基高位发热量（kJ/kg）	36375	35119	29421	30095	27955	28022
灰的熔融特性（℃）						
变形温度 DT	1188	1088	1204	1135	1160	1108
软化温度 ST	1232	1160	1232	1204	1304	1143
流动温度 FT	1338	1254	1254	1266	1482	1206
灰分析（%）						
SiO_2	40.0	46.4	29.5	46.1	62.9	23.1
Al_2O_3	24.0	16.2	16.0	15.2	17.5	11.3
Fe_2O_3	16.8	20.0	4.1	3.7	2.8	8.5
CaO	5.8	7.1	26.5	16.6	4.8	23.8
MgO	2.0	0.8	4.2	3.2	0.7	5.9
Na_2O	0.8	0.7	1.4	0.4	3.1	7.4
K_2O	2.4	1.5	0.5	0.6	2.0	0.7
TiO_2	1.3	1.0	1.3	1.2	0.8	0.5
P_2O_5	0.1	0.1	1.1	0.1	0.1	0.2
SO_3	5.3	6.0	14.8	12.7	4.6	17.7
S	1.8	1.2	0.3	0.6	1.7	0.8
水量[kg(水)/10^6kJ]	1.62	6.32	15.86	17.53	25.78	26.08
灰量[kg(灰)/10^6kJ]	3.34	6.14	2.63	5.90	24.36	4.18
需烧燃料量（10^3kg/h）	184	236	320	340	533	408

从最低一层煤粉喷嘴到炉膛水冷壁弯成冷灰斗的那一点的垂直距离，需视炉膛深度以及煤的结渣特性而定，深度大、熔点低的大些。对于大型四角切圆燃烧锅炉，大体上在 $8\sim10$m 左右。冷灰斗的倾斜角常为 $50°\sim55°$。

主要由煤的灰熔点温度、碱酸比、铁钙比以及灰的含量等决定了受热面清洁程度（结渣或积灰）。受热面的沾污使它的吸热能力减弱，因此在燃用此类煤种时，就不得不采用较大的炉膛，在炉内敷设较多的水冷壁面积，以满足炉膛出口烟温的需要。一方面由于炉膛容积是与炉膛尺寸的三次方成比例，而炉壁面积则与尺寸的二次方成比例，使炉膛容积或锅炉容量超过一定值后，将会产生因可敷设水冷壁的炉壁面积不足而使单个炉膛的出力受到限制；另一方面也会因锅炉钢架跨度随着炉膛尺寸的增大，使金属用量将大幅度增大，因此除在一定容量范围可通过在炉膛顶部布置大节距的悬挂屏式受热面来降低炉膛出口温度外，在超越一定容量范围后，就只能采用双面水冷壁的方式，使炉膛一分为二，即常说的双炉膛。

北仑发电厂 1 号炉设计燃用晋北烟煤，其设计煤种和校核煤种两者的品质偏差较大。另外，根据煤的结渣特性指标判别，晋北烟煤的结渣性属中等偏强，见表 5-2。

表 5-2 煤 种 的 结 渣 特 性

依据来源	DT（℃）	ST（℃）	硅比 G	碱酸比 B/A*	铁钙比 Fe_2O_3/CaO	硅铝比 SiO_2/Al_2O_3	最高结渣等级
数值	1100	1190	63.75	0.469	5.97	3.20	
CE 公司				易结渣	中、低	易结渣	易结渣
Babcock			严重				严重
德国			严重	易结渣			严重
日本		严重					中等偏重
中国	中等偏重	严重	严重	严重		严重	严重

* 碱酸比 $\dfrac{B}{A} = \dfrac{Fe_2O_3 + CaO + MgO + Na_2O + K_2O}{SiO_2 + Al_2O_3 + TiO_2}$。

在炉膛设计上，CE 公司的设计思想基本上是按燃用美国东部烟煤的典型炉型进行设计的，炉膛矮胖形、炉膛设计尺寸见表 5-3。从表 5-3 中可以看出，对某一些主要尺寸的确定过于大胆，如采用了较大的宽深比（宽深比≈1.19）。这个宽深比已是锅炉设计中通常推荐值的上限，国内很少采用，特别是燃用结渣性较强的煤种。除双炉膛锅炉以外，单炉膛锅炉的炉膛宽深比通常小于 1.1。炉膛高度过低，与同类型的平圩电厂 1 号、2 号炉相比较，炉膛高度要低 5.25m，最上层一次风喷口中心线至分隔屏底的距离为 16.70m，比平圩电厂低 1.935m。燃烧器轴线和炉墙之间的夹角，两侧墙为 45°，前后墙为 35°。由于锅炉宽深比过大，采用了燃烧器轴线与炉墙之间较小的夹角，特别是与前后墙的夹角，炉内燃烧器轴线相切构成的空气动力场几何切圆直径也只有 1.6m，因此该炉膛的特点是高度不足，宽度有余，炉膛容积偏小，炉膛容积热负荷偏大。对燃用结渣性较强的煤种来说，这种炉型的设计是有风险的，也即炉内容易结渣。

表 5-3 炉膛设计特性数据及与同类型锅炉比较

项 目	北仑电厂	石洞口二厂	沙角 C	平圩电厂
炉膛宽度（m）	19.56	18.82	19.81	18.52
炉膛深度（m）	16.432	16.38	16.15	16.432
炉膛高度（m）	57.5	62.2	59.4	62.5
炉膛断面积（m²）	319.08	312.0	318.0	305.0
屏下容积（m³）	10790	12220	12150	
炉膛容积（m³）	15020	16180	16300	16583

项　　目	北仑电厂	石洞口二厂	沙角 C	平圩电厂
屏下容积热强度 （kW/m³）	157.5	122.5	140	
炉膛容积热强度 （kW/m³）	113	92.5	104	99.09
炉膛断面热强度 （MW/m²）	5.32	4.8	5.45	5.38

从表 5-4 可以看出，平圩电厂燃用的淮南煤属不结渣煤，哈尔滨锅炉厂在炉膛设计上选取了较低的炉膛容积热负荷，炉膛高度较高；石洞口第二电厂燃用的石圪台煤属结渣倾向严重的煤种，CE 公司在炉膛和燃烧器的设计上都采取了相应的措施，如选用了较低的炉膛容积热负荷，较高的炉膛高度，燃烧器上下分成三组，减少每组燃烧器的高宽比，减轻一次风煤粉气流偏转而避免产生水冷壁结渣。另外，一、二次风在炉内形成大小切圆，使一次风煤粉与水冷壁间有二次风，形成氧化气氛，以防止水冷壁结渣。这些都是有利于对结渣的控制。

表 5-4　　　　　　北仑电厂 1 号锅炉煤质特性与同类型锅炉煤质特性的比较

项　　目		单位	北仑电厂 晋北烟煤	平圩电厂 淮南煤	石洞口电厂 石圪台煤	美国 东部烟煤
元素分析	碳	%	58.6	53.86	61.74	
	氢	%	3.36	3.28	3.35	
	硫	%	0.63	0.6	0.63	
	氧	%	7.28	6.34	9.95	
	氮	%	0.79	0.82	0.69	
	灰	%	19.77	25.28	7.19	
	水	%	9.61	9.82	16.45	
	低位发热量	MJ/kg	22.44		22.87	
	高位发热量	MJ/kg				7350
	可磨系数（HGI）		54.81	59	63	55
工业分析	挥发分	%	22.82	23.09	23.56	31.6
	固定碳	%	47.8	51.81	52.8	53.1
	灰分	%	19.77	25.28	7.19	10.3
	水分	%	9.61	9.82	16.45	5.0
灰成分和灰熔点分析	Fe₂O₃	%	23.46	4.9	9.98	16.8
	CaO	%	3.93	1.9	11.79	5.8
	MgO	%	1.27	0.7	2.21	2.0
	Na₂O，K₂O	%	2.33	1.2	2.10	3.2
	SiO₂	%	50.41	57.1	44.99	40.0
	Al₂O₃	%	15.73	31.4	18.07	24.0
	TiO₂	%	1.0/1.55（校核煤）	1.2	0.83	1.3
	P₂O₅	%	1.67		0.05	0.1
	SO₃	%	2.05	1.7	0.8	5.3
	DT	℃	1110	>1482	1120	1190
	ST	℃	1190	>1482	1150	1225
	FT	℃	1270	>1482	1180	1340

三、炉膛与燃烧器

炉膛与燃烧器共同组织煤粉气流的燃烧过程。燃烧器组织燃料和空气以一定的比例和速度入炉，入炉后的流动则是与炉膛的几何形状及二者的配合密切相关的，煤粉炉的燃烧过程是在流动中进行和完成，炉内的换热过程也在流动中进行。因此，炉膛与燃烧器的确定主要是着眼于炉内的稳定着火和炉内的流动。为维持锅炉连续和良好的运转状态，这一燃烧过程的组织应该满足以下要求。

(1) 锅炉启动与低负荷时的着火是稳定的，点火和低负荷时为稳燃用的油量小，以维持总燃料费用不高；

(2) 排出炉膛的燃烧生成物中只含有尽可能少的未燃尽物和过剩空气，以达到一个良好的燃烧和锅炉效率；

(3) 燃烧过程在温度不过分高的条件下进行，以保持氧化氮等有害气体的产生量尽可能的少，能维持在允许的排放标准以下；

(4) 包括吹灰、排渣、灰排放等，所有随同燃料带入炉内固体杂质的清扫排出手段是有效的，受热面不致产生过分的结渣、积灰或受到腐蚀，以维持锅炉的长期连续运行，具有较高的利用率；

(5) 在炉内各受热面并联回路与炉膛出口截面上，燃烧产物的流速与温度分布是相对均匀的，以维持水循环的可靠与受热面的金属管壁温度在安全范围内；

(6) 具有较好的煤种与负荷的适应性，变动时能燃烧稳定，响应迅速。

实际上上述各项要求之间有不少是相互制约的，一个明显的例子是，适当增大过剩空气系数会有利于燃料的燃尽，但也增大了排烟热损失和 NO_x 的生成量。同样为提高着火稳定性与煤种适应性和在低负荷下的稳燃能力，就需要在炉内存在一个相当集中的高温区，而这又与炉内温度的力求均匀分布，NO_x 的生成量以及导致水冷壁结渣相关联。对于这些要求必须全面考虑，确保锅炉安全经济运行。

虽说燃料的燃烧过程是由炉膛和燃烧器共同组织，但煤粉气流与燃烧空气通过燃烧器进入炉膛内，流量、流速、方向等所有流动和燃烧过程的特性，在很大程度上决定于燃烧器，炉膛只是提供燃烧过程所需的空间；使炉膛的几何形状与燃烧器所组织的流动特性相适应，提供为达到合适的炉膛出口烟温所需敷设的受热面积。为使炉内能具有一个良好的燃烧工况，锅炉可以在不同负荷下连续正常的运行，对于燃烧器的要求可作如下的概括，不论是对直流燃烧器还是旋流燃烧器都是适用的：

(1) 给入炉内的燃料量和空气量是可控的，可满足在不同锅炉负荷下和燃煤特性有一定变化时的需要；

(2) 煤粉气流的入炉浓度，在时间与喷嘴出口截面上都是均匀的；反之，在有些情况下也需要有可控的局部煤粉浓度分布，以获得不同的煤种或低负荷的稳定着火；

(3) 煤粉气流着火之后，能及时与二次风混合，并对燃烧过程及时提供氧气；

(4) 会同炉膛所构成的燃烧高温气流，在不冲刷炉壁的前提下，尽可能地充满整个炉膛，消灭炉内流动死区，提高炉膛的可利用程度和燃料在炉内的停留时间；

(5) 不产生气流对炉壁的冲刷，以避免局部受热面的过高热负荷与炉内结渣，确保锅炉长期安全经济运行。

(6) 在靠近炉膛出口的燃尽区域内，仍能保持良好的紊流混合，以促进燃料燃尽。又应避免炉膛出口气流的残余扭转，以避免因炉膛出口烟窗上的流速与温度分布不均匀而产生并列受热面管束间的热偏差。

第二节 直流煤粉燃烧器

一、北仑电厂 1 号锅炉燃烧器

1. 炉膛

(1) 炉膛几何尺寸如下：

炉膛宽度	19558mm
炉膛深度	16432mm
顶棚标高	66140mm
炉膛总容积	15493.6m³
冷灰斗倾角	50°
折焰角倾角	55°
最上层一次风中心线至屏底距离	16605mm
最下层一次风中心线离冷灰斗拐点距离	5405mm

(2) 四角切向燃烧方式是 CE 公司传统的燃烧器布置方式。其特点是燃烧器布置在炉膛四角，燃烧器轴线与炉膛中心的一个假想切圆相切，一次风煤粉空气混合物和二次风由炉膛四角高速喷入炉内，由于气流的旋转和卷吸作用，使燃料、空气和燃烧产物产生强烈的扰动和扩散，以达到最有效的混合，延长了燃料在炉内的停留时间，保证燃料能得到稳定和充分燃烧。但四角切向燃烧方式也有其固有的缺点，即炉内强烈旋转气流至炉膛出口仍有较大的旋转惯性，造成水平烟道两侧烟气温度场和速度场分布不均，从而导致过热汽温和再热汽温以及它们壁温的偏差。锅炉容量越大，其左右偏差也越大。

1 号炉炉膛断面尺寸为 19558mm×16432.5mm，宽深比 1.19。燃烧器轴线与炉膛前后墙夹角分别为 45°和 35°，假想切圆直径为 1.6m。

炉膛容积热负荷，炉膛断面热负荷及燃烧器壁面热负荷对燃料着火、稳定燃烧、燃尽以及防止炉膛结渣等影响极大。根据设计煤种，本锅炉的上述三个设计数据为：

炉膛容积热负荷	113kW/m³
炉膛断面热负荷	5.32MW/m²
燃烧器壁面热负荷	143kW/m²

2. 燃烧器

CE 公司为锅炉设计了宽调节比型燃烧器（WRTYPE），这种燃烧器对煤种适应性较强，有较好的低负荷稳燃能力。燃烧器结构的基本特点是一次风和二次风（辅助风）相间布置。一次风喷口装有三角形曲边钝体，煤粉在进燃烧器前的一次风管的弯头处利用惯性力分成浓淡两股，又用隔板导引到燃烧器喷口。这种设计一方面使气流一出喷口就形成一回流区，另一方面又有高的煤粉浓度和较强烈的扰动，从而具有良好的稳燃能力。一次风喷口外圈是燃料风（周界风）通道，燃料风与一次风呈 45°。每组燃烧器共有 15 只喷嘴，除 6 只一次风喷嘴外，最上两层为燃尽风，其目的是实现两级燃烧，降低氮氧化物（NO_x）生成和排放。其余喷口为二次风。和国产机组不同的是二次风采用了大风箱供风方式，风量根据负荷需要可实现自动控制，采用炉膛与风箱之间的差压控制方式。

北仑电厂 1 号炉燃烧器结构布置，如图 5-2 所示。

该燃烧器采用摆动式浓缩型低 NO_x 直流燃烧器，燃烧器沿高度方向分成 15 层喷嘴，其中 A、B、C、D、E、F 为一次风喷嘴，AA、BC、DE、EF 为辅助风喷嘴，AB、CD、EF 为内置油

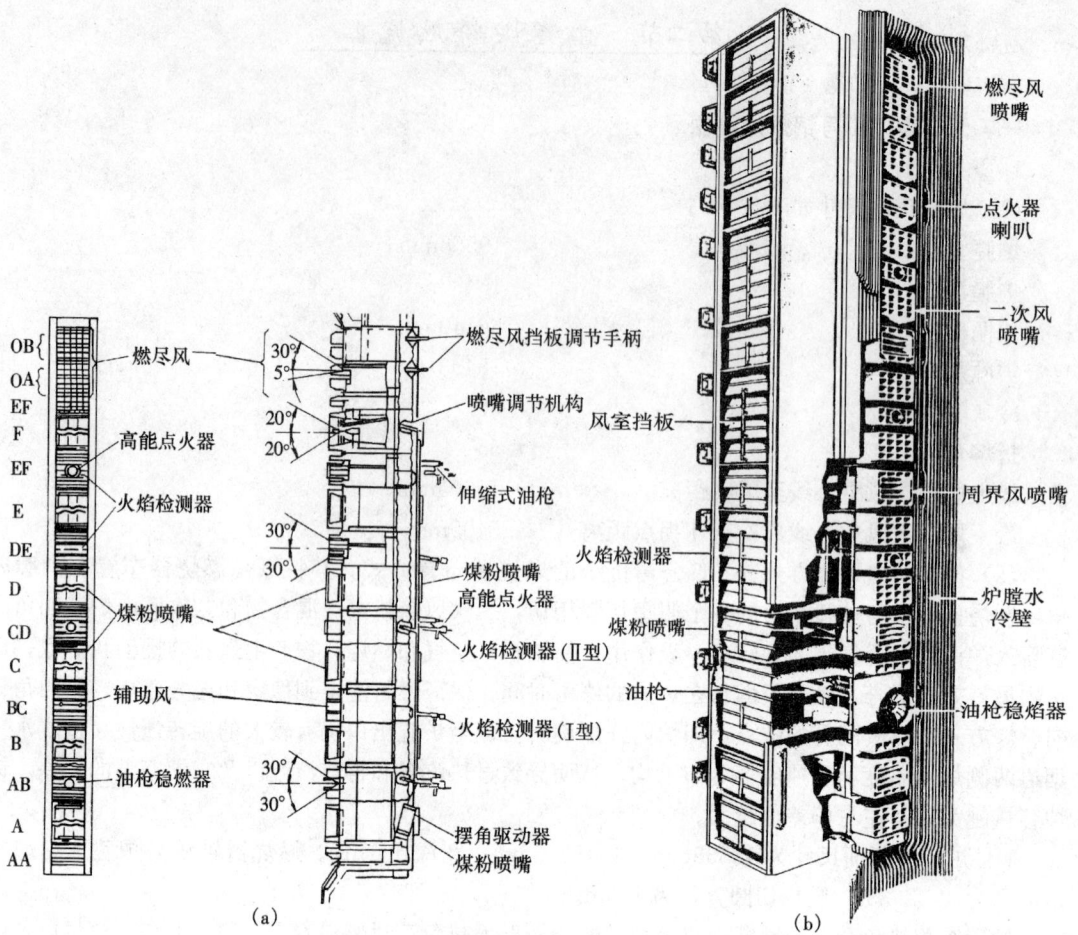

图 5-2　北仑电厂1号炉燃烧器结构布置图

(a) 结构；(b) 装置

枪的辅助风喷嘴，OA、OB 为燃尽风喷嘴。

燃烧器总高度为 11656mm、宽度 812mm，高宽比为 14.35。燃烧器喷嘴摆动范围：一次风 ±20°（可允许摆动 ±27°），辅助风（二次风）±30°，燃尽风 +30°、−5°。

为改善大高宽比条件下燃烧器两侧补气条件差异而引起一次风射流偏斜，引起水冷壁结焦，设计中采取如下措施。

(1) 整组燃烧器布置在炉膛四角的切角部位，构成所谓"大切角"的布置方式，使喷嘴出口射流两侧的补气条件有所改善。这一结构，在 600MW 燃煤锅炉炉膛空气模化试验中也得到证实。

(2) 在燃烧器入口喷嘴前急转弯的二次风道中，采用了 CE 公司推荐的具有最佳尺寸与布置方式的导向板（见图 5-3）。该导向板采用不等节距的布置方式，并经过模化试验和工业性试验而得到最佳尺寸。二次风气流流经导向板，可避免在弯头内外侧形成涡流，降低了转弯处的局部阻力，并使得内外侧气流阻力大致相等，保证喷嘴出口气流能均匀分布，减少了二次风气流与设计方向的偏离。

(3) 二次风喷嘴出口截面都经适当缩小，气流收缩加速，且出口截面上装设了垂直、水平方向隔板，对出口射流具有良好的导向及扰动作用，有利于射流不偏离设计方向。

（4）所选用的直吹式制粉系统中，配备了6台中速磨煤机（HP），而锅炉在最大连续出力（MCR）下，采用了5台磨煤机投运、1台磨煤机备用的运行方式，即总有一层煤粉喷嘴处于切停状态，因此如切停最上层或最下层的煤粉喷嘴，则相当于减小了整组燃烧器的高宽比；如切停中间的煤粉喷嘴，就相当于有整组燃烧器"分组"的效果。

3. 一次风喷嘴

一次风喷嘴如图5-4所示，共6×4只，分

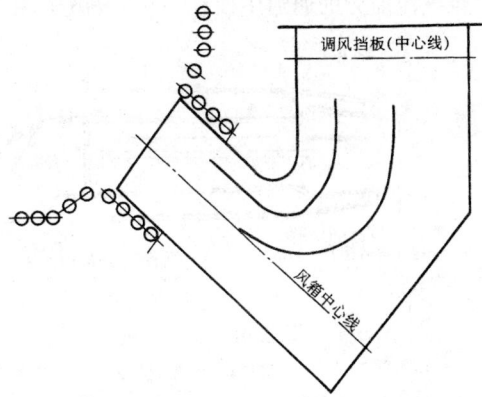

图5-3 二次风管道内导向板的布置方式

别对应6台HP中速磨煤机，按A、B、C、D、E、F的顺序从下至上排列。

一次风喷嘴带有水平分隔板和波纹状钝体。当煤粉空气混合物通过一次风进口弯头时，在离心力的作用下使煤粉颗粒向弯头外侧流动，经水平分隔板分隔，形成上、下两层浓、淡相分层的煤粉气流，改善了低负荷时的着火稳定性。锅炉设计不投油时燃煤的最低负荷为30%MCR。波纹状钝体能增加烟气回流量，起到稳定燃烧和提高煤种适应性的作用。每只一次风喷嘴的四周有燃料风通道，其与一次风煤粉射流夹角为45°。燃料风用以提高一次风刚性和补充一次风量不足，有利于及时提供烟煤迅速着火和挥发分燃烧所需的氧气，避免结渣防止煤粉离析，并冷却一次风喷嘴。

一次风设计风率为15%～25%、风温77～82℃，风速23.6m/s。为保证四角一次风速均匀，在磨煤机出口门后的一次风管上装置了均流孔板。

该一次风喷嘴中周界风（燃料风）喷口的外缘尺寸为850mm×812mm，燃料风的风源来自送风机的二次风，其燃料风的风速和风温均高于煤粉气流。出口风速、风量随二次风室风压而变，随着煤粉气流的大小同步增减。燃料风的作用在于增大煤粉射流的刚度，遏制煤粉颗粒的离析，也通过在随同入炉流程中的混合，向煤粉气流补充煤粉着火所需要的氧量。煤粉喷嘴的进口端通过煤粉管道及位于磨煤机端部的4个流量分配管之一相连接，每一分配管上的节流圈调整送向同层煤粉喷嘴的流量均匀。在煤粉喷嘴靠近出口处设有类同钝体的水平锐角三角形扩锥，在紧

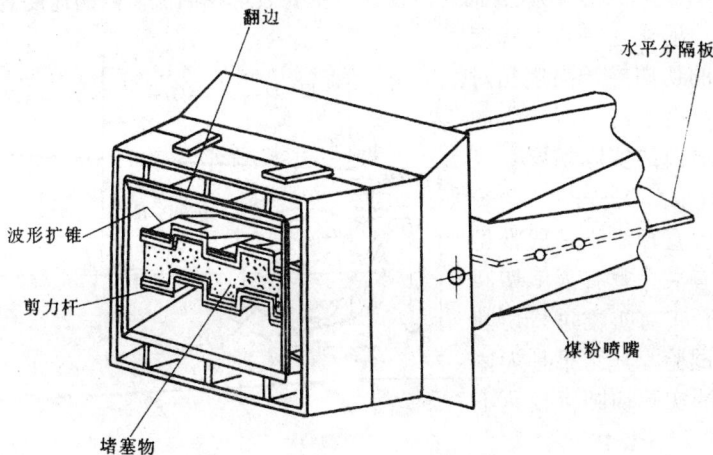

图5-4 一次风喷嘴

接扩锥气流前方的通道中设有一水平的分隔板。包括燃料风在内的整个煤粉喷嘴可作±27°的上下摆动。

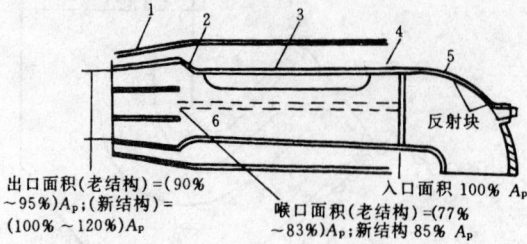

图 5-5　CE公司一次风喷嘴的改进

1—喷嘴头部；2—密封片；3—垂直肋片；4—喷嘴管；
5—入口弯头（煤粉管道面积 A_p）；6—水平肋片（新结构）

出口面积（老结构）=（90%～95%）A_p；（新结构）=（100%～120%）A_p

喉部面积（老结构）=（77%～83%）A_p；新结构 85% A_p

入口面积 100% A_p

反射块

在较早期的燃烧工程公司（CE）设计中，在煤粉喷嘴进口弯道上设置有如图5-5所示的反射块。其目的在于缓解煤粉气流在转弯过程中的离析，如煤粉过分集中于曲率半径较大的位置上时，可通过反射块对煤粉的碰撞和反弹，使气流中煤粉浓度均匀化，也借此减少煤粉对弯头的磨蚀。在水平管段的上部设置有二、三片垂直的肋片，希望借此消除因气流转向而产生的涡流。同时为缓解煤粉在水平管道内的沉积，水平管道略呈文丘里型的通流截面积，从进口的100%逐渐收缩到喉部的约77%～83%及出口处的90%～95%。这一设计从提高喷嘴出口气流中的煤粉浓度均匀性而言是行之有效的。随着对锅炉低负荷适应能力要求的增加和气流煤粉浓度对着火稳定性影响的了解，利用管道转向及煤粉气流出口的浓度不均匀性，来促进着火的及时和稳定，新的煤粉喷嘴设计取消了反射块和垂直肋片。与此同时，煤粉喷嘴的通流面积也改变成进口处的100%，喉部的95%以及出口处的约100%～120%。设计出口煤粉气流速度也较以往CE公司对烟煤常用的22～26m/s稍有下降。后者也是对着火稳定性的促进。北仑1号炉的煤粉喷嘴是不设反射块和垂直肋片的。扩锥以及紧接在扩锥之前的水平分隔板使入炉的煤粉气流实质上分成上部燃料较浓与下部较稀的两股，上部浓相的着火温度低，易着火，而且着火相对稳定。

煤粉气流喷嘴的出口处设有一锥角为20°的扩锥。设置扩锥的目的是在紧接于喷嘴出口之后的煤粉气流中形成一个如图5-6所示的回流区。扩锥实质上就是一个常说的钝体，可进一步扩大高温烟气对入炉煤粉气流的回流加热。如图5-6所示，钝体（扩锥）后的气流，因钝体轴线上的负压建立起一个卷吸前端已着火气流的回流区，随后才是通常自由射流中的过渡区和充分发展区。气流外缘对烟气的卷吸和回流区对前端着火区域气体的卷吸，促进煤粉气流的着火稳定。钝体起类同旋流燃烧器的作用，锥角的大小会影响到这一回流区的尺寸大小，长度会影响到回流区是否成为不能闭合的开式气流。

炉内的流动工况会因钝体的设置而有所变异，主要表现在回流段内的速度衰减增大，在过渡段之后再行恢复。射流在一定的程度上其速度和炉内的切向旋转强度相对是减弱的。此外，由于钝体所产生的气流扩张，也使炉内的实际切圆直径有所增加，因此看来CE公司对1号炉所推荐的假想切圆直径小于一般常见数据很可能与此有关。曾有人就切圆燃烧炉内喷嘴是否带有扩锥进行切圆直径的相对比较试验，其结果是大体上带扩锥喷嘴组的实际切圆直径是不带扩锥喷嘴组的1.25～1.46倍。

扩锥因承受着前端回流着火区的

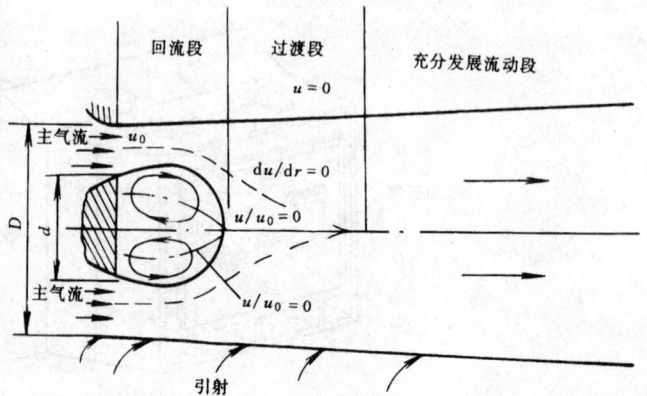

图 5-6　有钝体的射流运动

强烈热辐射而工作温度很高，条件也差，所采用的材质多是 1Cr19Ni 或 CrNi14Si 之类的耐热合金钢。在 V 形槽内部还填有耐火材料。燃烧工程公司的扩锥具有如图 5-7 的波形扩锥和带翻边的三角形扩锥两种设计。显然前一种的目的在于通过使煤粉气流能具有较大的周界面积，具有较多卷吸高温烟气的能力；后一种则是通过扩锥的翻边取得较大的扩张角和较大的回流区尺寸，卷吸较多回流区前已着火区域的烟气。两者都是为了提高着火的稳定性。

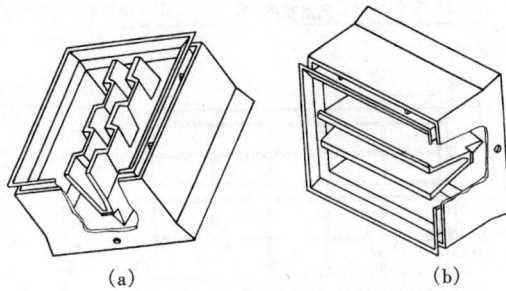

图 5-7　扩锥的形式及结构图

(a) 设有波形扩锥的喷嘴；(b) 设有带翻边的三角形扩锥的喷嘴

北仑电厂 1 号炉煤粉喷嘴摆动角度为 ±27°，按 CE 的产品说明，可调节再热汽温度幅度 ±25℃。喷嘴的摆动由设置在炉外四角的气压驱动活塞驱动，通过曲柄连杆机构实现。每个气压驱动活塞同时接受来自主控室的同一信号，使用同一压力的气源，使 4 个燃烧器都保持同步的摆动，不致扰乱火焰中心的构成。

4. 二次风（辅助风）喷嘴

二次风喷嘴又称辅助风喷嘴，见图 5-8。除顶部二次风喷嘴（FF）和底部二次风喷嘴（AA）为单喷嘴外，其余喷嘴沿高度方向由三个小喷嘴组成，并采用连杆相连，便于同步调节。所有二次风喷嘴均采用横向和纵向加强肋，将喷嘴断面分隔成若干小室，以加强喷嘴的刚性。顶部和底部二次风喷口最大外缘尺寸为 337mm×812mm，其余二次风喷口最大外缘尺寸为 692mm×812mm。带油枪的二次风喷嘴，分别布置在两个一次风喷嘴的中间，在燃油期间，与油枪一起构成油燃烧器；在负荷较高停油枪时，喷口仍起到二次风作用。带油枪的二次风喷嘴中心还装有直板叶片式稳燃器，以确保燃油时着火的稳定性。

二次风设计风率为 60%～70%，风温 322℃。

燃尽风喷嘴布置在燃烧器的最上部，共 2 只，每只最大外缘尺寸为 642mm×812mm，在高度方向又分为由连杆相连的 2 个独立喷嘴，见图 5-9。喷嘴断面均用横向及纵向隔板加强。燃尽风的作用是实现二级燃烧，控制 NO_x 的生成量。燃尽风设计风率 15%，风温 322℃与二次风温相同。

燃烧工程公司（CE）在此类燃烧器中，惯用的一次风速约为 25m/s，二次风速约为 45～50 m/s。使一次风煤粉气流在紧接着火之后能与二次风及时地混合，一般都希望着火面稳定于相距喷嘴出口 300～400mm 的位置上。二次风量的设计份额大体为 60%，向着火后的煤粉气流提供所需的氧气与紊流混合的支持。过早的着火既不利于喷嘴的金属温度，也因着火后的速度衰减而不利于射流的刚度与切圆的旋转。

顶部（FF）和底部（AA）二次风喷嘴的尺寸较小，断面积相当于其他二次风喷嘴的一半，其喷嘴断面尺寸为 337mm×812mm，与其他喷嘴同宽，但高度仅约为 1/2。其设计意图显然是因为它们只分别向 A 层下侧和 F 层上侧的煤粉气流供风，不如其他二次风喷嘴是同时向上下两层供风的。在喷嘴出口位置上设有纵横向的支撑板，以增加喷嘴的刚性，使喷嘴被分隔成若干个入口小喷嘴。喷嘴的摆动角度与其他二次风喷嘴相同，亦为 ±30°。其驱动方式是与煤粉气流喷嘴相同的。

带油燃烧器的辅助风（二次风）喷嘴分别布置在上下两个煤粉气流喷嘴之间。喷嘴外缘尺寸为 692mm×812mm，与不带油燃烧器的辅助风口（二次风口）相同。沿高度方向分成三个独立

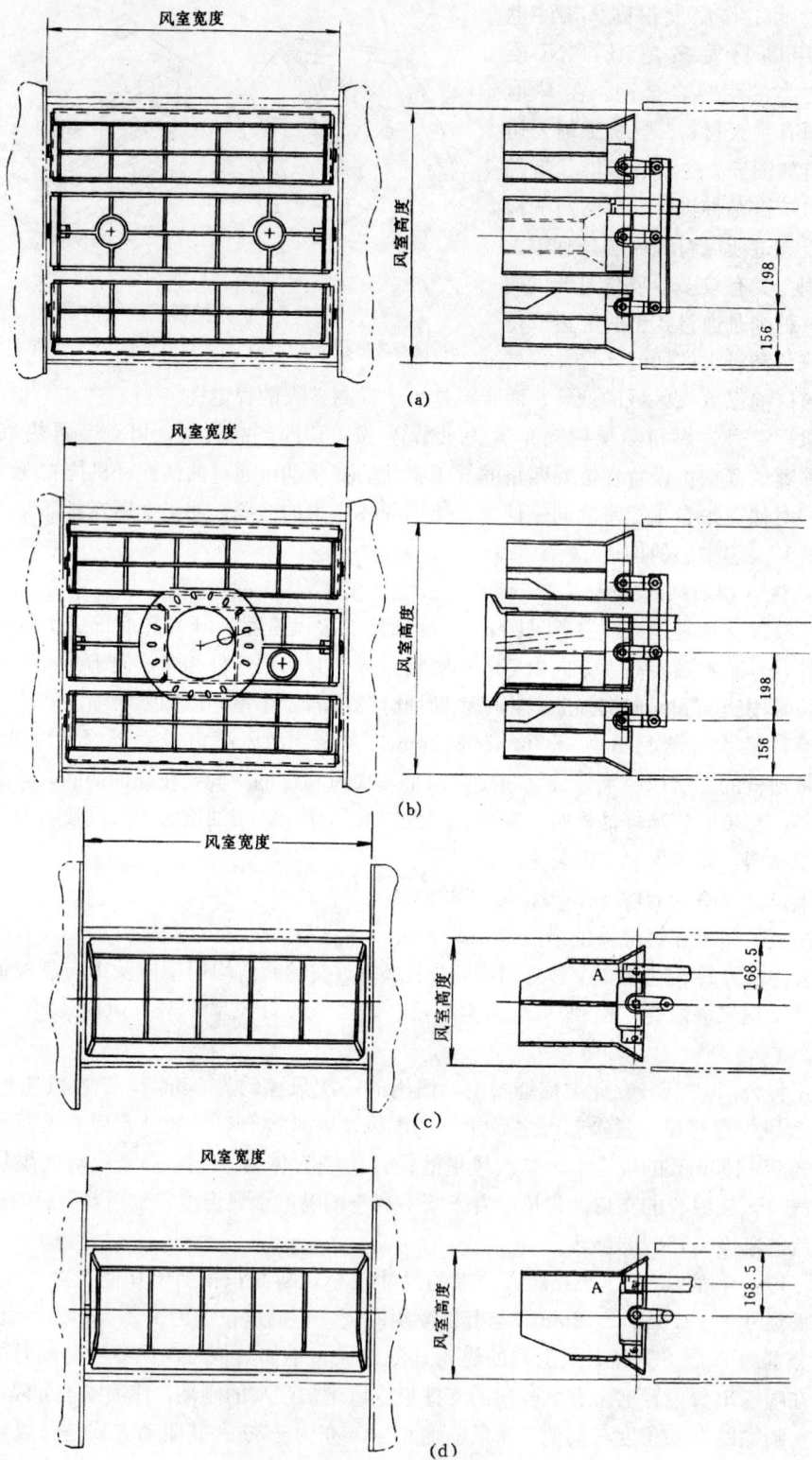

图 5-8 二次风喷嘴

(a) 二次风喷嘴；(b) 二次风喷嘴（带油枪）；(c) 顶部二次风喷嘴；(d) 底部二次风喷嘴

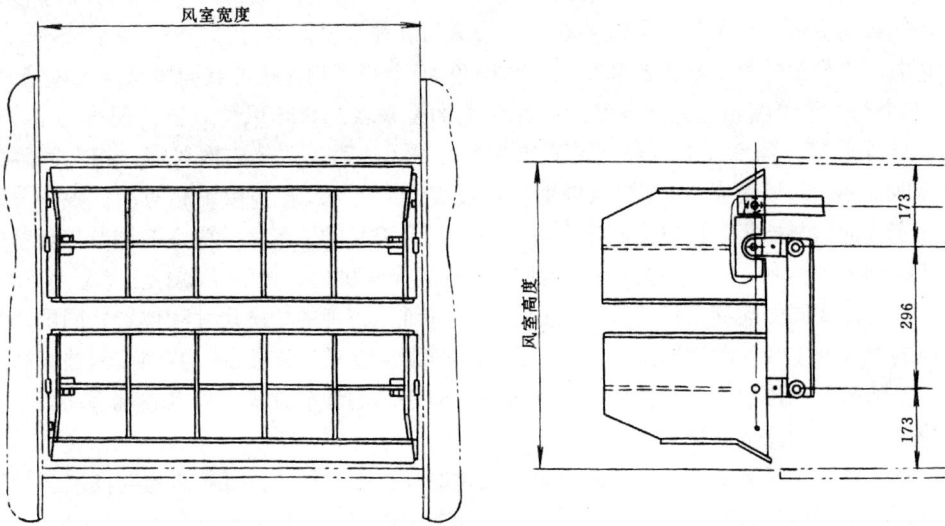

图 5-9　燃尽风喷嘴

的喷嘴,每个喷嘴也均有纵横向的支撑板分隔成若干个入口小喷嘴。在三个喷嘴的中间喷嘴的中心设置有一个包括稳焰器和油枪在内的油燃烧器。每个油燃烧器又都配置有各自的高能点火装置、火焰检测系统以及伸缩机构,伸缩机构供油枪伸缩用。

这种带燃尽风的燃烧器设计,实质上就是相当于二段燃烧方式,其目的是为了通过炉内不存在高氧浓度的区域,以遏制 NO_x 与 SO_x 的生成量,遏制发生量的手段是避免高温与高氧浓度这两个条件的同时出现。图 5-10 表明了这种二段燃烧方式组织的概念,虽然图中示意是按旋流燃烧器绘制的,但实质相同。燃尽风的布置使燃料与燃烧空气的混合分三个阶段完成。首先是煤粉气流与小量根部二次风的混合,使气流的热容量小、易于受热升温、释放挥发分,在高的燃料浓度下着火迅速和稳定,这部分空气只相应于挥发分的基本燃尽和焦炭的被点燃。其后是与二次风的迅速混合,使强烈的燃烧过程或者说火焰中心形成。但为使在这高温火焰中心区域的氧浓度有限,或者说处于一定的还原气氛,前面二个阶段进入的总空气量只是接近或略小于理论空气量的,使氮氧化物具有良好的裂变还原条件。最后是随着燃尽风的进入与混合,使因前一阶段供氧不足而未能燃尽的可燃物得到燃尽。在此燃烧过程中的氧浓度虽因燃尽风的投入有所增高,但温度因已在火焰中心区域之外而相对较低,从而具有遏制 NO_x 发生量的作用。

北仑电厂 1 号炉的省煤器出口设计过剩空气系数为 1.2,炉膛出口约在 1.15 左右,燃尽风率为 15%。因此,在与燃尽风混合之前的强烈燃烧区域火焰中的过量空气系数是不会大于 1 的,会有助于对 NO_x 生成量的遏制。但应该说明:燃尽风量的增加意味着

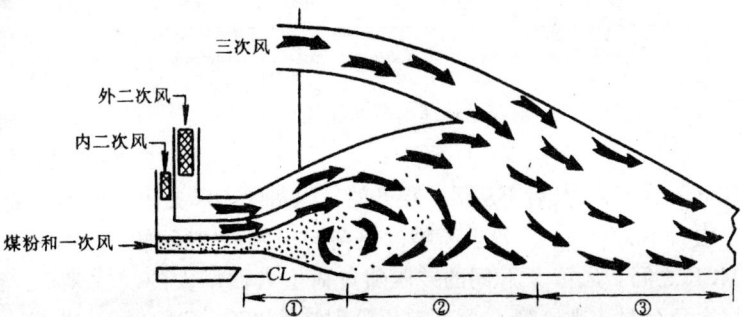

图 5-10　分段混合式燃烧器(DMB)概念的图解
①燃料非常浓的区域(空气量平均为理论空气需要量的 40%);
②中间加入空气的区域(空气量为理论空气需要量的 70%);
③最后加入空气的燃尽区(空气量为理论空气需要量的 120%)

强烈燃烧区域的空气量减少，燃尽程度减小与炉内下部的还原性气氛加大，造成灰熔点温度因处于还原性气氛而降低，对于灰熔点低容易产生结渣的煤种来说是不利的。

北仑电厂1号炉的每个燃烧器都有一个与同角15个喷嘴相连接的共同风箱（大风箱）。风箱内设有15个与各个喷嘴相应的分隔室。流经风箱的是来自二次热风总风道的温度为322℃的热二次风。15个喷嘴分隔室分别与自上而下的2个燃尽风喷嘴、顶部二次风嘴、相互间隔的6个煤粉喷嘴四周的燃料风喷嘴，5个二次辅助空气喷嘴以及底部二次风喷嘴相对应。各个分隔室前均有百叶窗式的调节挡板，用以控制流经各分隔风室和喷嘴的流量。分隔室的调节挡板都受锅炉的燃烧器控制系统控制，通过各自的气动活塞和曲柄连杆机构，按燃烧器控制系统（FSSS）的指令工作。为保证同层喷嘴出口流量和动量的一致，维持正确的切圆尺寸和位置，同层4个喷嘴分隔室前的挡板开度和气动活塞是与同一个压缩空气源（管道）连接的，共同控制挡板以维持控制的同步。除燃料风挡板外，其他分隔风室也都设有手动的调节方式，可以进行手动调节。分隔风室的静压是喷嘴的流量信号。

同层喷嘴的煤粉气流来自同一台磨煤机，通过磨煤机出口的4根煤粉管道与同层煤粉喷嘴连接，流量则决定于相应的磨煤机或制粉系统。如同前述，在锅炉最大连续出力（MCR）下，5台磨煤机的出力已可满足燃料量的要求，1台磨煤机作为备用。煤粉喷嘴的投运层数由锅炉负荷来决定，哪一层或哪几层投停则由各磨煤机及制粉系统和过热汽温、再热汽温的情况作出选择。各分隔风室的挡板都设计和调整到约80%时，如要再增加负荷，则将再增加一层喷燃器的投入。

燃料风挡板全关时，仍有5%～10%燃料风的流量（一般5%），可用于对煤粉喷嘴的冷却，

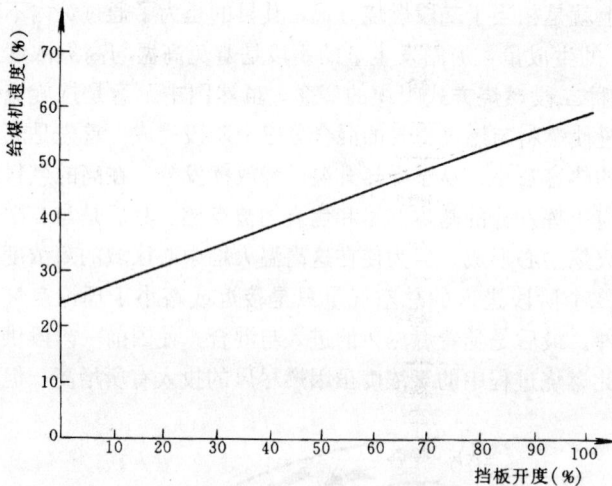

图 5-11　给煤机转速与燃料风挡板开度关系

防止煤粉喷嘴停运时出现超温、变形或烧坏。在锅炉运行时，燃料风量应随着煤粉喷嘴的煤量的增加而增大。燃料风量也随分隔室挡板（燃料风挡板）开度的增大或分隔室内风压的增加而增加。因此，燃料风挡板的开度按给煤机速度（直吹式制粉系统）比例控制，即给煤机速度增加（给煤量增加），则燃料风挡板开度增加，如图 5-11 所示。

辅助风挡板控制方式，在锅炉启动的吹扫、油燃烧器点火投入直到锅炉带 30% MCR 负荷之前，所有辅助风挡板都应打开，并维持风箱-炉膛间差压 372.4Pa

（38mmH$_2$O）。其后再从最上层开始，以每隔 10s 关闭一层的速度，直到投运煤粉喷嘴上方的那一层（不关）为止。投运喷嘴的负荷与风箱-炉膛间的差压关系如图 5-12 所示。在 30%～70% MCR 之间，风箱-炉膛间的差压随负荷增大而增大的线性关系。在 30% MCR 以下或 70% MCR 以上负荷时，则风箱-炉膛间差压分别维持 372.4Pa（38mmH$_2$O）和 1234.8Pa（126mmH$_2$O）不变。而油枪层的辅助风挡板控制，油枪投运时，其辅助风挡板控制方式为油量比例控制，油量增加，辅助风挡板开度增加；当油枪停运时，该层辅助风挡板控制方式采用风箱-炉膛间差压控制，其控制原则如上所述。

二层燃尽风喷嘴按 CE 公司推荐，在锅炉负荷小于 50% 时是不投入的，燃尽风挡板全关。这

主要考虑到在低负荷状态下，炉内的温度水平不高，NO_x 的产生量较少，是否要采用二段燃烧方法没有多大的影响。再由于各停运的喷嘴都尚有一定的流量（前述 5%~10%），燃尽风的投入会使炉膛出口的过量空气系数过大。燃尽风的投入从锅炉负荷达到 50%时，从下层燃尽风喷嘴开始，如图 5-13 所示线性关系开大挡板，在 75%MCR 时全开，上层燃尽风挡板从 75%MCR 时开始呈线性关系打开到 100%MCR 全开。

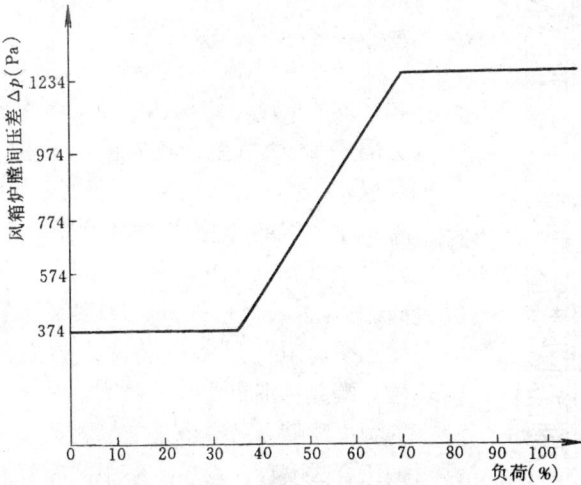

图 5-12　风箱-炉膛间差压 ΔP 与负荷关系

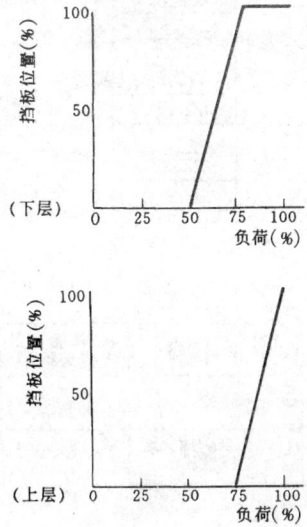

图 5-13　燃尽风挡板开度与负荷关系

二、平圩电厂 600MW 直流燃烧器特性

1. 燃烧器布置

平圩电厂 2008t/h 锅炉采用正四角布置的摆动式直流燃烧器，为 CE 公司传统的燃烧器布置方式。燃烧器的布置，根据炉膛尺寸的大小，选取合适的喷嘴出口射流中心线同炉膛横截面对角线之间的夹角 $\Delta\alpha$，由此确定喷嘴出口射流中心线和水冷壁中心线的夹角分别为 36°和 45°，如图 5-14 所示。根据图 5-14 中的几何尺寸可以推算出夹角 $\Delta\alpha$ 分别为 4.6456°和 4.3544°。在炉膛中心形成逆时针旋转的两个直径稍有不同的假想切圆，相应假想切圆直径分别为 ϕ1884.2mm 和 ϕ1771.4mm。

2. 燃烧器喷嘴布置

平圩电厂锅炉的燃烧器，也是每只角有 6 只煤粉喷嘴，共 24 只煤

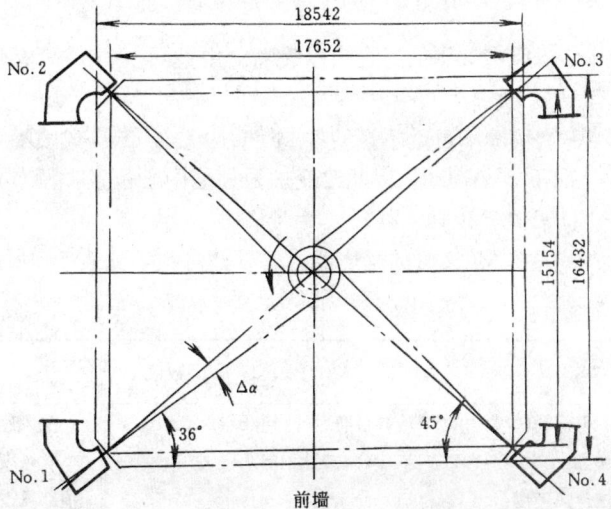

图 5-14　平圩电厂燃烧器布置图

粉燃烧器，有 12 只油燃烧器和相应 12 只高能点火器，燃烧器总高度为 11.656m。煤粉喷嘴中间也有波形三角形钝体，使之有稳定火焰和提高煤种适应性的作用。12 只油喷嘴作为锅炉启动时

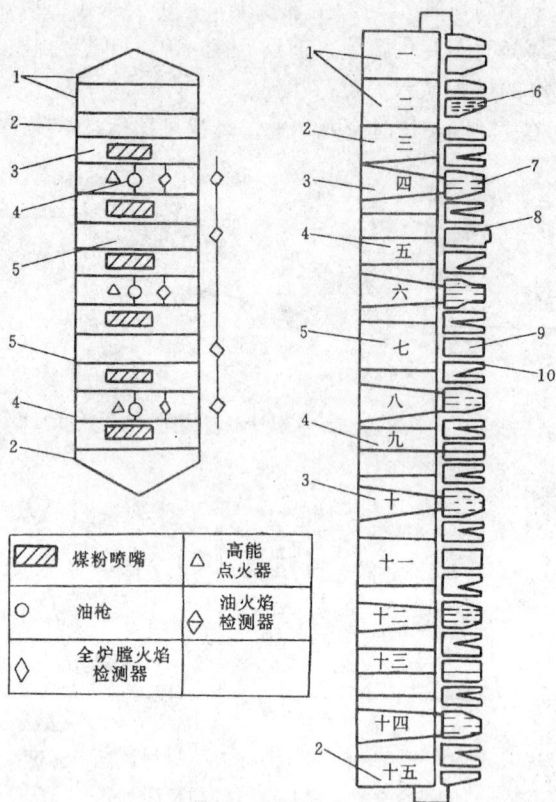

图 5-15 单只燃烧器风室喷嘴布置示意图

1—顶部风室；2—端部风室；3—煤粉风室；4—油风室；

5—中间空气风室；6—顶部风喷嘴；7—煤粉喷嘴；

8—油燃烧器主喷嘴；9—中间风室主喷嘴；10—组合式风喷嘴

暖炉、煤粉喷嘴点火和低负荷稳燃之用，12 只油喷嘴的总热功率为锅炉燃料总放热量的 15%，油喷嘴所需雾化蒸汽耗量约为喷嘴油量的 10%。高能点火器用 2300V 直流电压产生高压放电，点火速率每秒 4 次，点火最长持续时间为 15min，如工作持续了 15min 后，下次点火至少隔 30min 方可进行。

平圩电厂锅炉燃烧器也采用 CE 公司传统的大风箱结构，由隔板将大风箱分隔成 15 个风室，其中顶部风室（燃尽风）2 个，端部风室（辅助风）上下各 1 个，煤粉风室（燃料风室）6 个，油风室（辅助风）3 个，中间空气风室（辅助风）2 个。图 5-15 为喷嘴布置的示意图。顶部风室布置两个独立的喷嘴，端部风室布置两个喷嘴，其中一个为独立喷嘴，另一个是与煤粉风室共用的组合式喷嘴。煤粉风室中间布置有带两侧边风的一次风喷嘴，一次风喷嘴的上下布置有与上下相邻风室共用的组合式风喷嘴。油风室中间布置有带稳焰叶轮的油风室主喷嘴，上下布置有与煤粉风室共用的组合式喷嘴。中间空气风室中布置有中间风室主喷嘴，上下布置与相邻煤粉风室共用的组合式风喷嘴。由此可见，每只燃烧器共有 15 个风室（风室形式为 5 种）和有 29 个喷嘴。

一次风喷嘴可上下摆动各 27°（±27°），二次风喷嘴可作上下摆动 30°，顶部风喷嘴可作向上 30°、向下 5°的摆动。以此改变炉内火焰中心位置，调节炉膛出口烟温，从而调节再热汽温。

3. 燃烧器设计参数及风量调整

锅炉在 MCR 时的燃烧器主要设计参数，如表 5-5 所示。

表 5-5　　　　　　　　　　　　燃烧器主要设计参数

项　目		单位	数值	项　目	单位	数值
单只煤粉喷嘴的热功率	6 台磨运行	kJ/h	244.6×10^6	一次风速度	m/s	24.99
	5 台磨运行	kJ/h	293.4×10^6	一次风率	%	20.2
二次风速度		m/s	47.55	顶部风占总二次风百分比	%	15
二次风温度		℃	313	燃烧器一次风阻力	kPa	0.254
二次风率		%	79.8	燃烧器二次风阻力（计算）	kPa	0.813
二次风中燃料风份额		%	36.1	燃烧器二次风阻力（设计）	kPa	1.016
二次风中辅助风份额		%	63.9	一次风喷嘴间距	mm	~1680

按照 CE 公司的燃烧器设计方法，在燃烧器二次风通流面积设计时先不考虑顶部风量，最后再按二次风通流面积的 15％来设置顶部风风室。这样，相当于把二次风的总通流面积扩大到 115％，实际的二次风速由原设计的 47.55m/s 降为 41.35m/s。

在实际运行中风量的分配是靠各风室的挡板来调整的，开大燃料风挡板（一次风喷口周围的周界风）或关小辅助风挡板，则通过煤粉喷嘴外围的燃料风量增大；关小燃料风挡板或开大辅助风挡板，则燃料风量减少。燃料风与辅助风的正确比例主要取决于燃料的燃烧特性，这个分配比例影响到炉膛内的混合程度、燃烧速度和火焰形状，这个最佳的风量配比需由实际运行调试和经验获得。

一次风的合理配风对于在逐个点燃煤粉喷嘴及在低负荷燃烧时对炉膛燃烧的稳定性十分重要，同时对于在各种负荷下实现最佳的燃烧工况有重要作用。

我们在前面已经叙述过了，各风门挡板控制方式，对于辅助风挡板（不设油枪）按炉膛—风箱差压控制方式，如总风量要求增加，辅助风挡板开度不变，则挡板前后的风箱—炉膛差压就会增大，为维持原来要求差压，开大辅助风挡板，使差压恢复到原来值。在点火前和点火期间（燃油）煤粉未投，则燃料风挡板处于关闭状态，当某层煤粉喷嘴投入运行时，该层燃料风挡板投入，按煤粉量（给煤机转速）比例控制，该层喷嘴煤粉量增加，燃料风挡板相应开大。因为燃料风主要作用补充煤粉着火所需氧气，对于大型直流燃烧器热功率大，如果按一次风煤粉喷口的一次风来满足着火要求，则一次风量大，一次风速可能也会高。因此为维持煤粉喷口的风速，保持输送煤粉空气量不变（或变化小）、煤粉量增加，由燃料风来补充着火需要氧气量。所以燃料风挡板控制方式，按给煤量（给煤机转速）或煤粉量进行比例控制，煤粉量增加，燃料风挡板开度增大。

当用手动方式点燃某层煤粉喷嘴时，必须在点火前将辅助风挡板开 20％～40％开度，保持这个开度直到燃料风挡板打开为止。煤粉喷嘴开始点火时，燃料风挡板必须置于关闭位置，煤粉气流点燃后，再逐渐打开燃料风挡板，使其开度与该层喷嘴的燃烧率相适应（比例控制）。调节挡板位置时，四个角上同一层的挡板必须同步进行，也即四个炉角上同一标高的风室挡板任何时候位置都应相同。

4. 燃烧器摆动机构

每只燃烧器的 29 个喷嘴除顶部风的 4 个喷嘴手动驱动外，其余喷嘴均由摆动气缸驱动，作整体上下摆动。而且炉膛四角的 4 个燃烧器按协调控制系统（CCS）中再热汽温调节系统给定的控制信号作同步上下摆动。摆动气缸通过外部连杆机构，曲拐式摆动机构，内部连杆和水平连杆驱动空气喷嘴作上下各 30°的摆动。为了对通过空气喷嘴的气流进行导向和防止喷嘴变形，在空气喷嘴内装设水平和竖直相交的导流隔板。

装设在煤粉风室内的煤粉喷嘴，由两个主要部分构成，一个是由球墨铸铁制成的煤粉喷嘴；另一个是由耐热不锈钢焊制而成的煤粉喷嘴头。煤粉喷嘴体呈方圆过渡形，圆形一端同煤粉管道的铸铁弯头相连，方形的一端通过一个可以适应煤粉喷嘴摆动的活动密封箱同煤粉喷嘴头相连接。煤粉喷嘴体、活动密封箱和煤粉喷嘴头形成一个密封的煤粉空气混合物的连接通道，把煤粉管道输送来的煤粉空气混合物经此通道送入炉膛。煤粉喷嘴前部设有带滚轮的支架，通过燃烧器风箱前端的开孔可将煤粉喷嘴沿风室隔板推进就位，后部通过煤粉喷嘴体上的法兰同燃烧器风箱后部的端板连接固定并密封之。现场停炉需对煤粉喷嘴进行维修或更换时，可将煤粉喷嘴体上的法兰连接螺栓及与煤粉喷嘴体连接的煤粉管道的铸铁弯头卸下，即可将煤粉喷嘴整个地从燃烧器风箱内抽出，故维修和更换方便。

煤粉喷嘴通过同空气喷嘴相同的摆动连杆机构，驱动煤粉喷嘴作上下各 27°的摆动。

为了消除在煤粉管道内转弯所引起的风粉混合物的残余旋转，在煤粉喷嘴体内设有同煤粉喷嘴体轴向平行的扰动板，在煤粉喷嘴头内设有三块水平方向的互为平行的导流板。在喷嘴头摆动一定角度时，能对风粉混合物起导流作用，使风粉混合物射流方向与二次风射流方向吻合，以保证良好的配风工况。

顶部风喷嘴是根据分级送风原理来降低燃烧区域的 NO_x 生成量而设置的。每只燃烧器上部两个顶部风室内的 4 个喷嘴为一组，由一个专门的手动摆动机构来驱动喷嘴的摆动。顶部风喷嘴设计的摆动幅度为向上 30°，向下 5°，具体的喷嘴摆动角度视对 NO_x 控制的最低值试验确定。向上或向下摆动角度不得超过设计值，顶部风喷嘴的手动摆动机构的驱动杆可在现场临时加长以增大驱动力。

5. 点火油燃烧器

平圩电厂锅炉燃烧器设有 6 层煤粉喷嘴，每两层煤粉喷嘴之间设有一层油燃烧器。每只燃烧器共有三层油点火燃烧器，故一台炉装有 12 支蒸汽雾化平行管式可伸缩的 WRTE 型油枪，油点火燃烧器作为锅炉启动时的暖炉，煤粉喷嘴的点火和低负荷稳燃之用。四角三层 12 只油点火燃烧器的总热功率为锅炉燃料总放热量的 15%，每层油枪的热功率均为 5%，单只油枪的热功率 $74.1 \times 10^6 \text{kJ/h}$。油喷嘴采用 CE 公司标准的蒸汽雾化外混式 J-16 喷嘴，喷嘴的最大出力为 1800kg/h，相应最大出力的油枪入口压力为 1.3MPa。该油枪最小允许的出力为 360kg/h，相应的油枪入口压力为 0.2MPa。油喷嘴所需之雾化蒸汽压力为定压，油枪入口的雾化蒸汽压力为 0.7MPa，雾化蒸汽耗量约为喷嘴油量的 10%。

油枪装置包括柔性金属软管和快速装卸接头，以便油枪拆装。各油枪都装有伸缩机构和行程开关。它可由控制系统进行远距离操作控制。

油点火燃烧器中设置有可伸缩的高能点火器，可直接点燃重油，每支油枪配一套，其原理是利用高压放电的电火花将雾化的燃油点燃。

点火器的点火速率为 4 次/s，高压火花的能量可以将点火头上的结焦除去，使点火头保持清洁。点火器的最长持续点火时间为 15min，如工作持续了 15min 后，下次点火至少隔 30min 后方可进行。

油燃烧器的伸缩机构为气动装置，是油枪推进、退出的动力。油枪和点火器的投运是由控制系统中各有关元件连锁控制的，以确保安全可靠的程序操作。油燃烧器的空气喷嘴同时也可作为煤粉燃烧时的辅助风喷嘴（油枪停运时），不过为了油火焰的稳定，在油燃烧器主空气喷嘴中设置了专门的稳焰叶轮。

为了保证有可靠的点火工况，在整个暖炉期间，直到机组并网和机组带到这样的负荷，即在该负荷下空气流量可达到能适应机组负荷进一步增加的要求之前，必须保持正式运行前吹扫空气流量（至少为满负荷下风量的 30%）。为使吹扫风量正确分布，以及点火时风速适当，点火和暖炉期间，必须把所有的辅助风挡板打开。

6. 燃烧器风箱

燃烧器风箱是整个切向摆动燃烧器的主体部分，热空气和风粉混合物通过燃烧器及风箱对各个喷嘴进行分配，以实现燃烧工况所要求的合理配风。同时，燃烧器风箱又是各个喷嘴及相应摆动机构、油枪、点火器及其相应伸缩机构的机座。

为防止通过燃烧器风箱的二次热风产生过大的涡流，减少阻力损失，改善由于在燃烧器风箱内气流转向所引起的气流偏斜，在燃烧器各风室内均设置了一块或两块导流板。这些导流板和各个喷嘴内设置的垂直和水平相交的导流板同炉膛四角的水冷壁大切角结构形成了对切向燃烧系统一、二次风各股射流的综合控制，以防止入炉气流的偏斜，从而保证炉膛内形成良好的空气动力场。

整个燃烧器风箱壳体有内壁钢板、保温层和外层护板三层结构。为使装于燃烧器风箱内部的各摆动机构和煤粉喷嘴装置等便于维修和更换，在燃烧器风箱的前端和侧面相对于各层风室开设有门孔。

　　燃烧器风箱同水冷壁用螺钉连接在一起，随同水冷壁一起胀缩。与燃烧器风箱相连接的煤粉管道上装有 Rockwell 联管器补偿。燃烧器风箱与热风道的相对膨胀由大型波纹膨胀节吸收。考虑到水冷壁管与燃烧器本体之间的相对膨胀差，在风箱中部采用螺钉连接定位，其余均采用腰形孔滑动连接，使风箱本体能以中间部分为膨胀中心，以上、下两个方向相对于水冷壁作自由膨胀。风箱前端的密封箱采用了双向波纹板，以吸收燃烧器风箱两个方向的膨胀。燃烧器风箱上的外层门孔、外层护板等结构都考虑了与风箱内壁之间的膨胀差。

　　在燃烧器风箱与热风道连接端处设计有挡板风箱，在挡板风箱内对应于各风室设计有倾斜的非平衡挡板结构，以便控制进入燃烧器各风室的二次风量。根据各风室的高度不同，分别设计了双挡板和四挡板结构。采用非平衡式的挡板结构是为了防止在启停炉时，可能产生的内爆（即炉膛负压过高，炉膛向内爆炸）。当炉膛负压突然过高时，这种挡板结构两侧压差引起的转矩，使挡板自动打开，使炉膛负压迅速降低。

　　风箱上风门挡板的驱动除最下层端部风室采用手动机构操纵外，其余各风室的挡板都是用带位置器的内径 $63.5\text{mm}\left(2\frac{1}{2}''\right)$、行程 127mm（$5''$）的气缸来驱动的。各驱动气缸的行程，即相应挡板的开启位置是根据炉内燃烧工况、锅炉负荷和汽温控制的要求由炉膛安全监控系统（FSSS）来控制的，而炉内风量大小由协调控制系统（CCS）来调节的。

　　为保证燃烧器切圆位置的正确，简化安装以及燃烧器本身结构上的需要，每只燃烧器都是与相应切角的水冷壁组装成一体的，燃烧器本身又同燃烧器区域的刚性梁连为一体，因而使燃烧器区域水冷壁的防爆能力大为加强。整个燃烧器的荷重全部由水冷壁承受，燃烧器本身不另设吊挂装置。

　　作为炉膛安全监控系统的一部分，在燃烧器的油风箱内装有油火焰检测器，每层 4 只共 3 层；全炉膛火焰检测器，每层 4 只共 4 层。平圩电厂 2 号炉（第二台 600MW 机组），油火焰检测器仍为 4×3＝12 只，而全炉膛火焰检测器减为 4×2＝8 只。在燃烧器风箱前端设计有火焰检测器冷却风总管和通往各火焰检测器的支管。

三、石洞口二厂 1900t/h 超临界压力锅炉燃烧器设计特点

　　石洞口二厂 1900t/h 燃烧器喷口和四角布置分别如图 5-16 和图 5-17 所示。各层燃烧器的布置如表 5-6 所示。

表 5-6　　　　　　　　　　　　　　　燃 烧 器 的 布 置

	煤粉燃烧器	重油燃烧器	轻油点火器	高能点火器	辅助风	燃料风	火焰检测器
FF					√		
F	√					√	√
EF		√	√	√	√		√
E	√					√	
EE					√		
DD					√		
D	√					√	
CD		√	√		√	√	
C	√					√	
CC					√		
BB					√		
B	√					√	√
AB		√	√	√	√		√
A	√					√	
AA					√		

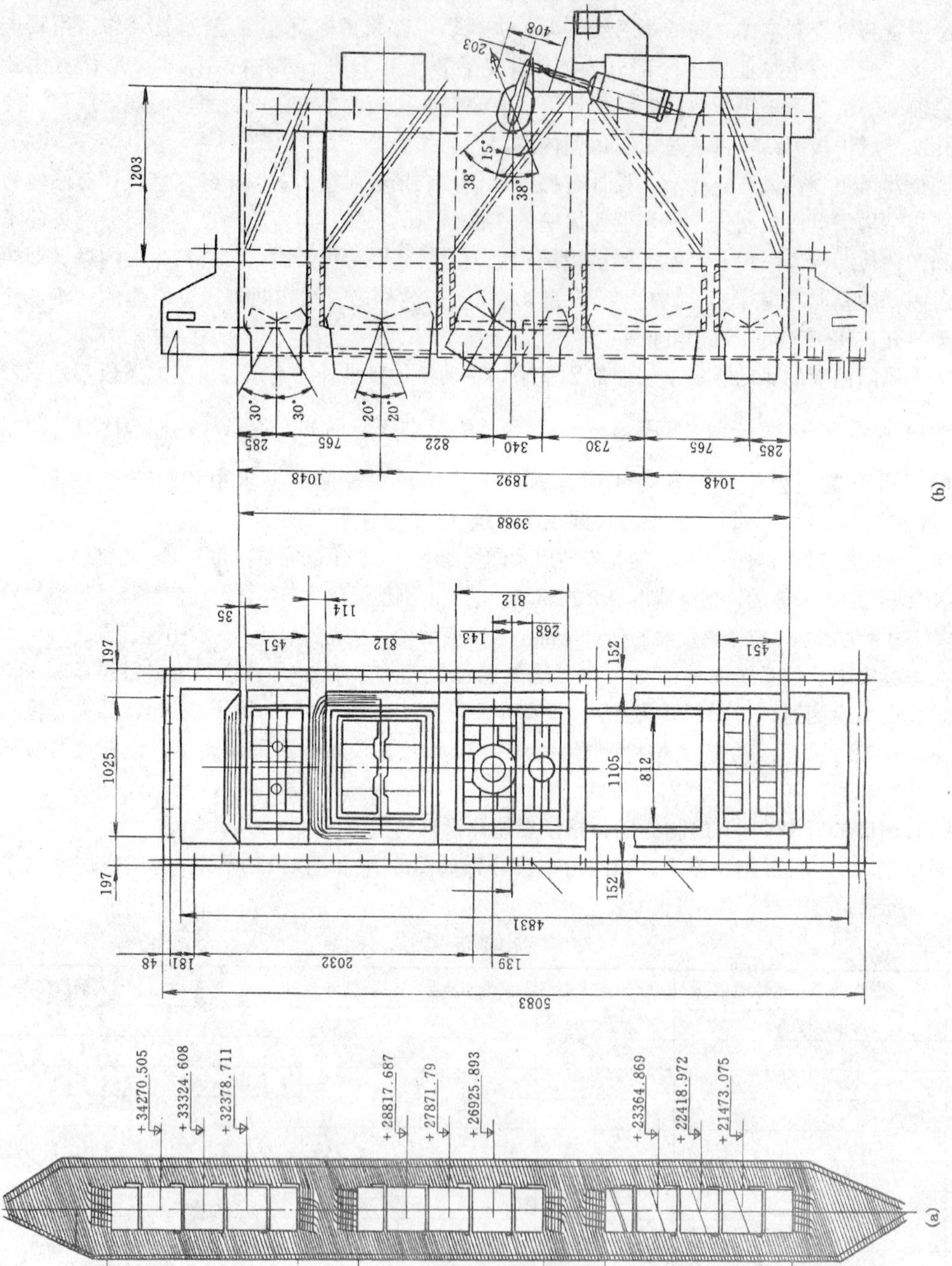

图 5-16 燃烧器布置图

(a) 整组燃烧器布置图（分三组）; (b) 一组燃烧器详图

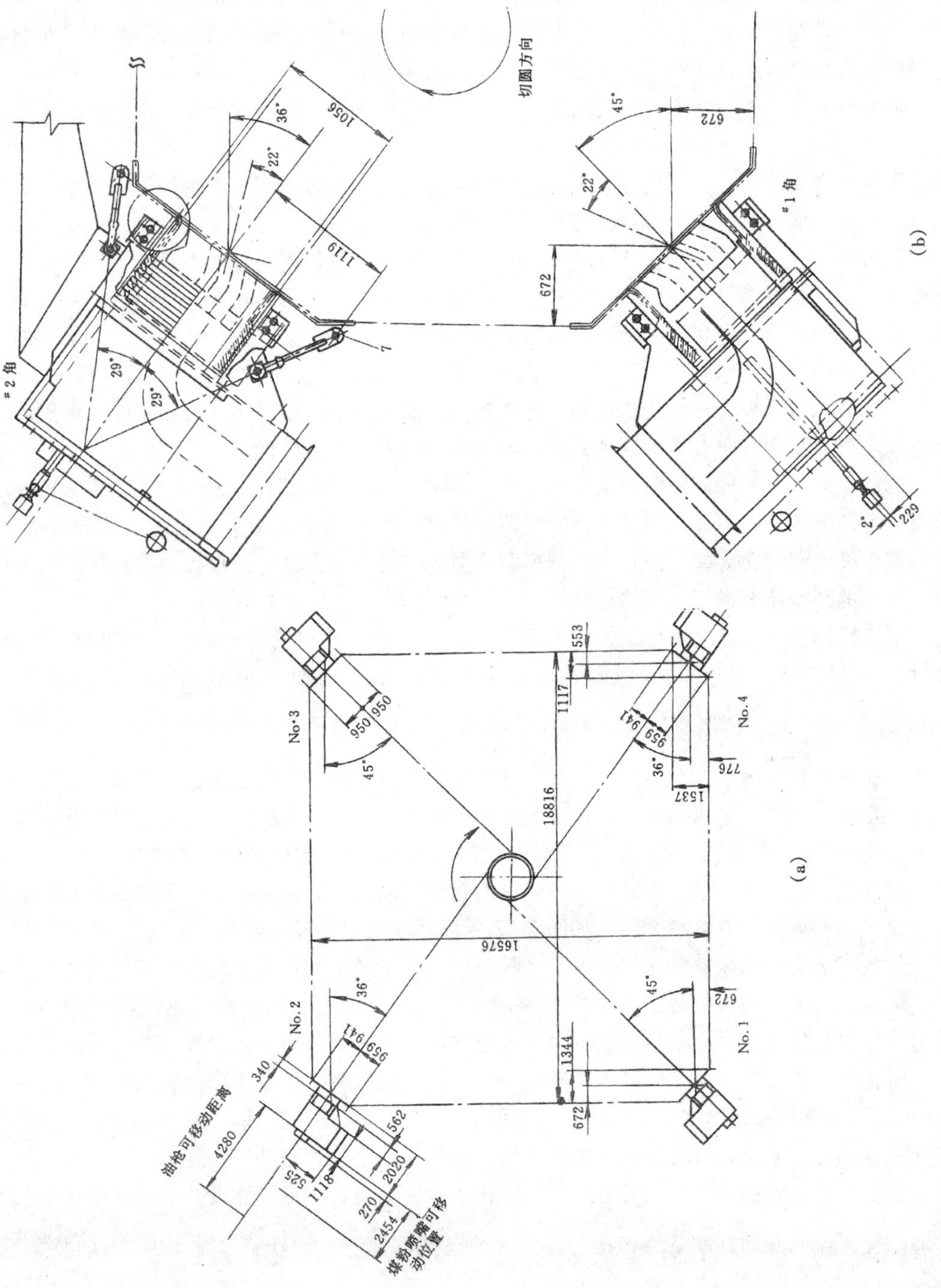

图 5-17 燃烧器四角布置图

(a) 燃烧器切圆布置；(b) 辅助风（二次风）射流特性

1. 煤粉燃烧器适应燃用低灰熔点煤的要求

石洞口二厂锅炉燃用煤种的灰熔点比较低，设计煤种（石屹台 2—4T）DT＝1120℃，ST＝1150℃，FT＝1180℃，而校核煤种（晋北煤）DT＝1110℃，ST＝1190℃，FT＝1270℃。煤种的灰熔点均较低，在燃烧器设计布置中应充分考虑如何防止或减轻水冷壁结渣及炉膛出口受热面的结渣问题。在燃烧器结构及布置上主要从以下几方面来考虑。

（1）燃烧器分组，使燃烧器高宽比减小，以减轻一次风煤粉气流的偏斜，防止或减轻水冷壁的结渣。

对于直流燃烧器的射流与周围介质进行质量和动量交换，而将周围高温烟气卷吸进来，它的高宽比越大，卷吸烟气量越多，对着火越有利，但射流易产生偏斜，即一次风气流产生贴壁结渣现象。对于石洞口二厂锅炉燃用设计或校核煤种，其挥发分含量较大，着火不是主要矛盾，而一次风煤粉气流贴壁是主要矛盾，采用燃烧器分组，减少其高宽比，对减轻水冷壁结渣是有利的。

另外，对四角切圆燃烧来说，燃烧器的射流两侧的补气条件不一，就会产生一个附加的静压差，而使一次风煤粉气流偏向压力低的一侧。对于角置直流燃烧器射流侧面较大，内侧（向火侧）有邻角气流横扫过来，补气条件充裕，静压较高。而靠近水冷壁一侧（外侧）需从离射流较远处回流或由射流高度方向上下两端来补气，补气条件较差，静压较低。这样，由于射流两侧有压力差，会使射流（煤粉气流）偏向水冷壁一侧。当锅炉容量增大时，则燃烧器高度也相应增加，从射流上、下两个方向补气不易达到燃烧器的中部，使射流中部两侧压差比上下两端要大，因而燃烧器中部气流偏转大些。而且燃烧器高宽比愈大，这样情况就愈严重。为防止煤粉气流刷墙，对燃烧器的高宽比要进行适当的控制。

石洞口二厂锅炉燃烧器上下分 3 组，每组燃烧器有一次风煤粉喷口 2 只、辅助风喷口 3 只，中间的辅助风口布置点火启动及低负荷用的重油燃烧器。每组燃烧器的高宽比为 5 左右 $\left(\dfrac{H}{B}=4m/0.812m\approx5\right)$，两组燃烧器之间有足够的间隙（相当于平衡孔作用），约为 1.5m，以保证各组自形成相对独立的空气动力场，以及保证燃烧器区域水冷壁管弯管工艺的需要。上组燃烧器下侧的一次风口与邻组上侧的一次风口之间的距离为 3.5m，这一方面对螺旋形水冷壁布置有利，如图 5-16 所示；另一方面也可减轻一次风煤粉气流的偏斜，防止煤粉气流刷墙结渣。

（2）辅助风（二次风）射流相对于一次风煤粉射流，向水冷壁侧偏离某一角度（辅助风射流相对于一次风煤粉射流相对偏离 22°），如图 5-17 所示。

该锅炉的燃烧器辅助风空气流与煤粉空气流分开，在炉膛中形成一个与煤粉空气流的假想切圆同心、但直径较大，同向旋转的辅助空气流的假想切圆。即一次风煤粉气流向着炉内的向火面，而辅助风空气流处于水冷壁与一次风煤粉气流之间，这样可以防止煤粉气流贴墙结渣和煤粉离析。同时在水冷壁附近，由辅助风空气形成一个氧化气氛区域，不致于降低燃用煤种的灰熔点（因为在水冷壁附近形成还原性气氛的话，势必引起燃用煤的灰熔点降低，而引起结渣），这对于燃用灰熔点低的煤种来说，对改善炉内水冷壁结渣显然是一个极为有利的措施。

（3）为了保证良好的炉内空气动力工况，防止水冷壁结渣，应尽可能设计正方形或接近正方形的炉膛，使射流两侧的补气条件相接近，要求炉膛宽深比 $\dfrac{a}{b}=1.1\sim1.2$ 之间（a—炉膛宽度；b—炉膛深度）。该锅炉 $\dfrac{a}{b}=\dfrac{18816}{16576}=1.135$，属于较小值。

（4）燃烧器区域壁面热负荷采用较小的数值。在 BMCR 时，燃烧器区域壁面热负荷为 $1.1\times10^3 kW/m^2$，此值比较小，说明在燃烧器区域内，沿炉膛高度方向的热负荷比较分散，燃烧器高度较大（近 15m）。由于燃烧器区域单位壁面热负荷较小，这对减轻燃用灰熔点低煤的结渣倾向有利。

（5）尽量使同一层的四角一次风煤粉喷口的气流均匀，大致保持相同的动量比，这样可以避免由于四角动量不等，而使火焰偏斜，或者动量大的气流将相邻角的气流推向水冷壁，从而导致该水冷壁上结渣（局部结渣）。

该锅炉是采用直吹式制粉系统，6台HP磨煤机，其中1台磨煤机接同一层四角燃烧器喷嘴。在煤粉管道布置上，每台磨煤机的引出一次风管长度差异较大，因此设置节流孔板来减少管内的流量偏差是重要的均流措施。节流孔板的数量、孔径是由一台磨的四根一次风管的阻力计算来确定的。在直吹式系统中，管内介质流速一般取27m/s，以其中一根最长管道（或阻力最大）的节流阻力为零作为其余三根管道阻力计算的基准，换言之该节流孔板的孔径取用管子内径，其余管子装置节流孔板。节流孔板处速度不应超过34m/s，否则该管道的节流孔板应再增设一块。

对于四角切圆燃烧来说，四角一次风煤粉喷口的动量比的大小对水冷壁结渣有很大的影响，一般要进行冷态调平试验，使之在热态运行时，四角的一次风口的煤粉气流尽量得到均匀。当然，在运行时也应注意这个问题，要进行细致的调整，才能得到较好的效果。在调整一次风煤粉喷口的同时，也应对各燃烧器风箱的风量分配用的挡板开度进行调整，使达到同一层的各燃烧器的风压风量要大致相等。

2．保证燃烧器低负荷着火稳定性及煤粉与空气充分混合

（1）采用WR燃烧器。

石洞口电厂1900t/h超临界压力锅炉的煤粉燃烧器也采用WR燃烧器（固定分叉式煤粉喷嘴），它可在燃用设计、校核煤种，以及两台磨煤机运行的条件下，锅炉负荷低至30%MCR不投油能保持稳定燃烧，即在锅炉低负荷时，采用该类燃烧器不用油助燃条件下，能维持锅炉稳定的燃烧工况。

固定分叉式（WR）煤粉喷嘴与以往常用的煤粉喷嘴有两个显著的区别：

1）WR燃烧器具有水平分隔板，将煤粉浓度高的与煤粉浓度低的煤粉空气混合物加以分开，它起到使从最后进口弯头一直到固定分叉喷嘴为止的连续分隔作用。结果形成一个含煤粉浓度高的上部煤粉空气流和一个含煤粉浓度低的下部煤粉空气流，前者的形成为煤粉燃烧器在其整个出力变化范围内提供了易于着火的煤粉空气混合物（煤粉浓度大、着火温度低），并且浓相煤粉气流着火后，对浓度低（稀相）煤粉气流提供着火能量。

2）WR煤粉喷嘴的中部有一个不规则的"V"形钝体，为煤粉气流稳定着火提供了所需的能量。

（2）在一次风煤粉喷嘴的周围设置燃料风。

采用燃料风的目的是补充煤粉着火所需氧气，并可使燃烧器对煤种适用范围扩大。在燃用挥发分较高、易着火的煤种时，它可以起推迟着火、悬托煤粉的作用，补充前期着火所需的氧气量，其燃料风量可以大些；当燃用挥发分低或不易着火的煤种时，可以适当减少燃料风量，使其着火点提前，适应煤种着火的要求。

当然燃料风还有其他作用，它能防止煤粉的离析，高速燃料风气流（一般燃料风速约35m/s左右）能增强一次风煤粉气流的刚性，能避免一次风煤粉气流冲刷水冷壁形成还原性气氛而结渣；高速的燃料风，还可增强卷吸高温烟气的能力，这对着火较困难的煤种（贫煤或劣质烟煤）是极为有利的；燃料风还可以冷却保护一次风煤粉喷嘴，特别对直吹式制粉系统，当喷嘴中停送煤粉时（停用磨煤机），则用燃料风（5%风量）来冷却一次风煤粉喷嘴。

3．摆动式燃烧器作为再热汽温调温手段

石洞口二厂锅炉的一次风煤粉喷口和辅助风喷口可上下同步摆动，上下摆动±30°。每角的一次风与辅助风喷口通过机械传动在气动执行器驱动下，根据再热汽温调节需要可作上下摆动。

燃烧器向上摆动的限幅角度是炉膛出口受热面不结渣为前提；而向下摆的限幅角度是以保证冷灰斗不冲火焰、不结渣为前提。当然燃烧器角度调节范围同再热汽温变化有一定关系，这些关系也应通过再热汽温与燃烧器摆动角度变化试验来确定。

燃烧器角度的改变，主要按再热汽温要求，由再热汽温调节系统发出改变燃烧器角度的调节信号，再用压缩空气活塞缸通过曲柄连杆机构来实现整组燃烧器的联动。通常各层燃烧器的摆动角度要求是相同的，使之形成良好的燃烧中心。倘若需要各层燃烧器有不同的倾角，则可以调整各喷口连杆的长度来改变不同的倾角。但同一层的 4 只燃烧器的倾角应相同。

为保证喷口摆动灵活，除了结构尺寸留有一定的间隙和细心的制作之外，热态运行时必须保证调节机构和连杆的热膨胀均匀，所以把喷嘴的连杆和水平调节杆等布置在风箱内部。燃烧器每个外部调节机构均配有切断销（安全销）和自锁装置，当摆动机构卡涩时，切断销断裂，以保证不断裂内部零件，且便于检修拆换。当切断销切断后，自锁装置将喷口就地锁紧、防止喷口下倾，影响正常运行。

摆动式燃烧器的摆动机构，如图 5-18(a)、(b)所示。

其动作过程如下：

气动执行器直接动作摆杆 2，摆杆通过切断销，将作用力传给传动臂 3，传动臂通过销键4，再传给轴 5，由轴 5 通过曲臂、连杆、拉杆等，将作用力传给燃烧器喷口，使燃烧器按要求摆动角度。这样整组喷口由于机械传动，使得摆动同步进行。锁紧销是在摆动机构故障时起保险锁紧作用，即在摆动过程中，由于某种原因喷口卡住，阻力增大，致使切断销被剪断，这时锁紧销插入锁紧板 1 的孔中，使之停止转动，喷口便停止摆动。再通过再热汽温调节系统信号传输，使气动执行器停止动作，同时发出信号告诉运行人员。

对于摆动式燃烧器在使用过程中应注意以下几点：

(1) 在运行过程中，运行人员应经常监视燃烧器的运行情况，应保持燃烧设备在安全状态下运行。

(2) 摆动机构的切断销在运行过程中被剪切断裂时，应立即停止四角同组摆动燃烧器喷口的摆动，查明情况，及时进行检修，以便能恢复燃烧器摆动调节。

(3) 停用燃烧器喷口时，应开一定量的冷却风进行冷却，以免烧坏燃烧设备和摆动销轴。

(4) 燃烧器向下摆动大角度时（炉膛水冷壁严重结渣、过热汽温、再热汽温均超过额定温度，燃烧器向下摆动）要注意冷灰斗结渣，随时对炉内、冷灰斗进行严密监视；另外大角度向下摆动时间过长，会造成冷灰斗堆渣。因此在燃烧器摆动角度大或时间长，要注意炉内结渣状况，严防由于堆渣造成锅炉严重事故。

4. 风量调节及挡板控制

炉内燃烧所需的总风量主要是一、二次风量之和（还应包括冷却风、炉膛漏风等），而一次风由一次风机提供，而二次风由送风机提供。送风机提供的风包括辅助风、燃料风及燃尽风，它们均有相应的挡板，即为辅助风挡板、燃料风挡板和燃尽风挡板。送入炉内的总风量是用炉内过量空气系数 α（实际用炉膛出口过量空气系数 α_1'' 来代表炉内的过量空气系数），而过量空气系数 α 与烟气中的氧气含量 O_2 有如下的近似关系

$$\alpha = \frac{21}{21 - O_2}$$

在锅炉运行中，用省煤器出口氧量表测得氧量来表征炉内过量空气系数 α_1''，而省煤器出口过量空气系数 $\alpha_{sm}'' = \alpha_1'' + \Sigma\Delta\alpha_{1\to sm}$，而 $\Sigma\Delta\alpha_{1\to sm}$ 为炉膛出口至省煤器出口之间的各受热面漏风系数之和（该值在运行中变化较小），而 α_{sm}'' 由省煤器出口氧量表值 $(O_2)''_{sm}$ 来决定。实际运行中，由

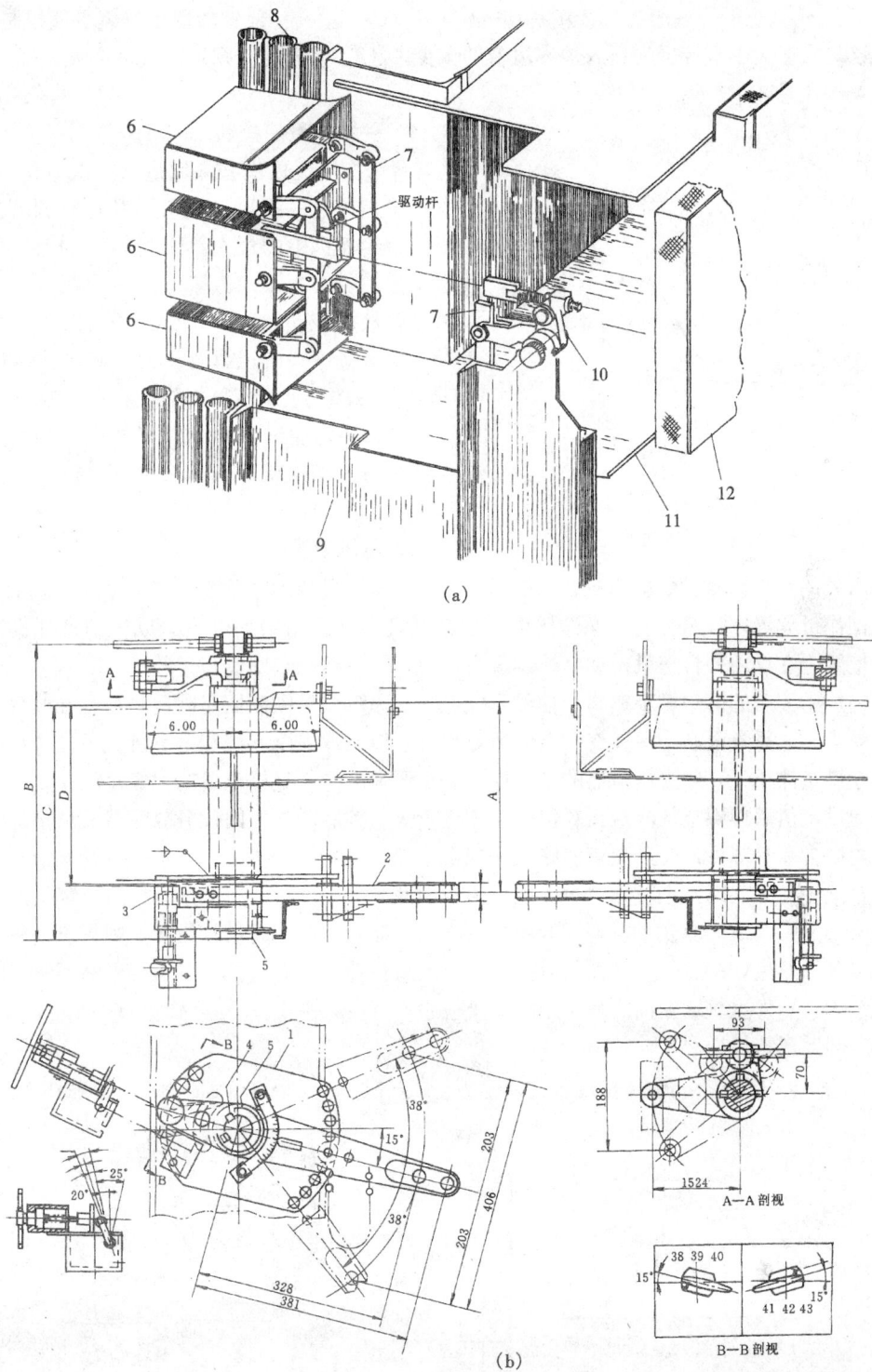

图 5-18 燃烧器摆动机构图

(a) 外形图；(b) 结构图

1—锁紧板；2—摆杆；3—传动臂；4—销键；5—轴；6—空气喷嘴；7—连接杆；8—水冷壁管；
9—风箱；10—喷嘴摆动机构；11—隔墙；12—可拆卸墙

确定的经验 α''_1（煤粉炉一般为 1.2 左右）$\rightarrow \alpha''_{sm} \rightarrow (O_2)_{sm}''$，一般省煤器出口氧量值控制在 5% 左右，该氧量值大小直接反映送入炉内风量的多少，$(O_2)_{sm}''$ 升高，则炉内风量增大，$(O_2)_{sm}''$ 降低说明炉内风量减少。

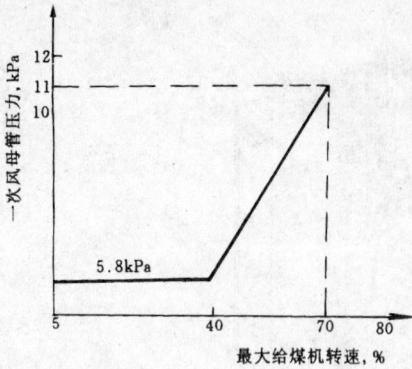

图 5-19　一次风母管压力与
最大给煤机转速关系

(1) 一次风量的控制。

2 台一次风机提供磨煤风量（一次风量），因此一次风量是通过一次风机进口导叶进行调节的，它是以 6 台给煤机中的最大给煤机转速加上操作员的手动偏置信号作为设定值来调节一次风机入口导叶的开度，从而控制一次风母管压力。最大给煤机转速与一次风量（一次风母管压力）需求曲线如图 5-19 所示，一次风量调节器的被控量是一次风母管压力。操作员可以通过 A 一次风机控制站加设定值偏置，通过 B 一次风机控制站来改变风机导叶开度的偏置。

(2) 总风量控制。

总风量信号是经温度修正的一、二次风量之和，送风机的动叶角度控制是根据总风量需求指令结合操作员偏置进行调节的。操作员可以在送风机 B 的控制站上对 B 送风机的动叶进行正向或负向偏置，在仅用一台送风机动叶控制投自动时，另一台则跟踪。

从锅炉主控来的锅炉燃烧率指令信号，经燃料—风量交叉限制回路限制之后（在改变燃料量时必须受当时的风量限制，保证有一定的风量裕度，以确保完全燃烧和减少机械不完全燃烧及化学不完全燃烧热损失）作为调节器的设定值，其被调量为经氧量修正后的空气总流量，调节器的输出加上设定值后得到空气流量指令信号。在进行风量控制时，如因设备故障造成风量降低，可能发生炉内含氧量减少，交叉限制回路动作或减负荷（减燃料量）。在协调控制投入情况下，如发生风量减少，则立即发生减燃料量，氧量值也会减少。一段时间后，当机组负荷降低到风量所允许值时，氧量读数又会恢复。如风量减少故障发生时，协调控制没有投入，则氧量会一直减少到交叉限制回路生效。这时实测氧量可能已小于最低氧量，这对机组安全运行极为不利。因此如协调系统未投，发生氧量大幅度减少，操作员应手动减少燃料量。

(3) 辅助风挡板控制。

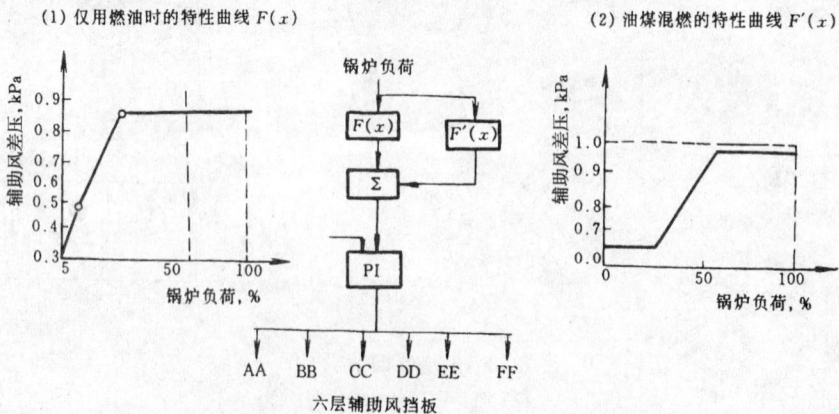

图 5-20　辅助风挡板控制原理及其特性曲线

1）对于 AA、BB、CC、DD、EE、FF 层辅助风挡板控制（不布置重油燃烧器），它的控制有两种工况，一种是仅用重油燃烧时的辅助风控制；另一种是锅炉负荷大于 30% 或煤粉投入燃烧时的辅助风挡板控制。其挡板控制方式为风箱—炉膛差压控制。辅助风挡板控制原理及其特性曲线，如图 5-20 所示。

2）对于有重油燃烧器的辅助风挡板控制，即对 AB、CD、EF 层的辅助风挡板控制。它们均有一个以重油压力函数为设定值的辅助风挡板。在启停油枪阶段，该挡板受控于 BMS（锅炉燃烧器管理系统），重油枪投运阶段则以重油压力函数为设定值的辅助风挡板控制（见图 5-21），即挡板开度控制方式以重油压力进行比例控制。在侧点火油枪（小型轻油枪）投入时，这个挡板开 20%，重油枪轻油点火油枪停运时，即在全燃煤时，则该部分辅助风挡板控制为风箱-炉膛的差压控制。

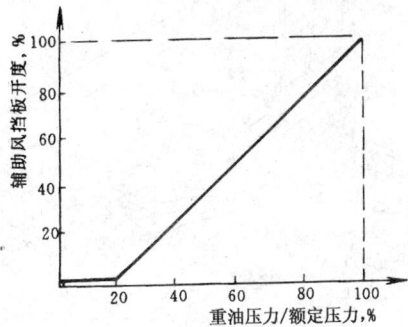

图 5-21　重油压力函数图

（4）燃料风挡板控制。

燃料风挡板的开度控制是按给煤机速度比例控制，即给煤机速度增加（即煤粉一次风喷口煤粉量增加），则燃料风挡板开度增加。

第三节　旋流式煤粉燃烧器

一、北仑电厂 2 号炉旋流式燃烧器

北仑电厂 2 号炉为加拿大拔柏葛公司制造，锅炉为单汽包亚临界压力，一次再热、平衡通风的自然循环锅炉。燃烧方式采用旋流燃烧器的前、后墙对冲布置燃烧方式。尾部受热面采用分隔烟道，分别布置低温再热器和低温过热器。

该锅炉的炉膛顶棚管中心标高 64.135m，水冷壁炉底下部联箱标高 7.625m，炉膛宽度 19.5m，深度 17.4m。炉膛四壁由 $\phi 63.5 \times 6.1mm$ 的鳍片管构成水冷壁，总计 986 根水冷壁管，分成 22 个循环回路，前后墙各 6 个，两侧墙各 5 个。前后墙水冷壁在标高 9.6m 以下延伸成冷灰斗，后墙水冷壁在炉膛上部构成折焰角。在折焰角上部空间布置了屏式过热器和再热器，在折焰角前的炉膛上部区域则是大屏式（分隔屏）的过热器受热面。炉膛容积约 14200m³，在锅炉最大连续出力（MCR）下相应的炉膛容积热负荷为 119kW/m³，相应的炉膛断面热负荷为 5.25MW/m²。

36 只双调节旋流式燃烧器以前后墙各布置 3 层，每层 6 个燃烧器的方式，分别布置在炉膛标高 21.1m、25.975m 以及 30.65m 的位置。各燃烧器在宽度方向间的距离除位于炉膛中心线间的两个稍大些外，其余都是 2.775m。相应的燃烧器区域容积热负荷为 285kW/m³，燃烧器区域壁面热负荷为 1.3MW/m²。如图 5-22 所示，同墙面、同标高的 6 个燃烧器共用一个二次风室，也通过 6 根煤粉管道与同一台磨煤机连接，即同层燃烧器与同一个煤粉子系统相对应。6 个同层燃烧器投则同投、停则同停，各燃烧器的负荷也要求相同。

6 层燃烧器各有同层的风室，并在两端与位于侧墙上的二次风总风道相通。同层风道与总风道之间有百叶窗式流量调节挡板和机翼型流量计。前者按照燃烧控制系统给定的同层煤粉系统给煤量，由控制系统调节挡板开度；后者用于测定流经的二次风量，向系统提供参比信号。前后墙上 6 个同层风室和两侧墙上的二次风总风道共同构成环绕在锅炉四壁上的二次风供风通路。在锅

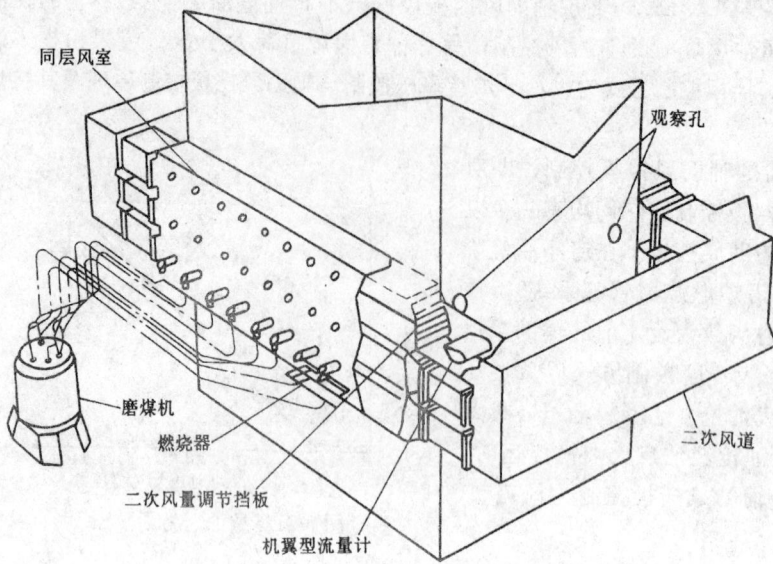

图 5-22　双调节燃烧器总体布置

炉燃用设计煤种，按MCR运行时，5层燃烧器已经可以满足，一台磨煤机是备用的，这时的磨煤机出力还只是额定出力的80%。各燃烧器出口气流的旋转方向，如图5-23所示。这样布置的理由可能是由于此类燃烧器出口的扩张角相对较小，各燃烧器间的相对距离较大，气流流动的相互影响较小，以及燃烧器叶片角调节的连接方便，并为了减少出口气流与两侧墙面的碰撞而考虑的。

　　燃烧器的二次风温为300℃，在锅炉最大连续出力下的风室风压约1960Pa。磨煤机出口的煤粉气流温度在65～79℃范围。双调节燃烧器的构成如图5-24所示。

　　双调节旋流燃烧器也称为低 NO_x 燃烧器。如此设计的目的在很大程度上是为了使燃烧过程能按类同二段燃烧的方式进行，达到遏制 NO_x 和 SO_x 发生量的目的。如图5-24所示，在燃烧器的轴心线上是一个断面为圆形，类同文丘里管的煤粉气流通道。煤粉气流是以直流射流的形式入炉的。来自煤粉管道的煤粉气流从下方经90°的弯角进入燃烧器，首先在通道的上部与被称为导向器的挡板相碰撞，其作用与前述煤粉喷嘴进口处的反射块相同。由于气流转向、流经管道弯曲半径较大处的气流煤粉浓度高，能借助于挡板的碰撞而使之均匀。如果气流因煤粉水分较高而存在粘结成团的粉粒也能被打碎，此外也起遏制管道腐蚀的作用。其后流经的是位于通道

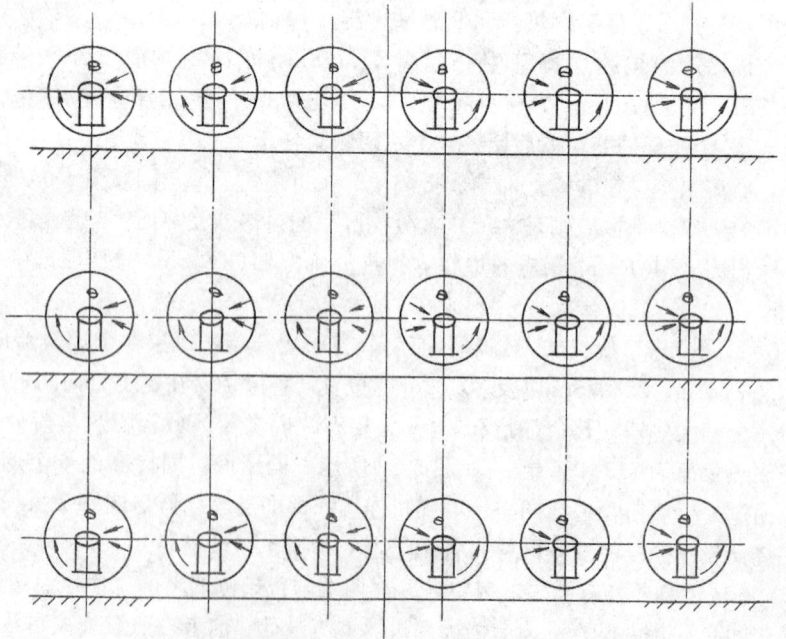

图 5-23　北仑电厂2号炉燃烧器（前墙）布置图

　　　　　　　　　　　第二篇　锅炉燃烧设备

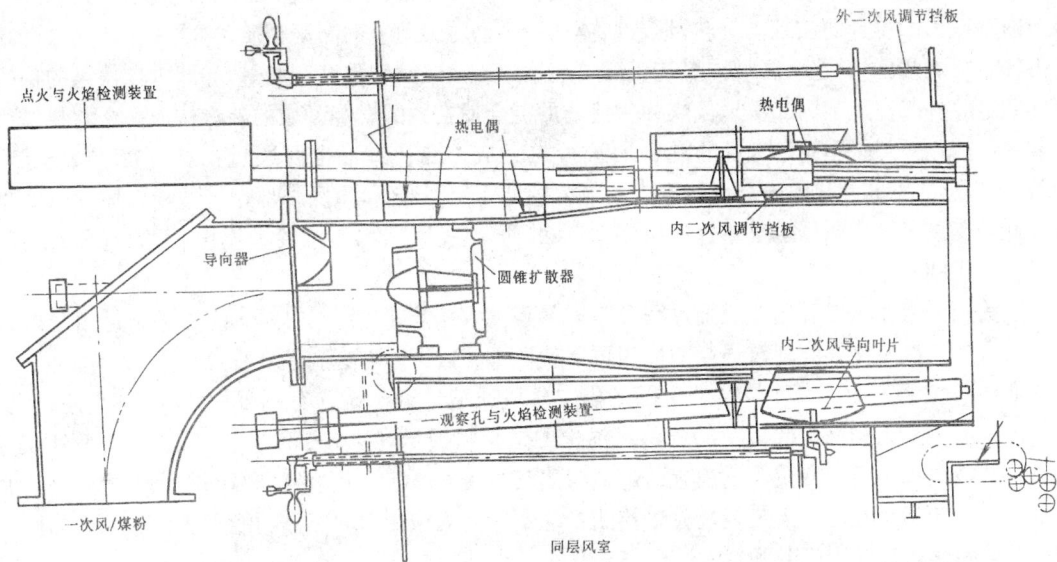

图 5-24　双调节燃烧器结构图

轴心线上的圆锥形扩散器，通过它与沿通道长度上的直径变化，使通道具有文丘里管的形式，并在圆锥形扩散器位置上构成一个缩口段，其作用除与导向器相同（进一步使煤粉颗粒分散，使气流中的煤粉浓度分布均匀）外，也同时具有对同层 6 个燃烧器均匀煤粉气流流量的作用，如同水冷壁管进口端的节流圈。

燃烧器出口的二次风被分成内外两股入炉，二次风风室中的热空气通过设置于一次煤粉气流通道外缘环形通道上的内二次风调节挡板以及内二次风导向叶片、环形通道口进入炉膛。前者用以调节内二次风的流量，后者使内二次风获得旋转动量，其大小可通过导向叶片来调节。位于靠近燃烧器出口位置的外二次风道使风室内的热空气通过位于内二次风通道外缘的切向外二次风调节挡板，经 90°的转向与内二次风平行地进入炉膛。外二次风调节挡板是切向的，使外二次风在流动过程中获得旋转强度。改变切向挡板的角度，既改变了外二次风的出口旋转强度，也改变了内外二次风量间的相对比例。双调节式旋流燃烧器就是指内、外二次风均匀可调。调节内外二次风的挡板和导向叶片，也就改变了内、外二次风的流量比、旋转强度，内、外二次风间、二次风与煤粉气流间，以及与已着火前沿间混合，从而调节着火与火焰的形状。关小内二次风导向叶片角和外二次风的切向挡板角，二次风的旋转强度增大，火焰的扩张角增大，其中尤以内二次风的影响为大。二次风量也是通过风室前的百叶窗调节挡板开度进行的，它通过改变风室风压（风箱）与炉膛间的差压，同时改变同层 6 个燃烧器内、外二次风的流量。同层燃烧器中任一燃烧器的内、外二次风调节，会在一定程度上影响同层的其他燃烧器。调节工况只有在燃烧调整试验中进行，一经调定，在日常的运行中只通过改变百叶窗挡板开度来对风室总的二次风量进行控制。

如前述燃烧器设计成使二次风分隔成旋转强度不同的内、外二股，其目的是为遏制 NO_x、SO_x 的发生量。也同样是通过二段燃烧的方法来达到这一目的。在切圆燃烧直流燃烧器中，若干个直流射流共同构成了一个大火焰，燃尽风使火焰分成燃料浓度高、温度高的强烈燃烧区域以及氧浓度相对较高、温度相对较低的燃尽区域，以避免生成 NO_x 与 SO_3 的温度与氧浓度条件同时具备。在采用旋流式燃烧器的锅炉中，如同前述每个旋流燃烧器都是一个基本独立的火焰，燃烧过程都在靠近燃烧器出口的区域基本完成，为使过程按二段燃烧方式进行，就需要在每个燃烧器的火焰区域都形成燃料过浓和过稀的区域，然后两者再进行混合。将二次风分成风量和旋转强度分别可调的二股,其目的即在于使内二次风与煤粉气流间的混合与内、外二次风的混合可以分别控制。煤粉气流因与内二次风的混合而被带动旋转,形成回流区抽吸已着火前沿的高温介质,构成一个燃料浓度高的内部着火燃烧区域,这一区域内燃烧工况可通过内二次风旋转强度和风量,亦即内二次风的挡板开度调节。外二次风与内二次风及煤粉气流间的混合使在内部燃烧区域的外缘构成一个燃料过稀的燃烧区域,燃尽过程随着二者的混合而进行与完成。混合过程也可通过挡板开度进行控制。NO_x 与 SO_3 的生成同样因内部燃烧区内的氧浓度低而受到遏制,也因外部燃烧过稀区域中温度相对较低而受到遏制。同样也是通过使发生 NO_x 的两个主要因素(氧浓度及温度)不同时具备而达到遏制的目的。

从前面的叙述可以看出,燃烧过程及其燃尽程度在一定的程度上与 NO_x 的遏制是相互抵触的。内、外二次风比例与旋转强度的恰当调节就在于使负面影响达到最低程度。

如图 5-25 所示,在每个燃烧器上部的内二次风通道位置都设置有一可伸缩的油枪,用于喷燃器投运时的点火和锅炉低负荷的稳燃。油枪的运行喷油量在 $125\sim500kg/h$ 范围,油喷嘴是 y 型喷嘴,以蒸汽为雾化介质。喷油量通过油与蒸汽的压力调节,并达到良好的雾化质量。每个油枪都是一个包括有高能点火装置、火焰检测系统及伸缩机构在内的独立功能系统。除油火焰检测系统外,每个燃烧器也都各配置有一个煤粉火焰稳定性检测系统。

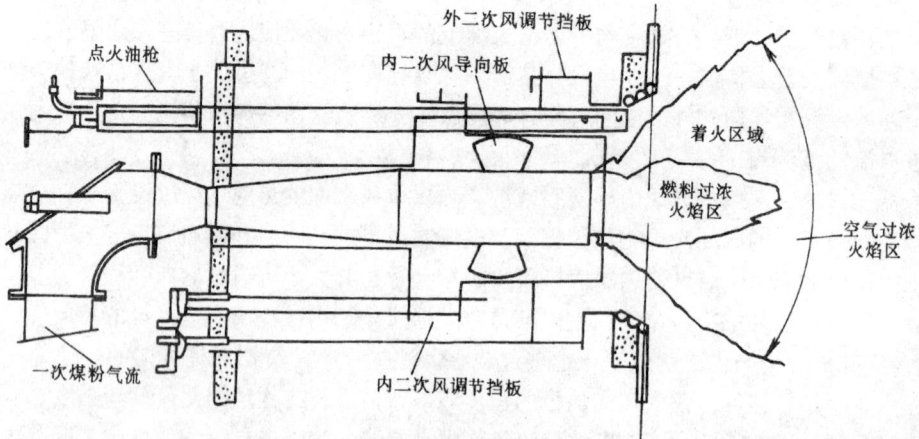

图 5-25 双调节燃烧器燃烧原理图

如前述 6 层燃烧器在投入 5 层时已能满足锅炉最大连续出力(MCR)的要求。在不同的锅炉负荷下,有不同层的燃烧器停用,停用的燃烧器需要有少量风量予以冷却,以维持金属温度不致过高。为此在燃烧器外二次风通道的后端板上以及一次风煤粉气流通道(接近圆锥形扩散器位置的外壁,见图 5-24),各设置有一个热电偶测温点,后者用以对金属温度的检测并得出控制燃烧器冷却风量的信号。

二、CF/SF 低 NO_x 旋流燃烧器

1. 邹县电厂 2020t/h 锅炉燃烧器及燃油系统特点

(1) 燃烧器为前、后墙对冲布置,每炉共 24 只燃烧器,为旋流式的控制流量、分离火焰、低 NO_x 燃烧器,每面墙有 3 层,每层 4 只。前后墙的燃烧器风箱为沿炉四周环形连通。

CF/SF 低 NO_x 旋流燃烧器属筒体式结构,一次风是通过内、外套之间的环形空间及 4 个椭圆形喷嘴喷入炉膛,一次风速度 26.8m/s。

(2) 油系统设有 2 台卸油泵、2 台 1000m³ 的储油罐和 3 台供油泵,系统容量是按一台锅炉起动，另一台锅炉低负荷稳燃用油量来考虑的。

（3）锅炉点火装置，点火用油为0号柴油，使用高能点火器的电火花直接点燃0号柴油。点火系统为二级点火，即电火花点燃柴油，柴油点燃煤粉。每只煤粉燃烧器中各装有一只Q型油枪，用以点火，也可供锅炉低负荷时稳燃用，并配一套高能点火装置。点火油枪只能点燃其对应的燃烧器。任何情况下，不能用这套油枪去点燃邻近的煤粉燃烧器。

Q型油枪组件由一个油枪、导管、连接件和伸缩部件组成，采用压缩空气雾化，每只油枪的最大流量为1846kg/h，全炉共24只。燃油量按锅炉的30%MCR负荷设计，每只点火油枪旁边设有可见光油火焰检测器。

另外，每只煤粉燃烧器旁也装置相应的煤粉燃烧火焰检测器，也作为全炉膛火焰的检测元件。为对其冷却，设有3台100%容量的火焰检测冷却风机，其中2台为交流电机驱动，一台运行，一台备用。另设置一台直流电机驱动的火检风机，在厂用电失去时，由直流电机驱动的火检风机提供冷却风，以保证火焰检测器探头不致烧坏。

（4）煤粉燃烧器的内、外套以及外套喷口处都装有热电偶，监测燃烧器各部件的温度，当温度高于设定值时，便发出报警信号。

（5）设2台100%容量的三次风机，用作冷却并吹扫煤粉燃烧器的内套管，使之不积粉，并可提供额外的燃烧空气，保持适当的燃烧器尖端温度。

（6）Forney公司生产供货的锅炉FSSS系统用于锅炉的起停、事故、解列以及各种辅机的投入、切换和确保燃油点火成功。西屋公司的分散控制系统（DCS）及CCS系统一起进行汽机和锅炉之间的协调控制。它将锅炉和汽机作为一个完整的系统来进行锅炉的自动调节。

（7）在炉膛侧墙上部装有伸缩式热电偶探针2只，由美国Diamond公司生产。锅炉启动期间用来测量炉膛出口烟气温度，不超过538℃，以防再热器管壁超温损坏。

2. 燃烧器布置和设计参数

邹县电厂2020t/h锅炉采用FW公司生产的CF/SF低NO_x旋流燃烧器，共24只，布置在炉膛的前后墙，每面墙分3排，每排4只燃烧器，一次风切向进入燃烧器。

每排相邻燃烧器中心距为3905mm，与炉膛侧墙相邻燃烧器中心线距侧墙为5083mm。燃烧器的旋向依炉膛中心分，两侧燃烧器均向炉中心旋，这样布置减少了相邻燃烧器的干扰，增加了煤粉气流与高温烟气旋流强度，减少了机械不完全燃烧的热损失，控制了火焰冲刷水冷壁侧墙，避免局部炉膛热负荷过高。

二次风调风器与燃烧器都安装在二次风箱内，切向进风，风粉混合后喷口直径为1473mm（38in），二次风套筒挡板执行器为电动机构，装在距二次风箱端面1767mm处。

锅炉在最大连续蒸发量（MCR）时的燃烧器主要设计参数，如表5-7所示。

表 5-7　　　　　　　　　　　　　　　　燃烧器主要设计参数

项　目	单位	设计煤种	校核煤种
磨煤机运行台数	台	5	5
燃料总量	10^3kg/h	288.17	327.47
一次风/粉比		1.338	1.316
总一次风量	10^3kg/h	385.70	431.00
一次风温度	℃	66	66
总辅助风量	10^3kg/h	0	0
一次风速度	m/s	26.8	26.8
总二次风量	10^3kg/h	1963.9	1876.0

3. CF/SF 低 NO_x 燃烧器技术特点

CF/SF 低 NO_x 燃烧器的工作原理是：从磨煤机来的一次风切向进入燃烧器内套和外套之间的环形区域。CF/SF 低 NO_x 燃烧器如图 5-26 所示。

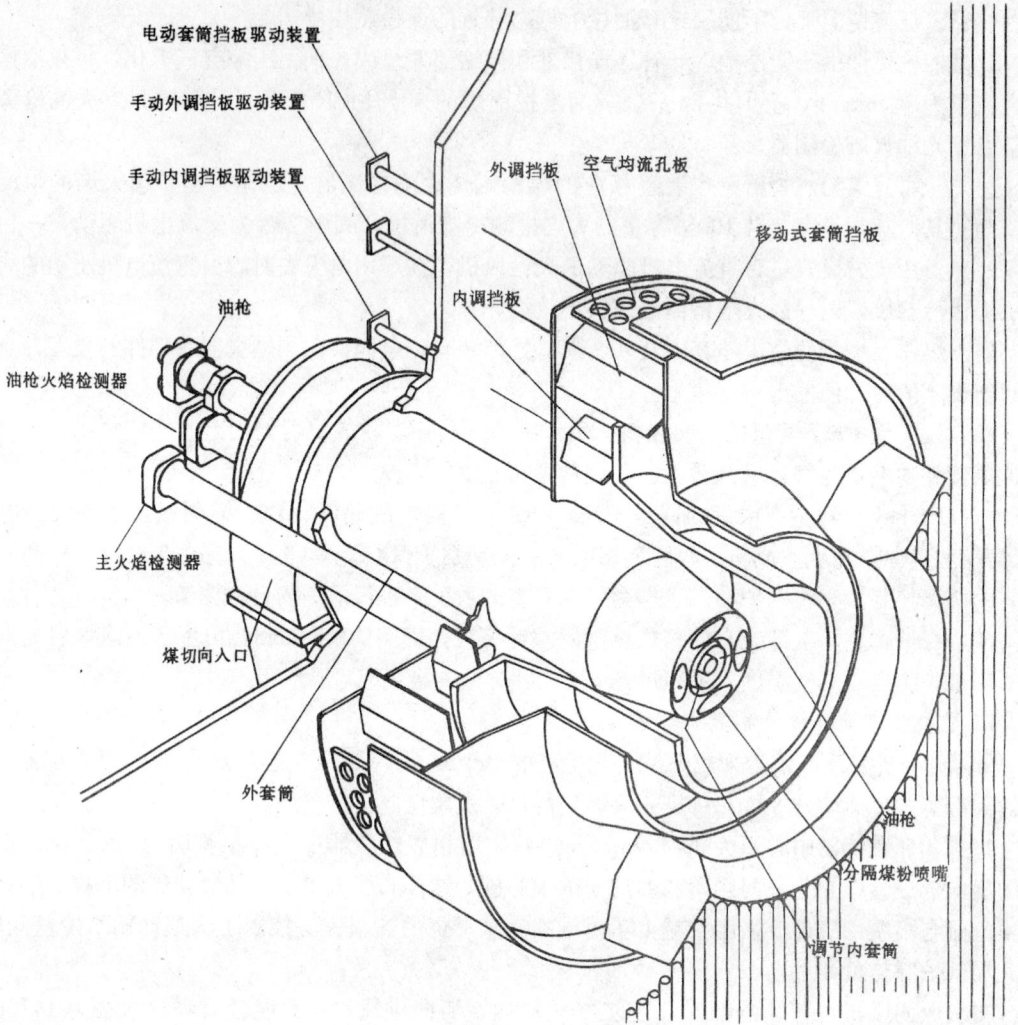

图 5-26 CF/SF 低 NO_x 燃烧器

一次风沿套管的环形区域向前运动时，其螺旋运动被与外套成一体的陶瓷衬层抗涡流杆大大减弱了，煤粉空气混合物通过 CF/SF 喷嘴，以浓缩气流的形式轴向喷入炉膛，轴向移动燃烧器的可调内套尖端，可以调整燃烧火焰形状及着火位置。

由多孔板均布的二次风进入双通道调风器，调风器装有手动调节改变和按比例分配二次风流量的导叶，导叶使二次风产生旋转运动，增大二次风与一次风的旋流强度，使燃料燃烧更为充分。

为了监视燃烧器温度，燃烧器喷嘴上装有 3 只热电偶，内、外套管也各装设 1 只热电偶，正常运行时，报警温度分别为 454℃、399℃、343℃。

燃烧器的燃料喷射器是锥形筒体式部件，燃料在内、外套之间的环形空间内分配一次风量/

燃料流量。CF/SF 燃烧器的点火源是高能点火器，它点燃空气雾化的 0 号柴油，每只油枪可提供 20498kW 的热容量，用于点燃相应的煤粉燃烧器，油枪产生的热容量相当于煤粉燃烧器满负荷出力的 30%。

2 台三次冷却风机（一台运行，另一台备用），主要用于吹扫内套中心部分，避免煤粉沉积，并提供额外的燃烧用空气，保持良好的燃烧器喷嘴温度（冷却作用）。

燃烧器前端面板安装有 3 个检验/清扫接口。2 只可见光观察管，主火焰监视器和热电偶的接口布置在同一区域。

为使二次风进风流量均匀，在二次风入口圆周上装有多孔板，二次风量的大小靠电动调节的套管挡板来控制，挡板设有关闭、点火和打开位置，这些都是由限制开关控制的。

各个监测设备（magnahelic 表）用于测量二次风流量孔板前后压降。这些设备用于锅炉初始满负荷选定最佳参数期间采用，以帮助燃烧器的空气流量平衡。正常压降范围为 124.46～871.22Pa。每个燃烧器调风器的压降没有必要相等，平衡的气流量主要表现为沿省煤器出口烟道截面处的 O_2 和 CO 的分配情况。

带滑动尖端的内套可以通过手动调节机构使尖端由零位置向前或向后移动 152mm。这样可以在一次风流量不变的情况下，改变一次风流速，用来选择最佳的一次风和二次风速度差，以减少切向引入而引起的紊流。这种调整与内外调风器的最佳风比时进行，目的是获得良好的燃烧火焰及最佳的 O_2 分配，降低 NO_x 和 CO 的释放量。

燃烧器外套管连同 CF/SF 喷嘴的主要设计特性是控制一次风和二次风气流的混合状态。浓度集中的煤粉和分级调整的二次风相结合，使在靠近燃烧器喉口的火焰产生 60%～70% 的化学热量值，直到约 2 倍于喉口直径处进入炉膛。在这一点，来自喉口环形通道外部，含有过剩燃烧空气的涡流二次风流，被卷吸入火焰区域进行足够的混合，以确保将该火焰区域的碳燃尽。

利用切向进入一次风及在外套陶瓷衬上的防涡流杆，可以使喷嘴环形通道周围的煤粉气流分布均匀。

煤粉被分割成 4 束从喷嘴喷射出来，其结果将煤中挥发物分离出来，且在较强还原性气氛中燃烧。煤的挥发物中含有较多的氮，如在氧化气氛中燃烧时，转化成 NO_x。CF/SF 喷嘴则利用挥发物在还原性环境中燃烧的优点，将挥发物的氮转化成 N_2，减少了 NO_x 的形成。

燃烧器控制系统由一个 ECS—1200 控制系统和一个配电柜组成。图 5-27 描述了该控制系统的总布置及它与油点火器、火焰监测器及就地设备的相关关系。

4. 点火设备

油枪是美国 Forney 公司生产的，主要用于锅炉投运时的暖炉及煤粉燃烧器的点火，锅炉低负荷情况下的助燃等。

每一个煤粉燃烧器都包括一套"Q"可伸缩的点火油枪，可伸缩的高能电火花点火器及火焰检测器组成，如图 5-28 所示。

（1）"Q"油枪组件由一支油枪、导向管、耦合器和伸缩部件组成。耦合器安装在油燃烧器的导向管上，它为不动入口和可移动油枪之间的燃油和雾化空气开辟了通道。点火之前，油燃烧器必须向前沿导向管方向滑动，直到与耦合器接合。这时油枪控制一个限位开关，这个限位开关发出一个"GVNCOUPLED"的数字控制信号，这个数字信号输入给燃烧器管理系统（BMS）。

（2）Forney 生产的 HESI90 系列的高能电火花点火器，用于油枪的点火。每个 HESI 是一个电容式放电系统，该系统主要由电源设备、火花棒组件、电缆组件三部分组成。

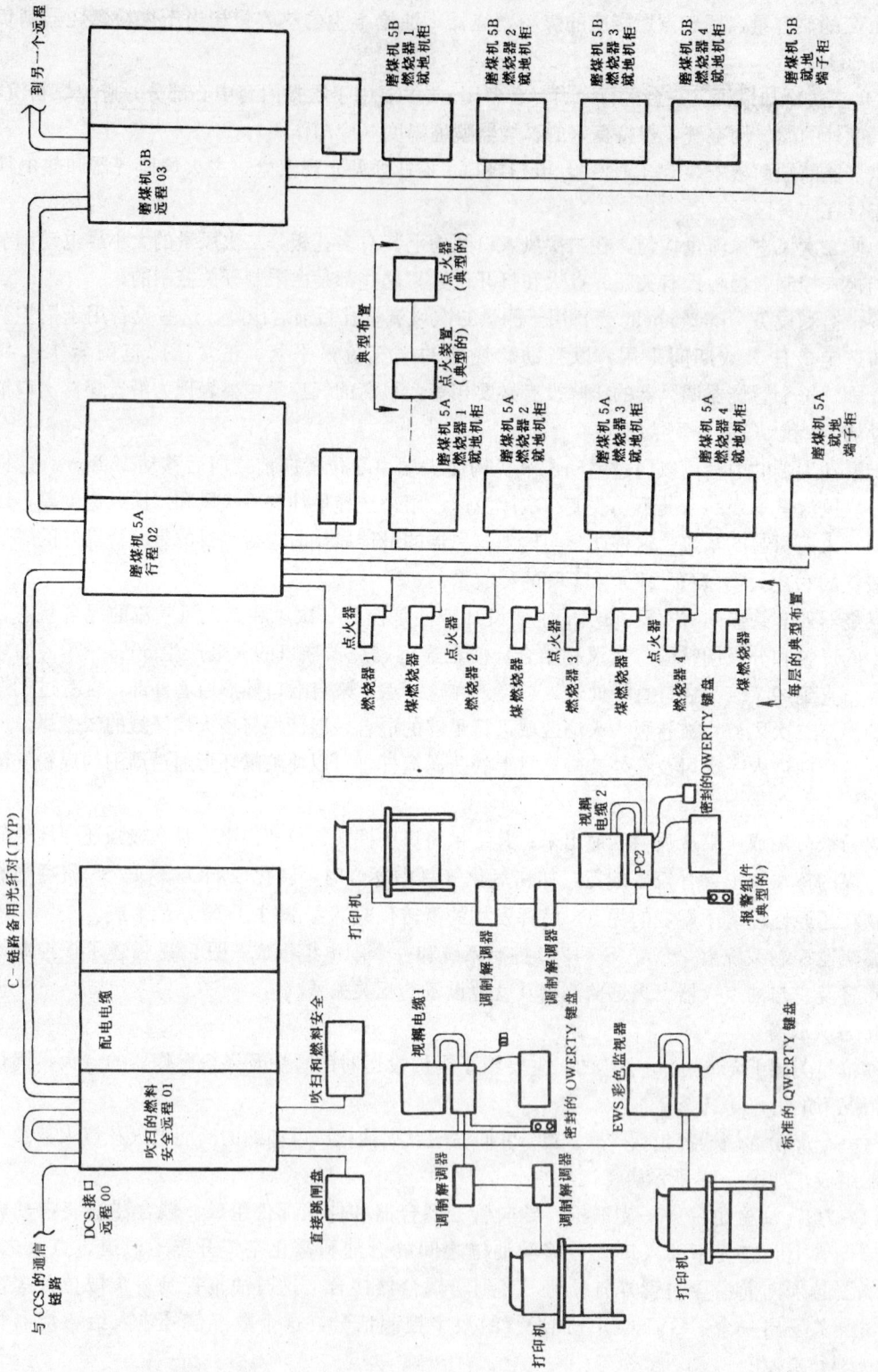

图 5-27 ECS-1200 燃烧控制系统总布置图

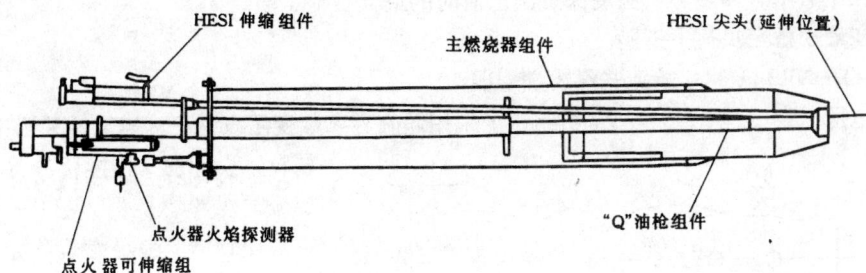

图 5-28 油点火装置

（3）每个油枪和每个煤粉燃烧器分别配置了ⅠDD—ⅡU形火焰探测系统。每个火焰探测系统配有一个ⅠDD—ⅡU感光头、一个ECS—Q120、ⅠDD—ⅡU探测器和一个相互连接的电缆。ⅠDD—ⅡU感光探头有一个红外线敏感器，它产生一个模拟输出信号，输出信号的大小随着出现在敏感器上红外线的强度变化而改变。远程控制室火焰探测器头中的放大器放大该模拟信号，并将它送到相应的远程控制室中的ECS—Q120PCB。该PCB将模拟信号转换为数字式火焰开/关输出信号，供BMS逻辑使用。

5. 燃烧器运行调整特点

要获得良好的燃烧状况并达到适当的排放标准，只须调整炉膛边界风系统和燃烧器系统。

边界风系统可调的就是下部炉膛的4只空气喷口挡板，它为旋转套筒式结构。边界风使下炉膛水冷壁及冷灰斗斜坡形成空气冷却衬层，防止结渣及腐蚀。在最初优化调试时（100%MCR状态下），空气喷口挡板全开，它们依据燃料成分及炉膛中O_2的分布（在省煤器出口处测量），可调整各部分的开度。

每个燃烧器包括双调风器一个内套滑动尖端及一只套管挡板可调部件。用这些部件控制火焰形状及着火点，同时又可控制NO_x、O_2分布及CO的排放量。

优化调试是在100%MCR工况下进行，燃烧器套筒挡板在80%开度（点火时开度在20%~30%），外调风器50%开度，内调风器20%开度，燃烧器内套滑动尖端在中间位置。

点火器投入使用时，燃烧器套筒挡板（SFZBM*）处于20%~30%开度的位置。按正常启动程序点燃主燃烧器，主火焰稳定后，将点火器撤出。

调整燃烧器套筒挡板，以平衡省煤器出口及水平烟道截面上的O_2分布或减少CO的浓度。调整方法有两种，一种是按O_2、CO及其分布状况；另一种是监测调风器（多孔板）的压差表。当O_2被优化后，CO通常是在可接受的范围内（可接受的CO值是小于200ppm）。当风箱与炉膛间的压差保持622.3~871.22Pa时，在20%过量空气量下，省煤器出口O_2含量约为湿烟气体积的3.26%或干烟气体积的3.56%。

套筒挡板位置确定后，要调外调风器以获得尽可能低的NO_x和合适的O_2和CO分布及未燃尽碳。内调风器将维持在20%开度位置，燃烧器内套筒滑动尖端喷嘴将在中间位置。

当套筒挡板及双调风器最佳位置确定后，调整内套滑动尖端以改善NO_x含量。首先试验尖端处于0位，以后调试时，通过将尖端向前移动到+152.4mm。然后按每次向后拉25.4mm的量直至−152.4mm，滑动尖端喷嘴最佳化后，为了最佳化的尖端喷嘴设定值，重新将点火器复位，记录烟囱处NO_x的排放量，NO_x排放量最大不超过$258×10^{-9}$g/J。

燃烧器在满负荷下调试完成后，依据下列情况，须进行另外调试：

（1）如一台磨煤机解列，须做满负荷试验，检查火焰形状或烟气中O_2和CO的分布，如不合适，应微调上述燃烧器的设定值。

（2）在主蒸汽、再热蒸汽温度保持额定值时的最低负荷试验。

（3）在最小稳定负荷下试验。

三、HT—NR3 低 NOx 旋流式煤粉燃烧器

太仓电厂二期工程 2×600MW 机组锅炉采用超临界参数变压直流炉，燃烧器采用按 BHK 公司技术设计的、性能优异的、低 NOx 旋流式煤粉燃烧器（HT—NR3），组织对冲燃烧，满足燃烧稳定、高效可靠和低 NOx 的要求。

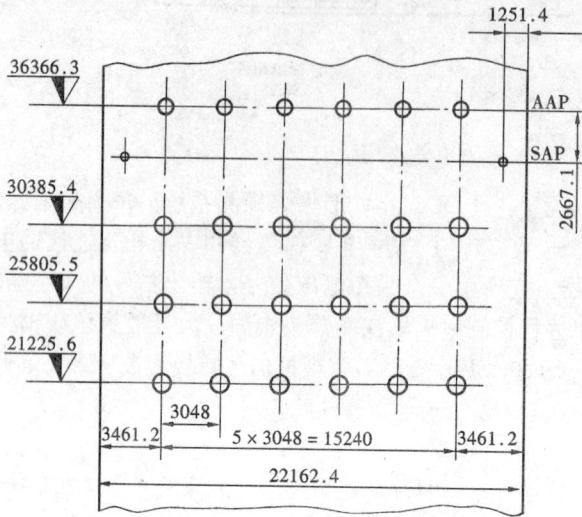

图 5-29　燃烧器布置简图

1. 燃烧设备布置

燃烧设备系统为前后墙布置，采用对冲燃烧、旋流式燃烧器系统，风、煤气流从投运的煤粉燃烧器、燃尽风喷口进入炉膛后，各只燃烧器在炉膛内形成一个独立的火焰。

前、后墙各布置 3 层 HT—NR3 煤粉燃烧器，每层 6 只；同时在前、后墙各布置一层燃尽喷口，其中每层有 2 只侧燃尽风（SAP）喷口，6 只燃尽风（AAP）喷口。每只煤粉燃烧器布置有一支 250kg/h 的小油枪（机械雾化），用于启动暖炉油枪和煤粉燃烧器点火及维持煤粉燃烧器稳燃；前墙中排和下排（B 层、A 层），后墙中排（D 层）每只燃烧器中心布置有启动暖炉油枪（蒸汽雾化），单只出力为 2200kg/h，共 18 只。其中前墙下排（A 层）启动暖炉油枪作为备用，一般不允许同时投运前墙下排、中排两层启动暖炉油枪。燃烧器布置简图如图 5-29 所示。

每台磨煤机带一层中的 6 只煤粉燃烧器，燃烧器与磨煤机的连接关系如图 5-30 所示。

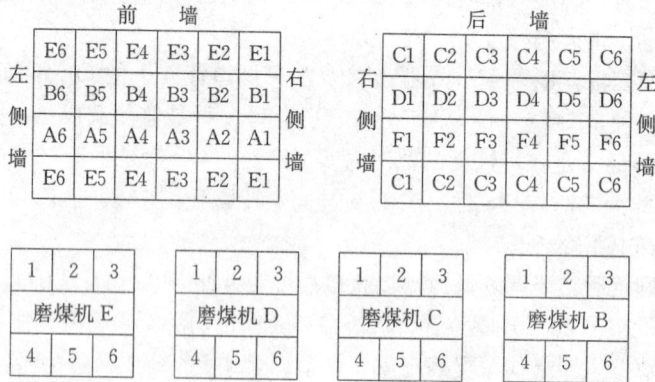

图 5-30　燃烧器与磨煤机连接关系图

燃烧器层间距为 4579.9mm，燃烧器列间距为 3048mm，上层燃烧器中心线距屏式过热器底部距离约为 23.3m，下层燃烧器中心线距冷灰斗拐点距离为 3.26m。最外侧燃烧器中心线与侧墙距离为 3461.2mm。燃尽风距最上层燃烧器中心线距为 5980.9mm。

燃烧器配风分为一次风（煤粉）、内二次风和外二次风（也称为三次风），分别通过一次风

管，燃烧器内同心的内二次风、外二次风（三次风）环形通道，在燃烧的不同阶段分别送入炉膛。其中内二次风为直流，外二次风（三次风）为旋流。

2. 煤粉燃烧器的结构特性

煤粉燃烧器主要由一次风弯头前冷却空气阀、一次风弯头、文丘里管、二次风装置、外二次风装置（包含调风器、调节机构）、煤粉浓缩器、稳焰环、外二次风执行器及燃烧器壳体等部件组成。煤粉燃烧器结构，如图 5-31 所示。

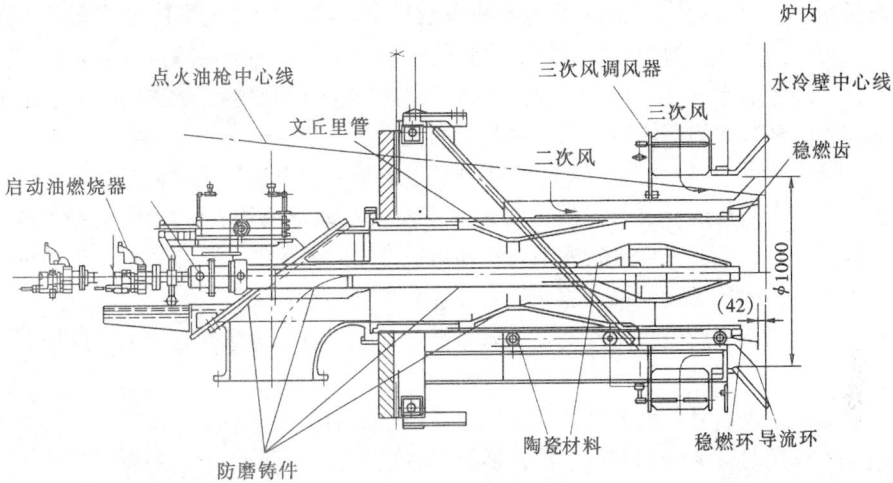

图 5-31　燃烧器结构图

煤粉及其输送用风（即一次风）经煤粉管道、燃烧器一次风管、文丘里管、煤粉浓缩器后喷入炉膛；二次风（兼作停运燃烧器的冷却风）经二次风大风箱、燃烧器内、外二次风（三次风）通道喷入炉膛。其中内二次风为直流，通过手柄调节套筒位置来进行风量的调节。单只燃烧器内、外二次风的风量分配通过调节各内二次风套筒开度和外二次风调节器开度来实现的。

各层燃烧器的风量调节是通过风箱入口风门执行器来实现调节，而锅炉总风量的调节是通过送风机动叶调节来实现的。整个烟风系统设置总风量测量装置及燃尽风风量测量装置。

为了提高煤粉燃烧器低负荷稳燃能力，防止结渣及降低 NO_x 的排放，HT—NR3 燃烧器采用煤粉浓缩器、火焰稳焰环和稳焰齿。

煤粉浓淡分离靠安装于一次风管中的煤粉浓缩器来实现，并使气流在火焰稳焰环附近区域形成一定煤粉浓度的煤粉气流，利用稳焰环实现快速点火和高火焰温度（火焰稳焰环装在煤粉喷口的末端）。

在传统的旋流燃烧器中，二次风和带煤粉的一次风，从煤粉喷口的末端一道喷出，并逐步混合，这样会使着火延迟，同时靠近燃烧器处由于火焰温度还比较低，很难得到燃烧高效率。HT—NR3 燃烧器中，靠近燃烧器处有个负压区，热烟气回流促进着火，并提高燃烧效率。HT—NR3 燃烧器的这个特点非常适合高燃烧比（C_{daf}/V_{daf}）煤的燃烧，可获得一个稳定的火焰和较低机械不完全燃烧热损失 q_4。

同时在稳焰环中安装了阻隔环，可使二次风、三次风向外扩展，因此火焰还原区扩大，火焰长度被缩短，扩大还原区，提高了"焰内还原 NO_x"的能力。利用火焰中 NO_x 还原技术，煤中氮可快速转变成气相，通过控制燃烧的进程，产生还原性媒介物，与生成的 NO 反应化合，在火焰内完成 NO_x 的还原。同时火焰被维持在一个高温下，使得它能够避免发生延迟燃烧。

由于 HT—NR3 煤粉燃烧器装有煤粉浓缩器，使煤粉燃烧器末端的断面逐渐扩展。煤粉粒子具有相对高的动量，具有沿直线运动的特性。而煤粉气流中空气具有较低的动量，运动中趋于喷口的中心区。通过煤粉粒子和空气动量的差异，煤粉粒子聚集在稳焰环附近，高煤粉浓度提高了快速点燃和火焰稳定能力，极大降低 NO_x 的排放及提高不投油的稳燃能力。

在传统的旋流燃烧器喷嘴中，煤粉在喷口附近分布均匀，没有明显的峰值区。二次风旋流，使一次风也产生旋转，在离心力作用下，由于煤粉颗粒动量大，多数煤粉颗粒被甩到了靠近温度低的二次风区域。而靠近高温回流区处的煤粉颗粒很少，没有形成火焰稳定的高温、高浓度区域。在 HT—NR3 旋流燃烧器中，煤粉颗粒和稳焰环附近出现了明显的峰值区域，形成了高浓度区域，对着火、稳燃非常有利。因此，煤粉浓缩器对提高火焰稳定性有效，并通过优化结构参数，通过火焰稳焰环和浓缩器实现了火焰的最大稳定性。

内二次风为直流风，风量较少。它通过手柄调节套筒位置来进行风量调节。其作用补充煤粉着火所需氧气，并且延续燃烧进行。外二次风（三次风）有调风器，可以调节燃烧器的旋流强度，用气动执行器对调风器开度进行调节，从而可以改变它的风量和旋流强度。气动执行器输出直行程，经连杆机构的传递后使调风器产生角行程，角度约为 $0°\sim75°$。

在燃烧器一次风弯头前设置有冷却空气阀系统，基主要设备为带执行器的关断型阀。其主要功能如下：

（1）在启动油枪投运时，关断阀开启，提供燃烧初期的空气；

（2）燃烧器停用时，关断阀开启，冷却燃烧器一次风管。

3. 燃尽风（AAP）及侧燃尽风（SAP）的结构特性

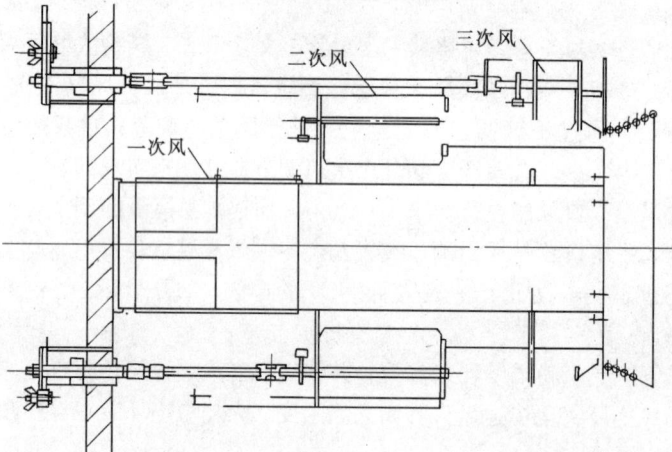

图 5-32　燃尽风（AAP）结构示意图

燃尽风（AAP）主要由中心风、内二次风、外二次风、调风器及壳体等组成（见图 5-32）。中心风为直流风，内、外二次风为旋流风。其中中心风通过手柄调节套筒位置来进行风量的调节；内、外二次风通过调节挡板、调风器（其开度通过手动调节执行机构来调节的）实现风量的调节。

侧燃尽风（SAP）主要由中心风、二次风调风器及壳体等组成（见图 5-33）。中心风为直流风，二次风为旋流风。其中中心风通过手柄调节套筒位置来进行风量的调节；二次风通过调节挡板、调风器（其开度通过手动调节执行机构来调节的）实现风量的调节。

燃尽风总风量通过风箱入口风门执行器调节。

由于设置燃尽风（AAP）以及侧燃尽风（SAP），使整个炉膛分为燃烧器区、还原区、燃尽区。从而使燃烧器区形成高温还原火焰，在还原区促进焦炭粒子与空气扰动混合以及使焦炭粒子在燃尽区有足够停留时间，从而有利煤粉着火，NO_x 的进一步降低和促进焦炭完全燃尽。其三个区域的作用如图 5-34 所示。

4. 风箱风门挡板调节

为使每个燃烧器的空气分配均匀，在锅炉前后墙燃烧器区域对称布置有 2 个大风箱。大风箱

　　第二篇　锅炉燃烧设备

被分隔成单个风室，每层燃烧器一个风室。大风箱对称布置于前后墙，设计入口风速较低，可以将大风箱视为一个静压风箱，风箱内风量的分配取决于燃烧器自身结构特点及其风门开度。这样就可以保证燃烧器在相同状态下自然得到相同风量，利于燃烧器的配风均匀。

燃烧器及燃尽风的各层风室的风量分配是通过调节各层风室的风门挡板的开度来实现的，每个风室入口左右两侧设有一风门执行器，全炉共布置 16 个风门用的电动执行器，所有风门挡板调节均由电动执行器的动作来完成。图 5-35 为大风箱入口风门执行器布置示意图。

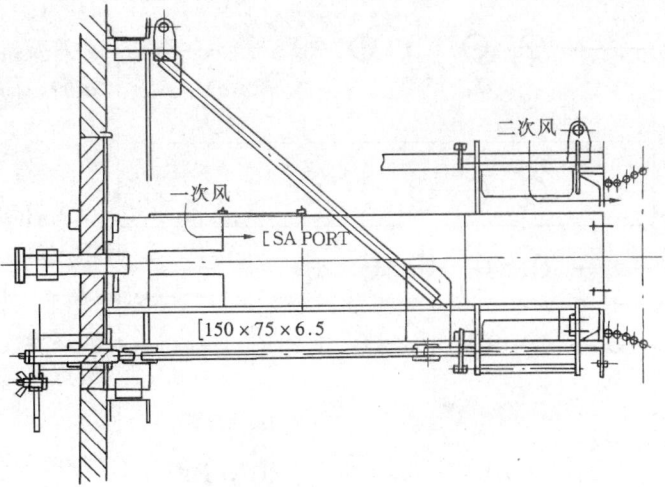

图 5-33　燃尽风（SAP）结构示意图

5. 锅炉的点火油枪与启动油枪

锅炉共设有 36 只机械雾化式点火油枪和 18 只蒸汽雾化式启动油枪。

（1）点火油枪作用。点火油枪（250kg/h）主要用于点燃煤粉燃烧器及启动油枪。当煤粉燃烧器出现燃烧恶化时，维持煤粉燃烧器火焰的稳定。同时，在切停启动油枪、煤粉燃烧器及磨煤机时，应先投入点火油枪，以利把吹扫出来的残油，残余煤粉能够燃尽。然后才可以切停启动油枪、煤粉燃烧器及磨煤机。

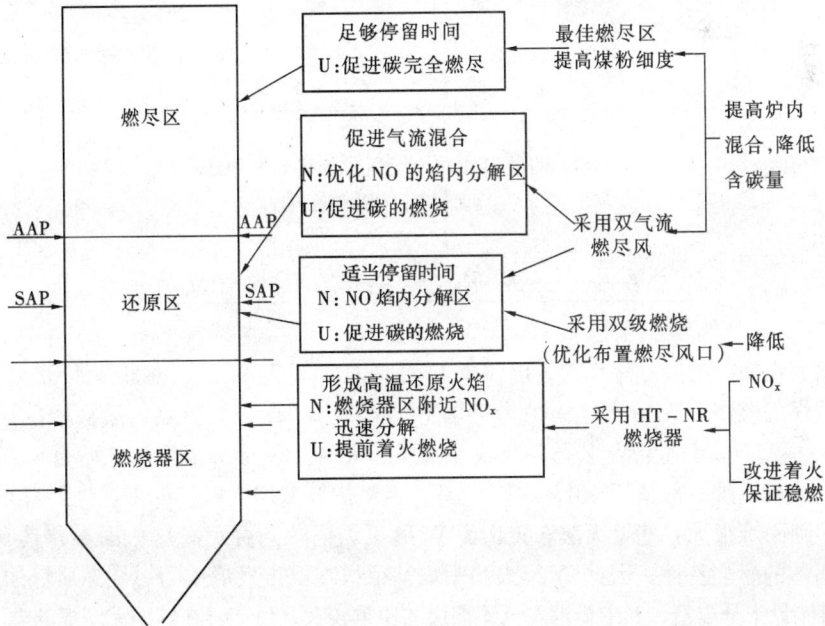

图 5-34　燃烧器区、还原区、燃尽区的作用
N—针对降低 NO_x；U—针对降低机械不完全燃烧损失 q_4

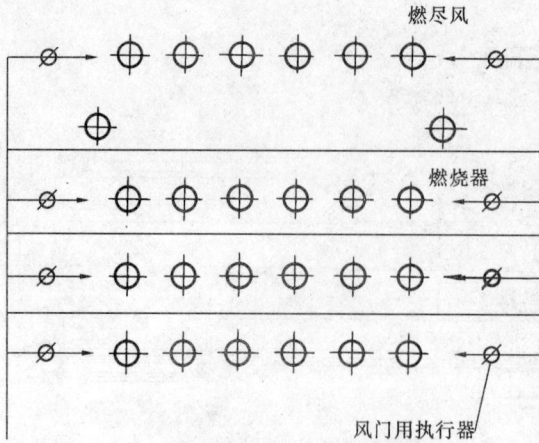

图 5-35　大风箱入口风门执行器布置示意图

（2）启动油枪作用。启动油枪用于暖炉、冲管及维持一定的锅炉负荷。在启动油枪投运时，应使炉膛出口压力为－0.6kPa，同时必须打开一次风弯头前冷却关断阀。

"点火许可"信号发出后，锅炉才能进行点火启动。先将即将投运的油枪所对应的风箱入口二次风门及燃烧器外二次风（三次风）、一次弯头前冷却风关断阀置于"油燃烧器投运"位置，然后才能向油枪控制系统发出点火信号。

在启动油枪投运过程中，不允许油煤同轴燃烧运行方式，即同一燃烧器不能同时投启动油枪和煤粉。推荐采用投运燃烧器前墙中层（B层）、后墙中间层（D层）启动油枪全部投运，前墙下层（A层）启动油枪作为备用的运行方式。任何情况下，不允许只投运前墙两层（A、B层）启动油枪的运行方式。推荐的两层启动油枪投运时的启动、停运顺序如图 5-36 所示。

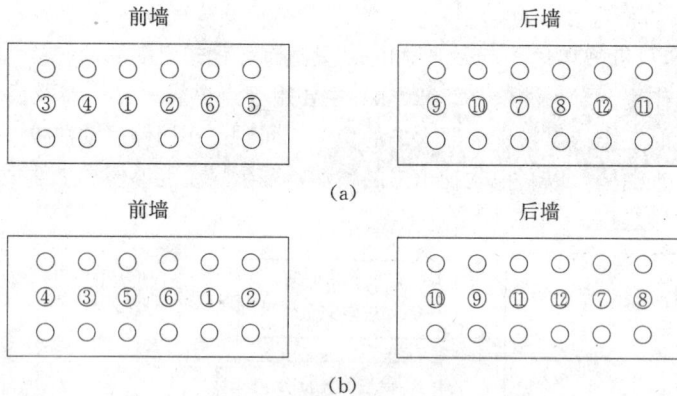

图 5-36　两层启动油枪投运时的启动和停运顺序
(a) 启动顺序；(b) 停运顺序

第四节　W形火焰锅炉在国内外发展

欧美国家自 20 世纪 60 年代起，已将单 U 形炉膛发展为 W 形（亦即双 U 形）火焰的炉膛，来适应劣质煤的燃烧。W 形火焰锅炉为美国 Forter Wheeler 公司首创，后被法国斯坦因（Stein Industri）公司和日本日立 BW 公司等吸收并发展起来的。W 形火焰锅炉脱胎自早期的 U 形火焰锅炉，U 形火焰锅炉一般适用于 150MW 以下，当锅炉容量增大时，如果燃烧器只布置在 U 形炉膛的一侧，则困难很大，甚至无法布置。而 W 形火焰锅炉则可解决这一困难并具有显著优越于 U 形火焰锅炉的燃烧特性。因此 W 形火焰锅炉就很快在西方发展成为燃烧劣质煤的典型炉膛。

我国煤储量十分丰富，其中低挥发分无烟煤的比重较大。目前，在燃用无烟煤的电厂中绝大多数采用四角燃烧固态排渣煤粉炉，其中有些锅炉存在着飞灰可燃物偏高、炉膛易结渣、燃烧不稳定、负荷范围较窄等一系列问题。国外采用 W 形火焰煤粉锅炉燃用无烟煤已有数十年的历史，并且积累了一定的成功经验。实践证明，高灰熔点、低挥发分无烟煤可以在 W 形火焰锅炉中实现稳定的完全燃烧。但在燃用低灰熔点、低挥发分无烟煤时出现冷灰斗结渣、燃烧不完全等问题。

一、W形火焰锅炉燃烧技术特点

W形火焰燃烧技术是U形炉的基础上发展起来的，U形炉有后墙易结渣、炉内混合不够强烈等缺点，尤其是火焰冲刷后墙这一缺陷几乎是难以避免的，如图5-37所示。而W形火焰燃烧技术则通过前后墙二次风对撞而增加了炉内的扰动及克服了火焰刷墙的缺点，因而得到了越来越广泛的应用。

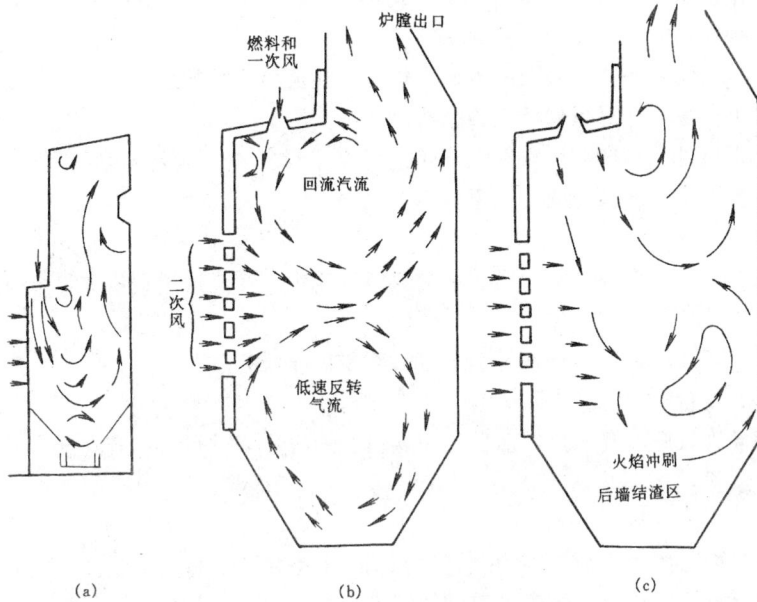

图5-37 U形火焰炉内气流工况

（a）较理想；（b）一次风量过小，二次风量过大时火焰短路；（c）二次风速、风量过大时火焰刷墙

典型的W形火焰锅炉型式，它由下部炉膛和上部炉膛（燃烧段）所组成，一般下部炉膛的深度比上部炉膛大80%～120%，燃料燃烧过程基本上是在下部炉膛内完成（约75%以上），上部炉膛主要冷却烟气用。上、下炉膛之间有一缩腰，可减少上部炉膛水冷壁对着火和燃烧区的辐射吸热，有利于提高着火燃烧区的温度。一次风煤粉气流从前后拱上的燃烧器向下喷出，达到炉膛下部，粉粒子质量较轻，速度减慢，然后180°转弯向上流动，燃尽后离开下炉膛而进入上炉膛，形成W形火焰。图5-38为较理想的W形锅炉炉内流场。

按Foster Wheeler公司解释，W形火焰燃烧过程分为三个阶段：①起始阶段，燃料在低扰动的状态下引入炉膛，相应提高火焰根部的温度和延长煤粉在着火区停留时间，对着火有利；②燃烧阶段，由于二次风与三次风的高速引入，混合强烈；③辐射冷却阶段，烟气进入上部炉膛，除了继续以低扰

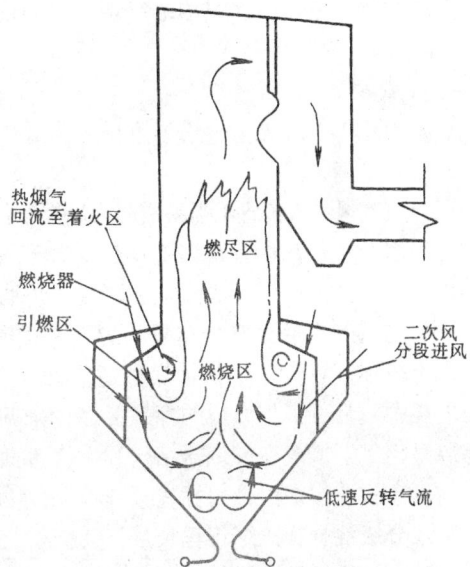

图5-38 W形炉较理想的炉内流场

动状态使燃料燃尽外,对受热面进行辐射自身得以冷却。具体地说,它有如下特点。

1. 着火与引燃方面

(1) 起始阶段,燃料在低扰动状态下着火引燃,风速较低,有利于燃料的及时着火;

(2) 采用旋风分离式燃烧器,从磨煤机出口的风粉混合物中分离掉一部分乏气,经过燃烧器送入炉膛的是高浓度煤粉空气混合物,使着火热减小,有利于稳定着火。乏气从燃烧器平行的另一喷口送进炉膛,它与煤粉一次风喷口保持有足够的距离,不干扰煤粉主气流。这一特点特别适用于无烟煤、劣质煤的燃烧及低负荷运行,可降到40%～50%负荷稳定运行,能达到常规四角切向燃烧无法达到的稳燃效果及负荷降低率。

(3) 高温热烟气先向下流,后向上流出下炉膛。在流出下炉膛之前,有一部分热烟气回流至燃烧器出口的着火区域,这对煤粉着火极为有利。

(4) 燃烧器出口处水冷壁一般敷有燃烧带,提高了燃料着火区的温度,对着火有利。而且,当负荷变化时对炉膛影响不大,故有利于稳燃和调峰。

2. 燃烧与燃尽方面

(1) 二次风沿火焰行程逐渐加入已着火的煤粉气流中,使燃烧过程供氧量合理,对燃烧与燃尽有利;

(2) 两股主气流在炉膛下部冷灰斗处转折180°向上时相互碰撞,并在下炉膛出口处收缩碰撞,有利于扰动、混合;

(3) 炉膛充满度较好,容积热负荷低,使煤粉在炉内停留时间长,有利于劣质煤、无烟煤的燃尽。

3. 其他优点

(1) 炉膛受热面布置较灵活,因为燃烧过程基本上是在下部高温炉膛区完成的,上部炉膛主要冷却烟气,其高度主要取决于炉膛出口烟气温度的大小。

(2) 过热器与再热器热偏差小,因为上部炉膛深度小,火焰又不像四角切圆燃烧炉膛内那样旋转,故炉膛出口处烟气温度场与速度场较为均匀,不存在左右烟温偏差的问题。

(3) 火焰流向与水冷壁相平行,不刷墙,对防止炉墙的结渣有利。

(4) 由于可采用一次风浓缩燃烧器以实现浓淡煤粉燃烧,及分级送入二次风的分级燃烧,可使NO_x排放量大为降低。

4. 主要缺点

(1) 由于下炉膛大,火焰温度低,为避免不完全燃烧损失增大,必须敷设燃烧带,这容易引起拱部附近结渣。

(2) 二次风送入位置不当易引起火焰提早拐弯发生短路,影响燃尽,并可能导致过热器超温。

(3) 水冷壁与汽水管路布置复杂,由于燃烧器垂直向下布置,使风粉管道布置困难,燃烧器等部件检修不便,燃烧器的吊挂、膨胀、炉墙的密封,以及梁与柱框的设计与布置等均不便,整台锅炉的制造工作量比Ⅱ型布置的炉膛要大得多,制造周期长,成本较高。

综上所述,W形火焰锅炉煤种适应性广,尤其适合燃用无烟煤、劣质煤、水煤浆等燃尽时间长的煤种,且可根据燃煤的挥发分多少来调节一次风煤粉浓度、热风温度,调整一、二、三次风等风量比例,或改变燃烧器结构和燃烧带面积等,可扩大煤种的适应范围。国外实践证明,W形火焰固态排渣锅炉能燃用挥发分6%～20%的煤,甚至挥发分4%的无烟煤。W形火焰锅炉由于二次风分级混合和火焰行程长(比切向燃烧长1.5～2s),故燃烧效率高。据报道,燃用V_{daf}=10%～13%的低挥发分煤时,W形火焰锅炉的燃烧效率较之国内切向方式燃烧无烟煤的锅炉效率要高2%～3%。W形火焰锅炉的主要缺点是结构复杂。

二、国外 W 形火焰锅炉应用情况

目前，W 形火焰锅炉已在美、英、法、西班牙、比利时、荷兰、韩国和加拿大等国运行，最大容量为 770MW（2160t/h、22MPa、530℃）。国外福斯特·惠勒（Foster Wheeler）公司、英国拔柏葛（Babcock）公司、美国燃烧工程（CE）公司、德国 MAN 公司对大容量低挥发分煤都推荐用 W 形火焰锅炉。美国"FW"公司规定 $V_{daf} < 13\%$，美国 CE 公司规定 $V_{daf} < 15\%$，英国 CEGB（Central Electricity Generafing Board）规定 $V_{daf} \leqslant 20\%$，日本提出 $V_{daf} \leqslant 20\%$ 的燃料都采用 W 形火焰锅炉。

如日本提出"大港电厂"320MW 机组油改煤采用 W 形炉；法国 SI 公司为北京石景山钢铁厂提出了 250MW 燃用京西无烟煤的 W 形炉报价，为"大港"320MW 机组油改煤提出的也是 W 形炉报价；美国"FW"公司为福建提出了 W 形炉燃加福无烟煤的报价；英国"拔柏葛"公司给我国提出了 300MW 燃劣质烟煤的 W 形炉报价；加拿大 B&W 公司为上安电厂制造两台 350MW 机组的 W 形锅炉；法国斯坦因公司为四川珞璜电厂制造了两台 360MW 机组的 W 形锅炉；英国"拔柏葛"公司为岳阳电厂制造两台 362MW 机组的 W 形锅炉。美国福斯特·惠勒公司的典型 W 形火焰锅炉结构如图 5-39 所示。

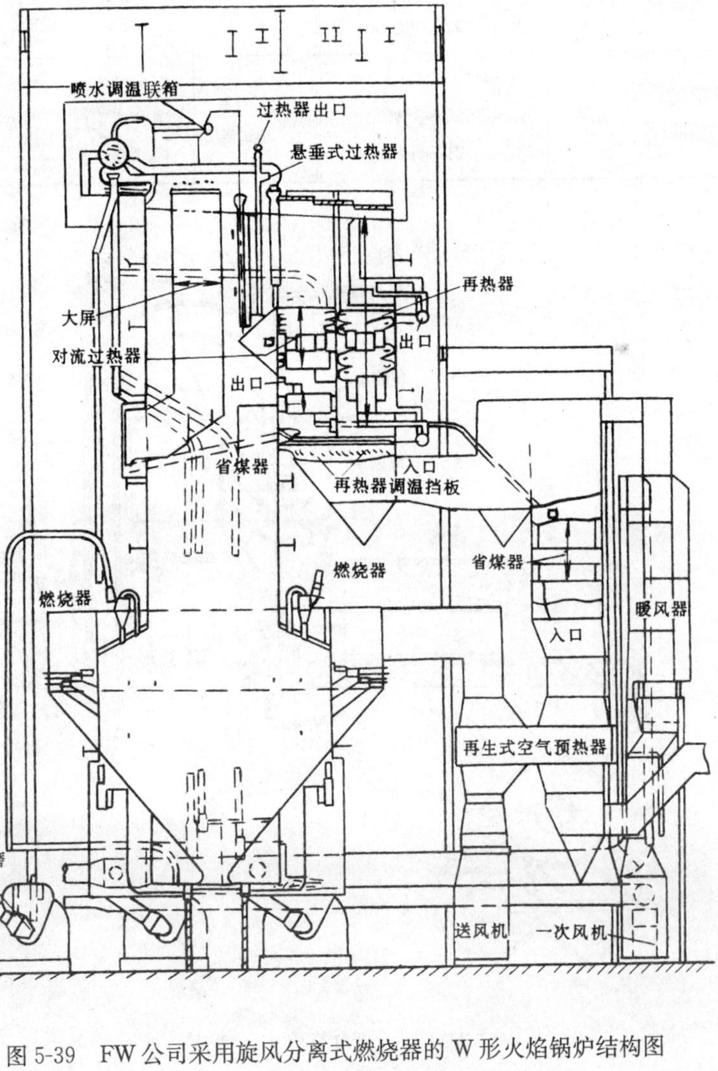

图 5-39　FW 公司采用旋风分离式燃烧器的 W 形火焰锅炉结构图

各公司对 W 形锅炉配制的燃烧器采用了不同的型式（见表5-8）。Foster Wheeler 公司主要采用旋风分离式燃烧器（见图5-40）和旋流分级燃烧器，法国 Stein In 公司和英国Babcock公司则采用直流缝隙式燃烧器（见图5-41），而燃烧器采用风率和风速见表5-9。

表 5-8　　　　　　　　　各国在 W 形锅炉上采用的燃烧器型式汇总

制造国及公司	燃烧器名称	设计煤种		制造国及公司	燃烧器名称	设计煤种	
美国"FW"	旋风筒立式燃烧器	无烟煤	$V_{daf}=6\%\sim19\%$ $A_{ar}=28.5\%\sim45\%$ $M_{ar}=14\%\sim22\%$	法国 Stein In	旋流燃烧器	烟　煤	
英国拔柏葛	缝隙式燃烧器	劣质烟煤	$V_{daf}=19\%\sim25\%$ $A_{ar}=39\%$ $Q_{ar,net}=16806kJ/kg$	德国拔柏葛	旋流分级燃烧器	无烟煤	$V_{daf}=8\%$ $A_{ar}=30.1\%$ $Q_{ar,net}=18698kJ/kg$
英国拔柏葛	带旋风筒的缝隙燃烧器	无烟煤贫煤各50%	$V_{daf}=10\%$ $A_{ar}=17\%,M_{ar}=6.7\%$ $Q_{ar,net}=25749kJ/kg$	加拿大 B&W	PAX 燃烧器	烟煤（75%） 无烟煤 （25%）	$V_{daf}=16.72\%$ $A_{ar}=16.72\%$ $Q_{ar,net}=23873kJ/kg$
法国 Stein In	缝隙式燃烧器	无烟煤	$V_{daf}=5.4\%\sim10.2\%$ $A_{ar}=25\%\sim35\%$ $Q_{ar,net}=21604kJ/kg$	德国拔柏葛斯坦缪勒	用于液态排渣 SM 型低NO$_x$ 燃烧器	无烟煤	$V_{daf}=5\%\sim7\%$ $Q_{ar,net}=27775kJ/kg$

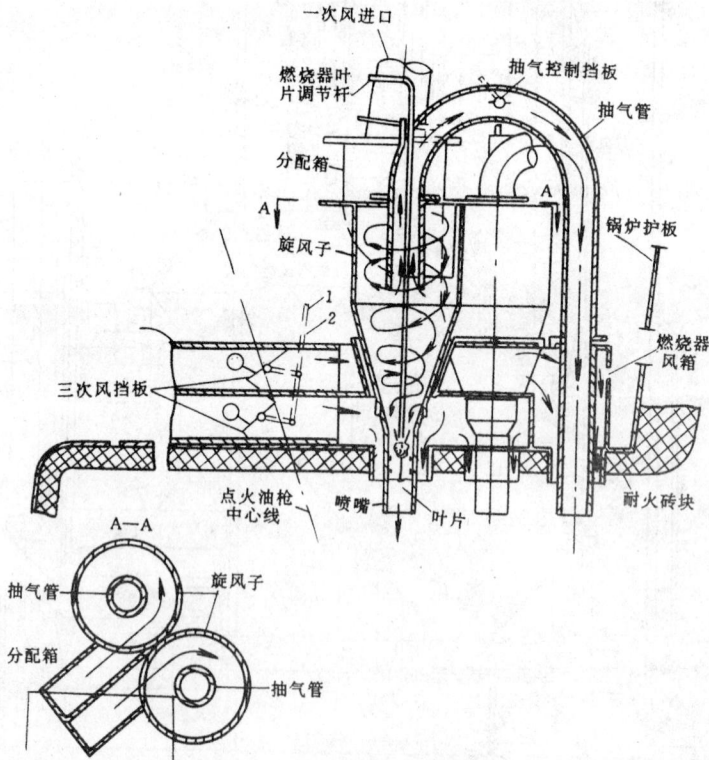

图 5-40　旋风分离式燃烧器

表 5-9　　　　　　　　　　　　　燃烧器用风率与风速

参　　数 ＼ 燃 烧 器 型 式	FW 旋风分离式燃烧器	BW 直流缝隙式燃烧器
一次风速 v_1（m/s）	～15	～10
二次风速 v_2（m/s）	根据风门开度与位置而定	30
三次风速 v_3（m/s）	（有的推荐 8～10m/s）	0
一次风率 r_1（%）	5～18	29
二次风率 r_2（%）	1	71
三次风率 r_3（%）	当 $V_{daf}>14\%$～16%时为 0	0
从前后送入的二次风率（%）	70	
从燃烧器入口送入二次风率（%）	12	
燃用煤种	无烟煤	劣质烟煤

运行经验证明，当煤中的挥发分小于 11%～14%时，就应使一次风中的煤粉浓缩，使进入主燃烧器的一次风中的煤粉浓度增加，并降低一次风速，以保证煤粉气流适时着火。当挥发分大于 12%～14%时，就不需要使一次风浓缩，可将从旋风子上部抽出风量减至零。挥发分越低，从旋风子上部抽出的风量应越大。

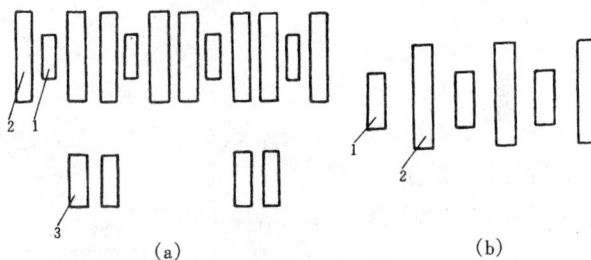

图 5-41　直流缝隙式燃烧器
(a) 法国 Stein In 公司所用；(b) 四川珞璜电厂所用
1——一次风；2—二次风；3—三次风

三、我国发展 W 形火焰锅炉概况

我国已探明的煤储量约 6400 亿 t，其中低挥发分无烟煤的比重较大，已探明的保有储量占全国煤保有储量的 16.2%。我国的无烟煤储藏遍及 27 个省、市和自治区，主要分布在华北和西南，如山西、贵州、河南、北京、四川、河北、湖南、宁夏、安徽、云南、福建等地。在北京和福建省无烟煤是唯一煤种。在我国发电用煤种中无烟煤和低挥发分贫煤的数量约占 10%，随着晋东南及川南——黔西无烟煤的进一步开发，电力工业燃用无烟煤和低挥发分贫煤的数量还将大幅度增长。目前，主要燃用无烟煤的电厂有北京石景山、石家庄、娘子关、上安、焦作、金竹山、韶关、邵武、龙岩、厦门、漳平、永安、遵义、重庆、豆坝、白马等发电厂，其中大多数采用四角燃烧固态排渣煤粉炉，近 20 年来，虽经过一系列的试验、调整、改进和综合治理，已取得了一些成效。但仍存在着飞灰可燃物较高，炉膛易结渣（对低灰熔点的固态排渣煤粉炉而言）以及低负荷燃烧不稳定、需投油助燃等问题。

国外燃用优质烟煤的机组，燃烧效率大致与国内水平相当；而对于 $V_{daf}=13\%$ 的低挥发分煤，国外采用 W 形火焰燃烧方式，燃烧效率要比国内切向燃烧的机组高约 3%左右。由于 W 形火焰锅炉燃料行程长，易受炉拱壁加热，加之采用分级燃烧，煤粉浓缩等措施，对煤粉的着火和燃烧十分有利，燃烧效率较高。

鉴于目前我国无烟煤锅炉的运行效率大多在 85%以下，若采用 W 形火焰锅炉，以一台 350MW 机组为例，效率按 88%计算，则比常规燃烧方式提高效率 2%～3%，每年可节约标准煤约 3 万 t，若以每吨标煤 150 元计，年经济效益可达 450 万元。此外，W 形火焰锅炉采用的低

NOₓ 燃烧器可控制煤粉的燃烧速度，降低火焰的峰值温度，从而抑制 NOₓ 的生成，有利于生态环境的保护。

根据我国能源政策，预计近 10 年间，无烟煤的产量要增加 8000 万 t，用于发电的约为 4000 万 t，可装机容量约 13000MW，目前已建和正在规划燃用无烟煤的电厂就有 10 多个。迄今，河北上安电厂，华能岳阳电厂、四川珞璜电厂已引进国外 W 形锅炉，有的电厂已完成了 W 形火焰锅炉的可行性论证。W 形火焰锅炉除了适用于无烟煤和低挥发分贫煤外，对那些灰分很高、燃烧着火性能很差的劣质烟煤也很适用。在国内目前应用 W 形火焰锅炉都是 350、360MW 的机组，还未引进 600MW 级 W 形火焰锅炉，但在不久的将来也会在 600MW 级发展 W 形火焰锅炉。

我国现已引进并投运的 W 形火焰锅炉有：河北上安电厂 350MW 机组 W 形火焰锅炉、四川重庆珞璜电厂 360MW 机组和湖南华能岳阳电厂 362MW 机组 W 形火焰锅炉。

1. 上安电厂 350MW 机组锅炉概况

上安电厂与加拿大 Babcock 公司于 1986 年 2 月签订合同，由 Babcock 公司为上安电厂第一期供给 2 台 350MW 锅炉（第二期也将供给 2 台 350MW 锅炉）。

该锅炉特点是：平衡通风，自然循环、一次中间再热，W 形火焰炉膛、挡板调节再热汽温、轻油点火，重油作暖炉和稳燃用。炉膛宽×深＝26.8m×16.5m，斜顶，前后和两侧墙敷有卫燃带，配有 20 个 PAX 旋流分级燃烧器，煤粉细度 $R_{75}=15\%$。

上安电厂 2 台机组运行以来，锅炉存在的主要问题是过热器超温，后经减少燃烧带面积及一部分过热器受热面获得改善。

2. 珞璜电厂 360MW 机组锅炉概况

该锅炉采用法国 SI 公司的 W 形火焰控制循环汽包炉，有 3 台锅水循环泵（2 台运行带 MCR，1 台备用），循环倍率 2.86，燃烧器采用直流缝隙式，一、二次风交错布置，一次风率 $r_1 = 11.3\%$。

炉膛尺寸　　　　　宽×深＝ 17.34m×9.078m(上部)
　　　　　　　　　＝ 17.34m×17.70m(下部)

炉膛高度 40.30m，容积 9495m³。

炉膛断面热负荷 $q_A=3320$kW/m² ［即 2.85×10^6 kcal/(m² · h)］。

炉膛容积热负荷 $q_V=107.4$kW/m³ ［即 92.4×10^3 kcal/(m³ · h)］。

过热汽温与再热汽温均用喷水减温，过热器用二级喷水，可达 50%～100%负荷。再热器用低温再热器进口侧一级喷水，可达 65%～100%负荷。

3. 华能岳阳电厂 362MW 机组锅炉概况

该锅炉由英国 Babcock 公司制造的 W 形火焰自然循环汽包锅炉。

炉膛尺寸　宽×深＝ 20.24m×16.224m(下部)
　　　　　　　　＝ 20.24m×7.176m(上部)

炉膛容积为 7567m³。

炉膛断面热负荷 $q_A=3433$kW/m² ［2.95×10^6 kcal/(m² · h)］

炉膛容积热负荷 $q_V=145.5$kW/m³ ［125×10^3 kcal/(m³ · h)］

锅炉不投油助燃的最低稳定负荷如下：

(1) 燃烧设计混煤时，55%MCR；

(2) 燃烧贫煤时，50%MCR；

(3) 燃烧无烟煤时，90%MCR。

4. W 形火焰燃烧器概况

国内各引进 W 形火焰锅炉的燃烧器型式及配风工况，如表 5-10 所示。

表 5-10　　　　　　　　　国内各引进 W 形锅炉燃烧器型式及配风

应　用 电　厂	燃烧器 型　式	燃用煤种	一次风速 v_1 (m/s) ——— 一次风率 r_1 (%)	二次风速 v_2 (m/s) ——— 二次风率 r_2 (%)	三次风速 v_3 (m/s) ——— 三次风率 r_3 (%)	从前后墙 送入的二 次风率 (%)	从燃烧器 入口送入的 二次风率 (%)
岳阳 362MW	英国 Babcock 旋风筒直流 缝隙式	50％无烟煤 +50％贫煤 $V_{daf}=10\%$	10 ——— 6.5~7.5	35 ——— 54.8~72.2	2.8~8.7	即二次风	即三次风
上安 350MW	加拿大 B&W PAX	25％无烟煤 +75％烟煤 $V_{daf}=16.72\%$	14.82	37.5	24.94		
珞璜 360MW	法国 SI 直流缝隙式	无烟煤 $V_{daf}=5.4\%$ ~10％	11.3				

复 习 思 考 题

1. 何谓炉膛容积热负荷，炉膛断面热负荷，燃烧器壁面热负荷？这些参数大小选择的依据是什么？

2. 北仑电厂 1 号炉直流燃烧器为改善大高宽比条件下，燃烧器两侧补气条件差异而引起一次风偏斜导致水冷壁结渣，在设计上采用哪些措施？

3. 北仑电厂 1 号炉煤粉燃烧器为 CE 技术，其一次风喷嘴在改善着火燃烧上有哪些特性？其燃尽风作用是什么？

4. CE 直流燃烧器的燃料风作用是什么？燃料风挡板控制方式是怎样的？辅助风挡板控制方式是怎样的？燃尽风的控制方式又是怎样的？

5. 石洞口二厂锅炉燃用低熔点煤，为减轻水冷壁结渣，在燃烧器结构及布置上采用哪些措施？

6. 双调风（内外二次风）的旋流燃烧器在燃料着火遏制 NO_x、SO_x 方面有什么特性？并说明其理由。

7. 东方锅炉厂引进型的旋流燃烧器在结构特性及燃烧器布置上有什么特性？对着火、燃烧及遏制 NO_x 采用哪些措施？

8. W 型火焰在着火、引燃、燃烧及燃尽方面有哪些优点和不足地方？

第五章　燃　烧　设　备　　　　　247

第六章

点火器及燃烧器点熄火控制

第一节 点 火 器

一、概述

目前，大容量锅炉的煤粉燃烧器点火均使用液体燃料或气体燃料，采用多级点火方式。由电引燃器发火，逐级点燃气体燃料、液体燃料和煤粉；或者由电引燃器直接点燃液体燃料（轻油或重油），再点燃煤粉。点火过程可在主燃烧器上进行，也可先点燃启动（辅助）燃烧器，再由它们来点燃主燃烧器。

常规（多级）点火器的引燃器，有电火花、电弧、电阻丝等各种类型。表6-1列举了几种常规点火器的概况。

电阻丝点火器设备简单，结构紧凑，但电阻易氧化烧损，在直接点燃重油时烧损极为严重，目前仅在一些燃油锅炉上使用。电弧点火器可获得较大功率，但因电压低不易击穿污染层起弧，且烧蚀严重，设备体积大而笨重，逐渐为电火花装置所取代。

电火花引燃装置中以高压电火花（由5000～8000V的电压通过两极间的间隙放电）的使用为最广。进而还有高频高压电火花和高能电火花引燃装置，其性能更为优异。

美国CE公司的高能电弧煤粉点火燃烧器用于独立的仓储式制粉系统，为防止煤粉系统爆炸，采用干炉烟作为干燥介质。燃烧器中特细的煤粉与空气的重量比为5：1～10：1（一般燃烧器约为1：2）。点火燃烧器点燃的煤粉气流，可使大量的高温烟气回流至主燃烧器的喷口，点燃主燃烧器。这种点火系统的造价较昂贵（约为点火油系统的5～6倍），但节油效果十分显著。一台600MW机组一年即可节省点火用油约7000t左右。

其他公司（美国的西屋、拔柏葛等）亦进行了等离子弧发生器和等离子弧直接点燃煤粉的研究。

除了专供点火的点火（燃烧）器之外，尚有兼点火和稳燃或带低负荷功能的辅助（启动）燃烧器。

在常规的点火燃烧器中，专供点火的点火燃烧器和辅助燃烧器有时并不能区分得很清楚。但一般前者只用于启动时点燃燃料，容量很小，在点燃主火焰并稳定燃烧后很快就停掉，而不用它来维持整个点火和启动过程。但对于现代的大容量锅炉而言，为了保证运行的安全，有的点火燃烧器除了在点火时投入外，在不利工况或事故工况下（如煤质差、负荷低或给煤不正常等等）也需要利用它来维持着火稳定；在有的锅炉上，主燃烧器熄火前也先要投入点火（燃烧）器以保证安全。这后一种点火器则属于点火和辅助燃烧器之列，或按有的习惯称之为维持点火的点火燃烧器。

另一种辅助燃烧器则是启动燃烧器，其用途是在锅炉启动过程中用来升压带低负荷。

点火燃烧器的功用不同，其容量或点火能量也不相同。

表 6-1

几种点火燃烧器的概况

序号	点火原件	点火顺序	点火原理	点火器特点	使用情况	点火器头部示意
1	高压电火花	电火花→可燃气→轻油或重油→煤粉	在 5000~8000V 电压下，在中心电极棒与喷头的间隙（1.5~2.0mm）间放电（或以 8000V 的带电棒对筒壁放电）产生电火花点燃可燃气体混合物	点火良好，但因电极与喷头同隙小，要求安装准确。有时会因上述间隙积有水滴或炭黑而发生故障	国内使用较多	中心电极 喷头 6-φ4 φ48 φ3 φ7 φ20
2	高频高压电火花	电火花→重油或轻油→煤粉	由高频、高压振荡发生器产生 15000~20000V、100kHz 左右的高频高压击穿放电，产生电火花点燃重油或轻油	高电压击穿能力强，点火可靠，高频使电火花稳定连续放电，高频的烧准性好。但高频高电压对人体效应可减轻，高电压对人体的危害	武汉锅炉厂在其生产的许多锅炉上使用，西安热工所和茂名热电厂也研制成功	电板 油枪 φ4 2
3	高能量电火花	电火花→煤粉或重油→可燃气或轻油（电火花→重油→可燃气或轻油→煤粉）	利用点火变压器的 RC 电路无级放电功能，使点嘴两极间的半导体表面上，形成能量很大的电火花，以点燃燃料	电火花能量大，不易为燃料所熄灭	在元宝山电厂的 300MW 锅炉上采用，东方锅炉厂在青山电厂采用	丙烷 发火棒 检测棒 φ57×2.5 25 25
4	电弧	电弧→可燃气或轻油→重油→煤粉	起弧原理与电焊机相似。利用大电流在两极（炭棒和炭块）间产生的电弧点燃燃料	点火器体积大，电源系统笨重，电极烧蚀严重	在 HC410t/h 和 670t/h 锅炉上采用	炭棒电极 炭块 100 25 φ8
5	电阻丝	电阻丝→液态烃或煤气→重油	电阻丝通电后发热作为引火源	电源和设备简单，点火器结构紧凑。但电阻丝易氧化烧损	国内一些高压或超高压油炉上使用	φ27×3

点火能量系指单只点火器点燃与之相邻的主燃料所需的能量与该主燃料喷口设计热功率之比。它与主燃料特性、燃料空气混合物浓度和流速、燃烧器和点火器型式和布置以及火焰结构等有关。一般而言，点火器的最小容量（能量）约为所点燃的主燃料喷口设计输入热功率的1%～2%。气体点火器不小于290kW（1050MJ/h），燃油、燃煤锅炉的油点火器不小于580kW（2100MJ/h）。

兼有其他功能（如稳燃、带低负荷等）的点火燃烧器热功率则更大些。

CE公司的有关标准规定，冷炉启动时作为烘炉用的油枪的出力为所点燃的单只燃烧器喷口设计输入热功率的10%；B&W公司设计的一般点火器热功率也约为主（煤粉）燃烧器热功率的10%，该公司经过改进的点火器的热功率可减少至4%～5%。

至于可带低负荷的启动燃烧器，其总热功率一般为锅炉额定负荷下总输入热功率的20%～30%。不过这类燃烧器往往还要由另外的点火燃烧器点火。

为了点火可靠，点火器应有足够的容量，但容量如果太大，从防止爆炸事故的角度来看是不适宜的。因而，应在保证可靠点燃的前提下，减小点火器的容量。有些点火器原放在燃烧器的外围，后改放在燃烧器的中心，容量就可减小一半。

和上述的理由类似，如果用能量较小的引燃装置（如高压电火花等）直接点燃大容量的燃烧器（如单只出力为2100～4200MJ/h），也往往不够安全。故而实际中的做法有先用电火花点燃气体或轻油，再点燃重油或煤粉（三级点火），以及高能点火器直接点燃轻油燃烧器，由轻油再点燃煤粉（二级点火）。

二、常规点火燃烧器

点火燃烧器主要由电引燃器（包括电源系统）、续燃火嘴（或油枪）、火焰检测器及控制系统等组成。有的点火系统还备有专用的冷却风机，用来冷却火焰检测器等。

1. 电火花-气体点火器

系用高压电火花点燃天然气（或其他可燃气体）再点燃主燃料的装置，采用点火能量从小逐级放大的续燃点火方式。其点火器的构造如图6-1所示。

点火用的可燃气由接管6进入点火器混合室内，与空气组成可燃的气体混合物，一部分由中

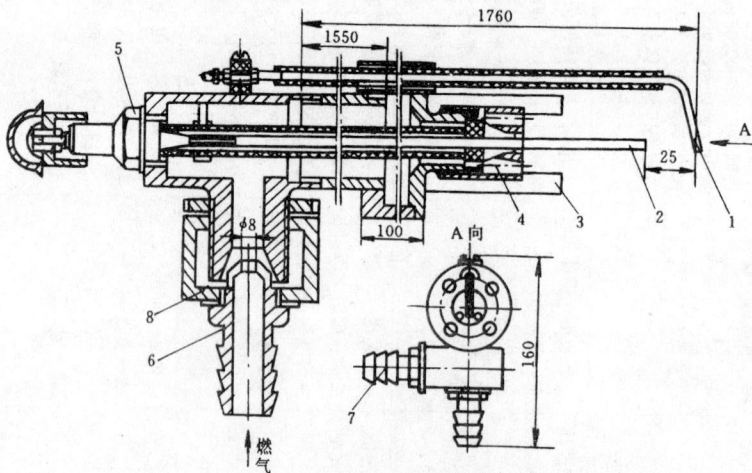

图6-1 电火花-气体点火器构造图

1—火焰检测电极；2—点火电极；3—续燃喷嘴；4—中心喷嘴；5—固定螺帽；
6—燃气接管；7—空气接管；8—混合室

心喷嘴 4 喷出，遇到高压电极放出的电火花即被点燃。随后，这股燃烧的火焰又点燃周围 4 个燃气续燃管喷出的可燃气，形成容量更大的点火火焰，来点燃主燃烧器的燃料。

点火电火花系由 5000～8000V 的高压电通过点火电极与中心喷嘴形成间隙间放电而产生。

2. 高频电压电火花点火器

这种点火器主要部件为电火花发生器及棒形点火枪。

电火花发生器实质上是一高频、高压振荡发生器，其原理可见图 6-2。电源电压经高频升压变压器 T1 升压至约 2500V，此时电火花塞 S1 被击穿，在 LC1 组成的振荡回路中产生 100kHz 左右的高频振荡，并经高频变压器 T2 升压至约 20000V。在高压作用下放电头 TD2 击穿，产生高频电压电火花，在放电的瞬间，通过扼流圈 L1 向放电头引入大功率电能，使放电头具有数千瓦功率，甚至可直接点燃 250 号重油。

与高频电火花发生器相配的棒形点火枪可见图 6-3，它由电火花打火枪及打火点火检测元件组成。打火枪用氧化铝高温瓷套件绝缘，放电头材料一般为钼、钨或碳化硅，其打火间隙可根据打火电压调整

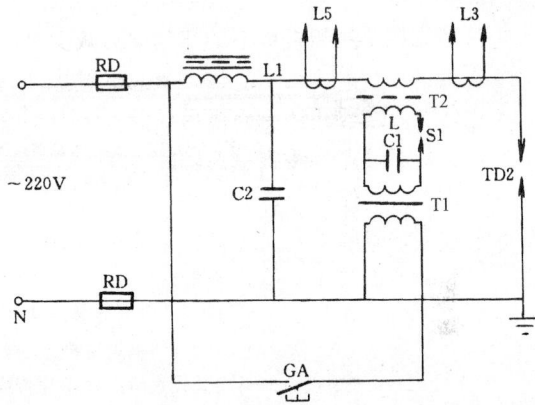

图 6-2　高频电火花发生器原理图

至最佳位置。棒形点火枪外壳应良好接地，以确保运行安全。火花发生器与点火枪间的电气连线采用同轴电缆，为防止电缆的沿面闪络，电缆两端应采取特殊的绝缘措施。

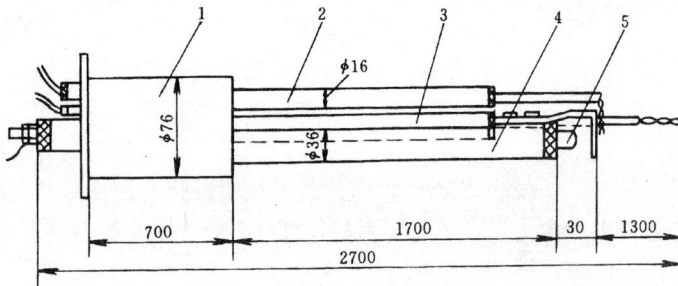

图 6-3　与高频电火花发生器相配的棒形点火枪示意图

1—密封套筒；2—火花热电偶；3—火焰热电偶；4—高压电极；5—放电极

高频电火花点火器的特点是高压击穿能力强，易起弧、高频使火花稳定，连续性好，且因高频的趋表效应，避免高压对人体的危害。同时整个设备简单紧凑。但由于在点火时高压回路要通过很大的电流，因而高频变压器及高压回路在设计制造上应有特殊要求。

3. 高能电火花点火器

高能电火花点火器由高能点火变压器和点火电嘴组成。利用点火变压器的 RC 电路充放电功能，使点火电嘴两极间的半导体面上形成能量很大的火花，以点燃燃料。

带有半导体点火电嘴的点火器和点火电嘴结构可见图 6-4 和图 6-5。在点火电嘴的中心电极与侧电极间系具有负的电阻温度特性的半导体材料。

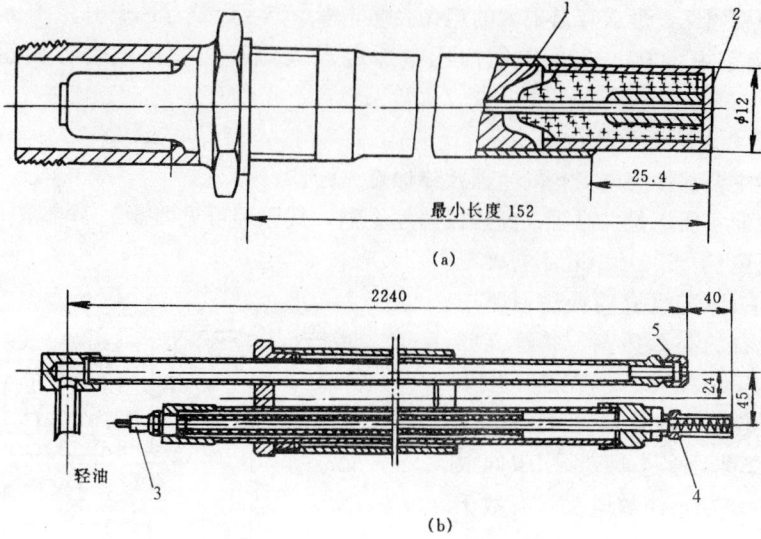

(a)

(b)

图 6-4　半导体点火电嘴高能点火器

(a) YBS 电厂 947t/h 锅炉高能点火器；(b) DG 设计的高能点火器

1—中心电极；2—半导体发火面；3—高压接线柱；4—电嘴（BDZ—8）；5—油喷嘴

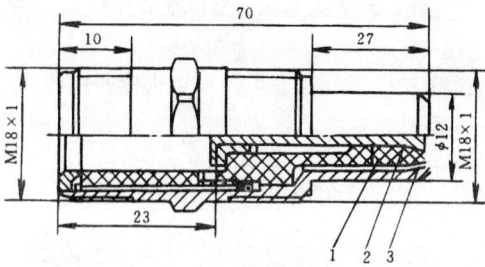

图 6-5　半导体点火电嘴结构

1—半导体元件；2—中心电极；3—侧电极

YBS 电厂 947t/h 锅炉（300MW 机组）高能点火变压器的原理见图 6-6。变压器一次侧为 120V/230V，50/60Hz，输出可达 2150V，由整流器供给 2000V 的直流电对电容器充电，由限流电阻 R_1 控制充电率。当电容器两端升压至足够高时，密封火花间隙 SSG 被击穿，R_3 回路接通，并且在点火电嘴两极间产生漏泄电流，使半导体元件温度升高。由于半导体材料具有负的电阻温度特性，故其电阻减小，使在短时间内通过大的电流，在半导体面上产生能量很大的电火花，来点燃燃料，且电火花也不易被燃料所熄灭。

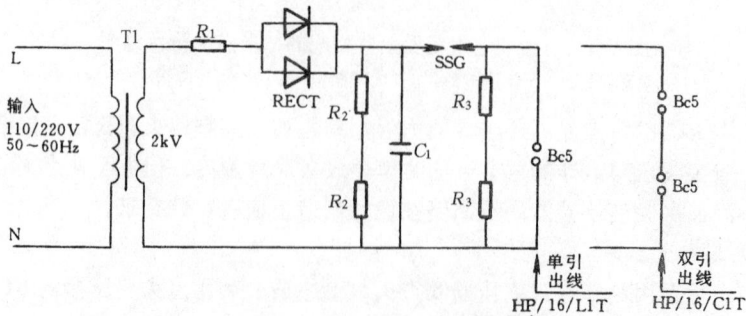

图 6-6　高能点火变压器原理图

T1—变压器；R_1—电阻（20kΩ30W）；R_2—电阻（2MΩ1W）；R_3—电阻（1MΩ1W）；

C_1—电容（8μF2kV）；SSG—密封火花间隙；Bc5—引出线端子；RECT—整流器 MN/388/90

　　　　　第二篇　锅炉燃烧设备

YBS电厂300MW机组的点火器（见图6-4，a）是一根内侧用氧化镁绝缘的管子，其中心穿过中心电极，其端部周围系半导体材料，构成接地电极，形成点火电嘴。其电源来自高能点火变压器，由高压电缆输送。点火电压约2000V。原设计每秒可产生10~15个电火花，能够直接点燃重油，再点燃煤粉。但实际使用时，先点燃液态烃，再点燃重油。

东方锅炉厂研制的高能电火花点火器（见图6-4，b），中心电极用镍锰合金丝，侧电极用GH33a，其间为半导体材料，壳体用1Cr18Ni9Ti。点火电压为6000V，单只跳火能量为6J，每秒约15个火花。可点燃轻油、混合油（轻油20%，重油80%）。用于混合油时最大可点燃2000kg/h的油枪；用于轻油时，出力为60kg/h以上。

4. 电弧点火器

电弧点火器的原理和电焊相似，由电源和电极组成。电源系一般的电焊机，电极系炭棒和炭块，在通电情况下，炭棒与炭块拉开适当距离，即可在其间隙处产生高温电弧借以点燃燃料。

图6-7为电弧点火器，其电极由一根 ϕ8mm 的炭棒和炭块组成。由于电极常有烧损，为保证起弧，采用气动装置（气源为 0.49~0.59MPa）的压缩空气以保持炭极的较佳距离并在完成点火后将炭极退回风管内。点火时，先用电弧点燃

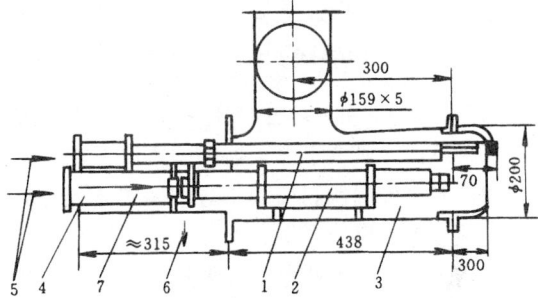

图 6-7　电弧点火器

1—电弧点火器；2—重油喷嘴；3—送风装置；4—气缸；
5—压缩空气进口；6—压缩空气出口；7—重油进口

喷嘴喷出的可燃气（如乙炔、丙烷、天然气、煤气等），再点燃雾化了的重油。若采用的电弧能量较大，也可直接利用电弧来点燃重油。

但是，普通的电弧点火器还存在一系列的缺点，如机体笨重、炭极易损，气动装置有时失灵等。此外当电极接触起弧后，将电极拉开过快，会使电弧很快熄灭过慢易使电线过载。

三、点火燃烧器布置方式

点火燃烧器布置得当不但可获得好的点火效果，也可节省点火燃料。但由于燃料、燃烧器型式等的不同，点火燃烧器的布置方式也是多样的。

1. 旋流式燃烧器的点火器布置方式

常见的有两种布置方式，即点火器在主燃烧器中心内（见图6-8）和倾斜地插在主燃料喷口旁（见图6-9）。

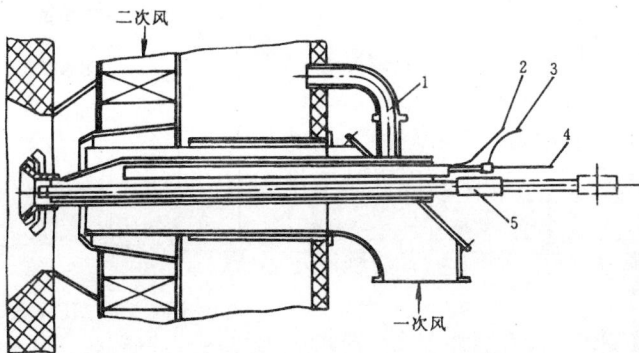

图 6-8　旋流式燃烧器点火器的中心布置方式

1—点火空气；2—丙烷管；3—火焰检测器引线；4—点火引线；5—点火油枪

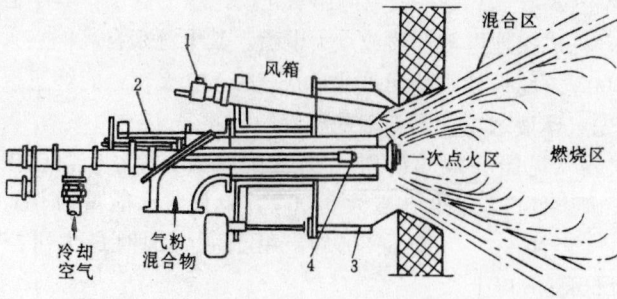

图 6-9　旋流式燃烧器点火器的侧面倾斜布置方式

1—点火油枪；2—调风器操纵器；3—调风器挡板；4—火焰检测器

中心布置的方式较为紧凑，点火器易于支托固定，点火耗油量也较小，且火焰检测器工作环境温度也较低。但是采用这种方式，中心管径则较大，点火器和油枪的自动位移装置要比点火器倾斜插入时较难布置。如若采用"抱枪式"气缸驱动，亦会导致油枪过长。

点火器在侧面倾斜布置的方式，它有两种情况。一种是如同图 6-9 那样，油枪和点火装置布置在一起，都由侧面倾斜插入，而火焰检测装置布置在中心管内。采用这种方式，点火器本身的点火较容易，但点燃煤粉气流时则要求点火器的位置适当。另一种是点火用油枪仍然布置在中心，点火装置和火焰检测器则由侧面倾斜插入。这种装置方式也需预先确定点火装置和油喷嘴间的最佳相对位置。不过油枪位于燃烧器中心的方式，可减少点火所需能量。

除上述之外，在有些燃油或天然气的圆形燃烧器上，点火器平行于中心管（油枪）安装，有的点火器的支杆还穿过稳焰器叶片借以支托固定。

2. 切向直流燃烧器的点火器布置方式

它也有中心布置和侧面布置两种方式。中心布置系将点火器和油枪设在二次风喷口内，用以点燃邻近一次风口喷出的煤粉气流，由点火器的电火花点燃轻油枪，由轻油枪点燃邻近的一次风煤粉，称为二级点火方式。这种方式的布置、安装以及系统均甚为简单，我国的切向燃烧煤粉锅炉较多采用这种点火方式。

中心布置方式，将主油枪与高能点火器组装在一起，实现同步进退和自动点火，并且高能点火器在主油枪上也可以有一定位移距离进行推进和缩回。"推进点火油枪指令"送出（点火指令或点火按钮动作），是作为推进高能点火器和主油枪的一个条件，如果此时不存在点火油枪跳闸指令、油枪进油阀处于关闭状态，高能点火器与点火油枪推进指令形成，此时点火油枪与高能点火器同时推进至二次风口。在点火油枪的三通阀从全关到打开位置的中途经过清扫位置的瞬间，这时发出"在吹扫"的瞬间信号，这个信号使高能点火器（HEA）变压器接通电源，其头部发出高能量的电火花。

与此同时，三通油阀开启，喷出的油雾在电火花的点燃下进行点火，也即进入点火试验时间。点火时间结束，HEA 自动缩回，HEA 变压器电源断开。同时火焰检测器将检查点火是否成功，如火焰检测器检测到"有火焰"则保持油阀继续开启，点火成功，油枪投入；如火焰检测器检测不到火焰（"无火焰"），则说明点火失败，关断油阀，油枪吹扫后停用，并从工作位退出。

点火油枪和高能点火器（HEA）启动顺序示意图，如图 6-10 所示。

点火器侧面布置方式，又有两种方式，即在每一主燃烧器的侧面均布置相应的点火器，当主燃烧器启动、停止以及在不利工况下则投入点火器以保

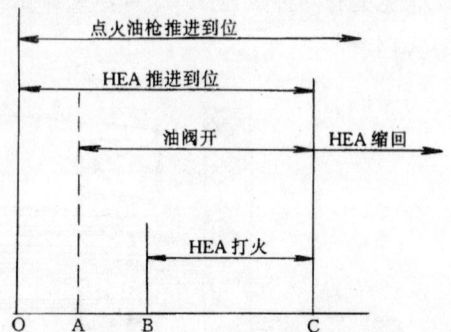

图 6-10　HEA 启动顺序示意图

OA—HEA 推进时间；

AB—三通阀离开全关到吹扫位置时间；

AC—点火试验时间；BC—HEA 打火时间

　　　　第二篇　锅炉燃烧设备

证安全运行。另一种方式是在主油枪的侧面布置点火器，而主油枪（重油燃烧器）再点燃煤粉燃烧器，即所谓三级点火方式。

CE 公司侧面布置的点火器多采用涡流板式（见图6-11），这等于在一般的点火器上加了火焰稳定装置。进入点火器的空气由于涡流板的阻挡，造成旋涡运行，这种涡流有利于点火和使火焰稳定。电火花点燃点火燃料（用轻油）后，火焰由扁形出口喷出，使主燃烧器前方形成稳

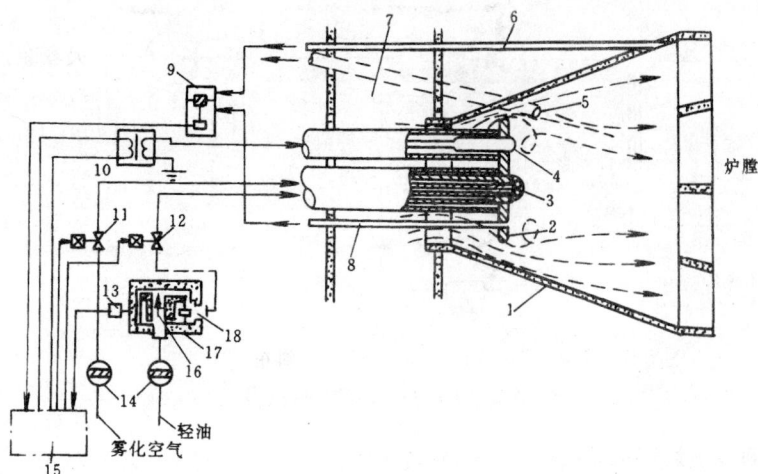

图 6-11　涡流板式点火器

1—点火喇叭；2—涡流板；3—雾化器；4—点火器；5—火焰棒；6—低压检出管；7—点火风箱；8—高压检出管；9—差压变送器；10—点火变压器；11—空气电磁阀；12—轻油电磁阀；13—微量变送器；14—过滤器；15—控制回路；16—固定喷嘴；17—流量检测控制阀；18—流量控制薄膜阀

定的垂直扇形火焰，可较容易地点燃主燃料。这种点火方式效果较好，点火器也便于布置。但需在水冷壁上开孔以及装设点火管道及需要专门的点火风机（供点火和冷却点火器的用风），而使设备增加。

四、点火装置实例

图 6-12 为北仑电厂 600MW（1 号炉）采用的点火装置。它可以用来直接点燃 6 号燃料油。

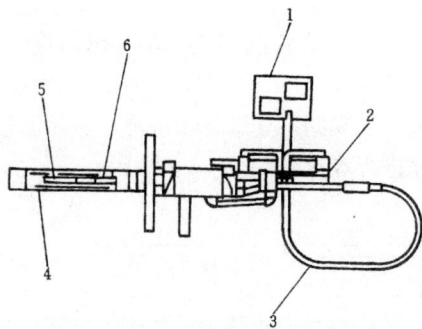

图 6-12　高能电弧点火装置

1—点火激励器；2—电火花棒伸缩装置；3—软导线；4—导管；5—触点；6—刚性（或挠性）火花棒

它由用以产生高压电源的激励器，用以向油气混合物提供引燃电弧的火花棒以及伸缩机构和电缆、导管等组成。在北仑 1 号炉的 12 个油燃烧器上就各配置有一个这种高能点火装置以及相应的火焰检测装置。

激励器的工作原理如图6-13，输入电压为 115～220V±15V，AC，50/60Hz，最大工作电流为 5A。最小储能为 12J，最小火花频率为每秒 4 次，最小电压为 2300V，DC。高电压通过 2 个整流器和 2 个电容器的双回路整流装置被整流成直流电压脉冲进入储存电容。当电压高达 2300V，DC 时，排放管间隙被离子化，使电流从储能器通过排放管进入火花棒。

当电能在火花棒上因产生火花而消耗后，储能器再次进行储能。分流电阻则用来消耗掉在 2 个周期间，储能器中的剩余电荷，也是在一旦点火失败时储能器排出能量的通路。高能火花能消除点火头上的焦渣、保持点火头的清洁，防止因积炭而导致的变压器元件损坏。一般激励器都有一种不用维修的密封装置，其工作环境温度为 36～110℃，最长连续运行时间为 15min，此后至少有 30min 的停用时间。

火花棒是一种半挠性结构的部件，可随伸缩机构在两个限位开关位置内作轴向移动。也可随

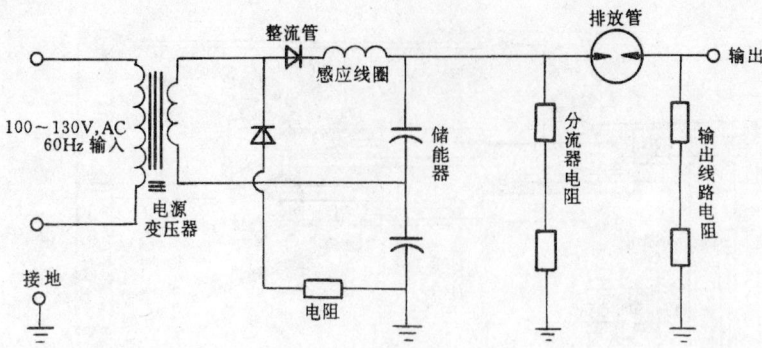

图 6-13　激励器工作原理图

油燃烧器所在的燃烧器喷嘴的摆动而摆动。火花棒的工作温度为 $18\sim398℃$，最大工作电压为 $5000V$，DC。火花棒端部的点火头类同通常的火花塞，设定放电电压值为 $2300V$，DC，可承受 $1100℃$ 的工作温度。火花棒有一定的使用期限，若按每一工作点火周期 30s 计，约可使用 1500 个点火周期。

伸缩装置用来在点火时间内使火花棒端部产生火花位置与油气间的配合，以及完成点火后点火棒的退出。它由气缸、电磁阀和两个限位开关构成。四通电磁阀通过控制活塞两端的空气流向，来控制活塞或者说点火棒的进退。限位开关由连接在活塞连接件上的凸轮触发，并发出火花棒所在位置的信号指示，在炉膛安全监控系统控制盘上显示。

高能点火器的电源输入是与油枪投入同时工作的，当所有连锁和启动条件已经满足，并取得许可后，可通过控制屏手动或由炉膛安全监控系统自动启动。油枪与点火装置的启动顺序如下。

（1）油枪和点火棒已进入炉内点火位置。

（2）在确认（1）已经完成，打开油枪多能跳闸阀（三联阀）到点火位置，使油及雾化用蒸汽进入油枪。

（3）与此同时使激励器通电，产生高压电，火花棒上的火花头产生火花。

（4）此时在所规定的 15s 周期内，火花头将以每秒 4 个火花的频率点燃油气流。

（5）在 30s 的周期结束后，激励器电路断开，点火棒亦自动退出。

（6）配置有每个油燃烧器的火焰检测器在点火成功时（即火焰检测器检测到火焰信号），将有信号显示（点火成功与否）。

（7）若点火未成功，无信号显示，则油枪与多功能阀（三联阀）立即自动跳闸，切断油路供油。若是如此，即需查明原因，待消除后重新按上述程序进行点火。

第二节　火焰检测器

火焰检测器是燃烧器自动装置中的重要部件之一，它的作用是对火焰进行检测和监视，在锅炉点火、低负荷运行或有异常情况时防止锅炉灭火和炉内爆炸事故，确保锅炉安全运行。现代大容量锅炉燃烧器及炉膛内应装置此设备，以便对点火器的点火工况、单只主燃烧器的着火工况以及全炉膛的燃烧稳定性进行自动检测。

一、炉膛中火焰特性和辐射光谱

锅炉使用的燃料主要有煤、油、可燃气体等，这些燃料在燃烧过程中会发出可见光、红外线、紫外线等。燃料不同，三种光线的强度也不同：煤粉火焰除有不发光的 CO_2 和水蒸汽等三原子气体外，还有部分灼热发光的焦炭粒子和灰粒等，它们有较强的可见光和一定数量的紫外线，而且火焰的形状会随着负荷的变动而有明显的变化；可燃气体火焰中含有大量的透明的 CO_2 和水蒸汽等三原子气体，主要是不发光火焰，但还包含有较强的紫外线和一定数量的可见光，天然气火焰的紫外线主要产生在火焰根部的初始燃烧区；重油火焰中除了有一部分 CO_2 和水蒸气外，还悬浮着大量发光的炭黑粒子，它也有丰富的紫外线和可见光。炉膛辐射谱见图 6-14。

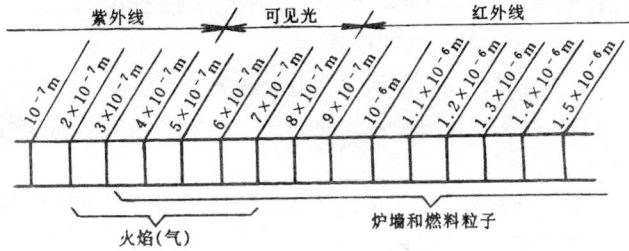

图 6-14　炉膛辐射谱

炉膛辐射能量与火焰检测感光效应范围的关系见图 6-15。各种火焰检测器检测感光的适用范围和相对灵敏度见图 6-16。

二、火焰检测器分类和性能

1. 火焰检测器分类

火焰检测器的种类很多，按其工作原理可分类如下。

（1）利用热膨胀原理。金属、液体等在火焰高温作用下受热膨胀，作为脉冲信号，直接或放大后作用于执行机构。

（2）利用热电原理。热电偶在火焰高温作用下产生电动势，经放大后作用于执行机构。

（3）利用声电原理。即利用燃烧时的扰动噪声特性。

（4）利用火焰周围压力变化原理。利用火焰周围压力变化发出信号，也可用差压变送器将风箱与炉膛间的差压变换为接点的开闭信号，转为火焰检测信号。

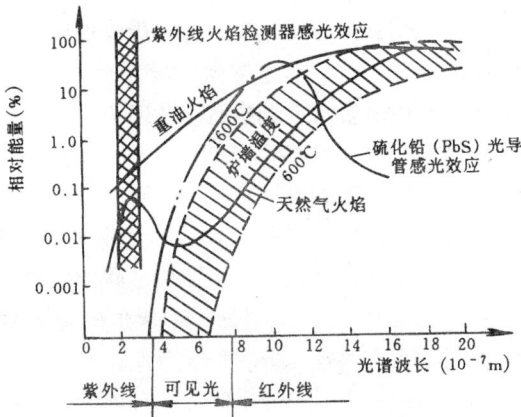

图 6-15　炉膛辐射能量与火焰检测感光效应范围的关系

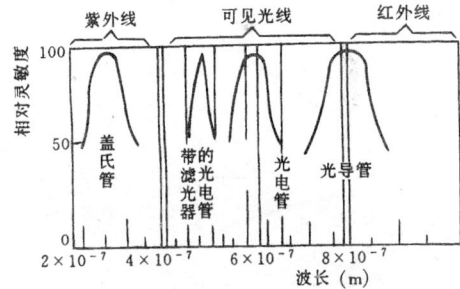

图 6-16　火焰检测器检测感光的适用范围和相对灵敏度

（5）利用火焰导电性原理。燃烧时的化学反应使火焰电离产生导电性，敏感元件的一个电极直接放置在火焰中；另一个电极接在炉膛外壳上，燃烧时则有电流通过两电极，将这一脉冲信号放大，使继电器动作。

（6）利用火焰整流原理。火焰中电子轻，易被电极吸收，而离子重，速度慢，不易被电极吸收，产生局部整流，可将加在电极两端的交流电部分整流为直流。火焰熄灭时，直流电消失，这一脉冲经放大后使继电器动作。

（7）利用火焰产生电动势原理。用高灵敏度检流计一端接喷口，另一端放在火焰中的电极上，火焰产生的电动势，使检流计指针动作。

（8）利用火焰有脉动特性原理。用硅光电池或光敏电阻作为敏感元件，将光照的火焰脉动变为交流电脉冲信号，经频带放大器放大后使继电器动作。

（9）利用火焰发光性原理。

1）光电管。在光照射下，自金属表面产生电子发射。

2）光导管。灭火后，光照消失，光导管阻值增加，引起电流、电压变化，这一脉冲经放大后使继电器动作。

3）紫外线管。在外来光线中紫外线波的照射下，紫外线管内气体分子电离，电极间激发导电，发出蓝色光辉信号。

4）硅光电池。由硅基片上一个 P—N 结组成，电池受光面为正极，背光面为负极，光照射在 P—N 结上，两端出现电压产生电流。

2. 各种火焰检测器特点

对火焰检测器的要求是：发出的检测信号可靠；有足够的灵敏度；对干扰信号有一定的识别能力；元件有一定的耐温性和抗氧化性，使用寿命较长等。对以上各种火焰检测器进行比较，它们的特点如下。

（1）利用热膨胀原理研制的火焰检测器，其优点是造价低，结构简单。缺点是热惯性大，动作时间长，感受元件直接承受高温火焰，可靠性差。一般用于小型工业炉。

（2）利用热电原理研制的火焰检测器，其优点是造价低、结构简单。缺点是热电偶热惯性较大、灵敏度差、寿命较短、可靠性差。一般用于小型工业炉。

（3）利用声电原理研制的火焰检测器，其优点是信号简单，缺点是受外界声源，噪声影响，易产生误动作。现很少采用。

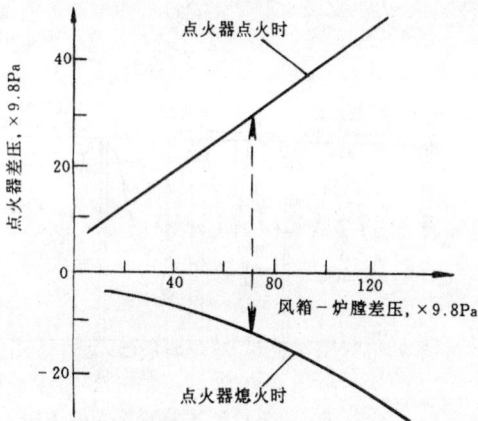

图 6-17　点火器点火、熄火时，风箱-炉膛
差压与点火器差压的关系

（4）利用火焰周围压力变化原理研制的火焰检测器，其优点是检测方法较为简单，可靠、反应灵敏。火焰检测的高压检测管紧接在涡流板上，低压检测管装于点火喇叭出口处（见图 6-11）。点火器熄火时，则涡流板处压力比喇叭出口处低；在点火器点火时，开始在喇叭内燃烧，由于燃烧产物增加，高压检测管处的压力剧增，形成如图 6-17 所示的点火器点火、熄火时风箱—炉膛差压与点火器差压的关系。因而，可以用差压变送器将风箱—炉膛差压变换成为触点的开关信号作为火焰检测信号。

美国燃烧工程公司（CE）在气炉、煤炉上较多采用此种火焰检测器。其缺点是要求微压差继电器和差压变送器的精度较高。此外当点火嘴出口处（低压检测管处）有火焰时，压力会有波动，有时会使启动范围和运行范围出现重叠—惰性区，所以压差开关不能按理想整定点动作。

（5）利用火焰导电原理研制的火焰检测器，其方框图见图 6-18，其火焰检测器整体示意图见图 6-19。图中信号导线连接端子是用来将取出信号的导线接在电缆上。放大器是将检测电极的输出电压进行放大的电子回路，设置有燃烧指示灯和输入整定开关等。电极本体用以支持火焰电极并借助法兰固定在点火器的导管内。接触电极直接插入火焰中取得输入信号。其特点是利用火焰电阻整定回路来测定正常运转时的火焰导电性；利用动作区分回路来适应火焰的稳定性；利用限

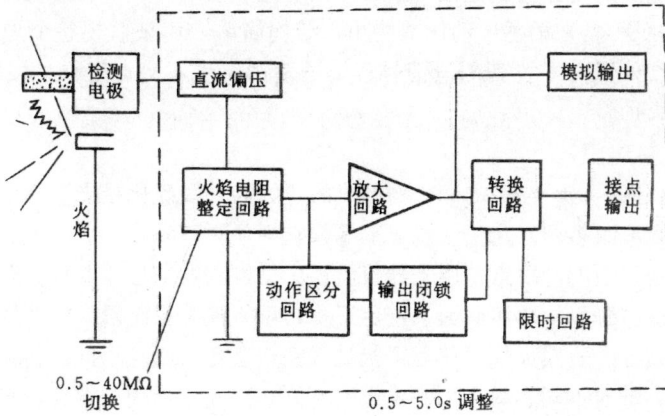

图 6-18　利用火焰导电性的直接式火焰检测器方框图

时回路的时间整定来解决邻近火焰的卷入和火焰熄灭等过渡现象。

　　这种型式较适用于无焰燃烧的煤气点火器，轻油点火器以及煤粉炉用重油点火油枪。其缺点是探头必须置于高温火焰区，易损坏，电极会积炭。此外火焰突然熄灭后，导电性消失较慢，反应持续时间较长。

　　(6) 利用火焰有整流原理研制的火焰检测器较适用于间断运行的点火器，特别是无焰燃烧的气炉。

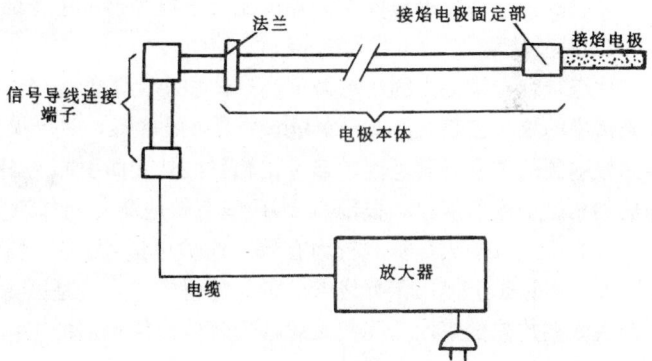

图 6-19　火焰检测器整体示意图

　　(7) 利用火焰产生电动势原理研制的火焰检测器的优点是其检测系统动作比较准确、灵敏，而且具有自我监督作用。缺点是要求有高灵敏度的检流计；电极易烧坏和积炭。多用于煤炉和气炉。

　　(8) 利用火焰有脉动特性原理研制的火焰检测器，与利用发光性原理研制的检测器主要区别在于放大器。此放大器只放大同火焰光照脉动频率一致的交流电脉冲信号，因此它非常准确地反映火焰的熄灭的工况，能检测出煤粉火焰的"闪动"。其缺点是因为火焰闪动只能在可见光区才能检测到，不太适用于气炉，而多用于煤炉、油炉。

　　(9) 利用火焰发光性原理研制的火焰检测器。

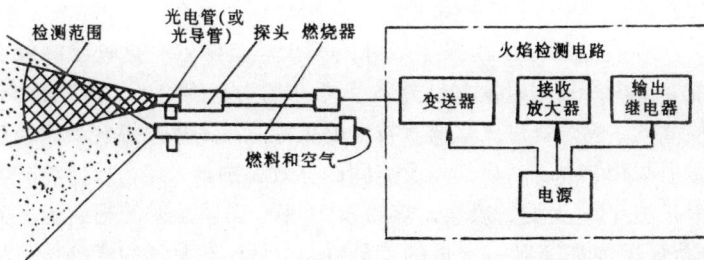

图 6-20　光电火焰检测器系统图

　　试验表明，利用火焰的声学和热量特性研制的检测器易受锅炉其他声源和热源的干扰而难以准确使用。目前电厂使用较多的是下述的光电火焰检测器，其系统见图 6-20。

　　1) 光电管。

在抽真空的玻璃泡内放置两个电极：阳极与具有光敏面的阴极。有氧化铯和锑铯光电管（真空和充气的）。它们对可见光敏感，动作惰性小，结构简单，用来监视整个炉膛熄火较好。光电管的缺点是炉墙的红外线会干扰其测量信号；管子使用温度不高；工作一段时间后灵敏度会降低。光电管多用于煤炉。

2）光导管（光敏电阻）。

光导管是由铊、镉、铅、铋等的硒化物制成的，如红外线硫化铅光导管，它是最先应用于燃油炉上的一种。光敏电阻多用硫化铅、硫化镉等，它主要对红外线、可见光感光。光导管结构简单、体积小、有一定灵敏度。缺点是用光导管监视火焰检测器信号会受到高温耐火炉墙射出红外线的干扰，且尚无法区分不同热源。为了避免干扰，可将控制系统设计成选择性地接受某一脉动频率内的信号，但相邻燃烧器火焰对信号干扰难以完全避免，而且不同燃料发出的红外线辐射的波长差别很大，光导管对不同燃料火焰的灵敏度不同，因此不适用于混合燃料。此外，管子耐温不高（不得高于 $60℃$），管子工作稳定性差，照度特性呈非线性，动作惰性也较光电管大。国内电厂用反光镜解决光导管工作温度过高问题或用专门供光导管用的冷却风机，也有研制成功用水冷却装置的光导管灭火报警放大器。光导管检测器可用于油、气炉和煤粉炉。

3）紫外线管。

优点是管子结构牢固，灵敏度高、体积小、工作环境温度高（$200℃$ 以下能长期工作），它仅对光谱中的狭小波长段 $0.2～0.3\mu m$ 的紫外线敏感，对可见光和红外线不敏感，因此它能进行优异的辐射源的辨别，避免因炉墙发出辐射红外线而引起的误动作。而且紫外线辐射主要存在于火焰的初始燃烧区（即火焰根部），因而能有效地避免相邻燃烧器的干扰。该元件对有较强紫外线的煤气、天然气的火焰检测较为有效。油炉也适用，只要将传感器对准火焰根部，就能很好工作。而在煤粉炉上使用紫外线管的可靠性就较差，这是因为煤粉燃烧时发射出紫外线并不多，且炉内有高温灼热的煤粉，飞灰及腐蚀性气体使传感器的工作条件很差。沿燃烧器周围还有较多的稠密的未燃煤粉"裙"，有较强的可见光。所以对煤粉炉一般不用紫外线作为火焰检测。

4）硅光电池。

对煤粉炉比较适用的是硅光电池，光导管或光电二极管式红外线传感器。采用硅光电池能将所检测到的脉动信号（其频率为 $150Hz$ 或更高）送至频带为 $250～280Hz$ 的放大器上来检测火焰中幅值变化的频率（即火焰的闪烁）。因红外线传感器对温度十分敏感，工作温度不能超过 $60℃$，因此不能像紫外线传感器那样可伸入炉墙内。为此研制成功一种特殊的光导纤维管，能将炉膛内火焰的红外线传送到安装在炉外的传感器。这种传感器和适当的电子系统相配合，可以用来监视煤粉炉的每只燃烧器。

与光电管、光导管相比，硅光电池具有体积小、质量轻，光电转换效率高，不需要外加电源装置等优点，温度性能比光导管好。其缺点是对紫外线不敏感，温度性能不及紫外线管。硅光电池火焰检测适用于煤炉、油炉，而不太适用于气炉。

三、火焰检测器在锅炉上的应用

20 世纪 60 年代和 70 年代，工业发达国家广泛采用紫外线型火焰检测器，这种检测器以紫外线光敏管作为检测元件。目前，国内外采用以探测红外线和可见光为基础的新型火焰检测器，逐步取代传统的紫外线光敏管检测器。燃煤锅炉火焰监测技术的关键是提高单只燃烧器火焰检测的可靠性，以及对所监视的燃烧器与相邻或相对燃烧器火焰间的有效识别。

所有火焰都会发出电磁辐射，图 6-21 为油、煤气、煤粉及 $1650℃$ 黑体发射的辐射强度光谱分布。从图 6-21 可见，所有的燃料燃烧都辐射一定量的紫外线（UV）与大量的红外线（IR），光谱范围从红外、可见直到紫外，整个光谱范围都可以用来检测火焰的"有"或"无"。

所有的火焰，除辐射稳态电磁波外，均呈脉动变化。单只燃烧器的工业锅炉火焰监视，就可以利用火焰的这个特性，采用带低通滤波器（10～20Hz）的红外固体检测器（通常用硫化铅）。但电站锅炉多个燃烧器炉膛火焰的闪烁规律与单燃烧器工业锅炉大不一样，特别是在燃烧器的喉部，闪烁频率的范围要宽得多。图6-22为燃煤与燃油的多个燃烧器炉膛投入（"有火"）或（"无火"）单只燃烧器时的火焰闪烁辐射分布。

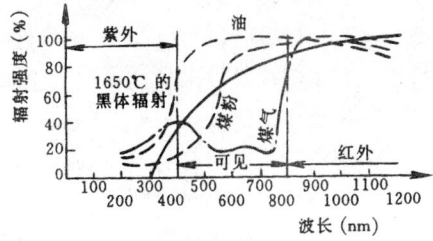

图 6-21　不同燃料火焰的辐射
强度与波长关系

从图6-22可见以下几点。

（1）煤粉"有"火与"无"间辐射强度最大差异的闪烁频率约300Hz；

（2）油"有"火与"无"火间辐射强度最大差异的闪烁频率约100Hz；

（3）煤粉与油在低频范围（10～20Hz）"有"火与"无"火间闪烁幅度的差异量都很小；

（4）对煤粉与油而言，"有"火与"无"火间的区别都要用较高的频率（100Hz以上）才能较好地实现检测。

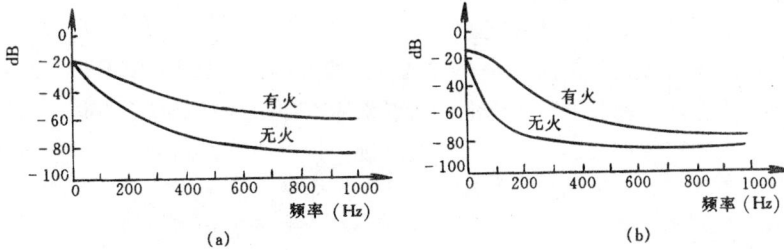

图 6-22　多燃烧器炉膛的煤粉和油火焰闪烁辐射分布
(a) 煤粉火焰；(b) 油火焰

闪烁频率与振幅间的关系，取决于燃料种类、燃烧器的运行条件（燃料—空气比、一次风速度）、燃烧器结构布置、检测的方法以及观测角度等。一般火焰闪烁频率在一次燃烧区较高，在火焰外围处较低。检测器距一次燃烧区越近，所检测到的高频成分（100～300Hz）越强。检测器探头视角越狭窄，所检测到的频率越高；视角扩大，则会测及较低频的闪烁。可以推论，全炉膛监视的闪烁频率要比单只燃烧器监视的频率低得多。

在锅炉燃烧现场可以发现，被监视火焰的信号强度可能等同于或低于毗邻的火焰信号强度，这是因为未燃煤粉在靠近燃烧器喉部处往往起到一种遮盖作用。若火焰检测器视线通过或接近遮盖区，则当该燃烧器停用而炉膛内的其他燃烧器继续燃烧时，信号强度反而比原来增加了，这个结果是用紫外线光敏管检测器监视煤粉燃烧器的一个大问题。因此燃煤或燃油锅炉推荐采用火焰闪烁高频分量的红外检测；对气体燃料则推荐紫外检测。气体火焰看来并不具有煤和油所具有的高频（200～400Hz）脉冲特性。因而红外监视系统对气体火焰是不起作用的。

1. 紫外火焰检测

紫外光敏管是一种固态脉冲器件，其发出的信号是自身脉冲频率与紫外辐射频率成比例的随机脉冲，紫外光敏管有两个电极，一般加交流高压。当辐射到电极上的紫外线足够强时，电极间就产生"雪崩"脉冲电流，其频率与紫外线强度有关，最高达几千Hz。熄火时则无脉冲。

由于紫外辐射会被油雾、水蒸气、煤尘及燃烧副产物所吸收，所以燃煤或燃油锅炉在配风失调工况下，用紫外线光敏管进行火焰检测是不可靠的。尤其是在锅炉低负荷时紫外线的辐射会大量减少（燃用劣质煤时更是这样），紫外线光敏管检测煤火焰的灵敏度很低。

与油、气不同，燃煤锅炉的火焰监视具有下列特点。

（1）紫外辐射强度低。

（2）正常启停时无明显的燃料开/关控制，即从给煤机启动到燃烧器火焰建立以及给煤机停止到火焰熄灭，均有延滞时间。

（3）检测探头工作条件恶劣（受辐射热、煤尘、飞灰与腐蚀性气体影响）。目前大型锅炉较多采用四角切圆燃烧方式，特别是当采用摆动式燃烧器时，探头只能安装在风盒里，这样的布置使探头工作条件更为恶劣。

（4）煤粉喷嘴周围有大片浓密的未燃煤粉遮盖区。

（5）由于火焰向喷嘴方向的传播速度不会超过燃料的喷口速度，所以喷嘴出口处有脱火区。

这些情况增加了紫外线检测火焰的不可靠性，一般认为紫外线检测适用于气体燃料而不适宜于煤粉燃烧。

2. 可见光与红外检测

硅固态检测器（光敏电阻、光电二极管、硅光电池）能产生与火焰亮度成比例的模拟信号，其频率相应可达 10kHz 以上，光谱范围一般从远红外到可见光。敏感元件光谱的选择可在生产过程中加以控制，或用带通滤波器来确定。

有多种煤粉火焰监视产品可检测火焰在可见光谱段的闪烁，如 BALLEY 的火焰闪烁检测器及 CE 的 Safe Scan I 等，前者采用硅光电池；后者采用带抑制红外滤波器的硅光电二极管，光敏元件的预放一般都采用对数放大器。检测器同时还能一定程度上检测火焰亮度信号及火焰闪烁频率信号，这样可正确判断有无火焰。Safe Scan I 用于燃煤锅炉的火球监视，在低负荷时反映比紫外监视灵敏。

红外火焰监视是利用红外线探测器件，检测燃烧火焰发射的红外线和近红外线来验证火焰存在与否。FORNEY 的 IDD—II 红外动态检测器在世界各地燃烧不同煤种（包括褐煤、无烟煤）的锅炉上，取得了良好的单只燃烧器监视效果。红外辐射的波长较长，所以不易被烟、飞灰或 CO_2 所吸收。检测器被设计成仅对煤火焰一次燃烧区的动态特性产生反应，而对其他火焰、炉墙等背景的红外辐射没有反应。

IDD—II 型红外火焰检测器的探头主要包括平镜、平凸镜、光导纤维、光电二极管及放大电路等部件。透镜接受到火焰中的红外线由光导纤维传送，经光—电器转换成电信号送到远方安装的电子线路板上。光导纤维是经过特殊处理的，以减少红外线的传输损失。电子线路板是以集成电路为主的，可对送来的电信号进行处理，输入有高/低两个信号通道，以适合不同工况或不同燃料的信号灵敏度需要，高/低信号通道还有助于对单只燃烧器火焰

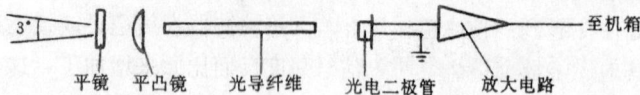

图 6-23　IDD—II 型红外火焰检测器探头示意图

鉴别。IDD—II 装置可对时间延迟量进行调整，并有自检回路，可对探头和线路进行自检。

探头的示意图，如图 6-23 所示。

火焰检测器探头布置于四角切圆燃烧炉膛各角燃烧器的二次风风口内，在同一水平高度（同一层）的四角（四个）探头与同一机箱相接。当鉴别单根油枪的火焰时，通常将探头安装在油枪旁边（上游、下游均可）；当检测全炉膛火焰时，通常将探头置于两个相邻煤粉燃烧器层中间的二次风口内，视角为 3°。

红外元件的可靠性大大优于紫外光敏管。紫外光敏管往往会"自激"，其故障形式表现为在"无"火时指示"有"火，因而必须采用带机械快门的自检系统，周期检查管子与线路是否正常。而红外元件的故障形式，多表现为"有"火时表示"无"火（不灵敏），从保护设备角度看动作是偏于安全的，红外元件本身没有虚假指示火焰闪烁的缺陷，不必自检。

　　采用什么原理是表征火焰检测器性能的重要条件，但火焰检测器性能的优劣还得从多方面来综合考虑，譬如探头定位的难易程度，电子线路的设计技巧，维护是否方便等，最终的性能优劣则应视现场应用的成功与否。

　　北仑电厂1号炉的四角燃烧器设置有12个SFTM IA型及8个ⅡA型的可见光火焰检测器，前者用于对应的12个油燃烧器的火焰检测，后者用于对四角燃烧器煤粉火焰的监测。对两种火焰采用两种不同的监测元件，其原因是在于这两种火焰可见光谱的差别，以及这两种检测元件对可见光谱敏感性的差别。图6-24表明了不同燃料在燃烧过程所发生的可见光谱，以及光谱随燃

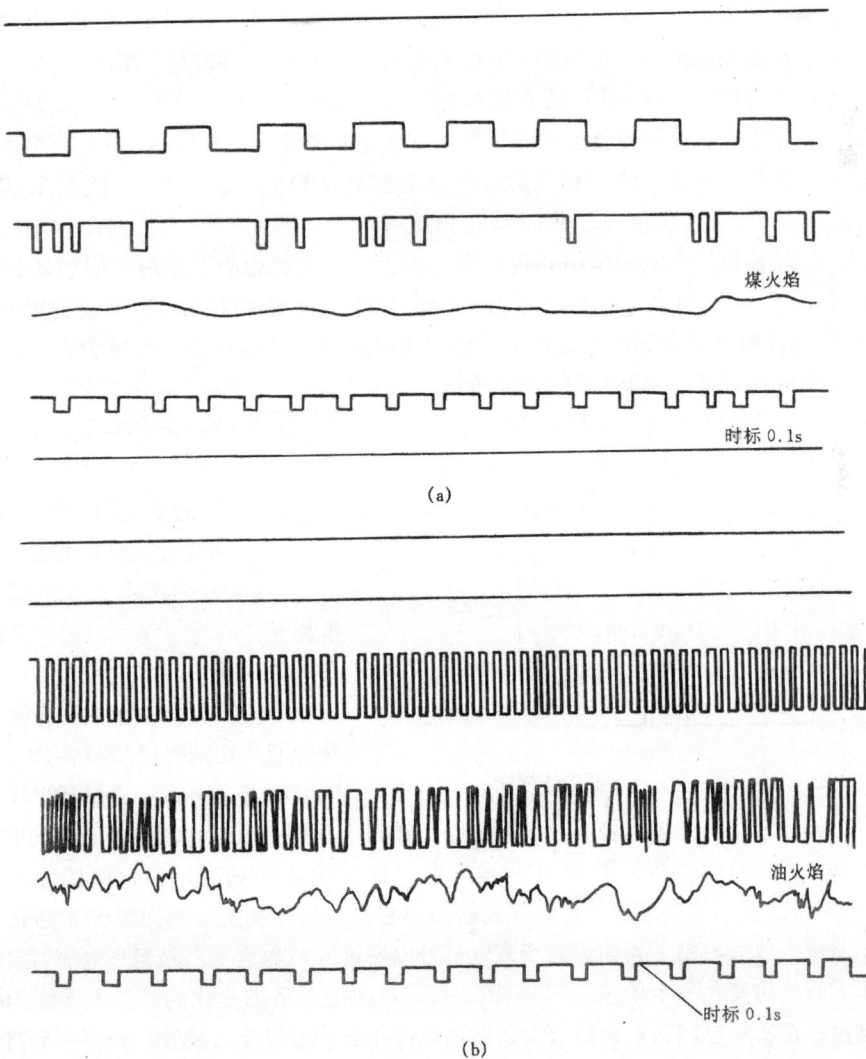

图 6-24　火焰波形

（a）煤火焰波形；（b）油火焰波形

料类别而变的情况。图 6-24（a）是煤粉火焰的，而图 6-24（b）则是单根油枪火焰的。检测装置从元件所接受到与燃料类别相应波长的火焰强度和频率来判别这一火焰是否稳定或熄灭。用以检测火焰 I A 型检测元件主要是以燃油或天然气火焰中的紫外线为对象，在燃油与天然气的锅炉中被普遍应用。但在煤粉炉上，特别是在低负荷时遇到了问题。这些问题可归纳为以下两点：

1）煤粉火焰特别是在低负荷时的煤粉火焰及煤质较差的煤粉火焰，发射出的紫外波段大幅度减少，与 I A 型的检测元件特性难适应；

2）在摆动喷嘴的切圆燃烧中，监测元件的工作环境差，以及烟尘对紫外线的大量吸收，使主要以紫外线为工作对象的检测元件工作更为困难。

II A 型的检测元件主要是以红外波段为工作对象的，对煤粉火焰具有较好的适应性。因此，从监视系统来说，两者是共通的，差别在于监测元件或探头以及系统对于信号的判别。

邹县电厂 600MW 机组的 2020t/h 锅炉，由美国 Forney 公司生产的油枪和 HESI 90 系列的高能电火花点火器，用于油枪点火。每个油枪和每个主煤粉燃烧器分别配置了 IDD—II U 火焰探测系统。每个火焰探测系统配有一个 IDD—II U 感光头、一个 ECS—Q120、IDD—II U 探测器 PCB 和一个相互连接的电缆。IDD—II U 感光探头有一个红外线敏感器，它产生一个模拟输出信号，输出信号的大小随着出现在敏感器上红外线的强度变化而改变。远程控制室火焰探测器头中的放大器放大该模拟信号，并将它送到相应的远程控制室中的 ECS—Q120PCB，该 PCB 将模拟信号转换为数字式火焰开/关输出信号，供 BMS 逻辑使用。

石洞口二厂超临界压力锅炉采用四角切圆燃烧方式，炉膛中心形成两个假想切圆，1、3 号角切圆直径 1500mm，2、4 号角切圆直径 1700mm。辅助风射流相对于一次风煤粉射流同向偏离 22°，使水冷壁与煤粉气流之间形成氧化性气氛，这对燃用低灰熔点的煤是极为有利的，可减轻炉内结渣。其燃烧器布置如第五章中表 5-6 所示。

该燃烧器点火方式由高能点火器点燃轻油点火器，再点燃相应的重油燃烧器，由重油燃烧器点燃相对应的上下煤粉燃烧器，为三级点火方式。

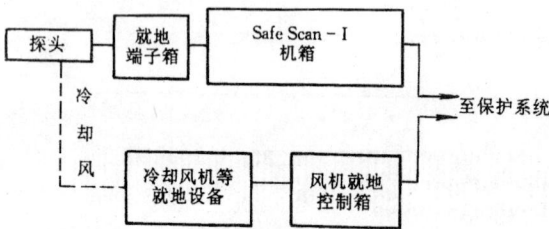

图 6-25　Safe Scan—I 型工作框图

该锅炉的火焰检测器采用 Safe Scan—I 型可见光火焰检测器。图 6-25 为 Safe Scan—I 型可见光火焰检测器工作框图。

（1）探头。

CE 公司传统地将火焰检测器探头置于四角切圆燃烧炉膛各角燃烧器二次风风口内，探头主要包括以下部件：平镜、平凸镜、光导纤维、光电二极管及放大电路。在四个角同一层二次风口内布置的四个探头与同一 Safe Scan—I 机箱相连接。图 6-26 所示光电二极管的频率响应特性，该特性决定了 Safe Scan—I 型火焰检测器的主要工作特性。在光谱图中它只响应可见光，非可见光信号被光电管隔离，根本不能进入放大电路。光信号转变成电信号以后进入对数放大器，光强电流每变化一个数量级对数放大器输出变化一个单位（即 $\log 10^N = N$），即把大范围变化的光亮度转变为一个小范围变化的电量。在实际电路上，对数放大器输出端还接有一个发光二极管。光强愈低对数放大器输出电压愈高，发光二极管愈亮，此光线对准光电二极管，形成光反馈。在炉膛内黑暗无光时，光电二极管接受发光二极管的光线，使对数放大器输出稳定在一定数值，使之不会进入死区，它也使检修人员在停炉时，在强度表上读到一些微弱读数以证明线路及元件完好，畅通无阻。对数放大器输出送到电压/电流变换器，用电缆将电流信号送至机箱。

安放于控制室附近的火焰检测屏机架上装有火焰检测器机箱，它接受从探头来的火焰电流信号，经电流/电压转换后分送以下三个电路，如图 6-27 所示。

1）强度信号。当火焰强度高于高限整定点时，强度检测电路即发出强度容许信号，强度信号降至低限整定点以上时仍为强度允许。当火焰强度低于低限整定点时为强度不允许。

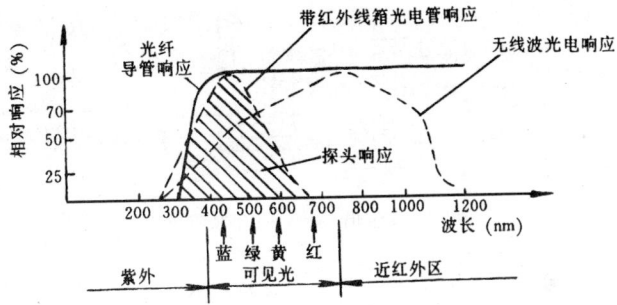

图 6-26　光电二极管的频率响应特性

2）故障检测。当火焰强度高于高限定值或低于低限定值时，故障检测电路发出故障信号。在现场由于电缆断线或短路，或者探头元件损坏时，可及时发出无火焰信号及故障报警信号。

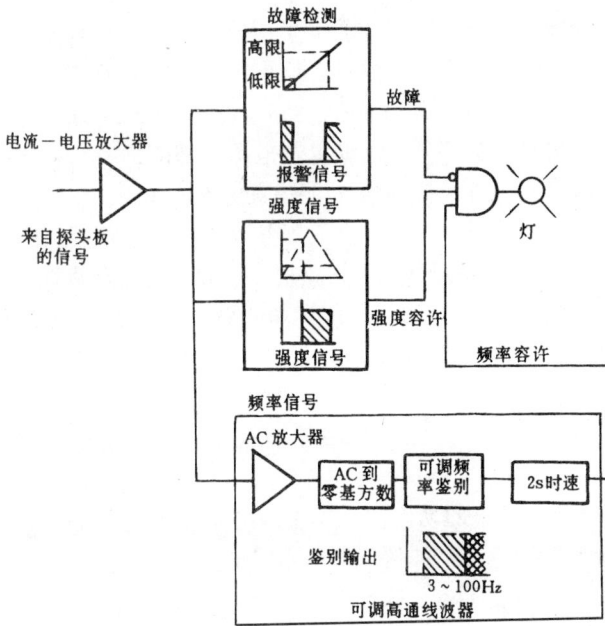

图 6-27　检测器机箱电路原理图

3）频率检测。从电流电压变换器来的火焰信号经电容隔离后，将其交流分量送频率检测回路，交流放大电路将交流信号放大，将幅值较高的交流信号变成方波信号送频率比较电路，被检测的火焰频率与人为设定的机内频率比较，当其高于机内频率时，2s 后发出频率容许信号，机内整定频率范围为 3.5～103Hz。

当强度容许、频率容许、无故障三个信号齐备时，本路火焰检测器输出有火焰信号，有灯光显示及继电器接点输出。

Safe Scan—I 型火焰检测器的每一个探头与一路强度、频率和故障检测电路相联。当检测煤粉火焰时，频率范围一般在 3.5～29Hz，当检测油火焰时频率范围一般在 30～60Hz。

但是火焰检测器探头的安装位置对频率具有重要影响，当其安装在油喷嘴根部靠近稳燃罩附近时，频率可达到上述频率；但安装位置远离油枪根部时或油枪火焰燃烧不稳定及脱火严重时，频率将降低。由于探头装于二次风口内，油枪也装于二次风口内，二次风又与上、下一次风相邻，所以二次风口内的火焰检测探头既可检测油枪火焰，又可以检测一次风口的煤粉火焰。若需要鉴别油枪是否点燃时，则需要两路频率检查回路与此探头相联。一路按油火焰频率整定，一路按煤粉火焰频率整定，这样就避免了在同一个二次风口内装设两套火焰检测探头的必要，可以节省一部分探头和电缆的投资。其原理框图如图 6-28 所示。

（2）采用 Safe Scan 可见光火焰检测器的优点。

1）它为双信号型，即对表征火焰特征的强度和脉动频率分别进行处理，而且二者都是单独

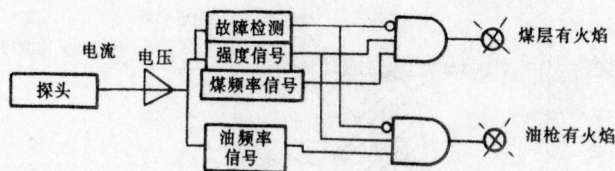

图 6-28　Safe Scan—I 型原理框图

可调的。对于火焰强度来说，这种火焰检测器设置了分开的高限值和低限值。即只有当火焰强度超过高限值时才被予以承认。火焰强度一经超过高限值，以后只要其值不低于低限值就能将此火焰信号进行保持认可。这样单独设置的高低限

值就避免了由于火焰强度大幅度变化而导致的定值困难的问题。特别是对于一些燃烧条件不好、燃烧火焰不够稳定的锅炉就更显示了其优越性。

火焰的脉动往往比火焰强度更能表征燃烧特性，特别是在燃用不同种类的燃料时，火焰的脉动特性更为明显。通常的规律是气体燃料的火焰信号频率最高，油其次，煤最低。而且它们之间的差别是很明显的，这样就能利用此特性方便地鉴别单个燃烧器的火焰。

2）采用可见光原理来检测火焰，它所反应的可见光频率与人眼所观察的火焰很接近。用可见光可以比较容易区别烧红的炉膛等炉内背景辐射（这些辐射往往都含有极丰富的红外线）。

3）可见光火焰检测器，在探头接收光线的部分，有很好的信号预处理部分。它对光电二极管的微弱信号先进行对数放大，然后经过电压/电流变换，再将表征火焰特性的电流信号传送到远处安装的处理机架上。

4）可见光火焰检测器具有自检电路，它对探头部分、电缆以及电源等都能进行自检。而且这种自检是包括在信号处理内部的，亦即在整个运行期间自检功能一直能发挥作用。

5）可见光火焰检测器的优异性能，使其对燃煤、燃油、燃气等各种燃料都能通用。同时既可用于四角切圆燃烧炉膛的火球监视，又可用于对单只燃烧器的鉴别。一种硬件只需调整不同的限值就可满足各种不同的运行要求。这样对现场维护、调整等都带来了很大的方便。实践证明，这种火焰检测器在燃煤低负荷情况下具有很好的检测能力。

第三节　燃烧器管理系统(BMS)运行程序

BMS 的运行程序指的是锅炉燃烧系统各个设备的动作所必须遵循的安全连锁，许可条件和先后顺序以及它们之间的逻辑关系，它使得整个系统能按照正确的顺序安全起停和正常运行。一旦安全连锁条件破坏或规定许可条件不满足，则自动停止执行程序，并作出相应的反应，保证锅炉燃烧系统所有设备保持在安全状态。BMS 运行程序中的一个核心问题是通过周密的安全连锁和许可条件，防止可燃性混合物在炉膛、煤粉管道和燃烧器中积存，以防止炉膛爆炸的发生。

以石洞口二厂 600MW 机组的锅炉为例（该锅炉的燃烧器布置表示在第五章表 5-6 中），叙述 BMS 的运行程序（燃烧器采用三级点火方法）。

一、锅炉清扫

炉膛清扫是在锅炉点火前或熄火（或 MFT）后进行，以除去炉膛、烟道以及管道中可能残存的可燃性混合物，防止点火时引起炉膛爆燃。炉膛清扫需要维持 30％ 的额定空气流量，至少吹扫 5min。

1. 点火前清扫

点火前炉膛清扫应满足下列许可条件：

（1）"AB、CD、EF" 层所有重油阀关闭；

（2）"AB、CD、EF" 层所有轻油阀关闭；

（3）轻油脱扣阀关闭；

（4）A、B、C、D、C、F 等 6 层燃烧器对应的 6 台磨煤机停；

（5）无锅炉跳闸指令；

（6）油系统泄漏试验成功；

（7）A、B、C、D、E、F 等 6 层煤粉燃烧器对应的 6 台给煤机停；

（8）"AB、B、CD、D、EF、F"层四选二火焰检测器"无火焰"；

（9）A、B、C、D、E、F 等 6 层煤粉燃烧器对应的燃料风门关闭；

（10）静电除尘器都处于跳闸状态；

（11）2 台一次风机停；

（12）所有各层辅助风挡板处于调节状态（风箱—炉膛差压控制）；

（13）风量大于 30%（<40% 额定风量）；

（14）燃烧器摆动角度为 0°（水平）。

当以上条件全部满足时在 CRT 上显示清扫准备完毕，允许清扫。此时按下清扫的启动按钮，锅炉自动进行清扫，清扫时间为 5min，清扫结束后 MFT 自动复置，在 CRT 上显示清扫成功。

如果在清扫时间内，上述清扫条件中的任一条件失去，将意味着清扫失败，则清扫中断（有报警），这时必须等待上述所有条件重新满足（查明原因，以满足清扫条件），运行人员重新启动一个新的清扫周期后，才能发出清扫成功信号。清扫完成信号将自动复归 MFT，使锅炉进入点火准备阶段。清扫后的风量（30%）一直可保持到锅炉负荷 30% 为止。

2. MFT（熄火）及停炉后吹扫

在锅炉 MFT 和停炉后均不应该马上停送、引风机，应保持有一定的空气量进行燃烧后的炉膛清扫。只有在完成燃烧后清扫，才能关风机。如果是由风机故障跳闸引起 MFT，则不进行燃烧后吹扫。

燃烧后（MFT、停炉后）清扫的条件是：

（1）所有重油阀关闭；

（2）所有轻油阀关闭；

（3）所有给煤机、磨煤机停止；

（4）轻油脱扣阀关闭；

（5）空气流量>30%；

（6）所有监视火球的火焰检测器显示"无火焰"。

以上条件满足保持 5min，也即进行 5min 清扫。发出脱扣后的清扫完成（清扫完成存储器置位）。当 MFT 后 20s，若此时炉膛负压大于 2.205kPa（三选二信号），清扫风机脱扣。如果是送风机全停或引风机全停而发生 MFT，则 MFT 后不进行吹扫。

二、轻油、重油系统泄漏试验

轻油、重油系统在投运之前必须进行轻油、重油系统的泄漏试验合格后才能投用，其目的是检查系统及阀门的严密性，防止油系统停用时油泄漏到炉膛，引起点火时发生爆燃，确保炉膛安全。在进行轻、重油系统泄漏试验前，必须满足轻、重油系统泄漏试验的条件。

1. 轻油系统泄漏试验

轻油系统泄漏试验的目的是检查轻油快关阀至轻油阀之间的油管路及阀门是否有泄漏。

允许做轻油系统泄漏试验的条件是：

（1）所有轻油阀关闭；

（2）"AB、CD、EF"层轻油手动阀打开；

（3）轻油供油压力满足；

（4）重油泄漏试验允许。

当以上条件全部满足时，按下泄漏试验开始的按钮，轻油泄漏试验开始，此时重油泄漏试验同时进行。首先打开轻油快关阀，同时关闭轻油排放阀，当轻油快关阀前后差压为零时，关闭轻油快关阀，保持 5min（5min 内压力未下跌，试验成功）。打开轻油排放阀，当轻油联箱压力低至脱扣值时关闭轻油排放阀，再保持 5min（快关阀后压力未回升，试验成功），轻油泄漏试验完成。

2．重油系统泄漏试验

重油系统泄漏试验亦是试验重油快关阀至重油阀之间的管路有无泄漏。

允许做重油泄漏试验的条件是：

（1）所有重油阀关闭；

（2）"AB、CD、EF" 层重油手动阀打开；

（3）重油供油压力满足；

（4）轻油泄漏试验允许。

当以上条件全部满足时，按下重油泄漏试验开始的按钮，重油泄漏试验开始，此时轻油泄漏试验同时开始。首先打开重油快关阀，当重油快关阀前后压差为零时，说明炉前油管路已充油，关闭重油快关阀，保持 5min（5min 内压力没有下跌，否则重油泄漏试验失败）。后再打开重油回油阀，当重油联箱压力低至脱扣压力时，关闭重油回油阀，保持 5min，当快关阀后压力未回升，则表明重油系统泄漏试验成功。

3．油联箱泄漏试验成功

当轻油和重油泄漏试验成功时，显示油联箱泄漏试验成功。当轻油和重油泄漏试验允许条件在试验过程中失去时或泄漏试验失败，发出报警，允许泄漏试验中断，需要重新进行试验直至成功为止。

泄漏试验中所有阀门的开、关状态在 CRT 上均有显示。

三、轻油点火器控制

石洞口二厂的轻油控制是以层为单位，即 AB、CD、EF 层，各层控制方法相同。

1．轻油（点火器）层启动

轻油层启动的条件是：

（1）轻油层启动允许；

（2）磨煤机自动方式时提供的自动启动或按下启动轻油层的按钮。

当以上条件均满足时该层轻油（点火器）启动，同时启动 1 号角，延时 15s 启动 3 号角，延时 30s 启动 2 号角，延时 45s 启动 4 号角，75s 后发出启动时间满足。

在启动轻油层的同时，先关闭辅助风挡板，然后当轻油阀 4 选 3 被验证后，使辅助风挡板开至点火时的位置。

当启动时间 75s 满足后，若轻油阀 4 选 3 未被验证，则发出报警，显示启动不成功。

2．轻油（点火器）层停止

（1）按下轻油层停止的按钮；

（2）当有轻油跳闸信号时（此时 BACK—OP 脱扣）。

以上任一情况发生时，轻油层停止，先停 1 号角，延时 15s 停 3 号角，延时 30s 停 2 号角，延时 45s 停 4 号角。

轻油层启动和停止时的各种状态均在 CRT 上显示，并通过按钮和键盘进行操作。

3. 轻油层角控制和高能点火

轻油点火器的构成如图 6-29 所示。点火器分为引燃、燃烧以及火焰检测三部分，主要由点火电极、油枪、检测器套管、涡流板、喷嘴及点火风管等组成。

点火器点火前应具备条件是：轻油系统油压为额定值；雾化空气压力为规定值；电动三联阀处于关闭位置；点火风管与炉膛之间的差压在规定范围内。电动三联阀是三个互相机械连锁的阀门，即油枪电磁阀、雾化空气阀和吹扫阀。它有两个状态：关闭与开启状态。在关闭状态时，油阀、雾化空气阀处于关闭位置，而吹扫阀处于开启位置；在开启状态时，油阀、雾化空气阀处于开启位置，而吹扫阀处于关闭位置。当点火器点火时，应先投高能点火装置，然后开启电动三联阀，这样油与雾化空气通过点火油枪的喷嘴混合雾化，形成油、空气混合物。在三联阀开启的同时，高能点火装置开始连续打火，油雾被电火花点燃，然后喷出，进入炉膛形成稳定的火焰，点燃相应的主燃烧器的燃料。当停运点火器时，三联阀处于关闭状态，即油阀，雾化空气阀关闭，而空气吹扫阀开启，将油枪内的残油吹净。

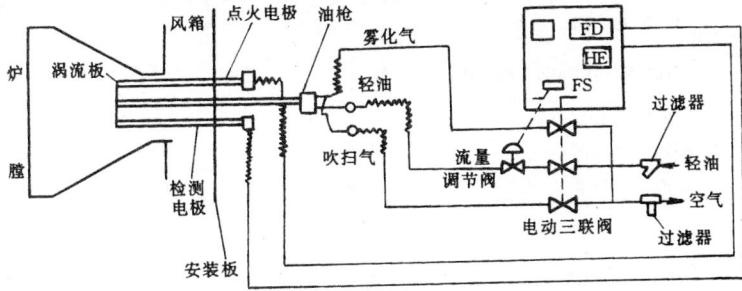

图 6-29　点火器构成

(1) 轻油点火器启动。

当轻油点火器角控制逻辑接收到"角启动"指令后，三联阀处于遥控状态，火焰检测器显示"无"火焰，轻油层角启动时间到。则三联阀由关闭到开启的中途经过清扫位置的瞬间，这时发出"在吹扫"的瞬间信号，这个信号使高能点火器变压器接通电源，自动以一定频率发出电火花，同时三联阀开启（油阀、雾化空气阀开启），即点火器进入点火试验时间。在点火试验时间内，火焰检测器将检查点火是否成功，如检测到火焰，则保持三联阀开启状态，点火器投入运行。如果点火试验时间内，火焰检测器未检测到火焰（"无火焰"），则点火失败。三联阀关闭切断油路，油枪吹扫。高能点火装置不论点火成功与否，它总是在规定点火试验时间内发出一定频率的电火花，到达此时间后，自动停止高能点火装置。

(2) 轻油点火器停止。

当发出角点火器停止的信号，三联阀即关闭、切断油路和雾化空气，油枪进行自动吹扫，吹扫时间满足，关闭吹扫阀。轻油点火器停用。

四、重油枪控制

1. 重油层控制

重油枪也是以层为单位投入运行的，自下而上逐层投运，先 AB 层、再 CD 层、EF 层。同层内四角重油枪也按 1-3-2-4 顺序自动投入。

(1) 重油层启动。

当重油层允许启动，且 4 选 3 的轻油枪（轻油点火器）被验证时，按下 BTG 盘上的启动按钮，启动 1 号角，延时 15s 启动 3 号角，延时 30s 启动 2 号角，延时 45s 启动 4 号角，延时 75s 发出启动时间到达的信号。此时油枪层的辅助风挡板开至油枪点火时的位置（即按油枪油量比例控制）。

(2) 重油层停止。

当按下 BTG 盘上的停止按钮时，先停 1 号角，延时 15s 停 3 号角，延时 30s 停 2 号角，延时 45s 停 4 号角。

2. 重油层角控制

（1）重油枪推进。

当以下条件全部满足时重油枪推进：

1）轻油阀 4 选 3 被验证；

2）雾化蒸汽阀开启；

3）重油手动阀开启；

4）三联阀处于全关状态（清扫—关断遥控开关在释放状态）；

5）角启动时间到。

此时重油枪推进到位，重油阀开，雾化蒸汽阀开（三联阀开），重油枪处于点火状态。当在一定点火时间内火焰检测器没有检测到火焰（"无火焰"），则发出重油枪点火失败信号（4 选 3 未被验证），关闭油阀、雾化阀、开启蒸汽吹扫阀。5min 后退出重油枪。

（2）重油枪停止。

当重油层角停止时间到，则油枪进行自动吹扫，5min 后停止，退出重油枪，6min 后发出 BACK—UP 脱扣信号。

重油枪进退都能在 CRT 上显示。

五、煤层控制

1. 磨煤机运行方式选择

在无 MFT 的情况下，通过磨煤机方式的选择按钮，可分别选择自动和手动。磨煤机/给煤机组自动方式的含义是给煤机和磨煤机将联动，即启动时先启动磨煤机，随后逻辑自动启动给煤机；停止时先停给煤机，后逻辑自动停磨煤机。

在主燃料跳闸 MFT 下，逻辑将自动置磨煤机方式（磨煤机/给煤机组）于手动方式。

2. 磨煤机启动和点火许可条件

（1）磨煤机启动许可条件。

在启动磨煤机前，必须满足磨煤机启动许可条件，这个指令形成的条件如下。

1）无 MFT 出现；

2）二次风温大于规定值或回转式空气预热器入口烟温大于规定值（煤粉干燥、着火要求）；

3）锅炉负荷大于规定值或炉膛出口烟温大于某一值，对于汽包炉则可采用汽包压力大于某一值（保证炉内达到一定热负荷——煤粉着火条件）；

4）燃烧器倾角为水平位置，且风量>40%全负荷额定风量，或已经有一台给煤机运行。

（2）磨煤机点火许可条件。

对于直吹式制粉系统，启动磨煤机即向炉内投煤粉（点火）。因此，在启动磨煤机前，该磨煤机必须有足够的点火能量支持。换句话说，只有当将要进入炉膛的煤粉能够被足够的点火能量点燃时，才允许启动该磨煤机。

满足下列条件中任一条件，则该层磨煤机点火许可条件建立（以 A、B 层为例，其他同理）。

1）AB 层四选三被验证（与煤粉层相邻油层投运）；

2）A 层和 B 层的给煤机速度大于 40%；

3）当锅炉负荷大于 50%，且 A 层或 B 层的给煤机速度大于 70%。

3. 磨煤机/给煤机组手动启动程序

（1）磨煤机启动准备。

磨煤机启动前必须做好以下的准备工作。

1）所有落煤管隔离闸板打开；

2）磨煤机允许启动；

3）磨煤机出口阀打开；

4）磨煤机出口温度小于70℃；

5）磨煤机惰化阀打开；

6）就地的给煤机控制开关在遥控状态；

7）冷风门打开；

8）无任何的自动启动磨煤机失败的信号；

9）石子煤排出阀打开；

10）有磨煤机在运行或一次风许可；

11）磨煤机润滑油系统允许启动；

12）无磨煤机脱扣信号。

以上条件全部满足时，指示灯亮显示磨煤机的启动准备完毕（在CRT上显示）。

（2）磨煤机启动。

在上述条件（磨煤机启动准备）成立后，如磨煤机点火许可条件也建立，则运行人员可以按磨煤机启动按钮（BTG盘），将磨煤机启动存储器置位。当密封空气母管与磨煤机的磨碗差压大于1.96kPa（200mmH$_2$O）时，则逻辑送出指令去启动磨煤机电动机启动器——电动机齿轮开关合上，磨煤机运行。若在启动后15s内磨煤机电动机齿轮开关仍没有合上，则自动停止启动。

当磨煤机电动机启动器启动后，将磨煤机状态存储器置位或磨煤机启动存储器置位，均将自动打开密封空气阀。

（3）给煤机（皮带式）启动程序。

在下列条件全部满足时，给煤机电动机启动器将被启动。

1）磨煤机启动准备完毕（这些条件继续具备）；

2）磨煤机在运转；

3）给煤机最小转速要求；

4）无MFT条件；

5）磨煤机允许点火条件继续满足；

6）无任何停给煤机的信号及停给煤机3s之后；

7）就地给煤机控制开关在遥控状态；

8）给煤机在手动方式，运行人员操作给煤机启动按钮或给煤机在自动方式，且热风门已打开。

给煤机启动后，使给煤机投入存储器置位，15s后发出指令将给煤率投入煤量总加回路。给煤机启动50s后，使"证实给煤机已投入"存储器置位，如果此时无给煤机最小转速指令，则系统将给煤量投入自动，即由协调控制系统（CCS）来控制给煤机的煤量。

4. 磨煤机/给煤机组手动停止程序（BTG盘）

在处于手动方式时，运行人员可以操作给煤机停止按钮，停止给煤机。

磨煤机手动停止，则按下磨煤机停止按钮，磨煤机与电动机齿轮开关断开，停止磨煤机。经一段时间，关闭磨煤机密封空气阀。

5. 给煤机、磨煤机跳闸

（1）给煤机跳闸。

出现下列条件之一时，给煤机自动跳闸：

1）磨煤机停；

2）MFT；

3）磨煤机电动机功率低于最小值，且给煤机开启 5s 后皮带上仍没有煤（也即断煤信号保持 5s）。

（2）磨煤机跳闸。

给煤机跳闸后，磨煤机不一定需要联跳，但出现下列任一条件时，磨煤机必须跳闸：

1）失去一台一次风机，当系统中原来运行的磨煤机多于两台时，将从上到下跳掉运行的磨煤机，直至保留最下面三层磨煤机运行（即保留 A、B、C 层）。（对于汽包炉保留上部与下部燃烧器，改变炉膛火焰中心位置，保留下部，火焰中心下移，过热汽温，再热汽温会有所降低；保留上部燃烧器，对提高汽温是有利的）。

2）MFT。

3）一次风丧失。

4）磨煤机出口阀未开。

5）磨煤机脱扣信号（FCB 要求磨煤机跳闸信号）。

6）磨煤机点火许可条件丧失（或给煤机启动后几分钟内，点火支持能量失去）。

7）各层"无火焰"脱扣。

8）磨煤机润滑油系统停运（或润滑油压低已持续若干秒）。

9）当密封空气母管与磨煤机磨碗差压小于 1.96kPa（200mmH$_2$O），持续 1min。

磨煤机跳闸，则联锁跳相应给煤机。磨煤机停止后，将使磨煤机状态存储器复归，并自动关闭磨煤机密封空气阀，同时可以通过按钮关闭磨煤机出口阀。对于磨煤机的控制均能在 CRT 键盘上进行操作，所有状态指示及报警在 CRT 上实现。

6. 煤层（磨煤机/给煤机组）自动启动、停止控制

当煤层运行方式选择置于自动方式，运行人员只需操作控制屏上磨煤机"启动""停止"按钮，则在各种安全连锁条件满足时，逻辑系统将自动启停此层煤粉层，包括磨煤机—给煤机联动，自动投相邻层的点火油层、自动开启或关闭磨煤机的热风门和热风挡板等动作。

（1）煤粉燃烧器层的自动启动。

在下列条件都满足，自动启动存储器置位信号形成：

1）磨煤机自动方式；

2）无磨煤机跳闸指令；

3）"磨煤机启动准备完毕"指令存在；

4）磨煤机启动按钮按下。

上述条件满足，它的信号去进行下列动作：

1）自动启动存储器置位；

2）自动启动相应层点火油枪；

3）开始自动启动试验周期。

在启动存储器置位，启动试验周期时间内，如果点火油枪（轻油和重油层）启动成功，轻油和重油启动时间已到，磨煤机点火条件已建立，则系统发出"自动启动磨煤机，并打开热风门"指令（此指令相当于手动方式时，按下磨煤机启动按钮），此时如密封空气母管与磨煤机磨碗差压合格的话，则逻辑系统将送出指令去启动磨煤机电动机启动器。当磨煤机已启动，热风门已打开，磨煤机出口温度达到 55℃延时 1min，发出 5s 脉冲指令，满足给煤机启动条件，给煤机将自

动启动。

当层启动试验周期时间已到，自动启动存储器未复归（仍处于置位状态），这时如磨煤机已投入运行，而给煤机未投入，则使层启动不成功存储器置位，发出层启动不成功信号，并报警。在磨煤机出口温度＞90℃时，自动关闭热风挡板，并将冷风挡板开至100％位置。

（2）煤粉燃烧器层的自动停止。

煤层自动停止的条件是：

1）无自启动的信号；

2）无磨煤机脱扣信号；

3）磨煤机自动方式；

4）给煤机无最小转速要求；

5）按下磨煤机停止按钮。

当以上条件全部满足时，发出自动停止指令，同时要求给煤机在最小转速运转，自动关闭热风门，当磨煤机出口温度小于55℃时，自动停给煤机。给煤机停止3min后自动停止磨煤机。

7. 磨煤机的热风门和温度控制

磨煤机热风门随磨煤机启动、停止而打开和关闭。在磨煤机启动时，且没有"关热风挡板"要求时，则热风门可以由运行人员在操作盘上手动按"开热风门"按钮或磨煤机自动启动时自动打开磨煤机的热风门。当磨煤机停止或有"关热风门"指令，或是按"关热风门"的按钮，立即关闭热风门。

当有"关冷风门"指令或停磨煤机时按下"关冷风门"的按钮，磨煤机冷风门关闭；当无"关冷风门"指令时按下"开启冷风门"的按钮时，打开磨煤机冷风门。

磨煤机热风门开启后，系统送出信号置风量和温度控制系统于自动。磨煤机运转时，如果热风门关闭或出现关热风挡板指令。系统将送出指令，使冷风挡板开至磨煤机100％风量的位置。

当有如下任一条件产生则关热风挡板：

1）磨煤机停；

2）运行人员手动操作控制盘上"热风门关闭"按钮；

3）给煤机停止5s内；

4）煤层启动失败；

5）磨煤机出口温度大于93℃；

6）存在"自动关热风门"指令。

当以下任一条件产生，则发出"置给煤机速度设定值至最小"指令：

1）"自动置给煤机速度设定值至最小"指令存在；

2）磨煤机电动机功率过高；

3）密封空气母管与磨煤机磨碗差压高；

4）给煤机停；

5）磨煤机推力轴承温度大于80℃。

当无给煤机最低转速要求时，且给煤机被验证，则给煤机速度控制为自动方式。

8. 一次风机控制

一次风机控制原则如下。

（1）在下述条件都满足时，发出一次风许可指令：

1）2台一次风机都在运行，或3台以上磨煤机停止且至少有一台一次风机在运行；

2）一次风管与炉膛的差压大于6.174kPa（630mmH$_2$O）。

（2）当下述条件满足时，发出一次风丧失指令：

1）任何磨煤机投入运行；

2）一次风管与炉膛差压小于 4.998kPa（510mmH$_2$O）；

3）一次风管与炉膛差压小于 6.174kPa（630mmH$_2$O），时间持续超过 5s；

4）至少有 1 台磨煤机在运行，2 台一次风机都停。

（3）满足下述条件时，允许启动第一台一次风机：

1）无 MFT；

2）"A～F"层对应的磨煤机冷风挡板开度≤5％。

（4）当系统中原来运行的磨煤机多于 4 台时，如 2 台一次风机中有 1 台跳闸，则逻辑将发出指令，按从上到下的次序跳磨煤机，即先跳 F 层磨煤机，如磨煤机运行台数仍多于 3 台，则过 2s 跳 E 层磨煤机，如此时磨煤机运行台数仍多于 3 台，则再过 2s 跳 D 层磨煤机。直至保留下面 3 层磨煤机继续运行。

9. 密封风机控制

密封风机共用 2 台，有各自的启动按钮，并互为备用。

（1）密封风机的启动。

1）当有任意一台一次风机运行时，按下风机 A、B 的启动按钮，即能分别启动密封风机 A 和 B。

2）当密封风机 A 启动失败，而密封风机 B 未运行，则延时 2s 后自动启动密封风机 B。反之也然。

3）任意一台一次风机已启动，且密封空气母管与冷风管道差压小于 0.98kPa（100mmH$_2$O），在仅有一台密封风机运行情况下延时 10s 后，自动启动另一台密封风机。

4）当任意一台一次风机启动时，在 2s 内自动启动密封风机 A（或 B），若启动失败则延时 2s 自动启动密封风机 B（或 A）。

（2）密封风机的停止。

若 2 台一次风机均停止后，隔 15s，2 台密封风机均停止。当 2 台密封风机都运行时，可手动停止风机 A 或 B，但不能停 2 台。

以上密封风机启停状态在 CRT 上均有显示并进行控制。

六、一、二次风挡板控制

正常运行时，二次风挡板开度大小由燃烧器管理系统控制，以保证良好燃烧和一定的炉膛负压。在煤层和油层启停过程中，协调控制系统接受 BMS 关于挡板开、关和置位的指令。

（1）当任意一层对应给煤机停止，持续 50s，发出关闭所在层的燃料风挡板指令。

（2）轻油和重油点火时的辅助风挡板位置控制：

1）当 E、F 磨煤机停时，且 E、F 层的辅助风要求在点轻油时的位置，则发出 EF 层辅助风在点轻油时的位置指令。

2）当 E、F 磨煤机停时，且 E、F 层的辅助风要求在点重油时的位置，则发出 EF 层辅助风在点重油时的位置指令。

AB、CD 层辅助风控制与 EF 层一样进行控制。

（3）当锅炉负荷大于 30％MCR 时，下列情况每隔 10s 从顶到底关闭辅助风挡板：

1）当无 MFT 条件，且 "A～F" 层中任意的磨煤机停，则关闭相对应的 "AA～FF" 层的辅助风挡板，即根据是否停运该层磨煤机来决定辅助风挡板关闭与否。

2）对于 AB、CD、EF 层辅助风挡板控制。当无 MFT 条件，且 E、F 层磨煤机都停和 EF 层辅助风不处于轻油和重油的点火位置，则关闭 EF 层辅助风挡板。AB、CD 层辅助风的控制同 EF 层。

（4）当锅炉负荷小于 30%MCR 时，需要油助燃或重油燃烧，则辅助风挡板从底部到顶部每隔 10s 开启各层辅助风挡板。而对于 AB、CD、EF 层辅助风挡板控制，当无 MFT 条件，且 EF 层无点火要求则关闭 EF 层辅助风挡板（AB、CD 层控制同 EF 层）。

（5）当 MFT 信号存在或 2 台送风机或 2 台引风机均未投运时，燃料风挡板存储器置位，发出信号，打开各层燃料风挡板，并在 30s 后保持。同时打开辅助风挡板，并在 5s 后保持，并切换辅助风挡板为手动控制。

七、燃料安全系统——燃料跳闸

燃料安全系统的主要作用是连续监视预先确定的各种安全运行条件是否满足，一旦出现可能危及锅炉安全运行的危险工况。因此，要尽快切断进入炉膛的燃料，以避免炉内发生爆燃或限制事故扩大。

燃料安全系统的另一功能是所谓首先跳闸原因指示，它能对引起跳闸（MFT）动作的初始原因进行记忆，并给运行人员显示出来，这样就方便了运行人员去查找故障原因及采取正确措施。

1. 主燃料跳闸 MFT

MFT 是燃烧器管理系统 BMS 中最重要的安全功能，在出现任何危及锅炉安全运行的危险工况下，MFT 动作将快速切断所有进入炉膛的燃料，即切断所有的油和煤输入。

（1）在出现下列任一条件时将引起 MFT 动作（该机组锅炉为超临界直流锅炉）。

1）所有送风机停运。

2）所有引风机停运。

3）汽机跳闸和汽机旁路系统不投。

4）过热器出口压力高。

5）仪用空气压力低跳闸。

6）水冷壁出口温度高（中间点温度高）。

7）两个紧急脱扣按钮同时按下（手动跳闸）。

8）空气流量小于 25%。

9）炉膛压力高，大于 1.47kPa（150mmH$_2$O）（三选二）。

10）炉膛负压高，大于 1.715kPa（175mmH$_2$O）（三选二）。

11）燃料丧失跳闸。

12）全火焰丧失。

13）主汽温度高。

14）工厂保护系统来的 MFT（如厂用电源消失等）。

当以上任意一个条件成立均产生 MFT，并在 CRT 显示哪一个条件首先触发 MFT，直至 MFT 被复置。触发 MFT 的条件及一些重要信息将送至 SOE，并打印出动作时间。

（2）MFT 将引起下列动作。

1）轻油层脱扣，首先关闭轻油快关阀，EF 层轻油脱扣，延时 2s，CD 层轻油脱扣，再延时 2s，AB 层轻油脱扣（三联阀关闭）。

2）MFT 后延时 10s 重油层脱扣，先关闭重油快关阀，EF 层重油脱扣，延时 2s，CD 层重油脱扣，再延时 2s，AB 层重油脱扣。

3）磨煤机立即切为手动方式，延时 5min，开足磨煤机冷风挡板，保证 100%空气流量。

4）打开辅助风和燃料风挡板，先打开 D、E、F 层的燃料风挡板，30s 后打开下 3 层（A、B、C）的燃料风挡板。MFT 后延时 5s，打开所有层辅助风挡板，且将辅助风挡板切为手动。

5）A、B 一次风机脱扣。

6）关所有磨煤机电动机齿轮开关，同时关闭磨煤机密封空气阀。

7）关所有给煤机。

8）跳电气除尘器 A、B。

9）跳汽轮发电机（机组连锁）。

10）跳吹灰器。

11）送信号至协调控制系统。

以上状态在 CRT 上均有显示。

2. 失去燃料跳闸

满足以下条件将失去燃料跳闸。

（1）无 MFT，且"AB、CD、EF"层的任何阀门打开（失去燃料跳闸）的必要条件。

（2）3 层重油阀关，或重油快关阀关。

（3）3 层轻油阀关，或轻油快关阀关。

（4）所有给煤机停。

八、火焰检测逻辑

火焰检测是锅炉安全系统中非常重要的组成部分，炉膛爆炸大部分是由于炉膛灭火，随后对积聚起来的可爆性燃料空气混合物再点火而引起的。引起炉膛灭火的原因，在绝大多数情况下是炉膛燃烧不稳定，而在任何负荷下都有可能发生燃烧不稳定的情况。

一个高质量的火焰检测系统，包括设计和制造精良可靠的火焰检测器硬件及一个考虑周到、适用于各种工况的火焰检测逻辑，可以作为锅炉安全系统最后防线。它能及时、可能地测出"炉膛灭火工况"，并通过"全炉膛灭火"的 MFT 迅速切断一切燃料，从而防止炉膛中可爆燃料空气混合物的积聚，防止爆炸。石洞口二厂火焰检测系统共配置了 3 层（AB、CD、EF）共 12 只鉴别油枪火焰的火焰检测器和 3 层（B、D、F）12 支监视炉膛火球火焰的全炉膛火焰检测器。鉴别型火焰检测器负责监视单根油枪的火焰。对于全炉膛火焰监视逻辑系统，首先要说明以下两个问题。

（1）全炉膛火焰检测指的是主燃料及煤粉已经进入炉膛后的燃烧工况。在煤粉没有投，只有点火燃料即油燃烧的情况下，全炉膛火焰检测系统不投入运行。只有在任意台的给煤机在运行（给煤机验证）信号，即证明煤粉确已投入炉膛后，全炉膛火焰检测系统才投入。

（2）火球火焰检测采用层检测方式。B、D、F 层的火焰检测器只检测 B、D、F 层的煤粉火焰；而 AB、CD、EF 层的火焰检测器既检测油层的火焰，又检测煤层的火焰（如 AB 层火焰检测器检测 A、B 层煤粉火焰）。这样布置使火焰检测器的个数可以减少。

1. 层火焰检测状态

每个火焰检测器层在 CRT 上均能显示其火焰状态，层火焰检测器四选三证实有火焰，则显示该层有火焰；当该层火焰检测器四选二无火焰，则显示该层无火焰。

2. 煤粉 B、D、F 层的火焰检测器

（1）给煤机 B 停止并延时 2s。

（2）B 层四选二火焰检测器无火焰。

以上条件之一满足，则 CRT 上显示 B 层无火焰。D 层、F 层同 B 层。

3. 轻、重油 AB、CD、EF 层的火焰检测器

（1）给煤机 A、B 全停，且延时 2s。

（2）AB 层（油层）任何阀门未动作关闭和 AB 层 4 选 2 阀门没被验证。

（3）AB 层 4 选 2 火焰检测器无火焰，且 AB 层 4 选 2 阀门没被验证。

以上任一条件满足，则 CRT 上显示 AB 层无火焰。CD、EF 层同 AB 层。

4. 全炉膛灭火（全火焰丧失）条件

（1）AB、B、CD、D、EF、F 层都显示无火焰。

（2）任意台给煤机在运行（给煤证实—有煤粉投入）。

满足以上两个条件，则发出全炉膛灭火信号，产生 MFT（全炉膛灭火加给煤证实条件，就是在炉内投煤粉条件下才会出现全炉膛灭火保护动作，这是为了防止正常停炉时出现全炉膛灭火保护动作之故）。

5. 火焰检测的位置显示

任意层、任意角有火焰时，CRT 上可显示出对应层和角有火焰。

九、火焰检测器探头冷却风机控制

火焰检测器探头冷却风系统是保证火焰检测器正常工作的重要条件，它连续不断地供给探头一定压力的冷却风，使探头得到冷却，并保证清洁。探头冷却风机应有非常可靠的供电电源，并采用双机系统，每台都应具备 100% 的冷却风量供应能力。

探头冷却风管对炉膛的差压要求值，应根据所选用的火焰检测器的要求来决定，对于 CE 公司所用 Safe Scan—I 型火焰检测器，这个值约为 1.509kPa（154.4mmH$_2$O）。

冷却风机的控制情况如下。

1. 冷却风机启动

（1）按下启动按钮分别可启动冷却风机 A 和 B。

（2）当冷却风管与炉膛的差压小于 1.47kPa（150mmH$_2$O）时，自动启动冷却风机 A，若延时 5s 差压仍小于 1.47kPa（150mmH$_2$O），则自动启动冷却风机 B。

（3）当风机 A 启动失败，延时 2s 自动启动冷却风机 B。同样风机 B 启动失败，延时 2s 自动启动冷却风机 A。

2. 冷却风机停止

只有当冷却风管与炉膛差压大于 1.47kPa（150mmH$_2$O）时，可按下停止按钮能停止风机 A 或 B。在运行时只能停用一台冷却风机。当冷却风管与炉膛差压大于 5.88kPa（600mmH$_2$O）时，风机 A 或风机 B 手动停止。

当锅炉炉膛温度<149℃风机 A、B 停，并切断风机电源，防止风机自启动。

3. 当送风机全停时冷却风机的控制

探头冷却风取自送风机出口冷二次风管道，在 2 台送风机全停时，同时启动冷却风机 A 和 B，且打开紧急挡板、通大气的隔绝挡板。送风机一投入运行，紧急挡板则自动关闭。

4. 冷却风消失报警

当冷却风管道与炉膛差压小于 1.47kPa（150mmH$_2$O），持续时间 10s，发出火焰检测器冷却风消失报警，提醒运行人员注意。

复习思考题

1. 旋流燃烧器与直流燃烧器点火方式有哪几种？高能点火器（HEA）点燃油枪的基本操作过程是怎样的？

2. 火焰检测器检测火焰的基本原理是怎样的？

3. 采用 Safe Scan 可见光火焰检测器的优点有哪些？

4. 燃烧器管理系统（BMS）或炉膛安全监空系统（FSSS）的功能有哪些？

5. 主燃料跳闸 MFT 有哪些条件（汽包炉）？MFT 将连锁动作哪些设备与系统？

6. 全炉膛灭火保护（全火焰丧失）条件是什么？为什么在条件中要加入"给煤证实"（或"给粉证实"）的逻辑条件？

第七章

燃烧中问题

第一节 炉膛结渣

产生结渣的先决条件是呈熔融状态颗粒与壁面的碰撞。煤粉炉内的颗粒随气流运动，由流场决定气流向壁面的冲刷程度，决定灰粒与壁面碰撞的机率。此外较大尺寸的颗粒容易从转向气流中分离出来，与壁面碰撞，因此急剧的气流转向与粗的煤粉细度是容易导致结渣的。低的灰粒熔融温度和高的壁面温度使灰粒与壁面碰撞之际易呈熔融状态；粗的灰粒也因分离速度大，碰撞壁面前经历的分离时间短，冷却不易而呈熔融状态；不清洁的水冷壁，吸热能力弱，区域温度高，对灰粒的冷却能力弱，使灰粒在碰撞之际易呈熔融状态。灰的熔融特性温度是与所处环境气氛相关的，若氧化性气氛则熔融温度高，还原性气氛则低，因此炉内的过量空气系数也影响到炉内的结渣。所以结渣并不是单纯决定于煤灰特性的，而与许多因素密切相关，并通过灰粒的熔融特性温度与结渣倾向相连系。

一、煤灰结渣倾向特性

煤灰并不是一个单一的物质，其熔融特性是随着它的组分而异的。煤灰从固态转变为液态是一个连续的过程，熔融温度不是一个单值，只能以它处于什么熔融状态下的几个温度值来表明。一种被广泛接受的方法是以煤灰试样在受热升温过程中，变形到几个特定形态时的相应温度来表达，如变形温度、软化温度和熔化温度（流动温度）。煤灰的试样是由用煤灰工业分析方法得到的灰，按规定的制备方法制作成的灰锥。因此，由此得出的结果是集无数灰粒于一体的煤灰熔融倾向的总体特性。这种试验和表达方法是在早期为研究层燃炉的结渣问题而建立的，实践也证明对于燃烧过程处于煤灰集结状态的层燃过程中的结渣是较充分有效的，但对于燃烧过程是处于各个煤粉或灰粒分离状态的煤粉炉则并不充分。在层燃炉中，煤灰分间相互接触、相互反应和结渣行为决定于（至少在相当程度上）灰分的总体；在煤粉炉中，颗粒间的相互分离使煤灰的熔融特性或结渣倾向只决定于各单个煤粉颗粒的行为。煤粉在磨制过程中会产生一定的离析，各个煤粉颗粒的含灰量及其组分并不相同，使各颗粒灰分间的反应只限于颗粒之内，其熔融特性也随颗粒而异，难以只用一个总体特性来表达，必须辅之以一些其他的补充指标。又鉴于煤及其灰分的复杂性、以及与燃烧间的复杂关系，迄今人们对于结渣行为与煤灰特性之间的关系还所知甚少，因此这些补充指标还带有一定的探索性，不同指标被不同的人们所采用，迄今尚未统一。现择其使用较广的介绍如后。

（一）煤灰熔融特性温度

煤灰的熔融特性温度也与煤的其他指标情况类同，即在相当的程度上是人为的。虽然目前在各个不同的国家和地区都是通过目测灰锥样在升温过程中的形态改变到一定程度时的温度来表征的，但在测量方法和表征的具体规定中又各有不同。从而说明这些方法都是经验性的和煤灰熔融特性本身是复杂的。

我国的煤灰的熔点温度按国家标准《煤灰熔融性测定方法》进行。标准所规定的测定方法要点是：将煤灰样制成一定尺寸的正三角锥，在一定的气体介质中以一定升温速度加热，观察灰锥在受热过程中的形态变化；测定它的三个熔融特性温度——变形温度（DT）、软化温度（ST）和流动温度（FT）。并定义变形温度为灰锥顶部开始变圆或弯曲时的温度（见图 7-1 中 DT）。软化温度按灰锥变形到图 7-1 中 ST 所示三种形态之一时的温度决定，软化温度是锥体弯曲到端部接触底板、灰锥变形到呈球形，或高度等于底长的半球形时的温度。流动温度是指灰锥熔化呈液体状，或展开成厚度在 1.5mm 以下的薄层或锥体逐渐缩小，最后接近消失时的温度（见图 7-1 中的 FT）。方法

图 7-1　灰锥熔融特性温度示意图

中所说的灰锥是指用煤灰工业分析方法中烧灼成灰的方法所得到的灰；所说的灰锥是由在上述灰样中掺加 10% 的可溶性淀粉，经在模型中挤压成的高 20mm，底边长 7mm 的正三角锥；一定的气体介质是指弱还原性气氛。

美国的测定和表达方法，规定按 ASTM—D1857 进行。灰锥呈高 19.05mm（3/4″），底边 6.35mm（1/4″）等边三角形；加热炉内的气氛为还原性或氧化性，决定于进行测定的要求。并按灰锥样在经历升温过程中分别达到四个形态特性时的温度来表征。它们是始变形温度（IT）、软化温度（ST）、半球温度（HT）以及流动温度（FT），这四个温度的形态特征如图 7-2 所示。始变形温度定义为：灰锥尖开始有任何变形时的温度，若尖端仍维持尖角，而锥体缩短则不计。

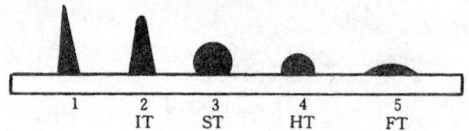

图 7-2　ASTM 的灰渣混界温度点

软化温度定义为：灰锥熔融呈近似球形，即高度相当于底宽时的温度。半球温度定义为：在锥已熔融呈半球形，即高度为底宽 1/2 时的温度。流动温度则定义为：灰锥已熔融成高度仅 1.588mm（1/16″）的平片时的温度。并在用这些温度值表达的同时，表明测定的气氛条件，即氧化性或还原性。应该说 ASTM 标准未修改前，美国也袭用与我国基本相同的三个温度的表达方法。

其他各国的表达和测定方法也都大同小异，如英国、德国、俄罗斯都用始变形温度、半球温度和流动温度三个特征变形温度来表达。但在具体规定上又都各有不同，如英国 BS1016 所规定的灰锥是高 8～13mm，三角形底边宽为高度 1/2～1/3 的棱锥；而德国 DINSI—730 所规定"锥"则是高 3mm、直径 3mm 的圆柱体。

另一个已不属于煤灰熔点温度范围，但也与炉内结渣相关的特征温度是 T_{250}，它是指煤灰处于可流动状态，并具有 25Pa·s（250 泊）黏度时的灰渣温度，它表明了温度与灰渣流动特性间的关系。25Pa·s（250 泊），被认为是灰渣在液态排渣炉内的流动特性可以接受的最大黏度，从而也表明结渣层表面上液态灰渣的流动层与结渣层的构成特性。T_{250} 可通过对处于流动温度以上呈液态的灰渣样品，测定某一个表面与液态灰渣间的剪应力，根据相应于灰渣黏度为 25Pa·s（250 泊）的对应温度得出。

并有不少研究工作者就煤灰组成与其熔融特性温度的关系进行过研究，并试图建立其间的关系。研究结果所达成的共识是，如果煤灰的粒度很小，且混合是十分均匀的，则：①熔融特性温度就只与灰渣的组分有关，与灰渣的来源无关。②软化温度与组成灰的各种氧化物的相平衡图关系密切，或者说可以通过相平衡图得出它的软化温度值。但在建立两者关系的计算式上没有什么

进展，这可能是由于结论是在实验室用化学制品配制成的灰的试验结果得出的，而存在于实际煤灰分中一些微量元素，对于灰的熔融特性温度却具有相当的影响，使用常规灰组分分析方法得出结果来预测这一温度时，所得的结果并不足够确切。再加以灰渣的熔融温度测定，如同前述并不十分复杂，使寻求其间的关系并不十分迫切。其后许多研究工作者了解到煤各组分间在高温条件下会相互反应并生成多种低熔点温度化合物这一现象之后，开始认识到不能单纯通过各单项灰组分相图的方法来预测灰的熔点温度。以转向着手建立前述多种煤灰组分的单项指标，并使它们与在炉内的结渣倾向建立关系。

（二）一些与煤灰结渣倾向相关的单项指标

煤灰的组分随煤种或产地有相当的差别，尤其是在排除 SiO_2 及 Al_2O_3 后进行对比时，对于极大部分煤种来说，SiO_2 及 Al_2O_3 都是煤灰分的最主要组成，且相对的变化并不大，显然这多是在煤的成煤过程中，以及其后的采掘、输送过程中混入或夹杂进去的砂、石类的外来物料。从处于分离状态的纯 SiO_2 及 Al_2O_3 而言，都具有很高的熔点温度，在炉内的温度下不致呈熔融状。对煤灰熔融特性的影响表现为与其他组成物间的反应。一些单项指标基本上是据此提出的。

从煤灰的组成可以看出，煤灰中的 SiO_2、Al_2O_3、TiO_2 等是酸性氧化物，从表 7-1 可以看出，它们各自都具有高的熔点温度。组分中的 Fe_2O_3、CaO、MgO、Na_2O、K_2O 是碱性的氧化物，除钾、钠氧化物会不高的温度下升华外，它们也都具有高的、或者低的熔点温度。如果酸碱两种物质间并不产生反应，那么煤灰的熔点温度可以按其组分与各自的熔点温度通过加权平均的方法得出。但实际上它们将在达到不同温度时产生反应，并生成熔点温度相对是低的复合盐。表 7-1 中列出了这些灰组分，及其所生成的复合盐的熔点温度。

表 7-1　　　　　　　　　　　　　煤灰中各种组分及其复合盐特性

元　素	氧 化 物	熔点温度（℃）	酸性或碱性	化 合 物	熔点温度（℃）
Si	SiO_2	1716	酸性	Na_2SiO_3	877
Al	Al_2O_3	2043	酸性	K_2SiO_3	977
Ti	Ti_2O_2	1838	酸性	$Al_2O_3 \cdot Na_2O \cdot 6SiO_2$	1099
Fe	Fe_2O_3	1566	碱性	$Al_2O_3 \cdot K_2O \cdot 6SiO_2$	1148
Ca	CaO	2512	碱性	$FeSiO_3$	1143
Mg	MgO	2799	碱性	$CaO \cdot Fe_2O_3$	1249
Na	Na_2O	1227 时升华	碱性	$CaO \cdot MgO \cdot 2SiO_2$	1391
K	K_2O	349 时分解	碱性	$CaSiO_3$	1540

这些组成物间的反应，复合盐的生成，使煤灰的熔点温度下降，熔融特性变得复杂，并与各组成物组分间的比量相关。现就这类单项指标选择常用的作逐一介绍。

1. 碱酸比（B/A）

从上表可以看出，那些熔点温度低的化合物多出自煤灰中酸性与碱性组成的化合物，这种低熔点的化合物是促进熔点温度中灰锥变形，以及炉内结渣的黏结剂。使煤灰的碱酸比与它的结渣倾向相关。碱酸比的定义和值可按下式决定，各组分的值来自灰组分分析

$$B/A = \frac{Fe_2O_3 + CaO + MgO + Na_2O + K_2O}{SiO_2 + Al_2O_3 + TiO_2}$$

B/A 与结渣倾向间的关系可理解为，如果煤灰组分中，碱酸二类组分中一项含量很高，而另一项很小，亦即 B/A 的值很大，或者很小，那么可生成的低熔点复合盐量就少，这一煤种的灰熔点温度就高，结渣的倾向性也小，反之也反。但是由于钾、钠在较低的温度下会升华或分解，铁的熔点温度也不高，且实际上多以分离状态的黄铁矿形式存在于煤中，因此当这三者在煤灰中有一定含量时，B/A 值对结渣倾向的预计正确性就受到影响，使 B/A 值成为一种可以预计结渣倾向，而又不是唯此就能作出预计的指标。B/A 值只决定于煤灰中碱酸二类氧化物的总量比，没有顾及各种碱性组分的"助熔"方面的差别。所谓助熔是指组成物质降低混合物熔点温度的能力，诸如在耐火材料中，微量的铁会使耐火材料的可使用温度有很大的下降。另一可以说明的问题是：如某种煤灰的铝和铁的含量较大，另一种煤灰的硅和钙的含量较大，这两种灰可以具有相同的 B/A 值，但实践表明了它们的熔融特性却有很大的差别。但也应该说明，对于大多数的烟煤煤种，钾、钠含量均小，因此 B/A 值仍不失为一个很有用的指标。对于 B/A 处于 0.4～0.7 的煤种，其灰熔点总是低的，结渣性总是强的；而小于此值的则多是弱的结渣性能。

2. 硅铝比

　　硅铝比也是表达煤灰熔融特性的指标之一。硅和铝的氧化物都属酸性，也都具有很高的熔点温度，但由于硅比铝具有与碱性组分为强的反应性能，因此二种碱酸比相同的灰，硅铝比高的那一种总具有较低的熔点温度。硅铝比的定义为 SiO_2/Al_2O_3。

　　一般煤灰的硅铝比常在 0.4～8 范围。硅铝比对煤灰熔融特性的影响颇为复杂，实验室的试验结果具有如图 7-3 所示的关系。曲线表明硅铝比在 1.7～2.8 范围时，对熔融温度的影响不大，但在比值小于 1.7 时，煤灰的软化温度和流动温度都迅速增高；比值大于 2.8 后，流动温度迅速下降。不论比值如何变化，对始变形温度均基本上没有影响。曲线是在保持其他组分不变，只改变硅铝比的条件下得出的结果。

3. 铁钙比

　　铁钙比定义为 Fe_2O_3/CaO。实践结果表明，发生于煤燃烧过程中的许多麻烦，多由灰分中的铁氧化物所造成。含铁量高的煤种，具有高的结渣倾向，并与铁在煤中的存在形式关系密切。分布均匀的煤种所可能导致的麻烦比分布不均匀的为大。这是由于以分离状态存在于煤灰中的含铁灰分（黄铁矿），较容易在采用中速磨煤机的石子煤排出系统中得到分离，更因在煤粉中常以单质颗粒的形态存在，少有与其他组分反应的机会。

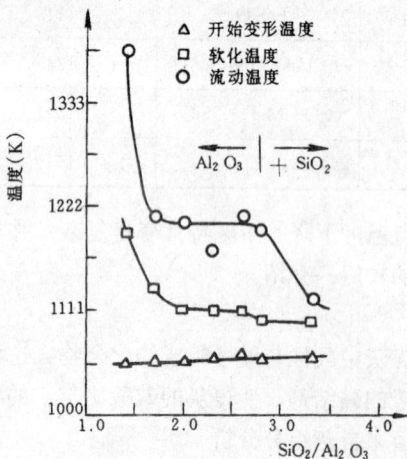

图 7-3　硅/铝对灰熔融温度的作用

　　铁钙比是对前述碱酸比没有涉及助熔作用的一个补充指标。通过铁钙比对铁的助熔作用研究所得出的结论可归纳为四点：①若灰中没有钙，氧化铁不会形成易熔的渣。②氧化铁含量在 20% 以下时，其助熔作用随含量的增大而增大，但在 20%～40% 之间时，实际上助熔性是保持不变的。③氧化铁和石灰合成的助熔作用与煤灰中它们的含量有复杂的关系。在灰中的氧化铁含量大于 14% 时，增加氧化钙的含量对降低熔融温度所造成的影响要比增加同等数量氧化铁的影响来得大。④煤灰中的氧化铁含量，通常都小于氧化钙，它和氧化钙共同的助熔作用，要比补充等量氧化钙比达到 3：2 时所产生的助熔作用为大。通过表 7-2 可以进一步看清这种对灰熔融特性的影响。

一般而言，煤灰中铁钙比不会有如此之大的变化，但如在炉内采用石灰或石灰石进行脱硫时，这个比值就会出现很大的变化，石灰的掺加会对灰的熔融特性产生影响。图 7-4 是美国东部某一煤种在为炉内脱硫而在煤中掺加石灰石时的灰熔点温度变化情况。根据表 7-1、表 7-2、图 7-4 以及其他一些有关资料可以得出的结论是：当铁钙比在 10～0.2 范围内具有降低灰熔点温度的作用，并以在 0.3～3 范围的影响最大。

表 7-2   铁钙比对灰软化温度的影响

煤 灰	Fe_2O_3	CaO	Fe_2O_3/CaO	灰的软化温度（℃）
1	31.8	0.3	106.0	1293
2	24.8	2	12.4	1243
3	21.3	4.8	4.4	1166

有时这一指标也以氧化铁、白云石比来表达，此时定义为 $Fe_2O_3/(CaO+MgO)$。大多数烟煤煤种的铁与白云石比常大于 1，当煤灰中的 MgO 含量高时，一般常用此值来表征。

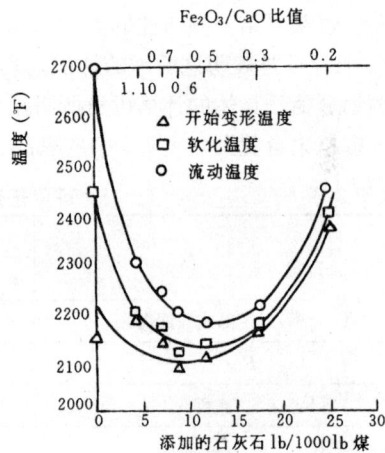

图 7-4 加石灰石对美国东部煤灰熔融温度的影响

4. 当量 Fe_2O_3 和 Fe 的百分含量（FP）

这个指标表明了煤灰中铁的氧化程度。鉴于煤灰分中的铁，在较强的氧化性气氛下，主要生成 Fe_2O_3，而在较强的还原性气氛下，主要以 FeO 或以 Fe 的状态存在。虽然在煤炭工业分析灰分中都属于 Fe_2O_3，但 Fe 和 FeO 要比 Fe_2O_3 具有更强的助熔作用，从而影响到熔融特性温度。当量 Fe_2O_3 的定义为

当量 $Fe_2O_3 = Fe_2O_3 + 1.11FeO + 1.43Fe$

式中，1.11 及 1.43 分别是对 Fe 而言，一份 Fe 或 1.11 份 FeO 相当于 1.43 份 Fe_2O_3。

而 FP 的定义为

$$FP = (Fe_2O_3/\text{当量 } Fe_2O_3) \times 100\%$$

当量 Fe_2O_3 和 FP 是通过从实际炉内的灰渣样的分析值来决定的。因此，它们既是一个与煤灰特性相关，更是一个与炉内燃烧过程相关的指标，显然其值越小结渣倾向也愈大。在炉内气氛属还原性，Fe_2O_3 还原成 FeO，使 FP 减小，结渣倾向增大，易产生结渣的原因也与此有关。

5. 碱金属总量（Na_2O+K_2O）

如同前述钠和钾同属煤灰分中的碱金属。钠和钾在不高的温度下会升华，也会与灰中的其他组分反应生成低熔点温度的化合物。因此，碱金属在煤灰中的含量会影响到煤灰的熔融温度。熔融温度随碱金属总量的增大而降低，结渣倾向增大。因碱金属升华后，凝结下来的细粒黏附性强，积灰倾向也随之剧增。从而这是一个与结渣及积灰倾向都相关的指标值。

6. $\dfrac{B}{A} \times S_d$

即前述煤灰碱酸比与煤干燥基含硫量的乘积，它是一个被广泛应用的结渣倾向性指标。这可能是由于煤中的铁多以黄铁矿的形式存在，硫的含量在一定程度上也代表了铁，因此这是一个 R_{BA} 和铁对于结渣倾向性的综合指标。

7. T_{25}

与灰渣黏度 25Pa·s（250 泊）（亦即可具有相当流动性）相应的渣温。灰渣层表面在达到此温度后，灰渣层厚度就不会进一步增大，但结构也将变得坚实和难清除。这并不是一个灰渣的熔融温度，但也不失为有关结渣层特性的温度指标。

在以下还可以看到一些类似的指标，它们都不是直接与煤灰的组分有关，而是以几个特征温度来建立与炉内结渣程度或倾向性的联系。实际的情况表明在不同的场合引用这类单项指标，对结渣进行预测的正确程度并不相同，换言之，没有一个或一组单项指标能对所有场合都作出正确的预测，反之也都有一定的正确几率。最终的原因可能是迄今人们还对煤灰的特性缺乏认识，对结渣与煤灰特性间的关系还尚欠研究。煤灰分在煤中的存在，在燃烧过程中的变化历程，形成灰的物理特性等迄今的了解还是粗略的，不少结论是推理性的。颗粒在炉内的运动还未能作出确切的描述，或者说即有也是在大量简化假定后的结果，温度的情况更是如此。由于炉内的结渣是不均匀的，更缺乏规律性，对于炉内结渣程度只能用低、中、高、严重作抽象描述，更难定量分析。

关于煤灰对结渣倾向性的影响，迄今也存在两种不同的认识，无关的和呈正比的。表 7-3、表 7-4、图 7-5 是表明这两种的认识。表 7-3 是可见于一些资料中的单项指标，以及预测其结渣倾向性的划分值。具体的计算可见所附说明。从表 7-3 可以看出，它们都未涉及到燃用煤种的灰分多少（资料来自美国，表 7-3 中的东部、西部是指美国的东部和西部的煤种）。

表 7-3   **可见于资料中的一些结渣倾向指标**

参　　　数	结 渣 倾 向			
	低	中	高	严重
T_{25}（K）（东部或西部煤）	>1319.4	1416.7~1166.7	1263.9~1138.9	<1222.2
R_{BA}	<0.5	0.5~1	1.0~1.75	
$R_{BA} \times S$（东部煤）	<0.6	0.6~2.0	2.0~2.6	>2.6
FeO_2/CO（西部煤）	<0.3 >3	0.3~3		≈1.0
熔渣指数 $R_{FS} = \dfrac{maxHT + 4\ (minIDT)}{5}$		1361.1~1250	1250~1166.7	<1166.7
黏度结渣指数 $R_{VS} = \dfrac{T_{25}^{(ox)} - T_{1000}^{(Red)}}{\rho 75 F_s}$		0.5~0.99	1.0~1.99	>2.00

注 R_{BA} 即碱酸比 B/A；

maxHT 即还原性或氧化性气氛下半球温度中的高值，K；

minIDT 是还原性或氧化性气氛下开始变形温度中的低值，K；

$T_{25}^{(ox)}$ 是在氧化性气氛下，黏度为 25Pa·s（250 泊）时的渣温，K；

$T_{1000}^{(Red)}$ 是在还原性气氛下，黏度为 100Pa·s（10000 泊）时的渣温，K；

F_s 是结渣因素，其值如表 7-4 所示。

表 7-4   **结渣因素 F_s 值**

温度（K）	1055.6	1111.1	1166.7	1222.2	1277.8	1333.3	1388.9	1444.4	1500	1555.6	1611.1
F_s	1.0	1.25	1.6	2.0	2.6	3.25	4.1	5.2	6.55	8.3	11.0

美国电力（AEP）则认为是与灰分有关的，并根据他们积累的资料提出了如图 7-5 的关系，燃烧工程公司（CE）也曾发表过与此类同的关系图。

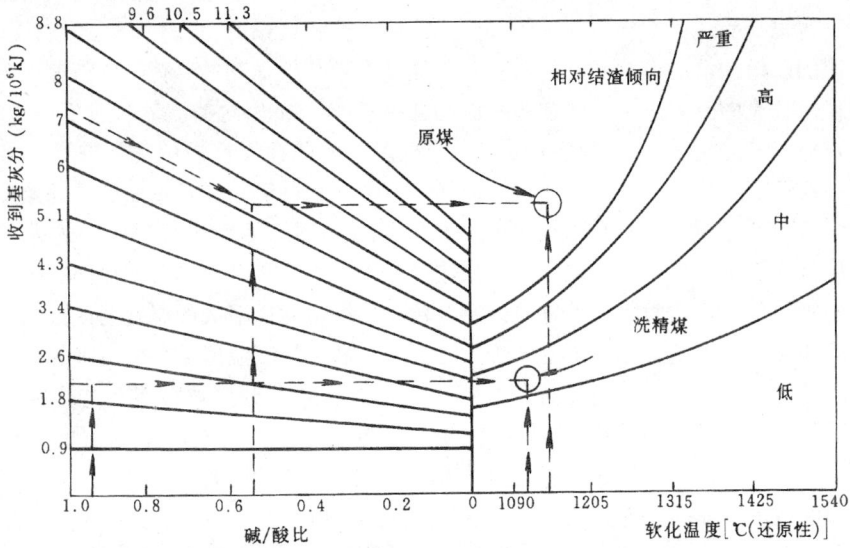

图 7-5　AEP 结渣指数

由于结渣本身是一个十分复杂的过程，煤灰分特性只表明它对结渣的倾向。也如同前述这些指标值都是基于由煤灰工业分析方法得出的，从而仍然是不同煤种煤灰的总体指标。而在煤粉炉中，结渣是以单颗灰粒的形式参加结渣层中去的，灰粒与煤粒会具有不同的组分和特性。因此，近期有关结渣、积灰与煤灰特性间关系的讨论，已经涉及到灰分在煤粉颗粒间的偏析和灰的选择性沉积，并进一步与锅炉的设计和运行参数相联系。

二、受热面结渣

受热面的结渣可以产生于水冷壁上，也可以产生于靠近炉膛出口区域的屏式过热器。水冷壁受热面的结渣使水冷壁的吸热能力降低，蒸发量减小，炉膛出口烟温增大，并导致过热汽温、再热汽温超过额定值。炉膛出口受热面的结渣也在降低这些受热面吸热量的同时，阻碍烟气的流动，导致烟道通流阻力与各并列管屏间的偏流程度增大和受热面热偏差增大。

1. 基本成因

前面已经提出，受热面的结渣发生于呈熔融状态的灰粒与壁面的碰撞，从而被黏附在壁面上。因此产生结渣的条件首先是两者间的碰撞，其后灰粒呈熔融状态具有黏附在壁面上的能力。前面也已经提出，构成煤粉或飞灰的各颗粒会具有不同的灰的组分和熔融温度。炉内具有一定的温度分布，一般在煤粉炉火焰中心区域的烟温很高，有相当一部分灰粒呈熔融或半熔融状态；在靠近炉壁区域则烟温较低。炉内的煤粉或灰颗粒会随气流而运动，或从气流中分离出来，在这分离的过程中，颗粒的温度会随它从高温区域到达壁面的运动速度、环境温度条件而改变。如果存在足够的冷却条件，那些原属熔融状态的颗粒将重新固化，失去黏附能力，失去产生结渣的条件；反之产生结渣的程度即大，这就是受热面产生结渣的基本成因。它是与煤灰特性、炉内的速度场、温度场、煤粉或说灰粒的粒度等密切相关的，以及前面提到煤粉炉内的结渣总不可避免，问题只是程度或是否迅速剧增。

2. 影响受热面结渣的基本因素

从上述的结渣基本成因可以看出，影响结渣的基本因素有三个：①炉内的空气动力场，煤粉或灰的粒度和重度，这影响到烟气和灰粒在炉内的流动。②灰粒从烟气中分离出来与壁面的碰撞，既与煤粉细度，也与煤灰的选择性沉积相关的。③由煤的燃烧特性、锅炉负荷及炉内空气动力场所构成的炉内温度场以及煤灰的熔融特性，这影响到与壁面撞碰的灰粒是否呈熔融状态具有黏结的能力，这也与受热面的热负荷，受热面的清洁程度相联系的。

炉内气流的贴壁冲墙既影响到燃烧过程，也促进颗粒与壁面间的碰撞；气流速度与流向的突变，促进颗粒从气流中分离出去，增加与壁面的碰撞机会。在相同的流动状态下，气流中愈粗、愈重的颗粒，愈容易分离出去，碰撞壁面的机率也多。因此在煤粉炉中都需进行空气动力场试验，通过调节各喷嘴出口的风速、风量来保证气流不致贴壁冲墙；在近壁面区域的速度梯度是小的，也限制煤粉中的粗粒（如 CE 所推荐的大于 $297\mu m$ 的颗粒不大于 2%）。由炉内空气动力场和煤粉的燃烧特性，决定了煤粉在炉内的释放热量分布；由空气动力场和受热面的吸热能力，决定了受热面的吸热分布，从而决定了炉内的温度场。如果由此而造成的温度场使火焰中心与炉壁之间有一定的距离，近炉壁处是一个温度较低的区域，那么从高温区域分离出来的灰粒就具有被冷却成固体的较大机会，产生结渣的可能性就小。当然这还与分离颗粒能在这一区域经历的时间，也就是运动速度相关，与煤灰的熔融特性相关，与灰的粒度相关。较大的颗粒其热容量大，换热系数也小，不易冷却固化。锅炉热负荷增大，炉内释放热量增大，在相同的炉内受热面条件下炉内总体的温度水平提高，与此同时，受热面的净热流密度（单位受热面热负荷）增大，壁面温度随之增加，近壁面区域的温度，既因炉内整体的温度水平也因壁面温度而增加，对接近灰粒的冷却能力随之减弱，容易导致受热面的结渣。受热面的清洁程度降低将使壁面温度增高，其情况也相类似。由此可以看出，结渣的影响因素是复杂的，煤灰的熔融特性是主要的，但不是唯一的影响因素。

3. 锅炉设计运行与结渣

在讨论了结渣的基本影响因素之后，现就锅炉设计运行因素进行讨论，通过下列因素来控制炉内结渣程度的，也是藉此与煤灰特性相联系的。

(1) 炉膛出口烟温。炉膛出口烟温在相当程度上表征着炉内的温度水平，或灰粒状态的条件，炉膛出口受热面的结渣倾向。因此，燃用灰熔点低的煤种的锅炉，其炉膛出口温度总是设计得偏低的。对于用摆动燃烧器角度调节再热汽温的锅炉、向上摆的最大角度受到炉膛出口受热面结渣的限制（向上摆、炉膛出口烟温增加）。

(2) 锅炉负荷。锅炉负荷通过增大炉内燃料量和受热面的净热流而得到提高，如同前述，前者燃料量表征炉内的整体温度水平，后者意味着受热面的外壁温度。因此，锅炉负荷增加就意味着炉内结渣可能性的增大。如发现锅炉结渣现象增剧时的主要处理措施之一是降低锅炉负荷。

(3) 燃烧器上部的炉膛高度。从煤粉的燃烧过程来说，需要有一定的炉膛高度来满足燃烧过程或者说火焰长度的需要。炉内的温度分布是与这一高度密切相关，温度只有在燃烧基本结束后，才会较迅速下降，灰粒才有被冷却固化的可能，如果这一从燃烧器上部（最上部一次风口）到屏式过热器底部的高度较小，那么屏式过热器结渣可能性就大了或会引起较严重的结渣。在锅炉设计中，这一高度与燃用煤种的燃烧特性及灰的熔融特性相对应的。

(4) 炉壁热负荷和燃烧器区域热负荷。炉壁热负荷即投入炉内热量与炉壁投影面积之比，说明水冷壁对投入炉内热量的吸收能力，亦即炉内的温度水平，尤其是近炉壁区域的，或者说对接近壁面灰粒的冷却能力。燃烧器区域热负荷是表征燃烧器布置的相对集中和分散。燃烧器区域是炉内速度和温度变化最激烈、梯度最大的区域、燃烧最强烈，区域温度水平最高，最容易产生结渣的区域。因此燃用结渣倾向性高煤种的锅炉，燃烧器区域热负荷值取低限。

(5) 燃烧的空气量及风粉配比。炉内空气量不足，容易产生一氧化碳，因而使灰熔点大为降低，会引起炉膛内结渣，特别燃用挥发分大的煤时，更容易出现这种现象。燃料与空气混合不充分或四角风粉比配合不好，即使供应足够的空气量，也会造成有些局部地区空气多些，另一些地区空气少些；有的角粉多风少，有的角粉少风多，这样空气少的地区就会出现还原性气体，而使灰熔点降低，造成局部结渣。

（6）火焰偏斜，煤粉气流贴壁。燃烧器的缺陷或炉内空气动力工况失常都会引起火焰偏斜或煤粉气流贴壁。火焰偏斜，使最高温的火焰层移至炉壁处，使水冷壁产生严重结渣。

（7）煤粉细度。煤粉中的粗颗粒既容易从气流中分离出来与壁面撞碰，也需要较长的燃尽时间和火焰长度，更因热容量大，换热系数小而冷却固化不易。因此，在燃用熔融温度特性值低的煤种时，更需控制煤粉中的粗粒重量份额（实际控制煤粉均匀度）。

（8）吹灰操作。煤粉锅炉的结渣是在所难免的，问题是结渣的程度如何。受热面一旦产生结渣，表面温度随之增高，对接近受热面的灰粒的冷却能力减弱，会由此而导致恶性循环（结渣越来越严重）。锅炉是通过吹灰器对受热面吹扫来维持受热面清洁，或不致严重被沾污。一旦结渣严重，吹灰器的清扫能力就减弱。因此，吹灰器的布置和运行必须与燃用煤种的结渣倾向相应，使沉积灰渣能得到及时清扫。

4. 结渣层形态和煤灰特性

人们对结渣机理的大体认识是：首先在受热面或其他壁面上形成一层初始的沉积层，其结果是壁面温度升高，熔融灰粒在接近壁面过程中的冷却条件变差，当其黏附到壁面上之后，因温度降落成为固体，或相对坚实的呈塑性状态的沉积物。随着这层沉积物的增厚，热阻的增大，结渣层表面温度进一步升高，结渣层的塑性逐渐增大，呈现处于流动状态的渣层。这一处于不同状态的渣层厚度，从理论上说是可以从受热面的热流、灰渣层的导热系数以及灰渣的熔融特性温度作出预计的。即处于 DT 温度以下的灰渣是固态的；DT 与 FT 之间呈不同的塑性；FT 以上是可流动的。温度高于 T_{25} 的灰渣，因不同灰粒的熔融特性而不同，并不一定同相，从而使诸如导热系数之类的基本数据变得复杂化。因此结渣层形态与煤灰熔融特性关系在整体熔融特性而言的同时，应考虑选择性沉降问题（流动或碰撞条件决定于灰粒的粒度和重度）。

大体而言，DT 低的煤种容易产生结渣；DT 与 FT 相差大的煤种，容易产生厚的塑性熔融渣层；FT 低煤种容易产生淌渣；FT 与 T_{25} 相差大的煤种容易产生厚的淌渣层。DT 与 T_{25} 相差小的煤种，即使产生结渣，它能在壁面上形成的也是一层很薄的渣层，除可能对受热面产生腐蚀外，不致于引起实质性的或大的结渣问题。这就是常说的长渣煤种和短渣煤种。DT 与 FT 或 T_{25} 相差小的称短渣，相差大的称长渣煤种。

呈塑性状态的熔融渣是最难对付的，既不易破碎，相互间又能黏结成团，更不易排出炉外，当其熔合成大块，因重力从上部落下，导致砸坏冷灰斗水冷壁。相同温度下的灰粒可以是固态的、不同塑性的、流动态的。当各比重级灰的熔融温度差异很大时，灰渣层就可能成为由"饴糖"和"芝麻"按不同比例构成"芝麻糖"（灰渣层）。如果起塑性和流动作用的"饴糖"比例很小，积渣层的性质将接近易碎裂的固体；反之如果很大，那么也相对容易呈流动态，固体部分也易随可流动部分运动。麻烦的塑性状的既能粘捕固体颗粒，自身又缺少或没有流动性，形成相似于坚韧的灰渣层。

一种可供借鉴或参考用的灰渣特性与结渣层的关系是前苏联的研究结果。他们认为结渣从前述的初始层向塑性第二层的发展和构成是与沉积层的灰渣组分（不是指煤灰的组分）相关的。对将开始形成这第二层的表面温度称之谓"开始结渣温度"t_{is}。根据有人对前苏联煤种结渣情况的调查研究结果公式表明，t_{is} 可根据灰渣中钾、钠、钙、铁的质量百分数计算得出

$$t_{is} = 1025 + 3.57(18 - K)$$

$$K = (Na_2O + K_2O)^2 + 0.048(CaO + Fe_2O_3)^3$$

公式表明，t_{is} 随灰渣中钾、钠、钙、铁含量的增大而下降，亦即结渣的倾向增大。运行资料表明

实际结果与这一说法是基本相符。

三、结渣防止措施

预防结渣主要从不使炉温过高，火焰不冲墙和防止灰熔点降低着手。

1. 防止受热面壁面温度过高

保持四角风粉量的均衡，使四角射流的动量尽量均衡，尽量减少射流的偏斜程度。火焰中心尽量接近炉膛中心，切圆直径要合适，以防止气流冲刷炉壁而产生结渣现象。

2. 防止炉内生成过多的还原性气体

首先要保持合适的炉内空气动力工况，四角的风粉比要均衡，否则有的一次风口由煤粉浓度过高而缺风，出现还原性气氛。在这种气氛中，还原性气体使灰中 Fe_2O_3 还原成 FeO，使灰熔点降低。而 FeO 与 SiO_2 等形成共晶体，其熔点远比 Fe_2O_3 低得多，有时会使灰熔点降低 $150\sim200℃$，将会引起严重结渣。

3. 做好燃料管理，保持合适煤粉细度

尽可能固定燃料品种，清除石块，可减少结渣的可能性。保持合适的煤粉细度，不使煤粉过粗，以免火焰中心位置过高而导致炉膛出口受热面结渣，或者防止因煤粉落入冷灰斗而形成结渣等。

4. 做好运行监视

要求运行人员精力集中，密切注意炉内燃烧工况，特别炉内结渣严重时，更应到现场监察结渣状况。利用吹灰程控装置进行定期吹灰，以防止结渣状况加剧。

5. 采用不同煤种掺烧

采用不同灰渣特性的煤掺烧的办法对防止或减轻结渣有一定好处。对结渣性较强的煤种，在锅炉产生严重结渣时，经掺烧高熔点结晶渣型的煤，结渣会得到有效控制。不过，在采用不同煤种掺烧时，应知晓掺配前后灰渣的特性及选择合适的掺配煤种或添加剂。

第二节 高 温 腐 蚀

目前不少火电厂高参数的煤粉炉，曾发生过严重的高温受热面腐蚀问题，腐蚀多发生于燃烧器区域的水冷壁、高温过热器、高温再热器，亦即管壁金属温度超越一定界限的受热面部位。从对这些腐蚀现象的调查研究结果表明，这种腐蚀都是因壁面与积灰层间的一层液相物间的反应而产生的。按照美国燃烧工程公司对他们所生产锅炉高温腐蚀问题的调查研究所得出的结论，可归纳为：并非所有的煤灰都会构成对高温受热面的腐蚀，也并非被称之谓腐蚀性煤种的灰对所有受热面都具有腐蚀性；腐蚀的产生除与煤灰的特性相关外，还具有产生腐蚀的明确的温度界限。产生这种腐蚀的燃煤机组其出口汽温基本上都在 540℃ 以上，在此参数以下极少发生，即使有，其腐蚀速度也是低的。这一结果使他们在加紧研究腐蚀机理的同时，暂时放弃了 566℃ 这种蒸汽温度参数锅炉的生产，恢复到 540℃，这是燃烧工程公司也是其他许多锅炉制造商在参数发展史上的一个转折。

如同其他特性一样，煤是否属于腐蚀性煤种，只是一种倾向，其间没有明确的界限，如何划分也还不完全明确，但也可以通过对腐蚀机理的一些了解，得出如后述的倾向说明。不论煤种如何，腐蚀也总会发生，问题是腐蚀速度是否足以对受热面寿命具有实质性的影响。如前所述，严重的高温腐蚀发生在紧贴金属壁面的积灰层中与一层处于熔融状态的物质之间，后者是由沉积着的灰渣转化而成的。这层物质具有一定的熔融温度特性，这也就是前述产生高温腐蚀的明确的温度界限。在其他相同的条件下，受热面的腐蚀速度与其材质相关。燃烧工程公司已通过试验表明，采用外层复合 IN671（50Cr50Ni）的双套管可以适应腐蚀性煤种和 566℃或稍高于此的蒸汽参数，但其造价将十分昂贵。

一、煤灰高温腐蚀机理

与其他有关煤的反应机理一样，由于煤自身的复杂性以及迄今尚对它们的认识有限，这类机理都是粗糙的和带有推理性的，在结论的定量上也都具有相当宽的范围。

图 7-6 是同一锅炉过热器管束在两个蒸汽温度不同部位上的积灰层断面状况。其一在汽温 566℃的位置，在这个位置上产生了严重的煤灰管壁腐蚀；其二在汽温 482℃的位置，未具明显的腐蚀现象。这两位置上积灰层构成的明显差别出现于紧贴金属管壁的那一层。前者是呈白或淡黄色，曾经熔融的渣层，而后者则是呈疏松的黏结状态的固形物。取下这层东西进行化学分析和 X 衍射分析，结果都表明其主要构成是碱——三硫酸铁的络合物。它在 538～704℃ 范围内呈熔融状态。

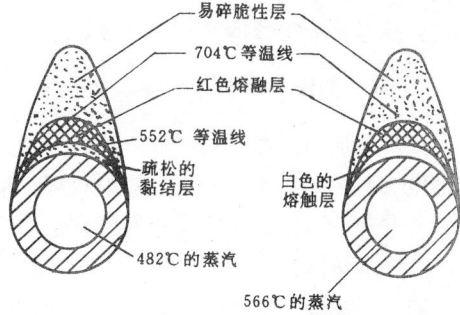

图 7-6　蒸汽温度对积灰结构的影响

从关于碱——三硫酸铁络合物的物理状态与铁的反应特性的资料，可以查得如图 7-7 所示的关系曲线。在与碱——三硫酸铁络合物紧密黏结的奥氏体钢或铁素体钢之间都会产生对铁的腐蚀反应。与铁素体钢间的这种反应，其速度是随着温度的升高而增大的；奥氏体钢的腐蚀速度与温度关系则成半铃形。从实验室的腐蚀失重试验结果也表明在相当于炉内条件下，合成硫酸盐具有相同的铃形腐蚀速度曲线；也表明这层积灰层不是导致腐蚀的原因，而是这个硫酸盐络合物是受热面的腐蚀产物。

由此可以推得，产生这种腐蚀的机理是：因煤灰的选择性沉积，使碱与氧化铁在积灰层中的浓度远比在煤灰中为高。碱——三硫酸铁是这些选择性沉积物与烟气中的 SO_3 反应生成的。碱与氧化铁在沉积之初很可能是呈粉末状的物料，随着温度的升高而呈熔融或半熔融的状态。碱在管壁表面上的聚积也可能是出于外层熔融物料的迁移。

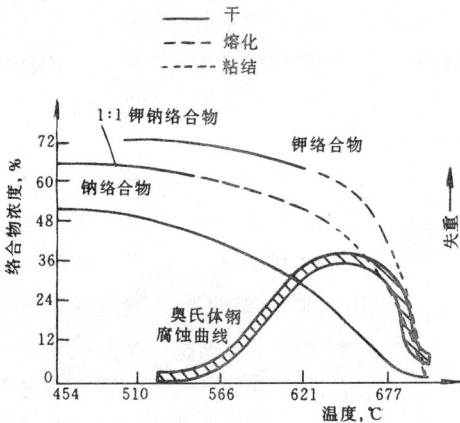

图 7-7　碱——三硫酸铁络合物的物理状态与温度及奥氏体合金钢腐蚀之间的关系

图 7-7 同样也表明了积灰层中钾、钠含量比的重要性。钠络合物在图示的温度范围内都是"干"的；而钾络合物从 625℃开始就产生黏结；1：1 的钾络合物在约 550℃时就开始呈熔融状，非但开始呈熔融状态的温度低，其温度范围也宽。

因此煤灰在受热面上沉积，并致腐蚀的步骤大体如下。

（1）煤灰中的黄铁矿及煤中的有机硫与氧反应生成 SO_2 及 SO_3。

（2）煤灰中高岭土、页岩中的 Na 和 K，在燃烧过程中生成 Na_2O 及 K_2O。

（3）积灰层中 Na_2O 及 K_2O 与烟气中 SO_3 反应生成 Na_2SO_4 或 K_2SO_4。

（4）然后在积灰层中，硫酸碱、氧化铁与 SO_3 反应生成硫酸盐络合物为

$$3(K_2\ 或\ Na_2)SO_4 + Fe_2O_3 + SO_3 \longrightarrow 2(K_2\ 或\ Na_2)Fe(SO_4)_3$$

当管子壁面上的积灰层中含有一定的硫酸钾/硫酸钠时，可能形成液态的焦硫酸盐。SO_3 与硫酸盐碱混合物反应形成焦硫酸盐，然后又与氧化铁作用生成硫酸盐络合物，这一反应速度在呈液态时要比固态时的反应速度大得多。当 SO_3 浓度大于 $7mg/Nm^3$ 时，焦硫酸盐（$K_{1.5}N_{0.5}S_2O_7$）的熔点温度是 579℃，此种低熔点温度的焦硫酸盐和前述的硫酸盐络合物，被认为是过热器等的主要腐蚀剂。

（5）然后是处于熔融状态的硫酸盐络合物与管壁金属产生反应，管壁被腐蚀

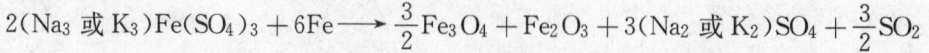

$$2(Na_3\ 或\ K_3)Fe(SO_4)_3 + 6Fe \longrightarrow \frac{3}{2}Fe_3O_4 + Fe_2O_3 + 3(Na_2\ 或\ K_2)SO_4 + \frac{3}{2}SO_2$$

生成于壁面的腐蚀产物倾向于降低腐蚀速度，但只要积灰层一剥落，反应就会重新开始，使剥落速度会对总的腐蚀速度产生影响，因此早就有经验指出：人为地去清除包覆在受热面上的经熔融的薄层灰渣，反而会加速它们的腐蚀。

二、煤灰腐蚀性预测

从前述有关煤灰组成以及它与高温受热面高温腐蚀速度间的关系可看出，碱、碱土金属、铁和硫等都是对受热面高温腐蚀起主要作用的组分，而碱——三硫酸铁是导致受热面高温金属腐蚀的主导因素。

醋酸可溶性碱测定法是鉴别煤灰腐蚀倾向的一种简易和可靠的方法。它是用稀醋酸沉浸煤样，使煤中原与有机碳元素结合在一起的钾、钠、钙、镁等金属元素，被稀醋酸中的氢离子所置换。醋酸是一种弱酸，没有裂解或溶解复杂矿物能力，亦即非活性碱的能力，但能溶解以简单无机盐和有机形式存在于煤基体中的，会在燃烧过程中升华的活性碱。虽然在有些煤种中钾的含量（0.5%～1.9%）常高于钠，但由于钠多以活泼碱的形式存在，其反应活性也较钾为高。因此在醋酸可溶性沉浸液中的钠含量常大于含钾量的 10 倍，钾的含量常小于 0.1%，铝、镁的活性则更低。所以对许多积灰倾向强的煤种沉浸液中的碱含量，实即可溶性钠含量。积灰倾向可用醋酸可用性含钠量来表达，当然这仍是一种相对的比较指标。

取积灰试样在醋酸内沉浸 5min，将沉浸液中醋酸可溶性钠与钾的数量用 Na_2O/K_2O 来表示。在以此值和测出的金属腐蚀速度绘制成坐标图时，二者间常具有如图 7-8 所示的显著关系。同时，根据积灰试样测出的醋酸可溶性 Na_2O/K_2O 要比用煤样测得的比值更接近于钠和钾——三硫酸铁中的相对浓度。显然这是由于煤中的各组分在燃烧过程已产生了许多物理和化学方面的变化，以及沉积是选择性的。因此，应该以积灰中的可溶性碱，而不是煤中的可溶性碱来估量这些矿物质的作用。

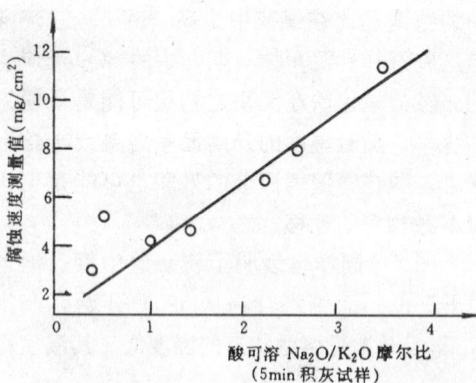

煤中的氯化物含量是另一个影响高温腐蚀的因素。实践结果表明：煤的正常氯化物含量在 0.2% 以下时，一般不会出现明显的腐蚀现象。以同一煤源的原煤与洗精煤相比，洗精煤由于经历氯化锌的浮选，残留氯化物使煤的氯化物含量增高，使腐蚀速度增大。例如有试验

图 7-8　酸可溶 Na_2O/K_2O 摩尔比与所测得
腐蚀速率之间关系

结果表明，某同一产地的原煤，氯化物的含量为 0.5%，而洗精煤的氯化物含量为 1.3%，在同一炉内燃用时后者的腐蚀速度增加了 3.3 倍。

氯化物增大受热面腐蚀的途径有几种。以有机物形式存在于煤基体中的氯化物将在燃烧过程中生成 KCl 或以 NaCl 的形式汽化及分解。混杂于煤中的无机气化物会沉积在壁面上，并产生多种派生的反应。关于发生腐蚀反应的主要机理常有二种说法：其一是因共晶体或络合物的生成，降低了积灰层的熔点温度；因熔融态灰的腐蚀速度远高于"干灰"，而促进了腐蚀速度。这种说法是针对水冷壁腐蚀的场合提出的。其二是因气相硫酸与积灰中的氯化物反应，从而在受热面表面处产生 HCl，并与积灰形成挥发性的三氯化铁和不稳定的氯化物，或其它合金元素的氯氧化物。这种说法常是针对过热器、再热器受热面腐蚀的场合而提出的。

三、燃料油灰腐蚀

煤粉炉启动中燃油或燃油锅炉也会发生受热面的严重腐蚀问题，并且在有些情况下比燃煤锅炉来得严重。受腐蚀的程度也与燃用油料的原产地及牌号紧密相关。受腐蚀的受热面部位也多是燃烧器区域的水冷壁，过热器、再热器的高温级，以及空气预热器低温段的受热面。

燃料油虽是经过干馏调制的，但按其牌号的不同仍含有一定的灰分，虽然其值常远低于煤。燃料油灰分的组成虽大体相同，但其组分则随原油的产地有相当大的差异。煤灰的构成主要是 SiO_2 及 Al_2O_3，而在燃料油灰中常有较多的钒、铁、镍、硫和碱金属，虽然燃料油中的含灰量少，但从单位发热量的燃料而言，这些可以导致积灰，产生腐蚀的钒、钠、硫之类的量并不一定是低于煤的，至少对有些产地的较重质的油是如此。何况，在燃油锅炉的烟气中没有粗灰的存在，以及没有对积灰层的冲刷剥落作用，使积灰与腐蚀容易发生。这就是燃油炉的腐蚀问题有可能较燃煤锅炉来得严重的原因。

燃油锅炉的低温受热面腐蚀问题常比燃煤锅炉来得严重，有些油的灰中有很高的 V_2O_5 组分，它是一种使 SO_2 转化成 SO_3 的催化剂，会使烟气具有较高的露点温度和 H_2SO_4 的生成量。同时燃油烟气中的飞灰浓度低，也失去了飞灰颗粒对 SO_3 的吸附能力。

与煤灰对受热面的腐蚀问题相同，目前对高温腐蚀机理的认识还少，存在着多种不同的看法，一种渐趋一致的论点是：处于熔融状态的钠钒铬络合物对存在于管子表面保护层的不断作用，加速了管子被腐蚀的根本原因。含有不同钠、钒比的各种化合物常可认为是含氧物质在腐蚀过程中起主要的作用。这些钠钒络合物都具有相应于高温受热面工作壁温的熔点温度。表 7-5 列出了多种钠钒络合物以及硫酸钠的熔融特性温度。从表 7-5 可以看出，除硫酸钠外，所有的钠钒络化物都具有与加热及冷却相应的两条不同的液态等温线。从有关络合物的研究结果可知，是因络合物在相变过程中吸收和释放氧所导致的结果。这个温度差对形成积灰与其后的腐蚀都是重要的。当然除这些钠钒络合物外，SO_3 对腐蚀也是十分重要的。

表 7-5　　　　　　　　　　　　钠钒络合物及硫酸钠的熔融特性温度

化 合 物	熔点温度（℃）	液态温度（℃）	
		加 热	冷 却
V_2O_5	675/690	660	629
$Na_2O \cdot 6V_2O_5$	629	640	574
$5Na_2O \cdot V_2O_4 \cdot 11V_2O_5$	513	529	494
$Na_2O \cdot 3V_2O_5$	660	560	549
$NaVO_3$（$Na_2O \cdot V_2O_5$）	615	560	549
Na_2SO_4	885	885	885

燃料油灰对高温受热面的腐蚀速度与积灰中络合物的 Na_2O/V_2O_5 的关系，可用图 7-9 来表示。曲线是对一种铁基合金在相应于炉内条件的实验室试验结果。从图 7-9 可以看出，腐蚀速度

以按摩尔计的 Na_2O 份额为 15％时为最大。而这一比值混合物的熔点范围在 621～649℃（华氏温度 1600～1660℉），然而，由于在温度范围所出现的共晶现象，使腐蚀将发生于与熔点温度相应的较低温度条件之下。与此同时，由于腐蚀并非单纯是由于这种钠钒络合物导致的，在壁面上有多种化合物同时存在，熔点温度会因共存化合物的稀释而有所变动。有资料表明，在大多数情况下的熔点温度是在 593℃以上。因此，对金属壁温处于此值以下的受热面一般也就不出现严重的腐蚀现象。对于一些设计出口蒸汽温度为 540℃的过热器中的有些受热面，其壁温有可能超过598℃。若如此，在燃用此类燃料油种（导致积灰层 Na_2O 摩尔值 15％）时，就可能出现严重的腐蚀。从对有些锅炉过热器受热面腐蚀速度的现场测定结果表明，腐蚀速度可以高达 0.762mm/年。

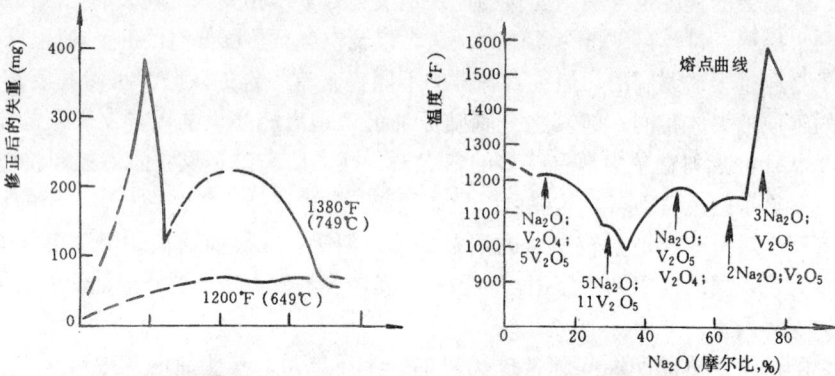

图 7-9　Na_2O/V_2O_5 混合物对油灰腐蚀的作用

曾用以试图遏制这种高温腐蚀的措施包括：进行燃料处理，以除去燃料油中的钠、钒和硫；通过低过量空气燃烧，以降低 SO_3 的生成和 SO_3 在烟气中的浓度；采用金属锰、氧化锰，或白云石作添加剂，以降低烟气中的 SO_3；以及采用耐腐蚀合金材料的高温受热面，也有采用在受热面上喷涂保护层。

第三节　低 NO_x 燃烧技术

一、概述

氮氧化物一般指 NO、NO_2、NO_3、N_2O、N_2O_3 等，统称为 NO_x。锅炉燃烧过程中生成的氮氧化物（主要为 NO 及 NO_2）严重地污染了环境。因此，抑制 NO_x 的生成已成为大容量锅炉的燃烧器设计及运行时必须考虑的主要问题之一。锅炉燃烧过程中生成的 NO_x 一般可分为两大类：

$$NO_x \begin{cases} \text{燃料中的氮生成燃料型 } NO_x \text{（Fuel } NO_x\text{）} \\ \text{空气中的氮在高温下与氧反应生成的 } NO_x \begin{cases} \text{热力型 } NO_x \text{（Thermal } NO_x\text{）} \\ \text{快速热反应型 } NO_x \text{（Prompt } NO_x\text{）} \end{cases} \end{cases}$$

燃油炉和燃气炉中的 NO_x 含量一般都比煤粉炉要小。我国原油中含氮量一般为 0.2％～0.8％；贫煤、无烟煤、烟煤中的含氮量 $N_{ar}=0.38％～1.37％$。天然气中没有固定氮。固体和液体燃料中的氮大多是喹啉（C_9H_7N），吡啶（C_5H_5N）等有机化合物，氮在这些化合物中以原子状态存在，燃烧时很容易分解出来，与空气中的氧结合而生成 NO，称为燃料 NO_x。燃料 NO_x 主要取决于燃料中氮的含量、过量空气系数和燃料在炉膛中的停留时间。这部分燃料 NO_x 约占

全部 NO_x 生成量的一半以上（对低水分优质煤而言，燃料 NO_x 约占全部 NO_x 的 $30\%\sim50\%$；对高水分劣质煤而言，燃料 NO_x 约占全部 NO_x 的 $50\%\sim75\%$），而与炉内温度关系并不太大。快速热反应型 NO 即快热 NO_x，其绝大部分是 HCN 氧化生成的，在燃烧初期火焰中一开始就会被氧化生成大量的快热 NO_x，形成的时间极短（$\approx60ms$）。也有的资料认为，它主要是挥发分中的氮在燃烧初期产生的。试验证明：快热 NO_x 的浓度与压力的 0.5 次方成正比，而与温度的关系不太大。当氧气充足时，由于燃烧反应很快，C、CH、CH_2、CH_3 等浓度低了，热力 NO_x 就产生得多些。热力 NO_x 的生成速度则受炉内温度的影响很大，它的生成量取决于炉内温度、氧浓度和反应时间这三个因素。显然，温度水平越高，氧浓度越大，反应时间越长，热力 NO_x 的生成量就越多。热力 NO_x 是在高温下形成的，与炉内的燃烧过程有着密切关系。

影响 NO_x 生成量的因素有以下几种：

（1）火焰温度。火焰温度低，NO_x 量少。

（2）燃烧区段氧浓度。含氧量低，NO_x 量少。

（3）燃烧产物在高温区的停留时间。时间短，NO_x 量少。

（4）燃料中氮的含量。含氮量低，NO_x 量少。

（5）煤中的燃烧比（固定碳/挥发分）大，NO_x 高。

可见，NO_x 的生成与煤质特性、燃烧方式、燃烧器设计和布置、制粉系统的选型以及炉膛设计等都有着密切关系。选用含氮量少的燃料对减少 NO_x 较为有利；旋风炉的 NO_x 较大，而流化床锅炉的 NO_x 则较小；燃用同一煤种的固态排渣炉比液态排渣炉生成 NO_x 要少 $20\%\sim30\%$ 以上；采用分级燃烧方式可降低 NO_x 等。武汉锅炉厂曾对国内四台锅炉排烟中的 NO_x 进行了实测，如表 7-6 所示。从表 7-6 可知，旋风炉排烟中 NO_x 浓度较高，平均达到 $675mg/Nm^3$。油炉的 NO_x 与之相接近。固态排渣炉的 NO_x 较低，平均在 $440mg/Nm^3$ 左右，比液态排渣炉和油炉低 55% 以上。固态排渣炉中的炉温要比快热 NO_x 生成速度突变点温度（$1538℃$）低 $200℃$ 以上，但远高于燃料中含氮化合物热解温度（$800℃$）。其他三台炉的炉温都在突变点温度以上。可见，炉膛温度是促使排烟 NO_x 高的关键因素之一。

表 7-6   四台锅炉排烟中 NO_x 浓度比较表

锅　　炉	额定出力 (t/h)	运行出力 (t/h)	燃料含 N 量 N_{ar}（%）	炉膛温度 （℃）	排烟过量空气系数 α	排烟中 NO_x 体积分数 （$\times10^{-6}$）	备注
武昌发电厂立式旋风炉	75	71	0.7～1.0	1640～1700	1.36～1.40	675	液态排渣
青山电厂 6 号炉	220	184	0.75	1320～1370	1.40～1.50	438	固态排渣
青山电厂 10 号炉	410	302	0.72～0.8	1530～1560	1.34～1.38	668	油炉
青山电厂 11 号炉	670	488	0.72～0.8	1580～1630	1.24～1.29	697	油炉

目前，锅炉燃烧后产生的烟气中含有大量的尘粒、SO_x 和 NO_x，这已成为大气污染的三大害。世界各国对锅炉允许 NO_x 排放量的控制也越来越严。我国、日本、美国对锅炉允许 NO_x 排放量标准分别见表 7-7 和 7-8。

表 7-7   我国允许的 NO_x 排放标准（GBJ4—73 非居民区）

烟囱高度（m）	20	40	60	80	100
允许 NO_x 排放量（kg/h）	12	37	86	160	230

燃 料 种 类		日本（新标准，mg/Nm³）		美 国 （mg/Nm³）
		适用于新设备	适用于旧设备	
锅 炉	气体燃料	60～150ppm	130～150ppm	180ppm
	液体燃料	130～180ppm	180～250ppm	220～240ppm
	固体燃料	400ppm	480～600ppm	500ppm

表 7-8 —— 日本和美国允许的 NO_x 排放标准

德国规定，当烟气中含氧量为 3％时，对于固态排渣炉 NO_x 应控制在 840mg/Nm³，液态排渣炉 NO_x 应控制在 1200mg/Nm³。新投运的锅炉一般都能达到此要求。

二、NO_x 控制措施

目前采用的 NO_x 的控制措施如下：

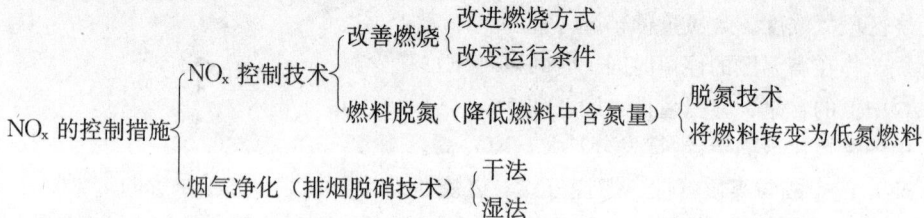

NO_x 的控制措施
- NO_x 控制技术
  - 改善燃烧
    - 改进燃烧方式
    - 改变运行条件
  - 燃料脱氮（降低燃料中含氮量）
    - 脱氮技术
    - 将燃料转变为低氮燃料
- 烟气净化（排烟脱硝技术）
  - 干法
  - 湿法

燃料脱氮比较困难，成本很高，我国已有四川珞璜电厂等引进国外煤的脱氮设备。烟气净化目前也在试验阶段，在处理粉尘浓度较高的排烟方面，催化剂的再生工艺以及循环水系统的设计等还存在着不少问题。因此目前国内降低 NO_x 的主要途径是改善燃烧，具体措施是改进燃烧方法和改变运行条件，现分述如下。

（一）改进燃烧方式

改进燃烧方式主要是从降低燃烧温度和降低燃烧区的过量空气量入手，普遍采用的方法如下。

1. 烟气再循环

将排烟中的一部分冷烟气（占总烟气量的 5％以上）送入燃烧器中和燃烧用空气相混合，使燃烧用的空气中的 O_2 浓度下降（亦即稀释空气中的 O_2），烟气量相对增大，炉膛燃烧火焰温度可适当降低，就能有效控制 NO_x 的生成（一般能降低 12％～15％NO_x），但没有采用两级燃烧更有效。如国外在一台锅炉上采用 15％烟气再循环，可使排烟中 NO_x 浓度由 275mg/Nm³ 降到 90mg/Nm³。而美国爱迪生公司所属的固态排渣炉电站采用此种系统并不多，原因是他们认为采用两级燃烧已经可以满足环保要求。如果烟气再循环是从引风机出口引出，虽可避免用高温风机，但却增加了炉内烟气量，使厂用电耗增大，尾部受热面烟气流速增加，会使飞灰磨损加剧，排烟温度升高。因此，英国拔伯葛公司采用适当加大空气预热器受热面转子直径的方法以降低排烟温度。前苏联为提高燃用无烟煤的 300、800MW 液态排渣炉的燃烧效率，在炉膛上部送入再循环烟气，使屏前烟温降低到 1200～1025℃。目前我国因烟气再循环风机运行时发热振动，有时不能长期连续运行，有的因闸门磨损和轴承耐热等问题未能妥善解决，影响了此项技术的推广。

2. 两级燃烧

即用大约 80％的实际空气量从下部燃烧器喷口送入，使下部风量小于完全燃烧所需风量（即富燃料燃烧），从而降低燃烧区段温度，使 NO_x 的反应率下降，此时有些氮得不到氧，复合为 N_2，NO_x 就会减少（即燃烧过程延迟），然后从上部燃烧器喷口送入其余约 20％的空气量（即富空气燃烧）以达到风煤燃烧平衡。两级燃烧不但能抑制生成燃料型 NO_x，而且也能抑制生

成热力 NO_x 和快热 NO_x，这是控制 NO_x 较为有效的方法，能减少 30% 以上的 NO_x。用两级燃烧（即分级燃烧）时，炉内形成的 NO_x 量与炉内温度、炉内过量空气系数的关系，如图 7-10 所示。

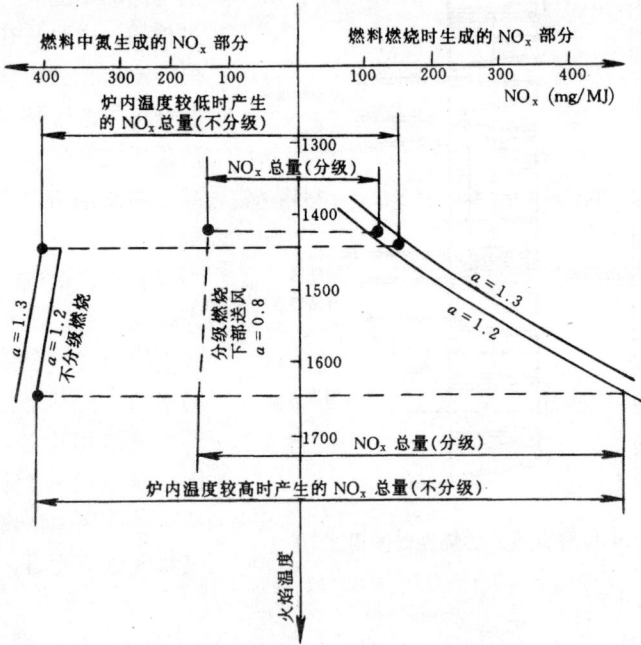

图 7-10 分级燃烧时炉内形成的 NO_x 与炉温、炉内过量空气系数的关系

所谓两段燃烧是指通过燃烧器喷嘴间的燃料空气量分配，使部分喷嘴的出口燃料过浓，部分喷嘴出口的空气过浓。燃料先经历一个燃料过浓或过稀的燃烧过程，使两个火焰分别处于过量空气系数远大于 1 或远小于 1，NO_x 发生量低的状态，其后的燃烧过程随着这两个火焰的混合，燃料与空气的互补继续进行，而此时火焰的温度已因对炉壁（水冷壁）的散热而有所降低。因此，两段燃烧实质上是使促进 NO_x 发生的温度和氧浓度条件并不同时存在，而达到遏制 NO_x 产生的目的。

利用这个原理，美国燃烧工程公司已在大容量煤粉锅炉上普遍推广采用燃尽风（OFA），即在角置式直流燃烧器喷口的最上端再布置两层燃尽风喷口，将大约 10%～25% 总风量的风从此处送进炉膛上部。北仑电厂 1 号炉的燃烧器设计有 20% 的燃尽风喷嘴，炉膛出口的过量空气系数在 1.2 以下，因此在与燃尽风混合前的火焰实质上是在空气燃料比小于 1 的条件下燃烧的，燃烧是两段的。北仑电厂 2 号炉为旋流燃烧器，它是通过燃烧器的内二次风和外二次风旋流调节挡板的开度，控制煤粉气流与燃烧空气间的混合条件，使在燃烧器出口处的火焰形成燃料过浓和空气过浓的两个区域（参见图 5-26）。在燃料过浓区域中氧浓度低，空气过浓区域中的温度

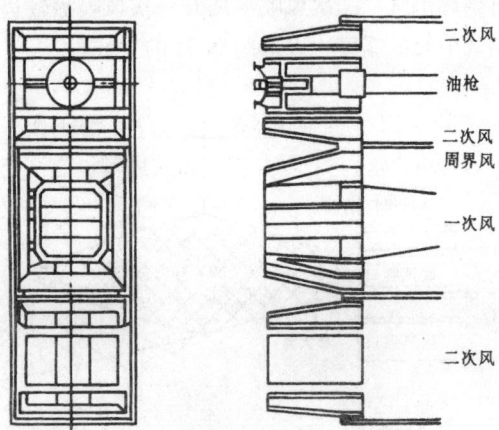

图 7-11 一般直流式燃烧器的一组喷口

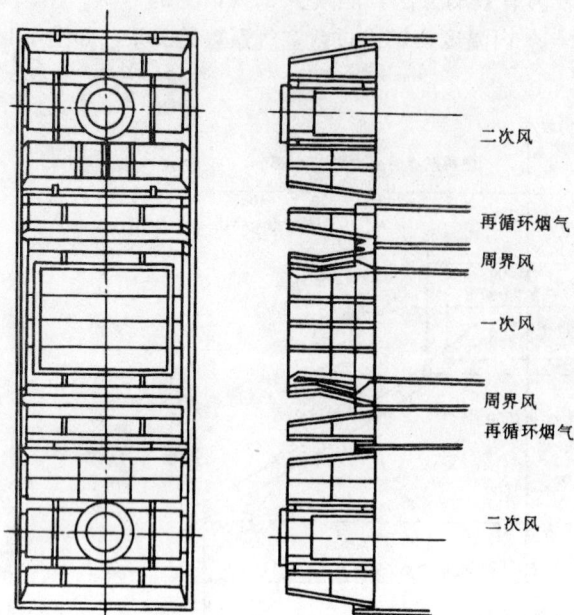

图 7-12 SGR 型直流式燃烧器的喷口

或者范围也可以相对小些。

3. 低 NO_x 燃烧器

(1) SGR 型低 NO_x 燃烧器。

图 7-11 所示为一般直流式燃烧器的一组喷口，它有两个二次风喷口，中间为一次风喷口，少量二次风由一次风喷口周围引入（周界风或称燃料风）。

图 7-12 所示为 SGR 型直流燃烧器，在一次风喷嘴上下为再循环烟气，二次风喷嘴离开一次风喷嘴较远。这样在一次风喷嘴上下为再循环烟气，二次风喷嘴离开一次风喷嘴较远。这样在一次风喷口附近产生还原性气氛，并降低燃烧中心的温度，以抑制 NO_x 的生成。

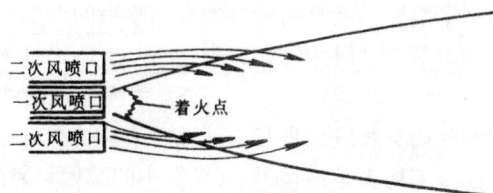

图 7-13 一般燃烧器的单一燃烧区段

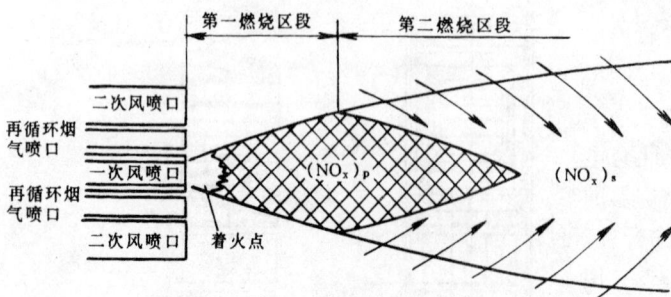

图 7-14 PM 型燃烧器的两个燃烧区段
$(NO_x)_p$—第一燃烧区段 NO_x；$(NO_x)_s$—第二燃烧区段 NO_x

低使 NO_x 的发生量得到遏制，两段燃烧也可以因局部燃料浓度高而具有促进着火稳定的作用，也因延迟了燃料空气间的迅速充分混合是不利于燃烧过程的，也容易在燃料过浓和过稀两段气流未充分混合的区域构成一个可燃烧气体浓度偏高，容易导致结渣的还原性气氛环境。因此在采用燃尽风或者两段燃烧中两者的空气（燃料）量分配是有一个决定于燃料特性的恰当或者折衷范围。因为显然在通过增大燃尽风率、增大对 NO_x 发生量遏制作用的同时，会带来前述对燃烧过程的不利。在以北仑 1 号和 2 号炉的两种燃烧器相比较，是否也可以认为：因后者造成的燃料过浓火焰区域小，从可燃性气体浓度高和构成的还原性气氛区域小而言，所导致的不利程度

(2) PM 型低 NO_x 燃烧器。

在采用一般燃烧器时，二次风和一次风很快混合，形成单一的燃烧区段，如图 7-13 所示。当采用 PM 型燃烧器时，二次风和一次风的混合推迟，出现两个燃烧区段，如图 7-14 所示。

图 7-15 所示是有两个燃烧区段时，NO_x 的生成量和一次风中空气/煤粉之比的关系。如空气/煤粉之比为 3～4 时，相当于挥发分完全

燃烧所需要的化学当量比,空气/煤粉之比为7～8时相当于煤完全燃烧所需要的化学当量比。显然,一次风中的空气/煤粉之比越小,第一燃烧区段中的燃料燃烧率越低,氮化物转换到NO_x的能力(即可能性)也越小,大量可燃物将在第二燃烧区段中燃烧,那里氮化物转换到NO_x的能力加大。由于一部分NO_x被还原,实际生成的NO_x低于可能生成的NO_x量。在图7-15中,上一根线表示可能生成的NO_x量,下一根线则表示实际生成的NO_x量,它们之间的差额表示NO_x的还原率。当空气/煤粉之比小于3～4时,NO_x的还原率较低,随着此比值的增加,NO_x的生成量增加。当空气/煤粉之比在3～4和7～8之间时,焦炭参加燃烧,但是仍得不到足够的空气完全燃烧,它的还原能力很强,NO_x的还原率加大,因此生成的NO_x反而减小。当空气/煤粉之比大于7～8时,烟气中有氧过剩,还原率减少,NO_x的生成量剧增。这样,在第一燃烧区段,在空气/煤粉之比为3～4时,生成的NO_x有

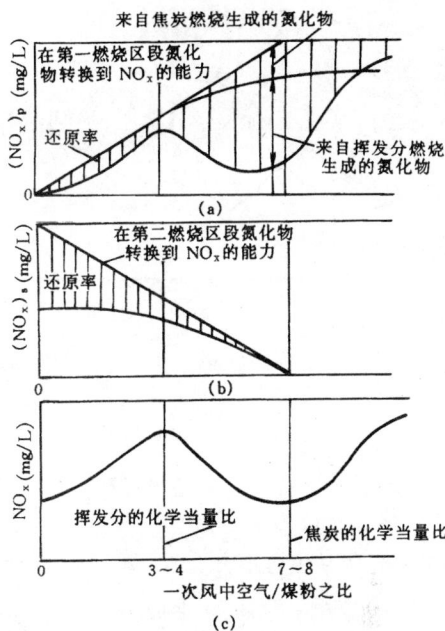

图7-15 一次风中空气/煤粉之比
对NO_x生成量的影响

一个峰值,当它接近7～8时,有一个最低值。实际生成的总NO_x量应当等于二个燃烧区段生成的NO_x的总和,如图7-15(c)所示。

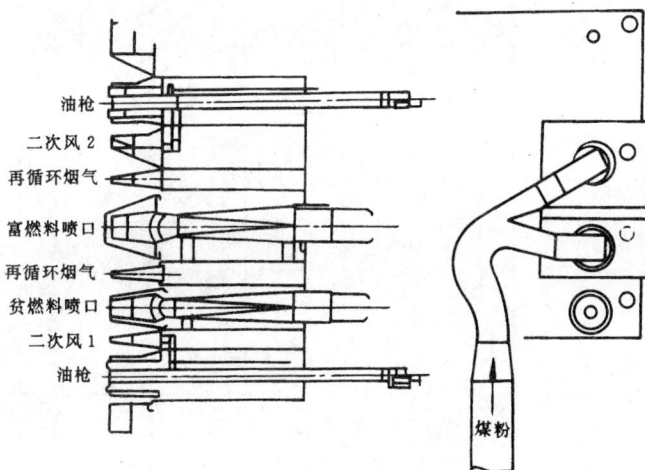

图7-16 PM型直流式燃烧器

一次风的空气/煤粉之比值决定于干燥煤粉和输粉条件,一般为1.5～2,可能达到3左右。这样就可能接近NO_x的峰值。为此,研制了PM型燃烧器,图7-16所示是这种燃烧器的一组喷嘴,将一次风分成富燃料(浓相)和贫燃料(稀相)两股。如图7-17所示,两股一次风中生成的NO_x相当于C_1和C_2,总的平均NO_x生成量相当于C_0,显然,这样生成的NO_x将比一次风不分股的SGR型燃烧器低。PM型燃烧器是日本三菱重工研制的,据报导,其NO_x排放量见图7-18。

近来,CE公司又改装了一种既能水平摆动(16°)又能垂直摆动的角置直流式燃烧器,这样改装的目的是在煤粉着火初期只供给少量的二次风,借以维持低挥发分燃烧时有低的氧量可用率,然后将大量的二次风(包括OFA在内约为60%)沿着燃烧"火球"周围的外围切向送入,还可使水冷壁附近保持氧化性气氛,抑制和减轻水冷壁的高温腐蚀。

(3)双调风燃烧器。

图7-19所示是拔柏葛公司设计的双调风燃烧器,一次风管内设有文丘里混合装置,使一次

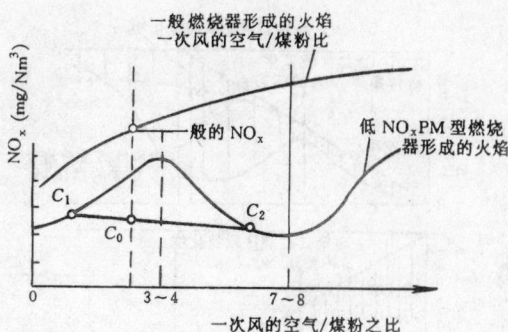

图 7-17　PM 型燃烧器的 NOx 生成特性曲线

风中的煤粉分布均匀，二次风分成内外二股，内二次风道中设有轴向可动叶片，使气流旋转。调节内外二次风的比例和气流的旋流强度，可以调节一、二次风的混合。这种燃烧器的设计意图是：控制煤粉和空气的混合，延迟燃烧过程，降低燃烧强度，降低火焰最高温度，从而减少火焰中 NOx 的生成。燃烧烟煤时，一次风量约 20%，内二次风量为 20%～25%，这两部分约占总风量的 50%，其余空气作为外二次风送入，在火焰周围形成一个氧化性气氛，对防止结渣有利。

拔柏葛公司首先在一台 200MW 机组上试验，表明这种燃烧器能使 NOx 排放量降低 40%～50%，该公司现已大量使用。

图 7-20 所示为拔柏葛—日立公司的双调风燃烧器。在一次风喷口周围有一股冷空气，或再循环烟气，它对降低 NOx 生成量也起较大的作用。二次风仍分成内外二股，一般一次风量占实际空气量的 15%～35%，内二次风占总二次风量的 35%～45%，外二次风占总二次风量的 55%～65%。试验证明，它能使 NOx 降低 39%，如采用分级燃烧，就能使 NOx 降低 63%，效果更加显著。

邹县电厂 600MW 锅炉采用 CF/SF 低 NOx 的旋流燃烧器，如图 5-26 所示。该燃烧器工作原理是：从磨煤机来的煤粉/一次风混合物切向进入燃烧器内套与外套之间的环形区域，混合物沿套管向前运动时，其螺旋运动被与外套成一整体的陶瓷衬层抗涡流杆大大减弱了，煤/空气混合物通过 CF/SF 喷嘴，以浓缩气流的形式轴向喷入炉膛，轴向移动燃烧器的可调内套尖端，可以调整燃烧火焰形状及着火位置。由多孔板均布的二次风进入双通道调风器，调风器装有手动调节导叶，改变和按比例分配二次风流量，导叶使二次风产生旋转运动，增大二次风与一次风/粉旋转强度，使燃烧更充分。带滑动尖端的内套可以

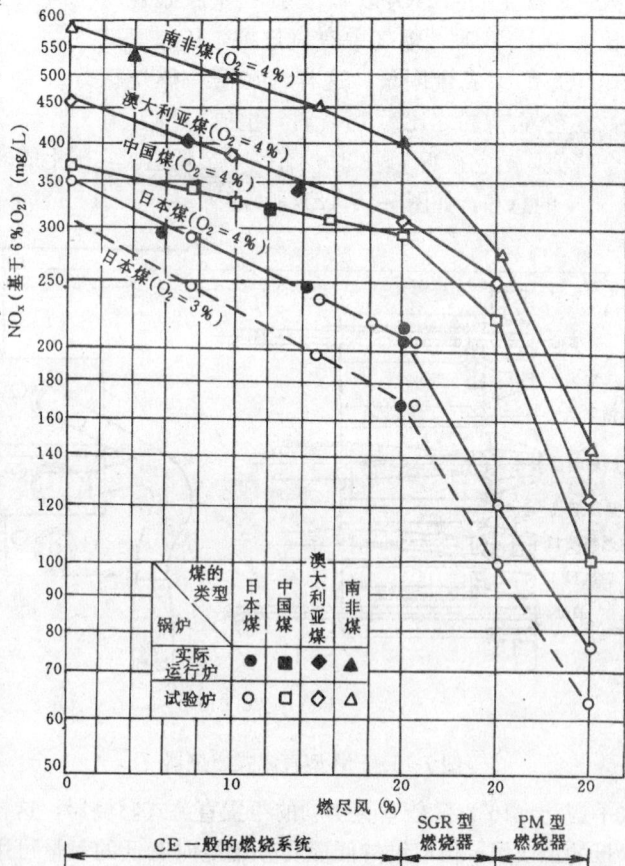

图 7-18　几种燃烧器的 NOx 排放量

通过手动调节机构使尖端由 0 位置向前或向后移动 152mm。这样可以在一次风流量不变的情况下，改变一次风流速，用来选择最佳的一次风和二次风速度差，以减少切向引入而引起的紊流。

这种调整与内外调风器的最佳化同时进行，目的是获得良好的燃烧火焰及最佳的 O_2 分配，降低 NO_x 和 CO 的释放量。

燃烧器外套管连同 CF/SF 喷嘴的主要设计特性是控制煤粉/一次风混合物和二次风气流的混合状态。浓度集中的煤粉和分级调整的二次风相结合，使在靠近燃烧器喉口的火焰产生 60%～70% 的化学热量值，直到约 2 倍于喉口直径处进入炉膛。来自喉口环形通道外部，含有过剩燃烧空气的涡流二次风流，被卷吸入火焰区域进行足够的混合，以确保该火焰区域的碳燃尽。

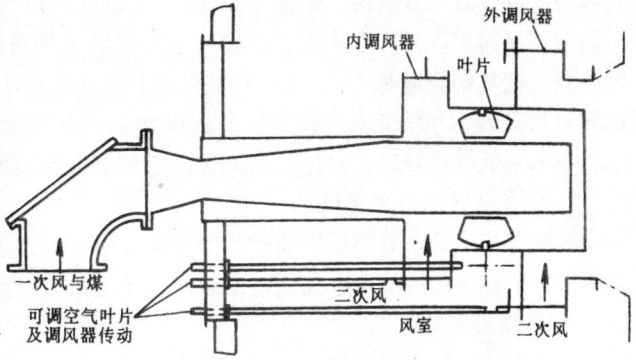

图 7-19 拔柏葛公司双调风燃烧器示意图

煤粉被分割成四束从喷嘴喷射出来，其结果将煤中挥发物分离出来，且在较强还原性气氛中燃烧。煤的挥发物中含有较多的氮，当在氧化环境中燃烧，转化成 NO_x。而 CF/SF 喷嘴利用挥发物在还原性环境中燃烧的优点，将挥发物中的氮转化成 N_2，减少了 NO_x 的形成和释放。

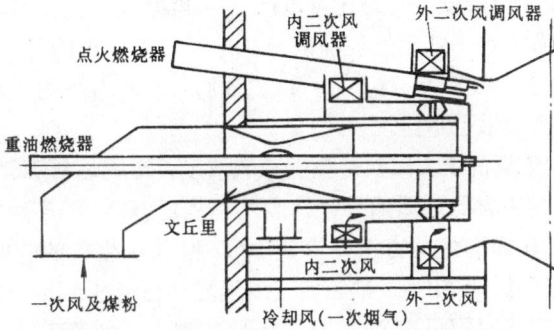

图 7-20 拔柏葛—日立公司双调风燃烧器

（二）改变运行条件

应该说在相同的炉内散热条件下，火焰区域的温度是与过量空气系数，或者燃料空气比或氧浓度相联系的；也与送入的热风温度相联系。这一关系可以通过燃烧计算得出，热力 NO_x 的发生量和浓度也可以通过计算得出。图 7-21 即是在热风温度为 343℃（650°F），燃料为甲烷的条件下，绝热火焰温度与热力 NO_x 发生浓度以及时间之间的关系例。从图 7-21 可以看出，最高绝热火焰温度出现于空气燃料当量比略小于 1 的燃料过剩一侧；而最高热力 NO_x 发生量或浓度则发生于当量比略大于 1 的空气过剩一侧；随着反应物在这高温区域停留时间的减少而减少。因此，遏制热力 NO_x 发生量的方法，应是遏制燃烧区域的温度和氧气浓度，缩小炉内的高温区域，减少反应物在高温区域的停留时间。从而也就出现了诸如低氧燃烧、二段燃烧、分割火焰、乳化燃料燃烧和流化床低温燃烧等办法。

1. 低氧燃烧

所谓低氧燃烧是指维持炉膛出口过量空气系数在 1.05～1.1 或更低的范围。这种方法开始是以作为遏制 SO_x 发生量，改善锅炉低温腐蚀而提出的，显然对遏制热力 NO_x 的发生量也同样有效。应该说，这一炉膛出口过量空气系数，与图 7-21 中

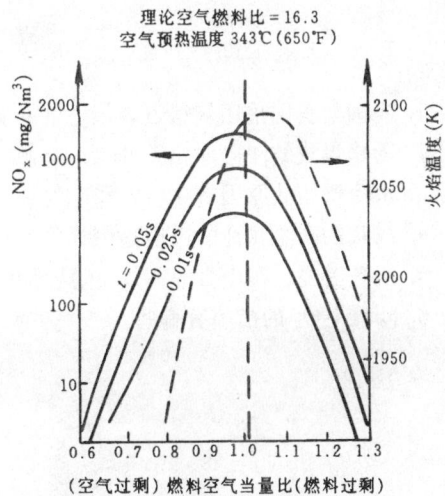

图 7-21 甲烷燃烧时的当量比 NO_x 浓度及绝热火焰温度

的最高浓度位置恰好相应。但图 7-21 所示的曲线是以均匀气相混合物，即动力燃烧条件下计算得出的。煤粉炉内是扩散火焰、燃料与空气间混合的滞后，使 NO_x 最高的燃料空气混合比会有所偏离。低氧燃烧遏制 NO_x 与 SO_3 的效果，显然起源于燃烧区域氧浓度的降低，与燃料的燃烧过程是抵触的、容易带来未燃尽损失的增大，可兼顾两者的过量空气系数范围也相当狭窄。因此，在采用低氧燃烧时，对燃料空气分配系统调节性能的要求甚高，炉膛漏风量必须很小。

2. 适当降低炉内温度水平

对固态排渣炉，只要不影响燃烧效率和低负荷燃烧的稳定性，可以适当降低炉温。对液态排渣炉，只要能满足燃烧及顺利流渣的要求也不要追求过高的温度。

3. 掺烧石灰石

在液态排渣炉中，掺烧石灰石不仅可改善渣的流动性，获得增钙渣（可以作为水泥掺合料），而且可以降低炉温，使排烟中的 NO_x 降低。如某 75t/h 立式旋风炉的试验结果表明，掺石灰石后，排烟中的 NO_x 浓度为 $350\sim450mg/Nm^3$，比纯烧煤时降低 41%～33%。主要原因是掺石灰石后炉温降低，燃尽室温度由纯烧煤时的 $\geq1550℃$ 降低到 $<1420℃$。由于掺烧石灰石可使灰熔点降低，而使炉膛温度控制比较低，则 NO_x 进一步降低。同时还可以使 SO_2 也减少，国外也正在做这方面的试验研究工作并已取得进展。加拿大在 SM 型燃烧器的外二次风中加入细的石灰石，使石灰石在火焰外围加入，控制加入区段的温度在 $700\sim1200℃$。试验证明：石灰石越细、颗粒小，表面积越大，即松散和多孔性的，则脱硫效果也越佳。

从前述讨论可以看出，影响热力 NO_x 发生量的主要因素是温度和氧浓度；影响燃料 NO_x 的主要因素是燃料含氮量和氧浓度，也包括燃料中含氮物质的种类。因此，从对 NO_x 的遏制方法而言是与 SO_3 的遏制方法有共通的。采用流化床燃烧的方法是遏制 NO_x 和 SO_3 生成的较好方法。其主要原因是流化床层内温度和氧浓度都低，有相当一部分空气以气泡状态经过床层，燃烧过程实质上是两段燃烧；流化床内的焦炭反应表面积可向 NO_x 提供还原的表面；低的床层温度使热力 NO_x 几乎不会发生。在煤粉炉中采用两段燃烧的方法，通过燃烧器的设计，使火焰大体上分成两个浓度差异大的区域，促使 NO_x 发生的温度与氧浓度条件不同时在同一位置存在，同样是一种遏制 NO_x 发生量的方法。但也因此带来对燃烧过程的不利影响，合适的两段空气（燃料）流量比是与燃料特性及分割成两段的方式相关的，后者是最近燃烧器设计的主要着眼点。

复 习 思 考 题

1. 我国与美国采用灰熔点表示方法有什么不同？
2. 影响煤灰结渣倾向相关的指示有哪些？这些指标对结渣特性有何影响？
3. 水冷壁结渣原因有哪些？影响结渣因素有哪些？防止结渣措施有哪些？
4. 煤灰的高温腐蚀的机理是怎样的？遏制高温腐蚀措施有哪些？
5. 锅炉燃烧过程中生成 NO_x 包括哪几部分？影响 NO_x 生成的因素有哪些？
6. 降低 NO_x 的措施有哪些？

第八章

空气预热器

第一节 概 述

空气预热器是利用锅炉尾部烟气热量来加热燃烧所需空气的一种热交换装置。由于它工作在烟气温度最低的区域,回收了烟气热量,降低了排烟温度,因而提高了锅炉效率。同时由于燃烧空气温度的提高,有利于燃料的着火和燃烧,减少燃料不完全燃烧热损失。

空气预热器按传热方式可分为两大类,即导热式和回转式(或称再生式)。前者为管式预热器,烟气和空气各有自身的通路;后者为烟气和空气交替流过受热面进行热交换,在烟气通过波纹板蓄热元件时,将热量传给波纹板蓄存起来,当冷空气通过波纹板时,波纹板金属再将蓄存热量传给空气,使空气温度升高。回转式空气预热器也称为容克式空气预热器,该种预热器由美国容克发明,故又称容克式。

回转式空气预热器结构紧凑、体积小、金属耗量较少,故在大容量锅炉上广泛采用。但回转式空气预热器结构较复杂,制造工艺要求高,设计维护较好时,漏风系数可控制在8%~10%左右。另外由于流通截面较窄,稍有积灰将使其阻力大为增加。回转式空气预热器又分为两种不同的设计型式,一种受热面转动,另一种是风罩转动。国内600MW机组锅炉多数采用转子受热面转动的三分仓回转式预热器,有烟气、一次风、二次风三部分流通截面。其特点是将低压头、大流量的二次风与高压头、小流量的一次风分别加热,有利于经济性的提高。

对于600MW机组的回转式空气预热器的设计准则有以下几点。

(1)600MW机组的锅炉配两台为50%容量的三分仓容克式回转空气预热器,分别加热一次风和二次风。

(2)回转式空气预热器应配置辅助电动机或空气马达及带有电磁阀的自动离合器,辅助电动机或空气马达应能遥控自动操作。

(3)回转式空气预热器应装有吹灰器和水冲洗装置,并配置冲洗水的加热系统和NaOH加药设备(二炉共用)。

(4)回转式空气预热器的冷端受热面应采用耐腐蚀材料,对其调换时不应影响其他仓受热面。

(5)回转式空气预热器应装置密封间隙自动调整装置。

(6)应提供空气预热器的火灾报警、探测,以及灭火消防系统。

(7)接有杂用水管路供检修之用。

一、漏风保证值

当回转式空气预热器冷端的空气与烟气压差(即一次风、二次风与烟气出口之间的压差）在规定的设计值以内时，空气预热器中空气漏到烟气侧的漏风率应小于漏风保证值。试验测定按照空气预热器试验规范。

空气预热器的泄漏量是锅炉的一项考核指标，要求在锅炉最大连续蒸发量（MCR）时：

(1) 漏风率小于8%。

(2) 试验一年后泄漏率小于10%（按国际惯例考核期为一年）。

二、性能保证值

空气预热器应按照图纸和技术要求进行安装。当进口空气温度及其流量和进口烟气温度及其流量符合设计要求时，实测的排烟温度与设计值的偏差为±3℃；同时烟气侧的阻力降和空气侧的阻力降（包括一次风和二次风）的平均值应小于设计值。性能保证值的期限为设备投运72h之后的一年期限内，实测值应小于保证值。

空气预热器烟气侧效率及空气侧效率计算如下

烟气侧效率
$$\eta_y = \frac{T_{gi} - T_{go}}{T_{gi} - T_{ai}} \quad (\%)$$

二次风侧效率
$$\eta_{a2} = \frac{T_{a2o} - T_{a2i}}{T_{gi} - T_{a2i}} \quad (\%)$$

一次风侧效率
$$\eta_{a1} = \frac{T_{a1o} - T_{a1i}}{T_{gi} - T_{a1i}} \quad (\%)$$

式中　T——入口、出口的平均温度；

下标 gi——烟气入口；

下标 go——烟气出口；

下标 a2i——二次风入口；

下标 a2o——二次风出口；

下标 a1i——一次风入口；

下标 a1o——一次风出口。

三、回转式空气预热器主要规范

1. 预热器型号

33-Ⅵ-1600 型（平圩电厂 600MW 机组 2008t/h 锅炉）。

31-1/2Ⅵ-72″（外壳高度 2134mm）（石洞口二厂 1900t/h 锅炉）。

33——产品系列型号，表示预热器直径大小的代号。

Ⅵ——烟气流向下，立式。

1600——受热面高度，mm。

空气预热器设计是根据锅炉容量及燃煤种类所决定，设计要求在锅炉最大连续蒸发量时，烟气和空气通过换热面达到换热要求，同时要保证流速不要过高和规定的漏风系数，因此同样为600MW 机组，所采用的预热器型号就有所不同。

2. 石洞口二厂三分仓回转式空气预热器（每台锅炉为 2 台预热器）

设计压力：一次风 7.8kPa（mbar）；

　　　　　二次风 6.9kPa（mbar）；

　　　　　烟气　−6.9kPa（mbar）。

每台换热面积：38600m² （有效面积）。

换热面型式：双层波纹板，材料 24 号钢有凹扁平钢，18 号低合金钢。

热端预留层高度：305mm。

热端高度：1066.8mm，平炉钢厚0.6mm。

中间端高度：457.2mm，平炉钢厚0.6mm。

冷端高度：304.8mm，耐腐蚀合金钢厚1.2mm。

转子直径：12934mm。

转子转速：1.1r/min。

电机功率/转速：30kW/1500r/min。

减速器减速比：120∶1。

空气马达转速：0.56r/min（事故用）；

0.07r/min（维修用）。

烟气温度：入口/出口　371℃/134℃。

一次风温：入口/出口　24℃/336℃。

二次风温：入口/出口　24℃/321℃。

烟气在空气预热器中压降：1.1kPa（11mbar）。

空气预热器总质量：584.3t。

3. 平圩电厂2008t/h锅炉的三分仓回转式空气预热器（每炉2台）

按照CE公司技术设计，由哈锅制造，其中主要部件直接进口。转子直径为15m，由一个中心筒和24个扇形分隔仓组成。受热面总高度为1.6m，热端受热面高450mm，中间端受热面高850mm，冷端受热面高300mm。热端和热端中间层采用厚度为0.6mm的碳钢板，板型为DU型，冷端用厚度为1.2mm考登钢、板型为NF-6。一、二次风出口温度分别为303℃、313℃；进出口烟温分别为361℃、128℃；一、二次风空气侧阻力分别为229Pa、559Pa；主传动、辅助传动和气动传动转速分别为1.23，1.23～0.25，0.25r/min。总质量达270t。

第二节　回转式空气预热器部件及构造

600MW机组的锅炉回转式空气预热器的结构，如图8-1所示。

一、机壳

回转式三分仓空气预热器壳体呈九边形，由三块主壳体板、二块副壳体板和四块侧壳体板组成，如图8-2所示。

主壳体板Ⅰ、Ⅱ与下梁及上梁连接，通过主壳体板上的四个立柱，将预热器的绝大部分重力传给锅炉构架。主壳体板内侧设有弧形的轴向密封装置，外侧有若干个调节点，可对轴向密封装置的位置进行调整。

副壳体板沿宽度方向分成三段，中间段可以拆去，是安装时吊入模数仓格的大门，为保证副壳体板在吊装模数仓格时的稳定性，副壳体板中的"副壳体安装架"不得拆除，作为安装时的拉撑梁，安装完毕后可以拆除。副壳体板上也有四个立柱，可传递小部分预热器重力至锅炉构架上。

侧壳体板布置在45°、25°方位，每台预热器有4块，其中一块设在安装驱动装置的机座框架，靠炉后外侧设有一块更换冷段蓄热元件的检修门，每块侧壳板上都设有人孔门，以便进入预热器对轴向密封装置进行调整和维修。

主壳体板Ⅰ、Ⅱ和副壳体板的立柱下面设有膨胀支座，以适应预热器壳体径向膨胀，膨胀支座采用三层复合自润滑材料的平面摩擦副作为膨胀滑动面。此外，在每对膨胀支座的内侧，还装有挡板（或称导向防震挡板），限制预热器的水平位移，并作为壳体径向膨胀的导向块，它可以

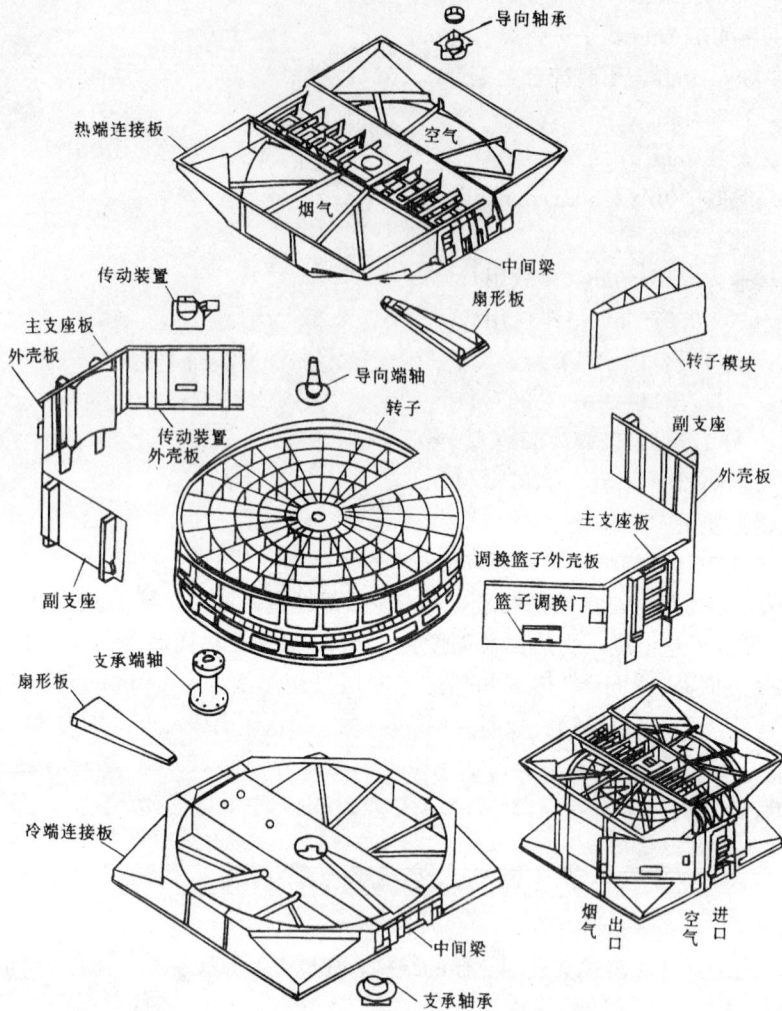

图 8-1　回转式空气预热器结构图

固定预热器的下端旋转中心。主、副支座板支承脚（立柱下部）外侧均有一个"牛腿"，以供安装时放置千斤顶，调整膨胀支座的垫片之用。

上梁、下梁与主壳体板Ⅰ、Ⅱ连接，组成一个封闭的框架，成为支承预热器转动件的主要结构。上梁和下梁分隔了烟气和空气，上部与梁和下部小梁又将空气分隔成一次风和二次风，分别形成烟气和一、二次风进、出口通道。上、下梁有上、下小梁装有扇形板，扇形板与转子径向密封片之间形成了预热器的主要密封—径向密封，扇形板可以作少量调整，扇形板与梁之间设有固定的密封装置，分别设在烟气与一、二次风之间以及一、二次风之间。

下梁断面似双腹板梁，下梁中心放置推力轴承，支承全部转子重力，梁的两端分别焊接在由主壳体板Ⅰ、Ⅱ立柱延伸的厚钢板上。下梁中心部分设有加强的支承平面，供检修时放置千斤顶用，顶起转子，对推力轴承进行检修（见图 8-3）。下部小梁断面呈矩形空气梁，一端与下梁相连，另一端与主壳体板Ⅲ底部相连，每块冷段扇形板有三个支点，全部支承在下梁和下部小梁上，每个支架采用不同厚度的垫片组合，可对扇形板位置略加调整，以适应密封的要求。下梁及下部小梁上，装有导向杆，每个扇形板有 2 只，可防止扇形板在烟风压差下的水平移动。下轴周

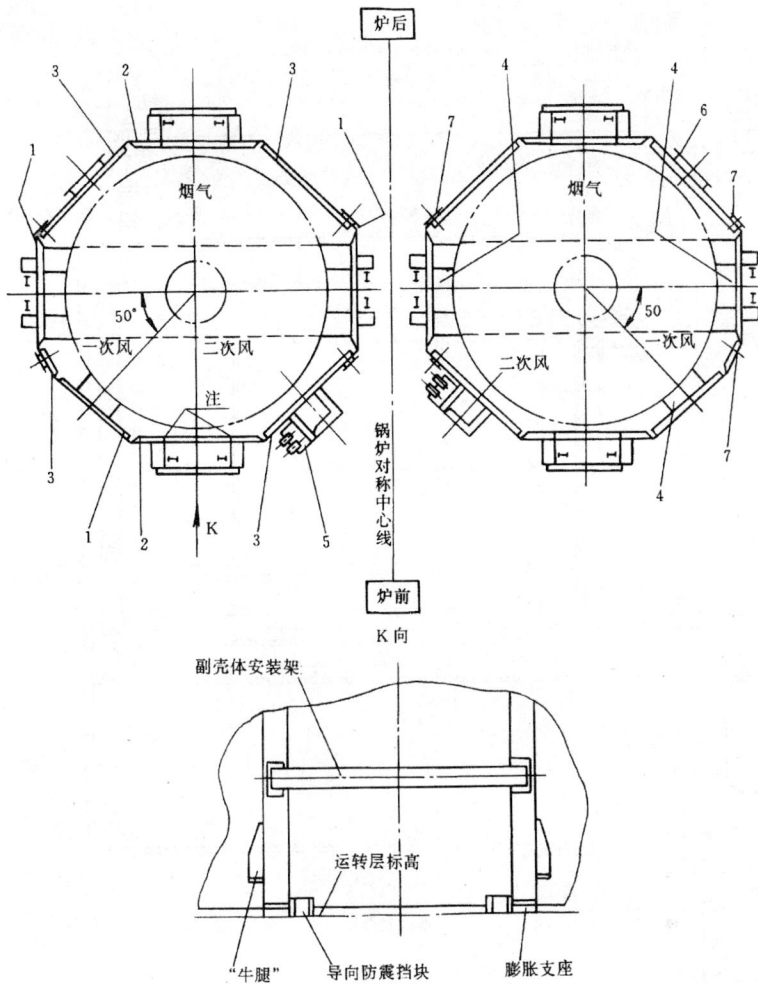

图 8-2　回转式三分仓空气预热器壳体

1—主壳体板Ⅰ、Ⅱ、Ⅲ；2—副壳体板Ⅰ、Ⅱ；3—侧壳体板；4—轴向密封装置；5—驱动装置；6—冷段蓄热元件检修门；7—人孔口

围由超细玻璃棉构成填料式密封，具体结构参见图8-4。

　　上梁断面呈船形，中心部位放置导向轴承，梁的两端座落在主壳体板的顶端，上部小梁断面呈矩形空气梁，一端与上梁相连，另一端与主壳体板Ⅲ顶部相连。每块热段扇形板也有三个支点，内侧一点，外侧两点，内侧支点是一个滚柱，支承在中心密封筒上。而中心密封筒则吊挂在导向轴承的外圈上，可随主轴热膨胀而上、下移动，从而保证了热段扇形板内侧可"跟踪"转子变形，避免径向密封片内侧的过度磨损。外侧两个支点通过吊杆与径向密封间隙调整装置的执行机构相连，运行时由该装置对热段扇形板进行控制，自动适应转子"蘑菇状"变形。上梁及上部小梁也装有防止扇形板水平移动的导向杆，每块扇形板2只，上轴周围的"中心密封筒"，由矿渣棉填料式密封结构。上部导向轴承外部结构如图8-5所示。

　　图8-3所示的空气密封装置构成密封系统，空气密封装置的管道需接自送风机出口，维持密封装置中的空气压力高于预热器出口。上、下部烟道及风道壁上分别设有人孔门，下部烟风道还设有供检修用的平台。

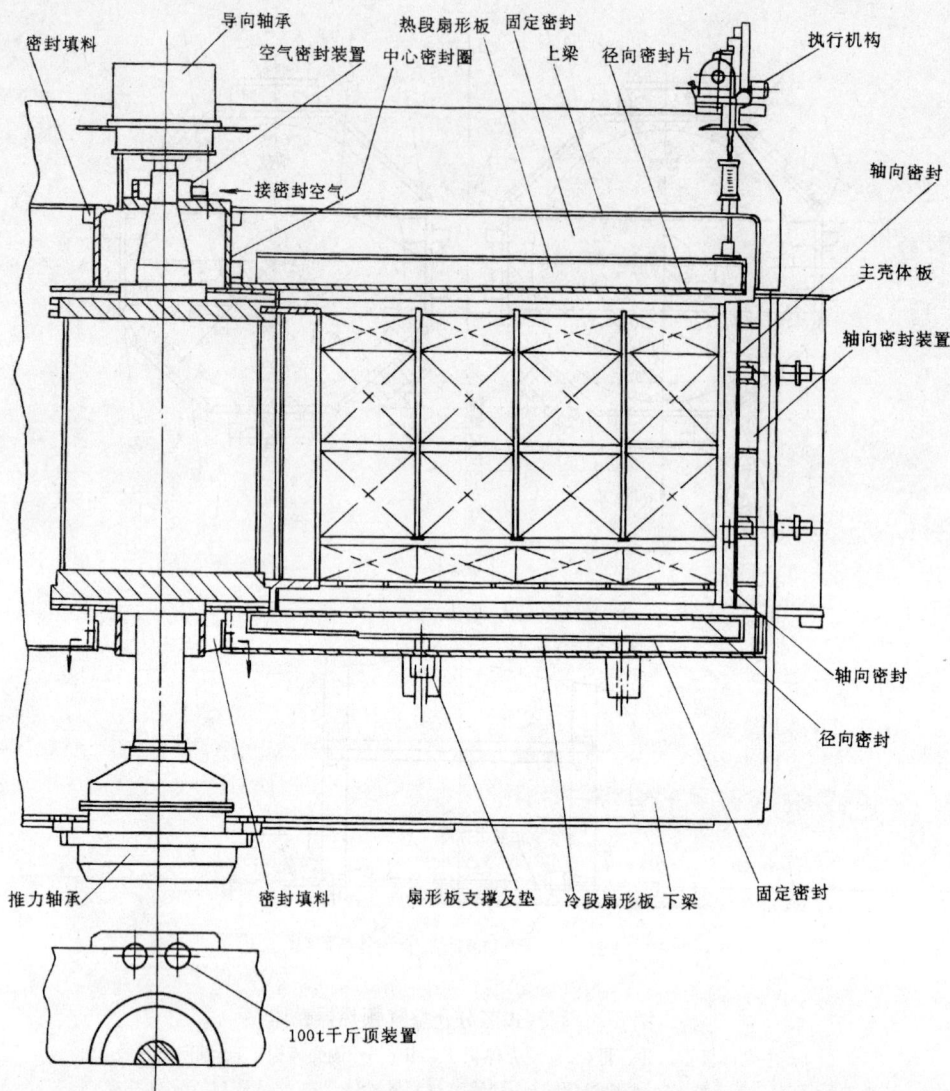

图 8-3　回转式空气预热器总体结构图

二、转子

转子是装载传热元件（波纹板）并可旋转的圆筒形部件，其外形似转鼓。为减轻质量，便于运输及有利于提高制造、安装的工艺质量，转子采用组合式结构，它主要由空心转轴、扇形模块框架（或称模数仓格）及传热元件（大量波纹板构成）等所组成。

转轴采用短轴结构，它是由上端轴（导向端轴）、空心的转子、中心筒及下端轴（支承端轴）三部分所组成。中心筒上、下端分别用 M42 合金钢螺栓与锻造的上、下端轴连接。短轴及空心结构不仅有利于节省金属、减轻质量和加工制造，同时对安全经济运行也有好处。

转子的圆筒体采用模数分仓结构（或称积木式结构），这是 CE 预热器公司 1975 年后才开始应用的技术。其结构特点是转子以圆心角 15°等分，将圆筒部分分成 24 个独立的扇形部分，称为扇形模块式模数仓格。在每个扇形模块靠轴中心一端，各用一只定位销及一只固定销使与中心筒相连，相邻的扇形模块之间用螺栓相互对接固定。由于采用这种结构，不仅使工地的焊接工作量

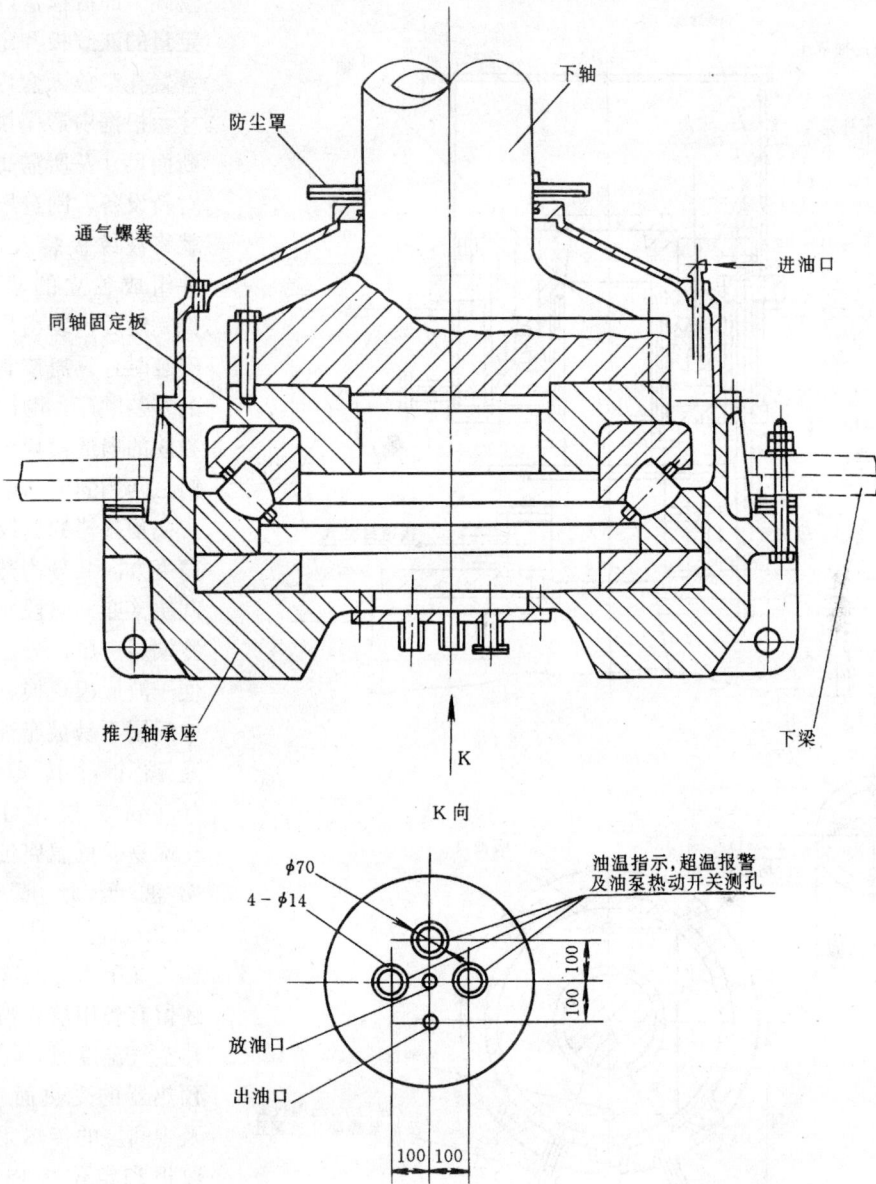

图 8-4 推力轴承结构图

大为减少，同时亦避免因焊接转子而产生的焊接应力、热应力以及由此引起的热变形。

在每个扇形模形框架中，均装接有 3 块辐向隔板，它们将每个扇形块沿径向分割成 4 个仓，即整个转子圆周体在断面上共有 96 个仓格，在每个仓格的空间里放置预热器传热元件的组合件（波纹板组合件）。

在转子外围下部装有一圈传动围带，围带也分成 24 段，分装于 24 个扇形模块上，围带上有传动柱销。转子经上、下轴端由处于上梁中心的导向轴承及置于下梁中心的推力向心轴承支承。

转子筒体上下端外周设置有弧形角钢和 T 型钢等附件，其中转子上下端最大直径处所设的弧形 T 型钢，系作旁路密封的元件（周向密封元件）。

传热元件主要由波纹板和定位板组成，为便于安装和检修时调换，传热元件的组合被做成框

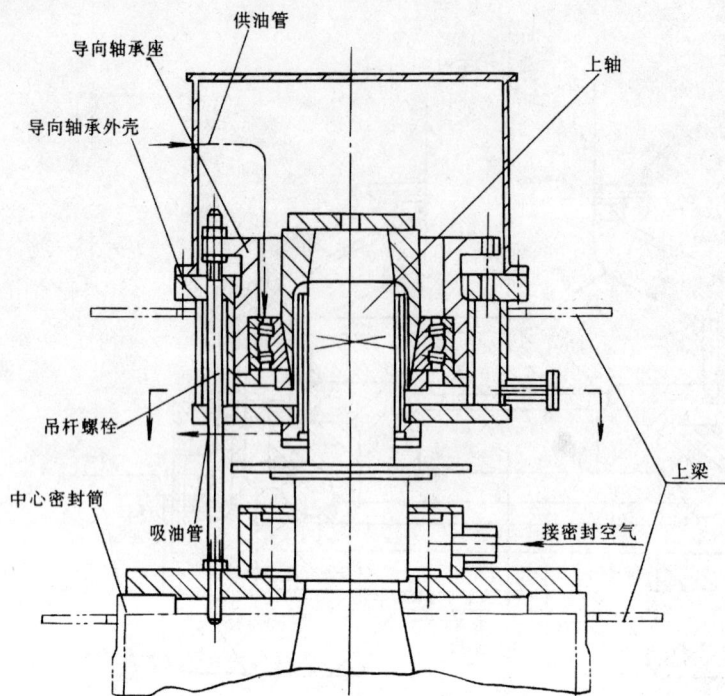

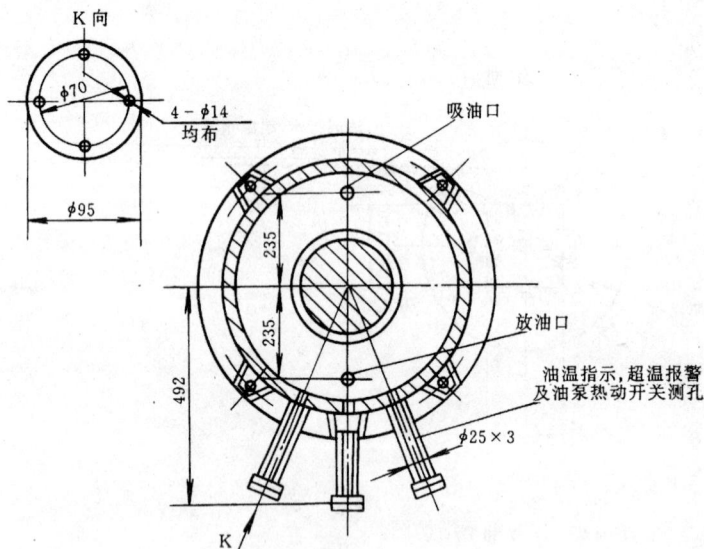

图 8-5 导向轴承外部结构图

盒式。即按框盒内尺寸将一定量的波纹板和定位板间隔叠置扎牢放入盒内（框盒尺寸系根据扇形模块各分仓的断面尺寸及所需高度制作）。对新设备，制造厂则在厂内就将波纹板装入到框盒内，并组成独立的扇形模块组件，然后包装出厂。到工地安装时，只需按制造厂规定的安装顺序，顺次地将各个独立的扇形模块组件与中心筒之间用固定销连成一体。

预热器的波纹板沿转子高度方向共分为热端层、中间层（亦称热段中间层）及冷端层三层。分三层的目的便于波形板更换，因热端及中间层不易被腐蚀，可用普通碳钢，其厚度较小（0.6mm）层高可大些，而冷端易受低温腐蚀，采用耐腐波形板厚度较大（1.2mm）。（注：有些预热器，在中间层与冷端层之间还留有备用层，当需要提高热空气温度时，可酌量增加预热器的受热面）。热端层及中间层的传热元件是由波纹板和定位板相间叠置而成。为了能增强气流的扰动，提高热交换的效能，并使气流阻力不要过大，波纹板和定位板的波纹槽道与转子轴线呈 30°交角，两板的波纹顺向相同。冷端层的传热元件则是采用槽口定位板和平板的间隔叠置，且板与板之间的平均间距定得较大，其目的是为了减少堵灰的可能。由于冷端传热元件较易遭致低温腐蚀，为保证能较长时间安全工作，槽口板与平板采用 1.2mm 厚度的耐腐蚀性能较好的考登钢制作。此外，冷端层里的传热元件组合件框盒均可上下翻转调换，以延长其使用寿命。

三、轴承及润滑油系统

1. 轴承

回转式空气预热器的转子采用冷端支承方式，在转子的上、下端轴各设置导向轴承和支承推力轴承。

导向轴承除用作固定转子上端轴的旋转中心外，还承受由风烟压差所引起的侧向推力以及转子转动时因偏摆晃动而产生不均衡的径向推力。由于 600MW 机组锅炉的预热器转子直径较大，质量大、水平推力也大，为保证预热器工作时转子具有足够的稳定性，导向轴承采用双列向心球面滚柱轴承。

导向轴承与上（热）端轴之间的结构是：轴承的内钢圈固定在连接套管上，连接套管则套装在上端轴上，并且锁紧盖及螺栓固定于轴上。轴承的外钢圈固定在导向轴承座套上，位于轴承座套外面的导向轴承座支承在上连接板中间梁的中心部分上面。导向轴承座套与导向轴承座之间并不固定，以便运行中随着预热器主轴的受热膨胀（或冷却收缩），导向轴承及其座套可与轴一起沿导向轴承座作轴向移动。导向轴承如图 8-5 所示。

连接套管与上端轴之间设有密封挡油套管，由于密封挡油套管固定在轴承座上，并使轴承润滑油不被主轴浸润接触，故可避免润滑油经轴颈与轴承座之间的动静间隙向下泄漏（为此在运行中要求油位不准超过挡油套管的管口高度）。

在导向轴承的轴承座套上，装设有 4 根支吊螺杆，其下端与中心密封筒相连，以使中心筒能与轴承座套同时随转子一起胀缩而上下移动。

导向轴承采用"油浴循环"的润滑方式。由于轴承的负荷和转子转速，在运行温度下，润滑油要求一定的粘度来保证轴承的寿命。运行经验表明，导向轴承最高温度大约为 71℃。在导向轴承箱上，除设有进油、吸油和放油管外，还有油位指示孔。在导向轴承油位下面，装有三个热电偶油温测点，分别作为就地油温指示、控制室油温指示和超温报警之用。

支承轴承的作用与导向轴承有所不同，它主要是用作支承转子的全部重力，同时还确定下端的旋转中心和承受由风烟压差所引起的侧向推力以及转子晃动所引起的径向推力。为了能满足上述功能要求和适应重载荷的需要，采用直径较大的推力向心球面滚柱轴承。

支承（推力）轴承装设在转子下端轴的端面上，其结构如图 8-4 所示。由图 8-4 可知，推力轴承的内（上）钢圈紧密套装在过渡套外，过渡套与下轴端的轴端法兰之间用螺栓加以固定。外（下）钢圈嵌装在支承轴承座上，中间隔有衬垫。轴承座支承在机壳上，机壳与冷端连接板中间梁连成一体。轴承座与底部机壳之间衬有垫板（支撑环）与垫片，轴承座的标高可通过调整垫片厚度得到确定。轴承座上罩有轴承座盖，两者法兰之间采用螺栓固定，轴承座盖上面装有防水罩，用以防止预热器机壳中水漏入轴承座，影响润滑油的质量及轴承的正常润滑。

支承轴承也采用"油浴—循环"的润滑方式，所用的润滑油要求与导向轴承相同。在支承轴承座的上面（在轴承座盖上）和底部设有进油、出油和放油孔，与导向轴承一样，在轴承的油位下面也装有三个热电偶的油温测点。

2. 润滑油循环系统

支承轴承和导向轴承的润滑要求较高，为此每台空气预热器的支承轴承和导向轴承都配置有独立的润滑油循环系统（或称稀油站）。

润滑油循环系统为不带油箱的稀油润滑系统，它是由油泵、电动机、油过滤器、油冷却器、管道阀门以及压力表、双金属温度计等组成。为简化系统，缩短管路，减少油的泄漏机会，制造厂已将它们组装成一个整体，称之为稀油站，并将它们分别装在导向轴承箱顶盖上和支承轴承的附近。

图 8-6（a）和（b）所示分别为稀油站的装置简图和油循环系统示意图。该稀油站循环系统主要由三螺杆泵、网片式油过滤器、列管式冷却器、管道、阀门、温度报警器及电器箱等设备组

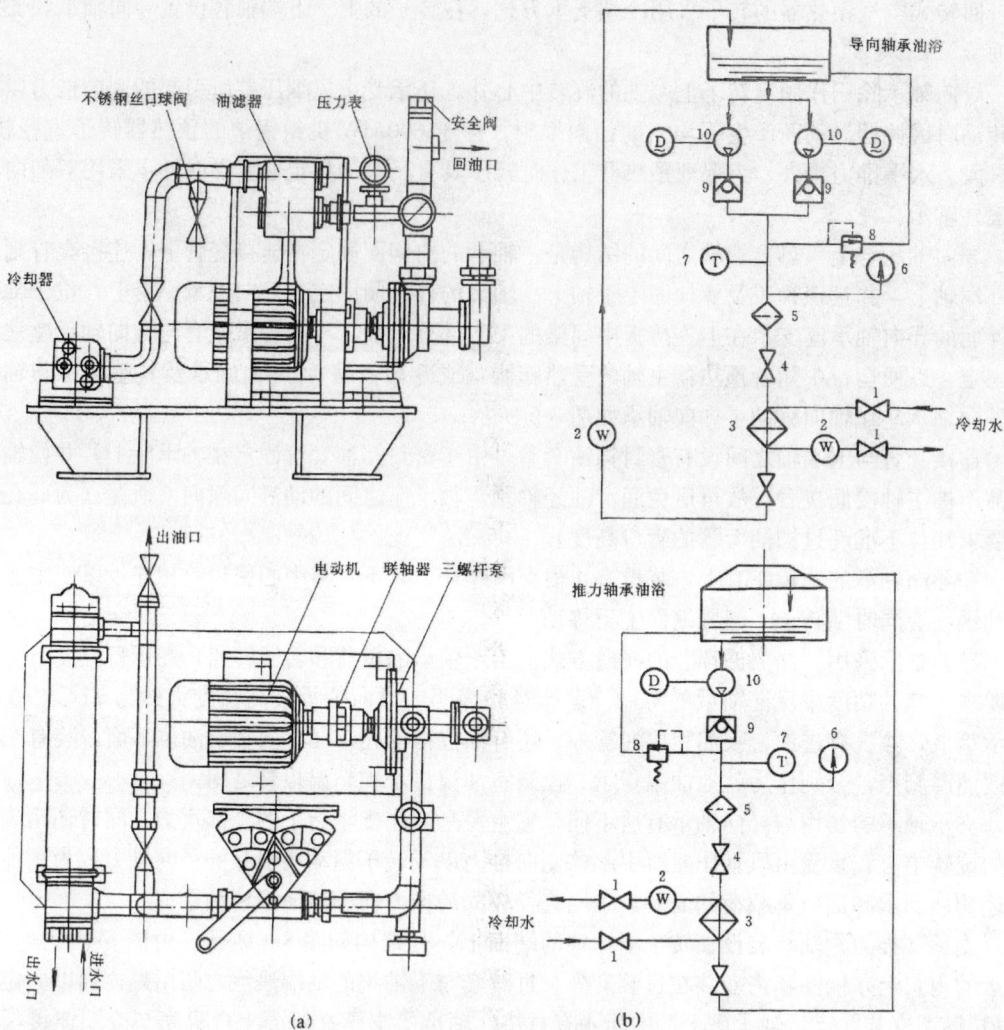

图 8-6 回转式空气预热器稀油站

(a) 稀油站装置简图；(b) 稀油站系统示意图

1—截止阀；2—视流计；3—列管式油冷却器；4—阀门；5—过滤器；6—压力表；
7—温度计；8—安全阀；9—单向阀；10—螺杆泵

成。系统结构紧凑、传动平稳、安装方便、所有管道、接头都采用 1Cr18Ni9Ti 不锈钢制作，外观漂亮，经久耐用。

冷却器进油温度：55～70℃；

冷却器出油温度：≤45℃；

冷却器进水温度：≤28℃；

冷却器进水压力：0.2～0.3MPa。

油过滤器为网片式双筒过滤器，其中一只筒工作，另一个筒作为备用，两者之间可用转换阀进行切换。当工作的过滤筒需清洗时，只需扳动转换阀，将原工作筒与系统隔绝，与此同时备用筒被接通，即可取出原工作筒进行清洗。油冷却器的型式为列管式，冷却介质可用轴冷水。冷油器设有旁路管和旁路调节阀门，调节阀门的开度由系统的供油温度高低而定。当系统的油温过高

第三篇 锅炉辅助设备

时，可关小旁路调节阀门的开度，增大流经冷油器的油流量，反之亦然。在油泵出口的旁路管上设有安全阀，该安全阀除用作有关设备的超压保护外，还兼作调节工作油压之用。当系统的工作压力超过安全阀的整定压力时，安全阀将自动打开，部分油会通过旁路管排至轴承箱（油浴），从而使工作压力降到正常数值。为防止管道发生锈蚀、污染润滑油，影响油的质量，系统中的管道及阀门均由不锈钢材料制成。在油泵出口管上装有压力表和温度计，用以监视工作压力和油温。温度计采用双金属温度计。

稀油站油液由螺杆泵送出，经单向阀、安全阀、双筒式过滤器及列管式冷却器，被直接送回轴承油箱。油站公称压力均为 0.4MPa（出口压力），当油站的工作压力超过 0.4MPa 时，安全阀将自动开启，油液流回螺杆泵进口。双泵站正常工作时，一泵工作，另一泵备用。

在运行中的操作要领如下：

（1）按系统工作压力，安全阀调至 0.4MPa（整定压力），温度指示调节仪的动作温度也调到相应位置，打开油站供油的阀门和压力表开关。

（2）将网片式油滤器换向手柄扳至相应位置。

（3）在主机工作前，先开启油泵，使系统达到工作压力，再启动主机，投入工作。主机停止后，再停油泵。

（4）油箱油温低于 45℃时，系统不自动启动。当油温大于 55℃，系统自动启动。

（5）稀油站工作中，如油温大于 70℃时，系统将报警。这时先按消警按钮，解除音响，再采取措施。应立即查出油温升高原因，迅速排除故障。

（6）油泵在使用过程中，要定期检查，电动机转向必须和泵转向一致。

（7）双筒式网片过滤器使用三个月左右，应进行检查与清洗。列管式冷却器必须根据水质情况，每 5～10 个月进行一次检查和清洗。

四、传动装置

传动装置是提供转子转动动力的组件，预热器的传动装置主要是由主电动机（主驱动设备），辅助空气电动机或辅助电动机，液力耦合器、减速器、传动齿轮、传动装置支架等所组成。电动机经联轴器传动减速器，后依靠减速器输出轴端的齿轮和转子外周下部围带上的柱销啮合面驱使转子转动。

为确保预热器转子运转的可靠性，即保证在厂用电中断，锅炉停炉时，仍维持回转式空气预热器转动（如果停转，烟气侧与空气侧温度不同而导致变形）。因此，回转式空气预热器必须设置主、副两套传动装置，即利用具有两个不同供电电源的主电动机和辅助电动机，有的不用副电动机而用辅助气动马达，它们分别与减速器的两个输入端轴相连接，构成主、辅两套传动装置，使转子能分别接受主、副驱动装置的驱动。

主电动机主要在空气预热器正常运行时使用，辅驱动装置的作用是在主电动机故障（或失去电源）时维持空气预热器的转子继续缓慢运转，以免转子停转而因受热不均而产生严重变形以及其他不良后果。此外，在安装、清洗、检修期间盘车，也可利用辅助电动机（或辅助气动马达）使转子作低速转动。启动时，一定要先启动辅助电动机（或辅助空气马达），然后再启动主电动机并同时关闭辅助电动机。

为确保预热器安全可靠工作，对于辅助驱动装置设有自启动装置。在任何情况下，当主电动机失去驱动电源时，辅助电动机或辅助气动马达能自动启动，通过超越离合器向转子继续提供驱动力。另外，在辅助驱动装置上，还装有手摇盘车装置，以便在应急和需要时使用。

此外，在转子的下端轴处，还装有转子停转的感应元件，转子一旦停转即能发出报警信号，以便应急处理。

五、密封装置

对于回转式空气预热器，漏风是个很重要的问题。这是因为预热器产生漏风会直接影响锅炉机组的安全经济运行，漏风不仅会使送、引风机的电耗增大，而且严重时还将使锅炉的出力被迫降低和加剧预热器的低温腐蚀，以及由此引起的其他不良后果。

造成回转式预热器漏风的情况有间隙漏风（或称密封漏风）和携带漏风两种。回转式预热器是转动机械，其转动的转子与静止的机壳之间总是存在一定的间隙，由于预热器内的空气区（一次风仓和二次风仓）呈正压，而烟气区为负压，空气区和烟气区之间存在压差，就导致一部分空气通过空气区与烟气区的交界处的间隙而漏到烟气中去，这种经动静之间间隙的漏风称为间隙漏风。对于三分仓空气预热器，它不但有空气区与烟气区之间的间隙漏风，还应考虑一次风仓与二次风仓之间漏风，因为一次风压总是高于二次风压，所以一次风仓空气部分漏入二次风仓中。

间隙漏风量

$$V_{\text{lf,i}}^{\text{j}} = A_i\sqrt{\frac{2g\Delta p_i}{\xi_i \rho_{ki}}} \qquad (\text{m}^3/\text{s})$$

式中　A_i——回转式空气预热器转子与机壳间某一区段漏风的通流截面积，m^2；

　　　Δp_i——该区段两侧的风烟压差，Pa；

　　　ρ_{ki}——该区段漏过空气的密度，kg/m^3；

　　　ξ_i——该区段阻力系数；

　　　g——重力加速度。

回转式预热器总的间隙漏风量 V_{lf}^{j} 为各区段间隙漏风量之和，即

$$V_{\text{lf}}^{\text{j}} = \Sigma V_{\text{lf,i}}^{\text{j}} = \Sigma A_i\sqrt{\frac{2g\Delta p_i}{\xi_i \rho_{ki}}}$$

此外，外界的空气也可以通过转轴和机壳之间的间隙漏入烟气区，预热器内的空气也会漏到周围的大气中去。

当回转式预热器工作时，随着转子不断旋转，不可避免的要将存在转子容积中的空气携带到烟气中去，同时也有一些烟气随转子的转动而被带入空气区，这种被旋转的转子容积所携带的漏风，称为携带漏风。

携带漏风量 V_{lf}^{x} 可由下式计算

$$V_{\text{lf}}^{\text{x}} = \frac{1}{60} \times \frac{\pi}{4} D^2 Hn(1-y) \qquad (\text{m}^3/\text{s})$$

式中　D——转子直径，m；

　　　H——转子高度，m；

　　　n——转子工作转速，r/min；

　　　y——金属板和灰污占转子容积的份额。

由此可见，转子的转速越快，携带的漏风量相应也越大。为了提高换热的效果，满足加热空气温度的需要，回转式预热器的转速均设计得较低，600MW 的锅炉预热器的转速为 1.1r/min，因此携带漏风在总漏风量中所占比例很小。因此，回转式预热器的漏风主要是间隙漏风。

按照回转式预热器在结构上对烟气区的分割，产生漏风的间隙分径向、轴向和环向（或称周向）三部分。对于一定系列型号的回转式预热器，其转子具有确定的直径和高度，相应的转子和机壳之间在径向、轴向和环向的泄漏长度也是确定。因而从设备方面讲，减少预热器漏风的关键在于要设法减少上述三部分的动静间隙，即采用能减少各向间隙、性能良好的密封装置和密封间隙的调整装置。

第三篇　锅炉辅助设备

国内 CE 技术的 600MW 锅炉，其回转式空气预热器的密封装置采用了美国 CE 空气预热器公司的最新技术，密封系统比较完善，除采用了一般的径向、轴向和环向密封装置外，还采用了转子热端可弯曲的扇形密封板结构，以减少热态时转子产生蘑菇状变形后的间隙。在每向密封的交换处，结构考虑得比较仔细，对可能发生堵塞以及泄漏小孔的存在等因素都给予重视。由于采取了上述先进技术，减少了漏风。对于 600MW 锅炉的回转式预热器的计算漏风率可达到 7%～8%，实际漏风率约为 8%～10%。

现将各部分密封装置的结构情况分别介绍如下。

1. 径向密封装置

径向密封装置是用以防止和减少预热器中空气沿转子的上、下端面通过径向间隙漏到烟气区的漏风量，还可以减少一次风区沿转子的上下端面通过径向间隙漏到二次风区的漏风量。

预热器的径向密封装置如图 8-7 所示，它主要由密封扇形板、径向密封片以及间隙调整装置等所组成。

在转子的 24 块径向隔板的上、下端，各装有一列密封片，径向密封片由 1.5mm 厚的低合金高强度钢（柯坦钢）

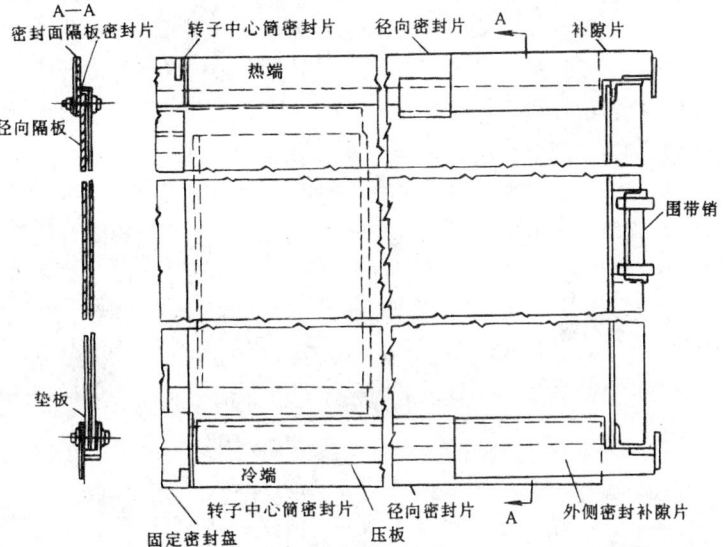

图 8-7 径向密封装置

制成，沿转子径向分成数段，用螺栓固定在转子模数仓格的径向隔板上，密封片的螺栓孔为长圆形，以便在安装检修时能对所装的密封位置进行适当调整以及密封片受热膨胀留有一定膨胀余量。径向密封片随转子一起旋转，径向密封装置的密封区域即为扇形板密封面与其下面（或上面）2～3 列密封片端面相接壤的区域。

对于三分仓式空气预热器，在转子上下端面处各设有三个密封区（或称惰性区），相应在转子的上下端面各装有三块扇形板，从而将整个转子的通流截面分割成六个区域，即三个密封区和三个通流区，其中一个通烟气，另两个分别流通一次风和二次风。各区域的角度分配按锅炉燃用煤种特性以及一、二次风温要求来定，先加热一次风还是先加热二次风（先加热二次风称为逆转式），也应由煤种对干燥剂温度要求来定。如果要求干燥剂温度不高，则选用逆转式，先加热二次风以获得较高的二次风温，然后再加热一次风（一次风温低于二次风温）。

冷端扇形板由框架及扇形密封平面所构成，具有较好的刚性。密封面经机械加工，故表面平整光洁。冷端扇形板支承在冷端连接板的中间梁及侧梁上（为一、二次风之间的密封区）。每块扇形板各有三个支承点，其中内侧（近轴一端）一点，外侧二点，扇形密封板平面位置的高低可通过改变支架处的垫片厚度稍加调整，以使密封间隙达到所要求的数值。扇形密封板受热后在径向可作向外侧自由膨胀。

回转式预热器工作时，转子受热后会产生"蘑菇状"变形。这是因为烟气自上而下流经预热器受热面转子，而空气则是由下往上流经转子受热面，由于烟气的冷却和空气的加热，使转子上端面的径向隔板金属温度较下端面处为高（故转子的上端称热端，下端称冷段）。转子上、下端径向隔板的壁温不同，其径向的热膨胀量也不同，因上端的温度较下端高，故其膨胀量也较下端为大，从而使预热器转子产生向下弯曲的变形，因其形似蘑菇状，故称"蘑菇状"变形。

转子受热后产生"蘑菇状"变形，给安装、检修时密封间隙的调整带来一些困难。因为如在冷态时将径向密封间隙（径向密封片与扇形板密封面之间间隙）沿径向都调至相同的数值，则运行时必然会造成一些区段的间隙变大；另一些区段的间隙变小，甚至可能发生严重的碰擦。为此，在冷态调整时应充分考虑到转子热变形的影响，沿径向预留不同的间隙量。

热端扇形板的密封面采用可弯曲的结构，每块扇形板上各有三个支吊点，其中靠近轴中心的一点支吊在转子的中心密封筒上。由于中心密封筒是吊挂在导向轴承的座套上，可随主轴的热膨胀而一起上下移动，从而保证了热端扇形板内侧可"跟踪"转子的热变形，因而能避免径向密封面内侧可能发生过度碰擦而引起的严重磨损。扇形板外侧的两个支点通过吊杆与控制调节系统中的电动执行机构相连，在电动执行机构的驱动下，能使扇形板外侧作缓慢的升降运动，以对外侧的径向密封间隙作相应的调整。

热端扇形板采用了可弯曲的结构后，运行中可由传感机构跟踪转子的"蘑菇状"变形，并通过连杆装置使扇形密封板产生与转子"蘑菇状"变形相吻合的弯曲变形，使得径向密封间隙始终能维持在很小的范围内，从而有效地减少了因转子产生"蘑菇状"变形所增加的漏风量。

在每块热端径向扇形密封板的电动执行机构中各配置2台可逆式电动机，即每台预热器共配有6台电动机，2台可逆式电动机分别接自不同电源，以确保运行安全可靠。电动机是通过减速器和三向齿轮箱与2台执行机构相连，以保证控制同一扇形板的两套执行机构动作能"同步"。

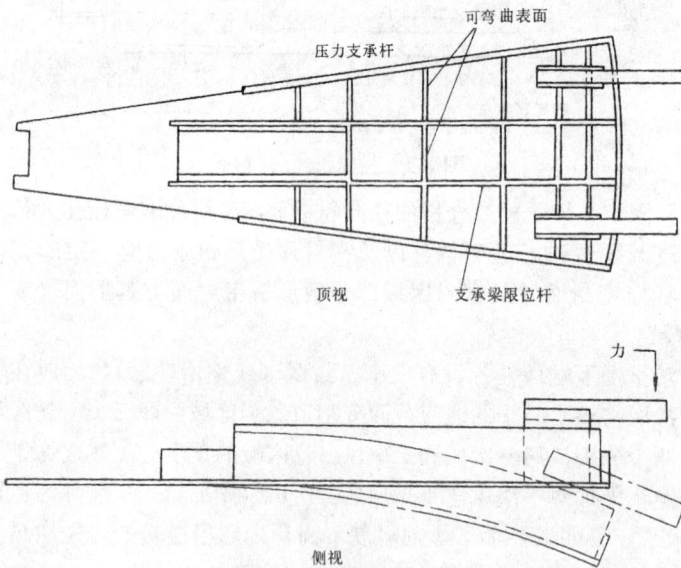

图 8-8　可弯曲扇形板

跟踪自动控制热端扇形密封板与转子径向间隙自动调整装置可由可弯曲密封扇形板（见图 8-8）、连杆装置、传动机构、机械传感器（见图 8-9）和控制线路等组成。

热端密封扇形板的外侧通过销子连接的连杆装置，在热态时可借助电动调节执行机构的外力，进行弯曲变形调节，在调节机构的作用下扇形板近转轴侧 1/3 基本不变形，而近外侧的 2/3 产生变形，且变形情况能较好地与转子的"蘑菇状"变形相吻合，从而有效地减少径向密封间隙，一般平均内侧间隙可以控制在 1.5mm 范围之内，外侧间隙可控制在 3.2mm 之内。这种调节机构通过销子连接的连杆装置作用在可弯曲扇形板的悬臂梁上的连接方式，其特点是能够吸收扇形板与调节机构之间由于温度不一所产生的相对位移。

为了在运行中跟踪转子的"蘑菇状"变形，在扇形板的外侧端部装有一只机械传感器。它由套筒和推杆组成，在推杆组件上装有触头和传感头装置，传感头装置内装有限位开关和使推杆返回的弹簧机构。整套组件固定在扇形板上，并随转子变形一起下垂移动。在转子的 T 字型钢上装有钨铬合金制成的硬质凸形触块。当传感头与凸形触块接触（或相碰，或远离）时产生的信号，通过限位开关传递给电动机的执行机构，来实现对扇形板与转子径向密封片间的运行间隙的有效控制。

这种自动跟踪控制转子"蘑菇状"变形的密封间隙的动作原理如下：

锅炉点火后，扇形板驱动机构上的计时器以每小时一次的频率接通驱动电动机，该电动机以每分钟1.5mm的速度使扇形板向下移动，直到使传感器触头与T型钢上的凸形触块接触为止。而当两者一接触，便闭合装在传感器头部组合件上的限位开关，使驱动电动机停2s，随后电动机倒转带动扇形板向上复位移动约3mm。该动作每小时进行一次，直到转子"蘑菇状"变形到最大的下垂量为止，此时限位开关发出信号，使扇形板上的驱动机构的计时器每小时改为每日一次跟踪动作。只要转子处于完全"蘑菇状"变形状态，调节装置就以这种"相对静止状态"跟踪动作。当锅炉负荷变动（如负荷降低）而使转子上翘时，凸形触块便与传感器触头接触，使扇形板上升移动。但它们之间每接触一次扇形板便会向上提升约3mm。若负荷增加时，扇形板又会在调节装置的驱动下自动进行跟踪动作。

2. 轴向密封装置

回转式空气预热器在转子外圆周与机壳

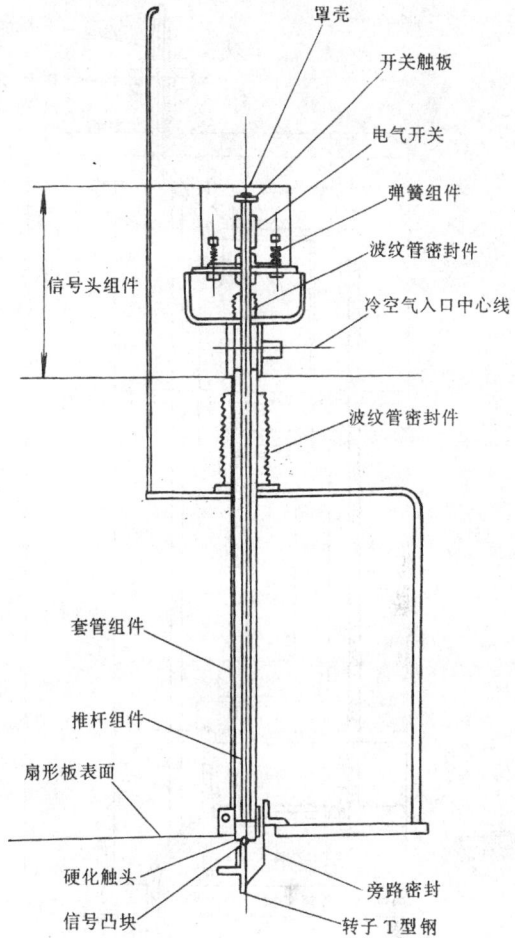

图8-9　机械传感器

之间有较大的空间，如果不采取密封措施，空气会漏入烟气中去。为了减少空气在转子周围沿其周向漏入烟气区，故需装设轴向密封装置。

轴向密封装置主要由轴向密封片和轴向密封板所构成。轴向密封片由厚度为1.5mm的柯坦钢板制成，它通过螺栓固定在转子外圆周的所有（24块）径向隔板上，随转子一起转动。沿整个转子的高度，轴向密封片分两段布置（在围带柱销处断开），其中位于柱销上面的为热端轴向密封片，柱销以下的为冷端轴向密封片。轴向密封板装置有3块，沿周向它们分别装设在转子3个密封区的外侧而位于机壳之中。轴向密封和旁路密封结构如图8-10所示，它主要由弧形密封板、支架、调整螺栓及保护罩等所组成，每块轴向密封板上各有4只调整螺栓，分两层布置。弧形密封板经支架及调整螺栓支承在机壳上。弧形轴向密封板的位置（径向），可以通过调节4只调整螺栓上的螺母来整定。在安装检修时，制造厂有轴向间隙推荐值。与径向密封的扇形密封板一样，轴向密封间隙可在预热器运转条件下（热态下）从机壳外部进行调整。

3. 环向密封装置

环向密封装置包括转子外周上、下端处的旁路密封和中心筒密封两个部分。

旁路密封亦称周向密封，其结构如图8-10所示。它主要由旁路密封片和T型钢所构成，冷、热端的旁路密封片系由许多短折角片（材料为柯坦钢，厚度为1.5mm）拼接而成。为清除密封

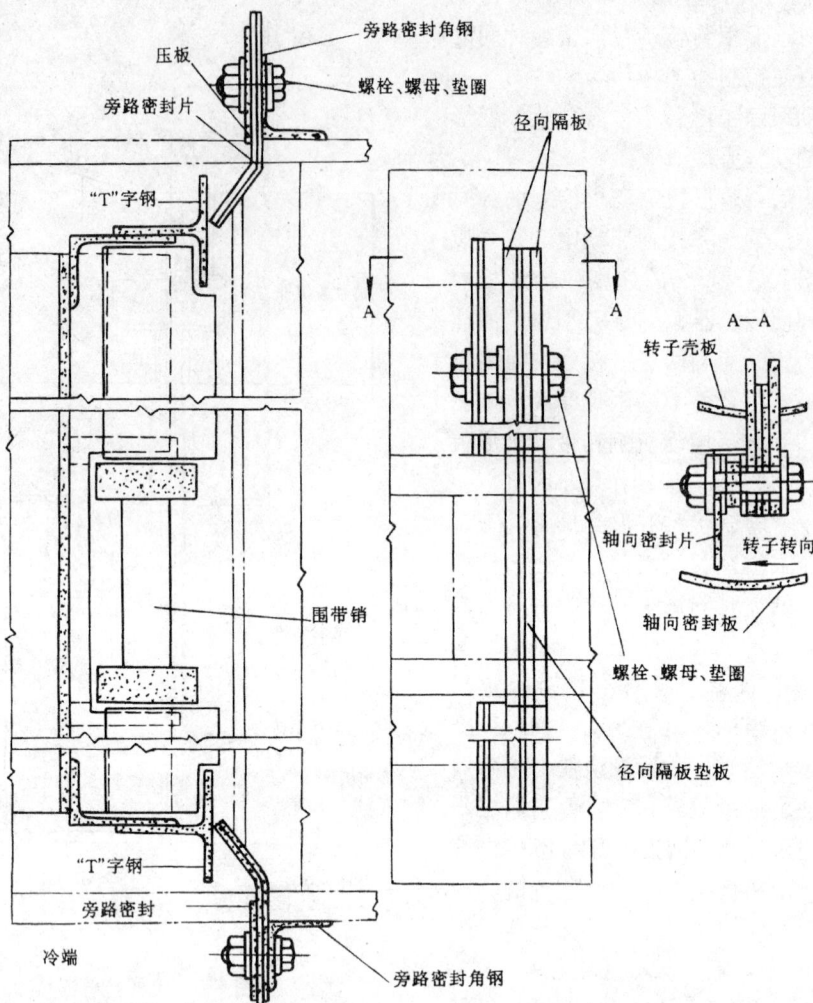

图 8-10　轴向密封和旁路密封结构图

片连接处的槽隙和增强它的刚度，整体密封片由相互错开的二层散件密封片叠置而成，并用螺栓固定在旁路密封的角钢上。旁路密封片沿转子外围呈圆形布置，只是在扇形板处断开，另设旁路密封件。由于密封角钢是与上、下连接板相固定，故旁路密封片是静止不动的。T 型钢与转子冷、热端外周上的角钢相连接，随转子一起旋转，T 型钢的垂直端面为旁路密封的密封面，在安装旁路密封片时，使它们与密封面之间保持一定的间隙。考虑转子的热变形，应预留冷、热端的间隙值，当预热器工作时，转子产生热变形，可使密封间隙降到较小的数值。

　　旁路密封装置是用来减小经转子与机壳之间通过的烟气和空气旁通量，即部分烟气和空气不经转子中的受热面而直接从转子与机壳之间的间隙中短路流过。同时，它对减少轴向密封和径向密封的漏风也起到一定的作用。

　　中心筒密封片由 1.5mm 厚的柯坦钢弯制而成，固定在转子中心筒的热端和冷端端板的圆周上（见图 8-11），并随转子一起旋转。密封片与固定在机壳的环形密封盘或密封盖的凸缘之间保持一定的间隙。中心筒密封装置可以看作是径向密封在转子中心部分的延伸，对减少漏风也起一定的作用。

　　由径向、轴向和环向密封装置联合构成的是一个封闭和可调的密封系统，是保证预热器具有较小漏风率的主要结构措施。

在回转式预热器的上述三种密封间隙中，漏风量最大的是径向间隙漏风（一般约占总漏风量的2/3）；其次是环向的密封间隙漏风；最小是轴向漏风。在间隙及漏风通流截面积相同的条件下，冷端处的漏风量较热端为大，这是因为空气区与烟气区的压差，冷端要比热端为大；且冷端的空气温度低，密度大，故冷端的漏风量也为较大，通常约为热端漏风的二倍左右。

4. CE 径向密封间隙自动调整装置

CE 空气预热器公司采用可弯曲扇形板密封自动调整装置，简称 DSP（deflectable sector plate），在英国及日本，称 SDS（sensor drive system）。空气预热

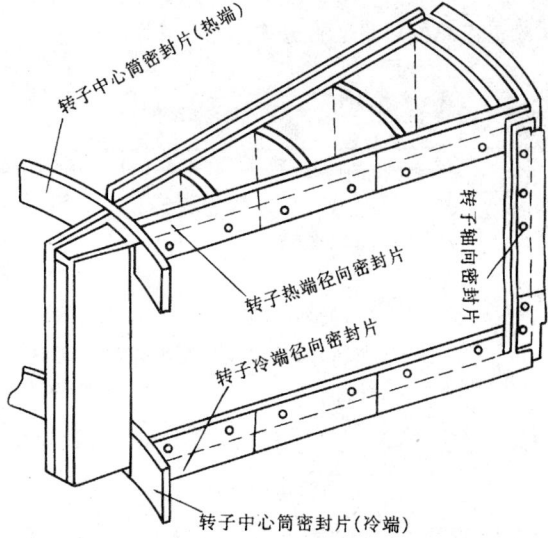

图 8-11　转子中心筒密封片

器转子在热态下受上、下端温度差的影响，形成"蘑菇状"变形，装在转子上的径向密封片与扇形板之间形成一个细长的曲边三角形，而这个三角形随锅炉出力、排烟温度变化而变化。所以要求在任何运行状态下，通过自动调节保持径向密封片与扇形板之间的平均间隙为最小。

DSP 装置和日本的 SDS 装置的原理和主要控制回路基本上是一样的，但其测量间隙的方法以及密封面密合特性是不同的。

DSP 装置是一种接触式的电气机械传感器装置。装置的调节原理是传感器探头周期性探测转子热变形所引起的热端径向密封外侧端的物理位移量，并与间隙整定值相比较，比较结果发出电信号，驱动一系列驱动装置，最终机械螺杆千斤顶使扇形板的可弯曲面变形，吻合于转子热变形的变形曲线，获得密封面长度上均匀的最佳密封间隙，并且在锅炉的各种负荷运行条件下，扇形板始终与径向密封片保持良好的运行密封间隙。

SDS 装置的原理与 DSP 装置基本是一样的，其不同之处，一是间隙传感器为非接触式，为电磁阻抗式传感器；另一是 DSP 装置中密封面之间是曲线吻合，而 SDS 装置是直线与曲线相吻合。

DSP 装置的调节原理是利用一个接触式传感装置探测转子外侧端的热变形位移量，用测量值与整定值相比较后发出电信号，通过一套机械传动装置，最终变成扇形板的向上或向下运动，并与转子径向密封片始终保持所要求的密封间隙。这样在各种工况下，提高了回转式空气预热器的运行安全性和经济性。图 8-12 和图 8-13 分别显示未装设和装设密封自动调整装置的间隙情况。

DSP 设备是空气预热器降低漏风率的关键设备，在任何运行工况下，该装置能保持径向密封的最小间隙，漏风系数设计保证值小于 8％。根据日本三菱公司介绍，采用了 DSP 装置后，在漏风量最大的高温侧，漏风量

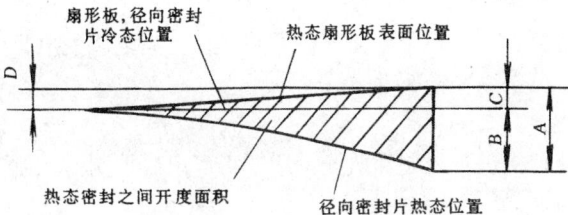

图 8-12　热态径向密封间隙（未装 DSP 的设计）
A—热态运行间隙；B—转子蘑菇状变形量；
C—热变形量；D—随动装置的间隙减少量

可以减少 75％，空气预热器的漏风量仅为原来的 70％，三菱公司介绍的装与不装 DSP 装置，各部漏风量占总漏风量的百分率如表 8-1 所示。

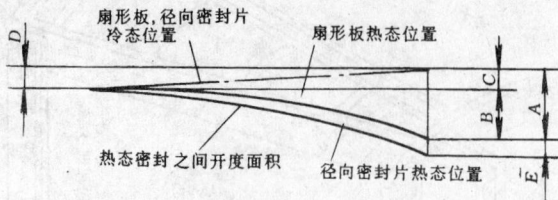

图 8-13　热态径向密封间隙（装设 DSP 的设计）

A—可弯曲扇形板的间隙减少量；B—转子蘑菇状变形量；
C—热变形量；D—随动装量的间隙减少量；E—热态运行间隙

表 8-1　　各种漏风量占总漏风量的百分率

项　　目	不装 DSP	装 DSP
高温侧漏风（％）	40.3	14.52
低温侧漏风（％）	15.6	22.33
轴向漏风（％）	18.7	26.75
携带漏风（％）	25.4	36.40
合计（％）	100	100

CE 空气预热器公司在减少漏风方面，近年来做了下列工作：

1）减少热端径向密封的泄漏面积；

2）降低转子转速；

3）减少传动围带的泄漏面积；

4）双径向密封片和双轴向密封片；

5）采用程序逻辑控制装置，具有费用低、运行方便、适应性强等优点。

（1）扇形板及驱动系统。

为了减少空气预热器热端泄漏，装置了热端扇形板自动调整装置，在运行中扇形板将向转子方向运动，减少径向密封间隙。对于大容量锅炉，预热器转子直径增大，转子上下温度梯度大，冷、热端膨胀不均匀更大，使转子热端部径向密封与扇形板间间隙增大。径向密封系统驱动扇形板向转子方向运动，减少径向间隙，扇形板与径向密封片尽可能接近，但不能接触，扇形板的位置由传感器控制，它监测径向密封与扇形板外端间隙，确保其最小值。扇形板下调量和提升量受端部电气限位开关所限制，在任何运行负荷下，控制系统能将扇形板停在任何位置上。

可倾斜的扇形板支承在中心筒上，外端有一套电动机加力系统由控制系统控制。扇形板内端和中心筒一起膨胀，在任何时候按间隙控制系统指令扇形板可以以销轴为支点进行调节。

扇形板有一套独立的驱动系统，包括一台小功率电动机（0.38kW，1000r/min），一个齿轮减速器，两个线性调节器，一台带转矩限制的耦合器，驱动轴和 2 个电动限位开关，一个限位开关有二个内部开关所组成，确定扇形板传动范围。另一个限位开关，当转矩过大时，操作联轴器分离，同时停止驱动电动机并产生报警。以后直到联轴器复置后，扇形板才能再运动。

驱动系统联动机构是采用简单的推杆布置，两个推杆接在它们各自的上下操作提升杆上，并且穿过下部填料箱。每个推杆下端用销子连接扇形板的吊耳。这个填料箱装备了具有抗凝添加剂的润滑装置。

预热器的扇形板也可以手操，在减速器上有一可用手动曲柄操作扇形板。当电源失电，驱动部件失效或转矩限制耦合器需要再充电时，可采用手动驱动方式。

（2）径向间隙密封自动控制装置。

控制系统的各种功能由控制系统的微处理机进行控制和监测。扇形板可以由控制盘控制，每个扇形板也可以由就地控制盘进行就地控制。

运行中监测一些系统条件，一些条件可能引起报警并使扇形板提升，另一些条件仅仅发出声响报警，所有报警全接至电厂主控室。

所有功能由可编程序控制器控制，这个程序改变插入终端设备能很容易地满足特殊的操作条件和用户的特殊要求。其他控制特性有以下几点：

1）显示报警、扇形板位置和动态功能如"搜寻"。

2）每一扇形板自动或手动模式控制；

3）在电源中断时备用电源投入保护处理机的存储器；

4）NEMA12控制盘防尘罩内清洁，干燥的经验温度为10～32℃。

（3）传感器。

SDS的传感器为装在扇形板外圆的电磁阻抗式，它是一只E字形铁芯，在中间铁柱上绕有线圈，线圈加上正弦波电压后产生磁力线，磁力线由铁芯出来经空气间隙到检测板又回到铁芯，在磁路内存在着不同导磁率的物质，空气间隙磁阻最大，间隙一旦发生变化磁阻就随着变化，线圈的感应系数也相应发生变化，而感应系数 L 是线圈检测面和检测板之间的间隙的函数，感应系数 L 直接反映间隙的大小。

DSP装置是采用一种接触式的电气机械传感器。运行中需要监视转子及有关的扇形板位置，扇形板调节端由转动限位开关控制，此外扇形板位置是转子位置（蘑菇状变形量）的函数。但它并不连续随着转子一起运动，因此在一定时间间隔内，扇形板上的位置传感器将搜寻转子情况，当扇形板一触到转动的传感器发生信号到控制系统去停止扇形板的运动，并提升扇形板，2s延滞后停驱动电动机，直到确定扇形板和径向密封间隙为止。另外在降负荷过程中，当转子上翘时，传感器也会使扇形板提升，这时传感器扫描的时间间隔与上面所述一样。

传感器随着扇形板和驱动限位开关一起完成间隙调整。传感器设置在扇形板的外侧，扇形板顶部有两个限位开关由推杆操作，推杆和套管一直放到传感头，传感头上为球状硬质合金，参见图8-14。

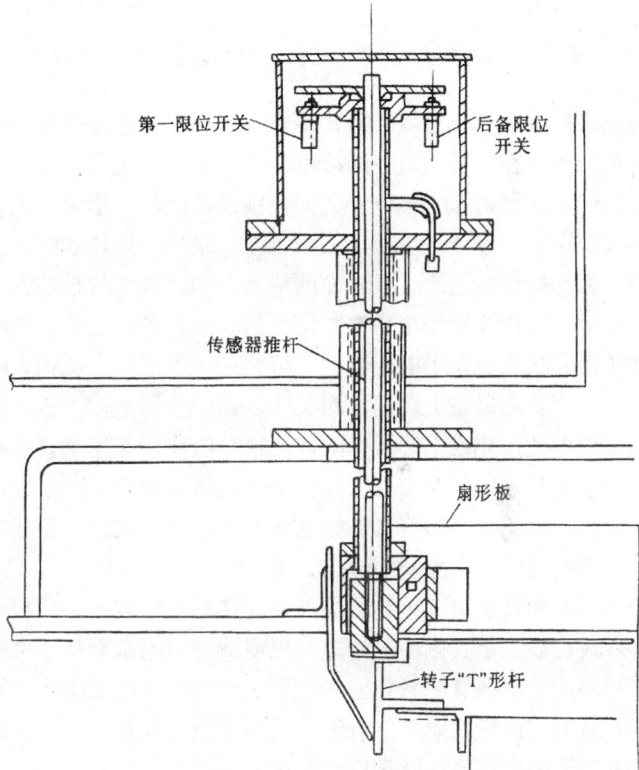

图 8-14　传感器

当扇形板和转子间间隙最小时，引起传感头动作，此时转子热端上的T形铁件和安装间隙匹配使得所有部件保持同样高度。一旦传感头动作，推杆将带动两个限位开关之一动作，这个限位开关为初始限位开关，该开关发出信号到控制盘，使扇形板停止动作，并快速缩回到预先确定的密封间隙，初始限位开关任务完成。如果传感器继续动作使第二个备用限位开关动作，将发出声音报警并且驱动扇形板全部缩回。

传感器用清洁压缩空气作密封气源，在燃煤烟气环境下，密封传感头和推杆间区域，连管必须采用挠性连接。

径向密封间隙控制系统和驱动联动系统布置，如图8-15所示。

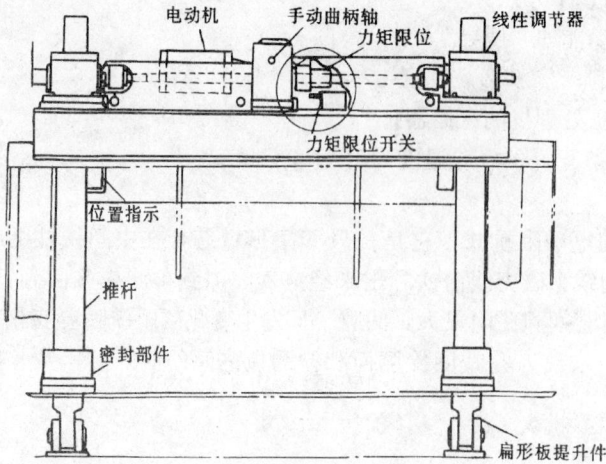

图 8-15 径向密封间隙控制系统和驱动联动系统布置图

（图中标注：电动机、手动曲柄轴、力矩限位、线性调节器、力矩限位开关、位置指示、推杆、密封部件、扁形板提升件）

六、清洗装置

回转式空气预热器由于波纹板布置得较紧密，波纹板之间的流通通道狭窄，因而在预热器运行时气流的流动阻力较大，且烟气中的飞灰容易粘积在波纹板上，引起波纹板的腐蚀和气流通道的堵塞。这样不仅会使送、引风机、一次风机的电耗增加，而且还会因换热条件变差，使一、二次风温降低，排烟温度升高，影响锅炉效率。流动阻力的增加，使风量减小满足不了要求，限制锅炉的出力。

此外，在锅炉启动阶段，因炉内温度低，如果油燃烧器雾化不好，燃料不易完全燃烧，于是从炉膛随烟气带出的未燃的油滴和炭黑易沉积在空气预热器的波纹板上，而这些可燃物在一定条件（一定温度和氧气浓度）下会再次燃烧，则称为二次燃烧，从而使预热器烧损，遭受严重损失。如某电厂 600MW 机组在启动调试过程中，由于油燃烧器雾化质量差，发生过回转式空气预热器的二次燃烧。

为保持预热器波纹板表面的洁净，回转式空气预热器设置了专门的吹灰器和清洗装置。

每台回转式空气预热器在烟气侧冷端设有一台伸缩式吹灰器，该型吹灰器系非旋转的伸缩式吹灰器。吹灰器采用电机驱动，齿轮——齿条行走机构，吹灰器在伸进退出预热器的行程中进行吹灰，当吹灰器退出后进汽阀关闭。在吹灰器本体上装有控制箱，除程序控制进行吹灰外，在现场可以电动操作或手动操作吹灰。这种吹灰器采用单马达推进，步进方式吹灰，在吹灰器的控制箱中装有步进定时器，可以方便地根据需要设定每次步进的距离和吹灰的时间，以达到满意的吹灰效果。由于它是用蒸汽作为吹灰介质，在蒸汽进入预热器的吹灰器前的管道的疏水装置应装在靠近吹灰器的向上流动的蒸汽管道上。

每台回转式空气预热器烟气侧的热端和冷端各装一根固定式清洗管，按转子旋转方向，清洗管应装在靠近烟气侧的起始边，以便清洗后的水可从烟气侧灰斗排出。

清洗管上装有一系列不同直径的喷嘴，使预热器转子内不同部位的受热面能获得均匀的水量，从而保证清洗效果。清洗介质为常温工业水，冲洗水最小压力为 0.515MPa 左右，如果采用 60～70℃ 的温水清洗效果更好。水的 pH 值约为 10～12。用水冲洗波纹板，一般是在波纹板上积灰严重，预热器空气侧的压力损失大于规定值，伸缩式吹灰器已无法去除波纹板上的灰垢时才使用水冲洗方法。

每台回转式空气预热器有两根固定式灭火管，分别布置在预热器烟气侧的进、出口处，与固定式水冲洗管相错开，管上也开有许多孔（笛形管）。有的锅炉空气预热器把水冲洗管兼作灭火管用。

第三节　回转式空气预热器启停与维护

由于回转式空气预热器的转子，既是回转机械，又是工质进行热交换的传热元件。因此在预热器的启动和运行中除了需注意对转子的轴承温度、润滑轴承的油循环系统的工作、传动机构的工作等是否正常要进行监视外，特别在预热器启动、停运的过程中，还需注意防止转子因膨胀不均匀而卡煞以及因未燃尽的油滴和炭黑沉积在转子的波纹板上而导致发生二次燃烧等。

一、回转式空气预热器启动

1. 启动前的检查与准备

对于刚安装好或大修后的回转式空气预热器，在启动前应先进行下列各项检查和准备工作：

(1) 检查预热器各部件是否已全部安装结束，脚手架及临时设施是否已拆除。

(2) 检查所有进水、排水、冷却水及压缩空气管道，确认畅通无泄漏。

(3) 检查各处密封装置，应完整无损，无松动，密封间隙符合规定要求。

(4) 检查传动装置上主电动机、副电动机（或气动驱动装置）的传动轴及手工盘车装置转向，应与预热器的转向要求一致。并用手动或气动装置盘动转子一圈，任何滞留在转子外壳的异物都应清除，否则会影响转动或损坏转子的密封。

(5) 吹灰器进行检查并试运转。

1) 吹灰管在行程中应畅通无阻；

2) 汽阀动作应灵活；

3) 吹灰喷孔的喷射面应全部覆盖传热元件。

(6) 检查油循环系统，所有轴承座、减速箱以及电动机轴承内应都加有足够的润滑油，且油质和油温符合要求。

(7) 检查气动马达，空气管路设备功能正常。

(8) 表计齐全完好，电气回路连接正确，电气保护装置动作灵活，符合要求。

2. 启动

启动前进行全面检查后，当确认预热器本体设备及有关系统均安装就绪，并具备运转条件后，可对预热器进行启动。

(1) 在启动回转式空气预热器前，应先投用导向轴承和支承轴承的油循环系统，试运行时间为 1h。试运转中应对油系统进行检查，要求无泄漏，油压和油温符合规定值。

(2) 在正式用主电动机驱动预热器前，应先用手动盘车装置或辅助传动装置盘动转子至少一周。要求转动灵活，无碰撞、杂声及卡涩等异常情况。

(3) 送电源用主电动机驱动转子旋转启动。为了确保设备的安全，在第一次启动刚开始转至全速时，应立即停机，利用转动惯性观察轴承和各部件有无杂声和异常现象，转向是否正确。一切正常后方能再次正式启动。

(4) 正式启动预热器后，应检查主电动机，油泵电动机的电流，轴承的温度，各传动部件振动，噪声情况，油循环的油压、油温等有无异常情况。

对于试运转的回转式空气预热器，以主电动机驱动预热器转子，在正常情况下，运转 15min 后，电动机的温度应保持基本不变（趋于平稳）。如果发觉电动机过热，则应检查电流大小（电流表指针的晃动应<0.5A）。如电动机电流超限值，应视具体情况进行处理：

1) 如电动机稍过载，可能是由于转子密封摩擦较大所引起。待预热器达到正常运行温度（预热器正常变形）及密封片正常后，这种情况就会自行消失，因而不需立即停转。

2) 如电动机过载严重，可能是密封装置太紧或是齿轮与转子的传动柱啮合过紧，此时应切断电源停止运转。待调整好各密封的预留间隙或传动小齿轮的位置（稍向外移动，但不能过松，否则在运转时会引起转子发生跳动）。

3) 在检查油泵电动机的电流时，如发现工作电流超限、电动机过载，很可能是油温低，油的黏度过大，此时必须将油加热器投入运行。

4）运转时如发现其他异常情况且会危及设备安全时，必须立即停转，切断电源挂上警告牌，及时进行检查找出原因并进行相应的处理。待问题解决后，方可再次启动，直至运转稳定。

（5）在锅炉启动阶段，预热器应在引风机启动之前先启动，这样可避免由炉膛及烟道中吹扫出的积灰集中沉积在烟气侧的波纹板传热元件上。同时在锅炉点火后，不致造成预热器转子受到单侧加热，从而可防止转子发生畸变。需指出的是，锅炉点火时，应先打开空气挡板，随后再开启烟气挡板，这样可防止转子过热和因过热膨胀而引起转子卡涩。

对于新安装的预热器，在冷态试运转过程中，除应注意检查螺杆油泵、管道、供油供水及油位等是否正常（一般每隔半小时或一小时检查一次，不得有漏油、漏水等现象，并做好记录）、轴承、传动装置等机械部分的温度、振动及工作电流等外，还需要调整好各部分密封间隙，同时检验各调节传动机构的灵活、准确、可靠性。

试运转应连续进行 8h。试运转完毕后，应对密封装置及转动部分复查一次。轴承要更换新的润滑油脂。待完成外壳的绝热保温后，即可交付验收。

二、运行监视及维护

1. 正常运行时的监视和检查

回转式预热器正常运行时，须定时做好以下各项监视检查工作：

（1）转子运转情况。要求传动平稳，无异常的冲击、振动和噪声。

（2）传动装置的工作情况。要求电动机、减速箱轴承、液力耦合器等温度正常，无漏油现象，电动机的工作电流正常。

（3）转子轴承与油循环系统的运转情况。要求油泵出油正常，油压稳定，无漏油现象，油温和油位在正常范围内，油泵电动机电流正常。

（4）监视预热器进、出口的烟气和空气温度，如发现其中一处温度有不正常的升高，须及时查明原因，以防不测。这一点在锅炉点火启动阶段特别要注意，因为在点火启动阶段，炉内燃烧不完全，很可能使未燃尽的油雾滴和碳粒沉积在预热器的传热元件上而引起二次燃烧。为此，除应严密监视和调整好炉内燃烧外，对预热器处的温度亦须严格监视。

（5）预热器进、出口之间压差。当发现进、出口压差，即气流阻力明显增加，表明转子积灰严重，应加强吹灰，即增加预热器的吹灰次数。按制造厂的要求，当预热器的空气压力损失在增加 30% 以上时，需停机进行水清洗。

2. 正常运行时的维护

（1）为保持转子传热元件的清洁，应定期对预热器进行吹灰。通常，在锅炉点火或启动初期，每隔 4h 吹灰一次。待锅炉运行稳定后，每班（8h）吹灰一次。吹灰尽可能在高负荷下进行（此时烟气流速大，易把吹扫灰带走）。吹灰前，应对有关管道进行疏水 2~3min。

（2）应按运行规程规定，定期对减速箱、转子轴承座进行换油、对油循环系统中进口的过滤器网筒进行清洗。

表 8-2 列出了制造厂推荐的预热器各部分所用的润滑油脂种类、加油量、加油方式及换（加）油周期等（供参考）。

表 8-2 润滑油脂一览表

序号	加油部位	润滑油脂名称	推荐的加油量	加油方式	换油周期	加油周期
1	支承轴承	350 号合成极压工业齿轮油（硫磷型）	320L	油泵强制循环系统	6 个月	

序号	加油部位	润滑油脂名称	推荐的加油量	加油方式	换油周期	加油周期
2	导向轴承	350 号合成极压工业齿轮油（硫磷型）	50L	油泵强制循环系统	6 个月	
3	传动减速箱	24 号汽缸油或 38 号汽缸油（GB 448）（GB447）	250L	倒灌	6 个月	100 天
4	减速箱上、下轴承	钙—钠基润滑脂（GB 493）	1kg	牛油枪	检修时换油	3 个月补充
5	吹灰器轨道	钙—钠基润滑脂（GB 493）		牛油枪	一个月	
6	吹灰器跑车	HJ—30 机械油		倒灌	一年	
7	吹灰器各轴承	钙—钠基润滑脂（GB493）		牛油枪	一个月	
8	连接螺栓等	二硫化钼润滑剂		涂		

（3）预热器在运行时，应定期测量它的漏风率。若漏风率过大（$\Delta\alpha_{ky} > 0.125$）时，应及时通知检修人员调整密封装置的间隙，以减少漏风，提高锅炉运行经济性。

三、回转式空气预热器停用

在锅炉停炉时，预热器进行正常停用。为防止可燃物在预热器传热元件上的沉积及使转子均匀冷却，在锅炉降低出力直至炉内熄火后的一段时间内，除了需对转子进行吹灰外，还需继续保持转子和送、引风机连续运转，直到预热器进口烟温降至 200℃ 以下时，方可停止预热器转子的转动。如为检修停炉，则为使转子能得到均匀的充分冷却，要待到预热器入口烟温降到 80℃ 以下才可停止预热器运转。转子停止转动后，随即可停止油循环系统工作，关闭油系统的冷却水。在严寒季节应将管道内存水放空。

如果锅炉仅作短期停炉（切断燃料，关闭送、引风机）处于热备用状态时，为减少锅炉热损失，通常关闭烟道挡板，这就会造成预热器内的热滞留，增加了预热器的着火（二次燃烧）的危险性，运行人员须按下列程序操作。

（1）停炉前进行一次吹灰；

（2）维持空气预热器运转；

（3）严密监视烟气进口和空气出口处的温度指示，因为一旦预热器内着火，随着热气流上升，装设在预热器上部的温度测点会显示出温度持续上升的趋势；

（4）为避免不必要的空气泄漏进空气预热器，不应打开人孔门。

如果锅炉为正常停炉，要停运较长时间直至冷炉状态，那么应按下述程序操作：

（1）停炉前对预热器进行一次吹灰，负荷减至 60%，再吹一次灰；

（2）在燃烧器停运后，维持空气预热器继续运转，直至进口烟温降至 150℃ 以下时，方可停转预热器；

（3）预热器停转后，确认导向、推力轴承油温在 45℃ 以下，方可切断油循环系统及冷却水；

（4）当风机还在运行的时候，应监视调节空气出口温度。当风机停运后，应监视烟气进口和空气出口温度，以防预热器内着火；

（5）如果预热器需要清洗，应在停炉后预热器进口烟道气流温度降至 200℃以下时方可进行。清洗完毕可以利用锅炉余热来干燥蓄热元件。

四、回转式空气预热器吹灰

对预热器受热面进行吹灰是使预热器安全经济运行所必须的，吹灰的频度取决于波纹板沾污程度（积灰情况），最初可每 24h 进行吹灰一次，连续运行后可视实际情况来增加或减少吹灰间隔、次数。

预热器的吹灰操作可以单独进行，也可由锅炉吹灰顺控系统控制，与锅炉其他吹灰器一起进行。在进行锅炉受热面吹灰前，应首先吹扫预热器，然后按烟气流程顺序对锅炉各受热面进行吹灰，最后再次对预热器进行吹灰。有关吹灰器内容在吹灰器一章内再作介绍。

在燃料种类有较大变动时，以及锅炉启动、停炉或负荷低于 50％时，推荐采用以下措施。

（1）尽可能地缩短燃油时间；

（2）加强吹灰，每 4～8h 吹灰一次；

（3）采用暖风器或热风再循环的方法提高预热器进口空气温度，应保持冷段受热面（波纹板）的温度在烟气露点温度以上，以防止波纹板上结露以致产生波纹板低温腐蚀。

吹灰管道上阀门必须关闭严密，以防止蒸汽泄漏而引起预热器受热面上局部堵塞。

五、回转式空气预热器清洗

运行实践证明，附在预热器波纹板上的沉积物不管怎样吹灰，也不可能除去，而且预热器烟风阻力已比设计值高出 0.7～1.0kPa 时，就需要考虑对预热器进行一次水清洗。

通常水清洗应在预热器停用情况下进行，而不宜采用低负荷隔离清洗，这是因为在运转情况下进行清洗，由于无法真实了解水清洗的结果，因而也难以确定水清洗的时间。同时，如果清洗不良，其后果反而比不清洗更坏。

1. 水清洗前的准备工作

在水清洗进行之前，应做好以下准备工作。

（1）打开人孔门，检查径向密封片，如发现有些密封片已磨损或安装位置不好，确认已不可能承受高压水的冲洗时，须拆除这些密封片。

（2）开启预热器下部灰斗的排水门，检查排水通道，并确认水能从灰斗中畅通地排出。

2. 冲洗程序（清洗方法）

（1）清洗是在停炉后进行，启动辅助驱动装置（辅电机或气动驱动装置），使预热器作低速旋转。将热段扇形板置于"紧急提升"位置（上限位置）。

（2）清洗应在预热器前烟道气流温度降低至 200℃以下时进行，同时关闭烟气入口及空气出口挡板。

（3）将预热器底部灰斗里积灰撤空，打开排水孔门。

（4）清洗水最好采用 60～70℃温水，压力为 0.588MPa，每台预热器清洗管应同时投入，而且要保证清洗流量要求。

（5）若受热面上的沉积物呈现坚硬结块状态，建议在清洗过程中，中断供水半小时，以便使沉积物软化。

（6）如遇酸性沉积物，可在清洗水中加入苛性钠以提高清洗效果，其浓度按积灰特性和数量，根据试验结果来确定。一般开始冲洗时水的 pH 值为 10～12，冲洗结束时冲洗水的 pH 值与冲洗排水的 pH 值基本相等，即水冲洗排水的 pH 值与原水的 pH 值之差小于 1 时，水冲洗工作可算完成。

（7）冲洗之后，对转子中的传热元件进行仔细检查，检查传热元件方法是从每一层波纹板中抽出几只具有代表性的篮子，然后将篮子拆开，检查波纹板之间要确认沉积物已全部去除，再将篮子重新焊妥并装复。

（8）清洗后受热面必须进行彻底干燥，否则会比不清洗更为有害。一般可将烟道挡板打开，利用锅炉的余热进行干燥。干燥至少应进行 4～6h，随后仔细检查干燥情况；如果清洗后，锅炉没有余热，又不立即点火，建议用送风机通过暖风器加热过的空气，吹送到燃烧器，然后进入锅炉，再通过预热器的烟气侧向烟囱排出。保持这样的循环直至送入的热风温度与排出的空气温度基本接近，此时整个锅炉设备亦已吹干，清洗后的转子和传热元件也已干燥。水冲洗工作基本结束。

（9）为防止环境污染，应对清洗排放出来的废水进行处理。

3．水清洗注意事项

（1）定时取样分析，并作好记录。每隔 1 小时对排水取样，检查排水 pH 值，当排水中不含有什么灰粒，并且 pH 值合格，可认为清洗合格。清洗时间、用水量不能事先确定，需要根据受热面堵塞情况而定。作为估算，大约每恢复 $1mmH_2O$（10Pa）压降，需要 1～1.5t 清洗水。

（2）必须对清洗后的传热元件进行全面检查，工作必须要彻底，否则后果会更坏。必要时，可将传热元件抽出后逐一加以清洗。

（3）清洗后传热元件设法加以烘干。

六、预热器常见故障及应采取措施

1．驱动电动机电流异常升高

正常运行时主驱动电动机电流应稳定在 50%～75%额定电流范围内的某一数值，其波动幅度应不超过±1.0A 范围。

如果电流指示突然出现大幅度波动，其出现的频率约为半分钟一次，并伴有撞击、摩擦声，则很可能是异物落入转子端面，或转子中某些零件松脱突出于转子端面，造成与扇形板相擦。出现这种异常时，应根据具体情况分析原因。首先将热段扇形板提升到"紧急提升位置"。如果电流最大值未超过电动机额定电流，而且波动情况渐趋缓和或稳定，可以继续维持预热器的运转，或逐步降低负荷至停炉。在预热器前的烟温未在 200℃ 以下，不能停转预热器。如果电流已超过额定值，而且无缓和趋势，则应紧急停炉或单侧运行，关闭故障预热器前烟风挡板，并尽一切可能维持预热器转动，直至预热器前烟道烟气温度低于 150℃，才停止预热器转动。

如果出现电流摆动，其摆动频率约为每 2s 左右一次，这很可能是冷段扇形或热段扇形板，或轴向密封装置调整不合适，造成与密封片相擦而引起的，这种情况往往出现在安装或大修后初次投入运行时间内。如发生此类问题应设法找出哪一块扇形板或轴向密封装置的预留间隙过小，以便在停炉时重新调整，对于热段扇形板则要以通过改变预留间隙的设定值或手动提升扇形板来清除波动现象。

如果电流最大值并未超过额定电流，但在波动很大的情况下长期运行，会造成密封片和扇形板、轴向密封装置的严重磨损。

驱动电动机电流增大也可能是导向推力轴承损坏的征兆，但此时往往伴有轴承油温异常升高，转子下沉、径向密封片与冷端扇形板相擦等现象。出现这种情况时应紧急停炉，并维持预热器转动，直至预热器入口烟温降至 200℃ 以下才允许预热器停转。

2．预热器突然停转

如果预热器在运行中突然停转，密封间隙控制系统会在 25s 内送出报警信号，此时径向密封间隙控制系统会自动将热端扇形板提升到"紧急提升"位置。

如果此时驱动电机的电流仍为正常，表示电机仍在转动，说明是减速器故障。

如果此时驱动电机的电流趋于最大值甚至跳闸，说明预热器负荷极大，这通常是外来异物卡住了密封间隙或者是导向轴承损坏。

预热器停转后，如仍处于烟气和空气气流中，转子将发生不对称变形，再次启动时将会发生困难，甚至造成轴承和预热器严重损坏。因此一旦在运行中发生停转，应尽一切可能尽快恢复其转动，可以用手轮盘转预热器，也可以打开侧壳体板上的人孔门或蓄热元件壳体上的更换蓄热元件门孔，用撬棒拨动围带，使预热器转动。如能人力盘转一周以上，可以对主驱动电机或辅助驱动源强行合闸1~3次。当然，如果仅是厂用电中断，则只有启动辅助驱动电机（保安电源）或气动驱动装置就可以了。在采取上述措施时应尽快找出停转的原因，以便尽快消除缺陷恢复正常运行。如需停炉，则必须在预热器前烟道温度降至200℃以下时方可停转预热器。

如果采取上述措施后仍不能启动转子转动，则应立即关闭预热器烟气进口及热风出口挡板，停运同侧送、引风机，降低锅炉负荷，甚至直至停炉。

3. 轴承油温异常升高

轴承温度超过55℃时，油循环系统会自动启动油泵进行循环和冷却。如果因油循环系统漏油、油质恶化、轴承本身损坏等原因，使油温不能下降时，应对整个油系统进行检查，观察冷却水流量和水温，观察油温度、压力、流量以及轴承箱内的油位。如上述部位无故障存在，油温又继续上升至70℃时，系统将发出超温报警。一旦油温超过85℃，预热器应立即停止运行，其停运要求同前述。

4. 辅助驱动装置不能带动转子

辅助驱动装置与减速箱之间装有超越离合器，由于离合器长期处于空转状态，会出现磨损。一旦磨损超过限定值，辅助驱动装置就不能带动减速机使预热器转动。因此在每次锅炉检修时，应用手轮在辅助驱动装置尾轴上摇动，以检验离合器性能，离合器磨损过大，应予以更换。

5. 预热器着火

（1）着火原因及判断。

由于锅炉不完全燃烧给预热器的蓄热元件带来的可燃性沉积物，会在有氧气存在和一定温度的条件下开始点燃，并导致金属熔化和烧蚀，这就是预热器着火，也即为二次燃烧。

回转式空气预热器一般很少着火，只有在锅炉点火及低负荷时，油燃烧不良（雾化不好），或锅炉频繁启停（新锅炉调试期间），都有可能导致从炉膛带出的油蒸汽和未燃尽炭沉聚在波纹板上，这些沉聚物在一定条件下会燃烧，其条件为：在小流量条件下，不足以带走产生的热量，有燃烧所需的充足氧气，就可能达到着火点温度而燃烧。

如果正常运行中的预热器烟气和空气出口温度异常升高，或是停运中的预热器（热备用）烟气入口和空气出口温度异常升高，而且无法用当时运行情况解释时，应予以极大注意，如果上述温度超过正常温度的50℃时，则很有可能是预热器内部发生了着火。

（2）预热器着火时的应急措施。

1）切断锅炉燃料供应，紧急停炉。

2）风机解列。

3）打开上、下清洗管路或消防管路上阀门，投入消防水，同时打开预热器下部灰斗排水门。

4）关闭预热器烟气进口及空气出口挡板，不准打开人孔门。

5）维持预热器转动，以保证全部受热面得到消防水流。

6）只有确认二次燃烧已被彻底熄灭时，才能关闭消防或清洗管路阀门。当进入预热器内部检查时，可以手持水龙，扑灭任何残存火焰。

7）建议留人看守，以防复燃。

（3）避免着火的措施。

1）减少启停次数。

2）缩短燃油百分比较高的低负荷运行时间。

3）坚持正常吹灰和常规清洗。

4）加强监视烟风温度，尤其在热备用状态和预热器突然故障停转的情况下，更应密切监视预热器上部的烟、风温度的变化。

七、红外线检测系统 IDS

1. 系统简介

红外线检测系统 IDS（infrared detection system）检测转动的传热元件表面及其内部的小区域（称为热点）。从实践现场经验表明，许多回转式空气预热器着火，就是由小面积的热点引起的。这些热点是由于未完全燃烧的燃料沉积在传热元件表面而引起再燃烧。实验表明，如果金属表面温度达到 $700\sim760℃$，这些热点将导致钢结构的发红。采用 IDS 就是通过红外线辐射，来检测传热元件内部金属温度，当热点温度 $480\sim540℃$ 时报警，这时必须采取措施。另外，当传感器探头污染，检测温度过低时，也会引起报警；或者由于传热元件堵塞引起温度过低时，也会引起报警。

温度传感器是四个水冷式光学镜头，它们位于空气进口通道，在空气预热器的传热元件离开空气通道进入烟气通道的地方装置此传感器，即装在二次风进口通道。每个传感器的传感探头安装在一个摇臂上，慢慢地摇动，大约有一个 $180°$ 的角度，扫描一次需要 13min。空气软管和水管与传感器的电缆一起安装在支撑臂和摇臂的里边。

当在"Park"（放置）方式时，所有传感器探头将回到它们各自的检修位置，以进行清洗或维修。

每个水冷式传感器探头正常运行时需要 $150\sim190L/h$ 的冷却水；在空气预热器备用时，每小时需要 $284\sim322L$ 的冷却水，维持传感器温度不超过 $60℃$，并有一个热测点监视传感器温度。在冬天不运行时，水应该放掉。传感器光学镜头的清洁用空气自动清洁，需要压力为 520kPa 的干燥清洁空气。还有一个计时系统，每半小时吹气 $5\sim10s$。

运行时，传热元件的红外线能量进入传感器探头，然后在传感器上的红外线传感检测器聚焦，检测器收集一个电信号送到放大器，放大信号并以交流形式送到信号处理器。信号处理器根据各个峰值计算平均值，这就代表空气预热器所辐射的值，当这个值高于空预器预先设定的某一个"trip level"（跳闸值），就表明"Hot Spot"（热点）检测到了。在检测系统中还有一试验装置来检测试验传感器的热点检测回路是否正确。

2. 正常起动、运行及停止

（1）正常起动。

1）检查控制盘电源，扫描器驱动电源，清洁空气气源，保证镜头清洁系统功能有效。"Park/scan"（放置/扫描）选择开关留在"OFF"或"Park"（放置）位置。

2）打开所有检查孔，保证传感器探头是清洁的，手动试验清洁。

3）把选择开关拨到"扫描"，起动扫描器驱动系统，确认电源正常和压缩空气气源正常。

4）确认冷却水系统能流到所有传感器探头。

（2）运行检测。

IDS 控制盘上"DN""Manual/Auto"（手动/自动）选择开关在"Auto"位置，系统准备检测热点。扫描器将连续扫描，直到"Pre-alarm"（预报警）状态出现。预报警状态表示某一点温度值超过设定的跳闸值，而且时间大于 150ms。一旦这个预报警被检测，扫描驱动停止，主控制盘上将出现"Pre-alarm Scan Drive Stop"（预报警扫描驱动停止）报警，那个检测器就立即停下来，等到下一转仍在同一地方出现，这时就表示"Hot-Spot"（热点）检测到了，发出报警，送到主控制室，则要采取措施。

如果在下一转时没有被检测到，扫描驱动将连续运行。这个系统的设计要求同一热点要出现二次，这样减少了误动的可能性。

（3）停运。

1）停燃烧器时，IDS出系。

2）停传感器探头。

3）放水。

3. 空预器热备用和转子水冲洗

（1）热备用："Hot Standby"（热备用）"Bottle-up"（抑止），空气和烟气通过一个停止的空预器会使传感器出现一个低温报警。

（2）水洗：任何水洗之前，传感器探头必须在"Park"（放置）位置。传感器头是水封，只要镜头不破，垫圈密封可靠，不会有泄漏的。把传感器置"Park"位置非常重要的原因是：

1）如果传感器头泄漏，那么这个传感器内部将会损坏。

2）水洗后杂质留在镜头表面上，通常很难除掉，由于表面摩擦，可能引起破坏或红外线辐射传送减少。

3）水洗以后，清洗镜头。

4. 报警指示

（1）"Hot Spot"（热点）。

出现"热点"报警时，到现场的冷端观察孔和泄漏观察孔检查空预器转子，监视其他的温度指示是否正常。在控制盘上清除报警，如报警信号继续存在，表明热点实际存在。

（2）"Low Temperature"（低温）。

1）空预器"OFF-LINE"（停止）时可能出现"低温"报警。

2）把所有传感探头在"Park"位置，检查镜头是否清洁。

3）在控制盘上确定哪一个传感器引起低温报警。

4）检查空预器压降，转子的堵塞，引起某些传热元件温度下降。

（3）"Water Flow Low"（水流量低）。

由于水量低，传感器冷却水管的流量指示开关已经关闭。检查冷却水管上的手动阀门，检查水源压力，防止引起"Sensor Hot"（传感器发热）。

（4）"Sensor Hot"（传感器发热）。

原因：可能在空预器热备用时发生。

处理：冷却水量不足，应增加。在控制盘上检查哪个传感器发生该信号。

（5）"Self Test"（内部试验）。

如在试验阶段时出现该信号，要检查接线回路。

（6）扫描器驱动电动机过负荷。

1）由于驱动电动机过负荷，该电动机起动器已经停止了。

2）检查是否短路。

3）检查转子是否自由转动。

5. 系统辅助设备

红外线检测系统在正常运行时，需要下列附件：

（1）电源。

380V，50Hz，3 相。

（2）传感器冷却水（生活用水）。

正常需要 150～190L/h，热备用时 284～322L/h。冷却水管的水源部分有压力调整器，与每个传感器手动隔绝阀连接，决定水流量。通常所有手动阀全开，流量由调节器设定，管道上有流量计（表）。冷却水通过传感器头下部疏水，一旦水流量减小，管道上压力开关报警。另外，在管道上设有温度开关，但这个温度开关是不能调节的。一旦冷却水不足以维持一个预定的温度，就地盘及遥控盘上将发生报警。

（3）压缩空气。

每个传感器设有一个固定扣环，通以压缩空气以清洗镜头。清洁干燥的压缩空气用来除去镜头表面上的颗粒和飞灰。这不是一个连续的吹扫系统。对一个传感器系统每 30min 吹扫一次，大约用时 5～10s。这个过程是由传感器空气管上的一个电磁阀控制，按照先后顺序一一吹扫。值得一提的是：镜头的清洁系统是用来除去干燥的颗粒沉积物，而水洗后的残渣，诸如未燃尽的油，只能用手动除去。

（4）遥控报警系统。

红外线检测系统的报警分为两部分：

1）指示"不正常"，需要引起注意，尽快消除。

2）是指示"热点"或火灾，需要马上行动。

（5）维修。

维修分为："OFF-LINE"（停止）维修和"ON-LINE"（运行）维修两类。系统的几个主要部件都能在"ON-LINE"情况下检修，不必要等停机检修系统。

6. 扫描驱动控制盘

多探头扫描系统的驱动装置由下面几个部分组成。

（1）电动机和齿轮减速器，该装置提供一个低速旋转运动。

（2）机械螺旋执行器。把螺旋运动转化为线性运动。

（3）检测器箱组件。把这种线性运动转化为旋转运动，摇摆传感器探头 180°角度（在空气侧）。

（4）"Park"位置。

1）可以用来"ON-LINE"检修。

2）可以用来水洗时保护镜头。

有四个限位开关。

1）"Forward of Travel Limit"简称为前阻位开关。当传感器探头离开"Park"

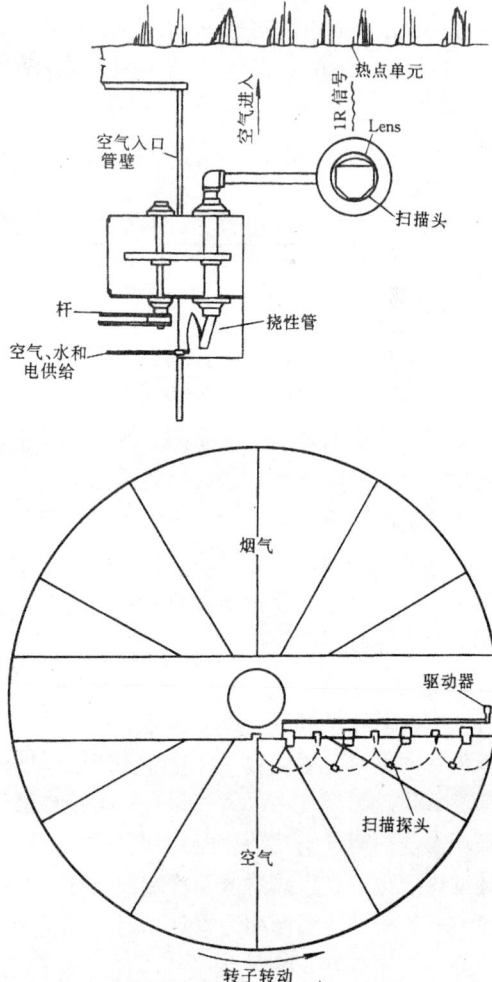

图 8-16　IDS 光学扫描配置

位置扫描，前限位开关动作，断开驱动电动机，起动反向延时继电器。

2）"Reverse End of Travel Limit" 简称为后限位开关。当传感探头向 "Park" 位置扫描时，后限位开关动作，断开驱动电动机，起动反向延时继电器。

3）"Park" 限位开关。当传感探头在 "Park" 位置时，断开扫描控制。

4）冷却水流量限位开关。安装在所有传感器探头的公用水管上。有 "No"、"Nc" 两种触发状态。"Nc" 触发状态是当水量低于额定的最小值，动作 "低水量" 继电器。

红外线检测系统（IDS）光学扫描配置，如图 8-16 所示。

7. 维修及试验

(1) 镜头清洗、移去及替换。

1）使用清洁擦布除掉杂质。对燃油、重油、水洗后的杂质，可能要用清洁剂，不能用钢性砂纸，那样会引起磨损损坏。

2）锅炉用燃油作燃料时，特别冷态启动，要注意监视清洁度。在低负荷、低燃烧率时也要注意每天检查。

3）镜头破裂、密封损坏，需要调换。

(2) 试验。

1）hot test——热点试验。

2）manual test——手动试验。

3）automatic self test——自动内部回路试验。

4）senor hot test——传感器热试验。

5）water flow low test——水流量低试验。

第四节　回转式空气预热器低温腐蚀和积灰

一、回转式空气预热器低温腐蚀

对于电站锅炉而言，低温对流受热面烟气侧腐蚀主要发生在空气预热器的冷端。回转式预热器发生低温腐蚀，不仅使遭致腐蚀部分的传热元件表面的金属被锈蚀掉，而且还因其表面粗糙不平，且覆盖着疏松的腐蚀产物而使通流截面减小，从而会引起传热元件与烟气、空气之间的传热恶化，导致排烟温度升高，空气预热不足；同时还会导致受热面发生积灰和送、引风机电耗的增加。若腐蚀情况严重，则需停炉检修，更换受热面，这样不仅增加检修工作量，降低锅炉的可用率，还会增加金属和资金的消耗。

由于预热器发生低温腐蚀会对锅炉造成很大危害，因此必须注意低温腐蚀的预防，为此有必要先了解产生低温腐蚀的机理。

1. 低温腐蚀机理

燃料中的硫在燃烧后生成二氧化硫（SO_2），其中有少量的 SO_2（只占 SO_2 的 1％左右）又会进一步氧化而形成三氧化硫（SO_3）。由于三氧化硫在烟气中存在，则使烟气的露点温度大为升高，即三氧化硫和烟气中水蒸气化合，生成硫酸蒸汽，露点温度大为升高。当含有硫酸蒸汽的烟气流经低温受热面（空气预热器），受热面金属壁温低于硫酸蒸气的露点时，则在受热面金属表面结硫酸露（也即在预热器低温冷端波纹板上结硫酸露），并腐蚀受热面金属。

蒸汽开始凝结的温度称为露点，通常烟气中水蒸气的露点称为水露点；烟气中硫酸蒸气的露点，称为烟气露点（或酸露点）。

水露点取决于水蒸气在烟气中的分压力，一般为 30～60℃，即使煤中水分很大时，烟气水露点也不超过 66℃。一旦烟气中含 SO_3 气体，则使烟气露点大大升高，如烟气中只要含有 0.005%（50mg/Nm³）左右的 SO_3，烟气露点即可高达 130～150℃ 或以上。

烟气露点的提高，就意味着有更多受热面要遭受到酸的腐蚀。因此，烟气露点是一个表征低温腐蚀是否发生的指标，烟气露点的高低与烟气中三氧化硫的浓度、烟气中水蒸气含量等因素有关。燃料含硫越多，烟气中的二氧化硫就越多，因而生成的三氧化硫也将增多。烟气中的 SO_3 与 H_2O 的含量增多，则烟气露点增高。目前，还没有计算烟气露点的理论公式，暂时可用下述经验式来计算含硫烟气的露点温度 t_{ld}

$$t_{ld} = t_n + \frac{201\sqrt[3]{S_{ar,zs}}}{1.05a_{fh} \cdot A_{ar,zs}} \qquad (℃)$$

式中　　t_n——按烟气中水蒸气分压力计算的水蒸气凝结温度（水露点）；

$S_{ar,zs}$、$A_{ar,zs}$——工作燃料的折算硫分、折算灰分；

a_{fh}——飞灰所占燃料灰分的份额，对固态排渣煤粉炉，取 $a_{fh}=0.85～0.9$。

对于烟气中 SO_3 的形成方式，目前还没有取得一致的看法，但一般认为可能有以下形成的方式。

（1）燃烧生成 SO_3。燃料中的硫，在炉膛燃烧区形成 SO_2，然后少部分 SO_2 与火焰中原子氧（过剩氧）起反应，生成 SO_3，即

$$SO_2 + [O] \longrightarrow SO_3$$

炉膛中火焰温度越高，越易生成原子氧，较多的过量空气量也会增加原子氧的浓度。原子氧越多，烟气中形成 SO_3 量也越多。

（2）催化反应生成 SO_3。在锅炉运行中飞灰和受热面金属是 SO_2 生成 SO_3 的催化剂，即

$$2SO_2 + O_2 \xrightarrow{\text{催化剂}} 2SO_3$$

起催化作用的物质——催化剂有五氧化二钒（V_2O_5）、氧化铁（FeO）等。大家知道，在用接触法制造硫酸过程中常用钒的氧化物 V_2O_5 作催化剂，使二氧化硫生成三氧化硫。在燃料的灰分中含有微量的钒，燃烧后生成 V_2O_5，V_2O_5 的熔点温度很低，易于沉积在高温过热器（或再热器）受热面上成为催化剂，使流经烟气中的二氧化硫转化为三氧化硫。此外，氧化铁也是一种催化剂，氧化铁的催化作用可通过以下试验看出：含有二氧化硫的烟气通过有锈的钢板表面，测量通过钢板前后的烟气中的三氧化硫的含量，发现在 590℃ 时，通过钢板后烟气中的三氧化硫量几乎增加了 40%，如图 8-17 所示。由图 8-17 可知，氧化铁的催化作用与壁温有关，从 430℃ 开始出现，到 590℃ 时达到最大值。但当受热面被积灰层覆盖时，氧化铁的催化作用即受到抑制。

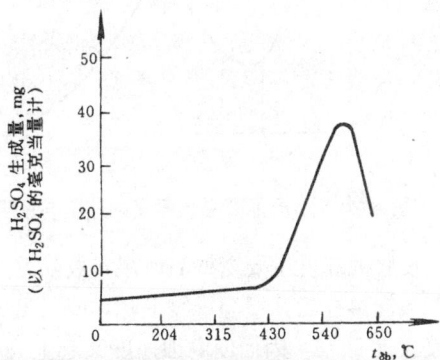

图 8-17　锈钢板表面的温度与 SO_2 氧化成 SO_3 的关系

2. 影响腐蚀速度主要因素

根据对流受热面腐蚀过程的研究，硫酸的腐蚀速度与受热面上凝结的硫酸量、硫酸浓度和壁温等有关，凝结酸量越多，腐蚀速度越快。但当酸量足够大时，对腐蚀的影响减弱；腐蚀处金属壁温越高，腐蚀速度亦越高。硫酸浓度与腐蚀速度之间的关系比较复杂，试验表明，随着硫酸浓度的增加，腐蚀速度增大，当达到某一值（56% 左右）时，腐蚀速度为最大，超过这一浓度后，腐蚀速度急剧下降，一直到浓度约 70%～80% 以后才

基本不变。图 8-18 所示为含碳 0.19％的碳钢腐蚀情况，对于其他钢材，数值上虽有所不同，但规律是一致的。

金属温度对腐蚀速度的影响，如图 8-19 所示。显然，温度越低，化学反应速度越慢，腐蚀速度也降低。

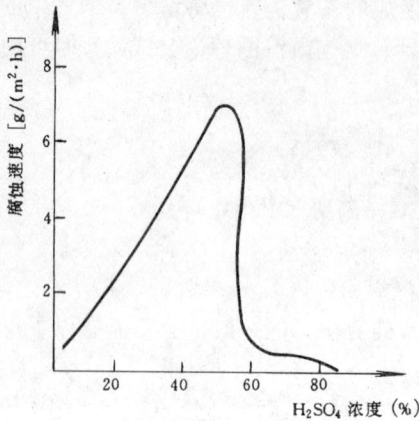

图 8-18　腐蚀速度与硫酸浓度关系
（温度一定时碳钢 C＝0.19％）

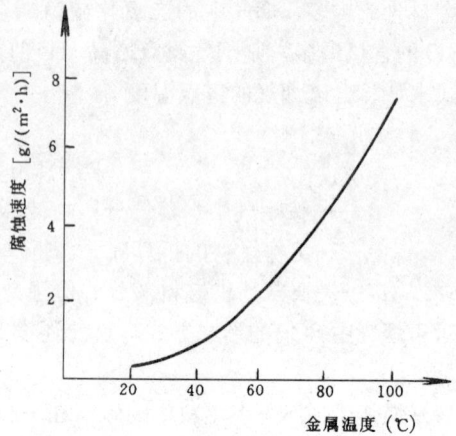

图 8-19　腐蚀速度与金属温度关系

实际上，当受热面遭致低温腐蚀时，其腐蚀速度将同时受到壁温、硫酸凝结量和硫酸浓度以及其他因素的共同影响。因此，沿着烟气的流向，在受热面上所发生的腐蚀速度的变化是比较复杂的。图 8-20 所示的为腐蚀速度随壁温的变化情况，其解释如下。

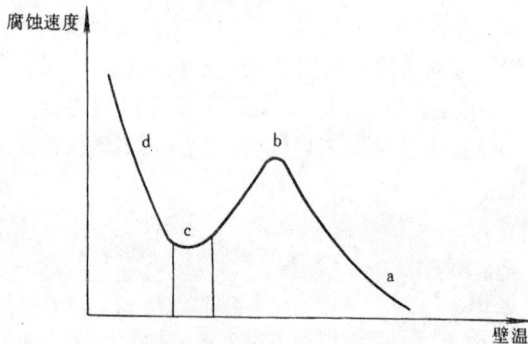

图 8-20　锅炉尾部受热面腐蚀速度与壁温的关系

当烟气流经的受热面金属壁温达到酸露点（a 点附近）后，硫酸蒸汽开始凝结并发生腐蚀。但由于此处凝结下来的硫酸浓度很高（在 80％以上），且凝结量也较少，故壁温虽较高，但腐蚀速度却不高。沿着烟气流向，随着金属壁温的逐渐降低，虽然凝结出的硫酸浓度仍较高（＞60％），它对腐蚀速度的影响并不大，但因凝结出来的酸量增多，且此处的金属壁温仍较高，使得腐蚀速度不断增大，直至 b 点达到最大值。此后，酸的浓度仍较高，使腐蚀速度主要受壁温所限，故随着壁温的降低，使腐蚀速度也逐渐降低，直到 c 点。沿着烟气流向再往后，壁温继续下降，此时虽壁温较低，但由于酸的凝结量更大，尤其是形成的酸液浓度接近 56％，因而使腐蚀速度又趋上升。到 d 点壁温到达水露点，烟气中大量水蒸气凝结成水，使烟气中的二氧化硫 SO_2 直接溶解于水膜中，形成亚硫酸（H_2SO_3），亚硫酸对金属的腐蚀作用也很大。此外，烟气中的氯化氢（HCl）也可溶于水膜中起腐蚀作用，因而 d 点后，腐蚀速度急剧上升。

图中所示 a、b、c、d 各点壁温值及相应的腐蚀速度，随具体条件的不同而各不相同。通常最大腐蚀点的壁温比露点低 20～50℃。

大量的研究结果表明：如图示那样，严重腐蚀分别发生在受热面壁温略低于酸露点和水露点以下的两个区域内。

3. 预防和减轻低温腐蚀主要措施

由上述可知，减轻和防止低温腐蚀的途径有两条：一条是减少三氧化硫的量，这样不但露点温度降低，而且减少了酸的凝结量，使腐蚀减轻；二条是提高空气预热器冷端的壁温，使其壁温高于烟气酸露点温度，至少应高于腐蚀速度最快时的壁温。实现前一途径有燃料脱硫，低氧燃烧，加入添加剂等方法；实现后一途径的方法有热风再循环，加装暖风器等方法。

(1) 采用热风再循环系统。

采用热风再循环的目的在于提高冷端传热元件的金属壁温，以使烟气露点温度低于冷端传热元件的金属壁温，不使烟气出现结露，从而能防止或减轻金属的腐蚀。

对于回转式空气预热器，冷端传热元件壁温可用下式近似计算

$$t_b = 0.5(\theta_{py} + t'_{ky}) - 5 \qquad (℃)$$

式中 θ_{py}——排烟温度，℃；

　　　　t'_{ky}——空气预热器进口空气温度，℃。

由上述可知，提高排烟温度可使金属壁温提高，但只用提高排烟温度来提高金属壁温，以减轻金属的低温腐蚀，则将使排烟热损失大为增加，使锅炉的效率明显降低。因此，除锅炉设计时选用适当的排烟温度外，还必须采用的方法是提高预热器的进风温度。采用热风再循环就是这种方法之一。

热风再循环系统是利用热风道与送风机的吸风管之间的压差，将空气预热器出口的热空气，经热风再循环管送一部分热风回到送风机的入口，以提高空气预热器的进口空气温度。热风再循环只宜将预热器进口的风温提高到50～65℃，否则会使排烟温度升高和风机耗电量增加，使锅炉经济性下降。

热风再循环方法在600MW机组中很少应用。

(2) 在预热器进口装设暖风器。

目前，对于大容量锅炉，尤其是燃用含硫量较高的煤种，常采用暖风器预先加热空气的方法来提高空气预热器的进风温度。600MW机组的锅炉也都装置了暖风器。每台预热器装设1台暖风器，一台600MW锅炉有2台暖风器。

暖风器为汽—气热交换器，它是利用蒸汽（在管内流动）的热量来加热进入空气预热器的冷风（在暖风器管外流动），使之达到所要求的温度。通常使用暖风器可将空气温度提高到80℃左右（实际上没有加热到此温度），在一般情况下，已能对预防低温腐蚀产生良好的效果。

采用暖风器，空气预热器进口风温可提高，冷端传热元件的壁温会升高，可减轻低温腐蚀的程度，但它同样地会使排烟温度升高，锅炉效率降低。但由于所用的加热蒸汽为汽机的抽汽（或辅汽系统），因此减少了汽机的冷凝损失，提高循环的热效率，则可部分补偿锅炉效率降低的损失。增设暖风器，会增加空气侧流动阻力，使送风机的电耗会有所增加。

在前面的分析中已得出：要避免腐蚀现象的产生，必须将冷端传热元件的壁温提高到烟气的酸露点以上，但这又会使锅炉效率降低。实际上仅要求能控制金属的腐蚀速度，使受热面具有一定的使用寿命即可。

CE公司有经验曲线（见图8-21），它是根据锅炉燃用煤种的含硫量，在合理选择排烟温度的前提下，得到冷端壁温值，以控制金属的腐蚀速度。例如，燃用煤种 $S_{ar} = 1.5\%$，由图8-21查得冷端传热元件壁温为67℃，也就是说冷端传热元件实际壁温应不低于67℃。如果锅炉排烟温度为137℃，则按回转式预热器冷端壁温的近似计算公式，可求得预热器的进口风温约不低于零下1℃。如果 $S_{ar} = 2\%$，排烟温度 $\theta_{py} = 110$℃，按上述计算方法，得出预热器入口风温应不低于43℃。

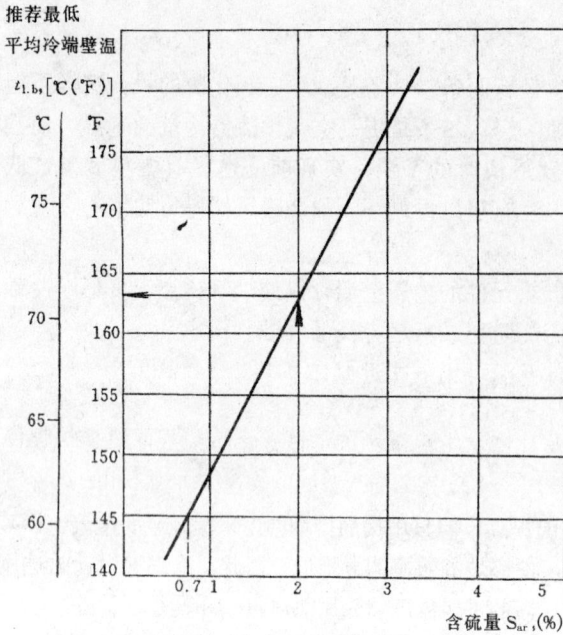

图 8-21　回转式空气预热器冷端金属壁温选择

显然，随着锅炉用煤含硫量的增大及锅炉出力的降低（排烟温度随之降低），为防止低温腐蚀的发生，要求进入预热器的风温应相应提高。

平圩电厂2008t/h锅炉的暖风器采用乙二醇热交换器，按照美国Struther公司设计技术，由汉口电力修造厂制造，其设备主要参数如下。

1）管外侧蒸汽。最大流量17.5t/h，运行压力0.5MPa，最高温度158℃，疏水出口温度93℃。管内侧为乙二醇溶液：流量160t/h，设计压力0.53MPa，进口温度52℃，出口温度121℃。由蒸汽加热乙二醇，再由乙二醇来加热空气（在暖风器中进行）。

2）二次风暖风器。通风量$1482 \times 10^3 m^3/h$，乙二醇水溶液流量$151m^3/h$，预热器进口风温不低于$-19.4℃$，全负荷时暖风器出口风温18.9℃，空气侧最大阻力500Pa。

该乙二醇热交换器（暖风器）装在空气预热器入口的二次风道内（一次风道不设），用乙二醇水溶液作为中间介质。该溶液的特点是冰点低（俗称防冻液），可以减少由于冰冻带来的危害，而且管道不会锈蚀。乙二醇水溶液的浓度，根据电厂所在地区的气温条件来确定（平圩电厂最低气温为$-22℃$），采用50%浓度时冰点为$-30℃$，所以可以满足防冻要求。

暖风器的汽源有三处：一是启动锅炉来，机组启动或全厂停用时供汽；二是再热蒸汽冷段来汽，经减温减压后引入暖风器系统；三是从汽包来汽，经减温减压后送至暖风器汽源系统。从汽源送来的蒸汽，首先在暖风器乙二醇水溶液热交换器中将其加热至120℃左右，然后在二次风暖风器中加热空气（乙二醇水溶液加热空气）。暖风器主要部件由膨胀箱、2只热交换器和2只乙二醇泵等组成。

每台暖风器和母管上设有温度控制阀，以调节每台暖风器的通流量。

（3）采用耐腐蚀较好的金属材料。

如前所述，在预热器的转子结构中，除将传热元件沿转子高度方向分作三层（即热端层、中间层及冷端层）布置，以使易遭酸腐蚀的冷端传热元件便于翻转和调换使用外，还采用了厚度为1.2mm的耐腐蚀及耐磨的柯坦（Corten）钢，制作成冷段传热元件，以增加其抗腐蚀的性能。

（4）装设吹灰器。

受热面壁上发生积灰，它将会吸附烟气中的水蒸气、硫酸蒸气以及其他有腐蚀性气体，将使它们有充分的时间进行化学反应，导致腐蚀的加剧。因此，装设吹灰器并合理进行吹灰可减轻受热面的积灰，从而对改善低温腐蚀起到一定的辅助作用。

二、回转式空气预热器波纹板上积灰

预热器受热面波纹板上积灰后，由于灰的热阻大，因而使波纹板传热变差。积灰同时使波纹板之间的气流通道变小，引起流动阻力及风机电耗增大，限制锅炉出力。此外，积灰还会加剧受热面的腐蚀。严重积灰会堵塞转子的一部分气流通道，迫使锅炉降低出力运行，甚至会被迫停炉检修，疏通预热器。

1. 积灰的机理

对于固态排渣的煤粉炉，烟气中含有大量的飞灰，飞灰的粒径一般小于 $200\mu m$，大部分为 $20\sim30\mu m$。当携带着飞灰的烟气流经预热器的传热元件波纹板时，由于以下原因使飞灰沉积在受热面上，形成积灰。

(1) 当含灰烟气冲刷波纹板时，在板的背风面会产生涡流区。大颗灰粒由于其惯性大，不易卷入涡流；而小灰粒（小于 $30\mu m$，尤其是小于 $10\mu m$ 的细灰粒）则易进入涡流区。此时，它们中的一部分灰粒碰到金属壁后，由于受到分子吸力，及静电引力的作用，使部分灰粒吸附在波纹板上，形成疏松的积灰。

(2) 由于波纹板金属壁的凹凸不平（尤其在发生低温腐蚀的情况下，壁表面更显得粗糙和不平），在摩擦力的作用下，亦能挂住部分微小的灰粒，此时所形成的积灰也是疏松的。

(3) 当受热面壁温较低时，使烟气中的水蒸气或硫酸蒸气在受热面上发生凝结时，潮湿的表面会将部分灰粒黏住，此时积灰被"水泥化"，形成低温黏结灰。

应该强调指出的是，发生在预热器受热面（波纹板）上的积灰与低温腐蚀是相互"促进"的。受热面上积灰后会吸收水分和 SO_3 以及其他腐蚀性气体，使受热面的腐蚀速度加快。而水蒸气和硫酸蒸气的凝结，不仅造成受热面的腐蚀，同时潮湿的波纹板表面能捕集烟气中的飞灰，形成低温黏结性积灰，使受热面的积灰程度加剧。尤其是受热面的沉积物与硫酸液起化学变化，会在空气预热器上形成复合硫酸铁盐为基质的水泥状物质，使积灰呈硬结状（酸灰垢），造成气流通道堵塞，而且所形成的硬灰垢是不易清除的。

2. 减轻预热器转子中积灰的措施

(1) 控制流经转子的烟气流速及空气流速。提高烟气流速及空气流速可以减轻积灰，但会加剧磨损和增大流动阻力损失。这是因为烟气流速高，在波纹板上不易积灰，而提高烟气及空气的流速，还能增强自吹灰能力。为了使积灰不过分严重，对回转式预热器，在锅炉最大连续蒸发量下，烟气流速一般不小于 $8\sim9m/s$，空气的流速不小于 $6\sim8m/s$。

(2) 提高空气预热器传热元件的壁温，以防止结露。干燥的壁面有助于改善积灰的情况，但将会降低锅炉的效率。

(3) 装设效能良好的吹灰装置，并定期进行吹灰。

复 习 思 考 题

1. 600MW 锅炉回转式空气预热器设计准则有哪些？

2. 热段扇形板有三个支点，各支点与什么地方相连接，此连接方式在预热器的运行中有什么优越性？

3. 回转式空气预热器漏风有几种形式？各密封装置有什么特性？

4. SDS 与 DPS 采用不同的间隙传感器，其间隙测量原理有何不同？

5. 回转式空气预热器的启动步骤是怎样的？其停转要求是什么？

6. 回转式空气预热器着火原因有哪些？其处理方法是怎样的？

7. 回转式空气预热器正常运行的监视和维护有哪些项目？

8. 回转式空气预热器产生低温腐蚀的原因是什么？减轻低温腐蚀方法有哪些？

9. 回转式空气预热器积灰有什么后果？预热器清洗方法是怎样的？

第九章

送引风机及一次风机

第一节 概 述

风机是发电厂锅炉设备中重要辅机之一,在锅炉上的应用主要是送风机、引风机和一次风机等。随着锅炉单机容量的增大,为保证机组安全可靠和经济合理的运行,对风机的结构、性能和运行调节也提出了更高更新的要求。离心风机具有结构简单、运行可靠、制造成本较低、效率较高、噪声小、抗腐蚀性能较好的特点,以往锅炉的风机普遍采用离心式风机。现代离心风机普遍采用空心机翼型后弯叶片,其效率可高达85%~92%。但是随着锅炉单机容量的增大,离心风机的容量已经受到叶轮材料强度的限制,不可能使风机的容量随锅炉容量大幅度的增加而按相应比例增长。离心风机过大的尺寸,会给制造、运行等方面带来一定的困难。目前有些国家采用增加风机的台数来适应锅炉容量的增加,但对于大容量锅炉(600MW 机组)的送风机采用轴流风机是目前发展的趋势,而引风机与一次风机,则有的采用轴流式,有的采用离心式,对于大容量离心式引风机采用双吸双速离心风机。

国内 600MW 机组锅炉采用风机的型号,如表 9-1 所示。

表 9-1　　　　　　　　　　国内 600MW 机组锅炉采用风机型号

电厂	平圩电厂	石洞口二厂	邹县电厂	北仑 1 号炉	北仑 2 号炉
送风机	动叶可调轴流式风机 上海鼓风机厂 TLT 技术	动叶可调轴流式风机 NOVENCO	动叶可调轴流式风机 FAF28/12.5-1 TLT-BABCOCK	动叶可调轴流式风机 ASN2730/1400 NOVENCO 公司	动叶可调轴流式风机 ASN2730/1400 NOVENCD 公司
引风机	双吸双速离心式风机 转速 600/500r/min 上海鼓风机厂	双吸双速离心式风机 转速 735/585r/min NOVENCO	动叶可调轴流式风机 SAF37.5/19-1 TLT-BABCOCK	双吸双速离心式风机 转速 750/660r/min CSDC2248 NOVENCO 公司	双吸双速离心式风机 转速 590/490r/min CSDC-3350/3260 NOVENCO 公司
一次风机	动叶可调双级 轴流式风机 PAF18-10-2 上海鼓风机厂 TLT 技术	进口可调导叶 离心式风机	双吸离心式风机 1904AZ/1122/0 TLT-BABCOCK	动叶可调轴流式风机 AST1938/1250 NOVENCO	动叶可调轴流式风机 AST1938/1250 NOVENCO

一、轴流风机与离心风机相比较主要特点

(1) 轴流风机采用动叶可调的结构,其调节效率高,并可使风机在高效率区域内工作,因此运行费用较离心风机明显降低。

轴流风机效率最高可达90%,机翼型叶片的离心式风机效率可达92.8%,两者在设计负荷

时的效率相差不大。但是，当机组带低负荷时，相应风机负荷也减少，则动叶可调的轴流风机的效率要比具有入口导向装置调节的离心风机要高许多。表9-2列出日本某220MW和375MW机组轴流风机与离心风机比较（送风机选型比较）。

表 9-2 　　　　　　　　　　　日本 220MW 与 375MW 机组送风机选型比较

性能比较 机组容量 风机类型	220MW		375MW	
	离心式	轴流式	离心式	轴流式
风量（m^3/min）	7400	7400	11380	11380
风压（Pa）	7800	7800	8750	8750
转速（r/min）	1150	1750	1160	1750
轴功率（kW）	1100	1050	1858	1815
电动机功率（kW）	—	—	2100	2000
风机效率（%）机组负荷 100%	84	86	84	86
81%	69	83.5	—	—
54%	28	71	—	—
50%	—	—	25	70

由表可知，当机组负荷为100%时，轴流风机与离心风机的效率分别为86%与84%，当机组负荷降至54%～50%时；轴流风机效率将比离心风机高2.53～2.81倍。

（2）轴流风机对风道系统风量变化的适应性优于离心风机。目前对风道系统的阻力计算还不能做到很精确，尤其是锅炉烟道侧运行后的实际阻力与计算值误差较大；在实际运行中，如果煤种变化也会引起所需的风机风量和压头的变化。然而，对于离心风机来说，在设计时要选择合适的风机来适应上述各种要求是困难的。为考虑上述的变化情况，选择风机时其裕量要适当采取大些，则会造成在正常负荷运行时风机的效率会有明显的下降。如果风机的裕量选得偏小，一旦情况变化后，可能会使机组达不到额定出力。而轴流风机采用动叶调节，关小和增大动叶的角度来适应风量、风压的变化，而对风机的效率影响却较小。

（3）轴流风机质量轻、低的飞轮效应值等方面比离心风机好。由于轴流风机比离心风机的质量轻，所以支撑风机和电动机的结构基础也较轻，还可以节约基础材料。轴流风机结构紧凑、外形尺寸小，占据空间亦小。如果以相同性能作对比基础，则轴流风机所占空间尺寸比离心风机小30%左右。

轴流风机有低的飞轮效应值（$kg \cdot m^2$），这是由于轴流风机允许采用较高的转速和较高的流量系数。所以，在相同的风量、风压参数下轴流风机的转子质量较轻，即飞轮效应较小，使得轴流风机的启动力矩大大地小于离心风机的启动力矩。一般轴流式送风机的启动力矩只有离心式送风机启动力矩的14.2%～27.8%，因而可明显地减少电动机功率裕量对电动机启动特性的要求，降低电动机的投资。而离心风机由于受到材料强度的限制，叶轮的圆周速度也受到限制。而转速低，使离心风机的转子大而重，飞轮效应显著增大，会使风机的启动带来困难。电动机功率要比正常运行条件下所需的功率大得多，这样在正常运转时，电动机又经常在欠载运转，增加电动机的造价，降低电机的效率。

（4）轴流风机的转子结构要比离心风机转子复杂，旋转部件多，制造精度要求高，叶片材料的质量要求也高。再加上轴流风机本身特性，运行中可能要出现喘振现象。所以轴流风机运行可靠性比离心风机稍差一些。但是动叶可调的轴流风机由于从国外引进技术，从设计、结构、材料和制造工艺上加以改进提高，使目前轴流风机的运行可靠性可与离心风机相媲美。

（5）轴流风机如与离心风机的性能相同的话，则轴流风机的噪声强度比离心风机高，因为轴流风机的叶片数往往比离心风机多 2 倍以上，转速也比离心风机高，因此轴流风机的噪声频率位于较高倍的频程频带。国外资料报导，不装设消声器的轴流送风机的噪声水平可达 110～130dB，离心送风机噪声水平约在 90～110dB。然而，对于性能相同的两种风机，把噪声消减到允许的噪声标准（85dB），在消声器上所花费的投资相差不大。

二、轴流风机作用原理

设一较长的圆柱体静止在气体上，气流自左向右作平行流动，若不计气体的黏性，亦即不考虑流动的阻力，那么气流会均匀地分上下绕流圆柱体。气流在圆柱体上的速度及压力分布完全对称，流体对柱体的总的作用力为零，如图 9-1 所示。这种流动称为平流绕圆柱体流动。

若圆柱体作顺时针的旋转运动，圆柱体亦带着柱体周围的气体一起旋转，产生环流运动。流体作环流运动时，圆柱体上、下速度及压力分布亦完全对称，气体对柱体的总作用力亦为零。如图 9-2 所示流体的环流运动。

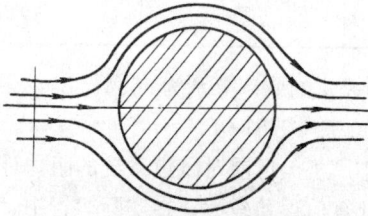

图 9-1　平流绕圆柱体流动

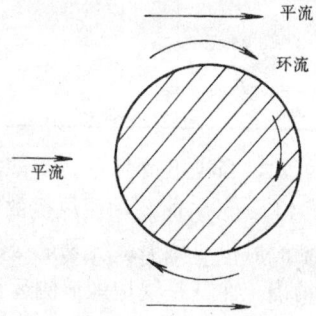

图 9-2　环流运动

若流体作平行绕流，圆柱体作顺时针旋转，那么这两种流动叠加在一起的结果是：圆柱体上部平流与环流方向一致，流速加快；圆柱体下部平流与环流方向相反，流速减慢。根据伯努里能量方程原理，圆柱体上部与圆柱体下部的总能量相等，圆柱体上部动能大，则压力能小；圆柱体下部动能小，则压力能大。于是流体对圆柱体产生一个自下而上的压力差，这个压力差就是圆柱体所获得的升力。

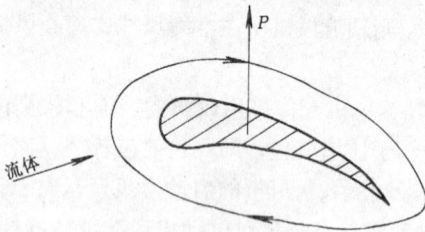

图 9-3　机翼的升力原理

机翼上升力产生的原理与圆柱体上升力的获得其原理上完全相同，如图 9-3 所示。机翼上有一个顺时针方向的环流运动，由于机翼向前运动，以流体相对于机翼来说作自左向右的平流运动。机翼上部平流与环流叠加流速加快，压力降低；机翼下部平流与环流叠加流速减慢，压力升高。这样机翼上、下面产生压力差，此压力差乘以机翼的面积即为升力 P。

同时在流动中有流动阻力，机翼也受到阻力。机翼表面气流的环流运动并不是因为机翼作旋转运动所致，机翼上环流存在的事实可用这样事例来说明，例如我们观察一架在森林上空撒播药粉的飞机，药粉从机翼的后缘喷散，环流的气体使喷出的药粉层发生滚卷，形成旋涡。

轴流风机的叶轮是由数个相同的机翼形成一个环型叶栅，若在风机的叶轮上以同一半径展开，如图 9-4 所示。当叶轮旋转时，叶栅以速度 u 向前运动，气流相对于叶栅产生沿着机翼表面的流动，所以气体对机翼产生升力 P，而机翼对流体产生一反作用力 R。R 力分解可得 R_m 和 R_u，力 R_m 使气体获得沿轴向流动的能量，力 R_u 使气体产生绕轴的旋转运动，所以气流经过叶轮做功后，作绕轴的沿轴向运动。

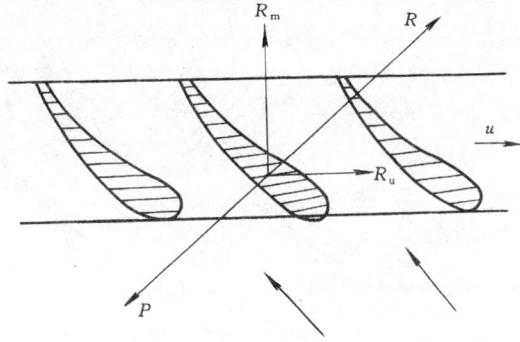

图 9-4　环形叶栅

气体在轴流风机中得到的能量可用以下公式计算

$$P_{T\infty} = \rho(u_2 c_{2u\infty} - u_1 c_{1u\infty})$$

或

$$P_{T\infty} = \frac{\rho}{2}(u_2^2 - u_1^2) + \frac{\rho}{2}(w_{1\infty}^2 - w_{2\infty}^2) + \frac{\rho}{2}(c_{2\infty}^2 - c_{1\infty}^2)$$

式中　　$P_{T\infty}$——无黏性气体经过无穷多叶片的轴流风机叶轮所获得的能量；

ρ——气体的密度；

u_1、u_2——气体在叶轮进、出口处的圆周速度；

$w_{1\infty}$、$w_{2\infty}$——气体在叶轮进、出口处的相对速度；

$c_{1\infty}$、$c_{2\infty}$——气体在叶轮进、出口处的绝对速度；

$c_{1u\infty}$、$c_{2u\infty}$——气体在叶轮进、出口处的绝对速度在圆周方向上的投影。

由于轴流风机 $u_1 = u_2 = u$，流体通过叶轮时不受离心力的作用，所以

$$P_{T\infty} = \frac{\rho}{2}(w_{1\infty}^2 - w_{2\infty}^2) + \frac{\rho}{2}(c_{2\infty}^2 - c_{1\infty}^2)$$

从上述式便可以确定气体经过轴流风机叶轮时所获得的理论能头 H_T 为

$$H_T = \frac{u}{g}(c_{2u\infty} - c_{1u\infty})$$

或

$$H_T = \frac{w_{1\infty}^2 - w_{2\infty}^2}{2g} + \frac{c_{2\infty}^2 - c_{1\infty}^2}{2g}$$

此理论能头 H_T（压头）与离心风机公式相比较，显然公式中没有 $\dfrac{u_2^2 - u_1^2}{2g}$，$\dfrac{u_2^2 - u_1^2}{2g}$ 在离心风机中表示叶轮封闭时受惯性离心力的作用，流体所升高的压力能。而此项在轴流风机中，流体通过叶轮时不受离心力的作用，因此不予考虑，它清楚表明，轴流风机并非按惯性离心力原理作用。而第二项 $\dfrac{w_{1\infty}^2 - w_{2\infty}^2}{2g}$ 表示了从叶道的进口到出口，由于流道截面的逐渐增大，因而引起相对速度的降低所产生的压力能。以上两项在能量的性质上都是属于压力能，或者说是静压。而第三项 $\dfrac{c_{2\infty}^2 - c_{1\infty}^2}{2g}$ 表示流体从叶道进口到出口所升高的动能。由于轴流风机理论能头 H_T 中没有 $\dfrac{u_2^2 - u_1^2}{2g}$ 这一项，因此轴流风机的压头要低于离心风机。而且还可看出，为了使流体通过叶轮时提高能量应该使 $c_{2\infty} > c_{1\infty}$，还应使 $w_{1\infty} > w_{2\infty}$，因此轴流风机叶片出口断面面积要大于进口断面面积，即叶片出口截面要薄一些，进口处要厚一些，见图 9-5 的平面叶栅流动。

因为叶轮前与叶轮后外壳直径相同，即 $D_1 = D_2 = D$，所以气流通过轴流风机叶轮时，按连续性

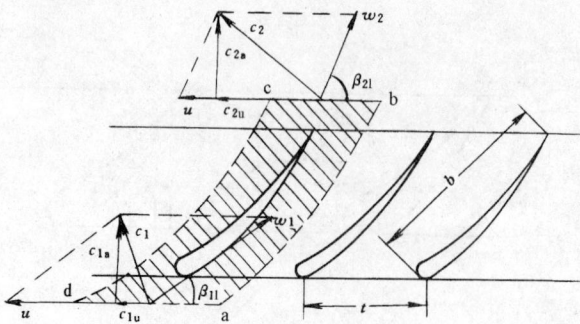

图 9-5 平面叶栅的流动

方程式
$$Q = A_1 c_{1a} = A_2 c_{2a} = A c_a$$
即
$$c_{1a} = c_{2a} = c_a$$

式中 A_1、A_2——叶轮前、后的气流流过断面积。

按图 9-5 中速度图，将 c_{1u} 及 c_{2u} 分别写成
$$c_{1u} = u - c_a \operatorname{ctg}\beta_{11}$$
$$c_{2u} = u - c_a \operatorname{ctg}\beta_{21}$$

将此式代入理论能头 H_T 中，则得
$$H_T = \frac{u}{g} c_a (\operatorname{ctg}\beta_{11} - \operatorname{ctg}\beta_{21})$$

由上式可以看出，为了使气体通过轴流风机的叶轮后能量有所提高，必须使叶片安装角 $\beta_{21} > \beta_{11}$，否则气体不可能获得能量，或者能量为负值。现在再来围绕一个叶片作封闭周线 abcd，沿封闭周线 abcd 的速度环量 Γ' 为
$$\Gamma' = \Gamma \text{abcda} = t(c_{2u} - c_{1u})$$

沿整个叶轮的各个叶片（叶片数为 Z）速度环量的总和为 Γ，则
$$\Gamma = Z\Gamma' = Zt(c_{2u} - c_{1u})$$

因为 $Zt = 2\pi r$ 所以
$$c_{2u} - c_{1u} = \frac{\Gamma}{2\pi r}$$

将此式代入 $H_T = \dfrac{u}{g}(c_{2u} - c_{1u})$，且 $u = r\omega$，所以
$$H_T = \frac{\omega}{2\pi g}\Gamma$$

由此式可知，当轴流风机不同半径的各个截面上所产生的能头 H_T 相同时，则要叶片各断面上的速度环量 Γ 应相等，因此一般轴流风机设计时均假定叶片的整个半径上为等环量分布，用这样的办法来保证沿叶片高度上不产生径向流动。然而，在叶轮上靠近轮毂处叶片半径减小，叶栅栅距 t 相应减小，并且圆周速度亦随之减小，要使其速度环量与叶片顶部相同，势必要增大叶片安装角及叶弦长度，所以轴流风机的叶片均制成空间扭曲叶片。即是说，叶片顶部安装角小些，愈靠近轮毂处安装角愈大，而且叶片叶弦也适当增大。

三、轴流风机基本型式

轴流风机有四种基本型式，如图 9-6 所示。图 9-6（a）为最简单的型式，它只有单个叶轮装置于机壳内。流体沿轴向进入叶轮，由于叶轮的作用，流体离开叶轮时既有轴向的流动，又有与轴旋转方向相同的绕轴运动。流体离开叶轮后的绕轴旋转运动是多余的，产生能量损失，降低风机的效率。要减少绕轴运动的速度 c_{2u}，则流体通过叶轮所获得的能量亦减少，因此这种型式只能用于低压头的通风机。

图 9-6（b）为单个叶轮后置导叶。针对单个叶轮轴流风机的缺点，在叶轮后放置静止的导叶，叶轮出口流体的流速 c_2 虽然有周向分速 c_{2u}，但是 c_2 流往导叶后，c_{2u} 改变了方向，成为轴

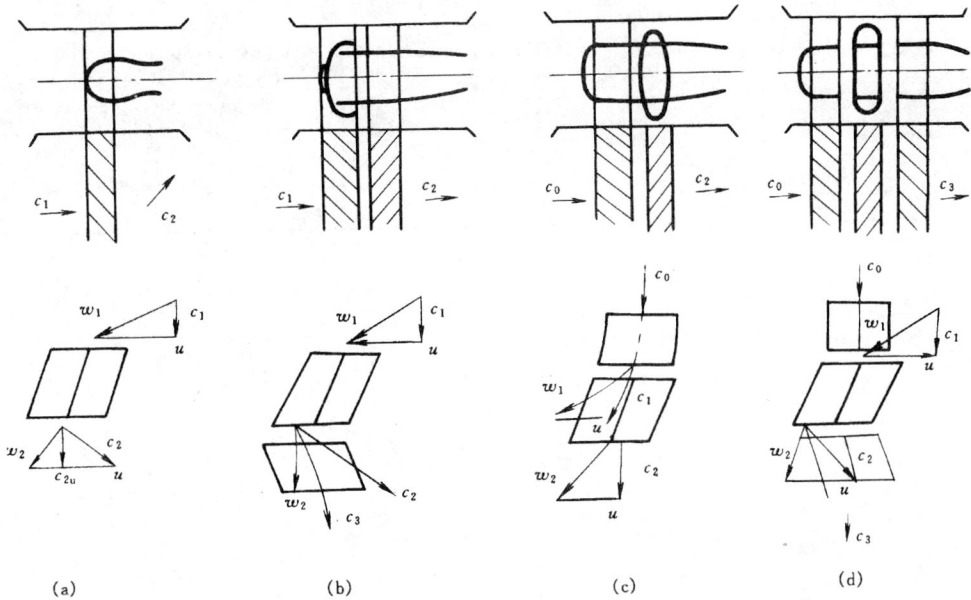

图 9-6 轴流风机型式

(a) 单个叶轮；(b) 单个叶轮后置导叶；(c) 单个叶轮前置导叶；(d) 单个叶轮前后置导叶

向。所以流体从导叶出口的流速 c_3 是轴向的。单个叶轮后置导叶的效率比图 9-6（a）型式要高。这种型式用于高压通风机中，绝大多数轴流送风机采用这种型式。

图 9-6（c）为单个叶轮前置导叶。在叶轮前安置一个静止的导叶，流体进入导叶后产生与叶轮旋转方向相反的旋转速度，亦即 $c_{1u}<0$。在设计工况下，流体经过叶轮后的流动方向是轴向的，$c_{2u}=0$；而在非设计工况下，流体从叶轮流出后 $c_{2u}\neq0$，如图 9-6（c）中虚线所示。由于流体经过导叶后速度从 c_0 增至 c_1，所以压力更加减小，但是最后在叶轮中所获得的压力能比例还是较大的。这种型式轴流风机在设计工况下，其流动效率较图 9-6（b）型式要小，这是因为入口相对速度 w_1 相当大的缘故。目前中、小型轴流风机采用这种型式。

图 9-6（d）为单个叶轮前后置导叶，这种型式是图 9-6（b）和图 9-6（c）型式的合成。前置导叶在设计工况时，它的出口速度为轴向。如流量有变化时，则前导叶的叶片可相应地转动，流量减小时向叶轮旋转方向转动，流量增大时向相反方向转动，这样可以适应流量在较大范围内变化，而且有较高的效率。前置导叶在变工况时，起到调节挡板的作用。这种型结构复杂，大型轴流风机采用动叶角度可调，所以如前置导叶则仅起导流作用。

第二节 轴流风机结构特性

一、轴流风机型号及参数

邹县电厂三期工程（2×600MW）每台锅炉设计配套 2 台送风机、2 台引风机，均为 TLT—Babcock 公司生产的动叶可调轴流式风机。风机依靠调节转子动叶的角度，以调节烟、风流量。其轴流式送、引风机型号与参数如下。

轴流式送风机型号为：FAF28/12.5—1 型。

叶片型式：8NA16。

典型工况下的性能参数，如表 9-3 所示。

表 9-3   典型工况下的性能参数

项目 工况	流量 （m³/s）	静压升 （Pa）	总压升 （Pa）	介质温度 （℃）	风机效率 （%）	电动机耗功 （kW）
连续试验(Test Block)工况	292	2962	3365	34	82	1188
BMCR 工况	233	2141	2411	20	88.5	630
额定出力(TRL)工况	210	2305	2526	20	90	585

空气密度：$\geqslant 1.14 \text{kg/m}^3$。

叶轮外径：2818mm。

轮毂直径：1258mm。

级数：1 级。

叶片数：8 片。

叶片材质：A-3561T-6。

风机转数：990r/min。

动叶开度调节范围：$-30°\sim+20°$。

液压缸行程：100mm。

机壳内径与叶片顶端间隙为：2.82mm。

转子质量：3900kg。

转向：逆气流方向看顺时针。

轴流引风机的型号为：SAF 37.5/19—1 型。

叶片型式：16NA16。

典型工况下的性能参数如表 9-4 所示。

表 9-4   典型工况下的性能参数

项目 工况	容积流量 （m³/s）	静压升 （Pa）	总压升 （Pa）	入口烟温 （℃）	风机效率 （%）	电动机耗功 （kW）
连续试验(TB)工况	555	4037	4088	146	83.3	2681
MCR 工况	446	2815	2849	132	90.4	1387
TRL 工况	417	2730	2760	142	90.5	1259

烟气密度：$\geqslant 0.83 \text{kg/m}^3$。

叶轮外径：3758mm。

轮毂直径：1884mm。

级数：1 级。

风机转数：740r/min。

叶片数：16 片。

叶片材质：A-588。

叶片调节范围：$-30°\sim+20°$。

液压缸行程：125mm。

机壳内径与叶片顶端间隙：6mm。

转子质量：9020kg。

转向：逆气流方向看顺时针。

北仑电厂 600MW 的 2 号炉的送风机为轴流式，由加拿大 NOVENCO 公司生产，其型式与参数如下：

型式：动叶可调轴流式。

型号：ASN 2730/1400。

叶轮外径：2730mm。

轮毂直径：1400mm。

转速：985r/min。

轴功率：1331kW。

流量：267.9m³/s。

出口静压：3.8kPa。

风机效率：83%。

电动机功率：1338kW。

满载电流：310A。

启动电流：2015A。

定子绕组最大允许启动时间：10s。

北仑电厂 600MW 的 1 号锅炉也配置 2 台 NOVENCO 公司生产的轴流送风机，风量由可调动叶进行调节，动叶的调整是由伺服电动机通过液压系统来实现。轴流送风机主要参数如下：

送风机型号：VARIAX ASN2730/1400。

设计风量：734400m³/h。

叶片调节角度：10°～60°。

电动机功率：1300kW。

转速：990r/min。

二、轴流式送引风机结构

轴流送风机为单级风机，转子由叶轮和叶片组成，带有一个整体的滚动轴承箱和一个液压叶片调节装置。主轴承和滚动轴承同置于一球铁箱体内，此箱体同心地安装在风机下半机壳中并用螺栓固定。在主轴的两端各装一只支承轴承，为承受轴向力。主轴承箱的油位由一油位指示器在风机壳体外示出。轴承的润滑和冷却借助于外置的供油装置，周围的空气通过机壳和轴承箱之间的空隙的自然通风，以增加了它的冷却。

叶轮为焊接结构，因为叶轮质量较轻，惯性矩也小。叶片和叶柄等组装件的离心力通过推力轴承传递至较小的承载环上，叶轮组装件在出厂前进行叶轮整套静、动平衡的校验。

风机运行时，通过叶片液压调节装置，可调节叶片的安装角并保持这一角度。叶片装在叶柄的外端，叶片的安装角可以通过装在叶柄内的调节杆和滑块进行调节，并使其保持在一定位置上。调节杆和滑块由调节盘推动，而调节盘由推盘和调节环所组成，并和叶片液压调节装置的液压缸相连接。

风机转子通过风机侧的半联轴器、电动机侧的半联轴器和中间轴与电动机连接。

风机液压润滑供油装置由组合式的润滑供油装置和液压供油装置组成。此系统有 2 台油泵，并联安装在油箱上，当主油泵发生故障时，备用油泵即通过压力开关自动启动，2 个油泵的电动机通过压力开关联锁。在不进行叶片调节时，油流经恒压调节阀而至溢流阀，借助该阀建立润滑压力，多余的润滑油经溢流阀回油箱。

风机的机壳是钢板焊接结构，风机机壳具有水平中分面，上半可以拆卸，便于叶轮的装拆和维修。叶轮装在主轴的轴端上，主轴承箱用螺钉同风机机壳下半相连接，并通过法兰的内孔保证对中，此法兰为一加厚的刚性环，它将力（由叶轮产生的径向力和轴向力）通过风机底脚可靠地传递至基础，在机壳出口部分为整流导叶环，固定式的整流导叶焊接在它的通道内。整流导叶环和机壳以垂直法兰用螺钉连接。

进气箱为钢板焊接结构，它装置在风机机壳的进气侧。在进气箱中的中间轴放置于中间轴罩内。电动机一侧的半联轴器用联轴器罩壳防护。带整流体的扩压器为钢板焊接结构，它布置在风机机壳的排气侧。为防止风机机壳的振动和噪声传递至进气箱和扩压器以至管道，因此进气箱和扩压器通过挠性连接（围带）同风机机壳相连接。

为了防止过热，在风机壳体内部围绕主轴承的四周，借助风机壳体下半部的空心支承使其同周围空气相通，形成风机的冷却通风。

主轴承箱的所有滚动轴承均装有轴承温度计，温度计的接线由空心导叶内腔引出。为了避免风机在喘振状态下工作，风机装有喘振报警装置。在运行工况超过喘振极限时，通过一个预先装在机壳上位于动叶片之前的皮托管和差压开关，利用声或光向控制台发出报警信号，要求运行人员及时处理，使风机返回到正常工况运行。

TAT 轴流风机如图 9-7 所示。轴流风机转子如图 9-8 所示。

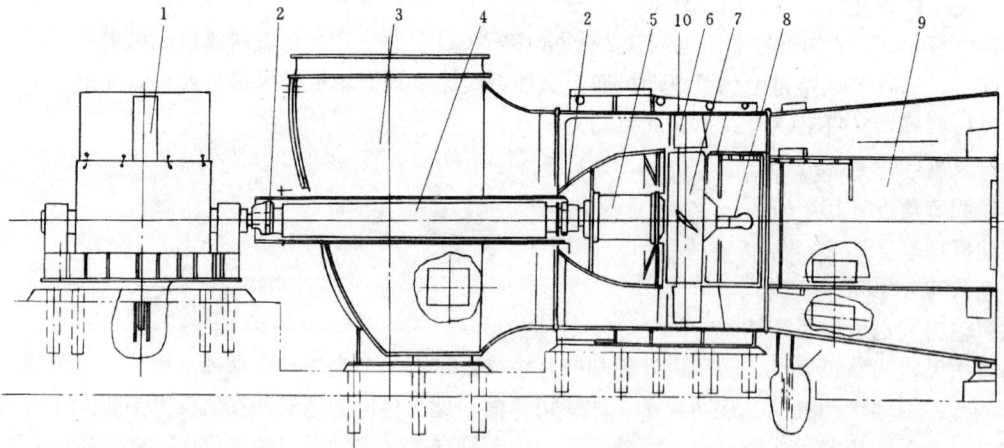

图 9-7　TAT 型轴流风机

1— 电动机；2— 联轴器；3— 进气箱；4— 主轴；5— 液压缸；6— 叶片；7— 轮毂；8— 传动机构；9— 扩压器；10— 叶轮外壳

1. 叶轮

叶轮是轴流送风机的主要部件之一，气体通过叶轮的旋转才能获得能量，然后离开叶轮作螺旋线的轴向运动。

叶轮由动叶片、轮毂、叶柄、轴承及平衡重锤等组成。

轴流送风机叶片的断面形状应考虑到气体动力特性与运行特性，同时也要注意叶片的强度。图 9-9 为轴流风机叶片的翼型断面。图 9-9 中将机翼的前缘与后缘连接成直线，该直线称为翼弦（宽度），弦的长度用 c 表示。垂直于翼弦方向的叶片长度称为翼展，其长度用 b 表示。翼展与翼弦的长度之比，则称为展弦比。垂直于翼弦的翼型最大厚度称为翼厚，用 t 表示。翼型的中线称为轴弧线，轴弧线距翼弦的最大高度称为拱高。气流方向与翼弦向的夹角称为冲角，用 α 表示。

将许多相同翼型的叶片，排列成彼此间距离相等的一组叶片，称为叶栅。轴流送风机轮毂上装有叶片（见图 9-8），组成环列叶栅。轴流风机叶片通流部分高度，轴流式引风机的叶片通流部分高度要比送风机大些，这样可以保证引风机通过较送风量大些的烟气量。

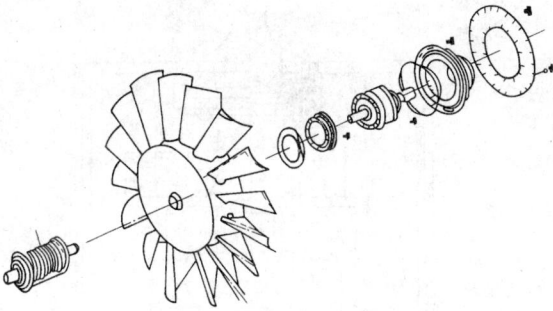

图 9-8　轴流风机转子

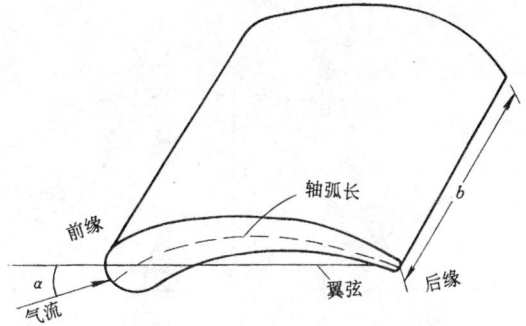

图 9-9　轴流风机叶片的翼型断面

轴流风机的轮毂比，即叶轮轮毂直径与叶轮直径之比，如 FAF28/12.5—1 型轴流送风机的轮毂比为 $\frac{1258}{2818}=0.44$，ASN2730/1400 轴流送风机的轮毂比为 $\frac{1400}{2730}=0.513$。轴流风机的轮毂比越大，所产生的全风压越大。但是轮毂比越大，轴流速度越大，则风机全风压中的动能比例越大，风机的流动损失越大，效率会有所下降。但是轮毂比太小，则风机的全风压降低。

轴流送风机的动叶是扭曲的，整个叶片沿着径向扭曲一定的角度，并且沿着叶片的翼展方向，其叶片宽度及叶片厚度是逐渐减小的。因此在前面已经叙述了，为了使风机叶片的不同半径的各个断面所产生的能头相同，即各断面上的速度环量相等。因此，靠近轮毂处叶片半径小、栅距也小，圆周速度亦减小。为了使速度环量与叶片顶部相同，则势必要增大叶片根部的安装角和叶弦长度，所以叶片制成空间扭曲形状。当然沿着翼展方向的叶片宽度及厚度的减少，这样也可以减少叶片所产生的离心力，不使叶柄和推力轴承受力过大，同时又保证了叶片的足够强度。

轴流风机叶片做成扭曲形，它的效率也较高，损失较小。因为叶轮转动时，叶顶处的速度大于叶根的圆周速度，圆周速度大产生的风压大，圆周速度小产生的风压小，这样在叶片的流道中沿着叶片的径向气流的能量不相等，于是产生了从叶顶向叶根部分的流动，形成轴向旋涡造成能量损失。而将叶片做成扭曲形状，叶根处的叶片安装角大一些，那么产生风压可增大些；反之，叶顶处叶片的安装角小一些，风压可降低些。叶根处叶片安装角大一些，但圆周速度小；叶顶处叶片安装角小一些，但圆周速度大，这两个因素相互制约，使叶顶与叶根处产生的风压几乎相等，避免了轴向旋涡。

轴流风机的动叶片表面要求光滑，这能够降低气流的摩擦损失与气流离开翼型表面流动所产生的分离损失。

由图 9-10 可见，动叶片的根部用 6 只内六角螺栓与叶柄连接起来，叶片和叶柄放入轮毂的圆孔中，然后装上平衡重块、支承轴承、导向轴承、安全环、保险片与调节杆，如图 9-11 所示。轴流风机动叶片的支承轴承是承受动叶片、叶柄所产生的离心力。而动叶片上的导向轴承，因为动叶片及叶柄较长，导向轴承是保证它们中心不偏斜，导向轴承还能承受一定的离心力。为了使动叶片在调节时能转动灵活，导向轴承和支承轴承均采用摩擦力小的滚珠轴承。叶轮支承轴承和导向轴承分别如图 9-12 和图 9-13 所示。

每只动叶片的叶柄部位装有一平衡重块，平衡重块的中心线与动叶片的翼型平面近乎垂直，它的作用能平衡动叶片所产生的较大关闭力矩，使动叶片在旋转时亦能动作轻快。

在保证密封及润滑，在导向轴承、支承轴承内注有润滑剂，在叶柄穿过轮毂处的间隙内亦充有润滑脂。

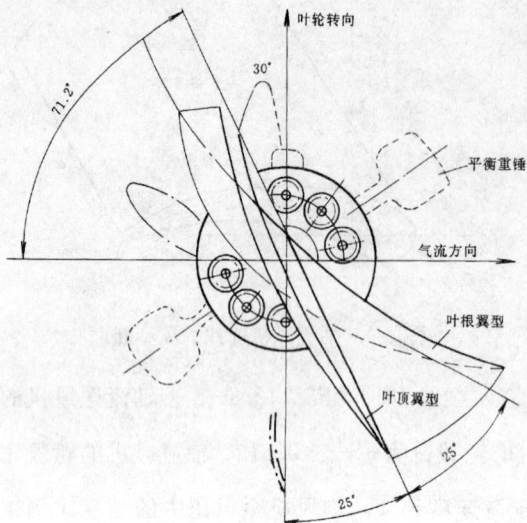

图 9-10 动叶片

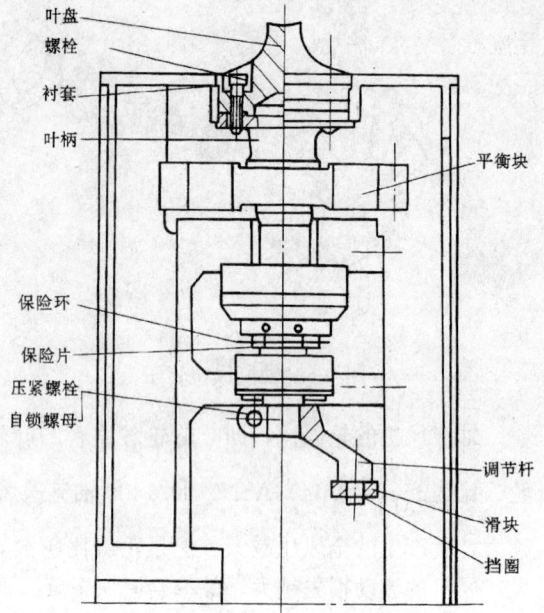

图 9-11 叶轮结构

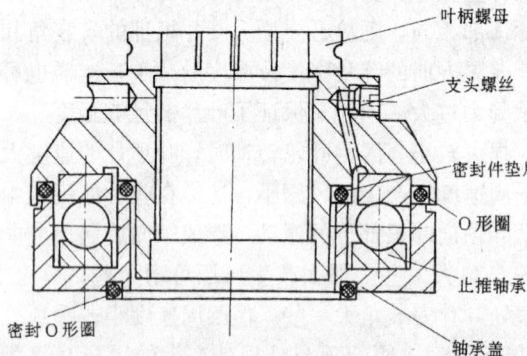

图 9-12 叶轮支承轴承

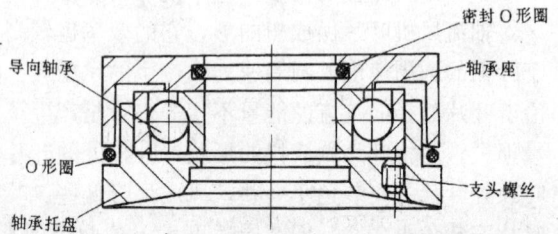

图 9-13 叶轮导向轴承

动叶片与外壳的径向间隙要求小于 3mm，这个间隙不能太大，否则会造成较大的漏风损失，降低风机的效率。

为了保证整个叶轮的动平衡，在更换叶片时，相同质量的叶片可放在对称位置，并进行动平衡校验。

动叶外壳为钢板焊接的机壳，机壳上设有检视孔，可以检查并能拆、装动叶片。风机外壳的上半部是可以拆卸的，便于快速装卸叶轮。

2. 导叶

从动叶片流出的气流为螺旋状沿轴向流动，这个气流运动可以分解为沿轴向的运动和圆周方向的运动。沿轴向的运动是我们所要求的，但圆周方向的运动是一个能量损失。为了减少能量损失，回收圆周方向运动的能量，因此在动叶片出口端装置导叶——后置导叶。大容量轴流风机较多采用叶轮（动叶）加后置导叶的结构。

导叶是静止不动的，装置在动叶片的后面。气流在叶轮的进口是沿轴向的（如不考虑先期旋绕），经过叶轮动叶的旋转运动，气体获得了能量，尔后再进入导叶。导叶的进口角与气体从叶片流出时的方向一致，导叶的出口角与轴向一致，所以气流从导叶流出时也是轴向的。这样气流的圆周运动分量在导叶中完全转换成轴向运动。

动叶片是扭曲的，而且动叶片的高度也大，所以气流从动叶片流出时，沿着叶片高度方向气流的流出角也是变化的。为了减少导叶入口处的气流撞击、旋涡损失，提高风机效率，因而轴流风机的出口导叶沿着叶片高度方向也是扭曲的，其安装角沿着叶片高度逐渐减小。

气流经过导叶流入扩压器，扩压器是一个截面逐渐扩大的圆锥体，为了防止气体在扩压器中流过时在扩压器壁附近产生旋涡；造成局部能量损失，因此一般气流经过导叶后的流动不会绝对沿着轴向，而略带有旋绕运动，由于旋绕运动会产生一定的离心力，气流充满扩压器，减少旋涡的产生，限制旋涡及脱流区的扩大，改善了扩压器的工作，提高流动的效率。

导叶的静叶片数目不能与动叶片数相一致，这样能避免气流通过时产生共振现象。

轴流风机当工况变动时，动叶角度发生变化，气流从叶片出来进入导叶的进口角也发生变化。但是导叶是固定在导叶外环和内环间，安装角度不能有相应的变化。所以，在工况变动时，气流在导叶的进口处产生撞击和旋涡能量损失是不可避免的，动叶调节角度范围越大，撞击、旋涡的能量损失亦越大。

3. 扩压器（扩散管）

经由导叶流出的气体具有一定的风压及较大的动能。根据流体力学知识可知，气流的动能越大，则气流流动时所产生阻力损失也越大，阻力损失与气流的速度平方成正比。为了提高风机的流动效率，适应锅炉工作的要求，应将气流的动能部分转换为压力能。因此轴流风机在导叶出口处都设置了扩压器，扩压器是一个截面沿气流方向不断扩大的容器，所以气流的速度不断下降，压力不断上升。

扩压器由外锥筒、圆柱形内筒组成，全部为焊接结构。轴流送风机的扩压器型式为外扩压（如果扩压器的外筒为圆柱形，内筒是沿着气流方向直径逐渐缩小的圆锥筒体，则称为内扩压）。轴流风机扩压器的内、外筒体均有检视门，如果要进行动叶机构及内部检修，可以从外锥筒体及内筒体的检视门而进入筒体。

为了防止风机机壳振动和物体声音传递至扩压器以至风道，因此导叶与扩压器的外壳连接处为挠性联接（围带），而扩压器与风道联接处设置一节膨胀节作热胀冷缩的补偿。

轴流送风机的动叶、导叶及扩压器的外壳均装设隔音层，减少噪声。

4. 进气室

气体的能量是在叶轮中获得的，气体在叶轮中的运动情况对风机工作影响较大。风机进气室的气体运动状况，对于气流正确进入叶轮有很大影响，因而进气室形状的优劣对风机效率有较大的影响。

进气室的大小、形状应该考虑气流在损失最小的情况下，平稳地同时充满整个流道而进入叶轮，这样气流在叶轮进口的速度与压力分布才能均匀。轴流送风机进气室的进风口为长方形，而一般进风口面积约为叶轮入口面积的一倍左右，其目的使气流在进气箱及收敛器内有一个加速，有利达到叶轮进口处速度及压力分布均匀的目的。气流由进风口沿着径向入内，在收敛器前的局部区域产生漩涡，引起能量损失。由于进气室的两侧钢板为圆弧形，近电动机侧的钢板亦为弧形，这种形状有利于减少旋涡，既可达到减少能量损失，又可使气流流动平顺。气体经过收敛器得到一个合理的加速，并使气流转向。收敛器的形状应为流线型，以使气流平顺通过，如图9-14所示。

轴流送风机进气室在有气体流动的空间是没有加强筋等支撑件，只有在进气室与大气接触侧

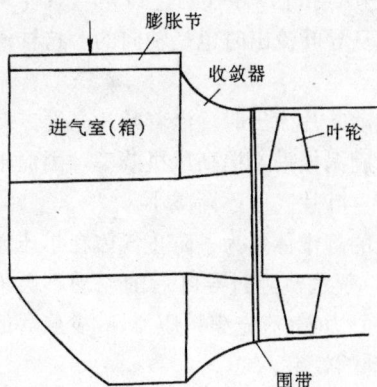

图 9-14 轴流送风机的进气室及收敛器

的钢板上焊接了许多有规则形状的加强筋以提高进气室外壳钢板的刚度。这样的结构对气流流动极为有利。因为在气流流动的空间里如装设圆管形（一般采用的形状）的支撑件，那么其一增加了气流流动的阻力，造成能量损失；其二气流流过支撑件时会产生许多旋涡，而这些旋涡又以一定频率释放，如果条件合适，风机会产生振动和噪声，甚至会损坏风机设备。

为防止风机机壳的振动物体声传递至进气室，则进气室和风机机壳通过挠性连接（围带）。进气室和消声器、进风道的连接处设置膨胀节，作为热胀冷缩之补偿。

轴流送风机进气室进口装设消声器，消声器是卧式水平放置在送风机进气室的进口处风道上。消声器内有许多按一定距离排列栅格的吸声片，气流通过吸声片后，它能吸收气流噪声的能量，从而使噪声降低。为了获得好的消声效果，一定要彻底地使复板中的孔畅通，而且这样还可降低消声器的阻力。

5. 轴与轴承

轴流送风机的叶轮装在主轴上，风机的轴通过中间轴与电动机轴连接。轴与轴之间的联轴器为一种平衡联轴器，能够平衡运行时所引起的轴挠度和轴向变形等所带来的误差。此弹性联轴器的连接是紧固的，正确公差的弹簧片是由特种高级弹簧钢制成，弹簧片是成对配置，可使连接部件在三个方向自由移动。这种联轴器不用润滑，风机运行温度在150℃以下不会发生故障。

轴流送风机转轴的支承形式为悬臂式，在叶轮的进气侧装有径向轴承，风机轴与电动机轴间的中间轴上无径向轴承。在电动机的两个轴端各有一道径向轴承。这种悬臂式的结构，省去了动叶出气侧的轴承，有利于风机结构布置。但悬臂式结构的轴承受力状况不佳，所以应采用双轴承的结构。

在叶轮进气侧的主轴上装有支承轴承，它们同置于一个箱体内，此箱体同心地安装在风机下半机壳中，并用螺栓固定。

在轴承箱的两端各装有两列支承轴承，支承轴承的形式为滚动轴承。滚动轴承具有启动摩擦阻力小、轴向尺寸小、轴承摩擦系数小，维护简便等优点。但滚动轴承承载能力不够大，承受冲击、振动载荷能力低于滑动轴承。而滑动轴承径向尺寸小，能承受冲击振动载荷，适用于高速、高载荷的需要。

轴流风机在运转中，由于叶片对气流做功使气流的能量提高，因而在动叶片的进口侧和出口侧存在着一个压力差，此压力差指向为逆气流方向。由于压力差作用在叶片上，使叶轮产生了轴向推力，使转子向进气侧窜动。要承受叶轮上的轴向推力，在靠联轴器端的轴承箱上布置一个能够承受二个方向上的轴向推力的止推轴承。

径向轴承与止推轴承全由润滑油润滑与冷却。润滑油与压力油由齿轮油泵供给，齿轮油泵有2台，其中一台备用。当油管压力降低，则备用油泵通过压力开关能自动启动投入运行。油泵供给的压力油，一路送至伺服阀（液压缸、动叶调节机构），另一路送至风机的主轴承进行润滑。在不进行动叶调节时，油经恒压调节阀送至轴承。在动叶调节时，由于恒压阀的作用，油自动流向液压缸，保证动叶能顺利地进行调节。调节油泵出口的安全阀的设定油压，可限制油泵的最高压力；调节恒压阀，可限制液压缸最高进油压力；调节全轴承前油管上安全阀，可限制进主轴承的润滑油的压力。

第三节　轴流送风机调节

一、轴流风机性能曲线

风机的工作是以输送流量 Q、压头 H、转速 n、所需功率 P 及效率 η 来体现的,这些工作参数之间存在着相应的关系,当其中流量与转速变化时,就会引起其他参数的相应变化。

凡是将风机主要参数的相互关系用曲线来表达,即称为风机的性能曲线。所谓性能曲线是在固定转数下,对轴流风机来说,还应在动叶片安装角固定不变的情况下,风机供给的压头 H、所需功率 P、效率 η 与流量 Q 之间的关系曲线,即 Q—H、Q—P、Q—η 表示,尤以 Q—H 性能曲线为最重要。

风机的性能曲线至今还不能用理论方法精确地绘制,因为风机内的各项损失还难以精确计算,所以制造厂所提拱的性能曲线通常是用试验方法测得的。图 9-15 所示为轴流风机性能曲线的一般形状。图 9-15 中 Q—H 性能曲线具有马鞍形,对应于最高效率的 Q—H 曲线上工况点 A 是最佳工作点。在 Q—H 曲线上,当流量由最佳工作流量 Q_A 逐渐减少时,压头逐渐增加,若流量减少到 Q_B 时,压头增加到转折点 B 相应的值,即 $Q>Q_B$ 的区段的 Q—H 性能曲线是风机能安全稳定工作的区域。

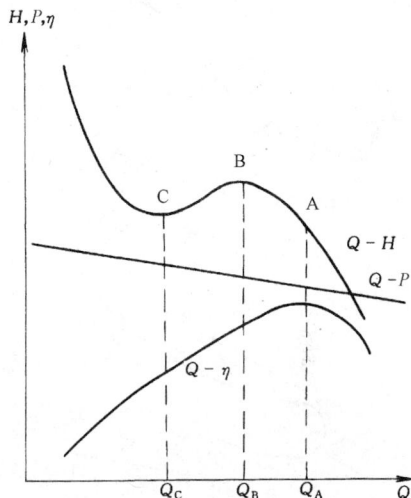

图 9-15　轴流风机的性能曲线

若流量再继续减小（$Q<Q_B$）,则压头开始下降,直至流量减少至 Q_C,压头亦减小到第二个转折点 C 相应的值。此后,流量再继续减小,则压头不断地迅速增加。当流量 $Q=0$ 时,压头可达最佳工况时的压头的两倍左右。

轴流风机的 Q—H 性能曲线为什么具有这样的形状呢?这是因为当风机流量减小时,流体相对速度与圆周速度方向的夹角减小,而动叶安装角未变动,所以流体进入组成叶栅的翼型时的冲角 α(流体速度方向与翼型前缘和后缘点连接线组成的翼弦之间的夹角)增大至 α',如图 9-16 所示。根据流体力学升力公式,冲角 α 增大,则作用在翼型上的升力增加,风机压头自然就增加了。这就是图 9-15 中 Q—H 曲线在 AB 段,随着流量 Q 的减少而压头上升的原因。但流量小到某一定值（$Q=Q_B$）,即图 9-15 中的 Q_B 时升力达到最大,压头亦上升至极值。当流量低于 Q_B,则冲角 α 超过了临界值,作用在翼型上的升力急剧下降,此时翼型的非工作面形成较大的扩压区,引起附面层与翼型分离（流体不沿着翼型表面流动）,产生旋涡,如图 9-17 所示,使翼型两侧压差减小、升力减少、阻力增加,这种情况即为失速。这就是图 9-15 中 Q—H 曲线的 BC 段,随着流量 Q 减小而使 H 下降的原因。

当流量 Q_C 再减小时,Q—H 曲线又急剧上升,这是由于在叶轮中流体产生二次回流所造成的。当流量小于 Q_C 时,叶轮各不同半径的流面产生的压头不相等,在叶轮出口处产生强烈的二次回流。由于叶轮出口的流体撞击导叶处的流体,使之能量增加,撞击后流体能量下降再回到叶轮重新获得能量。二次回流当然使流体的压头增加,同时撞击过程使传递能量时流动损失很大,所以耗功增加,效率急剧降低。轴流风机 Q—P 曲线在零流量时功率达最大,它随着流量的增加而下降,这一特点要求轴流风机在启动时应该带负载,以免风机的启动功率不致过大,如果动叶可调，则只需将动叶处于关闭状态就可。如图 9-18 所示，风机在同一转速下开始升速，动叶片关闭时启动阻力矩大大低于动叶片开启时的启动阻力矩，所以轴流风机动叶关闭时启动对电动机来说是安全的。

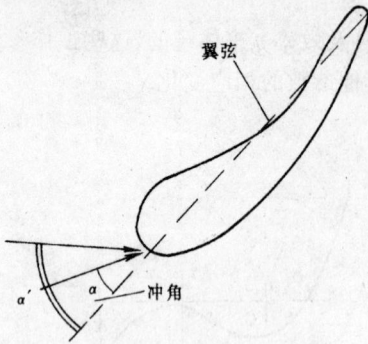

图 9-16　冲角 α

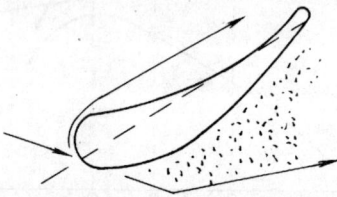

图 9-18　动叶关闭与打开启动阻力矩

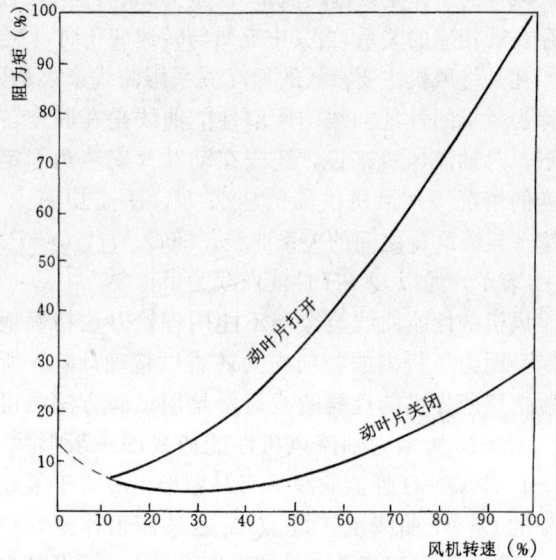

图 9-17　旋涡

图 9-19 和图 9-20 分别为邹县电厂 600MW 机组 FAF28.0/12.5—1 型轴流式送风机性能曲线和 SAF37.5/19—1 型轴流式引风机性能曲线。

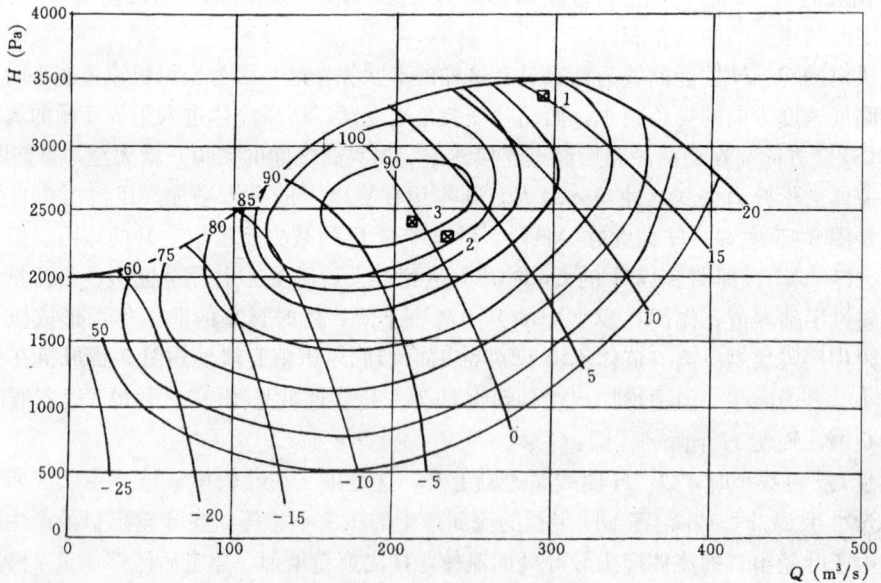

图 9-19　FAF28.0/12.5—1 型轴流式送风机性能曲线（预测特性）

在轴流风机性能曲线中，图 9-19 和图 9-20 中的 Q—H 性能曲线只画出了风机在失速前的正

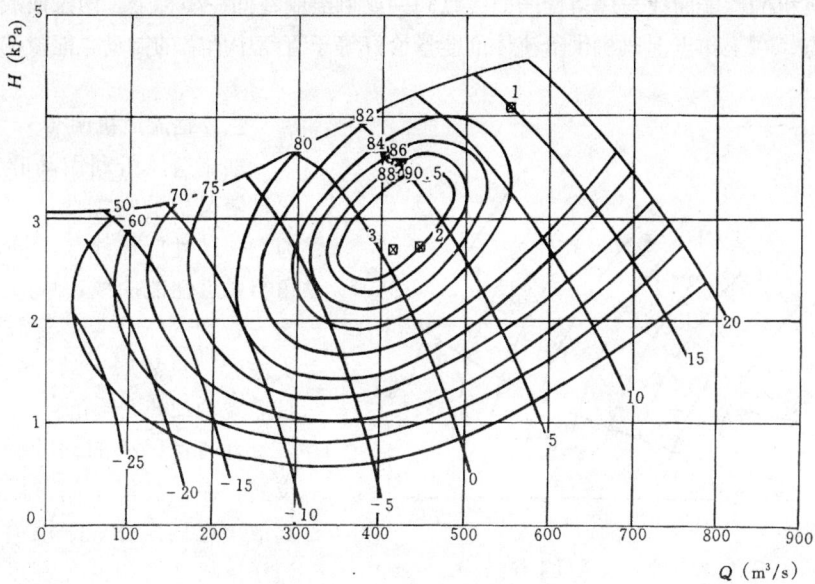

图 9-20　SAF37.5/19—1 型轴流式引风机性能曲线（预测特性）

常、安全工作的区段。因为改变轴流风机的动叶安装角后，冲角 α 也就变化了，翼型上的升力亦随之改变，性能曲线 $Q—H$、$Q—P$、$Q—\eta$ 亦随之变化。在图 9-19 及图 9-20 中，增大动叶的安装角，即冲角增大，$Q—H$ 性能曲线往右移动，流量与压头均随之增大，如图 9-19 和图 9-20 中 $+5°$，$+10°$，$+15°$，…。图 9-19 和图 9-20 中 $0°$ 的 $Q—H$ 性能曲线为动叶的安装角为设计工况值时的性能。如若减少动叶的安装角，即冲角减小，$Q—H$ 性能曲线向左移动，流量与压头均随之减小，如图中 $-5°$，$-10°$，$-15°$，…。在动叶安装角改变时，$Q—P$ 曲线的变化也具有 $Q—H$ 曲线变化的相同特点，$Q—\eta$ 曲线在最高效率变动较少的情况下，安装角增大时最高效率往右移动，反之向左移动。图 9-19 及图 9-20 中圆环线为等效率曲线，其中最上面一条马鞍形的实线是动叶不同安装角时 $Q—H$ 性能曲线的 B 点联线，工况点落在马鞍形实线的左上方，均为失速工况区。风机在运转中需要注意不要落在失速区内工作，所以这条马鞍形实线称为失速线。

如果风机在失速状态下长期运行，就可能导致叶片断裂，叶轮上任何部件也会遭到损坏。在运行中失速有以下症状：

(1) 风机噪声增大；

(2) 风机附近有脉动气流；

(3) 风机振动失常。

为了防止风机在失速区运行，ASN 型动叶可调轴流风机装有失速探针。当风机在失速区域运行时，通过失速探针测出风机叶片进口处压力差输入到压力开关，使报警器发生警报，使运行人员能及时调整风机运行状态，使风机避开失速区运行。

二、风道性能曲线

轴流风机的流量与压头、效率、功率有一一对应的关系，但是风机本身不能决定自己的工作点，风机的工作点取决于外界的负荷特性，即风道性能曲线。

所谓风道性能曲线，就是风道中通过的流量与所需的能量的关系曲线，它应是起点在坐标原点的二次抛物线（阻力特性），风道性能曲线上任何一点的横坐标为风道中通过的流量，而它的纵坐标则为通过这些流量时所需的能量。

将轴流风机的性能曲线与风道性能曲线以同一比例绘制在同一坐标上，两条曲线的交点即为风机的工作点。在工作点上风机供给流体的能量恰好等于管路中所需的能量，能量的供需处于平衡状态。

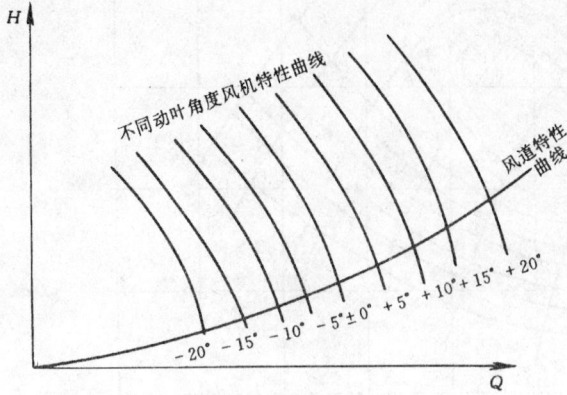

图 9-21　轴流送风机工作点

三、轴流风机调节

轴流送风机利用动叶安装角的变化，使风机的性能曲线移位。图 9-21 为 $Q—H$ 性能曲线与不同的动叶安装角与风道性能曲线，从图 9-21 可以得出一系列的工作点。若需要流量及压头增大，只需增大动叶安装角；反之只需减少动叶安装角。

轴流送风机的动叶调节，调节效率高，而且又能使调节后的风机处于高效率区内工作。采用动叶调节的轴流送风机还可以避免在小流量工况下落在不稳定工况区内。轴流送风机动叶调节使风机结构复杂，调节装置要求较高，制造精度要求亦高。

改变动叶安装角是通过动叶调节机构来执行的，图 9-22 为轴流送风机动叶调节机构图，它包括液压调节装置和传动机构。图 9-22 中的液压缸内的活塞由轴套及活塞轴的凸肩被轴向定位的，液压缸可以在活塞上左右移动，但活塞不能产生轴向移动。为了防止液压缸在左、右移动时通过活塞与液压缸间隙的泄漏，活塞上还装置有两列带槽密封圈。当叶轮旋转时，液压缸与叶轮同步旋转，而活塞由于护罩与活塞轴的旋转亦作旋转运动。所以风机稳定在某工况下工作时，活塞与液压缸无相对运动。

活塞轴的另一端装有控制轴，叶轮旋转时控制轴静止不动，但当液压缸左右移动时会带动控制轴一起移动。控制头等零件是静止并不作旋转运动的。

叶片装在叶柄的外端，每个叶片用 6 个螺栓固定在叶柄上，叶柄由叶柄轴承支撑，平衡块与叶片成一规定的角度装设，两者位移量不同，平衡块用于平衡离心力，使叶片在运转中成为可调。

动叶调节机构被叶轮及护罩所包围，这样工作安全，避免脏物落入调节机构，使之动作灵活或不卡煞。

当轴流送风机在某工况下稳定工作时，动叶片也在相应某一安装角下运转，那么伺服阀恰好处在图 9-23 所示的位置，伺服阀将油道 1 与 2 的油孔堵住，活塞左右两侧的工作油压不变，动叶安装角自然固定不变。

当锅炉工况变化需要调节风量时，电信号传至伺服马达使控制轴发生旋转，控制轴的旋转带动拉杆向右移动。此时由于液压缸只随叶轮作旋转运动，而调节杆（定位轴）及与之相连的齿条是静止不动的。于是齿套是以 B 点为支点，带动与伺服阀相连的齿条往右移动，使压力油口与油道 2 接通，回油口与油道 1 接通。压力油从油道 2 不断进入活塞右侧的液压缸容积内，使液压缸不断向右移动。与此同时活塞左侧的液压缸容积内的工作油从油道 1 通过回油孔返回油箱。

由于液压缸与叶轮上每个动叶片的调节杆相连，当液压缸向右移动时，动叶的安装角减小，轴流送风机输送风量和压头也随之降低。

当液压缸向右移动时，调节杆（定位轴）亦一起往右移动，但由于控制轴拉杆不动，所以齿

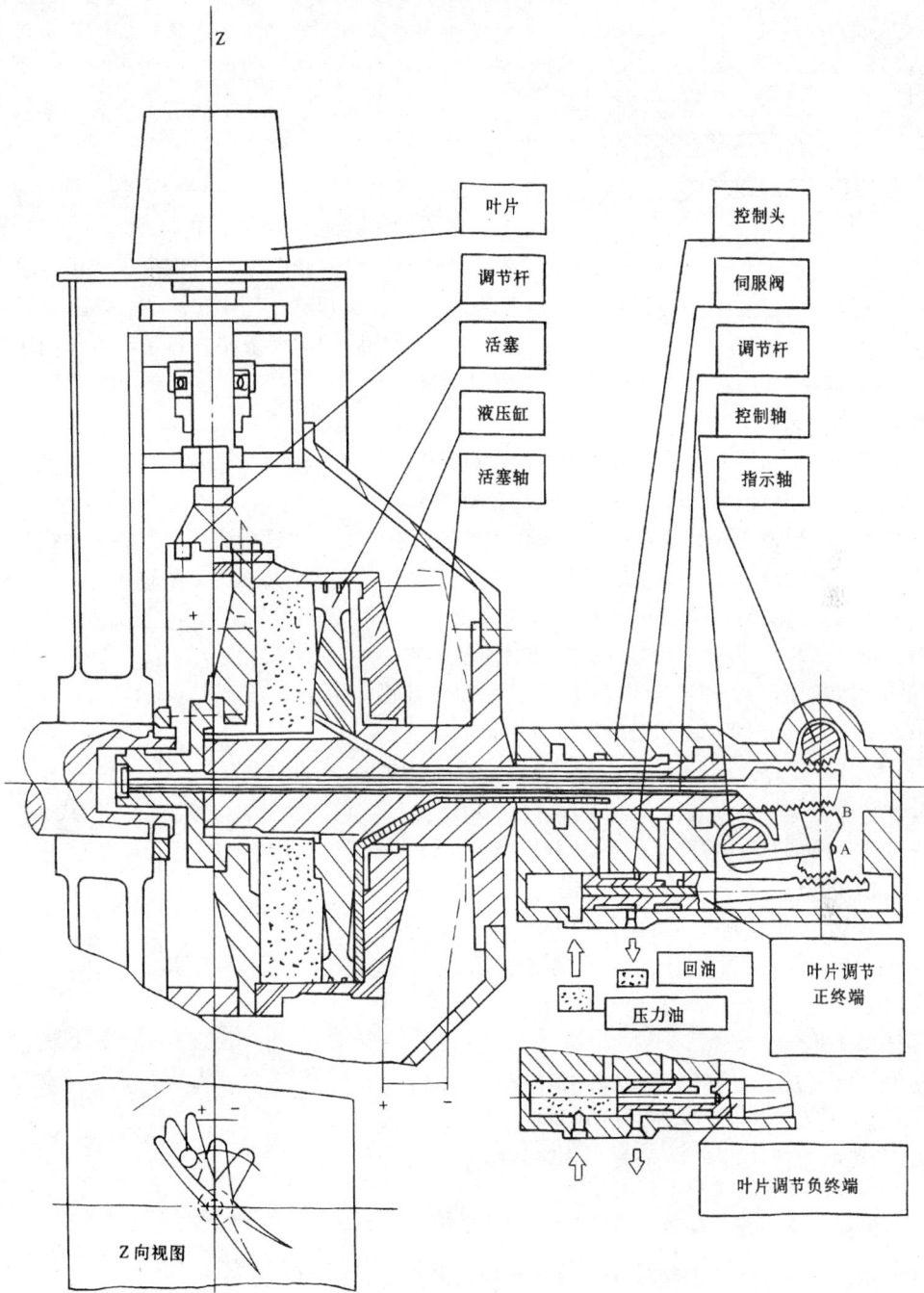

各部件标注：

叶片
调节杆
活塞
液压缸
活塞轴

控制头
伺服阀
调节杆
控制轴
指示轴

回油
压力油

叶片调节正终端

叶片调节负终端

Z 向视图

图 9-22 轴流送风机动叶调节机构简图

套以 A 为支点，使伺服阀上齿条往左移动，从而使伺服阀将油道①与②的油孔堵住，则液压缸处在新工作位置下（即调节后动叶角度）不再移动，动叶片处在关小的新状态下工作。这就是反馈过程。在反馈过程中，定位轴带动指示轴旋转，使它将动叶关小的角度显示出来。

若锅炉的负荷增大，需要增大动叶角度，伺服马达使控制轴发生旋转，于是控制轴上拉杆以

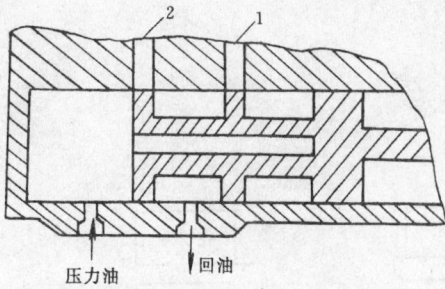

图 9-23　调节机构的伺服阀

定位轴上齿条为支点（见图 9-22 上 B 点），将齿套向左移动，与之啮合齿条（伺服阀上齿条）也向左移动，使压力油口与油道 1 接通，回油口与油道 2 接通。压力油从油道 1 进入活塞的左侧的液压缸容积内，使液压缸不断向左移动，而与此同时活塞右侧的液压缸容积内的工作油从油道 2 通过回油孔返回油箱。此时动叶片安装角增大、锅炉通风量和压头也随之增大。当液压缸向左移动时，定位轴也一起往左移动。以齿套中 A 为支点，使伺服阀的齿条往右移动，直至伺服阀将油道 1 与 2 的油孔堵住为止，动叶在新的安装角下稳定工作。

四、平衡重块

轴流风机的直径较大，且转速又较高，所以动叶片所产生的离心力较大，气流对动叶还有作用力，因而要自如地调节动叶安装角不是件轻松的事。

在动叶上作用力主要有：其一是气流作用在叶片上的力，由试验表明，其造成力矩相对于离心力矩要小；其二是叶轮上叶片在旋转时所产生的离心力，这个离心力矩是较大的。

下面对离心力矩的产生及对动叶调节带来影响作一简单的分析，图 9-24 为单个动叶片在旋转时所受的离心力的简图，取位于叶片根部 A 点和 B 点对称的叶片微元，由于 A 与 B 不在同一轴平面内，所以 A 叶片微元的离心力 dF_A，B 叶片微元的离心力为 dF_B，这两个力不位于叶片平面 OAB 上，而是落在直线 O'A 和 O''B 上。

A 叶片微元的离心力 dF_A 可以分解为两个位于 OAO' 平面上的力 dF'_A 与 dF''_A，这是因为 dF_A 位于直线 O'A 上，而这条直线则是平面 OAO' 的一部分。分力 dF''_A 位于 OAO' 平面和叶片平面 OAB 的交线 OA 上，此线亦就位于叶片平面上。分力 dF'_A 通过 A 在平面 OAO' 上，且与 OO' 平行。

同理 B 叶片微元的离心力 dF_B 亦可分解为 dF'_B 与 dF''_B。分力 dF''_B 位于 OBO'' 平面与叶片平面 OAB 的交线 OB 上，此线亦就位于叶片平面上。分力 dF'_B 通过 B 在 OBO''，且与 OO' 平行。

由图可知，微元力 dF'_A 与 dF'_B 都位于叶片的平面内，将叶片上所有类似于 dF'_A 与 dF'_B 的力相加，即沿着整个叶片积分，可得总力 F，如图 9-24 所示。但是 dF'_A 与 dF'_B 却组成一对力偶，如果将它们沿着整个叶片积

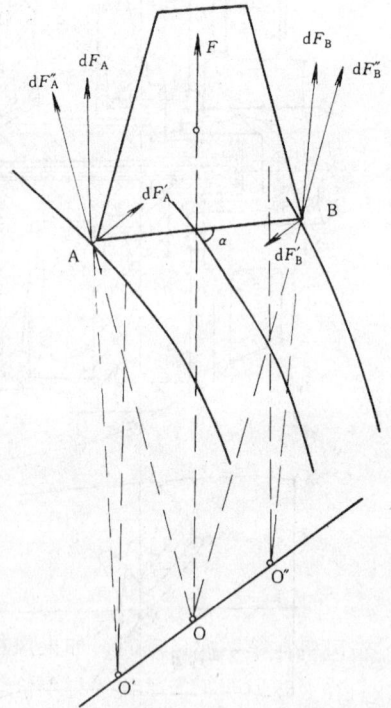

图 9-24　单个动叶片受到离心力简图

分，可得到关闭力矩 K_c，经换算可得叶片总关闭力矩 $K_c = K\sin 2\alpha$。若风机的转速一定，则 $K =$ 常数，其关闭力矩 K_c 为一根正弦曲线，它的最大值在 $\alpha = 45°$ 处，如图 9-25 曲线 1。若关闭力矩 K_c 很大，大到不能用一种简单的动叶调节机构把叶片的开度达到 45° 时，则必须在调节叶片安装角时平衡关闭力矩 K_c。为使调节机构动作自如，所以在每个动叶片下装有平衡重块（见图 9-26），平衡重块装设的位置，理论上它与叶片平面的交角为 90°，即与之垂直。这平衡重块亦产生

一个力矩，这个力矩就是所需要的补偿力矩（见图 9-25 的曲线 2），补偿力矩与关闭力矩相互抵消，即将曲线 1 与曲线 2 叠加得出理想的调节曲线 3。

由于装成其他角度的调节杠杆臂，同样也对关闭力矩起作用，同时还有气体动力学的作用（较小），所以实际的平衡重块的位置与 90° 有偏差，所以无摩擦调节曲线与理想曲线 3（见图 9-5 中 3）有偏差，可能如图 9-27 所示曲线那样。

动叶调节机构在实际调节中由于传动机构在调节时会出现摩擦力，因此在图 9-27 的曲线上还要引入一个摩擦力矩 ΔM，这个力矩有两个方向作用，为了开启与关闭动叶片，都必须再克服一个摩擦力矩，所以真实的调节曲线如图 9-28 上的开启与关闭两条曲线。

图 9-25　动叶角 α 与关闭力矩 K_c 关系曲线

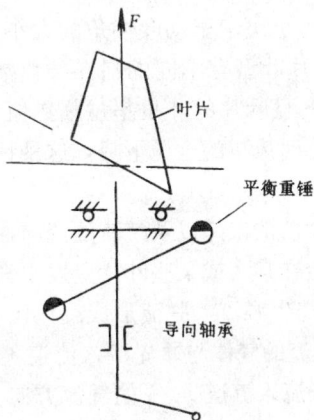

平衡重块应该正确地装在准确的方向上，使无摩擦的调节特性曲线呈水平方向，尽可能地贴近力矩的零值线上。

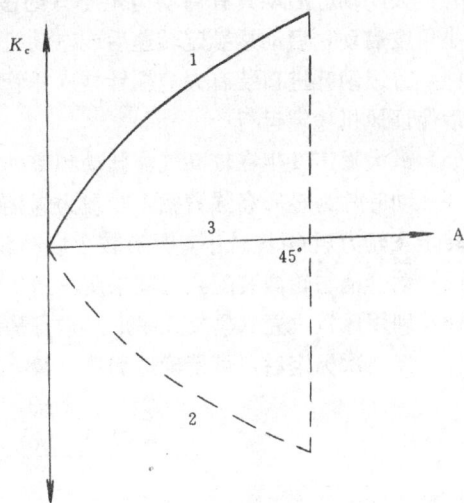

图 9-26　动叶片中平衡重块示意图

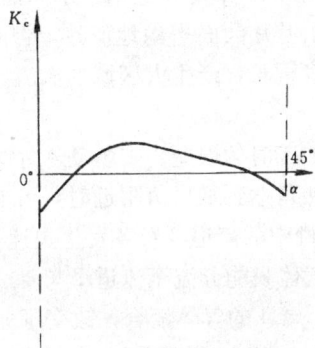

图 9-27　无摩擦调节曲线与理想曲线偏差

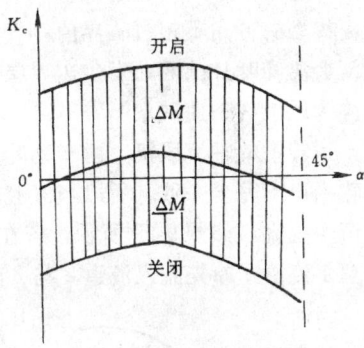

图 9-28　动叶开启、关闭时的力矩曲线

新风机在第一次启动时，如果风机良好，则调节特性曲线应具有图 9-28 的曲线形状。如果调节曲线太陡说明平衡重块加得不恰当，应当通过改变平衡块质量和安装角度来校正。如果调节特性曲线出现不规则，则说明风机状态已不正常，应予以检查。

五、轴流风机主要技术特点

（1）具有集中的液压动叶片调节装置，可在静止和运行中不停机连续调节动叶安装角（$-25°\sim+20°$），以调节风机的性能（风压与风量），提高经济性。

（2）风机效率较高，最高效率 $\eta_{max}\geqslant90\%$；设计效率 $\eta_{sT}=87\%$，保证运行效率 $\eta_{bE}>85\%$。

（3）全特性曲线上部有马鞍形不稳定区。系统阻力曲线避开不稳定失速线时，风机可随时启停和并列、解列。系统阻力曲线穿越不稳定失速线时，可降低负荷至最低失速线以下启停、并列和解列。关闭动叶启动具有启动力矩小（约占额定力矩的30%）的特点，所以采用关小动叶角至最小角度启动，启动达额定转速后或电动机断电后60s，出口隔绝风门自动开启或关闭。

(4) 首级动叶进口装有失速探针（皮托管），其压力信号作用于报警器和跳闸机构，经调试整定后保证风机稳定运行。

(5) 最大噪声发生在较高气流脉动频率处，降低噪声比离心风机容易，消声器价格也较低。

(6) 动叶片为轻质高强铸铝，轮毂为焊接结构，厚的内环位于转子较小直径处，结构紧凑，因而转子飞轮力矩 GD^2 较小，具有较小启动载荷，有利快速启停风机。

(7) 动叶柄与轮毂装配孔之间采用三道密封，转子除动叶片外，内部件均与介质隔绝。

(8) 利用风机机壳（呈文丘里形）本身静压测点测量风量，取消在风道内装置测量风量的阻流元件，经一次标定后，可精确地测量风量。

第四节　轴流送风机运行

一、旋转失速与喘振

轴流风机性能曲线的左半部具有一个马鞍形的区域，在此区段内运行有时会出现流量大幅度脉动等不正常工况，一般称为"喘振"，这一不稳定工况区称为喘振区。实际上，喘振仅仅是不稳定工况区内可能遇到的现象，而在该区域内必然要出现不正常的空气动力工况，则是旋转脱流或称旋转失速。这两种不正常工况是不同的，但是它们又有一定的关系。

1. 旋转脱流（旋转失速）

轴流风机动叶片前后的压差，在其他都不变的情况下，其压差大小决定于动叶冲角的大小。在临界冲角值以内，上述压差大致与叶片的冲角成比例。不同的叶片叶型有不同的临界冲角数值。翼型的冲角不超过临界值，气流沿叶片凸面平稳地流过，但是一旦叶片的冲角超过临界值，气流会离开叶片凸面，发生边界层分离现象，产生大区域的涡流，此时风机的全压下降，这种情况称为风机"失速现象"。

运转中的轴流风机，由于动叶片加工时的误差，安装动叶片时角度的误差以及气流的流向在叶轮入口不完全一致，所以当气流的冲角达到临界值附近时，可能会在某个或某些叶片上发生失速产生脱流。如图9-29所示，若在叶栅中的流道2及3发生失速，产生脱流。脱流形成旋涡区，阻塞了流道，原先流入流道2与3的气体只能分流至流道1与4。分流的气体与原先流入流道1、4的气体汇合，改变了原来流入流道1、4的气流方向。流入流道4的气流冲角减小，而流入流道1的冲角则增大。流道4由于冲角减小，所以叶片的非工作面（凸面）不会产生脱流；而流入流道1由于气流的冲角增大，使叶片产生脱流，形成旋涡区阻塞流道，使原来流入流道1的气流分流至1左边及2、3流道。于是流道2及3内的气体从失速脱流状态回复到正常工作状态，而流道1左边的流道内气流又产生失速脱流。流道1左边流道的失速脱流，诱使它左邻的流道再发生脱流，而流道1的气体流动得到改善。上述作用持续地进行，使脱流现象造成的阻塞沿着与叶轮旋转相反方向移动。设叶轮的旋转角速度为 ω_0，而失速脱流的旋转角速度为 ω_s，实验表明 $\omega_s < \omega_0$。因此，在绝对运

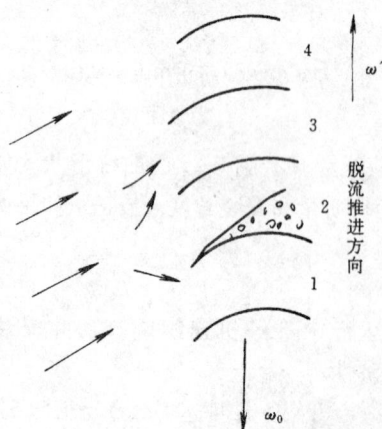

图9-29　旋转脱流的形成

动中，就可观察到一个或几个叶片组成的脱流区，以小于叶轮旋转的速度向着叶轮同一方向旋转，其速度 $\omega = \omega_0 - \omega_s$。

以上所述现象称为旋转脱流，亦称旋转失速。

轴流风机的环形叶栅上，失速区数目少则是一个，多则可达 10 多个。叶片较长的轴流风机，旋转脱流一般发生在叶片顶部；叶片较短的轴流风机，旋转脱流很快就扩展到整个叶片高度。

在图 9-15 的轴流风机 $Q—H$ 性能曲线中，全压的峰值 B 点的左侧为不稳定区，是旋转脱流区。从 B 点开始往小流量方向移动，旋转脱流从此开始发生，到流量等于零的整个区间，始终存在着脱流。

旋转脱流对风机性能的影响不一定很显著，虽然脱流区的气流是不稳定的，但风机中流过的流量基本稳定，压力和功率亦基本稳定，风机在发生旋转脱流的情况下尚可维持运行。因此，风机的工作点如落在脱流区内，运行人员较难从感觉上进行判断。

旋转脱流对轴流风机的安全运行是一个威胁。叶栅流道内发生旋转脱流时，造成流道的堵塞，这样使叶片前后的压力变化。在旋转脱流的情况下，脱流区旋转着依次经过每个叶片，就会使叶片受到一次激振。旋转失速的频率，亦即激振力的频率等于或接近于叶片的固有振动频率时，它将使叶片发生共振。共振时的交变应力有可能达到使叶片折断的程度。

因为旋转脱流不易被操作人员觉察，同时风机进入脱流区工作对风机的安全终究是个威胁，所以一般大容量轴流风机都装有失速探头。图 9-30 为失速探头示意图。失速探头由 2 根相隔约 3mm 的测压管 3、4 组成，将它置于叶轮叶片的进口前。测压管 3、4 中间用厚 3mm，高（突出机壳的距离）3mm 的隔片 5 分开。风机在正常工作区域内运行时，叶轮进口的气流较均匀地从进气室沿轴向流入，那么失速探头 3 与 4 的压力差几乎近于零或者略大于零，如图 9-31 所示的 AB 曲线，其中 Δp 为两测压管的压力差。

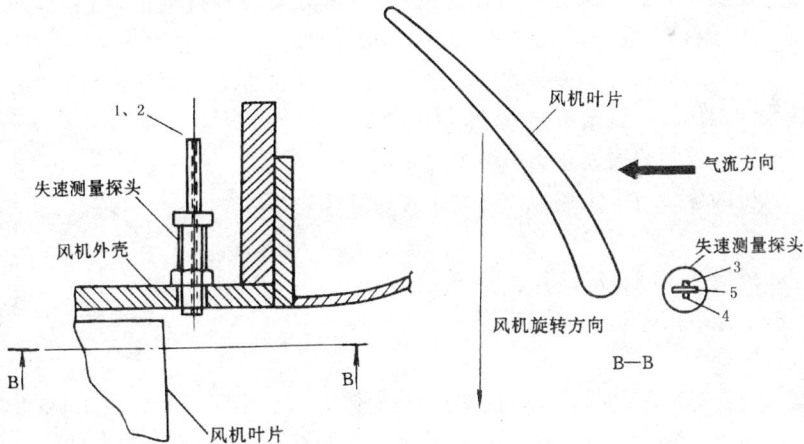

图 9-30　失速探头示意图

1、2—测压管；3、4—失速探头；5—隔片

当风机的工作点落在旋转脱流区，叶轮前的气流除了轴向流动之外，还有脱流区流道阻塞造成气流的分流所形成的圆周方向分量。于是，叶轮旋转时先遇到的测压孔 3，即隔片前的测压孔压力高，而隔片 5 后的测压孔 4 的气流压力低，产生了压力差，一般失速探头产生的压力差达 245～392Pa，即报警。风机流量越减小，失速探头的压差越大，如图 9-31 中的 BCD。由失速探头产生的压差发出信号，然后由图 9-30 中的 1、2 接通一个压力差开关（继电器），压力差开关将报警电路系统接通发出报警，操作人员可及时采取排除旋转脱流的措施。

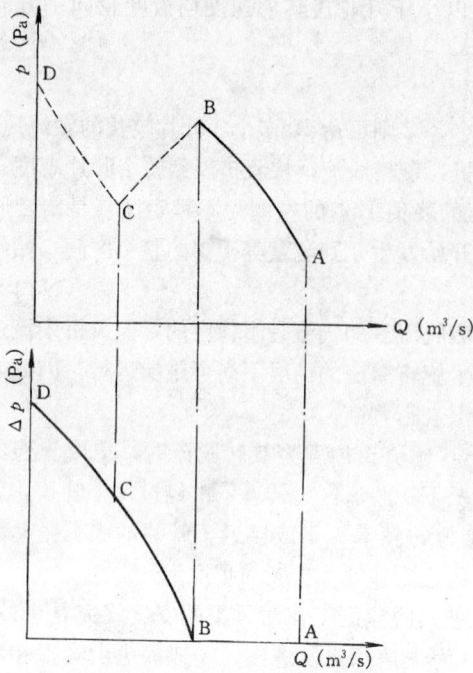

图 9-31 失速探头性能

失速探头装好之后，应予以标定，调正探头中心线的角度，使测压管 1、2 在风机正常运转时的差压为最小。

2. 喘振

轴流风机在不稳定工况区运行时，还可能发生流量、全压和电流的大幅度波动，气流会发生往复流动，风机及管道会产生强烈的振动，噪声显著增高，这种不稳定工况称为喘振。喘振的发生会破坏风机与管道的设备，威胁风机及整个系统的安全性。

图 9-32 所示轴流风机 Q—H 性能曲线，若用节流调节方法减少风机的流量，如风机工作点在 K 点右侧，则风机工作是稳定的。当风机的流量 $Q<Q_K$ 时，这时风机所产生的最大压头将随之下降，并小于管路中的压力，因为风道系统容量较大，在这一瞬间风道中的压力仍为 H_K，因此风道中的压力大于风机所产生的压头使气流开始反方向倒流，由风道倒入风机中，工作点由 K 点迅速移至 C 点。但是气流倒流使风道系统

中的风量减小，因而风道中压力迅速下降，工作点沿着 CD 线迅速下降至流量 $Q=0$ 时的 D 点，此时风机供给的风量为零。由于风机在继续运转，所以当风道中的压力降低到相应的 D 点时，风机又开始输出流量。为了与风道中压力相平衡，工况点又从 D 跳至相应工况点 F。只要外界所需的流量保持小于 Q_K，上述过程又重复出现。如果风机的工作状态按 FKCDF 周而复始地进行，这种循环的频率如与风机系统的振荡频率合拍时，就会引起共振，风机发生了喘振。

风机在喘振区工作时，流量急剧波动，产生气流的撞击，使风机发生强烈的振动，噪声增大，而且风压不断晃动。风机的容量与压头越大，则喘振时的危害性也越大。

综上所述，风机产生喘振应该具备下述的条件：

（1）风机的工作点落在具有驼峰形 Q—H 性能曲线的不稳定区域内；

（2）风道系统具有足够大的容积，它与风机组成一个弹性的空气动力系统；

（3）整个循环的频率与系统的气流振荡频率合拍时，产生共振。

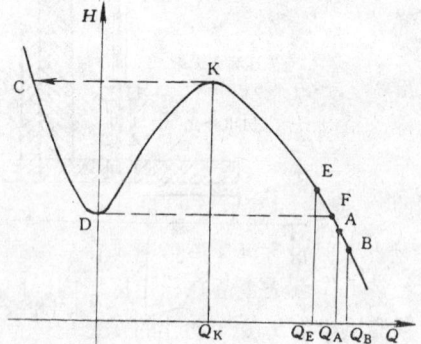

图 9-32 轴流风机的 Q—H 性能曲线

旋转脱流与喘振的发生都是在 Q—H 性能曲线左侧的不稳定区，所以它们是密切相关的。但是旋转脱流与喘振有着本质的差别。旋转脱流发生在风机 Q—H 性能曲线峰值以左的整个不稳定区域；而喘振只发生在 Q—H 性能曲线向右上方倾斜部分。旋转脱流的发生只决定于叶轮本身叶片结构性能、气流情况等因素，与风道系统的容量、形状等无关。旋转脱流对风机的正常运转影响不如喘振这样严重。

风机若在运行时发生喘振，情况就不相同。喘振时，风机的流量、全压和功率产生脉动或大

幅度脉动，同时伴有明显的噪声，有时甚至是高分贝的噪声。喘振时的振动有时是很剧烈的，损坏风机与管道系统。所以喘振发生时，风机无法维持运行。

轴流送风机在叶轮进口处装置喘振报警装置，该装置是利用一根皮托管布置在叶轮的前方，皮托管的开口对着叶轮的旋转方向，如图9-33所示。皮托管是将一根直管的端部弯成90°（将皮托管的开口对着气流方向），用一U形管与皮托管相连，则U形管（压力表）的读数应该为气流的动能（动压）与气流的压力（静压）之和（全压）。在正常情况下，皮托管所测到的气流压力为负值，因为它测到的是叶轮前的压力。但当风机进入喘振区工作时，由于气流压力产生大幅度波动，所以皮托管测到的压力亦是一个波动的值。为了使皮托管发送的脉冲压力能通过压力开关，利用电接触器发出

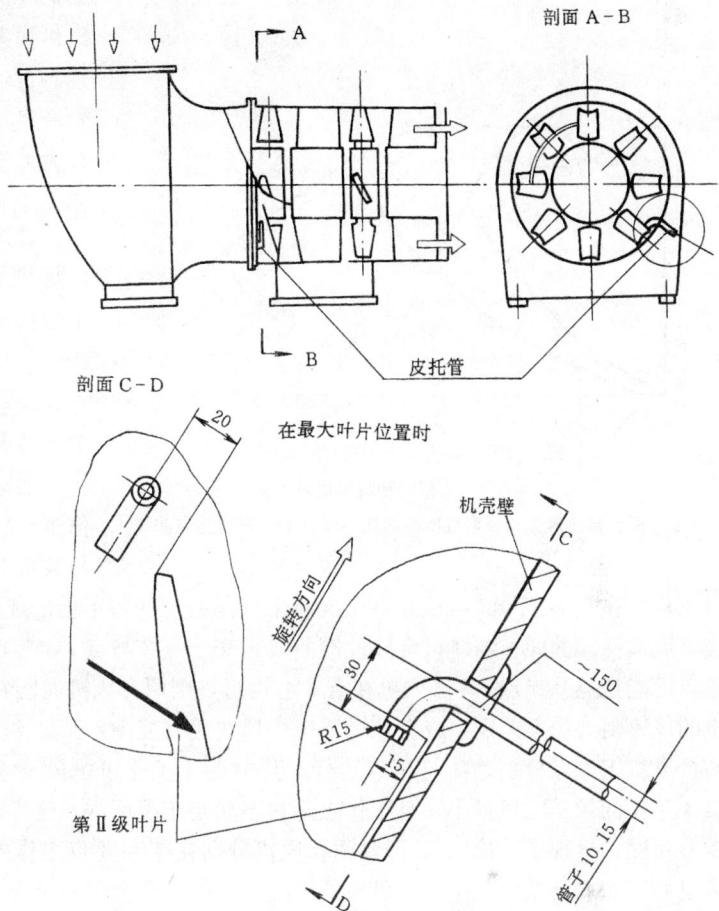

图 9-33　喘振报警装置

报警信号。所以皮托管的报警值是这样规定的：当动叶片处于最小角度位置（−30°）用一U形管测得风机叶轮前的压力再加上2000Pa压力，作为喘振报警装置的报警整定值。当运行工况超过喘振极限时，通过皮托管与差压开关，利用声光向控制台发出报警信号，要求运行人员及时处理，使风机返回正常工况运行。

为防止轴流风机在运行时工作点落在旋转脱流、喘振区内，在选择轴流风机时应仔细核实风机的经常工作点是否落在稳定区域内。同时在选择调节方法时，需注意工作点的变化情况。动叶可调轴流风机由于改变动叶的安装角进行调节，所以当风机减少流量时，小风量使轴向速度降低而造成的气流冲角的改变，恰好由动叶安装角的改变得以补偿，使气流的冲角不致于增大，于是风机不会产生旋转脱流，更不会产生喘振。动叶安装角减小时，风机不稳定区越来越小，这对风机的稳定运行是非常有利的。

二、轴流风机并联运行不稳定工况

600MW机组的锅炉一般配置2×50％的轴流送风机（有的引风机也采用轴流式，也为2×50％），不设置备用量，风机一般处于并联运行，有时（风机一台故障）也有采用单侧运行。

图9-34为两台性能相同的轴流风机的性能曲线Ⅰ、Ⅱ，曲线Ⅲ为两台轴流风机并联运行时的性能曲线。根据并联工况的特点，在同一全压下流量相加的原则，轴流风机"S"形区段（驼

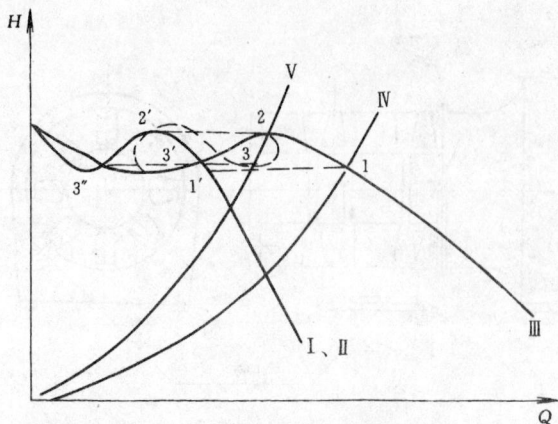

图 9-34　轴流风机的并联运行

Ⅰ、Ⅱ—两台性能相同轴流风机特性曲线；

Ⅲ—两台轴流风机并联运行特性曲线；Ⅳ、Ⅴ—风道特性曲线

峰形区段）成为曲线Ⅲ的∞字形区域。风机如果在∞字形区域内运行，便会出现一台轴流风机的流量很大，而另一台轴流风机的流量很小的情况。此时，若开大输送流量小的轴流风机的调节装置或关小输送小流量轴流风机的调节装置，则原来输送大流量的轴流风机会突然跳到小流量工作点运行，而原来输送小流量的轴流风机又突然跳到大流量工作点运行。这样两台轴流风机不能稳定地并联运行，出现了所谓的"抢风"现象。

如果风机参数选择适当，运行时操作正确，使并联运行时风道性能曲线Ⅳ与风机并联合性能曲线Ⅲ交于1，则每台风机将在点1'工作，风机在此工况下工作是稳定的，不会出现"抢风"现象。如果风机工作不当，风道性能曲线Ⅴ与风机合成性能曲线Ⅲ交于点2与点3，落在∞字形区域内工作，则风机工作点可能是点2或点3。若风机在点2上运行，则两台风机尚能在点2'上稳定运行。如果两台风机的风道阻力稍有差别，或者风道系统中风量稍有变动，其结果是风机处于点3并联工作，此时两台风机工作点分别是3'与3″点运行。其中点3'工作风机风量大且在稳定区工作，而另一台在点3″工作的风机的风量小，且工作点落在不稳定工况区内。这样两台性能相同的风机输送的流量就不相同，出现了"抢风"。但是两台风机分别在3'和3″点工作的状况不是稳定不变的，这两台风机的工作点会发生互换。风机在此工况下工作，严重时甚至会出现一台风机的风量大，而另一台风机则产生倒流。因此，在两台风机并联运行时，为避免"抢风"现象发生，就应要求风机的工作点不要落在∞字形区域内。

三、风机供油装置

轴流风机的供油装置用于动叶液压调节和循环润滑之用。

1. 设备功能

液压润滑站是大型动叶可调式轴流送风机的配套设备，它不仅提供液压油供动叶片调节装置用，还能同时提供润滑油供轴承循环润滑用。该油站的油质为22号、30号汽轮机油或机油。

2. 设备组成及工作原理

供油站由油箱、油泵装置、滤油器、冷却器、仪表、管道和阀门等组成，结构为整体式，其装置构成如图9-35所示。

供油站工作时，油液由齿轮油泵（2或5）从油箱（1）吸出，经单向阀（4或7）、双筒过滤器（13）、送给动叶片调节装置，此点油压力较高，为压力油（一般为2.5MPa）。另一路油经压力调节阀（19或21）、单向阀（20或22）、冷却器（24）、节流阀（74）、流量继电器（76）等供轴承箱润滑用油。

为保证轴流送风机运行的可靠性，油站中大多数元件都并列设置两套。设备发生意外情况时，压力开关（15）发出讯号，自控装置动作，备用油泵自启动，保证送风机继续供油。油泵出口油压由安全阀（8）来整定（一般为3.5MPa），当压力高于整定压力时，油通过该阀溢流回油箱。滤油器为双套结构，一只工作，一只备用。当工作滤芯需清洗或更换时，只要扳动滤油器上

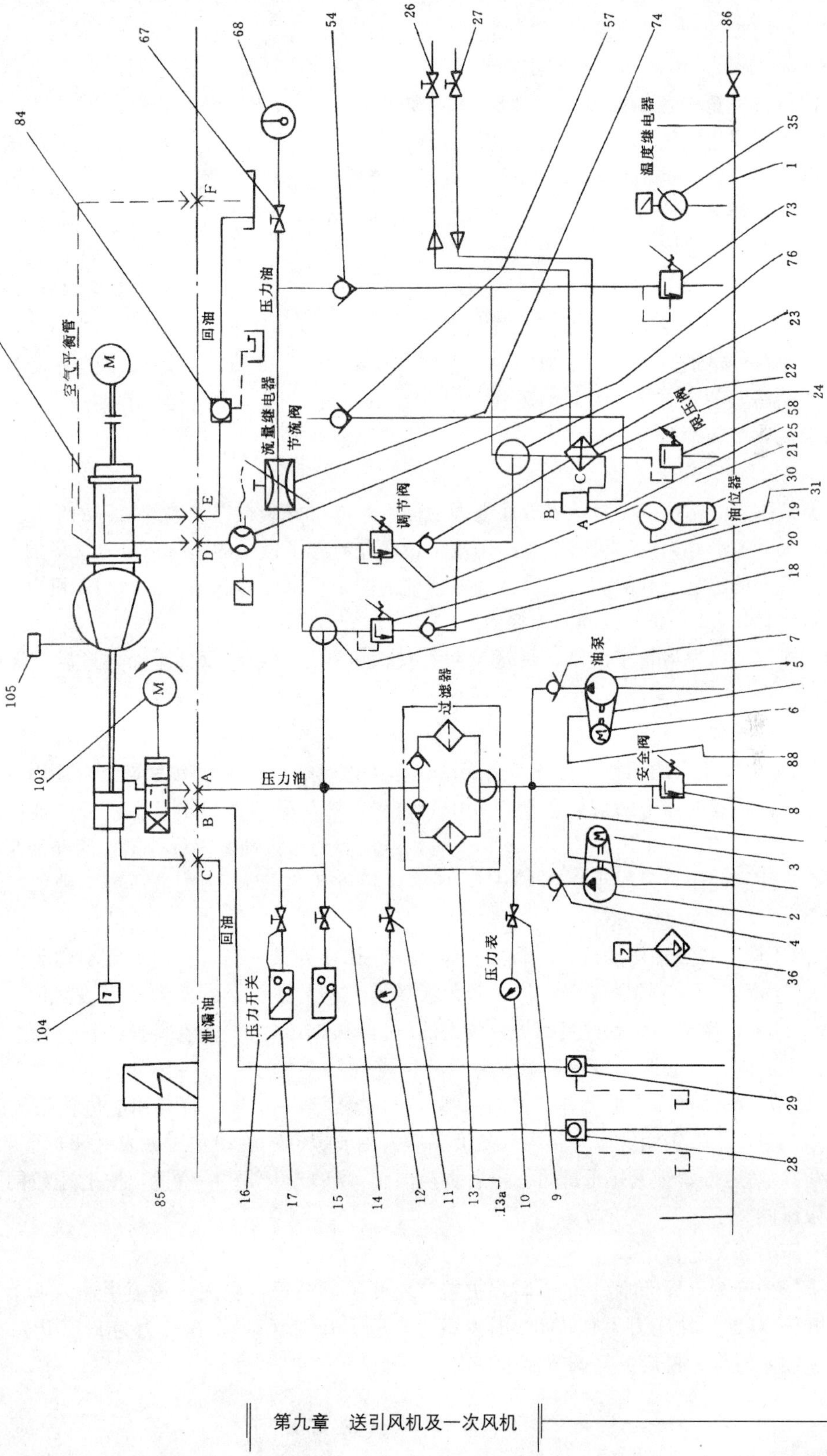

图 9-35　轴流送风机供油站

面的换向阀，即可使备用滤芯工作，这样在其工作时就能清洗或更换滤油器的芯子。

压力调节阀（19或21），其中一只工作，一只备用，它通过扳动三通换向阀（18）来实现。该阀用于限定压力油的压力。当冷却器发生意外需清洗或调换时，可切换三通换向阀（23）来进行旁路。压力表（10和12）用于显示油泵出口油压和压力油管的压力。这两个压力表的压差同时也反映了滤油器的清洁程度（阻力），当压差＞0.35MPa时，就需要清洗过滤器。限压阀（58和73）用来调节和限定润滑油的压力，一只工作，一只备用。电加热器用于加热油液，使得油保持一定的黏度。窥视窗（28和29）窥视油液压调节装置的回油和漏油。窥视窗（84）用于观察润滑油的回油。温度调节阀（25）用于控制调节润滑油的温度，该阀为一自力式的温度调节阀，能保证出口油温维持在某一范围内。压力开关（15）用于当压力油压力低于0.8MPa时发信号给控制设备，自动启动备用油泵。压力开关（17）用于主电动机连锁，即当油压大于2.5MPa时，才允许启动轴流送风机。液位开关（36）用于监视油箱液面高度，当液位低于报警值，接点闭合发出信号。双温度继电器（35）用于监视油温，当油温低于30℃时，发信号给控制设备，自动开启电加热器；当油温高于40℃时，发信号给控制设备，自动停止加热。流量继电器（76）用于监视润滑油，当流量小于3L/min时，即发信号报警。为了便于接线，油站上还装有接线盒，对外接线从接线盒引出即可。带温度计的液位指示器（30和31）用于观察油箱油位和油温。

3. 安装、调试和试运转

此类整体式油站可以平稳地安放在普通地面上，亦可安装在埋没地脚螺钉的地基上。在条件许可的情况下，最好为油站设置一个防雨篷，这样既改善了设备的运行环境，又增加了安全，对设备和运行人员都是有利的。搬运时在油箱顶部的四个吊攀处挂起吊，油站与风机之间连接的回油管倾斜度必须大于10°，以利回油畅通。

管子连接前，先将管子酸洗，去锈后用石灰水中和，再用净水冲干净，最后用压缩空气吹干。

（1）油压的调整。

1）油泵出口压力的调整。打开安全阀（8）上的塑料盖子，松开锁紧螺母，用内六角扳手旋松调节螺钉，将滤油器上的切换手柄扳到中间位置，然后开启油泵电动机，慢慢地旋动调节螺钉，当压力表（10）指示压力约为3.5MPa时，停止旋动，将锁紧螺母拧紧，这样油泵出口油压即调整好。注意此压力只能小于3.5MPa，切不可超过3.5MPa，因为液压调节装置的最大压力为3.5MPa。

2）液压调节装置油压的调整。将换向阀（18）切换到某一位置，打开相应位置调节阀（19或22）的塑料盖，松开锁紧螺母，将内六角扳手插入调节螺钉，旋动到压力表（12）显示值为3.5MPa，即停止调节，然后拧紧螺母，压力油压力即调节结束。接着将换向阀（18）扳到另一位置，按上面同样方法调节另一只调节阀。

3）轴承箱润滑油压力的调整。将换向阀（23）扳到某一位置，打开相应位置限压阀（58或73）的塑料盖，松开锁紧螺母，将内六角扳手插入调节螺钉，旋动到压力表（68）指示值为0.4～0.6MPa，然后拧紧锁紧螺母即可。接着将换向阀（23）切到另一位置，按上述相同方法调整另一只限压阀。

（2）压力开关的整定。

取下压力开关（15和17）的塑料保护盖，松开锁紧螺母，将内六角扳手插入调节螺钉，旋到压力开关（15），在压力为0.8MPa时发讯号；压力开关（17），在压力为2.5MPa时发讯号。然后拧紧锁紧螺母，最后反复调节油压。

（3）流量继电器的整定。

调节节流阀，使得润滑油流量约为 $3\sim4L/min$，松开流量继电器（76）的定位螺母，移动到此流量下发讯号，然后拧紧定位螺母，最后反复调节流量，以检查继电器动作是否可靠。

（4）双温度继电器的整定。

打开保护盖，用螺丝刀将调节螺钉分别旋到 $30℃$ 和 $40℃$ 位置，然后盖好即可。

（5）润滑油量的调节。

旋动节流阀即可调节润滑油量，流量大小根据风机要求，通过观察回油量而定。

以上所列整定参数仅供参考，最佳数值在现场根据设备实际使用情况而定。

整体式油站已在制造厂进行性能试验，故在现场安放平稳，即可连接油管、回油管、水管、电控装置等，并进行试运转。

4. 装置试运行时注意事项

（1）调节风机叶片角度时，若润滑油瞬时断油，属正常现象。

（2）风机叶片停止调节时，液压调节装置的泄漏油管将有泄漏油流出，此属正常现象。

（3）在条件许可情况下，最好在风机润滑油进油管路上安装一只压力表，以便观察润滑油的实际压力。

（4）油站和风机之间的管路连接后，在风机上盖打开的情况下，开启油泵，运行 1h 后，检查油站本体、油站和风机之间、风机本体上的所有油管接头，不得有渗漏现象。

（5）油泵启动后，应检查油泵旋转方向、观察油压情况，检查滤油器前后压差。

（6）冷却器应根据水质情况，定期进行检查、清洗。

四、轴流送风机启停程序

（1）轴流送风机的启动程序按图 9-36 进行，此时另一台轴流送风机的出口门应关闭。

（2）当一台轴流送风机在运行时，启动第二台轴流送风机并联投入。如果要将第二台轴流送风机启

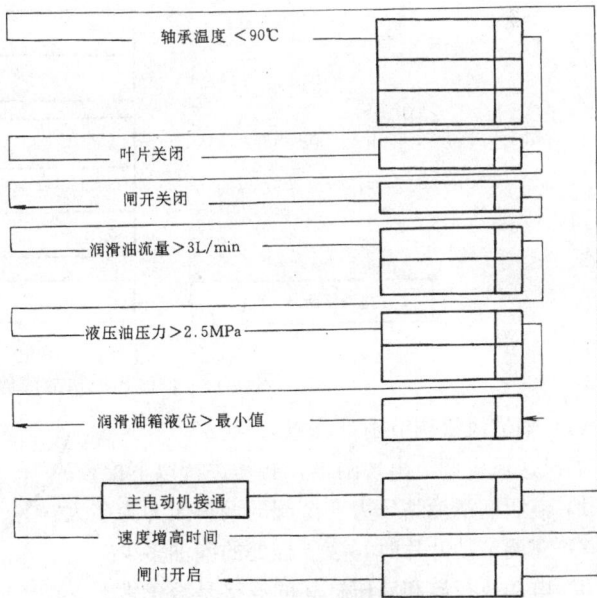

图 9-36　轴流送风机的启动程序

动与正在运行的送风机并联运行，则一定将正在运行的第一台送风机的工况点（风量、风压）向下调至风机喘振线最低点以下，方可启动第二台轴流送风机与第一台并联。

当准备投入并联的第二台风机启动前，动叶应处于"关闭"位置，出口门（挡板）也应关闭。风机启动后，打开动叶至正在运行的一台动叶角度相同，同时打开出口门，使两台风机风量风压相同，然后将两台风机动叶调至需要的工况点。

（3）从并联运行的两台送风机中停运一台送风机，必须首先将两台送风机的工况点同时调低至喘振线的最低点以下，接着关闭准备停运的一台送风机的动叶和出口门（当叶片全部关闭流量为零时，风门才可以全部关闭）。再调大要继续运行的送风机的动叶至所需要的工况点。

（4）送风机的停运程序，如图 9-37 所示。

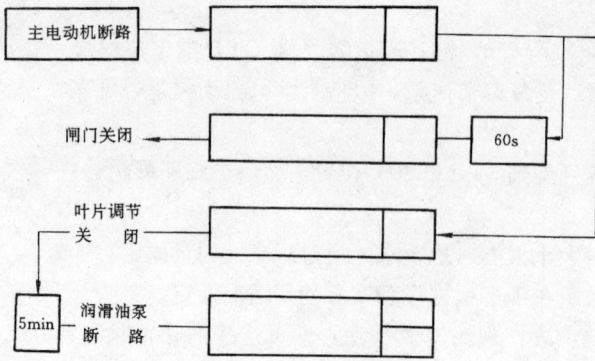

图 9-37 轴流送风机的停运程序

1) 由运行中各种因素引起转子不平衡；
2) 动叶片本身未调好平衡；
3) 轴承与联轴器本身未调整好；
4) 风机在喘振区工作。

（5）送风机故障停运程序，如图 9-38 所示。

五、轴流送风机故障原因及消除

（1）轴流送风机不得在失速区域内运行，否则会由此引起风机的事故。

（2）轴流送风机运行期间出现不正常的噪声与振动必须停机检查，找出原因并排除之。

（3）轴流送风机出现故障可能有以下几种。

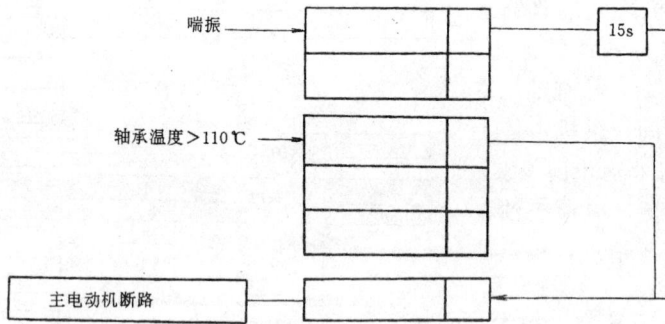

图 9-38　轴流送风机故障停运程序

（4）轴流风机调节困难分析。

如果送风机调节出现困难，必须进行以下检查。

1) 液压润滑油站压力安全阀的调整压力为多大？
2) 在调节动叶片时，液压缸处的漏油多少？
3) 电动执行器和液压缸间的连接是否正常？
4) 当伺服阀打开时，在控制头处的压力为多大？

当上述几种情况中之一异常，则会使轴流送风机调节发生困难。如果控制头处压力异常，应将控制头上部的螺塞拆下，然后装上压力表测量最大压力。

测量控制头处的油压应分别在以下两种条件下测量。

1) 在风机停机时调节叶片测量之；
2) 在风机运行时调节叶片测量之。

此测量到的压力，要与最高允许的液压缸压力相比较。

（5）其他故障分析，可参考图 9-39 所示的故障分析图表。

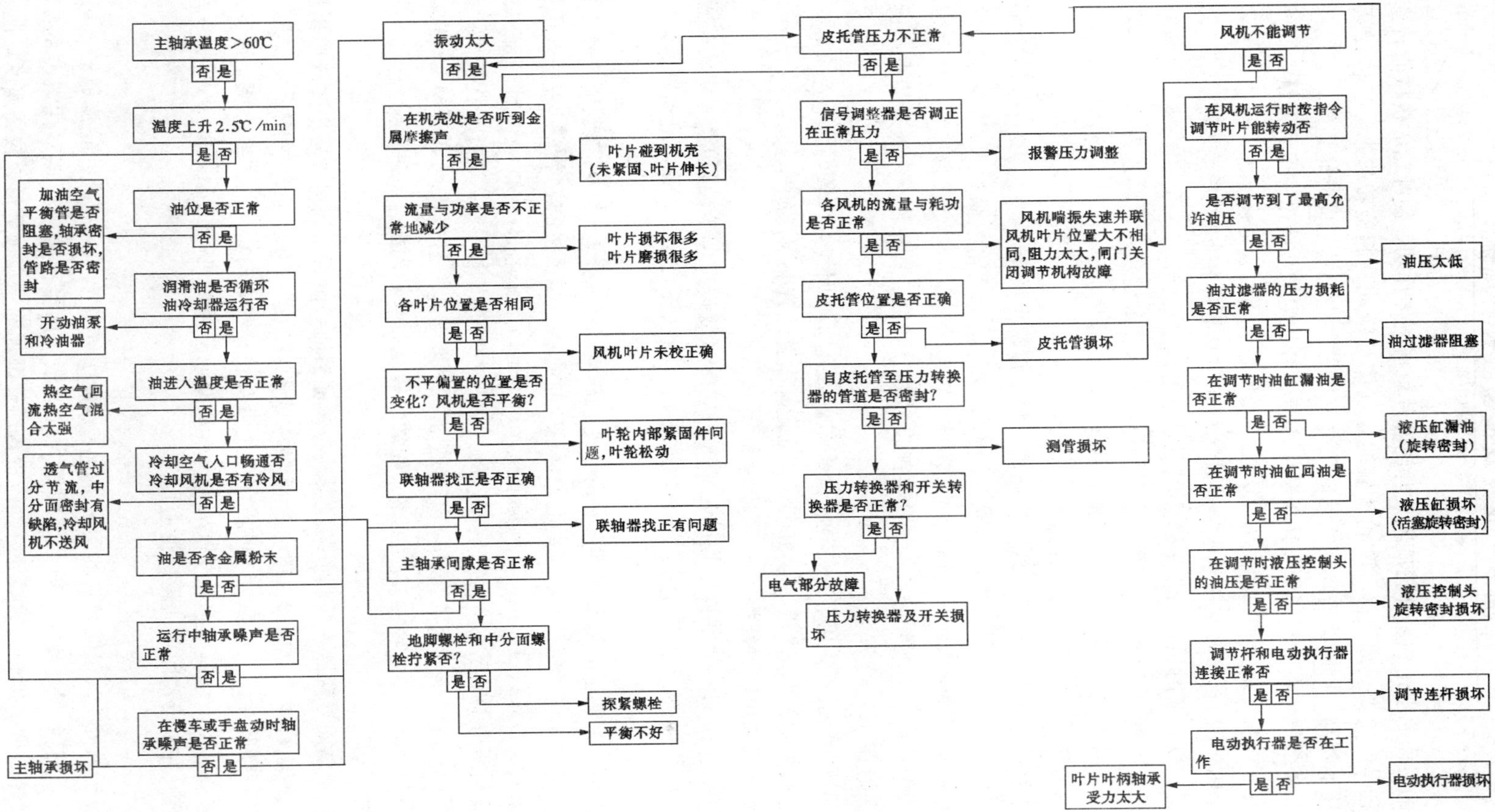
主轴承温度>60℃
温度上升 2.5℃/min
油位是否正常
润滑油是否循环
油冷却器运行否
油进入温度是否正常
冷却空气入口畅通否
冷却风机是否有冷风
油是否含金属粉末
运行中轴承噪声是否正常
在慢车或手盘动时轴承噪声是否正常
主轴承损坏
加油空气平衡管是否阻塞，轴承密封是否损坏，管路是否密封
开动油泵和冷油器
热空气回流热空气混合太强
透气管过分节流，中分面密封有缺陷，冷却风机不送风
振动太大
在机壳处是否听到金属摩擦声
流量与功率是否不正常地减少
各叶片位置是否相同
不平偏置的位置是否变化？风机是否平衡？
联轴器找正是否正确
主轴承间隙是否正常
地脚螺栓和中分面螺栓拧紧否？
叶片碰到机壳（未紧固、叶片伸长）
叶片损坏很多
叶片磨损很多
风机叶片未校正确
叶轮内部紧固件问题，叶轮松动
联轴器找正有问题
拧紧螺栓
平衡不好
皮托管压力不正常
信号调整器是否调正在正常压力
各风机的流量与耗功是否正常
皮托管位置是否正确
自皮托管至压力转换器的管道是否密封？
压力转换器和开关转换器是否正常？
电气部分故障
压力转换器及开关损坏
报警压力调整
风机喘振失速并联风机叶片位置大不相同，阻力太大，闸门关闭调节机构故障
皮托管损坏
测管损坏
风机不能调节
在风机运行时按指令调节叶片能转动否
是否调节到了最高允许油压
油过滤器的压力损耗是否正常
在调节时油缸漏油是否正常
在调节时油缸回油是否正常
在调节时液压控制头的油压是否正常
调节杆和电动执行器连接正常否
电动执行器是否在工作
叶片叶柄轴承受力太大
油压太低
油过滤器阻塞
液压缸漏油（旋转密封）
液压缸损坏（活塞旋转密封）
液压控制头旋转密封损坏
调节连杆损坏
电动执行器损坏

图 9-39 故障分析图表

第五节　双吸双速离心式引风机

离心风机的工作原理是利用叶轮旋转，叶轮叶片就对气体作功，使叶轮的机械能转变为气体能量。工作过程是叶轮内充满气体，叶轮旋转时，气体被带动一起旋转起来，气体受离心力作用，气体的静压能提高，同时具有动能，这时气体从叶轮的中心被甩向叶轮边缘，于是叶轮中心就形成了真空，外界气体在大气压的作用下从中心流入叶轮内，从叶轮中得到能量，在蜗壳（扩压管）或出口导叶内将一部分动能转变为压力能，然后沿着压力管道排出。

600MW锅炉的引风机多数采用双吸离心式风机和进口导叶控制方式，也有用进口调节挡板调节方式。考虑到低负荷时风机的效率，选用了双速电机。石洞口二厂选用在额定负荷时转速为735r/min，在低负荷时为585r/min，而北仑1号机组则采用额定负荷时转速为750r/min，低负荷时为660r/min。引风机考虑到烟气中飞灰磨损因素而选用较低的转速，并使用耐磨合金材料。

一、双吸双速离心引风机结构设计特点

引风机为单级叶轮、双室进气、双除尘结构。整个风机由风箱、机壳、转子、除尘轴承、联轴箱、进口导叶（或调节挡板）、进出口隔离挡板组成。转子叶轮为双吸入式，叶片为机械型。转子轴承采用自调整套筒轴承，其中电动机端轴承为固定端，另一端（风机侧）为自由端。轴承润滑油为内置式油池提供，配置的轴承加油器能自动调节油位。另外轴承内通冷却水，正常运行时，轴承温度保持在82℃以下。

钢板焊接的螺旋形机壳采用五分结构，合理布置人孔板，烟气入口管与水平呈27°夹角，出口与水平呈45°夹角。轮毂用平键与轴相连接。机壳外设置隔音兼保温的外套。

二、双吸双速离心引风机结构

双吸离心式引风机的主要部件包括叶轮、入口导叶（或进口调节挡板），入口集流器机壳、出口扩散管（扩压管）、主轴、轴承、轴承座、联轴器、油系统及冷却水管、电动机等。

1. 叶轮

叶轮是使气体获得能量的重要部件，它由叶片、前盘、后盘及轮毂四部分组成。叶片数量太多增加气流的摩擦，太少又容易引起流动时的涡流，这都将影响风机的效率。叶片一般采用直板形叶片，前盘作成近似双曲线型，叶片的宽度从入口到出口是变化的，以防止气流在前盘分离形成涡流区。前盘与集流器的密封方法应使漏入的气流与主气流方向一致，这样干扰较小。为使叶轮具有足够的机械强度以承受离心应力，叶轮前盘、后盘与叶片材料选用 ASTMA·5148 级合金钢，轮毂材料为 ASTMA·688E 级合金钢，轮毂经镗孔后与轴动配合或过渡配合。

2. 入口导叶

入口导叶也叫轴向导流器，该调节装置安装在集流器前，由若干辐射的扇形叶片而组成。导叶叶片由联动机构进行操作，使每个叶片同步转动改变其角度。导叶全开气流无旋绕地进入叶轮，而在调节时转动叶片使气流在进入叶轮前产生沿叶轮旋转方向相同的先期旋绕，造成风机全压的变化，改变了风机的性能曲线。导叶的每一开度对应一条风机的性能曲线。入口导叶结构简单、运行可靠、尺寸紧凑，因此获得广泛应用。

3. 集流器

集流器固定于风机的入口侧，它的功能是汇集气流引导气流均匀充满叶轮流道的入口截面。集流器采用"锥弧型"，尺寸较小，前半部圆锥为加速段，后半部分是近似双曲线型的扩散管，两部分的过渡处造成收敛度较大的喉部。气流进入后逐渐加速，在喉部形成较高速度，造成较大动量，而后沿集流器双曲线面均匀扩散而与叶轮双曲线的前盘很好地吻合。在集流器上装有扩压

环，其作用是填补叶轮与机壳之间的空间，以减少涡流区，对提高风机的效率和改善风机的特性曲线是有益的。

4. 机壳

机壳的作用是集合由叶轮流出的气体，并在能量损失最小的条件下将气流的部分速度能转变为压力能，平顺地引向出口。目前最合理的机壳轮廓是对数螺线。机壳一般用碳钢板焊接而成，引风机机壳适当加厚或内衬护板，以防磨损。

5. 扩散管

扩散管是将出口气流的动能转变为压力能，扩散角通常为 $6°\sim8°$，并偏向叶轮一侧，以利于气流所带走的速度能适应气体的螺旋线运动。

6. 主轴材料

主轴采用 ASTMA—688E 级材料。

三、离心式风机性能曲线

图 9-40 为离心风机与轴流风机特性曲线比较。动叶可调轴流风机的效率曲线几乎与锅炉阻力曲线相平行，风机的高效率运行范围较大。而进口导叶可调式离心风机的等效率曲线却垂直于锅炉阻力曲线，离心风机在低负荷区的运行效率明显低于轴流风机。而且对于轴流风机经合理选择可以使锅炉设计工况在特性曲线场中位置高于最高效率范围，从而使风机的主要运行点处于最佳效率范围。

轴流风机性能曲线特点如下。

（1）功率随流量的增大而减小，在空载时功率最大，因此轴流风机严禁空载启动，即启动时进、出口风门应保持全开。两台风机并列运行在同一母管上情况有所不同。

（2）风压曲线较陡，即当风压变化较大时，流量变化不大。

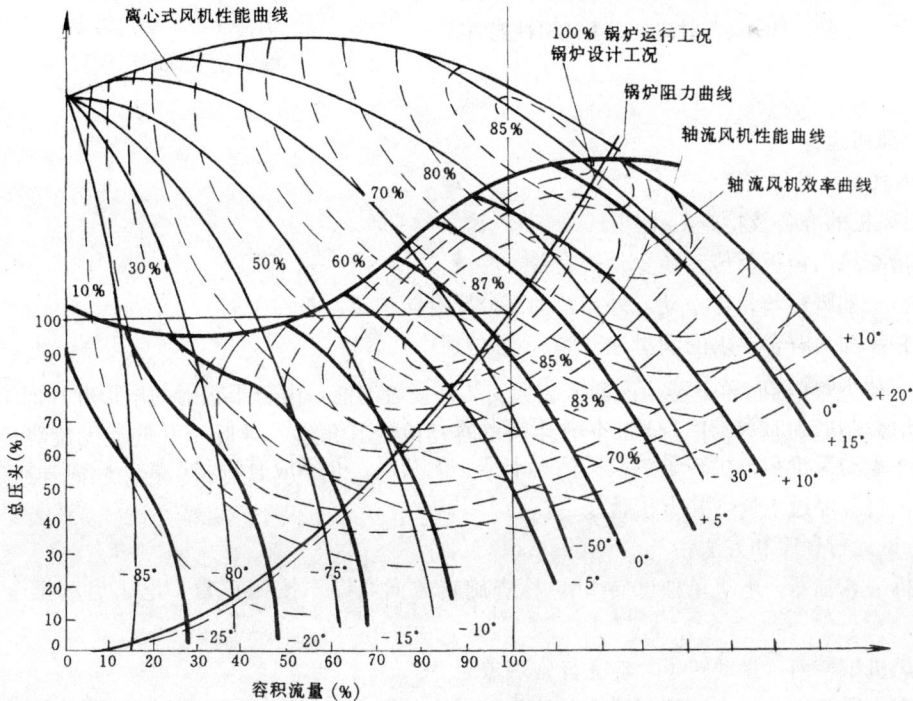

图 9-40 离心风机与轴流风机特性曲线比较

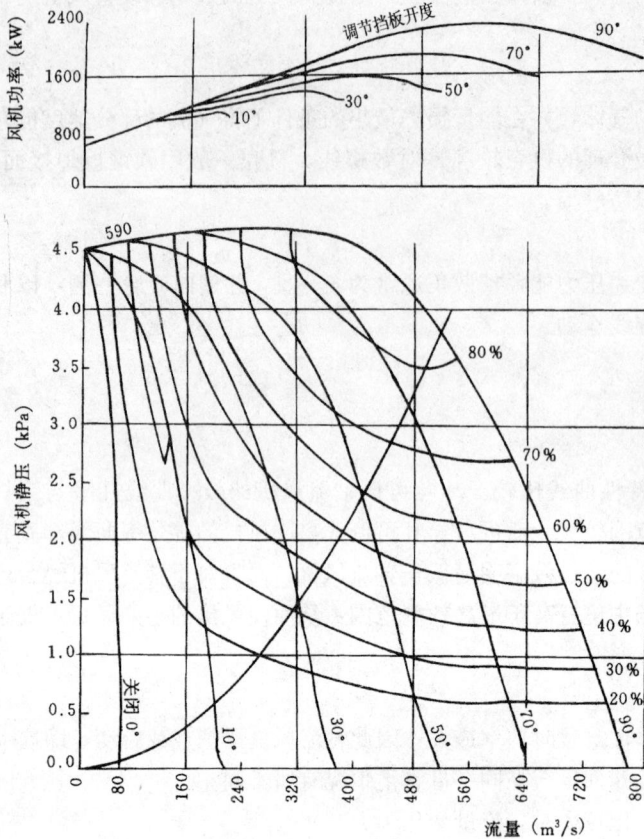

图 9-41 高速时离心式引风机性能曲线

（3）改变动叶片安装角能改变风机的性能曲线，能达到调节风量的目的，在动叶片安装角变化的同时，效率曲线也随之作相应变化，使得风机的工作点仍落在较佳效率的范围内。因而这种调节方法较经济。

（4）轴流风机严禁在马鞍形不稳定失速区运行。

离心风机性能曲线特点如下。

（1）功率随流量的增加而增加，为避免电机过载，应关闭风门启动。后弯叶片离心风机的 $Q—P$ 曲线较平坦，流量变化时，电动机不易过载。

（2）高效率区较宽，曲线较平坦，额定负荷工况区效率高。

（3）采用高效风机配入口导叶调节也可得到较高的效率。后弯离心风机效率可达90％以上。

NOVENCO 双吸双速离心式引风机高速、低速时的性能曲线，分别如图 9-41 和图 9-42 所示。

四、风机运行

1. 风机试运转

（1）风机的准备及检查工作。

1）检查风门挡板及传动装置是否完善。

2）检查地脚螺丝是否松动，外露转动部分要有防护罩。

3）轴承加入符合要求的润滑油（脂），油位适中。

4）冷却水管畅通，水量充足。

5）所有测量和监视表计装妥，操作控制装置合格。

6）手盘动风机和电机转子，应灵活无卡涩、无杂声，并不应有转动过紧，碰擦等异常现象。

7）电机应经过干燥，并有接地线。

（2）试运行程序和方法。

1）拆去联轴器，电机单独试转 2h，检查旋转方向，操作按钮正常，记录启动至全速的时间。

2）风机试转前，盘动转子，应无异常现象。

3）离心风机应关闭入口闸门或调节挡板，轴流风机应全开风门，以防电机启动过载。

4）第一次启动，在风机至全速时，可用事故按钮停车，检查其惰走时间及有无摩擦等异常情况。第二次启动至少间隔20min，以待电机冷却。

5）正常试运转连续运行时间不应小于8h。

6）运行中，监视电流指示不得超过额定电流，定期检查挡板开度、风压、轴承温度和振动情况，并作好记录。

（3）试运行时注意事项。

1）在风机叶轮切线方向及联轴器附近不许站人。

2）离心风机空载运行8～10h，入口挡板应关闭。

3）确认事故按钮的可靠性。

（4）试运行的技术要术。

1）轴承和转动件无杂音。

2）无漏油、漏水和漏风现象。冷却水畅通。

3）调节挡板开关灵活，开度与指示一致。

4）轴承温度稳定，滑动轴承温度＜65℃，滚动轴承温度＜80℃。

5）振动一般不超过0.1mm。

6）润滑油压、油位、油量应满足要求。

2.风机的启停

（1）风机启动前的检查及准备。

1）实地检查设备完整，安装或检修工作已结束。

2）检查主轴承油位正常、油质良好。

3）风机轴承的就地温度表完整，接线良好。

4）冷却水供水正常。

5）对于动叶调节的轴流风机，应检查液压油系统已投入，且运行正常。

6）对于离心式风机，关闭入口出口导叶；对于动叶调节轴流风机，则应开启进出口挡板，关闭风机的动叶，其目的是为了降低风机电动机的启动电流。

（2）风机的启动。

1）风机安装或大修后试运转时，首先应盘动联轴器，并转动灵活。

2）风机启动后，应倾听各部位的振动情况，若发现有强烈振动，应停止运行，检查原因，并予以消除。

3）风机启动后，应密切注意风机的启动时间，若发现启动时间超过规定时间，应立即停止

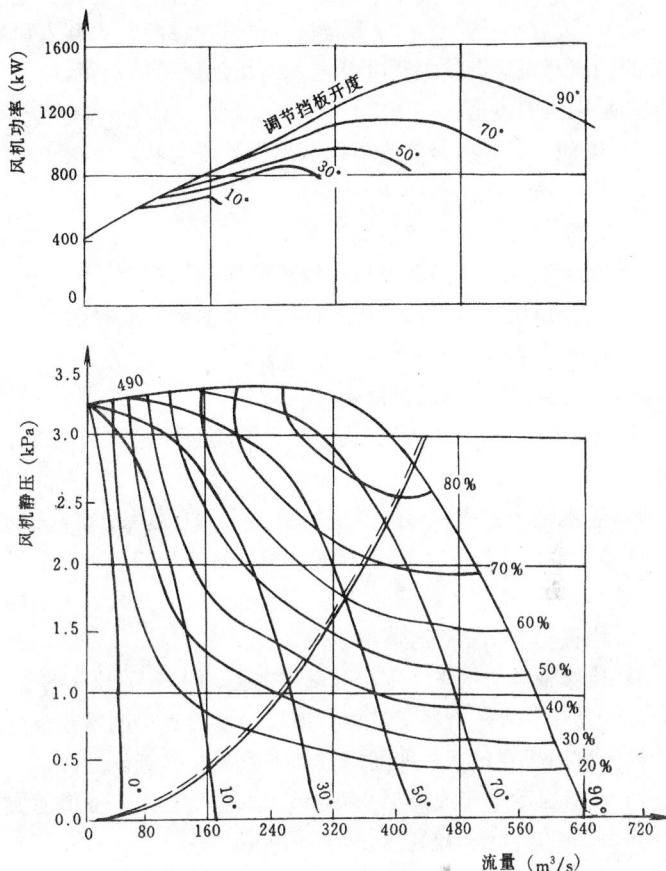

图 9-42　低速时离心式引风机性能曲线

运行并查明原因。

　　4）风机启动正常后，对于离心引风机，逐渐开大其入口导叶（或进口调节挡板）；对于动叶调节的轴流风机逐渐增大动叶开度，以增加风机的负荷。

　　（3）风机的停运。

　　1）关闭入口导叶（或进口调节挡板）或动叶。

　　2）停止电动机运行。

　　3）风机停运后，停止输送冷却水。

　　4）对于动叶调节轴流风机，停止液压油系统。

　　5）关闭风机的进出口挡板，以防止风烟倒入或自然吸入而引起叶轮自转。

　　3.风机的运行监视与检查

　　（1）试运行中的监视与检查。

　　离心式风机，对于新安装或大修后的离心风机，当风机试运行2～3min后，应做如下监视与检查。

　　1）监视轴承盖或内部的温度，至少1h直至其稳定，轴承盖温度很少超过82℃，如果温度超过该值，应停止风机运转并查明原因。另外，如果轴承温升率突然增加，也应停止风机运转并查明原因，因为正常风机的轴承温升率是呈逐渐上升的平滑曲线。

　　2）检查轴承箱是否有漏油现象。

　　3）检查轴承的水平、垂直和轴向的振动水平，轴承的监视应在风机启动后大约15min后开始，目的是让其有一个稳定过程，如果振动的水平明显较高，应立即查明原因并予以消除。

　　轴流式风机在试运行期间应做如下监视和检查。

　　1）风机振动小于或等于0.043in（滤波器上均方根值滤波器上总振幅1.2mm），如果振动值达到0.177in（4.5mm），应立即停止风机。

　　2）记录主轴承温度直到温度稳定。当主轴承温度大于正常运行温度，应进行检查并分析原因，当主轴承温度超过或等于跳闸温度，应立即停止风机运行。

　　3）检查液压油系统的油泵、冷油器及油管路工作正常，如果油管故障10min内，应使风机停止运行以保护旋转密封，在断油情况下动叶维持原角度。

　　对首次试运转后，应彻底更换其润滑剂。

　　（2）风机正常运行时监视和检查。

　　风机在正常启动、运行、停止中，首先应监视好电流表的指示读数，因为电流表读数的大小不仅是标志风机负荷的大小，也是发生异常事故的预报器。此外，运行人员还应经常监视风机的进出口风压，正常情况下风机的压头与流量呈反比关系（Q—H曲线），流量下降压头上升。因此，监视好风机的风压可以帮助运行人员更好监视风机的安全稳定运行。

　　在风机正常运行中，还应经常检查风机及电动机的轴承油位、油质及冷却水是否正常，注意轴承温度，轴承振动是否正常。经常检查听风机内部有无摩擦碰撞、滚珠（柱）轴承有无碎裂声以及电动机运转是否正常等。

　　运行中一旦发现风机及电动机有异声、异味、异样，如果轴承温度超过规定值或轴承冒烟，电动机电流过大超过允许值，风机强烈振动或有较大的金属碰擦、撞击声，应立即停止风机运行，以免风机产生更严重的损坏。

复习思考题

1. 轴流风机与离心风机相比有哪些优越性？

2. 为什么轴流风机的叶片要做成空间扭曲型？

3. 轴流风机轮毂比大小对轴流风机特性有哪些影响？

4. 轴流风机马鞍形的特性曲线是怎样形成的？为什么轴流风机启动时，应带负荷、关动叶启动？

5. 按图 9-22 所示的轴流风机结构形式，叙述轴流风机动叶调节基本原理？

6. 产生旋转失速脱流的原因是什么？失速脱流的现象是怎样的？检测失速脱硫的方法是怎样的？

7. 产生喘振原因是什么？发生喘振时现象是怎样的？喘振报警装置原理是怎样的？

8. 并联运行轴流风机特性曲线有什么特性？如果一台风机在运行，而另一台风机要启动，则其操作要求是怎样的？

第十章

锅 炉 阀 门

第一节 阀 门 一 般 知 识

阀门是锅炉的重要管路附件，主要是用来接通或切断流通介质（如水、蒸汽、油和空气等）的通路，改变介质的流动方向，调节介质流量和压力，以及保证压力容器和管道的工作压力不超限等。

阀门是一种通用件，其规格、参数一般以"公称直径"、"公称压力"和"工作温度"来表示。

"公称直径"是阀门的通流直径经系列规范化后的数值，基本上代表了阀门与管道接口处的内径（但不一定是内径的准确数值）。

"公称压力"是指阀门在某一规定温度下的允许工作压力，该规定温度是根据阀门的材料来确定的。例如，对于碳钢阀门，其"公称压力"则是指200℃时的允许工作压力。金属材料的强度是随着温度升高而降低。因此，当介质温度高于"公称压力"的规定温度时，选择阀门的"公称压力"就必须放余量，并限定在材料的容许最高温度下工作。

"工作温度"是阀门工作时所允许的介质温度。

这三个参数是选择阀门时的重要指标。

对各种阀门的一般要求是：有足够的强度，较小的流动阻力；结构简单可靠；体积紧凑；质量轻；操作方便；检修维护容易等。但对于各种用途不同的阀门又有不同的具体要求，例如：对于隔绝阀和逆止阀，要求关闭严密；对于调节阀要求具有良好的调节特性；对于安全阀要求关闭严密，起跳和回座准确可靠；对于快关阀则要求动作迅速和关闭严密等。

常用阀门类型及其主要特点如下。

1. 闸阀

闸阀的阀体内有一平板阀头与流体流动方向垂直，通过加于阀板左右的压力差把阀板压向阀座的一方，而起到遮断流体的作用，平板阀头升起时，阀即开启。

闸阀密封性能较好，流体阻力小。开启关闭的力矩小，可以阀杆的升降高度看阀的开度大小（指明杆闸阀）。闸阀结构比较复杂，外形尺寸较大，阀座与阀板间有相对摩擦，易受损伤。

闸阀一般适用于大口径的管道上。

2. 截止阀

利用装在阀杆下面的阀盘和阀体的突缘部分相配合控制阀门启闭的阀称为截止阀。截止阀结构简单，制造维修方便，因此应用广泛。但它的流动阻力较大，为了防止堵塞与磨损，不适用于带颗粒或密度较大的介质。

3. 节流阀

节流阀是通过改变通道面积来达到调节压力和流量的。由于阀芯的形状为针形或锥形，因而具有较好的调节性能。

4. 球阀

球阀是利用阀杆下面的球形阀头与阀体相配合来控制阀门启闭的。

5. 蝶阀

蝶阀的开闭件为一圆盘形，绕阀体内一固定轴旋转的阀称为蝶阀。蝶阀结构简单，质量轻，流动阻力小，适用于制造大口径的阀，但由于密封结构及材料的问题，目前用于低压的较多（如灰系统阀门）。

6. 旋塞

利用阀杆内所插的中央穿孔的锥形栓塞以控制启闭的阀件称旋塞。旋塞结构简单，外形尺寸小，启闭迅速，操作方便，流动阻力小，可作为分配换向用。旋塞只宜于低温低压流体作启闭用。

7. 止回阀

止回阀是一种自动启闭的阀件，在系统中的作用是防止流体倒流。

止回阀按结构分为升降式和旋启式。当介质顺流时，升降式止回阀的阀盘升起；而介质倒流时，阀盘则自行关闭，从而防止流体的倒流。这种逆止阀密封性较好，结构简单，但流体阻力较大。旋启式止回阀的摇板是围绕密封面作旋转运动的。介质顺流时，摇板打开；介质倒流时，摇板自行关闭，从而防止流体的倒流。这种止回阀一般安装在水平管道上，它的流动阻力小，但密封性能比升降式要差。

8. 减压阀

减压阀是通过调节使进口压力减至某一需要的出口压力，并依靠介质本身的能量，使出口压力自动保持稳定的阀门。减压阀的动作主要是通过膜片、弹簧、活塞等敏感元件改变阀瓣和阀座的间隙，使蒸汽、油、空气等达到自动减压的目的。

9. 安全阀

安全阀是受内压的管道和容器上起保护作用，当被保护系统内介质压力升高超过规定值（即安全阀的启座压力）时，安全阀自动开启，排放部分介质、防止超压。当介质压力降低到规定值（即安全阀的回座压力）时，安全阀自动关闭。

第二节 闸 阀

闸阀的结构如图 10-1 和图 10-2 所示，主要由阀体（阀壳）、阀座、阀杆、阀芯（阀瓣）、阀盖、密封件、操作机构等组成。闸阀从阀杆与阀壳的连接方式上又可分为压力密封（自密封）式和法兰密封式两种，前者用于高压阀门，后者用于低压阀门。

图 10-1 所示为自密封式闸阀的基本结构，阀盖被沉放入阀壳中，阀盖的边缘上有密封环、密封垫圈和四合环。密封环与阀盖的边缘以斜面接触，阀盖被压在压紧圈下，使之压紧密封环和密封垫圈，这一预紧力通过四合环再传到阀壳上。当阀门内部受介质压力时，这一压力由于与螺栓预紧力方向相同而被叠加到阀盖的预紧力上，使密封环受到更大的挤压力，因而产生更牢固的密封作用；内部介质压力越大，这一挤压力也越大，使阀盖更严密，产生自动密封作用，故称为压力密封或自密封。

图 10-2 所示为法兰密封式闸阀的基本结构，阀盖与阀壳依靠法兰螺栓的紧力来密封。阀盖与阀壳之间有密封圈，一般用相对较软的材料制作或制成齿形。这种结构的特点是阀内介质的压力与螺栓的紧力方向相反，压力越大，密封性越差，越易泄漏。因此，为了防止泄漏，通常采用

较大的螺栓紧力，使之能足以抵消内部介质的压力，因而必须选用较大的螺栓和较厚的法兰，使阀门变得笨重。但由于这种结构比较简单，可用在低压管道上。

闸阀的结构特点是具有两个密封圆盘形成密封面，阀瓣如同一块闸板插在阀座中。工质在闸阀中流过时流向不变，因而流动阻力较小；阀瓣的启闭方向与介质流向垂直，因而启闭力较小。当闸阀全开时，工质不会直接冲刷阀门的密封面，故阀线不易损坏。闸阀只适用于全开或全关，而不适用于调节。

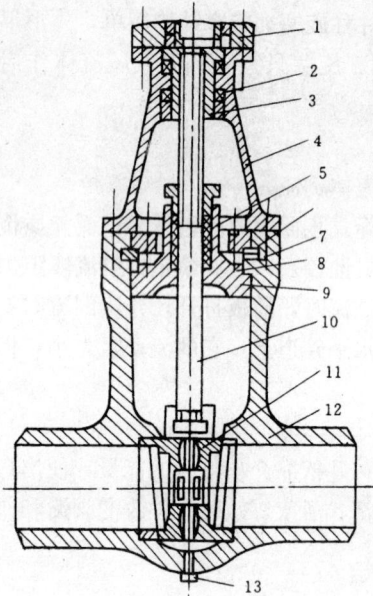

图 10-1 自密封式闸阀结构图

1—传动装置；2—止推轴承；3—阀杆螺母；4—框架；
5—填料；6—四合环；7—密封垫圈；8—密封环；9—阀盖；
10—阀杆；11—阀芯；12—阀壳；13—螺塞

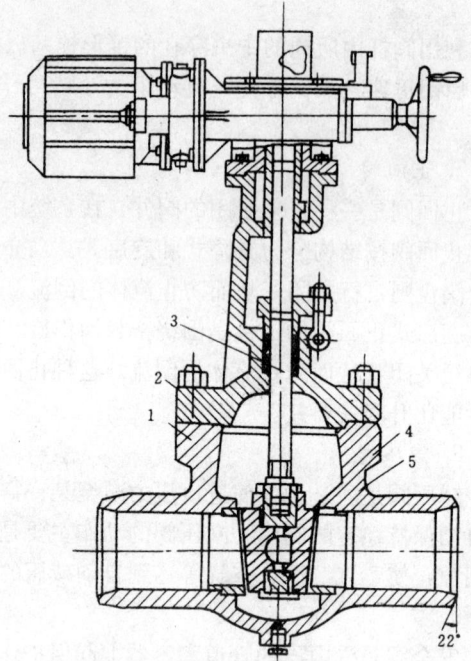

图 10-2 法兰式闸阀结构图

1—阀体；2—阀盖；3—阀杆；4—阀瓣；5—万向顶

在主蒸汽管和大直径给水管中，对于减少管路的流动阻力损失具有很大意义，所以在这些管道中普遍采用闸阀作关断之用。但在实际使用中，往往是管道直径小于 100mm 时，一般不用闸阀，而采用截止阀。因为小直径闸阀结构相对较复杂，制造和维修难度较大。

大型闸阀一般采用电动操作。

第三节 截 止 阀

截止阀的结构如图 10-3 所示。截止阀一般用于较小直径的管道上，故通常其阀盖的密封方式采用法兰密封式。截止阀密封面（阀线）的形式基本上有平面式和锥面式阀线两种。

平面式阀线使用中擦伤少，检修时易研磨，但开关用力大，大多用于公称通径较大的截止阀，并采用电动或液动等执行机构。锥形阀线在使用中较易发生擦伤现象，检修时需特别的研磨工具，但结构紧凑，开关用力小，一般用在小通径截止阀中，手动操作。

截止阀的阀杆与阀芯也有一体式和分开式两种形式。一体式阀杆的端头就是阀芯，结构简单，但对阀门零部件的加工要求高，如阀杆的弯曲度，阀座、格兰和阀杆螺母的同心度，以及阀线平面与阀杆的垂直度都有较高的要求。分开式即阀杆与阀芯为两只零件，通过一定的方式连接一起，一般使阀杆与阀芯采用球面接触，当阀杆的弯曲度，阀线平面的垂直度及阀座的同心度不完全符合要求时，采用这种结构具有自动调整作用，能够克服误差，保持阀线的严密性。

直径较大的截止阀阀壳一般做成流线型，以尽可能减少流动阻力损失。小直径的截止阀通常用来放水、放空气或接压力表等，此时流动阻力的大小并无多大意义，因此其通道的形式仅由制造上力求简便来决定。

一般截止阀安装时使流通工质由阀芯下面往上流动，这样当阀门关闭时，阀杆处的格兰密封填料不致遭受工质压力和温度的作用，并且在阀门关闭严密的情况下，还可进行填料的更换工作。其缺点是阀门的关闭力较大，关闭后阀线的密封性易受介质的压力作用而产生"松动"现象。因此，有时也使介质由阀芯上面向下流动，但这样阀门的开启力较大。

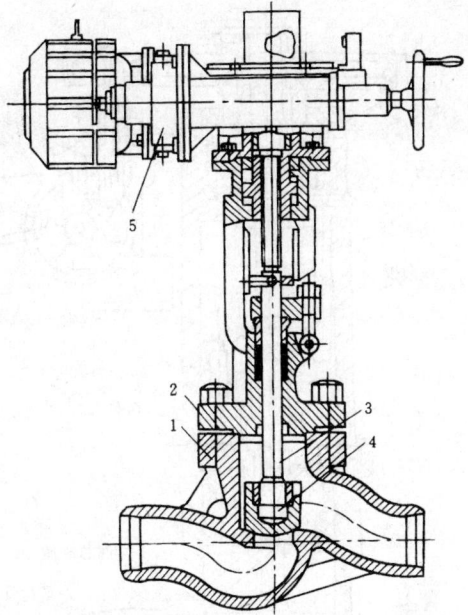

图 10-3　截止阀结构图
1—阀体；2—阀盖；3—阀杆；4—阀芯；5—电动头

第四节　锅水循环泵出口阀

一、用途

锅水循环泵出口阀采用截止——止回阀门，结构型式如图 10-4 所示。该阀起截止介质的作用，同时也能防止介质倒流，具有止回功能。

二、工作原理

锅水循环泵出口阀属于截止——止回阀门，起截止介质及防止介质倒流的作用。开启阀门时，旋转手轮使阀杆升至最大高度，阀杆与阀瓣离开，此时阀门如同止回阀，阀瓣靠锅水循环泵排出具有一定压力的介质，顶起阀瓣，使介质经阀门出口流出。当因某种原因介质倒流时，阀瓣落下，封住阀口，使介质不能倒流到循环泵。阀门需停止使用时，即旋转手轮使阀杆向下运动，顶住阀瓣，起到截止介质的作用。

三、结构特点

锅水循环泵出口阀主要由阀体、阀芯、阀杆、阀盖、手轮、阀杆螺母等主要部件组成。阀门呈角型，每台循环泵出口布置 2 只出口阀（循环泵为一根入口管、两根出口管）。

阀门的密封力，当阀门起止回作用时是靠倒流介质产生的力。当起截止作用时靠手轮产生的力使阀芯紧密地与阀座密封面接触，起到密封作用。

阀体是铸钢件，材料为 WCB，呈角型。阀座镶焊在阀体上，阀座密封面堆焊材料为 EDCoCr—A，阀体外部焊有压力平衡管。

阀芯由阀芯与导向体焊接而成，阀芯材料为 15CrMo，密封面堆焊材料为 EDCoCr—A。阀杆材料为 38CrMoAlA，并经氮化处理，具有良好抗擦伤性和抗腐蚀性能。手轮是撞击式手轮，材料为 WCB。手轮下部用螺栓连接，传动装置（伞齿轮）与手轮成为一体，伞齿轮材料为 QT50—

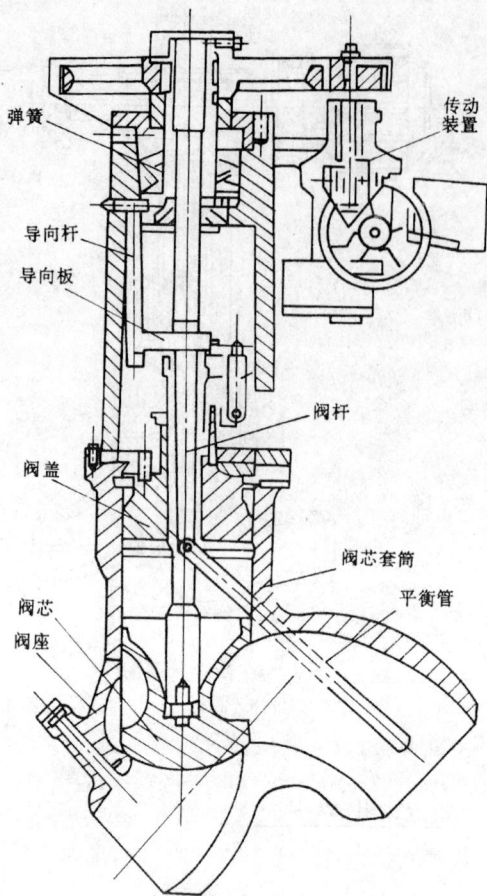

图 10-4 锅水循环泵出口阀结构图

5。小锥齿轮的材料为碳钢。小锥齿轮与手轮上的伞齿轮啮合转动小锥齿轮可使手轮转动，使阀杆上下运动。

油盘用薄钢板焊接而成，用螺钉紧固在阀盖上。行程开关型号为 JLXK1—111MTH/H，固定在阀盖上，用来反应阀是否完全开启。导向板固定在阀杆上，并插入阀盖槽中，起到防止阀杆转动，同时与阀杆上下运动，反应阀开关的位置。

四、阀门调整、运行和维护

调整阀门时，首先转动手轮是否灵活，如果不灵活，可能是润滑不好，应通过安装在手轮和阀盖上的油环向内注油润滑。阀门需调整阀门开启位置的指示，阀门开启位置是依靠接通行程开关反应出来，可旋转手轮，使阀杆向上运动至全开位置，使固定在阀杆上的导向板接触到行程开关。如果不能接触或接触过头，可以调整行程开关的位置，直到调整到行程开关的触点接通为准。阀门密封填料要预紧。

阀门准备投入运行时，首先应旋转手轮，使阀杆升起，使行程开关触点接通，然后允许锅水循环泵投入使用。

阀门在开启时，可先手动转动手轮，使阀杆上升全行程的 10％，再用电动或风动旋转工具驱使小锥齿轮旋转带动伞齿轮转动，从而使阀杆转动。当阀杆升至全行程的 90％ 左右时，再手动使阀全开。关闭时先手动使阀杆向下运动到 90％ 左右时，再用电动或风动工具使阀杆向下运动。当关至 10％ 时，再手动关闭。如果关不严密，再用力旋转手轮进行撞击，使阀关闭严密。使用电动或风动旋转工具开关阀门是为了减小操作人员的劳动。另外阀门手轮是撞击式，可增加阀门的开关力矩。

为了获得足够的使用寿命，阀门轴承和阀杆螺纹要求定期润滑阀杆外露的螺纹应定期将表面老的润滑剂和周围的脏物除掉并加上新的润滑剂。阀门关闭时，做这项工作是最有效的。如阀门经常运行，则要求每三个月在轴承和阀杆螺纹上添加润滑剂。阀门运行不频繁，推荐至少一年加一次润滑剂，润滑剂最好使用高压润滑剂。

阀门密封填料处泄漏，如增加密封力仍不密封时，应更换新填料。

第五节　调　节　阀

调节阀在锅炉机组的运行调整中起重要作用，可以用来调节蒸汽、给水或减温水的流量，也可以调节压力。调节阀的调节作用一般都是靠节流原理来实现的，所以其确切的名称应叫节流调节阀，但通常简称为调节阀。

第三篇　锅炉辅助设备

一、调节阀类型

调节阀有以下三种基本类型。

单级节流调节阀，如图 10-5 所示，也称为针形调节阀。单级节流调节阀是一种球形阀，与截止阀非常相似，只是在阀芯上多出了凸出的曲面部分，通过改变阀杆的轴向位置来改变阀线处的通流面积，以达到调整流量或压力之目的。单级节流调节阀的特点是流体介质仅经过一次节流达到调节目的，因而结构简单、紧凑、重量轻、价格便宜，但仅适用于压降较小的管路。

多级节流调节阀，如图 10-6 所示。多级节流调节阀的特点是流体介质要经过 2～5 次节流达到调节的目的，在其阀芯和阀座上具有 2～5 对阀线，调节时阀杆作轴向位移。在管道系统中这种调节阀前后介质的压降较大，故调节灵敏度高，适用于较大压降的管路。其缺点是结构复杂。

回转式窗口节流调节阀，如图 10-7 所示。回转式窗口节流调节阀的特点是利用阀芯与阀座的一对同心圆筒上的二对窗口改变

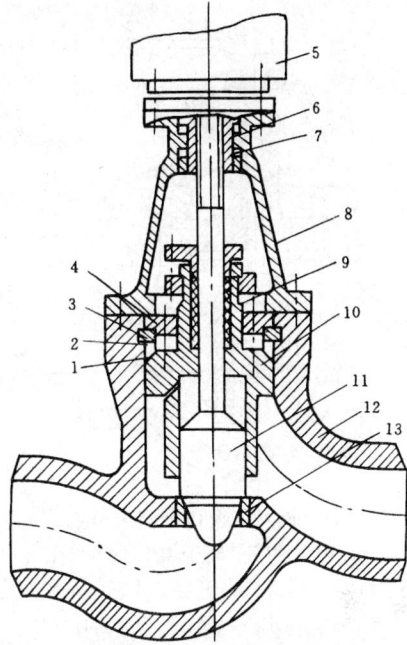

图 10-5 单级节流调节阀（针形调节阀）
1—密封环；2—垫圈；3—四合环；4—压盖；5—传动装置；
6—阀杆螺母；7—止推轴承；8—框架；9—填料；
10—阀盖；11—阀杆；12—阀壳；13—阀座

相对位置来进行节流调节，当阀芯上的窗口与阀座上的窗口完全错开时，调节阀流量仅有漏流量，当窗口完全吻合时，调节阀流量最大。在调节时，阀杆不作轴向位移，而只作回转运动。这种调节阀以国产为多，结构较为简单，但调节阀关闭时其漏流量大。

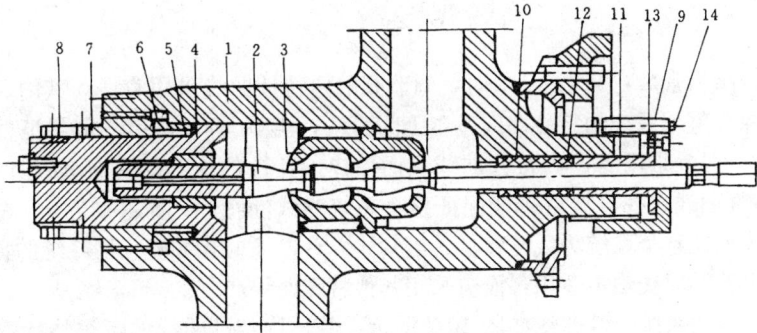

图 10-6 多级节流调节阀
1—阀体；2—阀杆；3—阀座；4—自密封闷头；5—自密封填料圈；6—填料压盖；7—压紧螺栓；
8—自密封螺母；9—格兰螺帽；10—导向垫圈；11—格兰压盖；12—填料；13—附加环；14—锁紧螺钉

二、调节阀工作特性曲线

对于调节阀都要求具有良好的工作特性，也即要求调节阀的流量与开度（或行程）之间具有良好的函数关系。流量与开度之间的关系曲线称为调节阀的工作特性曲线。管道系统（包括阀门）的特性曲线越接近直线则说明其工作特性越好，就可给控制过程带来较大的便利。工作特性

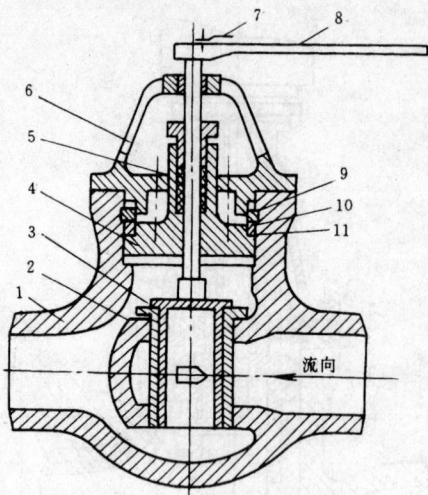

图 10-7　回转式窗口节流调节阀

1—阀壳；2—阀座；3—阀瓣；4—阀盖；
5—填料；6—框架；7—开度指针；8—转臂；
9—四合环；10—垫圈；11—密封环

好还包括调节阀的死区小，死区小说明特性曲线的非线性区小。另外，要求调节阀在开大与关小过程中的特性曲线要相重合或接近重合，这也就要求调节阀没有空行程或仅有很小的空行程。

调节阀本身的工作特性曲线称为内特性曲线，而调节阀所处的管道系统除调节阀之外部分的工作特性曲线称为外特性曲线，二者综合起来才是整个管道系统的工作特性曲线。调节阀所采用的内特性曲线主要有直线、等比（对数）曲线和抛物线三种，分别介绍如下。

（1）直线特性曲线——在调节范围内，能保证介质的质量流量 G 与调节阀的开度 h 成正比关系，即 $G=Ch+G_m$（其中 C 为常数，G_m 为介质的最小流量，以下同）。

（2）等比特性曲线——介质的流量 G 相对于开度 h 的变化率与流量 G 成正比关系，即 $\dfrac{dG}{dh}$ $=CG$，积分后变成 $G=G_m e^{ch}$ 或 $h=\dfrac{1}{C}\ln\left(\dfrac{G}{G_m}\right)$。

（3）抛物线特性曲线——流量 G 与开度 h 为抛物线关系，即 $G=Ch^2+G_m$。

前两种用得较多，后一种很少采用。

要确定采用何种特性曲线的调节阀，先要知道外特性曲线，按外特性曲线才能选出在给定条件下与系统相应的内特性曲线。为此必须知道调节阀在全开时阀的压降 Δp_V 与整个管道系统（包括阀在内）压降 Δp 的比值 S 为

$$S=\frac{\Delta p_V}{\Delta p}$$

假设系统的压降为常数，当 $S\geqslant 0.8$ 时，调节阀的内特性曲线采用直线，其内、外特性曲线综合的结果仍能保证整个系统的特性曲线基本上为直线；当 $S<0.8$ 时就不能保证整个系统的线性特性。当 $S\leqslant 0.4$ 时，采用等比内特性曲线反而使内外特性的综合结果成为线性或近似线性。S 越接近 1，内特性曲线选择直线就越能保证整个系统为线性特性；S 越接近 0，内特性曲线选择等比曲线也越能保证整个系统为线性特性。当 $0.4<S<0.8$ 时，如要保证系统的特性曲线为直线，则以上三种内特性曲线均不适用，而应采用其他特殊曲线。

直线内特性曲线的系统特性曲线如图 10-8 所示，等比内特性曲线的系统特性曲线如图 10-9 所示。

试验绘制管道系统中调节阀的特性曲线有两种（一般在大修后进行），一种是定压差特性曲线；另一种是变压差特性曲线。定压差特性曲线是在调节阀前后的介质压差维持某一固定值（相当于 $S=1$）的情况下作出的流量与开度之关系曲线。变压差特性曲线是调节阀前后的介质压差不固定，而该调节阀所处的管道系统进出口压差基本上固定，所作出的流量与调节阀开度之间的关系曲线。显然，定压差特性曲线不能代表系统的工作特性，而只能作为参考特性；而变压差特性曲线却基本上代表了整个系统的工作特性。考虑整个管道系统往往涉及面很广，如给水调节阀要考虑到整个给水系统的影响，也即从给水泵出口→高压加热器→给水调节阀→锅炉。再如，过

热器减温水调节阀所在系统为：从给水管道开始，经减温水调节阀，直至过热蒸汽减温器。当一只调节阀装入管道系统后，其阻力特性就与所在管道系统（包括各种附件、阀门、设备）的阻力特性相叠加，它们的共同作用才形成系统的阻力特性。这是因为，当调节阀开大时，调节阀本身的阻力（压降）减小，系统流量增大，流速增高，从而导致调节阀外部系统的阻力增大，压降增加。反之亦然。因此不可能自然维持调节阀本身的压降在某一固定值，除非用旁路阀门配合调节，而只能认为整个管道系统的总压降基本不变。

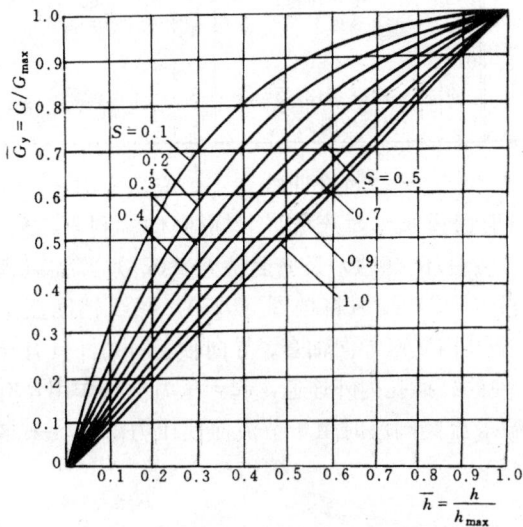

图 10-8 在直线内特性曲线下系统的
工作特性曲线

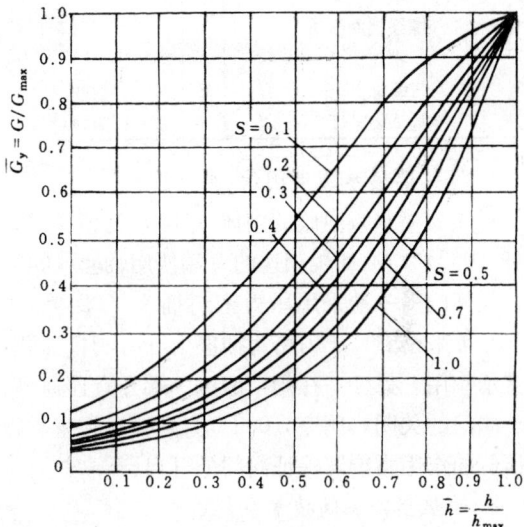

图 10-9 在等比内特性曲线下系统的
工作特性曲线

三、喷水减温调节阀

过热器喷水减温阀用于控制调节主蒸汽温度的减温水的喷水量，是一种蒸汽温度控制阀。例如，600MW 超临界机组 1900t/h 的直流锅炉在过热器系统布置了两级喷水减温器，作为主蒸汽温度的最后修正手段。Ⅰ级减温器布置在前屏过热器出口联箱与后屏过热器进口联箱之间；Ⅱ级喷水减温器布置在后屏过热器出口联箱与高温过热器进口联箱之间，每级各布置 2 台喷水减温器，每台减温器前各配置一个喷水减温阀。图 10-10 所示为过热器喷水减温阀，它是一种"Z"形阀，型号为 E45—3SV，为多级节流调节阀。图 10-10 中序号部件的名称及材料见表 10-1。

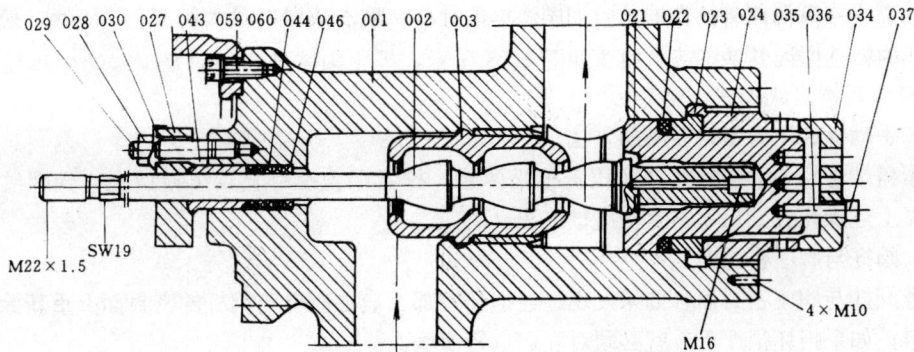

图 10-10 过热器喷水减温阀

表 10-1 过热器喷水减温阀零件及材料

序号	名 称	数量	材 料	序号	名 称	数量	材 料
001	阀体		15Mo3	030	锁紧片 17×45	3	
002	阀杆		X19CrMoVNbN111	034	端盖		
003	阀座		G—Co65Cr27W613CrMo44	035	螺钉 M12×45	7	
021	带有导向轴套的压力密封插座		10CrMo910	036	弹簧垫圈 φ13.5/21	7	耐热材料
022	压力密封填料 φ112/88×12		石墨	037	锁紧拉丝 φ1×350		
023	填料挡圈			043	密封轴套		G—Co65Cr27W6
024	螺纹挡圈压盖		15Mo3	044	填料环 φ38/22×8	4	石墨
027	密封法兰			046	环		
028	螺母 M16	3	耐热材料	059	螺钉 M12×50	8	
029	螺栓 M16—T×65	3	耐热材料	060	弹簧垫圈 φ13/21	8	

1. 过热器喷水减温阀结构

过热器喷水减温阀的阀体（001）为锻造"Z"形通道阀体，选择"Z"形阀体有利于检修。阀杆（002）与油动机相连的一端使用轴套（043）、填料环（044）及密封法兰（027）等加以密封。阀杆的另一端采用压力密封插座（021）、填料（022）及填料挡圈（023）、螺纹挡圈压盖（024）等来密封，压力密封插座上开有阀杆插孔，插孔内装有导向轴套、导向轴套对阀杆具有导向支承作用。另外，在阀杆的这一端开有连通槽，使阀杆插孔内外连通，起到压力平衡作用，有利于阀门的关闭。阀座（003）为两腔室阀座，减温水流经阀座时由于节流而使压力降低。来自高压侧的作用力能够保证阀门的开启。

2. 过热器减温阀技术参数

过热器减温阀的技术数据，如表 10-2 所示。

阀门型号：　　　　　　E45—3SV。

控制系统油动机型号：　　SMR6.3。

表 10-2 过热器减温阀技术数据

项　目	单位	Ⅰ级喷水减温阀	Ⅱ级喷水减温阀	项　目	单位	Ⅰ级喷水减温阀	Ⅱ级喷水减温阀
进口压力	MPa	29.45	29.45	额定流通面积	cm²	6.75	5.17
进口温度	℃	287.5	287.5	最大流通面积	cm²	10.00	6.30
出口压力	MPa	27.95	27.75	阀座直径	mm	42	42
出口温度	℃	287.5	287.5	额定阀门行程	mm	34.5	40
流　量	t/h	54.0	44.0	最大阀门行程	mm	45	12

过热器喷水减温阀的特性曲线，如图 10-11 所示，喷水减温阀最大行程为 45mm，最大流通面积为 10cm² （E45/10cm²）。

3. 过热器喷水减温阀检修

（1）手动拆卸压力密封插座的方法。

拧紧盖端螺钉，并将螺纹挡圈压盖拧松两圈；拧紧端盖螺钉直到填料挡圈碰到螺纹挡圈压盖；重复上述操作直到压力密封插座被取出。

（2）阀杆与阀座密封面。

检查阀杆与阀座密封面，如果发现已经损坏，那么应在阀座与阀杆的密封面上重新涂一层密封面材料；如果损坏很严重，就必须对它们进行研磨。

（3）填料。

如果填料（022）被挤压得太厉害或者已经损坏，那么就应该更换新的填料。

装填新填料环（044）时，先用手拧紧螺母，使密封轴套抵住填料环。再用扳手拧紧螺母，但填料环的压缩量不要超过 $8‰ = 2.6mm$。为了安全起见，在压紧填料环之后，双头螺栓至少应露出两圈螺纹。

按上述规定拧紧填料环之后，如果仍然发现泄漏，或者发现由于运行磨损而逐步引起的泄漏，都必须重新拧紧填料环。这时可按如下步骤进行：重新拧紧螺母，使填料环压缩 $0.4‰ = 0.13mm$，等待 3min 检查泄漏。如果没发现泄漏，再一次拧紧螺母，使填料环压缩 $0.4‰ = 0.13mm$，否则重复上述过程，但填料环总的压缩量不要超过 $2‰ = 0.64mm$，如果重新拧紧填料环之后还不能密封，那么应该更换所有填料环。

必须注意，过份拧紧填料环会使阀杆摩擦阻力大大增加，而密封性能提高则很小。

（4）调整阀杆。

阀门检修后安装时，通常需要校正阀门位置指针与标尺的相对位置，这是通过调整阀杆来实现的，其具体步骤如下。

1）操作手轮驱动油动机活塞杆，将阀杆推至阀座上。

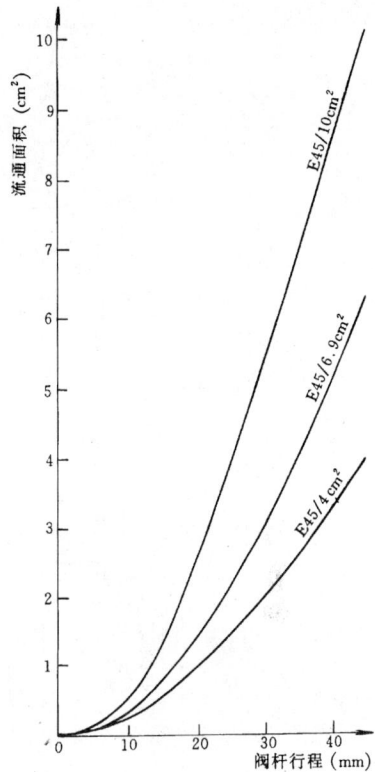

图 10-11 过热器喷水减温阀特性曲线

2）将油动机倒回至"阀门全开"位置。

3）在关阀门的方向上，将油动机移动相同数量的行程。

4）装上联轴器，并拧紧联轴器的螺栓。（注意联轴器的螺栓未拧紧之前不要开动油动机，否则阀杆与联轴器的螺纹都要损坏）。

5）移动标尺，使位置指针指到 0。

6）将油动机开到"阀门全开"位置，检查指针是否指在相应的行程位置上。

7）如果位置不对，将油动机移至中间位置，拧下联轴器螺栓，旋转阀杆，调整上述偏差，重新拧紧联轴器螺栓。（注意不要在阀座上旋转阀杆，这将会损坏阀座）。

8）再将油动机移至"阀门全开"和"阀门全关"位置，检查标尺上的行程。

如果仍不符合，再按上述步骤继续调整阀杆。

第六节　电磁泄压阀

一、用途

电磁泄压阀是防止锅炉蒸汽压力超过规定值的保护装置，在安全阀动作之前开启，排出多余的蒸汽，以保证锅炉在规定压力下正常运行。同时减少安全阀的动作次数，延长安全阀的使用寿命。

二、电磁泄压阀结构及工作原理

电磁泄压阀的结构和动作原理，分别见图 10-12 和图 10-13。

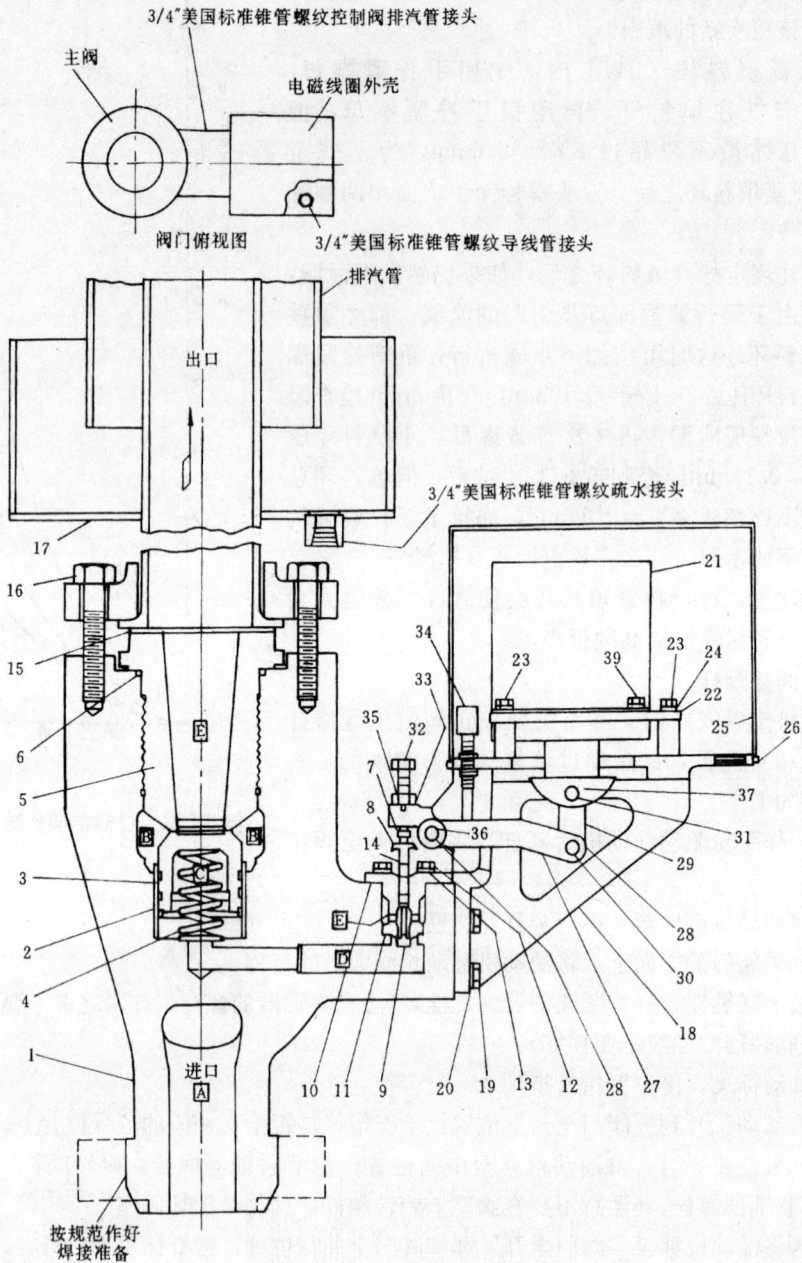

图 10-12 HPV 型电磁泄压阀结构图

1—阀体；2—导向套；3—主阀瓣；4—主阀瓣弹簧；5—阀座；6—阀座密封环；7—挡圈；

8—控制阀防尘盖；9—控制阀瓣；10— 控制阀导向套；11—控制阀密封环；

12、16、19、23、39—螺栓；13、20、24—弹簧垫圈；14—控制阀弹簧；15—排汽管法兰密封垫；

17—疏水盘；18—电磁线圈支架；21—电磁线圈；22—电磁线圈底座；25—电磁线圈罩壳；

26—螺钉；27—杠杆；28、30、31、35、36、37、38—销子；29—连杆；

32—调整螺栓；33—调整螺母；34—微型开关

整套电磁泄压阀由主阀、控制阀、电磁线圈、APS型控制器、PS型三位控制开关和隔离阀等组成。控制器设有高压和低压2个压力开关，并由压力传感元件接受主蒸汽管道的压力信号，当压力达到定值时，高压开关或低压开关动作，接通或断开电磁线圈，使阀门打开或关闭。

三位控制开关带有"自动"、"手动"和"关断"三个位置，阀门可以由控制器接受主蒸汽管道压力信号自动操作，也可以由运行人员在控制室通过三位开关手动操作。

在锅炉正常运行时，来自主蒸汽管道的蒸汽从主阀进口A进入B室，然后通过主阀瓣（3）和导向套（2）之间的间隙流入C室，控制阀阀瓣（9）在弹簧（14）和C室蒸汽压力作用下，保持关闭状态，因此B室和C室内的压力相同，主阀瓣在弹簧（4）的作用下处于关闭状态。

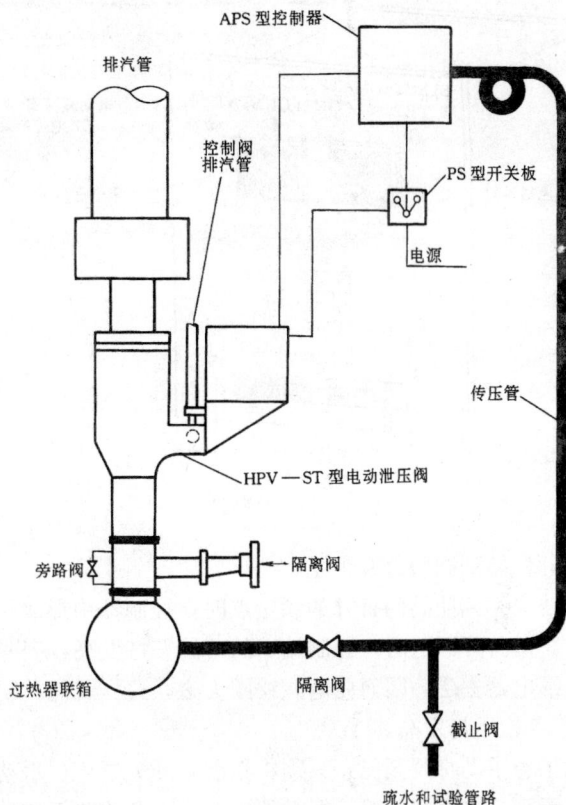

图 10-13　电磁泄压阀动作原理图

当蒸汽压力上升到整定值时，控制器的高压的压力开关动作，电磁线圈通电，电磁铁芯通过杠杆（27）将控制阀打开，蒸汽从D室迅速排开，C室中的蒸汽压力降低，主阀瓣上部B室中的蒸汽压力大于主阀瓣下面的弹簧压力，使主阀打开，从而排除部分蒸汽。当压力降至阀门回座定值时，低压的压力开关动作，电磁线圈失电，控制阀回复到关闭位置，在主阀瓣下面再次建立蒸汽压力，将主阀关闭。

三、电气控制装置

控制器是由与之相连的容器中的压力致动的。控制器的构造是通过整定压力的1％～0.5％压差而接通和断开电气触点，在控制器内（见图10-14）有双重压力控制开关。

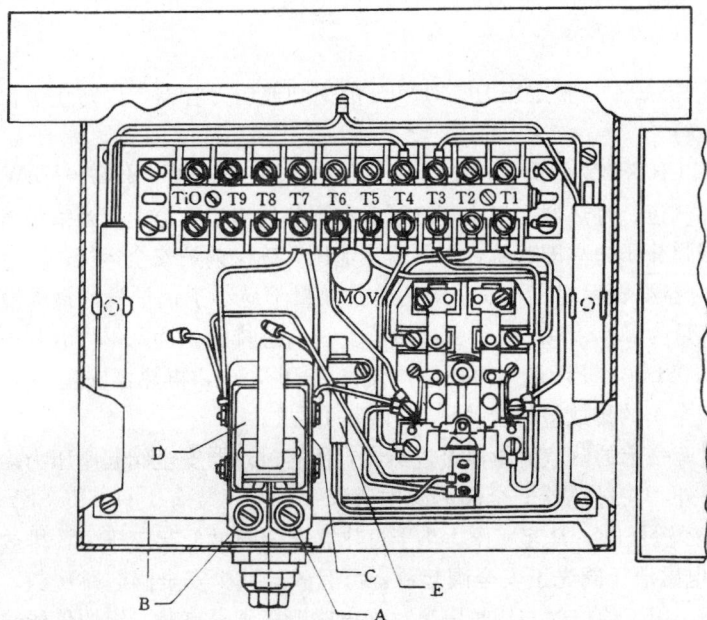

图 10-14　控制器

图10-14中调节螺钉A

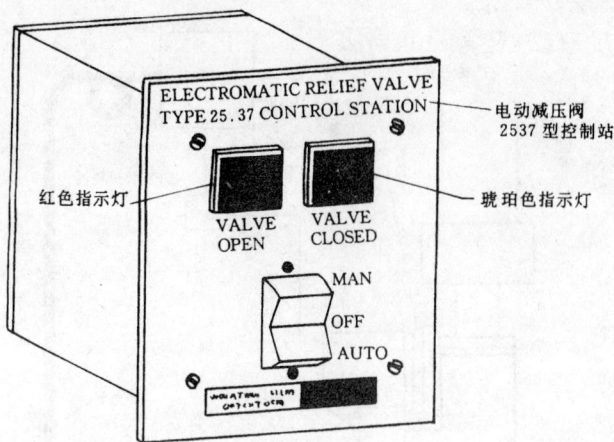

图 10-15 控制站

和螺钉 B 确定每个开关的操作点，当压力增加到"整定点"时，高压的压力开关 C 动作而形成继电器回路，而此回路使阀门电磁线圈激磁，使电磁泄压阀开启。低压的压力开关 D 向继电控制装置提供一个低于高压压力开关的动作值，因而使电磁泄压阀关闭。这些动作压力可以进行非常灵敏的调节。

控制站是一个可以安装在控制器上的小设备，它包括 1 个开关和 2 个指示灯。控制站与控制器为电气联接，当控制站处于"自动"位置（见图 10-15）时，琥珀色指示灯发亮并保持到阀门打开为止。

当压力达到使阀门打开的预定点时，控制器中形成触点，导致继电器闭合，由此电磁线圈被励磁，阀门打开。这时，控制站中的"红"灯发亮，表明阀门打开。当压力低于调定的阀门关闭点时，继电器去磁，因而使电磁线圈去磁，这样就能关闭阀门。此时，控制站的"红"灯熄灭而"琥珀"色指示灯发亮。

如果想手动打开阀门，只须将控制站开关置于"手动"位置即可。关闭阀门时，只需将控制站开关置于"关闭"位置。但必须记住：当开关置于"自动"位置时，阀门会在为其整定的预定压力下打开和关闭。

第七节　全量型安全阀

一、用途

全量型安全阀用于蒸汽温度≤540℃，整定压力≤21MPa 的锅炉或压力容器，以防止蒸汽压力超过规定值，确保锅炉安全运行。

北仑电厂 1 号锅炉采用美国 CROSBY 公司制造的 HE—96W、HCA—98W、HCA—38W 型全量型弹簧安全阀，分别布置在汽包、过热器出口主蒸汽管道和再热器出口管道上，当锅炉汽压达到阀门整定值时，安全阀克服弹簧压力立即起跳，排放蒸汽泄压，确保锅炉安全运行。

根据美国 ASME 锅炉和压力容器规程规定，安全阀的总排放量不应小于锅炉设计最大蒸汽流量。本锅炉设计最大主蒸汽流量为 2008t/h，汽包和过热器安全门总排放量为2028t/h,其中汽包安全阀 6 只，总排放量为 409.08t/h，设计最大再热蒸汽流量为 1683t/h，再热器安全阀共 11只，总排放量为 1701.28t/h。安全阀的排放量符合 ASME 规程的要求。

为了保证在锅炉出现超压时有一定的蒸汽流量流过过热器，所有过热器安全阀起座压力均小于汽包安全阀最低起座压力。另外，在过热器安全阀上游主蒸汽管道上还装有 1 只 CROSBY 公司生产的 HPV—ST—99W 型电磁泄压阀，其起座压力小于过热器安全阀最低起座压力，排放量为 122.72t/h。在锅炉超压时，电磁泄压阀先于安全阀起跳，可有效地减少安全阀起跳次数。电磁泄压阀进口侧带有 1 只隔离阀，用于检修时与锅炉隔离。在电磁泄压阀隔离时，锅炉仍能继续运行，因为电磁泄压阀的排放量不包括在安全阀总排放量之内。

山东邹县电厂600MW机组采用由美国Dresser Industries Co生产的1700系列全量型弹簧安全阀。汽包、过热器安全阀的排放量略大于锅炉MCR工况时的蒸发量；再热器安全阀的排放量为再热器最大设计流量的100％；PCV（电磁泄压阀）的排放量约为MCR工况锅炉蒸发量的5％。所有安全阀全开时，锅炉总的压力升高不超过设计工作压力8％。山东邹县电厂600MW锅炉安全阀性能参数，如表10-3所示。

表10-3   **邹县电厂600MW锅炉安全阀性能参数**

安全阀名称	编号	入口尺寸 (mm)	型式	工作压力 (MPa)	起座压力 (MPa)	回座压力 (MPa)	排汽量 (kg/h)
汽包安全阀	V—1	ϕ76.2 (3″)	1750WB	19.3	20.3740	19.5604	242,410
汽包安全阀	V—2	ϕ76.2 (3″)	1740WB	19.3	20.4912	19.6707	291,057
汽包安全阀	V—3	ϕ76.2 (3″)	1740WB	19.3	20.6084	19.7810	293,664
汽包安全阀	V—4	ϕ76.2 (3″)	1740WB	19.3	20.7256	19.8982	296,303
汽包安全阀	V—5	ϕ76.2 (3″)	1740WB	19.3	20.8428	20.0086	298,975
汽包安全阀	V—6	ϕ76.2 (3″)	1740WB	19.3	20.9876	20.1464	302,326
再热冷段安全阀	V—7	ϕ152.4 (6″)	1706RRWB	4.2	5.1021	4.8953	279,281
再热冷段安全阀	V—8	ϕ152.4 (6″)	1706RRWB	4.2	5.1573	4.9504	282,243
再热冷段安全阀	V—9	ϕ152.4 (6″)	1706RRWB	4.2	5.2124	5.0056	285,265
再热冷段安全阀	V—10	ϕ152.4 (6″)	1706RRWB	4.2	5.2538	5.0470	287,427
再热冷段安全阀	V—11	ϕ152.4 (6″)	1706RRWB	4.2	5.2538	5.0470	287,427
再热热段安全阀	V—13	ϕ101.6 (4″)	1776QWD	3.996	4.7987	4.6057	125,817
再热热段安全阀	V—14	ϕ101.6 (4″)	1776QWD	3.996	4.9435	4.7436	129.537
末级过热器出口安全阀	V—15	ϕ76.2 (3″)	1740WD	18.08	19.0778	18.3124	185,914
末级过热器出口安全阀	V—16	ϕ76.2 (3″)	1740WD	18.08	19.6500	18.3124	193,988
过热器出口PCV	V—18	ϕ63.5 (2½″)	1538Vx	18.08	18.5882	18.2159	119,220

二、全量型安全阀结构与工作原理

北仑电厂1号炉汽包安全阀的型号是HE—96W，其结构见图10-16；过热器安全阀的型号是HCA—98W；再热器安全阀的型号是HCA—38W，其结构见图10-17。

安全阀由阀瓣和阀座组成密封面，阀瓣与阀杆相连，阀杆的总位移量必须满足阀门从关闭到全开的要求。安全阀的起跳压力主要是通过调整螺栓改变弹簧压力来调整。阀门上部装有杠杆机构，用于在动作试验时手动提升阀杆。阀体内装有上、下两个调节环，调节下部调节环可使阀门获得一个清晰的起跳动作，上调节环用来调节回座压力。回座压力过低，阀门保持开启的时间较长；回座压力太高，将使阀门持续起跳和关闭，产生颤振，导致阀门损坏，而且还会降低阀门的排放量。上部调节环的最佳位置应能使阀门达到全行程。

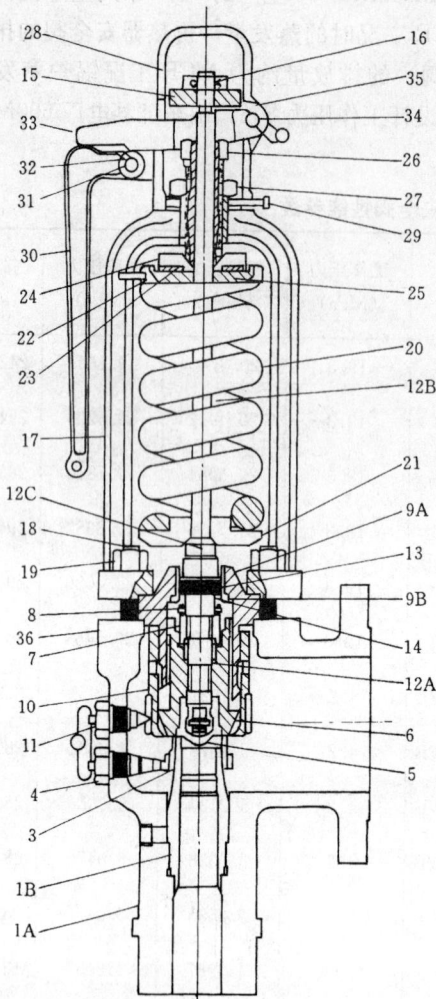

图 10-16　HE 型安全阀结构图

1A—阀件；1B—阀座；3—下部调节环；4—下部调节环定位调节螺钉；5—阀瓣；6—阀瓣夹持圈；7—锁紧螺母；8—锁紧螺母销子；9A—导向套；9B—导向套轴承；10—上部调节环；11—上部调节环定位调节螺钉；12A—阀杆基准点；12B—阀杆；12C—阀杆销子；13—活塞；14—活塞定位夹；15—阀杆螺母；16—阀杆螺母销子；17—阀盖；18—阀盖螺栓；19—阀盖螺母；20—弹簧；21—下弹簧座；22—上弹簧座；23—支承轴承；24—支承轴承瓦块；25、31、32、34、35—销子；26—调整螺栓；27—调整螺母；28—盖帽；29—盖帽定位螺钉；30—杠杆；33—叉形杠杆；36—铭牌

安全阀运输时，在阀瓣和阀座之间装有水压试验安全塞，安全塞作用有两点：①防止阀门密封面在运输中损坏；②由于装有安全塞，使弹簧压力增加，可防止安全阀在初次水压试验时开启。在锅炉投运之前，必须将安全塞拆下，装上阀瓣。

安全阀还带有临时压紧装置。该装置附加在阀杆上，用压紧螺钉将阀杆压住，以防止阀门开启。当水压试验压力不超过安全阀最低整定试验压力时，阀门只使用临时压紧装置，不用水压试验安全塞。当水压试验压力超过安全阀最低整定压力时，应同时使用水压试验安全塞和临时压紧装置。当整定起跳压力较高的阀门时，可用临时压紧装置，以防止起跳压力较低的阀门开启。

在水压试验和安全阀整定期间，阀杆将受热膨胀，当锅炉压力低于安全阀最低整定压力的 80% 时，压紧螺钉应松开，以允许阀杆随温度变化而自由膨胀；当锅炉压力升到安全阀最低整定压力的 80% 时，只能用手动拧紧压紧螺钉，防止压紧过度引起阀杆弯曲和阀门密封面损坏。

在锅炉正常运行时，绝对不能使用临时压紧装置。

安全阀或电磁泄压阀的排汽管不应与安全阀出口管直接连接，排汽管直径大于出口管直径，排汽管套在出口管的外面，两者之间留有足够的间隙，允许排汽时出口管在排汽管内侧自由移动。出口管上装有疏水盘，以承接排汽管的疏水。

全量型安全阀的工作原理：当安全阀阀瓣下的蒸汽压力超过弹簧的压紧力时，阀瓣就被顶开。阀瓣顶开后，排出蒸汽由于下调节环的反弹而作用在阀瓣夹持圈上，使阀门迅速打开（见图 10-18，a）。随着阀瓣的上移，蒸汽冲击在上调节环上，使排汽方向趋于垂直向下，排汽产生的反作用力推着阀瓣向上，并且在一定的压力范围内使阀瓣保持在足够的提升高度上（见图 10-18，b）。

随着安全阀的打开，蒸汽不断排出，系统内的蒸汽压力逐步降低。此时，弹簧的作用力将克服作用于阀瓣上的蒸汽压力和排汽的反作用力，从而关闭安全阀。

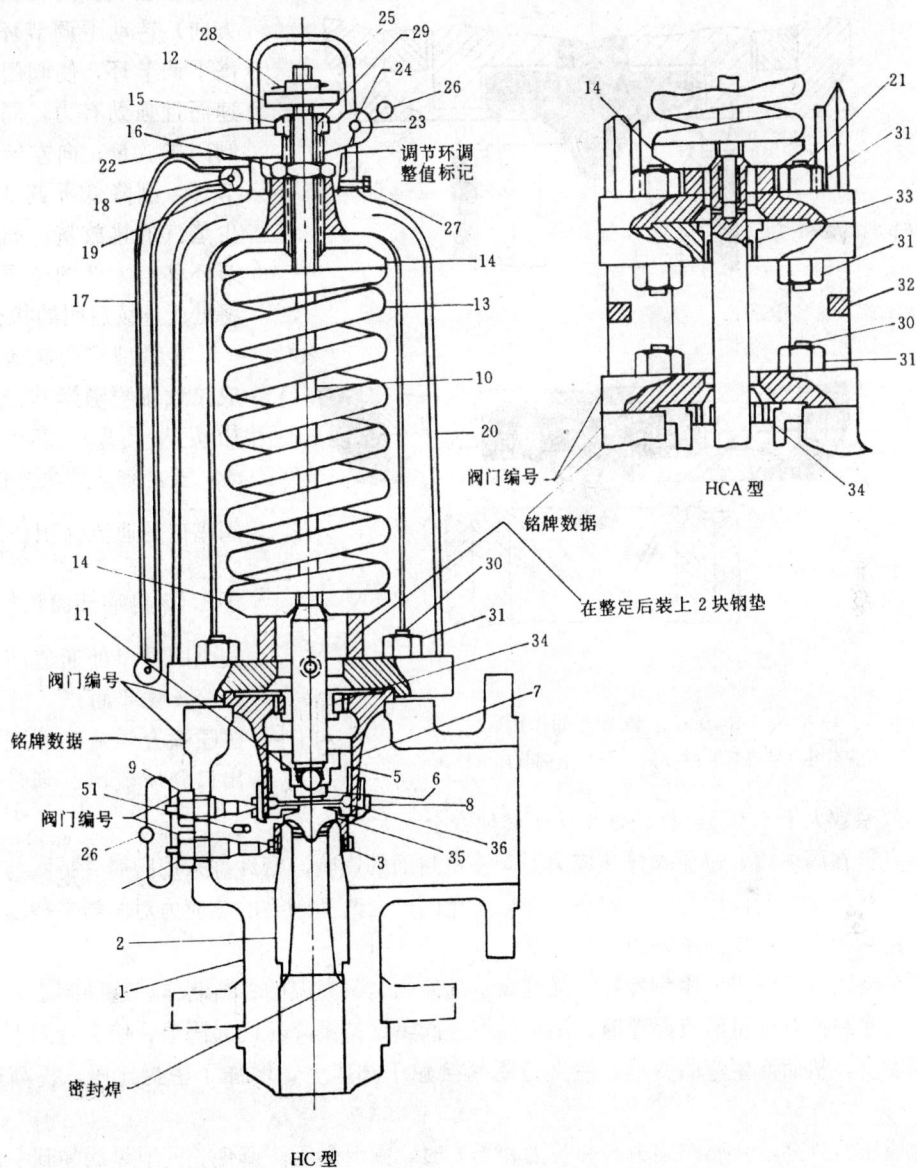

图 10-17 HCA 型安全阀结构图

1—阀体；2—阀座；3—下调节环；4—下调节环定位螺钉；5—阀瓣夹持圈；6—阀瓣衬套；7—导向套；8—上调节环；9—上调节环定位螺钉；10—阀杆；11—锁紧环；12—阀杆螺母；13—弹簧；14—弹簧座；15—调整螺栓；16—调整螺母；17—杠杆；18、19、23、24—销子；20—阀盖；21—阀盖阀杆；22—叉形杠杆；25—盖帽；26—铅封；27—盖帽定位螺钉；28—阀杆螺母定位销；29—调整螺栓衬套；30—螺栓；31—螺母；32—冷却圈；33—冷却圈支承座；34—导向轴承；35—阀瓣；36—阀瓣销子

　　向右（逆时针方向）移动上调节环（导向环），即升高上调节环，从而减少安全阀的排汽量，提高安全阀的回座压力；向左移动上调节环，即降低上调节环，从而增加安全阀的排放量，降低安全阀的回座压力。调整上调节环位置的高低，实际改变蒸汽对阀瓣的反作用力。上调节环下移，则蒸汽对阀瓣的反作用力增大，使安全阀不易回座，则这样可降低其回座压力。

　　上调节环的调节必须配合下调节环（喷嘴环）的微小调节，才能使安全阀的运行更为可靠、

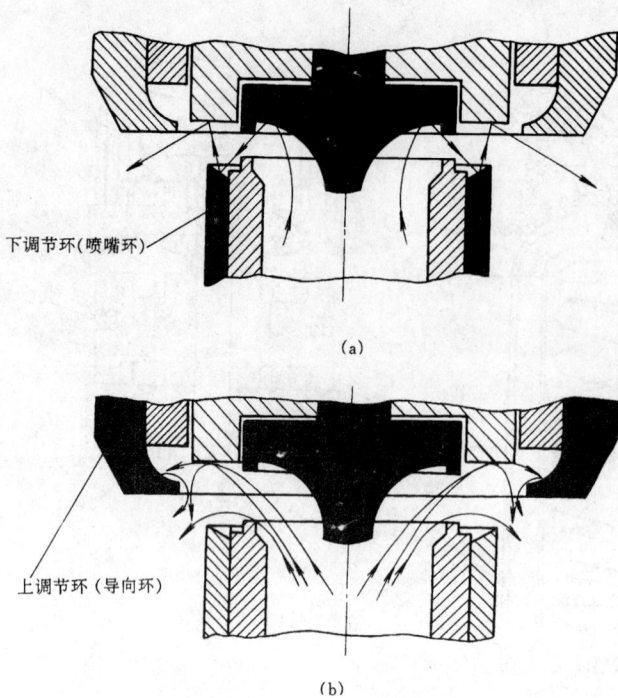

图 10-18　调节环的作用

(a) 下调节环（喷嘴环）的作用；(b) 上调节环（导向环）的作用

灵敏、正确。向右（逆时针方向）转动下调节环，则升高下调节环，使阀门打开迅速而且强劲有力，同时增加阀门排放量；向左转动下调节环，则降低下调节环，减少蒸汽的排放量。如果下调节环移得太低的位置，阀门将处于连续启闭的状态。

全量型安全阀阀座设计成拉伐尔喷嘴形状，阀座内径 d_j 大于 1.15 倍喉部直径 d_t，安全阀达到全开位置时，阀座口处通流面积 $\left(\frac{\pi}{4}d_j^2\right)$ 大于 1.05 倍喉部面积 $\left(\frac{\pi}{4}d_t^2\right)$，安全阀进口处通道面积大于 1.7 倍喉部面积。根据拉伐尔喷嘴介质流动原理，阀座出口介质流速达到音速，使安全阀排放系数大于 0.975，排放量相比于其他安全阀大。

阀座突出在阀体内，避免阀体热应力对阀座密封面的影响。密封件采用阀瓣夹持圈与阀瓣焊接的结构，并与阀瓣套筒用螺纹固定在一起，避免阀瓣套筒和阀瓣的热应力对阀瓣夹持圈（也称热阀瓣）密封的影响，提高了密封性。

阀瓣夹持圈（热阀瓣）用韧性好、强度高、抗冲刷、耐高温的材料制作。这种阀瓣夹持圈结构优点是当密封面有少量蒸汽漏泄时，漏泄的汽经阀瓣夹持圈降压同时降温，使夹持圈下部温度低于上部温度，从而产生弯曲变形，使夹持圈紧接触于阀座上，增加了密封比压，提高密封能力。

当介质压力升高，介质作用力与弹簧力相平衡时，漏泄量无法避免。漏泄量增加到一定程度时，下调节环上部与阀瓣夹持圈下部形成的压力区域内的内压力将随着漏泄量增加而迅速增加，改变蒸汽对阀瓣的作用力，而使介质有足够压力，克服弹簧力，使安全阀起跳。调整下调节环位置高低，改变压力区域内的压力（或作用于阀瓣的作用力），能得到满意的起跳压力。调整上调节环位置的高低，改变蒸汽对阀瓣的反作用力，能影响安全阀的起跳高度和影响回座压力。

安全阀的阀体以及入口接头有足够强度，结构上保证即使是弹簧折断也不能阻碍排汽，并且弹簧碎片也不会飞到外部，保证整个压力容器设备和人身安全。还装设了调整螺丝的锁紧套以及上、下调节环的铅封，防止随意改变整定压力和上、下调节环的位置。为了便于检查机械部分卡住而失灵，设置了手动开启机构。在阀体最底部设置了疏水孔，防止排汽管发生水击现象。

三、锅炉水压试验时安全阀注意事项

(1) 安全阀在水压试验前，应松开阀体与阀盖的联接螺母，取出装在阀盖与阀体法兰面之间的垫圈，然后按装配位置重新装好。不准拆装其他部件以免影响弹簧整定值。拧松螺母时应沿法

兰对角线均匀松开，以免阀杆受弯曲力而变形。

（2）安全阀出厂时，阀瓣与阀座之间装有水压试验用的阀瓣（即安全塞），如图 10-19 所示。由于水压试验阀瓣加大了弹簧压缩量，因此弹簧有足够的力量压住水压试验阀瓣，保证锅炉水压试验的进行。但在水压试验后，不要忘记取出水压试验阀瓣（安全塞）。

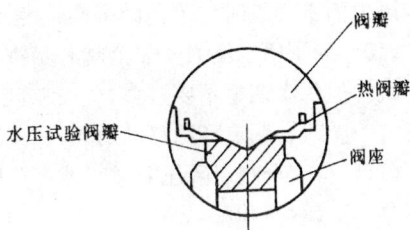

图 10-19　水压试验阀瓣位置示意图

四、全量型安全阀现场调整试验

安全阀在制造厂已按铭牌上的整定压力和启闭压差调整完毕，上、下调节环、调整螺栓的位置都已调好，并作了记录，供用户备查，用户不要随意改变各部件出厂时的相对位置。安全阀在安装前首先检查上、下调节杆铅封是否被破坏，如被破坏应重新检查各部件的位置。新供货的阀门在现场安装后只要进行校验性试验。检修后安全阀的密封面被研磨或者是更换零件，应重新进行调整试验。有些现场用油压千斤顶整定起跳压力。针对不同情况分别说明调试方法。

1. 调试前准备

（1）使用的压力表要经过校验、指示准确的压力表，要确认压力表安装位置标高修正后的值。

（2）每只阀门要准备压阀杆的垫块，垫块应加工成中间带有圆孔的零件，中间圆孔直径应比阀杆端部直径大 2～3mm，圆孔深度为阀杆端部直径的 $\frac{1}{2} \sim \frac{1}{3}$。

（3）调试现场和通道应清理干净，以便发生意外事故时能安全离开现场。

2. 新供货安全阀校验性试验

一般来说直接进行起跳试验就可，根据起跳结果判断是否要调整，调整步骤如下：

（1）安全阀进行逐个调整。

（2）试验过程中，要注意锅炉压力变化。

（3）当锅炉压力升至整定压力的 80％附近时，用手动机构开启安全阀进行吹扫，每只安全阀要吹扫 5s 左右，同时检查安全阀排放管和其他部位的膨胀量和安装质量。

（4）当压力升至整定压力 85％左右时，除正在进行调整的安全阀之外，其他安全阀阀杆顶部应放置压阀杆垫块，用罩压住阀杆。压紧力不宜过大，轻轻地压住阀杆就可，以免压坏热阀瓣（阀瓣夹持圈）和使阀杆弯曲。

（5）试验时必须装上手动开启装置，以便必要时能手动排出蒸汽。

（6）吹扫之后，如安全阀有漏泄，有两种可能性，其一是密封面上夹有异物；其二是下调节环顶住了阀瓣。此时应将锅炉压力降到整定压力的 90％以下，可用手动机构开启阀门吹扫异物。如仍制止不了漏泄，则再用手动机构将下调节环定位螺钉顺时针旋转一周，使下调节环稍微下降，即可制止漏泄。

（7）继续升压，当压力到达整定压力时，安全阀应起跳，同时到达全行程。经排放，锅炉压力下降后应回座。试跳结果达到要求，阀杆上部放置压阀杆垫块，带上罩轻轻压住阀杆。依次将所有安全阀调试。全部调试好后可将锅炉压力下降至 80％整定压力，将所有安全阀上的压阀杆的垫块去除，装上手动机构，用自备锁锁住，上、下调节环的定位螺栓铅封，即可投运使用。

（8）无论什么时候，锅炉压力下降至整定压力的 75％以下时，不准用垫块压阀杆，可将罩往回拧松，以免压紧力过大，压坏热阀瓣（阀瓣夹持圈）。

（9）调试结果与规定的整定压力相比，如提前起跳时，应将调整螺栓稍微顺时针拧紧；到了整定压力而不起跳时，可稍微将调整螺栓反时针松缓一点，使阀门在整定压力下起跳。

(10) 到了整定压力，安全阀有蒸汽漏出，但阀门不起跳时，应反时针旋转下调节环，使阀门起跳。但每次调整不要过多，一般调节半圈（下调节环调整螺栓），至多不超过一圈（调整螺栓旋转一圈时，调节环约移动两牙）。

(11) 当安全阀启闭压差过小或产生跳动时，应顺时针旋转下调节环，使下调节环下移，每次调整不准超过两圈。如再满足不了要求时，顺时针旋转上调节环，使上调节环下降，启闭压差可变大，跳动就会消失。

(12) 当安全阀启闭压差过大时，反时针旋转上调节环，使上调节环上升，启闭压差可以变小。

(13) 调整上调节环，可改变启闭压差。最佳的调整是首先保证阀门的全行程前提下，可以调小启闭压差。在一般情况下调整上调节环，可得到满意的启闭压差，而不要变动调整套（导向套）。但当上调节环的调整得不到满意的启闭压差时才调整导向套，顺时针旋转导向套，提高阀瓣背压减少启闭压差。

(14) 安全阀产生频跳有两种情况，有时与安全阀排放动作同时产生，有时接近关闭时产生。无论哪一种情况均因启闭压差过小而产生的，在满足使用要求的前提下尽量不要调小启闭压差。频跳与排放动作同时产生时，提升导向套或下降上调节环位置，加大启闭压差，可消除频跳。另一种在接近关闭时产生的频跳，大都是因下调节环处于过高位置所致，应下降下调节环。

(15) 阀瓣回座之后有少量蒸汽漏泄时，用手动排放蒸汽吹出异物。如继续有漏泄时则可用垫块压住阀杆，制止漏泄。当阀座温度达到均匀，即可制止漏泄。当仍制止不了时，则要研磨密封面。

(16) 起跳压力和回座压力的微小误差，就不要再调整。要尽量减少调整次数，每次调整要等阀门各部温度下降平稳后进行，一般间隔半小时。

(17) 为保证人身安全，要调整上、下调节环、导向套、调整螺栓位置时，必须使锅炉压力下降到起跳压力的 90% 以下进行。排放蒸汽时应离阀门远一些，不要靠近阀门。

3. 检修后安全阀调整方法

检修后的阀门因检修内容不同，有时要更换部分零件，因此上、下调节环、导向套、调整螺栓的预定位置与检修前不同，现分别说明其调整方法。

(1) 只研磨阀瓣、阀座密封面，没有更换零件时应测出研磨前后阀座密封面到阀体上法兰平面之间的距离和阀瓣长度，可计算出总的研磨掉的尺寸。下调节环预定位置与原来检修前操作牙数相同，弹簧压缩量保持不变。因此，调整螺栓的位置应在检修前位置的基础上再向下移动阀座、阀瓣的研磨量。其余零件按检修前位置装配。

(2) 更换弹簧时，弹簧预紧载荷应与检修前整定载荷相同。

(3) 更换阀瓣时，测量检修前后密封面至阀瓣底部球面之间的距离。该距离增加时则调整螺栓松缓；该距离减少时则调整螺栓拧紧。其移动量为检修前后该距离的差值。下调节环预定位置与原来检修前操作牙数相同。其余零件按修前位置装配。

(4) 更换阀杆，更换上、下调节环、导向套、调整螺栓时与检修前的位置相同。

(5) 检修后的安全阀调试方法和步骤与新供货的阀门校验相同。

4. 使用油压千斤顶试验方法

整定压力大于 14.7MPa（150kg/cm²）安全阀，由于制造厂的试验台上按 14.7MPa 以上压力进行密封和启闭压差调整试验，并采用空气或油压千斤顶整定起跳压力，因此现场可采用油压千斤顶进行复验，其试验步骤如下。

（1）锅炉压力上升到整定压力 80% 左右时，用手动机构开启阀门吹扫 5s。

（2）按油压千斤顶说明书的要求，排出油压千斤顶中的空气。

（3）使锅炉压力稳定在 13.72MPa（140kg/cm²）。

（4）拆卸安全阀的罩、手动机构、螺杆螺母，然后将油压千斤顶和阀杆相连，固定好油压千斤顶支架。

（5）预先计算出安全阀按整定压力起跳时的油压千斤顶油压，然后以每秒 0.098～0.196MPa 的速度缓慢升压。

（6）安全阀起跳时准确读出油压后，立即打开卸油阀，关闭安全阀。

（7）计算出起跳压力 p_0（MPa）。

$$p_0 = p_B + \frac{p}{K \cdot \tan\alpha}$$

其中　　$\tan\alpha = A_s / A_j$；$K = 1.07$；$A_s = \frac{\pi}{4} d^2$　　　（cm²）

式中　p_B——锅炉内蒸汽压力——过热器出口压力，MPa；

p——油压千斤顶油压，MPa；

A_j——油压千斤顶受压有效面积，cm²；

A_s——试验阀的受压面积（按阀瓣密封面内径 d 计算）；

d——尺寸，对每一只安全阀都要准确测量，准确到 2/100mm。

（8）起跳压力低于用户要求时，拧紧调整螺栓；高于则松缓调整螺栓。逐个阀门按上述步骤进行调整。

（9）使用油压千斤顶对逐个阀门进行调试后，锅炉升压，当压力达到整定压力的 85% 左右时，除要试跳安全阀外，其余安全阀上部放置压阀杆垫块，轻轻压住阀杆。

（10）要试跳的安全阀，手动机构要装配好。继续升压后，靠蒸汽压力自动开启安全阀，记录起跳压力和回座压力、行程。试验结果符合要求时，放置压阀杆垫块，将阀杆压住。然后依次试跳其他安全阀。

（11）将锅炉压力降至起跳压力的 90% 左右，拆卸压阀杆垫块，装手动装置、上锁，并上、下调节环铅封，可投运使用。

5. 上、下调节环、导向套位置表示方法

（1）反时针旋转上调节环，使上调节环上移到上调节环的定位螺纹与导向套定位面相碰，此时上调节环位置称上调节环的零位。

（2）反时针旋转下调节环，使下调节环上移，下调节环的上平面碰上阀瓣时，下调节环的位置称作下调节环的零位。

（3）上、下调节环自零位开始下移的距离，以调节环旋转时移动的牙数来计算。一般调节环的定位螺丝旋转一周，调节环移动二个牙，下移用符号（－）表示。

（4）导向套上、下移动，离开零位的距离，以导向套旋转圈数表示，上移为符号（＋），下移用（－）来表示。顺时针旋转时下移，反时针旋转时上移。

（5）安全阀调整结束后，将上、下调节环，导向套、调整螺栓的位置记录数据保存好，以使下次调整时备查。

复习思考题

1. 何谓阀门"公称直径"、"公称压力"、"工作温度"？

2. 闸阀结构特点有哪些？闸阀一般在哪些管道使用？

3. 截止阀有哪几种型式？截止阀在哪些管道上使用？为什么空气阀、疏水阀等要采用两阀串联，即一次阀、二次阀？其操作要求是怎样的？

4. 锅水循环泵出口阀的结构特性是怎样的？其操作要求是怎样的？

5. 调节阀有哪几种类型？喷水减温器减温水调节阀一般采用哪种类型？回转式窗口节流调节阀开度为零时，为什么会有漏流量？

6. 电磁泄放阀作用有哪些？其工作原理是怎样的？

7. 全量型安全阀的热阀瓣结构特性是怎样的？上调节环、下调节环的作用有哪些？当安全阀达到启座压力而不启座及安全阀启闭压差过小，安全阀产生跳动，应如何调节？

第十一章

吹 灰 装 置

第一节　吹灰器布置及系统

一、吹灰器作用

吹灰器的作用是清除受热面的结渣和积灰,维持受热面的清洁,以保证锅炉的安全经济运行。

水冷壁上结渣或积灰,不但使炉膛受热面吸热量减少,使锅炉蒸发量减少。而且,由于炉膛出口烟温的升高,引起过热汽温和再热汽温的升高,过热器及再热器管壁温度也升高;水冷壁严重结渣,影响锅炉工作安全;此外,当水冷壁管屏各管或各管屏的吸热严重不均时,还会导致水冷壁超温爆管。

对流受热面管束积灰,不但会降低传热效果,使过热汽温、再热汽温降低,并使排烟温度升高、排烟热损失增大。如果产生局部积灰,会使过热器、再热器的热偏差增大,影响过热器、再热器的安全。积灰还会增加管束的通风阻力,使引风机的电耗增加,严重时还会限制锅炉的出力。为此,根据受热面不同工作状况及其结渣、积灰的可能程度,装设适量的、工作性能良好的吹灰器,同时拟定合理的吹灰制度,并认真执行之。

吹灰器的种类很多,按结构特征的不同,有简单喷嘴式、固定回转式、伸缩式(又分短伸缩型吹灰器和长伸缩型吹灰器)以及摆动式等。

各种吹灰器的吹灰工作机理基本上是相似的,即都是利用吹灰介质在吹灰器喷嘴出口处所形成的高速射流,冲刷受热面上的积灰和焦渣。当汽流(或气、水流)的冲击力大于灰粒与灰粒之间,或灰粒(焦渣)与受热面之间的粘着力时,灰粒(或焦渣)便脱落,其中小颗粒被烟气带走,大块渣、灰则沉落至灰斗或烟道。

吹灰介质可用过热蒸汽、饱和蒸汽、排污水或压缩空气。排污水吹灰,又称高压疏水吹灰,它是利用锅炉的排污水在通过喷嘴后,因压力发生骤降,使水滴大量汽化,容积和流速增大,当汽流或水滴高速射到受热面上的灰渣时,起到吹灰和碎渣作用。排污水吹灰以往都用于水冷壁受热面,由于吹扫过程中,总会有部分水滴冲击或飞溅到管子上,使管子遭受侵蚀,并会引起管壁温度发生剧烈的变化而影响到管子的强度和工作可靠性。故除燃用结渣严重煤种的锅炉水冷壁采用这种吹灰器介质外,一般很少采用。采用压缩空气作为吹灰介质,不会增加烟气中水蒸气的含量,对低温受热面的腐蚀不会加重。但它需要设置压力较高的压缩空气系统,投资费用较大,因此在电站锅炉中也很少采用。

目前多数采用过热蒸汽或饱和蒸汽作为吹灰介质,电站锅炉较多采用过热蒸汽作为吹灰介质。尤其是中间再热锅炉,它可以利用再热器进口蒸汽作为吹灰蒸汽的汽源,因为该处蒸汽的压力和温度能较好满足吹灰蒸汽参数的要求,使吹灰设备的制造和使用都比较经济和安全。而对于较小容量锅炉则可采用饱和蒸汽作为吹灰蒸汽源,其蒸汽湿度大,虽在一定程度上能对积灰起到疏松作用,但由于蒸汽易凝结,随蒸汽带出水滴也会造成对管子的侵蚀,引起管壁温度发生剧烈

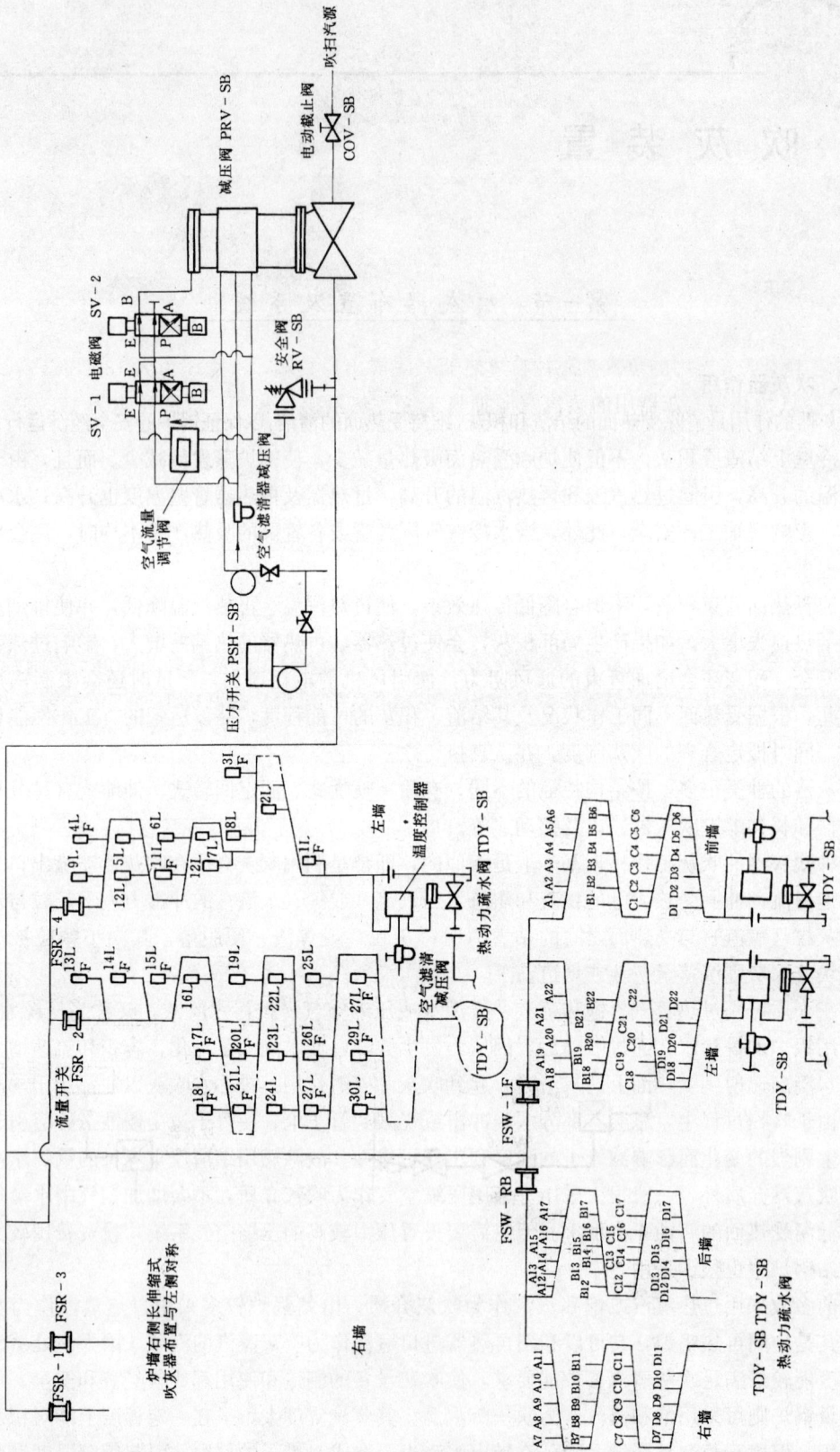

图 11-1　北仑电厂 1 号炉炉灰器管路系统图

第三篇　锅炉辅助设备

的变化而影响管子的强度和工作可靠性，产生与排污水作为吹灰介质相类似的不良后果。

二、锅炉吹灰器布置及系统

北仑发电厂1号炉（2008t/h）吹灰器由美国 CE 公司总承包，吹灰器由上海电站辅机厂设计制造。整个吹灰系统选用 88 只炉膛吹灰器和 28 只长伸缩式吹灰器。88 只炉膛吹灰器分成 4 层，其中 1 层布置在燃烧器下方，3 层布置在燃烧器上方，标高分别为 21.98m、35.5m、38.1m、41.15m。炉膛的前后墙每排对称布置 6 只、两侧墙每排对称布置 5 只。28 只长伸缩式吹灰器分别布置在炉膛出口至尾部省煤器受热面，长伸缩式吹灰器均对称布置在锅炉的两侧墙。另外，还留有 32 只备用吹灰器的预留孔，以便将来需要时使用。

2 台空气预热器的吹灰器，由美国 COPES－VOLCON 公司提供，分别安装于空气预热器的烟气出口端（冷端）。

锅炉本体吹灰器用的蒸汽汽源抽自过热器分隔屏出口集箱，汽源压力为 18.28MPa，温度为 460℃。空气预热器吹灰器用的蒸汽汽源抽自末级过热器出口集箱，汽源压力为 17.76MPa，温度为 540℃。在锅炉负荷 0～10%MCR 时，空气预热器吹灰器采用辅助汽源作为吹扫介质；辅助汽源压力为 1.27MPa，温度为 190℃。

系统设置了 2 个吹灰管减压站，分别用于锅炉本体吹灰器和空气预热器吹灰器。

系统的管路布置形式采用单线强制疏水回路，这种布置结构基本上消除了冷凝水滞留的"死角"。一般在吹灰器本体阀门处的蒸汽温度至少应保持 10℃的过热度。在减压阀和吹灰母管的流通能力方面为扩展长伸缩式吹灰器留有裕度，管路系统的吹扫介质压力和流量均有 10%的裕度。

系统选用了一个以可编程序控制器为核心的控制系统来控制吹灰系统的运行。控制系统在主控制室内设置 1 台供操作人员操作吹灰器用的显示和控制机柜，控制机柜通过信号输入/输出柜与吹灰器、减压站等系统设备连接，形成一个完整的吹灰系统可编程序控制系统。

北仑电厂 1 号炉吹灰系统如图 11-1 和图 11-2 所示。

吹灰器的设计参数和规范特性，见表 11-1。

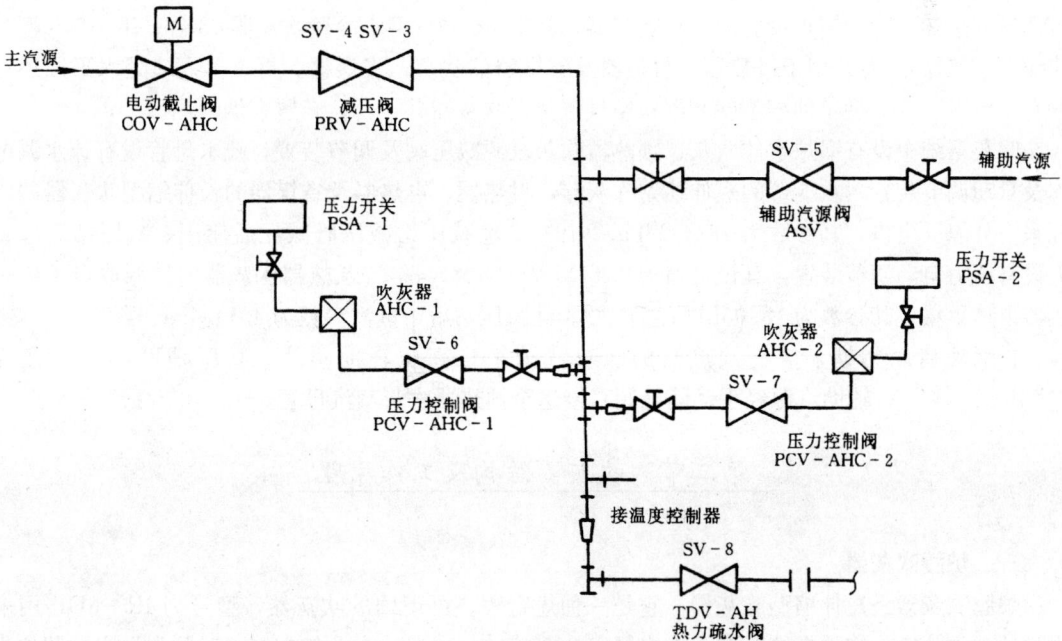

图 11-2 空气预热器吹灰器管路系统图

表 11-1　　　　　　　　　　　吹灰器规范特性一览表

项目＼单位＼编号	单位	2R/L	5R/L 6R/L	7R/L 8R/L	9R/L 10R/L	12R/L	16R/L	19R/L	22R/L 23R/L 24R/L	25R/L	A₁—A₂₂ B₁—B₂₂ C₁—C₂₂ D₁—D₂₂	AHC1 AHC2
吹灰器类型		长伸缩式	长伸缩式	长伸缩式	长伸缩式	长伸缩式	长伸缩式	长伸缩式	长伸缩式	长伸缩式	炉膛吹灰器	空气预热器吹灰器
数量	台	2	4	4	4	2	2	2	6	2	88	2
烟气温度	℃ (℉)	1482 (2700)	1260 (2300)	1371 (2500)	1149 (2100)	1149 (2100)	871 (1600)	649 (1200)	593 (1100)	482 (900)		
吹灰管行走速度	mm/min	2705.7	1916.6	2705.7	1916.6	1916.6	1916.6	1916.6	1916.6	1916.6	1536	1981
吹灰管旋转速度	r/min	10.9	6.5	10.9	6.2	6.5	6.5	6.5	6.5	6.5	0.716	
喷嘴数量和尺寸	只/mm	2/ϕ32	2/ϕ25	2/ϕ32	2/ϕ25	2/ϕ32	2/ϕ25	2/ϕ25	2/ϕ25	2/ϕ25	2/ϕ25	1/ϕ13 2/ϕ18
推荐吹扫压力	MPa [lb/in² (表)]	1.47 (213)	1.38 (200)	1.17 (170)	1.28 (186)	0.98 (142)	0.98 (142)	0.98 (142)	0.98 (142)	0.98 (142)	1.17 (170)	1.38 (200)
耗气量	kg/s	2.92	1.77	2.36	1.63	1.50	1.28	1.28	1.28	1.28	0.75	0.96
介质喷射时间（一次）	s	423.3	597.6	423.3	597.6	597.6	597.6	597.6	597.6	597.6	84	
每次吹扫总耗时	s	439	620	439	620	620	620	620	620	620	102	

注　R 表示右侧，L 表示左侧。

　　邹县电厂 2020t/h 锅炉的吹灰器系统是由美国的 DIAMOND POWER SPECIALITY COMPANY 制造的。整台锅炉设有 100 只吹灰器，其中 IR－3D 型水冷壁吹灰器 48 台；IK－545 型长伸缩型吹灰器 44 台，用于过热器、再热器及省煤器的吹灰；省煤器、再热器入口处水平段还布置有 4 台 IK－525 型半伸缩型吹灰器；空气预热器吹灰器共 4 台，布置在烟气侧。

　　吹灰系统中设有锅炉本体吹灰、预热器吹灰汽源减压阀及调节装置，疏水母管设有疏水调节阀及自动调节装置。水冷壁的短伸缩型吹灰器，过热器、再热器及省煤器的长伸缩型吹灰器的汽源来自分隔屏出口，其参数为 18.41MPa、449℃，经减压站减压阀减压后使用，减压站后母管上设有压力自动调节装置，其设计值为 4.14MPa、352℃。空气预热器吹灰器的汽源取自末级过热器出口集箱，其参数为 18.06MPa、541℃。经减压站后，蒸汽参数为 4.14MPa、475℃。

　　在锅炉启动初期，空气预热器的吹灰汽源来自高压辅助蒸汽，高压辅助蒸汽参数为 1.7MPa、332℃，辅助汽源经手动隔绝阀直接送至预热器吹灰蒸汽母管。

第二节　吹灰器结构及工作原理

一、炉膛吹灰器

　　炉膛吹灰器是短伸缩型吹灰器，它是一种短行程、可退回的吹灰器，型号为 IR－3D，用来吹扫炉膛水冷壁，它的螺纹管在行进中可以 360°旋转，并有一个凸轮控制，对预先设定的部位进行吹扫。IR－3D 短伸缩型吹灰器如图 11-3 所示。

IR—3D 吹灰器的结构由以下六个部分组成：

（1）鹅颈阀（包括阀门启动臂和内管—供汽管）；

（2）驱动系统（包括电机、蜗轮箱、齿轮轴和控制箱）；

（3）前支承系统（包括主驱动齿轮）；

（4）主齿轮罩；

（5）导向杆和支承板系统（托盘装置）；

（6）螺纹管、密封填料、凸轮装置。

驱动系统为吹灰器的喷吹、

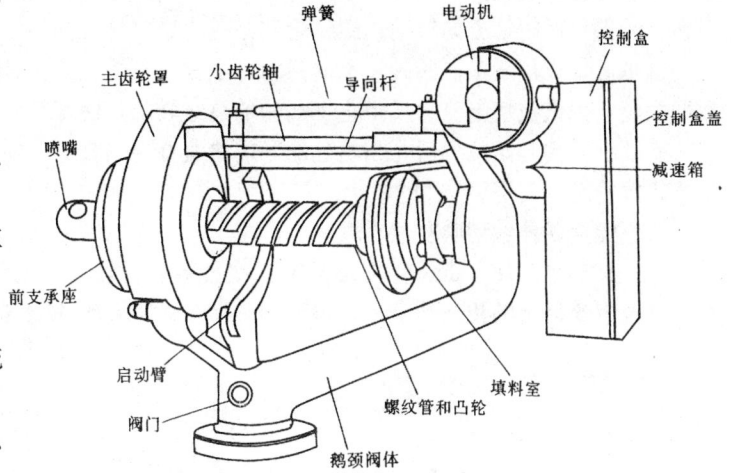

图 11-3　IR—3D 短伸缩型炉膛吹灰器

旋转和伸缩提供动力，控制箱控制吹灰器喷吹的圈数和提供吹灰终了信号。螺纹管的法兰上安装一个弧长合适的凸轮，控制启动臂，在喷嘴对准所需吹扫的部位时开启阀门。当阀门开启后，装在螺纹管端部的喷嘴随即进行吹扫。鹅颈阀是吹灰器的主要支承部件，与不锈钢内管（供汽管）连在一起，输送吹灰介质（蒸汽）经过螺纹管到喷嘴，装在内管和螺纹管之间的填料在吹灰器旋转时起密封作用。

吹灰器由自身或遥控按钮、或操作盘控制。其工作时间由串联在蜗轮减速箱上的齿轮驱动，因此它和螺纹管及凸轮法兰的运动同步。蜗轮箱的轴通过联轴节和销与吹灰器的驱动轴连接（见图 11-4）。如果吹灰器受到异常的负荷，电机会因此跳闸，吹灰器停止运行。后行程开关动作之前发生这种情况（后行程开关的一个作用是本吹灰器正常吹灰过程结束，把信号通知操作盘），通过控制盘发出报警声。在问题未解决或超负荷未排除，控制盘不会将程序传递到下一台吹灰器。

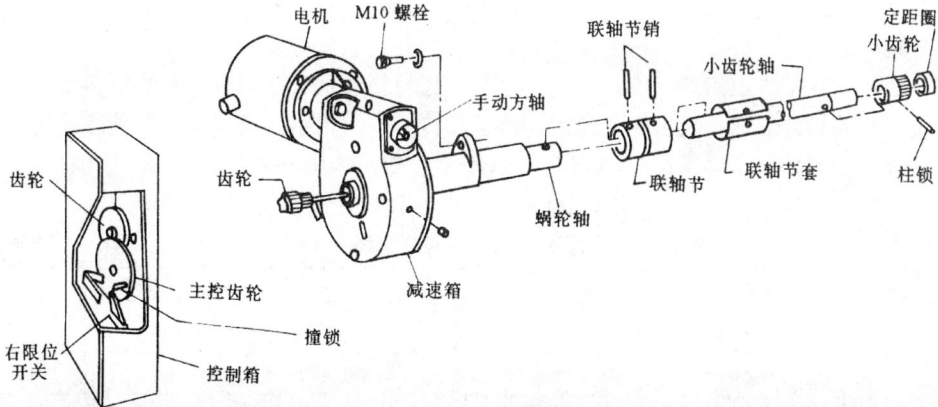

图 11-4　电机、控制盒和减速箱

电源接通，吹灰器启动，大齿轮顺时针转动，螺纹管伸出，凸轮部件前移。凸轮法兰上的导向槽卡在导向杆内移动，防止螺纹管和凸轮的转动。当螺纹管前进到前极限时，凸轮脱开导向杆和弹簧定位的棘爪，螺纹管、凸轮和喷嘴顺时针转动，吹灰过程开始。固定在法兰上的凸轮环面触及启动臂打开吹灰介质阀门，按照预定的圈数吹灰。吹灰完成预定的圈数后，控制系统使电机反转，大齿轮逆时针方向转动，螺纹管和凸轮也逆时针方向转动，当凸轮上的导向槽导入弹簧定位的棘爪后，作用于蒸汽阀阀杆上的顶力即消失，于是在复位弹簧力及残余蒸汽压力作用下阀门立即关闭，蒸汽被切断。棘爪阻止了凸轮的继续转动，使螺纹管和凸轮沿着导向杆回到了起始位置。螺纹管回到起始位置后，凸轮上的导向槽脱开导向杆继续逆时针旋转，螺纹管前端的定位环防止螺纹管继续后退。

二、烟道长伸缩型吹灰器

IK－525 型和 IK－545 型吹灰器用于吹扫锅炉受热面（见图 11-5），主要用来清除过热器、再热器及省煤器上的积灰和结渣，也可用来清除炉顶及管式空气预热器的积灰。

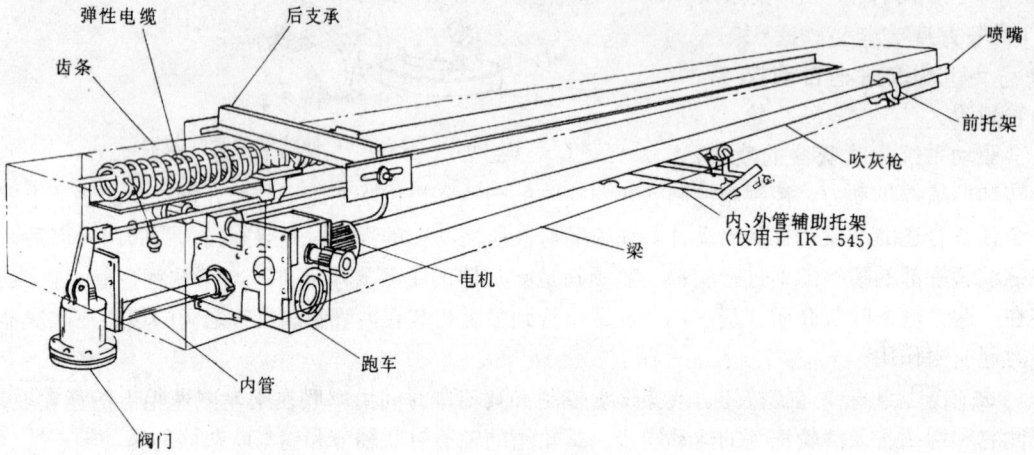

图 11-5　IK－525 和 IK－545 吹灰器示意图

1. 结构概况

长伸缩型吹灰器主要由电动机、跑车、吹灰器阀门、托架、内管、吹灰枪、喷头和螺旋相变机构等组成。

（1）跑车。

跑车驱动吹灰枪进出锅炉烟道，它包括电机、齿轮箱及吹灰枪和内管间的填料密封压盖。电机通过位于齿轮箱外部的一级齿轮变速后，将运动传给主齿轮箱。当仅要改变进退速度，而保留螺旋线导程不变时，只需要更换这级齿轮。当需要改变螺旋线导程时，必须变换末级正齿轮组（位移正齿轮），齿轮系如图 11-6 所示。标准行进速度和螺旋线如表 11－2 所示。

表 11-2　　　　　　　　　标准行进速度和螺旋线

行进速度 （mm/min）	螺旋线导程 （mm）	枪管转速 （r/min）	行进速度 （mm/min）	螺旋线导程 （mm）	枪管转速 （r/min）
900	100	9	1750	200	8.75
1750	100	17.5	2500	200	12.5
2500	100	25	3500	200	17.5
3500	100	35	1750	150	12.5

跑车内的主减速机构是一蜗轮蜗杆副，蜗轮蜗杆副的输出轴驱动末级位移正齿轮使吹灰枪移动，同时驱动伞齿轮使吹灰枪旋转。末级正齿轮带动主传动轴，主传动轴两端的行走齿轮分别与

梁两侧的齿条啮合。

跑车填料室包括吹灰枪的安装法兰和密封内管的填料压盖,跑车完全密封,能有效防止脏物及腐蚀性气体的侵害。

(2)吹灰器阀门。

机械操纵的阀门位于吹灰器的最后端,它可用蒸汽或压缩空气作吹灰介质,并有一个压力调节装置。阀门的开与关由跑车进退自动控制。跑车上的撞销操纵凸轮和启动臂机构自动启闭阀门。撞销位置可调节,以保证在吹灰枪处于吹灰位置时提供吹灰介质(见图11-7)。吹灰器退到非吹灰位置时,阀门将自动关闭。

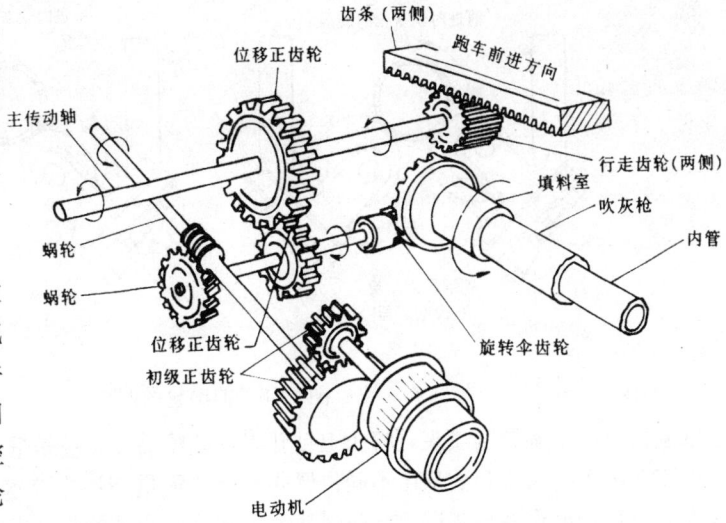

图 11-6　长伸缩型吹灰器传动齿轮系

(3)梁和墙箱。

梁为一箱盖型部件,对吹灰器的所有零件提供支承和最大限度的保护,梁的两端有端板,后端板支承阀门和内管,前端板支承吹灰器后部,固定在钢架上。这种支承方法可使吹灰器承受锅炉的所有三个坐标方向的膨胀与收缩。

图 11-7　跑车后视图(凸轮机构与撞销)

墙箱有两个位于同一水平线的孔。销轴螺栓从梁的前支承穿入此两孔内并将负荷(约为吹灰器重量之半)传递给墙箱。墙箱和弹簧压紧的密封板,密封吹灰枪管的周围,并能适应锅炉的膨胀,墙箱铸件与安装在锅炉外壳的套管相焊接。

(4)托架和内管。

托架在吹灰器梁的前端,固定在墙箱铸件上,大约支承着吹灰器重量一半。托架底部有托轮,这些托轮支承着吹灰枪管,并对枪管通过墙箱进入锅炉起导向作用。调整滚轮旋转方向对准吹灰枪管螺旋线十分重要,见图11-8。

内管是高度抛光的不锈钢管,用以将吹灰介质送到吹灰枪。

(5)吹灰枪。

吹灰枪管的材质有多种,它取决于每台吹灰器的安装位置,对每一种枪管安装时必须"对号入座"。吹灰枪由跑车和托架支承,托架的两个托轮应调节到旋转方向与枪管螺旋线一致。

(6)喷头。

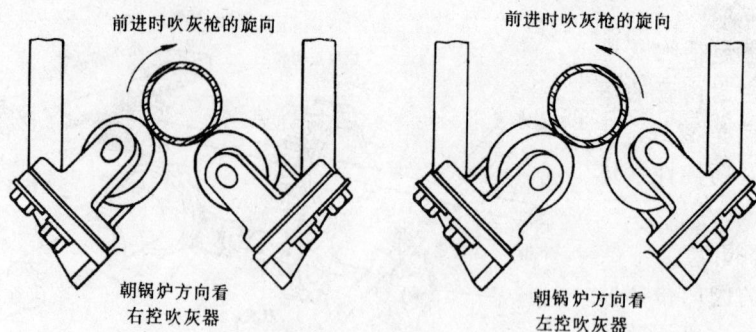

前进时吹灰枪的旋向　　　　　前进时吹灰枪的旋向

朝锅炉方向看　　　　　　　朝锅炉方向看
右控吹灰器　　　　　　　　左控吹灰器

图 11-8　前滚轮的调整

　　吹灰枪有一个旋转的喷头，喷头上钻孔以焊装喷嘴，喷嘴是垂直还是前倾或后倾是根据吹灰要求而定。喷嘴的大小和数量由不同位置吹灰介质流量与压力要求而定。喷嘴的焊装非常重要，喷头在制造厂内已作好平衡试验，确保两个方向喷射介质的径向推力相等，从而防止枪管抖动。

　　（7）控制装置。

　　电机驱动的吹灰器，在梁的前端、后端都装有限位开关以控制前进和后退的行程。这些开关由装在跑车上的撞销触动（见图 11-7）。

　　（8）螺旋线相变机构。

　　螺旋线相位变化机构简称螺旋线相变机构，如图 11-9 所示。安装在梁的后部左、右两侧，用螺栓固定在梁上，以便调整。此机构使跑车的行走齿轮每次前进时相对齿条多转过一个齿，从而使每次吹灰开始时，喷嘴的相位（即所在方位）不同。

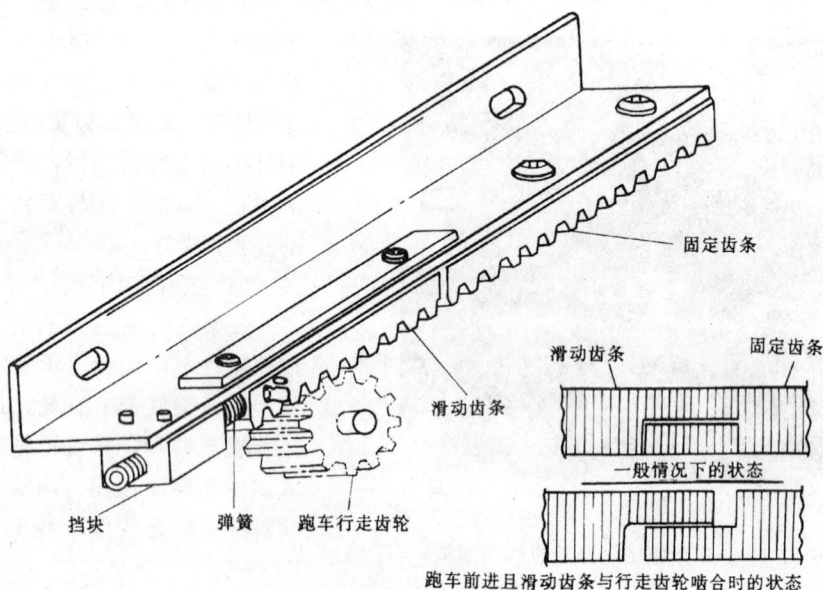

固定齿条

滑动齿条　　　　固定齿条

一般情况下的状态

滑动齿条

挡块　　弹簧　　跑车行走齿轮

跑车前进且滑动齿条与行走齿轮啮合时的状态

图 11-9　螺旋线相变机构（左侧）

2. 吹灰的工作过程

　　从伸缩旋转的吹灰枪管端部的一个或几个喷嘴中，喷出蒸汽持续冲击，清扫受热面是本吹灰器的工作原理。喷嘴的轨迹是一条螺旋线，导程 100mm（或 150、200mm），由吹灰器行程和吹灰要求决定。吹灰器退回时，喷嘴的螺旋线轨迹与前进时的螺旋线轨迹错开 $\frac{1}{2}$ 螺距。图 11-10 为两个喷嘴，100mm 导程的吹灰轨迹。

如果选用螺旋线相位变化机构装在吹灰器上，喷嘴轨迹恒定重复的情况就不会出现。这种机构在每个吹灰周期中，使喷嘴的相位预先改变。对于导程 100mm 的 IK—525 吹灰器，每个吹灰周期开始时，吹灰枪比上一周期转过了 47.409°，喷嘴轨迹完全重复的情况，要到吹灰 448 次后才会出现。

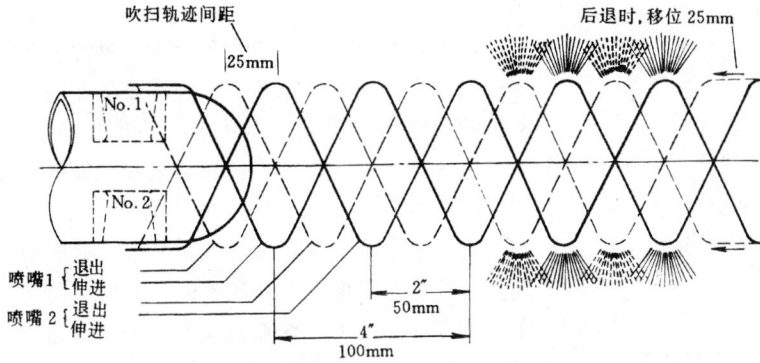

图 11-10　喷嘴吹扫轨迹（100mm 导程的螺旋线）

吹灰器在停用时，除喷头部分伸在炉墙保护套里外，其余部分全在炉墙之外，托管托架的工字钢中间托着吹灰枪，跑车与内管托架靠近阀门端，即吹灰枪在吹灰周期的起始位置。

电源接通，跑车带着内管托架沿工字梁向前移动，和跑车栓接在一起，吹灰枪同时前进并旋转。当吹灰枪进入烟道一定距离后，吹灰器阀门自动开启，吹灰开始。跑车继续将吹灰枪旋转前进并吹灰，直至达到前端极限。当跑车触及前端行程开关时，电机反转，使跑车、托架引导吹灰

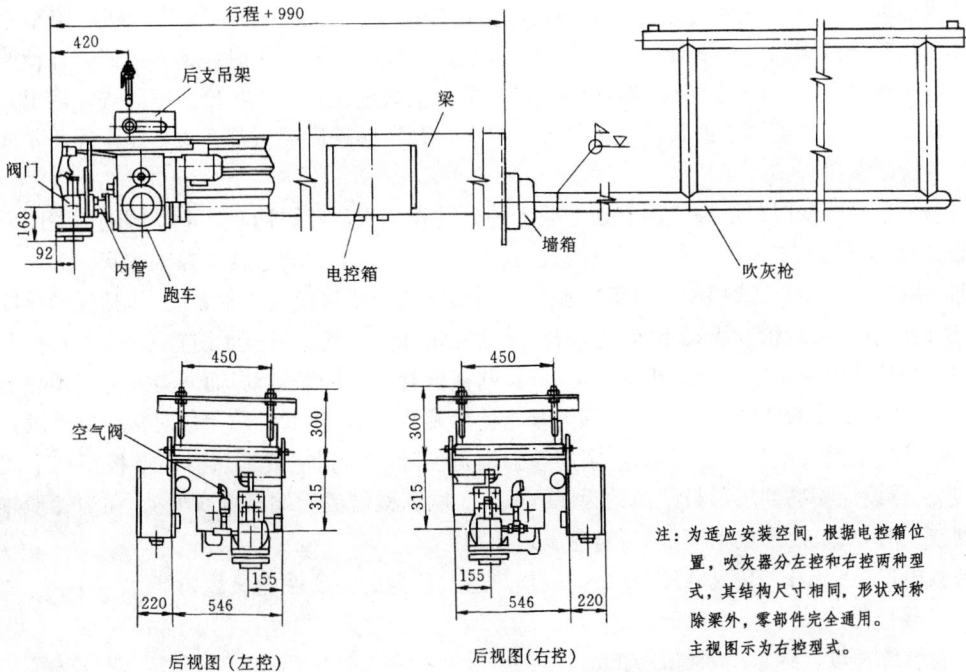

注：为适应安装空间，根据电控箱位置，吹灰器分左控和右控两种型式，其结构尺寸相同，形状对称除梁外，零部件完全通用。
主视图示为右控型式。

后视图（左控）　　后视图（右控）

图 11-11　IK—AH500 型空气预热器吹灰器

枪管以与前进时不同的吹灰轨迹后退，边后退旋转，边继续吹灰。当吹灰枪喷头退到距炉墙一定距离时，蒸汽阀门自动关闭，吹灰停止，跑车退至起始位置，触及后端行程开关、吹灰枪停止行走。吹灰器完成一次吹灰过程。

吹灰枪吹灰时，一边前进（或后退），一边旋转，作螺旋运行，喷头上的两只喷嘴按以上叙述的沿螺旋线轨迹，将两股蒸汽流射向对流受热面（过热器、再热器及省煤器）。

三、IK－AH500 型回转式空气预热器用吹灰器

IK－AH500 型吹灰器是以蒸汽或空气作为吹灰介质，专门用于吹扫回转式空气预热器受热面积灰的吹灰器（见图 11-11）。

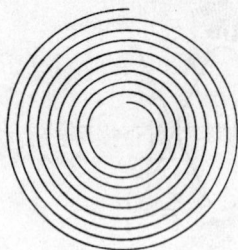

图 11-12　IK－AH 型空气预热器吹灰器的吹灰轨迹

IK－AH 型吹灰器的吹灰枪管、枪管上的喷嘴口径及布置间距根据不同的空气预热器和安装要求专门设计。运行时，吹灰枪管只作伸缩运动，而回转式空气预热器作旋转运动，因此，每个喷嘴的吹灰轨迹是数圈阿基米德螺旋线，几个喷嘴一起完成对整个空气预热器的吹灰，见图 11-12。

喷嘴喷出的气流有一定的扩散角，喷射覆盖面宽度随喷嘴到空气预热器扇形板的距离不同而变化。通常，喷嘴距扇形板距离为 200mm 时，覆盖面宽约 64mm，而当距离为 300mm 时，覆盖面宽约达 95mm。

在确定 IK－AH 吹灰器的运行速度（即吹灰枪管的运行速度）时，必须根据空气预热器的旋转速度和喷嘴到扇形受热面的距离，合理地选定吹灰器的运行速度。当空气预热器旋转一周时，喷嘴的前进距离必须小于其喷射覆盖面的宽度。例如，当喷嘴距受热面 300mm 时，空气预热器每旋转一周，吹灰枪前进约 75mm。这样，每圈螺旋线形吹扫覆盖有足够的重叠量，以确保吹灰效果。

吹灰器可就近操作、远方操作和程控。

按下启动按钮，电源接通，跑车前移，与之栓接的吹灰枪管可同时前移。随即跑车带动拉杆，开启吹灰蒸汽阀门，吹灰开始。当跑车前进至触及前端行程开关时，跑车退回，并使吹灰枪退回，退至近终点时，阀门关闭，吹灰停止。在整个吹灰过程中，吹灰枪匀速前进，后退，在受热面上留下了阿基米德螺旋线形的吹灰轨迹。最后，跑车触动后端行程开关，跑车停止，吹灰器完成了一次吹灰过程。

当需要单程吹灰时，可在汽源管道上装上一电动阀，吹灰器退回时，电动阀随即关闭。这样吹灰器自身的阀门虽未关闭，但由于汽源丧失，使吹灰器在退回的过程中并未吹灰。

邹县电厂 2020t/h 锅炉 IK－AH500 型吹灰器由吹灰介质供给及喷射系统（包括气动薄膜驱动阀、不锈钢内管和吹灰枪）、驱动系统（电动机、辅齿轮箱和主齿轮箱）、支承防护系统（梁）、控制系统（电气箱）和接墙密封系统（墙箱）组成。运行时，吹灰枪管只作伸缩运动，而回转式空气预热器作旋转运动，因此每个喷嘴的吹灰轨迹是数圈阿基米德螺旋线，几个喷嘴一起完成对整个空气预热器的吹扫。喷嘴喷出的气流有一定扩散角，喷射覆盖面宽度随喷嘴到空气预热器扇形板距离不同而变化，本吹灰器设计喷嘴到扇形板距离约为 83mm$\pm\delta$。吹灰枪管的后端布置双喷嘴，在空气预热器转动速度较快时，吹灰效果比单喷嘴好，避免出现死角。

邹县电厂 2020t/h　IK－AH500 型空气预热器吹灰器的主要性能参数如下。

吹灰器行程：　　　　1099mm。

枪管伸缩速度：　　　770mm/min。

吹灰压力：　　　　　约 1.5MPa。

喷嘴数量：	6只。
吹灰半径：	5502mm。
电动机型号：	$AO_2-6324B_5$ 型。
功率：	0.18kW。
电压：	380V。
转速：	1400r/min。

第三节 吹灰器运行

一、吹灰器试验及运行

1. 吹灰器投运前准备

(1) 逐台检查各吹灰器的安装是否正确，是否符合图纸要求，并检查零件有否损坏。启动前检查现场，清除现场杂物。

(2) 齿轮箱内及各转动处应根据要求加足润滑油，加油后检查有否漏油。

(3) 手动吹灰器管向前推，直至全行程，检查吹灰枪能否进退旋转。此时检查阀门开度及阀门开闭机构是否动作灵活，限位开关动作是否准确可靠。

(4) 检查电机用电源和控制电源各参数是否符合设计要求，检查接地保护措施是否安全可靠。校验电机及电气回路，是否安装正确。

(5) 对于长伸缩式吹灰器还应检查以下几点。

1) 跑车传动轴的两个齿轮与齿条啮合不能错齿，以避免吹灰管和填料室连接处产生不正常应力，并保证齿条的磨损为最小。

在梁两侧的检测盖板上部各焊有一个箭头，箭头指着两边齿条相对应的齿。检测盖板中间有一条垂线与箭头对正。可从两侧检测板上的椭圆型槽观察齿轮轴中心孔与垂线距离来调整跑车，正常情况下两距离相差不超过30mm。

2) 调整跑车的错齿现象前，务必切断电源。

3) 如果发现啮合错齿，务必重新安装跑车找正，只要卸下梁一侧的活动导轨（角钢），就可以改变齿条与跑车齿轮啮合的齿而消除错齿现象。

4) 安装有螺旋线相变机构的吹灰器如发现啮合错齿，只要手操跑车前进10～15cm与固定齿条啮合，然后退到后部位置，错齿现象就消除了。

2. 冷态试验各电气回路动作情况

(1) 通电试验吹灰系统各电动门及吹灰器就地或远方操作情况，试验各程控发信号等。在各吹灰器就地操作箱上对各吹灰器进行操作试验。启动前进按钮，检查电动机的旋转方向。当吹灰管前进一定位置后，再按后退按钮，这时检查后退的限位开关动作是否准确。然后再按前进按钮，使吹灰管前进，当吹灰管各转动部件动作无异常情况时，继续前进直至全行程。此时，检查返回限位开关动作是否准确。并校正时间继电器的整定值。

(2) 以上试验做完后，在程控柜上做选线远方操作试验，验证接线是否正确，各电动门、吹灰器的动作是否灵活准确。

3. 疏水系统检查

(1) 所有疏水管在焊接到疏水阀前必须进行吹扫。

(2) 疏水阀在吹灰器处于停运状态时要全开，这样能使管中水垢或其他杂质排出。

(3) 疏水阀在吹灰器正式投运前必须进行检验工作，使疏水系统处于可用状态。

（4）吹灰器投运前，所有管道（包括吹扫、蒸汽管道）都必须吹扫干净，使其内部无杂物。疏水的好坏将直接影响吹灰效果和管道系统的使用寿命，疏水不充分将会大大降低管道的寿命。

4. 热态投入校验电动门及吹灰器动作

（1）按吹灰器热态启动顺序对各电动门及吹灰器进行热态就地操作，远方选线及全自动程序控制系统试验，这时各技术参数值应符合设计要求，热态试验时要进行多次。

（2）吹灰管道系统投入蒸汽后，检查各焊缝、填料室及各法兰接合面有无泄漏。

（3）在吹灰器阀门的蒸汽导入阀上装上压力表，测量蒸汽压力是否符合设计要求。

5. 全自动程序吹灰

由程控柜按预先编制的顺序逐台或逐组的吹灰器顺序进行吹灰。一般程控吹灰按下列顺序进行。

（1）吹灰前应先提高锅炉负压，例如开大引风机等。

（2）先打开疏水阀，再打开蒸汽总阀、减压阀进行暖管，自动调节吹灰蒸汽的汽温和汽压。

（3）暖管 30min 后关闭疏水阀，使其投入自动疏水。

（4）先对回转空气预热器进行吹灰。

（5）再按烟气流动方向顺序进行各受热面吹灰。先从炉膛吹灰器开始吹灰，然后按烟气流程对各受热面进行吹灰。

（6）最后再对回转式空气预热器吹灰一次。

（7）关闭吹灰汽源总门。

（8）开疏水阀。

（9）恢复锅炉的正常运行，吹灰停止。

6. 单台遥控吹灰器吹灰步骤

在程控柜上对某一台吹灰器进行操作时，拨动它的选线开关就可以操纵该吹灰器运行。

（1）接通电源。

（2）打开疏水阀。

（3）打开蒸汽总阀、减压阀进行暖管。

（4）暖管 30min 后关闭疏水阀，使其处于自动疏水状态。

（5）检查总管压力是否正确。

（6）在程控柜上按顺序进行吹灰。

（7）全部吹灰结束后，关闭进汽总阀，打开疏水阀。

7. 单台就地吹灰

将程控柜上的选择开关置于"手动"位置，此时操作吹灰器本体上的电气按钮就可以启动吹灰系统的阀门及吹灰器进行顺序吹灰，其操作程序按前述方法。

吹灰器运行可分为自动连续运行（程控）和单只运行方式，无论哪种方式，都必须具备吹灰电源和吹灰总管蒸汽压力正常的联锁条件。

水冷壁、过热器、再热器、省煤器等区域的吹灰应按烟气的流动方向自前向后逐区进行。在同一区域也应按烟气的流动方向及自上而下进行吹灰，这样可以避免受热面的交叉积灰。但是，当受热面积灰过分严重或燃用高灰分煤时，为了防止后部烟道上受热面在吹灰时发生堵塞，此时采用先逆烟气流动方向，再顺烟气流动方向进行吹灰。

吹灰器在运行前必须对系统管道进行充分暖管和疏水，否则水滴喷射到高温受热面上，易使受热面造成局部过大的温差热应力，甚至会损坏受热面管子。

当吹灰器伸入炉内时，吹灰管是依靠蒸汽进行冷却。因此，吹灰器应严禁在无蒸汽时伸入炉内，如吹灰器在运行中发生故障，除设法尽快拉出之外（必要时采用手动操作退出吹灰器），绝不能中断蒸汽。

二、吹灰器程序控制

1. 概述

当吹灰器在全程控制情况下，它的吹灰顺序为：回转式空气预热器吹灰→炉膛短伸缩式吹灰器吹灰→水平烟道长伸缩式吹灰器吹灰→竖井烟道长伸缩式吹灰器吹灰→回转式空气预热器吹灰器吹灰。对于烟道吹灰器按烟气流程自前向后、自上而下顺序进行。

锅炉吹灰全程控过程如下。

（1）起动程序。

在起动吹灰程控前，应先将吹灰蒸汽减压阀调至某一开度，以使吹灰蒸汽压力达到所需要的数值。

按吹灰程控起动按钮，则程序起动信号灯亮，吹灰程序开始进行。此时，需再调整吹灰蒸汽减压阀，使吹灰蒸汽母管压力达到要求数值。

待开启蒸汽总门，即可进行炉膛吹灰程序（或回转式空气预热器吹灰程序）。在开蒸汽总门之前，先打开管道的疏水阀门，待排除管路中积水和空气，将疏水门关闭。

（2）炉膛吹灰器吹灰。

1）在接到炉膛吹灰器吹灰指令后，开相应疏水门和蒸汽阀，进行暖管和疏水。

2）待该吹灰蒸汽的温度大于要求值，说明暖管、疏水工作结束，关闭该疏水阀。

3）逐台进行炉膛吹灰器吹灰，使吹灰指令按既定的顺序进行，逐台进行吹灰，直至吹扫到炉膛吹灰器最后一台退出停转为止。

4）如果炉膛吹灰器吹灰完毕，由计数器判断（吹灰器台数）确认炉膛吹灰器已全部结束吹灰工作，则炉膛吹灰器对应蒸汽管路上蒸汽门相应关闭。至此炉膛吹灰结束，程控指令即转向过热器、再热器、省煤器的长伸缩式吹灰器。

（3）长伸缩式吹灰器吹灰。

1）接到吹灰器吹灰指令后，开启相应吹灰管路上蒸汽门和疏水门进行暖管和疏水。

2）待吹灰蒸汽管路的汽温大于要求值，关闭疏水门。

3）吹灰器逐台开始吹灰——前进旋转吹灰、旋转后退吹灰，按顺序逐台进行（对吹，即相对应二台吹灰器同时吹灰），直至最后一台吹灰器停止，烟道吹灰完成，关闭相应蒸汽门。并将程控指令转向回转式空气预热器吹灰器。

完成各吹灰器吹灰后，关闭各相应的吹灰管路上的蒸汽门，并最后关闭吹灰蒸汽总门，开启各吹灰管路的疏水门，使各吹灰管路泄压，经过若干分钟，并关闭各疏水门。至此整个锅炉吹灰程控结束，控制装置自动复归，控制盘上吹灰程序起动信号灯熄灭。

2. 吹灰程序控制装置介绍

以可编程序控制器（简称 PC）为核心的吹灰器可编程序控制系统能适应不断发展的要求，它利用可编程序逻辑来执行系统的要求，并按照一系列的数据指令把系统的要求存储在 PC 用户存储器，它可以灵活地组成不同的吹灰程序以满足不同的运行要求。

系统的设计原则为操作简单、可靠性高、修改方便和有清晰的显示，设有多种运行程序、各种运行和联锁以及系统的各种参数（如可同时运行的吹灰器台数和类型等）都可编成程序而作为装置工作软件的一部分。

（1）系统组成。

系统可分为以下四个部分。

1）显示屏——是由显示控制面板、电缆连接接头等组成；

2）I/O柜——是由PC、电源、中间继电器、线路板、电缆连接接头、端子排等组成；

3）动力柜——是由一系列交流接触器、中间继电器、热继电器以及接线端子排组成，用以驱动吹灰器和各类阀门的电动机；

4）编程器——用以修改程序，平时它是独立地存放在一个盒子里，用时可通过编程电缆与PC连接，也可直接在PC的CPU组件上使用。

1）显示屏。显示屏是安放在集控室内，由运行人员操作运行吹灰器，并可观察吹灰器的运行情况。显示控制板安装在显示屏前面，锅炉模拟图用以指示每只吹灰器的运行状态。一些控制按钮用来控制吹灰器的运行，按钮的控制功能如下：程序选择、程序起动、程序串联起动、程序停止、程序复位、程序验证、次序验证、手动退回、手动起动、吹灰器状态验证、吹灰器许可/禁止、装置的状态切换等各类控制功能。

吹灰系统的状态在面板上均有指示，如：控制电源丧失、蒸汽压力低、程序正在进行、程序运行结束、吹灰器在运行、吹灰器后退、吹灰器起动失败、吹灰器前进时间超、吹灰器后退时间超等。

2）I/O柜。I/O柜连接显示屏和动力柜及一些现场设备、中央逻辑处理单元（PC）及硬手操继电器、显示驱动线路板、电源、输入/输出端子排等设备装在其内。

3）动力柜。用于驱动各类型的吹灰器及阀门。动力柜主要是由交流接触器、空气开关、中间继电器、热继电器以及端子排等组成。

4）编程器。编程器是用来编制和修改程序的工具，具有方式选择开关、逻辑键、功能转换键、编辑键、逻辑显示、地址/数据显示、状态显示以及录音机接口等。通过编程器可监视程序的运行情况。

（2）软件概述。

可编程序控制器的最大特点是不需要专门的语言，只需根据梯形逻辑图用PC的命令直接按键输入即可。用户程序存储在RAM存储器中，断电时依靠CPU组件内的锂电池保持。同样用户程序也可存储在EPOM存储器中。

显示控制面板上设有若干个程序选择键，炉膛吹灰器和长伸缩式吹灰器也可同时运行。通过这些程序选择键，可灵活地组成许多运行程序。程序验证和次序验证按钮是用来查找程序的编制情况。

3. 辅助控制

吹灰管道中的一些阀门都纳入控制装置的控制范围中，这些阀门包括总门（电动截止阀）、减压站控制减压阀、疏水阀等。

（1）总门。

总门相当于截止门，它起到切断或提供吹灰汽源的作用。在吹灰器起动吹灰前，首先开启总门，以提供吹灰蒸汽。吹灰器吹扫结束，应关闭总门，以切断吹灰蒸汽。另外，在锅炉事故状态或压力调节系统失灵时，可紧急关闭总门，以保护吹灰系统管路和阀门。

总门控制有自动状态和手动状态两种状态。

1）在自动状态下，一个吹灰器运行程序起动后，约5～10s后，随即自动开启总门，模拟图上"EV开"指示灯亮，而"EV关"指示灯灭。系统开始进入暖管疏水阶段，此阶段结束后，吹灰器随即投入运行。

在所有起动的吹灰器运行程序均运行结束后，总门自动关闭。待总门关闭后约5s，控制器复位，锅炉模拟图上的"EV开"指示灯灭，而"EV关"指示灯亮，同时"程序运行结束"指示灯亮。

2）在手动状态下，吹灰器投入前首先开启总门，否则吹灰器无法起动，手动开启总门的方法是：先将拨盘放在相应数字上，按"手动起动"按钮，其工作状态的显示情况与自动状态相同。

（2）减压站及管路阀门控制。

1）锅炉吹灰汽源减压站控制系统，如图11-13所示。炉膛吹灰器和长伸缩式吹灰器吹灰蒸汽的减压是通过该系统来实现的。当吹灰系统投运时，在电动截止阀开启之后，它能使吹灰介质的压力控制在预先所确定的要求范围内。该系统还能使吹灰系统在暖管期间，使汽源保持一个较小的开度，以减少对吹灰系统各部件的热冲击。该系统的操作可在程控柜上进行。

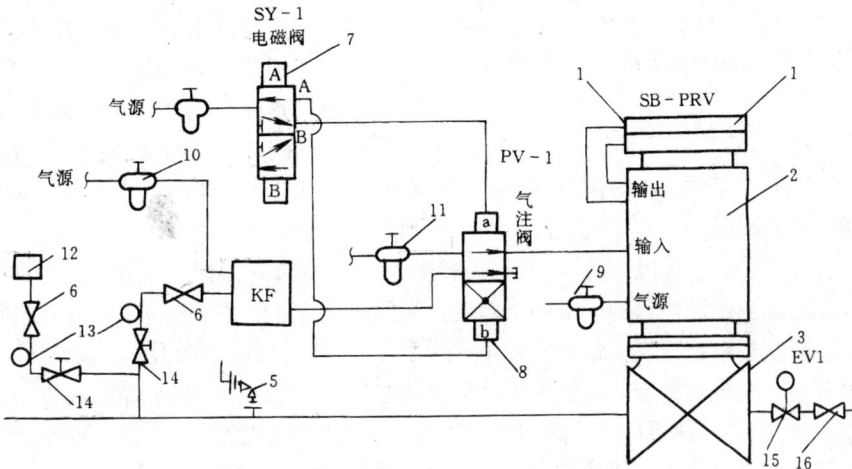

图 11-13　锅炉吹灰汽源减压站控制系统

1—双作用汽缸活塞执行机构；2—单座气动阀定位器；3—单座调节阀；4—压力指示调节仪（KF表）；5—安全阀；
6—三通阀；7—双电压二位五通电磁阀；8—双气热气阀；9—空气过滤减压阀（可调式）；10—压力控制器（固定式）；
11—压力控制器（可调式）；12—压力控制器及附件；13—弯管；14——次门；15—电动截止阀；16—手动截止门

一是暖管阶段。系统处于暖管阶段时，电磁阀线圈 A 带电，此时气控阀 PV-1 的 a 端有控制信号，空气过滤减压阀"2"的输出信号通过气控阀进入阀门定位器的输入端。预调整好空气过滤减压阀的输出，可以使阀门的开度很小，达到暖管且减小热冲击的目的。

当"汽源压力合适"信号建立时，程控装置将使电磁阀转为线圈 B 瞬时带电后状态，此时系统进入调节阶段。暖管时间可根据管路安装情况，现场设定程控器的延时、暖管时间到后才允许吹灰器投入。

二是调节阶段。电磁线圈 B 线圈带电后，系统进入调节阶段，此时气控阀 b 端有控制信号，使得 KF 仪表的输出信号可以通过它进入定位器的输入端，阀门开度随着联箱压力的变化而变化，以保持联箱蒸汽压力恒定，满足系统吹灰的要求。系统吹灰结束后，控制装置应将电磁线圈转为线圈 A 瞬时带电后的状态，为下次启动暖管作准备。

2）锅炉吹灰蒸汽管路疏水控制系统如图11-14所示。疏水阀的开启和关闭是受管路内蒸汽温度信号控制的。预先在 KF 仪表上设定一个合适的温度值，当系统停止工作时，管路内无吹灰蒸汽流过，温度低于设定值，阀门自动开启，管路内的疏水可以疏出。当系统工作时，管路内有吹灰蒸汽流过，且温度达到或超过设定值时，说明管路内的疏水已疏尽，阀门自动关闭。

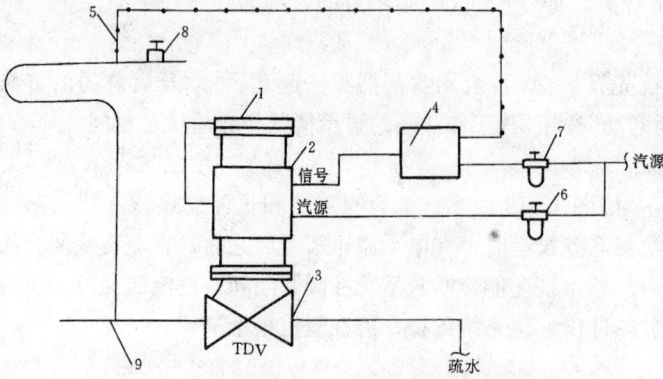

邹县电厂2020t/h锅炉的吹灰管路系统中，每台炉设炉本体吹灰器减压站一台，空气预热器减压站一台，如图11-15所示，气动调节阀为美国 Fisher 公司生产。

当管道系统减压站运行时，程控首先指令三通电磁阀的线圈通电，则定位器输出口与执行器隔膜腔气室相通（即三通电磁阀1～2相通）。此时，压力控制器测量值为零，与设定值之差最大，压力控制器和定位器的输出量亦最大，减压阀全开；然后手动开启减压阀前的手动截止阀，于是介质便迅速通过减压阀，

图 11-14　锅炉吹灰蒸汽旁路疏水控制系统

1—VA气动薄膜执行机构；2—单作用气动阀门定位器；3—小流量调节阀；4—温度指示调节仪（KF 表）；5—温包保护套管；6—空气过滤减压阀（可调式）；7—试验接头（固定式）；8—试验接头；9—弯管

经减压到阀后的管道系统，随着减压阀后介质压力增加，压力控制器测量值与设定值之差逐渐变小，输出给执行器隔膜腔气室的气压由大变小，则阀门开度也由大变小，通过减压阀的蒸汽量变小；当测量针与设定针重合时（即测量值等于设定值），则阀后压力达到压力控制器的设定值，于是压力控制器输出给定位器的信号趋于稳定，阀门的开度稳定在某一位置，通过减压阀的蒸汽量趋于稳定。若阀后系统蒸汽耗量突然变小（或为零），则阀后压力会升高，此时压力控制器测量值大于设定值，它输出给定位器的信号由稳定状态变小。定位器给执行器的气压随之变小，阀门开度变小（或关闭），则通过减压阀的蒸汽量变小（或为零），直到压力控制器测量针与设定针重合（即测量值等于设定值），阀门又重新稳定在某一开度。当阀后管道系统耗汽量增加时，压力控制器测量值趋向小于设定值，输出给定位器的信号会由稳定变大，阀门开度变大，通过的流量增加，直到测量值与设定值相等，控制系统的输出量与阀门开度又趋于稳定……。

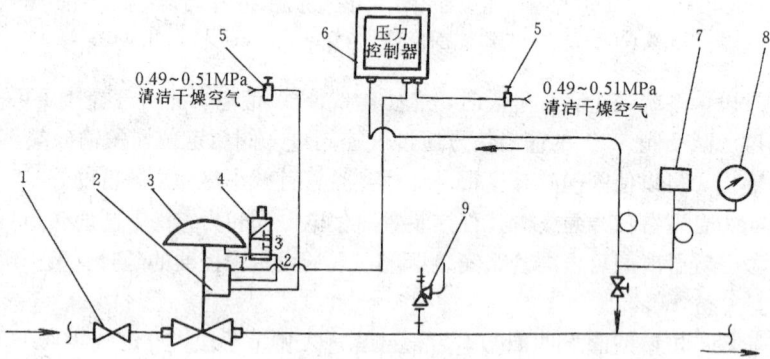

图 11-15　吹灰汽源减压站

1—电动截止阀；2—定位器；3—蒸汽减压阀及执行器；4—三通电磁阀；5—空气过滤减压阀；6—压力控制器；7—压力开关；8—电接点压力表；9—安全阀

当吹灰完毕或系统超压时，程控指令电磁阀的线圈失电，使执行器隔膜腔的气压被释放（即三通阀1～3通），减压阀快速关闭，然后关闭减压阀入口前的手动截止阀。

管道系统中设置低压开关，当减压阀后压力低于低压开关设定值，即吹灰介质压力不足时，

第三篇　锅炉辅助设备

反馈程控指令不能投运吹灰器。

　　管道系统中设置高压开关，当减压阀后压力达到或高于高压开关设定值，即吹灰介质压力过高时，反馈程控指令也不能投运吹灰器。

　　管路系统减压站设置安全阀，用于系统超压时，保护减压站后管道系统及设备。

　　管道系统中设置流量开关，当吹灰流量低于流量开关设定值时，反馈程控指令急退回吹灰器枪管，防止因流量不足而使吹灰枪管冷却蒸汽不足而变形，以确保吹灰器运行安全可靠。

　　流量开关控制吹灰流量的基本原理是：根据吹灰要求，调整好流量开关设定值，当投运吹灰器时，在吹灰器本体阀门开启 5s 后，若实际吹灰流量达到该吹灰器枪管最小冷却流量要求时，流量开关触点闭合，吹灰可以继续下去。否则，反馈程控指令紧急退回吹灰枪管。

　　管道系统的疏水，其形式多样，以保证可靠、经济、有效地排除吹灰蒸汽里的冷凝水或湿蒸汽为原则，采用气动热力疏水阀（参见图 11-16 及图 11-17）。

　　当吹灰系统启动时，由于系统温度低，暖管所产生的冷凝水量较大，打开手动疏水阀疏水。热水疏水阀的启闭是自动的，当蒸汽具有 1～5℃ 的过热度时自动关闭。

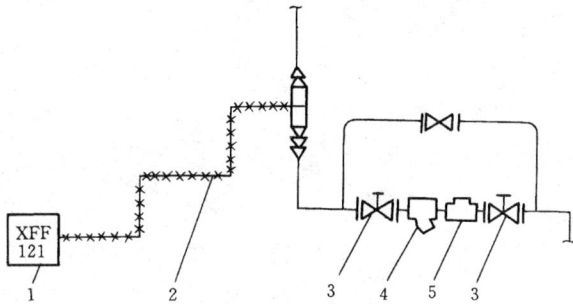

图 11-16　气膜式疏水阀系统
1—动圈式温度指示调节仪；2—热电偶及补偿导线；
3—截止阀；4—过滤器；5—热力疏水阀

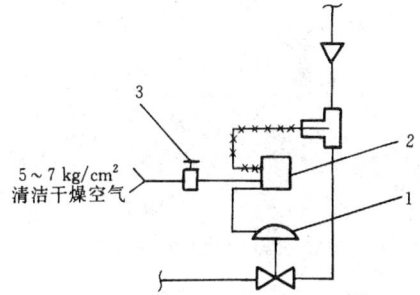

图 11-17　气动热力疏水阀
1—疏水阀及执行器；2—疏水温度控制器；
3—空气过滤减压阀

　　热力疏水阀由气动温度控制器自动控制启闭。当管道系统内的蒸汽温度低于温度控制器的设定值时，温度控制器输出较弱的气动压力，该气动压力不能克服执行器弹簧力的作用，阀门继续开启，这样系统已变冷的蒸汽或冷凝水就被排放。阀门的开启大小与蒸汽温度偏离设定值大小成正比，吹灰介质温度过低时，疏水阀全开，同时装在阀门上的开向极限开关动作，反馈程控指令不能吹灰，正在投运的吹灰器也立即退回。待冷凝水排放后，系统内蒸汽温度大于温度控制器的设定值时，温度控制器输出较强的气动压力，该气压便克服执行器弹簧力的作用，而使阀门关闭。当疏水阀全关时，装在阀门上的关向极限开关动作，这时管道系统内的蒸汽温度达到正常，当系统压力也正常时，程控指令即投运吹灰器。

　　由于空气预热器吹灰用汽源，在机组负荷小于 10％MCR（推荐值）时，使用的是从启动锅炉来的辅助汽源，通常该汽源的温度较低，无论怎样也达不到或超过空气预热器吹灰管道系统疏水阀配用的温度控制器设定值而使疏水阀关闭。这时，程控将解列温度控制器对疏水阀开关的控制，改由手动阀直接控制疏水阀的启闭，直到机组负荷大于 10％MCR 改换空气预热器吹灰用主汽源时关闭手动阀，程控才对疏水阀直接控制，恢复温度控制器对气动疏水阀的控制功能。

复习思考题

1. 吹灰器作用有哪些？600MW 锅炉采用几种形式吹灰器？
2. 炉膛短伸缩型吹灰器及烟道长伸缩型吹灰器的动作原理是怎样的？
3. 吹灰程序控制的基本吹灰过程是怎样的？

第十二章

600MW 锅炉启动

第一节 锅炉启动必备条件

一、锅炉检修后验收与辅机试转

锅炉机组大、小修后，为了保证锅炉机组的所有设备正常完好，确保锅炉启动一次成功，对检修后的设备应按验收制度规定的项目和标准进行逐项验收，锅炉辅机还应按规程规定进行试转工作，以进一步检验设备的检修质量和测定设备及系统的工作性能。

锅炉机组大、小修后，凡属设备变动，均应有变动报告，以便检修、运行及其他有关人员掌握和备查。运行人员应直接参加验收和试转工作。在验收和试转时，运行人员应对设备进行详细的检查。

（一）锅炉检修后验收内容

1. 锅炉内部

炉膛及烟、风道内部应无明显焦渣、积灰和其他杂物，所有脚手架均已拆除。炉墙及烟、风道应完整，无裂缝，且无明显的磨损和腐蚀现象。

所有的煤、油、气体燃烧器位置正确，设备完好，喷口无焦渣。火焰检测器探头应无积灰及焦渣堵塞。

各受热面管壁无裂缝及明显的超温、变形、腐蚀和磨损减薄现象，各紧固件、管夹、挂钩完整。

吹灰器设备完好，安装位置正确，各风门、挡板设备完整，启闭正常且内部实际位置与外部开度指示相符合。冷灰斗、电除尘灰斗及烟道各灰斗内的灰渣应清除干净。

电除尘器内部积灰已清除并无杂物，电极、极板及振打装置完整良好，电场内各接地装置符合要求。

2. 锅炉外部

为检修工作而采取的临时设施已拆除，设备、系统已恢复原状，临时孔、洞已封堵。

现场整齐、清洁，无杂物堆积。所有栏杆应完整，各平台、通道、楼梯均应完好且畅通无阻。现场照明良好，光线充足。

各看火孔、检查孔、人孔门应完整，开关灵活且关闭后的密封性能良好。锅炉各处保温应完整无脱落现象。制粉设备及系统外部无积粉。锅炉烟风道外视完整，支吊良好。

锅炉钢架、炉顶大梁及吊攀、刚性梁等外观无明显缺陷，所有膨胀指示器完整良好。锅炉各调节门、风门、挡板伺服机及连杆连接良好。阀门完整，开关灵活，手轮完整。现场设备铭牌齐全、编号正确。

3. 转动机械

回转式空气预热器、风机、磨煤机及其附属设备完整，内部无积灰或其他杂物。转动机械及其电动机基础牢固。轴承和油箱的油位正常，油质良好，并有最高、最低及正常油位标志。转动机械的电气设备应正常。轴承油冷却水畅通、水量充足。

4. 集控室及辅助设备就地控制室

集控室、就地盘、就地控制柜配置齐全、通信及正常照明良好，并有可靠的事故照明和声光报警信号。

5. 锅炉电动、气动、液动执行机构的校验

锅炉各电动门、调节门、气控装置、风机的动叶与静叶、烟风系统各风门及挡板的校验是锅炉机组检修后的验收项目之一。

试验注意事项如下。

(1) 已投入运行的系统及承受压力的电动门、调节门都不可进行试验。属停运的设备没有试转单不可进行试验。与运行系统相连接的设备若无切实可行的措施不可进行试验。

(2) 需试验的设备应检查其外观完整，连接正常，符合试转条件后，方可送上其电源、汽源。

(3) 试验前应确认通信联络设备良好，控制系统已经投运。

(4) 有近控、遥控的设备，对近控、遥控均应进行试验。凡属 DCS 控制的设备，应分别试验慢操和快操的开关速率。

(5) 所有设备试验时，均应分别记录其打开、关闭所需的时间。

(6) 试验时集控室及现场设备均应有专人监视动作情况：开关灵活，方向正确，集控室开度指示与实际开度指示一致。

(7) 试验时按"风门、挡板、阀门试验卡"进行。

试验方法及要求如下。

(1) 联系热工人员送好各电动门、调节门、风门及挡板伺服机电源，并参加试验。

(2) 检查各阀门、挡板伺服切换把手所在位置（手动或电动）。

(3) 对所有电动门、调节门进行开关试验，开度指示与实际开度和方向相符，红绿灯指示正确。

(4) 近控、手操应开关灵活；遥控试验，限位开关应动作正常。

(5) 气动调节装置应动作灵活，进气压力正常，无泄漏及异常现象。带"三断自锁"的应作"断电"、"断气"、"断信号"试验且结果良好。

(6) 对双位置设备试验：触发开指令，设备应打开，远方开度指示与实际开度指示均应在100%；触发关指令，设备应关闭，远方开度指示与实际开度指示均应在0%。

(7) 对多状态设备试验如下。

1) 轻按开指令，应以较慢的速度打开，指令停止时，集控室开度指示与实际开度指示均应停止在某一相同的数值上。

2) 轻按关指令，应以较慢的速度关闭，指令停止时，集控室开度指示与实际开度指示均应停止在某一相同的数值上。

3) 用上述相同的试验方法，进行快速开、关速度的试验。

4) 对 DCS 置手动旁路方式，分别在硬手操 M/A 站上进行开关指令试验，设备应打开和关

闭。

5）对带有中间停止按钮的设备，应试验其中间停止情况。并校核实际开度与集控室开度指示一致。

（二）锅炉辅机试转

锅炉辅机在完成有关附属设备的试转和校验后，确认系统通道、出路能满足试转需要，然后方可对其进行试转工作。

1. 锅炉辅机试转注意事项及要求

（1）同一母线的两台6kV辅机不可同时启动。

（2）辅机所属电动机，在冷状态下一般允许启动两次，每次间隔时间不得小于5min；热状态下则允许启动一次。

（3）回转式空气预热器、引风机、送风机、一次风机等检修后的连续试运行时间一般应不少于4h，其他转动机械的试运行时间应不少于30min，以验证其工作可靠性。

（4）锅炉各辅机的启动，均应在最小负荷下进行，以保证设备安全。引风机、送风机、一次风机，在试运行期间还应试验最大负荷的工况，但应注意不使电流超过额定值。

（5）锅炉辅机试转过程中，如发生故障跳闸，在未查明原因之前不可再次启动该设备。

2. 锅炉主要辅机试运行

锅炉机组的辅机很多，其中风机和回转式空气预热器是主要辅机，下面着重介绍它们的试转要求。

（1）风机的试转。

风机试转或动平衡校验时均应就地程控启动。风机启动时，集控室应有专人负责监视风机电流及启动时间，若启动时间超过规定，应即遥控停用。启动正常后应检查并监视风机电流、电动机及风机各轴承温度、电动机线圈及铁芯温度，风压及风量各参数是否正常。并应检查风机的升速和转动声音、转向、各轴承温度及振动，液压系统的油压、油位、油温是否正常，液压系统有无泄漏等。如发现异常情况应及时分析处理，当危及设备及人身安全时，应即紧急停用该风机。

（2）回转式空气预热器的试转。

回转式空气预热器启动前应先确认主电动机、副电动机（副动力源）及手动盘车装置转向正确，防止由于转向相反造成密封件损坏。启动预热器时，应先用盘车装置将转子盘动至少一周，检查无碰壳或金属摩擦等异常情况后方可启动主电机。预热器启动后应检查各风门、挡板联动动作情况正常，电动机、减速箱及机械部分振动符合要求，液力耦合器工作正常，减速箱及轴承箱油位、油温、油质、油压等参数正常且系统无漏油，电动机电流应无明显晃动，如出现不正常晃动时应即停用该预热器。

预热器试转时，还应校验主电机与副电机（副动力）之间的连锁装置动作是否正常。预热器检修后试转时，还应进行预热器的冷态漏风试验。

二、锅炉连锁保护试验及事故按钮试验

1. 拉合闸及事故按钮试验（静态）

（1）启动引风机、送风机、一次风机和磨煤机的润滑油泵各一台，油压建立正常后，分别启动回转式预热器、引风机、送风机、一次风机、磨煤机、给煤机，作拉合闸试验证实良好、恢复合闸位置。

（2）对上述各辅机分别用事故按钮停下，此时各辅机应跳闸，事故信号发生，红灯灭，绿灯闪光，事故喇叭响，复置各操作开关于跳闸位置，绿灯亮，事故信号解除。

（3）引送风机连锁保护试验：启动引风机、送风机、一次风机润滑油泵各一台，油压建立正

常后，分别启动回转式预热器、引风机、送风机、一次风机，就地用事故按钮停止引风机运行，对应的送风机，一次风机应跳闸；复置跳闸设备按钮，启动引风机、送风机、一次风机，就地用事故按钮停止送风机运行，对应的引风机、一次风机应跳闸。

2. 锅炉 MFT 连锁保护试验

MFT 连锁保护条件（600MW 自然循环汽包炉）如下。

(1) 两台引风机全停；

(2) 两台送风机全停；

(3) 炉膛压力高；

(4) 炉膛压力低；

(5) 汽包水位高；

(6) 汽包水位低；

(7) 两台一次风机全停；

(8) 无 50% Run Back，临界火焰失去（在规定时间内，发生占锅炉所具有的主燃烧器数 50% 的主燃烧器火焰，由原着火正常变为火焰丧失）；

(9) 锅炉风量低于 25%；

(10) 全燃料失去；

(11) 全火焰丧失；

(12) 火焰检测器跳闸（火焰检测器冷却风母管压力或冷却风与炉膛差压低于规定值时）；

(13) 再热器蒸汽中断（汽机跳闸，高压旁路未打开且再热器处烟温超过规定值）时；

(14) 无 FCB 功能的机组，遇发电机主开关故障跳闸或汽轮机故障跳闸时。

3. 锅炉 IFT 连锁跳闸保护试验

(1) 任何 MFT 条件出现，或者 MFT 继电器跳闸；

(2) 运行人员在直接跳闸盘上按下 "IGNITER FUELTRIP" 按钮；或从 HRCRT 及 S.B 键盘上输入 "IGN. TRIPVALVE CLOSE" 命令；

(3) 燃油母管温度低于设定值延时 3s 跳闸；

(4) 燃油母管跳闸阀关闭，或者探测到阀门全关接点短接；

(5) 所有点火器油阀关闭，或者探测到阀门全关接点短接；

(6) 一个或多个点火器油阀未关时，并且主燃油母管压力低于设定值超过 3s；

(7) 一个或多个点火器油阀未关时，而雾化空气压力低于设定值超过 3s。

4. 磨煤机 MT 连锁跳闸保护试验

(1) 任何 MFT 条件出现或 MFT 继电器跳闸；

(2) 在直接跳闸盘上按下 "MILL TRIP" 按钮，或按下就地控制盘上的 "MILL TRIP" 按钮；

(3) 磨煤机已停运，而其给煤机有任一台仍运行；

(4) 点火器和燃烧器组运行，但点火器不能向其燃烧器提供足够的点火能量；

(5) 两台一次风机全停或磨煤机运行时一次风压低；

(6) R.B 至一层燃烧器运行（煤粉为一层运行不允许）；

(7) 50% R.B 发生；

(8) 有一对燃烧器在运行而其点火器未运行时，若失去任一煤粉燃烧器火焰则触发 "LOSS OF FLAME"，跳该磨煤机。若 4 只燃烧器（一层）全运行时，点火器未运行，如果失去任 2 个煤粉燃烧器火焰则跳掉该磨煤机；

（9）磨煤机运行，但并未处于点火状态，而其所有的燃烧器相关挡板关闭；

（10）磨煤机运行，一次风关断（隔绝）挡板打开后，却有任一关闭；

（11）2 台润滑油泵运行，出口压力低于设定值，或磨煤机运行，润滑油流量低超过 10s；

（12）磨煤机的齿轮润滑喷射系统故障。

三、锅炉启动应具备的条件

锅炉机组启动前设备的检修工作应全部结束，热力工作票和电气工作票都已终结，锅炉各设备验收合格，各转动机械经试转正常。锅炉启动前，下列各项校验和试验工作应完成并符合要求。

（1）锅炉水压（超压）试验；

（2）风机的动平衡校验；

（3）各煤粉管道的阻力调整试验；

（4）炉内空气动力场试验；

（5）空气预热器的冷态漏风试验；

（6）电气除尘器的电场空载升压试验；

（7）锅炉辅机电气连锁及热机保护校验。

锅炉下列设备的电源均送上：锅炉各辅机及附属设备；所有仪表、仪表盘、电动门、调节门、电磁阀、风机的动叶或静叶调节装置，风门和挡板；各自动装置、程控装置、巡测装置，计算机系统、锅炉保护系统，报警系统及锅炉照明。

锅炉的汽水系统、减温水系统、疏放水系统、汽机旁路系统，直流炉的锅炉启动旁路系统及化学取样，热工仪表各阀门位置已符合启动前的要求。

锅炉燃烧室及风烟道的看火孔、人孔门、检查门均已关闭。各吹灰器均在退出位置。

锅炉的冷却水系统（或轴冷水系统）、压缩空气系统、燃油雾化蒸汽系统已投入运行；电除尘灰斗加热系统、暖风器系统已处于热备用状态；炉底蒸汽加热系统已具备投用条件。

锅炉燃用的轻油、重油及煤的储量能满足要求，轻油、重油已建立循环，燃油管路上的伴热蒸汽系统已投运正常。

除灰系统、除渣系统、冲灰水系统、轴封水系统及电除尘器、预热器、风机、制粉系统及其附属设备已具备投运条件。

锅炉各连锁及保护装置应符合启动前要求，计算机系统应具备投用条件。对应汽轮机、发电机已具备启动条件、燃料、化学等有关系统和设备已符合锅炉启动要求。

第二节　控制循环锅炉启动

一、控制循环锅炉启动一般程序

1. 启动前锅炉水压试验

（1）锅炉所有承压部件安装完毕后，以锅筒工作压力的 1.25 倍进行锅炉整体水压试验（24MPa），再热器系统以再热器入口压力的 1.5 倍进行水压试验。

（2）水压试验范围：锅炉本体自给水操作台至汽机电动隔绝汽门前，再热器系统自再热器冷段入口水压用堵板到再热器热段出口再热蒸汽管堵上的水压用堵板。

（3）水压试验前应将主蒸汽管和再热蒸汽管上的所有恒力吊架及炉顶弹簧吊架用插销或定位片予以临时固定，暂当刚性吊架用。

（4）水压试验顺序：先做再热器系统，后做锅炉本体。

1）再热器系统水压试验。

利用电动给水泵的中间抽头，通过再热器冷段事故喷水减温水管充水升压，升压速度应缓慢，在 1.0MPa 以下升压速度≤0.1MPa/min，达到 1.0MPa 后停下检查，稳定 15min 后继续升压，升到工作压力 3.77MPa 停止升压，进行稳定检查。如无异常，继续以升压速度≤0.3MPa/min，升压至试验压力，并进行检查。

2）锅炉本体水压试验。

锅炉检查完毕并上水后，可通过给水操作台的给水旁路控制上水与升压速度，升压速度应缓慢，汽包压力升到 1.0MPa 时，停下来稳定 15min 后再升压，升压至 6MPa 和 12MPa 时暂停升压，观察压力变化情况。如无异常，继续升压到水压试验压力，停止升压。在试验压力下保持 5min，然后降到工作压力进行检查。

升压速度从 0 到 3MPa 需 30min，当水压＜10MPa 时，升压速度≤0.3MPa/min 时，当≥10MPa 时，升压速度为 0.15～0.2MPa/min。

（5）水压试验结束后，放水泄压，泄压速度一般控制在 0.3MPa/min，压力降至零时，开启各空气门，疏水门。

2. 锅炉上水与排气

当锅炉上水时，应按规定打开锅炉排气阀。为了防止第一台锅水循环泵启动时水位降至可见水位以下，应将水充至接近水位计的顶部。如果用热水（热水是相对于锅炉金属壁温而言），则锅炉上水则要缓慢进水（冬天进水速度慢），以免在锅筒集箱等处引起热应力。

锅筒夹层的冲洗水排放阀在第一台锅水循环泵启动前应该关闭，在机组点火前应开启锅筒排气阀，打开后烟道下集箱疏水阀，直至锅内空气全部排完为止。当锅筒压力达到 0.172MPa 表压时，通常认为锅筒内空气已全部排完。在启动锅水循环泵前，泵应进行细致的充水和排气。

3. 锅炉点火前应完成的工作

（1）锅炉已上水至略高于正常运行水位。

（2）所有控制系统已检查完毕，具备了投运条件，所有安全连锁系统应保证其正常动作，用建立实际连锁动作工况来进行系统调试。如果实际连锁工况不能建立，可模拟其动作工况。

（3）所有有关的机械设备已经检查完毕，具备了投运的条件。

（4）油燃烧设备已经检查完毕，可以保证正常运行。

（5）磨煤机与给煤机已经检查完毕，可以保证具备投运条件。

（6）风箱已检查，挡板处于规定的位置，喷嘴处于水平位置（摆动燃烧器 0°位置）。

（7）给水系统的仪表和设备已检查过，具备了启动条件，建议启动时给水用硬手操，直至机组建立起连续流量。为避免锅炉中的氧腐蚀，不应使用未经除氧的给水。

（8）锅水循环泵已检查过，已经充水和排气，所有循环泵仪表具备了投运条件，特别要注意锅水循环泵差压开关必须投运。

（9）所有空气输送设备已经检查合格，具备投运条件；所有烟气、风门挡板已处于启动位置。

（10）检查准备投入运行的回转式空气预热器，预热器灭火装置可以使用。

（11）吹灰器设备已检查过可以运行，系统已具备启动条件。

（12）所有喷水减温器喷水调节阀和截止阀关闭。

（13）锅炉过热器、再热器所有的疏水阀和排气阀处于启动位置。

（14）炉膛出口烟气温度探枪处于工作状态，可以投运。

4. 锅炉初次点火注意事项

（1）为保证启动时锅炉的安全，必须保持至少为全负荷风量30%的通风量。

（2）启动时，用下排油枪点火，在任何情况下，要求的燃烧率应该允许操作整个一层喷嘴，而又不超过炉膛出口烟气温度的限制。

（3）在整个启动期间应控制燃烧，以保证炉膛出口烟温在538℃以下（由炉膛出口烟温探枪测量），直至汽机同步运转（汽轮发电机并网）。

（4）当初次启动新机组时应以相当慢的速度升压，从而使运行人员有足够时间检查各处膨胀位移情况下，同时熟悉机组及其辅助设备的性能。一旦掌握这些性能，只要维持炉膛出口烟温在538℃以下，以后的启动可尽量加快速度。

5. 点火及升温升压

（1）启动2台锅水循环泵。

（2）启动容克式空气预热器。

（3）启动火焰检测器冷却风机。

（4）启动引风机。

（5）启动送风机。

（6）调节风机及风箱挡板，使吹扫空气流量至少为额定风量的30%。此时燃料风挡板全关，用辅助风挡板调节。锅炉炉膛顶部保持微负压。

（7）调节辅助风挡板，使得大风箱与炉膛间的差压控制为要求值（372.4Pa）。检查所有炉膛吹扫条件是否满足，如不满足则要进行操作予以满足。

（8）开始炉膛吹扫（吹扫前已完成油系统泄漏检查）。当完成一次吹扫循环后，检查所有条件是否满足。

（9）炉膛出口烟温探枪投入。

（10）开始最下层主油枪的点火程序，自下而上投各层主油枪。先投对角后投全层，每次投油枪都要观察炉内燃烧情况，要特别注意油枪漏油，保持良好雾化和稳定燃烧。

（11）在暖炉期间，省煤器再循环管道阀门是开启的，当建立连续给水流量后，省煤器再循环管道再循环阀可以关闭。

（12）燃烧率应加以控制，以保持一定的锅水升温率和保持炉膛出口烟温低于538℃。

（13）当锅炉机组逐步加热后，应不断检查锅炉的膨胀位移情况，要特别注意壁式再热器相对于水冷壁和锅炉下部相对于构架的膨胀。膨胀位移量应记录，以便与以后启动的情况相比较。

（14）保持锅筒正常水位，按要求不断检查锅水浓度和成分，以保持适当的锅水工况。

（15）在提高凝汽器真空度之前，应关闭再热器所有通向大气的疏水阀或排气阀。让连接到凝汽器的疏水阀开着，直到汽机带上低负荷。

（16）在锅筒压力达到0.689MPa之前，启动第三台锅水循环泵，以减少循环泵壳体所承受的温度梯度。在锅炉满负荷时应投3台锅水循环泵运行，以避免2台循环泵运行时，其中一台循环泵事故停泵而引起主燃料跳闸（MFT）的可能性，并提供在负荷调整时具有更大的灵活性。

（17）当锅筒压力升高时，逐步节流过热器主蒸汽管道排汽阀和其他启动疏水阀。在任何时候都要保持足够的蒸汽流量以消除过热器中凝结水。在蒸汽流量未通过汽机前，不要完全关闭启动疏水阀。当汽轮发电机并网后，应立即关闭后竖井包墙下部集箱疏水阀（5%启动旁路）。

（18）当汽机升速时，燃烧率仍应控制防止炉膛出口烟温超过538℃。当汽机转速达到同步运行时，炉膛出口烟温探枪才可以退出。在任何情况下均不应超过满足蒸汽流量所需要的燃烧率。

（19）锅炉升温升压。

1）锅炉升温升压按机组启动曲线进行，根据锅水饱和温度的温升率及升压率控制升温升压速度。

2）在升压过程中，保持水位的正常与稳定。

3）在升压期间，锅筒内外壁温差＜20℃。

4）在升压过程中，加强对过热器、再热器壁温的监视和控制，严防超温。

5）在升压过程中，记录各膨胀指示器的指示值，若有异常，查找原因，待消除异常后，允许再继续升压。

6）锅炉主蒸汽压力升至 10MPa，开始洗硅，控制锅水含硅量达到下一级压力允许含硅量（见表 12-1）时，才能继续升压。

表 12-1 锅水含硅量表

主蒸汽压力	MPa	9.8	12.25	14.7	15.7	16.7	18.2
SiO_2 含量	mg/L	＜3	＜1.5	＜0.5	＜0.4	＜0.3	＜0.2

7）升负荷时多投下层燃烧器，在投上层燃烧器时，要特别注意对过热汽温及再热汽温的影响。

8）当负荷升至70％时，主蒸汽温度和再热蒸汽温度接近额定值，燃烧稳定，投入吹灰程控，可进行一次全面吹灰。

二、启动中汽包应力分析及控制

汽包是锅炉中容积大、壁厚的压力容器，600MW 机组锅炉汽包内径 1778mm，筒体总长 27700mm，汽包材质 SA−299 碳钢，上半部壁厚为 198.4mm，下半部壁厚为 166.7mm。锅炉启动过程中，汽包壁的应力主要由工质压力引起的机械应力，汽包壁温度场不均匀引起热应力等综合组成。汽包安全许用应力由材质和工作温度来决定，它限制了由压力与温度场引起的综合应力，即限制了升温升压速度。

（一）汽包应力

1. 汽包壁的机械应力

一般情况，汽包的内外直径之比值都在≤1.2 范围内（上述 600MW 汽包 $\dfrac{R_{外}}{R_{内}}=1.11$ 左右），从分析问题出发都可看成薄壁容器。对薄壁容器，在内压力作用下，只是向外扩长而无其他变形，故汽包壁的纵横截面上只有正应力而无剪应力。

由内压力作用而在汽包壁上产生切向应力 σ_1、轴向应力 σ_2 和径向应力 σ_3 为

$$\sigma_1 = \frac{pD_0}{200\delta} \quad (\text{kg/mm}^2)$$

$$\sigma_2 = \frac{pD_0}{400\delta} \quad (\text{kg/mm}^2)$$

$$\sigma_3 = -\frac{p}{100} \quad (\text{kg/mm}^2)$$

式中 p——汽包内工质压力，kg/cm^2；

D_0——汽包内径，mm；

δ——汽包壁厚，mm。

上三式中，负号表示径向应力对管壁为压应力，而 σ_1 和 σ_2 为拉应力。

2. 汽包热应力

物体体积随着温度升高而膨胀，随着温度下降而收缩。由温度变化而引起体积变化能自由变化时，物体内不产生应力。但是物体体积变化而到约束时，将会产生内应力，即称为热应力。

在锅炉启动过程中，随着工质温度升高，汽包壁被逐渐加热升温。但是汽包体积大、壁厚，其各处温度升高是不均匀的。工质热量通过汽包壁由内向外传递，其壁内温度变化如图 12-1 所示，一般变

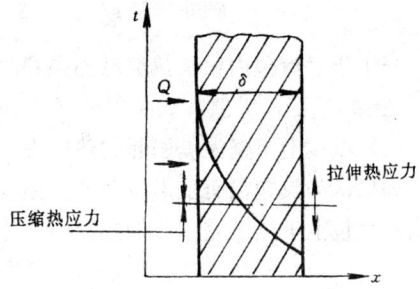

图 12-1　汽包壁内温度变化

化规律是由内壁向外壁按抛物线形逐步降低。在汽包横断面上，温度较高部位金属膨胀量较大，温度较低部位金属膨胀量较小。因此汽包内壁的膨胀受到外壁约束，内壁产生压缩应力，外壁产

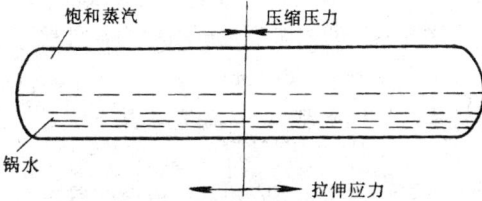

图 12-2　汽包上下壁温差引起的热应力

生拉伸应力。此外，在升压过程中汽包上半部为饱和蒸汽，对汽包壁进行凝结放热；汽包下半部为锅水，对汽包壁进行水缓慢流动的对流放热。凝结放热系数比锅水对流放热系数大 2～3 倍，因此汽包上半部受热强烈、温升大；汽包下半部受热相对少，金属温升较小，由此而产生热应力，在汽包上半部为压缩应力，在汽包下半部为拉伸应力（见图 12-2）。

（1）汽包内外壁温差引起热应力。

假定汽包壁为单面受热的平板，其周边固定而不能扭转。汽包内壁面温度为 t_1，外壁面温度为 t_2。壁内温度变化规律，根据加热强度不同有三种情况，如图 12-3 所示。

其内壁热应力可表示为

$$\sigma = \Delta t_{1-0} \frac{\alpha E}{1-\mu}$$

式中　α——材料线胀系数，$1/℃$；

　　　E——弹性模数；

　　　μ——泊桑系数，$\mu = 0.25 \sim 0.33$；

　　　Δt_{1-0}——内壁表面至中性线 x—x 之间温降。

Δt_{1-0} 与汽包内壁受工质加热情况有关，当加热速度很慢时，如图 12-3（a）所示，壁内温度呈线性变化，此时

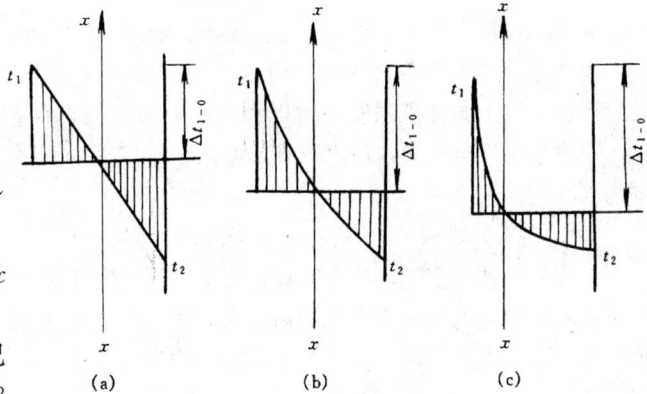

图 12-3　壁内温度变化规律

$$\Delta t_{1-0} = \frac{1}{2}(t_1 - t_2)$$

当工质对汽包内壁加热较强时，如在正常升压速度时，则壁内温度呈抛物线变化如图 12-3（b）所示，此时

$$\Delta t_{1-0} = \frac{2}{3}(t_1 - t_2)$$

当工质对汽包内壁加热突然而强烈时，例如高温水进入汽包情况，壁内温度呈双曲线变化，此时 Δt_{1-0} 达到最大值，如图 12-3 (c) 所示，近似为 $\Delta t_{1-0} = (t_1 - t_2)$。

(2) 汽包上下壁温差引起的热应力。

如果认为汽包没有变形以及壁内温度场是均匀的，即忽略汽包内外壁温度梯度，可用下式近似表示汽包上下壁温差引起的热应力

$$\sigma = \pm 0.5\alpha E(t_1 - t_2) \quad (kg/mm^2)$$

式中　t_1、t_2——分别表示汽包上下壁温度,℃。

（二）汽包上水时应力及进水方法

上水（温水）时汽包无内压力，温水与汽包壁接触加热汽包内壁，形成汽包壁温度不均匀，因此上水时汽包应力主要是热应力。温水与冷汽包壁接触传热，引起汽包内外壁温差、上下壁温差，汽包壁管孔与管接头温差。这些温差都会引起热应力。

一般上水是欠热水，不会产生饱和汽对上部汽包壁的凝结放热，只有水直接对汽包下部内壁加热，结果汽包下部产生压缩应力 $\sigma_{(上下)}$。汽包内外壁温差，使内壁产生压缩应力，外壁产生拉应力 $\sigma_{(内外)}$。因此，下部汽包内壁的综合应力 $\sigma_{总} = \sigma_{(上下)} + \sigma_{(内外)}$ kg/mm^2。

控制热应力 $\sigma_{总}$ 的方法就是限制上下、内外壁温差，特别限制 Δt_{1-0} 温差，其方法是控制上水温度及限制上水速度。

600MW 锅炉规定，上水水质要合格，上水温度 40～60℃，如果水温高于汽包壁温 50℃，应控制给水流量（30～60t/h），还规定上水时间，夏季不小于 2h，冬季不小于 4h。

一般电厂用除氧水箱 104℃ 除氧水进水，当水流经省煤器入汽包时，水温约 70℃ 左右。

有的锅炉采用化学纯水，而不用除氧纯水，为了除去水中氧气，进水的同时加联氨，其反应方程式如下

$$N_2H_4 + O_2 \longrightarrow N_2\uparrow + H_2O$$

为了维持锅水的 pH 值在规定范围内，还要加入氨水（NH$_3$·H$_2$O）。由于化学纯水是冷水，约 25℃ 左右，与汽包温度相近，运行人员不必担忧由于进水的温度应力而损坏汽包的问题，进水时间和流量不必加以限制，可以大大缩短进水时间。但由于进水温度较低，点火后的第一小时，锅炉几乎没有压力，使点火升压时间略有增加，运行人员在点火第一小时必须认真监视和控制锅水温度的变化。

（三）升压过程中的汽包应力及控制方法

锅水的饱和温度随着压力升高而升高，因此升压过程也是汽包加热升温过程。此时汽包应力有：由压力引起的机械应力（如切向应力 σ_1、轴向应力 σ_2、径向应力 σ_3）；由汽包上下壁温差引起的热应力及由汽包内外壁温差引起的热应力等。汽包壁受到的机械应力和热应力可用第四强度理论方法进行合成。

1. 升压过程中汽包应力分析

汽包上下壁温差引起热应力在升压过程中影响最大，在汽包顶部，它与轴向机械应力方向相反，起削减总应力作用；而在汽包底部，它们的方向一致，起叠加的作用。可见，汽包底部应力大于汽包顶部。最大应力发生在底部内壁。

现取汽包底部内壁层单位脱离体（见图 12-4），分析脱离体上的应力。它的轴向应力由三部分组成，即由内压力引起的轴向应力 σ_2、汽包上下壁温差引起的热应力 $\sigma_{(上下)}$、汽包内外壁温差

引起的热应力 $\sigma_{(内外)}$，其中 σ_2、$\sigma_{(上下)}$ 是拉伸应力（＋号），$\sigma_{(内外)}$ 在汽包内壁是压缩应力（－号）。汽包底部内壁的切向应力由内压力引起机械切向应力以及 $-\sigma_{(内外)}$ 组成。现代汽包锅炉采用大直径下降管，其管金属本身及内贮水量较多，应考虑其重量引起的机械应力。因此汽包底内壁的径向应力由内压力引起的径向机械应力 $+\sigma_3$，以及下降管重量引起的机械应力 $\sigma_{管重}$ 两部分组成。

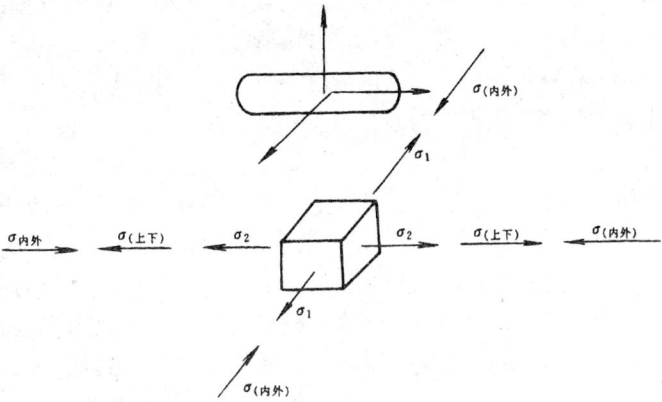

图 12-4　内壁单位脱离体应力图

由上述分析可建立汽包底部内壁的应力表达式为

轴向应力　　　$\sigma_{轴} = \sigma_2 + \sigma_{(上下)} - \sigma_{(内外)}$

切向应力　　　$\sigma_{切} = \sigma_1 - \sigma_{(内外)}$

径向应力　　　$\sigma_{径} = \sigma_3 + \sigma_{管重}$

引用热应力计算近似公式可得

$$\sigma_{轴} = \frac{pD_0}{400\delta} + \alpha E \Delta t_{(上下)} - \alpha E \Delta t_{1-0}$$

$$\sigma_{切} = \frac{pD_0}{200\delta} - \alpha E \Delta t_{1-0}$$

$$\sigma_{径} = -\left(\frac{p}{100} + \sigma_{管重}\right)$$

由第四强度理论表达汽包底部内壁总应力

$$\sigma_{总} = \sqrt{\frac{1}{2}\left[(\sigma_{切} - \sigma_{轴})^2 + (\sigma_{轴} - \sigma_{径})^2 + (\sigma_{径} - \sigma_{切})^2\right]}\quad \text{kg/mm}^2$$

要求　　$\sigma_{总} \leqslant [\sigma]\,\varphi y$

式中　$[\sigma]$——汽包钢材许用应力，kg/mm^2；

　　　　φ——汽包开孔引起的强度减弱系数；

　　　　y——汽包工艺、裂缝等原因引起的强度减弱系数。

分析影响 $\sigma_{总}$ 的因素可得 $\sigma_{总} = f(p, \Delta t_{上下}, \Delta t_{内径}, \Delta t_{管孔})$，而式中各因素又是汽包压力 p 的函数。

2. 升压过程中汽包应力控制

升压过程中汽包应力控制有以下两个要求。

(1) 在任何时候，汽包承受的应力必须小于汽包材料的许用应力；

(2) 应力变化幅度越小越好，以减少汽包每启动一次的寿命损耗。

对于已定汽包结构，汽包内压力越高，机械应力也越大；汽包壁上、下壁温差，内、外壁温差越大，其热应力也越大。因此在升压过程中，应严格控制汽包上下、内外壁温差。

在实际运行中如何测定汽包内外壁温差（实质上就是如何测定汽包内壁温度），根据试验可得以下规律。

(1) 在启动初始阶段及稳定运行阶段，蒸汽引出管的外壁温度与汽包上部内壁温度相差仅在 $0\sim3℃$ 范围内，故可直接用前者代替后者。

（2）在启动初始阶段及稳定运行阶段，集中下降管外壁温度与汽包下部内壁温度相差仅在 0～5℃范围内，故亦可用前者代替后者。

（3）在停炉过程中，从机组滑参数停机到发电机解列、锅炉熄火这一过程中，蒸汽引出管的外壁温度与当时压力下的饱和温度相差 0～±3℃，范围内，差别不大。故可以用饱和温度代替上部内壁温度。锅炉熄火以后，自然降压，速度很慢，内外温差很小，可不必检测内壁温度。

（4）在停炉过程中，直至锅炉放水，集中下降管外壁温度与汽包下壁内壁温度相差大致在 ±5℃范围内，可以考虑适当修正后仍用前者代替后者。

根据各壁温测点检测到的数值，可以确定汽包上下壁温差，汽包上部内外壁温差及汽包下部内外壁温差。运行启动中应将这些数值控制在规定范围内（$\Delta t < 42$℃）。

控制汽包内外，上下壁温差的关键是控制工质升温速度。升压速度愈快，对应工质温升速度亦愈大。在低压阶段，升压速度应控制慢些，而在高压阶段则其升压速度可以快些，这是由于低压阶段饱和温度随压力变化率 $\left(\dfrac{\Delta t'}{\Delta p}\right)$ 值较大，而高压阶段饱和温度变化率 $\left(\dfrac{\Delta t'}{\Delta p}\right)$ 较小之故。另外对于自然循环锅炉，在启动初期，水循环未建立或不正常，使汽包下半部放热系数小，会使汽包上下壁温差增大。

（四）控制循环锅炉汽包热应力控制特点

控制循环锅炉为了降低汽包上下壁温差，提高启动速度，在汽包结构上作了改进。在汽包内部有与汽包同样长度的弧形衬板，从上升管来的汽水混合物全部从汽包顶部引入，沿弧形衬板与汽包内壁之间的狭长通道由上向下流动，从汽包下部自下而上进入汽水分离装置。汽水混合物在通道内有适当的速度及一定的热传导，因而使汽包内部表面温度基本相同，这样汽包上下壁温差几乎不存在，改善了汽包的应力特性。对于控制循环锅炉的汽包，限制其升压速度主要是汽包内外壁温差和汽包内压力。

对于控制循环锅炉在点火之前已建立了水循环，从点火一开始，汽包的受热就比较均匀，有利于升温升压速度的提高，其锅水温升率一般控制在 80～90℃/h，据国外资料，如在 110℃/h 的升温率下，汽包寿命允许启停次数在七万次以上。

对于自然循环锅炉，在点火过程中，特别是在升温升压的初始阶段，水冷壁的水循环不良，汽包上下壁温差大，这也是限制自然循环锅炉升温升压速度的原因之一。为减少汽包上下壁温差，提高汽包下壁温，600MW 自然循环锅炉的汽包采用下部汽水混合物室连通以及两侧采用不同数量汽水混合物引入管，汽包下壁与流动的汽水混合物相接触，提高放热系数，减少上下壁温差。另外为使水循环及早正常，促使受热面加热均匀，根据机组结构特点和点火条件，采用各种促进汽包受热均匀或加强水循环的措施，例如，启动初期用蒸汽加热装置推动水循环建立，沿炉膛四周均匀对称投运燃烧器，对于水循环薄弱的受热滞后的水冷壁管，采用下联箱放水等，用这些方法提高汽包下部的放热系数，减少汽包上下壁温差，提高升压速度。

控制循环锅炉由于有锅水循环泵，水冷壁中流量是按热负荷大小来分配流量，即采用水冷壁进口装置节流孔板来进行合理分配。水循环与炉内燃烧工况有一定关系，但基本上各管流量按设计方案进行。因此从点火开始直至带满负荷，水循环是完全可靠的。即使点火时炉内热负荷有不均匀现象，也不致于引起水循环的问题，这是因为点火低负荷时，水冷壁内循环倍率较大，水冷壁内有足够水量流动。锅水进入锅水循环泵内混合后又进入各水冷壁，汽水混合物进入汽包，如此循环不息，不断混合，锅水温度得以均匀，因此各水冷壁的工质温度是均匀的。这样，控制循环锅炉的升温升压速度可以提高，启动中对水冷壁的保护不需采用其他特殊措施，也即水冷壁是比较安全的。

三、锅水循环泵启动

锅炉锅水循环泵系统如图 12-5 所示。该系统是以投运 3 台锅水循环泵中的 2 台即能带 MCR 负荷进行设计，为了增加运行上的灵活性，锅炉一般以 3 台泵运行，其中 1 台作为备用。如果只投运单台泵，则锅炉负荷必须立即减至 60％MCR。如连续运行负荷在 60％MCR 以下，允许投运单台锅水循环泵。所有锅水循环泵都停运时，则不允许锅炉运行，此时由与循环泵差压测量仪器连锁（差压低）的主燃料跳闸（MFT）起保护作用。在启动时，建议至少投入 2 台锅水循环泵运行。

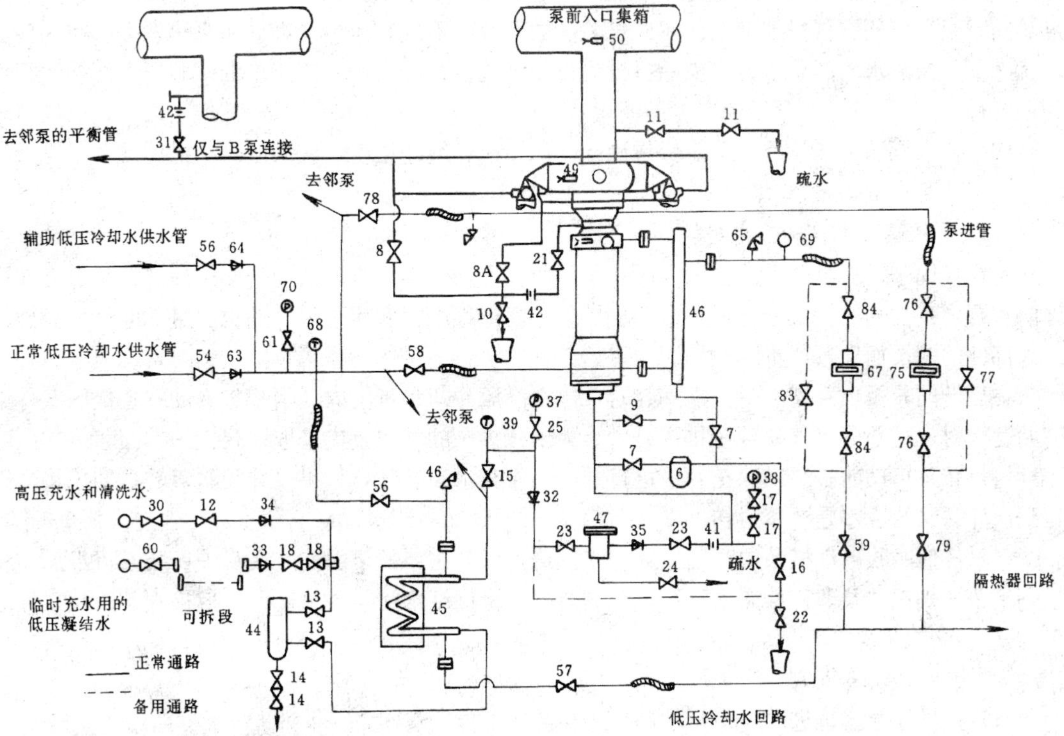

图 12-5 锅炉锅水循环泵系统图

（一）锅水循环泵水压试验

初始的水压试验必须在未装上电动机本体时进行。由于泵壳体内是空的，可打开各泵的出口阀，以使泵内匀称地充水。

在初始水压试验完成及锅炉已将水压用的水放净后，清洗下降管和汇合集箱，以防止污秽物进入泵与电动机腔内。按以下步骤进行。

（1）在安装泵电动机组件之前，将泵出口阀打开至全开位置。

（2）用清洗的压力水，从上汽包向下冲到各下降管，此时下水包的疏水阀应打开。

（3）检查汇合集箱的清洁度。

（4）关闭泵出口阀，并按安装说明书规定装上泵电动机组件。

（5）清洗并安装高压充水和清洗水管道及泵的冷却器。

（6）按"初始充水和排气"操作说明，用除盐水或凝结水对泵电动机组，各泵壳充水。

整个泵安装之后，泵电动机组须与锅炉一起水压试验。通常泵承受的压力不超过泵的设计压力。全面检查螺栓、垫圈和管道焊口的严密性。试验压力应持续足够时间以便仔细检查，不得有泄漏、泪珠或水滴现象出现。

水压试验方法如下。

(1) 按照泵的充水和排气规程对泵电动机组进行充水。

(2) 保持到各泵清洗水量和对锅炉充水。

(3) 当锅炉充满水后，打开泵出口旁路阀（见图12-5中8与8A）。

(4) 切断到各泵的清洗水，关闭阀（见图12-5中23）。

(5) 对锅炉施以水压试验压力，此时泵和泵的高压管道也就受到同样的压力。要求最初的水压试验压力为常温下泵的设计压力（水温不小于21℃），所有接点和焊缝应承受试验压力且持续足够的时间，以便进行仔细检查。在此试验压力期间，不应有泄漏、泪珠或水滴发生。在阀门关闭状态下，泵的水压试验压力不应超过泵出口止回阀（泵出口阀）阀座下的试验压力而导致损坏阀杆结构。

(6) 在水压试验结束后，泵应保持满水。如果适逢结冰温度，应采取保护措施。

（二）泵初始充水及排气

1. 空气携带危害性和采用措施

倒置式锅水循环泵的设计已大大减小了泵内储存空气的危险，然而仍必须注意及采取合理措施防止泵内存在气穴。由于轴承和电动机组件的间隙很小，即使泵内存储很少量的空气也会破坏这些部件的润滑而导致严重的损坏。

在运转前，循环泵充水时，空气容易存储在高压冷却水系统内，当冷态启动和在低压条件下初始运转时，这部分空气就可能排至泵内。为了减少泵的气穴，应采取下列措施。

(1) 在泵启动前必须确保正确地进行泵电动机充水和排气，如果泵内无水运转，轴承将立即遭到破坏。泵内无水是严禁运转。

(2) 任何时候电动机腔内都应保持充水，这是极为重要的。因此，在锅炉安装或疏水后，将泵隔绝并分别按"泵的初始充水和排气"的要求，将凝结水注入各泵。要定期检查备用泵并保证泵内是满水的。

为了减少锅炉的气穴，应采取下列措施。

(1) 慢慢地给锅炉进水，最好从锅炉机组的底部位置进水。

(2) 确保"省煤器再循环"阀、"省煤器排气"阀和汽包上所有排气阀（包括各隔板之间和汽包夹层区域内的"清洗和泄放"阀）全开，在第一台泵启动前，应关闭"清洗和泄放"阀。

(3) 泵启动前，确保汽包高水位，最好高到水位计的顶部，当泵启动后保持适当的水位。

2. 泵的初始充水及排气

在所有冷却水管路、充水和清洗水管路和泵冷却器的高压侧在与循环泵连接前，要保证将内部的轧制氧化皮，焊接药渣冲到外面，这一点很重要，用一只过滤网来检查冲出物，以验明其清洁度。

为了消除任何可能产生的气穴，在对泵进行充水时必须小心操作，以排除泵内空气，应按下列步骤操作（参见图12-5）。

(1) 确保开启低压冷却水和隔热体的各阀门（见图12-5中54、56、57、58、84、59、78、76、79）。无论泵是在运转或者锅炉锅水温度超过93℃时，低压冷却水必须注入泵冷却器。流量指示器旁路阀（见图12-5中的77和83）通常是关闭的，即有流量指示。

(2) 循环泵出口阀（20）关闭。

(3) 关闭旁路阀（8）。

(4) 打开旁路阀（8A），排气阀（11）和疏水阀（10）。

（5）打开隔热体疏水阀（21）。隔热体疏水阀（21）能使锅水从出口阀旁路及泵平衡管通过旁路阀（8）流到隔热体进行循环。这股水流有助于防止在泵的叶片下面聚积氧化铁沉积物，有助于降低锅水在隔热体中的氧化铁浓度。通常隔热体疏水阀（21）是开着的，并由此阀进行再循环，由节流孔板（42）来限制锅水再循环的流量，过分的再循环量会产生泵的推力荷载而损坏轴承。

（6）关闭疏水阀（16）和打开阀（30）、（12）、（13）、（15）、（22）以接通充水管路（参见图12-5）。通过阀（22）使充水管路冲洗，以保证充水管路没有氧化皮和其他杂质。调整阀（15）的开度使清洗水排向大气。在阀（15）调整完毕后，关闭阀（22）和打开阀（23）、（7）。

每次在打开阀（23）、（7）进行充水或清洗泵之前，应执行上述程序。

（7）通过阀（23）、（7）缓慢地对泵充入凝结水。

（8）当从疏水阀（10）开始排出不含空气的水流时，关闭阀（21）。继续充水直到疏水阀（10）再次排出不含空气的水，随后关掉阀（10）。继续充水直到排气阀（11）排出不含空气的水流时，随后关阀（11）。

（9）当泵和锅炉已充水完毕，打开泵出口阀（2），（此时清洗水应开着），按"泵启动的准备"内容进行检查，并使电动机运转 5s。在 5s 后停留 15min，随后再运转 5s，如此重复三次，使聚积在循环泵高压冷却系统中的空气逸出，把夹入在泵电动机腔内的空气通过隔热体而进入泵壳体内，进而在锅炉中扩散消失。

（10）充水后确保阀（8）、（8A）、（23）是关闭的，以使泵与充水及清洗水系统隔绝。

充水中注意点如下。

（1）建议在循环泵排气管和泵壳疏水管路的疏水阀或指示器安装地面上（运行平台），以便在排气或疏水时，能由人工监视。

（2）泵充水用的水必须是除氧的凝结水，充水温度（温度计 39）必须大于 21℃，但不得超过 49℃。

（3）当电源与电动机的接线盒连接时，要用电动机相位转向指示器，保证正确的接线。在短暂的试运转时，检查旋转方向是否正确，观察输入功率的电流，如电动机反转则输入功率与规定不符，可能高于或低于规定值。反向旋转会出现特殊的噪声、振动和低压头。

（4）系统图（见图12-5）中止回阀（35）是防止过滤器回路失效时，不使锅水倒流到过滤器（47）去。止回阀（32）是防止泵电动机组腔通过阀（16）而进行意外的疏水。

（5）当泵用充水和清洗水系统进行充水或清洗时，必须有一个操作人员在现场，防止意外。让电动机充水管路和清洗水管路的阀门处于打开状态和无人看管是危险的（尤其是锅炉处在热态时），清洗水温任何时候都不应该超过 49℃。

（6）如果在泵已充水后，当锅炉机组必须疏水时，则在锅炉疏水前必须将泵出口阀关闭，以避免沉淀物经泵出口管倒向泵内而聚积在泵壳内。

（三）锅水循环泵启动准备

在锅水循环泵接通电源之前，必须满足下列各点。

（1）确认泵电动机已注满水并完全排气。

（2）确认低压冷却水系统和隔热体系统的阀（54）、（56）、（57）、（58）、（59）、（76）、（78）、（79）、（84）开（见图12-5），且冷却水流量达到规定的数值，所有其他阀门应处于关闭状态（如果在热备用情况下启动泵，则旁路阀（8）、（8A）和隔热体疏水阀（21）要开启）。

（3）在初运行之前或检修之后，检查电动机腔温度报警装置，检查所有仪表的性能是否完好。确保汇合集箱和泵壳之间的温差不超过 55.5℃，以限制热应力在规定的范围内。

（4）当泵投入运行前要注意，尤其锅炉热态下将泵重新投入时，要确认汇合集箱与泵壳之间的温差不超过 55.5℃，这是避免出现剧烈热冲击的关键。在泵启动前，使泵壳的温度与汇合集箱的温度相匹配，以使泵壳温度上升变化不致太快。

（5）检查泵电动机的绝缘性能，并检查电动机电压是否正确。

（6）检查泵差压指示器动作和可靠性。

（四）锅水循环泵启动操作

（1）开启阀（8）、（10），使储积在出口阀下面的空气逸出，待至疏水阀（10）排出不含空气的水时关闭此阀。开启排气阀（11），并开启充水管路阀（15）、（23）对泵进行清洗，连续对泵进行清洗，直至汽包压力升至 2.1MPa，停止向锅水循环泵充清洗水，即关闭排气阀（11）和充水管路阀（15）、（23）。

（2）打开循环泵出口阀（2）。循环泵出口阀是一种"浮动活塞型的截止止回型阀"，该阀的"开启"和"关闭"是根据阀杆的"出"还是"进"的位置来决定的。当泵在运转时，两只出口阀总处于开启状态，绝不能是一只阀"开"而另一只阀"关"情况运转泵，且该两只出口阀绝不可在半开位置，而总是要么全开，要么全关。

（3）启动循环泵。当泵启动时，与泵连在一起的出口截止止回阀必须打开，否则在泵壳内的锅炉水几分钟内就会温度升得较高。另外在启动泵时，监视差压指示器，正常启动情况下，差压将会立即升高，如果差压不升高，应立即停泵。

（4）检查泵的噪声水平。泵在运转期间的工作间隙是无法检查的，而用听棒听泵壳及电动机壳，检查运转时有否碰擦或存在过大的轴承噪声。过分的擦碰会引起磨掉下来的金属进入高压冷却水回路。因此，可以从水的取样化验来验证。使用电动机下端的振动检测器，并把振动数值记录下来，以便可作比较。

（5）锅炉冷态情况下的头 2 台泵的启动是采用上述启动操作方法。当随后的第 3 台循环泵启动时，则作为锅炉热态情况下的冷泵启动来处理，应考虑厚壁的泵壳产生严重的热应力。一般第 3 台泵在汽包压力达 0.69MPa 时启动。当机组同步后，第 3 台泵仍未启动，则应该在锅炉温度开始快速升高之前或在锅炉温度和压力已趋稳定之后启动。

（6）锅水循环泵热备用启动。此时循环泵系统运行方式是：泵出口阀（2）开启，旁路阀（8）、（8A），隔热体疏水阀（21）和低压冷却水阀（54）、（56）、（57）、（58）、（59）、（76）、（78）、（79）、（84）均开启。

1）检查"泵启动的准备"所要求各项内容［第（1）项至第（2）项］。通常过滤器旁路阀（9）应关闭（见图 12-5），泵壳温度与汇合集箱的温度差应在 55.5℃以内。如果泵启动频繁时，则将泵壳与汇合集箱的最大温差由 55.5℃限制为 27.8℃为宜。

2）锅水循环泵热备用启动。

（五）锅水循环泵停用

1. 锅炉处于热态，泵暂停作热备用

（1）关掉电动机。

（2）仍保持循环泵出口阀（2）开启；保持低压冷却水系统阀（54）、（56）、（57）、（58）、（59）、（76）、（78）、（79）、（84）开启。

（3）泵旁路阀（8）、（8A）和隔热体疏水阀（21）要开着，以使高温的锅水通过泵壳，由吸入管和排出管进行循环（见图 12-5）。

（4）开启电动机腔过滤器旁路阀（9），以增加虹吸水量。

2. 锅炉冷态时，循环泵停用

（1）关掉电动机。

（2）保持低压冷却水管路阀（58）、（59）开启。

（3）泵出口阀（2）仍开着，旁路阀（8）、（8A）和隔热体疏水阀（21）一定要打开。

（4）如果停泵需保持相当一段时间，而泵内又注满着水，则应按常规加以检查，并建议对备用泵每隔一个月，至少开动10min。

（六）锅水循环泵疏水（放水）

如果为了检修而需要将泵疏水（放水），则必须先停锅炉和进行锅炉放水。在泵的电动机腔进行疏水之前，先将泵壳的主螺母松开（确保锅炉已放水，而无热水），锅炉炉体冷却并已放水完毕。

（1）泵的所有阀门已完全关闭，且泵的电气已被隔绝。

（2）在泵放水之前，电动机腔温度必须≤49℃。

（3）通过阀（8A）、（10）、（21），使下降管、汇合集箱和泵壳放水。

（4）在泵壳放水后，打开过滤器旁路阀（9）和电动机腔疏水阀（16）、（22）。如果未用清洗水来冷却电动机腔，则准备从排出的疏水取样进行化学分析。（只有当泵壳已经放水之后，才能使用阀（16）、（22）来对泵电动机体进行放水）。若通过电动机腔放水来放去泵壳内热的炉水，将会使电动机线圈损坏。阀（22）配有上锁装置，以防误操作。

（5）切断冷却水管之前，应关闭阀（58）、（59）、（78）、（79）。

四、启动过程中受热面保护

（一）过热器、再热器安全工作

过热器、再热器是锅炉中主要部件之一，它的工质温度和管壁金属温度都是锅炉中最高的，在启动过程中过热器、再热器安全工作十分重要。它应满足两个要求：其一是过热汽温、再热汽温应符合汽轮机冲转、升速、并网、升负荷等要求；其二是过热器、再热器管壁不超过其使用材料的许用温度，其联箱、管子等不产生过大的周期性热应力，以增加其使用寿命。

1. 过热器保护

600MW锅炉在启动过程中靠自身蒸汽冷却过热器，但过热器管的超温往往是由热偏差过大而引起的。在启动过程中，过热器发生热偏差的原因如下。

（1）立式过热器的积水造成部分管子水塞。

在启动前立式过热器的积水是无法放掉的。水压试验后启动，立式过热器内充满积水。运行停炉后的启动，立式过热器中也会因凝结而积水，锅炉点火后蒸汽通至过热器等冷管子也会凝结水。蛇形管内积水也会形成水塞，阻碍蒸汽畅流，平行管列中的积水往往是不均匀的，故在通汽压力不足时，部分积水较少的管子被疏通，而积水较多的管子仍处于水塞状态。必须使已疏通管的进出口压差大于水塞管的重位阻力，才能使水塞管疏通。因此在没有达到疏通流量之前，应限制热负荷，积水管靠自生蒸发，以冷却管子。

此外，对于壁式过热器，如包覆管等，可利用底部联箱上的疏水阀把积水疏尽。对于环形集箱疏水阀、水平烟道包覆下集箱疏水阀、壁式再热器进口疏水阀等都是100％开足，以利疏水。环形集箱及水平烟道包覆疏水阀在升压至0.5MPa时关小，汽机冲转时关至0％。壁式再热器进口疏水门待启压0.1MPa时也关闭。

为了对过热器进行暖管疏通，在启动开始时，过热器出口集汽集箱疏水阀开30％，高压旁路开20％，待压力升至0.8MPa时开主汽门前疏水，关过热器出口集汽集箱的疏水，以对主蒸汽管进行暖管。

（2）减少传热偏差。

炉内燃烧工况的组织，必须保证炉膛出口烟气温度分布均匀。300MW锅炉曾有规定在启动过程中炉膛出口左右偏差不大于30℃，最大不超过50℃。600MW机组锅炉的炉膛容积大，炉膛断面积也大，在炉膛出口烟气产生残余扭转大，即在水平烟道进口产生左右偏差也大，这会影响到过热器、再热器的左右热偏差的增大。

2. 再热器保护

具有再热器的锅炉在启动时，再热器的安全主要与旁路系统的型式、再热器受热面所处的烟气温度、启动方式（主要指汽轮机冲转的蒸汽参数）以及再热器所用的钢材性能有关。

对于采用串联布置的二级旁路系统的再热机组，在启动期间，有蒸汽通过高压旁路流入再热器，然后经低压旁路流入凝汽器，因而使再热器得到一定的冷却。

再热器的安全还与冲转参数有密切关系，若冲转参数较低，则冲转前再热器前的烟温就低，这对再热器安全有利。若冲转参数高，冲转前再热器前的烟温就高，则对再热器安全不利。

对于采用高低压两级旁路系统的机组，启动开始时高压旁路开启，用锅炉自身蒸汽对再热器进行冷却，待升压至0.8MPa时，低压旁路投用。但考虑到启动初期蒸汽流量小，冷却管壁能力差。再加上CE 600MW的控制循环锅炉的再热器采用高温布置（布置于炉膛出口），受热强烈。故在点火及升压初期，仍采用控制炉膛出口烟温不大于538℃，直至汽轮发电机并列，通过再热器的流量增加，才考虑退出炉膛出口烟温计。如果在这段启动过程中，出现炉膛出口烟温大于538℃时，计算机控制系统（DCS）暂停锅炉继续升压，待烟温下降至规定值再继续升压。

3. 汽温控制方法

启动过程中过热汽温、再热汽温控制主要有以下两点。

(1) 控制升温速度，通常采用过热汽温是2～2.5℃/min；再热汽温3～3.5℃/min。

(2) 控制出口汽温满足汽轮机启动要求。

在启动过程中，过热汽温、再热汽温调节主要方法有以下几种。

(1) 改变燃烧器摆动角度控制火焰中心位置，投运下层燃烧器可使过热汽温下降，反之上升。燃烧器摆动角度，向上摆，再热汽温、过热汽温上升；向下摆，过热汽温、再热汽温下降。

(2) 调节喷水减温器的喷水量。

(3) 通过高低压旁路改变过热器的蒸汽流量。如高压旁路开大，维持汽压不变，燃料量必然会增大，过热汽温上升（对流汽温特性）。

(4) 600MW锅炉的尾部竖井下集箱按CE的惯例装有容量为5%启动疏水旁路。锅炉启动时利用此旁路进行疏水以达到加速过热器升温及调节锅炉出口压力的目的。按CE的经验，此5%容量的小旁路也可以满足机组冷热态启动的要求。

（二）省煤器保护

自然循环锅炉绝大多数采用汽包与省煤器进口联箱连通的再循环管，形成经过省煤器的自然循环回路，起着当省煤器上部蛇形管中的水被蒸发产生汽泡而连续补充省煤器进水量的作用，通过再循环管在点火期间保护省煤器。但当锅炉进水时，省煤器内水的温度波动较大，特别点火的后期，由于锅水温度大大高于给水温度，因而波动就更大。此种波动将在省煤器管壁内引起交变的温度应力，对省煤器焊缝发生有害的影响。同时，运行人员操作也较麻烦，再循环门要根据锅炉是否进水来进行开关操作，即在锅炉进水时，再循环门应关闭，否则给水将经再循环管短路进入汽包，省煤器又会因失去水的流动而得不到冷却。上水完毕后，关闭给水门的同时，应打开再循环门。

控制循环锅炉在点火升压期间依靠锅水循环泵对省煤器进行强迫循环，其循环水量大，省煤器保护可靠性好，再循环门不需要进行频繁的开关操作。省煤器内的水温由于循环水量大，波动亦较小，减少了省煤器损坏的可能性。再循环阀在启动时开启，待省煤器连续给水时关闭。

五、洗硅

1. 洗硅原理

随着锅炉工作压力的提高，蒸汽密度不断增加，蒸汽性质也愈接近水的性质，溶解盐类的能力也就愈强。600MW 锅炉汽包工作压力达 19.4MPa，具有较大的蒸汽溶盐的能力。

蒸汽溶盐有下列特点。

(1) 饱和蒸汽和过热蒸汽均可溶解盐类，凡能溶解于饱和蒸汽中的盐类也能溶解于过热蒸汽中。

(2) 蒸汽的溶盐能力，随着压力升高，溶解度增大，随着压力下降，蒸汽溶解盐能力下降。例如，硅酸在蒸汽压力 8MPa 时，溶解于蒸汽中硅酸为锅水中溶解硅酸的 0.5%~0.6%，当蒸汽压力达 18MPa 时，约为 8%。

(3) 锅水中含盐量愈高，则溶解于蒸汽中盐量也愈高。

(4) 蒸汽对盐分的溶解具有选择性，锅水中常遇到的各种盐类可分为三类：

第一类盐类，硅酸（H_2SiO_3），它在蒸汽中溶解度最大；

第二类盐类，Na（OH）、NaCl、$CaCl_2$ 等，这类物质在蒸汽中溶解度比第一类低得多。如 NaCl，蒸汽压力 11MPa 时，溶解于蒸汽中的 NaCl 约为锅水中的 0.0006%，即使达到 18MPa 时也只 0.3%。

第三类盐类，Na_2SO_4、Na_2SiO_2、Na_3PO_4（极毒品）、Ca_3（PO_4）$_2$、$CaSO_4$、$MgSO_4$ 等，在蒸汽中溶解度极低，即使蒸汽压力在 20MPa 时，也不考虑其溶解问题。

因此，对于亚临界压力的锅炉，最主要的是硅酸在蒸汽中的溶解。蒸汽中溶解硅酸会产生极坏的后果，硅酸随蒸汽带入汽轮机，蒸汽在汽轮机中膨胀作功，压力下降，硅酸以固态从蒸汽中析出，沉积在汽轮机低压部分，严重影响汽轮机安全经济运行。

因此，600MW 机组锅炉在启动过程中，对锅水含硅酸量进行严格的控制，排去硅酸浓度高的锅水，保证蒸汽含硅量在 0.02mg/kg 以内，这过程称为洗硅。实际洗硅操作就是对锅水进行连续排污，排去含硅酸浓度高锅水，来保证蒸汽品质。蒸汽中硅酸溶解量 $S_q^{SiO_2}$ 应等于分配系数 a 与锅水中硅酸溶解量 $S_{ls}^{SiO_2}$ 的乘积，即

$$S_q^{SiO_2} = \frac{a}{100} S_{ls}^{SiO_2}$$

式中，分配系数 a 与压力有关，压力增加，a 增大，所以当压力升高，a 增大，为保证蒸汽溶解硅酸不超过规定值，则应降低锅水中溶解硅酸量（$S_{ls}^{SiO_2}$ 下降），即进行连续排污方法，使 $S_{ls}^{SiO_2}$ 下降。

2. 洗硅控制

一般汽包锅炉升压至 10MPa 时开始洗硅，即以后的升压必须受锅水中含硅量的限制。根据化学分析取样，锅水中含硅量达到下一级压力允许含量才能升压至相应值，并继续进行洗硅。

不同压力下锅炉的锅水允许含硅量如表 12-2 所示。

表 12-2　　　　　　　　　　　　锅炉锅水允许含硅量

压力（MPa）	10	12	15	17	18
锅水中 SiO_2 含量（mg/L）	3.3	1.28	0.5	0.3	0.2

六、启动过程中燃烧

在启动过程中，燃烧经历的过程是：点火前通风清扫炉膛、点火，油煤混烧，油煤切换，直

至全部煤粉燃烧。启动过程中燃烧的主要问题如下。

(1) 燃烧工况要符合机组启动过程要求；

(2) 保证燃烧稳定，防止炉膛爆燃；

(3) 提高燃烧效率、减少损失；

(4) 节约用油，尽早切换至煤粉燃烧。

1. 锅炉通风清扫炉膛

锅炉点火前，要用通风方法对炉膛进行吹扫，以排除炉内残留的可燃物和可燃气体，以防止点火时发生爆燃。炉膛清扫方法是：启动回转式空气预热器，启动引风机、送风机，维持炉膛负压－100～－150Pa，维持炉内风量为30％额定风量，吹扫5min。然后维持此风量及炉膛负压－50～－100Pa，准备点火。

2. 初始燃料量

锅炉点火时就投一定的燃料量，在点火的短时间内燃料量增加到一个需要的数值，并在一个阶段内保持稳定不变，这个燃料量称为初始燃料量。初始燃料量多少应根据具体情况来定，它受到升温升压速度限制，初始燃料量还应考虑以下几个方面。

(1) 考虑冷炉稳定燃烧，炉膛热负荷均匀要求；

(2) 能满足汽轮机冲转、升速、并网等要求，尽可能避免在汽轮机升速过程中追加燃料量以影响汽轮机的升速控制。

3. 投煤粉燃烧

煤粉炉冷态启动时，开始阶段用油作燃料，到一定负荷进行煤油混烧，然后切除油为全煤粉燃烧。什么时候投粉，什么时候停油全烧煤粉，它的关键是稳定燃烧，具体与煤种、燃烧器、炉膛结构有关。

初始投煤粉的条件有以下三个。

(1) 炉膛出口烟温——炉内热负荷达到一定数值（燃料量），或汽包压力达到某一数值。

(2) 热风温度达到一定值，或回转式空气预热器进口烟温大于某一值。

(3) 火焰充满炉膛的程度。

一般300MW、600MW锅炉在具备以下条件时可初投煤粉。

(1) 当汽轮机负荷升至10％～20％以上时；

(2) 当热风温度大于177℃，可启动第一套制粉系统。

一般亚临界压力锅炉，当汽包压力＞3.5MPa时，启动第一套制粉系统开始投粉。断油负荷要视燃用煤种来定，一般为40％MCR以上，根据燃烧稳定性，可停用所有油枪，全烧煤粉。

第三节　600MW超临界压力锅炉启动

一、设备简介

石洞口二厂超临界压力600MW机组由ABB、CE、Sulzer、S/L联合集团提供。锅炉为CE/Sulzer公司提供的超临界压力、一次再热、螺旋管圈、变压运行的直流锅炉，最大连续出力为1900t/h（MCR），平衡通风，四角切圆燃烧方式。汽轮机为ABB提供的单轴四缸四排汽，一次再热及回热凝汽式汽轮机，额定转速3000r/min，8级抽汽，表面冷却式凝汽器。发电机为ABB提供的三相交流发电机，额定容量716MVA，最大连续出力747.7MVA。冷却方式为定子水冷、转子氢冷。采用静态励磁方式。

该机组配备100％BMCR容量的高压旁路系统，低压旁路容量为65％（再热蒸汽压力为

4.5MPa），并以100％容量的再热器安全门与之配合。

锅炉配置6台HP-943中速碗磨，正常运行时5台磨煤机可带满负荷，燃煤最低负荷为30％MCR。启动或滑参数运行时，35％BMCR以上进入直流运行、78％BMCR以上进入超临界运行。锅炉启动旁路系统采用内置式分离器，分离器出口与过热器进口间无隔绝门，分离器疏水通至扩容器回收水箱，在机组启动疏水不合格时，将水放入地沟。疏水合格后，经疏水泵送至凝汽器回收。同时，分离器疏水还可以通入除氧器，一方面可以回收工质，另一方面也可以用来加热除氧器水，但要受除氧器压力限制。

二、机组启动状态划分

1. 冷热态的划分

机组停机后，锅炉及汽机的金属部件的温度随着时间而逐渐冷却，在没达到完全冷状态时，如要求重新启动机组，此时与冷状态下启动有不同特点，只有充分注意到这一点，掌握好不同状态下的启动特点，才能实现安全、经济地启动。

不同的制造厂对机组各种状态下启动的要求是不同的，对各状态的划分也不相同。有的以停机到重新启动的时间间隔长短来划分，也有的以重新启动时汽机金属温度的高低来划分。有的把状态划成冷态、温态、热态、极热态四种状态；也有的仅分成冷态、温态和热态（或是极热态）三种状态。尽管划分状态的方法有所不同，但都是以在保证安全的条件下尽可能地缩短启动时间为原则的。

石洞口二厂600MW超临界压力机组的汽轮机是以停机后再启动的时间确定盘车的时间长短。当停机时间小于1天，盘车必须达到2h；停机时间大于1天、小于7天，盘车应达6h；停机时间大于7天，小于30天，盘车必须达12h；停机时间大于30天时，盘车时间必须在30h以上。如果盘车时间达不到规定值，则机组启动就不可能自动进行下去，这是从转子考虑出发的。该机组是由汽机的TURBOMAX6根据当时的汽机金属温度计算一个对汽机热应力来说，是最佳的蒸汽温度传送到锅炉。而锅炉则根据当时压力下的饱和温度加上20℃，作为设定温度并与之比较，当设定温度高于汽机要求温度，则确定锅炉的设定温度为冲转时的蒸汽温度；如锅炉设定温度低于汽轮机要求温度，则选用汽机要求温度作为蒸汽温度。一句话，求高不求低，以此来确保机组的安全性。

该超临界压力600MW机组锅炉的启动分为三种状态，与其他机组有所不同。锅炉停炉后，汽水分离器内压力和金属温度都随时间延续而逐渐下降的。当再次启动时的时间间隔小于5h，且分离器压力大于4MPa，划为热态启动；当再次启动时间的间隔大于5h，且分离器温度大于100℃时，为温态启动；如时间间隔大于5h，且分离器温度小于100℃时，为冷态启动。

了解启动状态划分的原则是为了掌握好机组各种状态下的启动特点。一台机组从启动到带满负荷，无论哪种状态，都有"辅机启动、锅炉进水、升温升压、汽机冲转、升速暖机、并列和带负荷"这几个阶段，从其工作内容来说，是基本上相同的。所不同的是，在不同状态下其特点不同。如冷态启动时，机组都处于低温状态，为了使其均匀加热，不致于产生较大的热应力，从锅炉进水到升温升压，以及升速升负荷，都应缓慢进行。而热态启动时，机组各设备处于较高的温度状态，为了不使其部件受到冷却，就必须尽快使工作参数达到机组部件的温度水平，此时锅炉进水，燃烧率控制，升速升负荷都应明显加快，启动参数也较高。

2. 启动曲线

图12-6、～图12-8表示石洞口二厂600MW超临界压力机组的冷态、温态、热态启动曲线。

石洞口二厂600MW超临界压力机组汽轮机的启动具有以下特点：

（1）ABB在如何减小启停时的热应力，缩短启动时间方面，采取了以下措施。

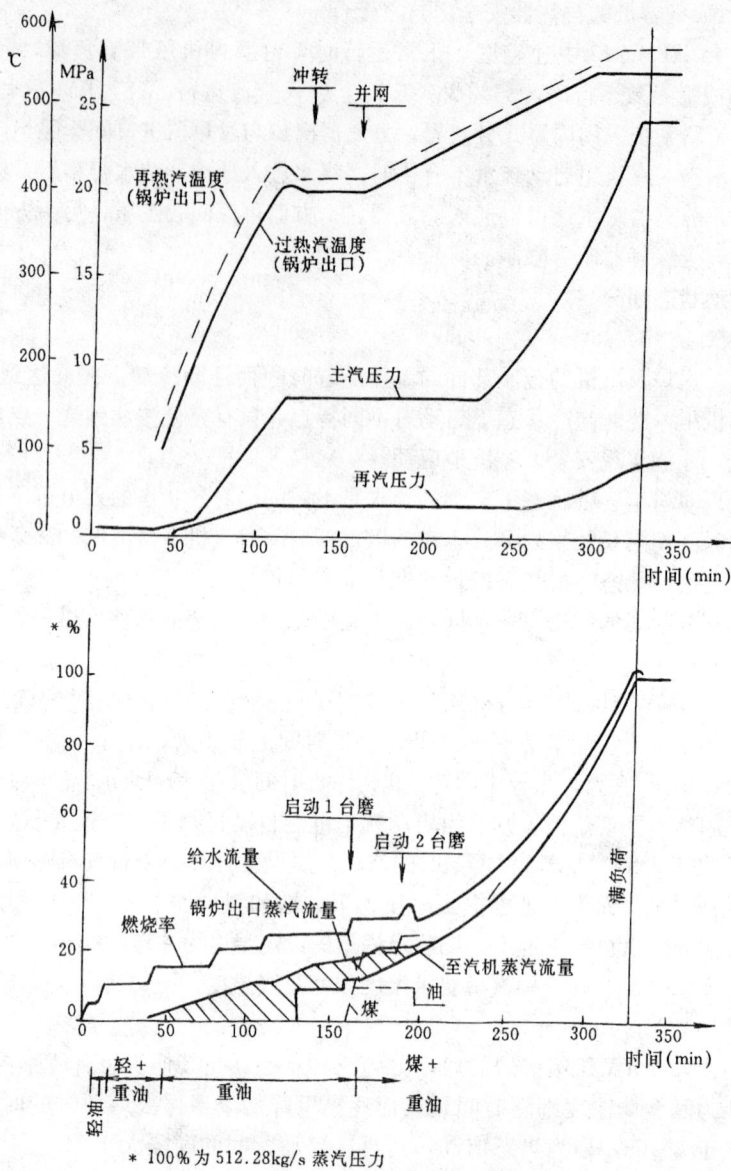

图 12-6 600MW 超临界压力机组冷态启动曲线

1）采用双层汽缸。其高中压缸都采用双层缸，低压缸采用两层缸。采用多缸的优点是汽缸压差减小，使汽缸的厚度减薄，减小了启停时的热应力。

2）高压缸采用套筒式汽缸。取消了汽缸法兰和法兰螺丝，高压内缸如同一个薄壁套筒，具有极高的热灵活性。所以，启动中内缸的膨胀和应力都不成其为问题，而外缸仍保留有法兰、螺丝，在启停中应给予一定的注意。

3）采用焊接转子。高中压转子均为焊接式，即由几个薄片转鼓焊接而成，这样焊接转子的特点是质量减小，转子的转动惯量却比较大，改善了动态特性。另外，转子中间类似薄壁圆筒，就大大降低传热温差，减少了热应力。

由于 ABB 在汽轮机结构上采取了上述措施，所以它具有快速启动的特点。从表 12-3 中数据可明显看出这个特点（表 12-3 中为同容量机组比较）。

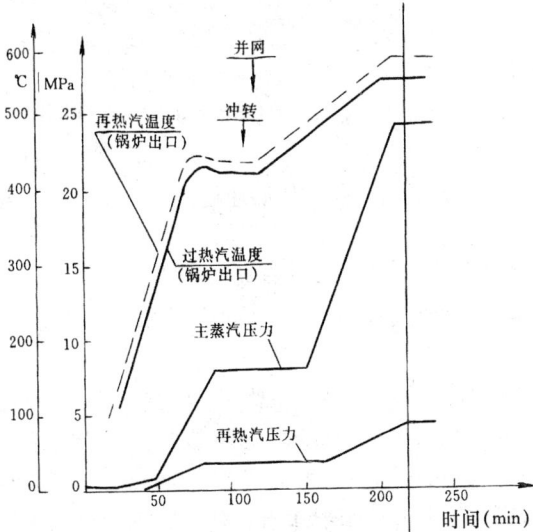

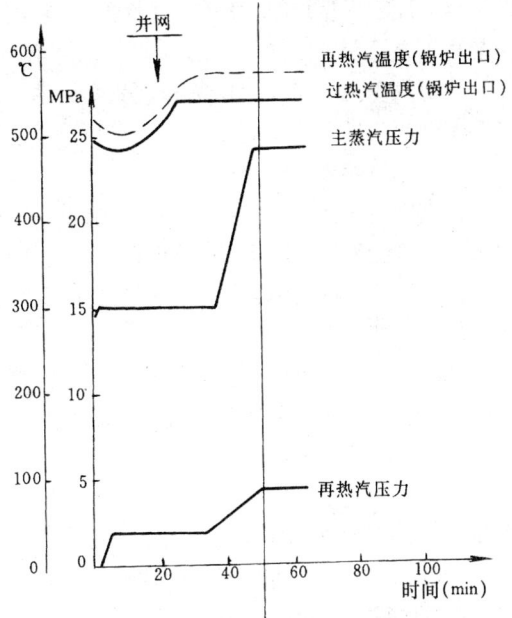

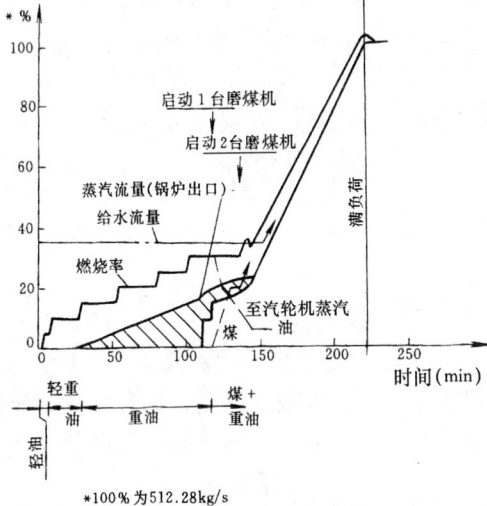

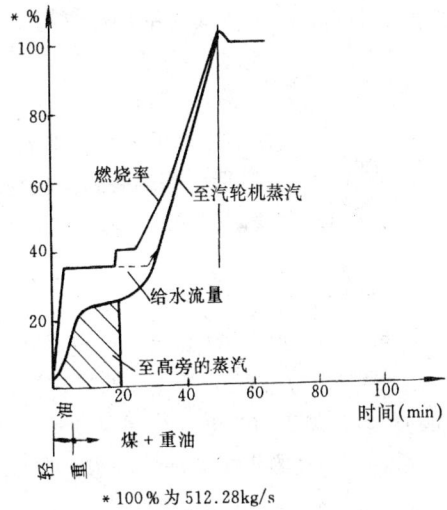

图 12-7 600MW 超临界压力机组温态启动曲线

图 12-8 600MW 超临界压力机组热态启动曲线

表 12-3   同容量机组启动比较

项　　目	日　立	三　菱	ABB
冷态启动时间（min）	380	320	200
温态启动时间（min）	180	150	110
热态启动时间（min）	120	100	47
极热态启动时间（min）	110	70	*

（2）由热应力控制启停。

汽轮发电机组的启停控制，在 20 世纪 70 年代，用汽轮机汽缸的内外壁温差作为启停的控制依据；20 世纪 80 年代，发展为用汽轮机转子的中心孔与表面的温差作为控制依据；ABB 的汽轮发电机组开发了 TURBOMAX6，即热应力控制，它由安装在调节级处的温度探针，测出调节级的金属温度，根据计算出的转子温度场，转换成转子的表面温度。然后根据模拟出的转子表面金属与离表面几厘米处的金属的温差，计算出转子的热应力。由这个热应力与材料的许用应力比较，确定汽轮机的转速变化率和负荷变化率。这种方法，一方面增加了机组工况变化的可靠性，又在安全的基础上，缩短了启停时间，同时也减轻了运行人员的操作负担。

（3）旁路参与启停控制。

该机组的高低旁路系统参与启停控制。100%容量的高压旁路，又起到锅炉安全门的作用，故锅炉出口到汽机之间不设任何隔绝门。这就决定了锅炉一点火，产生蒸汽，蒸汽就通过到汽机高压缸入口的主汽门前，同时又通过高压旁路通到中压缸主汽门前，然后通过低压旁路，排入凝汽器。

对汽机来说，与以往机组不同的是汽机在锅炉点火前约 200min 就开始关闭真空破坏门，然后送轴封蒸汽，开始抽真空，这是为蒸汽排入凝汽器创造条件，因为凝汽器压力必须小于 0.005MPa，低压旁路阀才能打开。

由图 12-6 冷态启动曲线可见，整个冷态启动的过程是较长的，从锅炉点火到汽机冲转需 130min，从冲转到带满负荷约需 200min，其中冲转及暖机仅用 30min（与汽机结构特点有关）。从燃烧率看，冷态启动时的变化是比较缓慢的，从点火到投第一台磨煤机需 160min，投第二台磨煤机与投第一台磨煤机的时间间隔为 30min。从锅炉升温升压情况来看，从点火到达启动冲转参数需要 120min，从点火到锅炉产汽约 40min，从产汽到高压旁路全关需 170min。

由图 12-8 热态启动曲线可见，从点火到冲转只需 20min，从冲转到满负荷只需 30min。从燃烧率看，自点火到投第一台磨煤机（第二台几乎同时投）只需 5min。而升温升压过程，由于停炉后时间较短，汽温汽压接近于冲转参数，此过程很短。一般情况下，点火到达冲转参数，只需 10min，点火约 20min 后，高压旁路即关闭。

从这些启动曲线中除能看出各种态启动的不同点之外，在实际启动操作中，还应注意以下几点。

（1）锅炉进水的速度控制。

锅炉冷态启动冲洗结束后，首先对除氧器水箱进行加热，在其水温达到 80℃后，启动给水泵，使 80℃的热水以 10%MCR 的流量缓慢通过高压加热器。然后向锅炉进水，这时主要是进行高加的预热，当高加的出口给水温度达 70℃时，停止给水泵。继续对除氧器进行加热，加热到 120℃后，再启动给水泵向锅炉进水。据 Sulzer 公司介绍，作为锅炉本身而言，对进水温度的变化梯度并无限制，而对温度有要求的是高压加热器。

从除氧器出口到汽水分离器的水容积 300m³，只要保证 120℃的 10%MCR 给水流量，进水约 300m³ 后，汽水分离器的温度可以达到 40~50℃，此时便可以点火。

机组在温态启动时，因为锅炉与高加本身具有一定的温度，故进水速度的控制要比冷态快，不需要 80℃的加热过程，当除氧器加热到 120℃后，启动给水泵以 30%MCR 的流量对锅炉进水，直至 ANB 阀（疏水旁路去除氧器的阀门）动作打开后给水流量会自动下降至 10%MCR 进行循环，准备点火。

机组在热态启动时，由于锅炉与高加温度很高，即使免去 80℃的进水温度，120℃给水也会对其产生一定的冷却作用。这种情况下，掌握进水速度应该比较缓慢，以免对锅炉和高加产生冷冲击。这时应以 10%MCR 的给水流量向锅炉进水，同时严密注意高加和汽水分离器的温度变化。

（2）锅炉排气门、疏水门的控制。

锅炉本体上有 5 个放气及疏水门是比较重要的。它们是省煤器出口联箱放气门 HAC26，折焰角出口联箱放气门 HAD53，前屏过热器联箱放气门 HAH59，HAH63 和尾部烟道环形联箱疏水门 HAH31。

其中，HAH59、HAH63 的主要作用是锅炉启动时，若过热器有积水，加热汽化后可通过这两个门顺利排出。HAH31 作为过热器最低点疏水门，除放尽包覆管积水外，还可在冷热态启动中提高过热汽温的作用。HAC26 位于省煤器出口至炉底水冷壁的交接处，此处的空气不排净，易引起气塞，无论是冷态或热态启动，此阀在锅炉进水时都必须打开，以排净空气。

三、锅炉启动旁路系统

图 12-9 为石洞口二厂 600MW 超临界压力锅炉的启动旁路系统。

锅炉启动旁路系统包括汽水分离器、疏水扩容器（箱）、疏水控制阀等。汽水分离器为内置式的，布置在蒸发受热面与过热器之间，是启动系统中的一个关键部件。在启动过程中和低于直流负荷运行时（＜35％MCR），启动分离器就相当于汽包炉的汽包作用，起汽水分离作用，分离出来的疏水进入疏水扩容器或除氧器加以回收。在高于直流负荷运行时，汽水分离器为干态运行，起到一个蒸汽联箱作用。与外置式分离器的最大不同点是内置式汽水分离器在运行时为全压，与锅炉的运行压力相同。

汽水分离器是厚壁部件，它既

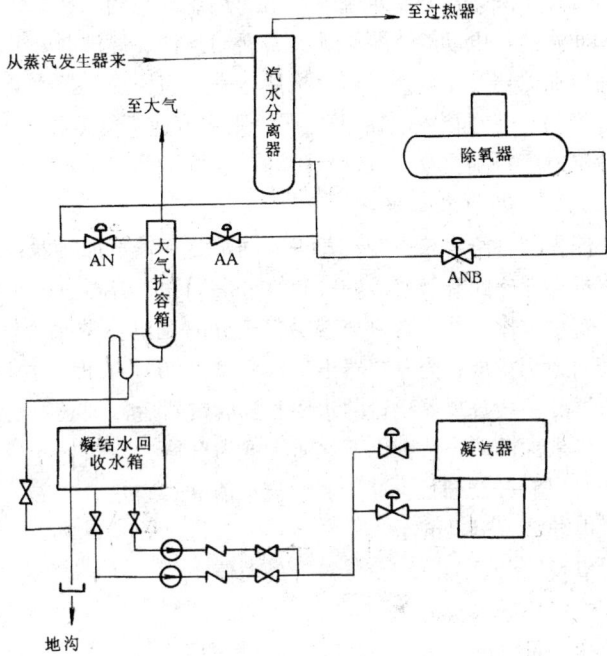

图 12-9　启动旁路系统示意图

要实现从亚临界压力到超临界压力的启动，又要能适应快速负荷变动和各种状态启动。因此采用高强度的耐高温钢材，并装置了许多温度测点，对其进行热应力的控制。

四、锅炉水冲洗

（一）锅炉水冲洗重要性

锅炉水冲洗就是在启动前用除盐水冲洗系统的管道及锅炉本体，冲洗的水不断排放，以除去杂质和锈蚀。直至经化验，锅炉的水质达到要求规定值，水冲洗暂告结束，允许锅炉点火。

（二）炉前水冲洗

通常情况下，都是将整个系统分成几个部分按流程逐一进行冲洗，即先进行凝汽器及凝结水管道冲洗，再进行锅炉本体冲洗。这种方法比整个系统一起冲洗更省时、经济。

1. 凝汽器冲洗

冲洗流程：补给水泵→凝汽器→凝结水泵→精除盐装置→轴封冷却器→凝汽器再循环门→凝汽器→地沟。

纯水循环一段时间后，将水从凝汽器放水门排入地沟。如果凝汽器本身比较脏，可以往凝汽器补水后直接放掉，第二次进水后再进行冲洗。如果初次启动凝结水泵，水质较差的话，可使精除盐装置走旁路。

2. 低压加热器系统冲洗

流程：凝结水泵→精除盐装置→轴封加热器→低压加热器→地沟排放。

低压加热器先冲洗旁路，水质合格后，再进入低压加热器内冲洗，冲洗时应注意流量大小，流量太小，冲洗效果不好，流量太大，则凝汽器水位不易控制。

3. 除氧器冲洗

低压加热器冲洗合格后，凝结水可进入除氧器，冲洗后从放水门排入地沟。

4. 给水管道冲洗

流程：除氧器→给水泵→高压加热器→地沟。

冲洗前，电动给水泵必须具备启动条件。冲洗时，开启电动给水泵向高压加热器进水，先冲洗高压加热器旁路，待水质合格后，进入高压加热器水侧，然后从高压加热器出口放水，流速不得低于 8m/s。如果考虑铜的情况，则水流速不得低于 10m/s。因为高压加热器出口为开式排放，故冲洗时应特别注意除氧器水位。

（三）锅炉本体冲洗

流程：补给水箱→凝汽器→凝结水泵→轴封加热器→低压加热器→除氧器→给泵→高压加热器→省煤器→螺旋管水冷壁→汽水分离器→扩容器→疏水箱→地沟。

锅炉本体冲洗的合格与否决定于分离器出口疏水含铁量。当含铁量＞2000μg/L 时，冲洗水则通向地沟排放；当分离器出口水质＜2000μg/L 时，冲洗水则通过疏水扩容器，由疏水泵排入凝汽器。一般分离器出口的水回收到凝汽器后，则必须投入精除盐装置，以使凝结水质合格。

经水冲洗后，达到以下水质标准为合格。

pH 值（25℃时）：	最小值 9。
电导率（μS/cm）：	＜0.5。
氧量（μg/L）：	最大值 10。
二氧化硅（SiO_2，μg/L）：	＜30。
含铁量（μg/L）：	＜50。
含铜量（μg/L）：	＜20。

五、锅炉吹扫

锅炉在点火前都必须用一定流量的空气对炉膛中可能积存的可燃物和可燃气体进行吹扫排除，以防止锅炉点火时发生爆燃。

锅炉吹扫是按预先设计好的条件和程序下自动进行的，接受 BMS 的"吹扫投自动"的指令，然后自动进行炉膛吹扫。

炉膛吹扫条件如下。

（1）"AB、CD、EF"层所有的重油阀关闭。

（2）"AB、CD、EF"层所有的轻油阀（点火器）关闭。

（3）轻油脱扣阀关闭。

（4）A～F6 台磨煤机停。

（5）无锅炉跳闸指令。

（6）油泄漏试验成功。

（7）A～F6 台给煤机停。

（8）"AB、B、CD、D、EF、F"层（这些层均有火焰扫描器）4 选 2 火焰扫描器无火焰。

（9）2 台一次风机停。

（10）所有辅助风挡板（二次风挡板）处于调节位置。

(11) 风量＞30％（＜40％）且燃烧器摆角为水平。

(12) A～F 层燃料风关闭。

(13) 静电除尘器停用。

当上述条件全部满足时，在 CRT 上即显示出"吹扫准备完成"，此时需要运行人员按下"吹扫开始"按钮，机组便自动进行吹扫。吹扫时间为 5min，吹扫结束后 MFT 自动复置，并在 CRT 上显示出"吹扫成功"。如果在吹扫过程中，有一个条件不满足，则吹扫将会自动停止，显示"吹扫失败"。此时，运行人员应查明原因，重新对各条件进行满足，再重新进行吹扫。

在吹扫进行之前，由 BMS 程序发出指令，先启动回转式空气预热器，并将空气预热器的二次风部分风门关闭。暖风器也应投入运行。最后启动引风机、送风机，并将进口风门及可调动叶置于最小位置。引风机送风机启动后，调节引风机使炉膛负压达到要求值后，投入炉膛风压自动。然后通过调节送风量，使其增大到 30％以上（＜40％）即开始炉膛吹扫。

锅炉吹扫完成后，即可进行锅炉点火。

六、锅炉点火及启动中燃烧器控制

（一）燃烧器布置

石洞口二厂 600MW 超临界压力锅炉燃烧装置由美国 CE 公司提供，共有轻油点火器 12 支、重油燃烧器 12 支、煤粉燃烧器 24 只、煤粉火焰扫描器 12 只（B、D、F 层）、轻重油层火焰扫描器 12 只（AB、CD、EF），高能点火装置 12 只。燃烧器为四角布置、切圆燃烧，点火方式为三级点火：高能点火装置点燃轻油点火器，轻油点火器点燃相应重油燃烧器，重油燃烧器点燃煤粉燃烧器。

（二）各燃烧器的点火控制

1. 轻油点火

轻油点火以层为单位，即一次启动操作就能按顺序点燃 4 个轻油点火器。当轻油层的点火条件成立后，运行人员按下点火按钮或者磨煤机投入自启动方式，该层轻油枪即开始动作。首先点 1 号角 $\xrightarrow{15s}$ 3 号角 $\xrightarrow{15s}$ 2 号角 $\xrightarrow{15s}$ 4 号角。在点轻油层的同时，辅助风门先自动关闭，待确认轻油枪入口门打开后（信号 4 取 3），辅助风门开启。如 75s 内点火不成功，则应发出报警。

2. 重油点火

重油燃烧器也是以层为单位点火的，每根重油枪点火延时也为 15s，重油层点火时限也为 75s。四根重油枪全部点燃后，相应的辅助风门自动控制在点火位置，辅助风挡板控制方式为重油压力比例控制。如果限定时间内对应的火焰扫描器仍检测不到火焰，则发出重油点火失败报警，关闭重油阀进行油枪吹扫，5min 后退出该层重油枪。

3. 制粉系统控制

磨煤机启动条件如下。

(1) 磨煤机允许启动。

(2) 落煤管隔离阀打开。

(3) 磨煤机出口门打开。

(4) 磨煤机出口温度＜200°F（93℃）。

(5) 磨煤机惰化阀打开。

(6) 冷风门打开。

(7) 给煤机控制开关在遥控位置。

(8) 无任何自动启动磨煤机失败的信号。

（9）石子煤排出阀打开。

（10）一次风允许或有磨煤机在运行。

（11）磨煤机润滑油系统允许启动。

（12）无磨煤机脱扣信号。

磨煤机启动具有自动和手动两种方式。当磨煤机处于自动状态，则 BMS 来的磨煤机自动启动指令能自动地启动磨煤机，其启动条件与手动相同，只是不需要按启动按钮。磨煤机启动后，即开始暖磨，当其出口＞55℃时，延时 60s，便可以启动给煤机。

给煤机启动条件如下。

（1）给煤机启动准备完毕。

（2）热风门已打开。

（3）有给煤机最低转速指令。

（4）磨煤机在运转。

（5）无 MFT 信号。

（6）无任何停给煤机信号。

（7）给煤机就地控制开关在遥控位置。

（8）磨煤机允许点火。

给煤机在启动后，即以最小给煤机转速设定控制，给煤机投入运行并转入自动后受给煤主控的需求信号来改变给煤机的转速（即给煤量）。另外，给煤机在手动方式时可以手动改变给煤机的转速。

（三）启动过程中燃烧控制

机组在三态启动时，燃烧率的控制是不相同的。在燃烧器点火顺序上，不同启动状态也是不相同的。这里就冷态启动时燃烧控制作简述。

1. 油层点火

AB 层轻油点火→CD 层轻油点火→10min 后 AB 层重油点火→控制重油流量为 2.3L/s（5% BMCR）→30min 后，当启动分离器压力达 0.5MPa，确认锅炉出口联箱金属温度在限定值内，将重油流量升至 4.6L/s（10%MCR）→停 AB 层轻油→停 CD 层轻油→重油流量升至 6.9L/s（15%MCR）→蒸汽流量达 5%MCR 后、CD 层轻油点火→CD 层重油点火→重油流量升至 9.2L/s（20%MCR）→停 CD 层轻油→20min 后，重油流量升至 11.5L/s（25%MCR）。

2. 煤层点火

当重油流量达 11.5L/s，且磨煤机启动条件满足后，即可开始启动制粉系统。

B 磨启动→B 磨给煤量 80%（相当于 20%MCR）→重油流量降至 4.6L/s→C 磨启动→B、C 磨给煤量 80%→D 磨启动→B、C、D 磨给煤量 80%→停 AB 层重油→停 CD 层重油→A 磨启动→A、B、C、D 磨给煤量 80%→EF 层轻油点火→E 磨启动→E 磨给煤量 75%→停 EF 层轻油→A、B、C、D、E 磨给煤量均为 80%。

七、锅炉升温升压

锅炉点火后，燃料燃烧放热使锅炉各部分逐渐受热，锅水温度逐渐升高。由于过热器和再热器内还没有蒸汽或少量蒸汽通过，处于"干烧"状态，故一般根据这两个受热面所用钢材来限制受热面前的烟气温度。另外，还需控制管系的温升速度，一般都在低燃烧率下维持一定时间。

汽水分离器内最初无压，随着投入燃料量的增加，而水冷壁初始水流量为 35%MCR，因此水冷壁出口工质温度逐渐上升，并进入汽水分离器。当工质温度超过大气压下的饱和温度时，分离器中即开始产生蒸汽并开始起压。以锅炉点火直到汽压升到工作压力，这个过程称为升压过程。在锅炉的升压过程中应注意以下几点。

1. 严格控制升压率

在升压过程中，锅炉蒸发受热面所吸收的热量，除用于加热水至饱和温度并使部分水汽化之外，同时使受热面金属本身的温度也相应提高。

由于水和蒸汽在饱和状态下，温度与压力之间存在一定的对应关系，所以蒸发受热面的升压就是升温，通常以升压速度来控制升温速度的大小。

为使受热面的温升不至过快，以免温差过大产生较大的热应力而引起设备损坏，故锅炉的升压速度受到限制。

在升压初期，由于只有少量燃烧器投入运行，燃烧较弱，炉膛内火焰充满程度较差，炉内热负荷不均匀性也较大，所以升压过程的开始阶段的温升速度应比较缓慢。

此外，根据水和蒸汽的饱和温度与压力之间的变化规律可知：压力愈低，饱和温度随压力而变化的幅度愈大（低压阶段，每上升 0.1MPa，其饱和温度上升值大）；压力愈高，饱和温度随压力而变化的幅度愈小（高压阶段，每上升 0.1MPa，其饱和温度上升值小）。也就是说，在低压阶段，若升压过快，会引起较大的温度变化，因而引起过大的温差热应力。因此在启动初期（升压过程的低压阶段），应维持的时间比较长，升压速度应控制慢一些。

2. 热态清洗

当水冷壁内水的温度和压力逐渐提高时，高温的水又会将残留在系统内的杂质（主要是氧化铁、硅化物等）冲洗出来，使水中杂质增加。运行经验表明，锅炉启动过程中铁的沉淀大约在 $260 \sim 290$℃之间。所以锅炉规定当出口水温在 $260 \sim 290$℃时为热态清洗范围，在这个范围内，保持水温稳定，随着含铁量增加，不断放水，不断补水，进行热态冲洗。

图 12-10 为国产 300MWUP 型直流锅炉流动过程中冷态清洗和热态清洗时，锅水中含铁量的变化情况。

在锅炉水冷壁出口水温达 $260 \sim 290$℃时，汽水分离器要继续进行排放疏水，如果分离器疏水的含铁量过高时，应考虑将疏水排入地沟。

3. 启动中汽水膨胀

随着启动过程的燃料量的增加，工质温度逐步上升，炉内辐射受热面（水冷壁）某处先达到该压力下的饱和温度，工质开始膨胀，大量工质进入汽水分离器。而当出口温度也达到其压力下饱和温度时，膨胀高峰已过，当该出口工质温度开始过热时，则工质膨胀结束。

膨胀过程中要注意防止水冷壁及分离器超压，在运行操作中需要合理控制燃料投入速度及分离器的疏水排放量。

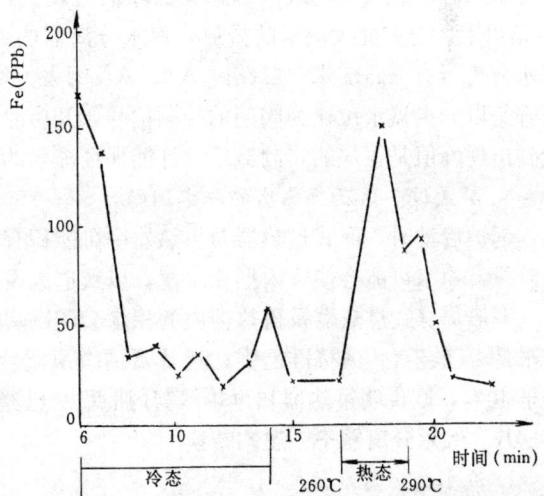

图 12-10　300MW 直流炉启动过程的含铁量变化

这里必须指出，炉内辐射受热面（水冷壁）中首先达到饱和温度的"位置"，实际上是不可能精确知道的。因为水冷壁中压力、温度的测点和表计是不可能沿受热面的高度连续装设的。所以一般只能近似地以某一辐射区出口温度达到饱和温度来判定膨胀的开始。并且由于每台锅炉的燃烧室结构及燃烧器布置不同，其膨胀开始点也不相同。

影响工质膨胀的主要因素有以下几方面。

(1) 启动分离器的位置。

膨胀发生时,汽水混合物的排出量以及膨胀持续的时间都与汽水分离器前的蓄水量有关。汽水分离器愈靠近锅炉水冷壁出口,即参与膨胀的受热面愈少,也就是分离器前的蓄水量愈少,总的膨胀量就小,膨胀持续时间就愈短。汽水分离器旁锅炉水冷壁出口愈远,膨胀量愈大。

(2) 启动压力的影响。

汽水比容不同是引起工质膨胀的物理原因。压力愈低,汽水的比容差愈大;压力愈高,汽水比容差愈小。因此启动压力的高低直接影响膨胀量的多少。压力愈高,膨胀量愈小,而且,由于压力高,相应的水饱和温度亦高,则膨胀开始时间要晚。

(3) 给水温度的影响。

在启动过程中,给水温度是逐渐升高的,而给水温度的高低影响膨胀到来的迟早。因为给水温度愈高,愈接近饱和温度,因而辐射省煤器(实际是水冷壁)出口的工质愈早地达到饱和温度,即膨胀开始得愈早。此外,给水温度升高的时间和速度,对膨胀的发生也有一定影响。

(4) 燃料投入速度。

当燃料量(运行工况为重油)投入速度快时,工质的升温也愈快,辐射省煤器出口的水温也愈早达到饱和。因此膨胀发生得早,蒸发前移,蒸发点前移又标志着其后受热面蓄水量大,其瞬时的排出量也愈大,使汽水分离器水位波动大。为了减少瞬时的最大排出量,可以适当减少燃料量来缓和膨胀高峰。

在启动过程中,为合理控制工质膨胀,操作中主要是控制好燃料的投入速度和给水温度。具体是燃料投入速度不宜过快、过大,启动过程中给水温度逐渐上升是正常的,应避免在膨胀阶段有会引起给水温度突然升高的操作。

石洞口二厂的 600MW 超临界机组锅炉所选用的启动流量为 35% MCR,而启动压力较低,水冷壁水容积又较大,故汽水膨胀的峰值也较大,估计膨胀发生时的瞬时排水量为启动流量的 12 倍以上。对如此大流量的排放,汽水分离器的疏水排放能力是否足够是非常重要的。该锅炉汽水分离器有三路疏水,二路经 AN、AA 阀去大气扩容器,一路经 ANB 阀去除氧器。这三个阀门都是以分离器水位作为阀门的控制信号,开启时间快,而且通流量也足够大。所以尽管膨胀开始到出现峰值是很快的,制造厂设计能保证疏水的排放。

4. 屏式过热器及再热器的积水问题

锅炉启动时,屏式过热器及再热器中可能积有存水,冷态启动时尤为严重。在启动初期的低压阶段,积水可能会使管内形成水塞,以致造成设备事故。

一般,屏式过热器及再热器内的积水会随锅炉启动,燃烧逐渐加强而加热、汽化。那么判断积水是否已经汽化的标准是屏式过热器的金属温度是否已经高于当时工质饱和温度 40℃。如果高于 40℃,则说明过热器和再热器管内的积水已经汽化。

八、汽水分离器干、湿态转换

1. 汽水分离器水位控制

机组启动阶段,分离器的疏水由 AA、AN、ANB 阀排至疏水扩容箱及除氧器。这三个阀前都有一个电动隔绝阀,当符合一定条件后,电动隔离阀会自动连锁打开或关闭。AA、AN、ANB 阀是液压调节阀,都是由一套液压控制系统控制的。图 12-11 所示为水位控制原理图及三个阀的开度曲线。

由此可见,当测得的分离器水位上升至 1.2m 时,ANB 阀首先动作开启,直至水位达 4m 时全开;AA 阀在水位 6.7m 时开始开启,至水位 11.2m 时全开,而且三个阀门在动作开度上都有

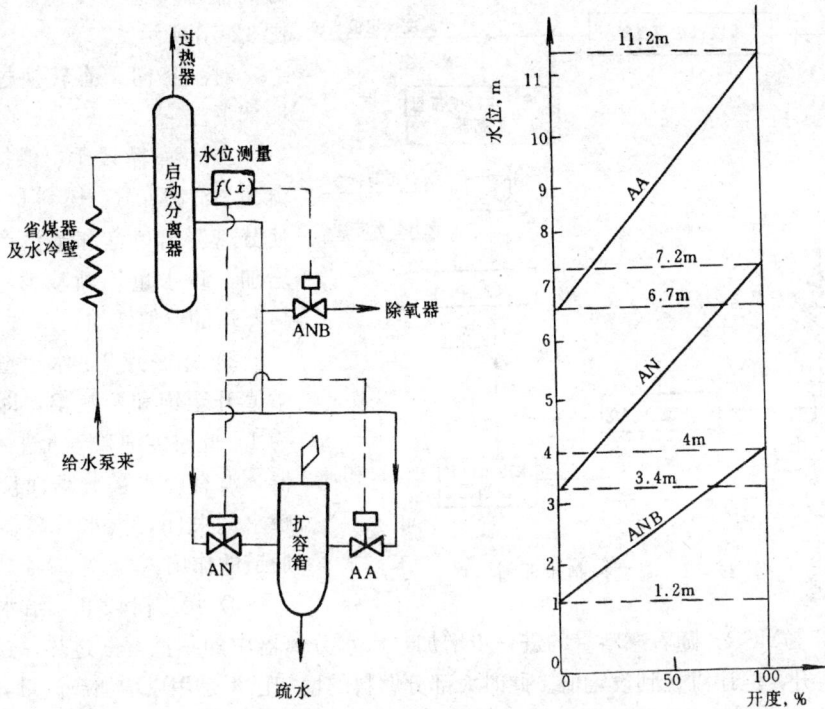

图 12-11　水位控制原理图及阀开度曲线

一定的重叠度，以改善水位控制疏水排放的特性。

在水位信号测量后，要经过一个汽水分离器的压力修正，即经过一个 $f(x)$ 信号校正，然后分别去控制三个液压控制阀。

通过 ANB 阀的疏水是通往除氧器的。在正常运行时，分离器压力很高，为保证除氧器的安全，在 ANB 阀及隔绝阀上都加上连锁保护。当除氧器压力＞1.45MPa 时，此门将强制关闭，只有当除氧器压力降到 1.1MPa 以下，才允许重新开启。

2. 汽水分离器干湿态转换

锅炉启动时，保证直流炉水冷壁的最小流量（保证质量流速）——也即启动流量为 35％MCR，所以只要锅炉的产汽量小于 35％MCR，就会有剩余的饱和水通过汽水分离器排入除氧器或扩容器。换言之，当负荷小于 35％MCR 时，汽水分离器是处于有水位状态，即湿态运行，此时锅炉的控制方式为分离器水位控制及最小给水流量控制，其控制相当于汽包锅炉控制方式。当负荷上升至等于或大于 35％MCR 时，给水流量与锅炉产汽量相等，为直流运行方式，汽水分离器已无疏水，进入干态运行，汽水分离器变为蒸汽联箱用。此时，锅炉的控制方式转为温度控制及给水流量控制。其温度控制原理如图 12-12 所示。

锅炉的控制方式从分离器水位及最小流量控制转换为蒸汽温度控制及给水流量控制，应该是很平稳地进行的。但直流锅炉的过热蒸汽温度与给水流量有密切关系，如果控制方式转换得不好，将会造成蒸汽温度的剧烈变化。

Sulzer 的控制原理表明，要平稳地实现这个转换，必须首先增加燃料量，而给水流量保持不变，这样过热器入口焓值随之上升，当过热器入口焓值上升到定值时，温度控制器参与调节使给水流量增加，从而使蒸汽温度达到与给水流量的平衡（燃水比控制蒸汽温度）。在升负荷过程中，

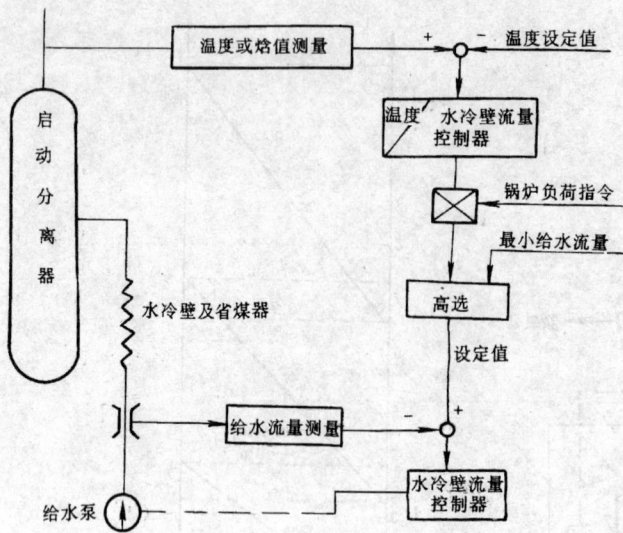

图 12-12　温度控制原理图

分离器从湿态向干态转换过程，如图 12-13 所示。

对湿态向干态转换过程图的说明如下。

1）第一阶段Ⅰ，保持最小给水流量 35％MCR，燃料量逐渐增加，使分离器出口饱和蒸汽产量也随之增加，疏水量逐渐减少，过热器入口蒸汽的焓值增加。

2）第一点 1，水冷壁出口蒸汽焓值升至饱和蒸汽焓，即蒸汽干度为 1，此时纯饱和蒸汽进入汽水分离器，没有疏水被分离而使分离器的疏水门关闭，汽水分离器仅是起到通道的作用。

3）第二阶段Ⅱ，给水流量仍保持最小流量 35％MCR，随着燃料量的进一步增加，汽水分离器中的蒸汽逐渐过热，过热器入口蒸汽焓继续上升，但还没达到设定值。此时大部分燃料的增加已不是用以增加产汽量，而是用来使蒸汽达到直流运行所需的较高能量水平（蒸汽焓的上升）。

4）第二点 2，过热器入口蒸汽焓上升至设定值。

5）第三阶段Ⅲ，连续的燃料量增加，使蒸汽温度超过设定值，温度控制器动作参与调节，使给水量增加，即温度控制器投入运行。

九、锅炉热应力控制

在机组启停及加减负荷过程中，机组中所有受热部件都将发生变化。这种温度的变化如果是不均匀的，或者是急剧的，将会使金属的受热与非受热的部分温差过大而产生热应力，尤其是一些厚壁部件，影响更大。过大的热应力会使部件产生变形、裂纹，以致损坏。所以对大机组来说，热应力的控制是非常重要的。

对 600MW 机组的直流锅炉来说，在启停和变负荷过程中，最应重视的是汽水分离器及末级过热器出口联箱。后者是处于高温高压下并且温度变化十分敏感的厚壁部件，前者虽然所受

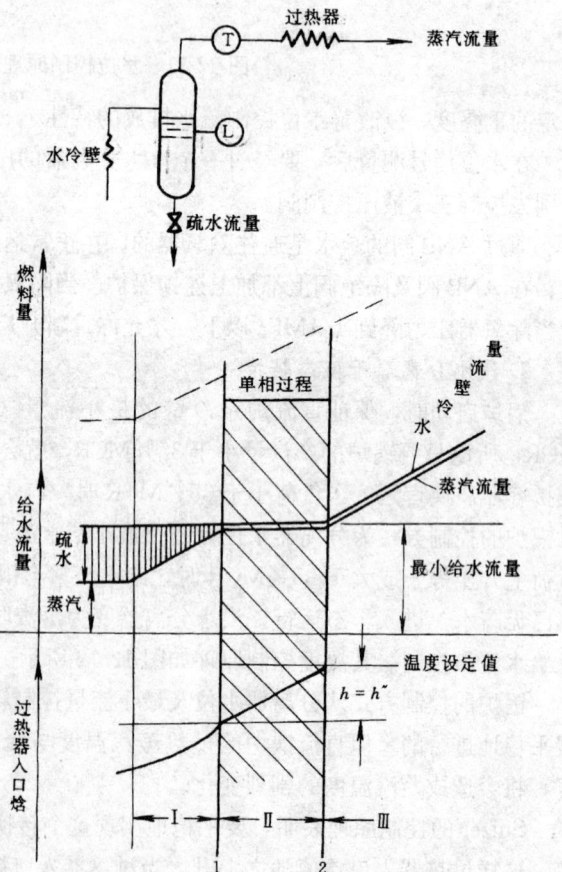

图 12-13　湿态向干态转换过程图

的温度并不是最高，但在锅炉受热受压部件中，其金属壁最厚。为此，Sulzer 公司在汽水分离器及末级过热器出口联箱金属壁上安装了内外壁温度测点，外壁温度直接取自于金属表面，内壁温度则在金属壁上打一深至壁厚 2/3 处的孔，将此温度代表金属内壁温度。测量出金属内外壁的温差，并以此代表其热应力。

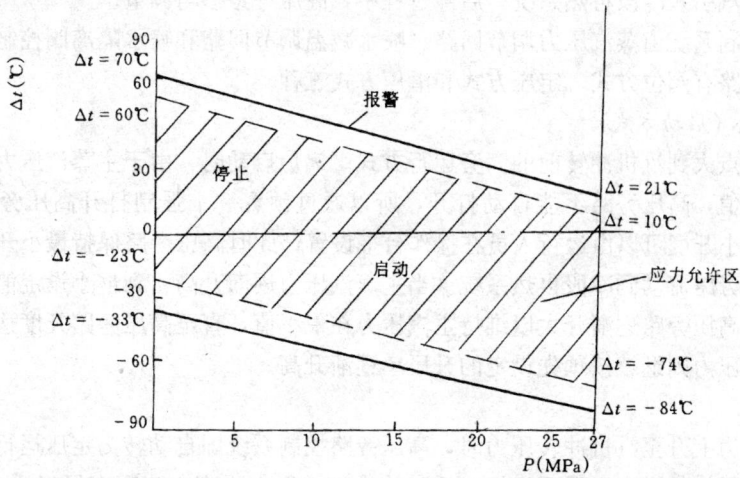

(a)

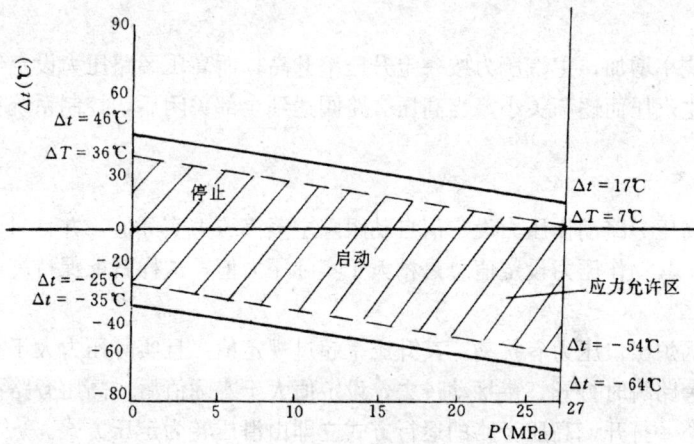

(b)

图 12-14　厚壁部件热应力特性
(a)汽水分离器热应力裕度特性 $\Delta t = T_{外} - T_{内}$；
(b)末级过热器出口联箱热应力裕度特性 $\Delta t = T_{外} - T_{内}$

　　在锅炉启停过程中，如果上述热应力超过规定值，则会发出报警，以提示运行人员予以注意。在正常运行，即机组投协调时，此热应力则决定于锅炉允许加减负荷的裕度，并且对于不同的工作压力其允许的热应力是不同的。

　　汽水分离器的热应力裕度特性，如图 12-14 (a) 所示。

　　由图可知，锅炉在零压力启动时，分离器最小的热应力允许温差为 -23℃，而末级过热器出口联箱的最小热应力允许温差出现在满负荷状态的减负荷时为 7℃。图 12-14 (b) 为末级过热器出口联箱热应力裕度特性。

十、高低压旁路控制

（一）高压旁路及控制系统

石洞口二厂 600MW 超临界压力机组的高压旁路系统由 Sulzer 公司提供，高压旁路容量为 100％MCR，起锅炉安全门作用（锅炉不设过热器安全门）。高压旁路有 4 根并联管路，将锅炉过热器出口主蒸汽引入冷段再热系统。启停过程中，高压旁路参与调节。

高压旁路控制系统由蒸汽压力调节回路、喷水减温调节回路和喷水隔离阀控制回路三部分组成。整个控制回路有阀位方式、定压方式和滑压方式三种。

1. 阀位方式（启动方式）

这是从锅炉点火到汽机冲转前的高旁运行方式。锅炉启动时，由于主蒸汽压力小于高压旁路最小压力的设定值，高压旁路不能自动打开，所以通过预置一个强制打开高压旁路的最小开度（10％）。这个最小开度可以由运行人员在操作台上设置，此时高压旁路保持最小开度，锅炉产生的蒸汽通过高压旁路流动到冷段再热系统。当主蒸汽压力逐渐升高，到最小设定值时，高压旁路控制回路即控制高压旁路逐渐开大以维持主蒸汽压力在最小值，直至高压旁路开度达到最大并保持这个开度，主汽压力则继续按预先设定的升压率逐渐升高。

2. 定压方式

当主蒸汽压力上升至汽机冲转压力时，高压旁路控制系统即自动转为定压运行方式，这时主蒸汽压力设定值保持一定，以保证汽机启动时的主蒸汽压力稳定，实现定压启动。汽机冲转后，耗汽量逐渐增加，主汽压下降，这时高压旁路阀相应关小，此时高压旁路起着调节主汽压的作用。

随着锅炉的燃烧率增加，主汽压力按一定升压率升高，而高压旁路压力设定值逐渐增大，此时高压旁路为维持主汽压而逐渐关小。当高压旁路阀达到全部关闭后，控制系统自动转入滑压方式。

3. 滑压方式

滑压运行时，高压旁路动作压力设定值自动跟踪主蒸汽压力实际值，并且只要主蒸汽压力的变化率在规定值内，其动作压力设定值总是稍大于实际压力值，这样就能保持高压旁路在关闭状态。

在运行中，如锅炉出口压力有扰动，其升压率超过规定值，且实际压力大于高压旁路动作压力设定值时，高压旁路瞬时打开，待扰动过去，设定值大于实际值后，高压旁路再次关闭。必须注意，只要高压旁路一打开，高压旁路的运行方式立即由滑压转为定压方式。

（二）低压旁路控制

低压旁路的作用是将再热器出口的蒸汽绕过汽轮机的中、低压缸而直接进入凝汽器，这样，由于高、低压旁路的运行，在机组启动和事故情况下锅炉和汽机就可以做到不相牵连地单独运行。同时，低压旁路使中、低压缸单独运行成为可能，这样就可以按需要加速汽轮机的暖机和冲转过程。低压旁路还具有保证和控制再热器压力的作用。

机组启动时低压旁路控制原理，如图 12-15 所示。

当锅炉点火（A）后，再热器压力逐渐升高，当升高到 4％ 额定压力时，低压旁路的阀位将被自动设定到最小开度（20％），这样就保证了锅炉在启动初期就有足够的蒸汽流量流经再热器，以避免锅炉启动时可能出现的再热器局部过热的危险。必须注意，低压旁路阀位从零到 20％ 的这段过程是比较缓慢的，它从再热器压力达 4％ 时开始打开，直至再热器压力达到约 8％ 时才最终到达 20％ 的最小开度。

随着蒸汽流量的不断增加，由于低压旁路始终保持在 20％ 的开度，故再热器压力逐渐升高直至达到再热器最低压力值（B）（再热器冷段的最低压力约为1.8MPa，热段约为1.65MPa）。再热器最低压力达到后，再热器压力控制器即以此压力值为控制基准直至再热器流量达到滑压曲线起始点（E），从此位置起，低压旁路就开始按自然滑压曲线调节再热蒸汽压力。

随着汽轮机的启动和加载，流经低压旁路的蒸汽流量逐渐减少，故低压旁路开度也相应关小，当低压旁路开度关小至20％位置以下时，再热器压力的设定值即自动增加至略高于滑压曲线的数值（F—G）。这个略高于滑压曲线的值用以确保中压调门全开时再热器压力设定值略高于再热器压力实际值。

当中压缸负荷升至可以接受全部再热蒸汽时，低压旁路阀即

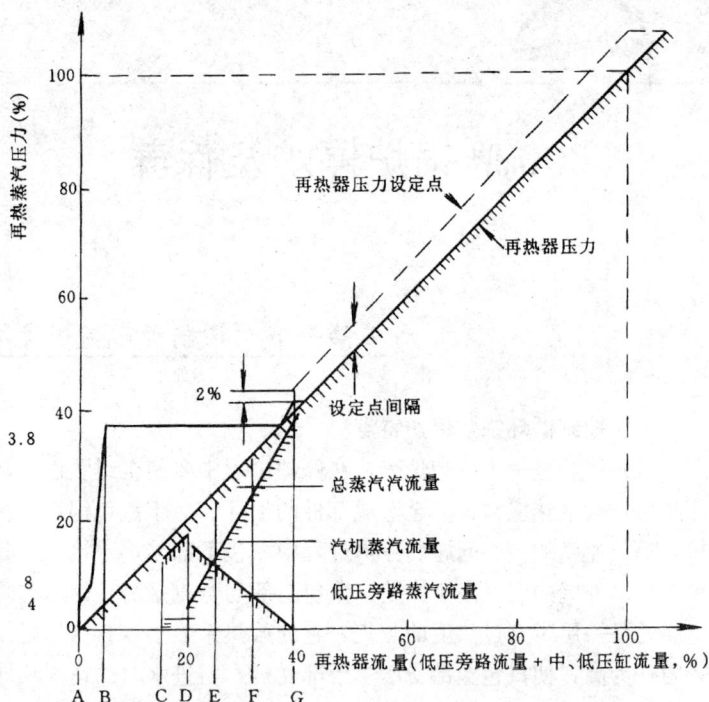

图 12-15 低压旁路控制原理图

全关（G），此后再热器压力的升高与低压旁路无关。而再热器压力设定点仍人为地设在比滑压曲线高约2％的水平。此值连同与再热蒸汽流量成比例的滑压设定值形成设定点偏置，这一偏置值能保证低压旁路调节阀在再热器压力允许变化的范围内保持全关。

复习思考题

1. 600MW控制循环锅炉冷态启动一般程序是怎样的？

2. 600MW控制循环锅炉汽包热应力控制有哪些特点？

3. 锅水循环泵初始充水排气操作方法是怎样的？充水排气中要注意哪些事项？

4. 锅水循环泵启动、停运、放水的方法是怎样的？

5. 汽包锅炉启动初期，对过热器、再热器及省煤器采用哪些保护方法？

6. 亚临界汽包锅炉在压力达到8～9MPa时，为什么要进行炉水洗硅操作？洗硅原理是怎样的？洗硅操作如何进行，其要求如何？

7. 超临界直流锅炉冷态启动基本程序是怎样的？

8. 超临界直流锅炉在启动开始为何要进行锅炉水冲洗？在启动中为何还要进行热态清洗？水冲洗、热态冲洗的操作要求有哪些？

9. 何谓直流锅炉启动中的汽水膨胀？影响汽水膨胀的因素有哪些？

10. 超临界直流锅炉汽水分离器湿态转换到干态的控制原理是怎样的？其具体操作要求是怎样的？

第十三章

600MW 锅炉停炉及保养

第一节　控制循环锅炉停运

一、控制循环锅炉停炉特点

（1）停炉是一个冷却过程，在停炉过程中要使机组缓慢冷却，防止由于冷却过快而使锅炉部件产生过大的热应力，甚至造成部件的损坏。对于汽包锅炉来说，汽包热应力仍是限制停炉、冷却、降压速度的核心问题。停炉过程中汽包下部与锅水接触，其内壁温度相同于当时压力下的饱和温度。外壁的温度高于内壁，汽包上部与蒸汽接触，因压力降落，汽包内壁向蒸汽放热，在近壁面处是一层带有过热度的蒸汽，它的放热系数小，其结果是汽包上部的壁温较下部为高。外壁较内壁为高，使汽包上部受压、下部受拉，与进水时的情况相同，因此降压冷却速度同样是受汽包上下壁温差和内外壁温差的限制。

对于控制循环锅炉来说，锅炉的汽包内有环形隔板，再加上有锅水循环泵强制流动，整个汽包内壁与汽水混合物相接触，所以已无上下壁温差，而限制降压速度的主要是汽包内外壁温差，所以它的降压速度可以快一些。

（2）一般锅炉在停炉后，要经过 4～6h 后，才可进行自然通风。而控制循环锅炉停止后，即可加速冷却，进行强迫通风。

（3）采用滑参数停运，即在逐渐降低汽压、汽温的情况下进行机炉减负荷。在整个停炉过程中，锅炉负荷及参数的降低是按照汽机的要求进行的。逐渐减弱燃烧，降压降温，待汽机负荷快减完时，停机停炉。

滑参数停运，可以使汽机得到均匀的冷却，而且冷却速度快，为机组早开缸检修创造条件。而且可充分利用锅炉余热，使经济性提高。

一般降压速度为 0.03～0.15MPa/min，控制循环锅炉可采用 0.098MPa/min。一般降温速度为 2～2.5℃/min。减负荷速度为 1%～1.2%/min。

（4）如果锅炉作为备用停炉，尽量不使热量损失，保持汽压和汽温；如果为检修停炉，在热应力允许的情况下，尽快进行锅炉冷却。

二、正常停炉步骤

（一）正常停炉原则

（1）停炉前应对锅炉进行一次全面检查，若发现设备有缺陷，应记入设备缺陷记录本内，以便停炉检修后消除。

（2）负荷降到 40% 以下，将给水自动切为手动。

（3）锅炉减负荷变化率应控制在 ≤1%/min；饱和蒸汽降温速度 ≤1℃/min；降压速度 ≤0.098MPa/min。负荷降到 30% 时，负荷变化率 0.5%/min；主蒸汽降温速度 ≤1～2℃/min；降压速度 ≤0.098MPa/min。

（4）当负荷减少时，根据炉内燃烧工况，及时投入油燃烧器，以稳定炉内燃烧。对于停用的燃烧器，应通入少量的冷却风。

（5）当负荷降到零时，停止燃料供应，炉膛熄火。熄火后仍保持总风量30%～40%，通风5min，进行炉膛吹扫，排除炉膛及烟道内可能残留的可燃物，才可停止送风机和引风机。

（6）熄火后回转式空气预热器继续运行，待回转式预热器进口烟温<120℃时，方可停止空气预热器运转。

（7）50%负荷时，第一台汽动给水泵停止；30%负荷时，电动给水泵启动，第二台汽动给水泵停止。

（8）辅机停止。在锅炉熄火，燃料全部停止后，辅机操作的基本情况如表13-1所示。

表 13-1　　　　　　　　　　　　辅 机 操 作 基 本 情 况

序　号	操作项目	热　备　用	检修停炉
1	送风机（引风机）停止	燃料停后5min（5min为清扫）	锅水温度－除氧水温<5℃
2	锅水循环泵停止	燃料停后7min	锅水温度－除氧水温<5℃
3	电动给水泵停	锅水循环泵停止后	锅水循环泵停止后
4	锅炉疏水门	不开	停炉后开
5	空气门	不开	锅水温度－除氧水温<5℃关；<0.196MPa时开
6	回转式空气预热器	不停	预热器入口烟温<120℃
7	冷却风机	不停	空气预热器停止后

热备用时，如果备用时间过长，回转式空气预热器入口烟温已降到120℃以下，则空气预热器与冷却风机均可停止使用。送风机停止后，引风机会连锁自动停止。

（二）正常停炉操作

1. 停炉至冷备用

负荷变化率：　　　　　　　　1.1%/min；

节流压力变化：　　　　　　　0.15MPa/min。

（1）负荷从100%降至50%。

1）主汽温度与再热汽温尽量保持不变，如果保持不住时，随燃烧率降低而降低。

2）降低负荷的一般办法是：对所有磨煤机均等地减少给煤量直到给煤机转速降低至60%，然后再从最高层开始逐层减停燃烧器及其相应的磨煤机。

3）当负荷降到50%时，校对主蒸汽压力为10MPa左右，主汽温度为540℃，再热汽温为520℃。

（2）负荷从50%降至机组解列。

1）主汽温与再热汽温随燃烧率的降低而降低。

2）当3台给煤机转速均降至50%，手动控制最上层（燃烧器）的给煤机，调整至最低转速，并投入相邻层油枪，关闭给煤机前闸门，关闭热风门及热风隔绝门，待给煤机和落煤管无煤时，停给煤机，估计磨煤机抽空时，停磨煤机。当磨煤机出口温度<60℃，关冷风挡板。

3）当只剩2台给煤机工作时，如一台给煤机转速低于50%，投相邻层油枪，然后随负荷降低而降低给煤机转速。

4) 当负荷至 30%时,进行电泵、汽泵切换。

5) 当 2 台给煤机转速降至 50%时,手动调节上层给煤机转速投入相应层油枪,停该给煤机,关闭热风挡板,估计磨煤机抽空时停磨煤机。当磨煤机出口温度<60℃时,关冷风挡板。

6) 当负荷在 20%时,停止最后一层制粉系统,停止 2 台一次风机及密封风机。当负荷为 30%时,核对主汽压 7.4MPa,主汽温为 520℃,再热汽温为 470℃。

7) 当给水流量<25%时,省煤器再循环开启。

8) 当负荷降至 25%时,给水控制切为单冲量控制,高压加热器停止,应注意给水温度的变化。

9) 当负荷降至 20%,手动控制下列操作:

过热器减温水量、再热器事故减温水量、燃烧器摆动角度。

10) 负荷降至 10%,校对主汽压力为 4.7MPa,主汽温 450℃,再热汽温为 430℃,并使燃烧器摆角处于水平位置。

11) 汽机停止时,立即打开过热器和再热器的疏水和排汽门。

12) 投炉膛烟温探针。

13) 如锅炉进行干式保养、汽机停止后,继续运行 1h,干燥再热器,此时燃烧率<10%MCR,炉膛出口烟温<538℃。如果锅炉进行湿式保养,锅炉可在汽机停止后马上停止,再热器空气门和疏水门均关闭。

14) 汽机停止后,保持 30%风量直到锅炉熄火之后,炉膛仍吹扫 5~10min。

(3) 锅炉熄火。

1) 停止全部油枪,关闭燃油阀,开启燃油再循环阀,油枪经 5min 吹扫退出。

2) 保持 30%风量,对炉膛吹扫 5~10min,手动减少送风机风量至 10%(2 台均衡减至各 5%)。停一侧送风机和引风机,保持另一侧送、引风机继续运行,直到回转式空气预热器进口烟温<204℃,再停该侧送风机和引风机。

3) 当炉膛出口烟温<149℃,停冷却风机。

4) 送、引风机停止后,停暖风器系统。

5) 手动调节给水流量,向锅筒上水至最高水位,停给水泵。开启省煤器再循环门、关闭加药、取样、连排阀门。

6) 3 台锅水循环泵,当锅水温度低于 150℃以下时,停第三台锅水循环泵。如锅筒水位降到最低水位,要启动电泵上水,操作给水泵出口旁路调节阀,使水位上至+200mm。

7) 风机停止后,仍应监视预热器的进出口烟温,一旦发现预热器出口烟温有不正常的升高,应检查原因,如是二次燃烧,则应按空气预热器着火处理。

8) 送、引风机停止后,预热器入口烟温降到 120℃以下,方能停止预热器运行。

9) 只有当电除尘下灰斗不落灰时,方能停止干出灰系统运行。

10) 待压力降至 0.17MPa,打开炉顶所有空气门。

11) 锅水温度低于 93℃,开启各疏水门将锅水放尽。

12) 冬季停炉后,须将水封槽及冲灰母管内的水放尽。

2. 停炉至热备用

(1) 停炉操作。

锅炉停止至热备用通常是在定压停运方式下进行的,汽机逐渐关小调速汽门降低负荷,主蒸汽温度过热度≥100℃,否则应适当降低汽压设定值。

1) 节流压力设定在 16.7MPa。

2) 其设备切换与滑压停炉相同。

3) 为保持锅炉热备用状态，锅炉熄火之后，过热器、再热器的疏水门、放气门应关闭。

4) 2 台送、引风机同时运行，只有在锅炉熄火、炉膛吹扫完毕后，停止一侧送、引风机。另一侧送、引风机继续运行，直至预热器入口烟温<204℃时，再停止送、引风机，但回转式空气预热器仍保持运行。

5) 空气预热器出口二次风挡板和烟气进口挡板应关闭。

(2) 停炉过程中的监视。

1) 锅炉熄火后，将给水调节由自动切换到手动，调节给水流量，保持水位+200mm，停电动给水泵。当水位降至-200mm 时，应启动电动给水泵。

2) 当空气预热器进口烟温在 150℃以上时，应注意监视。

3) 锅炉熄火后至少保留一台锅水循环泵运行。当电除尘振打完毕后，应将除尘器灰斗的灰全部清除干净后，停止电除尘灰斗加热。

4) 注意锅炉压力和预热器的烟温变化。

5) 保持锅炉运行处于准备启动状态，并有专人监视，定期全面检查。

三、请求停炉步骤

遇到下列情况之一时应请求停炉。

(1) 锅水、蒸汽品质严重恶化，经多方处理无效时；

(2) 锅炉承压部件泄漏，只能短期内维持正常水位时；

(3) 锅筒就地水位计损坏；

(4) 锅炉严重结渣、积灰，无法维持正常运行；

(5) 安全阀动作后不回座；

(6) 受热面金属严重超温，经多方调整无效时。

四、事故停炉（故障停炉）步骤

(1) 一般按正常停炉减负荷，如果需要加大减负荷速度应慎重考虑。

(2) 在降压过程中必须十分注意锅水循环泵有无发生气穴的可能，若无气穴发生，应保持锅筒水位在允许变化范围内。当送、引风机停止后，锅水温度<150℃，停止锅水循环泵运行。若有气穴发生（差压减小），应停止锅水循环泵运行。

(3) 锅炉熄火后，送、引风机以 30％风量进行 5min 的炉膛吹扫。以后手动调节送风机，以较小的风量冷却锅炉，当预热器进口烟温<204℃，停送、引风机。5min 后，送、引风机进出口挡板自动打开，自然通风。

若由于机组出现缺陷要求锅炉加快冷却，当预热器入口烟温降至 200℃时，仍可保持一侧送、引风机运行。通过控制送风量来控制冷却速度。另外，也可以通过增加上水放水次数来加快冷却。

(4) 通过控制主蒸汽管疏水和其他疏水来控制降压速度。

(5) 当锅筒压力为 0.17MPa 时，打开炉顶所有空气门。

(6) 当送、引风机停止 5min 后，送、引风机出口挡板，预热器进口烟气挡板，预热器出口二次风挡板及电除尘入口烟气挡板均开启。

(7) 如需放水，应在锅水温度<93℃进行。

五、停炉注意事项

(1) 停炉前，全面吹灰，解列前全部吹灰工作结束。

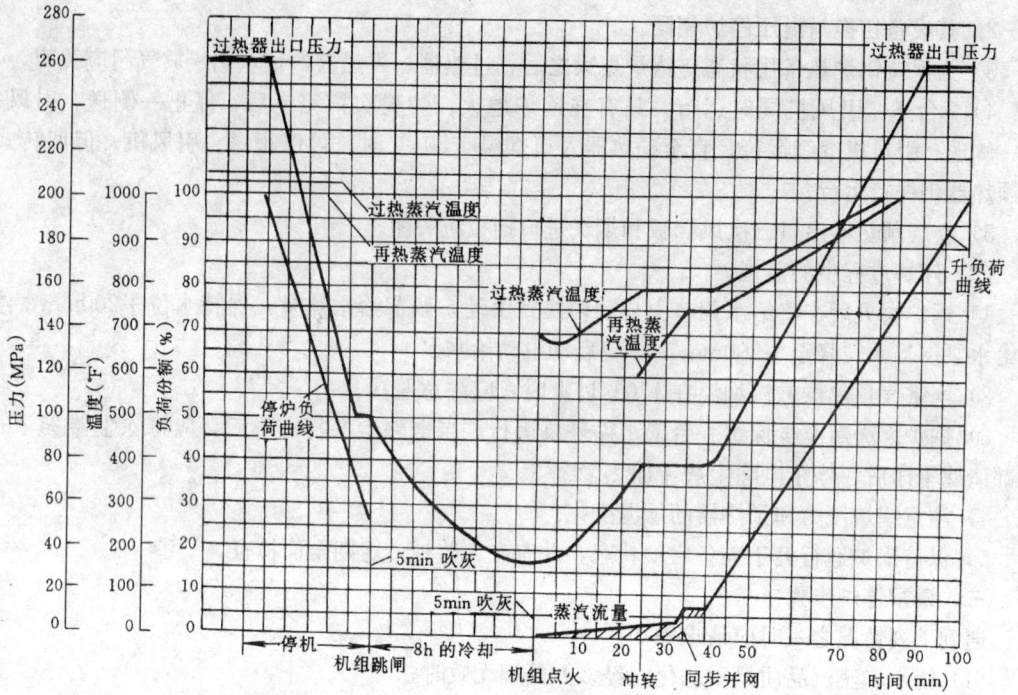

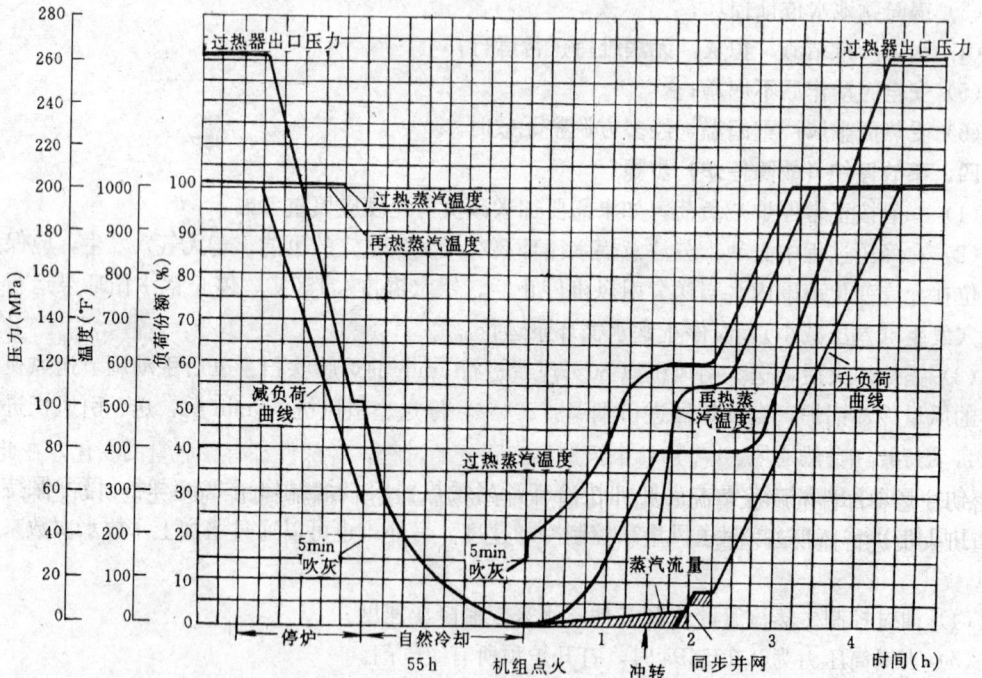

图 13-1　北仑电厂 2008t/h 控制循环锅炉停炉及启动曲线

(a) 停炉 8h 后的典型启动曲线；(b) 停炉 55h 后的典型启动曲线

（2）回转式空气预热器在停炉前要彻底吹灰，以防止温度下降后，灰在传热元件（波形板）上结牢，以导致难以消除的后果。

（3）电气除尘器在锅炉熄火后，应停止电源。为防止灰被引风机抽走，应同时停用锤打装置。在送、引风机停止运行后，利用单组锤打 1h，锤打干净，并灰处理结束。最后停止灰斗加热装置。

（4）降负荷过程中，应注意燃烧情况，必要时可提前投油。锅炉熄火时，确认停运的油枪已进行吹扫，所有油枪的手动门关闭。

（5）降压过程中，锅水温度变化率应不大于 166℃/h。

（6）锅水循环泵停止后，应继续通入低压冷却水（低压二次冷却水决不能停止），以防止锅水循环泵电动机温度上升，监视电动机温度。

（7）辅汽系统在再热器压力降低后，应自动切换到其他汽源。

（8）汽轮机停止后，锅炉继续运行 1h，以烘干再热器。

（9）燃烧器停用顺序是自上而下。燃烧器、制粉系统、油枪停用前要进行吹扫。

（10）省煤器再循环门在给水流量<25％时，自动开启。

（11）停炉过程中和停炉以后，都应注意锅筒水位和检查减温水阀门是否泄漏，防止有水通过一、二次汽管道进入汽机。

（12）污染严重的回转式预热器，停炉后应进行清洗。

（13）与启动一样，依照膨胀系统图检查炉本体各处的膨胀，以防泄漏。

（14）做好停炉保护工作，以防止停用时腐蚀。冬季要做好停炉后的防冻工作。

六、北仑电厂 600MW 控制循环锅炉停炉特点

图 13-1 为北仑电厂 2008t/h 控制循环锅炉停炉及启动曲线。

北仑电厂 2008t/h 控制循环锅炉，推荐负荷降至 75％时转入滑压停炉方式，设定目标值为 20％MCR，负荷降低率如图 13-1 所示。燃烧器随着负荷的下降按自上到下逐层停用，在负荷下降到 50％时剩下 3 层燃烧器和制粉系统在运行，并已停止一台一次风机的运转。在负荷下降到 30％以前投入油燃烧器稳燃。在主蒸汽压力下降到 6.7MPa 时，旁路调节改为手动，根据汽轮机停机曲线调节旁路阀，控制降压速度。锅炉在汽轮发电机负荷下降到 5％时，主汽门关闭，停止锅炉的油燃烧器。锅炉熄火后送风机按 30％的额定风量对炉膛吹扫 5～10min。在汽包水位上升到 +200mm 后，停止电动给水泵的运转。空气预热器进口烟温下降到 204℃后停止引风机的运转。锅水循环泵入口水温在 65℃后停止最后一台锅水循环泵运行。空气预热器入口烟温低于 121℃后停止空气预热器转子的转动。

从减负荷开始的停炉过程是整个锅炉温度降低的过程，各部件都有膨胀量的变化，在此时间应密切注意各部件的膨胀情况。此外在锅炉尚有余压，或所有辅机电源尚未完全切断之前，仍应有值班人员进行监视与检查。

第二节　石洞口二厂 600MW 超临界压力直流锅炉停运

一、石洞口二厂 600MW 超临界压力机组停机特点

机组的停止工作大致可分为停机前的准备、减负荷、解列、停机、停止燃烧及降压冷却等。与其他机组相比，本机组停机过程的特点如下。

（1）机组减负荷至 36％时，锅炉继续保持燃烧，而汽机即快速减负荷至零，最终发电机逆功率保护使机组解列。之所以采用这种方式停机，主要原因是在原设计中本机组具有日启停功能

（即两班制运行），而对具有日启停功能机组的基本要求是能具备快速启动的特点。为了能使机组具备这个特点，除了设备本身应具备的条件外，机组停机后保持一定的温度、压力对机组快速的再次启动而言是非常重要的。

图 13-2 为石洞口二厂 600MW 超临界压力机组的停机曲线。由图 13-2 可见，在机组负荷为 36％，汽机开始快速降荷时，主汽压力为 10MPa，过热器出口温度基本不变为额定值，仅再热汽温度略有降低。所以，在机组从 36％快速减负荷至发电机跳闸，锅炉及汽机几乎没有受到冷却。这样，无疑对机组快速的再启动带来很大的好处。

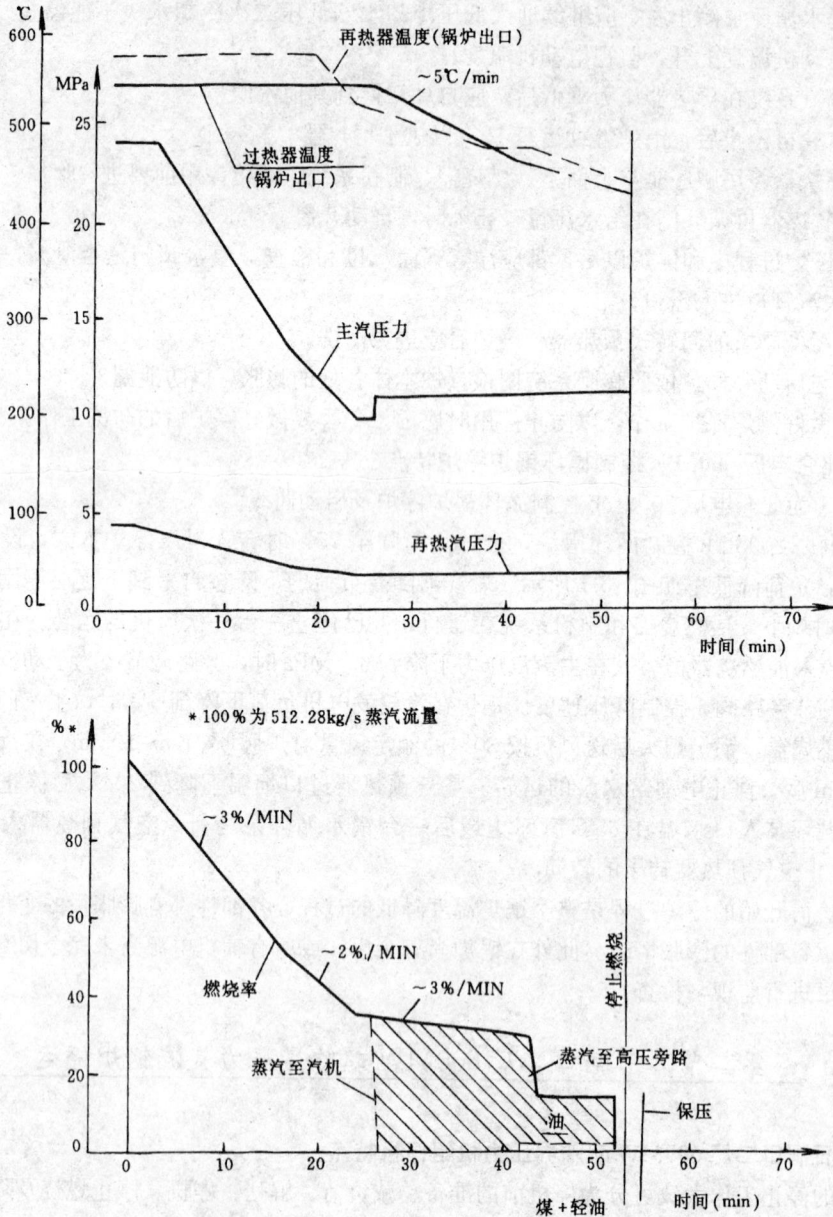

图 13-2 石洞口二厂 600MW 超临界压力机组停机曲线

第四篇 锅 炉 运 行

但是，这种停机方式在目前电网还未具备大型机组日启停条件的情况下，也带来以下一些问题。

1）电网将承受较大的冲击，该机组 36％额定负荷近 220MW，近似于甩负荷的快速减去 220MW 的出力，对电网潮流分布及附近电厂的运行将有较大的影响。

2）除了故障停机外，目前 600MW 停机大部分是有计划的检修停机。而这种停机方式对停机后的冷却带来了很大不利，如不对其采用某些冷却措施，则检修工期将因此而延长，这显然在经济上是很不利的。即使在停机后采用一些冷却措施（如国外某些机组采用风机的冷风冷却汽机），其冷却效果及对设备寿命的影响是否比用滑参数方式停机来得优越，还需要在实践中来验证。

3）就经济性而言，显然不及滑参数停机（对检修停机而言），因为锅炉中的余热尚未得到充分的利用。

（2）该机组在停机过程中，锅炉与汽机的热应力始终都参与控制，而且此时的热应力控制比机组启动或正常运行时控制更为严格。这是因为在减负荷停机的过程中，金属部件所受的是拉伸应力，而金属材料在受压时的许用应力比受拉时要大得多。所以，在停机过程中自动装置故障而迫使手动停机时，运行人员必须对此加以重视，应严格监视炉、机的温度变化率，使热应力被限制在允许的范围内。

二、停机操作

1. 停机前主要准备工作

（1）对于检修停机或作冷备用的机组，在停机前应停止向煤仓进煤，并根据需要将煤仓中的剩煤用尽。

（2）应对机组进行一次全面检查，以便发现缺陷，在停机后予以消除。

（3）做好轻、重油燃烧器及有关加热设备投运的准备工作，以便在减负荷过程中用以维持锅炉的稳定燃烧。

（4）根据需要准备好足够的二氧化碳、氮气，以便发电机氢气置换及机组停机后的保养。

（5）应对机组的自动装置、保护装置作一次全面检查，以确保停机的安全。

（6）对于锅炉应在停炉前对受热面作一次全面吹灰，以保持各部受热面在停炉后处于清洁状态。

（7）在机组 MCS（命令管理系统）应作以下操作：

1）手动投入机组自启停程序。

2）调用 4 台 CRT 作为停机过程的状态显示。

3）选择协调控制为停机控制方式。

4）设定合适的目标负荷及降荷率。

5）根据磨煤机实际投用情况，选择磨煤机停用程序。

6）根据需要选择长期或短期停机方式。

2. 停机的主要操作

与通常滑参数停机方式不同，该机组停机仍采用滑压方式，即主蒸汽、再热蒸汽温度仍保持不变，而主汽压随负荷下降而降低，在机组从 100％降至 36％负荷过程中，运行人员应确认及操作下列主要工作。

（1）选择 2 台 BFPT 的停用程序。

（2）确认引风机转速由高速转入低速（引风机为双速离心式）。

（3）50％额定出力时进行厂用电切换。

（4）确认锅炉启动旁路系统的疏水阀 AA、AN、ANB 的电动隔绝门自动打开。

待机组负荷减至 36% 时，运行人员应确认及操作以下主要工作。

（1）手动解除机组协调控制方式。

（2）确认高压旁路电动隔绝门自动打开。

（3）高压加热器自动停用。

（4）汽机自动减荷至零，发电机介列。

（5）确认汽机脱扣，辅助油泵自启动。

（6）确认高、低压旁路动作正常。

（7）确认电动给水泵自动启动。

（8）确认各点疏水控制门动作正常。

（9）手动选择长期或短期停机方式。

（10）确认真空系统动作正常，盘车自动投入。

（11）确认锅炉吹扫正常。

（12）确认电动给水泵自动停止。

（13）确认凝结水系统自动停止。

3. 停止操作说明

（1）在机组自启停系统对磨煤机进行自动减荷前，需要运行人员预先手动设定磨煤机的运行方式，这个停用方式根据 6 台（A、B、C、D、E、F）磨煤机在机组减荷前的不同组合，共有 8 种可供选择，这 8 种运行方式如下。

1）6 台磨全部运行。该方式运行时，磨煤机的停止顺序为 F、E、A、B、C、D。

2）A、B、C、D、E 磨运行。该方式运行时，磨煤机的停止顺序为 E、A、B、C、D。

3）A、B、C、D、F 磨运行。该方式运行时，磨煤机的停止顺序为 F、A、B、C、D。

4）A、B、C、E、F 磨运行。该方式运行时，磨煤机停止顺序为 F、E、A、B、C。

5）A、B、C、E、F 磨运行。该方式运行时，磨煤机停止顺序为 F、E、A、B、D。

6）A、C、D、E、F 磨运行。该方式运行时，磨煤机停止顺序为 F、E、A、C、D。

7）B、C、D、E、F 磨运行。该方式运行时，磨煤机停止顺序为 F、E、B、C、D。

8）A、B、C、D 磨运行。该方式运行时，磨煤机停止顺序为 A、B、C、D。

磨煤机在按上述不同顺序自动停用时，先同时降低所有运行磨煤机的出力至 75%（各给煤机同步降低转速至 75%）。再按上述顺序自动停用 1 台，待余下磨煤机出力再降至 75% 时，又停用 1 台，如此反复直至最后 2 台（C、D）磨停用时，自启停程序将磨煤机出力改为由过热器出口温降率控制（5℃/min）。因为此时锅炉已在最小循环流量（35%MCR）下运行，此时对煤量的控制实际上控制了蒸汽的温度变化率。

此外，每台磨煤机在停用时，相邻的轻油点火器将自动点火，以利将制粉系统与燃烧器吹扫出来的煤粉燃尽。

（2）自启停程序中，在停机过程中不对重油燃烧器进行程序控制。所以在停炉过程中，重油的投入只能由运行人员根据锅炉实际燃烧情况进行手动投入。

（3）机组负荷从 100% 减至 50% 时，负荷变化率为 3% 左右。当 50% 减至 36% 负荷时，负荷变化率约为 2%。在汽机停机后燃烧率由过热器出口温度变化率控制时约为 0.3%。

（4）停机过程中高、低压旁路根据蒸汽压力偏差动作，在自启停程序中并无其他指令对其进行控制。

（5）停用一台 BFPT（汽动给水泵）时，在选择 BFPT 的先后停用顺序后，应将先停用的

BFPT切换至手动控制，用手动降低其出力的方法，使另一台BFPT的转速保持在可调范围内。切不可操作过快使另一台BFPT超速、或操作过慢使另一台BFPT转速降至可调范围之外。

（6）长期停机及短期停机的区分界限为停机时间是否大于8h，如停机时间小于8h，应选择短期停机方式。反之，应选择长期停机方式。

长期停机与短期停机在机组自动停止程序中的控制区别在于锅炉熄火后。长期停机立即停止电动给水泵及凝结水系统的运行，随后进行锅炉吹扫。短期停机则在锅炉熄火后维持10％给水流量至汽水分离器水位满至AN阀打开，然后再停电动给水泵和凝结水系统。

（7）凝汽器真空破坏阀在汽机脱扣后即自动开启（凝汽器真空泵也同时停止运行），破坏真空。这样做的目的是让转子以较快的速度通过临界转速范围。当汽机转速小于1500r/min后，真空破坏阀自动关闭，以使转速缓慢，均匀地下降，直至凝汽器真空降至规定值后停止轴封汽系统的运行。

（8）转子停止转动后，即自动进入盘车状态，当汽机盘车至汽轮机调节级温度小于150℃时，盘车自动停止，润滑油系统也同时停止运行。

第三节　锅炉停炉保养

当锅炉停止运行后，进入冷备用或检修状态，如保护不好会发生腐蚀，这种腐蚀称为停用腐蚀。因此必须采取适当的保养措施，否则受热面的金属会较快的腐蚀，使锅炉设备的安全和寿命受到影响。

运行中的锅炉也存在腐蚀的问题。但是实践证明，运行中的锅炉比冷备用的锅炉（即采取了保养措施），因腐蚀而造成的损失要小得多。

锅炉在冷却备用期间所受到的腐蚀主要是氧化腐蚀（此外还有CO_2腐蚀等）。氧的来源，一是溶解于水中的氧；二是从外界漏入锅炉的空气中所含的氧。减少溶解氧和外界漏入的氧，或者减少氧和受热面金属接触的机会，就能减轻腐蚀。而各种防腐方法也就是为了达到这一目的。

当受热面清洁时，腐蚀是均匀的。而当受热面上某些部位有沉积物时，则在这些部分将发生局部腐蚀，它比均匀腐蚀的危害性大。所以在锅炉停用后，将受热面上沉积物清除干净，可大大减少局部腐蚀的机会。

一、防腐方法分类

对于冷备用锅炉进行保养时所采用的防腐方法，应当简便、有效和经济，并能适应运行的需要，使锅炉在较短时间内就可投入运行。国内常采用的保养方法有湿式防腐、干式防腐和气体防腐方法等。但干式防腐法对大容量锅炉来说，由于实施困难多，所以很少采用。一般对大容量锅炉推荐采用湿式保养法和氮气置换法。湿式保护法比较简单、监视方便，但在冬季必须要有防冻措施。而氮气置换法使用较为方便，但需要有操作经验和技术。

二、湿式保养法

1. 保养原理

联胺（N_2H_4）是较强的还原剂，联胺与水中的氧或氧化物作用后，生成不腐蚀的化合物，从而达到防腐的目的。氨的作用是调节水的pH值，保持水有一定的碱性。在未充水的部位充进氮气，并维持一定的压力，防止氧气进入。

2. 保养期与加药

（1）短期保养。三天以内，或三天以上至一周以内。

（2）长期保养。一周以上至一个月以内，或一个月以上至六个月以内，或六个月以上。

(3) 由于保养时间的长短不同，锅炉在保养方法及药品使用上有所差别，见表13-2。

表 13-2   湿式保养及其药品使用

保养期		耐压部件	省煤器水冷壁		过热器	再热器	主配管
短期	三天以内	停炉后，原样保养，停用后，放水后再充水	满水+N₂加压	使用给水	不处理或充氮气	不处理	不处理或充氮气
				$N_2H_4=200ppm$			
	三天以上一周以内	停炉后，原样保养，停用后，放水后再充水	满水+N₂加压	$N_2H_4=50ppm$			
				$N_2H_4=200ppm$ $NH_3=10ppm$			
长期	一周以上一个月以下		满水+N₂加压	$N_2H_4=300ppm$ $NH_3=10ppm$	充氮	充氮	不处理或充氮气
	一个月以上六个月以下		满水+N₂加压	$N_2H_4=700ppm$ $NH_3=10ppm$	充氮	充氮	不处理或充氮气
	六个月以上		满水+N₂加压	$N_2H_4=1000ppm$ $NH_3=10ppm$	充氮	充氮	不处理或充氮气

3. 短期保养方法

(1) 停炉前将除氧器水位尽可能提高，多储存除氧水。机组停用后，除氧器无蒸汽加热时，立即充入氮气。

(2) 为了干燥再热器，汽机停止后，锅炉继续运行1h，同时必须注意防止其他系统来的疏水进入再热器，用烟气热量烘干再热器系统。

(3) 锅炉熄火后，一边冷却一边将汽包水位上升到水位计上端（高水位）。

(4) 锅水温度降到180℃，加入 N_2H_4，保持水中 N_2H_4 的浓度为50ppm。如果停用在三日以内，锅炉不进行放水，则在停用前，将给水、锅水的pH值保持在运行控制值的上限。N_2H_4 不能过早加入，防止温度过高时，N_2H_4 会分解。如果放水后再充水，则 N_2H_4 浓度应提高到200ppm。

(5) 再继续冷却，当锅炉压力降至0.196MPa时，开始充入氮气。

(6) 保持锅炉内氮气压力0.0294~0.0588MPa加压保养。

(7) 过热器和再热器不另采取保养措施。

4. 长期保养方法

(1) 停止前将除氧器水位尽可能提高，多储除氧水，机组停用后，除氧器无蒸汽加热时，立即充入氮气。

(2) 为了干燥再热器、汽机停止后，锅炉继续运行1h，同时必须注意防止其他系统来的疏水进入再热器。

(3) 锅炉熄火后，一边冷却一边将汽包水位上升到水位计的上端。

(4) 炉水温度降到180℃，加入适应于各种保养期的 N_2H_4 及 NH_3。

(5) 再继续冷却，当压力降至0.196MPa时，开始充入氮气。

(6) 保持锅炉内氮气压力0.0294~0.0588MPa加压保养。

(7) 锅水循环泵在加完药液后，继续运行，将药液均匀加到锅炉各部分，使 N_2H_4 浓度均匀为止。

(8) 保养期在一个月以下时，则当主汽管温度降到100℃以下，用氮气充入过热器及主汽管。再热蒸汽管的温度降到100℃以下，用氮气充入再热器及再热蒸汽管。充氮前最好进行抽空、防止有氧气残留。

(9) 保养期在一个月以上时，则当主汽管温度降到 100℃ 以下，通过减温器向过热器及主汽管充水，充水的温度与主汽管温度相差应不大于 50℃，所充的水尽可能是除氧水，并添加适应各种保养期的 N_2H_4 及 NH_3，直到汽包、过热器及主汽管充满水为止。水充满后充入氮气，保持系统内压力为 0.0294～0.0588MPa。

再热蒸汽管则要进行支吊架固定，在低湿再热汽管上安装堵板。保养的方法同过热器，但充氮前应进行抽空。

5. 保养注意事项

(1) 氮气压力应经常保持在规定的 0.0294～0.0588MPa 的范围内，每班应检查一次。

(2) 有关阀门的开或关位置是否有异常，每班应检查一次。

(3) 短期保养法，在保养开始时，取样化验水质有无异常。

(4) 长期保养法，每月一次从各系统取样，进行水质化验，检查有无异常。

三、氮气置换法

1. 保养原理

氮气为惰性气体，当锅炉内部充满氮气并保持适当压力时，空气便不能进入。因而能防止氧气与金属的接触，从而避免腐蚀。在冬季，此法也比较适用。

2. 保养方法

(1) 为了干燥再热器，汽机停止后，锅炉继续运行 1h，同时注意防止其他系统的疏水进入再热器，用烟气热量烘干再热器。

(2) 当锅炉压力降到 0.196MPa 时，开启汽包充氮门向汽包充氮。同时进行锅炉放水，放水时注意锅炉压力不得低于 0.196MPa。因而应对放水门加以控制，直到锅水全部放出为止。氮气压力保持。

(3) 当主汽管温度降到 100℃ 时，开主汽管充氮门，向主汽管充氮。

(4) 当再热汽管温度降至 100℃ 时，应开再热汽管充氮门，向再热器充氮。为了防止保养前空气进入再热器，在再热器干燥后，立即关闭再热器的疏水门及空气门。为防止再热器内残留空气，可以进行抽空，而后再充氮。

(5) 各系统均维持氮气压力为 0.196MPa，并定期检测氮气纯度。当氮气纯度下降时，应进行排气，并开大充氮门，直至氮气化验合格为止。

(6) 锅水循环泵电动机仍要充满水，如果有冻结的危险，则要充进适当浓度的防锈液（安息香酸的水溶液）。

四、充氨防腐

当锅炉停炉放尽锅水并充入一定压力的氨气，氨气溶解于金属表面的水珠内，在金属表面形成一层氨水（NH_4OH）保护层，此保护层具有强烈的碱性反应，可以防止腐蚀。

充氨时，从锅炉最高点充入氨气，这时氨气从上部流入锅炉，由于空气的比重较氨气大（氨气的密度为 0.59），就使空气从锅炉下部排出，当氨气到达锅炉最低点时（可以从气味来判断），即可关闭下部的阀门。充氨防腐时，锅炉内保持的过剩氨气的压力约为 1000Pa。

复 习 思 考 题

1. 控制循环锅炉正常停运步骤是怎样的？停炉时应注意哪些问题？

2. 超临界 600MW 机组停运步骤及主要操作是怎样的？

3. 锅炉停炉保养有哪些方法？湿态短期保养方法和氮气置换保养方法基本操作要点有哪些？

第十四章

锅 炉 运 行 调 节

第一节 概 述

随着蒸汽参数的提高和机组容量的增大，整个机组的结构也愈加复杂。从安全和经济的角度出发，对机组运行中调节的要求也愈来愈高。电厂的负荷决定于用户的需要，随时变动的负荷将影响机组的稳定工作，这种来自外界的干扰称为外扰。在整个电力系统中，即使部分机组在一段时间内，可以带一定的固定负荷运行，但它们的工况也不可能完全没有变动，而任何工况的变动又都会引起某些运行参数的变化。机组调节的任务就是对其运行工况进行及时的调整，使它们尽快地适应外界负荷的需要，又使机组的所有运行参数都不超出各自的容许变动范围，亦即在各种扰动的条件下，总要求保证安全和经济地运行。

蒸汽的质量是以其品质（含杂质量小于要求值）和参数（压力和温度）来衡量的。对于定压运行的锅炉，通常都要求供应一定参数的蒸汽；但当采用变压运行方式时，则要求蒸汽压力随机组负荷而改变。显然，不同的运行方式所需要的调节方法也是不同的。

中、小型机组可以部分或全部由人工调节，在这种情况下，运行人员必须时刻监视仪表的指示值和检查、巡视设备的运行情况，并根据机组的运行特性进行全面的分析，做出正确的判断和及时的调整。现代大型机组采用集散控制系统，以执行监视、检查和调节的任务，其自动控制装置也必须适应机组的运行特性和要求。因此，不论人工调节或自动调节，都必须以正确了解机组的运行特性为基础，运行特性包括静态特性和动态特性两个方面。当机组运行中发生某些扰动时，哪些方面将受到影响，哪些参数发生变化，以及其变化的方向和最终的变化幅度如何，这类问题都由机组的静态特性所决定。至于在变化的过渡过程中参数的变化速度和波动幅度，亦即参数变量与时间的关系，则属于动态特性研究的问题。对于机组的静态特性和动态特性，运行人员必须心中有数。而在自动调节技术中，则要求对机组特性有定量的数字描述，亦即建立机组的数学模型。

锅炉的蒸发量决定于燃烧放热量和受热面的换热能力，作为出口蒸汽参数之一的压力决定于锅炉蒸发量与汽轮机蒸汽需求量间的平衡；锅炉出口的汽温，决定于过热器、再热器受热面的换热量与流经蒸汽吸热量间的平衡；蒸汽品质则决定于锅水含盐量，锅水含盐量则决定于给水品质和排污量。锅炉的受热面都是承压的，也都工作在接近于与材质相应的许用温度下，必须有足够的汽水流量，才能维持金属不至超温。锅炉的运行特性，或者说满足汽轮发电机要求的能力，以及锅炉运行可靠性、安全性和经济性，在相当程度上是决定于锅炉设计制造的，也在相当程度上是决定于运行调节的。

锅炉汽包具有一定的存水量，在短时间内可以允许给水量和蒸发量之间有些差异。但锅炉容量越大，汽包的存水容积相对就越少。因此必须很好地按照蒸发量来调节给水量，以防止汽包水位变动过大。水位过低会影响水冷壁的安全；水位过高会使蒸汽带水，从而影响蒸汽品质和使过热汽温下降。对于自然循环锅炉，水位过低会破坏自然循环，使水冷壁不能得到流动工质的足够冷却，从而导致重大事故；对于强制循环锅炉，过低的水位将破坏循环泵的正常工作，导致同样的后果。因此，对于汽包锅炉都应有水位调节的任务。

锅炉产生蒸汽需要一定的热量，当燃料燃烧产生的热量与维持一定的蒸发量所需要的热量平衡时，就可维持稳定的蒸汽压力。当外界负荷变化时，就必须按比例地改变燃料量和送风量，还要相应地调节引风量，以维持一定的蒸汽压力和炉膛负压。这就是锅炉负荷或蒸汽压力的控制，也就是燃烧率的调节。对于煤粉锅炉来说，同时还有制粉系统的调节问题。

单元机组在运行过程中，炉机电之间的相互联系密切，整个机组已成为一个较独立的有机的运行整体。因此，在控制方式上必须把炉机电作为一个整体进行监视和操作。锅炉和汽机共同适应电网负荷指令的要求，共同保证有关运行参数的稳定。但是锅炉与汽轮机的生产过程各有其特点，它们的动态特性有很大差异，锅炉是一个热惯性较大的调节对象，相对于汽机而言，它的调节过程是相当迟缓的。而且锅炉在适应负荷调节的同时，也要保证主蒸汽温度、压力，给水流量、炉膛负压等参数满足要求。同样，汽轮机在适应负荷要求的同时，也有它自身的一些参数值要满足要求。从这一方面来看，在单元机组内部存在着两个相对独立的对象，它们既有相互关联的一面，又有相互独立的一面。因此，机炉必须采用协调控制方式。

第二节　汽包锅炉运行调节

一、锅炉汽包水位控制调节

（一）汽包水位变动

维持汽包水位正常是保证锅炉安全运行的最重要条件之一，也是运行人员时刻不能疏忽的工作。严格说来，在锅炉运行时，汽包的水位从来就不会平静，总有些上下波动，这种现象是完全正常的。但是为了保证安全运行，应使水位的波动限制在一定范围以内。汽包水位的上限是由热化学试验确定的，在锅炉锅水含盐浓度一定和最大蒸发量的条件下，逐步提高水位，蒸汽带盐量将逐渐增加，当水位达到某一高度时，蒸汽带盐量会突然大量增加，这一水位叫做临界水位，运行中的最高水位应当比此水位稍低才能保证良好的蒸汽品质。当然汽包水位过高，也会使过热汽温有大幅度的下降。汽包中的最低水位应当在下降管进口以上的一定高度，使蒸汽不能进入下降管，以免破坏水循环。过低水位还会造成"烧干锅"严重事故。如果在循环泵的进口水中带有蒸汽，就可能使锅水循环泵发生汽蚀现象，使泵的正常工作遭到破坏。

图 14-1　水位的变化
1—给水量小于蒸发量时水位变化；
2—虚假水位变化；3—1与2合成

汽包水位是由水位计来指示的。不同的锅炉，水位变化允许范围也有所不同。自然循环锅炉的正常水位大都比汽包中心线稍低一些（50～100mm），一般允许在±50mm以内变动。对于控制循环锅炉，低水位的限制决定于锅水循环泵的工作，不像自然循环锅炉那样要求严格，其允许水位变动幅度可比自然循环锅炉稍大一些。

应该说明，水位计的水位指示高度要比汽包内的实际水位要低一些，这主要是因为汽包水容积中含有蒸汽，其次水位计由于散热，水在水位计中温度略低些，其水密度稍高于汽包内水的密度，因此水位计水位会低于汽包内实际水位，其水位计水位只能是相当于汽包内的质量水位。

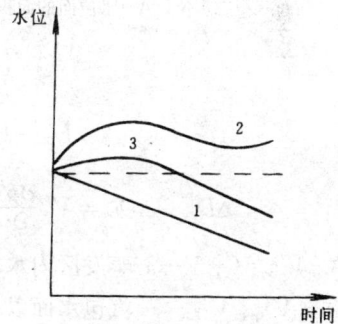

影响水位变化的主要因素有：物质平衡的破坏；压力变化引起工质比容的改变；不同工况下水容积中含汽量的变化。图 14-1 中曲线 1 表示给水量小于蒸发量时的水位变化。然而，即使能保持物质平衡，当汽压和负荷波动很大时，也会引起水位的波动。例如，当外界负荷突然增加，使汽压下降时，工质的饱和温度也相应地降低，汽包和蒸发管的金属和水将放出它们的蓄热量，产生附加蒸发量，从而增大锅炉水中的含汽容积使水位上升。随后由于压力渐趋平稳，附加蒸发量将逐渐减少，又使水位下降。对这种使水位暂时上升的现象称为虚假水位，因为它并不表示锅炉储水量的增加，而恰恰相反，表明其储水量正在愈变愈少，曲线 2 的后部仍高于原来的水平，这是为适应负荷而增加燃烧率的结果。曲线 3 是由曲线 1 和 2 叠加而得。由此看出，如不及时增加水量，锅炉水位将会急剧下降。因此在水位调节中决不能忽视虚假水位的现象，否则在水位上升时，减少给水，随后就会造成锅炉严重缺水。蒸汽负荷变动的速度和幅度越大，汽包水位的上下波动也越显著。

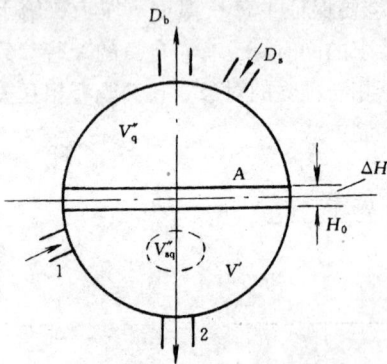

图 14-2 蒸汽区汽水容积示意图
1—上升管；2—下降管；
H_0—稳态水位；A—水位面的面积

除负荷变动引起水位波动外，还可能有其他原因会引起类似的情况，例如安全门动作也会使汽压突降，引起虚假水位。炉膛灭火、汽轮发电机全甩负荷、燃烧不稳定、煤质变化等都可能使汽压变动而引起水位的波动。

汽包水位的变动速度可在近似条件下，简单地根据蒸发区（包括下降管、上升管、汽包、联箱等）内汽水容积和质量平衡式作粗略的分析。近似地假定蒸发区内所有工质的压力和温度各处随时相等，且均处于饱和状态（这个假定对自然循环锅炉比较接近实际情况，而对控制循环锅炉，由于其循环倍率较小，水在下降管内的欠热较大，所以与实际情况偏离程度稍大）。在上述假定下，可列出以下两个方程（参见图 14-2）

$$V' + V''_q + V''_{sq} = V' + V''$$

$$D_s - D_b = \frac{d}{dt}(V'\rho' + V_q''\rho'' + V''_{sq}\rho'')$$

$$\Delta D_s - \Delta D_b = V'\frac{\partial p'}{\partial t} + \rho'\frac{\partial V'}{\partial t} + (V''_q + V''_{sq})\frac{\partial p''}{\partial t} + \rho''\left(\frac{\partial V''_q}{\partial t} + \frac{\partial V''_{sq}}{\partial t}\right)$$

式中　V'、V''、V——蒸发区内水容积、汽容积、总容积，m^3；

V''_q、V''_{sq}——汽包水面以上的蒸汽容积、蒸发区内水中的含汽容积，m^3；

D_s、D_b——来自省煤器的给水流量、汽包输出的饱和蒸汽流量，kg/h；

ρ'、ρ''——饱和水、饱和蒸汽的密度，kg/m^3；

t——时间，h。

考虑到

$$\Delta V' + \Delta V''_{sq} = A\Delta H$$

或

$$\Delta V' = A\Delta H - \Delta V''_{sq} \qquad \Delta V'' = -A\Delta H \text{ 和 } \frac{d}{dt} = \frac{\partial}{\partial p}\frac{dp}{dt}$$

式中　A——汽包水位面面积（近似常数）。

则得

$$\Delta D_{\mathrm{s}} - \Delta D_{\mathrm{b}} = \left[V' \frac{\partial \rho'}{\partial p} + (V - V') \frac{\partial \rho''}{\partial p} \right] \frac{\mathrm{d}p}{\mathrm{d}t} + A(\rho' - \rho'') \frac{\mathrm{d}H}{\mathrm{d}t} - (\rho' - \rho'') \frac{\mathrm{d}V''_{\mathrm{sq}}}{\mathrm{d}t}$$

整理后即得水位变动速度计算式

$$\frac{\mathrm{d}H}{\mathrm{d}t} = \frac{\Delta D_{\mathrm{s}} - \Delta D_{\mathrm{b}}}{A(\rho' - \rho'')} - \frac{V' \frac{\partial \rho'}{\partial p} + (V - V') \frac{\partial \rho''}{\partial p}}{A(\rho' - \rho'')} \cdot \frac{\mathrm{d}p}{\mathrm{d}t} + \frac{1}{A} \frac{\mathrm{d}V''_{\mathrm{sq}}}{\mathrm{d}t}$$

上式等号右侧三项，分别反映前述三种因素影响水位的变动速度。第一项表示物质的不平衡对水位变动速度的影响，由该项式可知，水位变动速度与物质的不平衡量成正比。第二项表示由于压力变动引起工质密度（或比容）改变使水位发生变动。其中$\frac{\partial \rho''}{\partial p}$可根据水蒸气表算出，在压力（$p$）变动不大的条件下，可取常数。从第二项可以看出，水位变动的方向与压力变动的方向相反，亦即压力升高（或降低），将使水位下降（或上升）。因为蒸发区压力的变动主要决定于产汽量与供汽量的不平衡（亦即热量收支的不平衡），所以在燃烧率与锅炉供汽量不配合时，水位也将变动。第三项反映水中含汽容积（V''_{sq}）对水位变动的影响。压力降低或负荷升高都会增大水中含汽的容积，但由于涉及蒸汽和水有相对流动的复杂问题，所以对水中含汽量至今只能作粗略的计算。

图 14-2 为蒸发区汽水容积示意图。

用上述公式对某台 1025t/h 锅炉进行计算表明，当锅炉在额定工况下工作时，如果突然停止供水，而负荷与压力都暂时保持不变，则水位将以 30～40mm/s 的速度下降。假定在停水之前，恰好维持在标准水位，则在 5s 左右的时间内水位就将下降到警报线附近。由此可见，对于大容量锅炉，给水系统和给水调节装置必须十分可靠，同时对于这种调节任务，长时间手操几乎是不能保证的。

（二）汽包水位监视与调节

汽包水位的高低是通过水位计来监视的。现代锅炉为了保证汽包水位的正常和监视的方便，除在汽包两侧装有一次水位计（牛眼式水位计）之外，通常在控制室或操作盘上还装有机械式或电子式的二次水位计（如差压式、电触点式、电子记录式水位计等），以加强对水位的监视。

运行中对水位的监视，原则上应以一次水位计为准。一次水位计应有良好的照明，水位应清晰可见。冲洗水位计步骤如下。

（1）开启放水门，使汽管、水管及水位计得到清洗；

（2）关闭水门，冲洗汽管及水位计；

（3）开启水门，关闭汽门，冲洗水管；

（4）开启汽门，关闭放水门，恢复水位计的运行。

现代锅炉的汽包水位采用自动调节，同时二次水位计的准确性和可靠性已能满足运行的要求，而且二次水位计的形式和数量又多，所以除特殊情况外，一般可根据操作盘上的二次水位计来监视和调节汽包水位。在监视水位时，应随时注意给水压力、蒸汽流量与给水量的差值是否在正常范围内。

在进行水位调节的过程中，先要根据实际运行工况，分析水位变化的趋势，然后再进行适当的调节，从而保证运行中汽包水位的稳定。给水系统的运行方式，对锅炉水位的稳定性具有很大的关系。前述的"虚假"性也只是指水位的波动并非起源于给水及汽、水流量间的不平衡，是指因压力变化而产生的水位变化。因此无论是手操还是自控，在锅炉负荷突然增大时，增大给水流量的调节还应在水位"0"时进行，并在开始呈现水位上升趋势时就适当调小；如在超过"0"水位后再行调节，就容易使水位过调。因为加强进水的过程也是一个使锅内汽、水混合物含汽率减少的过程，使水位的虚假性降低。具体的水位波动曲线是随汽包的水容，包括金属和锅水在内的热容，控制系统以及给水和燃烧系统的响应特性，或者说"时滞"而异的。曲线可以通过质量和热量的动态平衡计算得出，更可以直接通过锅炉运行中调节和有关参数的时间变化记录得出。运行人员需要掌握这些特性，才能更好地维持汽包水位的稳定。

控制汽包水位的高低是依靠改变给水调节阀的开度和改变给水泵转速进而改变给水流量来实现的。现代大型锅炉，都采用了给水自动调节器来调节送入锅炉的给水量。调节器的电动执行机构除能投入自动外，还可切换为远方（遥控）手动操作。给水投入自动调节后，必须对有关表计和自动调节设备的工作情况加强监视，一旦发生自动失灵或锅炉工况发生剧烈变化时，应迅速将自动解除、改为远方（遥控）手操。

在启动及停止时，由于汽水流量不平衡，蒸汽流量小时其流量表的检测误差较大，故采用单冲量（水位）调节，仅引入水位冲量，即根据水位变化来调节给水流量。当负荷在20%MCR以上及锅炉正常运行时，给水量调节采用三冲量调节系统，即利用蒸汽流量作为先行信号，给水流量作为反馈，进行粗调节，用水位信号进行校正。从单冲量切换到三冲量调节或从三冲量切换到单冲量调节，均为无扰动切换。

二、蒸汽温度控制与调节

（一）过热蒸汽温度控制与调节

在机组运行中，对过热蒸汽温度的要求十分严格。一般不允许偏离额定汽温±5℃，在很不利的条件下，负偏差有时也放宽到-10℃。过热汽温过高会影响过热器与汽机的安全，过热汽温过低会影响机组热效率。从提高蒸汽循环热效率来看，应当在许可范围内尽可能维持较高的汽温，但要留有一定的安全裕量。

过热器一般由几级组成，如低温过热器、分隔屏过热器、后屏及高温过热器等，在不同段的过热器管常用不同的金属材料，分别允许承受一定的最高温度。因此，从安全方面来说，对各段过热器的出口汽温都有一定的限制。此外，还应考虑各并列过热器管之间的热偏差，也就是说，即使出口过热蒸汽的平均温度符合要求，个别管子仍有可能超温。任何一根管子损坏，都将影响整个机组的工作。因此，对特别容易发生金属超温的某些管段，要进行金属温度和蒸汽温度的监督。例如，在直接吸收炉膛高温烟气辐射热的屏式过热器外圈管子上和过热器高温段的某些热偏差可能较大的管子上，通常装有监视用的温度测点。

1. 汽温变化原因分析

为了维持稳定的汽温，应当了解引起汽温变化的各种因素，以便根据锅炉工况的变动及时作出正确的判断和处理。

根据能量平衡关系，过热器出口蒸汽的焓为

$$h'' = h' + \frac{B}{D}Q - \Delta h$$

式中　　h''——过热器出口蒸汽焓，kJ/kg；

　　　　h'——过热器进口蒸汽焓，kJ/kg；

　　　　B——燃料消耗量，kg/s；

　　　　Q——每公斤燃料传给工质的热量，kJ/kg；

　　　　D——过热器内蒸汽流量，kg/s；

　　　　Δh——每公斤蒸汽因减温而降低的焓值，kJ/kg。

在上式中，燃料量（B）是烟气侧的因素。烟气对蒸汽的放热量（Q）与蒸汽侧和烟气侧的条件都有关系，但主要决定于后者，故也归入烟气侧的因素。其余三项——进口蒸汽焓（h'）、蒸汽流量（D）以及减温引起的焓降（Δh）都属于蒸汽侧的因素。

在正常情况下，进入过热器的工质为从汽包出来的饱和蒸汽。当定压运行时，其焓值的变化一般很小，接近于额定压力下的饱和蒸汽焓。但是在不稳定工况或不正常运行条件下，蒸汽可能带水，其焓值将显著降低，过热器出口汽温亦随着下降。汽包水位过高或锅水含盐浓度太大都可能使蒸汽带水。如机组负荷突然增加，汽压大幅度地下降，锅内的饱和水就会自沸腾，水位上升，当很多蒸汽逸出水面时会带出大量的水，严重时可能造成蒸汽管内发生水击等。当发生上述情况时，过热器出口蒸汽焓或蒸汽温度的下降不仅是由于进口蒸汽焓（h'）的降低，而且也因蒸汽流量（D）的增加。在外界要求蒸汽流量突然增大时，燃料量没有相应地跟上，使比值 Q/D 降低很多，每公斤蒸汽所吸收到的热量必将显著的减少。又如采用喷水减温时，减温水来自给水系统，当给水压力变动时，即使减温水调节阀的开度不变，喷水量亦会改变，从而使汽温变动。对于上述各种因素对汽温的影响都很容易理解，同时也不难从上式得出结论。

烟气传给蒸汽的热量（Q）的变化是很复杂的，这主要是由于燃料量和空气量的变化所致。这些因素的改变必将影响炉内辐射传热和烟道内对流传热的条件，从而改变锅炉内两种传热量的比例。在额定工况下，这个比例是一定的，过热汽温可维持一定的温度；在工况变动时，这个比例变化了，汽温就可能发生变化，只有采取适当的调温措施，过热蒸汽才能保持一定温度。

综上所述，影响汽温的变动因素很多，下面对几种比较主要的因素进行分析。

（1）燃料量或负荷。

在一定范围内调整锅炉负荷，可以认为过量空气系数和燃烧损失基本不变，排烟温度和排烟热损失变动不大，所以锅炉效率改变不多。在这种条件下提高锅炉负荷，可以认为燃料量（B）与蒸发量（D）增加的比例大致相等。如燃料量由 B_1 增加到 B_2，相应蒸发量由 D_1 增加到 D_2，则

$$B_2/B_1 \approx D_2/D_1 \qquad \text{亦即 } D/B \approx \text{定值}$$

另一方面，再从炉内温度和辐射传热的变化情况来看，单位时间内燃烧的燃料愈多，则炉膛出口烟温（θ'_1）愈高，这从炉内辐射传热计算式中可得此结果。如用公式表示，即

$$\text{如果 } B_2 > B_1，则 \theta'_{12} > \theta'_{11}$$

假定燃料性质和过量空气系数基本不变，则每公斤燃料进入炉内相应的热量（Q）只受到预热空气温度变动的影响，而这种变动相对较小，其产生的影响亦较小，因此可以近似地认为增加燃料量时，相应于每千克燃料进入炉内的热量保持不变，绝热燃烧温度及相应的烟气焓也都不变。如前所述，这时的炉膛出口烟温是升高的，也就是炉膛出口烟气焓增大，这表明每公斤燃料在炉内的辐射放热量（Q_f）减少了，与此相反，对流放热（Q_d）就必然增加。用公式来表示，即

$$\text{如果 } B_2 > B_1，则 Q_{f2} < Q_{f1}，而 Q_{d2} > Q_{d1}$$

前面已经说明，在一定范围内增加锅炉负荷时，蒸发量（D）与燃料量（B）仍保持一定的比例（$D/B \approx$ 定值）。因此，相应于每千克燃料对流放热量的增大，意味着每千克工质在对流受热面内的吸热量将增加，通常把这种关系称为对流（传热）特性；与此相反的变化关系则称为辐射（传热）特性。在 600MW 锅炉中，过热器虽采用辐射——对流组合方式，但其总汽温特性仍偏于对流，所以当负荷增加时，如不加调节、其汽温还是上升的。

应该指出，在增大燃料量的时候，由于绝热燃烧温度基本不变，而炉膛出口烟温升高，所以炉内温度水平（相当于炉内平均温度）是提高的，总的辐射传热量亦有所增加，但是其增加量未能与燃料量或蒸发量的增大成正比，因此在辐射受热面里，工质从每千克燃料吸收到的热量将减

少。炉内总的辐射传热量相当于每公斤燃料的辐射放热量（Q_f）与燃料量（B）的乘积，所以上述关系可用下式表示

$$1 < \frac{B_2 Q_{f2}}{B_1 Q_{f1}} < \frac{B_2}{B_1}\left(\approx \frac{D_2}{D_1}\right)$$

从以上分析可以看出，在绝热燃烧温度不变的条件下，增加燃料量会使炉膛出口烟温升高，结果是辐射热相对减少，而对流吸热相对增加。因此可以推想而知，不仅在负荷增加时，并在很多类似情况下，都会出现汽温升高的现象。例如，炉内火焰中心的高低将影响炉膛出口烟温和过热汽温，再热汽温。用上排或下排喷燃器，蒸汽温度也会有显著的差别。用上下摆动燃烧器，改变燃烧器倾角的大小能调节汽温。又如，水冷壁结渣会减少水冷壁工质吸热量和提高炉膛出口烟温，会使过热汽温上升，也会使再热汽温上升。有的锅炉在炉膛吹灰前后的汽温，可能要相差十几度。

最后应该说明，当增加燃料使炉膛出口烟温升高和对流传热相对增加时，所有对流受热面，包括过热器、再热器、省煤器、空气预热器等的吸热量都相对地增加，锅炉排烟温度也将有所升高。结果是过热汽温、再热汽温有所升高，省煤器出口工质焓增加，预热空气温度升高、排烟热损失增大。预热空气温度升高会提高绝热燃烧温度，从而增加炉内辐射传热量；排烟热损失增大表示对流传热会有些减小。但是这两种影响相对较小，所以不会影响上面定性分析的结论。换言之，在燃料量增加使炉膛出口烟温升高时，即使把各方面的实际影响都考虑进去，对流传热量总是相对地增加，在以对流吸热为主的过热器，其蒸汽的出口焓总是增加的。

（2）炉膛过量空气系数。

如果炉膛过量空气系数在一定范围内变化，炉膛出口烟温不会有明显的变化。但是炉膛过量空气系数增加时，如果其他条件不变，则相应于每千克燃料的炉内辐射放热量将减少，而对流传热量和排烟热损失都会有所增加。

增加过量空气系数会使炉膛绝热燃烧温度降低，同时增加烟气流量，这两种因素对炉膛出口烟温的影响是相反的。现将它们分开来加以分析。炉膛相当于一个辐射式换热器，绝热燃烧温度相当于热介质的初温，出口烟温就相当于终温。对任何一个换热器来说，如果热介质的初温降低，而其他条件，如热介质的流量和性质以及冷介质的各种情况都保持不变，则热介质的终温决不会超过原来的水平，一般总是要降低些。另一方面，如果热介质的流量增加，而其他条件不变，则辐射换热器出口热介质的温度，将高于流量增加之前的水平。以上两种情况可用图14-3来表示。

当炉内过量空气系数增加后，以上两种作用同时产生影响，所以炉膛出口烟气温度一般不会有变化，而烟气流量则与过量空气系数近于正比关系。严格的计算表明，烟气量的变化要比过量空气的变化略小些。由此可知，对于每公斤燃料，炉膛出口烟气带走的热量将增多，亦即每公斤燃料辐射放热量（Q_f）将减少。对于烟道内的对流受热面来说，进口烟气的初温变化不多，而流量显著增加，所以总的对流热增加，对应于每公斤燃料的烟气对流放热量（Q_d）亦增加。然而，在炉膛出口烟温降低的情况下，位于炉膛出口附近的受热面将受到传热温差的影响而有所减少。

烟气流量（G）增加，其流速（w）亦相应增大，对流传热量也随之增加，它们之间的关系一般为

$$BQ_d \propto w^{0.6}, \quad G \propto w$$

也就是说，对流传热量增加的幅度较烟气流量增加的幅度要小。由此可知，每千克烟气的对流传热量（Q_d）是减少的，但这时总的对流传热量是增加的。应该说明，这个结论是在温度及其他条件不变的情况下得出的。例如，对于某一对流受热面来说，如果进口烟温不变而烟气流量

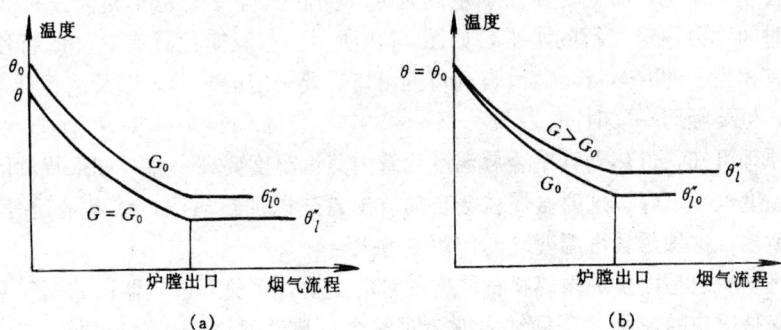

图 14-3 不同条件下炉膛出口烟温的变化

(a) 烟气流量不变；(b) 绝热燃烧温度不变

θ_0、θ''_{l0}、G_0—初始状态下的绝热燃烧温度、炉膛出口烟温、烟气流量；

θ、θ_l、G—某一种条件变化后的上述三种参量

增加，则受热面的吸热将增加，而每千克烟气的放热量将减少，亦即烟气通过受热面的温降减小，结果是出口烟温高于原来的水平。对于锅炉全部对流受热面来说，同样是这样的情况，即当炉膛出口烟温变化不大，而烟气流量显著增多时，排烟温度也将高于原来的水平，这时的排烟热损失必然增大。

炉膛的过量空气既然对辐射和对流传热量有影响，对过热器、再热器来说，这两种影响不可能恰好互相抵消。因此，当过量空气系数变化时，每千克蒸汽在过热器内的焓增亦将变化。应该说明，增加热空气量、漏进冷风、或利用再循环烟气调节汽温，同样都会降低炉膛火焰中心的温度，并且增大烟气流量。但是这三种情况下，其作用在程度上各不相同，因此对过热器、再热器的吸热影响也不一样。

(3) 燃料性质。

燃料水分变化的影响与过量空气系数变化的影响相似，但因水分初温较低，还要吸收汽化潜热，所以对绝热燃烧温度有些影响。如果燃料的水分增加，则炉内辐射传热显著减弱，炉膛出口烟温一般都要降低，而对流受热面的吸热量将增加。

对于性质不同的燃料，一般都选用不同的过量空气系数，燃料品质和煤粉细度的改变，同样也会影响火焰的长度。凡此种种都将改变辐射放热和对流放热的比例，从而影响过热器或再热器等的吸热量，导致汽温的变化。

(4) 给水温度。

给水温度的变化也将影响汽温的变化。给水是从除氧器经高压加热器加热后进入锅炉的，如高压加热器不能投入或故障跳闸，给水温度可能比额定值低得多。当汽包锅炉给水温度降低时，从给水变为饱和蒸汽所需要的热量增多，如果燃料量不变，蒸发量就要减少，而过热器在燃烧侧的吸热量不变（燃烧侧不变），所以每千克蒸汽在过热器中所吸热量必然增加，而使汽温升高。这是蒸汽侧扰动的结果。如欲恢复蒸发量以满足负荷的需要，就必须增加燃料，结果也使汽温上升，这时对于过热器来说，蒸汽侧的扰动已经消除，只是受到烟气侧的扰动影响。也就是说，蒸汽流量已经恢复，汽温的变化只是由于燃料量的增加所致。但是实际上，汽温的偏差是蒸汽侧和烟气侧两方面影响所引起的，对于整台锅炉来说，这时既有蒸汽侧的扰动，又有烟气侧的扰动，所以此时汽温的变化比给水温度不变而仅仅增加燃料量时要大得多。

2. 汽温变化过程和调节方式

从以上分析可知，影响过热汽温的因素是很多的，但是无论何种因素的扰动，并非一旦扰动

发生，汽温就会立即变化，而且是存在一定的延时，同时汽温变动也不是阶跃的，而是逐渐变化，经过一定时间才会稳定在新的水平，如图 14-4 所示。汽温变化具有这样的特性，由于过热器受热面属具有相当多的贮热量，蒸汽自入口到出口需要一定的时间，以及从扰动开始到过热器工作受到影响，也要经历一段时间。

根据传热原理可知，过热器管壁金属温度比管内蒸汽温度要高一些，如果扰动因素使汽温下降，管壁金属温度也要下降，这时金属就会自动放出蓄热以加热蒸汽，结果是延缓汽温的变动，过热器金属量愈多，这种延缓汽温变动的作用也愈大。

烟气侧的扰动一般是由于炉内燃料量或空气量的变动，而引起过热器区域烟气温度和流量的变化。这个过程是很快的，通常几秒钟内就会对整个过热器发生作用，所以汽温变化的时延较小。蒸汽侧的扰动使过热器出口汽温变化的情况视扰动因素的不同而有很大的差别。不论外扰或内扰使蒸汽量变化时，几乎立即会影响整个过热器管内的蒸汽流量，所以汽温变化是迟延较小。由于喷水量的改变，使过热器出口汽温变化的迟延，决定于喷水点与过热器出口之间的距离，距离越短，则迟延愈小。所以，最后一级过热器前的喷水减温器，对出口汽温的调节作用最灵敏。

汽温调节的方法有喷水减温、燃烧器上下摆动等等，有的时候几种方法同时并用。上述调温方法中，喷水减温方法应用较为普遍。应该指出，任何一种调温手段都是一种人为的扰动，它对汽温的影响也具有一定的迟延，也需要一定的时间才能显示出它的作用。因此要控制好汽温，首先要监视好汽温，并对汽温变化趋势随时进行分析，以便及时采取适当的调节措施。例如，在用给水作为喷水减温用水时，如发现给水压力低，就应适当开大喷水调节阀，以免因喷水量减少而使汽温升高。否则待汽温升高后再进行调节，就可能会使汽温上下波动。

过热器采用汽温自动调节装置，在正常运行中，自动调节机构控制喷水调节阀的开度。另外还有远距离操作电动控制，以便在控制室进行操作，并可以进行软操作或硬操作。操作人员应当熟悉喷水调节阀门的性能，亦即阀门开度与喷水量之间的关系，否则会使喷水量时多时少，造成汽温波动。

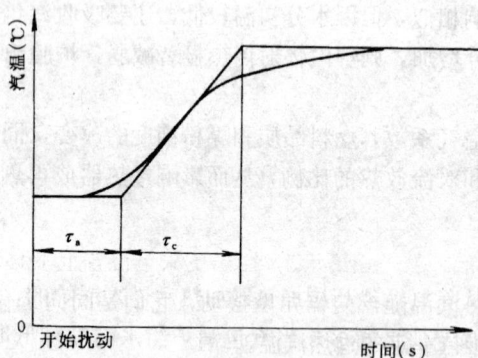

图 14-4　扰动后汽温的变化

τ_0—延迟时间；τ_c—时间常数

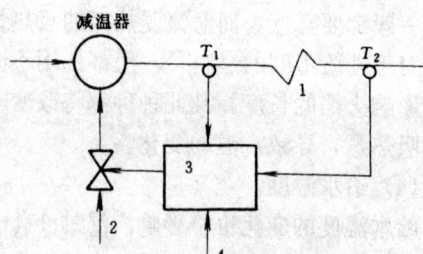

图 14-5　汽温调节示例

1—某段过热器；2—减温水；
3—调节装置；4—其他导前信号

图 14-5 为喷水减温的示意图，如前所述，任何一种调温手段对过热器来说都是一种扰动。所以由此产生的汽温变化也有一定的迟延和惯性，即使喷水点设在末级过热器之前，要使出口汽温发生变化，也要经过一定的时间。因此，除把被调温度 T_2 作为主调节信号外，调节装置还接受一个减温器出口的导前信号，这个信号可以是温度 T_1 的微分信号，亦即 T_1 的变化率。但是，一段或几段过热器所吸的热量会受到各种运行因素的影响，所以 T_1 通常不可能稳定在一个数值上。如某台锅炉的再热汽温是用摆动燃烧器调节的，显然燃烧器倾角的变化对过热器的工作也有

影响，所以把它作为导前信号引入过热汽温的调节系统，如图 14-5 中 4。导前信号装置在减温器出口，只要这里的温度 T_1 发生变化，调节器就改变喷水量，出口汽温 T_2 则起校正作用，直到它恢复到定值为止。在机组跳闸或负荷很低时，不需要减温的情况下，与调节阀串联的一个电磁阀会自动关闭，以防减温水漏入。当减温水需要量大于零时，该阀又会自动开启。

（二）再热汽温控制与调节

600MW 锅炉的再热器有采用高温布置（CE 控制循环锅炉，摆动燃烧器调节），有的采用高、低温过热器之间的烟道内布置再热器受热面，而低温再热器与低温过热器并列布置于后部烟井中，采用分隔烟气挡板调节。不论如何布置，其再热器的汽温特性都属于对流特性，亦即负荷降低时，如不加以调节，每公斤蒸汽在再热器内的焓增将减小，则汽温将降低。此外，在机组负荷降低时，汽轮机高压缸的排汽温度将降低，也就是说再热器进口蒸汽焓值将减小，这就进一步使再热汽温降低。因此，对再热汽温必须采取很好的调温措施。但是一般再热器在 50%～70% MCR 以上负荷时，能保持再热汽温达到额定值。

与过热汽温不同，再热汽温调节都不采用喷水减温作为主要调温手段。因为把水喷入中等压力的再热器中就等于在很高参数（一次汽参数）的蒸汽循环中加进了一部分中等参数工质（减温水）的循环，这将使整个机组的循环效率降低。但是因为喷水减温所用的设备结构简单，工作可靠，以及调节灵敏，所以在机组中作为防止再热器管壁超温用的事故喷水减温器，作为紧急降温的手段。

1. 600MW 机组锅炉调节再热汽温方法

（1）分隔烟道挡板。

在后烟井中做成并联的分隔烟道，一侧布置低温再热器，一侧布置低温过热器，利用烟道挡板改变两侧烟道的烟气流量，从而调节再热汽温。调节挡板的位置需设置在分隔烟道的出口（省煤器出口），即较低的烟温区域内，以免高温条件下调节挡板及调节机构变形、失灵、卡煞等，无法调节。该种调节方法在 BABCOCK 的锅炉上广泛采用。

（2）摆动燃烧器。

摆动燃烧器是利用改变燃烧器倾角的大小来改变炉内火焰中心位置，亦即改变炉膛出口烟温和各受热面的吸热量的比例，从而调节再热汽温。这种燃烧器能以再热汽温为调节信号在±30°内改变燃烧器倾角，来调节再热汽温为定值。因为再热器的吸热量除了与烟气温度有关外，还受到过量空气系数的影响。所以在再热汽温的调节系统中，又引入了总风量作为前馈信号，也就是说，在决定燃烧器倾角应该变动多少的时候，不仅仅根据汽温偏差的大小，还考虑到烟气温度的多少。为了保持炉内火焰的一定分布，往往全部燃烧器是一起摆动的。当炉内火焰位置上下移动时，过热器吸热量也随着改变，也即过热汽温与再热汽温随燃烧器角度摆动，它们是同向变化。所以与此同时，要调节过热器的减温器的减温水量维持一定的过热汽温。

采用摆动燃烧器调节再热汽温，在高负荷时，再热汽温高，可将燃烧器向下倾斜某一角度，可使火焰中心位置下移，使再热汽温有所降低；而在负荷低时，再热汽温偏低，可将燃烧器向上倾斜一定角度，使火焰中心位置上移，使再热汽温升高。目前使用的摆动燃烧器上下摆动角度为±30°。摆动燃烧器向下摆动角度过大及摆动时间过长，会造成冷灰斗严重结渣，危及锅炉的安全；若向上摆动角度过大时，则会增加不完全燃烧热损失，以及引起炉膛出口受热面结渣，均会影响锅炉的安全经济运行。

用摆动燃烧器调节再热汽温，具有以下优点。

1）调温幅度大。CE 公司再热器采用高温布置，即再热器为壁式再热器（布置于炉膛上部）为辐射式受热面，二级、三级（高温）再热器布置于折焰角上部，即在炉膛出口处附近。因此再热器受热面对火焰中心位置、炉膛出口温度的变化极为敏感,当燃烧器摆动角度为±20°时,可使炉膛出口烟温变化在100℃以上。

2) 摆动燃烧器调节汽温,其调节灵敏、时滞小,汽温变化反应快。同时不像减温器调温那样额外增加受热面,它没有能量消耗。

3) 摆动燃烧器对再热汽温和过热汽温是同向调节作用,也即燃烧器向上摆动角度时,即使再热汽温上升,也同时会使过热汽温上升。特别是过热器系统和再热器系统均为对流特性。当锅炉负荷下降时,过热汽温与再热汽温均要下降,用摆动燃烧器提高再热汽温同时,过热汽温也同时提高。

2. 再热汽温调节中注意问题

(1) 采用喷水来调节再热汽温。

如前所述喷水调节再热汽温会导致整个机组热经济性的降低。因此,再热汽温不宜采用喷水作为主要的调温手段,而在有超温危险的情况下作为事故喷水减温器。

(2) 再热汽温低时,可加强再热器部分的吹灰工作,以提高再热汽温。

(3) 对于用摆动燃烧器来调节再热汽温时,在改变燃烧器角度时,应首先满足燃烧和炉内安全的要求,要有利于设备的安全和锅炉效率的提高。当锅炉负荷很低时,不可使火焰中心位置太高,以防灭火或者煤粉在烟道内再燃烧而造成事故。摆动角度时,应注意炉膛出口处受热面和炉膛下部冷灰斗的结渣情况,如发现有严重结渣的现象,应及时处理。燃烧器摆动角度(向上或向下)的时间不应过长,否则会使锅炉由于结渣过分严重而出现重大事故。

(4) 对于分隔烟道挡板调节,主烟道和旁路烟道的挡板采用反向联动调节,两角度之和保持为90°。一般额定出力下,主、旁烟道的挡板角度均取为45°,而在锅炉负荷变化范围内,主烟道的理论调节角度范围为40°～60°。在此角度范围内,可获得较高的调节灵敏度。因为此范围是挡板调节的灵敏区,即挡板改变单位角度后引起的烟气量变化量较大,使传热量与汽温变化值亦较大,调节灵敏度高。另外在此调节范围,挡板的局部阻力系数较小,可降低吸风机的电耗。但由于挡板受热发生不规则变形,会使转动或传动机构卡涩而不能正常工作。另外,由于理论计算与实际调节结构有较大出入,使调节超出可能范围,致使难以达到正常汽温值。

三、汽压调节

主蒸汽压力是蒸汽质量的重要指标,是衡量机组运行稳定性的重要参数,主汽压力是锅炉产生的蒸汽量与汽机需求的蒸汽量的平衡。汽压波动过大会直接影响锅炉和汽轮机的安全和经济运行。

汽压降低,会减少蒸汽在汽轮机中膨胀作功的焓降,使汽耗增加。如汽压降低至额定值的5%,汽耗将增大1%。汽压降低过多,则带不足满出力。如果仍保持满出力,势必使蒸汽流量增大,这会引起末级叶片弯应力增大,转子轴向推力增大,影响机组安全和经济。

汽压稍高,可降低汽耗量(目前锅炉有5%超压能力)。但汽压过高,将危及锅炉、汽轮机和管道的安全,最危险的是引起调节级叶片过负荷。因为动叶片承受的弯应力与蒸汽流量和调节级焓降的乘积成正比,即使机组没有超负荷,流量小于额定值,调节级汽室压力降低。若机组处于第一调门全开,第二调节汽门未开的工况下,调节级焓降将超过最大值,流过第一调门的流量也要超过其额定值,造成调节级叶片过负荷,使其弯应力最大。汽压过高还会使锅炉承压部件及紧固件承受的机械应力过大,降低使用寿命,甚至造成设备损坏。

汽压过高还会引起锅炉安全门动作,将损失大量工质和热量;安全阀经常动作会使回座不严密或磨损,产生泄漏。

如果汽压波动次数过多,也会使承压部件金属经常处于交变应力之下,发生疲劳破坏。

因此，要严格监视和控制主汽压力的变化幅度和变化速率。

1. 汽压变化速度影响

(1) 汽压变化速度对锅炉安全的影响主要有以下两点。

1) 汽压的突然变化，如由于负荷突然增加使汽压突然降低时，将可能引起蒸汽大量带水，因而使蒸汽品质恶化和过热汽温降低（但若由于燃烧恶化引起汽压降低时，则不会发生蒸汽带水问题）。

2) 运行中当锅炉负荷等变动时，如不及时地、正确地进行调节，造成汽压经常反复地快速变化，致使锅炉受热面金属经常处于重复或交变应力的作用下，尤其再加上其他因素变化，如温度应力的影响，则最终将可能导致受热面金属发生疲劳破坏。

(2) 影响汽压变化速度的因素。

当负荷变化引起汽压变化时，汽压变化的速度说明了锅炉保持或恢复规定汽压的能力。汽压变化的速度主要与负荷变化速度、锅炉的储热能力以及燃烧设备的热惯性有关。此外，汽压变化时，若运行人员能及时地进行调节，则汽压将能较快恢复到规定值。

1) 负荷变化速度。负荷变化速度对汽压变化速度的影响是显而易见的。负荷变化速度越快，引起汽压变化的速度也越快。反之，汽压变化速度越慢。

2) 锅炉的储热能力。所谓锅炉的储热能力是指当外界负荷变动而燃烧工况不变时，锅炉能够放出或吸收的热量的大小。锅炉的储热能力越大，汽压变化的速度越慢；储热能力越小，则汽压变化的速度越快。

当外界负荷变动时，锅炉内工质和金属的温度、含热量等都要发生变化。例如当负荷增加使汽压下降时，则饱和温度降低，锅水的液体热（1kg 水从 0℃ 加热到饱和温度所需要的热量）也相应减少，此时锅水（以及受热面金属）内包含的热量有余（因为将锅水加热至较低的饱和温度即可变成蒸汽），这储存在锅水和金属中的多余的热量将使一部分锅水自身汽化变成蒸汽，称为"附加蒸发量"。"附加蒸发量"能起到减缓汽压下降的作用。当然，由于"附加蒸发量"的数量有限，要靠它来完全阻止汽压下降是不可能的。"附加蒸发量"越大，说明锅炉的储热能力越大，则汽压下降的速度就越慢；反之，则汽压下降的速度就越快。

在实际锅炉运行中，当外界负荷增加时，锅炉的蒸发量（出力）由于燃烧调节系统有滞后特点（即燃烧设备有热惯性），跟不上外界负荷的需要，因而必然引起汽压下降。这时（即在燃烧工况还来不及改变之前），锅炉就只能依靠储存在工质和金属的热量来产生附加蒸发量，以力图适应外界负荷的要求。因此，锅炉的储热能力也可理解为：当运行工况变动时，锅炉在一定的时间间隔内自行保持出力的能力。

由上述可知，在运行中，当燃烧工况不变时，锅炉压力的变化会引起工质和金属对热量的储存或释放。当负荷减少使汽压升高时，由于饱和温度的升高，工质和金属将吸收的热量储存起来；而当负荷增加使压力降低时，工质和金属将储存的热量释放出来，从而产生"附加蒸发量"。

根据热工学知识可知，当蒸汽压力越高时，液体热的变化越小。就是说在这种情况下，当压力变化时，工质和金属储存或释放的热量越小，因此亚临界压力锅炉的储热能力较小。所以，从储热能力大小这个角度来讲，当负荷变化时，亚临界压力锅炉对汽压变化比较敏感，其变化的速度也快。

锅炉的储热能力与锅炉的水容积和受热面金属量的大小有关。亚临界压力锅炉，相对来说水容积和金属耗量小，则其储热能力小，对汽压变化比较敏感。汽包锅炉由于具有厚壁的汽包及较大的水容积，因而其储热能力还是较大。

储热能力对锅炉运行的影响，有好的一面，也有不好的一面。例如，汽包锅炉的储热能力大，则当外界负荷变动时，锅炉自行保持出力的能力就大，引起参数变化的速度就慢，这有利于锅炉的运行；但另一方面，当人为地需要主动改变锅炉出力时，则由于储热能力大，使出力和参数的反应较为迟纯，因而不能迅速跟上工况变动的要求。

3）燃烧设备的惯性。燃烧设备的惯性是指从燃料量开始变化到炉内建立起新的热负荷所需要的时间。燃烧设备的惯性大，当负荷变化时，恢复汽压的速度较慢。反之，则汽压恢复速度较快。

燃烧设备的惯性与燃料种类和制粉系统的型式有关。燃油设备的惯性小于燃煤设备；中间储仓式制粉系统的惯性比直吹式制粉系统的惯性小，直吹式制粉系统从给煤机转速变化到燃烧器粉量变化，直到炉膛热负荷变化是需要有一段时间；而中间储仓式制粉系统由于有煤粉仓，它只要加大给粉量（改变给粉机转速），就能改变燃烧器粉量变化和炉内热负荷变化，它能比较快适应负荷的变化要求。

（3）汽压变化对主要运行参数的影响，主要有以下两点。

1）对水位的影响。

当汽压降低时，由于饱和温度降低，使部分锅水蒸发（自汽化），将引起锅水体积"膨胀"，故水位要上升；相反，当汽压升高时，由于饱和温度的升高，使锅水中的部分蒸汽泡要凝结下来将引起锅水体积"收缩"，故水位要下降。如果汽压变化是由于负荷变化等因素引起的，则上述的水位变化只是暂时的现象（虚假水位），接着就会朝与此水位相反的方向变化。如负荷增加，汽压下降时，先引起水位上升（虚假水位），但在给水量没有增加之前，由于给水量小于蒸发量，故水位会很快下降。由此可见，汽压变化对水位有直接的影响，尤其当汽压急剧变化时，这种影响就更为明显，如汽轮发电机全甩负荷，锅炉压力异常升高，汽包水位先降低（虚假水位），而后快速上升（真实水位）。这种剧烈变化的水位，在调节时特别要注意，否则由于水位不易控制，而导致锅炉 MFT。

2）对汽温的影响。

一般当汽压升高时，过热蒸汽温度也要升高。这是由于当汽压升高时，饱和温度随之升高了，则给水变为饱和蒸汽必须要消耗更多的热量（水冷壁金属也要多吸收一部分热量），在燃料量未改变时，锅炉蒸发量瞬间要减少（因为水中的部分蒸汽泡凝结），即通过过热器的蒸汽量减少了，所以平均每公斤蒸汽的吸热量增大，导致了过热汽温的升高。

2. 汽压变化原因

汽压的变化实质上是反映了锅炉蒸发量与外界负荷之间的平衡关系。但平衡是相对的，不平衡是绝对的。外界负荷的变化以及由炉内燃烧工况或锅内工作情况的变化而引起的锅炉蒸发量的变化，经常破坏上述的平衡关系，因而汽压变化是必然的。

引起锅炉汽压变化的原因可归纳为两方面，一方面是锅炉外部的因素，称为"外扰"；另一方面是锅炉内部的因素，称为"内扰"。

（1）外扰。

外扰是指外界负荷的正常增减以及事故情况下的甩负荷，它具体的反映在汽轮机所需蒸汽量的变化上。

当外界负荷变化，如增加时，由锅炉送往汽轮机的蒸汽量就增多，则在锅炉蒸汽容积内蒸汽数量就减少，因而必然引起汽压下降。此时，如果能及时地调整锅炉燃烧，适当增加燃料量和风量，使锅炉产生的蒸汽数量正好满足汽轮机所需要的蒸汽量，则汽压能较快地恢复到正常的数值。

由上述可知，从物质平衡的角度来看，汽压的稳定决定于锅炉蒸发量与外界负荷之间是否处于平衡状态。当锅炉的蒸发量正好满足汽轮机所需要的蒸汽量时，汽压就能保持正常和稳定。锅炉蒸发量大于或小于汽轮机所需要的蒸汽量时，则汽压就升高或降低。所以，汽压的变化与外界负荷有密切的关系。

（2）内扰。

即由锅炉机组本身的因素引起汽压变化，主要是指炉内燃烧工况的变动（如燃烧不稳定或燃烧失常等）和锅内的工作情况不正常。

当外界负荷不变的情况下，汽压的稳定主要取决于炉内燃烧工况的稳定。当燃烧工况正常时，汽压变化是不大的。当燃烧不稳定或燃烧失常时，炉膛热强度将发生变化，使蒸发受热面的吸热量发生变化，因而水冷壁中产生的蒸汽量将增多或减少，这就必然引起汽压发生较大的变化。

影响燃烧不稳定或燃烧失常的因素很多，如煤质变化，送入炉膛的煤粉量、煤粉细度发生变化，风粉配合不当，风速、风量配比不当，炉内结渣，以及制粉系统发生故障时所带来的其他后果等。

此外，锅炉热交换情况的改变也会影响汽压的稳定。大家知道，在锅炉炉膛内，既进行燃烧过程，同时又进行着传热的过程，燃料燃烧后放出热量主要以辐射方式传递给水冷壁受热面，使水蒸发变为蒸汽。因此，如果热交换条件变化，使受热面内的工质得不到所需要的热量或者是传给工质的热量增多，则必然会影响产生的蒸汽量，也就必然会引起汽压发生变化。

水冷壁结渣或管内结垢时，由于灰渣和水垢的导热系数很小，都会使水冷壁受热面的热交换条件恶化。因此，为了保持正常的热交换条件，应当根据运行工况正确地调整燃烧，及时进行吹灰或排污等，以保持受热面内、外清洁。

3. 汽压调节

汽压的变化反映了锅炉蒸发量与外界负荷之间的平衡关系。

外界负荷的变化是客观存在的，而锅炉蒸发量的多少则是可以由运行人员通过对锅炉燃烧量的调节来实现的。如负荷增加时，如果能及时增加燃料量和正确调整燃烧，使锅炉蒸发量也相应地随之增加，则汽压就能维持在正常的范围内；如果不能及时增加燃料量和正确调整燃烧，造成蒸发量跟不上负荷的需要，则汽压就不能稳定并且下降。因此，对汽压的控制和调节，就是如何正确调节燃料量和调整锅炉燃烧，以控制好锅炉蒸发量，使之快速适应外界负荷需求的问题。

调整汽压时，在汽压上升过程中应注意提前减少煤量。在汽压趋于稳定时，再适当增加点煤量，以稳定汽压，不使汽压下降。减煤降汽压时方法相类似。

遇有高汽压大量减煤时，注意同时减风，如配合不好，反而会使汽压有瞬时的升高。

负荷要求增加时，则使锅炉汽压下降，此时必须增加燃料量，强化燃烧，同时要增加风量（当然还必须相应增加给水量和改变减温水量）。对于增加燃料量和风量的操作顺序：一般情况下，最好先增加风量，然后紧接着再增加燃料量。如果先增加燃料量而后增加风量，并且如风量增加较迟，炉内燃烧缺风，造成不完全燃烧热损失。但是由于炉膛中总是保持有一定的过量空气量，所以在某些实际操作中，当负荷增加较大或增加速度较快时，为了保持汽压稳定使之不致于有大幅度的下降，则可以先增加燃料量，然后紧接着再适当增加风量。低负荷情况下，由于炉膛中过量空气量相对较多，因而在增加负荷时也可先增加燃料量后增加风量。

增加风量时，应先开大引风机入口挡板，然后调大轴流送风机动叶角度。如果先开大送风，引起炉内正压，则火焰和烟气将可能喷出炉外伤人。

增加燃料量的手段是同时或单独地增加各运行喷燃器的煤粉量（增加给煤机转速，一般采用同步改变各台运行给煤机的转速——给煤量），或增加燃烧器的运行只数或燃烧器层数，即增加磨煤机运行台数。在负荷正常调节范围内，用给煤机转速对各台给煤机作同步调节。否则，必须投入备用磨煤机及相应的燃烧器。另外，低负荷时要少投燃烧器，采用高的给煤机转速，保持燃烧器出口有较高的煤粉浓度，对低负荷时煤粉着火有利。高负荷时多投燃烧器，均匀炉内热负荷，使之燃烧稳定。

在汽压调整中，如果减粉过多燃烧不稳等内扰原因造成汽压下降时，应及时采取稳燃措施，恢复汽压，并加强对汽温汽压变化情况的监视，控制汽轮机监视段压力不超过规定值，必要时可降低负荷减少蒸汽量来恢复汽压。内扰使汽压升高时，应及时减少燃料量；如果机组没有带满负荷，可暂时增大负荷加大进汽量、待汽压恢复后应及时恢复正常运行方式。

在单元机组运行中，机炉采用协调控制，以达到能快速适应外界负荷的需求，并且主汽压力又要达到稳定，满足单元机组运行要求。

四、燃烧调节

炉内燃烧过程是否稳定，直接关系到整个单元机组运行的可靠性。如燃烧过程不稳，将引起蒸汽参数的波动，这不仅影响负荷的稳定性，还会对锅炉本身、蒸汽管道和汽轮机带来冲击；如果炉膛灭火，后果就更严重；如果炉膛温度过高或火焰偏斜引起水冷壁、炉膛出口受热面结渣，还有可能增大水平烟道受热面左右烟温偏差而造成热偏差，产生局部管壁超温爆管。所以，燃烧调节稳定与否是确保单元机组安全可靠运行的重要条件。

在正常燃烧工况下，燃烧调节是指燃料量、风量和负压的调节。在正常燃烧工况下，燃烧量的调节亦即入炉风量和煤量的调节。在燃用煤种和燃烧装置为既定的条件下，正常的燃烧工况通过恰当的配风和煤粉细度来维持。炉内的燃烧工况可通过诸如温度、氧浓度等的测量值作出判断，但也由于在煤粉炉内煤粉在炉内停留时间很短，燃烧过程进行迅速、测量表计的时滞，因此燃烧工况很难单纯通过仪表作出及时的反映和判断。何况诸如火焰偏斜、冲墙、受热面结渣之类的现象更难通过表计作出测定。迄今，对炉内燃烧工况还是通过运行人员所积累经验来观察炉内火焰情况，作出判断并进行及时处理。表14-1和表14-2是我国广大电厂运行人员长期积累经验，可供参考。在大型煤粉炉中，炉膛尺寸很大，灰粒的屏蔽使这种观察带来很大的难度。虽然装置了炉内火焰的电视摄像系统，仍有相当的难度，是当前面临的问题。在增加测点和监测对象，提高计测响应能力的同时，积累观察判别的经验和能力仍是必要的。而且要随时密切注意炉内结渣和积灰的情况，一般位于炉膛上部松散的小渣块是容易因自重和气流的冲刷而自行脱落的，沉积在燃烧器区域的渣块，如吹扫及时也易清除。但在一旦呈熔融状态后，清扫就比较困难，而使结渣更为严重。因此吹灰必须及时，且随煤种和负荷的情况，恰当改变操作方式。

表 14-1　　　　　　　　　　　　煤粉火焰的观察与分析

现　象	原 因 分 析	处 理 与 调 整
火焰明亮稳定	(1) 配风合适 (2) 煤粉细度合适均匀	
火焰白亮刺眼	(1) 风煤比大，出力大 (2) 炉膛结渣	(1) 注意风煤配比，防止熄火 (2) 及时调整，防止结渣
火焰黄亮闪动	(1) 风量过大 (2) 煤炭灰分高	(1) 适当减小风量 (2) 注意磨煤机出力，防止堵塞
火焰发红闪动	(1) 风量可能过小 (2) 风煤配合不当 (3) 煤粉较粗 (4) 煤灰分高	(1) 适当调整风量 (2) 降低煤粉细度（$R_{90}\downarrow$）
火焰暗红不稳	(1) 风量过大 (2) 煤粉太粗 (3) 煤挥发分低 (4) 炉膛温度过低 (5) 冷灰斗漏风量大	(1) 适当调整风量 (2) 降低煤粉细度 (3) 保持冷灰斗水封

表 14-2　　　　　　　　　　　　　油火焰的观察和分析

现　象	原　因　分　析	处　理　和　调　整
火焰白橙、光亮而不模糊	(1) 喷嘴喷油良好、位置恰当 (2) 风油配合适当 (3) 调风器正常，风油混合良好	
火焰暗红	(1) 风量不足 (2) 油枪雾化不佳，或位置不当 (3) 油压太低	(1) 调整风量 (2) 检查油枪雾化片 (3) 提高油压
火焰紊乱	(1) 风量配合不好 (2) 油枪位置不当或角度不当	(1) 调整风量 (2) 调整油枪位置及角度
着火不稳定	(1) 油枪与调风器配合不当 (2) 喷油嘴雾化质量不佳 (3) 油中带水过度 (4) 油质或油压不稳	(1) 调整油枪调风器位置 (2) 检查并调换油喷嘴 (3) 与油泵房联系，要求查明及处理
火焰中放蓝花（飘雪花）	(1) 调风器位置不当或喷嘴周围结渣 (2) 喷嘴孔径过大，或连接处有油泄漏	(1) 调整调风器位置，清除结渣 (2) 检查和更换喷嘴
有回火及黑烟	(1) 风量不足 (2) 油喷嘴及调风器位置不当 (3) 油喷嘴及调风器结渣 (4) 炉膛温度太低	(1) 调整风量 (2) 调整喷嘴和调风器位置 (3) 打渣 (4) 短时间的低负荷运行
火焰中有一丝一丝的黑线（条）	(1) 风量不足 (2) 喷嘴中个别分配孔或切向槽堵塞，或雾化片未压紧	(1) 调整风量 (2) 清洗、更换喷嘴

对于四角切圆燃烧来说，切圆过大或煤粉中的粗粒偏多时，容易导致粗粒碰撞到壁面上，产生结渣。按照 CE 的推荐，大于 $200\mu m$ 的重量份额不允许超过 2%的。同层燃烧器四角出口气流动量不均一时，火焰中心会被迫向动量小的那一侧移动，容易在这一侧引起结渣。投运燃烧器的层次、各层燃烧器的燃料量分配，燃烧器的摆动角度也同样影响到炉内温度场分布，火焰中心位置以及结渣可能产生的位置。在多投底层燃烧器和取用较大的俯角时，冷灰斗区域容易出现结渣现象。结渣区域也与炉膛几何形状相关，一般说来矮而胖的炉膛容易在炉膛上部出现结渣；高而瘦的炉膛容易在燃烧器区域出现结渣。吹灰器的工作条件是相对严酷的，容易出现故障，一旦出现故障需及时修复。因吹灰器故障使受热面未能得到清扫，结渣情况会迅速加剧，而且容易造成大量渣块的塌落，造成排渣口堵塞。因此，在这种情况下，吹灰操作应特别注意各吹灰器间的吹扫顺序，同时注意落渣口的排渣情况。结渣与该区域的烟气气氛有关，应防止还原性气氛的形成，因为还原性气氛会使灰熔点有较大的下降。

燃烧量的调节通过改变入炉煤粉量和风量来进行。在大容量机组中，需要通过给煤机、磨煤机、燃烧器的投运层数、各风烟道的挡板开度以及送、引风机的调节和协同配合来完成。在低负荷条件下，还需要稳燃油枪的配合。投运燃烧器的配置方式还需计及过热器、再热器的出口汽温。在入炉风量中还需计入一、二次风以及燃尽风间的合理匹配，这就影响到着火的稳定以及着火后的混合；对于旋流燃烧器来说特别重要，因为火焰是以燃烧器为单位的，不像切圆燃烧那样各燃烧器出口射流之间还有相互引燃、混合的作用。在储仓式制粉系统中入炉煤粉量的改变，通过给粉机的调节来完成的，其调节所涉及的范围和时滞相对小些。燃烧量的调节过程是制粉系统和炉内燃烧工况相对不稳定的过程，磨煤机出口煤粉空气混合物浓度及气流温度容易发生波动，需及时调节一次风温和风量，以保证磨煤出力和磨煤机出口温度。一次风量的改变也影响到磨煤机出口的煤粉细度，在调节幅度较大时，还应该对分离器的折向门挡板角度作出相应的调整，以维持合适的煤粉细度。燃烧量的调节，同样影响对燃烧器出口的着火稳定性、炉内的燃烧工况、炉膛出口烟温和结渣、积灰情况。

燃烧过程的稳定性，要求燃烧器出口处的粉量与风量改变同时发生，使风煤比可以稳定，并使着火与燃烧工况可以稳定。过大的时间差和过大的变化幅度，容易使着火与燃烧工况产生过大的变化幅度，容易使着火与燃烧工况产生不稳定，甚至严重时会产生熄火。因此掌握从对给煤量开始调节到燃烧器煤粉量产生改变的时滞是重要的；掌握从送风机的风量开始调节到燃烧器风量改变的时滞，同样是重要的。燃烧器出口风煤量的同时变化，可根据这一时滞时间差操作达到解决。一般情况下，制粉系统的时滞总是远大于风系统的，所以要求制粉系统的响应迅速，另一方面既然系统有一定负荷响应速度，超越这一速度的过大调节是不适宜的，在锅炉运行中应对此作出一些规定。

风量调节是燃烧调节的组成部分，入炉风量与入炉煤量共同维持炉内燃烧过程的风煤比。前者影响或决定炉内燃烧过程所处的氧浓度条件和温度条件，决定炉膛出口的过量空气系数与温度；后者决定可能的最大燃烧量。如同前述，温度和氧浓度的增高都有利于过程的进行，燃尽程度的提高，然而二者又是抵触的。由于热容的原因，过量空气的提高，意味着炉内理论燃烧温度和实际炉内温度水平的下降。良好的炉内燃烧工况决定于温度因素和浓度因素的合理应用，亦即风煤比或者说入炉风煤量是恰当的，炉膛出口过量空气系数是恰当的。虽然在许多资料上都对炉膛出口过量空气系数有所推荐，但是由于炉内的温度和浓度分布比较复杂，因炉膛、燃烧器设计的不同，因此炉膛出口过量空气系数最佳值也有所不同，需在实炉运行中摸索。入炉风量或过量空气系数，除对燃烧工况以及 q_2、q_3、q_4 和锅炉效率产生影响外，还将对过热器、再热器的工作和出口汽温产生影响。出口汽温的变动主要是因烟气流量变动而产生的，也涉及到烟道各受热面出口烟温的变化对汽温变化的影响。

风量的调节是锅炉运行中一个重要的调节项目，它是稳定燃烧、完全燃烧的重要因素之一。当锅炉负荷发生变化时，随着燃料量的改变，必须同时对送风量进行相应的调节。正常稳定的燃烧说明风煤比恰当，这时炉膛内应具有光亮的金黄色火焰，火焰中心应在炉膛的中部，火焰均匀地充满炉膛但不触及四周水冷壁。火色稳定，火焰中没有明显的星点（有星点可能是煤粉离析现象，此外炉膛温度低或煤粉太粗时也会有星点），从烟囱排出的烟色应呈浅灰色，如电气除尘器效率高的话，烟色更浅。

炉膛出口的过量空气系数决定于有组织送入炉内的空气量，入炉空气量通常都以 O_2 浓度为依据，进行过量空气系数的调节，即

$$\alpha = \frac{21}{21 - O_2}$$

目前锅炉中采用氧化锆氧量计，该氧量计的时滞小，时滞主要决定于气样输送时间。氧化锆氧量计的测量值，对测量元件（氧化锆管）区域的温度反应敏感，是需要注意维持这一温度的。实际锅炉中氧化锆氧量计装置在省煤器出口烟道上，用省煤器出口氧量值（过量空气系数）来表征炉膛出口过量空气系数，即

$$\alpha''_1 = \alpha''_{sm} - \Sigma\Delta\alpha_{1\to sm}$$

式中　　α''_1——炉膛出口过量空气系数；

　　　　α''_{sm}——省煤器出口过量空气系数；

　　$\Sigma\Delta\alpha_{1\to sm}$——炉膛出口至省煤器出口各受热面的漏风系数之和。

送风量的调节，在 600MW 机组中，都采用改变轴流送风机的动叶安装角大小来调节炉内送风量。当锅炉负荷增加或减少时，若风机运行工作点在稳定区域内，在出力允许的情况下，一般只需要通过调节送风机动叶的安装角大小来调节送风量。但风机严禁在喘振区工作，喘振报警时应立即关小动叶降低负荷运行，直至喘振消失为止。如风机发生喘振，一定要判明是否是由送风机出口风门关闭所造成，若是风门引起的，应立即开启风门；若是风机负荷不平衡所致，当风机负荷不大时应维持此负荷，如风机负荷大则应适当降低喘振侧风机的负荷，并立即降低锅炉负荷，大幅度减少正常侧风机的负荷，使风机入口负压降低，消除喘振。在调节送风机动叶的操作中，应注意动叶片调节范围、观察电动机电流表、风压表、炉膛负压表和氧量表的指示值的变化，以判断是否达到调节的目的。

600MW 锅炉都采用平衡通风方式，炉膛与烟道是处于负压状态。炉膛负压应维持在烟气不外逸的前提下，其值小些好，一般保持 -100 ± 50Pa。在燃烧产生烟气及其排除的过程中，如果排出炉膛烟气量等于燃烧产生的烟气量，则进、出炉膛的物质保持平衡，此时炉膛风压就相对的保持不变。若上述两个量中有一个量发生变化，则平衡就会遭到破坏，炉膛风压就要发生变化。运行中即使送、引风量保持不变（平衡），但由于燃烧工况总会有少量的变动，故炉膛负压也总是脉动的。

在炉膛不同高度上的负压是不同的，这是由于炉内、外气体温度或密度有别，图 14-6 表明了这种情况，从图 14-6 所示的 A、B 两个高度来表明压力和炉内外的压差，亦即负压分别为

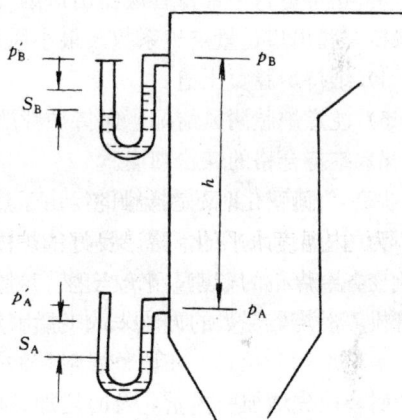

图 14-6　炉膛不同高度处不同负压示意图

$$p'_A - p_A = S_A \quad \text{以及} \quad p'_B - p_B = S_B$$

所以　　　　　　　$$(p'_A - p'_B) - (p_A - p_B) = S_A - S_B$$

或者　　　　　　　$$h(\gamma' - \gamma) = S_A - S_B$$

式中，p'_A、p_A 以及 S_A 分别是高度为 A 处的炉外、炉内压力以及两者间的压差亦即负压；p'_B、p_B、S_B 则是相应于 B 点高度处的；γ'、γ 分别是相应于炉外、炉内温度下的气体重度。显然 $\gamma' > \gamma$，从而 $S_A > S_B$，炉膛负压随着炉膛高度的增加而减小（也即炉膛内烟气向上流动力为气流的自生通风力）。为使炉顶不冒烟灰，则炉膛下部应有较大的负压。由此可见，在运行中应该维持的炉膛负压值与负压测点位置相关的，测点位置愈高，应维持的负压值愈小。大容量锅炉的炉膛负压测点设置在后屏过热器的下部（炉膛出口处）。由于气流的脉动，炉膛负压指示应该是略有波动，但如强烈的波动则意味着炉内的燃烧工况失去稳定，应迅速分析情况，防止炉内熄火等情况发生。

炉膛负压通过引风机的入口导叶开度（离心风机）来调节，当锅炉负荷增减，入炉风煤量变化时，若引风量未能及时跟上，炉膛负压将发生变化。因此，炉膛负压的调节，实际上就是对引

风量的调节。为避免炉膛正压，送、引风量的调整应该是同期的，在负荷增大时，引风量调节应略有超前；负荷减小时，略有滞后。炉膛负压的调节也通过炉膛与风箱间的差压而影响到风量（辅助风挡板用炉膛与风箱差压控制），影响到燃烧器出口的风煤比以及着火的稳定性，因此有一定调节速度的限制，不能操之过急。

燃烧调整中几个注意问题。

（1）燃烧调节的控制参数。

燃烧调节的各参数的控制值应通过锅炉燃烧试验后来确定，按设计煤种及校核煤种，得出燃烧调节的控制数。

1）按煤种确定各风率的控制值，包括一次风率和一次风速；燃料风率及燃料风速，辅助风率及辅助风速等，控制和调整各种风压，达到配风要求。注意监视甲、乙两侧风量比，偏离时应及时调整。

2）检查炉内燃烧工况，察看煤粉着火距离，炉膛内火焰呈光亮金黄色，不偏斜贴壁，具有良好的火焰充满度，否则应及时调整有关辅助风挡板的开度，并予以校正。

3）正常运行中维持省煤器出口烟气含氧量4％～5％（相当于过量空气系数为1.24～1.31），以保持炉膛出口过量空气系数。最小风量≮25％额定风量。

4）维持炉膛负压值。

5）注意炉膛漏风情况，保持炉膛严密性。

6）维持合格的煤粉细度。

（2）负荷变化时的燃烧调整。

为适应负荷的变化，需要调整燃料量。对于直吹式制粉系统，在负荷变化不大时，则采用同步改变各给煤机的转速，来改变燃烧器的煤粉量。当锅炉负荷变化大时，则采用启停磨煤机，即改变投停燃烧器层数的方法来改变燃料量。

锅炉负荷变化时，在调整燃料量的同时，应调整送、引风量，保持汽压、汽温的稳定。增加负荷时，应先增加引风量，及时增加送风量，随之再增加煤量；减负荷时，应先减给煤量，随之减少送风量，并减少引风量，维持炉膛负压。随锅炉负荷的增减应及时调整送风量，以保持炉内合适的过量空气系数（即维持省煤器出口氧量值为规定值），达到经济燃烧的目的。并保持炉膛负压来控制引风机的运行工况，炉膛负压的设定值可在操作键盘上手动设定。

（3）燃烧器运行方式。

燃烧器工况的好坏，不仅受到配风工况的影响，而且与炉膛热负荷及燃料在炉内分布有关，即与燃烧器的运行方式（燃烧器的负荷分配、投停方式）有关。

为了保持正确的火焰中心位置和避免发生火焰偏斜等现象，一般应力求使各火嘴承担的负荷均匀对称，即将燃烧器四角的煤粉分配要均匀，风粉配合要适当。对于直吹式制粉系统，它的四角煤粉调平手段主要依靠磨煤机出口的一次风管上节流孔板。由于节流孔板在运行一段时间后，易被煤粉磨损，使孔板特性发生变化，也即改变管路的阻力特性，引起四角煤粉分配的不均匀性，由此产生四角风粉配合的不均匀性，这一点在运行中特别要注意。如果节流孔板特性对四角煤粉调平产生问题的话，应及时更换节流孔板，以免影响锅炉的正常的燃烧工况。

对于四角布置的直流燃烧器，改变四角布置的燃烧器的上下排煤粉喷嘴和辅助风量，也是调整火焰中心，改善气粉混合物和增加燃烧效果的常用措施。当然应充分利用煤粉燃烧器倾角可调的特点，一般在保证正常汽温条件下，可保持燃烧器倾角稍有下倾，以减少炉膛出口温度，避免炉膛出口受热面结渣，并提高燃烧经济性。但下倾时应注意避免冷灰斗结渣。

低负荷时要少投燃烧器，采用较高的给煤机转速，保持较高的燃烧器出口的煤粉浓度。因为在低负荷运行时，炉膛热负荷低，容易灭火，首先应考虑燃烧的稳定性，其次才是经济性。为了防止灭火，除在燃烧器的出口保持较高的煤粉浓度之外，还可适当降低负压，调整好各燃烧器的风煤配比，避免风速过大的波动，必要时可投入油枪助燃，以稳定火焰。

投停燃烧器一般可参考以下原则。

1）只有在为了稳定燃烧以及适应锅炉负荷和保证锅炉参数的情况下，才投停燃烧器，这时经济性方面的考虑是次要的。

2）停上投下，可降低火焰中心，有利于煤粉燃尽，但要使汽温有所降低（与停下投上相比）。

3）需要对燃烧器进行切换时，应先投入备用的燃烧器，待运行正常后再停用燃烧器，以防止中断和减弱燃烧。

4）在投、停或切换燃烧器时，必须全面考虑对燃烧、汽温等方面的影响，不可随意进行。

在投、停燃烧器或改变燃烧器负荷（即改变其来粉量）的过程中，应同时注意其风量与煤量的配合。运行中对于停用的燃烧器，要通入少量的空气进行冷却，以保证喷口不易被烧坏（磨煤机冷风挡板开 5%）。

第三节　石洞口二厂 600MW 超临界压力直流锅炉运行调节

一、直流锅炉调节特点

直流锅炉的工作原理不同于汽包锅炉，因此在运行调节上有其特点。

1. 要严格保持燃料量与给水量的固定比例

汽包锅炉的负荷增减时，燃料量、给水量也要随之增减，这是没有疑问的。但是，由于汽包水容积的作用，汽包锅炉在调节过程中不需要严格保持给水量与燃料量的固定比例。当给水量与燃料量两者有一个变化时，只能引起锅炉出力或汽包水位的变化，而对过热汽温的影响不大。这是因为汽包炉的过热器受热面是固定，过热器入口处蒸汽参数（饱和蒸汽）变化不大，一般用喷水减温的调节就可以保持汽温稳定。

但在直流锅炉中，负荷变化时，应同时变更给水量和燃料量，并严格保持其固定比例，否则给水量或燃料量的单独变化或给水量、燃料量不按比例的同时变化都会导致过热汽温的大幅度变化。这是因为直流炉的加热、蒸发和过热三区段的分界点有了移动，亦即三区段受热面长度（或受热面积）发生变化，因而必然会引起过热汽温的变化。

例如，给水量不变，而燃料量增加时，由于各区段受热面的吸热量增加，开始蒸发点和开始过热点都提前，使加热和蒸发区段缩短，而过热区段变长，因而出口过热汽温 t''_{gr} 升高；相反，给水量不变而燃料量减少时，出口过热汽温 t''_{gr} 降低。

再如，燃料量不变而给水量增加时，由于工质总需要热量增多，以致开始蒸发点和开始过热点都推后，使加热段和蒸发段延长，而过热段缩短，因而出口过热汽温降低；相反，燃料量不变而给水量减少时，出口过热汽温升高。

在稳定工况下，出口过热蒸汽的热焓可以用下式表示

$$h_{\text{gr}}'' = h_{\text{gs}} + \frac{BQ_{\text{ar,net}}\eta_{\text{gl}}}{G}$$

式中　h''_{gr}——过热器出口蒸汽焓；

　　　h_{gs}——锅炉给水的焓；

　　　η_{gl}——锅炉效率；

B——锅炉燃料量；

$Q_{\text{ar,net}}$——燃料低位发热量；

G——工质流量（给水流量）。

当给水焓 h_{gs}、燃料发热量 $Q_{\text{ar,net}}$ 以及锅炉效率 η_{gl} 保持不变时，出口过热汽温（h''_{gr} 相应 t''_{gr}）只决定于燃料量 B 与给水流量 G 的比值 B/G。因此，一般地说，只要 B/G 有变化，出口过热汽温就有变化。当 B/G 增加时，t''_{gr} 上升；B/G 减少时，t''_{gr} 下降。当然上述公式也可适用于汽包炉，但汽包炉有汽包水容积作用（水位可允许有一定范围内波动），在一定时间内汽包炉不需严格保持给水量与燃料量的固定比例。

由此可见，直流炉的汽温调节要求燃料量与给水量之比（煤水比或燃水比）严格保持一定。

2. 要有较好的自动调节设备

汽包锅炉的水容积比较大，又有厚壁汽包及下降管等，因而工质与金属的蓄（储）热能力较大。锅炉的储热能力就是当运行工况改变时，锅炉在一定的时间内自行保持平衡的能力。譬如，压力降低时，锅炉放出蓄热，从而产生"附加蒸发量"，以暂时平衡（补充）蒸发量的不足，减缓压力下降的速度；压力上升时，锅炉增加蓄热而起着减少蒸发量的作用。

直流锅炉采用薄管壁，小管径的管子，没有厚壁汽包、下降管，因此其水容积小，因而其工质与金属的储热能力较小，只有汽包锅炉的 $\frac{1}{2} \sim \frac{1}{4}$，故直流锅炉自行保持平衡的能力较差。因此，当运行工况发生相同的变化时，直流锅炉运行参数的变化速度比汽包炉要快得多，直流锅炉对自动调节设备及系统在可靠性、灵敏度、稳定性等方面的要求比汽包锅炉高。

储热能力小有不利的一面，但也有有利的一面。正由于贮热能力小，当主动调节时，参数变化比较迅速，能很快适应工况的变动。

3. 要有超前信号

直流锅炉的出口过热汽温的变化同汽水通道的所有中间截面的工质焓值的变化是相互关联的。当锅炉工况变动时，首先反映出来的是过热器入口截面的汽温 t'_{gr}，然后过热器各中间截面汽温逐渐向后变动，最后导致出口过热汽温 t''_{gr} 的变化。所以，可以在过热蒸汽系统中间找一点的温度作为超前信号，用来提前调节。以准确、稳定地保持给定的参数。

二、汽温和汽压调节

1. 汽温调节

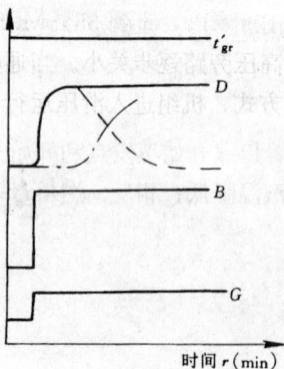

图 14-7　燃料与给水按比例增加时的动态特性

给水与燃料复合扰动时的动态特性是两者单独扰动时动态特性之和，由图 14-7 可知，当给水与燃料按比例变化时，蒸发量 D 立即变化，然后稳定在新的数值上，过热汽温则保持原来数值上（额定汽温）。这就是说明严格控制煤水比是直流炉参数调节的关键。

保持煤水比 B/G，则可维持过热器出口汽温 t''_{gr} 不变。反过来说，B/G 的变化则是汽温变动的主要原因。因此，在直流锅炉中，汽温调节可通过给水量与燃料量的调节来实现。在实际运行中，由于给煤量的控制不可能很精确，因而只能把保持煤水比作为粗调节，而另外用喷水减温作为细调节，当汽温偏低时，首先应适当增加燃料量或减少给水量，使汽温升高，然后以喷水精确保持汽温。当汽温偏高时，首先应适当减少燃料量或增加给水量，使汽温降低，然后再以喷水量来调节汽温。

由于直流炉蒸发管内的不稳定动态过程中交变区内交变工质（水变汽）的变化以及过热器管壁金属储热的影响，过热汽温变化有较大的迟延（时滞），而且越接近过热器出口、迟延时间越大。所以，若用过热器出口汽温作为调节煤水比，则调节过迟，不可能保持稳定的汽温，必须用中间点汽温作为超前调节信号，使调节操作提前。调节时只要利用煤水比手段来保持中间点温度在一定值（相当于汽包炉过热器入口端固定）。而中间点至过热器出口之间的，则采用喷水减温器来适应过热器的工况变化及维持规定的过热器出口汽温。中间点的位置越靠近过热器入口，则汽温调节的灵敏度越高，但应保持中间点工质状态在规定负荷内（保持额定过热汽温的负荷范围）应处于微过热蒸汽，因而不宜过于提前，应选于合理的位置。

2. 汽压调节

汽压调节的任务是调节锅炉出力使之与负荷相适应。对于汽包锅炉，锅炉出力的变更是依靠对燃料的燃烧调节（改变燃料量）来达到的，由于汽包有一定储水容积，而与给水量无直接关系，而给水量按水位变化进行调节。但对于直流锅炉，其产汽量直接由给水量来定，$G = D$，因而燃料量变化，不能直接引起锅炉出力的变化，只有变动给水量才会引起锅炉蒸发量的变化。

显然，当调节给水量以保持压力稳定时，必然引起过热汽温的变化，因而在调压过程中，必须校正过热汽温。也即给水调压，燃料配合给水调温，抓住中间点，喷水微调，这是直流锅炉运行调节的基本原则。

三、石洞口二厂 1900t/h 超临界压力锅炉运行调节

1. 汽压调节

对于 1900t/h 超临界压力锅炉的汽压调节可分为三个阶段，即锅炉点火至 35％MCR，35％MCR 至 89％MCR，以及 89％MCR 至满负荷。在这三个阶段中，汽压调节的方式及控制手段均不相同。

（1）锅炉点火至 35％MCR 阶段的汽压调节。

在这一阶段，主蒸汽压力由 0MPa 升至 8MPa（汽轮机冲转压力），主蒸汽压力由高压旁路控制。锅炉点火后，高压旁路自动开启至 20％，并维持这一最小开度，以保证在锅炉启动初期有足够的蒸汽通过再热器。

在主蒸汽压力达到 8MPa 前，高压旁路为阀位控制方式。在这种方式下，高压旁路的最小开度为 20％，锅炉升压取决于燃料量的投入，因为此时汽水分离器进行汽水分离运行，相当于汽包锅炉运行方式。当蒸汽压力到达 8MPa 时，高压旁路的阀位最小开度限制值将自动设置到 0％，控制方式由阀位控制到定压控制，主蒸汽压力由高压旁路控制在 8MPa，直到 35％MCR。在汽轮机冲转、升速、并网、加负荷过程中，随着汽轮机调门开大，高压旁路逐步关小。当通过高压旁路蒸汽量全部进入汽轮机时，高压旁路关闭，并转入跟踪控制方式，机组进入滑压运行阶段。

（2）35％至 89％MCR 阶段汽压控制。

这一阶段又可称为滑压运行阶段。当高压旁路全部关闭后，机组进入协调控制，由于滑压运行时汽轮机调速汽门全开，因此，实质上滑压运行阶段主蒸汽压力是由锅炉主控进行控制的。滑压运行时，进入汽轮机的通流截面基本是一个定值，在给定的负荷变化率下，锅炉主控控制燃料量和给水量（燃水比控制），使产汽量增加，主蒸汽压力由 8MPa 逐步增加至 25.3MPa（额定压力），机组负荷亦由 35％MCR 升至 89％MCR。

该 600MW 机组在滑压运行阶段，1 号、2 号、3 号调速汽门全开，4 号调速汽门正常时不参与调节，只有发生主蒸汽压力大于滑压运行汽压设定值时，4 号调门才开启，帮助锅炉主控调节

主蒸汽压力。

（3）89％MCR 至满负荷阶段的汽压调节。

机组负荷达到 89％MCR 时，主蒸汽压力升至额定值，进入定压运行，机组为协调控制，汽机主控和锅炉主控同时参与主蒸汽压力的调节。

图 14-8 为该 600MW 机组的汽机主控控制图。其调节原理是以"机组负荷需求"为主线，叠加"负荷偏差"和"主蒸汽压力偏差"后，与主蒸汽流量进行比较，作为调速汽门的控制信号。

图 14-8 中"偏差"均表示为"设定值－实际值"，如果设定值大于实际值为正偏差，反之为负偏差。当主蒸汽压力偏差为正偏差时，经"负比例调节器"变为放大的负信号，送至"加法器"，令调速汽门关小，从而提高主蒸汽实际压力。如果主蒸汽压力偏差为负值，其调节作用将使调速汽门开大，目的均为消除汽压偏差。

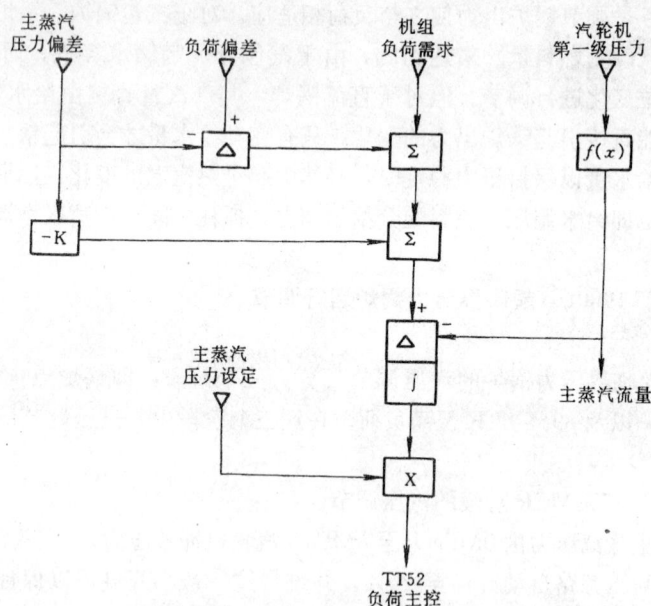

图 14-8 汽机主控控制图

锅炉主控对主蒸汽压力的调节见图 14-9 的"锅炉主控控制图"，其调节方式有协调方式和锅炉跟踪方式两种。

锅炉主控的协调方式是以负荷调节为主，用"主蒸汽压力偏差"和"负荷偏差"进行修正。当主蒸汽压力偏差出现时，锅炉主控发出指令增加或减少燃料量，改变主蒸汽实际压力。如果"负荷偏差"和"主蒸汽压力偏差"同时存在，汽机主控和锅炉主控的调节方式不同。图 14-8 "汽轮机主控控制图"中"负荷偏差"信号是与"主蒸汽压力偏差"比较后，修正负荷调节指令。而图 14-9 的"锅炉主控控制图"中，"负荷偏差"信号则是与"主蒸汽压力偏差"叠加后，修正负荷调节指令。比较两种调节方式：当两种偏差为同向时（即均为正偏差或均为负偏差），调节以锅炉主控为主，当两种偏差为反向时，调节以汽机主控为主。

锅炉主控的锅炉跟踪方式完全与负荷调节无关，以主蒸汽压力控制为主。当锅炉负荷与燃料量失配时，"负荷——燃料"差值信号经微分调节器产生一过调量，加快燃料量的增减，目的仍在于稳定主蒸汽压力。

图 14-9 中的"节流压力"表示汽轮机主汽门前蒸汽压力，这一点的汽压是最快反映汽轮机调速汽门动作的信号。为了加快锅炉主控对汽轮机负荷变化调节速度，锅炉主控采用"节流压

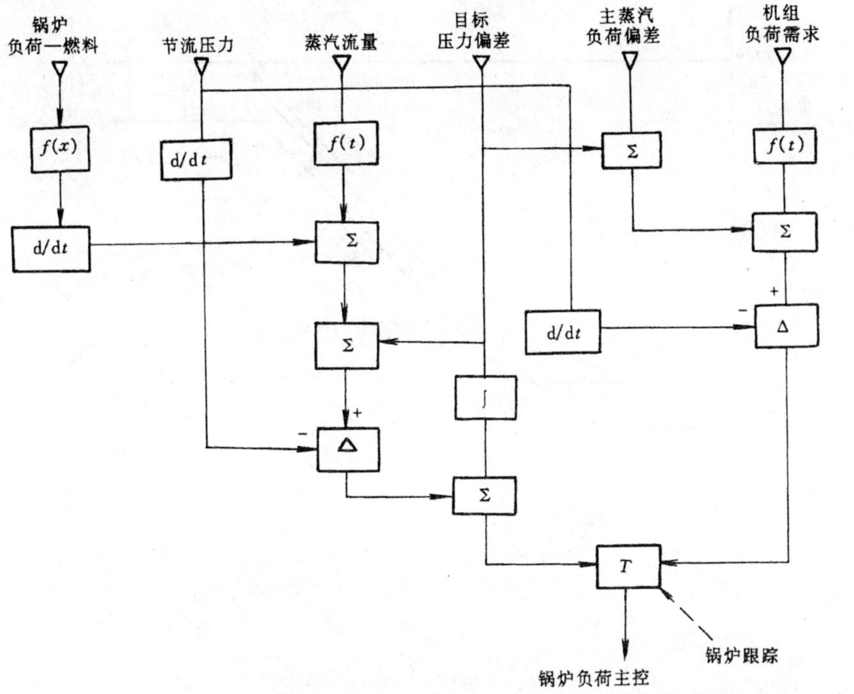

图 14-9　锅炉主控控制图

力"对负荷调节回路及压力调节回路进行修正,并且均为微分信号的过调修正。

(4) 高压旁路对主蒸汽压力的跟踪调节。

高压旁路关闭后自动转到跟踪方式(该机组的高压旁路容量为 100%MCR),高压旁路跟踪方式有以下三种。

1) 偏置跟踪;

2) 监控器跟踪;

3) 安全极限保护。

图 14-10 中点划线 1 为"偏置跟踪"曲线,跟踪值为高于主蒸汽设定压力的 4%,偏置跟踪仅用于滑压运行阶段,如果主蒸汽实际压力超过滑压运行压力设定值的 4%,高压旁路开启,参与主蒸汽压力控制。

图 14-10 中双点划线 2 为"监控器跟踪"曲线,跟踪值为高于主蒸汽设定压力的 7%。在 8MPa 以下或额定压力以上,监控器跟踪为定值,滑压运行阶段为变值跟踪。与"偏置跟踪"的不同之处是主蒸汽实际压力超过设定值 7%时,高压旁路为快速打开,以利于迅速降低主蒸汽压力。

图 14-10 中曲线 3 为锅炉安全运行的极限保护值,通过一个压力开关接通高压旁路的快速开启回路。锅炉的安全极限保护值为 27.8MPa,高于额定运行压力 10%,在这种情况下,高压旁路实际是作为过热器安全阀。

(5) 再热蒸汽压力调节。

再热蒸汽压力在正常运行时是不受任何控制的,仅取决于汽机高压缸排汽压力。但在锅炉启动阶段,为保证再热器内有足够大的流速,通过低压旁路控制再热蒸汽压力。

锅炉启动初始阶段,主蒸汽经高压旁路节流减压进入再热器。这时除疏水阀外,再热蒸汽是没有出路的,当再热器出口汽压达到其额定值 5%(约 0.22MPa)时,低压旁路开始开启,并保

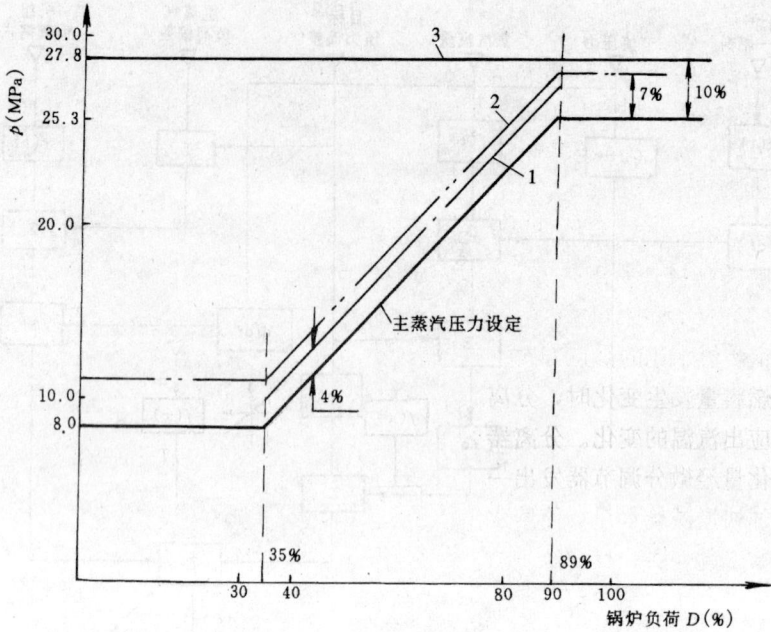

图 14-10　高压旁路跟踪曲线

持20%的最小开度。当再热器出口汽压达到1.65MPa时，低压旁路转至压力控制，维持再热蒸汽压力不变，低压旁路的最小开度设定值自动设定为零。

随着汽轮机冲转带负荷，通过低压旁路的再热蒸汽逐步被转移至汽轮机的中、低压缸，低压旁路亦逐步关小。当低压旁路开度小于10%时，低压旁路跟踪投入，其跟踪值为一变量，取决于低压旁路的实际开度和再热蒸汽压力。低压旁路全部关闭后，低压旁路的跟踪偏置为上述跟踪量再加上2%的再热蒸汽额定压力。由此可见，低压旁路跟踪为两种方式：一种是在低压旁路开度小于10%至全关；另一种为低压旁路全部关闭后。两种跟踪方式均有一个共同点，即跟踪偏置始终是再热蒸汽压力的函数，随再热蒸汽压力升高而增加。

低压旁路没有快速开启回路，如果发生再热蒸汽压力飞升，再热器安全门首先动作，以保护再热器。

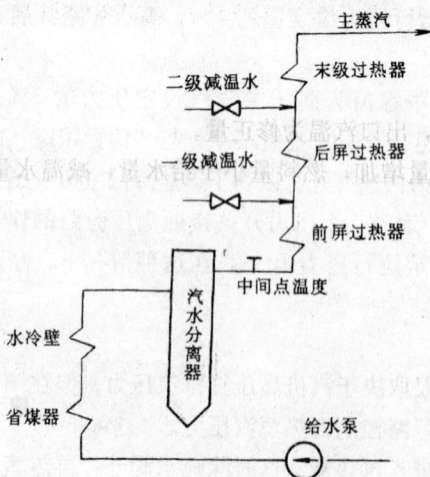

图 14-11　锅炉汽水流程简图

2. 汽温调节

(1) 主蒸汽温度调节。

对于直流锅炉，控制主蒸汽温度的关键在于控制锅炉的燃水比，而燃水比合适与否则需通过中间点温度来鉴定。所谓中间点就是能更早、更迅速、不受其他因素影响地反映出主蒸汽温度变化趋势的温度测点，并且这一点的温度主要取决于锅炉燃水比。石洞口二厂1900t/h超临界压力锅炉的主蒸汽温度调节除控制燃水比外，还通过两级喷水减温控制主蒸汽温度为额定值。

1) 中间点温度对燃水比的修正。

1900t/h超临界压力锅炉的中间点选在汽水分离器出口，见图14-11，以该点作为中间点有以下几方面的好处：

一是，能快速反应出燃料量的变化。当燃料量增加时，水冷壁最先吸收燃烧释放出的辐射热量，分离器出口温度的变化比依靠吸收对流热量的过热器快的多。

二是，中间点选在两级减温器之前，基本上不受减温水流量变化的影响，即使发生减温水量大幅度变化，按锅炉给水量＝给水泵入口流量－减温水量，中间点温度送出的调节信号仍保证正确的调节方向。

三是，在锅炉负荷 35%～100%MCR 范围内，汽水分离出口始终处于过热状态，温度测量准确，反应灵敏。

图 14-12"锅炉给水控制"给出了中间点温度对锅炉燃水比的修正方式。

当锅炉总燃料量发生变化时，分离器出口很快反应出汽温的变化。分离器出口温度的变化量经微分调节器发出一个过调信号，加快增减给水量，使给水量尽快满足燃料量的变化，燃水比重新达到平衡。

石洞口二电厂锅炉汽水分离器入口蒸汽管道上亦装有温度测点，用于主蒸汽超温保护。由于分离器设置在炉膛外，所以分离器入口和出口的温度是基本相等的，同样可视其为中间点温度。当该点温度超过 520℃ 时，锅炉 MFT 动作，快速切断主燃料。

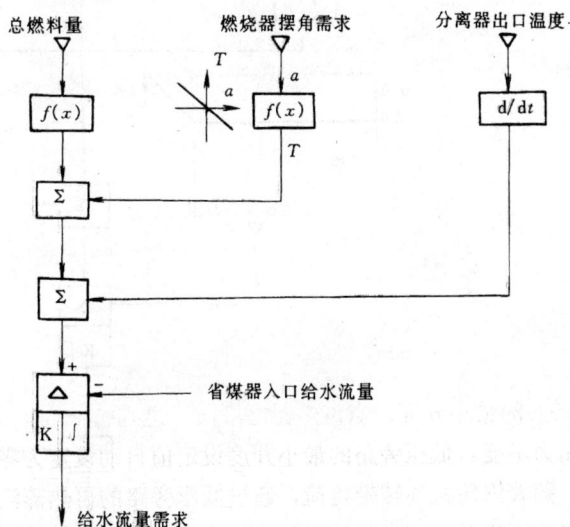

图 14-12 锅炉给水控制图

鉴于中间点温度在主蒸汽温度控制中起到如此重要的作用，锅炉运行期间运行人员必须严密监视中间点温度的变化趋势，及时参与温度调节。

（2）过热蒸汽喷水减温控制。

为进一步改善主蒸汽品质，提高主蒸汽温度的稳定性及汽温调节的灵敏性，在后屏过热器的入口和末级过热器的入口设有两级喷水减温器。两级减温水的控制原理基本相同，下面以后屏入口减温器（即一级喷水减温器）为例加以说明。从图 14-13"后屏过热器入口减温水控制图"中可得出以下几点结论。

1）各级减温水均为锅炉负荷的函数。

2）各级减温水均以该级过热器入口汽温为被控量，出口汽温为修正量。

3）当燃水比失配时，燃料量大于给水量，减温水量增加；燃料量小于给水量，减温水量减少。

4）后屏过热器减温水受末级过热器减温水的影响。

为保证汽温调节的灵敏性，正常运行时应保持各级减温水始终有一定的流量。

（3）再热蒸汽温度调节。

石洞口二厂 1900t/h 超临界压力锅炉的再热汽温采用 569℃，这一温度比国内电厂常用再热汽温要高得多。提高再热蒸汽温度的主要目的是为了降低汽轮机末几级叶片的湿度，也同时可以提高超临界机组的经济性。

1900t/h 锅炉的再热汽温调节采用燃烧器摆角控制，其原理是改变燃烧器角度，使炉膛火焰

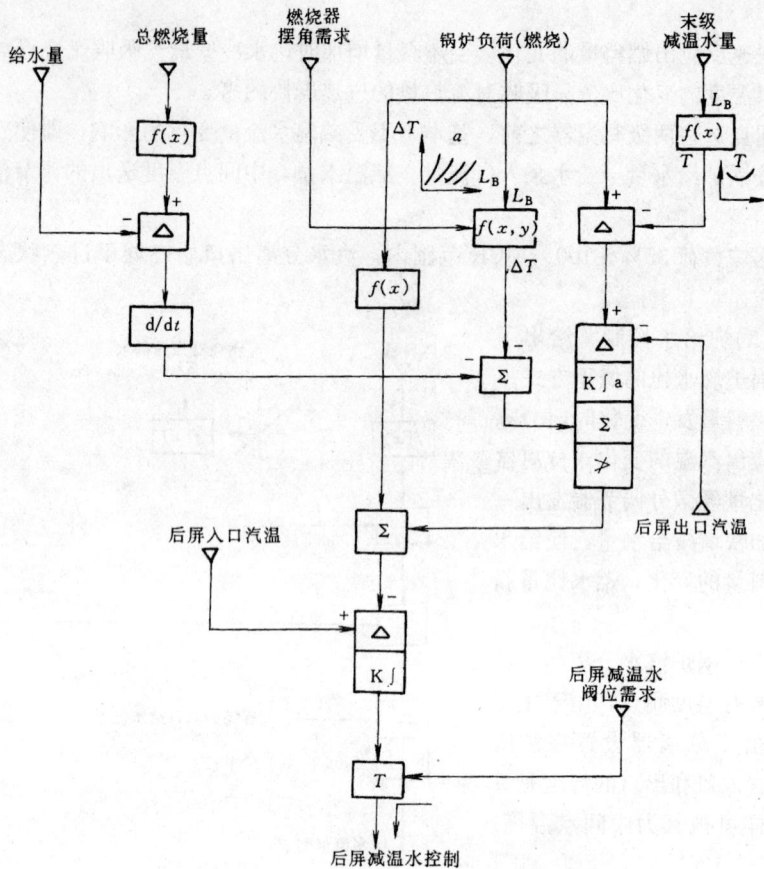

图 14-13　后屏过热器入口减温水量控制图

中心位置上移或下移，从而改变炉膛出口的烟温。而 CE 锅炉的再热器采用高温布置，再热器均布置在炉膛出口，因此对火焰中心上下移动反应最敏感，汽温变化快。

运行中，如果再热器出口汽温产生偏差，12 个燃烧器摆角控制机构同时动作。如果再热汽温高，摆角向下；再热汽温低，摆角向上，从而消除再热器出口汽温的偏差。

采用燃烧器摆角控制再热蒸汽温度，虽然可使温度调节变得快速、灵敏，但也伴随下述的不利的影响。

1）燃烧器摆角调节时，将破坏过热汽温调节的平衡。火焰中心的移动，势必造成水冷壁吸收的辐射热量和过热器吸收的对流热量的变化，这就是在图 14-12 "锅炉给水控制图"和图 14-13 "减温水控制图"中为何采用"燃烧器摆角需求"对控制信号进行修正的原因。其修正的目的是当燃烧器摆角向上摆动时，减少给水量，增加减温水量，燃烧器摆角向下摆动时，则恰恰相反。

2）燃烧器摆角控制同样会对省煤器出口水温带来影响。1900t/h 超临界压力锅炉为螺旋管水冷壁，要求水冷壁入口水温即要保证有几度的欠焓，又不可过低（欠焓不应过大）。前者是为了防止水冷壁内产生热偏差，后者是为了防止锅炉高负荷时有可能引起过热汽温偏低。所以在燃烧器摆角控制中，采用省煤器出口水温对其调节进行限制。

再热汽温除用燃烧器摆角控制外，还在再热器入口设置了事故用喷水减温器。由于再热蒸汽喷水减温调节是不经济的，所以只有当再热汽温超温严重时，而又无法用燃烧侧调节使汽温回复到正常，则开启事故喷水减温器的阀门，参与对再热汽温的控制，以保护再热器安全。

复 习 思 考 题

1. 影响汽包锅炉水位变化的因素有哪些？叙述全甩负荷，安全门动作时，汽包水位动态变化过程？

2. 汽包水位计冲洗步骤是怎样的？汽包水位调节中应注意哪些问题？

3. 影响汽包锅炉过热汽温变化的因素有哪些？并分析高压加热器跳闸、水冷壁结渣时，过热汽温的变化过程？

4. 汽包锅炉储热能力与哪些因素有关？何谓附加蒸发量，它对汽压变化有何影响？

5. 锅炉汽压变化原因有哪些？汽包锅炉的汽压调节方法是怎样的？

6. 600MW 锅炉直吹式冷一次风机制粉系统，炉内总风量包括哪些部分？磨煤机冷、热风调节门的调节要求是怎样的？一次风机风量调节的依据是什么？送风机调节风量的依据是什么？

7. 炉内燃烧调整的要求有哪些？

8. 直流锅炉调节上有哪些特点（与汽包锅炉相比较）？

9. 超临界直流锅炉主汽温度、主汽压力的调节有哪些特点？

参 考 文 献

1. 陈学俊、陈听宽主编. 锅炉原理. 第二版. 北京：机械工业出版社，1986
2. 范从振主编. 锅炉原理. 第一版. 北京：水利电力出版社，1986
3. 容銮恩等合编. 电站锅炉原理. 第一版. 北京：中国电力出版社，1997
4. 岑可法主编. 锅炉燃烧试验研究方法及测量技术. 第一版. 北京：水利电力出版社，1987
5. 黄承懋. 锅炉水动力学及锅内传热. 第一版. 北京：机械工业出版社，1987
6. 岑可法等. 锅炉和热交换器的积灰、结渣、磨损和腐蚀的防止原理与计算. 第一版. 北京：科学出版社，1994
7. 贾鸿祥. 制粉系统设计与运行. 北京：水利电力出版社，1995
8. 章德龙. 单元机组集控运行. 第一版. 北京：水利电力出版社，1993